Felix R. Gantmacher

Matrizentheorie

Mit 11 Abbildungen

Springer-Verlag
Berlin Heidelberg New York Tokyo

Titel der Originalausgabe:
Ф. Р. Гантмахер
Теория матриц
Изд. 2-е, дополненное, Наука, Москва 1966

Die Übersetzung aus dem Russischen besorgten:
Helmut Boseck, Dietmar Soyka und Klaus Stengert

Die deutschsprachige Ausgabe erschien im VEB Deutscher Verlag der Wissenschaften, Berlin
Vertrieb ausschließlich für die DDR und die sozialistischen Länder
Lizenzausgabe für alle übrigen Länder im
Springer-Verlag Berlin Heidelberg New York Tokyo

ISBN-13: 978-3-642-71244-9 e-ISBN-13: 978-3-642-71243-2
DOI: 10.1007/978-3-642-71243-2

CIP-Kurztitelaufnahme der Deutschen Bibliothek
Gantmacher, Felix R.:
Matrizentheorie / Felix R. Gantmacher. [Die Übers. aus d. Russ. besorgten: Helmut Boseck ...]. – Berlin; Heidelberg; New York; Tokyo: Springer, 1986.
Einheitssacht.: Teorija matric ⟨dt.⟩
ISBN-13: 978-3-642-71244-9

Softcover reprint of the hardcover 1st edition 1986
VEB Deutscher Verlag der Wissenschaften, DDR-1080 Berlin, Postfach 1216

2144/3140-543210

Aus dem Vorwort zur ersten russischen Auflage

Die Matrizenrechnung besitzt in den verschiedensten Gebieten der Mathematik, Mechanik, theoretischen Physik, theoretischen Elektrotechnik usw. vielfältige Anwendungsmöglichkeiten. Das vorliegende Buch stellt einen Versuch dar, sowohl die Probleme der Matrizentheorie als auch ihre mannigfachen Anwendungen möglichst umfassend darzustellen.

Dem Buch liegen Vorlesungen über Matrizenrechnung und ihre Anwendung zugrunde, die ich zu verschiedenen Zeiten an der Staatlichen Moskauer Lomonossow-Universität, an der Staatlichen Tbilisser Universität und am Moskauer Physikalisch-Technischen Institut gehalten habe.

Das Buch ist nicht nur für Mathematiker (Studenten, Aspiranten und Wissenschaftler) gedacht, sondern auch für Spezialisten der Nachbargebiete (Physiker, Entwicklungsingenieure), die sich für Mathematik und ihre Anwendungen interessieren. Aus diesem Grunde war ich bestrebt, den Stoff in möglichst verständlicher Form wiederzugeben. Vom Leser wird im allgemeinen nur die Kenntnis der Determinantenrechnung sowie einer Vorlesung über höhere Mathematik in dem an technischen Hochschulen üblichen Umfang vorausgesetzt. Lediglich einzelne Abschnitte in den letzten Kapiteln des Buches erfordern zusätzliche mathematische Kenntnisse. Ferner habe ich mich bemüht, die einzelnen Kapitel möglichst unabhängig voneinander zu gestalten. So stützt sich beispielsweise Kapitel 5 „Matrizenfunktionen" nicht auf die Untersuchungen, die in den Kapiteln 2 und 3 durchgeführt werden. An den Stellen in Kapitel 5, an denen erstmalig die in Kapitel 4 eingeführten grundlegenden Begriffe benutzt werden, findet man entsprechende Hinweise. So hat der Leser, der schon mit der elementaren Matrizenrechnung vertraut ist, die Möglichkeit, unmittelbar mit der Lektüre der ihn interessierenden Kapitel zu beginnen.

In den Kapiteln 1 und 3 werden die wichtigsten Kenntnisse über Matrizen und lineare Operatoren vermittelt; ferner wird der Zusammenhang zwischen Operatoren und Matrizen hergestellt.

In Kapitel 2 werden die theoretischen Grundlagen der Gaußschen Eliminationsmethode dargelegt und in Verbindung damit praktische Methoden zur effektiven Lösung von Systemen mit n linearen Gleichungen für großes n entwickelt. Auch wird der Leser mit den Rechenregeln für solche Matrizen bekannt gemacht, die in rechteckige „Kästchen" oder „Blöcke" aufspaltbar sind.

In Kapitel 4 werden einige grundlegende Begriffe eingeführt: das „charakteristische“ und das „Minimal“-Polynom einer quadratischen Matrix, „adjungierte“ und „reduzierte adjungierte“ Matrizen.

Das Kapitel 5, das den Matrizenfunktionen gewidmet ist, enthält eine allgemeine Definition und konkrete Verfahren zur Berechnung von $f(A)$, wenn $f(\lambda)$ eine Funktion des skalaren Arguments λ und A eine quadratische Matrix ist. Der Begriff Matrizenfunktion wird dann in 5.5. und 5.6. benutzt, um die Lösung von Systemen linearer Differentialgleichungen erster Ordnung mit konstanten Koeffizienten aufzufinden und vollständig zu untersuchen. Sowohl der Begriff der Matrizenfunktion als auch die damit zusammenhängenden Untersuchungen von Systemen linearer Differentialgleichungen erster Ordnung mit konstanten Koeffizienten stützen sich lediglich auf den Begriff des Minimalpolynoms einer Matrix und vermeiden (im Unterschied zu der üblichen Darstellung) die Verwendung der sogenannten „Theorie der Elementarteiler“, die in den Kapiteln 6 und 7 dargelegt wird.

Die ersten fünf Kapitel umfassen die Grundlagen der Matrizenrechnung und ihrer Anwendungen. Tiefgehende Fragen der Matrizenrechnung sind mit der Reduktion der Matrizen auf Normalform verknüpft. Diese Reduktion wird mit Hilfe der Weierstraßschen Theorie der Elementarteiler durchgeführt. In Anbetracht ihrer Wichtigkeit werden im vorliegenden Buch zwei Darstellungen dieser Theorie gegeben: die analytische in Kapitel 6 und die geometrische in Kapitel 7. Wir machen den Leser auf die Abschnitte 6.8. und 6.9. aufmerksam, in denen praktische Methoden zur Berechnung derjenigen Matrizen behandelt werden, die eine gegebene Matrix auf Normalform transformieren. In 7.8. wird die Methode von A. N. Krylov zur Berechnung des charakteristischen Polynoms ausführlich behandelt.

In Kapitel 8 werden gewisse Typen von Matrizengleichungen gelöst. Dabei wird auch die Fragestellung betrachtet, alle Matrizen zu bestimmen, die mit einer gegebenen Matrix vertauschbar sind; ferner werden die mehrdeutigen Matrizenfunktionen $\sqrt[m]{A}$ und $\ln A$ im einzelnen untersucht.

Die Kapitel 9 und 10 sind der Theorie der linearen Operatoren im unitären Raum und der Theorie der quadratischen und hermiteschen Formen gewidmet. Diese Kapitel stützen sich nicht auf die Weierstraßsche Theorie der Elementarteiler und benutzen lediglich die grundlegenden Sätze über Matrizen und lineare Operatoren, die in den ersten drei Kapiteln des Buches dargestellt sind. In 10.8. wird die Theorie der Formen zur Untersuchung der Grundschwingungen von Systemen mit n Freiheitsgraden benutzt. In 10.10. werden die subtilen Untersuchungen von Frobenius über die Theorie der Hankelschen Formen wiedergegeben. Diese Untersuchungen werden im weiteren (in Kapitel 15) bei der Betrachtung der Spezialfälle des Routh-Hurwitzschen Problems verwendet.

Die folgenden fünf Kapitel bilden den zweiten Teil des Buches. In Kapitel 11 werden Normalformen für komplexe, symmetrische, schief-symmetrische und orthogonale Matrizen definiert und interessante Zusammenhänge dieser Matrizen mit reellen Matrizen derselben Klassen und mit unitären Matrizen aufgezeigt.

In Kapitel 12 wird die allgemeine Theorie der Matrizenbüschel der Form $A + \lambda B$ dargelegt, wobei A und B beliebige rechteckige Matrizen gleichen Typs sind. Wie die

Untersuchungen der regulären Matrizenbüschel $A + \lambda B$ auf der Grundlage der Weierstraßschen Elementarteiler-Theorie durchgeführt werden, stützt sich das Studium der singulären Büschel auf die Kroneckersche Theorie der minimalen Indizes, die eine Weiterentwicklung der Weierstraßschen Elementarteiler-Theorie darstellt. Mit Hilfe der Kroneckerschen Theorie (der Verfasser hofft, daß es ihm gelungen ist, die Darstellung dieser Theorie zu vereinfachen) wird in Kapitel 12 die kanonische Form eines Matrizenbüschels im allgemeinen Fall aufgestellt. Die dabei gewonnenen Ergebnisse werden auf die Untersuchung von Systemen linearer Differentialgleichungen mit konstanten Koeffizienten angewandt.

In Kapitel 13 werden bemerkenswerte Spektraleigenschaften von Matrizen mit nichtnegativen Elementen bewiesen und zwei wichtige Anwendungsgebiete der Matrizen dieser Klasse betrachtet: a) die homogenen Markovschen Ketten der Wahrscheinlichkeitsrechnung und b) die elastischen Schwingungen in der Mechanik und ihre Oszillationseigenschaften. Die Matrizenmethoden zur Untersuchung homogener Markovscher Ketten wurden in den Arbeiten V. I. Romanowskijs (siehe [29]) entwickelt und stützen sich auf die Tatsache, daß die Matrix der Übergangswahrscheinlichkeiten einer homogenen Markovschen Kette mit endlich vielen Zuständen eine Matrix speziellen Typs mit nichtnegativen Elementen ist (eine „stochastische Matrix“).

Die Oszillationseigenschaften elastischer Schwingungen hängen mit einer anderen wichtigen Klasse nichtnegativer Matrizen, mit den „Oszillationsmatrizen“ zusammen. Diese Matrizen und ihre Anwendungen wurden von M. G. Krejn zusammen mit dem Verfasser dieses Buches untersucht. In Kapitel 13 werden nur einige grundlegende Resultate dieses Gebietes erörtert. Eingehende Untersuchungen des gesamten Materials findet der Leser in der Monographie [7].

In Kapitel 15 sind diejenigen Anwendungen der Matrizentheorie zusammengestellt, die sich auf Systeme von Differentialgleichungen mit variablen Koeffizienten beziehen. Dabei nimmt die Theorie der Produktintegrale und im Zusammenhang damit des Volterraschen Infinitesimalkalküls einen zentralen Platz ein (15.5. bis 15.9.). Diese Fragen sind in der sowjetischen mathematischen Literatur fast gar nicht behandelt worden. In den ersten Abschnitten und in Abschnitt 15.11. werden (im Ljapunovschen Sinne) reduzierbare Systeme im Zusammenhang mit der Frage der Stabilität von Bewegungen studiert und gewisse Resultate von N. P. Erugin angegeben. Die Abschnitte 15.9. bis 15.11. beziehen sich auf die analytische Theorie von Differentialgleichungssystemen. Hier wird die Unrichtigkeit eines Hauptsatzes von Birkhoff nachgewiesen (gewöhnlich benutzt man diesen Satz dazu, die Lösung eines Systems von Differentialgleichungen in der Umgebung eines singulären Punktes zu untersuchen). Ferner wird die kanonische Form der Lösung für den Fall aufgestellt, daß es sich um eine schwach singuläre Stelle handelt.

In 15.12. werden in Form einer Übersicht einige Resultate der Untersuchungen I. A. Lappo-Danilevskijs angegeben, die analytische Funktionen mehrerer Matrizen und deren Anwendungen auf Differentialgleichungssysteme betreffen.

Das letzte Kapitel ist der Anwendung der Theorie der quadratischen Formen (und insbesondere der Hankelschen Formen) auf das Routh-Hurwitzsche Problem — d. h. der Bestimmung der Anzahl der Nullstellen eines Polynoms, die in der rechten

Halbebene der komplexen Zahlenebene liegen (Re $z > 0$) — gewidmet. In den ersten Abschnitten dieses Kapitels wird die klassische Behandlung des Problems erörtert. In 16.5. wird ein Satz von A. M. LJAPUNOV bewiesen, der ein dem Routh-Hurwitzschen Kriterium äquivalentes Stabilitätskriterium darstellt. Neben dem Routh-Hurwitzschen Stabilitätskriterium wird in 16.13. das relativ wenig bekannte Kriterium von LIÉNARD und CHIPART erschlossen, in welchem die Anzahl der Determinantenungleichungen etwa halb so groß ist wie in dem Routh-Hurwitzschen Kriterium.

Am Schluß von Kapitel 16 wird der enge Zusammenhang zweier bemerkenswerter Sätze von A. A. MARKOV und P. L. ČEBYŠEV mit dem Stabilitätsproblem gezeigt; diese Sätze wurden von den berühmten Autoren auf der Grundlage der Theorie der Reihenentwicklung gewisser Kettenbrüche speziellen Typs nach abnehmenden Potenzen des Arguments gewonnen. Hier werden diese Sätze mit Hilfe der Matrizenrechnung bewiesen.

F. R. GANTMACHER

Vorwort des Redakteurs der zweiten russischen Auflage

Unter der Literatur über Matrizenrechnung nimmt die Monographie von F. R. Gantmacher (1908–1964) bekanntlich einen der vordersten Plätze ein. Dies erklärt sich aus der Systematik und Breite der betrachteten Fragen und der Exaktheit der Darlegungen. Die erste Auflage dieses Buches (1954) ist später ins Deutsche[1]) und Englische übertragen worden.

In seinen letzten Lebensjahren widmete F. R. Gantmacher der Durchsicht und Erweiterung dieses Buches sehr viel Zeit. Die von ihm vorgenommenen Änderungen betreffen u. a. die Terminologie sowie die Verbesserung einzelner Beweise. Darüber hinaus wurde hauptsächlich der zweite, den speziellen Fragen gewidmete Teil des Buches durch viel neues Material bereichert. So werden in dem neuen Kapitel 14 („Verschiedene Regularitätskriterien und die Lokalisierung der charakteristischen Wurzeln") verschiedene Methoden der näherungsweisen Bestimmung der charakteristischen Wurzeln erläutert. Ebenfalls neu sind Abschnitt 5.5 („Einige Eigenschaften von Matrizenfunktionen"), Abschnitt 16.17 („Der Zusammenhang der Hurwitzschen mit den Markovschen Determinanten") sowie zwei Abschnitte über pseudoinverse Operatoren und Matrizen (1.5.; 9.16).

Bekanntlich hatte der Autor die Absicht gehabt, in sein Buch einige Themen aufzunehmen, die mit der Kombinatorik der charakteristischen Wurzeln in der Matrizenalgebra verknüpft sind. Dazu gehören unter anderem die Aufgabe über die Verteilung der charakteristischen Wurzeln von Matrizensummen und -produkten, aber auch die bekannten Weylschen Ungleichungen und ihre Verallgemeinerungen. In die vorliegende Ausgabe wurde deshalb ein entsprechender Anhang von V. B. Lidskij aufgenommen, von dem auch eine der ersten Arbeiten auf diesem Gebiet stammt. V. B. Lidskij war ebenfalls an der Vorbereitung und Redaktion der zweiten Auflage dieses Werkes beteiligt.

Wir hoffen, durch die Erweiterung des Buches dem Leser eine Fülle interessanter und wertvoller Informationen bereitgestellt zu haben.

D. P. Želobenko

---

[1]) Die erste Auflage in deutscher Sprache erschien im VEB Deutscher Verlag der Wissenschaften, Berlin, unter dem Titel „Matrizenrechnung" in zwei Bänden 1958 und 1959; weitere unveränderte Nachauflagen folgten von Bd. I 1965 und 1970, von Bd. II 1966 und 1971 (*Anm. d. Red.*).

Inhalt

Erster Teil: Allgemeine Theorie

1. Matrizen und Matrizenoperationen

2. Der Gaußsche Algorithmus

3. Lineare Operatoren im n-dimensionalen Vektorraum

Zweiter Teil: Spezielle Fragen und Anwendungen

Erster Teil
Allgemeine Theorie

1. Matrizen und Matrizenoperationen

1.1. Definition der Matrix. Bezeichnungen

Gegeben sei ein Zahlkörper[1]) $\mathbf{K}$.

Definition 1. Ein rechteckiges Schema von Zahlen aus $\mathbf{K}$,

$$\left\| \begin{matrix} a_{11} & a_{12} & \dots & a_{1n} \\ a_{21} & a_{22} & \dots & a_{2n} \\ \dots & \dots & \dots & \dots \\ a_{m1} & a_{m2} & \dots & a_{mn} \end{matrix} \right\|, \tag{1}$$

nennen wir eine *Matrix*. Ist $m = n$, so heißt diese Matrix *quadratisch* und die Zahl m bzw. n ihre *Ordnung*[2]). Im allgemeinen Fall ist die Matrix *rechteckig*[3]) (vom *Typ* (m, n)). Die Zahlen, aus denen sich die Matrix zusammensetzt, werden ihre *Elemente* genannt.

Bezeichnungen. Die Elemente sind häufig mit zwei Indizes versehen, deren erster die Zeile (Zeilenindex) und deren zweiter die Spalte (Spaltenindex) bezeichnet, in der das entsprechende Element steht.

Neben der Schreibweise (1) wird für Matrizen auch folgende kürzere Bezeichnung verwendet:

$$\|a_{ik}\| \quad (i = 1, 2, \dots, m; \quad k = 1, 2, \dots, n).$$

---

[1]) Unter einem *Zahlkörper* verstehen wir eine Menge von Zahlen, in der die folgenden vier Operationen stets eindeutig ausführbar sind: Addition, Subtraktion, Multiplikation und Division, ausgenommen die Division durch 0. Als Beispiele für Zahlkörper führen wir an: die Menge aller rationalen Zahlen, die Menge aller reellen Zahlen und die Menge aller komplexen Zahlen. Wir setzen voraus, daß alle im folgenden vorkommenden Zahlen stets dem vorgegebenen Zahlkörper angehören.

[2]) Für *Ordnung* ist in der Literatur auch die Bezeichnung *Grad* üblich. Sie wird in diesem Buch nicht benutzt, da sich sonst bei der Betrachtung von Matrizenpolynomen (die ja als Polynome ebenfalls einen Grad besitzen) Bezeichnungsschwierigkeiten ergeben würden (*Anm. d. Red.*).

[3]) Wenn im folgenden einfach von einer „Matrix“ gesprochen wird, so ist diese nicht notwendig als quadratisch vorauszusetzen; in dem speziellen Fall quadratischer Matrizen wird stets besonders darauf hingewiesen (*Anm. d. Red.*).

Häufig werden wir die Matrix (1) auch mit einem Buchstaben bezeichnen und z. B. von der Matrix A sprechen. Ist A eine quadratische Matrix n-ter Ordnung, so schreiben wir $A = \|a_{ik}\|_1^n$. Die Determinante von $A = \|a_{ik}\|_1^n$ bezeichnen wir mit $|a_{ik}|_1^n$ oder mit $|A|$.

Für die aus gewissen Elementen einer gegebenen Matrix gebildeten Determinanten führen wir folgende abkürzende Bezeichnung ein:

$$A\begin{pmatrix} i_1 & i_2 & \dots & i_p \\ k_1 & k_2 & \dots & k_p \end{pmatrix} = \begin{vmatrix} a_{i_1k_1} & a_{i_1k_2} & \dots & a_{i_1k_p} \\ a_{i_2k_1} & a_{i_2k_2} & \dots & a_{i_2k_p} \\ \dots & \dots & \dots & \dots \\ a_{i_pk_1} & a_{i_pk_2} & \dots & a_{i_pk_p} \end{vmatrix}. \tag{2}$$

Ist $1 \leqq i_1 < i_2 < \cdots < i_p \leqq m$ und $1 \leqq k_1 < k_2 < \cdots < k_p \leqq n$, so nennen wir die Determinante (3) einen *Minor* (oder eine *Unterdeterminante*) p-ter Ordnung der Matrix A.

Die Matrix $A = \|a_{ik}\|$ $(i = 1, 2, \ldots, m;\ k = 1, 2, \ldots, n)$ besitzt $\binom{m}{p}\cdot\binom{n}{p}$ Minoren p-ter Ordnung der Form

$$A\begin{pmatrix} i_1 & i_2 & \dots & i_p \\ k_1 & k_2 & \dots & k_p \end{pmatrix}$$
$$(1 \leqq i_1 < i_2 < \cdots < i_p \leqq m; \quad 1 \leqq k_1 < k_2 < \cdots < k_p \leqq n; \quad p \leqq m, n). \tag{2'}$$

Die Minoren (2'), für die $i_1 = k_1$, $i_2 = k_2, \ldots, i_p = k_p$ ist, heißen *Hauptminoren.*

Nach (2) können wir die Determinante der quadratischen Matrix $A = \|a_{ik}\|_1^n$ auch folgendermaßen schreiben:

$$|A| = A\begin{pmatrix} 1 & 2 & \dots & n \\ 1 & 2 & \dots & n \end{pmatrix}.$$

Die größte unter den Ordnungen der von 0 verschiedenen Minoren einer Matrix heißt ihr *Rang*.[1]) Ist r der Rang einer rechteckigen Matrix vom Typ (m, n), so ist offenbar $r \leqq m$ und $r \leqq n$.

Eine Matrix

$$\begin{Vmatrix} x_1 \\ x_2 \\ \vdots \\ x_n \end{Vmatrix},$$

die nur aus einer Spalte besteht, nennen wir *Spaltenmatrix* oder *Spalte* und bezeichnen sie mit $(x_1, x_2, \ldots, x_n)$.

Eine Matrix

$$\|z_1, z_2, \ldots, z_n\|,$$

---

[1]) Verschwinden auch alle Minoren erster Ordnung, d. h., sind alle Elemente der Matrix gleich 0 (*Nullmatrix*), so schreiben wir ihr den Rang 0 zu (*Anm. d. Red.*).

die nur aus einer Zeile besteht, nennen wir *Zeilenmatrix* oder *Zeile* und bezeichnen sie mit $[z_1, z_2, \ldots, z_n]$.[1])

Eine quadratische Matrix

$$\begin{Vmatrix} d_1 & 0 & \ldots & 0 \\ 0 & d_2 & \ldots & 0 \\ \ldots & \ldots & \ldots & \ldots \\ 0 & 0 & \ldots & d_n \end{Vmatrix},$$

bei der alle Elemente, die außerhalb der Hauptdiagonalen stehen, gleich 0 sind, heißt *Diagonalmatrix* und wird mit $\|d_i \delta_{ik}\|_1^n$ oder $\{d_1, d_2, \ldots, d_n\}$ bezeichnet.[2])

Wir führen noch eine spezielle Bezeichnung für die Zeilen und Spalten einer Matrix $A = \|a_{ik}\|$ vom Typ (m, n) ein. Die i-te Zeile der Matrix A bezeichnen wir mit $a_{i.}$, die i-te Spalte mit $a_{.j}$:

$$a_{i.} = [a_{i1}, a_{i2}, \ldots, a_{in}], \qquad a_{.j} = (a_{1j}, a_{2j}, \ldots, a_{mj}) \\ (i = 1, \ldots, m; \quad j = 1, \ldots, n). \tag{3}$$

Werden m Größen $y_1, y_2, \ldots, y_m$ linear und homogen durch n andere Größen $x_1, x_2, \ldots, x_n$ ausgedrückt,

$$\left.\begin{aligned} y_1 &= a_{11}x_1 + a_{12}x_2 + \cdots + a_{1n}x_n, \\ y_2 &= a_{21}x_1 + a_{22}x_2 + \cdots + a_{2n}x_n, \\ &\ldots\ldots\ldots\ldots\ldots\ldots \\ y_m &= a_{m1}x_1 + a_{m2}x_2 + \cdots + a_{mn}x_n \end{aligned}\right\} \tag{4}$$

oder kürzer

$$y_i = \sum_{k=1}^{n} a_{ik}x_k \qquad (i = 1, 2, \ldots, m), \tag{4'}$$

so sprechen wir von einer *linearen Transformation* (oder einer *linearen Substitution* der y_i durch die x_k). Die Koeffizienten dieser Transformation bilden eine Matrix der Gestalt (1) (vom Typ (m, n)). Die lineare Transformation (4) definiert eindeutig eine Matrix der Gestalt (1) und umgekehrt.[3])

Von den Eigenschaften der linearen Transformation (4) ausgehend, definieren wir im folgenden Abschnitt die wichtigsten Matrizenoperationen.

1.2. Addition und Multiplikation von Matrizen

Wir definieren folgende Matrizenoperationen: die Addition von Matrizen, die Multiplikation einer Matrix mit einer Zahl und die Multiplikation von Matrizen.

---

[1]) Für die beiden angeführten Spezialfälle von Matrizen wird auch der Begriff *einreihige Matrix* verwendet. Derartige Matrizen werden mit kleinen Buchstaben bezeichnet (*Anm. d. Red.*).

[2]) δ_{ik} ist das Kroneckersymbol: $\delta_{ik} = \begin{cases} 1 \text{ für } i = k, \\ 0 \text{ für } i \neq k. \end{cases}$

[3]) Zwei Matrizen sind also genau dann gleich, wenn sie elementweise übereinstimmen; dabei ist vorausgesetzt, daß sie von gleichem Typ sind (*Anm. d. Red.*).

1. Betrachtet man die linearen Transformationen

$$y_i = \sum_{k=1}^{n} a_{ik} x_k \quad (i = 1, 2, \ldots, m) \tag{5}$$

und

$$z_i = \sum_{k=1}^{n} b_{ik} x_k \quad (i = 1, 2, \ldots, m), \tag{6}$$

wobei die x_k in beiden Fällen dieselben sind, so gilt

$$y_i + z_i = \sum_{k=1}^{n} (a_{ik} + b_{ik})\, x_k \quad (i = 1, 2, \ldots, m). \tag{7}$$

In Übereinstimmung damit geben wir die

Definition 2 (*Matrizenaddition*). Gegeben seien zwei Matrizen gleichen Typs $A = \|a_{ik}\|$ und $B = \|b_{ik}\|$. Die Matrix $C = \|c_{ik}\|$ vom gleichen Typ heißt die *Summe der Matrizen A und B*, wenn ihre Elemente die Summen der entsprechenden Elemente der gegebenen Matrizen sind:

$$C = A + B,$$

wenn

$$c_{ik} = a_{ik} + b_{ik} \quad (i = 1, 2, \ldots, m;\ k = 1, 2, \ldots, n).$$

Beispiel.

$$\begin{Vmatrix} a_1 & a_2 & a_3 \\ b_1 & b_2 & b_3 \end{Vmatrix} + \begin{Vmatrix} c_1 & c_2 & c_3 \\ d_1 & d_2 & d_3 \end{Vmatrix} = \begin{Vmatrix} a_1 + c_1 & a_2 + c_2 & a_3 + c_3 \\ b_1 + d_1 & b_2 + d_2 & b_3 + d_3 \end{Vmatrix}.$$

Nach Definition 2 kann man nur Matrizen gleichen Typs addieren. Ebenso ergibt sich, daß die Koeffizientenmatrix der Transformation (7) die Summe der Koeffizientenmatrizen (5) und (6) ist.

Aus der Definition folgt unmittelbar, daß die Matrizenaddition kommutativ und assoziativ ist:

1. $A + B = B + A$,
2. $(A + B) + C = A + (B + C)$.

Dabei sind A, B und C beliebige Matrizen gleichen Typs.

Die Matrizenaddition läßt sich für eine beliebige (endliche) Anzahl von Summanden entsprechend verallgemeinern.

2. Wir multiplizieren in der Transformation (5) $y_1, y_2, \ldots, y_m$ mit einer Zahl α aus $\mathbf{K}$. Dann gilt

$$\alpha y_i = \sum_{k=1}^{n} (\alpha a_{ik})\, x_k \quad (i = 1, 2, \ldots, m).$$

In Übereinstimmung damit formulieren wir

Definition 3 (*Multiplikation einer Matrix mit einer Zahl*). Die Matrix C wird das *Produkt der Matrix A mit der Zahl* α genannt (A vom Typ (m, n), α aus $\mathbf{K}$), wenn ihre

Elemente die Produkte der entsprechenden Elemente von A mit der Zahl α sind und sie den gleichen Typ besitzt:

$$C = \alpha A,$$

wenn

$$c_{ik} = \alpha a_{ik} \quad (i = 1, 2, \ldots, m; \; k = 1, 2, \ldots, n).$$

Beispiel.

$$\alpha \begin{Vmatrix} a_1 & a_2 & a_3 \\ b_1 & b_2 & b_3 \end{Vmatrix} = \begin{Vmatrix} \alpha a_1 & \alpha a_2 & \alpha a_3 \\ \alpha b_1 & \alpha b_2 & \alpha b_3 \end{Vmatrix}.$$

Es gilt:[1])

1. $\alpha(A + B) = \alpha A + \alpha B$,
2. $(\alpha + \beta) A = \alpha A + \beta A$,
3. $(\alpha\beta) A \quad = \alpha(\beta A)$.

Dabei sind A und B beliebige Matrizen gleichen Typs, α und β Zahlen aus **K**.

Die *Differenz* $A - B$ *zweier Matrizen* gleichen Typs wird wie folgt definiert:

$$A - B = A + (-1) B.$$

Ist A eine quadratische Matrix n-ter Ordnung und α eine Zahl aus **K**, so gilt[2])

$$|\alpha A| = \alpha^n |A|.$$

3. Wir betrachten die lineare Transformation

$$z_i = \sum_{k=1}^{n} a_{ik} y_k \quad (i = 1, 2, \ldots, m) \tag{8}$$

und drücken $y_1, y_2, \ldots, y_n$ durch $x_1, x_2, \ldots, x_n$ vermittels der linearen Transformation

$$y_k = \sum_{j=1}^{q} b_{kj} x_j \quad (k = 1, 2, \ldots, n) \tag{9}$$

aus; setzen wir nun in (8) die aus (9) gewonnenen Ausdrücke für $y_1, y_2, \ldots, y_n$ ein, so erhalten wir

$$z_i = \sum_{k=1}^{n} a_{ik} \sum_{j=1}^{q} b_{kj} x_j = \sum_{j=1}^{q} \left(\sum_{k=1}^{n} a_{ik} b_{kj} \right) x_j \quad (i = 1, 2, \ldots, m); \tag{10}$$

(10) ist die „zusammengesetzte" Transformation, bei der die z_i direkt durch die x_j ausgedrückt werden. In Übereinstimmung damit erhalten wir

Definition 4 (*Matrizenmultiplikation*). Die Matrix

$$C = \begin{Vmatrix} c_{11} & c_{12} & \ldots & c_{1q} \\ c_{21} & c_{22} & \ldots & c_{2q} \\ \ldots & \ldots & \ldots & \ldots \\ c_{m1} & c_{m2} & \ldots & c_{mq} \end{Vmatrix}$$

---

[1]) In entsprechender Weise definiert man die Matrix $A\alpha$. Es ist $\alpha A = A\alpha$ (*Anm. d. Red.*).

[2]) Dabei sind $|A|$ und $|\alpha A|$ die Determinanten der Matrizen A bzw. αA (vgl. S. 20).

ist das *Produkt der beiden Matrizen*

$$A = \begin{Vmatrix} a_{11} & a_{12} & \dots & a_{1n} \\ a_{21} & a_{22} & \dots & a_{2n} \\ \dots & \dots & \dots & \dots \\ a_{m1} & a_{m2} & \dots & a_{mn} \end{Vmatrix}, \quad B = \begin{Vmatrix} b_{11} & b_{12} & \dots & b_{1q} \\ b_{21} & b_{22} & \dots & b_{2q} \\ \dots & \dots & \dots & \dots \\ b_{n1} & b_{n2} & \dots & b_{nq} \end{Vmatrix},$$

wenn das Element c_{ik}, das in der i-ten Zeile und der k-ten Spalte der Produktmatrix steht, gleich dem (inneren) „Produkt" der i-ten Zeile von A mit der k-ten Spalte von B ist:[1])

$$c_{ij} = \sum_{k=1}^{n} a_{ik} b_{kj} \qquad (i = 1, 2, \dots, m; \quad j = 1, 2, \dots, q). \tag{11}$$

Beispiel.

$$\begin{Vmatrix} a_1 & a_2 & a_3 \\ b_1 & b_2 & b_3 \end{Vmatrix} \begin{Vmatrix} c_1 & d_1 & e_1 & f_1 \\ c_2 & d_2 & e_2 & f_2 \\ c_3 & d_3 & e_3 & f_3 \end{Vmatrix}$$

$$= \begin{Vmatrix} a_1c_1 + a_2c_2 + a_3c_3 & a_1d_1 + a_2d_2 + a_3d_3 & a_1e_1 + a_2e_2 + a_3e_3 & a_1f_1 + a_2f_2 + a_3f_3 \\ b_1c_1 + b_2c_2 + b_3c_3 & b_1d_1 + b_2d_2 + b_3d_3 & b_1e_1 + b_2e_2 + b_3e_3 & b_1f_1 + b_2f_2 + b_3f_3 \end{Vmatrix}.$$

Nach Definition 4 ist die Koeffizientenmatrix der Transformation (10) das Produkt der Koeffizientenmatrizen (8) und (9).

Die Multiplikation zweier Matrizen ist nur dann ausführbar, wenn die Anzahl der Spalten des ersten Faktors gleich der Anzahl der Zeilen des zweiten ist.[2]) Die Multiplikation ist insbesondere immer dann ausführbar, wenn beide Faktoren quadratische Matrizen gleicher Ordnung sind. Wir machen den Leser darauf aufmerksam, daß selbst in diesem Spezialfall die Matrizenmultiplikation nicht kommutativ ist. So ist z. B.

$$\begin{Vmatrix} 1 & 2 \\ 3 & 4 \end{Vmatrix} \begin{Vmatrix} 2 & 0 \\ 3 & -1 \end{Vmatrix} = \begin{Vmatrix} 8 & -2 \\ 18 & -4 \end{Vmatrix}, \quad \text{aber} \quad \begin{Vmatrix} 2 & 0 \\ 3 & -1 \end{Vmatrix} \begin{Vmatrix} 1 & 2 \\ 3 & 4 \end{Vmatrix} = \begin{Vmatrix} 2 & 4 \\ 0 & 2 \end{Vmatrix}.$$

Ist $AB = BA$, so sagt man, die Matrizen A und B seien *vertauschbar*.

Beispiel. Die Matrizen

$$A = \begin{Vmatrix} 1 & 2 \\ -2 & 0 \end{Vmatrix} \quad \text{und} \quad B = \begin{Vmatrix} -3 & 2 \\ -2 & -4 \end{Vmatrix}$$

sind vertauschbar wegen

$$AB = \begin{Vmatrix} -7 & -6 \\ 6 & -4 \end{Vmatrix} \quad \text{und} \quad BA = \begin{Vmatrix} -7 & -6 \\ 6 & -4 \end{Vmatrix}.$$

---

[1]) Unter dem (inneren) Produkt zweier Zahlenreihen $a_1, a_2, \dots, a_n$ und $b_1, b_2, \dots, b_n$ verstehen wir die Summe der Produkte der entsprechenden Glieder dieser Reihen: $\sum_{i=1}^{n} a_i b_i$.

[2]) Nach I. Schur heißt mitunter die erste Matrix mit der zweiten *verkettet* (*Anm. d. Red.*).

Die Matrizenmultiplikation ist **assoziativ** und **distributiv** (bezüglich der Matrizenaddition):

$$\left.\begin{aligned} &1.\ (AB)\,C = A(BC),\\ &2.\ (A+B)\,C = AC + BC,\\ &3.\ A(B+C) = AB + AC. \end{aligned}\right\} \tag{12}$$

Die Matrizenmultiplikation läßt sich für eine beliebige (endliche) Anzahl von Faktoren entsprechend verallgemeinern.

4. Die lineare Transformation

$$\left.\begin{aligned} y_1 &= a_{11}x_1 + a_{12}x_2 + \cdots + a_{1n}x_n,\\ y_2 &= a_{21}x_1 + a_{22}x_2 + \cdots + a_{2n}x_n,\\ &\cdots\cdots\cdots\cdots\cdots\cdots\\ y_m &= a_{m1}x_1 + a_{m2}x_2 + \cdots + a_{mn}x_n \end{aligned}\right\} \tag{13}$$

kann, wenn man die Matrizenmultiplikation benutzt, als eine einzige Matrizengleichung geschrieben werden:

$$\left\|\begin{matrix} y_1\\ y_2\\ \vdots\\ y_m \end{matrix}\right\| = \left\|\begin{matrix} a_{11} & a_{12} & \dots & a_{1n}\\ a_{21} & a_{22} & \dots & a_{2n}\\ \dots & \dots & \dots & \dots\\ a_{m1} & a_{m2} & \dots & a_{mn} \end{matrix}\right\| \left\|\begin{matrix} x_1\\ x_2\\ \vdots\\ x_n \end{matrix}\right\|$$

oder kürzer:

$$y = Ax. \tag{13'}$$

Dabei ist $x = (x_1, x_2, \ldots, x_n)$, $y = (y_1, y_2, \ldots, y_m)$ und $A = \|a_{ik}\|$ eine Matrix vom Typ (m, n).

Die Gleichungen (13) besagen, daß die Spalte y Linearkombination der Spalten der Matrix A mit den Koeffizienten $x_1, x_2, \ldots, x_n$ ist:

$$y = x_1 a_{.1} + x_2 a_{.2} + \cdots + x_n a_{.n} = \sum_{k=1}^{n} x_k a_{.k}. \tag{13''}$$

Wir wenden uns jetzt den Gleichungen (11) zu, die einer einzigen Matrizengleichung

$$C = AB \tag{14}$$

äquivalent sind. Diese Gleichungen können als

$$c_{.j} = \sum_{k=1}^{n} b_{kj} a_{.k} \qquad (j = 1, 2, \ldots, q) \tag{14'}$$

oder aber auch als

$$c_{i.} = \sum_{k=1}^{n} a_{ik} b_{k.} \qquad (i = 1, 2, \ldots, m) \tag{14''}$$

geschrieben werden. Die j-te Spalte des Matrizenprodukts $C = AB$ ist also eine Linearkombination der Spalten des ersten Faktors, d. h. der Matrix A, wobei die Koeffizienten dieser linearen Abhängigkeit die j-te Spalte des zweiten Faktors bilden. Analog ist die i-te Zeile der Matrix C Linearkombination der Zeilen von B, und die Koeffizienten dieser linearen Abhängigkeit sind die Elemente der i-ten Zeile der Matrix A.[1])

Wir gehen noch auf den Spezialfall ein, daß in dem Produkt $C = AB$ der zweite Faktor eine Diagonalmatrix $B = \{d_1, d_2, \ldots, d_n\}$ ist. Dann folgt aus (11)

$$c_{ij} = a_{ij}d_j \quad (i = 1, 2, \ldots, m; \quad j = 1, 2, \ldots, n),$$

d. h.

$$\begin{Vmatrix} a_{11} & a_{12} & \ldots & a_{1n} \\ a_{21} & a_{22} & \ldots & a_{2n} \\ \ldots & \ldots & \ldots & \ldots \\ a_{m1} & a_{m2} & \ldots & a_{mn} \end{Vmatrix} \begin{Vmatrix} d_1 & 0 & \ldots & 0 \\ 0 & d_2 & \ldots & 0 \\ \ldots & \ldots & \ldots & \ldots \\ 0 & 0 & \ldots & d_n \end{Vmatrix} = \begin{Vmatrix} a_{11}d_1 & a_{12}d_2 & \ldots & a_{1n}d_n \\ a_{21}d_1 & a_{22}d_2 & \ldots & a_{2n}d_n \\ \ldots & \ldots & \ldots & \ldots \\ a_{m1}d_1 & a_{m2}d_2 & \ldots & a_{mn}d_n \end{Vmatrix}.$$

Analog gilt

$$\begin{Vmatrix} d_1 & 0 & \ldots & 0 \\ 0 & d_2 & \ldots & 0 \\ \ldots & \ldots & \ldots & \ldots \\ 0 & 0 & \ldots & d_m \end{Vmatrix} \begin{Vmatrix} a_{11} & a_{12} & \ldots & a_{1n} \\ a_{21} & a_{22} & \ldots & a_{2n} \\ \ldots & \ldots & \ldots & \ldots \\ a_{m1} & a_{m2} & \ldots & a_{mn} \end{Vmatrix} = \begin{Vmatrix} d_1a_{11} & d_1a_{12} & \ldots & d_1a_{1n} \\ d_2a_{21} & d_2a_{22} & \ldots & d_2a_{2n} \\ \ldots & \ldots & \ldots & \ldots \\ d_ma_{m1} & d_ma_{m2} & \ldots & d_ma_{mn} \end{Vmatrix}.$$

Wird eine Matrix A von rechts (bzw. links) mit einer Diagonalmatrix multipliziert, so werden die Spalten (bzw. Zeilen) von A mit den entsprechenden Elementen der Diagonalmatrix multipliziert.

5. Die quadratische Matrix $C = \|c_{ij}\|_1^m$ sei das Produkt zweier rechteckiger Matrizen $A = \|a_{ik}\|$ und $B = \|b_{jk}\|$ vom Typ (m, n) bzw. (n, m):

$$\begin{Vmatrix} c_{11} & \ldots & c_{1m} \\ \ldots & \ldots & \ldots \\ c_{m1} & \ldots & c_{mm} \end{Vmatrix} = \begin{Vmatrix} a_{11} & a_{12} & \ldots & a_{1n} \\ \ldots & \ldots & \ldots & \ldots \\ a_{m1} & a_{m2} & \ldots & a_{mn} \end{Vmatrix} \begin{Vmatrix} b_{11} & \ldots & b_{1m} \\ b_{21} & \ldots & b_{2m} \\ \ldots & \ldots & \ldots \\ b_{n1} & \ldots & b_{nm} \end{Vmatrix}, \tag{15}$$

d. h.

$$c_{ij} = \sum_{\alpha=1}^{n} a_{i\alpha}b_{\alpha j} \quad (i, j = 1, 2, \ldots, m). \tag{15'}$$

---

[1]) Folglich hat die Matrizengleichung $AX = C$, wobei A und C gegebene Matrizen vom Typ (m, n) bzw. (m, q) sind und X die gesuchte Matrix vom Typ (n, q) ist, dann und nur dann eine Lösung, wenn die Spalten der Matrix C Linearkombinationen der Spalten der Matrix A sind. Für die Existenz einer Lösung X der Gleichung $XB = C$ besteht die notwendige und hinreichende Bedingung darin, daß die Zeilen der Matrix C Linearkombinationen der Zeilen der Matrix B sind.

Wir formulieren den Satz von BINET-CAUCHY (*Allgemeiner Multiplikationssatz für Determinanten*):

$$\begin{vmatrix} c_{11} & \dots & c_{1m} \\ \dots & \dots & \dots \\ c_{m1} & \dots & c_{mm} \end{vmatrix} = \sum_{1 \leq k_1 < k_2 < \dots < k_m \leq n} \begin{vmatrix} a_{1k_1} & \dots & a_{1k_m} \\ \dots & \dots & \dots \\ a_{mk_1} & \dots & a_{mk_m} \end{vmatrix} \begin{vmatrix} b_{k_1 1} & \dots & b_{k_1 m} \\ \dots & \dots & \dots \\ b_{k_m 1} & \dots & b_{k_m m} \end{vmatrix} \tag{16}$$

oder, in anderer Schreibweise (vgl. S. 20),

$$C\begin{pmatrix} 1 & 2 & \dots & m \\ 1 & 2 & \dots & m \end{pmatrix} = \sum_{1 \leq k_1 < k_2 < \dots < k_m \leq n} A\begin{pmatrix} 1 & 2 & \dots & m \\ k_1 & k_2 & \dots & k_m \end{pmatrix} B\begin{pmatrix} k_1 & k_2 & \dots & k_m \\ 1 & 2 & \dots & m \end{pmatrix}.^{1)} \tag{16'}$$

Die Determinante der Matrix C ist gleich der Summe der Produkte aller Minoren höchster (m-ter) Ordnung[1] *von A mit den entsprechenden Minoren derselben Ordnung von B.*

Beweis des Satzes von BINET-CAUCHY. Nach (15') kann man die Determinante der Matrix C in der Gestalt

$$\begin{vmatrix} c_{11} & \dots & c_{1m} \\ \dots & \dots & \dots \\ c_{m1} & \dots & c_{mm} \end{vmatrix} = \begin{vmatrix} \sum_{\alpha_1=1}^{n} a_{1\alpha_1} b_{\alpha_1 1} & \dots & \sum_{\alpha_m=1}^{n} a_{1\alpha_m} b_{\alpha_m m} \\ \dots & \dots & \dots \\ \sum_{\alpha_1=1}^{n} a_{m\alpha_1} b_{\alpha_1 1} & \dots & \sum_{\alpha_m=1}^{n} a_{m\alpha_m} b_{\alpha_m m} \end{vmatrix}$$

$$= \sum_{\alpha_1, \dots, \alpha_m = 1}^{n} \begin{vmatrix} a_{1\alpha_1} b_{\alpha_1 1} & \dots & a_{1\alpha_m} b_{\alpha_m m} \\ \dots & \dots & \dots \\ a_{m\alpha_1} b_{\alpha_1 1} & \dots & a_{m\alpha_m} b_{\alpha_m m} \end{vmatrix}$$

$$= \sum_{\alpha_1, \dots, \alpha_m = 1}^{n} A\begin{pmatrix} 1 & 2 & \dots & m \\ \alpha_1 & \alpha_2 & \dots & \alpha_m \end{pmatrix} b_{\alpha_1 1} b_{\alpha_2 2} \cdots b_{\alpha_m m} \tag{16''}$$

darstellen. Ist $m > n$, so sind von den Zahlen $\alpha_1, \alpha_2, \dots, \alpha_m$ stets einige gleich, und es verschwinden alle Summanden auf der rechten Seite der Gleichung (16''). Folglich ist $|C| = 0$.

Es sei jetzt $m \leq n$. Dann werden in der Summe auf der rechten Seite der Gleichung (16'') diejenigen Summanden gleich 0, bei denen mindestens zwei der Indizes α_1, $\alpha_2, \dots, \alpha_m$ gleich sind. Faßt man nun alle nichtverschwindenden Summanden der rechten Seite, die sich nur durch die Reihenfolge, nicht aber durch die Werte der Indizes $\alpha_1, \alpha_2, \dots, \alpha_m$ unterscheiden, in Gruppen von je $m!$ Elementen zusammen, so

[1] Ist $m > n$, so besitzen die Matrizen A und B keine Minoren m-ter Ordnung. Dann verschwindet die rechte Seite der Gleichung (16) bzw. (16').

liefert jede solche Gruppe eine Summe der Gestalt[1])

$$\sum \varepsilon(\alpha_1, \alpha_2, \ldots, \alpha_m)\, A\begin{pmatrix} 1 & 2 & \ldots & m \\ k_1 & k_2 & \ldots & k_m \end{pmatrix} b_{\alpha_1 1} b_{\alpha_2 2} \cdots b_{\alpha_m m}$$

$$= A\begin{pmatrix} 1 & 2 & \ldots & m \\ k_1 & k_2 & \ldots & k_m \end{pmatrix} \sum \varepsilon(\alpha_1, \alpha_2, \ldots, \alpha_m)\, b_{\alpha_1 1} b_{\alpha_2 2} \cdots b_{\alpha_m m}$$

$$= A\begin{pmatrix} 1 & 2 & \ldots & m \\ k_1 & k_2 & \ldots & k_m \end{pmatrix} B\begin{pmatrix} k_1 & k_2 & \ldots & k_m \\ 1 & 2 & \ldots & m \end{pmatrix}.$$

Damit ist der Satz bewiesen.

Beispiel 1.

$$\left\| \begin{matrix} a_1c_1 + a_2c_2 + \cdots + a_nc_n & a_1d_1 + a_2d_2 + \cdots + a_nd_n \\ b_1c_1 + b_2c_2 + \cdots + b_nc_n & b_1d_1 + b_2d_2 + \cdots + b_nd_n \end{matrix} \right\| = \left\| \begin{matrix} a_1 & a_2 & \ldots & a_n \\ b_1 & b_2 & \ldots & b_n \end{matrix} \right\| \left\| \begin{matrix} c_1 & d_1 \\ c_2 & d_2 \\ \vdots & \vdots \\ c_n & d_n \end{matrix} \right\|.$$

Aus (14) folgt die sogenannte Cauchysche Identität

$$\left| \begin{matrix} a_1c_1 + a_2c_2 + \cdots + a_nc_n & a_1d_1 + a_2d_2 + \cdots + a_nd_n \\ b_1c_1 + b_2c_2 + \cdots + b_nc_n & b_1d_1 + b_2d_2 + \cdots + b_nd_n \end{matrix} \right| = \sum_{1 \le i < k \le n} \left| \begin{matrix} a_i & a_k \\ b_i & b_k \end{matrix} \right| \left| \begin{matrix} c_i & d_i \\ c_k & d_k \end{matrix} \right|.$$

Setzen wir in dieser Gleichung $c_i = a_i$ und $d_i = b_i$ $(i = 1, 2, \ldots, n)$, so ergibt sich

$$\left| \begin{matrix} a_1^2 + a_2^2 + \cdots + a_n^2 & a_1b_1 + a_2b_2 + \cdots + a_nb_n \\ a_1b_1 + a_2b_2 + \cdots + a_nb_n & b_1^2 + b_2^2 + \cdots + b_n^2 \end{matrix} \right| = \sum_{1 \le i < k \le n} \left| \begin{matrix} a_i & a_k \\ b_i & b_k \end{matrix} \right|^2.$$

Sind die a_i und b_i reelle Zahlen $(i = 1, 2, \ldots, n)$, so folgt die bekannte Ungleichung

$$(a_1b_1 + a_2b_2 + \cdots + a_nb_n)^2 \leqq (a_1^2 + a_2^2 + \cdots + a_n^2)(b_1^2 + b_2^2 + \cdots + b_n^2).$$

Das Gleichheitszeichen gilt hier genau dann, wenn die a_i den b_i $(i = 1, 2, \ldots, n)$ proportional sind.

Beispiel 2.

$$\left\| \begin{matrix} a_1c_1 + b_1d_1 & \ldots & a_1c_n + b_1d_n \\ \cdots & \cdots & \cdots \\ a_nc_1 + b_nd_1 & \ldots & a_nc_n + b_nd_n \end{matrix} \right\| = \left\| \begin{matrix} a_1 & b_1 \\ \vdots & \vdots \\ a_n & b_n \end{matrix} \right\| \left\| \begin{matrix} c_1 & \ldots & c_n \\ d_1 & \ldots & d_n \end{matrix} \right\|.$$

Dann folgt für $n > 2$[2])

$$\left| \begin{matrix} a_1c_1 + b_1d_1 & \ldots & a_1c_n + b_1d_n \\ \cdots & \cdots & \cdots \\ a_nc_1 + b_nd_1 & \ldots & a_nc_n + b_nd_n \end{matrix} \right| = 0.$$

[1]) $k_1 < k_2 < \cdots < k_m$ ist die natürliche Anordnung der Indizes $\alpha_1, \alpha_2, \ldots, \alpha_m$; dann ist $\varepsilon(\alpha_1, \alpha_2, \ldots, \alpha_m) = (-1)^N$, wobei N die Anzahl der Transpositionen ist, die man benötigt, um aus der Permutation $\alpha_1, \alpha_2, \ldots, \alpha_m$ die natürliche Anordnung $k_1 < k_2 < \cdots < k_m$ zu erhalten.

[2]) Vgl. die Fußnote auf S. 27.

Betrachten wir den Spezialfall, daß A und B quadratische Matrizen gleicher Ordnung sind, in (14′) also $m = n$, so erhalten wir den *Multiplikationssatz für Determinanten*:

$$C\begin{pmatrix}1 & 2 & \dots & n\\ 1 & 2 & \dots & n\end{pmatrix} = A\begin{pmatrix}1 & 2 & \dots & n\\ 1 & 2 & \dots & n\end{pmatrix} B\begin{pmatrix}1 & 2 & \dots & n\\ 1 & 2 & \dots & n\end{pmatrix}$$

oder, in anderer Schreibweise,

$$|C| = |AB| = |A| \cdot |B|. \tag{17}$$

Die Determinante des Produkts zweier Matrizen ist gleich dem Produkt der Determinanten der beiden Faktoren.

6. Ist die Produktmatrix rechteckig, so kann man mit Hilfe des Satzes von BINET-CAUCHY die Minoren des Produktes zweier Matrizen durch Produkte der Minoren der beiden Faktoren ausdrücken. Es seien

$$A = \|a_{ik}\|, \quad B = \|b_{kj}\|, \quad C = \|c_{ij}\|$$
$$(i = 1, 2, \dots, m; \quad k = 1, 2, \dots, n; \quad j = 1, 2, \dots, q)$$

und

$$C = AB.$$

Wir betrachten einen Minor der Matrix C:

$$C\begin{pmatrix}i_1 & i_2 & \dots & i_p\\ j_1 & j_2 & \dots & j_p\end{pmatrix}$$

$(1 \leqq i_1 < i_2 < \dots < i_p \leqq m;\ 1 \leqq j_1 < j_2 < \dots < j_p \leqq q;\ p \leqq m$ und $p \leqq q)$.

Die Matrix dieses Minors ist das Produkt der beiden rechteckigen Matrizen

$$\left\|\begin{matrix} a_{i_1 1} & a_{i_1 2} & \dots & a_{i_1 n}\\ \dots & \dots & \dots & \dots\\ a_{i_p 1} & a_{i_p 2} & \dots & a_{i_p n}\end{matrix}\right\|, \quad \left\|\begin{matrix} b_{1 j_1} & \dots & b_{1 j_p}\\ b_{2 j_1} & \dots & b_{2 j_p}\\ \dots & \dots & \dots\\ b_{n j_1} & \dots & b_{n j_p}\end{matrix}\right\|.$$

Aus dem Satz von BINET-CAUCHY folgt dann[1])

$$C\begin{pmatrix}i_1 & i_2 & \dots & i_p\\ j_1 & j_2 & \dots & j_p\end{pmatrix} = \sum_{1 \leqq k_1 < k_2 < \dots < k_p \leqq n} A\begin{pmatrix}i_1 & i_2 & \dots & i_p\\ k_1 & k_2 & \dots & k_p\end{pmatrix} B\begin{pmatrix}k_1 & k_2 & \dots & k_p\\ j_1 & j_2 & \dots & j_p\end{pmatrix}. \tag{18}$$

Für $p = 1$ geht die Gleichung (18) in (11) über. Für $p > 1$ ist (18) eine natürliche Verallgemeinerung von (11).

An Gleichung (18) knüpfen wir folgende Bemerkung.

Der Rang der Produktmatrix ist nicht größer als der Rang jedes ihrer Faktoren.

---

1) Nach dem Satz von BINET-CAUCHY sind alle Minoren p-ter Ordnung von C mit $p > n$ (sofern sie existieren) gleich 0. Damit verschwindet in der Gleichung (19) die rechte Seite. Vgl. auch die Fußnote auf S. 27.

Ist $C = AB$ und ist r_A (bzw. r_B, r_C) der Rang von A (bzw. B, C), so gelten die Ungleichungen

$$r_C \leqq r_A \quad \text{und} \quad r_C \leqq r_B.$$

7. Ist X Lösung der Matrizengleichung $AX = C$ (A, X und C sind vom Typ (m, n), (n, q) bzw. (m, q)), so ist $r_X \leqq r_C$. Wir beweisen, daß *unter den Lösungen der Matrizengleichung* $AX = C$ *eine Lösung* X_0 *kleinsten Ranges existiert, für die* $r_{X_0} = r_C$ *ist.*

Es sei $r = r_C$. Dann gibt es unter den Spalten der Matrix C gerade r linear unabhängige.[1]) Beispielsweise seien die ersten r Spalten $C_{.1}, \ldots, C_{.r}$ linear unabhängig und die restlichen Spalten $C_{.r+1}, \ldots, C_{.q}$ Linearkombinationen der ersten r Spalten:

$$C_{.j} = \sum_{k=1}^{r} \alpha_{jk} C_{.k} \quad (j = r + 1, \ldots, q). \tag{19}$$

Es sei X eine beliebige Lösung der Gleichung $AX = C$. Somit gilt (vgl. S. 25)

$$AX_{.k} = C_{.k} \quad (k = 1, \ldots, r). \tag{20}$$

Jetzt definieren wir die Spalten $\tilde{X}_{.r+1}, \ldots, \tilde{X}_{.q}$ durch

$$\tilde{X}_{.j} = \sum_{k=1}^{r} \alpha_{jk} X_{.k} \quad (j = r + 1, \ldots, q).$$

Wenn wir diese Gleichungen von links mit A multiplizieren, erhalten wir wegen (19) und (20)

$$A\tilde{X}_{.j} = C_{.j} \quad (j = r + 1, \ldots, q). \tag{20'}$$

Das System aus den Gleichungen (20) und (20′) ist der Matrizengleichung

$$AX_0 = C$$

äquivalent, wobei $X_0 = (X_{.1}, \ldots, X_{.r}, \tilde{X}_{.r+1}, \ldots, \tilde{X}_{.q})$ eine Matrix vom Rang r ist.[2])

Eine Lösung X_0 *der Matrizengleichung* $AX = C$ *von minimalem Rang* r_C *ist immer von der Gestalt*

$$X_0 = VC,$$

wobei V *eine Matrix vom Typ* (n, m) *ist.*

In der Tat folgt aus der Gleichung $AX_0 = C$, daß die Zeilen der Matrix C Linearkombinationen der Zeilen der Matrix X_0 sind. Da es unter den Zeilen der Matrix C wie auch unter denen der Matrix X_0 dieselbe Anzahl, nämlich r_C, linear unabhängiger Zeilen gibt[3]), sind umgekehrt auch die Zeilen der Matrix X_0 Linearkombinationen der Zeilen der Matrix C. Daher folgt

$$X_0 = VC.$$

---

[1]) Wir stützen uns hier darauf, daß der Rang einer Matrix gleich der Zahl linear unabhängiger Spalten (Zeilen) der Matrix ist. Den Beweis findet man in Kap. 3, S. 82.

[2]) In der Matrix X_0 sind die letzten $n - r$ Spalten Linearkombinationen der ersten r Spalten; die ersten r Spalten $X_{.1}, \ldots, X_{.r}$ aber sind linear unabhängig, da ihre lineare Abhängigkeit die lineare Abhängigkeit der Spalten $C_{.1}, \ldots, C_{.r}$ nach sich ziehen würde.

[3]) Vgl. die Fußnote auf S. 26.

Wir beweisen jetzt folgenden Satz[1]):

Die Matrizengleichung

$$AXB = C, \tag{21}$$

wobei A und B gegeben sind und X die gesuchte Matrix ist[2]), *hat dann und nur dann eine Lösung, wenn gleichzeitig beide Matrizengleichungen*

$$AY = C \quad \text{und} \quad ZB = C \tag{22}$$

Lösungen haben, d. h., wenn die Spalten der Matrix C Linearkombinationen der Spalten der Matrix A, die Zeilen der Matrix C aber Linearkombinationen der Zeilen der Matrix B sind.

Ist X eine Lösung der Gleichung (21), so sind $Y = XB$ und $Z = AX$ in der Tat Lösungen der Gleichungen (22). Sind umgekehrt Y und Z Lösungen von (22), dann hat die erste dieser Gleichungen eine Lösung Y_0 minimalen Ranges, die, wie eben bewiesen, in der Form $Y_0 = VC$ darstellbar ist. Deshalb ist $C = AY_0 = AVC = AVZB$. Die Matrix $X = VZ$ ist also damit Lösung der Gleichung (21).

1.3. Quadratische Matrizen

1. Die Diagonalmatrix n-ter Ordnung, deren Diagonalelemente gleich 1 sind, heißt *Einheitsmatrix* und wird mit $E^{(n)}$ oder kurz mit E bezeichnet. Der Name „Einheitsmatrix" ist mit folgender Eigenschaft der Matrix E verknüpft: Für beliebige Matrizen $A = \|a_{ik}\|$ $(i = 1, 2, \ldots, m;\ k = 1, 2, \ldots, n)$ gilt

$$E^{(m)}A = AE^{(n)} = A.$$

Offensichtlich ist $E^{(n)} = \|\delta_{ik}\|_1^n$.

Ist $A = \|a_{ik}\|_1^n$ eine quadratische Matrix, so definiert man die *Potenzen der Matrix* A in der üblichen Weise:

$$A^p = \underbrace{AA \cdots A}_{p\text{-mal}} \quad (p = 1, 2, \ldots); \qquad A^0 = E.$$

Da die Matrizenmultiplikation assoziativ ist, gilt

$$A^p A^q = A^{p+q}.$$

Dabei sind p und q beliebige nichtnegative ganze Zahlen.

Es sei

$$f(t) = \alpha_0 t^m + \alpha_1 t^{m-1} + \cdots + \alpha_m$$

ein Polynom (eine ganze rationale Funktion) mit Koeffizienten aus dem Körper K. Unter $f(A)$ verstehen wir dann die Matrix

$$f(A) = \alpha_0 A^m + \alpha_1 A^{m-1} + \cdots + \alpha_m E.$$

Man nennt $f(A)$ ein *Polynom in A*.

---

[1]) Vgl. [232], [199].

[2]) Es wird vorausgesetzt, daß die Matrizen A, X, B und C von solchem Typ sind, daß das Produkt AXB definiert ist und den gleichen Typ wie C hat.

Das Polynom $f(t)$ sei Produkt der Polynome $h(t)$ und $g(t)$:

$$f(t) = h(t)\,g(t).$$

Man erhält $f(t)$ aus $h(t)$ und $g(t)$ durch gliedweise Multiplikation der einzelnen Summanden, deren Produkte man nach Potenzen von t ordnet. Dabei wird folgende Multiplikationsregel benutzt: $t^p \cdot t^q = t^{p+q}$. Da die bisher benutzten Rechenregeln auch für das Rechnen mit Matrizen zutreffen, folgt, indem man den Skalar t durch die Matrix A ersetzt, $f(A) = h(A)\,g(A)$. Daraus ergibt sich insbesondere

$$h(A)\,g(A) = g(A)\,h(A),^{1)}$$

d. h., *zwei Polynome derselben Matrix sind stets vertauschbar.*

Beispiele. Wir nennen die Reihe der Elemente a_{ik} einer Matrix $A = \|a_{ik}\|$, bei denen $k - i = p$ (bzw. $i - k = p$) ist, *p-te obere* (bzw. *untere*) *Diagonale* der Matrix A. Unter $H^{(n)}$ (oder auch H) verstehen wir eine quadratische Matrix n-ter Ordnung, bei der die Elemente der ersten oberen Diagonale gleich 1, alle übrigen gleich 0 sind; dann gilt

$$H = H^{(n)} = \begin{Vmatrix} 0 & 1 & 0 & \dots & 0 \\ 0 & 0 & 1 & \ddots & \vdots \\ \vdots & & \ddots & \ddots & 0 \\ \vdots & & & \ddots & 1 \\ 0 & 0 & 0 & \dots & 0 \end{Vmatrix}, \quad H^2 = \begin{Vmatrix} 0 & 0 & 1 & \dots & 0 \\ \vdots & & & \ddots & \vdots \\ \vdots & & & \ddots & 1 \\ \vdots & & & & 0 \\ 0 & 0 & 0 & \dots & 0 \end{Vmatrix}, \dots, H^p = 0 \quad (p \geqq n).$$

Ist

$$f(t) = a_0 + a_1 t + a_2 t^2 + \cdots + a_{n-1} t^{n-1} + \cdots$$

ein Polynom in t, so folgt aus der Definition von H

$$f(H) = a_0 E + a_1 H + a_2 H^2 + \cdots = \begin{Vmatrix} a_0 & a_1 & a_2 & \dots & a_{n-1} \\ 0 & a_0 & a_1 & \ddots & \vdots \\ \vdots & & \ddots & \ddots & a_2 \\ \vdots & & & \ddots & a_1 \\ 0 & 0 & 0 & \dots & a_0 \end{Vmatrix}.$$

Analog gilt

$$f(F) = a_0 E + a_1 F + a_2 F^2 + \cdots = \begin{Vmatrix} a_0 & 0 & \dots & 0 \\ a_1 & a_0 & \ddots & \vdots \\ \vdots & \ddots & \ddots & 0 \\ a_{n-1} & \dots & a_1 & a_0 \end{Vmatrix},$$

---

1) Ist nämlich $g(t)\,h(t) = f(t)$, so ist jedes der Produkte gleich $f(A)$. Es ist zu bemerken, daß das Vertauschen von Matrizen in algebraischen Identitäten mit mehreren Variablen unzulässig ist. Eine Ausnahme bilden vertauschbare Matrizen.

wenn $F^{(n)}$ (oder auch F) eine quadratische Matrix n-ter Ordnung ist, bei der die Elemente der ersten unteren Diagonale gleich 1, alle übrigen gleich 0 sind.

Wir empfehlen dem Leser, folgende Eigenschaften der Matrizen H und F selbst nachzuprüfen:

1. Multipliziert man eine Matrix A vom Typ (m, n) von links mit der Matrix $H^{(m)}$ (bzw. $F^{(m)}$), so wird jede Zeile um eine Stelle nach oben (bzw. nach unten) verschoben. Dabei geht die erste (bzw. letzte) Zeile verloren, während die Elemente der letzten (bzw. ersten) Zeile der Produktmatrix gleich 0 werden:

$$\begin{Vmatrix} 0 & 1 & 0 \\ 0 & 0 & 1 \\ 0 & 0 & 0 \end{Vmatrix} \begin{Vmatrix} a_1 & a_2 & a_3 & a_4 \\ b_1 & b_2 & b_3 & b_4 \\ c_1 & c_2 & c_3 & c_4 \end{Vmatrix} = \begin{Vmatrix} b_1 & b_2 & b_3 & b_4 \\ c_1 & c_2 & c_3 & c_4 \\ 0 & 0 & 0 & 0 \end{Vmatrix},$$

$$\begin{Vmatrix} 0 & 0 & 0 \\ 1 & 0 & 0 \\ 0 & 1 & 0 \end{Vmatrix} \begin{Vmatrix} a_1 & a_2 & a_3 & a_4 \\ b_1 & b_2 & b_3 & b_4 \\ c_1 & c_2 & c_3 & c_4 \end{Vmatrix} = \begin{Vmatrix} 0 & 0 & 0 & 0 \\ a_1 & a_2 & a_3 & a_4 \\ b_1 & b_2 & b_3 & b_4 \end{Vmatrix}.$$

2. Multipliziert man eine Matrix A vom Typ (m, n) von rechts mit einer Matrix $H^{(n)}$ (bzw. $F^{(n)}$), so wird jede Spalte um eine Stelle nach rechts (bzw. nach links) verschoben. Dabei geht die letzte (bzw. erste) Spalte verloren, während die Elemente der ersten (bzw. letzten) Spalte der Produktmatrix gleich 0 werden:

$$\begin{Vmatrix} a_1 & a_2 & a_3 & a_4 \\ b_1 & b_2 & b_3 & b_4 \\ c_1 & c_2 & c_3 & c_4 \end{Vmatrix} \begin{Vmatrix} 0 & 1 & 0 & 0 \\ 0 & 0 & 1 & 0 \\ 0 & 0 & 0 & 1 \\ 0 & 0 & 0 & 0 \end{Vmatrix} = \begin{Vmatrix} 0 & a_1 & a_2 & a_3 \\ 0 & b_1 & b_2 & b_3 \\ 0 & c_1 & c_2 & c_3 \end{Vmatrix},$$

$$\begin{Vmatrix} a_1 & a_2 & a_3 & a_4 \\ b_1 & b_2 & b_3 & b_4 \\ c_1 & c_2 & c_3 & c_4 \end{Vmatrix} \begin{Vmatrix} 0 & 0 & 0 & 0 \\ 1 & 0 & 0 & 0 \\ 0 & 1 & 0 & 0 \\ 0 & 0 & 1 & 0 \end{Vmatrix} = \begin{Vmatrix} a_2 & a_3 & a_4 & 0 \\ b_2 & b_3 & b_4 & 0 \\ c_2 & c_3 & c_4 & 0 \end{Vmatrix}.$$

2. Eine quadratische Matrix mit $|A| = 0$ heißt *singulär*. Ist $|A| \neq 0$, so heißt sie *regulär* (oder *nichtsingulär*).

Es sei $A = \|a_{ik}\|_1^n$ eine reguläre Matrix und

$$y_i = \sum_{k=1}^{n} a_{ik} x_k \qquad (i = 1, 2, \ldots, n) \tag{23}$$

die entsprechende lineare Transformation.

Deutet man (23) als Gleichungssystem für $x_1, x_2, \ldots, x_n$, so kann man nach einem bekannten Satz (Cramersche Regel) die x_i in eindeutiger Weise durch die y_k ausdrücken, da nach Voraussetzung die Systemdeterminante von (23) nicht verschwindet:

$$x_i = \frac{1}{|A|} \begin{vmatrix} a_{11} & \ldots & a_{1,i-1} & y_1 & a_{1,i+1} & \ldots & a_{1n} \\ a_{21} & \ldots & a_{2,i-1} & y_2 & a_{2,i+1} & \ldots & a_{2n} \\ \cdots & \cdots & \cdots & \cdots & \cdots & \cdots & \cdots \\ a_{n1} & \ldots & a_{n,i-1} & y_n & a_{n,i+1} & \ldots & a_{nn} \end{vmatrix} \equiv \sum_{k=1} a_{ik}^{(-1)} y_k \quad (i = 1, 2, \ldots, n). \tag{24}$$

Damit haben wir die zu (23) inverse Transformation erhalten. Die Koeffizientenmatrix dieser Transformation,

$$A^{-1} = \|a_{ik}^{(-1)}\|_1^n,$$

heißt die *zu A inverse Matrix* (oder *reziproke Matrix*). Aus (24) ergibt sich sofort

$$a_{ik}^{(-1)} = \frac{A_{ki}}{|A|} \quad (i, k = 1, 2, \ldots, n). \tag{25}$$

Dabei sind die A_{ki} die *algebraischen Komplemente* (*Adjunkten*) der Elemente a_{ik} in der Determinante $|A|$ $(i, k = 1, 2, \ldots, n)$.

Ist z. B.

$$A = \begin{Vmatrix} a_1 & a_2 & a_3 \\ b_1 & b_2 & b_3 \\ c_1 & c_2 & c_3 \end{Vmatrix} \quad \text{und} \quad |A| \neq 0,$$

so gilt

$$A^{-1} = \frac{1}{|A|} \begin{Vmatrix} b_2c_3 - b_3c_2 & a_3c_2 - a_2c_3 & a_2b_3 - a_3b_2 \\ b_3c_1 - b_1c_3 & a_1c_3 - a_3c_1 & a_3b_1 - a_1b_3 \\ b_1c_2 - b_2c_1 & a_2c_1 - a_1c_2 & a_1b_2 - a_2b_1 \end{Vmatrix}.$$

Führen wir die Transformationen (23) und (24), die zueinander invers und deren Matrizen von gleicher Ordnung sind, nacheinander aus, so erhalten wir in beiden Fällen die identische Transformation (deren Koeffizientenmatrix die Einheitsmatrix ist):

$$AA^{-1} = A^{-1}A = E. \tag{26}$$

Die Richtigkeit von (26) kann man auch direkt durch Ausmultiplizieren der Matrizen A und A^{-1} zeigen. Aus (25) folgt dann[1])

$$[AA^{-1}]_{ij} = \sum_{k=1}^{n} a_{ik}a_{kj}^{(-1)} = \frac{1}{|A|} \sum_{k=1}^{n} a_{ik}A_{jk} = \delta_{ij} \quad (i, j = 1, 2, \ldots, n)$$

und analog

$$[A^{-1}A]_{ij} = \sum_{k=1}^{n} a_{ik}^{(-1)}a_{kj} + \frac{1}{|A|} \sum_{k=1}^{n} A_{ki}a_{kj} = \delta_{ij} \quad (i, j = 1, 2, \ldots, n).$$

Die Matrizengleichungen

$$AX = E \quad \text{und} \quad XA = E \quad (|A| \neq 0) \tag{27}$$

---

[1]) Wir benutzen dabei folgende Sätze über Determinanten:

1. Addiert man die Produkte der Elemente einer beliebigen Spalte mit ihren algebraischen Komplementen, so erhält man als Summe die Determinante selbst.

2. Addiert man die Produkte der Elemente einer Spalte mit den algebraischen Komplementen der entsprechenden Elemente einer anderen Spalte, so verschwindet diese Summe.

besitzen als einzige Lösung $X = A^{-1}$. Multipliziert man nämlich die erste Gleichung von links bzw. die zweite Gleichung von rechts mit A^{-1}, so erhält man in beiden Fällen[1])

$$X = A^{-1}.$$

Dabei wird die Gleichung (26) und das assoziative Gesetz benutzt.

Genauso beweist man, daß die Matrizengleichungen

$$AX = B, \qquad XA = B \qquad (|A| \neq 0) \tag{28}$$

genau eine Lösung haben, nämlich

$$X = A^{-1}B \quad \text{bzw.} \quad X = BA^{-1}. \tag{29}$$

Dabei sind X und B Matrizen gleichen Typs, während A eine quadratische Matrix entsprechender Ordnung ist. Die Matrizen (29) entstehen durch sogenannte „linksseitige" bzw. „rechtsseitige Division" von B durch A. Aus (28) und (29) folgt (vgl. S. 30) $r_B \leqq r_X$ und $r_X \leqq r_B$, d. h. $r_X = r_B$. Daraus ergibt sich:

Wird eine Matrix (von rechts oder von links) mit einer regulären Matrix multipliziert, so bleibt ihr Rang erhalten.

Aus (26) folgt $|A|\,|A^{-1}| = 1$, d. h.

$$|A^{-1}| = \frac{1}{|A|}.$$

Für das Produkt zweier regulärer Matrizen ergibt sich

$$(AB)^{-1} = B^{-1}A^{-1}. \tag{30}$$

3. Die quadratischen Matrizen n-ter Ordnung bilden einen *Ring*[2]) mit dem Einselement $E^{(n)}$. Da in diesem Ring eine Multiplikation mit Zahlen aus K definiert ist und eine Basis von n^2 linear unabhängigen Matrizen existiert (d. h. jede quadratische Matrix n-ter Ordnung als Linearkombination der Basiselemente dargestellt werden kann,[3]) ist der Ring eine *Algebra*[4]).

---

[1]) Ist A eine singuläre Matrix, so haben die Gleichungen (27) keine Lösung. Hätte nämlich eine der beiden Gleichungen eine Lösung $X = \|x_{ik}\|_1^n$, so ergäbe der Multiplikationssatz für Determinanten (siehe (17)), daß $|A| \cdot |X| = |E| = 1$ wäre, was für $|A| = 0$ unmöglich ist.

[2]) Eine Menge von Elementen nennt man einen *Ring*, wenn in ihr zwei Operationen definiert und stets eindeutig ausführbar sind: die „Addition" und die „Multiplikation" zweier beliebiger Elemente. Dabei ist die erstere kommutativ und assoziativ, die letztere assoziativ und (bezüglich der Addition) distributiv. Außerdem ist die zur Addition inverse Operation stets (eindeutig) ausführbar, vgl. etwa [20], S. 15, 25 und 100, oder [39], S. 333. (Die in eckigen Klammern stehenden Zahlen verweisen auf die Literaturübersicht am Schluß des Buches (*Anm. d. Red.*).)

[3]) Jede Matrix $A = \|a_{ik}\|_1^n$ mit Elementen aus K kann in folgender Form dargestellt werden: $A = \sum_{i,k=1}^{n} a_{ik}E_{ik}$, wobei E_{ik} eine Matrix n-ter Ordnung ist, bei der das in der i-ten Zeile und k-ten Spalte stehende Element gleich 1 ist, während alle übrigen Elemente gleich 0 sind.

[4]) Vgl. etwa [20], S. 101.

Die quadratischen Matrizen n-ter Ordnung bilden bezüglich der Addition eine kommutative *Gruppe*[1]). Alle regulären Matrizen n-ter Ordnung bilden bezüglich der Multiplikation eine (nichtkommutative) Gruppe.

Die quadratische Matrix $A = \|a_{ik}\|_1^n$ heißt *obere* (*untere*) *Dreiecksmatrix*, wenn alle Elemente unterhalb (oberhalb) der Hauptdiagonalen gleich 0 sind:

$$A = \begin{Vmatrix} a_{11} & a_{12} & \dots & a_{1n} \\ 0 & a_{22} & \dots & a_{2n} \\ \cdot & \cdot & & \cdot \\ \cdot & \cdot & \cdot & \cdot \\ \cdot & \cdot & \cdot & \cdot \\ 0 & 0 & \dots & a_{nn} \end{Vmatrix}, \quad A = \begin{Vmatrix} a_{11} & 0 & \dots & 0 \\ a_{21} & a_{22} & \dots & 0 \\ \cdot & \cdot & & \cdot \\ \cdot & \cdot & \cdot & \cdot \\ \cdot & \cdot & \cdot & \cdot \\ a_{n1} & a_{n2} & \dots & a_{nn} \end{Vmatrix}.$$

Die Diagonalmatrizen sind ein Sonderfall sowohl der oberen als auch der unteren Dreiecksmatrizen.

Die Determinante einer Dreiecksmatrix ist das Produkt ihrer Diagonalelemente. Eine Dreiecksmatrix (und insbesondere eine Diagonalmatrix) ist folglich genau dann regulär, wenn alle ihre Diagonalelemente von 0 verschieden sind.

Summe bzw. Produkt zweier Diagonalmatrizen (bzw. oberer oder unterer Dreieckmatrizen) ist wieder eine Diagonalmatrix (bzw. obere oder untere Dreiecksmatrix). Ebenso ist die Inverse einer regulären Diagonalmatrix (bzw. oberen oder unteren Dreiecksmatrix) wieder eine Matrix der gleichen Art. Folglich gilt:

1. Die Diagonalmatrizen n-ter Ordnung bilden bezüglich der Addition eine kommutative Gruppe, ebenso die oberen und die unteren Dreiecksmatrizen n-ter Ordnung.

2. Die regulären Diagonalmatrizen bilden bezüglich der Multiplikation eine kommutative Gruppe.

3. Die regulären oberen (bzw. unteren) Dreiecksmatrizen bilden bezüglich der Multiplikation eine (nichtkommutative) Gruppe.

4. Schließlich sei noch auf zwei wichtige Matrizenoperationen verwiesen, auf die Bildung der Transponierten und den Übergang zur *Transponierten der konjugiertkomplexen* Matrix oder kurz zur *adjungierten* Matrix.[2])

Ist $A = \|a_{ik}\|$ $(i = 1, 2, \dots, m;\ k = 1, 2, \dots, n)$, so ist die transponierte Matrix A^{T}

---

[1]) Jede Menge von Elementen, in der eine Operation definiert ist, die je zwei Elementen a und b eindeutig ein drittes Element $a * b$ der Menge zuordnet und folgenden Forderungen genügt, nennt man eine *Gruppe*:

1. Die in der Menge definierte Operation ist assoziativ $[(a * b) * c = a * (b * c)]$.

2. In der Menge existiert ein Einselement e $[a * e = e * a = a]$.

3. In der Menge existiert zu jedem Element a sein Inverses a^{-1} $[a * a^{-1} = a^{-1} * a = e]$.

Die Gruppe heißt *kommutativ* oder *abelsch*, wenn die in der Gruppe definierte Operation kommutativ ist. Bezüglich des Gruppenbegriffs vgl. etwa [20], S. 310ff.

[2]) Die Benennung „adjungierte Matrix" für die Transponierte der konjugiert-komplexen Matrix erklärt sich aus der Beziehung zur Theorie der linearen Operatoren im unitären Raum (vgl. 9.8.). (*Anm. d. Red.*)

definiert durch

$$A^{\mathsf{T}} = \|a_{ik}^{\mathsf{T}}\| \quad \text{mit} \quad a_{ik}^{\mathsf{T}} = a_{ki} \quad (i = 1, 2, \ldots, m; \quad k = 1, 2, \ldots, n).$$

Die adjungierte Matrix aber ist

$$A^* = \|a_{ik}^*\| \quad \text{mit} \quad a_{ik}^* = \bar{a}_{ik}^{\mathsf{T}} = \bar{a}_{ki} \quad (i = 1, 2, \ldots, m; \quad k = 1, 2, \ldots, n).$$ [1]

Ist die Matrix A vom Typ (m, n), so sind A^{T} und A^* vom Typ (n, m).

Man bestätigt leicht folgende Eigenschaften:[2]

a) $(A + B)^{\mathsf{T}} = A^{\mathsf{T}} + B^{\mathsf{T}}, \quad (A + B)^* = A^* + B^*.$

b) $(\alpha A)^{\mathsf{T}} = \alpha A^{\mathsf{T}}, \quad (\alpha A)^* = \bar{\alpha} A^*.$

c) $(AB)^{\mathsf{T}} = B^{\mathsf{T}} A^{\mathsf{T}}, \quad (AB)^* = B^* A^*.$

d) $(A^{-1})^{\mathsf{T}} = (A^{\mathsf{T}})^{-1}, \quad (A^{-1})^* = (A^*)^{-1}.$

e) $(A^{\mathsf{T}})^{\mathsf{T}} = A, \quad (A^*)^* = A.$

Stimmt die quadratische Matrix $S = \|s_{ik}\|_1^n$ mit ihrer Transponierten überein ($S^{\mathsf{T}} = S$), so heißt sie *symmetrisch*. Stimmt dagegen die quadratische Matrix $H = \|h_{ik}\|_1^n$ mit ihrer adjungierten überein ($H^* = H$), so heißt sie *hermitesch*. In einer symmetrischen Matrix sind symmetrisch bezüglich der Hauptdiagonalen gelegene Elemente einander gleich, in einer hermiteschen aber konjugiert-komplex. Die Diagonalelemente einer hermiteschen Matrix sind immer reell. Es sei noch bemerkt, daß das Produkt zweier symmetrischer (hermitescher) Matrizen nicht notwendig symmetrisch (hermitesch) ist. Wegen c) ist dies nur dann der Fall, wenn die gegebenen symmetrischen oder hermiteschen Matrizen vertauschbar sind.

Ist A eine reelle Matrix, d. h. eine Matrix mit reellen Elementen, so ist $A^* = A^{\mathsf{T}}$. Eine hermitesche reelle Matrix ist also immer symmetrisch.

Jeder rechteckigen Matrix $A = \|a_{ik}\|$ des Typs (m, n) kann man zwei hermitesche Matrizen AA^* und A^*A des Typs (m, m) bzw. (n, n) zuordnen. Jede der Gleichungen $AA^* = O$ und $A^*A = O$ hat $A = O$ zur Folge.[3]

Ist die quadratische Matrix $K = \|k_{ij}\|_1^n$ gleich ihrer mit -1 multiplizierten Transponierten ($K = -K^{\mathsf{T}}$), so heißt K *schiefsymmetrisch*. Die Elemente einer schiefsymmetrischen Matrix, die symmetrisch zur Hauptdiagonalen liegen, unterscheiden sich voneinander durch den Faktor -1, während die Elemente der Hauptdiagonalen gleich 0 sind. Aus c) folgt, daß das Produkt zweier vertauschbarer schiefsymmetrischer Matrizen eine symmetrische Matrix ist.[4]

---

[1] Mit „–" wird der Übergang zum kongugiert-komplexen Wert bezeichnet.

[2] In a), b), c) und e) sind A und B beliebige rechteckige Matrizen, für die die entsprechenden Operationen ausführbar sind, und α ist eine beliebige komplexe Zahl. In d) ist A eine beliebige reguläre quadratische Matrix.

[3] Das folgt daraus, daß die Summe der Diagonalelemente jeder der Matrizen AA^* und A^*A gleich $\sum_{i=1}^{m} \sum_{k=1}^{n} |a_{ik}|^2$ ist.

[4] Bezüglich der Darstellung quadratischer Matrizen als Produkt zweier symmetrischer bzw. schiefsymmetrischer Matrizen vgl. [247].

1.4. Assoziierte Matrizen. Minoren inverser Matrizen

Wir betrachten alle möglichen Minoren p-ter Ordnung einer gegebenen quadratischen Matrix $A = \|a_{ik}\|_1^n$, wobei $1 \leqq p \leqq n$ ist:

$$A\begin{pmatrix} i_1 & i_2 & \dots & i_p \\ k_1 & k_2 & \dots & k_p \end{pmatrix}$$
$$(1 \leqq i_1 < i_2 < \cdots < i_p \leqq n; \quad 1 \leqq k_1 < k_2 < \cdots < k_p \leqq n). \tag{31}$$

Die Anzahl dieser Minoren ist gleich N^2, wenn $N = \binom{n}{p}$ die Anzahl der Kombinationen von n Elementen zur p-ten Klasse ist. Um die Minoren von (31) in einem quadratischen Schema anordnen zu können, numerieren wir alle N Kombinationen der Indizes $1, 2, \dots, n$ in einer bestimmten (z. B. lexikographischen) Reihenfolge.

Erhalten die Kombinationen der Indizes $i_1 < i_2 < \cdots < i_p$ und $k_1 < k_2 < \cdots < k_p$ bei dieser Numerierung die Nummern α und β, so wird der Minor (31) folgendermaßen bezeichnet:

$$\mathfrak{a}_{\alpha\beta} = A\begin{pmatrix} i_1 & i_2 & \dots & i_n \\ k_1 & k_2 & \dots & k_n \end{pmatrix}.$$

Läßt man α und β unabhängig voneinander alle Werte von 1 bis N durchlaufen, so erfaßt man alle Minoren p-ter Ordnung der Matrix $A = \|a_{ik}\|_1^n$.

Die quadratische Matrix N-ter Ordnung

$$\mathfrak{A}_p = \|\mathfrak{a}_{\alpha\beta}\|_1^N$$

heißt eine p-te assoziierte Matrix zu A; p kann dabei alle Werte von 1 bis n annehmen.

Die Matrix $\mathfrak{A}_n$ besteht nur aus einem einzigen Element, dem Element $|A|$.[1]

Bemerkung. Unabhängig von der Wahl der Matrix A sei ein für alle Mal eine bestimmte Numerierung der Kombinationen der Indizes vorgegeben.

Beispiel. Es sei

$$A = \begin{Vmatrix} a_{11} & a_{12} & a_{13} & a_{14} \\ a_{21} & a_{22} & a_{23} & a_{24} \\ a_{31} & a_{32} & a_{33} & a_{34} \\ a_{41} & a_{42} & a_{43} & a_{44} \end{Vmatrix}.$$

Wir numerieren alle Kombinationen der Indizes 1, 2, 3, 4 von zwei Elementen, nachdem wir sie in der Reihenfolge

$$(1\ \ 2)\quad (1\ \ 3)\quad (1\ \ 4)\quad (2\ \ 3)\quad (2\ \ 4)\quad (3\ \ 4)$$

---

[1] Wählt man die lexikographische Anordnung, so gilt ferner $\mathfrak{a}_1 = A$ (*Anm. d. Red.*).

angeordnet haben. Dann ist

$$\mathfrak{A}_2 = \left\| \begin{matrix} A\begin{pmatrix}1&2\\1&2\end{pmatrix} & A\begin{pmatrix}1&2\\1&3\end{pmatrix} & A\begin{pmatrix}1&2\\1&4\end{pmatrix} & A\begin{pmatrix}1&2\\2&3\end{pmatrix} & A\begin{pmatrix}1&2\\2&4\end{pmatrix} & A\begin{pmatrix}1&2\\3&4\end{pmatrix} \\ A\begin{pmatrix}1&3\\1&2\end{pmatrix} & A\begin{pmatrix}1&3\\1&3\end{pmatrix} & A\begin{pmatrix}1&3\\1&4\end{pmatrix} & A\begin{pmatrix}1&3\\2&3\end{pmatrix} & A\begin{pmatrix}1&3\\2&4\end{pmatrix} & A\begin{pmatrix}1&3\\3&4\end{pmatrix} \\ A\begin{pmatrix}1&4\\1&2\end{pmatrix} & A\begin{pmatrix}1&4\\1&3\end{pmatrix} & A\begin{pmatrix}1&4\\1&4\end{pmatrix} & A\begin{pmatrix}1&4\\2&3\end{pmatrix} & A\begin{pmatrix}1&4\\2&4\end{pmatrix} & A\begin{pmatrix}1&4\\3&4\end{pmatrix} \\ A\begin{pmatrix}2&3\\1&2\end{pmatrix} & A\begin{pmatrix}2&3\\1&3\end{pmatrix} & A\begin{pmatrix}2&3\\1&4\end{pmatrix} & A\begin{pmatrix}2&3\\2&3\end{pmatrix} & A\begin{pmatrix}2&3\\2&4\end{pmatrix} & A\begin{pmatrix}2&3\\3&4\end{pmatrix} \\ A\begin{pmatrix}2&4\\1&2\end{pmatrix} & A\begin{pmatrix}2&4\\1&3\end{pmatrix} & A\begin{pmatrix}2&4\\1&4\end{pmatrix} & A\begin{pmatrix}2&4\\2&3\end{pmatrix} & A\begin{pmatrix}2&4\\2&4\end{pmatrix} & A\begin{pmatrix}2&4\\3&4\end{pmatrix} \\ A\begin{pmatrix}3&4\\1&2\end{pmatrix} & A\begin{pmatrix}3&4\\1&3\end{pmatrix} & A\begin{pmatrix}3&4\\1&4\end{pmatrix} & A\begin{pmatrix}3&4\\2&3\end{pmatrix} & A\begin{pmatrix}3&4\\2&4\end{pmatrix} & A\begin{pmatrix}3&4\\3&4\end{pmatrix} \end{matrix} \right\|$$

Wir führen einige Eigenschaften assoziierter Matrizen an:

1. *Aus* $C = AB$ *folgt* $\mathfrak{C}_p = \mathfrak{A}_p \mathfrak{B}_p$ $(p = 1, 2, \ldots, n)$.

Drückt man die Minoren p-ter Ordnung $(1 \leqq p \leqq n)$ der Produktmatrix durch die Minoren gleicher Ordnung der Faktoren nach (19) aus, so ist

$$C\begin{pmatrix} i_1 & i_2 & \ldots & i_p \\ k_1 & k_2 & \ldots & k_p \end{pmatrix} = \sum_{1 \leqq l_1 < l_2 < \cdots < l_p \leqq n} A\begin{pmatrix} i_1 & i_2 & \ldots & i_p \\ l_1 & l_2 & \ldots & l_p \end{pmatrix} B\begin{pmatrix} l_1 & l_2 & \ldots & l_p \\ k_1 & k_2 & \ldots & k_p \end{pmatrix} \qquad (32)$$

$(1 \leqq i_1 < i_2 < \cdots < i_p \leqq n;\quad 1 \leqq k_1 < k_2 < \cdots < k_p \leqq n)$.

In der Schreibweise dieses Abschnitts kann (32) auch folgendermaßen bezeichnet werden:

$$\mathfrak{c}_{\alpha\beta} = \sum_{\lambda=1}^{N} \mathfrak{a}_{\alpha\lambda} \mathfrak{b}_{\lambda\beta} \qquad (\alpha, \beta = 1, 2, \ldots, N)$$

(dabei sind α, β, λ die Nummern der Kombinationen der Indizes $i_1 < i_2 < \cdots < i_p$; $k_1 < k_2 < \cdots < k_p$; $l_1 < l_2 < \cdots < l_p$). Hieraus folgt

$$\mathfrak{C}_p = \mathfrak{A}_p \mathfrak{B}_p \qquad (p = 1, 2, \ldots, n).$$

2. *Aus* $B = A^{-1}$ *folgt* $\mathfrak{B}_p = \mathfrak{A}_p^{-1}$ $(p = 1, 2, \ldots, n)$.

Dieser Satz ergibt sich unmittelbar aus dem vorigen, wenn wir C durch E ersetzen und berücksichtigen, daß $\mathfrak{C}_p$ die Einheitsmatrix N-ter Ordnung ist.

Mittels 2. kann man die Minoren der inversen Matrix durch die der gegebenen ausdrücken:

Ist $B = A^{-1}$, so gilt für beliebige $i_1, i_2, \ldots, i_p, k_1, k_2, \ldots, k_p$ mit $1 \leqq i_1 < i_2 < \cdots < i_p \leqq n$; $1 \leqq k_1 < k_2 < \cdots < k_p \leqq n$

$$B\begin{pmatrix} i_1 & i_2 & \ldots & i_p \\ k_1 & k_2 & \ldots & k_p \end{pmatrix} = \frac{(-1)^{\sum\limits_{\nu=1}^{p} i_\nu + \sum\limits_{\nu=1}^{p} k_\nu} A\begin{pmatrix} k'_1 & k'_2 & \ldots & k'_{n-p} \\ i'_1 & i'_2 & \ldots & i'_{n-p} \end{pmatrix}}{A\begin{pmatrix} 1 & 2 & \ldots & n \\ 1 & 2 & \ldots & n \end{pmatrix}}, \qquad (33)$$

wenn dabei $i_1 < i_2 < \cdots < i_p$ und $i'_1 < i'_2 < \cdots < i'_{n-p}$ sowie $k_1 < k_2 < \cdots < k_p$ und $k'_1 < k'_2 < \cdots < k'_{n-p}$ das ganze System der Indizes $1, 2, \ldots, n$ ausschöpfen.

Aus $AB = E$ folgt

$$\mathfrak{A}_p \mathfrak{B}_p = \mathfrak{E}_p$$

oder, in ausführlicher Schreibweise,

$$\sum_{\alpha=1}^{N} \mathfrak{a}_{\gamma\alpha} \mathfrak{b}_{\alpha\beta} = \delta_{\gamma\beta} = \begin{cases} 1 & \text{für} \quad \gamma = \beta, \\ 0 & \text{für} \quad \gamma \neq \beta. \end{cases} \tag{34}$$

Die Identität (34) kann auch folgendermaßen geschrieben werden:

$$\sum_{1 \leq i_1 < i_2 < \cdots < i_p \leq n} A\begin{pmatrix} j_1 & j_2 & \ldots & j_p \\ i_1 & i_2 & \ldots & i_p \end{pmatrix} B\begin{pmatrix} i_1 & i_2 & \ldots & i_p \\ k_1 & k_2 & \ldots & k_p \end{pmatrix}$$

$$= \begin{cases} 1 & \text{für} \quad \sum_{\nu=1}^{p} (j_\nu - k_\nu)^2 = 0, \\ 0 & \text{für} \quad \sum_{\nu=1}^{p} (j_\nu - k_\nu)^2 > 0 \end{cases} \tag{34'}$$

$$(1 \leqq j_1 < j_2 < \cdots < j_p \leqq n; \quad 1 \leqq k_1 < k_2 < \cdots < k_p \leqq n).$$

Betrachten wir andererseits die Laplacesche Entwicklung der Determinante A, so erhalten wir

$$\sum_{1 \leq i_1 < i_2 < \cdots < i_p \leq n} A\begin{pmatrix} j_1 & j_2 & \ldots & j_p \\ i_1 & i_2 & \ldots & i_p \end{pmatrix} \cdot (-1)^{\sum_{\nu=1}^{p} i_\nu + \sum_{\nu=1}^{p} k_\nu} A\begin{pmatrix} k'_1 & k'_2 & \ldots & k'_{n-p} \\ i'_1 & i'_2 & \ldots & i'_{n-p} \end{pmatrix}$$

$$= \begin{cases} |A| & \text{für} \quad \sum_{\nu=1}^{p} (j_\nu - k_\nu)^2 = 0, \\ 0 & \text{für} \quad \sum_{\nu=1}^{p} (j_\nu - k_\nu)^2 > 0, \end{cases} \tag{35}$$

wenn dabei $i_1 < i_2 < \cdots < i_p$ und $i'_1 < i'_2 < \cdots < i'_{n-p}$ sowie $k_1 < k_2 < \cdots < k_p$ und $k'_1 < k'_2 < \cdots < k'_{n-p}$ das ganze System der Indizes $1, 2, \ldots, n$ erschöpfen. Ein Vergleich von (35) mit (34') und (34) zeigt, daß die Identität (34) auch dann erfüllt wird, wenn an Stelle von $\mathfrak{b}_{\alpha\beta}$ nicht $B\begin{pmatrix} i_1 & i_2 & \ldots & i_p \\ k_1 & k_2 & \ldots & k_p \end{pmatrix}$, sondern

$$\frac{(-1)^{\sum_{\nu=1}^{p} i_\nu + \sum_{\nu=1}^{p} k_\nu} A\begin{pmatrix} k'_1 & k'_2 & \ldots & k'_{n-p} \\ i'_1 & i'_2 & \ldots & i'_{n-p} \end{pmatrix}}{A\begin{pmatrix} 1 & 2 & \ldots & n \\ 1 & 2 & \ldots & n \end{pmatrix}}$$

gesetzt wird.

Da nach (34) die Elemente $\mathfrak{b}_{\alpha\beta}$ der inversen Matrix von $\mathfrak{A}_p$ eindeutig bestimmt sind, gilt (33).

1.5. Inversion rechteckiger Matrizen. Die pseudoinverse Matrix

Ist A eine reguläre quadratische Matrix, so existiert die zu ihr inverse Matrix A^{-1}. Ist A nicht quadratisch, sondern rechteckig vom Typ (m, n) (mit $n \neq m$) oder aber quadratisch und singulär, so hat die Matrix A keine zu ihr inverse Matrix, und die Bezeichnung A^{-1} hat keinen Sinn. Im folgenden soll gezeigt werden, daß es allerdings zu einer beliebigen rechteckigen Matrix A eine „pseudoinverse" Matrix A^+ gibt, die gewisse Eigenschaften der inversen Matrix hat und bei der Lösung linearer Gleichungssysteme wichtige Anwendungen findet. Ist A eine nichtsinguläre quadratische Matrix, so ist die pseudoinverse Matrix A^+ mit der inversen Matrix A^{-1} identisch.[1])

1. Skelettierung einer Matrix. Im folgenden werden wir von einer Darstellung einer beliebigen rechteckigen Matrix $A = \|a_{ik}\|$ vom Typ (n, m) als Produkt zweier Matrizen B und C vom Typ (m, r) bzw. (r, n), wobei r der Rang der Matrix A ist, Gebrauch machen:

$$A = BC = \begin{Vmatrix} b_{11} & \dots & b_{1r} \\ b_{21} & \dots & b_{2r} \\ \dots & \dots & \dots \\ b_{m1} & \dots & b_{mr} \end{Vmatrix} \cdot \begin{Vmatrix} c_{11} & c_{12} & \dots & c_{1n} \\ \dots & \dots & \dots & \dots \\ c_{r1} & c_{r2} & \dots & c_{rn} \end{Vmatrix} \quad (r = r_A). \tag{36}$$

Hierbei sind die Ränge der Faktoren B und C gleich dem Rang des Produktes, also $r_B = r_C = r$. In der Tat ist r nicht größer als r_B und r_C (vgl. S. 30). Andererseits können die Ränge r_B und r_C höchstens r betragen, da r die Anzahl der Spalten bzw. Zeilen der entsprechenden Matrix ist. Folglich ist also $r_B = r_C = r$.

Um eine solche Zerlegung zu erhalten, genügt es, die Matrix B aus beliebigen r linear unabhängigen Spalten der Matrix A oder aber aus beliebigen r linear unabhängigen Spalten zu bilden, aus denen alle Spalten von A durch Linearkombination hervorgehen.[2]) Die j-te Spalte $(j = 1, \dots, n)$ der Matrix A ist damit Linearkombination der Spalten der Matrix B mit den Koeffizienten $c_{1j}, c_{2j}, \dots, c_{rj}$; diese Koeffizienten bilden dann auch die j-te Spalte der Matrix C $(j = 1, \dots, n$; vgl. S. 25).[3])

Da die Matrizen B und C den größtmöglichen Rang r haben, sind die quadratischen Matrizen B^*B und CC^* regulär:

$$|B^*B| \neq 0, \quad |CC^*| \neq 0. \tag{37}$$

[1]) Die in diesem Abschnitt angegebene Definition der pseudoinversen Matrix stammt von MOORE aus dem Jahre 1920, der auch auf die wichtigen Anwendungen dieses Begriffes hingewiesen hat [214]. Später wurde die pseudoinverse Matrix, unabhängig von MOORE und in einer etwas anderen Form, in den Arbeiten von BJERHAMMAR [159], PENROSE [227] und anderen Autoren definiert und untersucht.

[2]) Wir gehen hier davon aus, daß es in einer Matrix A vom Rang r gerade r linear unabhängige Spalten gibt, durch die alle anderen Spalten mittels Linerkombination (mit Koeffizienten aus dem gegebenen Körper) hervorgehen. Analoges gilt auch für die Zeilen. Genaueres darüber findet man in 3.1.

[3]) Genauso können wir C aus beliebigen r Zeilen bilden, aus denen alle Zeilen von A durch Linearkombination hervorgehen. Die Koeffizienten dieser Linearkombinationen bilden dann die Zeilen der Matrix B.

Zum Beweis nehmen wir an, x sei eine beliebige Lösung der Gleichung

$$B^*Bx = o. \tag{38}$$

Multiplizieren wir diese Gleichung von links mit der Zeile x^*, dann ist $x^*B^*Bx = (Bx)^* Bx = 0$. Daraus folgt[1]) $Bx = o$ und, da Bx eine Linearkombination der linear unabhängigen Spalten der Matrix B ist (vgl. (13″)), auch $x = o$. Da die Gleichung (38) nur die triviale Lösung $x = o$ besitzt, folgt $|B^*B| \neq 0$. Analog kann man die zweite Ungleichung (37) zeigen.[2])

Die Zerlegung (36) nennen wir *Skelettierung* der Matrix A.

2. Existenz und Eindeutigkeit der pseudoinversen Matrix. Wir betrachten die Matrizengleichung

$$AXA = A. \tag{39}$$

Ist A eine reguläre quadratische Matrix, dann hat diese Gleichung die einzige Lösung $X = A^{-1}$. Ist A eine beliebige Matrix vom Typ (m, n), dann hat die gesuchte Lösung den Typ (n, m), ist aber nicht eindeutig bestimmt. Im allgemeinen hat die Gleichung (39) unendlich viele Lösungen. Später wird gezeigt, daß es unter diesen Lösungen nur eine gibt, die die Eigenschaft besitzt, daß ihre Zeilen und Spalten Linearkombinationen der Zeilen bzw. Spalten der zu A adjungierten Matrix A^* sind. Diese Lösung werden wir pseudoinverse Matrix von A nennen und mit A^+ bezeichnen.

Definition 5. Die Matrix A^+ des Typs (n, m) heißt *pseudoinverse* Matrix der Matrix A des Typs (m, n), wenn die Gleichungen[3])

$$AA^+A = A \tag{40}$$

und

$$A^+ = UA^* = A^*V \tag{41}$$

für gewisse Matrizen U und V erfüllt sind.

Wir zeigen zunächst, daß es zu einer gegebenen Matrix A nicht zwei verschiedene pseudoinverse Matrizen A_1^+ und A_2^+ geben kann. In der Tat erhalten wir aus

$$AA_1^+A = AA_2^+A = A, \quad A_1^+ = U_1A^* = A^*V_1, \quad A_2^+ = U_2A^* = A^*V_2,$$

wenn wir $D = A_2^+ - A_1^+$, $U = U_2 - U_1$ und $V = V_2 - V_1$ setzen, $ADA = O$ und $D = UA^* = A^*V$. Damit ist $(DA)^* DA = A^*D^*DA = A^*V^*ADA = O$, und folglich (vgl. den Schluß von 1.3.) gilt $DA = O$. Dann ist aber $DD^* = O$, d. h. $D = A_2^+ - A_1^+ = O$.

---

[1]) Vgl. den Schluß von 1.3.

[2]) Die Ungleichung (37) folgt auch direkt aus dem Satz von Binet-Cauchy. Nach diesem Satz ist die Determinante $|B^*B|$ (bzw. $|CC^*|$) gleich der Summe der Betragsquadrate aller Minoren r-ter Ordnung der Matrix B (bzw. C).

[3]) Die Bedingung (41) bedeutet, daß die Zeilen (Spalten) der Matrix A^+ Linearkombinationen der Zeilen (Spalten) der Matrix A^* sind (vgl. Fußnote auf S. 26). Die beiden Gleichungen (41) können für eine beliebige Matrix W durch eine einzige Gleichung $A^+ = A^*WA^*$ ersetzt werden (vgl. den Schluß von 1.2.).

Zum Beweis der Existenz der pseudoinversen Matrix A^+ benutzen wir die Skelettierung (36) der Matrix A und finden zunächst die pseudoinversen Matrizen B^+ und C^+.[1]) Da nach Definition die Gleichungen

$$BB^+B = B \quad \text{und} \quad B^+ = \hat{U}B^* \tag{42}$$

für eine gewisse Matrix $\hat{U}$ erfüllt sein müssen, gilt also $B\hat{U}B^*B = B$. Multiplizieren wir diese Gleichung von links mit B^*, so erhalten wir, da B^*B bekanntlich eine reguläre quadratische Matrix ist, $\hat{U} = (B^*B)^{-1}$. Dann ergibt die zweite der Gleichungen (42) den gesuchten Ausdruck für B^+:

$$B^+ = (B^*B)^{-1}\, B^*. \tag{43}$$

Analog erhalten wir

$$C^+ = C^*(CC^*)^{-1}. \tag{44}$$

Wir beweisen nun, daß die Matrix

$$A^+ = C^+B^+ = C^*(CC^*)^{-1}\,(B^*B)^{-1}\,B^* \tag{45}$$

die Bedingungen (40) und (41) erfüllt und folglich die pseudoinverse Matrix der Matrix A ist. In der Tat ist

$$AA^+A = BCC^*(CC^*)^{-1}\,(B^*B)^{-1}\,B^*BC = BC = A\,.$$

Setzen wir $K = (CC^*)^{-1}\,(B^*B)^{-1}$, so erhalten wir aus (43), (44) und (45) unter Berücksichtigung von $A^* = C^*B^*$ die Beziehungen

$$A^+ = C^*KB^* = C^*K(CC^*)^{-1}\,CC^*B^* = UC^*B^* = UA^*$$

und

$$A^+ = C^*KB^* = C^*B^*B(B^*B)^{-1}\,KB^* = C^*B^*V = A^*V$$

mit

$$U = C^*K(CC^*)^{-1}\,C \quad \text{und} \quad V = B(B^*B)^{-1}\,KB^*.$$

Damit ist bewiesen, daß es für eine beliebige rechteckige Matrix genau eine pseudoinverse Matrix A^+ gibt, die durch (45) definiert wird, wobei die Matrizen B und C die Faktoren einer Skelettierung $A = BC$ der Matrix A sind.[2]) Aus der Definition der pseudoinversen Matrix folgt unmittelbar, daß im Fall einer regulären quadratischen Matrix A die pseudoinverse Matrix A^+ mit der inversen A^{-1} übereinstimmt.

---

[1]) Aus Definition 5 folgt unmittelbar, daß im Fall $A = O$ auch $A^+ = O$ sein muß. Daher setzen wir im folgenden $A \neq O$ und somit auch $r = r_A > 0$ voraus.

[2]) In der Zerlegung (36) sind die Faktoren B und C nicht eindeutig bestimmt. Da allerdings, wie eben bewiesen wurde, nur eine einzige pseudoinverse Matrix A^+ existiert, liefert (45) bei allen Skelettierungen der Matrix A ein und dasselbe Resultat. In 2.5. wird eine andere Methode zur Bestimmung der pseudoinversen Matrix dargelegt, die den Begriff der Übermatrix ausnutzt (vgl. (101) auf S. 76).

Beispiel. Es sei

$$A = \left\| \begin{matrix} 1 & -1 & 2 & 0 \\ -1 & 2 & -3 & 1 \\ 0 & 1 & -1 & 1 \end{matrix} \right\|.$$

Hier ist $r = 2$. Wählen wir für die Spalten der Matrix B zwei Spalten der Matrix A, so erhalten wir

$$A = BC = \left\| \begin{matrix} 1 & -1 \\ -1 & 2 \\ 0 & 1 \end{matrix} \right\| \left\| \begin{matrix} 1 & 0 & 1 & 1 \\ 1 & 1 & -1 & 1 \end{matrix} \right\|$$

und

$$B^*B = \left\| \begin{matrix} 2 & -3 \\ -3 & 6 \end{matrix} \right\|, \quad (B^*B)^{-1} = \left\| \begin{matrix} 2 & 1 \\ 1 & 2/3 \end{matrix} \right\|,$$

$$CC^* = \left\| \begin{matrix} 3 & 0 \\ 0 & 3 \end{matrix} \right\|, \quad (CC^*)^{-1} = \left\| \begin{matrix} 1/3 & 0 \\ 0 & 1/3 \end{matrix} \right\| = \frac{1}{3} E.$$

Somit ergibt sich nach (45)

$$A^+ = \frac{1}{3} \left\| \begin{matrix} 1 & 0 \\ 0 & 1 \\ 1 & -1 \\ 1 & 1 \end{matrix} \right\| \left\| \begin{matrix} 2 & 1 \\ 1 & 2/3 \end{matrix} \right\| \left\| \begin{matrix} 1 & -1 & 0 \\ -1 & 2 & 1 \end{matrix} \right\| = \left\| \begin{matrix} 1/3 & 0 & 1/3 \\ 1/9 & 1/9 & 2/9 \\ 2/9 & -1/9 & 1/9 \\ 4/9 & 1/9 & 5/9 \end{matrix} \right\|.$$

3. Eigenschaften der pseudoinversen Matrix. Wir wollen hier folgende Eigenschaften der pseudoinversen Matrix angeben:

1. $(A^*)^+ = (A^+)^*$,
2. $(A^+)^+ = A$,
3. $(AA^+)^* = AA^+, \quad (AA^+)^2 = AA^+$,
4. $(A^+A)^* = A^+A, \quad (A^+A)^2 = A^+A$.

Die erste Eigenschaft bedeutet, daß die Operationen der Adjungierung und der Bildung der Pseudoinversen miteinander kommutieren. Die zweite Gleichung drückt die Umkehreigenschaft des Begriffes der pseudoinversen Matrix aus, da nach 2. die pseudoinverse Matrix zu A^+ gleich der Ausgangsmatrix A ist. Die dritte und vierte Gleichung besagen, daß die Matrizen AA^+ und A^+A hermitesch und *involutorisch* (das Quadrat dieser Matrizen ist gleich der Matrix selbst) sind.

Für die Herleitung der ersten Eigenschaft benutzen wir eine Skelettierung $A = BC$ (vgl. (36)). Die Gleichung $A^* = C^*B^*$ gibt eine Skelettierung der Matrix A^*. Ersetzen wir nun in (45) B durch C^* und C durch B^*, so erhalten wir

$$(A^*)^+ = B(B^*B)^{-1}(CC^*)^{-1}C = [C^*(CC^*)^{-1}(B^*B)^{-1}B^*]^* = (A^+)^*.$$

Die Gleichungen $A^+ = C^+B^+$, $B^+ = (B^*B)^{-1}B^*$ und $C^+ = C^*(CC^*)^{-1}$ sind Skelettierungen. Folglich gilt

$$(A^+)^+ = (B^+)^+(C^+)^+ = (B^*)^+ B^*BCC^*(C^*)^+$$

Unter Benutzung der Eigenschaft 1 und der Ausdrücke für B^+ und C^+ erhalten wir

$$(A^+)^+ = B(B^*B)^{-1} B^*BCC^*(CC^*)^{-1} C = BC = A.$$

Die Eigenschaften 3 und 4 können unmittelbar durch Einsetzen der Ausdrücke für A^+ aus der Gleichung (45) überprüft werden.

Wir wollen hier noch anmerken, daß im Fall einer Zerlegung $A = BC$, die keine Skelettierung ist, im allgemeinen die Gleichung $A^+ = C^+B^+$ nicht erfüllt ist. So ist beispielsweise

$$A = \|1\| = \|0, 1\| \begin{Vmatrix} 1 \\ 1 \end{Vmatrix} = BC.$$

In diesem Fall haben wir

$$A^+ = A^{-1} = \|1\|,$$

$$B^+ = \|0, 1\|^+ = (\|1\| \cdot \|0, 1\|)^+ = \begin{Vmatrix} 1 \\ 0 \end{Vmatrix} \|1\| = \begin{Vmatrix} 1 \\ 0 \end{Vmatrix},$$

$$C^+ = \begin{Vmatrix} 1 \\ 1 \end{Vmatrix}^+ = \left(\begin{Vmatrix} 1 \\ 1 \end{Vmatrix} \cdot \|1\|\right)^+ = \|1\| \cdot \|2\|^{-1} \|1, 1\| = \|1/2, 1/2\|.$$

Somit erhalten wir

$$C^+B^+ = \|1/2, 1/2\| \begin{Vmatrix} 0 \\ 1 \end{Vmatrix} = \|1/2\| \neq A^+.$$

4. Beste Näherungslösung (nach der Methode der kleinsten Quadratsumme). Wir betrachten das lineare Gleichungssystem

$$\left.\begin{array}{l} a_{11}x_1 + a_{12}x_2 + \cdots + a_{1n}x_n = y_1, \\ a_{21}x_1 + a_{22}x_2 + \cdots + a_{2n}x_n = y_2, \\ \dots\dots\dots\dots\dots\dots\dots\dots \\ a_{m1}x_1 + a_{m2}x_2 + \cdots + a_{mn}x_n = y_m \end{array}\right\} \tag{46}$$

oder in Matrizenschreibweise

$$Ax = y. \tag{46'}$$

Hierbei sind $y_1, y_2, \ldots, y_n$ gegebene Zahlen, $x_1, x_2, \ldots, x_n$ sind gesucht. Im allgemeinen Fall braucht dieses Gleichungssystem keine Lösung zu haben.

Die Spalte

$$x^0 = (x_1^0, x_2^0, \ldots, x_n^0) \tag{47}$$

nennen wir *beste Näherungslösung* des Systems (46), falls die „quadratische Abweichung"

$$|y - Ax|^2 = \sum_{i=1}^{m} \left| y_i - \sum_{k=1}^{n} a_{ik}x_k \right|^2 \tag{48}$$

bei $x_1 = x_1^0, x_2 = x_2^0, \ldots, x_n = x_n^0$ ihr Minimum annimmt, und unter allen Spalten, für die diese Abweichung ihr Minimum erreicht, ist x^0 diejenige mit der kleinsten

„Länge", d. h., für diese Spalte erreicht der Wert

$$|x|^2 = x^*x = \sum_{i=1}^{n} |x_i|^2 \tag{49}$$

sein Minimum.

Wir zeigen, daß das System (46) immer genau eine beste Näherungslösung besitzt und daß diese Näherungslösung mit Hilfe der Gleichung

$$x^0 = A^+y \tag{50}$$

berechnet werden kann, wobei A^+ die pseudoinverse Matrix der Matrix A ist. Dazu betrachten wir eine beliebige Spalte x und setzen $y - Ax = u + v$ mit

$$u = y - Ax^0 = y - AA^+y \quad \text{und} \quad v = A(x^0 - x). \tag{51}$$

Dann ist

$$|y - Ax|^2 = (y - Ax)^* (y - Ax)$$
$$= (u + v)^* (u + v) = u^*u + v^*u + u^*v + v^*v. \tag{52}$$

Es gilt aber

$$v^*u = (x^0 - x)^* A^*(y - AA^+y) = (x^0 - x)^* (A^* - A^*AA^+) y. \tag{53}$$

Ausgehend von (36) und (45), erhalten wir $A^*AA^+ = C^*B^*BCC^*(CC^*)^{-1} (B^*B)^{-1} B^* = C^*B^* = A^*$. Deshalb folgt aus (53)

$$v^*u = 0, \tag{54}$$

aber auch

$$u^*v = (v^*u)^* = 0. \tag{54'}$$

Aus der Gleichung (52) erhalten wir daher

$$|y - Ax|^2 = |u|^2 + |v|^2 = |y - Ax^0|^2 + |A(x^0 - x)|^2 \tag{55}$$

und folglich für jede beliebige Spalte x

$$|y - Ax| \geqq |y - Ax^0|. \tag{56}$$

Wir nehmen jetzt an, daß $|y - Ax| = |y - Ax^0|$ ist; dann gilt nach (55) für $z = x - x^0$

$$Az = o. \tag{57}$$

Andererseits ist

$$|x|^2 = (x^0 + z)^* (x^0 + z) = |x^0|^2 + |z|^2 + (x^0)^* z + z^*x^0. \tag{58}$$

Wegen $A^+ = A^*V$ (siehe Definition 5) erhalten wir aus (57)

$$(x^0)^* z = (A^+y)^* z = (A^*Vy)^* z = y^*V^*Az = 0. \tag{59}$$

Dann haben wir aber auch $z^*x^0 = \left((x^0)^* z\right)^* = 0$.

Aus (58) ergibt sich $|x|^2 = |x^0|^2 + |z|^2$ und folglich

$$|x|^2 \geqq |x^0|^2, \tag{60}$$

wobei die Gleichheit nur im Fall $z = o$ zutrifft, d. h. bei $x = x^0$ mit $x^0 = A^+y$.

Beispiel. Gesucht ist die beste Näherungslösung (nach der Methode der kleinsten Quadratsumme) des linearen Gleichungssystems

$$\begin{aligned} x_1 - x_2 + 2x_3 \quad &= 3, \\ -x_1 + 2x_2 - 3x_3 + x_4 &= 6, \\ x_2 - x_3 + x_4 &= 0. \end{aligned}$$

Hier ist

$$A = \begin{Vmatrix} 1 & -1 & 2 & 0 \\ -1 & 2 & -3 & 1 \\ 0 & 1 & -1 & 1 \end{Vmatrix}.$$

Dann ist aber (vgl. das Beispiel auf S. 44)

$$A^+ = \begin{Vmatrix} 1/3 & 0 & 1/3 \\ 1/9 & 1/9 & 2/9 \\ 2/9 & -1/9 & 1/9 \\ 4/9 & 1/9 & 5/9 \end{Vmatrix}$$

und daher

$$x^0 = \begin{Vmatrix} x_1^0 \\ x_2^0 \\ x_3^0 \\ x_4^0 \end{Vmatrix} = \begin{Vmatrix} 1/3 & 0 & 1/3 \\ 1/9 & 1/9 & 2/9 \\ 2/9 & -1/9 & 1/9 \\ 4/9 & 1/9 & 5/9 \end{Vmatrix} \begin{Vmatrix} 3 \\ 6 \\ 0 \end{Vmatrix}.$$

Wir erhalten also $x_1^0 = 1$, $x_2^0 = 1$, $x_3^0 = 0$, $x_4^0 = 2$.

Wir definieren die Norm $\|A\|$ der Matrix $A = \|a_{ik}\|$ vom Typ (m, n) als diejenige nichtnegative Zahl, die durch die Gleichung

$$\|A\|^2 = \sum_{i,k} |a_{ik}|^2 \tag{61}$$

gegeben ist. Dabei ist offensichtlich

$$\|A\|^2 = \sum_{k=1}^{n} |A_{.k}|^2 = \sum_{i=1}^{m} |A_{i.}|^2. \tag{61'}$$

Wir betrachten die Matrizengleichung

$$AX = Y, \tag{62}$$

wobei A und Y gegebene Matrizen vom Typ (m, n) bzw. (m, p) sind und X die gesuchte Matrix vom Typ (n, p) ist.

Die beste Näherungslösung X^0 der Gleichung (62) definieren wir durch die Bedingung

$$\|Y - AX^0\| = \min \|Y - AX\|,$$

wobei im Fall $\|Y - AX\| = \|Y - AX^0\|$ gefordert wird, daß $\|X^0\| \leqq \|X\|$ ist. Aus den Beziehungen

$$\|Y - AX\|^2 = \sum_{k=1}^{p} |Y_{.k} - AX_{.k}|^2 \tag{63}$$

und

$$\|X\|^2 = \sum_{k=1}^{p} |X_{.k}|^2$$

folgt, daß die k-te Spalte $X^0_{.k}$ der gesuchten Matrix X^0 die beste Näherungslösung des linearen Gleichungssystems $AX_{.k} = Y_{.k}$ sein muß. Deswegen gilt $X^0_{.k} = A^+Y_{.k}$. Da diese Gleichung für beliebiges $k = 1, \ldots, p$ zutrifft, ist

$$X^0 = A^+Y. \tag{65}$$

Damit haben wir gezeigt, daß die Gleichung (62) immer genau eine beste Näherungslösung hat, die durch (65) definiert ist.

Ist $Y = E$, die Einheitsmatrix m-ter Ordnung, so erhalten wir $X^0 = A^+$. Folglich *ist die pseudoinverse Matrix* A^+ *die beste Näherungslösung (nach der Methode der kleinsten Quadratsumme) der Matrizengleichung*

$$AX = E.$$

Diese Eigenschaft der pseudoinversen Matrix A^+ kann auch als ihre Definition genommen werden.

5. Die Grevillesche Methode zur sukzessiven Bestimmung der pseudoinversen Matrix. Es sei a_k die k-te Spalte der Matrix A vom Typ (m, n) und $A_k = (a_1, \ldots, a_k)$ die von den ersten k Spalten der Matrix A gebildete Matrix. Ferner sei b_k die letzte Zeile der Matrix A_k^+ ($k = 1, \ldots, n$; $A_1 = a_1$, $A_n = A$). Dann ist[1])

$$A_1^+ = a_1^+ = \frac{a_1^*}{a_1^* a_1}, \tag{66}$$

und für $k > 1$ gilt die Rekursionsformel

$$A_k^+ = \begin{pmatrix} B_k \\ b_k \end{pmatrix}, \quad B_k = A_{k-1}^+ - d_k b_k, \quad d_k = A_{k-1}^+ a_k, \tag{67}$$

wobei im Fall $c_k = a_k - A_{k-1} d_k \neq 0$

$$b_k = c_k^+ = (a_k - A_{k-1} d_k)^+ \tag{68}$$

ist; ist allerdings $c_k = 0$, d. h. $a_k = A_{k-1} d_k$, dann ist

$$b_k = (1 + d_k^* d_k)^{-1} d_k^* A_{k-1}^+. \tag{69}$$

---

[1]) Ist $A_1 = a_1 = 0$, so ist auch $A_1^+ = 0$.

Den Beweis dafür, daß die Matrix $\begin{pmatrix} B_k \\ b_k \end{pmatrix}$ die pseudoinverse Matrix der Matrix A_k ist, falls die Matrix B_k und die Zeile b_k aus den Gleichungen (67) bis (69) bestimmt wurden, überlassen wir dem Leser. Diese Methode erfordert keine Determinantenberechnungen und kann auch zur Berechnung der inversen Matrix genutzt werden.

Beispiel. Es sei

$$A = \begin{Vmatrix} 1 & -1 & 0 \\ -1 & 2 & 1 \\ 2 & -3 & -1 \\ 0 & 1 & 1 \end{Vmatrix}.$$

Es sei angemerkt, daß wir bei reellen Matrizen M statt M^* auch M^T schreiben können. Dann ist

$$A_1^+ = (A_1^\mathsf{T} A_1)^{-1} A_1^\mathsf{T} = \frac{1}{6} A_1^\mathsf{T} = \|1/6, -1/6, 1/3, 0\|,$$

$$d_2 = A_1^+ a_2 = -3/2, \qquad c_2 = a_2 - A_1 d_2 = \begin{Vmatrix} 1/2 \\ 1/2 \\ 0 \\ 1 \end{Vmatrix},$$

$$b_2 = c_2^+ = (c_2^\mathsf{T} c_2)^{-1} c_2^\mathsf{T} = \frac{2}{3} c_2^\mathsf{T} = \|1/3, 1/3, 0, 2/3\|,$$

$$B_2 = A_1^+ - d_2 b_2 = \|2/3, 1/3, 1/3, 1\|.$$

Auf diese Weise erhalten wir

$$A_2^+ = \begin{Vmatrix} 2/3 & 1/3 & 1/3 & 1 \\ 1/3 & 1/3 & 0 & 2/3 \end{Vmatrix}.$$

Weiter sind

$$d_3 = A_2^+ a_3 = \begin{Vmatrix} 1 \\ 1 \end{Vmatrix} \quad \text{und} \quad c_3 = a_3 - A_2 d_2 = 0.$$

Folglich ist

$$b_3 = (1 + d_3^\mathsf{T} d_3)^{-1} d_3^\mathsf{T} A_2^+ = \|1/3, 1/3\| \, A_2^+ = \|1/3, 2/9, 1/9, 5/9\|$$

und auch

$$B_3 = A_2^+ - d_3 b_3 = \begin{Vmatrix} 2/3 & 1/3 & 1/3 & 1 \\ 1/3 & 1/3 & 0 & 2/3 \end{Vmatrix} - \begin{Vmatrix} 1/3 & 2/9 & 1/9 & 5/9 \\ 1/3 & 2/9 & 1/9 & 5/9 \end{Vmatrix}$$

$$= \begin{Vmatrix} 1/3 & 1/9 & 2/9 & 4/9 \\ 0 & 1/9 & -1/9 & 1/9 \end{Vmatrix},$$

$$A^+ = A_3^+ = \begin{Vmatrix} 1/3 & 1/9 & 2/9 & 4/9 \\ 0 & 1/9 & -1/9 & 1/9 \\ 1/3 & 2/9 & 1/9 & 5/9 \end{Vmatrix}.$$

2. Der Gaußsche Algorithmus

2.1. Die Gaußsche Eliminationsmethode

1. Es sei ein System von n linearen Gleichungen mit den n Unbekannten $x_1, x_2, \ldots, x_n$ vorgegeben, deren rechte Seiten wir $y_1, y_2, \ldots, y_n$ nennen:

$$\left.\begin{array}{l} a_{11}x_1 + a_{12}x_2 + \cdots + a_{1n}x_n = y_1, \\ a_{21}x_1 + a_{22}x_2 + \cdots + a_{2n}x_n = y_2, \\ \cdots\cdots\cdots\cdots\cdots\cdots\cdots\cdots \\ a_{n1}x_1 + a_{n2}x_2 + \cdots + a_{nn}x_n = y_n. \end{array}\right\} \tag{1}$$

Mit Hilfe von Matrizen kann dieses System auch in der Form

$$Ax = y \tag{1'}$$

geschrieben werden. Dabei ist $x = (x_1, x_2, \ldots, x_n)$, $y = (y_1, y_2, \ldots, y_n)$ und $A = \|a_{ik}\|_1^n$ die (quadratische) Koeffizientenmatrix.

Ist A regulär, so gilt auch

$$x = A^{-1}y \tag{2}$$

oder, ausführlicher,

$$x_i = \sum_{k=1}^{n} a_{ik}^{(-1)} y_k \qquad (i = 1, 2, \ldots, n). \tag{2'}$$

Wie man sieht, ist die Aufgabe, die Elemente der inversen Matrix $A^{-1} = \|a_{ik}^{(-1)}\|_1^n$ zu berechnen, äquivalent der Aufgabe, das Gleichungssystem (1) für beliebige rechte Seiten $y_1, y_2, \ldots, y_n$ zu lösen. Die Elemente der inversen Matrix sind durch die Gleichung (25) in Kapitel 1 gegeben, doch ist ihre Berechnung mit Hilfe dieser Gleichung für großes n sehr umständlich. Daraus ergibt sich die große praktische Bedeutung von Methoden zur einfacheren Berechnung der Elemente der inversen Matrix und damit zur Lösung linearer Gleichungssysteme.[1])

Das vorliegende Kapitel behandelt die theoretischen Grundlagen einiger Methoden zur Berechnung der Inversen einer Matrix, die sich als Varianten der Gaußschen

---

[1]) Eine ausführliche Behandlung unter Verwendung der hier angegebenen Methoden findet der Leser z. B. in [33].

Eliminationsmethode erweisen, die dem Leser aus dem Algebra-Unterricht der Schule bekannt ist.

2. Im Gleichungssystem (1) sei $a_{11} \neq 0$. Wir eliminieren nun x_1 sukzessive aus den letzten $n-1$ Gleichungen, indem wir das $\left(-\frac{a_{21}}{a_{11}}\right)$-fache der ersten zur zweiten, das $\left(-\frac{a_{31}}{a_{11}}\right)$-fache der ersten zur dritten Gleichung addieren usw. Das Gleichungssystem (1) geht dann in das äquivalente System

$$\left.\begin{aligned} a_{11}x_1 + a_{12}x_2 + \cdots + a_{1n}x_n &= y_1, \\ a_{22}^{(1)}x_2 + \cdots + a_{2n}^{(1)}x_n &= y_2^{(1)}, \\ \cdots\cdots\cdots\cdots\cdots\cdots\cdots \\ a_{n2}^{(1)}x_2 + \cdots + a_{nn}^{(1)}x_n &= y_n^{(1)} \end{aligned}\right\} \tag{3}$$

über. Die Koeffizienten und die Elemente der rechten Seiten der letzten $n-1$ Gleichungen des Gleichungssystems (3) werden durch folgende Formeln gegeben:

$$a_{ij}^{(1)} = a_{ij} - \frac{a_{i1}}{a_{11}} a_{1j}, \quad y_i^{(1)} = y_i - \frac{a_{i1}}{a_{11}} y_1 \quad (i, j = 2, \ldots, n). \tag{3'}$$

Ist auch $a_{22}^{(1)} \neq 0$, so eliminieren wir völlig analog x_2 aus den letzten $n-2$ Gleichungen des Systems (3) und erhalten das Gleichungssystem

$$\left.\begin{aligned} a_{11}x_1 + a_{12}x_2 + a_{13}x_3 + \cdots + a_{1n}x_n &= y_1, \\ a_{22}^{(1)}x_2 + a_{23}^{(1)}x_3 + \cdots + a_{2n}^{(1)}x_n &= y_2^{(1)}, \\ a_{33}^{(2)}x_3 + \cdots + a_{3n}^{(2)}x_n &= y_3^{(2)}, \\ \cdots\cdots\cdots\cdots\cdots\cdots\cdots \\ a_{n3}^{(2)}x_3 + \cdots + a_{nn}^{(2)}x_n &= y_n^{(2)}. \end{aligned}\right\} \tag{4}$$

Die neuen Koeffizienten sowie die Glieder der rechten Seite stehen mit den vorigen in folgendem Zusammenhang:

$$a_{ij}^{(2)} = a_{ij}^{(1)} - \frac{a_{i2}^{(1)}}{a_{22}^{(1)}} a_{2j}^{(1)}, \quad y_i^{(2)} = y_i^{(1)} - \frac{a_{i2}^{(1)}}{a_{22}^{(1)}} y_2^{(1)} \quad (i, j = 3, \ldots, n). \tag{5}$$

Setzen wir den Algorithmus fort, so wird das Ausgangssystem (1) beim $(n-1)$-ten Schritt in ein dreieckiges Gleichungssystem übergeführt:

$$\left.\begin{aligned} a_{11}a_1 + a_{12}x_2 + a_{13}x_3 + \cdots + a_{1n}x_n &= y_1, \\ a_{22}^{(1)}x_2 + a_{23}^{(1)}x_3 + \cdots + a_{2n}^{(1)}x_n &= y_2^{(1)}, \\ a_{33}^{(2)}x_3 + \cdots + a_{3n}^{(2)}x_n &= y_3^{(2)}, \\ \cdots\cdots\cdots\cdots\cdots\cdots\cdots \\ a_{nn}^{(n-1)}x_n &= y_n^{(n-1)}. \end{aligned}\right\} \tag{6}$$

Diese Reduktion kann genau dann ausgeführt werden, wenn die dabei auftretenden Zahlen $a_{11}, a_{22}^{(1)}, a_{33}^{(2)}, \ldots, a_{n-1,n-1}^{(n-2)}$ von 0 verschieden sind.

Bei unserer Darstellung des Gaußschen Algorithmus werden stets gleichartige Operationen ausgeführt, die von Rechenautomaten leicht bewältigt werden.

3. Wir wollen jetzt die Koeffizienten und die Elemente der rechten Seite des reduzierten Systems durch die Koeffizienten und die Elemente der rechten Seite des Ausgangssystems (1) ausdrücken. Dabei setzen wir nicht voraus, daß sich alle Zahlen $a_{11}, a_{22}^{(1)}, a_{33}^{(2)}, \ldots, a_{n-1,n-1}^{(n-2)}$ bei der Reduktion als von 0 verschieden erweisen, sondern betrachten den allgemeinen Fall, daß nur die ersten p von ihnen ungleich 0 sind:

$$a_{11} \neq 0, \quad a_{22}^{(1)} \neq 0, \ldots, a_{pp}^{(p-1)} \neq 0 \quad (p \leqq n-1). \tag{7}$$

Das Ausgangssystem kann dann (in p Reduktionsschritten) auf folgende Form gebracht werden:

$$\left.\begin{array}{l} a_{11}x_1 + a_{12}x_2 + \cdots\cdots\cdots + a_{1n}x_n = y_1, \\ \qquad a_{22}^{(1)}x_2 + \cdots\cdots\cdots + a_{2n}^{(1)}x_n = y_2^{(1)}, \\ \cdots\cdots\cdots\cdots\cdots\cdots \\ \qquad\qquad a_{pp}^{(p-1)}x_p + \cdots\cdots + a_{pn}^{(p-1)}x_n = y_p^{(p-1)}, \\ \qquad\qquad\qquad a_{p+1,p+1}^{(p)}x_{p+1} + \cdots + a_{p+1,n}^{(p)}x_n = y_{p+1}^{(p)}, \\ \qquad\qquad\qquad \cdots\cdots\cdots\cdots \\ \qquad\qquad\qquad a_{n,p+1}^{(p)}x_{p+1} + \cdots + a_{nn}^{(p)}x_n = y_n^{(p)}. \end{array}\right\} \tag{8}$$

Die Koeffizientenmatrix dieses Gleichungssystems lautet

$$G_p = \left\| \begin{array}{ccccccc} a_{11} & a_{12} & \ldots & a_{1p} & a_{1,p+1} & \ldots & a_{1n} \\ 0 & a_{22}^{(1)} & \ldots & a_{2p}^{(1)} & a_{2,p+1}^{(1)} & \ldots & a_{2n}^{(1)} \\ \cdots & \cdots & \cdots & \cdots & \cdots & \cdots & \cdots \\ 0 & 0 & \ldots & a_{pp}^{(p-1)} & a_{p,p+1}^{(p-1)} & \ldots & a_{pn}^{(p-1)} \\ 0 & 0 & \ldots & 0 & a_{p+1,p+1}^{(p)} & \ldots & a_{p+1,n}^{(p)} \\ \cdots & \cdots & \cdots & \cdots & \cdots & \cdots & \cdots \\ 0 & 0 & \ldots & 0 & a_{n,p+1}^{(p)} & \ldots & a_{nn}^{(p)} \end{array} \right\|, \tag{9}$$

Der Übergang von der Matrix A zur Matrix G_p wurde auf folgende Weise vollzogen: Zur zweiten bis zur n-ten Zeile von A wurden sukzessive gewisse Vielfache der vorhergehenden Zeilen (man beschränkte sich dabei auf die ersten p Zeilen) addiert. Folglich sind sowohl Minoren p-ter Ordnung, die aus den ersten p Zeilen der Matrizen A und G_p gebildet werden, als auch alle Minoren $(p+1)$-ter Ordnung aus den Zeilen $1, 2, \ldots, p, i$ mit $i > p$ einander gleich, und es gilt

$$\left.\begin{array}{l} A\begin{pmatrix} 1 & 2 & \ldots & p \\ k_1 & k_2 & \ldots & k_p \end{pmatrix} = G_p\begin{pmatrix} 1 & 2 & \ldots & p \\ k_1 & k_2 & \ldots & k_p \end{pmatrix} \\ (1 \leqq k_1 < k_2 < \cdots < k_p \leqq n), \\ A\begin{pmatrix} 1 & 2 & \ldots & p & i \\ k_1 & k_2 & \ldots & k_p & k_{p+1} \end{pmatrix} = G_p\begin{pmatrix} 1 & 2 & \ldots & p & i \\ k_1 & k_2 & \ldots & k_p & k_{p+1} \end{pmatrix} \\ (1 \leqq k_1 < k_2 < \cdots < k_{p+1} \leqq n). \end{array}\right\} \tag{10}$$

Unter Berücksichtigung der Struktur (9) der Matrix G_p ergibt sich aus diesen Formeln

$$A\begin{pmatrix}1 & 2 & \dots & p\\ 1 & 2 & \dots & p\end{pmatrix} = a_{11}a_{22}^{(1)}\dots a_{pp}^{(p-1)}, \tag{11}$$

$$A\begin{pmatrix}1 & 2 & \dots & p & i\\ 1 & 2 & \dots & p & k\end{pmatrix} = a_{11}a_{22}^{(1)}\dots a_{pp}^{(p-1)}a_{ik}^{(p)} \quad (i, k = p+1, \dots, n). \tag{12}$$

Dividiert man die zweite dieser Gleichungen durch die erste, so erhält man für die $a_{ik}^{(p)}$ den Ausdruck[1])

$$a_{ik}^{(p)} = \frac{A\begin{pmatrix}1 & 2 & \dots & p & i\\ 1 & 2 & \dots & p & k\end{pmatrix}}{A\begin{pmatrix}1 & 2 & \dots & p\\ 1 & 2 & \dots & p\end{pmatrix}} \quad (i, k = p+1, \dots, n). \tag{13}$$

Ist die Bedingung (7) für ein vorgegebenes p erfüllt, so gilt sie ebenso für jedes $p' \leqq p$. Folglich gelten auch die Gleichungen (11) und (13) für jedes $p' \leqq p$. Daraus ergeben sich die Gleichungen

$$A\begin{pmatrix}1\\ 1\end{pmatrix} = a_{11}, \quad A\begin{pmatrix}1 & 2\\ 1 & 2\end{pmatrix} = a_{11}a_{22}^{(1)}, \quad A\begin{pmatrix}1 & 2 & 3\\ 1 & 2 & 3\end{pmatrix} = a_{11}a_{22}^{(1)}a_{33}^{(2)}, \dots \tag{14}$$

Die Bedingung (7), d. h. eine notwendige und hinreichende Bedingung für die Ausführbarkeit der ersten p Schritte des Gaußschen Algorithmus, kann also in Gestalt der Ungleichungen

$$A\begin{pmatrix}1\\ 1\end{pmatrix} \neq 0, \quad A\begin{pmatrix}1 & 2\\ 1 & 2\end{pmatrix} \neq 0, \dots, A\begin{pmatrix}1 & 2 & \dots & p\\ 1 & 2 & \dots & p\end{pmatrix} \neq 0 \tag{15}$$

geschrieben werden. Unter diesen Voraussetzungen ergibt sich aus (14)

$$a_{11} = A\begin{pmatrix}1\\ 1\end{pmatrix}, \quad a_{22}^{(1)} = \frac{A\begin{pmatrix}1 & 2\\ 1 & 2\end{pmatrix}}{A\begin{pmatrix}1\\ 1\end{pmatrix}}, \quad a_{33}^{(2)} = \frac{A\begin{pmatrix}1 & 2 & 3\\ 1 & 2 & 3\end{pmatrix}}{A\begin{pmatrix}1 & 2\\ 1 & 2\end{pmatrix}}, \dots,$$

$$a_{pp}^{(p-1)} = \frac{A\begin{pmatrix}1 & 2 & \dots & p\\ 1 & 2 & \dots & p\end{pmatrix}}{A\begin{pmatrix}1 & 2 & \dots & p-1\\ 1 & 2 & \dots & p-1\end{pmatrix}}. \tag{16}$$

Für die sukzessive Elimination von $x_1, x_2, \dots, x_p$ mittels des Gaußschen Algorithmus ist es notwendig, daß alle in (16) auftretenden Größen von 0 verschieden sind, d. h., daß die Ungleichungen (15) gelten. Die Gleichung für die $a_{ik}^{(p)}$ erfordert jedoch nur, daß die letzte der Bedingungen (15) erfüllt ist.

---

[1]) Vgl. [88], S. 89.

4. Die Koeffizientenmatrix des Gleichungssystems (1) habe den Rang r. Dann läßt sich durch entsprechendes Permutieren der Gleichungen und durch Umnumerieren der Unbekannten stets erreichen, daß die Ungleichungen

$$A\begin{pmatrix}1 & 2 & \dots & j\\ 1 & 2 & \dots & j\end{pmatrix} \neq 0 \quad (j = 1, 2, \dots, r) \tag{17}$$

erfüllt sind. Das erlaubt uns, $x_1, x_2, \dots, x_r$ sukzessive zu eliminieren und damit zum Gleichungssystem

$$\left.\begin{array}{l} a_{11}x_1 + a_{12}x_2 + \dots\dots\dots\dots + a_{1n}x_n = y_1, \\ \quad a_{22}^{(1)}x_2 + \dots\dots\dots\dots + a_{2n}^{(1)}x_n = y_2^{(1)}, \\ \quad \dots\dots\dots\dots\dots\dots\dots\dots\dots \\ \quad\quad a_{rr}^{(r-1)}x_r + \dots\dots\dots + a_{rn}^{(r-1)}x_n = y_r^{(r-1)}, \\ \quad\quad\quad a_{r+1,r+1}^{(r)}x_{r+1} + \dots + a_{r+1,n}^{(r)}x_n = y_{r+1}^{(r)}, \\ \quad\quad\quad \dots\dots\dots\dots\dots\dots \\ \quad\quad\quad a_{n,r+1}^{(r)}x_{r+1} + \dots + a_{nn}^{(r)}x_n = y_n^{(r)} \end{array}\right\} \tag{18}$$

überzugehen. Die Koeffizienten dieses Systems ergeben sich aus (13).

Da der Rang der Matrix $A = \|a_{ik}\|_1^n$ gleich r ist, folgt $a_{ik}^{(r)} = 0$ ($i, k = r + 1, \dots, n$). und die Matrix G_r, die aus der Matrix $A = \|a_{ik}\|_1^n$ nach r Reduktionsschritten des Gaußschen Eliminationsverfahrens hervorgeht, hat die Gestalt

$$G_r = \left\|\begin{array}{cccccccc} a_{11} & a_{12} & \dots & a_{1r} & a_{1,r+1} & \dots & a_{1n} \\ 0 & a^{(1)} & \dots & a^{(1)} & a^{(1)} & \dots & a^{(1)} \\ \dots & \dots & \dots & \dots & \dots & \dots & \dots \\ 0 & 0 & \dots & a_{rr}^{(r-1)} & a_{r,r+1}^{(r-1)} & \dots & a_{rn}^{(r-1)} \\ 0 & 0 & \dots & 0 & 0 & \dots & 0 \\ \dots & \dots & \dots & \dots & \dots & \dots & \dots \\ 0 & 0 & \dots & 0 & 0 & \dots & 0 \end{array}\right\|. \tag{19}$$

Die letzten $n - r$ Gleichungen ergeben dann die Lösbarkeitsbedingungen

$$y_i^{(r)} = 0 \quad (i = r + 1, \dots, n). \tag{20}$$

Wir weisen darauf hin, daß die rechte Seite des Gleichungssystems beim Eliminationsalgorithmus denselben Transformationen unterworfen wird wie jede beliebige Spalte der Matrix A. Ergänzen wir also die Matrix $A = \|a_{ik}\|_1^n$, indem wir die rechte Seite des Gleichungssystems als $(n + 1)$-te Spalte hinzufügen, so erhalten wir

$$y_i^{(p)} = \frac{A\begin{pmatrix}1 & \dots & p & i\\ 1 & \dots & p & n+1\end{pmatrix}}{A\begin{pmatrix}1 & \dots & p\\ 1 & \dots & p\end{pmatrix}} \qquad (i = 1, 2, \dots, n;\ p = 1, 2, \dots, r). \tag{21}$$

Insbesondere gehen dann die Bedingungen (20) in die bekannten Bedingungen

$$A\begin{pmatrix}1 & \dots & r & r+j\\ 1 & \dots & r & n+1\end{pmatrix} = 0 \qquad (j = 1, 2, \dots, n-r) \tag{22}$$

über.

Ist $r = n$, d. h., ist die Matrix $A = \|a_{ik}\|_1^n$ regulär, und gilt

$$A\begin{pmatrix}1 & 2 & \dots & j\\ 1 & 2 & \dots & j\end{pmatrix} \neq 0 \qquad (j = 1, 2, \dots, n),$$

so kann man mit Hilfe des Gaußschen Algorithmus sukzessive $x_1, x_2, \dots, x_{n-1}$ eliminieren und damit das Gleichungssystem auf die Form (6) reduzieren.

2.2. Eine mechanische Interpretation des Gaußschen Algorithmus

Wir betrachten ein beliebiges elastisches statisches System S, das an seinen Rändern befestigt ist (z. B. eine Saite, einen Stab, einen mehrfach unterstützten Stab, eine Membran, eine Platte oder ein Stabsystem), und wählen auf ihm n Punkte (1), (2), ..., (n).

Wir interessieren uns nun für die Durchbiegungen (Auslenkungen) $y_1, y_2, \dots, y_n$ der Punkte (1), (2), ..., (n) von S unter der Einwirkung der Kräfte $F_1, F_2, \dots, F_n$, die in diesen Punkten angreifen. Wir setzen voraus, daß die Kräfte und die Durchbiegungen zueinander parallel und darum durch algebraische Größen bestimmt sind (Abb. 1).

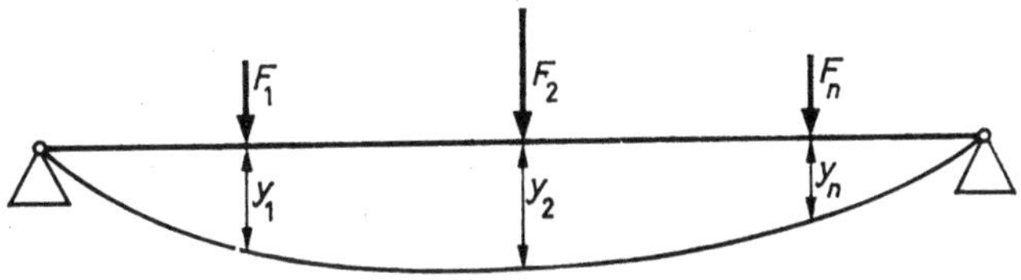

Abb. 1

Ferner setzen wir voraus, daß das *Prinzip der linearen Superposition der Kräfte* gilt:

1. *Bei gleichzeitiger Einwirkung (Überlagerung) zweier Kräfte addieren sich die entsprechenden Durchbiegungen.*

2. *Bei Multiplikation der Beträge der Kräfte mit einer reellen Zahl multiplizieren sich die Durchbiegungen mit dieser Zahl.*

Die Einflußgröße des Punktes (k) auf den Punkt (i), d. h. die Durchbiegung in (i) bei Einwirkung einer in (k) angreifenden Einheitskraft (Abb. 2), werde mit a_{ik} bezeichnet. Dann werden die Durchbiegungen $y_1, y_2, \dots, y_n$ bei gleichzeitiger Einwirkung (Überlagerung) der Kräfte $F_1, F_2, \dots, F_n$ durch folgende Formel gegeben:

$$\sum_{k=1}^{n} a_{ik}F_k = y_i \qquad (i = 1, 2, \dots, n). \tag{23}$$

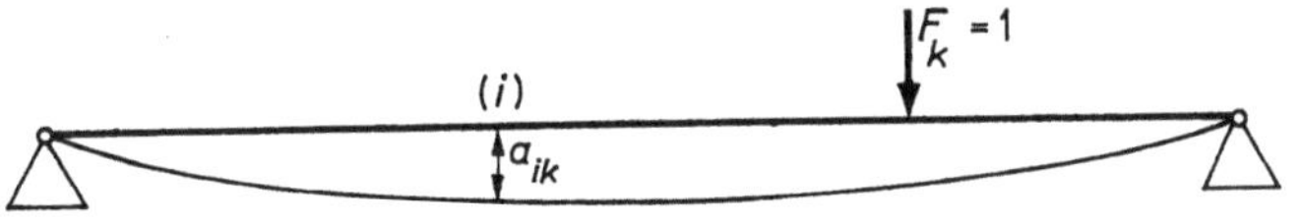

Abb. 2

Eine Gegenüberstellung von (23) und dem Ausgangssystem (1) zeigt, daß wir die Aufgabe, das Gleichungssystem (1) zu lösen, folgendermaßen interpretieren können:

Bei gegebenen Einflußgrößen a_{ik} und gegebenen Durchbiegungen $y_1, \ldots, y_n$ sind die entsprechenden Kräfte $F_1, F_2, \ldots, F_n$ zu bestimmen.

Es sei S_p das statische System, das sich aus S durch die Einführung von p Gelenkstützen in den Punkten (1), (2), ..., (p) ergibt. Die Einflußgrößen der übrigen (beweglichen) Punkte ($p + 1$), ..., (n) von S_p seien $a_{ik}^{(p)}$ ($i, k = p + 1, \ldots, n$) (vgl. Abb. 3 für $p = 1$).

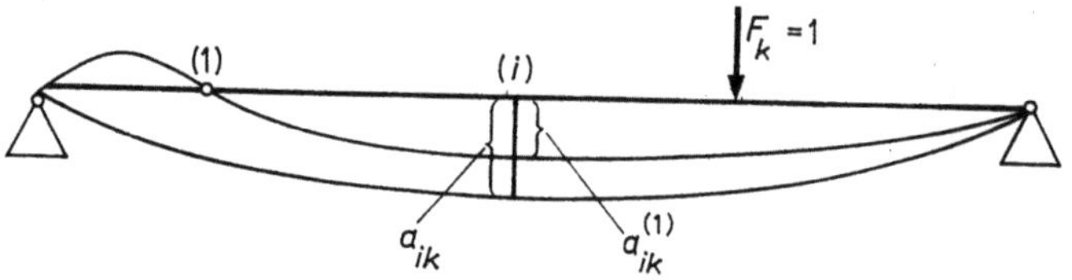

Abb. 3

Die Einflußgröße $a_{ik}^{(p)}$ kann als Durchbiegung des Systems S im Punkt (i) bei Einwirkung einer Einheitskraft in (k) und der Gegenkräfte $R_1, R_2, \ldots, R_p$ in den festen Punkten (1), (2), ..., p) gedeutet werden. Daher ist

$$a_{ik}^{(p)} = R_1 a_{i1} + \cdots + R_p a_{ip} + a_{ik}. \tag{24}$$

Andererseits sind die Durchbiegungen von S in den Punkten (1), (2), ..., (p) gleich 0:

$$\left.\begin{array}{l} R_1 a_{11} + \cdots + R_p a_{1p} + a_{1k} = 0, \\ \cdots\cdots\cdots\cdots\cdots\cdots\cdots\cdots \\ R_1 a_{p1} + \cdots + R_p a_{pp} + a_{pk} = 0. \end{array}\right\} \tag{25}$$

Ist

$$A\begin{pmatrix} 1 & 2 & \ldots & p \\ 1 & 2 & \ldots & p \end{pmatrix} \neq 0,$$

so können wir die $R_1, R_2, \ldots, R_p$ aus (25) bestimmen und in (24) einsetzen. Diese Elimination der $R_1, R_2, \ldots, R_p$ kann man auch folgendermaßen durchführen: Man ergänzt das Gleichungssystem (25) durch die mit (24) äquivalente Gleichung

$$R_1 a_{i1} + \cdots + R_p a_{ip} + a_{ik} - a_{ik}^{(p)} = 0. \tag{24'}$$

Da dieses System von $p + 1$ homogenen Gleichungen die nichttriviale Lösung $R_1, R_2, \ldots, R_p$, $R_{p+1} = 1$ hat, ist

$$\begin{vmatrix} a_{11} & \ldots & a_{1p} & a_{1k} \\ \cdots & \cdots & \cdots & \cdots \\ a_{p1} & \ldots & a_{pp} & a_{pk} \\ a_{i1} & \ldots & a_{ip} & a_{ik} - a_{ik}^{(p)} \end{vmatrix} = 0.$$

Hieraus ergibt sich

$$a_{ik}^{(p)} = \frac{A\begin{pmatrix} 1 & 2 & \ldots & p & i \\ 1 & 2 & \ldots & p & k \end{pmatrix}}{A\begin{pmatrix} 1 & 2 & \ldots & p \\ 1 & 2 & \ldots & p \end{pmatrix}} \quad (i, k = p + 1, \ldots, n). \tag{26}$$

Diese Formel drückt die Einflußgrößen des „gestützten" Systems S_p durch die Einflußgrößen des Ausgangssystems S aus.

Nun stimmt aber (26) mit (13) des vorigen Abschnitts überein. Also *sind für jedes* $p \leqq n - 1$ *die Koeffizienten* $a_{ik}^{(p)}$ $(i, k = p + 1, \ldots, n)$ *des Gaußschen Algorithmus die Einflußgrößen des gestützten Systems* S_p.

Von der Richtigkeit dieser Behauptung kann man sich durch rein physikalische Überlegungen überzeugen, ohne sich auf die algebraische Herleitung von (13) zu beziehen. Dazu betrachten wir zunächst den Spezialfall einer einzigen Unterstützung ($p = 1$, Abb. 3). Hierbei ergeben sich die Einflußgrößen von S_1 aus den Formeln

$$a_{ik}^{(1)} = \frac{A\begin{pmatrix}1 & i\\ 1 & k\end{pmatrix}}{A\begin{pmatrix}1\\ 1\end{pmatrix}} = a_{ik} - \frac{a_{i1}}{a_{11}}\, a_{1k} \qquad (i, k = 1, 2, \ldots, n)$$

(man setze in (26) $p = 1$). Diese stimmen mit (3′) überein.

Sind also die Koeffizienten a_{ik} $(i, k = 1, 2, \ldots, n)$ des Gleichungssystems (1) die Einflußgrößen des statischen Systems S, so sind die Koeffizienten $a_{ik}^{(1)}$ $(i, k = 2, \ldots, n)$ des Gaußschen Algorithmus die Einflußgrößen von S_1. Wenden wir dieselbe Überlegung auf S_1 an, indem wir eine zweite Unterstützung im Punkt (2) einführen, so ergibt sich, daß die Koeffizienten $a_{ik}^{(2)}$ $(i, k = 3, \ldots, n)$ von (4) die Einflußgrößen des gestützten Systems S_2 und allgemein für jedes $p < n - 1$ die Koeffizienten $a_{ik}^{(p)}$ $(i, k = p + 1, \ldots, n)$ des Gaußschen Algorithmus die Einflußgrößen des gestützten Systems S_p sind.

Aus physikalischen Überlegungen ist klar, daß *die sukzessive und die gleichzeitige Einführung von* p *Unterstützungen gleichbedeutend sind.*

Bemerkung. Wir machen darauf aufmerksam, daß bei der physikalischen Interpretation des Eliminationsalgorithmus nicht vorausgesetzt zu werden braucht, daß die Punkte, in denen die Durchbiegungen untersucht werden, mit den Angriffspunkten der Kräfte $F_1, F_2, \ldots, F_n$ übereinstimmen. Man kann annehmen, daß $y_1, y_2, \ldots, y_n$ die Durchbiegungen der Punkte (1), (2), …, (n) sind, während die Kräfte $F_1, F_2, \ldots, F_n$ in (1′), (2′), … (n') angreifen. Dann ist a_{ik} die Einflußgröße des Punktes (k') auf (i). In diesem Fall muß an Stelle der Unterstützung in (j) eine verallgemeinerte Unterstützung in den Punkten (j) und (j') betrachtet werden, bei der die Durchbiegung in (j) durch eine in (j') angreifende passend gewählte Hilfskraft R_j ständig auf 0 gehalten wird. Damit p solcher verallgemeinerter Unterstützungen in (1), (1′); (2), (2′); …; (p), (p') eingeführt werden können, d. h., damit für beliebige $F_{p+1}, \ldots, F_n$ bei passenden $R_1 = F_1, \ldots, R_p = F_p$ die Bedingungen $y_1 = 0$, $y_2 = 0, \ldots, y_p = 0$ erfüllt sind, muß gelten:

$$A\begin{pmatrix}1 & 2 & \ldots & p\\ 1 & 2 & \ldots & p\end{pmatrix} \neq 0.$$

2.3. Der Sylvestersche Determinantensatz

In 2.1. ergaben sich durch Vergleich der Matrizen A und G_p die Gleichungen (10) und (11). Aus ihnen erhält man unmittelbar den

Satz von SYLVESTER.

$$|A| = A\begin{pmatrix}1 & 2 & \dots & n\\ 1 & 2 & \dots & n\end{pmatrix} = A\begin{pmatrix}1 & 2 & \dots & p\\ 1 & 2 & \dots & p\end{pmatrix}\begin{vmatrix} a^{(p)}_{p+1,p+1} & \dots & a^{(p)}_{p+1,n}\\ \dots & \dots & \dots\\ a^{(p)}_{n,p+1} & \dots & a^{(p)}_{nn}\end{vmatrix}. \tag{27}$$

Wir betrachten nun die Determinanten

$$b_{ik} = A\begin{pmatrix}1 & 2 & \dots & p & i\\ 1 & 2 & \dots & p & k\end{pmatrix} \qquad (i, k = p+1, \dots, n),$$

die durch Rändern aus dem Minor $A\begin{pmatrix}1 & 2 & \dots & p\\ 1 & 2 & \dots & p\end{pmatrix}$ entstehen, und bezeichnen die Matrix, die sich aus diesen Determinanten zusammensetzt, mit B:

$$B = \|b_{ik}\|^n_{p+1}.$$

Aus (13) folgt dann

$$\begin{vmatrix} a^{(p)}_{p+1,p+1} & \dots & a^{(p)}_{p+1,n}\\ \dots & \dots & \dots\\ \dots & \dots & \dots\\ a^{(p)}_{n,p+1} & \dots & a^{(p)}_{nn}\end{vmatrix} = \frac{\begin{vmatrix} b_{p+1,p+1} & \dots & b_{p+1,n}\\ \dots & \dots & \dots\\ \dots & \dots & \dots\\ b_{n,p+1} & \dots & b_{nn}\end{vmatrix}}{\left[A\begin{pmatrix}1 & 2 & \dots & p\\ 1 & 2 & \dots & p\end{pmatrix}\right]^{n-p}} = \frac{|B|}{\left[A\begin{pmatrix}1 & 2 & \dots & p\\ 1 & 2 & \dots & p\end{pmatrix}\right]^{n-p}}.$$

Daher kann (27) auch folgendermaßen geschrieben werden:

$$|B| = \left[A\begin{pmatrix}1 & 2 & \dots & p\\ 1 & 2 & \dots & p\end{pmatrix}\right]^{n-p-1}|A|. \tag{28}$$

Die Gleichung (28) heißt ebenfalls Satz von SYLVESTER. In dieser Form führt er die Berechnung der Determinante $|B|$, deren Elemente durch Rändern des Minors $A\begin{pmatrix}1 & 2 & \dots & p\\ 1 & 2 & \dots & p\end{pmatrix}$ entstanden, auf die der Ausgangsdeterminante und des ungeänderten Minors zurück.

Gleichung (28) wurde für Matrizen $A = \|a_{ik}\|^n_1$ aufgestellt, deren Elemente den Ungleichungen

$$A\begin{pmatrix}1 & 2 & \dots & j\\ 1 & 2 & \dots & j\end{pmatrix} \neq 0 \qquad (j = 1, 2, \dots, p) \tag{29}$$

genügen. Aus Stetigkeitsbetrachtungen folgt jedoch, daß man diese Einschränkung fallen lassen kann und daß der Satz von SYLVESTER für beliebige Matrizen $A = \|a_{ik}\|^n_1$ gilt: Sind nämlich die Ungleichungen (29) nicht erfüllt, dann führen wir die Matrix

$$A_\varepsilon = A + \varepsilon E$$

ein. Offensichtlich ist $\lim\limits_{\varepsilon \to 0} A_\varepsilon = A$. Andererseits bilden die Minoren

$$A_\varepsilon\begin{pmatrix}1 & 2 & \dots & j\\ 1 & 2 & \dots & j\end{pmatrix} = \varepsilon^j + \cdots \qquad (j = 1, 2, \dots, p)$$

selbst p nicht identisch verschwindende Polynome in ε. Folglich läßt sich eine Folge $\varepsilon_m \to 0$ angeben derart, daß

$$A_{\varepsilon_m}\begin{pmatrix}1 & 2 & \dots & j\\ 1 & 2 & \dots & j\end{pmatrix} \neq 0 \qquad (j = 1, 2, \dots, p;\ m = 1, 2, \dots)$$

ist. Für die Matrizen A_{ε_m} gilt (28). Gehen wir auf beiden Seiten zur Grenze über ($m \to \infty$), so erhalten wir den Sylvesterschen Satz für $A = \lim\limits_{m\to\infty} A_{\varepsilon_m}$.[1])

Wenden wir die Gleichung (28) auf die Determinante

$$A\begin{pmatrix}1 & 2 & \dots & p & i_1 & i_2 & \dots & i_q\\ 1 & 2 & \dots & p & k_1 & k_2 & \dots & k_q\end{pmatrix}$$

$$(p < i_1 < i_2 < \cdots < i_q \leqq n;\quad p < k_1 < k_2 < \cdots < k_q \leqq n)$$

an, so erhalten wir eine Form des Sylvesterschen Satzes, die für seine Anwendung besonders geeignet ist:

$$\begin{aligned} &B\begin{pmatrix}i_1 & i_2 & \dots & i_q\\ k_1 & k_2 & \dots & k_q\end{pmatrix}\\ &= \left[A\begin{pmatrix}1 & 2 & \dots & p\\ 1 & 2 & \dots & p\end{pmatrix}\right]^{q-1} A\begin{pmatrix}1 & 2 & \dots & p & i_1 & i_2 & \dots & i_q\\ 1 & 2 & \dots & p & k_1 & k_2 & \dots & k_q\end{pmatrix}. \end{aligned} \tag{30}$$

2.4. Zerlegung quadratischer Matrizen in Produkte von Dreiecksmatrizen

1. Wir betrachten die Matrix $A = \|a_{ik}\|_1^n$ vom Rang r. Für einige spezielle Hauptminoren dieser Matrix führen wir die Bezeichnungen

$$D_k = A\begin{pmatrix}1 & 2 & \dots & k\\ 1 & 2 & \dots & k\end{pmatrix} \qquad (k = 1, 2, \dots, n)$$

ein. Die Bedingungen für die Ausführbarkeit des Gaußschen Algorithmus seien erfüllt, d. h.

$$D_k \neq 0 \qquad (k = 1, 2, \dots, r).$$

Wir bezeichnen die Koeffizientenmatrix des Gleichungssystems (18), das durch Reduktion mittels der Gaußschen Eliminationsmethode aus dem Gleichungssystem

$$\sum_{k=1}^{n} a_{ik}x_k = y_i \qquad (i = 1, 2, \dots, n)$$

hervorgeht, mit G. Die Matrix G ist eine obere Dreiecksmatrix. Die Elemente der ersten r Zeilen werden durch Formel (13) gegeben; die Elemente der restlichen $n - r$

---

[1]) Unter dem *Grenzwert* (für $s \to \infty$) *der Folge von Matrizen* $X_s = \|x_{ik}^{(s)}\|_1^n$ versteht man die Matrix $X = \|x_{ik}\|_1^n$, wenn $x_{ik} = \lim\limits_{s\to\infty} x_{ik}^{(s)}$ für $i, k = 1, 2, \dots, n$ ist.

Zeilen sind alle gleich 0:[1])

$$G = \begin{Vmatrix} a_{11} & a_{12} & \ldots & a_{1r} & a_{1,r+1} & \ldots & a_{1n} \\ 0 & a_{22}^{(1)} & \ldots & a_{2r}^{(1)} & a_{2,r+1}^{(1)} & \ldots & a_{2n}^{(1)} \\ \cdots & \cdots & \cdots & \cdots & \cdots & \cdots & \cdots \\ 0 & 0 & \ldots & a_{rr}^{(r-1)} & a_{r,r+1}^{(r-1)} & \ldots & a_{rn}^{(r-1)} \\ 0 & 0 & \ldots & 0 & 0 & \ldots & 0 \\ \cdots & \cdots & \cdots & \cdots & \cdots & \cdots & \cdots \\ 0 & 0 & \ldots & 0 & 0 & \ldots & 0 \end{Vmatrix}.$$

Der Übergang von der Matrix A zur Matrix G erfolgt mit Hilfe einer gewissen Anzahl N von Operationen folgender Art: Zur i-ten Zeile von A wurde die mit einer Zahl α multiplizierte j-te Zeile ($j < i$) addiert. Diese Operation ist gleichbedeutend mit der Linksmultiplikation der zu transformierenden Matrix mit der Matrix

$$\begin{array}{c} \\ \\ \\ \\ \\ \\ \\ \\ \end{array}\begin{Vmatrix} 1 & \ldots & 0 & \ldots & 0 & \ldots & 0 \\ \vdots & \ddots & \vdots & & \vdots & & \vdots \\ \vdots & & 1 & & \vdots & & \vdots \\ \vdots & & \vdots & \ddots & \vdots & & \vdots \\ 0 & \ldots & \alpha & \ldots & 1 & \ldots & 0 \\ \vdots & & \vdots & & \vdots & \ddots & \vdots \\ 0 & \ldots & 0 & \ldots & 0 & \ldots & 1 \end{Vmatrix} \quad \begin{matrix} (j) & & (i) \end{matrix} \tag{31}$$

In dieser Matrix sind die Elemente der Hauptdiagonale gleich 1, alle übrigen, mit Ausnahme des Elements α, gleich 0. Es gilt also $G = W_N \ldots W_2 W_1 A$. Dabei haben die Matrizen $W_1, W_2, \ldots, W_N$ alle die Form (31); folglich ist jede von ihnen eine untere Dreiecksmatrix, deren Diagonalelemente gleich 1 sind.

Es sei

$$W = W_N \ldots W_2 W_1. \tag{32}$$

Dann gilt

$$G = WA. \tag{33}$$

Die Matrix W nennen wir die bei der Gaußschen Eliminationsmethode zur Matrix A gehörige *Transformationsmatrix*. Die beiden Matrizen G und W sind durch die Ausgangsmatrix A eindeutig bestimmt. Aus (32) folgt, daß W eine untere Dreiecksmatrix ist, deren Diagonalelemente gleich 1 sind (vgl. S. 36).

---

[1]) Die Matrix G stimmt mit der Matrix G_r (vgl. S. 54) überein.

Da W eine reguläre Matrix ist, ergibt sich aus (33)

$$A = W^{-1}G. \tag{33'}$$

Wir stellen die Matrix A als Produkt der unteren Dreiecksmatrix W^{-1} und der oberen Dreiecksmatrix G dar. Die Frage nach der Zerlegbarkeit einer Matrix A in Faktoren dieser Art wird durch den folgenden Satz vollständig beantwortet:

Satz 1. *Jede Matrix $A = \|a_{ik}\|_1^n$ vom Rang r, die die Bedingungen*

$$D_k = A\begin{pmatrix}1 & 2 & \dots & k\\ 1 & 2 & \dots & k\end{pmatrix} \neq 0 \quad \textit{für} \quad k = 1, 2, \dots, r \tag{34}$$

erfüllt, kann als Produkt einer unteren Dreiecksmatrix B mit einer oberen Dreiecksmatrix C dargestellt werden:

$$A = BC = \begin{Vmatrix} b_{11} & 0 & \dots & 0\\ b_{21} & b_{22} & \dots & 0\\ \dots & \dots & \dots & \dots\\ b_{n1} & b_{n2} & \dots & b_{nn}\end{Vmatrix} \begin{Vmatrix} c_{11} & c_{12} & \dots & c_{1n}\\ 0 & c_{22} & \dots & c_{2n}\\ \dots & \dots & \dots & \dots\\ 0 & 0 & \dots & c_{nn}\end{Vmatrix}. \tag{35}$$

Dabei ist

$$b_{11}c_{11} = D_1, \quad b_{22}c_{22} = \frac{D_2}{D_1}, \dots, b_{rr}c_{rr} = \frac{D_r}{D_{r-1}}. \tag{36}$$

Die ersten r Diagonalelemente der Matrizen B und C können beliebige, den Bedingungen (36) genügende Werte annehmen.

Sind die ersten r Diagonalelemente der Matrizen B und C vorgegeben, so sind die Elemente der ersten r Spalten der Matrix B und der ersten r Zeilen der Matrix C eindeutig bestimmt. Sie ergeben sich aus den Formeln

$$b_{gk} = b_{kk}\frac{A\begin{pmatrix}1 & 2 & \dots & k-1 & g\\ 1 & 2 & \dots & k-1 & k\end{pmatrix}}{A\begin{pmatrix}1 & 2 & \dots & k\\ 1 & 2 & \dots & k\end{pmatrix}}, \quad c_{kg} = c_{kk}\frac{A\begin{pmatrix}1 & 2 & \dots & k-1 & k\\ 1 & 2 & \dots & k-1 & g\end{pmatrix}}{A\begin{pmatrix}1 & 2 & \dots & k\\ 1 & 2 & \dots & k\end{pmatrix}} \tag{37}$$

$(g = k, k+1, \dots, n;\ k = 1, 2, \dots, r)$.

Ist $r < n$ ($|A| = 0$), so kann man alle Elemente der letzten $n - r$ Spalten der Matrix B gleich 0 setzen und allen Elementen der letzten $n - r$ Zeilen der Matrix C beliebige Werte geben oder umgekehrt die Elemente der letzten $n - r$ Zeilen der Matrix C gleich 0 setzen und die der letzten $n - r$ Spalten der Matrix B beliebig wählen.

Beweis. Die Möglichkeit der Darstellung von Matrizen, die der Bedingung (34) genügen, als Produkte der Gestalt (35) ist oben bewiesen worden (vgl. (33')).

Es seien jetzt B und C beliebige untere und obere Dreiecksmatrizen, deren Produkt gleich A ist. Benutzen wir die Formel für die Minoren des Produkts zweier

Matrizen, so finden wir

$$A\begin{pmatrix}1 & 2 & \dots & k-1 & g\\ 1 & 2 & \dots & k-1 & k\end{pmatrix}$$

$$= \sum_{\alpha_1<\alpha_2<\dots<\alpha_k} B\begin{pmatrix}1 & 2 & \dots & k-1 & g\\ \alpha_1 & \alpha_2 & \dots & \alpha_{k-1} & \alpha_k\end{pmatrix} C\begin{pmatrix}\alpha_1 & \alpha_2 & \dots & \alpha_k\\ 1 & 2 & \dots & k\end{pmatrix} \tag{38}$$

$(g = k, k+1, \dots, n;\ k = 1, 2, \dots, r)$.

Da C eine obere Dreiecksmatrix ist, enthalten die ersten k Spalten von C nur einen Minor k-ter Ordnung, der von 0 verschieden ist: $C\begin{pmatrix}1 & 2 & \dots & k\\ 1 & 2 & \dots & k\end{pmatrix}$. Deshalb können wir (38) auch folgendermaßen schreiben:

$$A\begin{pmatrix}1 & 2 & \dots & k-1 & g\\ 1 & 2 & \dots & k-1 & k\end{pmatrix} = B\begin{pmatrix}1 & 2 & \dots & k-1 & g\\ 1 & 2 & \dots & k-1 & k\end{pmatrix} C\begin{pmatrix}1 & 2 & \dots & k\\ 1 & 2 & \dots & k\end{pmatrix}$$

$$= b_{11}b_{22}\cdots b_{k-1,k-1}b_{gk}c_{11}c_{22}\cdots c_{kk} \tag{39}$$

$(g = k, k+1, \dots, n;\ k = 1, 2, \dots, r)$.

Setzen wir hier $g = k$, so erhalten wir

$$b_{11}b_{22}\cdots b_{kk}c_{11}c_{22}\cdots c_{kk} = D_k \quad (k = 1, 2, \dots, r), \tag{40}$$

woraus sich bereits die Relation (36) ergibt.

Wir können, ohne die Gleichung (35) zu verletzen, gleichzeitig die Matrix B von rechts mit einer beliebigen regulären Diagonalmatrix $M = \|\mu_i\delta_{ik}\|_1^n$ und die Matrix C von links mit der dazu inversen Matrix $M^{-1} = \|\mu_i^{-1}\delta_{ik}\|_1^n$ multiplizieren. Das ist gleichbedeutend mit der Multiplikation der Spalten der Matrix B mit den entsprechenden Elementen $\mu_1, \mu_2, \dots, \mu_n$ und der Zeilen der Matrix C mit $\mu_1^{-1}, \mu_2^{1}, \dots, \mu_n^{-1}$. Folglich können wir den Diagonalelementen $b_{11}, \dots, b_{rr}, c_{11}, \dots, c_{rr}$ beliebige Werte geben, wenn sie nur die Bedingung (36) befriedigen.

Ferner ergibt sich aus (39) und (40)

$$b_{gk} = b_{kk}\frac{A\begin{pmatrix}1 & 2 & \dots & k-1 & g\\ 1 & 2 & \dots & k-1 & k\end{pmatrix}}{A\begin{pmatrix}1 & 2 & \dots & k\\ 1 & 2 & \dots & k\end{pmatrix}}$$

$(g = k, k+1, \dots, n;\ k = 1, 2, \dots, r)$,

d. h. die erste der Formeln (37). Völlig analog läßt sich für die Elemente der Matrix C die zweite der Formeln (37) aufstellen.

Wir machen den Leser darauf aufmerksam, daß bei der Multiplikation der Matrizen B und C die Elemente b_{kg} der letzten $k - r$ Spalten von B und die Elemente c_{gk} der letzten $n - r$ Zeilen von C nur miteinander, d. h. nicht mit anderen Elementen multipliziert werden. Wir sahen, daß man alle Elemente der letzten $n - r$

Zeilen von C gleich 0 wählen kann.[1]) Folglich können die Elemente der letzten $n - r$ Spalten der Matrix B beliebig angenommen werden. Selbstverständlich ändert sich das Produkt der Matrizen B und C nicht, wenn wir die Elemente der letzten $n - r$ Spalten der Matrix B gleich 0 setzen und die Elemente der letzten $n - r$ Zeilen der Matrix C beliebig wählen.

Damit ist der Satz bewiesen.

Aus dem soeben bewiesenen Satz ergeben sich interessante Folgerungen.

Folgerung 1. *Die Elemente der ersten r Spalten der Matrix B und der ersten r Zeilen der Matrix C sind mit den Elementen der Matrix A durch die Rekursionsformeln*

$$\left.\begin{aligned} b_{ik} &= \frac{a_{ik} - \sum_{j=1}^{k-1} b_{ij}c_{jk}}{c_{kk}} \qquad (i \geqq k;\ i = 1, 2, \ldots, n;\ k = 1, 2, \ldots, r), \\ c_{ik} &= \frac{a_{ik} - \sum_{j=1}^{i-1} b_{ij}c_{jk}}{b_{ii}} \qquad (i \leqq k;\ i = 1, 2, \ldots, r;\ k = 1, 2, \ldots, n) \end{aligned}\right\} \tag{41}$$

verknüpft. Diese Relationen folgen unmittelbar aus der Matrizengleichung (35); sie dienen zur bequemen Berechnung der Elemente von B und C.

Folgerung 2. *Ist $A = \|a_{ik}\|_1^n$ eine reguläre Matrix ($r = n$), die der Bedingung* (34) *genügt, so sind die Matrizen B und C in der Darstellung* (35) *eindeutig definiert, sobald die Diagonalelemente dieser Matrizen in Übereinstimmung mit Bedingung* (36) *gegeben sind.*

Folgerung 3. *Ist $S = \|s_{ik}\|_1^n$ eine symmetrische Matrix vom Rang r und gilt*

$$D_k = S\begin{pmatrix} 1 & 2 & \ldots & k \\ 1 & 2 & \ldots & k \end{pmatrix} \neq 0 \qquad (k = 1, 2, \ldots, r),$$

so folgt

$$S = BB^{\mathsf{T}}.$$

Dabei ist $B = \|b_{ik}\|_1^n$ eine untere Dreiecksmatrix, deren Elemente folgende Form haben:

$$b_{gk} = \begin{cases} \dfrac{1}{\sqrt{D_k D_{k-1}}}\, S\begin{pmatrix} 1 & 2 & \ldots & k-1 & g \\ 1 & 2 & \ldots & k-1 & k \end{pmatrix} \\ \qquad\qquad \textit{für} \quad g = k, k+1, \ldots, n;\ k = 1, 2, \ldots, r), \\ 0 \qquad \textit{für} \quad (g = k, k+1, \ldots, n;\ k = r+1, \ldots, n). \end{cases} \tag{42'}$$

[1]) Das folgt aus der Darstellung (33'). Dabei kann man den Diagonalelementen $b_{11}, \ldots, b_{rr}$; $c_{11}, \ldots, c_{rr}$, wie schon gezeigt wurde, durch entsprechende Wahl der Faktoren $\mu_1, \mu_2, \ldots, \mu_r$ beliebige, die Bedingung (36) erfüllende Werte geben.

2. Sind in der Darstellung (35) die Elemente der letzten $n-r$ Spalten der Matrix C gleich 0, so kann man

$$B = F \left\| \begin{matrix} b_{11} & & & & & 0 \\ & \ddots & & & & \\ & & b_{rr} & & & \\ & & & 0 & & \\ & & & & \ddots & \\ 0 & & & & & 0 \end{matrix} \right\|, \quad C = \left\| \begin{matrix} c_{11} & & & & & 0 \\ & \ddots & & & & \\ & & c_{rr} & & & \\ & & & 0 & & \\ & & & & \ddots & \\ 0 & & & & & 0 \end{matrix} \right\| L \tag{43}$$

annehmen. Dabei ist F eine untere, L eine obere Dreiecksmatrix; die ersten r Diagonalelemente der Matrizen F und L sind gleich 1, während die Elemente der letzten $n-r$ Spalten von F und der letzten $n-r$ Zeilen von L beliebig gewählt werden können. Setzen wir in (35) für B und C die Ausdrücke (43) ein und benutzen wir die Relationen (36), so ergibt sich der folgende Satz.

Satz 2. *Jede Matrix $A = \|a_{ik}\|_1^n$ vom Rang r mit*

$$D_k = A\begin{pmatrix} 1 & 2 & \dots & k \\ 1 & 2 & \dots & k \end{pmatrix} \neq 0 \quad \textit{für} \quad k = 1, 2, \dots, r$$

kann als Produkt einer unteren Dreiecksmatrix F, einer Diagonalmatrix D und einer oberen Dreiecksmatrix L dargestellt werden:

$$A = FDL = \left\| \begin{matrix} 1 & 0 & \dots & 0 \\ f_{21} & 1 & \dots & 0 \\ \dots & \dots & \dots & \dots \\ f_{n1} & f_{n2} & \dots & 1 \end{matrix} \right\| \left\| \begin{matrix} D_1 & & & & & & \\ & \frac{D_2}{D_1} & & & & & \\ & & \ddots & & & & \\ & & & \frac{D_r}{D_{r-1}} & & & \\ & & & & 0 & & \\ & & & & & \ddots & \\ & & & & & & 0 \end{matrix} \right\| \left\| \begin{matrix} 1 & l_{12} & \dots & l_{1n} \\ 0 & 1 & \dots & l_{2n} \\ \dots & \dots & \dots & \dots \\ 0 & 0 & \dots & 1 \end{matrix} \right\|. \tag{44}$$

Dabei ist

$$f_{gk} = \frac{A\begin{pmatrix} 1 & 2 & \dots & k-1 & g \\ 1 & 2 & \dots & k-1 & k \end{pmatrix}}{A\begin{pmatrix} 1 & 2 & \dots & k \\ 1 & 2 & \dots & k \end{pmatrix}}, \quad l_{kg} = \frac{A\begin{pmatrix} 1 & 2 & \dots & k-1 & k \\ 1 & 2 & \dots & k-1 & g \end{pmatrix}}{A\begin{pmatrix} 1 & 2 & \dots & k \\ 1 & 2 & \dots & k \end{pmatrix}} \tag{45}$$

für $g = k+1, \dots, n;\ k = 1, 2, \dots, r;$

für $g = k+1, \dots, n$; $k = r+1, \dots, n$ sind f_{gk} und l_{kg} beliebig.

3. Die Gaußsche Eliminationsmethode definiert, wenn sie auf eine Matrix $A = \|a_{ik}\|_1^n$ vom Rang r mit $D_k \neq 0$ für $k = 1, 2, \ldots, r$ angewendet wird, zwei Matrizen: die untere Dreiecksmatrix W, deren Diagonalelemente gleich 1, und die obere Dreiecksmatrix G, deren erste r Diagonalelemente gleich $D_1, \frac{D_2}{D_1}, \ldots, \frac{D_r}{D_{r-1}}$ sind; die Elemente der letzten $n - r$ Zeilen der Matrix G sind gleich 0. G ist die *Gaußsche Form der Matrix* A, W ihre Transformationsmatrix.

Für die Berechnung der Elemente der Matrix W empfiehlt es sich, folgendes Verfahren zu benutzen. Die Matrix W erhalten wir, wenn wir die Einheitsmatrix E all den Transformationen unterwerfen (beschrieben durch die Matrizen $W_1, \ldots, W_N$), die wir beim Gaußschen Algorithmus auf die Matrix A anwandten (in diesem Fall erhalten wir an Stelle des Produkts $WA = G$ das Produkt $WE = W$). Darum ergänzen wir A rechts durch die Einheitsmatrix E:

$$\left\|\begin{matrix} a_{11} & \ldots & a_{1n} & 1 & \ldots & 0 \\ \cdots & \cdots & \cdots & \cdots & \cdots & \cdots \\ a_{n1} & \ldots & a_{nn} & 0 & \ldots & 1 \end{matrix}\right\|. \tag{46}$$

Wenden wir auf diese rechteckige Matrix alle Transformationen des Gaußschen Algorithmus an, so erhalten wir eine rechteckige Matrix, die sich aus den beiden quadratischen Matrizen G und W zusammensetzt: (G, W). *Durch Anwendung des Gaußschen Algorithmus auf die Matrix* (46) *erhalten wir sowohl die Matrix G als auch die Matrix W.*

Ist A eine reguläre Matrix, d. h., ist $|A| \neq 0$, so ist auch $|G| \neq 0$. In diesem Fall folgt aus (33), daß $A^{-1} = G^{-1}W$ ist. Da die Matrizen G und W durch den Gaußschen Algorithmus definiert sind, ist das Aufsuchen der inversen Matrix A^{-1} gleichbedeutend mit der Berechnung von G^{-1} und der Multiplikation von G^{-1} mit W.

Obwohl die Berechnung der inversen Matrix G^{-1}, nachdem die Matrix G gegeben ist, keine Schwierigkeiten bereitet, da G eine Dreiecksmatrix ist, kann man sie umgehen. Dazu führen wir neben den Matrizen G und W die entsprechenden Matrizen G_1 und W_1 für die transponierte Matrix A^{T} ein. Dann ist $A^{\mathsf{T}} = W_1^{-1}G_1$, d. h.

$$A = G_1^{\mathsf{T}} W_1^{\mathsf{T}-1}. \tag{47}$$

Ein Vergleich der Formeln (33′) und (44),

$$A = W^{-1}G, \qquad A = FDL,$$

zeigt, daß diese als zwei verschiedene Zerlegungen der Form (35) gedeutet werden können; dabei ist das Produkt DL als der zweite Faktor C anzusehen. Da die ersten r Diagonalelemente der ersten Faktoren gleich sind (sie sind alle gleich 1), stimmen ihre ersten r Spalten überein. Da aber die letzten $n - r$ Spalten der Matrix F beliebig gewählt werden können, lassen sie sich so wählen, daß

$$F = W^{-1} \tag{48}$$

ist. Vergleicht man andererseits (47) und (44),

$$A = G_1^{\mathsf{T}} W_1^{\mathsf{T}-1}, \qquad A = FDL,$$

so zeigt sich, daß man in L die entsprechenden, d. h. die nicht durch (45) gegebenen Elemente so wählen kann, daß

$$L = W_1^{\mathsf{T}-1} \tag{49}$$

ist. Setzen wir in (44) für F und L die sich aus (48) und (49) für sie ergebenden Ausdrücke ein, so erhalten wir

$$A = W^{-1} D W_1^{\mathsf{T}-1}. \tag{50}$$

Vergleicht man (50) mit (33′) und (47), so findet man

$$G = D W_1^{\mathsf{T}-1}, \quad G_1^{\mathsf{T}} = W^{-1} D. \tag{51}$$

Verstehen wir unter $\hat{D}$ die Diagonalmatrix

$$\hat{D} = \left\{\frac{1}{D_1}, \frac{D_1}{D_2}, \ldots, \frac{D_{r-1}}{D_r}, 0, \ldots, 0\right\}, \tag{52}$$

so ist

$$D = D\hat{D}D,$$

und aus (50) und (51) folgt die Beziehung

$$A = G_1^{\mathsf{T}} \hat{D} G. \tag{53}$$

Formel (53) zeigt uns, daß man durch die Anwendung des Gaußschen Algorithmus auf die Matrizen A und A^{T} eine Zerlegung der Matrix A in ein Produkt von Dreiecksmatrizen erhalten kann.

Es sei jetzt A eine reguläre Matrix ($r = n$). Dann ist $|D| \neq 0$ und $\hat{D} = D^{-1}$, und aus (50) folgt

$$A^{-1} = W_1^{\mathsf{T}} \hat{D} W. \tag{54}$$

Diese Formel gibt uns die Möglichkeit, die inverse Matrix A^{-1} effektiv zu berechnen; wir gewinnen sie durch Anwendung des Gaußschen Algorithmus auf die Matrizen (A, E), (A^{T}, E).

In dem Spezialfall, daß A eine symmetrische Matrix S ist, stimmen die Matrizen G_1 und G sowie W_1 und W überein; die Formeln (53) und (54) nehmen dann folgende Gestalt an:

$$S = G^{\mathsf{T}} \hat{D} G, \tag{55}$$

$$S^{-1} = W^{\mathsf{T}} \hat{D} W. \tag{56}$$

2.5. Übermatrizen. Das Rechnen mit Übermatrizen. Der verallgemeinerte Gaußsche Algorithmus

Häufig erweist es sich als vorteilhaft, Matrizen zu verwenden, die in rechteckige Teile — „Kästen“ oder „Blöcke“ — zerlegt sind. Der vorliegende Abschnitt ist der Untersuchung solcher Matrizen gewidmet.

1. Gegeben sei die Matrix

$$A = \|a_{ik}\| \qquad (i = 1, 2, \ldots, m;\ k = 1, 2, \ldots, n). \tag{57}$$

Wir zerlegen A durch horizontale und vertikale Linien in rechteckige Blöcke:

$$A = \begin{pmatrix} A_{11} & A_{12} & \ldots & A_{1t} \\ A_{21} & A_{22} & \ldots & A_{2t} \\ \ldots & \ldots & \ldots & \ldots \\ A_{s1} & A_{s2} & \ldots & A_{st} \end{pmatrix} \begin{matrix} \}\, m_1 \\ \}\, m_2 \\ \vdots \\ \}\, m_s \end{matrix} . \quad \text{(Spaltenbreiten } n_1, n_2, \ldots, n_t) \tag{58}$$

Die Matrix (58) ist also in $s \cdot t$ Blöcke $A_{\alpha\beta}$ vom Typ (m_α, n_β) $(\alpha = 1, 2, \ldots, s;\ \beta = 1, 2, \ldots, t)$ aufgespalten. Wir nennen die Matrix (57) in dieser Form eine *Übermatrix*[1]). Für (58) schreiben wir kürzer

$$A = (A_{\alpha\beta}) \qquad (\alpha = 1, 2, \ldots, s;\ \beta = 1, 2, \ldots, t). \tag{59}$$

Ist $s = t$, so werden wir auch folgende Schreibweise benutzen:

$$A = (A_{\alpha\beta})_1^s . \tag{60}$$

Das Rechnen mit Übermatrizen genügt denselben formalen Regeln wie das Rechnen mit gewöhnlichen Matrizen, d. h. mit Matrizen, deren Elemente Zahlen sind. Es seien z. B. zwei Matrizen gleichen Typs gegeben, die auf dieselbe Art in Blöcke zerlegt sind:

$$A = (A_{\alpha\beta}), \qquad B = (B_{\alpha\beta}) \qquad (\alpha = 1, 2, \ldots, s;\ \beta = 1, 2, \ldots, t). \tag{61}$$

Daraus ergibt sich sofort

$$A + B = (A_{\alpha\beta} + B_{\alpha\beta}) \qquad (\alpha = 1, 2, \ldots, s;\ \beta = 1, 2, \ldots, t). \tag{62}$$

Mit der Multiplikation von Übermatrizen befassen wir uns ausführlicher. Bekanntlich (vgl. Kap. 1, S. 24) muß zur Multiplikation zweier Matrizen A und B die Anzahl der Spalten des ersten Faktors mit der Anzahl der Zeilen des zweiten Faktors übereinstimmen. Bei der Multiplikation von Übermatrizen muß zusätzlich gefordert werden, daß die Anzahl der Spalten der Elemente des ersten Faktors mit der Anzahl der Zeilen der entsprechenden Elemente des zweiten Faktors übereinstimmt:

$$A = \overset{\begin{matrix} n_1 & n_2 & \ldots & n_t \end{matrix}}{\begin{pmatrix} A_{11} & A_{12} & \ldots & A_{1t} \\ A_{21} & A_{22} & \ldots & A_{2t} \\ \ldots & \ldots & \ldots & \ldots \\ A_{s1} & A_{s2} & \ldots & A_{st} \end{pmatrix}} \begin{matrix} \}\, m_1 \\ \}\, m_2 \\ \vdots \\ \}\, m_s \end{matrix}, \qquad B = \overset{\begin{matrix} p_1 & p_2 & \ldots & p_u \end{matrix}}{\begin{pmatrix} B_{11} & B_{12} & \ldots & B_{1u} \\ B_{21} & B_{22} & \ldots & B_{2u} \\ \ldots & \ldots & \ldots & \ldots \\ B_{t1} & B_{t2} & \ldots & B_{tu} \end{pmatrix}} \begin{matrix} \}\, n_1 \\ \}\, n_2 \\ \vdots \\ \}\, n_t \end{matrix}. \tag{63}$$

[1]) Die Benennung *Über*matrix soll darauf hinweisen, daß es sich um eine *Matrix von Matrizen*, d. h. um eine Matrix handelt, *deren Elemente Matrizen sind*. Darauf ist zu achten, wenn in diesem Kapitel von Elementen, Diagonalelementen, Zeilen oder Spalten einer Übermatrix gesprochen wird. Ebenso ist es möglich, von dem Typ, der Zeilen- oder Spaltenzahl eines Elements zu sprechen (*Anm. d. Red.*).

Dann ergibt sich ohne Schwierigkeiten

$$AB = C = (C_{\alpha\beta})$$

mit
$$C_{\alpha\beta} = \sum_{\delta=1}^{t} A_{\alpha\delta} B_{\delta\beta} \quad (\alpha = 1, 2, \ldots, s;\ \beta = 1, 2, \ldots, u). \tag{64}$$

Wir weisen noch auf den Spezialfall hin, daß einer der Faktoren eine *verallgemeinerte Diagonalmatrix*[1]) ist. Es sei A eine verallgemeinerte Diagonalmatrix, d. h. $s = t$ und $A_{\alpha\beta} = O$ für $\alpha \neq \beta$. Dann folgt aus (64)

$$C_{\alpha\beta} = A_{\alpha\alpha} B_{\alpha\beta} \quad (\alpha = 1, 2, \ldots, s;\ \beta = 1, 2, \ldots, u). \tag{65}$$

Bei Linksmultiplikation einer Übermatrix mit einer verallgemeinerten Diagonalmatrix werden die Zeilen der Übermatrix von links mit den entsprechenden Diagonalelementen der verallgemeinerten Diagonalmatrix multipliziert.

Es sei nun B eine verallgemeinerte Diagonalmatrix, d. h. $t = u$ und $B_{\alpha\beta} = O$ für $\alpha \neq \beta$. Dann folgt aus (64)

$$C_{\alpha\beta} = A_{\alpha\beta} B_{\beta\beta} \quad (\alpha = 1, 2, \ldots, s;\ \beta = 1, 2, \ldots, u). \tag{66}$$

Bei Rechtsmultiplikation einer Übermatrix mit einer verallgemeinerten Diagonalmatrix werden die Spalten der Übermatrix von rechts mit den entsprechenden Diagonalelementen der verallgemeinerten Diagonalmatrix multipliziert.

Wir bemerken noch, daß die Multiplikation quadratischer Übermatrizen gleicher Ordnung immer dann ausführbar ist, wenn die Faktoren auf die gleiche Art in Blöcke zerlegt und ihre Diagonalelemente quadratische Matrizen sind.

Die Übermatrix (58) heißt *obere* (bzw. *untere*) *verallgemeinerte Dreiecksmatrix*, wenn $s = t$ ist, und alle $A_{\alpha\beta} = O$ für $\alpha > \beta$ (bzw. $\beta > \alpha$) sind. Die verallgemeinerten Diagonalmatrizen sind ein Spezialfall der verallgemeinerten Dreiecksmatrizen.

Als Folgerung aus (64) ergibt sich sofort:

Das Produkt zweier oberer (bzw. unterer) verallgemeinerter Dreiecksmatrizen ist wieder eine obere (bzw. untere) verallgemeinerte Dreiecksmatrix;[2]) *die Diagonalelemente der Produktmatrix sind die Produkte der entsprechenden Diagonalelemente der Faktoren.*

Setzen wir nämlich in (64) $s = t$ und $A_{\alpha\beta} = O$, $B_{\alpha\beta} = O$ für $\alpha < \beta$, so erhalten wir $C_{\alpha\beta} = O$ für $\alpha < \beta$ und $C_{\alpha\alpha} = A_{\alpha\alpha} B_{\alpha\alpha}$ $(\alpha, \beta = 1, 2, \ldots, s)$. Der Beweis für den Fall unterer verallgemeinerter Dreiecksmatrizen verläuft analog.

Wir geben noch eine Regel zur Berechnung der Determinante einer verallgemeinerten Dreiecksmatrix an. Sie folgt unmittelbar aus der Laplaceschen Entwicklung der Determinante.

Ist A eine verallgemeinerte Dreiecksmatrix (insbesondere eine verallgemeinerte Diagonalmatrix), so ist die Determinante dieser Matrix gleich dem Produkt der Determinanten ihrer Diagonalelemente:

$$|A| = |A_{11}|\,|A_{22}| \cdots |A_{ss}|. \tag{67}$$

---

[1]) Man nennt sie manchmal auch *Stufenmatrix* (*Anm. d. Red.*).

[2]) Dabei wird vorausgesetzt, daß die Multiplikation ausführbar ist.

2. Wir betrachten jetzt die Übermatrix

$$A = \begin{pmatrix} \overbrace{A_{11}}^{n_1} & \overbrace{A_{12}}^{n_2} & \dots & \overbrace{A_{1t}}^{n_t} \\ A_{21} & A_{22} & \dots & A_{2t} \\ \dots & \dots & \dots & \dots \\ A_{s1} & A_{s2} & \dots & A_{st} \end{pmatrix} \begin{matrix} \}\, m_1 \\ \}\, m_2 \\ \vdots \\ \}\, m_s \end{matrix}. \tag{68}$$

Addieren wir zu ihrer α-ten Zeile die von links mit einer Matrix X vom Typ (m_α, n_β) multiplizierte β-te Zeile, so geht unsere Ausgangsmatrix in folgende Matrix über:

$$B = \begin{Bmatrix} A_{11} & \dots & A_{1t} \\ \dots & \dots & \dots \\ A_{\alpha 1} + XA_{\beta 1} & \dots & A_{\alpha t} + XA_{\beta t} \\ \dots & \dots & \dots \\ A_{\beta 1} & \dots & A_{\beta 1} \\ \dots & \dots & \dots \\ A_{s1} & \dots & A_{st} \end{Bmatrix}. \tag{69}$$

Wir führen jetzt eine quadratische Hilfsmatrix ein, die folgende Gestalt hat:

$$V = \begin{Bmatrix} \overbrace{E}^{m_1} & \dots & \overbrace{O}^{m_\alpha} & \dots & \overbrace{O}^{m_\beta} & \dots & \overbrace{O}^{m_s} \\ \dots & \dots & \dots & \dots & \dots & \dots & \dots \\ O & \dots & E & \dots & X & \dots & O \\ \dots & \dots & \dots & \dots & \dots & \dots & \dots \\ O & \dots & O & \dots & E & \dots & O \\ \dots & \dots & \dots & \dots & \dots & \dots & \dots \\ O & \dots & O & \dots & O & \dots & E \end{Bmatrix} \begin{matrix} \}\, m_1 \\ \vdots \\ \}\, m_\alpha \\ \vdots \\ \}\, m_\beta \\ \vdots \\ \}\, m_s \end{matrix}. \tag{70}$$

In der Diagonale dieser Matrix stehen Einheitsmatrizen, deren Ordnung gleich $m_1, m_2, \dots$ bzw. m_s ist; alle Elemente außerhalb der Hauptdiagonale sind Nullmatrizen, ausgenommen die Matrix X, die in der α-ten Zeile und β-ten Spalte von V steht.

Es gilt

$$VA = B. \tag{71}$$

Daraus folgt, da V eine reguläre Matrix ist, daß die Matrizen A und B den gleichen Rang haben[1]):

$$r_A = r_B. \tag{72}$$

---

[1]) Vgl. S. 30.

Ist A insbesondere eine quadratische Matrix[1]), so gilt

$$|V|\,|A| = |B|. \tag{73}$$

Die Determinante der verallgemeinerten Dreiecksmatrix V ist gleich 1,

$$|V| = 1, \tag{74}$$

d. h.

$$|A| = |B|. \tag{75}$$

Addiert man zu einer Spalte der Matrix (68) eine von rechts mit einer Matrix entsprechenden Typs multiplizierte andere Spalte, so ändert sich ihre Determinante nicht. Wir formulieren folgenden Satz:

Satz 3. *Addiert man in einer Übermatrix A zur α-ten Zeile (bzw. Spalte) die von links (bzw. von rechts) mit einer Matrix X entsprechenden Typs multiplizierte β-te Zeile (bzw. Spalte), so bleibt der Rang der Matrix erhalten; ist A insbesondere eine quadratische Matrix,*[1]) *so bleibt dabei auch ihre Determinante unverändert.*

3. Wir betrachten jetzt den Spezialfall, daß in der Matrix A das Diagonalelement A_{11} quadratisch und regulär ist ($|A_{11}| \neq 0$). Addieren wir die erste von links mit $A_{\alpha 1}A_{11}^{-1}$ multiplizierte Zeile von A zur α-ten ($\alpha = 2, \ldots, s$), so erhalten wir

$$B_1 = \begin{pmatrix} A_{11} & A_{12} & \ldots & A_{1t} \\ O & A_{22}^{(1)} & \ldots & A_{2t}^{(1)} \\ \ldots & \ldots & \ldots & \ldots \\ O & A_{s2}^{(1)} & \ldots & A_{st}^{(1)} \end{pmatrix} \tag{76}$$

mit

$$A_{\alpha\beta}^{(1)} = -A_{\alpha 1}A_{11}^{-1}A_{1\beta} + A_{\alpha\beta} \quad (\alpha = 2, \ldots, s;\ \beta = 2, \ldots, t). \tag{77}$$

Ist nun $A_{22}^{(1)}$ eine reguläre quadratische Matrix, so können wir diesen Prozeß fortsetzen. Auf diese Weise erhalten wir den *verallgemeinerten Gaußschen Algorithmus.*

Ist A eine quadratische Matrix, so gilt

$$|A| = |B_1| = |A_{11}| \begin{vmatrix} A_{22}^{(1)} & \ldots & A_{2t}^{(1)} \\ \ldots & \ldots & \ldots \\ A_{s2}^{(1)} & \ldots & A_{st}^{(1)} \end{vmatrix}. \tag{78}$$

Gleichung (78) führt die Berechnung der Determinante $|A|$, die sich aus $s \cdot t$ Matrizen zusammensetzt, auf die Berechnung einer Determinante kleinerer Ordnung zurück, die sich aus $(s-1)\,(t-1)$ Matrizen zusammensetzt.[2])

---

[1]) Gemeint ist hier die Matrix A mit den Elementen a_{ik} aus $\mathbf{K}$ ($i = 1, 2, \ldots, m$; $k = 1, 2, \ldots, n$), nicht aber die Übermatrix A, deren Elemente A_{ik} ($i = 1, 2, \ldots, s$; $k = 1, 2, \ldots, t$) Matrizen sind. Es ist notwendig, beide Fälle streng zu unterscheiden, da bezüglich des Typs im allgemeinen nur die Beziehungen $s \leqq m$ und $t \leqq n$ vorausgesetzt werden können (*Anm. d. Red.*).

[2]) Ist $A_{22}^{(1)}$ quadratisch und $|A_{22}^{(1)}| \neq 0$, so können wir auf die Determinante (78), die sich aus $(s-1)(t-1)$ Matrizen zusammensetzt, von neuem dieselbe Transformation anwenden usw.

Wir untersuchen nun die aus vier Matrizen zusammengesetzte Determinante

$$\Delta = \begin{vmatrix} A & B \\ C & D \end{vmatrix}; \tag{79}$$

A und D seien quadratische Matrizen.

Ist $|A| \neq 0$, so subtrahieren wir die von links mit CA^{-1} multiplizierte erste Zeile von der zweiten und erhalten

$$\Delta = \begin{vmatrix} A & B \\ 0 & D - CA^{-1}B \end{vmatrix} = |A|\,|D - CA^{-1}B|. \tag{I}$$

Ebenso subtrahieren wir, wenn $|D| \neq 0$ ist, in Δ die von links mit BD^{-1} multiplizierte zweite Zeile von der ersten und erhalten

$$\Delta = \begin{vmatrix} A - BD^{-1}C & 0 \\ C & D \end{vmatrix} = |A - BD^{-1}C|\,|D|. \tag{II}$$

Sind speziell alle vier Matrizen A, B, C und D quadratisch (und von derselben Ordnung), so folgt aus (I) und (II) die *Schursche Gleichung*, die die Berechnung einer Determinante $2n$-ter Ordnung auf die Berechnung einer Determinante n-ter Ordnung zurückführt:

$$\Delta = |AD - ACA^{-1}B| \quad (|A| \neq 0), \tag{Ia}$$

$$\Delta = |AD - BD^{-1}CD| \quad (|D| \neq 0). \tag{IIa}$$

Sind die Matrizen A und C vertauschbar, so folgt aus (Ia)

$$\Delta = |AD - CB| \quad \text{(da nach Voraussetzung } AC = CA). \tag{Ib}$$

Sind die Matrizen C und D vertauschbar, dann folgt analog

$$\Delta = |AD - BC| \quad \text{(da nach Voraussetzung } CD = DC). \tag{IIb}$$

Formel (Ib) erhielten wir unter der Voraussetzung, daß $|A| \neq 0$ ist; Formel (IIb) wurde unter der Voraussetzung erhalten, daß $|D| \neq 0$ ist. Aus Stetigkeitsbetrachtungen jedoch folgt, daß man diese Einschränkungen fallenlassen kann.

Die Formeln (I) bis (IIb) ergeben sechs weitere, wenn man auf den rechten Seiten sowohl A und D als auch B und C miteinander vertauscht.

Beispiel.

$$\Delta = \begin{vmatrix} 1 & 0 & b_1 & b_2 \\ 0 & 1 & b_3 & b_4 \\ c_1 & c_2 & d_1 & d_2 \\ c_3 & c_4 & d_3 & d_4 \end{vmatrix}.$$

Nach Formel (Ib) ist

$$\Delta = \begin{vmatrix} d_1 - c_1b_1 - c_2b_3 & d_2 - c_1b_2 - c_2b_4 \\ d_3 - c_3b_1 - c_4b_3 & d_4 - c_3b_2 - c_4b_4 \end{vmatrix}.$$

4. Wir wollen jetzt die Frobeniussche Formel[1]) für die Inversion von Übermatrizen herleiten. Die reguläre Matrix M ($|M| \neq 0$) sei wie folgt in Blöcke aufgespalten:

$$M = \begin{pmatrix} \overbrace{A}^{n} & \overbrace{B}^{q} \\ C & D \end{pmatrix} \begin{matrix} \}\, n \\ \}\, q \end{matrix}. \tag{80}$$

Weiterhin sei A gleichfalls nichtsingulär ($|A| \neq 0$). Gesucht ist die inverse Matrix M^{-1}.

Wir wenden jetzt den verallgemeinerten Gaußschen Algorithmus auf M an. Von der zweiten Zeile subtrahieren wir die erste Zeile, welche vorher von links mit $-CA^{-1}$ multipliziert wurde. Diese Operation entspricht der Multiplikation der Matrix M von links mit der Matrix $\begin{pmatrix} E & O \\ X & E \end{pmatrix}$ [2]), wobei $X = -CA^{-1}$ ist. Folglich gilt

$$\begin{pmatrix} E & O \\ -CA^{-1} & E \end{pmatrix} M = \begin{pmatrix} A & B \\ O & D - CA^{-1}B \end{pmatrix}. \tag{81}$$

Setzen wir nun $H = D - CA^{-1}B$, so erhalten wir aus (81)

$$|M| = |A|\,|H|. \tag{82}$$

Deshalb ist wegen $|M| \neq 0$ auch $|H| \neq 0$.[3])

Durch Übergang zu den inversen Matrizen in (81) ergibt sich

$$M^{-1} \begin{pmatrix} E & O \\ -CA^{-1} & E \end{pmatrix}^{-1} = \begin{pmatrix} A & B \\ O & H \end{pmatrix}^{-1}. \tag{83}$$

Die inverse Matrix zur Matrix $\begin{pmatrix} A & B \\ O & H \end{pmatrix}$ suchen wir in der Gestalt $\begin{pmatrix} A^{-1} & U \\ O & H^{-1} \end{pmatrix}$. Dann erhalten wir aus der Gleichung

$$\begin{pmatrix} A & B \\ O & H \end{pmatrix} \begin{pmatrix} A^{-1} & U \\ O & H^{-1} \end{pmatrix} = \begin{pmatrix} E & O \\ O & E \end{pmatrix},$$

daß $U = -A^{-1}BH^{-1}$ gilt. Somit ist

$$\begin{pmatrix} A & B \\ O & H \end{pmatrix}^{-1} = \begin{pmatrix} A^{-1} & -A^{-1}BH^{-1} \\ O & H^{-1} \end{pmatrix}. \tag{84}$$

Mit (83) ergibt sich daraus

$$M^{-1} = \begin{pmatrix} A & B \\ O & H \end{pmatrix}^{-1} \begin{pmatrix} E & O \\ -CA^{-1} & B \end{pmatrix} = \begin{pmatrix} A^{-1} & -A^{-1}BH^{-1} \\ O & H^{-1} \end{pmatrix} \begin{pmatrix} E & O \\ -CA^{-1} & E \end{pmatrix}, \tag{85}$$

[1]) Vgl. etwa [44].

[2]) In der ersten Zeile bedeutet E die Einheitsmatrix n-ter Ordnung, in der zweiten die Einheitsmatrix q-ter Ordnung.

[3]) Es ist nicht notwendig, von vornherein die Regularität der Matrix M festzulegen. Diese Eigenschaft der Matrix M folgt daraus, daß $|A| \neq 0$ und $|H| \neq 0$ ist. Im Fall $|H| = 0$ würde $|M| = 0$ folgen, und damit würde die inverse Matrix M^{-1} nicht existieren.

und nach Multiplikation der Übermatrizen auf der rechten Seite von (85) erhalten wir die Frobeniussche Formel

$$M^{-1} = \begin{pmatrix} A^{-1} + A^{-1}BH^{-1}CA^{-1} & -A^{-1}BH^{-1} \\ -H^{-1}CA^{-1} & H^{-1} \end{pmatrix} \tag{86}$$

mit

$$H = D - CA^{-1}B. \tag{87}$$

Durch die Frobeniussche Formel wird die Inversion einer Matrix $(n+q)$-ter Ordnung auf die Inversion zweier Matrizen n-ter bzw. q-ter Ordnung und die Addition und Multiplikation von Matrizen des Typs (n, n), (q, q), (n, q) und (q, n) zurückgeführt.

Setzen wir $|D| \neq 0$ (an Stelle von $|A| \neq 0$) voraus und vertauschen die Rollen der Matrizen A und D, so erhalten wir eine andere Schreibweise der Frobeniusschen Formel:

$$\begin{pmatrix} A & B \\ C & D \end{pmatrix}^{-1} = \begin{pmatrix} K^{-1} & -K^{-1}BD^{-1} \\ -D^{-1}CK^{-1} & D^{-1} + D^{-1}CK^{-1}BD^{-1} \end{pmatrix}. \tag{88}$$

Hierbei ist

$$K = A - BD^{-1}C. \tag{89}$$

Beispiel. Gesucht sind die Elemente der inversen Matrix der Matrix

$$M = \begin{Vmatrix} 1 & -1 & 0 & 1 \\ -1 & 2 & -1 & 0 \\ 0 & 2 & 0 & 1 \\ 2 & 0 & 1 & 2 \end{Vmatrix}.$$

Wir setzen

$$A = \begin{Vmatrix} 1 & -1 \\ -1 & 2 \end{Vmatrix}, \quad B = \begin{Vmatrix} 0 & 1 \\ -1 & 0 \end{Vmatrix}, \quad C = \begin{Vmatrix} 0 & 2 \\ 2 & 0 \end{Vmatrix}, \quad D = \begin{Vmatrix} 0 & 1 \\ 1 & 2 \end{Vmatrix}$$

und berechnen nacheinander

$$A^{-1} = \begin{Vmatrix} 2 & 1 \\ 1 & 1 \end{Vmatrix}, \quad CA^{-1} = \begin{Vmatrix} 0 & 2 \\ 2 & 0 \end{Vmatrix} \begin{Vmatrix} 2 & 1 \\ 1 & 1 \end{Vmatrix} = \begin{Vmatrix} 2 & 2 \\ 4 & 2 \end{Vmatrix},$$

$$H = D - CA^{-1}B = D - \begin{Vmatrix} 2 & 2 \\ 4 & 2 \end{Vmatrix} \begin{Vmatrix} 0 & 1 \\ -1 & 0 \end{Vmatrix} = \begin{Vmatrix} 0 & 1 \\ 1 & 2 \end{Vmatrix} - \begin{Vmatrix} -2 & 2 \\ -2 & 4 \end{Vmatrix} = \begin{Vmatrix} 2 & -1 \\ 3 & -2 \end{Vmatrix},$$

$$H^{-1} = \begin{Vmatrix} 2 & -1 \\ 3 & -2 \end{Vmatrix}, \quad A^{-1}B = \begin{Vmatrix} 2 & 1 \\ 1 & 1 \end{Vmatrix} \begin{Vmatrix} 0 & 1 \\ -1 & 0 \end{Vmatrix} = \begin{Vmatrix} -1 & 2 \\ -1 & 1 \end{Vmatrix},$$

$$A^{-1}BH^{-1} = \begin{Vmatrix} -1 & 2 \\ -1 & 1 \end{Vmatrix} \begin{Vmatrix} 2 & -1 \\ 3 & -2 \end{Vmatrix} = \begin{Vmatrix} 4 & -3 \\ 1 & -1 \end{Vmatrix},$$

$$A^{-1}BH^{-1}CA^{-1} = \begin{Vmatrix} 4 & -3 \\ 1 & -1 \end{Vmatrix} \begin{Vmatrix} 2 & 2 \\ 4 & 2 \end{Vmatrix} = \begin{Vmatrix} -4 & 2 \\ -2 & 0 \end{Vmatrix},$$

$$A^{-1} + A^{-1}BH^{-1}CA^{-1} = \begin{Vmatrix} -2 & 3 \\ -1 & 1 \end{Vmatrix}, \quad H^{-1}CA^{-1} = \begin{Vmatrix} 2 & -1 \\ 3 & -2 \end{Vmatrix} \begin{Vmatrix} 2 & 2 \\ 4 & 2 \end{Vmatrix} = \begin{Vmatrix} 0 & 2 \\ -2 & 2 \end{Vmatrix}.$$

Wegen (86) erhalten wir somit

$$M^{-1} = \begin{Vmatrix} -2 & 3 & -4 & 3 \\ -1 & 1 & -1 & 1 \\ 0 & -2 & 2 & -1 \\ 2 & -2 & 3 & -2 \end{Vmatrix}.$$

5. Eine weitere Folgerung aus Satz 3 ist

Satz 4. *Ist R eine Übermatrix der Form*

$$R = \begin{pmatrix} A & B \\ C & D \end{pmatrix}, \tag{90}$$

wobei A eine reguläre quadratische Matrix n-ter Ordnung ist ($|A| \neq 0$), so ist der Rang der Matrix R genau dann gleich n, wenn

$$D = CA^{-1}B \tag{91}$$

ist.

Beweis. Subtrahieren wir die von links mit CA^{-1} multiplizierte erste Zeile der Matrix R von der zweiten, so erhalten wir die Matrix

$$T = \begin{pmatrix} A & B \\ O & D - CA^{-1}B \end{pmatrix}. \tag{92}$$

Nach Satz 3 haben die Matrizen R und T denselben Rang. Der Rang von T stimmt jedoch dann und nur dann mit dem Rang von A überein (d. h. ist gleich n), wenn $D - CA^{-1}B = O$ ist, d. h., wenn (81) gilt. Damit ist der Satz bewiesen.

Aus Satz 4 folgt ein Algorithmus zur Konstruktion der inversen Matrix A^{-1} und allgemein des Produkts $CA^{-1}B$, wobei B und S Matrizen vom Typ (n, p) und (q, n) sind.[1])

Wir reduzieren durch Anwendung des Gaußschen Algorithmus[2]) die Matrix

$$\begin{pmatrix} A & B \\ -C & O \end{pmatrix} \quad (|A| \neq 0) \tag{93}$$

auf die Form

$$\begin{pmatrix} G & B_1 \\ O & X \end{pmatrix}. \tag{94}$$

[1]) Vgl. [88].

[2]) Wir wenden dabei auf die Matrix (93) nur die ersten n Schritte des Gaußschen Algorithmus an; n ist die Ordnung der Matrix (93). Das ist möglich, wenn für $p = n$ die Bedingungen (15) erfüllt werden. Sind hingegen diese Bedingungen nicht erfüllt, so können wir, da $|A| \neq 0$ ist, die ersten n Zeilen (oder die ersten n Spalten) der Matrix (93) so umnumerieren, daß sich die ersten n Schritte des Gaußschen Algorithmus als durchführbar erweisen. Diese Variante des Gaußschen Algorithmus wird manchmal auch dann angewendet, wenn die Bedingungen (15) für $p = n$ erfüllt sind.

Wir wollen nun beweisen, daß

$$X = CA^{-1}B \tag{95}$$

ist: Dieselbe Transformation, die auf die Matrix (83) angewendet wurde, reduziert die Matrix

$$\begin{pmatrix} A & B \\ -C & -CA^{-1}B \end{pmatrix} \tag{96}$$

auf die Gestalt

$$\begin{pmatrix} G & B_1 \\ O & X - CA^{-1}B \end{pmatrix}. \tag{97}$$

Nach Satz 4 hat die Matrix (96) den Rang n (n ist die Ordnung von A). Dann muß aber die Matrix (97) ebenfalls den Rang n haben. Daraus folgt $X - CA^{-1}B = O$, d. h. aber, daß (95) gilt.

Ist insbesondere $B = y$, wobei y eine Spaltenmatrix ist, und $C = E$, so ist $X = A^{-1}y$. Folglich ergibt sich aus der Anwendung des Gaußschen Algorithmus auf die Matrix

$$\begin{pmatrix} A & y \\ -E & O \end{pmatrix}$$

die Lösung des Gleichungssystems $Ax = y$. Setzen wir in (93) $B = C = E$, so geht bei Anwendung des Gaußschen Algorithmus die Matrix

$$\begin{pmatrix} A & E \\ -E & O \end{pmatrix}$$

in

$$\begin{pmatrix} G & W \\ O & X \end{pmatrix}$$

über. Dabei ist $X = A^{-1}$.

Wir erläutern diese Art der Berechnung von A^{-1} an folgendem

Beispiel. Es sei

$$A = \begin{Vmatrix} 2 & 1 & 1 \\ 1 & 0 & 2 \\ 3 & 1 & 2 \end{Vmatrix}.$$

Gesucht ist die inverse Matrix A^{-1}.

Wir wenden die etwas variierte Eliminationsmethode[1]) auf die Matrix

$$\begin{Vmatrix} 2 & 1 & 1 & 1 & 0 & 0 \\ 1 & 0 & 2 & 0 & 1 & 0 \\ 3 & 1 & 2 & 0 & 0 & 1 \\ -1 & 0 & 0 & 0 & 0 & 0 \\ 0 & -1 & 0 & 0 & 0 & 0 \\ 0 & 0 & -1 & 0 & 0 & 0 \end{Vmatrix}$$

[1]) Vgl. Fußnote 2 auf S. 74.

an: Wir addieren zu jeder Zeile der Matrix solche Vielfache der zweiten Zeile, daß alle Elemente der ersten Spalte, mit Ausnahme des zweiten Elements, gleich 0 werden. Danach addieren wir gewisse Vielfache der dritten Zeile zu allen übrigen Zeilen, mit Ausnahme der zweiten; dadurch können wir erreichen, daß alle Elemente der zweiten Spalte, ausgenommen das zweite[1]) und dritte, gleich 0 werden. Addieren wir nun noch entsprechende Vielfache der dritten Zeile zu den letzten drei Zeilen, so nimmt die Matrix die Gestalt

$$\left\|\begin{matrix} * & * & * & * & * & * \\ * & * & * & * & * & * \\ * & * & * & * & * & * \\ 0 & 0 & 0 & -2 & -1 & 2 \\ 0 & 0 & 0 & 4 & 1 & -3 \\ 0 & 0 & 0 & 1 & 1 & -1 \end{matrix}\right\|$$

an. Also ist

$$A^{-1} = \left\|\begin{matrix} -2 & -1 & 2 \\ 4 & 1 & -3 \\ 1 & 1 & -1 \end{matrix}\right\|.$$

6. Die Aufspaltung einer Matrix in Blöcke erweist sich auch bei der Berechnung der pseudoinversen Matrix als hilfreich (vgl. 1.5.). Es sei wieder die rechteckige Matrix R aufgespalten in der Gestalt

$$R = \begin{pmatrix} A & B \\ C & D \end{pmatrix}, \tag{98}$$

wobei A eine reguläre quadratische Matrix ist ($|A| \neq 0$) und $r_A = r_R$. Dann ist nach Satz 4 $D = CA^{-1}B$ und daher

$$R = \begin{pmatrix} A \\ C \end{pmatrix} A^{-1}(A, B). \tag{99}$$

Diese Zerlegung kann aber als das Resultat zweier hintereinander ausgeführter Skelettierungen angesehen werden (vgl. 1.5.):

$$R = \begin{pmatrix} A \\ C \end{pmatrix} (E, A^{-1}B), \qquad (E, A^{-1}B) = A^{-1}(A, B);$$

damit ist

$$R^+ = (A, B)^+ (A^{-1})^+ \begin{pmatrix} A \\ C \end{pmatrix}^+ = (A, B)^+ A \begin{pmatrix} A \\ C \end{pmatrix}^+. \tag{100}$$

Durch Anwendung der Formeln (43) und (44) auf S. 43 finden wir schließlich

$$R^+ = \begin{pmatrix} A^* \\ B^* \end{pmatrix} (AA^* + BB^*)^{-1} A (A^*A + C^*C)^{-1} (A^*, C^*). \tag{101}$$

Die Gleichung (101) liefert einen expliziten Ausdruck für die pseudoinverse Matrix R^+ durch die Blöcke A, B und C.

---

[1]) In diesem Beispiel ist das Element a_{22} zufällig gleich 0 (*Anm. d. Red.*).

Beispiel.

$$R = \left\| \begin{array}{cc:cc} 1 & -1 & 2 & 0 \\ -1 & 2 & -3 & 1 \\ \hdashline 0 & 1 & -1 & 1 \end{array} \right\| = \begin{pmatrix} A & B \\ C & D \end{pmatrix}.$$

Hier ist $r_R = 2$ und

$$A = \left\| \begin{matrix} 1 & -1 \\ -1 & 2 \end{matrix} \right\|, \quad B = \left\| \begin{matrix} 2 & 0 \\ -3 & 1 \end{matrix} \right\|, \quad C = \|0, 1\|, \quad D = \|-1, 1\|.$$

$$(AA^* + BB^*)^{-1} = \left(3 \left\| \begin{matrix} 2 & -3 \\ -3 & 5 \end{matrix} \right\|\right)^{-1} = \frac{1}{3} \left\| \begin{matrix} 5 & 3 \\ 3 & 2 \end{matrix} \right\|,$$

$$(A^*A + C^*C)^{-1} = \left\| \begin{matrix} 2 & -3 \\ -3 & 6 \end{matrix} \right\|^{-1} = \frac{1}{3} \left\| \begin{matrix} 6 & 3 \\ 3 & 2 \end{matrix} \right\|,$$

$$(AA^* + BB^*)^{-1} A (A^*A + C^*C)^{-1} = \frac{1}{9} \left\| \begin{matrix} 15 & 8 \\ 9 & 5 \end{matrix} \right\|.$$

Dann folgt aus (101)

$$R^+ = \frac{1}{9} \left\| \begin{matrix} 1 & -1 \\ -1 & 2 \\ 2 & -3 \\ 0 & 1 \end{matrix} \right\| \left\| \begin{matrix} 15 & 8 \\ 9 & 5 \end{matrix} \right\| \left\| \begin{matrix} 1 & -1 & 0 \\ -1 & 2 & 1 \end{matrix} \right\| = \left\| \begin{matrix} 1/3 & 0 & 1/3 \\ 1/9 & 1/9 & 2/9 \\ 2/9 & -1/9 & 1/9 \\ 4/9 & 1/9 & 5/9 \end{matrix} \right\|.$$

3. Lineare Operatoren im n-dimensionalen Vektorraum

Die Matrizen bilden ein wesentliches Hilfsmittel zur Untersuchung linearer Operatoren im n-dimensionalen Vektorraum. Die Untersuchung dieser Operatoren gestattet es andererseits, eine Klasseneinteilung der Matrizen vorzunehmen und die Eigenschaften anzugeben, die für die Matrizen ein und derselben Klasse charakteristisch sind.

Im vorliegenden Kapitel betrachten wir die einfachsten Eigenschaften linearer Operatoren im n-dimensionalen Vektorraum; in den Kapiteln 7 und 9 werden wir diese Operatoren eingehender untersuchen.

3.1. Vektorräume

1. Gegeben sei eine Menge $\mathfrak{R}$ mit Elementen $\boldsymbol{x}, \boldsymbol{y}, \boldsymbol{z}, \ldots$, in der zwei Operationen definiert sind: eine „Addition" und eine „Multiplikation mit einer Zahl aus einem Körper $\mathbf{K}$".[1] Wir setzen voraus, daß diese Operationen in $\mathfrak{R}$ stets eindeutig ausführbar sind und daß für beliebige Elemente $\boldsymbol{x}$, $\boldsymbol{y}$ und $\boldsymbol{z}$ aus $\mathfrak{R}$ und beliebige Zahlen α und β aus $\mathbf{K}$ folgendes gilt:

1. $\boldsymbol{x} + \boldsymbol{y} = \boldsymbol{y} + \boldsymbol{x}$.

2. $(\boldsymbol{x} + \boldsymbol{y}) + \boldsymbol{z} = \boldsymbol{x} + (\boldsymbol{y} + \boldsymbol{z})$.

3. In $\mathfrak{R}$ existiert ein Nullelement $\boldsymbol{o}$, d. h., das Produkt der Zahl 0 mit einem beliebigen Element $\boldsymbol{x}$ aus $\mathfrak{R}$ ist $\boldsymbol{o}$:

$$0 \cdot \boldsymbol{x} = \boldsymbol{o}.$$

4. $1 \cdot \boldsymbol{x} = \boldsymbol{x}$.

5. $\alpha(\beta \boldsymbol{x}) = (\alpha\beta)\, \boldsymbol{x}$.

6. $(\alpha + \beta)\, \boldsymbol{x} = \alpha \boldsymbol{x} + \beta \boldsymbol{x}$.

7. $\alpha(\boldsymbol{x} + \boldsymbol{y}) = \alpha \boldsymbol{x} + \alpha \boldsymbol{y}$.

---

[1] Diese Operationen bezeichnen wir mit den dafür üblichen Zeichen „+" und „·"; das Multiplikationszeichen wird häufig weggelassen.

Definition 1. Eine Menge $\mathfrak{R}$, in der zwei Operationen (eine „Addition" und eine „Multiplikation ihrer Elemente mit Zahlen aus K") definiert und stets eindeutig ausführbar sind und die Postulate 1 bis 7 erfüllen,[1]) heißt ein *Vektorraum* (genauer: ein *Vektorraum über dem Körper* K); seine Elemente heißen *Vektoren.*

Definition 2. Die Vektoren $\boldsymbol{x}, \boldsymbol{y}, \ldots, \boldsymbol{u}$ aus $\mathfrak{R}$ heißen *linear abhängig*, wenn es Zahlen $\alpha, \beta, \ldots, \delta$ aus K gibt, die nicht alle verschwinden und für die

$$\alpha\boldsymbol{x} + \beta\boldsymbol{y} + \cdots + \delta\boldsymbol{u} = \boldsymbol{o} \tag{1}$$

gilt. Ist eine derartige lineare Abhängigkeit nicht vorhanden, d. h., ist (1) nur dann erfüllt, wenn $\alpha = 0$, $\beta = 0, \ldots, \delta = 0$ ist, so heißen die Vektoren $\boldsymbol{x}, \boldsymbol{y}, \ldots, \boldsymbol{u}$ *linear unabhängig.*

Sind die Vektoren $\boldsymbol{x}, \boldsymbol{y}, \ldots, \boldsymbol{u}$ linear abhängig, so kann einer von ihnen als Linearkombination der übrigen (mit Koeffizienten aus K) dargestellt werden: Ist z. B. in (1) $\alpha \neq 0$, so ist

$$\boldsymbol{x} = -\frac{\beta}{\alpha}\boldsymbol{y} - \cdots - \frac{\delta}{\alpha}\boldsymbol{u}.$$

Definition 3. Ein Raum $\mathfrak{R}$ heißt *endlichdimensional* und n seine *Dimension*, wenn es in $\mathfrak{R}$ zwar n linear unabhängige Vektoren gibt, aber je $n + 1$ Vektoren aus $\mathfrak{R}$ linear abhängig sind. Gibt es in $\mathfrak{R}$ linear unabhängige Systeme von beliebig vielen Vektoren, so heißt der Raum *unendlichdimensional.*

In diesem Buch betrachten wir hauptsächlich Räume endlicher Dimension.

Definition 4. Ein geordnetes System von n linear unabhängigen Vektoren $\boldsymbol{e}_1, \boldsymbol{e}_2, \ldots, \boldsymbol{e}_n$ eines n-dimensionalen Raumes heißt eine *Basis* dieses Raumes.

2. Beispiel 1. Die Menge der gewöhnlichen Vektoren (gerichteten Strecken) im Raum bildet einen dreidimensionalen Vektorraum. Der Teil des Raumes, der aus allen zu einer Ebene parallelen Vektoren besteht, ist ein zweidimensionaler Vektorraum. Dagegen bilden die zu einer Geraden parallelen Vektoren einen eindimensionalen Vektorraum.

Beispiel 2. Eine Zeile $x = (x_1, x_2, \ldots, x_n)$ aus n Zahlen eines Körpers K nennen wir einen Vektor (dabei sei n eine fest vorgegebene Zahl). Die Grundoperationen definieren wir wie bei den Zeilenmatrizen:

$$(x_1, x_2, \ldots, x_n) + (y_1, y_2, \ldots, y_n) = (x_1 + y_1, x_2 + y_2, \ldots, x_n + y_n),$$
$$\alpha(x_1, x_2, \ldots, x_n) = (\alpha x_1, \alpha x_2, \ldots, \alpha x_n).$$

Das Nullelement ist die Zeile $(0, 0, \ldots, 0)$. Man prüft leicht nach, daß die Postulate 1 bis 7 erfüllt sind. Diese Vektoren bilden einen n-dimensionalen Vektorraum. Als Basis dieses Raumes kann man z. B. die Zeilen der Einheitsmatrix n-ter Ordnung wählen:

$$(1, 0, \ldots, 0), \quad (0, 1, \ldots, 0), \ldots, (0, 0, \ldots, 1).$$

---

[1]) Wie man sofort sieht, folgen aus den Postulaten 1 bis 7 alle für die Addition bzw. die Multiplikation mit einem Skalar üblichen Eigenschaften. So ist beispielsweise für beliebiges $\boldsymbol{x}$ aus $\mathfrak{R}$: $\boldsymbol{x} + \boldsymbol{o} = \boldsymbol{x}$ $[\boldsymbol{x} + \boldsymbol{o} = 1 \cdot \boldsymbol{x} + 0 \cdot \boldsymbol{x} = (1 + 0) \cdot \boldsymbol{x} = 1 \cdot \boldsymbol{x} = \boldsymbol{x}]$; $\boldsymbol{x} + (-\boldsymbol{x}) = \boldsymbol{o}$, wobei $-\boldsymbol{x} = (-1) \cdot \boldsymbol{x}$ ist.

Der in diesem Beispiel betrachtete Raum heißt der n-dimensionale Zahlenraum. Auch die Bezeichnungen „Raum der geordneten n-Tupel" oder „Raum der endlichen Zahlenfolgen" werden benutzt.[1])

Beispiel 3. Die Menge der unendlichen Folgen $(x_1, x_2, \ldots, x_n, \ldots)$, in der die Operationen in der üblichen Weise definiert sind,

$$(x_1, x_2, \ldots, x_n, \ldots) + (y_1, y_2, \ldots, y_n, \ldots) = (x_1 + y_1, x_2 + y_2, \ldots, x_n + y_n, \ldots),$$
$$\alpha(x_1, x_2, \ldots, x_n, \ldots) = (\alpha x_1, \alpha x_2, \ldots, \alpha x_n, \ldots),$$

bildet einen unendlichdimensionalen Vektorraum.

Beispiel 4. Die Menge der Polynome[2]) $\alpha_0 + \alpha_1 t + \cdots + \alpha_{n-1} t^{n-1}$, deren Grad kleiner als n ist, bildet einen n-dimensionalen Vektorraum.[3]) Eine Basis dieses Raumes ist z. B. das System der Potenzen $t^0, t^1, t^2, \ldots, t^{n-1}$.

Dagegen hat man einen unendlichdimensionalen Vektorraum vor sich, wenn man die Menge aller Polynome (ohne Gradbeschränkung) betrachtet.

Beispiel 5. Alle auf einem abgeschlossenen Intervall $\langle a, b\rangle$ definierten Funktionen bilden einen unendlichdimensionalen Vektorraum.

3. Wir betrachten eine Basis $\boldsymbol{e}_1, \boldsymbol{e}_2, \ldots, \boldsymbol{e}_n$ des n-dimensionalen Vektorraumes $\mathfrak{R}$ und einen beliebigen Vektor $\boldsymbol{x}$ aus $\mathfrak{R}$. Dann sind offenbar die Vektoren $\boldsymbol{x}, \boldsymbol{e}_1, \boldsymbol{e}_2, \ldots, \boldsymbol{e}_n$ linear abhängig (denn ihre Anzahl ist gleich $n + 1$):

$$\alpha_0 \boldsymbol{x} + \alpha_1 \boldsymbol{e}_1 + \alpha_2 \boldsymbol{e}_2 + \cdots + \alpha_n \boldsymbol{e}_n = \boldsymbol{o},$$

dabei ist mindestens eine der Zahlen $\alpha_0, \alpha_1, \ldots, \alpha_n$ ungleich 0. Da die Basisvektoren $\boldsymbol{e}_1, \boldsymbol{e}_2, \ldots, \boldsymbol{e}_n$ linear unabhängig sind, ist in diesem Fall $\alpha_0 \neq 0$. Folglich ist

$$\boldsymbol{x} = x_1 \boldsymbol{e}_1 + x_2 \boldsymbol{e}_2 + \cdots + x_n \boldsymbol{e}_n \tag{2}$$

mit $x_i = -\dfrac{\alpha_i}{\alpha_0}$ $(i = 1, 2, \ldots, n)$.

Wir weisen darauf hin, daß die x_ν $(\nu = 1, 2, \ldots, n)$ durch die Vorgabe des Vektors $\boldsymbol{x}$ bei fester Basis $\boldsymbol{e}_1, \boldsymbol{e}_2, \ldots, \boldsymbol{e}_n$ eindeutig bestimmt sind. Gäbe es nämlich neben (2) noch eine andere Zerlegung des Vektors $\boldsymbol{x}$,

$$\boldsymbol{x} = x'_1 \boldsymbol{e}_1 + x'_2 \boldsymbol{e}_2 + \cdots + x'_n \boldsymbol{e}_n, \tag{2'}$$

so erhielten wir durch Subtraktion aus (2) und (2')

$$(x'_1 - x_1)\, \boldsymbol{e}_1 + (x'_2 - x_2)\, \boldsymbol{e}_2 + \cdots + (x'_n - x_n)\, \boldsymbol{e}_n = \boldsymbol{o},$$

---

[1]) Wie man sich leicht überzeugt, kommt man zu demselben Ergebnis, wenn Spalten und Spaltenmatrizen an Stelle von Zeilen und Zeilenmatrizen betrachtet werden. Davon wird Gebrauch gemacht, und es werden im weiteren aus praktischen Erwägungen beide Darstellungen nebeneinander verwendet (*Anm. d. Red.*).

[2]) mit Koeffizienten aus dem Körper **K** (*Anm. d. Red.*)

[3]) Als Grundoperationen wählen wir die für Polynome üblicherweise definierte Addition und die Multiplikation mit einer Zahl.

woraus auf Grund der linearen Unabhängigkeit der Basisvektoren

$$x_1' - x_1 = x_2' - x_2 = \cdots = x_n' - x_n = 0,$$

d. h.

$$x_1' = x_1,\ x_2' = x_2,\ \ldots,\ x_n' = x_n \tag{3}$$

folgen würde. Die Zahlen $x_1, x_2, \ldots, x_n$ heißen die *Koordinaten* des Vektors $\boldsymbol{x}$ in bezug auf die Basis $\boldsymbol{e}_1, \boldsymbol{e}_2, \ldots, \boldsymbol{e}_n$.

Ist

$$\boldsymbol{x} = \sum_{i=1}^{n} x_i \boldsymbol{e}_i \quad \text{und} \quad \boldsymbol{y} = \sum_{i=1}^{n} y_i \boldsymbol{e}_i,$$

dann ist

$$\boldsymbol{x} + \boldsymbol{y} = \sum_{i=1}^{n} (x_i + y_i)\, \boldsymbol{e}_i \quad \text{und} \quad \alpha\boldsymbol{x} = \sum_{i=1}^{n} \alpha x_i \boldsymbol{e}_i.$$

Die Koordinaten der Summe $\boldsymbol{x} + \boldsymbol{y}$ sind die Summe der Koordinaten von $\boldsymbol{x}$ und $\boldsymbol{y}$. Die Koordinaten des Vektors $\alpha\boldsymbol{x}$ mit α aus **K** *sind die mit α multiplizierten Koordinaten von $\boldsymbol{x}$.*

4. Die Vektoren

$$\boldsymbol{x}_k = \sum_{i=1}^{n} x_{ik} \boldsymbol{e}_i$$

seien linear abhängig, d. h.

$$\sum_{k=1}^{m} c_k \boldsymbol{x}_k = \boldsymbol{o}, \tag{4}$$

wobei mindestens eine der Zahlen $c_1, c_2, \ldots, c_m$ ungleich 0 ist. Da die Koordinaten des Nullvektors alle gleich 0 sind, ist die Vektorgleichung (4) dem linearen Gleichungssystem

$$\left.\begin{array}{l} c_1 x_{11} + c_2 x_{12} + \cdots + c_m x_{1m} = 0, \\ c_1 x_{21} + c_2 x_{22} + \cdots + c_m x_{2m} = 0, \\ \cdots\cdots\cdots\cdots\cdots\cdots\cdots\cdots \\ c_1 x_{n1} + c_2 x_{n2} + \cdots + c_m x_{nm} = 0 \end{array}\right\} \tag{4'}$$

äquivalent. Dieses homogene lineare Gleichungssystem für die c_ν ($\nu = 1, 2, \ldots, m$) hat bekanntlich genau dann eine triviale Lösung, wenn der Rang der Koeffizientenmatrix kleiner ist als die Anzahl der Unbekannten, d. h. kleiner als m. Daher ist für die lineare Unabhängigkeit der Vektoren $\boldsymbol{x}_1, \boldsymbol{x}_2, \ldots, \boldsymbol{x}_m$ notwendig und hinreichend, daß der Rang dieses Gleichungssystems m ist. Daraus folgt

Satz 1. *Die Vektoren $\boldsymbol{x}_1, \boldsymbol{x}_2, \ldots, \boldsymbol{x}_m$ sind genau dann linear unabhängig, wenn der Rang r der Matrix*

$$X = \left\| \begin{array}{cccc} x_{11} & x_{12} & \ldots & x_{1m} \\ x_{21} & x_{22} & \ldots & x_{2m} \\ \multicolumn{4}{c}{\cdots\cdots\cdots\cdots} \\ x_{n1} & x_{n2} & \ldots & x_{nm} \end{array} \right\|,$$

die aus den Koordinaten dieser Vektoren bei beliebiger Basis besteht, gleich m, d. h. gleich der Anzahl der Vektoren ist.

Bemerkung. Die lineare Unabhängigkeit der Vektoren $\boldsymbol{x}_1, \boldsymbol{x}_2, \ldots, \boldsymbol{x}_m$ ist gleichbedeutend mit der linearen Unabhängigkeit der Spalten der Matrix X, in deren k-ter Spalte die Koordinaten des Vektors $\boldsymbol{x}_k$ $(k = 1, 2, \ldots, n)$ stehen. Sind nun in einer Matrix die Spalten linear unabhängig, so besagt Satz 1, daß der Rang dieser Matrix gleich der Anzahl der Spalten ist. Daraus folgt, daß der Rang einer beliebigen Matrix gleich der Maximalzahl linear unabhängiger Spalten ist.

Gehen wir zur transponierten Matrix über, d. h., vertauschen wir die Spalten der Matrix mit den Zeilen, so bleibt ihr Rang erhalten:

Die Anzahl der linear unabhängigen Spalten einer Matrix ist stets gleich der Anzahl ihrer linear unabhängigen Zeilen und gleich dem Rang der Matrix.

5. Ist in einem n-dimensionalen Vektorraum eine Basis $\boldsymbol{e}_1, \boldsymbol{e}_2, \ldots, \boldsymbol{e}_n$ gegeben, so entspricht jedem Vektor x eindeutig eine Spalte $x = (x_1, x_2, \ldots, x_n)$; dabei sind $x_1, x_2, \ldots, x_n$ die Koordinaten des Vektors bei der gegebenen Basis. Somit ergibt sich nach Vorgabe einer Basis eine eineindeutige Zuordnung zwischen den Vektoren eines beliebigen n-dimensionalen Vektorraumes $\mathfrak{R}$ und den Vektoren des n-dimensionalen Zahlenraumes $\mathfrak{R}'$, der in Beispiel 2 betrachtet wurde. Dabei ist eine Summe von Vektoren aus $\mathfrak{R}$ die Summe der entsprechenden Vektoren aus $\mathfrak{R}'$ zugeordnet. Dasselbe gilt für die Multiplikation eines Vektors mit einer Zahl α aus $\mathbf{K}$. Mit anderen Worten, jeder n-dimensionale Vektorraum ist dem n-dimensionalen Zahlenraum *isomorph,* d. h. aber:

Alle Vektorräume gleicher Dimension n über demselben Zahlkörper sind einander isomorph.

Folglich gibt es — bei gegebenem Zahlkörper — bis auf Isomorphie nur einen einzigen n-dimensionalen Vektorraum.

Es kann nun die Frage auftauchen, warum wir den „abstrakten" n-dimensionalen Vektorraum eingeführt haben, wenn er doch bis auf Isomorphie mit dem n-dimensionalen Zahlenraum übereinstimmt. Man könnte tatsächlich einen Vektor als ein geordnetes n-Tupel von Zahlen definieren und die Operationen wie im Beispiel 2 erklären. Dann kann man aber nicht feststellen, welche Eigenschaften der Vektoren von der Wahl einer speziellen Basis unabhängig sind und welche Eigenschaften sich beim Übergang zu einer anderen Basis ändern. So ist z. B. die Eigenschaft eines Vektors, daß alle seine Koordinaten verschwinden, offenbar nicht von der Wahl der Basis abhängig. Dagegen können — mit Ausnahme des eben betrachteten Falls — alle Koordinaten eines Vektors in bezug auf eine spezielle Basis gleich sein, während dies bei einer anderen Basis nicht der Fall ist. Die Gleichheit der Koordinaten eines Vektors ist also keine Eigenschaft des Vektors selbst, da sie basisabhängig ist.

Die axiomatische Definition des Vektorraumes rückt die von der Wahl einer Basis unabhängigen Eigenschaften der Vektoren in den Vordergrund.

6. Hat eine Menge $\mathfrak{R}'$ von Vektoren aus $\mathfrak{R}$ die Eigenschaft, daß die Summe zweier beliebiger Vektoren aus $\mathfrak{R}'$ und das Produkt eines beliebigen Vektors aus $\mathfrak{R}'$ mit einer Zahl $\alpha \in \mathbf{K}$ stets wieder zu $\mathfrak{R}'$ gehören, so ist $\mathfrak{R}'$ selbst ein Vektorraum, ein *Unterraum* von $\mathfrak{R}$.

Sind zwei Unterräume $\mathfrak{R}'$ und $\mathfrak{R}''$ von $\mathfrak{R}$ gegeben und ist bekannt, daß

1. $\mathfrak{R}'$ und $\mathfrak{R}''$ nur den Nullvektor gemeinsam haben und

2. jeder Vektor $\mathfrak{x}$ aus $\mathfrak{R}$ in folgender Form darstellbar ist:

$$\mathfrak{x} = \mathfrak{x}' + \mathfrak{x}'' \qquad (\mathfrak{x}' \in \mathfrak{R}', \mathfrak{x}'' \in \mathfrak{R}''), \tag{5}$$

so sagen wir, daß der Vektorraum $\mathfrak{R}$ in die beiden Unterräume $\mathfrak{R}'$ und $\mathfrak{R}''$ *zerfällt* (*zerlegt wird* oder *daß* $\mathfrak{R}$ *die direkte Summe von* $\mathfrak{R}'$ *und* $\mathfrak{R}''$ *ist*), und schreiben

$$\mathfrak{R} = \mathfrak{R}' + \mathfrak{R}''. \tag{6}$$

Wir bemerken, daß infolge der Bedingung 1 die Darstellung (5) eindeutig ist. Gäbe es nämlich neben (5) für den Vektor $\mathfrak{x}$ noch eine andere Darstellung, etwa

$$\mathfrak{x} = \tilde{\mathfrak{x}}' + \tilde{\mathfrak{x}}'' \qquad (\tilde{\mathfrak{x}}' \in \mathfrak{R}', \tilde{\mathfrak{x}}'' \in \mathfrak{R}''), \tag{7}$$

so fände man durch Subtraktion $\mathfrak{x}' - \tilde{\mathfrak{x}}' = \tilde{\mathfrak{x}}'' - \mathfrak{x}''$, d. h., die vom Nullvektor verschiedenen Vektoren $\mathfrak{x}' - \tilde{\mathfrak{x}}' \in \mathfrak{R}'$ und $\tilde{\mathfrak{x}}'' - \mathfrak{x}'' \in \mathfrak{R}''$ wären einander gleich, was nach Bedingung 1 unmöglich ist.

Die Bedingung 1 ersetzt also die Forderung nach der Eindeutigkeit der Darstellung (5). Damit läßt sich die obige Definition unmittelbar auf den Fall der Zerlegung eines Vektorraumes in eine beliebige Anzahl von Unterräumen ausdehnen

Es sei

$$\mathfrak{R} = \mathfrak{R}' + \mathfrak{R}'',$$

$e_1', e_2', \ldots, e_{n'}'$ eine Basis von $\mathfrak{R}'$ und $e_1'', e_2'', \ldots, e_{n''}''$ eine Basis von $\mathfrak{R}''$. Dann wird der Leser ohne Mühe beweisen können, daß die $n' + n''$ Vektoren linear unabhängig sind und eine Basis von $\mathfrak{R}$ bilden, d. h., man kann eine Basis des ganzen Raumes $\mathfrak{R}$ aus den Basen der Unterräume zusammensetzen, in die $\mathfrak{R}$ zerfällt. Insbesondere folgt hieraus, daß $n = n' + n''$ ist.

Beispiel 1. Gegeben sei ein dreidimensionaler Raum, ferner drei Richtungen, die nicht in einer Ebene liegen. Dann kann jeder Vektor dieses Raumes — und zwar eindeutig — in Komponenten bezüglich dieser drei Richtungen zerlegt werden:

$$\mathfrak{R} = \mathfrak{R}' + \mathfrak{R}'' + \mathfrak{R}''';$$

dabei ist $\mathfrak{R}$ die Menge der Vektoren unseres Raumes, $\mathfrak{R}'$ die aller zur ersten Richtung parallelen Vektoren und $\mathfrak{R}''$ bzw. $\mathfrak{R}'''$ die Menge der zur zweiten bzw. dritten Richtung parallelen Vektoren. In unserem Beispiel ist $n = 3$ und $n' = n'' = n''' = 1$.

Beispiel 2. Gegeben seien in einem dreidimensionalen Raum eine Ebene und eine nicht zu ihr parallele Gerade. Bezeichnen wir mit $\mathfrak{R}$ die Menge aller Vektoren unseres Raumes, mit $\mathfrak{R}'$ bzw. $\mathfrak{R}''$ die aller zu der vorgegebenen Geraden bzw. Ebene parallelen Vektoren des Raumes, so ist

$$\mathfrak{R} = \mathfrak{R}' + \mathfrak{R}''.$$

In diesem Fall finden wir $n = 3$, $n' = 1$ und $n'' = 2$.

Die Angabe einer Basis $e_1, e_2, \ldots, e_n$ des Vektorraumes $\mathfrak{R}$ ist gleichbedeutend mit einer Zerlegung des gesamten Raumes $\mathfrak{R}$ in n eindimensionale Unterräume.

3.2. Lineare Operatoren, die einen n-dimensionalen Vektorraum in einen m-dimensionalen Vektorraum abbilden

Gegeben seien eine lineare Transformation

$$\left.\begin{array}{l} y_1 = a_{11}x_1 + a_{12}x_2 + \cdots + a_{1n}x_n, \\ y_2 = a_{21}x_1 + a_{22}x_2 + \cdots + a_{2n}x_n, \\ \dots\dots\dots\dots\dots\dots\dots\dots \\ y_m = a_{m1}x_1 + a_{m2}x_2 + \cdots + a_{mn}x_n, \end{array}\right\} \tag{8}$$

deren Koeffizienten einem Zahlkörper K angehören, und zwei Vektorräume über diesem Körper: der n-dimensionale Vektorraum $\mathfrak{R}$ und der m-dimensionale Vektorraum $\mathfrak{S}$. Zeichnen wir in $\mathfrak{R}$ eine Basis $\boldsymbol{e}_1, \boldsymbol{e}_2, \ldots, \boldsymbol{e}_n$ und in $\mathfrak{S}$ eine Basis $\boldsymbol{g}_1, \boldsymbol{g}_2, \ldots, \boldsymbol{g}_m$ aus, so ordnet die Transformation (8) jedem Vektor $\boldsymbol{x} = \sum_{i=1}^{n} x_i \boldsymbol{e}_i$ aus $\mathfrak{R}$ einen Vektor $\boldsymbol{y} = \sum_{k=1}^{m} y_k \boldsymbol{g}_k$ aus $\mathfrak{S}$ zu, d. h., die Transformation (8) definiert einen Operator $\boldsymbol{A}$, der dem Vektor $\boldsymbol{x}$ den Vektor $\boldsymbol{y}$ zuordnet: $\boldsymbol{y} = \boldsymbol{A}\boldsymbol{x}$. Man sieht sofort, daß dieser Operator $\boldsymbol{A}$ linear ist, im Sinne der folgenden

Definition 5. Ein Operator $\boldsymbol{A}$, der einen Vektorraum $\mathfrak{R}$ in einen Vektorraum $\mathfrak{S}$ abbildet, d. h. jedem Vektor $\boldsymbol{x}$ aus $\mathfrak{R}$ eindeutig einen Vektor $\boldsymbol{y} = \boldsymbol{A}\boldsymbol{x}$ aus $\mathfrak{S}$ zuordnet, heißt *linear*, wenn für beliebige $\boldsymbol{x}_1$ und $\boldsymbol{x}_2$ aus $\mathfrak{R}$ und α aus K folgendes gilt:

$$\boldsymbol{A}(\boldsymbol{x}_1 + \boldsymbol{x}_2) = \boldsymbol{A}\boldsymbol{x}_1 + \boldsymbol{A}\boldsymbol{x}_2, \qquad \boldsymbol{A}(\alpha \boldsymbol{x}_1) = \alpha \boldsymbol{A}\boldsymbol{x}_1. \tag{9}$$

Die Transformation (8) definiert also bei gegebener Basis in $\mathfrak{R}$ und gegebener Basis in $\mathfrak{S}$ einen linearen Operator, der $\mathfrak{R}$ in $\mathfrak{S}$ abbildet.

Wir wollen die Umkehrung dieses Satzes zeigen. Zu jedem linearen Operator $\boldsymbol{A}$, der $\mathfrak{R}$ in $\mathfrak{S}$ abbildet, existiert bei gegebener Basis $\boldsymbol{e}_1, \boldsymbol{e}_2, \ldots, \boldsymbol{e}_n$ von $\mathfrak{R}$ und $\boldsymbol{g}_1, \boldsymbol{g}_2, \ldots, \boldsymbol{g}_m$ von $\mathfrak{S}$ eine Matrix

$$\left\| \begin{array}{cccc} a_{11} & a_{12} & \ldots & a_{1n} \\ a_{21} & a_{22} & \ldots & a_{2n} \\ \dots & \dots & \dots & \dots \\ a_{m1} & a_{m2} & \ldots & a_{mn} \end{array} \right\| \tag{10}$$

mit Elementen aus K, die die Koeffizientenmatrix einer linearen Transformation (8) ist und den Zusammenhang zwischen den Koordinaten des transformierten Vektors $\boldsymbol{y} = \boldsymbol{A}\boldsymbol{x}$ und den Koordinaten des Vektors $\boldsymbol{x}$ darstellt.

Dazu wenden wir den Operator $\boldsymbol{A}$ auf den Basisvektor $\boldsymbol{e}_k$ an und bezeichnen die Koordinaten des transformierten Vektors $\boldsymbol{A}\boldsymbol{e}_k$ in bezug auf die Basis $\boldsymbol{g}_1, \boldsymbol{g}_2, \ldots, \boldsymbol{g}_m$ mit $a_{1k}, a_{2k}, \ldots, a_{mk}$ $(k = 1, 2, \ldots, n)$:

$$\boldsymbol{A}\boldsymbol{e}_k = \sum_{i=1}^{m} a_{ik} \boldsymbol{g}_i \quad (k = 1, 2, \ldots, n). \tag{11}$$

Multipliziert man beide Seiten von (11) mit x_k und summiert von 1 bis n, so erhält man

$$\sum_{k=1}^{n} x_k \boldsymbol{A}\boldsymbol{e}_k = \sum_{i=1}^{m} \left(\sum_{k=1}^{n} a_{ik} x_k \right) \boldsymbol{g}_i ,$$

woraus

$$\boldsymbol{y} = \boldsymbol{A}\boldsymbol{x} = \boldsymbol{A}\left(\sum_{k=1}^{n} x_k \boldsymbol{e}_k \right) = \sum_{k=1}^{n} x_k \boldsymbol{A}\boldsymbol{e}_k = \sum_{i=1}^{m} y_i \boldsymbol{g}_i$$

folgt; dabei ist

$$y_i = \sum_{k=1}^{n} a_{ik} x_k \qquad (i = 1, 2, \ldots, m),$$

was zu beweisen war.

Bei gegebener Basis in $\mathfrak{R}$ *und* $\mathfrak{S}$ *definiert jeder lineare Operator* $\boldsymbol{A}$, *der* $\mathfrak{R}$ *in* $\mathfrak{S}$ *abbildet, eine Matrix* (10) *vom Typ* (m, n); *und umgekehrt definiert jede Matrix dieses Typs einen linearen Operator, der* $\mathfrak{R}$ *in* $\mathfrak{S}$ *abbildet. Dabei besteht die k-te Spalte der Matrix* A, *die dem Operator* $\boldsymbol{A}$ *entspricht, aus den Koordinaten des Vektors* $\boldsymbol{A}\boldsymbol{e}_k$ $(k = 1, 2, \ldots, n)$.

Sind $x = (x_1, x_2, \ldots, x_n)$ und $y = (y_1, y_2, \ldots, y_m)$ Spaltenmatrizen und x_ν bzw. y_μ die Koordinaten der Vektoren $\boldsymbol{x}$ und $\boldsymbol{y}$, so entspricht der Vektorgleichung $\boldsymbol{y} = \boldsymbol{A}\boldsymbol{x}$ die Matrizengleichung $y = Ax$, sie ist die Transformation (8) in Matrizenschreibweise.

Beispiel. Die Menge der Polynome in t mit Koeffizienten aus einem Zahlkörper K, deren Grad kleiner als n ist, kann als Vektorraum $\mathfrak{R}_n$ der Dimension n aufgefaßt werden (vgl. Beispiel 4 auf S. 80). Die Polynome, deren Grad kleiner als $n - 1$ ist, bilden dann einen Vektorraum $\mathfrak{R}_{n-1}$. Der Differentiationsoperator $\frac{\mathrm{d}}{\mathrm{d}t}$ ordnet jedem Polynom aus $\mathfrak{R}_n$ eindeutig ein Polynom aus $\mathfrak{R}_{n-1}$ zu. Das heißt aber, daß dieser Operator den Vektorraum $\mathfrak{R}_n$ in den Vektorraum $\mathfrak{R}_{n-1}$ abbildet.

Der Differentiationsoperator ist ein linearer Operator wegen

$$\frac{\mathrm{d}}{\mathrm{d}t}[\varphi(t) + \psi(t)] = \frac{\mathrm{d}\varphi(t)}{\mathrm{d}t} + \frac{\mathrm{d}\psi(t)}{\mathrm{d}t}, \qquad \frac{\mathrm{d}}{\mathrm{d}t}[\alpha\varphi(t)] = \alpha\frac{\mathrm{d}\varphi(t)}{\mathrm{d}t}.$$

Als Basis der Vektorräume $\mathfrak{R}_n$ und $\mathfrak{R}_{n-1}$ wählen wir die Potenzen von t:

$$t^0 = 1, t, \ldots, t^{n-1} \quad \text{bzw.} \quad t^0 - 1, t, \ldots, t^{n-2}.$$

Formel (11) gestattet uns, die dem Differentiationsoperator $\frac{\mathrm{d}}{\mathrm{d}t}$ bei obiger Basiswahl entsprechende Matrix zu bestimmen. Sie lautet

$$\left\| \begin{matrix} 0 & 1 & 0 & \ldots & 0 \\ 0 & 0 & 2 & \ldots & 0 \\ \cdots & \cdots & \cdots & \cdots & \cdots \\ 0 & 0 & 0 & \ldots & n-1 \end{matrix} \right\|.$$

Es handelt sich um eine Matrix vom Typ $(n - 1, n)$.

3.3. Addition und Multiplikation linearer Operatoren

1. Gegeben seien zwei lineare Operatoren $\boldsymbol{A}$ und $\boldsymbol{B}$, die $\mathfrak{R}$ in $\mathfrak{S}$ abbilden, außerdem die sie definierenden Matrizen

$$A = \|a_{ik}\|, \quad B = \|b_{ik}\| \quad (i = 1, 2, \ldots, m;\ k = 1, 2, \ldots, n).$$

Definition 6. Der durch

$$\boldsymbol{C}\boldsymbol{x} = \boldsymbol{A}\boldsymbol{x} + \boldsymbol{B}\boldsymbol{x} \quad (\boldsymbol{x} \in \mathfrak{R})^{1)} \tag{12}$$

definierte Operator $\boldsymbol{C}$ heißt die *Summe der Operatoren* $\boldsymbol{A}$ *und* $\boldsymbol{B}$.

Aus der Definition folgt unmittelbar, daß die Summe $\boldsymbol{C} = \boldsymbol{A} + \boldsymbol{B}$ der linearen Operatoren $\boldsymbol{A}$ und $\boldsymbol{B}$ ebenfalls ein linearer Operator ist. Ferner ist

$$\boldsymbol{C}\boldsymbol{e}_k = \boldsymbol{A}\boldsymbol{e}_k + \boldsymbol{B}\boldsymbol{e}_k = \sum_{k=1}^{n} (a_{ik} + b_{ik})\, \boldsymbol{e}_k .$$

Folglich entspricht dem Operator $\boldsymbol{C}$ die Matrix $C = \|c_{ik}\|$ mit $c_{ik} = a_{ik} + b_{ik}$ ($i = 1, 2, \ldots, m;\ k = 1, 2, \ldots, n$); d. h. aber, dem Operator $\boldsymbol{C}$ entspricht die Matrix

$$C = A + B. \tag{13}$$

Zu demselben Ergebnis kann man durch die Untersuchung der Matrizengleichung

$$Cx = Ax + Bx \tag{14}$$

gelangen (x ist die Spaltenmatrix, die aus den Koordinaten des Vektors $\boldsymbol{x}$ besteht), die der Vektorgleichung (12) entspricht. Da x aber eine beliebige Spaltenmatrix ist, folgt aus (14) sofort (13).

2. Gegeben seien drei Vektorräume $\mathfrak{R}$, $\mathfrak{S}$ und $\mathfrak{T}$ der Dimensionen q, n bzw. m und zwei lineare Operatoren $\boldsymbol{A}$ und $\boldsymbol{B}$; der Operator $\boldsymbol{B}$ bilde $\mathfrak{R}$ in $\mathfrak{S}$ ab, $\boldsymbol{A}$ dagegen $\mathfrak{S}$ in $\mathfrak{T}$. Wir bezeichnen das durch folgende symbolische Schreibweise:

$$\mathfrak{R} \xrightarrow{\boldsymbol{B}} \mathfrak{S} \xrightarrow{\boldsymbol{A}} \mathfrak{T}.$$

Definition 7. Der Operator $\boldsymbol{C}$ heißt das *Produkt der Operatoren* $\boldsymbol{A}$ *und* $\boldsymbol{B}$, wenn für jedes $\boldsymbol{x}$ aus $\mathfrak{R}$

$$\boldsymbol{C}\boldsymbol{x} = \boldsymbol{A}(\boldsymbol{B}\boldsymbol{x}) \quad (\boldsymbol{x} \in \mathfrak{R}) \tag{15}$$

gilt. Der Operator $\boldsymbol{C}$ bildet $\mathfrak{R}$ in $\mathfrak{T}$ ab:

$$\mathfrak{R} \xrightarrow{\boldsymbol{C}=\boldsymbol{A}\boldsymbol{B}} \mathfrak{T}.$$

Aus der Linearität der Operatoren $\boldsymbol{A}$ und $\boldsymbol{B}$ folgt die Linearität des Operators $\boldsymbol{C}$. Wir wählen nun in den drei Vektorräumen $\mathfrak{R}$, $\mathfrak{S}$ und $\mathfrak{T}$ je eine Basis und bezeichnen

---

[1]) $\boldsymbol{x} \in \mathfrak{R}$ bedeutet: $\boldsymbol{x}$ ist ein Element der Menge $\mathfrak{R}$. Es soll damit ausgedrückt werden, daß die Gleichung (12) für jedes $\boldsymbol{x}$ aus $\mathfrak{R}$ erfüllt wird.

die Matrizen, die bei dieser Basiswahl durch die Operatoren $\boldsymbol{A}$, $\boldsymbol{B}$ und $\boldsymbol{C}$ definiert werden, mit A, B bzw. C. Dann entsprechen den Vektorgleichungen

$$\boldsymbol{z} = \boldsymbol{A}\boldsymbol{y}, \quad \boldsymbol{y} = \boldsymbol{B}\boldsymbol{x}, \quad \boldsymbol{z} = \boldsymbol{C}\boldsymbol{x} \tag{16}$$

die Matrizengleichungen

$$z = Ay, \quad y = Bx, \quad z = Cx,$$

wenn x, y und z die Spaltenmatrizen sind, die aus den Koordinaten der Vektoren $\boldsymbol{x}$, $\boldsymbol{y}$ und $\boldsymbol{z}$ bestehen. Hieraus ergibt sich $Cx = A(Bx) = (AB)\,x$ und, da die Spaltenmatrix beliebig gewählt werden kann,

$$C = AB. \tag{17}$$

Dem Produkt $\boldsymbol{C} = \boldsymbol{A}\boldsymbol{B}$ der Operatoren $\boldsymbol{A}$ und $\boldsymbol{B}$ entspricht die Matrix $C = \|c_{ij}\|$ $(i = 1, 2, \ldots, m;\ j = 1, 2, \ldots, q)$, d. h. das Produkt der Matrizen A und B.

Wir überlassen es dem Leser, nachzuprüfen, daß dem Operator $\boldsymbol{C} = \alpha\boldsymbol{A}$ $(\alpha \in \mathbf{K})$[1] die Matrix $C = \alpha A$ entspricht.

Wie wir sehen, wurde in Kapitel 1 das Rechnen mit Matrizen so definiert, daß der Summe $\boldsymbol{A} + \boldsymbol{B}$, dem Produkt $\boldsymbol{A}\boldsymbol{B}$ zweier Operatoren und dem Produkt $\alpha\boldsymbol{A}$ die Matrizen $A + B$, AB bzw. αA entsprechen; dabei sind A und B die Matrizen, die den Operatoren $\boldsymbol{A}$ bzw. $\boldsymbol{B}$ entsprechen, und α ist eine Zahl aus $\mathbf{K}$.

3.4. Koordinatentransformationen

Gegeben sei ein n-dimensionaler Vektorraum mit einer Basis $\boldsymbol{e}_1, \boldsymbol{e}_2, \ldots, \boldsymbol{e}_n$ (der „alten" Basis) und einer weiteren Basis $\tilde{\boldsymbol{e}}_1, \tilde{\boldsymbol{e}}_2, \ldots, \tilde{\boldsymbol{e}}_n$ (der „neuen" Basis).

Die gegenseitige Lage der Basisvektoren ist bekannt, wenn die Koordinaten der Vektoren der einen Basis in bezug auf die andere Basis gegeben sind.

Wir nehmen an, daß

$$\left.\begin{aligned} \tilde{\boldsymbol{e}}_1 &= t_{11}\boldsymbol{e}_1 + t_{21}\boldsymbol{e}_2 + \cdots + t_{n1}\boldsymbol{e}_n, \\ \tilde{\boldsymbol{e}}_2 &= t_{12}\boldsymbol{e}_1 + t_{22}\boldsymbol{e}_2 + \cdots + t_{n2}\boldsymbol{e}_n, \\ &\cdots\cdots\cdots\cdots\cdots\cdots \\ \tilde{\boldsymbol{e}}_n &= t_{1n}\boldsymbol{e}_1 + t_{2n}\boldsymbol{e}_2 + \cdots + t_{nn}\boldsymbol{e}_n \end{aligned}\right\} \tag{18}$$

oder, in kürzerer Form,

$$\tilde{\boldsymbol{e}}_k = \sum_{i=1}^{n} t_{ik}\boldsymbol{e}_i \qquad (k = 1, 2, \ldots, n) \tag{18'}$$

gilt, und stellen uns die Frage, welcher Zusammenhang zwischen den Koordinaten eines Vektors $\boldsymbol{x}$ bezüglich der „alten" Basis und seinen Koordinaten bezüglich der „neuen" Basis besteht. Dazu bezeichnen wir seine Koordinaten mit $x_1, x_2, \ldots, x_n$

---

[1]) d. h. dem Operator, für den $\boldsymbol{C}\boldsymbol{x} = \alpha\boldsymbol{A}\boldsymbol{x}$ mit $\boldsymbol{x} \in \mathfrak{R}$ ist

bzw. mit $\tilde{x}_1, \tilde{x}_2, \ldots, \tilde{x}_n$:

$$\boldsymbol{x} = \sum_{i=1}^{n} x_i \boldsymbol{e}_i = \sum_{k=1}^{n} \tilde{x}_k \tilde{\boldsymbol{e}}_k. \tag{19}$$

Setzen wir in (19) für die Vektoren $\tilde{\boldsymbol{e}}_k$ die entsprechenden Ausdrücke aus (18) ein, so ergibt sich

$$\boldsymbol{x} = \sum_{k=1}^{n} \tilde{x}_k \sum_{i=1}^{n} t_{ik} \boldsymbol{e}_i = \sum_{i=1}^{n} \left(\sum_{k=1}^{n} t_{ik} \tilde{x}_k \right) \boldsymbol{e}_i.$$

Vergleicht man diesen Ausdruck mit (19) und berücksichtigt dabei, daß die Koordinaten eines Vektors durch Vorgabe des Vektors und der Basis eindeutig bestimmt sind, so findet man

$$x_i = \sum_{k=1}^{n} t_{ik} \tilde{x}_k \qquad (i = 1, 2, \ldots, n) \tag{20}$$

oder ausführlich

$$\left.\begin{aligned} x_1 &= t_{11}\tilde{x}_1 + t_{12}\tilde{x}_2 + \cdots + t_{1n}\tilde{x}_n, \\ x_2 &= t_{21}\tilde{x}_1 + t_{22}\tilde{x}_2 + \cdots + t_{2n}\tilde{x}_n, \\ &\cdots\cdots\cdots\cdots\cdots\cdots\cdots\cdots \\ x_n &= t_{n1}\tilde{x}_1 + t_{n2}\tilde{x}_2 + \cdots + t_{nn}\tilde{x}_n \end{aligned}\right\}. \tag{21}$$

Gleichung (21) zeigt uns, wie sich die Koordinaten des Vektors $\boldsymbol{x}$ beim Übergang von einer Basis zu einer anderen transformieren. Sie drückt die „alten" Koordinaten durch die „neuen" aus. Die Matrix

$$T = \|t_{ik}\|_1^n \tag{22}$$

heißt *Matrix der Koordinatentransformation* oder einfach *Transformationsmatrix*. Ihre k-te Spalte besteht aus den „alten" Koordinaten des k-ten „neuen" Basisvektors. Davon kann man sich leicht an Hand von (18) überzeugen oder indem man in (21) $\tilde{x}_k = 1$ und $\tilde{x}_i = 0$ für $i \neq k$ setzt.

Wir bemerken, daß die Matrix T regulär ist, d. h.

$$|T| \neq 0. \tag{23}$$

Setzt man nämlich in (21) $x_1 = x_2 = \cdots = x_n = 0$, so erhält man ein homogenes lineares Gleichungssystem von n Gleichungen mit den n Unbekannten $\tilde{x}_1, \tilde{x}_2, \ldots, \tilde{x}_n$ und der Determinante $|T|$. Dieses System besitzt nur die triviale Lösung $\tilde{x}_1 = 0$, $\tilde{x}_2 = 0, \ldots, \tilde{x}_n = 0$, weil andernfalls aus (19) folgen würde, daß die Vektoren $\tilde{\boldsymbol{e}}_1$, $\tilde{\boldsymbol{e}}_2, \ldots, \tilde{\boldsymbol{e}}_n$ linear abhängig sind. Also ist $|T| \neq 0$.[1])

Führen wir in unsere Betrachtung die Spaltenmatrizen $x = (x_1, x_2, \ldots, x_n)$ und $y = (y_1, y_2, \ldots, y_n)$ ein, so können wir die Koordinatentransformation (21) in Gestalt folgender Matrizengleichung schreiben:

$$x = T\tilde{x}. \tag{24}$$

---

[1]) Auch aus Satz 1 (S. 81) kann auf die Ungleichung (23) geschlossen werden, da die Elemente der Matrix T die „alten" Koordinaten der linear unabhängigen Vektoren $\tilde{\boldsymbol{e}}_1, \tilde{\boldsymbol{e}}_2, \ldots, \tilde{\boldsymbol{e}}_n$ sind.

Multiplizieren wir beide Seiten von (24) von links mit T^{-1}, so erhalten wir für die inverse Transformation den Ausdruck

$$\tilde{x} = T^{-1}x. \tag{25}$$

3.5. Äquivalente Matrizen. Der Rang eines Operators. Die Sylvestersche Ungleichung

1. Gegegen seien zwei Vektorräume $\mathfrak{R}$ und $\mathfrak{S}$ (der Dimension n bzw. m) über einem Zahlkörper K und ein linearer Operator $\boldsymbol{A}$, der $\mathfrak{R}$ in $\mathfrak{S}$ abbildet. Wir wollen jetzt untersuchen, wie sich die durch den Operator $\boldsymbol{A}$ definierte Matrix A ändert, wenn man sowohl in $\mathfrak{R}$ als auch in $\mathfrak{S}$ zu einer anderen Basis übergeht.

Wir wählen in $\mathfrak{R}$ eine Basis $\boldsymbol{e}_1, \boldsymbol{e}_2, \ldots, \boldsymbol{e}_n$ und in $\mathfrak{S}$ eine Basis $\boldsymbol{g}_1, \boldsymbol{g}_2, \ldots, \boldsymbol{g}_m$; dabei sei dem Operator $\boldsymbol{A}$ die Matrix $A = \|a_{ik}\|$ $(i = 1, 2, \ldots, m;\ k = 1, 2, \ldots, n)$ zugeordnet. Der Vektorgleichung

$$\boldsymbol{y} = \boldsymbol{A}\boldsymbol{x} \tag{26}$$

entspricht dann die Matrizengleichung

$$y = Ax, \tag{27}$$

wenn den Vektoren $\boldsymbol{x}$ und $\boldsymbol{y}$ bei den obigen Basen die Spaltenmatrizen x und y entsprechen.

Gehen wir nun in $\mathfrak{R}$ und in $\mathfrak{S}$ zu einer neuen Basis $\tilde{\boldsymbol{e}}_1, \tilde{\boldsymbol{e}}_2, \ldots, \tilde{\boldsymbol{e}}_n$ bzw. $\tilde{\boldsymbol{g}}_1, \tilde{\boldsymbol{g}}_2, \ldots, \tilde{\boldsymbol{g}}_m$ über, so treten $\tilde{x}$, $\tilde{y}$ und $\tilde{\boldsymbol{A}}$ an die Stelle von x, y bzw. A, und es ist

$$\tilde{y} = \tilde{\boldsymbol{A}}\tilde{x}. \tag{28}$$

Wir bezeichnen mit Q und N die reguläre Matrix n-ter bzw. m-ter Ordnung, die uns die Koordinatentransformation im Vektorraum $\mathfrak{R}$ bzw. $\mathfrak{S}$ beim Übergang von der alten zur neuen Basis beschreibt (vgl. 3.4.):

$$x = Q\tilde{x}, \quad y = N\tilde{y}. \tag{29}$$

Dann ergibt sich aus (27) und (29)

$$\tilde{y} = N^{-1}y = N^{-1}Ax = N^{-1}AQ\tilde{x}. \tag{30}$$

Schließlich folgt aus (28) und (30), wenn wir $N^{-1} = P$ setzen,

$$\tilde{A} = PAQ. \tag{31}$$

Definition 8. Zwei Matrizen A und B gleichen Typs heißen *äquivalent*, wenn zwei reguläre quadratische Matrizen P und Q existieren,[1]) so daß folgende Gleichung gilt:

$$B = PAQ. \tag{32}$$

---

[1]) Sind die Matrizen A und B vom Typ (m, n), so haben die quadratischen Matrizen P und Q die Ordnung m bzw. n. Gehören die Elemente der äquivalenten Matrizen A und B einem gewissen Zahlkörper an, so können die Matrizen P und Q so gewählt werden, daß auch ihre Elemente diesem Zahlkörper angehören.

Aus (31) folgt, daß zwei Matrizen, die demselben Operator $\boldsymbol{A}$ bei verschiedener Basiswahl in $\mathfrak{R}$ und in $\mathfrak{S}$ entsprechen, stets äquivalent sind. Man sieht ohne Schwierigkeit, daß auch die Umkehrung gilt: Ist die Matrix A dem Operator $\boldsymbol{A}$ bei vorgegebener Basis in $\mathfrak{R}$ und in $\mathfrak{S}$ zugeordnet, so läßt sich durch die Wahl einer geeigneten anderen Basis in $\mathfrak{R}$ und in $\mathfrak{S}$ stets erreichen, daß dem Operator $\boldsymbol{A}$ eine zu A äquivalente Matrix B entspricht.

Somit entspricht jedem linearen Operator, der $\mathfrak{R}$ in $\mathfrak{S}$ abbildet, eine Klasse äquivalenter Matrizen mit Elementen aus $\mathbf{K}$.

2. Der folgende Satz ist ein Kriterium für die Äquivalenz zweier Matrizen:

Satz 2. *Zwei Matrizen gleichen Typs sind dann und nur dann äquivalent, wenn sie den gleichen Rang haben.*

Beweis. Notwendigkeit: Wird eine Matrix (von rechts oder von links) mit einer beliebigen regulären quadratischen Matrix multipliziert, so bleibt ihr Rang erhalten (vgl. Kap. 1, S. 35). Also folgt aus (32)

$$r_A = r_B .$$

Hinlänglichkeit: Es sei A eine Matrix vom Typ (m, n). Sie definiert einen linearen Operator $\boldsymbol{A}$, der den Vektorraum $\mathfrak{R}$ mit der Basis $\boldsymbol{e}_1, \boldsymbol{e}_2, \ldots, \boldsymbol{e}_n$ in den Vektorraum $\mathfrak{S}$ mit der Basis $\boldsymbol{g}_1, \boldsymbol{g}_2, \ldots, \boldsymbol{g}_m$ abbildet. Ferner seien von den Vektoren $\boldsymbol{A}\boldsymbol{e}_1, \boldsymbol{A}\boldsymbol{e}_2, \ldots, \boldsymbol{A}\boldsymbol{e}_n$ genau r linear unabhängig. Wir können o. B. d. A. voraussetzen, daß dies gerade die Vektoren $\boldsymbol{A}\boldsymbol{e}_1, \boldsymbol{A}\boldsymbol{e}_2, \ldots, \boldsymbol{A}\boldsymbol{e}_r$ sind,[1]) während alle übrigen, $\boldsymbol{A}\boldsymbol{e}_{r+1}, \boldsymbol{A}\boldsymbol{e}_{r+2}, \ldots, \boldsymbol{A}\boldsymbol{e}_n$, sich als Linearkombinationen von ihnen darstellen lassen:

$$\boldsymbol{A}\boldsymbol{e}_k = \sum_{j=1}^{r} c_{kj} \boldsymbol{A}\boldsymbol{e}_j \qquad (k = r+1, \ldots, n). \tag{33}$$

Geht man nun in $\mathfrak{R}$ zu der neuen Basis

$$\tilde{\boldsymbol{e}}_i = \begin{cases} \boldsymbol{e}_i & \text{für} \quad i = 1, 2, \ldots, r, \\ \boldsymbol{e}_i - \sum\limits_{j=1}^{r} c_{ij} \boldsymbol{e}_j & \text{für} \quad i = r+1, \ldots, n \end{cases} \tag{34}$$

über, so ergibt sich aus (33)

$$\boldsymbol{A}\tilde{\boldsymbol{e}}_k = \boldsymbol{o} \qquad (k = r+1, \ldots, n), \tag{35}$$

und wir setzen

$$\boldsymbol{A}\tilde{\boldsymbol{e}}_j = \tilde{\boldsymbol{g}}_j \qquad (j = 1, 2, \ldots, r). \tag{36}$$

Die Vektoren $\tilde{\boldsymbol{g}}_1, \tilde{\boldsymbol{g}}_2, \ldots, \tilde{\boldsymbol{g}}_r$ sind linear unabhängig. Wir ergänzen sie durch Vektoren $\tilde{\boldsymbol{g}}_{r+1}, \tilde{\boldsymbol{g}}_{r+2}, \ldots, \tilde{\boldsymbol{g}}_m$ zu einer Basis $\tilde{\boldsymbol{g}}_1, \tilde{\boldsymbol{g}}_2, \ldots, \tilde{\boldsymbol{g}}_m$ von $\mathfrak{S}$.

---

[1]) Das läßt sich durch entsprechende Numerierung der Basisvektoren $\boldsymbol{e}_1, \boldsymbol{e}_2, \ldots, \boldsymbol{e}_n$ stets erreichen.

Nach (35) und (36) hat die Matrix, die dem Operator $\boldsymbol{A}$ bezüglich der neuen Basis $\tilde{\boldsymbol{e}}_1, \tilde{\boldsymbol{e}}_2, \ldots, \tilde{\boldsymbol{e}}_n$ in $\mathfrak{R}$ und der Basis $\tilde{\boldsymbol{g}}_1, \tilde{\boldsymbol{g}}_2, \ldots, \tilde{\boldsymbol{g}}_m$ in $\mathfrak{S}$ entspricht, die Gestalt

$$I_r = \left\| \begin{matrix} \overbrace{1 & 0 & \ldots & 0}^{r} & 0 & \ldots & 0 \\ 0 & 1 & \ldots & 0 & 0 & \ldots & 0 \\ \ldots & \ldots & \ldots & \ldots & \ldots & \ldots & \ldots \\ 0 & 0 & \ldots & 1 & 0 & \ldots & 0 \\ 0 & 0 & \ldots & 0 & 0 & \ldots & 0 \\ \ldots & \ldots & \ldots & \ldots & \ldots & \ldots & \ldots \\ 0 & 0 & \ldots & 0 & 0 & \ldots & 0 \end{matrix} \right\|. \tag{37}$$

In der Matrix I_r sind alle Elemente gleich 0, mit Ausnahme der ersten r Elemente der Hauptdiagonale; diese sind gleich 1. Die Matrizen A und I_r sind äquivalent, da sie demselben Operator $\boldsymbol{A}$ entsprechen. Wie bereits bewiesen wurde, haben äquivalente Matrizen gleichen Rang. Folglich hat die Matrix A den Rang r.

Wir haben gezeigt, daß eine beliebige Matrix vom Rang r der „kanonischen" Matrix I_r äquivalent ist. Die Matrix I_r ist durch Angabe des Typs (m, n) und des Ranges vollständig bestimmt. Somit sind alle Matrizen vom Typ (m, n), deren Rang r ist, der Matrix I_r vom Typ (m, n) und folglich auch untereinander äquivalent. Damit ist der Satz bewiesen.

3. Es sei ein linearer Operator $\boldsymbol{A}$ gegeben, der den n-dimensionalen Vektorraum $\mathfrak{R}$ in den m-dimensionalen Vektorraum $\mathfrak{S}$ abbildet. Die Menge aller Vektoren der Form $\boldsymbol{A}\boldsymbol{x}$ mit $\boldsymbol{x} \in \mathfrak{R}$ bildet wieder einen Vektorraum.[1] Wir bezeichnen diesen mit $\boldsymbol{A}\mathfrak{R}$; er besteht aus einem Teil des Vektorraumes $\mathfrak{S}$, ist ein sogenannter *Unterraum* (oder *Teilraum*) von $\mathfrak{S}$.

Neben dem Unterraum $\boldsymbol{A}\mathfrak{R}$ von $\mathfrak{S}$ betrachten wir die Menge aller Vektoren $\boldsymbol{x} \in \mathfrak{R}$, die der Gleichung

$$\boldsymbol{A}\boldsymbol{x} = \boldsymbol{o} \tag{38}$$

genügen. Diese Vektoren bilden ebenfalls einen Vektorraum, einen Unterraum von $\mathfrak{R}$; wir bezeichnen ihn mit $\mathfrak{R}_A$.

Definition 9. Bildet der lineare Operator $\boldsymbol{A}$ den Vektorraum $\mathfrak{R}$ in den Vektorraum $\mathfrak{S}$ ab und hat der Unterraum $\boldsymbol{A}\mathfrak{R}$ die Dimension r,[2] so heißt r der *Rang des Operators* $\boldsymbol{A}$; hat der Unterraum $\mathfrak{R}_A$, d. h. der Raum aller $\boldsymbol{x} \in \mathfrak{R}$, die der Bedingung (38) genügen, die Dimension d, so heißt d der *Defekt des Operators* $\boldsymbol{A}$.

---

[1]) Die Menge aller Vektoren der Form $\boldsymbol{A}\boldsymbol{x}$ ($\boldsymbol{x} \in \mathfrak{R}$) erfüllt die Postulate 1 bis 7 aus 3.1., weil sowohl die Summe zweier Vektoren dieser Form als auch das Produkt eines solchen Vektors mit einer Zahl wieder einen Vektor der Form $\boldsymbol{A}\boldsymbol{x}$ ($\boldsymbol{x} \in \mathfrak{R}$) ergibt.

[2]) Die Dimension des Vektorraums $\boldsymbol{A}\mathfrak{R}$ ist stets höchstens gleich der Dimension des Vektorraumes $\mathfrak{R}$ (d. h. $r \leq n$). Das folgt unmittelbar aus der Tatsache, daß die Gleichung $\boldsymbol{x} = \sum_{i=1}^{n} x_i \boldsymbol{e}_i$ ($\boldsymbol{e}_1, \boldsymbol{e}_2, \ldots, \boldsymbol{e}_n$ sei eine Basis von $\mathfrak{R}$) die Gleichung $\boldsymbol{A}\boldsymbol{x} = \sum_{i=1}^{n} x_i \boldsymbol{A}\boldsymbol{e}_i$ nach sich zieht.

Unter den einem vorgegebenen Operator $\boldsymbol{A}$ bei verschiedener Basiswahl entsprechenden äquivalenten Matrizen befindet sich auch die kanonische Matrix I_r (vgl. (37)). Entspricht ihr in $\mathfrak{R}$ die Basis $\tilde{\boldsymbol{e}}_1, \tilde{\boldsymbol{e}}_2, \ldots, \tilde{\boldsymbol{e}}_n$ und in $\mathfrak{S}$ die Basis $\tilde{\boldsymbol{g}}_1, \tilde{\boldsymbol{g}}_2, \ldots, \tilde{\boldsymbol{g}}_m$, so ist

$$\boldsymbol{A}\tilde{\boldsymbol{e}}_1 = \tilde{\boldsymbol{g}}_1, \ldots, \boldsymbol{A}\tilde{\boldsymbol{e}}_r = \tilde{\boldsymbol{g}}_r, \quad \boldsymbol{A}\tilde{\boldsymbol{e}}_{r+1} = \cdots = \boldsymbol{A}\tilde{\boldsymbol{e}}_n = \boldsymbol{o}.$$

Aus der Definition der Vektorräume $\boldsymbol{A}\mathfrak{R}$ und $\mathfrak{N}_A$ folgt, daß die Vektoren $\tilde{\boldsymbol{g}}_1, \tilde{\boldsymbol{g}}_2, \ldots, \tilde{\boldsymbol{g}}_r$ eine Basis von $\boldsymbol{A}\mathfrak{R}$ und die Vektoren $\tilde{\boldsymbol{e}}_{r+1}, \tilde{\boldsymbol{e}}_{r+2}, \ldots, \tilde{\boldsymbol{e}}_n$ eine Basis von $\mathfrak{N}_A$ bilden. Daraus folgt, daß der Operator $\boldsymbol{A}$ den Rang r hat und daß

$$d = n - r \tag{39}$$

ist.

Ist A eine beliebige Matrix, die dem Operator $\boldsymbol{A}$ entspricht, so ist sie der Matrix I_r äquivalent und hat folglich den Rang r. Daraus folgt aber:

Der Rang des Operators $\boldsymbol{A}$ stimmt mit dem Rang der Matrix

$$A = \begin{Vmatrix} a_{11} & a_{12} & \ldots & a_{1n} \\ a_{21} & a_{22} & \ldots & a_{2n} \\ \ldots & \ldots & \ldots & \ldots \\ a_{m1} & a_{m2} & \ldots & a_{mn} \end{Vmatrix}$$

überein, die ihm bei Wahl einer Basis $\boldsymbol{e}_1, \boldsymbol{e}_2, \ldots, \boldsymbol{e}_n$ in $\mathfrak{R}$ und $\boldsymbol{g}_1, \boldsymbol{g}_2, \ldots, \boldsymbol{g}_m$ in $\mathfrak{S}$ entspricht.

Die Spalten der Matrix A bestehen aus den Koordinaten der Vektoren $\boldsymbol{A}\boldsymbol{e}_1, \boldsymbol{A}\boldsymbol{e}_2, \ldots, \boldsymbol{A}\boldsymbol{e}_n$. Da aus $\boldsymbol{x} = \sum_{i=1}^{n} x_i \boldsymbol{e}_i$ unmittelbar $\boldsymbol{A}\boldsymbol{x} = \sum_{i=1}^{n} x_i \boldsymbol{A}\boldsymbol{e}_i$ folgt, ist der Rang des Operators $\boldsymbol{A}$, d. h. die Dimension des Vektorraums $\boldsymbol{A}\mathfrak{R}$, gleich der Anzahl der linear unabhängigen unter den Vektoren $\boldsymbol{A}\boldsymbol{e}_1, \boldsymbol{A}\boldsymbol{e}_2, \ldots, \boldsymbol{A}\boldsymbol{e}_n$. Das heißt aber:

Der Rang einer Matrix ist gleich der Anzahl ihrer linear unabhängigen Spalten.

Da beim Übergang zur Transponierten die Zeilen einer Matrix zu Spalten werden, der Rang aber erhalten bleibt, gilt ebenso:

Der Rang einer Matrix ist gleich der Anzahl ihrer linear unabhängigen Zeilen.[1])

4. Es seien zwei lineare Operatoren $\boldsymbol{A}$ und $\boldsymbol{B}$ und ihr Produkt $\boldsymbol{C} = \boldsymbol{A}\boldsymbol{B}$ vorgegeben. Wir nehmen an, daß der Operator $\boldsymbol{B}$ den Vektorraum $\mathfrak{R}$ in den Vektorraum $\mathfrak{S}$ und der Operator $\boldsymbol{A}$ den Vektorraum $\mathfrak{S}$ in den Vektorraum $\mathfrak{T}$ abbildet. Der Operator $\boldsymbol{C}$ vermittelt dann eine Abbildung von $\mathfrak{R}$ in $\mathfrak{T}$:

$$\mathfrak{R} \xrightarrow{\boldsymbol{B}} \mathfrak{S} \xrightarrow{\boldsymbol{A}} \mathfrak{T}, \quad \mathfrak{R} \xrightarrow{\boldsymbol{C}} \mathfrak{T}.$$

Bei Wahl je einer bestimmten Basis in $\mathfrak{R}$, $\mathfrak{S}$ und $\mathfrak{T}$ mögen den Operatoren $\boldsymbol{A}$, $\boldsymbol{B}$ und $\boldsymbol{C}$ die Matrizen A, B bzw. C entsprechen. Dann ist der Operatorengleichung $\boldsymbol{C} = \boldsymbol{A}\boldsymbol{B}$ die Matrizengleichung $C = AB$ äquivalent.

[1]) Dasselbe Ergebnis erhielten wir in 3.1. auf Grund anderer Erwägungen (vgl. S. 82).

Ist r_A (bzw. r_B, r_C) der Rang des Operators $\boldsymbol{A}$ (bzw. $\boldsymbol{B}$, $\boldsymbol{C}$) oder, was dasselbe ist, der Rang der Matrix A (bzw. B, C), so hat — wie gezeigt wurde — der Vektorraum $\boldsymbol{A}\mathfrak{S}$ (bzw. $\boldsymbol{B}\mathfrak{R}$, $\boldsymbol{C}\mathfrak{R}$) die Dimension r_A (bzw. r_B, r_C). Wegen $\boldsymbol{B}\mathfrak{R} \subset \mathfrak{S}$ ist $\boldsymbol{A}(\boldsymbol{B}\mathfrak{R}) \subset \boldsymbol{A}\mathfrak{S}$.[1]) Außerdem wissen wir, daß die Dimension von $\boldsymbol{A}(\boldsymbol{B}\mathfrak{R})$ die Dimension von $\boldsymbol{B}\mathfrak{R}$ nicht übertrifft;[2]) es gilt also $r_C \leqq r_A$, $r_C \leqq r_B$. Diese Ungleichungen ergaben sich in 1.2. aus der Formel für die Minoren des Produkts zweier Matrizen.

Fassen wir $\boldsymbol{A}$ als einen Operator auf, der $\boldsymbol{B}\mathfrak{R}$ in $\mathfrak{T}$ abbildet, so ist der Rang dieses Operators gleich der Dimension des Vektorraums $\boldsymbol{A}(\boldsymbol{B}\mathfrak{R})$, d. h. gleich r_C. Bezeichnet man die Maximalzahl linear unabhängiger Vektoren aus $\boldsymbol{B}\mathfrak{R}$, die der Beziehung

$$\boldsymbol{A}\boldsymbol{x} = \boldsymbol{o} \tag{40}$$

genügen, mit d_1, so ergibt sich aus Formel (39)

$$r_C = r_B - d_1. \tag{41}$$

Diejenigen Vektoren aus $\mathfrak{S}$, die Lösungen der Gleichung (40) sind, bilden einen Unterraum der Dimension d; dabei ist

$$d = n - r_A \tag{42}$$

der Defekt des Operators $\boldsymbol{A}$, der $\mathfrak{S}$ in $\mathfrak{T}$ abbildet. Da $\boldsymbol{B}\mathfrak{R}$ ein Unterraum von $\mathfrak{S}$ ist, gilt

$$d_1 \leqq d. \tag{43}$$

Aus (41), (42) und (43) ergibt sich $r_A + r_B - n \leqq r_C$.

Aus dem Vorhergehenden folgt eine Bedingung für den Rang des Produkts zweier Matrizen A und B vom Typ (m, n) bzw. (n, q), die *Sylvestersche Ungleichung*

$$r_A + r_B - n \leqq r_{AB} \leqq \min(r_A, r_B). \tag{44}$$

Besitzt die Matrizengleichung $AXB = C$ mit den Matrizen A, X und B vom Typ (m, n), (n, p) bzw. (p, q) eine Lösung X (vgl. S. 31), so kann man aus den Sylvesterschen Ungleichungen leicht

$$r_C \leqq r_x \leqq n + p - r_A - r_B$$

folgern. Besitzt die Gleichung $AXB = C$ irgendeine Lösung, so kann man zeigen, daß sie auch Lösungen beliebigen Ranges r besitzt, der r_C nicht unter- und $n + p - r_A - r_B$ nicht überschreitet.

3.6. Lineare Operatoren, die einen n-dimensionalen Vektorraum in sich abbilden

1. Wir untersuchen in diesem Abschnitt lineare Operatoren, die einen n-dimensionalen Vektorraum $\mathfrak{R}$ in sich abbilden (in diesem Fall ist $\mathfrak{R} \equiv \mathfrak{S}$ und $n = m$); ein solcher Operator wird kurz *linearer Operator in* $\mathfrak{R}$ genannt.

---

[1]) $\mathfrak{R} \subset \mathfrak{S}$ besagt, daß $\mathfrak{R}$ eine Teilmenge von $\mathfrak{S}$ ist.

[2]) Vgl. Fußnote 2 auf S. 91.

Die linearen Operatoren in $\mathfrak{R}$ bilden einen Ring[1]): Die Summe zweier Operatoren, das Produkt eines Operators mit einer Zahl sowie das Produkt zweier Operatoren (die Multiplikation ist hier stets ausführbar!) ist wieder ein linearer Operator in $\mathfrak{R}$. Der Ring der linearen Operatoren in $\mathfrak{R}$ besitzt einen Einheitsoperator, den Operator $\boldsymbol{E}$, mit

$$\boldsymbol{E}\boldsymbol{x} = \boldsymbol{x} \quad (\boldsymbol{x} \in \mathfrak{R}).$$

Für jeden Operator $\boldsymbol{A}$ in $\mathfrak{R}$ gilt

$$\boldsymbol{E}\boldsymbol{A} = \boldsymbol{A}\boldsymbol{E} = \boldsymbol{A}.$$

Ist $\boldsymbol{A}$ ein linearer Operator in $\mathfrak{R}$, so ist es sinnvoll, seine Potenzen $\boldsymbol{A}^2 = \boldsymbol{A}\boldsymbol{A}$, $\boldsymbol{A}^3 = \boldsymbol{A}\boldsymbol{A}\boldsymbol{A}$ und allgemein $\boldsymbol{A}^m = \underbrace{\boldsymbol{A}\boldsymbol{A}\cdots\boldsymbol{A}}_{m\text{-mal}}$ zu bilden. Setzen wir ferner $\boldsymbol{A}^0 = \boldsymbol{E}$, so gilt, wie man leicht sieht, für beliebige nichtnegative ganze Zahlen p und q

$$\boldsymbol{A}^p\boldsymbol{A}^q = \boldsymbol{A}^{p+q}.$$

Ist $f(t) = \alpha_0 t^m + \alpha_1 t^{m-1} + \cdots + \alpha_{m-1} t + \alpha_m$ ein Polynom in t mit Koeffizienten aus $\mathbf{K}$, dann setzen wir

$$f(\boldsymbol{A}) = \alpha_0 \boldsymbol{A}^m + \alpha_1 \boldsymbol{A}^{m-1} + \cdots + \alpha_{m-1}\boldsymbol{A} + \alpha_m \boldsymbol{E}.$$

Dabei ist $f(\boldsymbol{A})\, g(\boldsymbol{A}) = g(\boldsymbol{A})\, f(\boldsymbol{A})$ für beliebige Polynome $f(t)$ und $g(t)$.

Es sei

$$\boldsymbol{y} = \boldsymbol{A}\boldsymbol{x} \quad (\boldsymbol{x}, \boldsymbol{y} \in \mathfrak{R}); \tag{45}$$

sind dann $x_1, x_2, \ldots, x_n$ die Koordinaten des Vektors $\boldsymbol{x}$ und $y_1, y_2, \ldots, y_n$ die Koordinaten des Vektors $\boldsymbol{y}$ bezüglich einer festen Basis $\boldsymbol{e}_1, \boldsymbol{e}_1, \ldots, \boldsymbol{e}_n$ von $\mathfrak{R}$, so ist

$$y_i = \sum_{k=1}^{n} a_{ik} x_k \quad (i = 1, 2, \ldots, n). \tag{46}$$

Der lineare Operator $\boldsymbol{A}$ definiert bei der gegebenen Basis $\boldsymbol{e}_1, \boldsymbol{e}_2, \ldots, \boldsymbol{e}_n$ eine quadratische Matrix $A = \|a_{ik}\|_1^n$.[2]) Wir erinnern den Leser daran (vgl. S. 85), daß in der k-ten Spalte dieser Matrix die Koordinaten des Vektors $\boldsymbol{A}\boldsymbol{e}_k$ $(k = 1, 2, \ldots, n)$ stehen, d. h.

$$\boldsymbol{A}\boldsymbol{e}_k = \sum_{i=1}^{n} a_{ik} \boldsymbol{e}_i \quad (k = 1, 2, \ldots, n). \tag{47}$$

Führen wir wieder die den Vektoren $\boldsymbol{x}$ und $\boldsymbol{y}$ entsprechenden Spaltenmatrizen $x = (x_1, x_2, \ldots, x_n)$ bzw. $y = (y_1, y_2, \ldots, y_n)$ ein, so können wir die Transformation (47) in Matrizenschreibweise angeben:

$$y = Ax. \tag{48}$$

---

[1]) Dieser Ring ist eine Algebra. Vgl. Kap. 1, S. 35.

[2]) Vgl. S. 84. Bei den jetzigen Betrachtungen stimmt der Vektorraum $\mathfrak{S}$ mit dem Vektorraum $\mathfrak{R}$ überein, und wir dürfen die Basis $\boldsymbol{g}_1, \boldsymbol{g}_2, \ldots, \boldsymbol{g}_m$ mit der Basis $\boldsymbol{e}_1, \boldsymbol{e}_2, \ldots, \boldsymbol{e}_n$ identifizieren.

Summe und Produkt zweier Operatoren $\boldsymbol{A}$ und $\boldsymbol{B}$ definieren Summe und Produkt der entsprechenden quadratischen Matrizen $A = \|a_{ik}\|_1^n$ und $B = \|b_{ik}\|_1^n$. Dem Produkt $\alpha\boldsymbol{A}$ entspricht die Matrix αA, dem Einheitsoperator $\boldsymbol{E}$ die (quadratische) Einheitsmatrix $E = \|\delta_{ik}\|_1^n$. Dieser Tatbestand kann folgendermaßen formuliert werden:

Jede Wahl einer Basis in $\mathfrak{R}$ *bestimmt einen Isomorphismus zwischen dem Ring der linearen Operatoren in* $\mathfrak{R}$ *und dem Ring der quadratischen Matrizen n-ter Ordnung mit Elementen aus* **K**.

Dabei entspricht dem Polynom $f(\boldsymbol{A})$ die Matrix $f(A)$.

2. Neben der Basis $\boldsymbol{e}_1, \boldsymbol{e}_2, \ldots, \boldsymbol{e}_n$ betrachten wir eine andere Basis $\tilde{\boldsymbol{e}}_1, \tilde{\boldsymbol{e}}_2, \ldots, \tilde{\boldsymbol{e}}_n$ von $\mathfrak{R}$. Sind nun $\tilde{x}$ und $\tilde{y}$ die Spaltenmatrizen, die aus den Koordinaten der Vektoren $\boldsymbol{x}$ und $\boldsymbol{y}$ bezüglich $\tilde{\boldsymbol{e}}_1, \tilde{\boldsymbol{e}}_2, \ldots, \tilde{\boldsymbol{e}}_n$ bestehen, und ist $\tilde{A} = \|\tilde{a}_{ik}\|_1^n$ die quadratische Matrix, die dem Operator $\boldsymbol{A}$ bezüglich dieser Basis entspricht, so ergibt sich analog zu (48)

$$\tilde{y} = \tilde{A}\tilde{x}. \tag{49}$$

Wir geben die Formeln für die Koordinatentransformation in Matrizenschreibweise an:

$$x = T\tilde{x}, \qquad y = T\tilde{y}. \tag{50}$$

Aus (48) und (50) folgt $\tilde{y} = T^{-1}AT\tilde{x}$; ein Vergleich mit (49) ergibt

$$\tilde{A} = T^{-1}AT. \tag{51}$$

Formel (51) erweist sich als Sonderfall der Formel (31) auf S. 89 (im vorliegenden Fall ist $P = T^{-1}$ und $Q = T$).

Definition 10. Die Matrix B heißt der Matrix A *ähnlich*, wenn es eine reguläre Matrix T gibt derart, daß

$$B = T^{-1}AT \tag{51'}$$

st.[1])

Wir haben damit gezeigt: *Zwei Matrizen die demselben linearen Operator in* $\mathfrak{R}$ *bei verschiedener Basiswahl entsprechen, sind ähnlich.* Dabei stimmt die Matrix T, die bei der Ähnlichkeitsrelation auftritt (vgl. (51)), mit der Matrix der Koordinatentransformation beim Übergang von der ersten zur zweiten Basis überein (vgl. (50)).

Mit anderen Worten: Einem linearen Operator in $\mathfrak{R}$ entspricht eine ganze Klasse ähnlicher Matrizen; jede dieser Matrizen liefert bei einer bestimmten Basis eine Darstellung des Operators.

---

[1]) Die Matrix T kann stets so gewählt werden, daß ihre Elemente dem Zahlkörper **K** angehören, dem auch die Elemente der Matrizen A und B entnommen sind.

Die Ähnlichkeit von Matrizen ist offenbar eine Äquivalenzrelation:
Reflexivität (jede quadratische Matrix A ist sich selbst ähnlich),
Symmetrie (ist die Matrix A der Matrix B ähnlich, so auch die Matrix B der Matrix A) und
Transitivität (ist A der Matrix B und B der Matrix C ähnlich, so ist auch A der Matrix C ähnlich).

(Wegen der Symmetrie der obigen Definition sagt man häufig auch: Zwei Matrizen A und B sind *einander ähnlich* (*Anm. d. Red.*).)

Untersuchen wir die Eigenschaften eines linearen Operators in $\mathfrak{R}$, so untersuchen wir damit gleichzeitig die für eine ganze Klasse ähnlicher Matrizen charakteristischen Eigenschaften, d. h. die Eigenschaften einer Matrix, die beim Übergang zu ähnlichen Matrizen invariant bleiben.

Wir bemerken noch, daß die Determinanten ähnlicher Matrizen gleich sind. Aus (51') folgt nämlich

$$|B| = |T|^{-1}\,|A|\,|T| = |A|. \tag{52}$$

Die Identität $|B| = |A|$ ist notwendig, aber nicht hinreichend für die Ähnlichkeit der Matrizen A und B.

In Kapitel 6 werden wir Kriterien für die Ähnlichkeit zweier Matrizen, d. h. notwendige und hinreichende Bedingungen dafür angeben, daß zwei quadratische Matrizen n-ter Ordnung ähnlich sind.

Gleichung (52) gibt uns die Möglichkeit, von der *Determinante eines linearen Operators* $\boldsymbol{A}$ in $\mathfrak{R}$ ($|\boldsymbol{A}|$) zu sprechen: Wir verstehen darunter die Determinante irgendeiner der Matrizen, die dem gegebenen Operator entsprechen.

Ist $|\boldsymbol{A}| = 0$ (bzw. $\neq 0$), so heißt der Operator $\boldsymbol{A}$ *singulär* (bzw. *regulär*). Somit stimmt die Singularität (bzw. Regularität) eines Operators mit der Singularität (bzw. Regularität) der ihm bei gegebener Basis entsprechenden Matrix überein. Für singuläre Operatoren gilt:

1. Es existiert stets ein Vektor $\boldsymbol{x} \neq \boldsymbol{o}$ mit $\boldsymbol{A}\boldsymbol{x} = \boldsymbol{o}$.
2. $\boldsymbol{A}\mathfrak{R}$ ist ein echter Teilraum von $\mathfrak{R}$ ($\boldsymbol{A}\mathfrak{R} \subset \mathfrak{R}$).

Für reguläre Operatoren gilt:

1. Aus $\boldsymbol{A}\boldsymbol{x} = \boldsymbol{o}$ folgt $\boldsymbol{x} = \boldsymbol{o}$.
2. Die Vektoren der Form $\boldsymbol{A}\boldsymbol{x}$ ($\boldsymbol{x} \in \mathfrak{R}$) erfüllen den ganzen Vektorraum $\mathfrak{R}$ ($\boldsymbol{A}\mathfrak{R} \equiv \mathfrak{R}$).

Mit anderen Worten: Die Operatoren in $\mathfrak{R}$ sind singulär oder regulär, je nachdem, ob ihr Defekt größer als 0 oder gleich 0 ist.

3. Ist A ein regulärer Operator, dann gibt es zu einem gegebenen Vektor $\boldsymbol{y} \in \mathfrak{R}$ einen eindeutig bestimmten Vektor $\boldsymbol{x} \in \mathfrak{R}$, der die Gleichung $\boldsymbol{y} = \boldsymbol{A}\boldsymbol{x}$ erfüllt. In der Tat folgt die Existenz eines solchen Vektors $\boldsymbol{x}$ schon daraus, daß die Vektoren der Form $\boldsymbol{A}\boldsymbol{x}$ ($\boldsymbol{x} \in \mathfrak{R}$) den gesamten Vektorraum $\mathfrak{R}$ ausfüllen. Andererseits folgt aus den Gleichungen $\boldsymbol{y} = \boldsymbol{A}\boldsymbol{x}'$ und $\boldsymbol{y} = \boldsymbol{A}\boldsymbol{x}''$ ($\boldsymbol{x}', \boldsymbol{x}'' \in \mathfrak{R}$)

$$\boldsymbol{A}(\boldsymbol{x}' - \boldsymbol{x}'') = \boldsymbol{A}\boldsymbol{x}' - \boldsymbol{A}\boldsymbol{x}'' = \boldsymbol{o}$$

und daher $\boldsymbol{x}' - \boldsymbol{x}'' = \boldsymbol{o}$, also $\boldsymbol{x}' = \boldsymbol{x}''$. Somit kann man, ausgehend von der Gleichung $\boldsymbol{y} = \boldsymbol{A}\boldsymbol{x}$, den inversen Operator $\boldsymbol{A}^{-1}$ durch die Gleichung $\boldsymbol{x} = \boldsymbol{A}^{-1}\boldsymbol{y}$ definieren. Wie man leicht sieht, ist der Umkehroperator $\boldsymbol{A}^{-1}$ eines linearen Operators $\boldsymbol{A}$ in $\mathfrak{R}$ wieder ein linearer Operator in $\mathfrak{R}$. Dabei gilt

$$\boldsymbol{A}\boldsymbol{A}^{-1} = \boldsymbol{A}^{-1}\boldsymbol{A} = \boldsymbol{E},$$

wobei $\boldsymbol{E}$ der Einheitsoperator ist. Entspricht bei einer gegebenen Basis dem regulären Operator $\boldsymbol{A}$ eine reguläre Matrix A, so definiert bei derselben Basis der Umkehroperator $\boldsymbol{A}^{-1}$ die zu A inverse Matrix A^{-1}.

Wir betrachten einige spezielle Typen linearer Operatoren in $\mathfrak{R}$.

1. Der Operator $\boldsymbol{J}$ in $\mathfrak{R}$ heißt *involutorisch*, wenn $\boldsymbol{J}^2 = \boldsymbol{E}$ ist. Ein involutorischer Operator ist regulär, und es gilt $\boldsymbol{J}^{-1} = \boldsymbol{J}$. Involutorische Operatoren definieren bei beliebig vorgegebener Basis eine *involutorische Matrix* J, d. h. eine Matrix J, für die $J^2 = E$ ist.

2. Ein Operator $\boldsymbol{P}$ in $\mathfrak{R}$ heißt *Projektionsoperator* (*Projektor*), wenn $\boldsymbol{P}^2 = \boldsymbol{P}$ ist. Gegeben sei eine beliebige Zerlegung des Raumes $\mathfrak{R}$ in zwei Unterräume $\mathfrak{S}$ und $\mathfrak{T}$: $\mathfrak{R} = \mathfrak{S} + \mathfrak{T}$. Dann kann jeder Vektor $\boldsymbol{x} \in \mathfrak{R}$ in der Form $\boldsymbol{x} = \boldsymbol{x}_{\mathfrak{S}} + \boldsymbol{x}_{\mathfrak{T}}$ zerlegt werden, wobei $\boldsymbol{x}_{\mathfrak{T}} \in \mathfrak{T}$ und $\boldsymbol{x}_{\mathfrak{S}} \in \mathfrak{S}$ ist. Der Vektor $\boldsymbol{x}_{\mathfrak{S}}$ heißt *Projektion des Vektors $\boldsymbol{x}$ auf den Unterraum $\mathfrak{S}$ parallel zum Unterraum $\mathfrak{T}$*.[1]) Wir betrachten den Operator $\boldsymbol{P}$, der die Projektion des Raumes $\mathfrak{R}$ auf den Unterraum $\mathfrak{S}$ parallel zum Unterraum $\mathfrak{T}$ liefert, d. h. also den Operator in $\mathfrak{R}$, der durch die Gleichung $\boldsymbol{P}\boldsymbol{x} = \boldsymbol{x}_{\mathfrak{S}}$ für alle $\boldsymbol{x} \in \mathfrak{R}$ definiert wird. Offensichtlich ist dieser Operator linear; er ist aber auch ein Projektionsoperator, da $\boldsymbol{P}\boldsymbol{x} = \boldsymbol{x}_{\mathfrak{S}}, \boldsymbol{P}^2\boldsymbol{x} = \boldsymbol{P}\boldsymbol{x}_{\mathfrak{S}} = \boldsymbol{x}_{\mathfrak{S}}$ und folglich $(\boldsymbol{P}^2 - \boldsymbol{P})\,\boldsymbol{x} = \boldsymbol{x}_{\mathfrak{S}} - \boldsymbol{x}_{\mathfrak{S}} = \boldsymbol{o}$, also $\boldsymbol{P}^2 = \boldsymbol{P}$ ist.

Auch die Umkehrung ist leicht zu beweisen. Ein Projektionsoperator $\boldsymbol{P}$ in $\mathfrak{R}$ liefert die Projektion des gesamten Raumes $\mathfrak{R}$ auf den Unterraum $\mathfrak{S} = \boldsymbol{P}\mathfrak{R}$ parallel zu dem Unterraum $\mathfrak{T} = (\boldsymbol{E} - \boldsymbol{P})\,\mathfrak{R}$.

Jede nichtnegative Potenz eines Projektionsoperators ist wieder ein Projektionsoperator. Ist $\boldsymbol{P}$ ein Projektionsoperator, so ist es auch $\boldsymbol{E} - \boldsymbol{P}$, denn es gilt $(\boldsymbol{E} - \boldsymbol{P})^2 = \boldsymbol{E} - 2\boldsymbol{P} + \boldsymbol{P}^2 = \boldsymbol{E} - \boldsymbol{P}$.

Eine quadratische Matrix P heißt Projektionsmatrix, wenn $P^2 = P$ ist. Offensichtlich definiert bei einer beliebigen Basis ein Projektionsoperator immer eine Projektionsmatrix.

3.7. Charakteristische Wurzeln und Eigenvektoren linearer Operatoren

Bei der Untersuchung der Struktur eines linearen Operators $\boldsymbol{A}$ in $\mathfrak{R}$ spielen die Vektoren $\boldsymbol{x}$ mit

$$\boldsymbol{A}\boldsymbol{x} = \lambda\boldsymbol{x} \qquad (\lambda \in \mathbf{K}, \boldsymbol{x} \neq \boldsymbol{o}) \tag{53}$$

eine große Rolle. Sie heißen *Eigenvektoren* oder auch *Eigenlösungen*, die entsprechenden Zahlen λ *charakteristische Wurzeln* oder *charakteristische Zahlen*[2]) des Operators $\boldsymbol{A}$ (der Matrix A).

Zur Bestimmung der charakteristischen Wurzeln und der Eigenvektoren des Operators $\boldsymbol{A}$ wählen wir in $\mathfrak{R}$ eine beliebige Basis $\boldsymbol{e}_1, \boldsymbol{e}_2, \ldots, \boldsymbol{e}_n$. Es sei $\boldsymbol{x} = \sum_{i=1}^{n} x_i\boldsymbol{e}_i$ und $A = \|a_{ik}\|_1^n$ die Matrix, die dem Operator $\boldsymbol{A}$ bei der Basis $\boldsymbol{e}_1, \boldsymbol{e}_2, \ldots, \boldsymbol{e}_n$ entspricht.

[1]) Ebenso heißt $\boldsymbol{x}_{\mathfrak{T}}$ die Projektion des Vektors $\boldsymbol{x}$ auf den Unterraum $\mathfrak{T}$ parallel zum Unterraum $\mathfrak{S}$.

[2]) Wir schließen uns hier dem neueren Sprachgebrauch an, nach dem man die Bezeichnung *Eigenwerte* für die Inversen $1/\lambda$ der von 0 verschiedenen charakteristischen Wurzeln verwendet. Dies erlaubt eine unmittelbare Analogie zu dem Begriff des Eigenwerts in der Theorie der Integralgleichungen (*Anm. d. Red.*).

Aus (53) erhalten wir durch Koordinatenvergleich ein lineares Gleichungssystem

$$\left.\begin{array}{l} a_{11}x_1 + a_{12}x_2 + \cdots + a_{1n}x_n = \lambda x_1, \\ a_{21}x_1 + a_{22}x_2 + \cdots + a_{2n}x_n = \lambda x_2, \\ \dots\dots\dots\dots\dots\dots\dots\dots \\ a_{n1}x_1 + a_{n2}x_2 + \cdots + a_{nn}x_n = \lambda x_n, \end{array}\right\} \tag{54}$$

das auch in der Form

$$\left.\begin{array}{l} (a_{11} - \lambda)\, x_1 + a_{12}x_2 \qquad + \cdots + a_{1n}x_n = 0, \\ a_{21}x_1 \qquad + (a_{22} - \lambda)\, x_2 + \cdots + a_{2n}x_n = 0, \\ \dots\dots\dots\dots\dots\dots\dots\dots\dots\dots \\ a_{n1}x_1 \qquad + a_{n2}x_2 \qquad + \cdots + (a_{nn} - \lambda)\, x_n = 0 \end{array}\right\} \tag{55}$$

geschrieben werden kann. Der gesuchte Vektor ist (nach Voraussetzung) nicht der Nullvektor, d. h., mindestens eine seiner Koordinaten ist von 0 verschieden.

Das homogene lineare Gleichungssystem (55) besitzt genau dann eine nichttriviale Lösung, wenn die Determinante seiner Koeffizientenmatrix gleich 0 ist, d. h., wenn

$$\begin{vmatrix} a_{11} - \lambda & a_{12} & \dots & a_{1n} \\ a_{21} & a_{22} - \lambda & \dots & a_{2n} \\ \dots & \dots & \dots & \dots \\ a_{n1} & a_{n2} & \dots & a_{nn} - \lambda \end{vmatrix} = 0 \tag{56}$$

gilt. Dies ist eine algebraische Gleichung n-ten Grades in λ. Ihre Koeffizienten gehören demselben Zahlkörper an, aus dem auch die Elemente der Matrix $A = \|a_{ik}\|_1^n$ stammen, d. h. dem Körper **K**.

Gleichung (56) tritt bei den verschiedensten Problemen in Geometrie, Mechanik, Astronomie und Physik auf; sie wird *charakteristische Gleichung* oder *Säkulargleichung*[1]) der Matrix $A = \|a_{ik}\|_1^n$ genannt (die linke Seite dieser Gleichung heißt *charakteristisches Polynom*).

Es sind also alle charakteristischen Wurzeln eines linearen Operators Lösungen der charakteristischen Gleichung (56). Ist umgekehrt eine beliebige Zahl λ Lösung von (56), dann hat das System (55) und folglich (54) für diesen Wert λ eine nichttriviale Lösung $x_1, x_2, \ldots, x_n$, d. h., dieser Zahl λ entspricht der Eigenvektor $\boldsymbol{x} = \sum x_i \boldsymbol{e}_i$ des Operators $\boldsymbol{A}$.

Aus dem Gesagten folgt, daß ein linearer Operator $\boldsymbol{A}$ in $\mathfrak{R}$ höchstens n verschiedene charakteristische Wurzeln besitzt.

Ist **K** der Körper aller komplexen Zahlen, so besitzt ein beliebiger Operator in $\mathfrak{R}$ wenigstens einen Eigenvektor in $\mathfrak{R}$ und eine ihm zugeordnete charakteristische Wurzel λ.[2]) Das folgt aus dem Fundamentalsatz der Algebra, nach dem die algebraische Gleichung (56) im Körper der komplexen Zahlen wenigstens eine Lösung besitzt.

---

[1]) Diese Benennung erklärt sich daraus, daß man bei der Untersuchung der säkularen Planetenstörungen auf Gleichung (56) stieß.

[2]) Diese Behauptung ist auch in dem allgemeinen Fall richtig, daß **K** ein beliebiger algebraisch abgeschlossener Körper ist, d. h. ein Körper, der die Wurzeln aller algebraischen Gleichungen mit Koeffizienten aus diesem Körper enthält.

Die Gleichung (56) lautet ausführlich

$$|A - \lambda E| \equiv (-\lambda)^n + S_1(-\lambda)^{n-1} + S_2(-\lambda)^{n-2} + \cdots + S_{n-1}(-\lambda) + S_n = 0; \tag{57}$$

hier ist

$$S_1 = \sum_{i=1}^{n} a_{ii}, \quad S_2 = \sum_{1 \leq i < k \leq n} A\begin{pmatrix} i & k \\ i & k \end{pmatrix}, \ldots, \tag{58}$$

und allgemein ist S_p gleich der Summe der Hauptminoren p-ter Ordnung der Matrix $A = \|a_{ik}\|_1^n$ $(p = 1, 2, \ldots, n)$.[1]) Insbesondere ist $S_n = |A|$.

Es sei $\tilde{A}$ eine Matrix, die dem Operator $\boldsymbol{A}$ bei einer anderen Basis entspricht. Die Matrix $\tilde{A}$ ist der Matrix A ähnlich: $\tilde{A} = T^{-1}AT$. Hieraus folgt $\tilde{A} - \lambda E = T^{-1}(A - \lambda E)\, T$ und weiter

$$|\tilde{A} - \lambda E| = |A - \lambda E|. \tag{59}$$

Die Matrizen A und $\tilde{A}$ besitzen also das gleiche charakteristische Polynom. Es wird daher auch *charakteristisches Polynom des Operators* $\boldsymbol{A}$ genannt und mit $|\boldsymbol{A} - \lambda \boldsymbol{E}|$ bezeichnet.

Sind $\boldsymbol{x}, \boldsymbol{y}, \boldsymbol{z}, \ldots$ linear unabhängige Eigenvektoren des Operators $\boldsymbol{A}$, die der gleichen charakteristischen Wurzel λ entsprechen, und $\alpha, \beta, \gamma, \ldots$ beliebige Zahlen aus K, *so ist $\alpha\boldsymbol{x} + \beta\boldsymbol{y} + \gamma\boldsymbol{z} + \cdots$ entweder der Nullvektor oder ebenfalls ein Eigenvektor des Operators $\boldsymbol{A}$, der der charakteristischen Wurzel λ entspricht.*

Aus $\boldsymbol{A}\boldsymbol{x} = \lambda\boldsymbol{x}$, $\boldsymbol{A}\boldsymbol{y} = \lambda\boldsymbol{y}$, $\boldsymbol{A}\boldsymbol{z} = \lambda\boldsymbol{z}, \ldots$ folgt nämlich

$$\boldsymbol{A}(\alpha\boldsymbol{x} + \beta\boldsymbol{y} + \gamma\boldsymbol{z} + \cdots) = \lambda(\alpha\boldsymbol{x} + \beta\boldsymbol{y} + \gamma\boldsymbol{z} + \cdots).$$

Mit anderen Worten: Die linear unabhängigen Eigenvektoren, die der gleichen charakteristischen Wurzel λ entsprechen, bilden eine Basis eines gewissen „Eigen"unterraums; jeder Vektor dieses Unterraums ist ein zu λ gehöriger Eigenvektor von $\boldsymbol{A}$.

---

[1]) Die Potenz $(-\lambda)^{n-p}$ tritt nur in denjenigen Summanden der charakteristischen Determinante (56) auf, die von den Diagonalelementen genau $n - p$ enthalten:

$$a_{j_1 j_1} - \lambda,\ a_{j_2 j_2} - \lambda, \ldots, a_{j_{n-p} j_{n-p}} - \lambda.$$

Faßt man alle Summanden der Determinante zusammen, die das Produkt dieser Diagonalelemente (aber keine weiteren) enthalten, so nimmt (57) die Gestalt

$$|A - \lambda E| = (a_{j_1 j_1} - \lambda)\,(a_{j_2 j_2} - \lambda) \cdots (a_{j_{n-p} j_{n-p}} - \lambda)\, A\begin{pmatrix} i_1 & i_2 & \ldots & i_p \\ i_1 & i_2 & \ldots & i_p \end{pmatrix} + (*)$$

an; dabei schöpfen die $i_1, i_2, \ldots, i_p$ zusammen mit den $j_1, j_2, \ldots, j_{n-p}$ das gesamte System der Indizes $1, 2, \ldots, n$ aus. Wie wir sehen, hat in diesem Glied die Potenz $(-\lambda)^{n-p}$ als Faktor den Hauptminor

$$A\begin{pmatrix} i_1 & i_2 & \ldots & i_p \\ i_1 & i_2 & \ldots & i_p \end{pmatrix}.$$

Bilden wir nun alle möglichen Kombinationen von $n-p$ Elementen $j_1, j_2, \ldots, j_{n-p}$ der Indizes $1, 2, \ldots, n$, so erhalten wir als Koeffizienten S_p der Potenz $(-\lambda)^{n-p}$ die Summe aller Hauptminoren p-ter Ordnung der Matrix A.

Insbesondere erzeugt jeder Eigenvektor einen eindimensionalen Eigenunterraum, eine „Eigenrichtung".

Eine Linearkombination von Eigenvektoren des Operators $\boldsymbol{A}$, die verschiedenen charakteristischen Wurzeln entsprechen, ist im allgemeinen kein Eigenvektor des Operators $\boldsymbol{A}$.

Die Bedeutung der charakteristischen Wurzeln und Eigenvektoren für die Untersuchung linearer Operatoren erläutern wir im folgenden Abschnitt am Beispiel der Operatoren einfacher Struktur.

3.8. Lineare Operatoren einfacher Struktur

Wir beginnen mit folgendem

Lemma. *Eigenvektoren, die verschiedenen charakteristischen Wurzeln entsprechen, sind stets linear unabhängig.*

Beweis. Es sei

$$\boldsymbol{A}\boldsymbol{x}_i = \lambda_i \boldsymbol{x}_i \quad (\boldsymbol{x}_i \neq \boldsymbol{o};\ \lambda_i \neq \lambda_k \text{ für } i \neq k;\ i, k = 1, 2, \ldots, m) \tag{60}$$

und

$$\sum_{i=1}^{m} c_i \boldsymbol{x}_i = \boldsymbol{o}. \tag{61}$$

Durch Anwendung des Operators $\boldsymbol{A}$ auf beide Seiten dieser Gleichung erhält man

$$\sum_{i=1}^{m} c_i \lambda_i \boldsymbol{x}_i = \boldsymbol{o}. \tag{62}$$

Multiplizieren wir Gleichung (61) mit λ_1 und subtrahieren sie von (62), so ergibt sich

$$\sum_{i=2}^{m} c_i (\lambda_i - \lambda_1)\, \boldsymbol{x}_i = \boldsymbol{o}. \tag{63}$$

Wir sagen, (63) folgt aus (61) durch Anwendung des Operators $\boldsymbol{A} - \lambda_1 \boldsymbol{E}$. Wenden wir auf (63) sukzessive die Operatoren $\boldsymbol{A} - \lambda_2 \boldsymbol{E}, \ldots, \boldsymbol{A} - \lambda_{m-1} \boldsymbol{E}$ an, so erhalten wir

$$c_m (\lambda_m - \lambda_{m-1})(\lambda_m - \lambda_{m-2}) \cdots (\lambda_m - \lambda_1)\, \boldsymbol{x}_m = \boldsymbol{o}.$$

Also ist $c_m = 0$. Ganz analog kann man mit den übrigen Summanden von (61) verfahren; daraus folgt $c_1 = c_2 = \cdots = c_m = 0$, d. h., die Vektoren $\boldsymbol{x}_1, \boldsymbol{x}_2, \ldots, \boldsymbol{x}_m$ sind linear unabhängig. Damit ist das Lemma bewiesen.

Besitzt die charakteristische Gleichung eines Operators im Körper K genau n verschiedene Wurzeln, so folgt aus dem eben bewiesenen Lemma, daß die Eigenvektoren, die diesen Wurzeln entsprechen, linear unabhängig sind.

Definition 11. Ein linearer Operator $\boldsymbol{A}$ in $\mathfrak{R}$ heißt *Operator einfacher Struktur*, wenn $\boldsymbol{A}$ im n-dimensionalen Vektorraum $\mathfrak{R}$ genau n linear unabhängige Eigenvektoren besitzt.

Ein linearer Operator in $\mathfrak{R}$ besitzt einfache Struktur, wenn alle Wurzeln seiner charakteristischen Gleichung verschieden sind und dem Körper K angehören. Diese Bedingung ist jedoch nicht notwendig. Es gibt lineare Operatoren einfacher Struktur, deren charakteristische Polynome mehrfache Nullstellen besitzen.

Wir betrachten einen beliebigen linearen Operator $\boldsymbol{A}$ einfacher Struktur und bezeichnen mit $\boldsymbol{g}_1, \boldsymbol{g}_2, \ldots, \boldsymbol{g}_n$ eine Basis in $\mathfrak{R}$, die aus den Eigenvektoren des Operators $\boldsymbol{A}$ besteht, d. h. $\boldsymbol{A}\boldsymbol{g}_k = \lambda_k \boldsymbol{g}_k$ $(k = 1, 2, \ldots, n)$. Ist

$$\boldsymbol{x} = \sum_{k=1}^{n} x_k \boldsymbol{g}_k,$$

so ist

$$\boldsymbol{A}\boldsymbol{x} = \sum_{k=1}^{n} x_k \boldsymbol{A}\boldsymbol{g}_k = \sum_{k=1}^{n} \lambda_k x_k \boldsymbol{g}_k.$$

Die Wirkung der Anwendung eines Operators $\boldsymbol{A}$ einfacher Struktur auf einen Vektor $\boldsymbol{x} = \sum_{k=1}^{n} x_k \boldsymbol{g}_k$ kann man also folgendermaßen beschreiben:

Im n-dimensionalen Vektorraum $\mathfrak{R}$ gibt es n linear unabhängige „Richtungen"; längs dieser „Richtungen" bewirkt ein Operator einfacher Struktur eine „Dehnung" mit den Koeffizienten $\lambda_1, \lambda_2, \ldots, \lambda_n$. Jeder beliebige Vektor $\boldsymbol{x}$ kann in Komponenten bezüglich dieser Eigenrichtungen zerlegt werden. Diese Komponenten werden den entsprechenden „Dehnungen" unterworfen; ihre Summe ergibt dann den Vektor $\boldsymbol{A}\boldsymbol{x}$.

Man sieht leicht ein, daß dem Operator $\boldsymbol{A}$ bezüglich der „Eigen"basis $\boldsymbol{g}_1, \boldsymbol{g}_2, \ldots, \boldsymbol{g}_n$ die Diagonalmatrix $\tilde{A} = \|\lambda_i \delta_{ik}\|_1^n$ entspricht.

Bezeichnen wir die Matrix, die dem Operator $\boldsymbol{A}$ bei einer beliebigen Basis $\boldsymbol{e}_1, \boldsymbol{e}_2, \ldots, \boldsymbol{e}_n$ entspricht, mit A, so ist

$$A = T \, \|\lambda_i \delta_{ik}\|_1^n \, T^{-1}. \tag{64}$$

Eine Matrix, die einer Diagonalmatrix ähnlich ist, heißt *Matrix einfacher Struktur*. Folglich entspricht einem Operator einfacher Struktur bei beliebiger Basis eine Matrix einfacher Struktur und umgekehrt.

Die Matrix T in (64) gibt uns den Übergang von der Basis $\boldsymbol{e}_1, \boldsymbol{e}_2, \ldots, \boldsymbol{e}_n$ zur Basis $\boldsymbol{g}_1, \boldsymbol{g}_2, \ldots, \boldsymbol{g}_n$ an. In der k-ten Spalte der Matrix T stehen die Koordinaten des Eigenvektors $\boldsymbol{g}_k$ (bezüglich der Basis $\boldsymbol{e}_1, \boldsymbol{e}_2, \ldots, \boldsymbol{e}_n$), der der charakteristischen Wurzel λ_k von A entspricht $(k = 1, 2, \ldots, n)$. Die Matrix T heißt *Fundamentalmatrix* der Matrix A.

Wir schreiben Gleichung (64) folgendermaßen:

$$A = TLT^{-1} \qquad (L = \{\lambda_1, \lambda_2, \ldots, \lambda_n\}). \tag{64'}$$

Gehen wir zur p-ten assoziierten Matrix $(1 \leqq p \leqq n)$ über, so erhalten wir (vgl. 1.4.)

$$\mathfrak{A}_p = \mathfrak{T}_p \mathfrak{L}_p \mathfrak{T}_p^{-1}. \tag{65}$$

$\mathfrak{L}_p$ ist eine Diagonalmatrix N-ter Ordnung $\left(N = \binom{n}{p}\right)$, in deren Hauptdiagonalen die sämtlichen Produkte von je p der charakteristischen Wurzeln $\lambda_1, \lambda_2, \ldots, \lambda_n$ stehen. Vergleichen wir (65) mit (64'), so erhalten wir folgenden Satz:

Satz 3. *Ist die Matrix $A = \|a_{ik}\|_n^1$ eine Matrix einfacher Struktur, so ist auch für beliebige $p \leqq n$ die assoziierte Matrix $\mathfrak{A}_p$ eine Matrix einfacher Struktur. Die charakteristischen Wurzeln der Matrix $\mathfrak{A}_p$ sind die sämtlichen Produkte von je p der charakteristischen Wurzeln $\lambda_1, \lambda_2, \ldots, \lambda_n$ von A: $\lambda_{i_1}\lambda_{i_2}\cdots\lambda_{i_p}$ $(1 \leqq i_1 < i_2 < \cdots < i_p \leqq n)$; die Fundamentalmatrix der Matrix $\mathfrak{A}_p$ ist die zur Fundamentalmatrix T von A assoziierte Matrix $\mathfrak{T}_p$.*

Folgerung. *Entspricht die charakteristische Wurzel λ_k einer Matrix einfacher Struktur $A = \|a_{ik}\|_1^n$ einem Eigenvektor mit den Koordinaten $t_{1k}, t_{2k}, \ldots, t_{nk}$ $(k = 1, 2, \ldots, n)$ und ist ferner $T = \|t_{ik}\|_1^n$, so entspricht die charakteristische Wurzel $\lambda_{k_1}\lambda_{k_2}\cdots\lambda_{k_p}$ $(1 \leqq k_1 < k_2 < \cdots < k_p \leqq n)$ der Matrix $\mathfrak{A}_p$ einem Eigenvektor mit den Koordinaten*

$$T\begin{pmatrix} i_1 & i_2 & \ldots & i_p \\ k_1 & k_2 & \ldots & k_p \end{pmatrix} \qquad (1 \leqq i_1 < i_2 < \cdots < i_p \leqq n). \tag{66}$$

Eine beliebige Matrix $A = \|a_{ik}\|_1^n$ kann als Grenzwert einer Folge von Matrizen A_m $(m \to \infty)$ dargestellt werden, von denen jede keine mehrfachen charakteristischen Wurzeln besitzt und somit von einfacher Struktur ist. Die charakteristischen Wurzeln $\lambda_1^{(m)}, \lambda_2^{(m)}, \ldots, \lambda_n^{(m)}$ der Matrix A_m gehen für $m \to \infty$ in die charakteristischen Wurzeln der Matrix A über, d. h.

$$\lim_{m\to\infty} \lambda_k^{(m)} = \lambda_k \qquad (k = 1, 2, \ldots, n).$$

Hieraus folgt

$$\lim_{m\to\infty} \lambda_{k_1}^{(m)}\lambda_{k_2}^{(m)}\cdots\lambda_{k_p}^{(m)} = \lambda_{k_1}\lambda_{k_2}\cdots\lambda_{k_p} \qquad (1 \leqq k_1 < k_2 < \cdots < k_p \leqq n).$$

Da außerdem $\lim\limits_{m\to\infty} \mathfrak{A}_{(m)p} = \mathfrak{A}_p$ ist, folgt aus Satz 3:

Satz 4 (Kronecker). *Bilden $\lambda_1, \lambda_2, \ldots, \lambda_n$ ein vollständiges System charakteristischer Wurzeln einer Matrix A, so besteht das vollständige System der charakteristischen Wurzeln der assoziierten Matrix $\mathfrak{A}_p$ aus den sämtlichen Produkten von je p der Zahlen $\lambda_1, \lambda_2, \ldots, \lambda_n$ $(p = 1, 2, \ldots, n)$.*

In diesem Abschnitt betrachteten wir Operatoren und Matrizen einfacher Struktur. Die Struktur von Operatoren und Matrizen allgemeiner Art werden wir in den Kapiteln 6 und 7 untersuchen.

4. Charakteristisches Polynom und Minimalpolynom einer Matrix

Das charakteristische Polynom und das Minimalpolynom einer Matrix spielen bei verschiedenen Fragen der Matrizentheorie eine große Rolle. So wird z. B. der Begriff der Matrizenfunktion, den wir im folgenden Kapitel einführen, ganz auf dem Begriff des Minimalpolynoms einer Matrix aufgebaut. In diesem Kapitel untersuchen wir Eigenschaften des charakteristischen Polynoms und des Minimalpolynoms. Dieser Untersuchung werden einige Betrachtungen über Polynome mit Matrizenkoeffizienten und ihre Verknüpfungen vorausgeschickt.

4.1. Addition und Multiplikation von Matrizenpolynomen

Wir betrachten eine quadratische *Polynommatrix* $A(\lambda)$, d. h. eine quadratische Matrix, deren Elemente Polynome in λ (mit Koeffizienten aus einem vorgegebenen Zahlkörper **K**) sind[1]:

$$A(\lambda) = \|a_{ik}(\lambda)\|_1^n = \|a_{ik}^{(0)}\lambda^m + a_{ik}^{(1)}\lambda^{m-1} + \cdots + a_{ik}^{(m)}\|_1^n. \tag{1}$$

Die Matrix $A(\lambda)$ können wir als Polynom in λ schreiben, wobei die Koeffizienten Matrizen sind:

$$A(\lambda) = A_0\lambda^m + A_1\lambda^{m-1} + \cdots + A_m \tag{2}$$

mit

$$A_j = \|a_{ik}^{(j)}\|_1^n \qquad (j = 0, 1, \ldots, m). \tag{3}$$

Ist $A_0 \neq O$, so heißt m der *Grad* des Polynoms und n seine *Ordnung*. Das Polynom (2) heißt *eigentlich*, wenn $|A_0| \neq 0$ ist.

Ein Polynom, dessen Koeffizienten Matrizen sind, heißt ein *Matrizenpolynom*; dagegen nennen wir ein Polynom mit skalaren Koeffizienten ein *skalares Polynom*.

Wir wollen nun die wichtigsten Operationen von Matrizenpolynomen untersuchen.

---

[1]) Die Polynommatrizen werden auch λ-*Matrizen* genannt; vgl. Kap. 6 (*Anm. d. Red.*).

Gegeben seien zwei Matrizenpolynome $A(\lambda)$ und $B(\lambda)$ gleicher Ordnung. Der größte (wirklich auftretende) Grad sei m. Die Polynome können also in der Gestalt

$$A(\lambda) = A_0\lambda^m + A_1\lambda^{m-1} + \cdots + A_m,$$
$$B(\lambda) = B_0\lambda^m + B_1\lambda^{m-1} + \cdots + B_m$$

geschrieben werden. Dann ist

$$A(\lambda) \pm B(\lambda) = (A_0 \pm B_0)\,\lambda^m + (A_1 \pm B_1)\,\lambda^{m-1} + \cdots + (A_m \pm B_m),$$

d. h., *die Summe (bzw. die Differenz) zweier Matrizenpolynome gleicher Ordnung ist ein Polynom, dessen Grad den größten der Grade der gegebenen Polynome nicht übertrifft.*

Es seien zwei Matrizenpolynome der Ordnung n vorgegeben ($A(\lambda)$ sei vom Grad m und $B(\lambda)$ vom Grad p):

$$A(\lambda) = A_0\lambda^m + A_1\lambda^{m-1} + \cdots + A_m \qquad (A_0 \neq O),$$
$$B(\lambda) = B_0\lambda^p + B_2\lambda^{p-1} + \cdots + B_p \qquad (B_0 \neq O).$$

Dann ist

$$A(\lambda)\,B(\lambda) = A_0B_0\lambda^{m+p} + (A_0B_1 + A_1B_0)\,\lambda^{m+p-1} + \cdots + A_mB_p. \tag{4}$$

Im allgemeinen ist das Produkt $B(\lambda)\,A(\lambda)$ von diesem Produkt $A(\lambda)\,B(\lambda)$ verschieden.

Auf eine Eigenschaft der Multiplikation von Matrizenpolynomen wollen wir noch besonders hinweisen: Im Gegensatz zu dem Produkt skalarer Polynome ist es möglich, daß der Grad des Produkts (4) von Matrizenpolynomen kleiner als $m + p$, d. h. kleiner als die Summe der Grade seiner Faktoren ist. In (4) kann das Produkt A_0B_0 die Nullmatrix sein, obwohl $A_0 \neq O$ und $B_0 \neq O$ ist. Ist jedoch eine der Matrizen A_0, B_0 regulär, so folgt aus $A_0 \neq O$ und $B_0 \neq O$, daß $A_0B_0 \neq O$ ist. Somit erhalten wir:

Der Grad des Produkts zweier Matrizenpolynome ist höchstens gleich der Summe der Grade seiner Faktoren. Ist einer der beiden Faktoren ein eigentliches Polynom, so ist der Grad des Produkts gleich der Summe der Grade seiner Faktoren.

Ein Matrizenpolynom n-ter Ordnung kann man auf zweierlei Weise schreiben:

$$A(\lambda) = A_0\lambda^m + A_1\lambda^{m-1} + \cdots + A_m \tag{5}$$

oder

$$A(\lambda) = \lambda^m A_0 + \lambda^{m-1}A_1 + \cdots + A_m. \tag{5'}$$

Beide Formen ergeben bei skalarem λ ein und dasselbe Resultat. Setzen wir allerdings an Stelle des skalaren Arguments λ die quadratische Matrix Λ, so sind die den Gleichungen (5) und (5′) entsprechenden Ausdrücke im allgemeinen verschieden, da die Potenzen von Λ im allgemeinen mit den Koeffizienten nicht vertauschbar sind. Wir setzen deshalb

$$A(\Lambda) = A_0\Lambda^m + A_1\Lambda^{m-1} + \cdots + A_m \tag{6}$$

und

$$\hat{A}(\Lambda) = \Lambda^m A_0 + \Lambda^{m-1} A_1 + \cdots + A_m$$

und nennen $A(\Lambda)$ den rechten, $\hat{A}(\Lambda)$ den linken Wert des Matrizenpolynoms $A(\lambda)$ bei der Substitution von λ durch Λ.[1])

Wir betrachten erneut zwei Matrizenpolynome

$$A(\lambda) = \sum_{i=0}^{m} A_{m-i}\lambda^i \quad \text{und} \quad B(\lambda) = \sum_{k=0}^{p} B_{p-k}\lambda^k$$

nebst ihrem Produkt

$$P(\lambda) = \sum_{i=0}^{m} \sum_{k=0}^{p} A_{m-i}\lambda^i B_{p-k}\lambda^k = \sum_{i=0}^{m} \sum_{k=0}^{p} A_{m-i}B_{p-k}\lambda^{i+k}$$

$$= \sum_{j=0}^{m+p} \left(\sum_{i+k=j} A_{m-i}B_{p-k} \right) \lambda^j \tag{7'}$$

und

$$P(\lambda) = \sum_{i=0}^{m} \sum_{k=0}^{p} \lambda^i A_{m-i}\lambda^k B_{p-k} = \sum_{i=0}^{m} \sum_{k=0}^{p} \lambda^{i+k} A_{m-i}B_{p-k}$$

$$= \sum_{j=0}^{m+p} \lambda^j \sum_{i+k=j} A_{m-i}B_{p-k}. \tag{7''}$$

Die Umformungen der Gleichung (7′) bleiben korrekt, wenn man eine Matrix Λ n-ter Ordnung an die Stelle von λ setzt, sofern nur die Matrix Λ mit allen Koeffizientenmatrizen B_{p-k} vertauschbar ist.[2]) In gleicher Weise kann man in (7″) den Skalar λ durch die Matrix Λ ersetzen, wenn die Matrix Λ mit allen Koeffizientenmatrizen A_{m-i} vertauschbar ist. Im ersten Fall erhalten wir

$$P(\Lambda) = A(\Lambda)\, B(\Lambda), \tag{8'}$$

im zweiten

$$\hat{P}(\Lambda) = \hat{A}(\Lambda)\, \hat{B}(\Lambda). \tag{8''}$$

Somit ist also *der rechte (linke) Wert des Produktes zweier Matrizenpolynome gleich dem Produkt der rechten (linken) Werte der Faktoren, wenn die Argumentmatrix Λ mit allen Koeffizienten des rechten (linken) Faktors vertauschbar ist.*

Ist $S(\lambda)$ die Summe zweier Matrizenpolynome n-ter Ordnung $A(\lambda)$ und $B(\lambda)$, dann gilt, wenn man den Skalar λ durch eine *beliebige* Matrix Λ n-ter Ordnung ersetzt, stets

$$S(\Lambda) = A(\Lambda) + B(\Lambda) \quad \text{und} \quad \hat{S}(\Lambda) = \hat{A}(\Lambda) + \hat{B}(\Lambda). \tag{9}$$

---

[1]) Beim „rechten" Wert von $A(\lambda)$ stehen die Potenzen der Matrix Λ rechts von den Koeffizienten, beim „linken" Wert entsprechend links.

[2]) In diesem Fall ist auch eine beliebige Potenz der Matrix Λ mit allen Koeffizienten B_{p-k} vertauschbar.

4.2. Rechte und linke Division von Matrizenpolynomen. Der verallgemeinerte Bezoutsche Satz

Gegeben seien zwei Matrizenpolynome $A(\lambda)$ und $B(\lambda)$ der Ordnung n; $B(\lambda)$ sei ein eigentliches Polynom:

$$A(\lambda) = A_0\lambda^m + A_1\lambda^{m-1} + \cdots + A_m \qquad (A_0 \neq O),$$
$$B(\lambda) = B_0\lambda^p + B_1\lambda^{p-1} + \cdots + B_p \qquad (|B_0| \neq 0).$$

Ist

$$A(\lambda) = Q(\lambda)\,B(\lambda) + R(\lambda) \tag{10}$$

und hat $R(\lambda)$ einen kleineren Grad als $B(\lambda)$, so nennen wir das Matrizenpolynom $Q(\lambda)$ den *rechten Quotienten* und das Matrizenpolynom $R(\lambda)$ den *rechten Rest* bei der Division von $A(\lambda)$ durch $B(\lambda)$.

Völlig analog nennen wir die Polynome $\hat{Q}(\lambda)$ und $\hat{R}(\lambda)$ *linken Quotienten* bzw. *linken Rest* bei der Division von $A(\lambda)$ durch $B(\lambda)$, wenn

$$A(\lambda) = B(\lambda)\,\hat{Q}(\lambda) + \hat{R}(\lambda) \tag{11}$$

ist und $\hat{R}(\lambda)$ einen kleineren Grad als $B(\lambda)$ hat.

Wir machen unsere Leser darauf aufmerksam, daß bei der „rechten" Division (d. h. bei der Berechnung des rechten Quotienten und des rechten Restes) in (5) der Quotient $Q(\lambda)$ von rechts mit dem „Divisor" $B(\lambda)$, bei der „linken" Division in (6) aber der Quotient $\hat{Q}(\lambda)$ von links mit dem Divisor $B(\lambda)$ multipliziert wird.

Wir werden zeigen: *Sowohl die rechte als auch die linke Division von Matrizenpolynomen gleicher Ordnung ist stets ausführbar und eindeutig, wenn der Divisor ein eigentliches Polynom ist.*

Wir beschränken uns auf die Betrachtung der rechten Division von $A(\lambda)$ durch $B(\lambda)$. Ist $m < p$, so kann man $Q(\lambda) = O$ und $R(\lambda) = A(\lambda)$ setzen. Ist $m \geqq p$, so benutzen wir zur Berechnung des Quotienten $Q(\lambda)$ und des Restes $R(\lambda)$ das übliche Divisionsschema für Polynome. Wir „dividieren" das höchste Glied des Dividenden ($A_0\lambda^m$) durch das höchste Glied des Divisors ($B_0\lambda^p$) und erhalten das höchste Glied des Quotienten ($A_0B_0^{-1}\lambda^{m-p}$). Multiplizieren wir dieses Glied von rechts mit dem Divisor $B(\lambda)$ und subtrahieren das erhaltene Produkt von $A(\lambda)$, so erhalten wir den „rechten Rest" $A^{(1)}(\lambda)$:

$$A(\lambda) = A_0B_0^{-1}\lambda^{m-p}B(\lambda) + A^{(1)}(\lambda). \tag{12}$$

Der Grad $m^{(1)}$ des Polynoms $A^{(1)}(\lambda)$ ist kleiner als m:

$$A^{(1)}(\lambda) = A_0^{(1)}\lambda^{m^{(1)}} + \cdots \qquad (A_0^{(1)} \neq O,\ m^{(1)} < m). \tag{13}$$

Ist $m^{(1)} \geqq p$, so ergibt sich, wenn wir diesen Prozeß fortsetzen,

$$\left.\begin{aligned} A^{(1)}(\lambda) &= A_0^{(1)}B_0^{-1}\lambda^{m^{(1)}-p}B(\lambda) + A^{(2)}(\lambda),\\ A^{(2)}(\lambda) &= A_0^{(2)}\lambda^{m^{(2)}} + \cdots \qquad (m^{(2)} < m^{(1)}) \end{aligned}\right\} \tag{14}$$

usw.

Da der Grad der Polynome $A(\lambda)$, $A^{(1)}(\lambda)$, $A^{(2)}(\lambda)$, ... abnimmt, erhalten wir nach endlich vielen Schritten einen Rest $R(\lambda)$, dessen Grad kleiner als p ist. Aus (12) bis (14) folgt dann

$$A(\lambda) = Q(\lambda)\,B(\lambda) + R(\lambda)$$

mit

$$Q(\lambda) = A_0 B_0^{-1} \lambda^{m-p} + A_0^{(1)} B_0^{-1} \lambda^{m^{(1)}-p} + \cdots.$$

Wir beweisen nun die **Eindeutigkeit** der rechten Division. Es sei

$$A(\lambda) = Q(\lambda)\,B(\lambda) + R(\lambda) \tag{15}$$

und

$$A(\lambda) = Q^*(\lambda)\,B(\lambda) + R^*(\lambda) \tag{15'}$$

und der Grad der Polynome $R(\lambda)$ und $R^*(\lambda)$ kleiner als der Grad von $B(\lambda)$, d. h. kleiner als p. Subtrahieren wir (15) von (15'), so erhalten wir

$$[Q(\lambda) - Q^*(\lambda)]\,B(\lambda) = R^*(\lambda) - R(\lambda). \tag{16}$$

Wegen $|B| \neq 0$ ist der Grad des Polynoms auf der linken Seite der Gleichung gleich der Summe der Grade von $B(\lambda)$ und $Q(\lambda) - Q^*(\lambda)$, d. h. mindestens gleich p, falls $Q(\lambda) - Q^*(\lambda) \not\equiv O$ ist. Das ist nicht möglich, da der Grad des Polynoms auf der rechten Seite von Gleichung (16) kleiner als p ist. Somit ist $Q(\lambda) - Q^*(\lambda) \equiv O$; aus (16) folgt dann aber $R(\lambda) - R^*(\lambda) \equiv O$, d. h.

$$Q(\lambda) = Q^*(\lambda), \qquad R(\lambda) = R^*(\lambda).$$

Völlig analog lassen sich Existenz und Eindeutigkeit des linken Quotienten und des linken Restes zeigen.[1])

Beispiel.

$$A(\lambda) = \begin{Vmatrix} \lambda^3 + \lambda & 2\lambda^3 + \lambda^2 \\ -\lambda^3 - 2\lambda^2 + 1 & 3\lambda^3 + \lambda \end{Vmatrix}$$

$$= \overbrace{\begin{Vmatrix} 1 & 2 \\ -1 & 3 \end{Vmatrix}}^{A_0} \lambda^3 + \begin{Vmatrix} 0 & 1 \\ -2 & 0 \end{Vmatrix} \lambda^2 + \begin{Vmatrix} 1 & 0 \\ 0 & 1 \end{Vmatrix} \lambda + \begin{Vmatrix} 0 & 0 \\ 1 & 0 \end{Vmatrix},$$

---

[1]) Wir weisen darauf hin, daß die eindeutige Ausführbarkeit der linken Division von $A(\lambda)$ durch $B(\lambda)$ eine Folge der eindeutigen Ausführbarkeit der rechten Division der Transponierten $A^{\mathsf{T}}(\lambda)$ durch die Transponierte $B^{\mathsf{T}}(\lambda)$ ist. (Ist $B(\lambda)$ ein eigentliches Polynom, so auch $B^{\mathsf{T}}(\lambda)$.) Aus

$$A^{\mathsf{T}}(\lambda) = Q_1(\lambda)\,B^{\mathsf{T}}(\lambda) + R_1(\lambda)$$

folgt nämlich (vgl. Kap. 1, S. 37)

$$A(\lambda) = B(\lambda)\,Q_1^{\mathsf{T}}(\lambda) + R_1^{\mathsf{T}}(\lambda). \tag{11'}$$

Auf dieselbe Weise läßt sich die Eindeutigkeit der linken Division von $A(\lambda)$ durch $B(\lambda)$ beweisen; wäre die linke Division von $A(\lambda)$ durch $B(\lambda)$ nicht eindeutig, so wäre auch die rechte Division von $A^{\mathsf{T}}(\lambda)$ durch $B^{\mathsf{T}}(\lambda)$ nicht eindeutig.

Ein Vergleich von (11) und (11') ergibt $\hat{Q}(\lambda) = Q_1^{\mathsf{T}}(\lambda)$, $\hat{R}(\lambda) = R_1^{\mathsf{T}}(\lambda)$.

$$B(\lambda) = \begin{Vmatrix} 2\lambda^2+3 & -\lambda^2+1 \\ -\lambda^2-1 & \lambda^2+2 \end{Vmatrix} = \overbrace{\begin{Vmatrix} 2 & -1 \\ 1 & 1 \end{Vmatrix}}^{B_0} \lambda^2 + \begin{Vmatrix} 3 & 1 \\ -1 & 2 \end{Vmatrix},$$

$$|B_0| = 1, \quad B_0^{-1} = \begin{Vmatrix} 1 & 1 \\ 1 & 2 \end{Vmatrix}, \quad A_0 B_0^{-1} = \begin{Vmatrix} 3 & 5 \\ 2 & 5 \end{Vmatrix},$$

$$A_0 B_0^{-1} B(\lambda) = \begin{Vmatrix} \lambda^2+4 & 2\lambda^2+13 \\ -\lambda^2+1 & 3\lambda^2+12 \end{Vmatrix},$$

$$A^{(1)}(\lambda) = \begin{Vmatrix} \lambda^3+\lambda & 2\lambda^3+\lambda^2 \\ -\lambda^3-2\lambda^2+1 & 3\lambda^3+\lambda \end{Vmatrix} - \begin{Vmatrix} \lambda^3+4\lambda & 2\lambda^3+13\lambda \\ -\lambda^3+\lambda & 3\lambda^3+12\lambda \end{Vmatrix}$$

$$= \begin{Vmatrix} -3\lambda & \lambda^2-13\lambda \\ -2\lambda^2-\lambda+1 & -11\lambda \end{Vmatrix},$$

$$A^{(1)}(\lambda) = \begin{Vmatrix} 0 & 1 \\ -2 & 0 \end{Vmatrix} \lambda^2 + \begin{Vmatrix} -3 & -13 \\ -1 & -11 \end{Vmatrix} \lambda + \begin{Vmatrix} 0 & 0 \\ 1 & 0 \end{Vmatrix},$$

$$A_0^{(1)} B_0^{-1} = \begin{Vmatrix} 0 & 1 \\ -2 & 0 \end{Vmatrix} \cdot \begin{Vmatrix} 1 & 1 \\ 1 & 2 \end{Vmatrix} = \begin{Vmatrix} 1 & 2 \\ -2 & -2 \end{Vmatrix},$$

$$A_0^{(1)} B_0^{-1} B(\lambda) = \begin{Vmatrix} 1 & 2 \\ -2 & -2 \end{Vmatrix} \cdot \begin{Vmatrix} 2\lambda^2+3 & -\lambda^2+1 \\ -\lambda^2+1 & \lambda^2+2 \end{Vmatrix} = \begin{Vmatrix} 1 & \lambda^2+5 \\ -2\lambda^2-4 & -6 \end{Vmatrix},$$

$$R(\lambda) = A^{(1)}(\lambda) - A_0^{(1)} B_0^{-1} B(\lambda)$$

$$= \begin{Vmatrix} -3\lambda & \lambda^2-13\lambda \\ -2\lambda^2-\lambda+1 & -11\lambda \end{Vmatrix} - \begin{Vmatrix} 1 & \lambda^2+5 \\ -2\lambda^2-4 & -6 \end{Vmatrix}$$

$$= \begin{Vmatrix} -3\lambda-1 & -13\lambda-5 \\ -\lambda+5 & -11\lambda+6 \end{Vmatrix},$$

$$Q(\lambda) = A_0 B_0^{-1} \lambda + A_0^{(1)} B_0^{-1} = \begin{Vmatrix} 3 & 5 \\ 2 & 5 \end{Vmatrix} \lambda + \begin{Vmatrix} 1 & 2 \\ -2 & -2 \end{Vmatrix} = \begin{Vmatrix} 3\lambda+1 & 5\lambda+2 \\ 2\lambda-2 & 5\lambda-2 \end{Vmatrix}.$$

Zur Übung beweise der Leser die Richtigkeit der Relation

$$A(\lambda) = Q(\lambda)\, B(\lambda) + R(\lambda).$$

Wir betrachten ein beliebiges Matrizenpolynom n-ter Ordnung

$$F(\lambda) = F_0\lambda^m + F_1\lambda^{m-1} + \cdots + F_m \qquad (F_0 \neq O) \tag{17}$$

und dividieren es von rechts bzw. links durch das Binom $\lambda E - A$:

$$F(\lambda) = Q(\lambda)\,(\lambda E - A) + R, \qquad F(\lambda) = (\lambda E - A)\,\hat{Q}(\lambda) + \hat{R}. \tag{18}$$

Sowohl der rechte Rest R als auch der linke Rest $\hat{R}$ hängen nicht von λ ab. Zur Bestimmung des rechten und linken Wertes $F(A)$ bzw. $\hat{F}(A)$ können wir in den Gleichungen (18) jeweils den Skalar λ durch die Matrix A ersetzen, da die Matrix A mit den Koeffizientenmatrizen des Binoms $\lambda E - A$ vertauschbar ist (vgl. 4.1.):

$$F(A) = Q(A)\,(A - A) + R = R, \qquad \hat{F}(A) = (A - A)\,\hat{Q}(A) + \hat{R} = \hat{R}. \tag{19}$$

Es gilt also der

Satz 1 (Verallgemeinerter Bezoutscher Satz). *Wird das Matrizenpolynom $F(\lambda)$ von rechts (bzw. von links) durch das Binom $\lambda E - A$ dividiert, so erhält man als Rest $F(A)$ (bzw. $\hat{F}(A)$).*

Aus dem eben Bewiesenen folgt:

Das Binom $\lambda E - A$ teilt das Polynom $F(\lambda)$ genau dann von rechts (bzw. von links) ohne Rest, wenn $F(A) = O$ (bzw. $\hat{F}(A) = O$) ist.

Beispiel. Es sei $A = \|a_{ik}\|_1^n$ eine Matrix und $f(\lambda)$ ein Polynom in λ. Dann wird

$$F(\lambda) = f(\lambda)\, E - f(A)$$

(von rechts oder von links) ohne Rest durch $\lambda E - A$ geteilt. Das folgt unmittelbar aus dem verallgemeinerten Bezoutschen Satz, da im gegebenen Fall $F(A) = \hat{F}(A) = O$ ist.

4.3. Das charakteristische Polynom einer Matrix. Adjungierte Matrizen

1. Wir betrachten die Matrix $A = \|a_{ik}\|_1^n$. Die Matrix $\lambda E - A$ heißt die *charakteristische Matrix* von A. Die Determinante der charakteristischen Matrix,

$$\Delta(\lambda) = |\lambda E - A| = |\lambda\delta_{ik} - a_{ik}|_1^n,$$

ist ein skalares Polynom in λ und wird *charakteristisches Polynom* von A genannt (vgl. 3.7.).[1])

Die Matrix $B(\lambda) = \|b_{ik}(\lambda)\|_1^n$ heißt die zu A *adjungierte Matrix*[2]), wenn die $b_{ik}(\lambda)$ die algebraischen Komplemente der Elemente $\lambda\delta_{ik} + a_{ik}$ der Determinante $\Delta(\lambda)$ sind.

Für die Matrix

$$A = \begin{Vmatrix} a_{11} & a_{12} & a_{13} \\ a_{21} & a_{22} & a_{23} \\ a_{31} & a_{32} & a_{33} \end{Vmatrix}$$

ergibt sich beispielsweise

$$\lambda E - A = \begin{Vmatrix} \lambda - a_{11} & -a_{12} & -a_{13} \\ -a_{21} & \lambda - a_{22} & -a_{23} \\ -a_{31} & -a_{32} & \lambda - a_{33} \end{Vmatrix},$$

$$\Delta(\lambda) = |\lambda E - A| = \lambda^3 - (a_{11} + a_{22} + a_{33})\,\lambda^2 + \cdots,$$

$$B(\lambda) = \begin{Vmatrix} \lambda^2 - (a_{22} + a_{33})\,\lambda + a_{22}a_{33} - a_{23}a_{32} & * & * \\ a_{21}\lambda + a_{23}a_{31} - a_{21}a_{33} & * & * \\ a_{31}\lambda + a_{21}a_{32} - a_{22}a_{31} & * & * \end{Vmatrix}.$$

---

1) Dieses Polynom unterscheidet sich von dem in 3.7. eingeführten Polynom $|A - \lambda E|$ um den Faktor $(-1)^n$.

2) nicht zu verwechseln mit der Transponierten der konjugiert-komplexen Matrix (vgl. S. 36) (*Anm. d. Red.*)

Aus der angegebenen Definition ergeben sich für λ die Identitäten

$$(\lambda E - A)\, B(\lambda) = \Delta(\lambda)\, E, \tag{20}$$

$$B(\lambda)\, (\lambda E - A) = \Delta(\lambda)\, E. \tag{20'}$$

Die rechten Seiten dieser Identitäten können als Polynome mit Matrizenkoeffizienten aufgefaßt werden (jeder dieser Koeffizienten ist das Produkt eines Skalars mit der Einheitsmatrix E). Die Polynommatrix $B(\lambda)$ kann ebenfalls als Polynom in λ dargestellt werden. Die Identitäten (20) und (20′) zeigen dann, daß $\Delta(\lambda)\, E$ von links und von rechts ohne Rest durch $\lambda E - A$ dividiert werden kann. Aus dem verallgemeinerten Bezoutschen Satz folgt, daß dann der Rest $\Delta(A)\, E = \Delta(A)$ die Nullmatrix sein muß. Damit haben wir folgenden Satz bewiesen:

Satz 2 (CAYLEY-HAMILTON): *Jede quadratische Matrix A genügt ihrer eigenen charakteristischen Gleichung, d. h.*

$$\Delta(A) = O. \tag{21}$$

Beispiel.

$$A = \begin{Vmatrix} 2 & 1 \\ -1 & 3 \end{Vmatrix}, \quad \Delta(\lambda) = \begin{vmatrix} \lambda - 2 & -1 \\ 1 & \lambda - 3 \end{vmatrix} = \lambda^2 - 5\lambda + 7,$$

$$\Delta(A) = A^2 - 5A + 7E = \begin{Vmatrix} 3 & 5 \\ -5 & 8 \end{Vmatrix} - 5 \begin{Vmatrix} 2 & 1 \\ -1 & 3 \end{Vmatrix} + 7 \begin{Vmatrix} 1 & 0 \\ 0 & 1 \end{Vmatrix} = \begin{Vmatrix} 0 & 0 \\ 0 & 0 \end{Vmatrix} = O.$$

2. Sind $\lambda_1, \lambda_2, \ldots, \lambda_n$ die charakteristischen Wurzeln der Matrix A, d. h. alle Nullstellen des charakteristischen Polynoms $\Delta(\lambda)$ (jede der Zahlen λ_i tritt dabei so oft auf, wie es ihre Vielfachheit als Nullstelle des Polynoms $\Delta(\lambda)$ angibt), so ist

$$\Delta(\lambda) = |\lambda E - A| = (\lambda - \lambda_1)(\lambda - \lambda_2) \cdots (\lambda - \lambda_n). \tag{22}$$

Gegeben sei ein beliebiges skalares Polynom $g(\mu)$. Gesucht werden die charakteristischen Wurzeln der Matrix $g(A)$. Dazu zerlegen wir $g(\mu)$ in Linearfaktoren,

$$g(\mu) = a_0(\mu - \mu_1)(\mu - \mu_2) \cdots (\mu - \mu_l), \tag{23}$$

und setzen auf beiden Seiten dieser Identität an Stelle von μ die Matrix A ein:

$$g(A) = a_0(A - \mu_1 E)(A - \mu_2 E) \cdots (A - \mu_l E). \tag{24}$$

Gehen wir auf beiden Seiten von (24) zur Determinante über und benutzen (22) und (23), so erhalten wir

$$\begin{aligned} |g(A)| &= a_0^n |A - \mu_1 E|\, |A - \mu_2 E| \cdots |A - \mu_l E| \\ &= (-1)^{nl}\, a_0^n \Delta(\mu_1)\, \Delta(\mu_2) \cdots \Delta(\mu_l) \\ &= (-1)^{nl} a_0^n \prod_{i=1}^{l} \prod_{k=1}^{n} (\mu_i - \lambda_k) = g(\lambda_1)\, g(\lambda_2) \cdots g(\lambda_n). \end{aligned}$$

Ersetzt man in

$$|g(A)| = g(\lambda_1)\, g(\lambda_2) \cdots g(\lambda_n) \tag{25}$$

das Polynom $g(\mu)$ durch $\lambda - g(\mu)$ (λ sei eine Unbestimmte), so ergibt sich

$$|\lambda E - g(A)| = [\lambda - g(\lambda_1)]\,[\lambda - g(\lambda_2)] \cdots [\lambda - g(\lambda_n)]. \tag{26}$$

Daraus folgt aber:

Satz 3. *Sind $\lambda_1, \lambda_2, \ldots, \lambda_n$ die charakteristischen Wurzeln der Matrix A (unter Berücksichtigung ihrer Vielfachheit) und ist $g(\mu)$ ein skalares Polynom, so sind $g(\lambda_1)$, $g(\lambda_2), \ldots, g(\lambda_n)$ die charakteristischen Wurzeln der Matrix $g(A)$.*

Insbesondere gilt: Wenn die Matrix A die charakteristischen Wurzeln $\lambda_1, \lambda_2, \ldots, \lambda_n$ hat, so sind $\lambda_1^k, \lambda_2^k, \ldots, \lambda_n^k$ die charakteristischen Wurzeln der Matrix A^k ($k = 0, 1, 2, \ldots$).

3. Wir beweisen nun eine Formel, die die Berechnung der adjungierten Matrix $B(\lambda)$ mit Hilfe des charakteristischen Polynoms gestattet. Es sei

$$\Delta(\lambda) = \lambda^n - p_1\lambda^{n-1} - p_2\lambda^{n-2} - \cdots - p_n. \tag{27}$$

Die Differenz $\lambda - \mu$ teilt $\Delta(\lambda) - \Delta(\mu)$ ohne Rest; folglich ist

$$\delta(\lambda, \mu) = \frac{\Delta(\lambda) - \Delta(\mu)}{\lambda - \mu} = \lambda^{n-1} + (\mu - p_1)\,\lambda^{n-2} + (\mu^2 - p_1\mu - p_2)\,\lambda^{n-3} + \cdots \tag{28}$$

ein Polynom in λ und μ.

Die Identität

$$\Delta(\lambda) - \Delta(\mu) = \delta(\lambda, \mu)\,(\lambda - \mu) \tag{29}$$

bleibt erhalten, wenn man in ihr an Stelle von λ und μ die vertauschbaren Matrizen λE und A einsetzt. Dann ist

$$\Delta(\lambda)\, E = \delta(\lambda E, A)\,(\lambda E - A), \tag{30}$$

da nach dem Satz von Cayley-Hamilton $\Delta(A) = O$ ist.

Vergleichen wir (20′) mit (30), so erhalten wir, da die Division eindeutig ist, die gesuchte Formel

$$B(\lambda) = \delta(\lambda E, A). \tag{31}$$

Hieraus folgt unter Berücksichtigung von (28)

$$B(\lambda) = E\lambda^{n-1} + B_1\lambda^{n-2} + B_2\lambda^{n-3} + \cdots + B_{n-1}; \tag{32}$$

dabei ist

$$B_1 = A - p_1E, \quad B_2 = A^2 - p_1A - p_2E, \ldots$$

und allgemein

$$B_k = A^k - p_1A^{k-1} - p_2A^{k-2} - \cdots - p_kE \quad (k = 1, 2, \ldots, n-1). \tag{33}$$

Die Matrizen $B_1, B_2, \ldots, B_{n-1}$ können sukzessive aus der Rekursionsformel

$$B_k = AB_{k-1} - p_kE \quad (k = 1, 2, \ldots, n-1;\ B_0 = E) \tag{34}$$

berechnet werden. Dabei ist

$$AB_{n-1} - p_nE = O.^{1)} \tag{35}$$

Die Relationen (34) und (35) folgen durch Koeffizientenvergleich unmittelbar aus der Identität (20).

Ist A eine reguläre Matrix, so ist $p_n = (-1)^{n-1}|A| \neq 0$, und aus (35) folgt

$$A^{-1} = \frac{1}{p_n} B_{n-1}. \tag{36}$$

Es sei λ_0 eine charakteristische Wurzel der Matrix A, d. h. $\Delta(\lambda_0) = 0$. Setzt man in (20) an Stelle von λ den Wert λ_0 ein, so erhält man

$$(\lambda_0E - A)\,B(\lambda_0) = O. \tag{37}$$

Wir setzen voraus, daß $B(\lambda) \neq O$ ist, und bezeichnen eine beliebige Spalte dieser Matrix, die keine „Nullspalte" ist (d. h. deren Elemente nicht alle gleich 0 sind), mit b. Dann folgt aus (37) die Gleichung $(\lambda_0E - A)\,b = O$ oder

$$Ab = \lambda_0 b. \tag{38}$$

Folglich definiert jede Spalte der Matrix $B(\lambda_0)$, die keine Nullspalte ist, einen Eigenvektor, der der charakteristischen Wurzel λ_0 entspricht.[2)]

Wir erhalten also:

Sind die Koeffizienten des charakteristischen Polynoms bekannt, so kann die adjungierte Matrix mit Hilfe von (31) *berechnet werden. Ist die gegebene Matrix A regulär, so ergibt sich die inverse Matrix aus* (36).

Ist λ_0 eine charakteristische Wurzel von A, so ist jede Spalte der Matrix $B(\lambda_0)$, die nicht Nullspalte ist, ein Eigenvektor von A für $\lambda = \lambda_0$.

---

1) Aus (34) folgt (33). Setzen wir in (35) für B_{n-1} den entsprechenden Ausdruck aus (33) ein, so ergibt sich $\Delta(A) = O$. Diese Herleitung des Satzes von Cayley-Hamilton stützt sich nicht auf den verallgemeinerten Bezoutschen Satz, sondern enthält ihn implizit.

2) Vgl. 3.7. Entsprechen der charakteristischen Wurzel λ_0 genau d_0 linear unabhängige Eigenvektoren (d. h., ist $n - d_0$ der Rang der Matrix $\lambda_0E - A$), so ist der Rang von $B(\lambda_0)$ nicht größer als d_0. Insbesondere sind je zwei Spalten der Matrix $B(\lambda_0)$ proportional, wenn der Zahl λ_0 nur eine einzige Eigenrichtung entspricht.

Beispiel.

$$A = \begin{Vmatrix} 2 & -1 & 1 \\ 0 & 1 & 1 \\ -1 & 1 & 1 \end{Vmatrix},$$

$$\Delta(\lambda) = |\lambda E - A| = \begin{vmatrix} \lambda - 2 & 1 & -1 \\ 0 & \lambda - 1 & -1 \\ 1 & -1 & \lambda - 1 \end{vmatrix} = \lambda^3 - 4\lambda^2 + 5\lambda - 2,$$

$$\delta(\lambda, \mu) = \frac{\Delta(\lambda) - \Delta(\mu)}{\lambda - \mu} = \lambda^2 + \lambda(\mu - 4) + \mu^2 - 4\mu + 5,$$

$$B(\lambda) = \delta(\lambda E, A) = \lambda^2 E + \lambda\underbrace{(A - 4E)}_{B_1} + \underbrace{A^2 - 4A + 5E}_{B_2}.$$

Nun ist

$$B_1 = A - 4E = \begin{Vmatrix} -2 & -1 & 1 \\ 0 & -3 & 1 \\ -1 & 1 & -3 \end{Vmatrix}, \quad B_2 = AB_1 + 5E = \begin{Vmatrix} 0 & 2 & -2 \\ -1 & 3 & -2 \\ 1 & -1 & 2 \end{Vmatrix},$$

$$B(\lambda) = \begin{Vmatrix} \lambda^2 - 2\lambda & -\lambda + 2 & \lambda - 2 \\ -1 & \lambda^2 - 3\lambda + 3 & \lambda - 2 \\ -\lambda + 1 & \lambda - 1 & \lambda^2 - 3\lambda + 2 \end{Vmatrix},$$

$$|A| = 2, \quad A^{-1} = \frac{1}{2} B_2 = \begin{Vmatrix} 0 & 1 & -1 \\ -\frac{1}{2} & \frac{3}{2} & -1 \\ \frac{1}{2} & -\frac{1}{2} & 1 \end{Vmatrix}.$$

Ferner ist

$$\Delta(\lambda) = (\lambda - 1)^2 (\lambda - 2).$$

Die erste Spalte der Matrix $B(+1)$ ergibt einen der charakteristischen Wurzel $\lambda = +1$ entsprechenden Eigenvektor $(+1, +1, 0)$. Aus der ersten Spalte der Matrix $B(+2)$ erhält man den Eigenvektor $(0, +1, +1)$, der der charakteristischen Wurzel $\lambda = +2$ entspricht.

4.4. Die Methode von D. K. Faddeev zur gleichzeitigen Berechnung des charakteristischen Polynoms und der adjungierten Matrix

D. K. Faddeev[1]) entwickelte eine Methode zur gleichzeitigen Bestimmung der Koeffizienten $p_1, p_2, \ldots, p_n$ des charakteristischen Polynoms

$$\Delta(\lambda) = \lambda^n - p_1\lambda^{n-1} - p_2\lambda^{n-2} - \cdots - p_n \tag{39}$$

und der Matrizenkoeffizienten $B_1, B_2, \ldots, B_{n-1}$ der adjungierten Matrix $B(\lambda)$.

[1]) Vgl. [32], S. 160.

Faddeev benutzt den Begriff der Spur einer Matrix, den wir darum zunächst einführen.[1])

Unter der *Spur* einer Matrix $A = \|a_{ik}\|_1^n$ (Bezeichnung: Sp A) verstehen wir die Summe ihrer Diagonalelemente:

$$\operatorname{Sp} A = \sum_{i=1}^{n} a_{ii}. \tag{40}$$

Man sieht leicht, daß

$$\operatorname{Sp} A = p_1 = \sum_{i=1}^{n} \lambda_i \tag{41}$$

gilt, wenn $\lambda_1, \lambda_2, \ldots, \lambda_n$ die charakteristischen Wurzeln von A sind, d. h., wenn

$$\Delta(\lambda) = (\lambda - \lambda_1)(\lambda - \lambda_2) \cdots (\lambda - \lambda_n) \tag{42}$$

ist. Da nach Satz 3 die Potenzen $\lambda_1^k, \lambda_2^k, \ldots, \lambda_n^k$ die charakteristischen Wurzeln der Matrix A^k sind ($k = 1, 2, \ldots$), ist

$$\operatorname{Sp} A^k = s_k = \sum_{i=1}^{n} \lambda_i^k \qquad (k = 0, 1, 2, \ldots).$$

Die Newtonschen Formeln[2])

$$kp_k = s_k - p_1 s_{k-1} - \cdots - p_{k-1} s_1 \qquad (k = 1, 2, \ldots, n) \tag{44}$$

geben den Zusammenhang zwischen den Koeffizienten des Polynoms (39) und den Summen s_k der Potenzen seiner Wurzeln.

Berechnet man die Spuren $s_1, s_2, \ldots, s_n$ der Matrizen $A^1, A^2, \ldots, A^n$, so lassen sich die Koeffizienten $p_1, p_2, \ldots, p_n$ aus den Gleichungen (44) sukzessive bestimmen. Das ist die Methode von Leverrier zur Bestimmung der Koeffizienten des charakteristischen Polynoms durch die Spuren der Potenzen dieser Matrix.

An Stelle der Spuren von $A^1, A^2, \ldots, A^n$ berechnete Faddeev sukzessive die Spuren gewisser anderer Matrizen $A_1, A_2, \ldots, A_n$ und erhielt $p_1, p_2, \ldots, p_n$ und $B_1, B_2, \ldots, B_n$ durch die Formeln

$$\left.\begin{array}{lll}
A_1 = A, & p_1 = \operatorname{Sp} A_1, & B_1 = A_1 - p_1 E, \\[1ex]
A_2 = AB_1, & p_2 = \dfrac{1}{2} \operatorname{Sp} A_2, & B_2 = A_2 - p_2 E, \\[1ex]
\multicolumn{3}{c}{\dotfill} \\[1ex]
A_{n-1} = AB_{n-2}, & p_{n-1} = \dfrac{1}{n-1} \operatorname{Sp} A_{n-1}, & B_{n-1} = A_{n-1} - p_{n-1} E, \\[1ex]
A_n = AB_{n-1}, & p_n = \dfrac{1}{n} \operatorname{Sp} A_n, & B_n = A_n - p_n E = O.
\end{array}\right\} \tag{45}$$

---

[1]) Mit einer anderen Möglichkeit zur Berechnung der Koeffizienten des charakteristischen Polynoms, die von A. N. Krylov stammt, machen wir den Leser in 7.8. bekannt.

[2]) Vgl. etwa [20], S. 224.

Die letzte Gleichung, $B_n = A_n - p_n E = O$, kann zur Kontrolle der Rechnung benutzt werden.

Um nun nachzuweisen daß die Zahlen $p_1, p_2, \ldots, p_n$ und die Matrizen $B_1, B_2, \ldots, B_{n-1}$, die wir sukzessive aus (45) erhalten, die Koeffizienten von $\Delta(\lambda)$ und $B(\lambda)$ sind, bemerken wir, daß man aus (45) für A_k und B_k $(k = 1, 2, \ldots, n)$

$$A_k = A^k - p_1 A^{k-1} - \cdots - p_{k-1} A\,, \qquad B_k = A^k - p_1 A^{k-1} - \cdots - p_{k-1} A - p_k E \quad (46)$$

erhält. Vergleichen wir die Spur der linken Seiten dieser Gleichungen mit der Spur ihrer rechten Seiten, so finden wir

$$k p_k = s_k - p_1 s_{k-1} - \cdots - p_{k-1} s_1 .$$

Diese Formel stimmt mit den Newtonschen Gleichungen (44) zur sukzessiven Berechnung der Koeffizienten des charakteristischen Polynoms $\Delta(\lambda)$ überein. Folglich sind die durch (45) gegebenen Zahlen $p_1, p_2, \ldots, p_n$ die Koeffizienten von $\Delta(\lambda)$. Die zweite der Formeln (46) stimmt mit Formel (33) überein, aus der die Matrizenkoeffizienten $B_1, B_2, \ldots, B_{n-1}$ der adjungierten Matrix $B(\lambda)$ bestimmt werden. Aus (45) erhält man also die Koeffizienten $B_1, B_2, \ldots, B_{n-1}$ des Matrizenpolynoms $B(\lambda)$.

Beispiel.[1])

$$A = \begin{Vmatrix} 2 & -1 & 1 & 2 \\ 0 & 1 & 1 & 0 \\ -1 & 1 & 1 & 1 \\ 1 & 1 & 1 & 0 \end{Vmatrix}, \qquad p_1 = \operatorname{Sp} A = 4,$$
$$\begin{matrix} \mathit{2} & \mathit{2} & \mathit{4} & \mathit{3} \end{matrix}$$

$$B_1 = A - 4E = \begin{Vmatrix} -2 & -1 & 1 & 2 \\ 0 & -3 & 1 & 0 \\ -1 & 1 & -3 & 1 \\ 1 & 1 & 1 & -4 \end{Vmatrix};$$

$$A_2 = AB_1 = \begin{Vmatrix} -3 & 4 & 0 & -3 \\ -1 & -2 & -2 & 1 \\ 2 & 0 & -2 & -5 \\ -3 & -3 & -1 & 3 \end{Vmatrix}, \qquad p_2 = \frac{1}{2} \operatorname{Sp} A_2 = -2,$$
$$\begin{matrix} \mathit{-5} & \mathit{-1} & \mathit{-5} & \mathit{-4} \end{matrix}$$

$$B_2 = A_2 + 2E = \begin{Vmatrix} -1 & 4 & 0 & -3 \\ -1 & 0 & -2 & 1 \\ 2 & 0 & 0 & -5 \\ -3 & -3 & -1 & 3 \end{Vmatrix};$$

[1]) Zur Kontrolle der Rechnung haben wir als zusätzliche Zeile unter jede Spalte der Matrizen A_1, A_2 und A_3 ihre Summe geschrieben. Das Produkt dieser Zeile des ersten Faktors mit den Spalten des zweiten ergibt die entsprechenden Spaltensummen des Produkts.

$$A_3 = AB_2 = \begin{Vmatrix} -5 & 2 & 0 & -2 \\ 1 & 0 & -2 & -4 \\ -1 & -7 & -3 & 4 \\ 0 & 4 & -2 & -7 \end{Vmatrix}, \quad p_3 = \frac{1}{3} \operatorname{Sp} A_3 = -5,$$

$$\mathit{-5 \quad -1 \quad -7 \quad -9}$$

$$B_3 = A_3 + 5E = \begin{Vmatrix} 0 & 2 & 0 & -2 \\ 1 & 5 & -2 & 4 \\ -1 & -7 & 2 & 4 \\ 0 & 4 & -2 & -2 \end{Vmatrix};$$

$$A_4 = AB_3 = \begin{Vmatrix} -2 & 0 & 0 & 0 \\ 0 & -2 & 0 & 0 \\ 0 & 0 & -2 & 0 \\ 0 & 0 & 0 & -2 \end{Vmatrix}, \quad p_4 = -2.$$

$$\Delta(\lambda) = \lambda^4 - 4\lambda^3 + 2\lambda^2 + 5\lambda + 2,$$

$$|A| = 2, \quad A^{-1} = \frac{1}{p_4} B_3 = \begin{Vmatrix} 0 & -1 & 0 & 1 \\ -\frac{1}{2} & -\frac{5}{2} & 1 & -2 \\ \frac{1}{2} & \frac{7}{2} & -1 & -2 \\ 0 & -2 & 1 & 1 \end{Vmatrix}.$$

Bemerkung. Wollen wir p_1, p_2, p_3, p_4 und nur die erste Spalte von B_1, B_2 und B_3 bestimmen, so genügt es, von A_2 die Elemente der ersten und die Diagonalelemente der übrigen Spalten, von A_3 nur die Elemente der ersten Spalte und von A_4 die ersten zwei Elemente der ersten Spalte zu berechnen.

4.5. Das Minimalpolynom einer Matrix

Definition 1. Ein skalares Polynom $f(\lambda)$ heißt ein *annullierendes Polynom* der quadratischen Matrix A, wenn

$$f(A) = O$$

ist.

Ein annullierendes Polynom $\psi(\lambda)$, dessen Grad minimal und dessen Koeffizient gleich der höchsten Potenz 1 ist, heißt *Minimalpolynom* von A.

Nach dem Satz von Cayley-Hamilton ist das charakteristische Polynom $\Delta(\lambda)$ einer Matrix A ein annullierendes Polynom dieser Matrix. Jedoch ist es, wie wir später beweisen werden, im allgemeinen nicht minimal.

Wir dividieren ein beliebiges annullierendes Polynom $f(\lambda)$ durch ein Minimalpolynom $\psi(\lambda)$ dieser Matrix:

$$f(\lambda) = \psi(\lambda)\, q(\lambda) + r(\lambda);$$

dabei hat $r(\lambda)$ einen kleineren Grad als $\psi(\lambda)$. Hieraus folgt

$$f(A) = \psi(A)\, q(A) + r(A).$$

Da $f(A) = O$ und $\psi(A) = O$ ist, ist auch $r(A) = O$. Nun hat aber $r(\lambda)$ einen kleineren Grad als das Minimalpolynom $\psi(\lambda)$. Folglich ist $r(\lambda) \equiv 0$,[1]) und es gilt: *Ein Minimalpolynom einer Matrix teilt jedes annullierende Polynom dieser Matrix ohne Rest.*

Sind $\psi(\lambda)$ und $\psi^*(\lambda)$ zwei Minimalpolynome derselben Matrix, so ist jedes von ihnen ohne Rest durch das andere teilbar, d. h., die beiden Polynome unterscheiden sich nur um einen konstanten Faktor. Diese Konstante ist 1, da der Koeffizient der höchsten Potenz von $\psi(\lambda)$ und $\psi^*(\lambda)$ gleich 1 ist. Damit haben wir die *Eindeutigkeit des Minimalpolynoms* einer gegebenen Matrix bewiesen.

Es wird nun eine Formel für den Zusammenhang zwischen dem charakteristischen und dem Minimalpolynom gesucht.

Wir bezeichnen den größten gemeinsamen Teiler aller Minoren $(n-1)$-ter Ordnung der charakteristischen Matrix $\lambda E - A$, d. h. den größten gemeinsamen Teiler aller Elemente der adjungierten Matrix $B(\lambda) = \|b_{ik}(\lambda)\|_1^n$ (vgl. 4.4.) mit $D_{n-1}(\lambda)$; dabei setzen wir den Leitkoeffizienten in $D_{n-1}(\lambda)$ gleich 1. Dann ist

$$B(\lambda) = D_{n-1}(\lambda)\, C(\lambda); \tag{47}$$

dabei ist $C(\lambda)$ eine gewisse Polynommatrix, die „*reduzierte*" *adjungierte Matrix* zu $\lambda E - A$. Die Beziehungen (20) und (47) ergeben

$$\Delta(\lambda)\, E = (\lambda E - A)\, C(\lambda)\, D_{n-1}(\lambda), \tag{48}$$

d. h., $\Delta(\lambda)$ ist ohne Rest durch D_{n-1} teilbar:[2])

$$\frac{\Delta(\lambda)}{D_{n-1}(\lambda)} = \psi(\lambda). \tag{49}$$

Wir können also beide Seiten der Identität (48) durch $D_{n-1}(\lambda)$ kürzen:[3])

$$\psi(\lambda)\, E = (\lambda E - A)\, C(\lambda). \tag{50}$$

Da $\psi(\lambda)\, E$ ohne Rest von links durch $\lambda E - A$ teilbar ist, folgt aus dem verallgemeinerten Bezoutschen Satz $\psi(A) = O$. Also ist das durch (49) definierte Polynom $\psi(\lambda)$ ein annullierendes Polynom der Matrix A. Wir beweisen jetzt, daß es das Minimalpolynom ist.

---

[1]) Andernfalls würde ein annullierendes Polynom existieren, dessen Grad kleiner als der Grad eines Minimalpolynoms ist.

[2]) Davon kann man sich auch unmittelbar überzeugen, indem man die charakteristische Determinante $\Delta(\lambda)$ nach einer Zeile entwickelt.

[3]) In unserem Fall gilt neben (50) auch $\psi(\lambda)\, E = C(\lambda)\, (\lambda E - A)$ (vgl. (20')), d. h., $C(\lambda)$ ist bei der Division von $\psi(\lambda)\, E$ durch $\lambda E - A$ sowohl rechter als auch linker Divisor.

Ist $\psi^*(\lambda)$ das Minimalpolynom, so teilen wir $\psi(\lambda)$ ohne Rest durch $\psi^*(\lambda)$:

$$\psi(\lambda) = \psi^*(\lambda)\,\chi(\lambda). \tag{51}$$

Da $\psi^*(A) = O$ ist, folgt aus dem verallgemeinerten Bezoutschen Satz, daß $\lambda E - A$ das Matrizenpolynom $\psi^*(A)\,E$ von links ohne Rest teilt:

$$\psi^*(\lambda)\,E = (\lambda E - A)\,C^*(\lambda). \tag{52}$$

Aus (51) und (52) folgt

$$\psi(\lambda)\,E = (\lambda E - A)\,C^*(\lambda)\,\chi(\lambda). \tag{53}$$

Ein Vergleich von (50) und (53) zeigt, daß sowohl $C(\lambda)$ als auch $C^*(\lambda)\,\chi(\lambda)$ linker Divisor bei der Division von $\psi(\lambda)\,E$ durch $\lambda E - A$ ist. Da die Division eindeutig ist, erhalten wir

$$C(\lambda) = C^*(\lambda)\,\chi(\lambda).$$

Hieraus folgt, daß $\chi(\lambda)$ ein gemeinsamer Teiler aller Elemente der Polynommatrix $C(\lambda)$ ist. Andererseits ist der größte gemeinsame Teiler aller Elemente der reduzierten adjungierten Matrix $C(\lambda)$ gleich 1, denn diese Matrix wurde dadurch gewonnen, daß wir $B(\lambda)$ durch $D_{n-1}(\lambda)$ dividierten.

Also ist $\chi(\lambda) = \text{const}$. Da der Koeffizient der höchsten Potenz in $\psi(\lambda)$ und $\psi^*(\lambda)$ gleich 1 ist, ist $\chi(\lambda) \equiv 1$, d. h. $\psi(\lambda) \equiv \psi^*(\lambda)$, wie behauptet.

Wir haben somit folgende Beziehung für das Minimalpolynom gewonnen:

$$\psi(\lambda) = \frac{\Delta(\lambda)}{D_{n-1}(\lambda)}. \tag{54}$$

Für die reduzierte adjungierte Matrix gilt eine der Formel (31) auf S. 111 analoge Formel:

$$C(\lambda) = \Psi(\lambda E, A); \tag{55}$$

das Polynom $\Psi(\lambda, \mu)$ wird durch

$$\Psi(\lambda, \mu) = \frac{\psi(\lambda) - \psi(\mu)}{\lambda - \mu} \tag{56}$$

definiert.[1])

Es ist

$$(\lambda E - A)\,C(\lambda) = \psi(\lambda)\,E. \tag{57}$$

Gehen wir in (57) auf beiden Seiten zur Determinante über, so erhalten wir

$$\Delta(\lambda)\,|C(\lambda)| = [\psi(\lambda)]^n. \tag{58}$$

---

[1]) Formel (55) gewinnt man auf dieselbe Weise wie (31); man setzt auf beiden Seiten der Identität $\psi(\lambda) - \psi(\mu) = (\lambda - \mu)\,\Psi(\lambda, \mu)$ an Stelle von λ und μ die Matrizen λE und A ein und vergleicht die so erhaltene Matrizengleichung mit (50).

Das heißt aber, $\psi(\lambda)$ teilt $\Delta(\lambda)$ ohne Rest, und eine gewisse Potenz von $\psi(\lambda)$ ist ohne Rest durch $\Delta(\lambda)$ teilbar, mit anderen Worten, die Polynome $\Delta(\lambda)$ und $\psi(\lambda)$ haben, sieht man von ihrer Vielfachheit ab, dieselben Nullstellen. Man erhält schließlich:

Die Nullstellen des Polynoms $\psi(\lambda)$ stimmen, abgesehen von ihrer Vielfachheit, mit den charakteristischen Wurzeln der Matrix A überein.

Ist

$$\Delta(\lambda) = (\lambda - \lambda_1)^{n_1} (\lambda - \lambda_2)^{n_2} \cdots (\lambda - \lambda_s)^{n_s} \qquad (59)$$
$$(\lambda_i \neq \lambda_j \text{ für } i \neq j;\ n_i > 0,\ i, j = 1, 2, \ldots, s),$$

so gilt

$$\psi(\lambda) = (\lambda - \lambda_1)^{m_1} (\lambda - \lambda_2)^{m_2} \cdots (\lambda - \lambda_s)^{m_s} \qquad (60)$$

mit

$$0 < m_k \leqq n_k \quad (k = 1, 2, \ldots, s). \qquad (61)$$

Wir heben noch eine Eigenschaft der Matrix $C(\lambda)$ hervor. Ist λ_0 eine beliebige charakteristische Wurzel der Matrix $A = \|a_{ik}\|_1^n$, also $\psi(\lambda_0) = 0$, so folgt aus (57)

$$(\lambda_0 E - A)\, C(\lambda_0) = O. \qquad (62)$$

Wir bemerken, daß stets $C(\lambda_0) \neq O$ ist. Sonst wären nämlich alle Elemente der reduzierten adjungierten Matrix $C(\lambda)$ ohne Rest durch $\lambda - \lambda_0$ teilbar; das ist aber nicht möglich.

Ist c eine beliebige Spalte der Matrix $C(\lambda_0)$ und keine Nullspalte, so folgt aus (62)

$$(\lambda_0 E - A)\, c = o,$$

d. h.

$$Ac = \lambda_0 c. \qquad (63)$$

Jede von der Nullspalte verschiedene Spalte der Matrix $C(\lambda_0)$, und eine solche Spalte ist stets vorhanden, ist ein Eigenvektor für $\lambda = \lambda_0$.

Beispiel.

$$A = \left\|\begin{matrix} 3 & -3 & 2 \\ -1 & 5 & -2 \\ -1 & 3 & 0 \end{matrix}\right\|,$$

$$\Delta(\lambda) = \left|\begin{matrix} \lambda - 3 & 3 & -2 \\ 1 & \lambda - 5 & 2 \\ 1 & -3 & \lambda \end{matrix}\right| = \lambda^3 - 8\lambda^2 + 20\lambda - 16 = (\lambda - 2)^2 (\lambda - 4),$$

$$\delta(\lambda, \mu) = \frac{\Delta(\mu) - \Delta(\lambda)}{\mu - \lambda} = \mu^2 + \mu(\lambda - 8) + \lambda^2 - 8\lambda + 20,$$

$$B(\lambda) = A^2 + (\lambda - 8)\,A + (\lambda^2 - 8\lambda + 20)\,E$$

$$= \begin{Vmatrix} 10 & -18 & 12 \\ -6 & 22 & -12 \\ -6 & 18 & -8 \end{Vmatrix} + (\lambda - 8) \begin{Vmatrix} 3 & -3 & 2 \\ -1 & 5 & -2 \\ -1 & 3 & 0 \end{Vmatrix} + (\lambda^2 - 8\lambda + 20) \begin{Vmatrix} 1 & 0 & 0 \\ 0 & 1 & 0 \\ 1 & 0 & 1 \end{Vmatrix}$$

$$= \begin{Vmatrix} \lambda^2 - 5\lambda + 6 & -3\lambda + 6 & 2\lambda - 4 \\ -\lambda + 2 & \lambda^2 - 3\lambda + 2 & -2\lambda + 4 \\ -\lambda + 2 & 3\lambda - 6 & \lambda^2 - 8\lambda + 2 \end{Vmatrix}.$$

Alle Elemente der Matrix $B(\lambda)$ sind durch $D_2(\lambda) = \lambda - 2$ teilbar. Kürzen wir $B(\lambda)$ durch diesen Faktor, so erhalten wir

$$C(\lambda) = \begin{Vmatrix} \lambda - 3 & -3 & 2 \\ -1 & \lambda - 1 & -2 \\ -1 & 3 & \lambda - 6 \end{Vmatrix} \quad \text{und} \quad \psi(\lambda) = \frac{\Delta(\lambda)}{\lambda - 2} + (\lambda - 2)(\lambda - 4).$$

Wir setzen nun in $C(\lambda)$ für λ den Wert $\lambda_0 = 2$ ein:

$$C(2) = \begin{Vmatrix} -1 & -3 & 2 \\ -1 & 1 & -2 \\ -1 & 3 & -4 \end{Vmatrix}.$$

Aus der ersten Spalte erhalten wir den Eigenvektor $(1, 1, 1)$ für $\lambda_0 = 2$. Die zweite Spalte ist der Eigenvektor $(-3, 1, 3)$ zur gleichen charakteristischen Wurzel $\lambda_0 = 2$. Die dritte Spalte ist eine Linearkombination der ersten beiden.

Setzen wir $\lambda = 4$, so ist die erste Spalte der Matrix $C(4)$ der Eigenvektor $(1, -1, -1)$, der der charakteristischen Wurzel $\lambda_0 = 4$ entspricht.

Wir machen den Leser darauf aufmerksam, daß $\psi(\lambda)$ und $C(\lambda)$ auch anders bestimmt werden könnten.

Wir berechnen zuerst $D_2(\lambda)$. Als Nullstellen von $D_2(\lambda)$ kommen nur die Zahlen 2 und 4 in Frage. Bei $\lambda = 4$ verschwindet der Minor $\begin{vmatrix} 1 & \lambda - 5 \\ 1 & -3 \end{vmatrix} = -\lambda + 2$ nicht. Folglich ist $D_2(4) \neq 0$. Für $\lambda = 2$ sind alle Spalten der Matrix $\Delta(\lambda)$ einander proportional. Für $\lambda = 2$ sind also alle Minoren zweiter Ordnung von $\Delta(\lambda)$ gleich 0: $D_2(2) = 0$. Da der oben berechnete Minor den Grad 1 hat, ist $D_2(\lambda)$ nicht durch $(\lambda - 2)^2$ teilbar. Folglich ist

$$D_2(\lambda) = \lambda - 2.$$

Hieraus ergibt sich

$$\psi(\lambda) = \frac{\Delta(\lambda)}{\lambda - 2} = (\lambda - 2)(\lambda - 4) = \lambda^2 - 6\lambda + 8,$$

$$\psi(\lambda, \mu) = \frac{\psi(\mu) - \psi(\lambda)}{\mu - \lambda} = \mu + \lambda - 6,$$

$$C(\lambda) = \psi(\lambda E, A) = A + (\lambda - 6)\,E = \begin{Vmatrix} \lambda - 3 & -3 & 2 \\ -1 & \lambda - 1 & -2 \\ -1 & 3 & \lambda - 6 \end{Vmatrix}.$$

5. Matrizenfunktionen

5.1. Definition der Matrizenfunktion

Gegeben seien eine quadratische Matrix $A = \|a_{ik}\|_1^n$ und eine Funktion $f(\lambda)$ mit skalaren λ. Es erweist sich als notwendig zu erklären, was wir unter dem Ausdruck $f(A)$ verstehen wollen, d. h., wir wollen die Funktion $f(\lambda)$ auch für Matrizenargumente definieren.

Ist $f = \gamma_0\lambda^l + \gamma_1\lambda^{l-1} + \cdots + \gamma_l$ ein Polynom in λ, so kennen wir die Lösung der obigen Aufgabe. Es ist nämlich $f(A) = \gamma_0 A^l + \gamma_1 A^{l-1} + \cdots + \gamma_l E$. Ausgehend von diesem Spezialfall werden wir $f(A)$ im allgemeinen Fall definieren.

Mit

$$\psi(\lambda) = (\lambda - \lambda_1)^{m_1} (\lambda - \lambda_2)^{m_2} \cdots (\lambda - \lambda_s)^{m_s} \tag{1}$$

bezeichnen wir das Minimalpolynom[1]) der Matrix A ($\lambda_1, \lambda_2, \ldots, \lambda_s$ seien die verschiedenen charakteristischen Wurzeln der Matrix A). Der Grad dieses Polynoms ist $m = \sum_{k=1}^{s} m_k$.

Wir betrachten zwei Polynome $g(\lambda)$ und $h(\lambda)$ mit

$$g(A) = h(A). \tag{2}$$

Ihre Differenz $d(\lambda) = g(\lambda) - h(\lambda)$ ist ein annullierendes Polynom der Matrix A, ist also ohne Rest durch $\psi(\lambda)$ teilbar; wir schreiben:

$$g(\lambda) \equiv h(\lambda) \quad (\text{mod } \psi(\lambda)). \tag{3}$$

Auf Grund von Formel (1) folgt daraus

$$d(\lambda_k) = 0, \quad d'(\lambda_k) = 0, \ldots, d^{(m_k-1)}(\lambda_k) = 0 \quad (k = 1, 2, \ldots, s),$$

d. h.

$$g(\lambda_k) = h(\lambda_k), \quad g'(\lambda_k) = h'(\lambda_k), \ldots, g^{(m_k-1)}(\lambda_k) = h^{(m_k-1)}(\lambda_k) \tag{4}$$
$$(k = 1, 2, \ldots, s).$$

Die m Zahlen

$$f(\lambda_k), \quad f'(\lambda_k), \ldots, f^{(m_k-1)}(\lambda_k) \quad (k = 1, 2, \ldots, s) \tag{5}$$

---

[1]) Vgl. 4.5.

werden wir vereinbarungsgemäß die *Werte der Funktion* $f(\lambda)$ *auf dem Spektrum der Matrix* A nennen und die Menge dieser Werte mit $f(\Lambda_A)$ bezeichnen. Existieren die Werte (5) für eine Funktion $f(\lambda)$ (d. h., sind diese Ausdrücke sinnvoll), so sagen wir, *die Funktion* $f(\lambda)$ *sei auf dem Spektrum der Matrix* A *definiert.*

Die Polynome $g(\lambda)$ und $h(\lambda)$ nehmen, wie aus (4) hervorgeht, auf dem Spektrum der Matrix A dieselben Werte an; wir wollen diese Tatsache durch folgende Schreibweise kennzeichnen:

$$g(\Lambda_A) = h(\Lambda_A).$$ [1]

Unsere Überlegungen sind umkehrbar: Aus (4) ergibt sich (3) und folglich (2).

Durch Angabe der Werte eines Polynoms auf dem Spektrum einer Matrix A ist also die Matrix $g(A)$ eindeutig bestimmt, d. h., alle Polynome $g(\lambda)$, die auf dem Spektrum einer Matrix A dieselben Werte annehmen, ergeben dieselbe Matrix $g(A)$.

Wir werden verlangen, daß sich die Definition von $f(A)$ im allgemeinen Fall diesem Prinzip unterordnet:

Die Werte der Funktion $f(\lambda)$ *auf dem Spektrum einer Matrix* A *sollen* $f(A)$ *eindeutig bestimmen, d. h., alle Funktionen* $f(\lambda)$, *die auf dem Spektrum der Matrix* A *übereinstimmen, sollen dieselbe Matrix* $f(A)$ *ergeben.*[2]

Um $f(A)$ allgemein zu erklären, genügt es offenbar, ein Polynom $g(\lambda)$ zu finden, das auf dem Spektrum der Matrix A mit $f(\lambda)$ übereinstimmt,[3] und $f(A)$ durch folgende Gleichung zu definieren:

$$f(A) = g(A).$$

Wir erhalten also folgende Definition:

Definition 1. Ist die Funktion $f(\lambda)$ auf dem Spektrum der Matrix A definiert und ist $g(\lambda)$ ein beliebiges Polynom, das auf dem Spektrum von A mit $f(\lambda)$ übereinstimmt,

$$f(\Lambda_A) = g(\Lambda_A),$$

so sei

$$f(A) = g(A).$$

Unter allen Polynomen mit komplexen Koeffizienten, die auf dem Spektrum von A mit $f(\lambda)$ übereinstimmen, gibt es genau ein Polynom $r(\lambda)$, dessen Grad kleiner als

---

[1]) Diese Schreibweise ist eine Abkürzung für die m Gleichungen (4) (die Interpretation, die beiden Mengen $g(\Lambda_A)$ und $h(\Lambda_A)$ seien gleich, ist offensichtlich unzureichend!) (*Anm. d. Red.*).

[2]) Außerdem wird vorausgesetzt, daß die allgemeine Definition von $f(A)$ im Fall, daß $f(\lambda)$ ein Polynom ist, dasselbe Ergebnis liefert wie die unmittelbare Substitution der Matrix A an die Stelle von λ in dem Polynom.

[3]) In 5.2. wird gezeigt, daß ein solches Interpolationspolynom stets existiert, und es wird ein Algorithmus zur Berechnung der Koeffizienten des Interpolationspolynoms niedrigsten Grades angegeben.

m ist.[1]) Dieses Polynom ist durch folgende Bedingungen eindeutig definiert:

$$r(\lambda_k) = f(\lambda_k), \quad r'(\lambda_k) = f'(\lambda_k), \ldots, r^{(m_k-1)}(\lambda_k) = f^{(m_k-1)}(\lambda_k) \tag{6}$$

$$(k = 1, 2, \ldots, s).$$

Das Polynom $r(\lambda)$ heißt das *Lagrange-Sylvestersche Interpolationspolynom* der Funktion $f(\lambda)$ auf dem Spektrum der Matrix A. Definition 1 kann nun auch folgendermaßen formuliert werden:

Definition 1'. Es sei $f(\lambda)$ eine auf dem Spektrum der Matrix A definierte Funktion und $r(\lambda)$ ihr Lagrange-Sylvestersches Interpolationspolynom. Dann ist per definitionem

$$f(A) = r(A).$$

Bemerkung. Hat das Minimalpolynom $\psi(\lambda)$ einer Matrix A keine mehrfachen Nullstellen[2]) (in (1) ist dann $m_1 = m_2 = \cdots = m_s = 1$ und $s = m$), so ist $f(A)$ erklärt, sobald die Funktion $f(\lambda)$ für die charakteristischen Punkte $\lambda_1, \lambda_2, \ldots, \lambda_m$ definiert ist. Hat $\psi(\lambda)$ jedoch mehrfache Nullstellen, so müssen auch die Ableitungen von $f(\lambda)$ bis zur entsprechenden Ordnung (vgl. (6)) für gewisse charakteristische Punkte definiert sein.

Beispiel 1. Wir betrachten die Matrix[3])

$$H = \left\| \overbrace{\begin{matrix} 0 & 1 & 0 & \ldots & 0 \\ 0 & 0 & 1 & \ldots & 0 \\ \ldots & \ldots & \ldots & \ldots & \ldots \\ 0 & 0 & 0 & \ldots & 1 \\ 0 & 0 & 0 & \ldots & 0 \end{matrix}}^{n} \right\|.$$

Ihr Minimalpolynom ist λ^n. Die Werte von $f(\lambda)$ auf dem Spektrum von H sind daher $f(0), f'(0,) \ldots, f^{(n-1)}(0)$, und das Polynom $r(\lambda)$ hat die Gestalt

$$r(\lambda) = f(0) + \frac{f'(0)}{1!}\lambda + \cdots + \frac{f^{(n-1)}(0)}{(n-1)!}\lambda^{n-1}.$$

Folglich ist

$$f(H) = f(0)\,E + \frac{f'(0)}{1!}H + \cdots + \frac{f^{(n-1)}(0)}{(n-1)!}H^{n-1} = \left\| \begin{matrix} f(0) & \frac{f'(0)}{1!} & \cdots & \frac{f^{(n-1)}(0)}{(n-1)!} \\ 0 & f(0) & \ddots & \vdots \\ \vdots & & \ddots & \frac{f'(0)}{1!} \\ 0 & 0 & \cdots & f(0) \end{matrix} \right\|.$$

[1]) Man erhält das Polynom $r(\lambda)$ aus einem beliebigen anderen Polynom, das dieselben Spektralwerte besitzt, als Rest bei der Division durch $\psi(\lambda)$.

[2]) In Kapitel 6 wird gezeigt, daß in diesem und nur in diesem Fall die Matrix eine Matrix einfacher Struktur ist (vgl. 3.8.).

[3]) Die Eigenschaften der Matrix H wurden bereits in einem Beispiel auf S. 32/33 untersucht.

Beispiel 2. Wir betrachten die Matrix

$$J = \overbrace{\left\| \begin{matrix} \lambda_0 & 1 & 0 & \ldots & 0 \\ 0 & \lambda_0 & 1 & \ldots & 0 \\ \cdot & & \cdot & \cdot & \cdot \\ \cdot & & & \cdot & \cdot \\ \cdot & & & \cdot & \cdot \\ 0 & 0 & 0 & \ldots & 1 \\ 0 & 0 & 0 & \ldots & \lambda_0 \end{matrix} \right\|}^{n}.$$

Man sieht, daß $J = \lambda_0 E + H$ und folglich $J - \lambda_0 E = H$ ist. Das Minimalpolynom von J $(\lambda - \lambda_0)^n$. Das Interpolationspolynom $r(\lambda)$ der Funktion $f(\lambda)$ ist durch

$$r(\lambda) = f(\lambda_0) + \frac{f'(\lambda_0)}{1!}(\lambda - \lambda_0) + \cdots + \frac{f^{(n-1)}(\lambda_0)}{(n-1)!}(\lambda - \lambda_0)^{n-1}$$

definiert. Daher ist

$$f(J) = r(J) = f(\lambda_0)\,E + \frac{f'(\lambda_0)}{1!}\,H + \cdots + \frac{f^{(n-1)}(\lambda_0)}{(n-1)!}\,H^{n-1}$$

$$= \left\| \begin{matrix} f(\lambda_0) & \dfrac{f'(\lambda_0)}{1!} & \ldots & \dfrac{f^{(n-1)}(\lambda_0)}{(n-1)!} \\ 0 & f(\lambda_0) & \cdot & \vdots \\ \cdot & & \ddots & \vdots \\ \cdot & & & \dfrac{f'(\lambda_0)}{1!} \\ 0 & 0 & \ldots & f(\lambda_0) \end{matrix} \right\|.$$

Wir erwähnen noch drei Eigenschaften der Matrizenfunktionen.

1. *Sind $\lambda_1, \lambda_2, \ldots, \lambda_n$ die charakteristischen Wurzeln der Matrix A n-ter Ordnung, dann ist $f(\lambda_1), f(\lambda_2), \ldots, f(\lambda_n)$ ein vollständiges System der charakteristischen Wurzeln der Matrix $f(A)$.*

Für den Spezialfall, daß $f(\lambda)$ ein Polynom ist, wurde dieser Satz auf S. 110f. bewiesen. Der Beweis für den allgemeinen Fall kann auf diesen Spezialfall zurückgeführt werden, denn es gilt (auf Grund der Definition 1′) $f(A) = r(A)$ und $f(\lambda_i) = r(\lambda_i)$ $(i = 1, \ldots, n)$, wobei $r(\lambda)$ das Lagrange-Sylvestersche Interpolationspolynom der Funktion $f(\lambda)$ ist.

2. *Sind zwei Matrizen A und B ähnlich (T die zugehörige Transformationamatrix),*

$$B = T^{-1}AT,$$

so sind auch die Matrizen $f(A)$ und $f(B)$ ähnlich, mit derselben Transformationsmatrix:

$$f(B) = T^{-1}f(A)\,T.$$

Zwei ähnliche Matrizen besitzen dasselbe Minimalpolynom;[1]) folglich nimmt die Funktion $f(\lambda)$ auf dem Spektrum der Matrix A dieselben Werte an wie auf dem

---

[1]) Aus $B = T^{-1}AT$ folgt $B^k = T^{-1}A^kT$ $(k = 0, 1, 2, \ldots)$. Für ein beliebiges Polynom $g(\lambda)$ gilt somit $g(B) = T^{-1}g(A)\,T$. Ist nun $g(A) = O$, so ist auch $g(B) = O$, und umgekehrt.

Spektrum der Matrix B. Es existiert also ein Interpolationspolynom $r(\lambda)$ derart, daß

$$f(A) = r(A), \qquad f(B) = r(B)$$

ist. Aus $r(B) = T^{-1} r(A)\, T$ folgt dann aber unmittelbar (vgl. die Fußnote auf S. 124)

$$f(B) = T^{-1} f(A)\, T.$$

3. *Ist A eine verallgemeinerte Dreiecksmatrix,*

$$A = \{A_1, A_2, \ldots, A_u\},$$

so ist

$$f(A) = \{f(A_1), f(A_2), \ldots, f(A_u)\}.$$

Bezeichnen wir mit $r(\lambda)$ das Lagrange-Sylvestersche Interpolationspolynom der Funktion $f(\lambda)$ auf dem Spektrum der Matrix A, so ist

$$f(A) = r(A) = \{r(A_1), r(A_2), \ldots, r(A_u)\}. \tag{7}$$

Andererseits ist das Minimalpolynom $\Psi(\lambda)$ von A ein annullierendes Polynom für jede der Matrizen $A_1, A_2, \ldots, A_u$. Aus $f(\Lambda_A) = r(\Lambda_A)$ folgt daher $f(\Lambda_{A_1}) = r(\Lambda_{A_1}), \ldots, f(\Lambda_{A_u}) = r(\Lambda_{A_u})$. Also ist

$$f(A_1) = r(A_1), \ldots, f(A_u) = r(A_u),$$

und (7) kann folgendermaßen geschrieben werden:

$$f(A) = \{f(A_1), f(A_2), \ldots, f(A_u)\}. \tag{8}$$

Beispiel 1. Ist A eine Matrix einfacher Struktur,

$$A = T\{\lambda_1, \lambda_2, \ldots, \lambda_n\}\, T^{-1},$$

so ist

$$f(A) = T\{f(\lambda_1), f(\lambda_2), \ldots, f(\lambda_n)\}\, T^{-1};$$

$f(A)$ ist also definiert, wenn die Funktion $f(\lambda)$ für die Punkte $\lambda_1, \lambda_2, \ldots, \lambda_n$ erklärt ist.

Beispiel 2. Die Matrix J sei eine verallgemeinerte Diagonalmatrix der folgenden Art:

$$J = \left\| \begin{matrix} \overbrace{\begin{matrix} \lambda_1 & 1 & 0 & \ldots & 0 \\ 0 & \lambda_1 & 1 & \ldots & 0 \\ \cdots & \cdots & \cdots & \cdots & \cdots \\ 0 & 0 & 0 & \ldots & 1 \\ 0 & 0 & 0 & \ldots & \lambda_1 \end{matrix}}^{\nu_1} & & \\ & \ddots & \\ & & \overbrace{\begin{matrix} \lambda_u & 1 & 0 & . & . & . & 0 \\ 0 & \lambda_u & 1 & . & . & . & 0 \\ \cdots & \cdots & \cdots & \cdots & \cdots & \cdots & \cdots \\ 0 & 0 & 0 & \ldots & & \lambda_u & 1 \\ 0 & 0 & 0 & \ldots & & 0 & \lambda_u \end{matrix}}^{\nu_u} \end{matrix} \right\|$$

Die Matrizen außerhalb der Hauptdiagonalen sind Nullmatrizen. Aus (8) folgt (vgl. auch das Beispiel 2 auf S. 124)

$$f(J) = \left\| \begin{matrix} \begin{matrix} f(\lambda_1) & \frac{f'(\lambda_1)}{1!} & \cdots & \frac{f^{(\nu_1-1)}(\lambda_1)}{(\nu_1-1)!} \\ 0 & f(\lambda_1) & \ddots & \vdots \\ \vdots & \vdots & \ddots & \frac{f'(\lambda_1)}{1!} \\ 0 & 0 & \cdots & f(\lambda_1) \end{matrix} & & \\ & \ddots & \\ & & \begin{matrix} f(\lambda_u) & \frac{f'(\lambda_u)}{1!} & \cdots & \frac{f^{(\nu_u-1)}(\lambda_u)}{(\nu_u-1)!} \\ 0 & f(\lambda_u) & \ddots & \vdots \\ \vdots & \vdots & \ddots & \frac{f'(\lambda_u)}{1!} \\ 0 & 0 & \cdots & f(\lambda_u) \end{matrix} \end{matrix} \right\|$$

In dieser Matrix sind (wie auch in der Matrix J) alle Matrizen außerhalb der Hauptdiagonalen Nullmatrizen.[1])

5.2. Das Lagrange-Sylvestersche Interpolationspolynom

1. Wir betrachten zuerst den Fall, daß die charakteristische Gleichung $|\lambda E - A| = 0$ keine mehrfachen Wurzeln hat. Die Wurzeln dieser Gleichung, d. h. die charakteristischen Wurzeln der Matrix A, seien $\lambda_1, \lambda_2, \ldots, \lambda_n$. Dann ist

$$\psi(\lambda) = |\lambda E - A| = (\lambda - \lambda_1)(\lambda - \lambda_2) \cdots (\lambda - \lambda_n),$$

und die Bedingungen (6) nehmen folgende Gestalt an:

$$r(\lambda_k) = f(\lambda_k) \qquad (k = 1, 2, \ldots, n).$$

In diesem Fall ist $r(\lambda)$ das *Lagrangesche Interpolationspolynom* der Funktion $f(\lambda)$ in den Punkten $\lambda_1, \lambda_2, \ldots, \lambda_n$:

$$r(\lambda) = \sum_{k=1} \frac{(\lambda - \lambda_1) \cdots (\lambda - \lambda_{k-1})(\lambda - \lambda_{k+1}) \cdots (\lambda - \lambda_n)}{(\lambda_k - \lambda_1) \cdots (\lambda_k - \lambda_{k-1})(\lambda_k - \lambda_{k+1}) \cdots (\lambda_k - \lambda_n)} f(\lambda_k).$$

Nach Definition 1' ist

$$f(A) = r(A) = \sum_{k=1}^{n} \frac{(A - \lambda_1 E) \cdots (A - \lambda_{k-1} E)(A - \lambda_{k+1} E) \cdots (A - \lambda_n E)}{(\lambda_k - \lambda_1) \cdots (\lambda_k - \lambda_{k-1})(\lambda_k - \lambda_{k+1}) \cdots (\lambda_k - \lambda_n)} f(\lambda_k).$$

---

[1]) Im folgenden (6.6., oder 7.7.) wird gezeigt, daß zu einer beliebigen Matrix $A = \|a_{ik}\|_1^n$ stets eine Matrix der Form J existiert, die ihr ähnlich ist: $A = TJT^{-1}$. Daher ist auch stets $f(A) = Tf(J)\,T^{-1}$ (vgl. 2. auf S. 124).

2. Wir lassen jetzt zu, daß das charakteristische Polynom mehrfache Nullstellen besitzt; die Nullstellen des Minimalpolynoms, das ein Teiler des charakteristischen ist, seien dagegen weiterhin einfach[1]: $\psi(\lambda) = (\lambda - \lambda_1)(\lambda - \lambda_2) \cdots (\lambda - \lambda_m)$. Auch in diesem Fall sind alle Exponenten m_k in (1) gleich 1, und (6) hat die Gestalt $r(\lambda_k) = f(\lambda_k)$ $(k = 1, 2, \ldots, m)$. Hier ist $r(\lambda)$ wieder das Lagrangesche Interpolationspolynom und

$$f(A) = \sum_{k=1}^{m} \frac{(A - \lambda_1 E) \cdots (A - \lambda_{k-1} E)(A - \lambda_{k+1} E) \cdots (A - \lambda_m E)}{(\lambda_k - \lambda_1) \cdots (\lambda_k - \lambda_{k-1})(\lambda_k - \lambda_{k+1}) \cdots (\lambda_k - \lambda_m)} f(\lambda_k).$$

3. Wir betrachten den allgemeinen Fall:

$$\psi(\lambda) = (\lambda - \lambda_1)^{m_1} (\lambda - \lambda_2)^{m_2} \cdots (\lambda - \lambda_s)^{m_s} \qquad (m_1 + m_2 + \cdots + m_s = m).$$

Die gebrochene rationale Funktion $\frac{r(\lambda)}{\psi(\lambda)}$ stellen wir als Summe von Partialbrüchen dar:

$$\frac{r(\lambda)}{\psi(\lambda)} = \sum_{k=1}^{s} \left[\frac{\alpha_{k1}}{(\lambda - \lambda_k)^{m_k}} + \frac{\alpha_{k2}}{(\lambda - \lambda_k)^{m_k - 1}} + \cdots + \frac{\alpha_{k m_k}}{\lambda - \lambda_k} \right]; \tag{9}$$

dabei sind die α_{kj} $(j = 1, 2, \ldots, m_k;\ k = 1, 2, \ldots, s)$ Konstante. Um die Zähler α_{kj} der Partialbrüche zu bestimmen, multiplizieren wir beide Seiten der Gleichung mit $(\lambda - \lambda_k)^{m_k}$ und bezeichnen das Polynom $\frac{\psi(\lambda)}{(\lambda - \lambda_k)^{m_k}}$ mit $\psi_k(\lambda)$. Es ergibt sich

$$\frac{r(\lambda)}{\psi_k(\lambda)} = \alpha_{k1} + \alpha_{k2}(\lambda - \lambda_k) + \cdots + \alpha_{k m_k}(\lambda - \lambda_k)^{m_k - 1} + (\lambda - \lambda_k)^{m_k} \varrho_k(\lambda) \tag{10}$$
$$(k = 1, 2, \ldots, s);$$

dabei sind die $\varrho_k(\lambda)$ rationale, in $\lambda = \lambda_k$ reguläre Funktionen[2]). Hieraus folgt

$$\left.\begin{aligned} \alpha_{k1} &= \left[\frac{r(\lambda)}{\psi_k(\lambda)}\right]_{\lambda=\lambda_k}, \\ \alpha_{k2} &= \left[\frac{r(\lambda)}{\psi_k(\lambda)}\right]'_{\lambda=\lambda_k} = r(\lambda_k)\left[\frac{1}{\psi_k(\lambda)}\right]'_{\lambda=\lambda_k} + r'(\lambda_k)\frac{1}{\psi_k(\lambda_k)}, \ldots \quad (k = 1, 2, \ldots, s). \end{aligned}\right\} \tag{11}$$

Nach (11) können wir die Zähler α_{kj} der in (9) auftretenden Partialbrüche durch die Werte des Polynoms $r(\lambda)$ auf dem Spektrum der Matrix A ausdrücken. Diese Werte sind aber gleich den entsprechenden Werten der Funktion $f(\lambda)$ und deren Ableitungen, also bekannt. Folglich ist

$$\alpha_{k1} = \frac{f(\lambda_k)}{\psi_k(\lambda_k)}, \quad \alpha_{k2} = f(\lambda_k)\left[\frac{1}{\psi_k(\lambda)}\right]'_{\lambda=\lambda_k} + f'(\lambda_k)\frac{1}{\psi_k(\lambda_k)}, \ldots \quad (k = 1, 2, \ldots, s) \tag{12}$$

oder kürzer

$$\alpha_{kj} = \frac{1}{(j-1)!}\left[\frac{f(\lambda)}{\psi_k(\lambda)}\right]^{(j-1)}_{\lambda=\lambda_k} \quad (j = 1, 2, \ldots, m_k;\ k = 1, 2, \ldots, s). \tag{13}$$

---

[1]) Vgl. die Fußnote 2 auf S. 123.

[2]) d. h. Funktionen, die für $\lambda \to \lambda_k$ nicht gegen ∞ streben

Sind alle α_{kj} berechnet, so bestimmen wir $r(\lambda)$ aus (9) durch Multiplikation mit $\psi(\lambda)$:

$$r(\lambda) = \sum_{k=1}^{s} [\alpha_{k1} + \alpha_{k2}(\lambda - \lambda_k) + \cdots + \alpha_{km_k}(\lambda - \lambda_k)^{m_k-1}]\, \psi_k(\lambda). \tag{14}$$

Der Faktor von $\psi_k(\lambda)$ ist nach (13) gleich der Summe der ersten m_k Glieder der Taylor-Entwicklung von $f(\lambda)$ nach Potenzen von $\lambda - \lambda_k$.

Beispiel.

$$\psi(\lambda) = (\lambda - \lambda_1)^2 (\lambda - \lambda_2)^3 \qquad (m = 5).$$

Dann ist

$$\frac{r(\lambda)}{\psi(\lambda)} = \frac{\alpha}{(\lambda - \lambda_1)^2} + \frac{\beta}{\lambda - \lambda_1} + \frac{\gamma}{(\lambda - \lambda_2)^3} + \frac{\delta}{(\lambda - \lambda_2)^2} + \frac{\varepsilon}{\lambda - \lambda_2}.$$

Hieraus folgt $r(\lambda) = [\alpha + \beta(\lambda - \lambda_1)]\,(\lambda - \lambda_2)^3 + [\gamma + \delta(\lambda - \lambda_2) + \varepsilon(\lambda - \lambda_2)^2]\,(\lambda - \lambda_1)^2$ und daher

$$r(A) = [\alpha E + \beta(A - \lambda_1 E)]\,(A - \lambda_2 E)^3 + [\gamma E + \delta(A - \lambda_2 E) + \varepsilon(A - \lambda_2 E)^2]\,(A - \lambda_1 E)^2;$$

α, β, γ, δ und ε gewinnen wir aus den Formeln

$$\alpha = \frac{f(\lambda_1)}{(\lambda_1 - \lambda_2)^3}, \qquad \beta = -\frac{3}{(\lambda_1 - \lambda_2)^4} f(\lambda_1) + \frac{1}{(\lambda_1 - \lambda_2)^3} f'(\lambda_1),$$

$$\gamma = \frac{f(\lambda_2)}{(\lambda_2 - \lambda_1)^2}, \qquad \delta = -\frac{2}{(\lambda_2 - \lambda_1)^3} f(\lambda_2) + \frac{1}{(\lambda_2 - \lambda_1)^2} f'(\lambda_2),$$

$$\varepsilon = \frac{3}{(\lambda_2 - \lambda_1)^4} f(\lambda_2) - \frac{2}{(\lambda_2 - \lambda_1)^3} f'(\lambda_2) + \frac{1}{2}\,\frac{1}{(\lambda_2 - \lambda_1)^2} f''(\lambda_2).$$

Anmerkung 1. Das Lagrange-Sylvestersche Interpolationspolynom kann durch Grenzübergang aus einem Lagrangeschen Interpolationspolynom gewonnen werden. Es sei

$$\psi(\lambda) = (\lambda - \lambda_1)^{m_1} (\lambda - \lambda_2)^{m_2} \cdots (\lambda - \lambda_s)^{m_s} \qquad \left(m = \sum_{k=1}^{s} m_k\right).$$

Wir bezeichnen das Lagrangesche Interpolationspolynom für die m Punkte

$$\lambda_1^{(1)}, \lambda_1^{(2)}, \ldots, \lambda_1^{(m_1)};\quad \lambda_2^{(1)}, \lambda_2^{(2)}, \ldots, \lambda_2^{(m_2)};\ \ldots;\ \lambda_s^{(1)}, \lambda_s^{(2)}, \ldots, \lambda_s^{(m_s)}$$

mit $L(\lambda)$. Dann wird das gesuchte Lagrange-Sylvestersche Polynom definiert durch

$$r(\lambda) = \lim_{\substack{\lambda_1^{(1)}, \ldots, \lambda_1^{(m_1)} \to \lambda_1 \\ \cdots\cdots\cdots\cdots \\ \lambda_s^{(1)}, \ldots, \lambda_s^{(m_s)} \to \lambda_s}} L(\lambda).$$

Anmerkung 2. Es sei $A = \|a_{ik}\|$ eine *reelle Matrix*, d. h. eine Matrix mit reellen Elementen. Dann hat das Minimalpolynom $\psi(\lambda)$ reelle Koeffizienten,[1]) und seine

[1]) Das folgt aus der Definition des Minimalpolynoms oder aus der Formel (54) auf S. 118.

Nullstellen, d. h. die charakteristischen Zahlen λ_i, sind entweder reell oder paarweise konjugiert-komplex, wobei, wenn $\lambda_g = \overline{\lambda_h}$ und λ_g eine k-fache Nullstelle ist, auch λ_h eine k-fache Nullstelle ist. Wir werden eine *Funktion* $f(\lambda)$ *reell auf dem Spektrum der Matrix* A nennen, falls für reelle Nullstellen λ_i auch alle Werte auf dem Spektrum $f(\lambda_i), f'(\lambda_i), \ldots$ reell und für zwei konjugiert-komplexe Nullstellen λ_h und $\lambda_g = \overline{\lambda_h}$ die entsprechenden Werte auf dem Spektrum konjugiert-komplex sind: $f(\lambda_g) = \overline{f(\lambda_h)}$, $f'(\lambda_g) = \overline{f'(\lambda_h)}, \ldots$[1]) In diesem Fall ist $f(A)$ eine *reelle* Matrix. Nach Formel (12) sind $\alpha_{i1}, \alpha_{i2}, \ldots$ reelle Zahlen und $\alpha_{g1} = \overline{\alpha_{h1}}$, $\alpha_{g2} = \overline{\alpha_{h2}}, \ldots$; dabei hat das Polynom

$$\psi^i(\lambda) = \frac{\psi(\lambda)}{(\lambda - \lambda_i)^m}$$

für reelles λ_i reelle Koeffizienten, und die Koeffizienten zweier Polynome $\psi^h(\lambda)$ und $\psi^g(\lambda)$ sind für $\lambda_g = \overline{\lambda_h}$ konjugiert-komplex. Folglich besitzt, wie aus (14) ersichtlich ist, das Interpolationspolynom $r(\lambda)$ reelle Koeffizienten. Dann ist aber $r(A)$ und damit auch $f(A) = r(A)$ eine reelle Matrix.

5.3. Andere Wege zur Bestimmung von $f(A)$. Die Komponenten der Matrix A

Um $f(A)$ in anderer Form auszudrücken, betrachten wir noch einmal die Gleichung (14) für $r(\lambda)$. Für die α_{kj} setzen wir ihre Ausdrücke aus (12) ein und ordnen die Summanden nach den $f(\lambda_k)$ bzw. deren Ableitungen. Dann wird $r(\lambda)$ in der Form

$$r(\lambda) = \sum_{k=1}^{s} [f(\lambda_k)\, \varphi_{k1}(\lambda) + f'(\lambda_k)\, \varphi_{k2}(\lambda) + \cdots + f^{(m_k-1)}(\lambda_k)\, \varphi_{km_k}(\lambda)] \tag{15}$$

dargestellt. Hier sind die φ_{kj} $(j = 1, 2, \ldots, m_k;\ k = 1, 2, \ldots, s)$ leicht berechenbare Polynome in λ, und ihr Grad ist kleiner als m. Diese Polynome sind durch die Vorgabe von $\psi(\lambda)$ eindeutig bestimmt, sie hängen nicht von der Funktion $f(\lambda)$ ab; ihre Anzahl ist gleich der Anzahl der Werte der Funktion auf dem Spektrum der Matrix A, d. h. gleich m (wenn m der Grad des Minimalpolynoms $\psi(\lambda)$ ist). Die φ_{kj} sind Lagrange-Sylvestersche Interpolationspolynome von Funktionen, die mit ihren Ableitungen auf dem Spektrum von A überall den Wert 0 annehmen, ausgenommen $f^{(j-1)}(\lambda_k)$; dieser Wert ist 1.

Aus (15) folgt die *Hauptformel für die Darstellung von* $f(A)$:

$$f(A) = \sum_{k=1}^{s} [f(\lambda_k)\, Z_{k1} + f'(\lambda_k)\, Z_{k2} + \cdots + f^{(m_k-1)}(\lambda_k)\, Z_{km_k}] \tag{16}$$

mit

$$Z_{kj} = \varphi_{kj}(A) \qquad (j = 1, 2, \ldots, m_k;\ k = 1, 2, \ldots, s). \tag{17}$$

[1]) Eine Funktion, die, als Potenzreihe dargestellt, reelle Koeffizienten hat, ist reell auf dem Spektrum einer beliebigen Matrix, deren charakteristische Wurzeln innerhalb des Konvergenzradius dieser Reihe liegen.

Die Matrizen Z_{kj} sind durch die Vorgabe der Matrix A bestimmt und hängen nicht von der Wahl der Funktion $f(\lambda)$ ab. Auf der rechten Seite der Formel (16) treten nur die Werte der Funktion $f(\lambda)$ auf dem Spektrum der Matrix A auf.

Die Matrizen Z_{kj} ($j = 1, 2, \ldots, m_k$; $k = 1, 2, \ldots, s$) nennen wir *Komponenten* der Matrix A. Die Komponenten einer Matrix A sind immer linear unabhängig.

Es sei

$$\sum_{k=1}^{s} \sum_{j=1}^{m_k} c_{kj} Z_{kj} = \sum_{k=1}^{s} \sum_{j=1}^{m_k} c_{kj} \varphi_{kj}(A) = O. \tag{18}$$

Wir definieren ein Interpolationspolynom $r(\lambda)$ durch die m Gleichungen

$$r^{(j-1)}(\lambda_k) = c_{kj} \qquad (j = 1, 2, \ldots, m_k;\ k = 1, 2, \ldots, s). \tag{19}$$

Dann gilt nach (15)

$$r(\lambda) = \sum_{k=1}^{s} \sum_{j=1}^{m_k} c_{kj} \varphi_{kj}(\lambda). \tag{20}$$

Die Gleichungen (18) und (19) ergeben damit

$$r(A) = O. \tag{21}$$

Der Grad des Interpolationspolynoms $r(\lambda)$, das durch (20) gegeben ist, ist aber kleiner als m, d. h. kleiner als der Grad des Minimalpolynoms $\psi(\lambda)$. Daher folgt aus (21) $r(\lambda) \equiv 0$. Nach (19) sind damit aber

$$c_{kj} = 0 \qquad (j = 1, 2, \ldots, m_k;\ k = 1, 2, \ldots, s),$$

was zu beweisen war.[1])

Aus der linearen Unabhängigkeit der Z_{kj} folgt unter anderem, daß keine dieser Matrizen die Nullmatrix ist. Wir bemerken noch, daß zwei beliebige Komponenten Z_{kj} miteinander und alle mit der Matrix A vertauschbar sind, denn jede von ihnen ist ein skalares Polynom in A.

Die Formel (16) erweist sich als besonders bequem zur Berechnung des Produktes gewisser Funktionen ein und derselben Matrix A oder wenn die Funktion $f(\lambda)$ nicht nur von λ, sondern auch von einem Parameter t abhängt. (Die Komponenten Z_{kj} in (16) hängen in diesem Fall nicht von t ab; der Parameter t geht nur in die skalaren Koeffizienten dieser Matrizen ein.)

In dem Beispiel auf S. 128, in dem $\psi(\lambda) = (\lambda - \lambda_1)^2 (\lambda - \lambda_2)^3$ ist, können wir $r(\lambda)$ in der Form

$$r(\lambda) = f(\lambda_1)\, \varphi_{11}(\lambda) + f'(\lambda_1)\, \varphi_{12}(\lambda) + f(\lambda_2)\, \varphi_{21}(\lambda) + f'(\lambda_2)\, \varphi_{22}(\lambda) + f''(\lambda_2)\, \varphi_{23}(\lambda)$$

---

1) Aus der bewiesenen Unabhängigkeit der Matrizen $Z_{kj} = \varphi_{kj}(A)$ folgt auch die lineare Unabhängigkeit der Polynome $\varphi_{kj}(\lambda)\cdot(j = 1, 2, \ldots, m_k;\ k = 1, 2, \ldots, s)$.

darstellen; dabei ist

$$\varphi_{11}(\lambda) = \left(\frac{\lambda - \lambda_2}{\lambda_1 - \lambda_2}\right)^3 \left[1 - \frac{3(\lambda - \lambda_1)}{\lambda_1 - \lambda_2}\right], \quad \varphi_{12}(\lambda) = \frac{(\lambda - \lambda_1)(\lambda - \lambda_2)^3}{(\lambda_1 - \lambda_2)^3}$$

$$\varphi_{21}(\lambda) = \left(\frac{\lambda - \lambda_1}{\lambda_2 - \lambda_1}\right)^2 \left[1 - \frac{2(\lambda - \lambda_2)}{\lambda_2 - \lambda_1} + \frac{3(\lambda - \lambda_2)^2}{(\lambda_2 - \lambda_1)^2}\right],$$

$$\varphi_{22}(\lambda) = \frac{(\lambda - \lambda_1)^2 (\lambda - \lambda_2)}{(\lambda_2 - \lambda_1)^2} \left[1 - \frac{2(\lambda - \lambda_2)}{\lambda_2 - \lambda_1}\right],$$

$$\varphi_{23}(\lambda) = \frac{(\lambda - \lambda_1)^2 (\lambda - \lambda_2)^2}{2(\lambda_2 - \lambda_1)^2}.$$

Daher ist

$$f(A) = f(\lambda_1)\, Z_{11} + f'(\lambda_1)\, Z_{12} + f(\lambda_2)\, Z_{21} + f'(\lambda_2)\, Z_{22} + f''(\lambda_2)\, Z_{23}$$

mit

$$Z_{11} = \varphi_{11}(A) = \frac{1}{(\lambda_1 - \lambda_2)^3} (A - \lambda_2 E)^3 \left[E - \frac{3}{\lambda_1 - \lambda_2} (A - \lambda_1 E)\right],$$

$$Z_{12} = \varphi_{12}(A) = \frac{1}{(\lambda_1 - \lambda_2)^3} (A - \lambda_1 E)(A - \lambda_2 E)^3, \ldots$$

Ist eine Matrix A vorgegeben, so kann man in (16) zur Berechnung der Komponenten dieser Matrix $f(\mu) = \dfrac{1}{\lambda - \mu}$ setzen; dabei ist λ ein Parameter. Man erhält dann

$$(\lambda E - A)^{-1} = \frac{C(\lambda)}{\psi(\lambda)} = \sum_{k=1}^{s} \left[\frac{Z_{k1}}{\lambda - \lambda_k} + \frac{1!Z_{k2}}{(\lambda - \lambda_k)^2} + \cdots + \frac{(m_k - 1)!Z_{km_k}}{(\lambda - \lambda_k)^{m_k}}\right]; \tag{22}$$

$C(\lambda)$ ist hier die reduzierte adjungierte Matrix von $\lambda E - A$ (vgl. 4.6.).[1])

Die Matrizen $(j - 1)!\, Z_{kj}$ sind die Zähler der Partialbrüche bei der Partialbruchzerlegung (22); sie können in Analogie zur Partialbruchentwicklung (9) durch die Werte von $C(\lambda)$ auf dem Spektrum von A ausgedrückt werden (vgl. mit den Formeln (11)):

$$(m_k - 1)!\, Z_{km_k} = \frac{C(\lambda_k)}{\psi_k(\lambda)}, \quad (m_k - 2)!\, Z_{k,m_k-1} = \left[\frac{C(\lambda)}{\psi_k(\lambda)}\right]'_{\lambda=\lambda_k}, \ldots$$

Hieraus erhält man

$$Z_{kj} = \frac{1}{(j - 1)!\,(m_k - j)!} \left[\frac{C(\lambda)}{\psi_k(\lambda)}\right]^{(m_k - j)}_{\lambda=\lambda_k} \quad (j = 1, 2, \ldots, m_k;\ k = 1, 2, \ldots, s). \tag{23}$$

---

[1]) Ist $f(\mu) = \dfrac{1}{\lambda - \mu}$, so ist $f(A) = (\lambda E - A)^{-1}$. Es sei nämlich $f(A) = r(A)$ (d. h., $r(\mu)$ sei das Lagrange-Sylvestersche Interpolationspolynom). Da $f(\mu)$ mit $r(\mu)$ auf dem Spektrum der Matrix A übereinstimmt, gilt das gleiche für $(\lambda - \mu)\, r(\mu)$ und $(\lambda - \mu)\, f(\mu) = 1$. Folglich ist also $(\lambda E - A)\, r(A) = (\lambda E - A)\, f(A) = E$.

Setzt man in (16) an Stelle der Komponenten von A die entsprechenden Ausdrücke aus (23) ein, so geht diese Formel über in

$$f(A) = \sum_{k=1}^{s} \frac{1}{(m_k - 1)!} \left[\frac{C(\lambda)}{\psi_k(\lambda)} f(\lambda)\right]_{\lambda=\lambda_k}^{(m_k-1)}. \tag{24}$$

Beispiel 1.

$$A = \left\| \begin{array}{rrr|r} 2 & -1 & 1 & \mathit{2} \\ 0 & 1 & 1 & \mathit{2} \\ -1 & 1 & 1 & \mathit{1} \end{array} \right\|,^{1)} \quad \lambda E - A = \left\| \begin{array}{lll} \lambda - 2 & 1 & -1 \\ 0 & \lambda - 1 & -1 \\ 1 & -1 & \lambda - 1 \end{array} \right\|.$$

Es ist $\Delta(\lambda) = |\lambda E - A| = (\lambda - 1)^2 (\lambda - 2)$. Da der Minor des Elements a_{12} in $\lambda E - A$ gleich 1 ist, ist $D_2(\lambda) = 1$ und folglich

$$\psi(\lambda) = \Delta(\lambda) = (\lambda - 1)^2 (\lambda - 2) = \lambda^3 - 4\lambda^2 + 5\lambda - 2,$$

$$\Psi(\lambda, \mu) = \frac{\psi(\mu) - \psi(\lambda)}{\mu - \lambda} = \mu^2 + (\lambda - 4)\,\mu + \lambda^2 - 4\lambda + 5$$

und

$$C(\lambda) = \Psi(\lambda E, A) = A^2 + (\lambda - 4)\,A + (\lambda^2 - 4\lambda + 5)\,E$$

$$= \left\| \begin{array}{rrr|r} 3 & -2 & 2 & \mathit{3} \\ -1 & 2 & 2 & \mathit{3} \\ -3 & 3 & 1 & \mathit{1} \end{array} \right\| + (\lambda - 4) \left\| \begin{array}{rrr} 2 & -1 & 1 \\ 0 & 1 & 1 \\ -1 & 1 & 1 \end{array} \right\| + (\lambda^2 - 4\lambda + 5) \left\| \begin{array}{ccc} 1 & 0 & 0 \\ 0 & 1 & 0 \\ 0 & 0 & 1 \end{array} \right\|.$$

Die Hauptformel hat hier die Gestalt

$$f(A) = f(1)\,Z_1 + f'(1)\,Z_2 + f(2)\,Z_3. \tag{25}$$

Setzen wir $f(\mu) = \dfrac{1}{\lambda - \mu}$, so finden wir

$$(\lambda E - A)^{-1} = \frac{C(\lambda)}{\psi(\lambda)} = \frac{Z_{11}}{\lambda - 1} + \frac{Z_{12}}{(\lambda - 1)^2} + \frac{Z_{21}}{\lambda - 2}$$

und

$$Z_1 = -C(1) - C'(1), \quad Z_2 = -C(1), \quad Z_3 = C(2).$$

Benutzt man den obigen Ausdruck für $C(\lambda)$ zur Berechnung von Z_{11}, Z_{12}, Z_{21} und setzt die Resultate in (25) ein, so erhält man

$$f(A) = f(1) \left\| \begin{array}{rrr} 1 & 0 & 0 \\ 1 & 0 & 0 \\ 1 & -1 & 1 \end{array} \right\| + f'(1) \left\| \begin{array}{rrr} 1 & -1 & 1 \\ 1 & -1 & 1 \\ 0 & 0 & 0 \end{array} \right\| + f(2) \left\| \begin{array}{rrr} 0 & 0 & 0 \\ -1 & 1 & 0 \\ -1 & 1 & 0 \end{array} \right\|$$

$$= \left\| \begin{array}{lll} f(1) + f'(1) & -f'(1) & f'(1) \\ f(1) + f'(1) - f(2) & -f'(1) + f(2) & f'(1) \\ f(1) - f(2) & -f(1) + f(2) & f(1) \end{array} \right\|.$$

---

[1]) Die Elemente der zur Kontrolle angefügten Summenspalte sind kursiv gesetzt. Die Summenspalte des Produkts AB erhält man, indem man die Zeilen von A mit der Summenspalte von B multipliziert.

Beispiel 2. Wir wollen zeigen, wie man $f(A)$ unter ausschließlicher Benutzung der Hauptformel berechnen kann. Es sei wieder

$$A = \begin{Vmatrix} 2 & -1 & 1 \\ 0 & 1 & 1 \\ -1 & 1 & 1 \end{Vmatrix}, \quad \psi(\lambda) = (\lambda - 1)^2 (\lambda - 2).$$

Dann ist

$$f(A) = f(1) Z_1 + f'(1) Z_2 + f(2) Z_3. \tag{25'}$$

Wir setzen in (25′) für $f(\lambda)$ sukzessive $1, \lambda - 1, (\lambda - 1)^2$ ein und erhalten

$$Z_1 + Z_3 = E = \begin{Vmatrix} 1 & 0 & 0 \\ 0 & 1 & 0 \\ 0 & 0 & 1 \end{Vmatrix}, \quad Z_2 + Z_3 = A - E = \begin{Vmatrix} 1 & -1 & 1 \\ 0 & 0 & 1 \\ -1 & 1 & 0 \end{Vmatrix} \begin{matrix} \mathit{1} \\ \mathit{1}, \\ \mathit{0} \end{matrix}$$

$$Z_3 = (A - E)^2 = \begin{Vmatrix} 0 & 0 & 0 \\ -1 & 1 & 0 \\ -1 & 1 & 0 \end{Vmatrix} \begin{matrix} \mathit{0} \\ \mathit{0}, \\ \mathit{0} \end{matrix}$$

Subtrahiert man die dritte Gleichung von der ersten und zweiten, so sind alle Z berechnet. Setzt man sie in (25′) ein, so erhält man einen Ausdruck für $f(A)$.

Die obigen Beispiele veranschaulichen drei Methoden zur Berechnung der Matrix $f(A)$. Die erste Methode besteht darin, das Interpolationspolynom $r(\lambda)$ zu bestimmen und $f(A) = r(A)$ zu setzen. Die zweite Methode benutzt den durch die Partialbruchentwicklung (22) gewiesenen Weg. Die in (16) enthaltenen Komponenten Z_{kj} werden durch die Werte der reduzierten adjungierten Matrix $C(\lambda)$ auf dem Spektrum der Matrix A ausgedrückt. Die dritte Methode stützt sich ausschließlich auf die Hauptformel. In ihr werden sukzessive an Stelle von $f(\lambda)$ gewisse sehr einfache Polynome eingesetzt; aus den so erhaltenen linearen Gleichungen werden die Komponenten Z_{kj} bestimmt.

Das dritte Verfahren ist wahrscheinlich für die praktische Berechnung am bequemsten. Allgemein kann es folgendermaßen formuliert werden:

In (16) ersetzen wir $f(\lambda)$ sukzessive durch gewisse Polynome $g_1(\lambda), g_2(\lambda), \ldots, g_m(\lambda)$:

$$g_i(A) = \sum_{k=1}^{s} [g_i(\lambda_k) Z_{k1} + g_i'(\lambda_k) Z_{k2} + \cdots + g_i^{(m_k-1)}(\lambda_k) Z_{km_k}] \tag{26}$$

$$(i = 1, 2, \ldots, m).$$

Aus den m Gleichungen (26) bestimmen wir die m Matrizen Z_{kj} und setzen die so erhaltenen Ausdrücke in (16) ein. Das Resultat dieser Elimination der Z_{kj} aus der $(m + 1)$-ten Gleichung des aus (26) und (16) gebildeten Systems kann in folgender Gestalt geschrieben werden:

$$\begin{vmatrix} f(A) & f(\lambda_1) & \ldots & f^{(m_1-1)}(\lambda_1) & \ldots & f(\lambda_s) & \ldots & f^{(m_s-1)}(\lambda_s) \\ g_1(A) & g_1(\lambda_1) & \ldots & g_1^{(m_1-1)}(\lambda_1) & \ldots & g_1(\lambda_s) & \ldots & g_1^{(m_s-1)}(\lambda_s) \\ \cdots & \cdots & \cdots & \cdots & \cdots & \cdots & \cdots & \cdots \\ g_m(A) & g_m(\lambda_1) & \ldots & g_m^{(m_1-1)}(\lambda_1) & \ldots & g_m(\lambda_s) & \ldots & g_m^{(m_s-1)}(\lambda_s) \end{vmatrix} = 0.$$

Entwickeln wir diese Determinante nach den Elementen der ersten Spalte, so erhalten wir den gesuchten Ausdruck für $f(A)$. Dabei hat $f(A)$ als Faktor die Determinante $\Delta = |g_i^{(j)}(\lambda_k)|$ (in der i-ten Zeile dieser Determinante stehen die Werte des Polynoms $g_i(\lambda)$ auf dem Spektrum der Matrix A; $i = 1, 2, \ldots, m$). Zur Bestimmung von $f(A)$ ist notwendig, daß $\Delta \neq 0$ ist. Das ist der Fall, wenn keine Linearkombination[1]) der Polynome $g_1(\lambda), g_2(\lambda), \ldots, g_m(\lambda)$ auf dem Spektrum von A verschwindet, d. h., wenn keines von ihnen durch $\psi(\lambda)$ teilbar ist.

Die Bedingung $\Delta \neq 0$ ist stets erfüllt, wenn die Grade der Polynome $g_1(\lambda), g_2(\lambda), \ldots, g_m(\lambda)$ gleich $0, 1, 2, \ldots$, bzw. $m - 1$ sind.[2])

Abschließend bemerken wir noch, daß hohe Potenzen der Matrix A mit Hilfe der Hauptformel (16) bequem zu berechnen sind, indem man dort $f(\lambda)$ durch λ^n ersetzt.[3])

Beispiel. Gegeben sei die Matrix $A = \begin{Vmatrix} 5 & -4 \\ 4 & -3 \end{Vmatrix}$; gesucht sind die Elemente der Matrix A^{100}. Das Minimalpolynom von A ist $\psi(\lambda) = (\lambda - 1)^2$.

Aus (16) folgt $f(A) = f(1)\, Z_1 + f'(1)\, Z_2$. Ersetzt man hier $f(\lambda)$ durch 1 und durch $\lambda - 1$, so erhält man $Z_1 = E$, $Z_2 = A - E$. Also ist $f(A) = f(1)\, E + f'(1)\,(A - E)$. Setzt man nun $f(\lambda) = \lambda^{100}$, so ergibt sich

$$A^{100} = E + 100(A - E) = \begin{Vmatrix} 1 & 0 \\ 0 & 1 \end{Vmatrix} + 100 \begin{Vmatrix} 4 & -4 \\ 4 & -4 \end{Vmatrix} = \begin{Vmatrix} 401 & -400 \\ 400 & -399 \end{Vmatrix}.$$

5.4. Darstellung von Funktionen durch Matrizenreihen

Gegeben seien eine Matrix $A = \|a_{ik}\|_1^n$ mit dem Minimalpolynom

$$\psi(\lambda) = (\lambda - \lambda_1)^{m_1} (\lambda - \lambda_2)^{m_2} \cdots (\lambda - \lambda_s)^{m_s} \qquad \left(m = \sum_{k=1}^{s} m_k\right),$$

ferner eine Funktion $f(\lambda)$ und eine Folge von Funktionen $f_1(\lambda), f_2(\lambda), \ldots, f_p(\lambda), \ldots$, die auf dem Spektrum von A definiert sind.

Wir sagen, *die Funktionenfolge $\{f_p(\lambda)\}$ konvergiere für $p \to \infty$ auf dem Spektrum der Matrix A*, wenn die folgenden Grenzwerte existieren:

$$\lim_{p\to\infty} f_p(\lambda_k), \quad \lim_{p\to\infty} f_p'(\lambda_k), \ldots, \lim_{p\to\infty} f_p^{(m_k-1)}(\lambda_k) \qquad (k = 1, 2, \ldots, s).$$

Wir sagen, *die Funktionenfolge $\{f_p(\lambda)\}$ konvergiere für $p \to \infty$ auf dem Spektrum der Matrix A gegen die Funktion $f(\lambda)$*, wenn

$$\lim_{p\to\infty} f_p(\lambda_k) = f(\lambda_k), \quad \lim_{p\to\infty} f_p'(\lambda_k) = f'(\lambda_k), \ldots, \lim_{p\to\infty} f_p^{(m_k-1)}(\lambda_k) = f^{(m_k-1)}(\lambda_k)$$

$$(k = 1, 2, \ldots, s)$$

---

[1]) deren Koeffizienten nicht alle gleichzeitig gleich 0 sind

[2]) Im letzten Beispiel ist $m = 3$, $g_1(\lambda) = 1$, $g_2(\lambda) = \lambda - 1$, $g_3(\lambda) = (\lambda - 1)^2$.

[3]) Formel (16) kann auch zur Berechnung der inversen Matrix A^{-1} benutzt werden; dazu setzt man $f(\lambda) = 1/\lambda$ oder, was dasselbe ist, in Formel (22) $\lambda = 0$.

gelten. Abkürzend schreiben wir dafür

$$\lim_{p\to\infty} f_p(\Lambda_A) = f(\Lambda_A).$$

Die Hauptformel

$$f(A) = \sum_{k=1}^{s} [f(\lambda_k)\, Z_{k1} + f'(\lambda_k)\, Z_{k2} + \cdots + f^{(m_k-1)}(\lambda_k)\, Z_{km_k}]$$

definiert $f(A)$ durch die Werte von $f(\lambda)$ auf dem Spektrum von A. Wir deuten die Matrizen als Vektoren im n^2-dimensionalen Vektorraum $\mathfrak{R}_{n^2}$. Wegen der linearen Unabhängigkeit der Z_{kj} folgt aus der Hauptformel, daß alle $f(A)$ (für festes A) einen m-dimensionalen Unterraum des $\mathfrak{R}_{n^2}$ mit der Basis Z_{kj} bilden ($j = 1, 2, \ldots, m_k$; $k = 1, 2, \ldots, s$). Der „Vektor" $f(A)$ hat bei dieser Basis die m Werte der Funktion $f(\lambda)$ auf dem Spektrum von A als Koordinaten.

Aus diesen Überlegungen erkennen wir die Gültigkeit des folgenden Satzes:

Satz 1. *Eine Matrizenfolge* $\{f_p(A)\}$ *konvergiert für* $p \to \infty$ *genau dann, wenn die Folge der* $f_p(\lambda)$ *für* $p \to \infty$ *auf dem Spektrum der Matrix* A *konvergiert, d. h., wenn*

$$\lim_{p\to\infty} f_p(A) \quad \text{und} \quad \lim_{p\to\infty} f_p(\Lambda_A)$$

stets gleichzeitig existieren. Dabei zieht die Gleichung

$$\lim_{p\to\infty} f_p(\Lambda_A) = f(\Lambda_A) \tag{27}$$

die Gleichung

$$\lim_{p\to\infty} f_p(A) = f(A) \tag{28}$$

nach sich und umgekehrt.

Beweis 1. Konvergieren die $f_p(\lambda)$ auf dem Spektrum von A für $p \to \infty$, so ergibt sich aus der Formel

$$f_p(A) = \sum_{k=1}^{s} [f_p(\lambda_k)\, Z_{k1} + f'_p(\lambda_k)\, Z_{k2} + \cdots + f_p^{(m_k-1)}(\lambda_k)\, Z_{km_k}] \tag{29}$$

die Existenz von $\lim_{p\to\infty} f_p(A)$. Auf Grund dieser Gleichung und (17) folgt aus (27) die Gültigkeit von (28).

2. Möge nun umgekehrt $\lim_{p\to\infty} f_p(A)$ existieren. Wegen der linearen Unabhängigkeit der Z_{kj} kann man die m Werte der $f_p(\lambda)$ auf dem Spektrum von A in (29) in Gestalt einer Linearform von m Elementen der Matrizen $f_p(A)$ ausdrücken. Hieraus folgt die Existenz von $\lim_{p\to\infty} f_p(\Lambda_A)$; (28) zieht damit (27) nach sich.

Aus Satz 1 folgt: Konvergiert eine Folge von Polynomen $g_p(\lambda)$ $(p = 1, 2, \ldots)$ auf dem Spektrum der Matrix A gegen eine Funktion $f(\lambda)$, so ist

$$\lim_{p\to\infty} g_p(A) = f(A).$$

Diese Formel zeigt, wie naturgemäß und allgemein unsere Definition von $f(A)$ ist; $f(A)$ ergibt sich stets durch Grenzübergang aus $g_p(A)$ für $p \to \infty$, sobald die Folge der Polynome $g_p(\lambda)$ auf dem Spektrum der Matrix A gegen $f(\lambda)$ konvergiert. Die letzte Bedingung ist für die Existenz von $\lim\limits_{p\to\infty} g_p(A)$ notwendig.

Wir sagen, *die Reihe* $\sum\limits_{p=0}^{\infty} u_p(\lambda)$ *konvergiere auf dem Spektrum der Matrix A gegen die Funktion* $f(\lambda)$, und schreiben

$$f(\Lambda_A) = \sum_{p=0}^{\infty} u_p(\Lambda_A), \tag{30}$$

wenn alle hier auftretenden Funktionen auf dem Spektrum der Matrix definiert sind und die Beziehungen

$$f(\lambda_k) = \sum_{p=0}^{\infty} u_p(\lambda_k), \quad f'(\lambda_k) = \sum_{p=0}^{\infty} u_p'(\lambda_k), \ldots, f^{(m_k-1)}(\lambda_k) = \sum_{p=0}^{\infty} u_p^{(m_k-1)}(\lambda_k)$$
$$(k = 1, 2, \ldots, s)$$

gelten; die auf der rechten Seite der Gleichungen auftretenden Reihen seien konvergent. Mit anderen Worten, setzen wir

$$s_p(\lambda) = \sum_{q=0}^{p} u_q(\lambda) \quad (p = 0, 1, 2, \ldots),$$

so ist (30) äquivalent mit:

$$f(\Lambda_A) = \lim_{p\to\infty} s_p(\Lambda_A). \tag{31}$$

Offenbar kann man für Satz 1 folgende gleichwertige Formulierung wählen:

Satz 1'. *Die Reihe* $\sum\limits_{p=0}^{\infty} u_p(A)$ *ist genau dann konvergent, wenn die Reihe* $\sum\limits_{p=0}^{\infty} u_p(\lambda)$ *auf dem Spektrum der Matrix A konvergiert. Dabei zieht die Beziehung*

$$f(\Lambda_A) = \sum_{p=0}^{\infty} u_p(\Lambda_A)$$

die Beziehung

$$f(A) = \sum_{p=0}^{\infty} u_p(A)$$

nach sich und umgekehrt.

Gegeben sei eine Potenzreihe mit dem Konvergenzkreis $|\lambda - \lambda_0| < R$ und der Summe $f(\lambda)$:

$$f(\lambda) = \sum_{p=0}^{\infty} \alpha_p (\lambda - \lambda_0)^p \quad (|\lambda - \lambda_0| < R). \tag{32}$$

Da man eine Potenzreihe im Innern ihres Konvergenzkreises beliebig oft gliedweise differenzieren kann, konvergiert die Reihe (32) auf dem Spektrum einer beliebigen Matrix, deren charakteristische Wurzeln im Innern des Konvergenzkreises liegen. Folglich gilt

Satz 2. *Läßt sich eine Funktion $f(\lambda)$ in dem Kreis $|\lambda - \lambda_0| < r$ in eine Potenzreihe entwickeln,*

$$f(\lambda) = \sum_{p=0}^{\infty} \alpha_p (\lambda - \lambda_0)^p, \tag{33}$$

so bleibt die Gleichung (33) *richtig, wenn das skalare Argument λ durch eine beliebige Matrix ersetzt wird, deren charakteristische Wurzeln im Innern des Konvergenzkreises der Reihe liegen.*

Anmerkung. Man kann bei diesem Satz auch zulassen, daß eine charakteristische Wurzel λ_k der Matrix A auf der Peripherie des Konvergenzkreises liegt, nur muß man dann zusätzlich fordern, daß man für $\lambda = \lambda_k$ die Reihe (33) $(m_k - 1)$-mal gliedweise differenzieren kann. Hieraus folgt, daß die j-mal differenzierte Reihe (33) $(j = 0, 1, 2, \ldots, m_k - 1)$ für $\lambda = \lambda_k$ die Funktion $f^{(j)}(\lambda_k)$ darstellt.

Nach Satz 2 ergeben sich beispielsweise folgende Entwicklungen:[1])

$$e^A = \sum_{p=0}^{\infty} \frac{A^p}{p!}, \quad \cos A = \sum_{p=0}^{\infty} \frac{(-1)^p}{(2p)!} A^{2p}, \quad \sin A = \sum_{p=0}^{\infty} (-1)^p \frac{A^{2p+1}}{(2p+1)!},$$

$$\cosh A = \sum_{p=0}^{\infty} \frac{A^{2p}}{(2p)!}, \quad \sinh A = \sum_{p=0}^{\infty} \frac{A^{2p+1}}{(2p+1)!},$$

$$(E - A)^{-1} = \sum_{p=0}^{\infty} A^p \quad (|\lambda_k| < 1;\ k = 1, 2, \ldots, s),$$

$$\ln A = \sum_{p=1}^{\infty} \frac{(-1)^{p-1}}{p} (A - E)^p \quad (|\lambda_k - 1| < 1;\ k = 1, 2, \ldots, s)$$

(unter $\ln \lambda$ wollen wir hier den sogenannten Hauptwert der mehrwertigen Funktion $\operatorname{Ln} \lambda$ verstehen, d. h. den Zweig der Funktion, für den $\operatorname{Ln} 1 = 0$ ist).

Die Formel (22) auf S. 131 erlaubt, auf einfache Weise die Cauchysche Integralformel für reguläre Funktionen auf Matrizenfunktionen zu übertragen. Wir betrachten in der komplexen Ebene ein einfach zusammenhängendes Gebiet, das durch eine abgeschlossene Kurve Γ begrenzt ist und in sich alle charakteristischen Wurzeln der Matrix A enthält. Es sei $f(\lambda)$ eine beliebige, in diesem Gebiet (einschließlich seines Randes Γ) reguläre analytische Funktion.

[1]) Die Entwicklungen in den ersten beiden Zeilen gelten für beliebige Matrizen A.

Dann gilt nach den bekannten Cauchyschen Integralformeln[1])

$$f(\lambda_k) = \frac{1}{2\pi i} \int_\Gamma \frac{f(\lambda)}{\lambda - \lambda_k} \, d\lambda,$$

$$f'(\lambda_k) = \frac{1}{2\pi i} \int_\Gamma \frac{f(\lambda)}{(\lambda - \lambda_k)^2} \, d\lambda,$$

....

$$f^{(m_k-1)}(\lambda_k) = \frac{(m_k - 1)!}{2\pi i} \int_\Gamma \frac{f(\lambda)}{(\lambda - \lambda_k)^{m_k}} \, d\lambda$$

$(k = 1, \ldots, s)$.

Multiplizieren wir beide Seiten der Matrizengleichung (22) mit $f(\lambda)/2\pi i$ und integrieren über die Kurve Γ,[2]) so erhalten wir

$$\frac{1}{2\pi i} \int_\Gamma (\lambda E - A)^{-1} f(\lambda) \, d\lambda = \sum_{k=1}^{s} [f(\lambda_k) Z_{k1} + f'(\lambda_k) Z_{k2} + \cdots + f^{(m_k-1)}(\lambda_k) Z_{km_k}]$$

und nach der Hauptformel (16)

$$f(A) = \frac{1}{2\pi i} \int_\Gamma (\lambda E - A)^{-1} f(\lambda) \, d\lambda. \tag{34}$$

Das auf der rechten Seite von (34) stehende Integral ist gleich 0 (bei $f(A) \neq 0$!), falls alle charakteristischen Wurzeln der Matrix A außerhalb der Kurve Γ liegen. Liegen jedoch die charakteristischen Wurzeln $\lambda_1, \lambda_2, \ldots, \lambda_q$ innerhalb und $\lambda_{q+1}, \ldots, \lambda_n$ außerhalb der Kurve Γ, so ist das Integral gleich

$$\sum_{k=1}^{q} [f(\lambda_k) Z_{k1} + f'(\lambda_k) Z_{k2} + \cdots + f^{(m_k-1)}(\lambda_k) Z_{km_k}] \quad (q < s).$$

Die Gleichung (34) kann als Definition für die reguläre Matrizenfunktion genommen werden.

---

[1]) Vgl. etwa W. I. Smirnow, Lehrgang der höheren Mathematik, Teil III/2, 13. Aufl., Berlin 1982 (Übersetzung aus dem Russischen), Kap. I, Nr. 7.

[2]) Das Integral einer Matrix ist definiert als das Resultat der „elementweisen" Integration. Deshalb ist

$$\int_\Gamma (\lambda E - A)^{-1} f(\lambda) \, d\lambda = \left\| \int_\Gamma (\lambda E - A)^{-1}_{ik} f(\lambda) \, d\lambda \right\|_{i,k=1}^{n},$$

wobei

$$(\lambda E - A)^{-1}_{ik} = \frac{b_{ik}}{\Delta(\lambda)} \quad (i, k = 1, \ldots, n)$$

die Elemente der Matrix $(\lambda E - A)^{-1}$ sind (vgl. 4.3.).

5.5. Einige Eigenschaften von Matrizenfunktionen

In diesem Abschnitt beweisen wir einige Sätze, mit deren Hilfe wir Identitäten, die zwischen Funktionen mit skalarem Argument bestehen, auf die entsprechenden Matrizenfunktionen ausdehnen können.

1. *Es sei $G(u_1, u_2, \ldots, u_l)$ ein Polynom in $u_1, u_2, \ldots, u_l$; ferner seien $f_1(\lambda), f_2(\lambda), \ldots, f_l(\lambda)$ Funktionen in λ, die auf dem Spektrum einer Matrix A definiert sind, und es sei*

$$g(\lambda) \equiv G[f_1(\lambda), f_2(\lambda), \ldots, f_l(\lambda)]. \tag{35}$$

Aus $g(\Lambda_A) = O$ folgt dann

$$G[f_1(A), f_2(A), \ldots, f_l(A)] = O.$$

Bezeichnet man nämlich die Lagrange-Sylvesterschen Interpolationspolynome von $f_1(\lambda), f_2(\lambda), \ldots, f_l(\lambda)$ mit $r_1(\lambda), r_2(\lambda), \ldots, r_l(\lambda)$ und setzt

$$h(\lambda) = G[r_1(\lambda), r_2(\lambda), \ldots, r_l(\lambda)],$$

so erhalten wir aus (35) $h(\Lambda_A) = O$. Daraus folgt aber

$$G[f_1(A), f_2(A), \ldots, f_l(A)] = G[r_1(A), r_2(A), \ldots, r_l(A)] = h(A) = O,$$

was zu beweisen war.

Aus diesem Satz und der Identität $\cos^2 \lambda + \sin^2 \lambda = 1$ folgt $\cos^2 A + \sin^2 A = E$ für eine beliebige Matrix A (in diesem Fall ist $G(u_1, u_2) = u_1^2 + u_2^2 - 1$, $f_1(\lambda) = \cos \lambda$ und $f_2(\lambda) = \sin \lambda$). Ebenso gilt $e^A e^{-A} = E$, d. h. $e^{-A} = (e^A)^{-1}$ und $e^{iA} = \cos A + i \sin A$ für beliebige Matrizen A.

Es sei A eine reguläre Matrix ($|A| \neq 0$); wir bezeichnen mit $\sqrt{\lambda}$ einen Zweig der mehrwertigen Funktion $\sqrt{\lambda}$, der in einem Gebiet definiert ist, das alle charakteristischen Wurzeln von A, dagegen 0 nicht enthält. Dann ist $\sqrt{A}$ eindeutig definiert, und aus $\left(\sqrt{\lambda}\right)^2 - \lambda = 0$ folgt[1] $\left(\sqrt{A}\right)^2 = A$.

Es sei nun $f(\lambda) = \dfrac{1}{\lambda}$ und $A = \|a_{ik}\|_1^n$ eine reguläre Matrix. Dann ist $f(\lambda)$ auf dem Spektrum der Matrix definiert, und man kann in der Gleichung

$$\lambda f(\lambda) = 1$$

λ durch A ersetzen; es gilt also $A\, f(A) = E$, d. h. $f(A) = A^{-1}$.[2]

Bezeichnen wir mit $r(\lambda)$ das Interpolationspolynom der Funktion $1/\lambda$, so kann die inverse Matrix A^{-1} in Gestalt eines Polynoms der Matrix A dargestellt werden: $A^{-1} = r(A)$.

Wir betrachten nun eine rationale Funktion $\varrho(\lambda) = \dfrac{g(\lambda)}{h(\lambda)}$, wobei $g(\lambda)$ und $h(\lambda)$ Polynome in λ sind. Diese Funktion ist auf dem Spektrum einer Matrix A genau dann

[1]) In 8.6. und 8.7. wird eine allgemeinere Definition von $\sqrt{A}$ als beliebige Lösung der Matrizengleichung $X^2 = A$ gegeben.

[2]) Diese Tatsache benutzten wir bereits auf S. 131. Vgl. die Fußnote.

definiert, wenn die charakteristischen Wurzeln von A keine Nullstellen von $h(\lambda)$ sind, d. h.,[1]) wenn $|h(A)| \neq 0$ ist. Ist diese Bedingung erfüllt, so kann in der Identität

$$\varrho(\lambda)\, h(\lambda) = g(\lambda)$$

λ durch A ersetzt werden: $\varrho(A)\, h(A) = g(A)$. Hieraus folgt $\varrho(A) = g(A)\,[h(A)]^{-1} = [h(A)]^{-1}\, g(A)$.

2. *Ist die zusammengesetzte Funktion* $g(\lambda) \equiv h[f(\lambda)]$ *auf dem Spektrum der Matrix* A *definiert, so gilt* $g(A) = h[f(A)]$, *d. h.* $g(A) = h(B)$, *wobei* $B = f(A)$ *ist.*

Zum Beweis dieser Behauptung setzen wir wieder voraus, daß

$$\psi(\lambda) = (\lambda - \lambda_1)^{m_1}(\lambda - \lambda_2)^{m_2} \cdots (\lambda - \lambda_s)^{m_s}$$

das Minimalpolynom der Matrix A ist. Dann werden die Werte der Funktion $g(\lambda)$ auf dem Spektrum von A durch die Formeln[2])

$$\left.\begin{array}{l} g(\lambda_k) = h(\mu_k), \\ g'(\lambda_k) = h'(\mu_k)\, f'(\lambda_k), \\ \dots\dots\dots\dots\dots\dots\dots\dots\dots\dots \\ g^{(m_k-1)}(\lambda_k) = h^{(m_k-1)}(\mu_k)\,[f'(\lambda_k)]^{m_k-1} + \cdots + h'(\mu_k)\, f^{(m_k-1)}(\lambda_k) \end{array}\right\} \qquad (36)$$

gegeben, wobei $\mu_k = f(\lambda_k)$ $(k = 1, \ldots, s)$ ist. Das Polynom

$$\chi(\mu) = (\mu - \mu_1)^{m_1}(\mu - \mu_2)^{m_2} \cdots (\mu - \mu_s)^{m_s}$$

ist annullierendes Polynom der Matrix B. Jede der Zahlen λ_k ist nämlich wenigstens m_k-fache Nullstelle der Funktion

$$q(\lambda) \equiv \chi[f(\lambda)] = \prod_{k=1}^{s} [f(\lambda) - f(\lambda_k)]^{m_k}.$$

Somit ist $q(\Lambda_A) = O$, und wegen Satz 1 gilt dann $q(A) = \chi[f(A)] = \chi(B) = O$. Unter den Werten

$$h(\mu_1), \quad h'(\mu_1), \ldots, h^{(m_k-1)}(\mu_k) \qquad (k = 1, \ldots, s) \tag{37}$$

befinden sich daher alle Werte der Funktion $h(\mu)$ auf dem Spektrum der Matrix B. Ausgehend von den Werten (37), konstruieren wir das Interpolationspolynom $r(\lambda)$ für die Funktion $h(\lambda)$. Dann ist einerseits $h(B) = r(B)$, andererseits stimmen die Funktionen $g(\lambda)$ und $g_1(\lambda) = r[f(\lambda)]$, wie die Gleichungen (36) zeigen, auf dem Spektrum von A überein. Wir können daher Satz 1 auf die Differenz $g(\lambda) - r[f(\lambda)]$ anwenden und erhalten $g(A) - r[f(A)] = O$: damit ist aber

$$g(A) = r[f(A)] = r(B) = h(B) = h[f(A)],$$

was zu beweisen war.

---

[1]) Vgl. (25) auf S. 111.

[2]) Es wird vorausgesetzt, daß alle in diesen Formeln auftretenden Werte $f(\lambda_k), \ldots, f^{(m_k-1)}(\lambda_k)$, $h(\mu_k), \ldots, h^{(m_k-1)}(\mu_k)$ $(k = 1, \ldots, s)$ sinnvoll sind.

Kombinieren wir jetzt die Sätze 1 und 2, so erhalten wir folgende Verallgemeinerung von Satz 1:

3. *Es sei*

$$g(\lambda) \equiv G[f_1(\lambda), f_2(\lambda), \ldots, f_l(\lambda)],$$

wobei die Funktionen $f_1(\lambda), f_2(\lambda), \ldots, f_l(\lambda)$ *auf dem Spektrum der Matrix* A *definiert sind und die Funktion* $G(u_1, u_2, \ldots, u_l)$ *sich aus den Variablen* $u_1, u_2, \ldots, u_l$ *durch nacheinander ausgeführte Addition, Multiplikation, Multiplikation mit einer festen Zahl und der Substitution einer Variablen durch eine beliebige Funktion in derselben ergibt. Aus*

$$g(\Lambda_A) = O$$

folgt dann

$$G[f_1(A), f_2(A), \ldots, f_l(A)] = O.$$

Es sei beispielsweise A eine reguläre Matrix ($|A| \neq 0$). Bezeichnen wir mit $\ln \lambda$ einen eindeutigen Zweig der mehrwertigen Funktion $\operatorname{Ln} \lambda$, der auf einem Gebiet definiert ist, das die 0 nicht enthält, wohl aber alle charakteristischen Wurzeln der Matrix A, dann kann man in der skalaren Identität $e^{\ln \lambda} - \lambda = 0$ das skalare Argument λ durch die Matrix A ersetzen: $e^{\ln A} - A = O$. d. h. $e^{\ln A} = A$. Mit anderen Worten, die Matrix $X = \ln A$ genügt der Matrizengleichung $e^X = A$, d. h., sie ist der „natürliche Logarithmus“ der Matrix A.

Wählen wir für $\ln \lambda$ andere Zweige der mehrwertigen Funktion $\operatorname{Ln} \lambda$, so erhalten wir entsprechend andere Logarithmen der Matrix A.[1]) Es sei $A = \|a_{ik}\|_1^n$ eine reelle nichtsinguläre Matrix. In 8.8. werden notwendige und hinreichende Bedingungen dafür aufgestellt, daß eine reelle Matrix einen reellen natürlichen Logarithmus hat. Hier wollen wir nur zwei Spezialfälle untersuchen.

1. Die Matrix A besitzt keine negativen reellen charakteristischen Wurzeln. Mit $\ln_0 \lambda$ bezeichnen wir denjenigen eindeutigen Zweig der Funktion $\operatorname{Ln} \lambda$ auf der komplexen λ-Ebene mit dem Schnitt längs der negativen reellen Achse, der durch die Gleichung

$$\ln_0 \lambda = \ln r + i\varphi, \qquad -\pi < \varphi < \pi \qquad (\lambda = r\, e^{i\varphi})$$

definiert wird. Die Funktion $\ln_0 \lambda$ nimmt bei positiven reellen λ reelle Werte und bei konjugiert-komplexen Werten für λ konjugiert-komplexe Werte an. Sie ist daher auf dem Spektrum der Matrix A reell (vgl. S. 129), und $\ln_0 A$ ist eine reelle Matrix.

2. Es sei $A = B^2$, wobei B eine reelle Matrix ist.[2]) Neben der Funktion $\ln_0 \lambda$ betrachten wir nun auch die folgenden eindeutigen Zweige der Funktion $\operatorname{Ln} \lambda$ auf

---

[1]) Allerdings erhalten wir auf diese Weise nicht alle Logarithmen der Matrix A. In 8.8. wird eine allgemeine Formel angegeben, die alle Logarithmen der Matrix A liefert.

[2]) In diesem Fall hat die Matrix A negative reelle charakteristische Wurzeln, falls die Matrix B rein imaginäre charakteristische Wurzeln besitzt.

der komplexen λ-Ebene mit dem Schnitt längs der positiven reellen Achse:

$$\ln_1 \lambda = \ln r + i\varphi, \qquad 0 \leqq \varphi < 2\pi \qquad (\lambda = re^{i\varphi}),$$

$$\ln_2 \lambda = \ln r + i\varphi, \qquad -2\pi < \varphi \leqq 0 \qquad (\lambda = re^{i\varphi}).$$

Die Matrix B habe nun die voneinander verschiedenen charakteristischen Wurzeln λ_k $(k = 1, \ldots, s)$. Wir wählen kreisförmige Umgebungen G_k der Punkte λ_k $(k = 1, \ldots, s)$, die einander nicht schneiden und den Punkt $\lambda = 0$ nicht enthalten. In dem aus diesen Umgebungen zusammengesetzten Gebiet definieren wir die Funktion $f(\lambda)$ durch folgende Gleichungen:

$$f(\lambda) = \ln_0 \lambda^2, \quad \text{falls} \quad \lambda \in G_k \text{ und } \operatorname{Re} \lambda_k \neq 0,$$

$$f(\lambda) = \ln_1 \lambda^2, \quad \text{falls} \quad \lambda \in G_k \text{ und } \operatorname{Re} \lambda_k = 0, \operatorname{Im} \lambda_k > 0,$$

$$f(\lambda) = \ln_2 \lambda^2, \quad \text{falls} \quad \lambda \in G_k \text{ und } \operatorname{Re} \lambda_k = 0, \operatorname{Im} \lambda_k < 0.$$

Damit ist $f(\lambda)$ ein eindeutiger Zweig der Funktion $\operatorname{Ln} \lambda^2$, der auf dem Spektrum der Matrix B definiert und reell ist. Folglich ist $f(B)$ eine reelle Matrix und $e^{f(B)} = B = A$, d. h., die Matrix $f(B)$ ist ein reeller natürlicher Logarithmus der Matrix A.

Anmerkung 1. Ist $\boldsymbol{A}$ ein linearer Operator eines n-dimensionalen Vektorraumes $\mathfrak{R}$, so ist die Definition von $f(\boldsymbol{A})$ der von $f(A)$ völlig analog:

$$f(\boldsymbol{A}) = r(\boldsymbol{A});$$

$r(\lambda)$ ist auch hier das Lagrange-Sylvestersche Interpolationspolynom für $f(\lambda)$ auf dem Spektrum des Operators $\boldsymbol{A}$ (das Spektrum des Operators $\boldsymbol{A}$ wird durch das minimale annullierende Polynom $\psi(\lambda)$ von $\boldsymbol{A}$ definiert).

Aus dieser Definition folgt, daß dem Operator $f(\boldsymbol{A})$ bei einer bestimmten Basis die Matrix $f(A)$ zugeordnet ist, wenn bei gleicher Basis dem Operator $\boldsymbol{A}$ die Matrix $A = \|a_{ik}\|_1^n$ zugeordnet war. Alle Behauptungen und Formulierungen dieses Kapitels über Matrizen bleiben in Kraft, wenn die Matrizen durch die entsprechenden Operatoren ersetzt werden.

Anmerkung 2. Man kann Matrizenfunktionen $f(A)$ auch mit Hilfe der charakteristischen Polynome

$$\Delta(\lambda) = \prod_{k=1}^{s} (\lambda - \lambda_k)^{n_k}$$

definieren[1]) und diese an die Stelle der Minimalpolynome

$$\psi(\lambda) = \prod_{k=1}^{s} (\lambda - \lambda_k)^{m_k}$$

treten lassen. Wählt man diesen Weg, so setzt man, wenn $g(\lambda)$ ein Interpolationspolynom vom Grade kleiner als $n = \operatorname{Grad} \Delta(\lambda)$ für die Funktion $f(\lambda)$ ist[2]), $f(A) = g(A)$. Die Formeln (16),

[1]) Vgl. etwa W. D. MacMillan, Theoretical mechanics, III: Dynamics of rigid bodies, New York 1936.

[2]) Das Polynom $g(\lambda)$ ist durch die Bedingungen $f(A) = g(A)$ und $\operatorname{Grad} g(\lambda) < n$ nicht eindeutig bestimmt.

(22) und (24) sind dann durch folgende Formeln zu ersetzen:

$$f(A) = \sum_{k=1}^{s} [f(\lambda_k)\,\hat{Z}_{k1} + f'(\lambda_k)\,\hat{Z}_{k2} + \cdots + f^{(n_k-1)}(\lambda_k)\,\hat{Z}_{kn_k}], \tag{16'}$$

$$(\lambda E - A)^{-1} = \frac{B(\lambda)}{\Delta(\lambda)} = \sum_{k=1}^{s} \left[\frac{\hat{Z}_{k1}}{\lambda - \lambda_k} + \frac{1!\hat{Z}_{k2}}{(\lambda - \lambda_k)^2} + \cdots + \frac{(n_k - 1)!\,\hat{Z}_{kn_k}}{(\lambda - \lambda_k)^{n_k-1}}\right], \tag{22'}$$

$$f(A) = \sum_{k=1}^{s} \frac{1}{(n_k - 1)!} \left[\frac{B(\lambda)}{\Delta_k(\lambda)} f(\lambda)\right]_{\lambda=\lambda_k}^{(n_k-1)} \;[1] \tag{24'}$$

mit

$$\Delta_k(\lambda) = \frac{\Delta(\lambda)}{(\lambda - \lambda_k)^{n_k}} \qquad (k = 1, 2, \ldots, s).$$

Die in (16') auftretenden Werte $f^{(m_k)}(\lambda_k), f^{(m_k+1)}(\lambda_k), \ldots, f^{(n_k-1)}(\lambda_k)$ sind jedoch nur fiktiv, da aus (22) und (22')

$$\hat{Z}_{k1} = Z_{k1}, \ldots, \hat{Z}_{km_k}, \hat{Z}_{km_k+1} = \cdots = \hat{Z}_{kn_k} = O$$

folgt.

5.6. Die Anwendung der Matrizenfunktionen zur Integration linearer Differentialgleichungssysteme mit konstanten Koeffizienten

1. Wir betrachten zuerst ein System homogener linearer Differentialgleichungen erster Ordnung mit konstanten Koeffizienten:

$$\left.\begin{aligned} \frac{dx_1}{dt} &= a_{11}x_1 + a_{12}x_2 + \cdots + a_{1n}x_n, \\ \frac{dx_2}{dt} &= a_{21}x_1 + a_{22}x_2 + \cdots + a_{2n}x_n, \\ &\cdots\cdots\cdots\cdots\cdots\cdots \\ \frac{dx_n}{dt} &= a_{n1}x_1 + a_{n2}x_2 + \cdots + a_{nn}x_n; \end{aligned}\right\} \tag{38}$$

t ist die unabhängige Variable, $x_1, x_2, \ldots, x_n$ sind unbekannte Funktionen in t, und a_{ik} $(i, k = 1, 2, \ldots, n)$ sind komplexe Zahlen.

Es sei nun A die quadratische Koeffizientenmatrix $A = \|a_{ik}\|_1^n$ und x die Spaltenmatrix $x = (x_1, x_2, \ldots, x_n)$. Dann kann das Gleichungssystem (38) als eine einzige (Matrizen-) Differentialgleichung geschrieben werden:

$$\frac{dx}{dt} = Ax. \tag{39}$$

[1] Ein Spezialfall der Formel (24'), wenn nämlich $f(\lambda) \equiv \lambda^n$ ist, wird manchmal Perronsche Formel genannt (vgl. [29], S. 25–27).

Hier und im folgenden werden wir unter der *Ableitung einer Matrix* diejenige Matrix verstehen, deren Elemente die Ableitungen der Elemente der gegebenen Matrix sind, die man also aus der gegebenen Matrix durch elementweise Differentiation erhält. Danach ist $\frac{\mathrm{d}x}{\mathrm{d}t}$ eine Spaltenmatrix mit den Elementen $\frac{\mathrm{d}x_1}{\mathrm{d}t}, \frac{\mathrm{d}x_2}{\mathrm{d}t}, \ldots, \frac{\mathrm{d}x_n}{\mathrm{d}t}$.

Wir suchen nun eine Lösung des Differentialgleichungssystems mit den Anfangswerten

$$x_1|_{t=0} = x_{10}, \quad x_2|_{t=0} = x_{20}, \ldots, x_n|_{t=0} = x_{n0}$$

oder kürzer

$$x|_{t=0} = x_0. \tag{40}$$

Wir entwickeln die gesuchte Spalte x in eine Maclaurinsche Reihe nach Potenzen von t:

$$x = x_0 + \dot{x}_0 t + \ddot{x}_0 \frac{t^2}{2!} + \cdots \quad \left(\dot{x}_0 = \frac{\mathrm{d}x}{\mathrm{d}t}\bigg|_{t=0}, \ddot{x}_0 = \frac{\mathrm{d}^2x}{\mathrm{d}t^2}\bigg|_{t=0}, \ldots\right). \tag{41}$$

Aus (39) folgt durch Differentiation

$$\frac{\mathrm{d}^2x}{\mathrm{d}t^2} = A\,\frac{\mathrm{d}x}{\mathrm{d}t} = A^2x, \qquad \frac{\mathrm{d}^3x}{\mathrm{d}t^3} = A\,\frac{\mathrm{d}^2x}{\mathrm{d}t^2} = A^3x, \ldots \tag{42}$$

Setzen wir in (39) und (42) $t = 0$, so erhalten wir

$$\dot{x}_0 = Ax_0, \qquad \ddot{x}_0 = A^2x_0, \ldots$$

Man kann also die Reihe (41) folgendermaßen schreiben:

$$x = x_0 + tAx_0 + \frac{t^2}{2!}\,A^2x_0 + \cdots = e^{At}x_0. \tag{43}$$

Durch Einsetzen in (39) überzeugen wir uns davon,[1]) daß (43) eine Lösung der Differentialgleichung (39) ist. Setzen wir in (43) $t = 0$, so erhalten wir

$$x|_{t=0} = x_0.$$

Folglich ist (43) eine Lösung des gegebenen Systems linearer Differentialgleichungen, die die Anfangsbedingungen (40) befriedigt.

Setzen wir in (17) $f(\lambda) = e^{\lambda t}$, so folgt

$$e^{At} = \|q_{ik}(t)\|_1^n = \sum_{k=1}^{s} (Z_{k1} + Z_{k2}t + \cdots + Z_{km_k}t^{m_k-1})\, e^{\lambda_k t}. \tag{44}$$

Dann kann (43) in der Gestalt

$$\left.\begin{array}{l} x_1 = q_{11}(t)\,x_{10} + q_{12}(t)\,x_{20} + \cdots + q_{1n}(t)\,x_{n0}, \\ x_2 = q_{21}(t)\,x_{10} + q_{22}(t)\,x_{20} + \cdots + q_{2n}(t)\,x_{n0}, \\ \cdots\cdots\cdots\cdots\cdots\cdots\cdots\cdots\cdots\cdots \\ x_n = q_{n1}(t)\,x_{10} + q_{n2}(t)\,x_{20} + \cdots + q_{nn}(t)\,x_{n0} \end{array}\right\} \tag{45}$$

---

[1]) $\frac{\mathrm{d}}{\mathrm{d}t}(e^{At}) = \frac{\mathrm{d}}{\mathrm{d}t}\left(E + At + \frac{A^2t^2}{2!} + \cdots\right) = A + A^2t + \frac{A^3t^2}{2!} + \cdots = A\,e^{At}$

geschrieben werden; dabei sind $x_{10}, x_{20}, \ldots, x_{n0}$ willkürliche Konstante, die Anfangswerte der gesuchten Funktionen $x_1, x_2, \ldots, x_n$.

Die Integration des gegebenen Systems linearer Differentialgleichungen führt also auf die Aufgabe, die Elemente der Matrix e^{At} zu berechnen.

Sind als Anfangswerte die zum Argument $t = t_0$ gehörenden Werte gegeben, so geht (43) über in

$$x = e^{A(t-t_0)}\, x_0 . \tag{46}$$

Beispiel.

$$\frac{dx_1}{dt} = 3x_1 - x_2 + x_3,$$

$$\frac{dx_2}{dt} = 2x_1 \qquad - x_3,$$

$$\frac{dx_3}{dt} = x_1 - x_2 + 2x_3.$$

Die Koeffizientenmatrix dieses Systems hat die Gestalt

$$A = \begin{Vmatrix} 3 & -1 & 1 \\ 2 & 0 & 1 \\ 1 & -1 & 2 \end{Vmatrix}.$$

Wir bilden das charakteristische Polynom:

$$\Delta(\lambda) = -\begin{Vmatrix} 3-\lambda & 1 & 1 \\ 2 & -\lambda & 1 \\ 1 & -1 & 2-\lambda \end{Vmatrix} = (\lambda - 1)(\lambda - 2)^2 .$$

Der größte gemeinsame Teiler der Minoren zweiter Ordnung ist 1 $\big(D_2(\lambda) = 1\big)$. Folglich ist

$$\psi(\lambda) = \Delta(\lambda) = (\lambda - 1)(\lambda - 2)^2 .$$

Die Hauptformel hat hier die Gestalt

$$f(A) = f(1)\, Z_1 + f(2)\, Z_2 + f'(2)\, Z_3 .$$

Setzen wir für $f(\lambda)$ sukzessive $1, \lambda - 2, (\lambda - 2)^2$, so erhalten wir

$$Z_1 + Z_2 = E = \begin{Vmatrix} 1 & 0 & 0 \\ 0 & 1 & 0 \\ 0 & 0 & 1 \end{Vmatrix}, \qquad -Z_1 + Z_3 = A - 2E = \begin{Vmatrix} 1 & -1 & 1 \\ 2 & -2 & 1 \\ 1 & -1 & 0 \end{Vmatrix} \begin{matrix} 1 \\ 1, \\ 0 \end{matrix}$$

$$Z_1 = (A - 2E)^2 = \begin{Vmatrix} 0 & 0 & 0 \\ -1 & 1 & 0 \\ -1 & 1 & 0 \end{Vmatrix} \begin{matrix} 0 \\ 0. \\ 0 \end{matrix}$$

Hieraus bestimmen wir Z_1, Z_2 und Z_3 und setzen sie in die Hauptformel ein:

$$f(A) = f(1) \begin{Vmatrix} 0 & 0 & 0 \\ -1 & 1 & 0 \\ -1 & 1 & 0 \end{Vmatrix} + f(2) \begin{Vmatrix} 1 & 0 & 0 \\ 1 & 0 & 0 \\ 1 & -1 & 1 \end{Vmatrix} + f'(2) \begin{Vmatrix} 1 & -1 & 1 \\ 1 & -1 & 1 \\ 0 & 0 & 0 \end{Vmatrix}.$$

Ersetzt man nun $f(\lambda)$ durch $e^{\lambda t}$, so ergibt sich

$$e^{At} = e^t \begin{Vmatrix} 0 & 0 & 0 \\ -1 & 1 & 0 \\ -1 & 1 & 0 \end{Vmatrix} + e^{2t} \begin{Vmatrix} 1 & 0 & 0 \\ 1 & 0 & 0 \\ 1 & -1 & 1 \end{Vmatrix} + t\, e^{2t} \begin{Vmatrix} 1 & -1 & 1 \\ 1 & -1 & 1 \\ 0 & 0 & 0 \end{Vmatrix}$$

$$= \begin{Vmatrix} (1+t)\, e^{2t} & -t\, e^{2t} & t\, e^{2t} \\ -e^t + (1+t)\, e^{2t} & e^t - t\, e^{2t} & t\, e^{2t} \\ -e^t + e^{2t} & e^t - e^{2t} & e^{2t} \end{Vmatrix}$$

Folglich ist

$$x_1 = C_1(1+t)\, e^{2t} - C_2 t\, e^{2t} + C_3 t\, e^{2t},$$

$$x_2 = C_1[-e^t + (1+t)\, e^{2t}] + C_2(e^t - t\, e^{2t}) + C_3 t\, e^{2t},$$

$$x_3 = C_1(-e^t + e^{2t}) + C_2(e^t - e^{2t}) + C_3\, e^{2t}$$

mit

$$C_1 = x_{10}, \quad C_2 = x_{20}, \quad C_3 = x_{30}.$$

2. Wir betrachten nun ein System inhomogener linearer Differentialgleichungen mit konstanten Koeffizienten:

$$\left.\begin{aligned} \frac{dx_1}{dt} &= a_{11}x_1 + a_{12}x_2 + \cdots + a_{1n}x_n + f_1(t), \\ \frac{dx_2}{dt} &= a_{21}x_1 + a_{22}x_2 + \cdots + a_{2n}x_n + f_2(t), \\ &\cdots\cdots\cdots\cdots\cdots\cdots \\ \frac{dx_n}{dt} &= a_{n1}x_1 + a_{n2}x_2 + \cdots + a_{nn}x_n + f_n(t); \end{aligned}\right\} \tag{47}$$

die $f_i(t)$ $(i = 1, 2, \ldots, n)$ sind im Intervall $t_0 \leqq t \leqq t_1$ stetige Funktionen. Bezeichnen wir wiederum mit $A = \|a_{ik}\|$ die Koeffizientenmatrix und mit $f(t)$ die Spaltenmatrix mit den Elementen $f_1(t), f_2(t), \ldots, f_n(t)$, so kann das System (47) folgendermaßen geschrieben werden:

$$\frac{dx}{dt} = Ax + f(t). \tag{48}$$

An Stelle von x führen wir eine neue Spalte z unbekannter Funktionen ein, die mit x durch die Formel

$$x = e^{At} z \tag{49}$$

verknüpft ist. Differenziert man (49) und setzt den für $\frac{dx}{dt}$ erhaltenen Ausdruck in (48) ein, so ergibt sich[1])

$$e^{At} \frac{dz}{dt} = f(t). \tag{50}$$

[1]) Vgl. die Fußnote auf S. 144.

Hieraus folgt

$$z(t) = c + \int_{t_0}^{t} e^{-A\tau} f(\tau)\, d\tau,^{1)} \tag{51}$$

und daher ist nach (49)

$$x = e^{At}\left[c + \int_{t_0}^{t} e^{-A\tau} f(\tau)\, d\tau\right] = e^{At}c + \int_{t_0}^{t} e^{A(t-\tau)} f(\tau)\, d\tau; \tag{52}$$

die Elemente der Spalte c sind dabei willkürliche Konstante. Für $t = t_0$ ergibt sich aus (52) $c = e^{-At_0}x_0$; daher kann (52) in folgender Gestalt geschrieben werden:

$$x = e^{A(t-t_0)}x_0 + \int_{t_0}^{t} e^{A(t-\tau)} f(\tau)\, d\tau. \tag{53}$$

Setzt man $e^{At} = \|q_{ik}(t)\|_1^n$, so lautet (53) ausführlich

$$\left.\begin{aligned} x_1 &= q_{11}(t - t_0)\, x_{10} + \cdots + q_{1n}(t - t_0)\, x_{n0} \\ &\quad + \int_{t_0}^{t} [q_{11}(t-\tau)\, f_1(\tau) + \cdots + q_{1n}(t-\tau)\, f_n(\tau)]\, d\tau, \\ &\cdots\cdots\cdots\cdots\cdots\cdots\cdots\cdots \\ x_n &= q_{n1}(t - t_0)\, x_{10} + \cdots + q_{nn}(t - t_0)\, x_{n0} \\ &\quad + \int_{t_0}^{t} [q_{n1}(t-\tau)\, f_1(\tau) + \cdots + q_{nn}(t-\tau)\, f_n(\tau)]\, d\tau. \end{aligned}\right\} \tag{54}$$

3. Als Beispiel betrachten wir *die Bewegung eines Massenpunktes im Vakuum in der Nähe der Erdoberfläche unter Berücksichtigung der Erdbewegung.* In diesem Fall wird bekanntlich[2]) die Beschleunigung des Punktes bezüglich der Erde durch die konstante Kraft des Gewichts $m\boldsymbol{g}$ und die Corioliskraft[3]) $2m\boldsymbol{\omega} \times \boldsymbol{v}$ bestimmt ($\boldsymbol{v}$ ist die Geschwindigkeit des Punktes bezüglich der Erde, $\boldsymbol{\omega}$ die konstante Winkelgeschwindigkeit der Erde). Somit hat die Differentialgleichung für die Bewegung des Punktes die Gestalt

$$\frac{d\boldsymbol{v}}{dt} = \boldsymbol{g} - 2\boldsymbol{\omega} \times \boldsymbol{v}. \tag{55}$$

---

[1]) Wie schon für einen Spezialfall ausgeführt (vgl. Fußnote 2 auf S. 138), ist das Integral einer Matrix $B(\tau) = \|b_{ik}(\tau)\|$ $(i + 1, 2, \ldots, m;\ k = 1, 2, \ldots, n)$, die Funktion eines skalaren Argumentes ist, definiert durch

$$\int_{t_1}^{t_2} B(\tau)\, d\tau = \left\| \int_{t_1}^{t_2} b_{ik}(\tau)\, d\tau \right\| \quad (i = 1, 2, \ldots, n;\ k = 1, 2, \ldots, n).$$

[2]) Vgl. etwa A. Sommerfeld, Mechanik, 4. Aufl., Leipzig 1948, § 30, S. 160, oder F. Hund, Theoretische Physik, I. Band, Mechanik § 38, 39, oder auch H. Stephani und G. Kluge, Grundlagen der Theoretischen Mechanik, Berlin 1980.

[3]) Hier bedeuten halbfette Buchstaben Vektoren und das Symbol „$\times$" die Vektormultiplikation.

Wir definieren einen linearen Operator $\boldsymbol{A}$ im dreidimensionalen euklidischen Raum durch

$$\boldsymbol{A}\boldsymbol{x} = -2\boldsymbol{\omega} \times \boldsymbol{x} \tag{56}$$

und schreiben an Stelle von (55)

$$\frac{\mathrm{d}\boldsymbol{v}}{\mathrm{d}t} = \boldsymbol{A}\boldsymbol{v} + \boldsymbol{g}. \tag{57}$$

Vergleichen wir (57) mit (48), so finden wir für die Formel (55) den Ausdruck

$$\boldsymbol{v} = \mathrm{e}^{\boldsymbol{A}t}\boldsymbol{v}_0 + \int_0^t \mathrm{e}^{\boldsymbol{A}\tau}\, \mathrm{d}\tau\, \boldsymbol{g} \qquad (\boldsymbol{v}_0 = \boldsymbol{v}_{t=0}).$$

Die Integration dieser Gleichung ergibt den Radiusvektor des sich bewegenden Punktes:

$$\boldsymbol{r} = \boldsymbol{r}_0 + \int_0^t \mathrm{e}^{\boldsymbol{A}\tau}\, \mathrm{d}\tau\, \boldsymbol{v}_0 + \int_0^t\int_0^\tau \mathrm{e}^{\boldsymbol{A}\sigma}\, \mathrm{d}\sigma\, \mathrm{d}\tau\, \boldsymbol{g} \quad \text{mit} \quad \boldsymbol{r}_0 = \boldsymbol{r}_{t=0} \quad \text{und} \quad \boldsymbol{v}_0 = \boldsymbol{v}_{t=0}. \tag{58}$$

Setzen wir an Stelle von $\mathrm{e}^{\boldsymbol{A}t}$ die entsprechende Reihenentwicklung

$$\boldsymbol{E} + \boldsymbol{A}\frac{t}{1!} + \boldsymbol{A}^2\frac{t^2}{2!} + \cdots$$

und für den Operator $\boldsymbol{A}$ seinen Ausdruck aus (56) ein, so ergibt sich

$$\boldsymbol{r} = \boldsymbol{r}_0 + \boldsymbol{v}_0 t + \frac{1}{2}\boldsymbol{g}t^2 - \boldsymbol{\omega} \times \left(\boldsymbol{v}_0 t^2 + \frac{1}{3}\boldsymbol{g}t^3\right) + \boldsymbol{\omega} \times \left[\boldsymbol{\omega} \times \left(\frac{2}{3}\boldsymbol{v}_0 t^3 + \frac{1}{6}\boldsymbol{g}t^4\right)\right] + \cdots.$$

Nehmen wir an, daß die Winkelgeschwindigkeit ω klein ist (für die Erde ist $\omega \approx 7{,}3 \cdot 10^{-5}\,\mathrm{s}^{-1}$), und vernachlässigen wir die Glieder mit zweiter oder höherer Ordnung in ω, so erhalten wir für die durch die Erdbewegung bewirkte Abweichung des Punktes die Näherungsformel

$$\boldsymbol{d} \approx -\boldsymbol{\omega} \times \left(\boldsymbol{v}_0 t^2 + \frac{1}{3}\boldsymbol{g}t^3\right).$$

Wir kehren zu der exakten Lösung (58) zurück und berechnen $\mathrm{e}^{\boldsymbol{A}t}$. Zuvor bemerken wir, daß das Minimalpolynom des Operators $\boldsymbol{A}$ die Gestalt

$$\psi(\lambda) = \lambda(\lambda^2 + 4\omega^2)$$

hat. Aus (56) folgt nämlich

$$\boldsymbol{A}^2\boldsymbol{x} = 4\boldsymbol{\omega} \times (\boldsymbol{\omega} \times \boldsymbol{x}) = 4(\boldsymbol{\omega}\boldsymbol{x})\,\boldsymbol{\omega} - 4\omega^2\boldsymbol{x},$$

$$\boldsymbol{A}^3\boldsymbol{x} = -2\boldsymbol{\omega} \times \boldsymbol{A}^2\boldsymbol{x} = 8\omega^2(\boldsymbol{\omega} \times \boldsymbol{x}).$$

Unter Benutzung von (56) folgt daraus die lineare Unabhängigkeit der Operatoren $\boldsymbol{E}$, $\boldsymbol{A}$, $\boldsymbol{A}^2$. Es ist

$$\boldsymbol{A}^3 + 4\omega^2\boldsymbol{A} = \boldsymbol{O}.$$

Das Minimalpolynom hat einfache Nullstellen: 0, $2\omega\mathrm{i}$, $-2\omega\mathrm{i}$. Das Lagrangesche Interpolationspolynom von $\mathrm{e}^{\boldsymbol{A}t}$ hat die Gestalt

$$1 + \frac{\sin 2\omega t}{2\omega}\lambda + \frac{1 - \cos 2\omega t}{4\omega^2}\lambda^2.$$

Daher ist

$$e^{At} = \boldsymbol{E} + \frac{\sin 2\omega t}{2\omega}\boldsymbol{A} + \frac{1 - \cos 2\omega t}{4\omega^2}\boldsymbol{A}^2.$$

Setzt man den Ausdruck für e^{At} in (58) ein und benutzt die Definitionsgleichung (56) des Operators $\boldsymbol{A}$, so ergibt sich

$$\begin{aligned}\boldsymbol{r} = \boldsymbol{r}_0 + \boldsymbol{v}_0 t + \boldsymbol{g}\frac{t^2}{2} - \boldsymbol{\omega}\times\left(\frac{1-\cos 2\omega t}{2\omega^2}\boldsymbol{v}_0 + \frac{2\omega t - \sin 2\omega t}{4\omega^3}\boldsymbol{g}\right)\\ + \boldsymbol{\omega}\times\left[\boldsymbol{\omega}\times\left(\frac{2\omega t - \sin 2\omega t}{2\omega^3}\boldsymbol{v}_0 + \frac{-1 + 2\omega^2 t^2 + \cos 2\omega t}{4\omega^4}\boldsymbol{g}\right)\right].\end{aligned} \tag{59}$$

Wir betrachten den Spezialfall $\boldsymbol{v}_0 = \boldsymbol{o}$. Multiplizieren wir das dreifache Vektorprodukt aus,[1]) so erhalten wir

$$\boldsymbol{r} = \boldsymbol{r}_0 + \boldsymbol{g}\frac{t^2}{2} + \frac{2\omega t - \sin 2\omega t}{4\omega^3}(\boldsymbol{g}\times\boldsymbol{\omega}) + \frac{\cos 2\omega t - 1 + 2\omega^2 t^2}{4\omega^3}(\boldsymbol{g}\sin\varphi\,\boldsymbol{\omega} - \omega\boldsymbol{g}),$$

dabei ist φ die geographische Breite des gegebenen Ortes. Das Glied

$$\frac{2\omega t - \sin 2\omega t}{4\omega^3}(\boldsymbol{g}\times\boldsymbol{\omega})$$

gibt die Abweichung senkrecht zur Meridianebene in östlicher Richtung an. Der letzte Summand der rechten Seite beschreibt die Abweichung in der Meridianebene senkrecht zur Erdachse.

4. Gegeben sei das System linearer Differentialgleichungen zweiter Ordnung

$$\left.\begin{array}{l}\dfrac{d^2x_1}{dt^2} + a_{11}x_1 + a_{12}x_2 + \cdots + a_{1n}x_n = 0,\\ \dfrac{d^2x_2}{dt^2} + a_{21}x_1 + a_{22}x_2 + \cdots + a_{2n}x_n = 0,\\ \dots\dots\dots\dots\dots\dots\dots\dots\dots\\ \dfrac{d^2x_n}{dt^2} + a_{n1}x_1 + a_{n2}x_2 + \cdots + a_{nn}x_n = 0\end{array}\right\} \tag{60}$$

mit konstanten a_{ik} $(i, k = 1, 2, \ldots, n)$. Führen wir wieder die Spalte $x = (x_1, x_2, \ldots, x_n)$ und die quadratische Matrix $A = \|a_{ik}\|_1^n$ ein, so können wir das System (60) in Matrizenform schreiben:

$$\frac{d^2x}{dt^2} + Ax = O. \tag{60'}$$

---

[1]) nach der Formel $\boldsymbol{a}\times(\boldsymbol{b}\times\boldsymbol{c}) = \boldsymbol{b}(\boldsymbol{ac}) - \boldsymbol{c}(\boldsymbol{ab})$; dabei ist zu beachten, daß der Vektor $\boldsymbol{g}$ zum Erdmittelpunkt gerichtet ist, so daß $\boldsymbol{\omega g} = -\omega g\sin\varphi$ ist (*Anm. d. Red. d. 2. russ. Aufl.*).

Wir betrachten zu Beginn den Fall $|A| \neq 0$. Ist $n = 1$, d. h., sind x und A skalar und $A \neq 0$, so kann die allgemeine Lösung von (60) in der Form

$$x = \cos\left(\sqrt{A}\, t\right) x_0 + \left(\sqrt{A}\right)^{-1} \sin\left(\sqrt{A}\, t\right) \dot{x}_0 \tag{61}$$

geschrieben werden; dabei ist $x_0 = x_{t=0}$ und $\dot{x}_0 = \left(\frac{\mathrm{d}x}{\mathrm{d}t}\right)_{t=0}$.

Wir überzeugen uns durch unmittelbare Probe davon, daß (61) bei beliebigem n, wenn x eine Spalte und A eine reguläre quadratische Matrix ist, eine Lösung von (60) darstellt.[1] Dabei benutzen wir die Formeln

$$\left.\begin{aligned} \cos\left(\sqrt{A}\, t\right) &= E - \frac{1}{2!} A t^2 + \frac{1}{4!} A^2 t^4 - \cdots, \\ \left(\sqrt{A}\right)^{-1} \sin\left(\sqrt{A}\, t\right) &= Et - \frac{1}{3!} A t^3 + \frac{1}{5!} A^2 t^5 - \cdots. \end{aligned}\right\} \tag{62}$$

Formel (61) umfaßt alle Lösungen des Systems (60) oder (60′), da die Anfangswerte x_0 und $\dot{x}_0$ willkürlich gewählt werden können.

Die rechten Seiten der Gleichungen (62) bleiben sinnvoll, wenn $|A| = 0$ ist. Daher gibt (61) auch für $|A| = 0$ die allgemeine Lösung des gegebenen Systems, wenn man nur unter den Funktionen $\cos\left(\sqrt{A}\, t\right)$ und $\left(\sqrt{A}\right)^{-1} \sin\left(\sqrt{A}\, t\right)$, die in die Lösung eingehen, die rechten Seiten der Gleichungen (62) versteht.

Wir überlassen es dem Leser, nachzuprüfen, daß die allgemeine Lösung des inhomogenen Systems

$$\frac{\mathrm{d}^2 x}{\mathrm{d}t} + Ax = f(t), \tag{63}$$

die die Anfangsbedingungen $x_{t=0} = x_0$ und $\left(\frac{\mathrm{d}x}{\mathrm{d}t}\right)_{t=0} = \dot{x}_0$ erfüllt, folgende Gestalt hat:

$$\begin{aligned} x = {} & \cos\left(\sqrt{A}\, t\right) x_0 + \left(\sqrt{A}\right)^{-1} \sin\left(\sqrt{A}\, t\right) \dot{x}_0 \\ & + \left(\sqrt{A}\right)^{-1} \int_0^t \sin\left[\sqrt{A}\,(t-\tau)\right] f(\tau)\, \mathrm{d}\tau. \end{aligned} \tag{64}$$

Betrachtet man als Anfangswerte die zum Argument $t = t_0$ gehörigen Werte, so muß man in (61) und (64) $\cos\left(\sqrt{A}\, t\right)$ und $\sin\left(\sqrt{A}\, t\right)$ durch $\cos\left(\sqrt{A}\,(t - t_0)\right)$ bzw. $\sin\left(\sqrt{A}\,(t - t_0)\right)$ sowie $\int_0^t$ durch $\int_{t_0}^t$ ersetzen.

Ist speziell

$$f(t) = h \sin(pt + \alpha)$$

---

[1] Unter $\sqrt{A}$ verstehen wir eine Matrix, deren Quadrat gleich A ist. $\sqrt{A}$ existiert, wenn $|A| \neq 0$ ist (vgl. S. 139).

(h eine Spalte, deren Elemente Konstante sind, p und α Zahlen), so geht (64) in den Ausdruck

$$x = \cos\left(\sqrt{A}\, t\right) c + \left(\sqrt{A}\right)^{-1} \sin\left(\sqrt{A}\, t\right) d + (A - p^2E)^{-1}\, h \sin(pt + \alpha)$$

über; c und d sind dabei Spalten mit willkürlichen (konstanten) Elementen. Diese Formel ist sinnvoll, wenn p^2 keine charakteristische Wurzel der Matrix A, d. h., wenn $|A - p^2E| \neq 0$ ist.

5.7. Stabilität im Fall linearer Systeme

Es seien $x_1, x_2, \ldots, x_n$ Parameter, die die Abweichungen der „gestörten" Bewegung eines gegebenen mechanischen Systems von der untersuchten ungestörten Bewegung charakterisieren;[1]) ferner mögen diese Parameter einem System von Differentialgleichungen erster Ordnung genügen:

$$\frac{dx_i}{dt} = f_i(x_1, x_2, \ldots, x_n, t) \qquad (i = 1, 2, \ldots, n); \tag{65}$$

die unabhängige Variable t ist die Zeit, die rechten Seiten $f_i(x_1, x_2, \ldots, x_n, t)$ sind in einem gewissen Gebiet (das den Punkt $x_1 = 0$, $x_2 = 0$, $\ldots$, $x_n = 0$ enthält) stetige Funktionen der x_ν für alle $t > t_0$ (t_0 ist der Anfangszeitpunkt).

Wir definieren die Stabilität einer Bewegung im Ljapunovschen Sinne:[2])

Die untersuchte Bewegung heißt *stabil*, wenn man zu jedem $\varepsilon > 0$ ein $\delta > 0$ finden kann derart, daß für beliebige Anfangswerte der Parameter $x_{10}, x_{20}, \ldots, x_{n0}$ ($t = t_0$), deren Betrag kleiner als δ ist, die Parameter $x_1, x_2, \ldots, x_n$ für alle $t \geqq t_0$ absolut kleiner als ε sind, d. h., wenn zu jedem $\varepsilon > 0$ ein $\delta > 0$ existiert, so daß aus

$$|x_{i0}| < \delta \qquad (i = 1, 2, \ldots, n) \tag{66}$$

folgt, daß

$$|x_i(t)| < \varepsilon \qquad (t \geqq t_0) \tag{67}$$

ist. Ist dabei außerdem für ein gewisses $\delta > 0$ stets $\lim\limits_{t \to +\infty} x_i(t) = 0$ ($i = 1, 2, \ldots, n$), falls $|x_{i0}| < \delta$ ($i = 1, 2, \ldots, n$) ist, so heißt die untersuchte Bewegung *asymptotisch stabil*.

Wir betrachten nun ein lineares System, d. h. den Spezialfall, daß das System (65) ein homogenes lineares Differentialgleichungssystem ist:

$$\frac{dx_i}{dt} = \sum_{k=1}^{n} p_{ik}(t)\, x_k; \tag{68}$$

die $p_{ik}(t)$ ($i, k = 1, 2, \ldots, n$; $t \geq t_0$) sind dabei stetige Funktionen.

---

[1]) Die untersuchte Bewegung wird bei dieser Parameterwahl durch $x_1 = 0$, $x_2 = 0$, $\ldots$, $x_n = 0$ charakterisiert. Man spricht daher bei der mathematischen Behandlung von der Stabilität der Nullösung des Differentialgleichungssystems.

[2]) Vgl. [22], S. 13; [38], S. 10—11, oder [23], S. 11—12.

Mit Hilfe von Matrizen kann (68) folgendermaßen geschrieben werden:

$$\frac{dx}{dt} = P(t)\,x; \tag{68'}$$

dabei ist x eine Spaltenmatrix mit den Elementen $x_1(t), x_2(t), \ldots, x_k(t)$ und $P(t) = \|p_{ik}(t)\|_1^n$ die Koeffizientenmatrix des Gleichungssystems.

Sind

$$q_{1j}(t),\quad q_{2j}(t), \ldots, q_{kj}(t) \qquad (j = 1, 2, \ldots, n) \tag{69}$$

n linear unabhängige Lösungen des Systems (68),[1] so nennt man die Matrix $Q(t) = \|q_{ij}(t)\|_1^n$, deren Spalten aus diesen Lösungen bestehen, eine *Integralmatrix* des Systems (68).

Jede Lösung des homogenen linearen Differentialgleichungssystems kann als Linearkombination (mit konstanten Koeffizienten) der n linear unabhängigen Lösungen erhalten werden:

$$x_i = \sum_{j=1}^{n} c_j q_{ij}(t) \qquad (t = 1, 2, \ldots, n)$$

oder, in Matrizenschreibweise,

$$x = Q(t)\,c; \tag{70}$$

hier ist c eine Spaltenmatrix, deren Elemente beliebige Konstante $c_1, c_2, \ldots, c_n$ sind.

Wir wählen nun eine spezielle Integralmatrix, für die

$$Q(t_0) = E \tag{71}$$

ist; mit anderen Worten, wir werden bei der Wahl der n linear unabhängigen Lösungen (69) von den speziellen Anfangsbedingungen[2])

$$q_{ij}(t_0) = \delta_{ij} = \begin{cases} 0 & \text{für} \quad i \neq j, \\ 1 & \text{für} \quad i = j \end{cases} \qquad (i, j = 1, 2, \ldots, n)$$

ausgehen. Setzt man in (70) $t = t_0$, so folgt aus (71) $x_0 = c$, und (70) erhält die Gestalt

$$x = Q(t)\,x_0 \tag{72}$$

oder, ausführlich geschrieben,

$$x_i = \sum_{j=1}^{n} q_{ij}(t)\,x_{j0} \qquad (i = 1, 2, \ldots, n). \tag{72'}$$

Wir betrachten drei Fälle:

1. $Q(t)$ ist eine im Intervall $(t_0, +\infty)$ beschränkte Matrix, d. h., es existiert eine Zahl M mit

$$|q_{ij}(t)| \leq M \qquad (t \geq t_0;\ j = 1, 2, \ldots, n).$$

---

[1]) Der zweite Index bezeichnet die Nummer der Lösung.

[2]) Beliebige Anfangsbedingungen definieren darüber hinaus auch eindeutig eine gewisse Lösung des gegebenen Systems.

In diesem Fall folgt aus (72')

$$|x_i(t)| \leqq nM \max |x_{j0}|.$$

Die Bedingung für die Stabilität ist erfüllt (es genügt, in (66), (67) $\delta < \varepsilon/nM$ zu nehmen). *Die durch* $x_1 = 0,\ x_2 = 0, \ldots, x_k = 0$ *charakterisierte Bewegung ist stabil.*

2. $\lim\limits_{t \to +\infty} Q(t) = O$. In diesem Fall ist die Matrix $Q(t)$ in einem Intervall $(t_0, +\infty)$ beschränkt, und daher ist, wie schon gezeigt wurde, die Bewegung stabil. Außerdem folgt aus (72) für beliebiges x_0

$$\lim_{t \to +\infty} x(t) = o.$$

Die Bewegung ist asymptotisch stabil.

3. Die Matrix $Q(t)$ ist im Intervall $(t_0, +\infty)$ nicht beschränkt. Das heißt aber, daß wenigstens eine der Funktionen $q_{ij}(t)$, etwa $q_{hk}(t)$, im Intervall $(t_0, +\infty)$ nicht beschränkt ist. Für die Anfangsbedingungen $x_{10} = 0,\ x_{20} = 0, \ldots, x_{k-1,0} = 0,\ x_{k0} \neq 0,\ x_{k+1,0} = 0, \ldots, x_{n0} = 0$ ist

$$x_h(t) = q_{hk}(t)\, x_{k0}.$$

Wie klein der Betrag von x_{k0} auch ist, die Funktion $x_h(t)$ ist nicht beschränkt; die Bedingung (67) ist für kein δ erfüllt. *Die Bewegung ist instabil.*

Wir betrachten nun den Spezialfall, daß die Koeffizienten des Gleichungssystems (68) Konstante sind:

$$P(t) = P = \text{const.} \tag{73}$$

In diesem Fall ist (vgl. 5.5.)

$$x = \mathrm{e}^{P(t-t_0)} x_0. \tag{74}$$

Vergleicht man (74) mit (72), so folgt unter den gegebenen Voraussetzungen

$$Q(t) = \mathrm{e}^{P(t-t_0)}. \tag{75}$$

Wir bezeichnen das Minimalpolynom der Koeffizientenmatrix P mit

$$\psi(\lambda) = (\lambda - \lambda_1)^{m_1} (\lambda - \lambda_2)^{m_2} \cdots (\lambda - \lambda_s)^{m_s}.$$

Zur Untersuchung der Integralmatrix (75) benutzen wir Formel (16) aus 5.3. Im vorliegenden Fall ist $f(\lambda) = \mathrm{e}^{\lambda(t-t_0)}$ (t wird als Parameter angesehen) und $f^{(j)}(\lambda_k) = (t - t_0)^j\, \mathrm{e}^{\lambda_k(t-t_0)}$. Formel (16) ergibt

$$\mathrm{e}^{P(t-t_0)} = \sum_{k=1}^{s} [Z_{k1} + Z_{k2}(t - t_0) + \cdots + Z_{km_k}(t - t_0)^{m_k - 1}]\, \mathrm{e}^{\lambda_k(t-t_0)}. \tag{76}$$

Wir betrachten drei Fälle:

1. $\operatorname{Re} \lambda_k \leqq 0$ $(k = 1, 2, \ldots, s)$, und für die λ_k, für die $\operatorname{Re} \lambda_k = 0$ ist, sei $m_k = 1$ (d. h., die rein imaginären charakteristischen Wurzeln sind einfache Nullstellen des Minimalpolynoms).

2. Re $\lambda_k < 0$ $(k = 1, 2, \ldots, s)$.

3. Für gewisse k ist Re $\lambda_k > 0$, oder es ist Re $\lambda_k = 0$, aber $m_k > 1$.

Aus (76) folgt, daß die Matrix $Q(t) = e^{P(t-t_0)}$ im ersten Fall im Intervall $(t_0, +\infty)$ beschränkt ist, daß im zweiten Fall $\lim\limits_{t\to+\infty} e^{P(t-t_0)} = 0$ ist und daß im dritten Fall die Matrix $e^{P(t-t_0)}$ im Intervall $(t_0, +\infty)$ nicht beschränkt ist.

Hier erfordert allein der Fall gesonderte Betrachtung, bei welchem in (76) mehrere Summanden maximalen Zuwachses (für $t \to +\infty$) auftreten, d. h. solche mit maximalem Re $\lambda_k = \alpha_0 \geqq 0$ und (bei gegebenen Re $\lambda_k = \alpha_0$) mit maximalem Wert für $m_k = m_0$. Dann kann (76) in der Gestalt

$$e^{P(t-t_0)} = e^{\alpha_0(t-t_0)}(t-t_0)^{m_0-1} \sum_{j=1}^{r} Z_{k_j m_0} e^{i\beta_j(t-t_0)} + (*) \tag{77}$$

geschrieben werden, wobei $\beta_1, \beta_2, \ldots, \beta_r$ voneinander verschiedene reelle Zahlen sind und $(*)$ eine Matrix bezeichnet, die mit $t \to +\infty$ gegen die Nullmatrix strebt. Aus dieser Darstellung folgt, daß die Matrix $e^{P(t-t_0)}$) im Fall $\alpha_0 + m_0 - 1 > 0$ nicht beschränkt ist[1]), da die Matrix

$$\sum_{j=1}^{r} Z_{k_j m_0} e^{i\beta_j(t-t_0)}$$

für $t \to +\infty$ nicht gegen die Nullmatrix streben kann. Davon können wir uns überzeugen, wenn wir zeigen, daß die Funktion

$$f(t) = \sum_{j=1}^{r} c_j e^{i\beta_j t}, \tag{78}$$

wenn c_j komplexe und β_j voneinander verschiedene reelle Zahlen sind, nur dann für $t \to +\infty$ gegen 0 streben kann, wenn $f(t) \equiv 0$ ist. Es ist nämlich

$$\overline{f(t)} = \sum_{j=1}^{r} \bar{c}_j e^{-i\beta_j t}. \tag{78'}$$

Multiplizieren wir (78) und (78') und integrieren über das Intervall von 0 bis T, so erhalten wir

$$\lim_{T\to+\infty} \frac{1}{T} \int_0^T |f(t)|^2 \, dt = \sum_{j=1}^{r} |c_j|^2. \tag{79}$$

Aus $\lim\limits_{t\to+\infty} f(t) = 0$ folgt aber

$$\lim_{T\to+\infty} \frac{1}{T} \int_0^T |f(t)|^2 \, dt = 0$$

und somit wegen (79) $c_1 = c_2 = \cdots = c_r = 0$, d. h. $f(t) \equiv 0$.

Im ersten Fall ist folglich die Bewegung $(x_1 = 0, x_2 = 0, \ldots, x_n = 0)$ stabil, im zweiten asymptotisch stabil und im dritten instabil.

---

[1]) mit anderen Worten: im Fall $\alpha_0 > 0$ oder im Fall $\alpha_0 = 0$, wenn allerdings $m_0 > 1$ ist (*Anm. d. Red. d. 2. russ. Aufl.*).

Die Ergebnisse unserer Untersuchung wollen wir in folgendem Satz zusammenfassen:[1])

Satz 3. *Die Nullösung des linearen Systems* (68) *ist im Fall* $P =$ const *im Ljapunovschen Sinne stabil, wenn* 1. *alle charakteristischen Wurzeln der Matrix P negativen oder verschwindenden Realteil besitzen und* 2. *alle charakteristischen Wurzeln mit verschwindendem Realteil, d. h. alle rein imaginären charakteristischen Wurzeln (soweit vorhanden) einfache Nullstellen des charakteristischen Polynoms der Matrix P sind, und instabil, wenn auch nur eine der Bedingungen* 1. *und* 2. *verletzt ist.*

Die Nullösung des Systems (68) *ist asymptotisch stabil genau dann, wenn alle charakteristischen Wurzeln der Matrix P negativen Realteil besitzen.*

Die durchgeführten Überlegungen gestatten ein Urteil über die Struktur der Integralmatrix $e^{P(t-t_0)}$ im allgemeinen Fall bei beliebigen charakteristischen Wurzeln der Matrix P.

Satz 4. *Die Integralmatrix des linearen Systems* (68) *ist, wenn* $P =$ const *ist, stets in der Form*

$$e^{P(t-t_0)} = Z_-(t) + Z_0 + Z_+(t) \tag{80}$$

darstellbar; dabei ist 1. $\lim\limits_{t\to+\infty} Z_-(t) = O$, 2. Z_0 *entweder konstant oder eine im Intervall* $(t_0, +\infty)$ *beschränkte Matrix, die für* $t \to +\infty$ *keinen Grenzwert besitzt, und* 3. $Z_+(t)$ *entweder identisch gleich O oder eine im Intervall* $(t_0, +\infty)$ *nicht beschränkte Matrix.*

Beweis. Wir zerlegen die Summanden auf der rechten Seite der Gleichung (76) in drei Gruppen. Mit $Z_-(t)$ bezeichnen wir die Summe aller derjenigen Summanden die einen Faktor der Form $e^{\lambda_k(t-t_0)}$ mit $\operatorname{Re}\lambda_k < 0$ enthalten. Mit $Z_+(t)$ bezeichnen wir die Summe aller Summanden mit $\operatorname{Re}\lambda_k > 0$ und $\operatorname{Re}\lambda_k = 0$, wobei im letzteren Fall ein Faktor $(t - t_0)^\nu$ mit $\nu > 0$ vorhanden sein muß. $Z_0(t)$ ist die Summe aller übrigen Summanden. Die früheren Betrachtungen zeigen, daß $\lim\limits_{t\to+\infty} Z_-(t) = O$, die Funktion $Z_+(t)$ aber unbeschränkt ist, falls sie nicht identisch O ist. Die Funktion $Z_0(t)$ ist jedoch beschränkt. Wir zeigen, daß aus der Existenz des Grenzwertes $\lim\limits_{t\to+\infty} Z_0(t) = B$ folgt, daß $Z_0(t)$ konstant ist. In der Tat kann die Differenz $Z_0(t) - B$ entsprechend (77) als Summe $\sum\limits_{j=1}^{r} Z_{k_j m_0} e^{i\beta_j(t-t_0)}$ dargestellt werden. Bezüglich einer Summe dieser Gestalt haben wir früher gezeigt, daß sie nur dann den Grenzwert O für $t \to +\infty$ haben kann, wenn sie identisch O ist. Damit ist Satz 4 bewiesen.

[1]) Wie das Kriterium für die Stabilität bzw. Instabilität quasilinearer Systeme (d. h. nichtlinearer Systeme, die bei Vernachlässigung der nichtlinearen Glieder linear werden) präzisiert wird, siehe später in 14.3.

6. Äquivalente Transformationen von Polynommatrizen. Analytische Elementarteilertheorie

Die ersten drei Abschnitte dieses Kapitels sind dem Studium der Äquivalenz von Polynommatrizen gewidmet. Sie bilden die Grundlage für die folgenden drei Abschnitte, die die analytische Theorie der Elementarteiler behandeln, d. h. die Reduktion einer konstanten quadratischen Matrix A (d. h. einer quadratischen Matrix, deren Elemente Konstante, keine Polynome, sind) auf eine Normalform $\tilde{A}$ $(A = T\tilde{A}T^{-1})$ In den letzten beiden Abschnitten werden zwei Methoden zur Konstruktion der Transformationsmatrix T angegeben.

6.1. Elementare Transformationen von Polynommatrizen

Definition 1. Eine rechteckige Matrix $A(\lambda)$, deren Elemente Polynome in λ sind, heißt *Polynommatrix* oder *λ-Matrix*:

$$A(\lambda) = \|a_{ik}(\lambda)\| = \|a_{ik}^{(0)}\lambda^l + a_{ik}^{(1)}\lambda^{l-1} + \cdots + a_{ik}^{(l)}\|$$
$$(i = 1, 2, \ldots, m;\ k = 1, 2, \ldots, n)$$

(dabei ist l der höchste bei den Polynomen $a_{ik}(\lambda)$ auftretende Grad).

Setzt man

$$A_j = \|a_{ik}^{(j)}\| \quad (i = 1, 2, \ldots, m;\ k = 1, 2, \ldots, n;\ j = 0, 1, \ldots, l),$$

so kann man die Polynommatrix $A(\lambda)$ als Matrizenpolynom in λ, d. h. als Polynom mit Matrizenkoeffizienten, darstellen:

$$A(\lambda) = A_0\lambda^l + A_1\lambda^{l-1} + \cdots + A_{l-1}\lambda + A_l.$$

Wir interessieren uns nun für die Anwendung folgender *elementarer Operationen* auf Polynommatrizen $A(\lambda)$:

1. Multiplikation einer beliebigen, beispielsweise der i-ten, Zeile mit einer von 0 verschiedenen Zahl c.

2. Addition einer beliebigen mit einem Polynom $b(\lambda)$ multiplizierten Zeile, beispielsweise der j-ten, zu einer anderen, beispielsweise der i-ten.

3. Vertauschung zweier beliebiger Zeilen, beispielsweise der i-ten und der j-ten.

Wir überlassen es dem Leser, nachzuprüfen, daß die Anwendung der Operationen 1., 2. und 3. auf die Matrix $A(\lambda)$ der *linken* Multiplikation mit folgenden quadratischen Matrizen m-ter Ordnung[1]) entspricht:

$$
\left.
\begin{aligned}
S' &= \begin{Vmatrix}
1 & \cdots & \overset{(i)}{\cdot} & \cdots & 0 \\
\vdots & \ddots & \vdots & & \vdots \\
\vdots & & c & & \vdots \\
\vdots & & & \ddots & \vdots \\
0 & \cdots & \cdots & \cdots & 1
\end{Vmatrix}, \\[2ex]
S'' &= \begin{Vmatrix}
1 & \cdots & \overset{(i)}{\cdot} & \cdots & \overset{(j)}{\cdot} & \cdots & 0 \\
\vdots & \ddots & \vdots & & \vdots & & \vdots \\
\vdots & & 1 & \cdots & b(\lambda) & \cdots & \vdots \\
\vdots & & & \ddots & & & \vdots \\
\vdots & & & & & \ddots & \vdots \\
0 & \cdots & \cdots & \cdots & \cdots & \cdots & 1
\end{Vmatrix}, \\[2ex]
S''' &= \begin{Vmatrix}
1 & & \overset{(i)}{\cdot} & & \overset{(j)}{\cdot} & & 0 \\
& \ddots & \vdots & & \vdots & & \\
\cdots & & 0 & \cdots & 1 & \cdots & \\
& & \vdots & \ddots & \vdots & & \\
\cdots & & 1 & \cdots & 0 & \cdots & \\
& & \vdots & & \vdots & \ddots & \\
0 & & \cdot & & \cdot & & 1
\end{Vmatrix},
\end{aligned}
\right\}
\qquad (1)
$$

[1]) In den Matrizen (1) sind alle nicht notierten Elemente der Hauptdiagonalen gleich 1, die restlichen gleich 0.

d. h., bei Anwendung der Operationen 1., 2. bzw. 3. geht die Matrix $A(\lambda)$ in die Matrix $S' \cdot A(\lambda)$, $S'' \cdot A(\lambda)$ bzw. $S''' \cdot A(\lambda)$ über. Daher heißen Operationen vom Typ 1., 2. und 3. *linke elementare Operationen.*

Völlig analog werden die *rechten elementaren Operationen* definiert (diese Operationen wirken nicht auf die Zeilen, sondern auf die Spalten der Polynommatrizen); ihnen entsprechen die folgenden Matrizen n-ter Ordnung[1])

$$T' = \begin{Vmatrix} 1 & \cdots & & & & 0 \\ \vdots & \ddots & & & & \vdots \\ \cdot & & c & \cdots & & \cdot \\ \vdots & & & \ddots & & \vdots \\ 0 & \cdots & & & & 1 \end{Vmatrix} \begin{matrix} \\ \\ (i), \\ \\ \\ \end{matrix} \qquad T'' = \begin{Vmatrix} 1 & \cdots & & & & 0 \\ \vdots & \ddots & & & & \vdots \\ \cdot & & 1 & \cdots & & \cdot \\ \vdots & & \vdots & \ddots & & \vdots \\ \cdot & & b(\lambda) & \cdots & & \cdot \\ \vdots & & & & \ddots & \vdots \\ 0 & \cdots & & & & 1 \end{Vmatrix} \begin{matrix} \\ \\ (i) \\ \\ (j) \\ \\ \\ \end{matrix},$$

$$T''' = \begin{Vmatrix} 1 & \cdots & & & & 0 \\ \vdots & \ddots & & & & \vdots \\ \cdot & & 0 & \cdots & 1 & \cdot \\ \vdots & & \vdots & \ddots & \vdots & \vdots \\ \cdot & & 1 & \cdots & 0 & \cdot \\ \vdots & & & & \ddots & \vdots \\ 0 & \cdots & & & & 1 \end{Vmatrix} \begin{matrix} \\ \\ (i) \\ \\ (j) \\ \\ \\ \end{matrix}$$

Die Anwendung rechter elementarer Operationen auf eine Matrix $A(\lambda)$ führt zu demselben Ergebnis wie die *rechte* Multiplikation dieser Matrix mit den entsprechenden Matrizen T.

Matrizen der Form S' S'' und S''' (und ebenso Matrizen der Form T', T'' und T''') nennen wir *Elementarmatrizen.*

Die Determinante einer beliebigen Elementarmatrix ist von λ unabhängig und von 0 verschieden. Folglich existiert zu jeder linken (rechten) elementaren Operation die inverse Operation, und diese ist selbst wieder eine linke (rechte) elementare Operation.[2])

---

[1]) Vgl. die Fußnote auf S. 157.

[2]) Hieraus folgt: Geht $A(\lambda)$ aus $B(\lambda)$ durch Anwendung linker (rechter bzw. linker und rechter) elementarer Operationen hervor, so kann $B(\lambda)$ aus $A(\lambda)$ durch Anwendung elementarer Operationen gleicher Art erhalten werden. Sowohl die linken als auch die rechten elementaren Operationen bilden eine Gruppe.

Definition 2. Zwei Polynommatrizen $A(\lambda)$ und $B(\lambda)$ heißen 1. *linksäquivalent*, 2. *rechtsäquivalent* oder 3. *äquivalent*, wenn sie sich durch Anwendung 1. linker, 2. rechter oder 3. linker und rechter elementarer Operationen ineinander überführen lassen.[1])

Die Polynommatrix $B(\lambda)$ sei aus $A(\lambda)$ durch Anwendung gewisser linker elementarer Operationen hervorgegangen; diesen Operationen mögen die Matrizen S_1, $S_2, \ldots, S_p$ entsprechen. Dann ist

$$B(\lambda) = S_p S_{p-1} \cdots S_1 A(\lambda). \tag{2}$$

Bezeichnen wir das Produkt $S_p S_{p-1} \cdots S_1$ mit $P(\lambda)$, so geht (2) in

$$B(\lambda) = P(\lambda)\, A(\lambda) \tag{3}$$

über; dabei ist die Determinante von $P(\lambda)$ ebenso wie die der Matrizen $S_1, S_2, \ldots, S_p$ von 0 verschieden und *konstant*[2]).

In folgenden Abschnitt wird bewiesen, daß jede quadratische λ-Matrix $P(\lambda)$, deren Determinante konstant und von 0 verschieden ist, als Produkt von Elementarmatrizen dargestellt werden kann. Dann ist aber Gleichung (3) der Gleichung (2) äquivalent und besagt, daß die Matrizen $A(\lambda)$ und $B(\lambda)$ linksäquivalent sind.

Sind die Polynommatrizen $A(\lambda)$ und $B(\lambda)$ rechtsäquivalent, so tritt an die Stelle von (3) die Beziehung

$$B(\lambda) = A(\lambda)\, Q(\lambda) \tag{3'}$$

und im Fall (zweiseitiger) Äquivalenz die Beziehung

$$B(\lambda) = P(\lambda)\, A(\lambda)\, Q(\lambda). \tag{3''}$$

Hier sind $P(\lambda)$ und $Q(\lambda)$ wiederum Matrizen, deren Determinanten ungleich 0 und von λ unabhängig sind.

Definition 2 kann nun durch folgende gleichwertige Definition ersetzt werden:

Definition 2'. Zwei rechteckige λ-Matrizen $A(\lambda)$ und $B(\lambda)$ heißen 1. *linksäquivalent*, 2. *rechtsäquivalent* bzw. 3. *äquivalent*, wenn

$$1.\ B(\lambda) = P(\lambda)\, A(\lambda), \qquad 2.\ B(\lambda) = A(\lambda)\, Q(\lambda) \quad \text{bzw.} \quad 3.\ B(\lambda) = P(\lambda)\, A(\lambda)\, Q(\lambda)$$

ist, wobei $P(\lambda)$ und $Q(\lambda)$ quadratische Polynommatrizen mit konstanter, von 0 verschiedener Determinante sind.

Diese Begriffe erläutern wir an folgendem wichtigen Beispiel:

Wir betrachten ein System von m homogenen linearen Differentialgleichungen l-ter Ordnung mit konstanten Koeffizienten; $x_1, x_2, \ldots, x_n$ seien die gesuchten Funk-

---

[1]) Aus der Definition folgt, daß nur Matrizen gleichen Typs linksäquivalent, rechtsäquivalent oder äquivalent sein können.

[2]) d. h. von λ unabhängig

tionen, die Variable sei t:

$$\left.\begin{array}{l} a_{11}(D)\,x_1 + a_{12}(D)\,x_2 + \cdots + a_{1n}(D)\,x_n = 0, \\ a_{21}(D)\,x_1 + a_{22}(D)\,x_2 + \cdots + a_{2n}(D)\,x_n = 0, \\ \cdots\cdots\cdots\cdots\cdots\cdots\cdots\cdots\cdots \\ a_{m1}(D)\,x_1 + a_{m2}(D)\,x_2 + \cdots + a_{mn}(D)\,x_n = 0; \end{array}\right\} \qquad (4)$$

dabei sind die

$$a_{ik}(D) = a_{ik}^{(0)} D^l + a_{ik}^{(1)} D^{l-1} + \cdots + a_{ik}^{(l)} \quad (i = 1, 2, \ldots, m;\ k = 1, 2, \ldots, n)$$

Polynome in D (mit konstanten Koeffizienten), $D = \frac{\mathrm{d}}{\mathrm{d}t}$ ist der Differentiationsoperator.

Die Koeffizientenmatrix

$$A(D) = \|a_{ik}(D)\| \quad (i = 1, 2, \ldots, m;\ k = 1, 2, \ldots, n)$$

ist eine Polynom- oder D-Matrix.

Der Anwendung der linken elementaren Operation 1. auf die Matrix $A(D)$ entspricht die Multiplikation der i-ten Differentialgleichung des Systems mit einer von 0 verschiedenen Zahl c. Ferner entspricht der linken elementaren Operation 2. die Addition der i-ten Differentialgleichung, auf die der Differentialoperator $b(D)$ angewandt wurde, zur j-ten Gleichung des Systems. Die linke elementare Operation 3. schließlich bedeutet die Vertauschung der i-ten und der j-ten Gleichung des Systems.

Ersetzen wir mit Hilfe linker elementarer Operationen die Koeffizientenmatrix $A(D)$ des Gleichungssystems (4) durch eine ihr linksäquivalente Matrix $B(D)$, so erhalten wir ein neues Gleichungssystem. Da man umgekehrt auch von dem neuen System zu dem ursprünglichen übergehen kann, sind beide Gleichungssysteme gleichwertig.[1])

Auch die rechten elementaren Operationen lassen sich an Hand dieses Beispiels leicht interpretieren: Der ersten dieser Operationen entspricht der Übergang von einer unbekannten Funktion x_i zu einer neuen $\bar{x}_i = \frac{1}{c}\,x_i$, der zweiten die Einführung einer neuen unbekannten Funktion $\bar{x}_j = x_j + b(D)\,x_i$ (an Stelle von x_j); der dritten Operation schließlich entspricht die Vertauschung von x_i und x_j (d. h. $\bar{x}_i = x_j$ und $\bar{x}_j = x_i$).

6.2. Die kanonische Form einer λ-Matrix

1. Wir zeigen zuerst, in welche verhältnismäßig einfache Form eine rechteckige Polynommatrix $A(\lambda)$ allein durch Anwendung linker elementarer Operationen übergeführt werden kann.

---

[1]) Dabei wird vorausgesetzt, daß von den gesuchten Funktionen $x_1, x_2, \ldots, x_n$ alle bei der Transformation vorkommenden Ableitungen existieren. Zwei Gleichungssysteme mit linksäquivalenten Matrizen $A(D)$ und $B(D)$ haben unter dieser Voraussetzung ein und dieselbe Lösung.

Wir nehmen an, daß die Elemente der ersten Spalte der Matrix $A(\lambda)$ nicht sämtlich identisch 0 sind. Dann wählen wir unter diesen Elementen ein Polynom kleinsten Grades; durch Zeilenvertauschung machen wir dieses zum Element $a_{11}(\lambda)$. Die Polynome $a_{i1}(\lambda)$ werden nun durch $a_{11}(\lambda)$ dividiert; Quotient bzw. Rest bezeichnen wir mit $q_{i1}(\lambda)$ bzw. $r_{i1}(\lambda)$ $(i = 2, \ldots, m)$:

$$a_{i1}(\lambda) = a_{11}(\lambda)\, q_{i1}(\lambda) + r_{i1}(\lambda) \qquad (i = 2, \ldots, m).$$

Darauf wird die mit $q_{i1}(\lambda)$ multiplizierte erste Zeile von der i-ten subtrahiert $(i = 2, \ldots, m)$. Sind die dabei auftretenden Reste $r_{i1}(\lambda)$ nicht alle identisch 0, so können wir unter ihnen einen auswählen, dessen Grad minimal ist. Durch Zeilenvertauschung bringen wir ihn dann an die Stelle von $a_{11}(\lambda)$. Das Resultat unserer Operationen ist, daß sich der Grad des Polynoms $a_{11}(\lambda)$ verkleinert.

Wir wiederholen nun diesen Prozeß. Da der Grad des Polynoms $a_{11}(\lambda)$ endlich ist, bricht das Verfahren nach endlich vielen Schritten ab, d. h., die Elemente $a_{21}(\lambda)$, $a_{31}(\lambda), \ldots, a_{m1}(\lambda)$ sind schließlich identisch gleich 0.

Danach wenden wir dasselbe Verfahren auf das Element $a_{22}(\lambda)$ und die Zeilen mit den Nummern $2, 3, \ldots, m$ an. Wir erreichen damit, daß auch die Elemente $a_{32}(\lambda), a_{42}(\lambda), \ldots, a_{m2}(\lambda)$ identisch gleich 0 werden. Indem wir auf diese Weise fortfahren, erhalten wir eine Matrix $A(\lambda)$ der Gestalt

$$\underset{(m \leqq n)}{\left\| \begin{array}{cccccc} b_{11}(\lambda) & b_{12}(\lambda) & \ldots & b_{1m}(\lambda) & \ldots & b_{1n}(\lambda) \\ 0 & b_{22}(\lambda) & \ldots & b_{2m}(\lambda) & \ldots & b_{2n}(\lambda) \\ \multicolumn{6}{c}{\dotfill} \\ 0 & 0 & \ldots & b_{mm}(\lambda) & \ldots & b_{mn}(\lambda) \end{array} \right\|}, \qquad \underset{(m \geqq n)}{\left\| \begin{array}{cccc} b_{11}(\lambda) & b_{12}(\lambda) & \ldots & b_{1n}(\lambda) \\ 0 & b_{22}(\lambda) & \ldots & b_{2n}(\lambda) \\ \multicolumn{4}{c}{\dotfill} \\ 0 & 0 & \ldots & b_{nn}(\lambda) \\ 0 & 0 & \ldots & 0 \\ \multicolumn{4}{c}{\dotfill} \\ 0 & 0 & \ldots & 0 \end{array} \right\|}. \qquad (5)$$

Ist $b_{22}(\lambda)$ nicht identisch 0, so kann man durch Anwendung einer linken elementaren Operation der zweiten Art erreichen, daß der Grad des Polynoms $b_{12}(\lambda)$ kleiner als der Grad von $b_{22}(\lambda)$ wird (hat das Element $b_{22}(\lambda)$ den Grad 0, so wird $b_{12}(\lambda)$ identisch 0). Ebenso kann man, wenn $b_{33}(\lambda) \not\equiv 0$ ist, durch Anwendung linker elementarer Operationen der zweiten Art den Grad des Elements $b_{13}(\lambda)$ und des Elements $b_{23}(\lambda)$ unter den des Polynoms $b_{33}(\lambda)$ drücken, ohne dabei $b_{12}(\lambda)$ zu ändern, usw.

Wir haben somit folgenden Satz bewiesen:

Satz 1. *Eine beliebige Polynommatrix vom Typ* (m, n) *kann stets mit Hilfe linker elementarer Operationen in die Gestalt* (5) *übergeführt werden; der Grad der Polynome* $b_{1k}(\lambda), b_{2k}(\lambda), \ldots, b_{k-1,k}(\lambda)$ *ist dabei kleiner als der des Elements* $b_{kk}(\lambda)$, *sobald* $b_{kk}(\lambda) \not\equiv 0$ *ist; alle diese Polynome sind identisch gleich* 0, *wenn* $b_{kk}(\lambda) = \text{const} \neq 0$ *ist* $\bigl(k = 2, 3, \ldots, \min(m, n)\bigr)$.

Völlig analog beweist man den

Satz 2. *Eine beliebige Polynommatrix vom Typ (m, n) kann stets mit Hilfe rechter elementarer Operationen in die Gestalt*

$$\left\|\begin{matrix} c_{11}(\lambda) & 0 & \ldots & 0 & 0 & \ldots & 0 \\ c_{21}(\lambda) & c_{22}(\lambda) & \ldots & 0 & 0 & \ldots & 0 \\ \cdots & \cdots & \cdots & \cdots & \cdots & \cdots & \cdots \\ c_{m1}(\lambda) & c_{m2}(\lambda) & \ldots & c_{mm}(\lambda) & 0 & \ldots & 0 \end{matrix}\right\|, \quad \left\|\begin{matrix} c_{11}(\lambda) & 0 & \ldots & 0 \\ c_{21}(\lambda) & c_{22}(\lambda) & \ldots & 0 \\ \cdots & \cdots & \cdots & \cdots \\ c_{n1}(\lambda) & c_{n2}(\lambda) & \ldots & c_{nn}(\lambda) \\ \cdots & \cdots & \cdots & \cdots \\ c_{m1}(\lambda) & c_{m2}(\lambda) & \ldots & c_{mn}(\lambda) \end{matrix}\right\| \tag{6}$$

$$(m \leqq n) \qquad\qquad (m \geqq n)$$

übergeführt werden; dabei haben die Polynome $c_{k1}(\lambda), c_{k2}(\lambda), \ldots, c_{k,k-1}(\lambda)$ einen kleineren Grad als das Element $c_{kk}(\lambda)$, sobald $c_{kk}(\lambda) \not\equiv 0$ ist; alle diese Polynome verschwinden identisch, wenn $c_{kk}(\lambda) = \text{const} \neq 0$ ist $\big(k = 2, 3, \ldots, \min(m, n)\big)$.

2. Aus Satz 1 und 2 ergibt sich die

Folgerung. *Ist die Determinante einer quadratischen Polynommatrix $P(\lambda)$ von λ unabhängig und von 0 verschieden, so kann diese Matrix als Produkt von endlich vielen elementaren Matrizen dargestellt werden.*

Aus Satz 1 ergibt sich nämlich, daß die Matrix $P(\lambda)$ durch linke elementare Operationen auf die Gestalt

$$\left\|\begin{matrix} b_{11}(\lambda) & b_{12}(\lambda) & \ldots & b_{1n}(\lambda) \\ 0 & b_{22}(\lambda) & \ldots & b_{2n}(\lambda) \\ \cdots & \cdots & \cdots & \cdots \\ 0 & 0 & \ldots & b_{nn}(\lambda) \end{matrix}\right\| \tag{7}$$

gebracht werden kann (die Matrix $P(\lambda)$ habe die Ordnung n). Nun wird bei der Anwendung elementarer Operationen auf eine quadratische Polynommatrix die Determinante dieser Matrix nur mit konstanten von 0 verschiedenen Faktoren multipliziert; daher ist die Determinante der Matrix (7) wie auch die Determinante von $P(\lambda)$ von λ unabhängig und von 0 verschieden, d. h.

$$b_{11}(\lambda)\, b_{22}(\lambda) \cdots b_{nn}(\lambda) = \text{const} \neq 0.$$

Daraus folgt

$$b_{kk}(\lambda) = \text{const} \neq 0 \qquad (k = 1, 2, \ldots, n).$$

Dann aber folgt aus demselben Satz, daß (7) eine Diagonalmatrix der Gestalt $\|b_k \delta_{ik}\|_1^n$ ist. Diese wiederum kann mittels linker elementarer Transformationen der ersten Art in die Einheitsmatrix E übergeführt werden. Umgekehrt kann nun die Einheitsmatrix durch linke elementare Operationen, denen die Matrizen $S_1, S_2, \ldots, S_p$ entsprechen mögen, in die Matrix $P(\lambda)$ übergeführt werden. Folglich ist

$$P(\lambda) = S_p S_{p-2} \cdots S_1 E = S_p S_{p-1} \cdots S_1 .$$

Aus dem eben Bewiesenen ergibt sich die auf S. 159 behauptete Gleichwertigkeit der beiden Definitionen 2 und 2' für die Äquivalenz von Polynommatrizen.

3. Wir kehren zu unserem Beispiel, dem Differentialgleichungssystem (4), zurück und wenden den Satz 1 auf die Koeffizientenmatrix $\|a_{ik}(D)\|$ an. Dann kann, wie auf S. 160 bewiesen wurde, (4) in das gleichwertige System

$$\left.\begin{aligned} b_{11}(D)\,x_1 + b_{12}(D)\,x_2 + \cdots + b_{1s}(D)\,x_s &= -b_{1,s+1}(D)\,x_{s+1} - \cdots - b_{1n}(D)\,x_n,\\ b_{22}(D)\,x_2 + \cdots + b_{2s}(D)\,x_s &= -b_{2,s+1}(D)\,x_{s+1} - \cdots - b_{2n}(D)\,x_n,\\ &\cdots\cdots\cdots\\ b_{ss}(D)\,x_s &= -b_{s,s+1}(D)\,x_{s+1} - \cdots - b_{sn}(D)\,x_n \end{aligned}\right\} \quad (4')$$

mit $s = \min(m, n)$ übergeführt werden. In diesem System können wir die Funktionen $x_{s+1}, \ldots, x_n$ beliebig wählen und dann sukzessive die Funktionen $x_s, x_{s-1}, \ldots, x_1$ bestimmen; jeder dieser Schritte erfordert die Integration einer Differentialgleichung mit einer einzigen unbekannten Funktion.

4. Wir werden im folgenden zeigen, daß man jede rechteckige Polynommatrix $A(\lambda)$ durch Anwendung linker und rechter elementarer Operationen in eine sogenannte „kanonische" Form überführen kann.

Wir wählen unter allen Elementen $a_{ik}(\lambda)$ der Matrix $A(\lambda)$, die nicht identisch gleich 0 sind, ein Element von niedrigstem Grad bezüglich λ aus; durch entsprechendes Vertauschen von Zeilen und Spalten läßt sich erreichen, daß das gewählte Element zum Element $a_{11}(\lambda)$ wird. Danach berechnen wir die Quotienten und Reste der Polynome $a_{i1}(\lambda)$ und $a_{1k}(\lambda)$ bei der Division durch $a_{11}(\lambda)$:

$$a_{i1}(\lambda) = a_{11}(\lambda)\,q_{i1}(\lambda) + r_{i1}(\lambda), \qquad a_{1k}(\lambda) = a_{11}(\lambda)\,q_{1k}(\lambda) + r_{1k}(\lambda)$$
$$(i = 2, 3, \ldots, m;\ k = 2, 3, \ldots, n).$$

Ist einer der Reste $r_{i1}(\lambda)$ oder $r_{1k}(\lambda)$ $(i = 2, \ldots, m;\ k = 2, \ldots, n)$, beispielsweise $r_{1k}(\lambda)$, nicht identisch gleich 0, so subtrahieren wir die mit $q_{1k}(\lambda)$ multiplizierte erste Spalte von der k-ten; dabei geht das Element $a_{1k}(\lambda)$ in den Rest $r_{1k}(\lambda)$ über, und der Grad des Restes ist niedriger als der des Polynoms $a_{11}(\lambda)$. Dann besteht wiederum die Möglichkeit, den Grad des Elementes $a_{11}(\lambda)$ zu verkleinern: Wir bringen durch Vertauschung von Zeilen und Spalten ein Element an seine Stelle, dessen Grad in λ möglichst klein ist.

Verschwinden jedoch alle Reste $r_{21}(\lambda), \ldots, r_{m1}(\lambda);\ r_{12}(\lambda), \ldots, r_{1n}(\lambda)$ identisch, so führen wir unsere Polynommatrix in die Gestalt

$$\left\|\begin{matrix} a_{11}(\lambda) & 0 & \ldots & 0\\ 0 & a_{22}(\lambda) & \ldots & a_{2n}(\lambda)\\ \cdots & \cdots & \cdots & \cdots\\ 0 & a_{m2}(\lambda) & \ldots & a_{mn}(\lambda) \end{matrix}\right\|$$

über; dazu subtrahieren wir die mit $q_{i1}(\lambda)$ multiplizierte erste Zeile von der i-ten $(i = 2, \ldots, m)$ Zeile und die mit $q_{1k}(\lambda)$ multiplizierte erste Spalte von der k-ten $(k = 2, \ldots, n)$ Spalte.

Ist eines der Elements $a_{ik}(\lambda)$ $(i = 2, \ldots, m;\ k = 2, \ldots, n)$ nicht ohne Rest durch $a_{11}(\lambda)$ teilbar, so addieren wir die Spalte, die dieses Element enthält, zur ersten; die Situation ist dann dieselbe wie beim vorigen Schritt, und wir können von neuem das Element $a_{11}(\lambda)$ durch ein Polynom niedrigeren Grades ersetzen.

Das ursprüngliche Element $a_{11}(\lambda)$ besaß einen bestimmten Grad; folglich kann die Matrix durch Anwendung endlich vieler elementarer Operationen (da der Prozeß der Graderniedrigung nicht unbegrenzt fortgesetzt werden kann) in die Gestalt

$$\left\| \begin{matrix} a_1(\lambda) & 0 & \ldots & 0 \\ 0 & b_{22}(\lambda) & \ldots & b_{2n}(\lambda) \\ \ldots & \ldots & \ldots & \ldots \\ 0 & b_{m2}(\lambda) & \ldots & b_{mn}(\lambda) \end{matrix} \right\| \tag{8}$$

übergeführt werden; in dieser Matrix sind alle Elemente $b_{ik}(\lambda)$ ohne Rest durch $a_1(\lambda)$ teilbar. Ist von den Elementen $b_{ik}(\lambda)$ mindestens eins nicht identisch gleich 0, so kann der Reduktionsprozeß fortgesetzt werden. Wir interessieren uns nunmehr nur für die Zeilen mit den Indizes $2, \ldots, m$ und die Spalten mit den Indizes $2, \ldots, n$ und bringen die Matrix (8) auf die Gestalt

$$\left\| \begin{matrix} a_1(\lambda) & 0 & 0 & \ldots & 0 \\ 0 & a_2(\lambda) & 0 & \ldots & 0 \\ 0 & 0 & c_{33}(\lambda) & \ldots & c_{3n}(\lambda) \\ \ldots & \ldots & \ldots & \ldots & \ldots \\ 0 & 0 & c_{m3}(\lambda) & \ldots & c_{mn}(\lambda) \end{matrix} \right\|;$$

dabei ist $a_2(\lambda)$ ohne Rest durch $a_1(\lambda)$ teilbar, und $a_2(\lambda)$ teilt alle Polynome $c_{ik}(\lambda)$ ohne Rest. Setzen wir den Prozeß fort, so erhalten wir eine Matrix der Gestalt

$$\left\| \begin{matrix} a_1(\lambda) & 0 & \ldots & 0 & 0 & \ldots & 0 \\ 0 & a_2(\lambda) & \ldots & 0 & 0 & \ldots & 0 \\ \ldots & \ldots & \ldots & \ldots & \ldots & \ldots & \ldots \\ 0 & 0 & \ldots & a_s(\lambda) & 0 & \ldots & 0 \\ 0 & 0 & \ldots & 0 & 0 & \ldots & 0 \\ \ldots & \ldots & \ldots & \ldots & \ldots & \ldots & \ldots \\ 0 & 0 & \ldots & 0 & 0 & \ldots & 0 \end{matrix} \right\|, \tag{9}$$

in der die Polynome $a_1(\lambda), a_2(\lambda), \ldots, a_s(\lambda)$ $(s \leqq m, n)$ nicht identisch gleich 0 sind und jedes von ihnen die folgenden ohne Rest teilt.

Durch Multiplikation der ersten s Zeilen mit passenden von 0 verschiedenen Faktoren können wir erreichen, daß die Koeffizienten der höchsten λ-Potenz der Polynome $a_1(\lambda), a_2(\lambda), \ldots, a_s(\lambda)$ gleich 1 (d. h. die Polynome normiert) sind.

Definition 3. Eine rechteckige Polynommatrix heißt *kanonische Diagonalmatrix*, wenn sie eine Matrix der Gestalt (9) ist und 1. die Polynome $a_1(\lambda), a_2(\lambda), \ldots, a_s(\lambda)$ nicht identisch gleich 0 sind, 2. jedes der Polynome $a_2(\lambda), \ldots, a_s(\lambda)$ ohne Rest durch das vorhergehende teilbar ist. Alle Polynome werden dabei als normiert vorausgesetzt.

Wir haben damit folgendes bewiesen:

Jede beliebige rechteckige Polynommatrix $A(\lambda)$ ist einer kanonischen Diagonalmatrix äquivalent. Im folgenden Abschnitt wird gezeigt, daß *die Polynome $a_1(\lambda), a_2(\lambda), \ldots, a_s(\lambda)$ durch die Vorgabe der Matrix $A(\lambda)$ eindeutig bestimmt sind;* ferner werden Relationen zwischen diesen Polynomen und den Elementen der Matrix $A(\lambda)$ aufgestellt.

6.3. Invariantenteiler und Elementarteiler von Polynommatrizen

1. Wir führen nun den Begriff der Invariantenteiler einer λ-Matrix $A(\lambda)$ ein.

Die Polynommatrix $A(\lambda)$ habe den Rang r, d. h., diese Matrix besitze einen nicht identisch verschwindenden Minor r-ter Ordnung, während gleichzeitig alle Minoren, deren Ordnung größer als r ist, bezüglich λ identisch verschwinden. Wir bezeichnen den größten gemeinsamen Teiler aller Minoren j-ter Ordnung der Matrix $A(\lambda)$ mit $D_j(\lambda)$[1] $(j = 1, 2, \ldots, r)$.[2] Dann ist in der Folge

$$D_r(\lambda), \quad D_{r-1}(\lambda), \ldots, D_1(\lambda), \quad D_0(\lambda) \equiv 1$$

jedes Polynom durch die folgenden ohne Rest teilbar.[3] Die entsprechenden Quotienten bezeichnen wir mit

$$i_1(\lambda) = \frac{D_r(\lambda)}{D_{r-1}(\lambda)}, \quad i_2(\lambda) = \frac{D_{r-1}(\lambda)}{D_{r-2}(\lambda)}, \ldots, i_r(\lambda) = \frac{D_1(\lambda)}{D_0(\lambda)} = D_1(\lambda). \tag{10}$$

Definition 4. Die durch (10) definierten Polynome $i_1(\lambda), i_2(\lambda), \ldots, i_r(\lambda)$ heißen *Invariantenteiler*[4] der Matrix $A(\lambda)$.

Die Benennung „Invariantenteiler" hängt mit folgenden Überlegungen zusammen. Es seien $A(\lambda)$ und $B(\lambda)$ zwei äquivalente Polynommatrizen. Dann gehen sie durch Anwendung elementarer Operationen auseinander hervor. Man kann nun unmittelbar nachprüfen, daß die elementaren Operationen weder den Rang r der Matrix $A(\lambda)$ noch die Polynome $D_1(\lambda), D_2(\lambda), \ldots, D_r(\lambda)$ verändern. Wenden wir nämlich auf die Identität (3″) die Formel an, die die Minoren eines Produktes von Matrizen durch die Minoren der Faktoren ausdrückt (siehe S. 29), so erhalten wir

[1]) Die $D_j(\lambda)$ nennt man auch *Determinantenteiler* von $A(\lambda)$ (*Anm. d. Red.*).

[2]) Wir wählen die $D_j(\lambda)$ mit dem Leitkoeffizienten 1.

[3]) Entwickelt man einen beliebigen Minor i-ter Ordnung nach den Elementen einer beliebigen Zeile, so ist jeder Summand dieser Zerlegung durch $D_{j-1}(\lambda)$ teilbar; folglich teilt $D_{j-1}(\lambda)$ jeden beliebigen Minor j-ter Ordnung und damit auch $D_j(\lambda)$ $(j = 2, 3, \ldots, r)$.

[4]) Es sind auch Benennungen wie *invariante Faktoren, invariante Polynome, v-te* oder *zusammengesetzte Elementarteiler* usw. der Matrix $A(\lambda)$ gebräuchlich (*Anm. d. Red.*).

für einen beliebigen Minor der Matrix $B(\lambda)$ den Ausdruck

$$B\begin{pmatrix} j_1 & j_2 & \dots & j_p \\ k_1 & k_2 & \dots & k_p \end{pmatrix}; \lambda\Bigg)$$

$$= \sum_{\substack{1 \leqq \alpha_1 < \alpha_2 < \dots < \alpha_p \leqq m \\ 1 \leqq \beta_1 < \beta_2 < \dots < \beta_p \leqq m}} P\begin{pmatrix} j_1 & j_2 & \dots & j_p \\ \alpha_1 & \alpha_2 & \dots & \alpha_p \end{pmatrix} A\begin{pmatrix} \alpha_1 & \alpha_2 & \dots & \alpha_p \\ \beta_1 & \beta_2 & \dots & \beta_p \end{pmatrix}; \lambda\Bigg) Q\begin{pmatrix} \beta_1 & \beta_2 & \dots & \beta_p \\ k_1 & k_2 & \dots & k_p \end{pmatrix}$$

$\big(p = 1, 2, \dots, \min(m, n)\big)$.

Hieraus ergibt sich, daß alle Minoren von $B(\lambda)$, deren Ordnung mindestens gleich r ist, verschwinden; für den Rang r^* von $B(\lambda)$ finden wir somit $r^* \leqq r$. Außerdem folgt noch aus dieser Formel, daß $D_p^*(\lambda)$, der größte gemeinsame Teiler aller Minoren p-ter Ordnung der Matrix $B(\lambda)$, durch $D_p(\lambda)$ teilbar ist $\big(p = 1, 2, \dots, \min(m, n)\big)$. Da aber die Matrizen $A(\lambda)$ und $B(\lambda)$ ihre Rollen vertauschen können, ist auch $r \leqq r^*$, und $D_p(\lambda)$ wird ohne Rest von $D_p^*(\lambda)$ geteilt $\big(p = 1, 2, \dots, \min(m, n)\big)$. Hieraus folgt[1])

$$r = r^*, \quad D_1^*(\lambda) = D_1(\lambda), \quad D_2^*(\lambda) = D_2(\lambda), \dots, D_r^*(\lambda) = D_r(\lambda).$$

Da die elementaren Operationen die Polynome $D_1(\lambda), D_2(\lambda), \dots, D_r(\lambda)$ unverändert lassen, ändern sie auch die durch Formel (10) definierten Polynome $i_1(\lambda), i_2(\lambda), \dots, i_r(\lambda)$ nicht.

Die Polynome $i_1(\lambda), i_2(\lambda), \dots, i_r(\lambda)$ bleiben also unverändert, invariant beim Übergang zu einer äquivalenten Matrix.

Ist $B(\lambda)$ eine kanonische Diagonalmatrix (9), so gilt für sie

$$D_1(\lambda) = a_1(\lambda), \quad D_2(\lambda) = a_1(\lambda)\, a_2(\lambda), \dots, D_r(\lambda) = a_1(\lambda)\, a_2(\lambda) \cdots a_r(\lambda).$$

Dann folgt aber aus der Relation (10), daß die in (9) in der Diagonale stehenden Polynome $a_1(\lambda), a_2(\lambda), \dots, a_r(\lambda)$ mit den Invariantenteilern übereinstimmen:

$$i_1(\lambda) = a_r(\lambda), \quad i_2(\lambda) = a_{r-1}(\lambda), \dots, i_r(\lambda) = a_1(\lambda). \tag{11}$$

Dabei sind $i_1(\lambda), i_2(\lambda), \dots, i_r(\lambda)$ gleichzeitig auch die Invariantenteiler der Ausgangsmatrix $A(\lambda)$, wenn diese der Matrix (9) äquivalent ist.

Wir formulieren diese Resultate als Satz.

Satz 3. *Eine Polynommatrix $A(\lambda)$ ist stets einer kanonischen Diagonalmatrix*

$$\left\|\begin{matrix} i_r(\lambda) & 0 & \dots & 0 & 0 & \dots & 0 \\ 0 & i_{r-1}(\lambda) & \dots & 0 & 0 & \dots & 0 \\ \dots & \dots & \dots & \dots & \dots & \dots & \dots \\ 0 & 0 & \dots & i_1(\lambda) & 0 & \dots & 0 \\ 0 & 0 & & 0 & 0 & \dots & 0 \\ \dots & \dots & \dots & \dots & \dots & \dots & \dots \\ 0 & 0 & & 0 & 0 & \dots & 0 \end{matrix}\right\| \tag{12}$$

[1]) Die Koeffizienten der höchsten λ-Potenz von $D_p(\lambda)$ und $D_p^*(\lambda)$ $(p = 1, 2, \dots, r)$ sind gleich 1.

äquivalent. Dabei ist r der Rang, und $i_1(\lambda), i_2(\lambda), \ldots, i_r(\lambda)$ *sind die durch Formel* (10) *definierten Invariantenteiler der Matrix* $A(\lambda)$.

Folgerung 1. *Für die Äquivalenz zweier rechteckiger Matrizen* $A(\lambda)$ *und* $B(\lambda)$ *vom gleichem Typ ist notwendig und hinreichend, daß sie dieselben Invariantenteiler besitzen.*

Daß diese Bedingung notwendig ist, wurde bereits oben gezeigt. Daß sie auch hinreichend ist, folgt daraus, daß zwei Polynommatrizen, die dieselben Invariantenteiler besitzen, derselben kanonischen Diagonalmatrix und folglich auch zueinander äquivalent sind.

Die Invariantenteiler bilden also ein vollständiges Invariantensystem einer λ*-Matrix.*

Folgerung 2. *In der Folge der Invariantenteiler*

$$i_1(\lambda) = \frac{D_r(\lambda)}{D_{r-1}(\lambda)}, \quad i_2(\lambda) = \frac{D_{r-1}(\lambda)}{D_{r-2}(\lambda)}, \ldots, i_r(\lambda) = \frac{D_1(\lambda)}{D_0(\lambda)} \quad \left(D_0(\lambda) \equiv 1\right) \tag{13}$$

ist jedes Polynom ein Teiler des vorhergehenden.

Diese Behauptung ergibt sich nicht unmittelbar aus (13). Sie folgt vielmehr aus der Tatsache, daß die Polynome $i_1(\lambda), i_2(\lambda), \ldots, i_r(\lambda)$ mit den Elementen $a_r(\lambda), a_{r-1}(\lambda), \ldots, a_1(\lambda)$ der kanonischen Diagonalmatrix (9) übereinstimmen.

2. Im folgenden behandeln wir eine Methode zur Bestimmung der Invariantenteiler einer verallgemeinerten Diagonalmatrix, deren Elemente λ-Matrizen sind, unter der Voraussetzung, daß die Invariantenteiler der Diagonalelemente bekannt sind.

Satz 4. *Ist in der (rechteckigen) verallgemeinerten Diagonalmatrix*

$$C(\lambda) = \begin{Vmatrix} A(\lambda) & O \\ O & B(\lambda) \end{Vmatrix}$$

jeder Invariantenteiler der Matrix $A(\lambda)$ *Teiler aller Invariantenteiler der Matrix* $B(\lambda)$, *so erhält man die Gesamtheit aller Invariantenteiler der Matrix* $C(\lambda)$ *als Vereinigung der Invariantenteiler der Matrizen* $A(\lambda)$ *und* $B(\lambda)$.

Beweis. Wir bezeichnen die Invariantenteiler der λ-Matrizen $A(\lambda)$ bzw. $B(\lambda)$ mit $i_1'(\lambda), i_2'(\lambda), \ldots, i_r'(\lambda)$ bzw. $i_1''(\lambda), i_2''(\lambda), \ldots, i_q''(\lambda)$. Dann ist[1])

$$A(\lambda) \sim \{i_r'(\lambda), \ldots, i_1'(\lambda), 0, \ldots, 0\}, \qquad B(\lambda) \sim \{i_q''(\lambda), \ldots, i_1''(\lambda), 0, \ldots, 0\}$$

und folglich

$$C(\lambda) \sim \{i_r'(\lambda), \ldots, i_1'(\lambda), i_q''(\lambda), \ldots, i_1''(\lambda), 0, \ldots, 0\}. \tag{14}$$

Auf der rechten Seite dieser Gleichung steht eine kanonische Diagonalmatrix. Dann bilden nach Satz 3 die nicht identisch verschwindenden Diagonalelemente ein voll-

---

[1]) Das Zeichen $\sim$ drückt hier die Äquivalenz der Matrizen aus; mit geschweiften Klammern $\{\ \}$ bezeichnen wir rechteckige Diagonalmatrizen der Gestalt (12).

ständiges System von Invariantenteilern der Matrix $C(\lambda)$. Damit ist der Satz bewiesen.

Um im allgemeinen Fall, d. h. bei beliebigen Invariantenteilern der Matrizen $A(\lambda)$ und $B(\lambda)$ die Invariantenteiler von $C(\lambda)$ bestimmen zu können, stützen wir uns auf den wichtigen Begriff der Elementarteiler einer Matrix.

Wir zerlegen die Invariantenteiler $i_1(\lambda), i_2(\lambda), \ldots, i_r(\lambda)$ in über dem gegebenen Körper $\mathbf{K}$ irreduzible Faktoren:

$$\left.\begin{array}{l} i_1(\lambda) = [\varphi_1(\lambda)]^{c_1}\,[\varphi_2(\lambda)]^{c_2} \cdots [\varphi_s(\lambda)]^{c_s}, \\ i_2(\lambda) = [\varphi_1(\lambda)]^{d_1}\,[\varphi_2(\lambda)]^{d_2} \cdots [\varphi_s(\lambda)]^{d_s}, \\ \cdots\cdots\cdots\cdots\cdots\cdots\cdots\cdots \\ i_p(\lambda) = [\varphi_1(\lambda)]^{l_1}\,[\varphi_2(\lambda)]^{l_2} \cdots [\varphi_s(\lambda)]^{l_s} \end{array}\right\} \tag{15}$$

$$(c_k \geqq d_k \geqq \cdots \geqq l_k \geqq 0; \quad k = 1, 2, \ldots, s)^{1)};$$

$\varphi_1(\lambda), \varphi_2(\lambda), \ldots, \varphi_s(\lambda)$ sind die voneinander verschiedenen über dem Körper $\mathbf{K}$ irreduziblen Faktoren, aus denen sich die Polynome $i_1(\lambda), i_2(\lambda), \ldots, i_r(\lambda)$ zusammensetzen; die Koeffizienten ihrer höchsten λ-Potenzen seien gleich 1.

Definition 5. Alle von 1 verschiedenen (d. h. alle nicht konstanten) Potenzen unter den Polynomen $[\varphi_1(\lambda)]^{c_1}, \ldots, [\varphi_s(\lambda)]^{l_s}$ in der Darstellung (15) heißen *Elementarteiler*[2]) der Matrix $A(\lambda)$ über dem Körper $\mathbf{K}$.[3])

Satz 5. *Die Gesamtheit der Elementarteiler der (rechteckigen) verallgemeinerten Diagonalmatrix*

$$C(\lambda) = \begin{Vmatrix} A(\lambda) & O \\ O & B(\lambda) \end{Vmatrix}$$

ist die Vereinigung der Elementarteiler der Matrizen $A(\lambda)$ und $B(\lambda)$.

Beweis. Wir zerlegen die Invariantenteiler der Matrizen $A(\lambda)$ und $B(\lambda)$ in über dem Körper $\mathbf{K}$ irreduzible Faktoren[4]):

$$\begin{array}{ll} i_1'(\lambda) = [\varphi_1(\lambda)]^{c_1'}\,[\varphi_2(\lambda)]^{c_2'} \cdots [\varphi_s(\lambda)]^{c_s'}, & i_1''(\lambda) = [\varphi_1(\lambda)]^{c_1''}\,[\varphi_2(\lambda)]^{c_2''} \cdots [\varphi_s(\lambda)]^{c_s''}, \\ i_2'(\lambda) = [\varphi_1(\lambda)]^{d_1'}\,[\varphi_2(\lambda)]^{d_2'} \cdots [\varphi_s(\lambda)]^{d_s'}, & i_2''(\lambda) = [\varphi_1(\lambda)]^{d_1''}\,[\varphi_2(\lambda)]^{d_2''} \cdots [\varphi_s(\lambda)]^{d_s''}, \\ \cdots\cdots\cdots\cdots\cdots\cdots & \cdots\cdots\cdots\cdots\cdots\cdots \\ i_r'(\lambda) = [\varphi_1(\lambda)]^{h_1'}\,[\varphi_2(\lambda)]^{h_2'} \cdots [\varphi_s(\lambda)]^{h_s'}, & i_q''(\lambda) = [\varphi_1(\lambda)]^{g_1''}\,[\varphi_2(\lambda)]^{g_2''} \cdots [\varphi_s(\lambda)]^{g_s''}. \end{array}$$

---

1) Einige der Exponenten $c_k, d_k, \ldots, l_k$ $(k = 1, 2, \ldots, s)$ können gleich 0 sein.

2) Auch die Benennungen *einfache* oder *Weierstraßsche Elementarteiler* finden sich (*Anm. d. Red.*).

3) Die Formeln (15) ermöglichen nicht nur, mit Hilfe der Invariantenteiler die Elementarteiler der Matrix $A(\lambda)$ über dem Körper $\mathbf{K}$ zu bestimmen, sondern auch umgekehrt die Elementarteiler zur Bestimmung der Invariantenteiler zu benutzen.

4) Enthalten gewisse Invariantenteiler im Gegensatz zu anderen ein beliebiges irreduzibles Polynom nicht, so tragen wir dort $\varphi_k(\lambda)$ mit dem Exponenten 0 ein.

Bezeichnen wir die von 0 verschiedenen Zahlen unter den $c_1', d_1', \ldots, h_1', c_1'', d_1'', \ldots, g_1''$ mit

$$c_1 \geqq d_1 \geqq \cdots \geqq l_1 > 0, \tag{16}$$

so ist $C(\lambda)$ der Matrix (14) äquivalent, und durch Vertauschung von Zeilen und Spalten kann letztere in die „Diagonalform"

$$\{[\varphi_1(\lambda)]^{c_1} \cdot (*),\ [\varphi_1(\lambda)]^{d_1} \cdot (*), \ldots, [\varphi_1(\lambda)]^{l_1} \cdot (*),\ (**), \ldots, (**)\} \tag{17}$$

übergeführt werden. Dabei werden mit $(*)$ Polynome bezeichnet, die zu $\varphi_1(\lambda)$ relativ prim sind, und mit $(**)$ Polynome, die zu $\varphi_1(\lambda)$ relativ prim sind oder identisch verschwinden. Aus der Gestalt der Matrix (17) ergibt sich für die Polynome $D_r(\lambda), D_{r-1}(\lambda), \ldots$ und $i_1(\lambda), i_2(\lambda), \ldots$ von $C(\lambda)$ unmittelbar die Darstellung

$$D_r(\lambda) = [\varphi_1(\lambda)]^{c_1+d_1+\cdots+l_1} \cdot (*), \qquad D_{r-1}(\lambda) = [\varphi_1(\lambda)]^{d_1+\cdots+l_1} \cdot (*), \ldots,$$
$$i_1(\lambda) = [\varphi_1(\lambda)]^{c_1}\,(*), \qquad i_2(\lambda) = [\varphi_1(\lambda)]^{d_1}\,(*), \ldots$$

Hieraus folgt, daß $[\varphi_1(\lambda)]^{c_1}, [\varphi_1(\lambda)]^{d_1}, \ldots, [\varphi_1(\lambda)]^{l_1}$, d. h. alle von 1 verschiedenen der Potenzen $[\varphi_1(\lambda)]^{c_1'}, \ldots, [\varphi_1(\lambda)]^{h_1'}, [\varphi_1(\lambda)]^{c_1''}, \ldots, [\varphi_1(\lambda)]^{g_1''}$, Elementarteiler der Matrix $C(\lambda)$ sind.

Analog werden die Elementarteiler der Matrix $C(\lambda)$, die Potenzen von $\varphi_2(\lambda)$ sind, bestimmt usw.

Damit ist der Satz bewiesen.

Anmerkung. Dem Vorhergehenden völlig analog kann eine Theorie der Äquivalenz ganzzahliger Matrizen (d. h. Matrizen, deren Elemente ganze Zahlen sind) aufgebaut werden. Dazu sind folgende Änderungen notwendig (vgl. S. 156): In 1. ist $c = \pm 1$, in 2. wird $b(\lambda)$ durch ganze Zahlen ersetzt, und in den Formeln (3), (3') und (3'') stehen an Stelle von $P(\lambda)$ und $Q(\lambda)$ ganzzahlige Matrizen mit der Determinante ± 1.

3. Gegeben sei nun eine Matrix $A = \|a_{ik}\|_1^n$ mit Elementen aus einem Körper K. Wir stellen ihre charakteristische Matrix auf:

$$\lambda E - A = \begin{Vmatrix} \lambda - a_{11} & -a_{12} & \ldots & -a_{1n} \\ -a_{21} & \lambda - a_{22} & \ldots & -a_{2n} \\ \ldots & \ldots & \ldots & \ldots \\ -a_{n1} & -a_{n2} & \ldots & \lambda - a_{nn} \end{Vmatrix}. \tag{18}$$

Die charakteristische Matrix ist eine λ-Matrix, ihr Rang ist n. Die Invariantenteiler dieser Matrix,

$$i_1(\lambda) = \frac{D_n(\lambda)}{D_{n-1}(\lambda)}, \quad i_2(\lambda) = \frac{D_{n-1}(\lambda)}{D_{n-2}(\lambda)}, \ldots, i_n(\lambda) = \frac{D_1(\lambda)}{D_0(\lambda)} \quad \bigl(D_0(\lambda) \equiv 1\bigr), \tag{19}$$

heißen *Invariantenteiler der Matrix A*, und entsprechend heißen ihre Elementarteiler über dem Körper K *Elementarteiler der Matrix A über dem Körper* K. Der erste Invariantenteiler $i_1(\lambda)$ stimmt mit dem Minimalpolynom der Matrix A überein.[1]) Die Kenntnis der Invariantenteiler (und folglich auch der Elementarteiler) einer Matrix A

---

[1]) Vgl. (49) auf S. 117; dort ist $\Delta(\lambda) \equiv D_n(\lambda)$.

gibt Aufschluß über die Struktur der Matrix. Man interessiert sich daher für Methoden zur Berechnung der Invariantenteiler einer Matrix. Die Formeln (19) liefern einen Algorithmus zur Berechnung dieser Polynome, der jedoch für großes n umfangreiche Rechnungen erfordert.

Satz 3 zeigt einen anderen Weg zur Berechnung der Invariantenteiler, der sich auf die Reduktion der charakteristischen Matrix (18) durch elementare Operationen auf kanonische Diagonalform stützt.

Beispiel.

$$A = \begin{Vmatrix} 3 & 1 & 0 & 0 \\ -4 & -1 & 0 & 0 \\ 6 & 1 & 2 & 1 \\ -14 & -5 & -1 & 0 \end{Vmatrix}, \quad \lambda E - A = \begin{Vmatrix} \lambda - 3 & -1 & 0 & 0 \\ 4 & \lambda + 1 & 0 & 0 \\ -6 & -1 & \lambda - 2 & -1 \\ 14 & 5 & 1 & \lambda \end{Vmatrix}.$$

In der charakteristischen Matrix $\lambda E - A$ addieren wir die mit λ multiplizierte dritte Zeile zur vierten und erhalten

$$\begin{Vmatrix} \lambda - 3 & -1 & 0 & 0 \\ 4 & \lambda + 1 & 0 & 0 \\ -6 & -1 & \lambda - 2 & -1 \\ 14 - 6\lambda & 5 - \lambda & \lambda^2 - 2\lambda + 1 & 0 \end{Vmatrix}.$$

Nun addieren wir die mit -6, -1 bzw. $\lambda - 2$ multiplizierte vierte Spalte zu den ersten drei Spalten; es ergibt sich

$$\begin{Vmatrix} \lambda - 3 & -1 & 0 & 0 \\ 4 & \lambda + 1 & 0 & 0 \\ 0 & 0 & 0 & -1 \\ 14 - 6\lambda & 5 - \lambda & \lambda^2 - 2\lambda + 1 & 0 \end{Vmatrix}.$$

Danach addieren wir die mit $\lambda - 3$ multiplizierte zweite Spalte zur ersten und finden

$$\begin{Vmatrix} 0 & -1 & 0 & 0 \\ \lambda^2 - 2\lambda + 1 & \lambda + 1 & 0 & 0 \\ 0 & 0 & 0 & -1 \\ -\lambda^2 + 2\lambda - 1 & 5 - \lambda & \lambda^2 - 2\lambda + 1 & 0 \end{Vmatrix}.$$

Zur zweiten und vierten Zeile addieren wir die mit $\lambda + 1$ bzw. $5 - \lambda$ multiplizierte erste Zeile und erhalten

$$\begin{Vmatrix} 0 & -1 & 0 & 0 \\ \lambda^2 - 2\lambda + 1 & 0 & 0 & 0 \\ 0 & 0 & 0 & -1 \\ -\lambda^2 + 2\lambda - 1 & 0 & \lambda^2 - 2\lambda + 1 & 0 \end{Vmatrix}.$$

Addieren wir die zweite Zeile zur vierten und multiplizieren dann die erste und dritte mit -1, so ergibt sich nach Vertauschung von Zeilen und Spalten

$$\begin{Vmatrix} 1 & 0 & 0 & 0 \\ 0 & 1 & 0 & 0 \\ 0 & 0 & (\lambda-1)^2 & 0 \\ 0 & 0 & 0 & (\lambda-1)^2 \end{Vmatrix}.$$

Die Matrix A besitzt zwei Elementarteiler: $(\lambda - 1)^2$ und $(\lambda - 1)^2$.

6.4. Äquivalenz linearer Binome

In 6.3. betrachteten wir rechteckige λ-Matrizen. In diesem Abschnitt betrachten wir Paare quadratischer Matrizen n-ter Ordnung $A(\lambda)$ und $B(\lambda)$, deren Elemente höchstens vom Grad 1 in λ sind. Solche Polynommatrizen können in Form von Matrizenbinomen dargestellt werden:

$$A(\lambda) = A_0\lambda + A_1, \qquad B(\lambda) = B_0\lambda + B_1.$$

Wir setzen voraus, daß diese Binome von erstem Grade und eigentlich sind, d. h. daß $|A_0| \neq 0$ und $|B_0| \neq 0$ ist (vgl. S. 103).

Der folgende Satz stellt ein Kriterium für die Äquivalenz solcher Binome dar:

Satz 6. *Sind zwei eigentliche Binome ersten Grades $A_0\lambda + A_1$ und $B_0\lambda + B_1$ äquivalent, so sind sie sogar im strengen Sinne äquivalent, d. h., die Matrizen $P(\lambda)$ und $Q(\lambda)$ mit konstanter, von 0 verschiedener Determinante können in der Identität*

$$B_0\lambda + B_1 = P(\lambda)\,(A_0\lambda + A_1)\,Q(\lambda) \tag{20}$$

durch reguläre konstante Matrizen P und Q ersetzt werden:[1])

$$B_0\lambda + B_1 = P(A_0\lambda + A_1)\,Q. \tag{21}$$

Beweis. Da die Determinante der Matrix $P(\lambda)$ nicht von λ abhängt und von 0 verschieden ist,[2]) ist die inverse Matrix $M(\lambda) = P^{-1}(\lambda)$ ebenfalls eine Polynommatrix. Unter Benutzung dieser Matrix können wir (20) wie folgt schreiben:

$$M(\lambda)\,(B_0\lambda + B_1) = (A_0\lambda + A_1)\,Q(\lambda). \tag{22}$$

Wir sehen $M(\lambda)$ und $Q(\lambda)$ als Matrizenpolynome an und dividieren $M(\lambda)$ von links

[1]) Der Identität (21) entsprechen die beiden Matrizengleichungen $B_0 = PA_0Q$ und $B_1 = PA_1Q$.

[2]) Aus der Äquivalenz der Binome $A_0\lambda + A_1$ und $B_0\lambda + B_1$ ergibt sich die Gültigkeit der Identität (20), in der $|P(\lambda)| = \text{const} \neq 0$ und $|Q(\lambda)| = \text{const} \neq 0$ ist. Jedoch folgen die letzten Relationen im gegebenen Fall aus der gleichen Identität (20). Die Determinanten regulärer Binome ersten Grades haben nämlich den Grad n:

$$|A_0\lambda + A_1| = |A_0|\,\lambda^n + \cdots, \quad |B_0\lambda + B_1| = |B_0|\,\lambda^n + \cdots; \quad |A_0| \neq 0, \quad |B_0| \neq 0.$$

Aus $|B_0\lambda + B_1| = |P(\lambda)|\,|A_0\lambda + A_1|\,|Q(\lambda)|$ folgt daher

$$|P(\lambda)| = \text{const} \neq 0, \quad |Q(\lambda)| = \text{const} \neq 0.$$

durch $A_0\lambda + A_1$ und $Q(\lambda)$ von rechts durch $B_0\lambda + B_1$:

$$M(\lambda) = (A_0\lambda + A_1)\,S(\lambda) + M, \tag{23}$$

$$Q(\lambda) = T(\lambda)\,(B_0\lambda + B_1) + Q; \tag{24}$$

dabei sind M und Q konstante (nicht von λ abhängige) quadratische Matrizen n-ter Ordnung. Die für $M(\lambda)$ und $Q(\lambda)$ erhaltenen Ausdrücke setzen wir in (22) ein. Nach einer kleinen Umformung erhalten wir

$$(A_0\lambda + A_1)\,[T(\lambda) - S(\lambda)]\,(B_0\lambda + B_1) = M(B_0\lambda + B_1) - (A_0\lambda + A_1)\,Q. \tag{25}$$

Die in eckigen Klammern stehende Differenz muß identisch verschwinden, da andernfalls der Grad des Produktes auf der linken Seite von (25) größer oder gleich 2 wäre, während auf der rechten Seite dieser Identität ein Polynom ersten Grades steht. Daher ist

$$S(\lambda) = T(\lambda); \tag{26}$$

dann aber folgt aus (25)

$$M(B_0\lambda + B_1) = (A_0\lambda + A_1)\,Q. \tag{27}$$

Wir zeigen nun, daß M eine reguläre Matrix ist. Zu diesem Zweck dividieren wir $P(\lambda)$ von links durch $B_0\lambda + B_1$:

$$P(\lambda) = (B_0\lambda + B_1)\,U(\lambda) + P. \tag{28}$$

Aus (22), (23) und (28) folgt

$$\begin{aligned} E = M(\lambda)\,P(\lambda) &= M(\lambda)\,(B_0\lambda + B_1)\,U(\lambda) + M(\lambda)\,P \\ &= (A_0\lambda + A_1)\,Q(\lambda)\,U(\lambda) + (A_0\lambda + A_1)\,S(\lambda)\,P + MP \\ &= (A_0\lambda + A_1)\,[Q(\lambda)\,U(\lambda) + S(\lambda)\,P] + MP. \end{aligned} \tag{29}$$

Da im letzten Teil dieser Gleichungskette Polynome nullten Grades in λ stehen (sie sind nämlich gleich E), verschwindet der Ausdruck in den eckigen Klammern. Dann folgt aus (29)

$$MP = E; \tag{30}$$

das heißt aber, daß $|M| \neq 0$ und $M^{-1} = P$ ist.

Multipliziert man beide Seiten von (27) von links mit P, so erhält man $B_0\lambda + B_1 = P(A_0\lambda + A_1)\,Q$. Die Regularität der Matrix P folgt aus (30). Aber die Regularität von P und Q ergibt sich auch aus der Identität (21), denn aus ihr erhält man $B_0 = PA_0Q$ und daher $|P|\,|A_0|\,|Q| = |B_0| \neq 0$. Damit ist der Satz bewiesen.

Anmerkung. Aus dem Bewiesenen folgt (vgl. (24) und (28)), daß man als konstante Matrizen P und Q, durch die wir die λ-Matrizen $P(\lambda)$ und $Q(\lambda)$ in (20) ersetzen, den linken bzw. den rechten Rest wählen kann, der bei der Division von $P(\lambda)$ und $Q(\lambda)$ durch $B_0\lambda + B_1$ auftritt.

6.5. Kriterien für die Ähnlichkeit von Matrizen

Gegeben sei eine Matrix $A = \|a_{ik}\|_1^n$ mit Elementen aus einem Zahlkörper K. Ihre charakteristische Matrix $\lambda E - A$ ist eine λ-Matrix vom Rang n und besitzt daher n Invariantenteiler (vgl. 6.3.)

$$i_1(\lambda),\ i_2(\lambda), \ldots, i_n(\lambda).$$

Der folgende Satz zeigt, daß die Ausgangsmatrix durch diese Invariantenteiler bis auf Ähnlichkeitstransformationen bestimmt ist.

Satz 7. *Die beiden Matrizen $A = \|a_{ik}\|_1^n$ und $B = \|b_{ik}\|_1^n$ sind dann und nur dann ähnlich ($B = T^{-1}AT$), wenn sie dieselben Invariantenteiler oder, was dasselbe ist, dieselben Elementarteiler über dem Körper K besitzen.*

Beweis. Die Bedingung ist notwendig: Sind nämlich die Matrizen A und B ähnlich, so existiert eine reguläre Transformationsmatrix T mit $B = T^{-1}AT$. Hieraus folgt $\lambda E - B = T^{-1}(\lambda E - A)\, T$. Diese Gleichung zeigt, daß die charakteristischen Matrizen $\lambda E - A$ und $\lambda E - B$ äquivalent sind und daher dieselben Invariantenteiler besitzen.

Die Bedingung ist hinreichend: Mögen die charakteristischen Matrizen $\lambda E - A$ und $\lambda E - B$ dieselben Invariantenteiler besitzen. Dann sind diese λ-Matrizen äquivalent (vgl. Satz 3, Folgerung 1), und folglich existieren zwei Polynommatrizen $P(\lambda)$ und $Q(\lambda)$ derart, daß

$$\lambda E - B = P(\lambda)\,(\lambda E - A)\, Q(\lambda) \tag{31}$$

ist. Wenden wir Satz 6 auf die Matrizenbinome $\lambda E - A$ und $\lambda E - B$ an, so können wir in (31) die λ-Matrizen $P(\lambda)$ und $Q(\lambda)$ durch konstante Matrizen P und Q ersetzen; dabei können für P und Q (vgl. die Anmerkung auf S. 172) der linke bzw. der rechte Rest bei der Division von $P(\lambda)$ und $Q(\lambda)$ durch $\lambda E - B$ gewählt werden, d. h., auf Grund des verallgemeinerten Bezoutschen Satzes kann man

$$\lambda E - B = P(\lambda E - A)\, Q, \tag{32}$$

$$P = \hat{P}(B), \qquad Q = Q(B) \tag{33}$$

schreiben.[1]) Führen wir in (32) einen Koeffizientenvergleich durch, so erhalten wir $B = PAQ$, $E = PQ$, d. h. $B = T^{-1}AT$, wobei $T = Q = P^{-1}$ ist. Damit ist der Satz bewiesen.

Bemerkung. Wir haben dabei einen Satz bewiesen, den wir folgendermaßen formulieren wollen.

Ergänzung zu Satz 7. *Sind $A = \|a_{ik}\|_1^n$ und $B = \|b_{ik}\|_1^n$ zwei ähnliche Matrizen,*

$$B = T^{-1}AT, \tag{34}$$

[1]) Wir erinnern daran, daß $\hat{P}(B)$ der linke Wert des Polynoms $P(\lambda)$, $Q(B)$ dagegen der rechte Wert des Polynoms $Q(\lambda)$ bei der Substitution $\lambda \to B$ ist (vgl. S. 106—109).

so kann als Transformationsmatrix T die Matrix

$$T = Q(B) = [\hat{P}(B)]^{-1} \tag{35}$$

gewählt werden; dabei sind $P(\lambda)$ und $Q(\lambda)$ die Polynommatrizen, die auf Grund folgender Identität die Äquivalenz zwischen den charakteristischen Matrizen $\lambda E - A$ und $\lambda E - B$ vermitteln:

$$\lambda E - B = P(\lambda)\,(\lambda E - A)\,Q(\lambda);$$

in (35) ist $Q(B)$ der rechte Wert des Matrizenpolynoms $Q(\lambda)$ und $\hat{P}(B)$ der linke Wert des Matrizenpolynoms $P(\lambda)$ bei der Substitution $\lambda \to B$.

6.6. Normalformen von Matrizen

1. Gegeben sei ein beliebiges Polynom

$$g(\lambda) = \lambda^m + \alpha_1\lambda^{m-1} + \cdots + \alpha_{m-1}\lambda + \alpha_m$$

mit Koeffizienten aus einem Körper **K**.

Wir betrachten folgende Matrix m-ter Ordnung:

$$L = \left\| \begin{matrix} 0 & 0 & \dots & 0 & -\alpha_m \\ 1 & 0 & \dots & 0 & -\alpha_{m-1} \\ 0 & 1 & \dots & 0 & -\alpha_{m-2} \\ \dots & \dots & \dots & \dots & \dots \\ 0 & 0 & \dots & 1 & -\alpha_1 \end{matrix} \right\|. \tag{36}$$

Man überzeugt sich leicht davon, daß das Polynom $g(\lambda)$ das charakteristische Polynom der Matrix L ist:

$$|\lambda E - L| = \left| \begin{matrix} \lambda & 0 & 0 & \dots & 0 & \alpha_m \\ -1 & \lambda & 0 & \dots & 0 & \alpha_{m-1} \\ 0 & -1 & \lambda & \dots & 0 & \alpha_{m-2} \\ \dots & \dots & \dots & \dots & \dots & \dots \\ 0 & 0 & 0 & \dots & -1 & \alpha_1 + \lambda \end{matrix} \right| = g(\lambda).$$

Da andererseits der Minor des Elements α_m in der charakteristischen Determinante gleich ± 1 ist, ist $D_{m-1}(\lambda) = 1$ und $i_1(\lambda) = \dfrac{D_m(\lambda)}{D_{m-1}(\lambda)} = D_m(\lambda) = g(\lambda)$, $i_2(\lambda) = \cdots = i_n(\lambda) = 1$. Die Matrix L besitzt folglich nur einen einzigen von 1 verschiedenen Invariantenteiler, der gleich $g(\lambda)$ ist.

Die Matrix L wird die *Begleitmatrix* zum Polynom $g(\lambda)$ genannt.[1])

---

[1]) Bisweilen nennt man auch die Transponierte von L,

$$L^{\mathsf{T}} = \left\| \begin{matrix} 0 & 1 & 0 & \cdots & 0 \\ 0 & 0 & 1 & \cdots & 0 \\ \dots & \dots & \dots & \dots & \dots \\ -a_0 & -a_1 & -a_2 & \cdots & -a_{n-1} \end{matrix} \right\|,$$

die *Begleitmatrix* von $g(\lambda)$ (*Anm. d. Red.*).

Es sei $A = \|a_{ik}\|_1^n$ eine Matrix mit den Invariantenteilern

$$i_1(\lambda), \quad i_2(\lambda), \ldots, i_t(\lambda), \quad i_{t+1}(\lambda) = 1, \ldots, i_n(\lambda) = 1. \tag{37}$$

Dabei besitzen die Polynome $i_1(\lambda), i_2(\lambda), \ldots, i_t(\lambda)$ einen von 0 verschiedenen Grad, und jedes dieser Polynome ist Vielfaches aller folgenden. Die Begleitmatrizen dieser Polynome bezeichnen wir mit $L_1, L_2, \ldots, L_t$.

Die verallgemeinerte Diagonalmatrix n-ter Ordnung

$$L_{\mathrm{I}} = \{L_1, L_2, \ldots, L_t\} \tag{38}$$

besitzt dann die Polynome (37) als Invariantenteiler (vgl. Satz 4 in 6.3.). Die Matrizen A und L_{I} sind ähnlich, da sie dieselben Invariantenteiler besitzen, d. h., es existiert eine reguläre Matrix U ($|U| \neq 0$) mit

$$A = U L_{\mathrm{I}} U^{-1}. \tag{I}$$

Die Matrix L_{I} heißt *erste Normalform* der Matrix A. Diese Normalform läßt sich folgendermaßen charakterisieren: 1. Sie ist eine verallgemeinerte Diagonalmatrix (38); 2. die Matrizen in der Diagonale weisen die spezielle Struktur (36) auf; 3. sie genügt folgender zusätzlicher Bedingung: In der Folge der charakteristischen Polynome der Diagonalelemente ist jedes Polynom ein Teiler des vorhergehenden.[1])

2. Wir bezeichnen die Elementarteiler der Matrix $A = \|a_{ik}\|_1^n$ im Körper $\mathbf{K}$ mit

$$\chi_1(\lambda), \chi_2(\lambda), \ldots, \chi_u(\lambda) \tag{39}$$

und die entsprechenden Begleitmatrizen mit $L^{(1)}, L^{(2)}, \ldots, L^{(u)}$. Da $\chi_j(\lambda)$ der einzige Elementarteiler der Matrix $L^{(j)}$ ($j = 1, 2, \ldots, u$) ist,[2]) besitzt die verallgemeinerte Diagonalmatrix

$$L_{\mathrm{II}} = \{L^{(1)}, L^{(2)}, \ldots, L^{(u)}\} \tag{40}$$

nach Satz 5 als Elementarteiler die Polynome (39).

Die Matrizen A und L_{II} besitzen über dem Körper $\mathbf{K}$ dieselben Elementarteiler; folglich sind sie ähnlich, d. h., es existiert stets eine reguläre Matrix V ($|V| \neq 0$) mit

$$A = V L_{\mathrm{II}} V^{-1}. \tag{II}$$

Die Matrix L_{II} heißt *zweite Normalform* der Matrix A. Diese Normalform läßt sich folgendermaßen charakterisieren: 1. Sie ist eine verallgemeinerte Diagonalmatrix (40); 2. die Matrizen in der Diagonale weisen die spezielle Struktur (36) auf; 3. sie genügt folgender zusätzlicher Bedingung: Das charakteristische Polynom jedes Diagonalelements ist die Potenz eines im Körper $\mathbf{K}$ irreduziblen Polynoms.

Bemerkung. Im Gegensatz zu den Invariantenteilern sind die Elementarteiler einer Matrix von der Wahl des Körpers $\mathbf{K}$ abhängig. Gehen wir zu einem anderen

---

[1]) Aus den Bedingungen 1, 2 und 3 folgt automatisch, daß die charakteristischen Polynome der Diagonalelemente in L_{I} die Invariantenteiler der Matrix L_{I} und folglich auch der Matrix A sind.

[2]) $\chi_j(\lambda)$ ist der einzige Invariantenteiler der Matrix $L^{(j)}$ und gleichzeitig Potenz eines im Körper $\mathbf{K}$ irreduziblen Polynoms.

Zahlkörper über (der ebenfalls die Elemente der Matrix A enthält), so kann das gleichzeitig den Übergang zu anderen Elementarteilern bedeuten. Mit den Elementarteilern wechselt auch die zweite Normalform der Matrix.

Gegeben sei beispielsweise eine Matrix $A = \|a_{ik}\|_1^n$ mit reellen Elementen. Das charakteristische Polynom dieser Matrix besitzt dann reelle Koeffizienten, während einige Nullstellen dieses Polynoms komplex sein können. Ist **K** der Körper der reellen Zahlen, so können unter den Elementarteilern auch Potenzen von irreduziblen quadratischen Ausdrücken mit reellen Koeffizienten vorkommen. Ist **K** der Körper der komplexen Zahlen, so hat jeder Elementarteiler die Gestalt $(\lambda - \lambda_0)^p$.

3. Wir setzen jetzt voraus, daß der Zahlkörper **K** nicht nur die Elemente der Matrix A, sondern auch alle charakteristischen Wurzeln dieser Matrix enthält.[1]) Dann haben die Elementarteiler von A die Form[2])

$$(\lambda - \lambda_1)^{p_1}, \quad (\lambda - \lambda_2)^{p_2}, \ldots, (\lambda - \lambda_u)^{p_u} \quad (p_1 + p_2 + \cdots + p_u = n). \tag{41}$$

Wir betrachten einen dieser Elementarteiler, $(\lambda - \lambda_0)^p$, und ordnen ihm folgende Matrix p-ter Ordnung zu:

$$\begin{Vmatrix} \lambda_0 & 1 & 0 & \ldots & 0 \\ 0 & \lambda_0 & 1 & \ldots & 0 \\ \ldots & \ldots & \ldots & \ldots & \ldots \\ 0 & 0 & 0 & \ldots & 1 \\ 0 & 0 & 0 & \ldots & \lambda_0 \end{Vmatrix} = \lambda_0 E^{(p)} + H^{(p)}. \tag{42}$$

Man prüft leicht nach, daß diese Matrix nur den einen Elementarteiler $(\lambda - \lambda_0)^p$ besitzt. Die Matrix (42) nennen wir den dem Elementarteiler $(\lambda - \lambda_0)^p$ zugeordneten *Jordan-Kasten.*

Die Jordan-Kästchen, die den Elementarteilern (41) entsprechen, seien $J_1, J_2, \ldots, J_u$. Dann besitzt die verallgemeinerte Diagonalmatrix $J = \{J_1, J_2, \ldots, J_u\}$ die Potenzen (41) als Elementarteiler.

Die Matrix J kann auch folgendermaßen geschrieben werden:

$$J = \{\lambda_1 E_1 + H_1, \lambda_2 E_2 + H_2, \ldots, \lambda_u E_u + H_u\};$$

dabei ist

$$E_k = E^{(p_k)}, \quad H_k = H^{(p_k)} \quad (k = 1, 2, \ldots, u).$$

Da die Matrizen A und J dieselben Elementarteiler besitzen, sind sie einander ähnlich, d. h., es existiert eine reguläre Matrix T ($|T| \neq 0$) derart, daß

$$A = TJT^{-1} = T\{\lambda_1 E_1 + H_1, \lambda_2 E_2 + H_2, \ldots, \lambda_u E_u + H_u\}\, T^{-1} \tag{III}$$

ist.

---

[1]) Das ist bei beliebiger Matrix A stets dann der Fall, wenn **K** der Körper der komplexen Zahlen ist.

[2]) Die Schreibweise $\lambda_1, \lambda_2, \ldots, \lambda_u$ besagt nicht, daß diese Zahlen alle voneinander verschieden sein müssen.

Die Matrix J heißt *Jordansche Normalform* oder einfach Jordansche Form der Matrix A. Die Jordansche Normalform kann folgendermaßen charakterisiert werden: Sie ist eine verallgemeinerte Diagonalmatrix, deren Diagonalelemente die spezielle Struktur (42) besitzen.

In dem folgenden Schema ist eine Jordansche Matrix J mit den Elementarteilern $(\lambda - \lambda_1)^2$, $(\lambda - \lambda_2)^3$, $\lambda - \lambda_3$ und $(\lambda - \lambda_4)^2$ angegeben:

$$J = \left\| \begin{array}{cc:ccc:c:cc} \lambda_1 & 1 & 0 & 0 & 0 & 0 & 0 & 0 \\ 0 & \lambda_1 & 0 & 0 & 0 & 0 & 0 & 0 \\ \hdashline 0 & 0 & \lambda_2 & 1 & 0 & 0 & 0 & 0 \\ 0 & 0 & 0 & \lambda_2 & 1 & 0 & 0 & 0 \\ 0 & 0 & 0 & 0 & \lambda_2 & 0 & 0 & 0 \\ \hdashline 0 & 0 & 0 & 0 & 0 & \lambda_3 & 0 & 0 \\ \hdashline 0 & 0 & 0 & 0 & 0 & 0 & \lambda_4 & 1 \\ 0 & 0 & 0 & 0 & 0 & 0 & 0 & \lambda_4 \end{array} \right\| . \tag{43}$$

Sind alle Elementarteiler einer Matrix linear,[1]) so ist die Jordansche Normalform eine Diagonalmatrix und umgekehrt; in diesem Fall ist

$$A = T\{\lambda_1, \lambda_2, \ldots, \lambda_n\}\, T^{-1}. \tag{44}$$

Die Matrix A ist also genau dann eine Matrix einfacher Struktur (vgl. 3.8.), *wenn alle Elementarteiler linear sind.*

Bisweilen betrachtet man an Stelle der Jordan-Kästchen (42) „untere" Jordan-Kästchen p-ter Ordnung:

$$\left\| \begin{array}{cccccc} \lambda_0 & 0 & \ldots & & 0 & 0 \\ 1 & \lambda_0 & \ldots & & 0 & 0 \\ 0 & \ddots & \ddots & & \vdots & \vdots \\ \vdots & & \ddots & \ddots & \vdots & \vdots \\ \vdots & & & \ddots & \lambda_0 & 0 \\ 0 & \ldots & & 0 & 1 & \lambda_0 \end{array} \right\| = \lambda_0 E^{(p)} + F^{(p)}$$

Diese Matrix besitzt ebenfalls nur den einen Elementarteiler $(\lambda - \lambda_0)^p$. Den Elementarteilern (41) entspricht die *untere* Jordansche Matrix[2])

$$J_{(1)} = \{\lambda_1 E_1 + F_1, \lambda_2 E_2 + F_2, \ldots, \lambda_u E_u + F_u\}$$

$$(E_k = E^{(p_k)}, F_k = F^{(p_k)};\ k = 1, 2, \ldots, u).$$

---

[1]) Häufig sagt man statt „Elementarteiler ersten Grades" auch „linearer Elementarteiler" oder „einfacher Elementarteiler".

[2]) Die Matrix J wird manchmal, um sie von der unteren Jordanschen Matrix $J_{(1)}$ zu unterscheiden, *obere* Jordansche Matrix genannt.

Eine beliebige Matrix A, die die Elementarteiler (41) besitzt, ist stets einer Matrix $J_{(1)}$ ähnlich, d. h., es existiert eine reguläre Matrix T_1 ($|T_1| \neq 0$) derart, daß

$$A = T_1 J_{(1)} T_1^{-1} = T_1 \{\lambda_1 E_1 + F_1, \lambda_2 E_2 + F_2, \ldots, \lambda_u E_u + F_u\} T_1^{-1} \tag{IV}$$

ist.

Wir bemerken noch, daß jede der Matrizen $\lambda_0(E^{(p)} + H^{(p)})$, $\lambda_0(E^{(p)} + F^{(p)})$ nur den Elementarteiler $(\lambda - \lambda_0)^p$ besitzt, sobald $\lambda_0 \neq 0$ ist. Daher kann man für eine reguläre Matrix A, die die Elementarteiler (41) besitzt, an Stelle von (III) und (IV) auch folgende Darstellungen wählen:

$$A = T_2 \{\lambda_1(E_1 + H_1), \lambda_2(E_2 + H_2), \ldots, \lambda_u(E_u + H_u)\} T_2^{-1}, \tag{V}$$

$$A = T_3 \{\lambda_1(E_1 + F_1), \lambda_2(E_2 + F_2), \ldots, \lambda_u(E_u + F_u)\} T_3^{-1}. \tag{VI}$$

6.7. Die Elementarteiler der Matrix $f(A)$

1. In diesem Abschnitt klären wir folgende Frage:

Gegeben seien die Elementarteiler einer Matrix $A = \|a_{ik}\|_1^n$ (über dem Körper der komplexen Zahlen), ferner eine Funktion $f(\lambda)$, die auf dem Spektrum von A definiert ist. Wir fragen nach den Elementarteilern der Matrix $f(A)$ (über dem Körper der komplexen Zahlen).

Es seien $(\lambda - \lambda_1)^{p_1}, (\lambda - \lambda_2)^{p_2}, \ldots, (\lambda - \lambda_u)^{p_u}$ die Elementarteiler der Matrix A.[1] Dann ist die Matrix A einer Jordanschen Matrix J ähnlich, $A = TJT^{-1}$, folglich ist

$$f(A) = Tf(J)\,T^{-1}.$$

Dabei ist

$$J = \{J_1, J_2, \ldots, J_u\}, \qquad J_i = \lambda_i E^{(p_i)} + H^{(p_i)} \qquad (i = 1, 2, \ldots, u)$$

und

$$f(J) = \{f(J_1), f(J_2), \ldots, f(J_u)\}; \tag{45}$$

ferner (vgl. Beispiel 2 auf S. 124)

$$f(J_i) = \left\| \begin{matrix} f(\lambda_i) & \frac{f'(\lambda_i)}{1!} & \cdots & \frac{f^{(p_i-1)}(\lambda_i)}{(p_i-1)!} \\ 0 & f(\lambda_i) & \ddots & \vdots \\ \vdots & & \ddots & \vdots \\ \vdots & & \ddots & \frac{f'(\lambda_i)}{1!} \\ 0 & 0 & \cdots & f(\lambda_i) \end{matrix} \right\|. \tag{46}$$

Da die ähnlichen Matrizen $f(A)$ und $f(J)$ dieselben Elementarteiler besitzen, werden wir im folgenden an Stelle von $f(A)$ die Matrix $f(J)$ betrachten.

[1] Die Zahlen $\lambda_1, \lambda_2, \ldots, \lambda_u$ sind nicht notwendig verschieden.

2. Wir bestimmen zuerst den Defekt d der Matrix $f(A)$ oder, was dasselbe ist, der Matrix $f(J)$.[1]) Der Defekt einer verallgemeinerten Diagonalmatrix ist gleich der Summe der Defekte der einzelnen Diagonalelemente, und der Defekt der Matrix $f(J_i)$ ist (vgl. (46)) gleich dem Minimum der Zahlen k_i und p_i, wenn k_i die Vielfachheit von λ_i als Nullstelle von $f(\lambda)$ ist.[2]) Es gilt nämlich

$$f(\lambda_i) = f'(\lambda_i) = \cdots = f^{(k_i-1)}(\lambda_i) = 0, \quad f^{(k_i)}(\lambda_i) \neq 0 \quad (i = 1, 2, \ldots, u).$$

Damit haben wir folgenden Satz erhalten:

Satz 8. *Der Defekt einer Matrix $f(A)$ kann, wenn die Matrix A die Elementarteiler*

$$(\lambda - \lambda_1)^{p_1}, \quad (\lambda - \lambda_2)^{p_2}, \ldots, (\lambda - \lambda_u)^{p_u} \tag{47}$$

besitzt, aus der Formel

$$d = \sum_{i=1}^{u} \min(k_i, p_i) \tag{48}$$

bestimmt werden; dabei ist k_i die Vielfachheit von λ_i als Nullstelle von $f(\lambda)$ $(i = 1, 2, \ldots, u)$.

Als Anwendung des obigen Satzes bestimmen wir für eine beliebige Matrix $A = \|a_{ik}\|_1^n$ alle Elementarteiler, die einer charakteristischen Wurzel λ_0 entsprechen,

$$\underbrace{\lambda - \lambda_0, \ldots, \lambda - \lambda_0}_{g_1}; \quad \underbrace{(\lambda - \lambda_0)^2, \ldots, (\lambda - \lambda_0)^2}_{g_2}; \ldots; \underbrace{(\lambda - \lambda_0)^m, \ldots, (\lambda - \lambda_0)^m}_{g_m},$$

unter der Voraussetzung, daß die Defekte $d_1, d_2, \ldots, d_m$ der Matrizen $A - \lambda_0 E$, $(A - \lambda_0 E)^2, \ldots, (A - \lambda_0 E)^m$ vorgegeben sind; dabei ist $g_i \geqq 0$ $(i = 1, 2, \ldots, m-1)$ und $g_m > 0$.

Dazu betrachten wir $(A - \lambda_0 E)^j = f_j(A)$ mit $f_j(\lambda) = (\lambda - \lambda_0)^j$ $(j = 1, 2, \ldots, m)$. Zur Berechnung des Defektes der Matrix $(A - \lambda_0 E)^j$ setzen wir in (48) $k_i = j$ für alle Elementarteiler, die der charakteristischen Wurzel λ_0 entsprechen und $k_i = 0$ für alle anderen $(j = 1, 2, \ldots, m)$. Wir erhalten somit die Formeln

$$\left.\begin{array}{l} g_1 + g_2 + g_3 + \cdots + g_m = d_1, \\ g_1 + 2g_2 + 2g_3 + \cdots + 2g_m = d_2, \\ g_1 + 2g_2 + 3g_3 + \cdots + 3g_m = d_3, \\ \cdots\cdots\cdots\cdots\cdots\cdots\cdots \\ g_1 + 2g_2 + 3g_3 + \cdots + mg_m = d_m. \end{array}\right\} \tag{49}$$

Hieraus ergibt sich[3])

$$g_j = 2d_j - d_{j-1} - d_{j+1} \quad (j = 1, 2, \ldots, m;\ d_0 = 0,\ d_{m+1} = d_m). \tag{50}$$

[1]) $d = n - r$, wobei r der Rang der Matrix $f(A)$ ist

[2]) Im allgemeinen Fall, wenn $f(\lambda)$ kein Polynom ist, versteht man unter der Vielfachheit k_i einer Nullstelle λ_i der Funktion $f(\lambda)$ die durch die Bedingungen (46) definierte Zahl. k_i kann auch 0 sein; in diesem Fall ist $f(\lambda_i) \neq 0$.

[3]) Gegeben sei eine Folge $d_1, d_2, d_3, \ldots$ von Zahlen, wobei d_j der Defekt der Matrix $(A - \lambda_0 E)^j$ $(j = 1, 2, 3, \ldots)$ ist. Dann kann m, der größte Exponent der Potenzen von Elementarteilern der Form $(\lambda - \lambda_0)^\nu$, gefunden werden als derjenige Index, für den $d_{m-1} < d_m = d_{m+1}$ gilt.

3. Wir kehren zu unserem Ausgangsproblem, der Bestimmung der Elementarteiler der Matrix $f(A)$, zurück. Wie wir schon bemerkt hatten, stimmen die Elementarteiler von $f(A)$ mit den Elementarteilern von $f(J)$ überein, und die Elementarteiler einer verallgemeinerten Diagonalmatrix setzen sich aus den Elementarteilern der Diagonalelemente zusammen (vgl. Satz 5). Damit ist die Frage auf die Bestimmung der Elementarteiler einer Matrix C zurückgeführt, die folgende Dreiecksform besitzt:

$$C = \sum_{k=0}^{p-1} a_k H^k = \left\| \begin{matrix} a_0 & a_1 & \dots & a_{p-1} \\ 0 & a_0 & \ddots & \cdot \\ \cdot & \cdot & \ddots & \cdot \\ \cdot & \cdot & \ddots & \cdot \\ \cdot & \cdot & \ddots & a_1 \\ 0 & 0 & \dots & a_0 \end{matrix} \right\|. \tag{51}$$

Wir betrachten zwei Fälle:

1. $a_1 \neq 0$. Das charakteristische Polynom der Matrix C ist offensichtlich gleich $D_p(\lambda) = (\lambda - a_0)^p$. Dann ist $D_{p-1}(\lambda) = (\lambda - a_0)^g$ $(g \leqq p)$, da $D_{p-1}(\lambda)$ ein Teiler von $D_p(\lambda)$ ist. Mit $D_{p-1}(\lambda)$ bezeichnen wir hier den größten gemeinsamen Teiler aller Minoren $(p - 1)$-ter Ordnung der charakteristischen Matrix

$$\lambda E - C = \left\| \begin{matrix} \lambda - a_0 & -a_1 & \dots & -a_{p-1} \\ 0 & \lambda - a_0 & \ddots & \cdot \\ \cdot & & \ddots & \cdot \\ \cdot & & \ddots & \cdot \\ \cdot & & \ddots & -a_1 \\ \overset{+}{0} & 0 & \dots & \lambda - a_0 \end{matrix} \right\|.$$

Das Absolutglied des Minors desjenigen Nullelements, das wir durch das Zeichen „+" gekennzeichnet haben, ist gleich $(-a_1)^{p-1}$ und folglich in dem von uns betrachteten Fall von 0 verschieden. Wir erhalten also $g = 0$. Aus $D_p(\lambda) = (\lambda - a_0)^p$, $D_{p-1}(\lambda) = 1$ folgt dann aber, daß die Matrix C nur den einen Elementarteiler $(\lambda - a_0)^p$ besitzt.

2. $a_1 = \cdots = a_{k-1} = 0$, $a_k \neq 0$. In diesem Fall ist

$$C = a_0 E + a_k H^k + \cdots + a_{p-1} H^{p-1}.$$

Für beliebiges positives ganzes j wird dann der Defekt der Matrix $(C - a_0 E)^j = a_k^j H^{kj} + \cdots$ bestimmt durch:

$$d_j = \begin{cases} kj & \text{für } kj \leqq p, \\ p & \text{für } kj > p. \end{cases}$$

Setzen wir

$$p = qk + h \quad (0 \leqq h < k), \tag{52}$$

so ist[1])

$$d_1 = k, \quad d_2 = 2k, \ldots, d_q = qk, \quad d_{q+1} = p, \tag{53}$$

und aus Formel (50) erhält man $g_1 = \cdots = g_{q-1} = 0$, $g_q = k - h$, $g_{q+1} = h$. Die Matrix C besitzt also die Elementarteiler

$$\underbrace{(\lambda - a_0)^{q+1}, \ldots, (\lambda - a_0)^{q+1}}_{h}, \quad \underbrace{(\lambda - a_0)^q, \ldots, (\lambda - a_0)^q}_{k-h}; \tag{54}$$

die ganzen Zahlen $q > 0$ und $h \geqq 0$ sind durch (52) festgelegt.

4. Wir sind jetzt in der Lage, die Elementarteiler der Matrix $f(J)$ zu bestimmen (vgl. (45) und (46)). Jedem Elementarteiler der Matrix A, $(\lambda - \lambda_0)^p$, entspricht in der Matrix $f(J)$ ein Diagonalelement

$$f(\lambda_0 E + H) = \sum_{i=0}^{p-1} \frac{f^{(i)}(\lambda_0)}{i!} H^i = \begin{Vmatrix} f(\lambda_0) & \frac{f'(\lambda_0)}{1!} & \cdots & \frac{f^{(p-1)}(\lambda_0)}{(p-1)!} \\ 0 & f(\lambda_0) & \ddots & \vdots \\ \vdots & & \ddots & \vdots \\ \vdots & & \ddots & \frac{f'(\lambda_0)}{1!} \\ 0 & 0 & \cdots & f(\lambda_0) \end{Vmatrix}. \tag{55}$$

Unsere Aufgabenstellung reduziert sich auf die Aufgabe, die Elementarteiler von Kästen der Gestalt (55) zu finden. Nun ist aber die Matrix (55) eine Dreiecksmatrix der Gestalt (51) mit

$$a_0 = f(\lambda_0), \quad a_1 = f'(\lambda_0), \quad a_2 = \frac{f''(\lambda_0)}{2!}, \ldots$$

Wir erhalten also folgenden Satz:

Satz 9. *Die Elementarteiler der Matrix $f(A)$ erhält man aus den Elementarteilern der Matrix A auf folgende Weise: Ist $p = 1$ oder $p > 1$ und $f'(\lambda_0) \neq 0$, so entspricht dem Elementarteiler*

$$(\lambda - \lambda_0)^p \tag{56}$$

der Matrix A der Elementarteiler

$$\left(\lambda - f(\lambda_0)\right)^p \tag{57}$$

der Matrix $f(A)$; ist $p > 1$ und $f(\lambda_0) = \cdots = f^{(k-1)}(\lambda_0) = 0$, $f^{(k)}(\lambda_0) \neq 0$ $(k < p)$, so entsprechen dem Elementarteiler (56) von A folgende Elementarteiler von $f(A)$:

$$\underbrace{\left(\lambda - f(\lambda_0)\right)^{q+1}, \ldots, \left(\lambda - f(\lambda_0)\right)^{q+1}}_{h}, \quad \underbrace{\left(\lambda - f(\lambda_0)\right)^q, \ldots, \left(\lambda - f(\lambda_0)\right)^q}_{k-h}, \tag{58}$$

[1]) In diesem Fall entspricht die Zahl $q + 1$ der Zahl m in (49) und (50) (vgl. die Fußnote 3 auf S. 179).

dabei ist

$$p = qk + h, \quad 0 \leqq q, \quad 0 \leqq h < k;$$

schließlich entsprechen dem Elementarteiler (56) *der Matrix* A, *wenn* $p > 0$ *und* $f'(\lambda_0) = \cdots = f^{(p-1)}(\lambda_0) = 0$ *ist*, p *lineare Elementarteiler der Matrix* $f(A)$:[1])

$$\lambda - f(\lambda_0), \ldots, \lambda - f(\lambda_0). \tag{59}$$

Aus Satz 9 ergeben sich unmittelbar zwei Folgerungen:

1. *Sind* $\lambda_1, \lambda_2, \ldots, \lambda_n$ *die charakteristischen Wurzeln der Matrix* A, *dann sind* $f(\lambda_1), f(\lambda_2), \ldots, f(\lambda_n)$ *die charakteristischen Wurzeln der Matrix* $f(A)$. (Sowohl in der ersten als auch in der zweiten Folge tritt jede Zahl so oft auf, wie ihre Vielfachheit als Wurzel der charakteristischen Gleichung angibt.)[2])

2. *Verschwindet die Ableitung* $f'(\lambda)$ *auf dem Spektrum der Matrix* A *nicht*,[3]) *so werden die Elementarteiler beim Übergang von der Matrix* A *zur Matrix* $f(A)$ *nicht „aufgespalten", d. h., besitzt die Matrix* A *die Elementarteiler*

$$(\lambda - \lambda_1)^{p_1}, \quad (\lambda - \lambda_2)^{p_2}, \ldots, (\lambda - \lambda_n)^{p_n},$$

so besitzt $f(A)$ *die Elementarteiler*

$$(\lambda - f(\lambda_1))^{p_1}, \quad (\lambda - f(\lambda_2))^{p_2}, \ldots, (\lambda - f(\lambda_n))^{p_n}.$$

6.8. Eine Methode zur Konstruktion der Transformationsmatrix

Für viele Fragen der Matrizentheorie und ihrer Anwendung ist die Kenntnis der Normalform, auf die eine gegebene Matrix $A = \|a_{ik}\|_1^n$ durch Ähnlichkeitstransformationen reduziert werden kann, ausreichend. Die Normalform ist durch die Invariantenteiler der charakteristischen Matrix $\lambda E - A$ eindeutig definiert. Um sie zu berechnen, kann man die definierenden Relationen benutzen (vgl (10) in 6.3.), oder man reduziert die charakteristische Matrix mit Hilfe elementarer Transformationen auf kanonische Diagonalform.

Für gewisse Fragen ist es jedoch notwendig, neben der Normalform $\tilde{A}$ einer gegebenen Matrix A auch eine reguläre Transformationsmatrix T zu kennen. Wir geben eine Methode zur direkten Berechnung der Matrix T an. Die Gleichung $A = T\tilde{A}T^{-1}$ läßt sich in der Gestalt

$$AT - T\tilde{A} = O$$

schreiben. Diese Matrizengleichung für T ist einem System von n^2 linearen homogenen Gleichungen mit n^2 Unbekannten, den Elementen der Matrix T, äquivalent. Die Bestimmung einer Transformationsmatrix führt uns also auf die Aufgabe, dieses System von n^2 Gleichungen zu lösen. Dabei ist es notwendig, aus der Lösungsmannigfaltigkeit eine Lösung T mit $|T| \neq 0$ auszuwählen. Die Existenz einer solchen Lösung ist dadurch gewährleistet, daß die Matrizen A und $\tilde{A}$ dieselben Invariantenteiler besitzen.[4])

---

[1]) Setzt man in (58) $k = 1$, so erhält man (57); setzt man in (58) dagegen $k \geqq p$, so erhält man (59).

[2]) Die Folgerung 1 haben wir unabhängig von Satz 9 bereits in Kap. 5, S. 126, aufgestellt.

[3]) d. h., ist $f'(\lambda_i) \neq 0$ für solche λ_i, die mehrfache Nullstellen des Minimalpolynoms sind

[4]) Daraus folgt nämlich die Ähnlichkeit der Matrizen $\tilde{A}$ und A.

Wir bemerken: Während die Normalform durch Vorgabe der Matrix A eindeutig bestimmt ist,[1]) gibt es stets unendlich viele Transformationsmatrizen T; man erhält sie aus der Formel

$$T = UT_1; \tag{60}$$

dabei ist T_1 eine der Transformationsmatrizen, U eine beliebige, mit A vertauschbare reguläre Matrix.[2])

Die oben angegebene Methode zur Bestimmung der Transformationsmatrix T ist in ihrer Idee sehr einfach, aber praktisch wenig geeignet, da sie mit großen Rechnungen verbunden ist (so erfordert bereits der Fall $n = 4$ die Lösung eines Systems von 16 linearen Gleichungen).

Wir werden nun eine einfachere Methode zur Aufstellung der Transformationsmatrix T darlegen. Diese Methode stützt sich auf die Ergänzung zu Satz 7 (in 6.6.), nach der die Matrix

$$T = Q(\tilde{A}) \tag{61}$$

als Transformationsmatrix gewählt werden kann, wenn $\lambda E - \tilde{A} = P(\lambda)\,(\lambda E - A)\,Q(\lambda)$ ist. Die letzte Gleichung besagt, daß die charakteristische Matrix $\lambda E - A$ zur Matrix $\lambda E - \tilde{A}$ äquivalent ist. $P(\lambda)$ und $Q(\lambda)$ sind hier Polynommatrizen mit konstanter, von 0 verschiedener Determinante.

Zur Berechnung der Matrix $Q(\lambda)$ reduzieren wir die beiden λ-Matrizen $\lambda E - A$ und $\lambda E - \tilde{A}$ mit Hilfe passender elementarer Transformationen auf kanonische Diagonalform:[3])

$$\{i_n(\lambda), i_{n-1}(\lambda), \ldots, i_1(\lambda)\} = P_1(\lambda)\,(\lambda E - A)\,Q_1(\lambda), \tag{62}$$

$$\{i_n(\lambda), i_{n-1}(\lambda), \ldots, i_1(\lambda)\} = P_2(\lambda)\,(\lambda E - \tilde{A})\,Q_2(\lambda); \tag{63}$$

dabei ist

$$Q_1(\lambda) = T_1 T_2 \cdots T_{p_1}, \qquad Q_2(\lambda) = T_1^* T_2^* \cdots T_{p_2}^*, \tag{64}$$

und $T_1, \ldots, T_{p_1}, T_1^*, \ldots, T_{p_2}^*$ sind die elementaren Matrizen, die den auf die Spalten der λ-Matrizen $\lambda E - A$ und $\lambda E - \tilde{A}$ angewandten elementaren Operationen entsprechen. Aus (62), (63) und (64) folgt

$$\lambda E - \tilde{A} = P(\lambda)\,(\lambda E - A)\,Q(\lambda)$$

mit

$$Q(\lambda) = Q_1(\lambda)\,Q_2^{-1}(\lambda) = T_1 T_2 \cdots T_{p_1} T_{p_2}^{*-1} T_{p_2-1}^{*-1} \cdots T_1^{*-1}. \tag{65}$$

Wir berechnen die Matrix $Q(\lambda)$ indem wir auf die Spalten der Einheitsmatrix E sukzessive diejenigen elementaren Operationen anwenden, denen die Matrizen $T_1, \ldots, T_{p_1}, T_{p_2}^{*-1}, \ldots, T_1^{*-1}$ entsprechen. Danach ersetzen wir in $Q(\lambda)$ (vgl. (61)) das Argument λ durch die Matrix $\tilde{A}$.

Beispiel.

$$\left\|\begin{matrix} 1 & 0 & 1 \\ 0 & 1 & -1 \\ -1 & -1 & 1 \end{matrix}\right\|.$$

---

[1]) Diese Behauptung trifft bei der ersten Normalform im vollen Umfang zu. Die zweite und die Jordansche Normalform sind eindeutig bestimmt bis auf die Anordnung der Diagonalelemente.

[2]) Formel (60) kann durch die Formel $T = T_1 V$ ersetzt werden; dabei ist V eine beliebige mit $\tilde{A}$ vertauschbare reguläre Matrix.

[3]) Hierbei ist allein der Fall ausschlaggebend, daß beide λ-Matrizen $\lambda E - A$ und $\lambda E - \tilde{A}$ auf ein und dieselbe Form gebracht werden. Wir wählten die kanonische Diagonalform, da ein Algorithmus existiert, der diese Umformung gewährleistet.

Für die linken und rechten Elementaroperationen und die ihnen entsprechenden Matrizen führen wir folgende Bezeichnungen ein (vgl. S. 157–158):

$$S' = \{(c)\, i\}, \quad S'' = \left\{i + \big(b(\lambda)\big)\, j\right\}, \quad S''' = \{ij\},$$
$$T' = [(c)\, i], \quad T'' = \left[i + \big(b(\lambda)\big)\, j\right], \quad T''' = [ij].$$

Der Leser kann leicht nachprüfen, daß die charakteristische Matrix

$$\lambda E - A = \begin{Vmatrix} \lambda - 1 & 0 & -1 \\ 0 & \lambda - 1 & 1 \\ 1 & 1 & \lambda - 1 \end{Vmatrix}$$

durch Hintereinanderausführen der Elementaroperationen

$$\left.\begin{array}{l} [1 + (\lambda - 1)\, 3], \quad \{2 + 1\}, \quad \{3 + (\lambda - 1)\, 1\}, \quad \{(-1)\, 1\}, \quad [1 - 2], \\ [1 - (\lambda^2 - 2\lambda + 1)\, 2], \quad \{2 - (\lambda - 1)\, 1\}, \quad \{(-1)\, 2\}, \quad [13], \quad \{23\} \end{array}\right\} \qquad (*)$$

auf die kanonische Diagonalform

$$\begin{Vmatrix} 1 & 0 & 0 \\ 0 & 1 & 0 \\ 0 & 0 & (\lambda - 1)^3 \end{Vmatrix}$$

reduziert werden kann. Aus der kanonischen Normalform der Matrix $\lambda E - A$ ist ersichtlich, daß die Matrix A nur den Elementarteiler $(\lambda - 1)^3$ besitzt. Daher lautet die Jordansche Normalform

$$J = \begin{Vmatrix} 1 & 1 & 0 \\ 0 & 1 & 1 \\ 0 & 0 & 1 \end{Vmatrix}.$$

Wie man leicht sieht, kann die charakteristische Matrix $\lambda E - J$ mit Hilfe der Elementaroperationen

$$\left.\begin{array}{l} \{3 + (\lambda - 1)\, 2\}, \quad \{3 + (\lambda^2 - 2\lambda + 1)^3\, 1\}, \quad [2 + (\lambda - 1)\, 3], \\ [1 + (\lambda - 1)\, 2], \quad \{(-1)\, 1\}, \quad \{(-1)\, 2\}, \quad [13], \quad \{12\} \end{array}\right\} \qquad (**)$$

auf dieselbe kanonische Diagonalform reduziert werden. Entfernen wir aus $(*)$ und $(**)$ die linken Elementaroperationen, die mit $\{\ldots\}$ bezeichnet sind, so erhalten wir in Übereinstimmung mit (64) und (65)

$$\begin{aligned} Q(\lambda) &= Q_1(\lambda)\, Q_2^{-1}(\lambda) \\ &= [1 + (\lambda - 1)\, 3]\,[1 - 2]\,[1 - (\lambda^2 - 2\lambda + 1)\, 2]\,[13]\,[13] \\ &\quad \times [1 - (\lambda - 1)\, 2]\,[2 - (\lambda - 1)\, 3] \\ &= [1 + (\lambda - 1)\, 3]\,[1 - (\lambda^2 - \lambda + 1)\, 2]\,[2 - (\lambda - 1)\, 3]. \end{aligned}$$

Wir wenden jetzt diese rechten Elementaroperationen nacheinander auf die Einheitsmatrix an:

$$E = \begin{Vmatrix} 1 & 0 & 0 \\ 0 & 1 & 0 \\ 0 & 0 & 1 \end{Vmatrix} \to \begin{Vmatrix} 1 & 0 & 0 \\ 0 & 1 & 0 \\ \lambda - 1 & 0 & 1 \end{Vmatrix} \to \begin{Vmatrix} 1 & 0 & 0 \\ -\lambda^2 + \lambda - 1 & 1 & 0 \\ \lambda - 1 & 0 & 1 \end{Vmatrix}$$

$$\to \begin{Vmatrix} 1 & 0 & 0 \\ -\lambda^2 + \lambda - 1 & 1 & 0 \\ \lambda - 1 & -\lambda + 1 & 1 \end{Vmatrix} = Q(\lambda).$$

Somit ist

$$Q(\lambda) = \begin{Vmatrix} 0 & 0 & 0 \\ -1 & 0 & 0 \\ 0 & 0 & 0 \end{Vmatrix} \lambda^2 + \begin{Vmatrix} 0 & 0 & 0 \\ 1 & 0 & 0 \\ 1 & -1 & 0 \end{Vmatrix} \lambda + \begin{Vmatrix} 1 & 0 & 0 \\ -1 & 1 & 0 \\ -1 & 1 & 1 \end{Vmatrix}.$$

Berücksichtigen wir, daß

$$J^2 = \begin{Vmatrix} 1 & 2 & 1 \\ 0 & 1 & 2 \\ 0 & 0 & 1 \end{Vmatrix}$$

ist, so erhalten wir

$$T = Q(J) = \begin{Vmatrix} 0 & 0 & 0 \\ -1 & 0 & 0 \\ 0 & 0 & 0 \end{Vmatrix} \begin{Vmatrix} 1 & 2 & 1 \\ 0 & 1 & 2 \\ 0 & 0 & 1 \end{Vmatrix} + \begin{Vmatrix} 0 & 0 & 0 \\ 1 & 0 & 0 \\ 1 & -1 & 0 \end{Vmatrix} \begin{Vmatrix} 1 & 1 & 0 \\ 0 & 1 & 1 \\ 0 & 0 & 1 \end{Vmatrix}$$

$$+ \begin{Vmatrix} 1 & 0 & 0 \\ -1 & 1 & 0 \\ 1 & 1 & 1 \end{Vmatrix} = \begin{Vmatrix} 1 & 0 & 0 \\ -1 & 0 & -1 \\ 0 & 1 & 0 \end{Vmatrix}.$$

Probe.

$$AT = \begin{Vmatrix} 1 & 1 & 0 \\ -1 & -1 & -1 \\ 0 & 1 & 1 \end{Vmatrix}, \quad TJ = \begin{Vmatrix} 1 & 1 & 0 \\ -1 & -1 & -1 \\ 0 & 1 & 1 \end{Vmatrix}, \quad |T| = \begin{Vmatrix} 1 & 0 & 0 \\ -1 & 0 & -1 \\ 0 & 1 & 0 \end{Vmatrix} = 1.$$

Folglich ist $AT = TJ$ ($|T| \neq 0$), d. h. $A = TJT^{-1}$.

6.9. Eine weitere Methode zur Konstruktion der Transformationsmatrix

1. Im folgenden geben wir ein weiteres Verfahren zur Berechnung der Transformationsmatrix an, das mitunter weniger Rechnungen erfordert als die im vorigen Abschnitt dargestellte Methode. Wir benutzen dies Verfahren jedoch nur, wenn die Jordansche Normalform und die Elementarteiler

$$(\lambda - \lambda_1)^{p_1}, \quad (\lambda - \lambda_2)^{p_2}, \ldots \tag{66}$$

der vorgegebenen Matrix A bekannt sind.

Es sei $A = TJT^{-1}$ mit

$$J = \{\lambda_1 E^{(p_1)} + H^{(p_1)}, \lambda_2 E^{(p_2)} + H^{(p_2)}, \ldots\} = \left\| \begin{array}{cc} \overbrace{\begin{matrix} \lambda_1 & 1 & \ldots & 0 \\ \cdot & \cdot & \cdot & \cdot \\ \cdot & & \cdot & \cdot \\ \cdot & & & 1 \\ 0 & \ldots & & \lambda_1 \end{matrix}}^{p_1} & \\ & \overbrace{\begin{matrix} \lambda_2 & 1 & \ldots & 0 \\ \cdot & \cdot & \cdot & \cdot \\ \cdot & & \cdot & \cdot \\ \cdot & & & 1 \\ 0 & \ldots & & \lambda_2 \end{matrix}}^{p_2} \\ & & \ddots \end{array} \right\| .$$

Bezeichnen wir die k-te Spalte der Matrix T mit t_k ($k = 1, 2, \ldots, n$), so läßt sich die Matrizengleichung

$$AT = TJ$$

durch ein ihr äquivalentes Gleichungssystem ersetzen,

$$At_1 = \lambda_1 t_1, \quad At_2 = \lambda_1 t_2 + t_1, \ldots, At_{p_1} = \lambda_1 t_{p_1} + t_{p_1-1}, \tag{67}$$

$$At_{p_1+1} = \lambda_2 t_{p_1+1}, \quad At_{p_1+2} = \lambda_2 t_{p_1+2} + t_{p_1+1}, \ldots, At_{p_1+p_2} = \lambda_2 t_{p_1+p_2} + t_{p_1+p_2-1}, \tag{68}$$

$$\cdots\cdots\cdots\cdots\cdots\cdots\cdots\cdots\cdots\cdots\cdots\cdots\cdots\cdots$$

das wir noch folgendermaßen umschreiben:

$$(A - \lambda_1 E)\, t_1 = 0, \quad (A - \lambda_1 E)\, t_2 = t_1, \ldots, (A - \lambda_1 E)\, t_{p_1} = t_{p_1-1}, \tag{67'}$$

$$(A - \lambda_2 E)\, t_{p_1+1} = 0, \quad (A - \lambda_2 E)\, t_{p_1+2} = t_{p_1+1}, \ldots, (A - \lambda_2 E)\, t_{p_1+p_2} = t_{p_1+p_2-1} \tag{68'}$$

$$\cdots\cdots\cdots\cdots\cdots\cdots\cdots\cdots\cdots\cdots\cdots\cdots\cdots\cdots$$

Wir sagen: Wir haben die Spalten der Matrix T in „Jordansche Ketten" zerlegt: $[t_1, t_2, \ldots, t_{p_1}]$, $[t_{p_1+1}, t_{p_1+2}, \ldots, t_{p_1+p_2}]$, ... Jedem Jordanschen Kästchen in J (oder, was dasselbe ist, jedem Elementarteiler (66)) entspricht seine Jordansche Kette der Spalten. Jede Jordansche Kette der Spalten wird charakterisiert durch ein Gleichungssystem der Form (67), (68) u. dgl.

Die Frage nach der Transformationsmatrix führt somit auf die Berechnung der in einem System von n linear unabhängigen Spalten gegebenen Jordanschen Ketten.

Wir werden zeigen, daß diese Jordanschen Ketten der Spalten unter Benutzung der reduzierten adjungierten Matrix $C(\lambda)$ (vgl. 4.5.) bestimmt werden können.

Für die Matrix $C(\lambda)$ gilt, wenn $\psi(\lambda)$ das Minimalpolynom der Matrix A ist, die Identität

$$(\lambda E - A)\, C(\lambda) = \psi(\lambda)\, E. \tag{69}$$

Es sei

$$\psi(\lambda) = (\lambda - \lambda_0)^m \chi(\lambda) \qquad \big(\chi(\lambda_0) \neq 0\big).$$

Wir differenzieren sukzessive $(m - 1)$-mal beide Seiten der Identität (69):

$$\left.\begin{aligned}(\lambda E - A)\,C'(\lambda) + C(\lambda) &= \psi'(\lambda)\,E,\\ (\lambda E - A)\,C''(\lambda) + 2C'(\lambda) &= \psi''(\lambda)\,E,\\ &\cdots\cdots\cdots\\ (\lambda E - A)\,C^{(m-1)}(\lambda) + (m-1)\,C^{(m-2)}(\lambda) &= \psi^{(m-1)}(\lambda)\,E.\end{aligned}\right\} \tag{70}$$

Setzen wir an Stelle von λ in (69) und (70) λ_0 ein und beachten, daß dabei die rechten Seiten die Nullmatrix ergeben, so erhalten wir

$$(A - \lambda_0 E) = O, \quad (A - \lambda_0 E)\,D = C, \quad (A - \lambda_0 E)\,F = D, \ldots, (A - \lambda_0 E)\,K = G; \tag{71}$$

dabei ist

$$\left.\begin{aligned}&C = C(\lambda_0), \quad D = \frac{1}{1!}\,C'(\lambda_0), \quad F = \frac{1}{2!}\,C''(\lambda_0), \ldots, G = \frac{1}{(m-2)!}\,C^{(m-2)}(\lambda_0),\\ &K = \frac{1}{(m-1)!}\,C^{(m-1)}(\lambda_0).\end{aligned}\right\} \tag{72}$$

Setzen wir in (71) an Stelle der Matrizen (72) deren k-te Spalten ($k = 1, 2, \ldots, n$) ein, so erhalten wir

$$(A - \lambda_0 E)\,C_k = o, \quad (A - \lambda_0 E)\,D_k = C_k, \ldots, (A - \lambda_0 E)\,K_k = G_k \tag{73}$$

$$(k = 1, 2, \ldots, n).$$

Da $C = C(\lambda_0) \neq 0$ ist,[1]) gibt es ein k ($\leqq n$) mit

$$C_k \neq o. \tag{74}$$

Dann sind aber die m Spalten

$$C_k, \quad D_k, \quad F_k, \ldots, G_k, \quad K_k \tag{75}$$

linear unabhängig. Es sei nämlich

$$\gamma C_k + \delta D_k + \cdots + \varkappa K_k = o. \tag{76}$$

Multiplizieren wir beide Seiten von (76) sukzessive mit $A = \lambda_0 E, \ldots, (A - \lambda_0 E)^{m-1}$, so erhalten wir

$$\delta C_k + \cdots + \varkappa G_k = o, \ldots, \varkappa C_k = o. \tag{77}$$

Aus (76), (77) und (74) folgt dann $\gamma = \delta = \cdots = \varkappa = 0$.

Da die linear unabhängigen Spalten (75) das Gleichungssystem (73) befriedigen, bilden sie eine Jordansche Kette von Vektoren, die dem Elementarteiler $(\lambda - \lambda_0)^m$ entspricht (vgl. (73) mit (67')).

Ist für ein gewisses k der Vektor $C_k = o$, aber $D_k \neq o$, so bilden die Spalten $D_k, \ldots, G_k, K_k$ eine Jordansche Kette von $m - 1$ Vektoren usw.

---

[1]) Aus $C(\lambda_0) = O$ würde folgen, daß die Elemente von $C(\lambda)$ einen nicht konstanten gemeinsamen Teiler besitzen, was der Definition von $C(\lambda)$ widerspricht.

2. Wir zeigen als erstes, wie die Transformationsmatrix T aufzubauen ist, wenn die Elementarteiler der Matrix A paarweise teilerfremd sind:

$$(\lambda - \lambda_1)^{m_1}, \quad (\lambda - \lambda_2)^{m_2}, \ldots, (\lambda - \lambda_s)^{m_s} \qquad (\lambda_i \neq \lambda_j \quad \text{und} \quad i \neq j;\ i, j = 1, 2, \ldots, s).$$

Dem Elementarteiler $(\lambda - \lambda_j)^{m_j}$ entspricht die Jordansche Kette der Spalten $C^{(j)}, D^{(j)}, \ldots, G^{(j)}, K^{(j)}$, die auf die oben beschriebene Weise konstruiert wurde. Dann ist

$$(A - \lambda_j E)\, C^{(j)} = o, \quad (A - \lambda_j E)\, D^{(j)} = C^{(j)}, \ldots, (A - \lambda_j E)\, K^{(j)} = G^{(j)}. \tag{78}$$

Lassen wir j die Werte $1, 2, \ldots, s$ durchlaufen, so erhalten wir s Jordansche Ketten, die insgesamt n Spalten umfassen. Diese Spalten sind linear unabhängig.

Es sei nämlich

$$\sum_{j=1}^{s} [\gamma_j C^{(j)} + \delta_j D^{(j)} + \cdots + \varkappa_j K^{(j)}] = o. \tag{79}$$

Wir multiplizieren beide Seiten der Gleichung (79) von links mit dem Produkt

$$(A - \lambda_1 E)^{m_1} \cdots (A - \lambda_{j-1} E)^{m_{j-1}} (A - \lambda_j E)^{m_j - 1} (A - \lambda_{j+1} E)^{m_{j+1}} \cdots (A - \lambda_s E)^{m_s} \tag{80}$$

uud erhalten $\varkappa_j = 0$. Ersetzt man in (80) sukzessive $m_j - 1$ durch $m_j - 2$, $m_j - 3, \ldots$, so findet man

$$\gamma_j = \delta_j = \cdots = \varkappa_j = 0 \qquad (j = 1, 2, \ldots, s),$$

was zu beweisen war.

Die Matrix T bestimmen wir durch die Formel

$$T = (C^{(1)}, D^{(1)}, \ldots, K^{(1)};\ C^{(2)}, D^{(2)}, \ldots, K^{(2)}; \ldots;\ C^{(s)}, D^{(s)}, \ldots, K^{(s)}). \tag{81}$$

Beispiel.

$$\begin{array}{cc} & \begin{array}{rrrr} \mathit{8} & \mathit{3} & \mathit{-10} & \mathit{-3} \end{array} \\ A = & \left\|\begin{array}{rrrr} 3 & -1 & -4 & 2 \\ 2 & 3 & -2 & -4 \\ 2 & -1 & -3 & 2 \\ 1 & 2 & -1 & -3 \end{array}\right\|; \\ & \cdots\cdots\cdots\cdots \\ & \begin{array}{rrrr} 3 & 2 & 2 & 1 \end{array} \\ & \cdots\cdots\cdots\cdots \\ & \begin{array}{rrrr} 1 & 4 & 0 & 2 \end{array} \end{array}$$

$$\psi(\lambda) = \Delta(\lambda) = (\lambda - 1)^2 (\lambda + 1)^2 = \lambda^4 - 2\lambda^2 + 1.$$

Elementarteiler: $(\lambda - 1)^2, (\lambda + 1)^2$,

$$\Psi(\lambda, \mu) = \frac{\psi(\mu) - \psi(\lambda)}{\mu - \lambda} = \mu^3 - \lambda\mu^2 + (\lambda^2 - 2)\,\mu + \lambda^3 - 2\lambda,$$

$$C(\lambda) = \Psi(\lambda E, A) = A^3 + \lambda A^2 + (\lambda^2 - 2)\, A + (\lambda^3 - 2\lambda)\, E.$$

Wir stellen die erste Spalte $C_1(\lambda)$ auf:

$$C_1(\lambda) = [A^3]_1 + \lambda [A^2]_1 + (\lambda^2 - 2)\, A_1 + (\lambda^3 - 2\lambda)\, E_1.$$

Zur Berechnung der ersten Spalte der Matrix A^2 multiplizieren wir alle Zeilen der Matrix A mit der ersten Spalte dieser Matrix und erhalten[1]) $[A^2]_1 = (1, 4, 0, 2)$. Multipliziert man mit

---

[1]) Unter den Zeilen der Matrix A stehen die Spalten, mit denen wir die Zeilen multiplizieren. Die zur Kontrolle angegebene Zeile der Spaltensumme ist kursiv gesetzt.

dieser Spalte alle Zeilen von A, so findet man $[A^3]_1 = (3, 6, 2, 3)$. Daher ist

$$C_1(\lambda) = \begin{Vmatrix} 3 \\ 6 \\ 2 \\ 3 \end{Vmatrix} + \lambda \begin{Vmatrix} 1 \\ 4 \\ 0 \\ 2 \end{Vmatrix} + (\lambda^2 - 2) \begin{Vmatrix} 3 \\ 2 \\ 2 \\ 1 \end{Vmatrix} + (\lambda^3 - 2\lambda) \begin{Vmatrix} 1 \\ 0 \\ 0 \\ 0 \end{Vmatrix} = \begin{Vmatrix} \lambda^3 + 3\lambda^2 - \lambda - 3 \\ 2\lambda^2 + 4\lambda + 2. \\ 2\lambda^2 - 2 \\ \lambda^2 + 2\lambda + 1 \end{Vmatrix}$$

Hieraus folgt $C_1(1) = (0, 8, 0, 4)$ und $C_1'(1) = (8, 8, 4, 4)$. Da $C_1(-1) = (0, 0, 0, 0)$ ist, betrachten wir die zweite Spalte. Verfahren wir analog, so finden wir $C_2(-1) = (-4, 0, -4, 0)$ und $C_2'(-1) = (4, -4, 4, -4)$. Wir stellen nun die Matrix auf:

$$\left(C_1(1), C_1'(1); C_2(-1), C_2'(-1)\right) = \begin{Vmatrix} 0 & 8 & -4 & 4 \\ 8 & 8 & 0 & -4 \\ 0 & 4 & -4 & 4 \\ 4 & 4 & 0 & -4 \end{Vmatrix}.$$

Wir kürzen[1]) die ersten beiden Spalten durch 4, die zweiten beiden durch -4:

$$T = \begin{Vmatrix} 0 & 2 & 1 & -1 \\ 2 & 2 & 0 & 1 \\ 0 & 1 & 1 & -1 \\ 1 & 1 & 0 & 1 \end{Vmatrix}.$$

Wir empfehlen dem Leser nachzuprüfen, daß

$$AT = T \cdot \begin{Vmatrix} 1 & 1 & 0 & 0 \\ 0 & 1 & 0 & 0 \\ 0 & 0 & -1 & 1 \\ 0 & 0 & 0 & -1 \end{Vmatrix}$$

ist.

3. Wir gehen nun zum allgemeinen Fall über. Der charakteristischen Wurzel λ_0 mögen p Elementarteiler $(\lambda - \lambda_0)^m$, q Elementarteiler $(\lambda - \lambda_0)^{m-1}$, r Elementarteiler $(\lambda - \lambda_0)^{m-2}, \ldots$ entsprechen; gesucht sind zu dieser Wurzel gehörige Jordansche Ketten von Vektoren.

Bevor wir diese Frage beantworten, weisen wir auf gewisse Eigenschaften der folgenden Matrizen hin:

$$C = C(\lambda_0), \quad D = C'(\lambda_0), \quad F = \frac{1}{2!} C''(\lambda_0), \ldots, K = \frac{1}{(m-1)!} C^{m-1}(\lambda_0). \tag{82}$$

1. *Die Matrizen* (82) *können als Polynome in A dargestellt werden:*

$$C = h_1(A), \quad D = h_2(A), \ldots, K = h_m(A); \tag{83}$$

dabei ist

$$h_i(\lambda) = \frac{\psi(\lambda)}{(\lambda - \lambda_0)^i} \qquad (i = 1, 2, \ldots, m). \tag{84}$$

---

[1]) Eine Jordansche Kette bleibt eine Jordansche Kette, wenn man alle ihre Spalten mit einer Zahl $c \neq 0$ multipliziert.

In der Tat ist

$$C(\lambda) = \Psi(\lambda E, A) \quad \text{mit} \quad \Psi(\lambda, \mu) = \frac{\psi(\mu) - \psi(\lambda)}{\mu - \lambda}.$$

Wir finden daher

$$\frac{1}{k!}\, C^{(k)}(\lambda_0) = \frac{1}{k!}\, \Psi^{(k)}(\lambda_0 E, A) \tag{85}$$

mit

$$\frac{1}{k!}\, \Psi^{(k)}(\lambda_0, \mu) = \frac{1}{k!}\left[\frac{\partial^k}{\partial\lambda^k}\, \Psi(\lambda, \mu)\right]_{\lambda=\lambda_0}$$

$$= \frac{1}{k!}\left[\frac{\partial^k}{\partial\lambda^k}\, \frac{\psi(\mu)}{\mu - \lambda}\right]_{\lambda=\lambda_0} = \frac{\psi(\mu)}{(\mu - \lambda_0)^{k+1}} = h_{k+1}(\mu). \tag{86}$$

Aus (82), (85) und (86) folgt (83).

2. *Die Matrizen* (82) *haben den Rang* $p, 2p + q, 3p + 2q + r, \ldots$

Diese Eigenschaft der Matrizen (82) ergibt sich unmittelbar aus 1. und Satz 8 (6.8.), wenn wir den Rang gleich $n - d$ setzen und Formel (48) zur Berechnung des Defekts der Polynome in A benutzen (S. 179).

3. *In der Folge der Matrizen* (82) *sind die Spalten einer beliebigen Matrix Linearkombinationen der Spalten jeder der folgenden Matrizen.*

Es seien $h_i(A)$ und $h_k(A)$ zwei Matrizen aus der Folge (82) (vgl. 1.); ferner sei $i < k$. Dann folgt aus (84)

$$h_i(A) = h_k(A)\,(A - \lambda_0 E)^{k-i}.$$

Hier ist die j-te Spalte y_j ($j = 1, 2, \ldots, n$) der Matrix $h_i(A)$ dargestellt als Linearkombination der Spalten $z_1, z_2, \ldots, z_n$ der Matrix $h_k(A)$:

$$y_j = \sum_{g=1}^{n} \alpha_g z_g,$$

die $\alpha_1, \alpha_2, \ldots, \alpha_n$ sind dabei die Elemente der j-ten Spalte von $(A - \lambda_0 E)^{k-i}$.

4. *In der Matrix C kann jede Spalte durch eine beliebige Linearkombination aller Spalten ersetzt werden, ohne daß sich dadurch die Hauptformel* (71) *ändert, wenn nur an den Matrizen $D, \ldots, K$ gleichfalls die entsprechenden Veränderungen vorgenommen werden.*

Wir gehen nun zur Konstruktion der Jordanschen Ketten der Spalten für folgende Elementarteiler über:

$$\underbrace{(\lambda - \lambda_0)^m, \ldots, (\lambda - \lambda_0)^m}_{p};\quad \underbrace{(\lambda - \lambda_0)^{m-1}, \ldots, (\lambda - \lambda_0)^{m-1}}_{q};\ldots$$

Unter Benutzung der Eigenschaften 2. und 4. transformieren wir die Matrix C auf die Form

$$C = (C_1, C_2, \ldots, C_p;\ o, o, \ldots, o); \tag{87}$$

dabei sind die Spalten $C_1, C_2, \ldots, C_p$ linear unabhängig, und es ist

$$D = (D_1, D_2, \ldots, D_p;\ D_{p+1}, \ldots, D_n).$$

Die Spalte C_i ist nach 3. für beliebiges i ($1 \leqq i \leqq p$) eine Linearkombination der Spalten $D_1, D_2, \ldots, D_n$:

$$C_i = \alpha_1 D_1 + \cdots + \alpha_p D_p + \alpha_{p+1} D_{p+1} + \cdots + \alpha_n D_n. \tag{88}$$

Wir multiplizieren beide Seiten dieser Gleichung mit $A - \lambda_0 E$. Beachtet man, daß

$$(A - \lambda_0 E)\, C_i = o \qquad (i = 1, 2, \ldots, p),$$

$$(A - \lambda_0 E)\, D_j = C_j \qquad (j = 1, 2, \ldots, n)$$

ist (vgl. (73)), so erhält man unter Berücksichtigung der Gestalt der Matrix C (vgl. (87)) $o = \alpha_1 C_1 + \alpha_2 C_2 + \cdots + \alpha_p C_p$; hieraus folgt für Formel (88) $\alpha_1 = \cdots = \alpha_p = 0$. Die Spalten $C_1, C_2, \ldots, C_p$ erweisen sich also als Linearkombinationen der Spalten $D_{p+1}, \ldots, D_n$; nach 4. und 2. ändert sich die Matrix C nicht, wenn man an Stelle von $D_{p+1}, \ldots, D_{2p}$ die Spalten $C_1, \ldots, C_p$ setzt und an Stelle von $D_{2p+q+1}, \ldots, D_n$ Nullspalten. Die Matrix D nimmt dann folgende Gestalt an:

$$D = (D_1, \ldots, D_p;\ C_1, C_2, \ldots, C_p;\ D_{2p+1}, \ldots, D_{2p+q};\ o, o, \ldots, o). \tag{89}$$

Die folgende Matrix F können wir unter Beibehaltung der Form (87) bzw. (89) für die Matrizen C und D auf dieselbe Weise folgendermaßen darstellen:

$$\left.\begin{aligned} F = (&F_1, \ldots, F_p;\ D_1, \ldots, D_p;\ F_{2p+1}, \ldots, F_{2p+q};\ C_1, \ldots, C_p;\\ &D_{2p+1}, \ldots, D_{2p+q}, F_{3p+2q+1}, \ldots, F_{3p+2q+r}, o, \ldots, o);\end{aligned}\right\} \tag{90}$$

usw.

Aus Formel (73) ergeben sich nun die Jordanschen Ketten

$$\left.\begin{aligned} &\underbrace{\overbrace{(C_1, D_1, \ldots, K_1)}^{m}, \ldots, \overbrace{(C_p, D_p, \ldots, K_p)}^{m}}_{p};\\ &\underbrace{\overbrace{(D_{2p+1}, F_{2p+1}, \ldots, K_{2p+1})}^{m-1}, \ldots, \overbrace{(D_{2p+q}, F_{2p+q}, \ldots, K_{2p+q})}^{m-1}}_{q}; \ldots \end{aligned}\right\} \tag{91}$$

Diese Jordanschen Ketten sind voneinander linear unabhängig. Es sind nämlich alle Spalten C_i in den Ketten (91) linear unabhängig, da sie die p linear unabhängigen Spalten der Matrix C bilden. Alle Spalten C_i, C_j in (91) sind linear unabhängig, da sie die $2p + q$ linear unabhängigen Spalten der Matrix D bilden usw. Schließlich folgt: *Alle Spalten in* (91) *sind linear unabhängig, da sie die $n_0 = mp + (m-1)\,q + \cdots$ linear unabhängigen Spalten der Matrix K bilden.* Die Anzahl der Spalten in (91) ist gleich der Summe der Potenzen aller Elementarteiler, die der vorgegebenen charakteristischen Wurzel λ_0 entsprechen.

Die Matrix $A = \|a_{ik}\|_1^n$ möge s verschiedene charakteristische Wurzeln λ_j besitzen $\big(j = 1, 2, \ldots, s$; $\Delta(\lambda) = (\lambda - \lambda_1)^{n_1} (\lambda - \lambda_2)^{n_2} \cdots (\lambda - \lambda_s)^{n_s}$: $\psi(\lambda) = (\lambda - \lambda_1)^{m_1} (\lambda - \lambda_2)^{m_2} \cdots (\lambda - \lambda_s)^{m_s}\big)$. Zu jeder charakteristischen Wurzel λ_j stellen wir ein zugehöriges System linear unabhängiger Jordanscher Ketten (91) auf; die Anzahl der Spalten dieser Systeme sei gleich n_j ($j = 1, 2, \ldots, s$). Die Gesamtheit der auf diese Weise erhaltenen Ketten umfaßt $n = n_1 + n_2 + \cdots + n_s$ Spalten.

Diese n Spalten sind linear unabhängig und bilden eine der gesuchten Transformationsmatrizen T.

Die lineare Unabhängigkeit der so erhaltenen n Spalten zeigen wir folgendermaßen: Eine beliebige Linearkombination dieser n Spalten kann in der Form

$$\sum_{j=1}^{s} H_j = o \tag{92}$$

dargestellt werden; dabei sind die H_j Linearkombinationen von Spalten der Jordanschen Ketten (91), die der charakteristischen Wurzel λ_j entsprechen ($j = 1, 2, \ldots, s$). Nun befriedigt aber eine beliebige Spalte einer Jordanschen Kette, die der charakteristischen Wurzel λ_j entspricht, die Gleichung $(A - \lambda_j E)^{m_j} x = o$. Daher ist

$$(A - \lambda_j E)^{m_j} H_j = o. \tag{93}$$

Wir wählen eine feste Zahl j ($1 \leqq j \leqq s$) und stellen das Lagrange-Sylvestersche Interpolationspolynom $r(\lambda)$ (vgl. 5.1., 5.2.) mit den folgenden Werten auf dem Spektrum der Matrix A auf:

$$r(\lambda_i) = r'(\lambda_i) = \cdots = r^{(m_i-1)}(\lambda_i) = 0 \quad \text{für} \quad i \neq j$$

und

$$r(\lambda_j) = 1, \; r'(\lambda_j) = \cdots = r^{(m_j-1)}(\lambda_j) = 0.$$

Für beliebiges $i \neq j$ ist dann $r(\lambda)$ ohne Rest durch $(\lambda - \lambda_i)^{m_i}$ teilbar; daher folgt aus (93)

$$r(A)\, H_i = o \quad (i \neq j). \tag{94}$$

Ebenso ist die Differenz $r(\lambda) - 1$ ohne Rest durch $(\lambda - \lambda_j)^{m_j}$ teilbar; daher ist

$$r(A)\, H_j = H_j. \tag{95}$$

Multiplizieren wir beide Seiten von (92) mit $r(A)$, so folgt aus (94) und (95)

$$H_j = o.$$

Das gilt für beliebiges $j = 1, 2, \ldots, s$. Nun ist aber H_j eine Linearkombination linear unabhängiger Spalten, die ein und derselben charakteristischen Wurzel λ_j entsprechen ($j = 1, 2, \ldots, s$). Daher sind alle Koeffizienten in der Linearkombination H_j ($j = 1, 2, \ldots, s$) und folglich alle Koeffizienten in (92) gleich 0.

Anmerkung. Wir weisen darauf hin, daß die Matrix T weiterhin Transformationsmatrix zur gleichen Jordanschen Form (und bei derselben Anordnung der Jordanschen Kästchen) bleibt, wenn folgende Transformationen ihrer Spalten ausgeführt werden:

I. *die Multiplikation aller Spalten einer beliebigen Jordanschen Kette mit einer beliebigen von 0 verschiedenen Zahl,*

II. *die Addition einer jeden mit ein und derselben Zahl multiplizierten Spalte einer Jordanschen Kette zur folgenden Spalte derselben Kette,*

III. *die Addition aller Spalten einer Jordanschen Kette zu den entsprechenden Spalten einer anderen Kette, die dieselbe oder eine größere Anzahl von Spalten enthält und zu derselben charakteristischen Wurzel gehört.*

Beispiel 1.

$$A = \begin{Vmatrix} 1 & 0 & 0 & 1 & -1 \\ 0 & 1 & -2 & 3 & -3 \\ 0 & 0 & -1 & 2 & -2 \\ 1 & -1 & 1 & 0 & 1 \\ 1 & -1 & 1 & -1 & 2 \end{Vmatrix};$$

$\Delta(\lambda) = (\lambda - 1)^4 (\lambda + 1)$,
$\psi(\lambda) = (\lambda - 1)^2 (\lambda + 1) = \lambda^3 - \lambda^2 - \lambda + 1$.
Elementarteiler der Matrix A:
$(\lambda - 1)^2$, $(\lambda - 1)^2$, $\lambda + 1$.

$$J = \begin{Vmatrix} 1 & 1 & 0 & 0 & 0 \\ 0 & 1 & 0 & 0 & 0 \\ 0 & 0 & 1 & 1 & 0 \\ 0 & 0 & 0 & 1 & 0 \\ 0 & 0 & 0 & 0 & -1 \end{Vmatrix},$$

$$\Psi(\lambda, \mu) = \frac{\psi(\mu) - \psi(\lambda)}{\mu - \lambda} = \mu^2 + (\lambda - 1)\mu + \lambda^2 - \lambda - 1,$$

$$C(\lambda) = \Psi(\lambda E, A) = A^2 + (\lambda - 1) A + (\lambda^2 - \lambda - 1) E.$$

Wir berechnen sukzessive die Spalten der Matrix A^2 und die Spalten der Matrizen $C(\lambda)$, $C(1)$, $C'(\lambda)$, $C'(1)$, $C(-1)$. Dabei müssen wir zwei linear unabhängige Spalten der Matrix $C(1)$ und eine von 0 verschiedene Spalte der Matrix $C(-1)$ erhalten:

$$C(\lambda) = \begin{Vmatrix} 1 & 0 & 0 & 2 & * \\ 0 & 1 & 0 & 2 & * \\ 0 & 0 & 1 & 0 & * \\ 2 & -2 & 2 & -1 & * \\ 2 & -2 & 2 & -2 & * \end{Vmatrix} + (\lambda - 1) \begin{Vmatrix} 1 & 0 & 0 & 1 & * \\ 0 & 1 & -2 & 3 & * \\ 0 & 0 & -1 & 2 & * \\ 1 & -1 & 1 & 0 & * \\ 1 & -1 & 1 & -1 & * \end{Vmatrix} + (\lambda^2 - \lambda - 1) \begin{Vmatrix} 1 & 0 & 0 & 0 & 0 \\ 0 & 1 & 0 & 0 & 0 \\ 0 & 0 & 1 & 0 & 0 \\ 0 & 0 & 0 & 1 & 0 \\ 0 & 0 & 0 & 0 & 1 \end{Vmatrix}$$

$$C(+1) = \begin{Vmatrix} 0 & 0 & 0 & 2 & * \\ 0 & 0 & 0 & 2 & * \\ 0 & 0 & 0 & 0 & * \\ 2 & -2 & 2 & -2 & * \\ 2 & -2 & 2 & -2 & * \end{Vmatrix},$$

$$C'(\lambda) = \begin{Vmatrix} 1 & 0 & 0 & 1 & * \\ 0 & 1 & -2 & 3 & * \\ 0 & 0 & -1 & 2 & * \\ 1 & -1 & 1 & 0 & * \\ 1 & -1 & 1 & -1 & * \end{Vmatrix} + (2\lambda - 1) \begin{Vmatrix} 1 & 0 & 0 & 0 & 0 \\ 0 & 1 & 0 & 0 & 0 \\ 0 & 0 & 1 & 0 & 0 \\ 0 & 0 & 0 & 1 & 0 \\ 0 & 0 & 0 & 0 & 1 \end{Vmatrix},$$

$$C'(+1) = \begin{Vmatrix} 2 & * & * & 1 & * \\ 0 & * & * & 3 & * \\ 0 & * & * & 2 & * \\ 1 & * & * & 1 & * \\ 1 & * & * & -1 & * \end{Vmatrix}, \quad C(-1) = \begin{Vmatrix} 0 & 0 & 0 & * & * \\ 0 & 0 & 4 & * & * \\ 0 & 0 & 4 & * & * \\ 0 & 0 & 0 & * & * \\ 0 & 0 & 0 & * & * \end{Vmatrix}.$$

Daher ist[1])

$$T = \left(C_1(+1), C_1'(+1), C_4(+1), C_4'(+1), C_3(-1)\right) = \left\|\begin{matrix} 0 & 2 & 2 & 1 & 0 \\ 0 & 0 & 2 & 3 & 4 \\ 0 & 0 & 0 & 2 & 4 \\ 2 & 1 & -2 & 1 & 0 \\ 2 & 1 & -2 & -1 & 0 \end{matrix}\right\|,$$

Die Matrix T läßt sich noch etwas vereinfachen. Dazu wird nacheinander

a) die fünfte Spalte durch 4 geteilt;

b) zur dritten Spalte die erste, zur zweiten die vierte addiert;

c) von der vierten Spalte die dritte subtrahiert;

d) die erste und die zweite Spalte durch 2 geteilt;

e) die mit 1/2 multiplizierte erste Spalte von der zweiten subtrahiert.

Man erhält die Matrix

$$T_1 = \left\|\begin{matrix} 0 & 1 & 2 & 1 & 0 \\ 0 & 0 & 2 & 1 & 1 \\ 0 & 0 & 0 & 2 & 1 \\ 1 & 0 & 0 & 2 & 0 \\ 1 & 0 & 0 & 0 & 0 \end{matrix}\right\|.$$

Wir empfehlen dem Leser nachzuprüfen, daß $AT_1 = T_1J$ und $|T_1| \neq 0$ ist.

Beispiel 2.

$$A = \left\|\begin{matrix} 1 & -1 & 1 & -1 \\ -3 & 3 & -5 & 4 \\ 8 & -4 & 3 & -4 \\ 15 & -10 & 11 & -11 \end{matrix}\right\|; \quad \begin{array}{l} \Delta(\lambda) = (\lambda+1)^4, \\ \psi(\lambda) = (\lambda+1)^3. \\ \text{Elementarteiler: } (\lambda+1)^3, \lambda+1. \end{array}$$

$$J = \left\|\begin{matrix} -1 & 1 & 0 & 0 \\ 0 & -1 & 1 & 0 \\ 0 & 0 & -1 & 0 \\ 0 & 0 & 0 & -1 \end{matrix}\right\|.$$

Wir stellen die Polynome

$$h_1(\lambda) = \frac{\psi(\lambda)}{\lambda+1} = (\lambda+1)^2, \quad h_2(\lambda) = \frac{\psi(\lambda)}{(\lambda+1)^3} = \lambda+1, \quad h_3(\lambda) = \frac{\psi(\lambda)}{(\lambda+1)^3} = 1$$

[1]) Der untere Index gibt hier die Nummer der Spalten an; z. B. bezeichnet $C_4'(+1)$ die vierte Spalte der Matrix $C'(+1)$.

und die Matrizen[1])

$$C = h_1(A) = (A + E)^2, \quad D = h_2(A) = A + E, \quad F = E:$$

$$C = \left\| \begin{matrix} 0 & 0 & 0 & 0 \\ 2 & -1 & 1 & -1 \\ 0 & 0 & 0 & 0 \\ -2 & 1 & -1 & 1 \end{matrix} \right\|, \quad D = \left\| \begin{matrix} 2 & -1 & 1 & -1 \\ -3 & 4 & -5 & 4 \\ 8 & -4 & 4 & -4 \\ 15 & -10 & 11 & -10 \end{matrix} \right\|, \quad F = \left\| \begin{matrix} 1 & 0 & 0 & 0 \\ 0 & 1 & 0 & 0 \\ 0 & 0 & 1 & 0 \\ 0 & 0 & 0 & 1 \end{matrix} \right\|$$

auf.

Für die ersten drei Spalten der Matrix T wählen wir die dritten Spalten dieser Matrizen: $T = (C_3, D_3, F_3, *)$. In den Matrizen C, D und F subtrahieren wir die verdoppelte dritte Spalte von der ersten und addieren zur ersten und vierten Spalte die dritte. Wir erhalten

$$\tilde{C} = \left\| \begin{matrix} 0 & 0 & 0 & 0 \\ 0 & 0 & 1 & 0 \\ 0 & 0 & 0 & 0 \\ 0 & 0 & -1 & 0 \end{matrix} \right\|, \quad \tilde{D} = \left\| \begin{matrix} 0 & 0 & 1 & 0 \\ 7 & -1 & -5 & -1 \\ 0 & 0 & 4 & 0 \\ -7 & 1 & 11 & 1 \end{matrix} \right\|, \quad \tilde{F} = \left\| \begin{matrix} 1 & 0 & 0 & 0 \\ 0 & 1 & 0 & 0 \\ -2 & 1 & 1 & 1 \\ 0 & 0 & 0 & 1 \end{matrix} \right\|$$

In den Matrizen $\tilde{D}$ und $\tilde{F}$ addieren wir die mit 7 multiplizierte vierte Spalte zur ersten und subtrahieren von der zweiten Spalte die vierte. Wir erhalten

$$\tilde{C} = \left\| \begin{matrix} 0 & 0 & 0 & 0 \\ 0 & 0 & 1 & 0 \\ 0 & 0 & 0 & 0 \\ 0 & 0 & -1 & 0 \end{matrix} \right\|, \quad \tilde{\tilde{D}} = \left\| \begin{matrix} 0 & 0 & 1 & 0 \\ 0 & 0 & -5 & -1 \\ 0 & 0 & 4 & 0 \\ 0 & 0 & 11 & 1 \end{matrix} \right\|, \quad \tilde{\tilde{F}} = \left\| \begin{matrix} 1 & 0 & 0 & 0 \\ 0 & 1 & 0 & 0 \\ 5 & 0 & 1 & 1 \\ 7 & -1 & 0 & 1 \end{matrix} \right\|.$$

Als letzte Spalte von T wählen wir die erste Spalte von $\tilde{\tilde{F}}$. Damit ist

$$T = (C_3, D_3, F_3, \tilde{\tilde{F}}_1) = \left\| \begin{matrix} 0 & 1 & 0 & 1 \\ 1 & -5 & 0 & 0 \\ 0 & 4 & 1 & 5 \\ -1 & 11 & 0 & 7 \end{matrix} \right\|.$$

Zur Kontrolle zeige man, daß $AT = TJ$ und $|T| \neq 0$ ist.

[1]) Da nur ein Elementarteiler höchsten Grades vorhanden ist, muß der Rang der Matrix C gleich 1 sein. Daher genügt es beispielsweise, die sieben Elemente, die in der ersten Spalte und in der zweiten Zeile der Matrix C stehen, zu berechnen. Die restlichen Elemente der Matrix C sind dann schon bestimmt.

7. Die Struktur linearer Operatoren im n-dimensionalen Vektorraum. Geometrische Elementarteilertheorie

Die in Kapitel 6 dargestellte analytische Theorie der Elementarteiler gab uns die Möglichkeit, zu einer beliebigen quadratischen Matrix ähnliche Matrizen zu bestimmen, die gewisse „Normal"formen besitzen. Andererseits sahen wir in Kapitel 3, daß das Verhalten linearer Operatoren eines n-dimensionalen Vektorraums bei verschiedener Basiswahl durch eine Klasse ähnlicher Matrizen beschrieben wird. Das Vorhandensein einer Normalform in dieser Klasse hängt eng mit wichtigen und tiefliegenden Eigenschaften linearer Operatoren im n-dimensionalen Vektorraum zusammen. Das vorliegende Kapitel ist dem Studium dieser Eigenschaften gewidmet. Untersuchungen über die Struktur linearer Operatoren führen uns unabhängig vom Inhalt des vorigen Kapitels zu einer Theorie der Transformation von Matrizen auf Normalform. Der Inhalt dieses Kapitels kann daher als eine *geometrische Theorie der Elementarteiler* angesehen werden.[1])

7.1. Das Minimalpolynom eines Vektors bzw. eines Vektorraumes (bezüglich eines gegebenen linearen Operators)

Wir betrachten einen n-dimensionalen Vektorraum $\mathfrak{R}$ über einem Körper K und einen linearen Operator A in diesem Raum.

Mit einem beliebigen Vektor x aus $\mathfrak{R}$ bilden wir die Folge der Vektoren

$$x, Ax, A^2x, \ldots \qquad (1)$$

Da der Raum endlichdimensional ist, gibt es ein p ($0 < p \leqq n$), so daß die Vektoren $x, Ax, \ldots, A^{p-1}x$ linear unabhängig sind, während A^px eine Linearkombination dieser Vektoren (mit Koeffizienten aus dem Körper K) ist:

$$A^px = -\gamma_1A^{p-1}x - \gamma_2A^{p-2}x - \cdots - \gamma_px. \qquad (2)$$

Mit Hilfe des Polynoms $\varphi(\lambda) = \lambda^p + \gamma_1\lambda^{p-1} + \cdots + \gamma_{p-1}\lambda + \gamma_p$ kann die Glei-

---

[1]) Es werden hier die Grundlagen einer geometrischen Theorie der Elementarteiler dargelegt, von denen der Autor in seiner Arbeit [81a] ausging. Andere geometrische Darstellungen der Elementarteilertheorie siehe in [14], §§ 96—99, sowie in [24] und [42b].

chung (2) folgendermaßen geschrieben werden:

$$\varphi(\boldsymbol{A})\,\boldsymbol{x} = \boldsymbol{o}. \tag{3}$$

Jedes Polynom $\varphi(\lambda)$, das die Gleichung (3) erfüllt, nennen wir ein *annullierendes Polynom des Vektors* $\boldsymbol{x}$.[1]) Man sieht leicht, daß von allen annullierenden Polynomen des Vektors $\boldsymbol{x}$ das von uns angegebene Polynom den niedrigsten Grad und als Koeffizient der höchsten Potenz 1 besitzt. Ein solches Polynom werden wir ein *minimales annullierendes Polynom des Vektors* $\boldsymbol{x}$ oder einfach ein *Minimalpolynom des Vektors* $\boldsymbol{x}$ nennen.

Wir bemerken, daß *jedes annullierende Polynom* $\tilde{\varphi}(\lambda)$ *des Vektors* $\boldsymbol{x}$ *durch das Minimalpolynom* $\varphi(\lambda)$ *teilbar ist.* Ist nämlich

$$\tilde{\varphi}(\lambda) = \varphi(\lambda)\,\varkappa(\lambda) + \varrho(\lambda), \tag{4}$$

$\varkappa(\lambda)$ und $\varrho(\lambda)$ Quotient bzw. Rest bei der Division von $\tilde{\varphi}(\lambda)$ durch $\varphi(\lambda)$, so ist

$$\tilde{\varphi}(\boldsymbol{A})\,\boldsymbol{x} = \varkappa(\boldsymbol{A})\,\varphi(\boldsymbol{A})\,\boldsymbol{x} + \varrho(\boldsymbol{A})\,\boldsymbol{x} = \varrho(\boldsymbol{A})\,\boldsymbol{x} \tag{5}$$

und folglich

$$\varrho(\boldsymbol{A})\,\boldsymbol{x} = \boldsymbol{o}. \tag{6}$$

Da aber der Grad des Restes $\varrho(\lambda)$ kleiner als der Grad des Minimalpolynoms $\varphi(\lambda)$ ist, muß $\varrho(\lambda)$ identisch gleich 0 sein. Aus dem eben Bewiesenen folgt insbesondere, daß jedem Vektor $\boldsymbol{x}$ *nur ein einziges* Minimalpolynom entspricht.

Wir wählen in $\mathfrak{R}$ eine Basis $\boldsymbol{e}_1, \boldsymbol{e}_2, \ldots, \boldsymbol{e}_n$. Sind nun $\varphi_1(\lambda), \varphi_2(\lambda), \ldots, \varphi_n(\lambda)$ die Minimalpolynome der Basisvektoren $\boldsymbol{e}_1, \boldsymbol{e}_2, \ldots, \boldsymbol{e}_n$ und ist $\psi(\lambda)$ das kleinste gemeinschaftliche Vielfache dieser Polynome (der Koeffizient der höchsten Potenz von $\psi(\lambda)$ sei gleich 1), so ist $\psi(\lambda)$ ein annullierendes Polynom aller Basisvektoren $\boldsymbol{e}_1, \boldsymbol{e}_2, \ldots, \boldsymbol{e}_n$. Da ein beliebiger Vektor $\boldsymbol{x} \in \mathfrak{R}$ in der Form $\boldsymbol{x} = x_1\boldsymbol{e}_1 + x_2\boldsymbol{e}_2 + \cdots + x_n\boldsymbol{e}_n$ dargestellt werden kann, ist

$$\psi(\boldsymbol{A})\,\boldsymbol{x} = x_1\psi(\boldsymbol{A})\,\boldsymbol{e}_1 + x_2\psi(\boldsymbol{A})\,\boldsymbol{e}_2 + \cdots + x_n\psi(\boldsymbol{A})\,\boldsymbol{e}_n = \boldsymbol{o},$$

d. h.

$$\psi(\boldsymbol{A}) = \boldsymbol{O}. \tag{7}$$

Das Polynom $\psi(\lambda)$ ist ein *annullierendes Polynom des ganzen Vektorraums* $\mathfrak{R}$. Ist nun $\tilde{\psi}(\lambda)$ ein annullierendes Polynom des ganzen Vektorraums $\mathfrak{R}$, so ist es auch ein annullierendes Polynom der Basisvektoren $\boldsymbol{e}_1, \boldsymbol{e}_2, \ldots, \boldsymbol{e}_n$ und muß folglich ein gemeinschaftliches Vielfaches der Minimalpolynome dieser Vektoren sein. Dann ist aber $\tilde{\psi}(\lambda)$ durch das kleinste gemeinschaftliche Vielfache $\psi(\lambda)$ teilbar. Hieraus folgt, daß unter allen annullierenden Polynomen des gesamten Vektorraums $\mathfrak{R}$ das von uns angegebene Polynom $\psi(\lambda)$ niedrigsten Grad (und als Koeffizienten der höchsten Potenz 1) besitzt. Dieses Polynom ist durch Vorgabe des Vektorraums $\mathfrak{R}$ und des

---

[1]) Genauer müßte natürlich gesagt werden: bezüglich des gegebenen Operators $\boldsymbol{A}$. Der Kürze halber ist dieser Zusatz in der Definition weggelassen worden, da wir es im Verlauf dieses Kapitels stets mit demselben Operator $\boldsymbol{A}$ zu tun haben werden.

Operators $\boldsymbol{A}$ eindeutig bestimmt und heißt *Minimalpolynom des Vektorraums* $\mathfrak{R}$.[1]) Die Eindeutigkeit des Minimalpolynoms eines Vektorraums folgt aus der Tatsache, daß *jedes annullierende Polynom* $\tilde{\psi}(\lambda)$ *des Vektorraumes* $\mathfrak{R}$ *ohne Rest durch das Minimalpolynom* $\psi(\lambda)$ *teilbar ist.* Obwohl wir beim Aufbau des Minimalpolynoms $\psi(\lambda)$ von einer bestimmten Basis $\boldsymbol{e}_1, \boldsymbol{e}_2, \ldots, \boldsymbol{e}_n$ ausgegangen sind, ist das Polynom $\psi(\lambda)$ von der Basiswahl unabhängig (das folgt aus der Eindeutigkeit des Minimalpolynoms eines Vektorraums $\mathfrak{R}$).

Abschließend bemerken wir noch, daß das Minimalpolynom eines Vektorraums $\mathfrak{R}$ ein annullierendes Polynom für jeden Vektor $\boldsymbol{x}$ aus $\mathfrak{R}$ und *daher das Minimalpolynom eines Vektorraums durch das Minimalpolynom jedes Vektors dieses Raumes teilbar ist.*

7.2. Die Zerlegung eines Vektorraumes in invariante Unterräume mit teilerfremden Minimalpolynomen

Ein Unterraum $\mathfrak{R}' \subset \mathfrak{R}$ heißt *invariant* in bezug auf den vorgegebenen Operator $\boldsymbol{A}$, wenn $\boldsymbol{A}\mathfrak{R}' \subset \mathfrak{R}'$ ist, d. h., wenn aus $\boldsymbol{x} \in \mathfrak{R}'$ folgt, daß $\boldsymbol{A}\boldsymbol{x}$ zu $\mathfrak{R}'$ gehört. Mit anderen Worten, der Operator $\boldsymbol{A}$ führt jeden Vektor eines invarianten Unterraums in einen Vektor desselben Raums über.

Im folgenden werden wir einen Vektorraum stets in — bezüglich des Operators $\boldsymbol{A}$ — invariante Unterräume aufspalten (vgl. 3.1.). Das führt dazu, an Stelle der Eigenschaften eines Operators im ganzen Vektorraum sein Verhalten in speziellen Unterräumen zu untersuchen.

Wir beweisen folgenden Satz:

Satz 1 (Erster Satz über die Zerlegung eines Vektorraumes in invariante Unterräume). *Läßt sich bei einem gegebenen Operator* $\boldsymbol{A}$ *das Minimalpolynom* $\psi(\lambda)$ *des Vektorraumes* $\mathfrak{R}$ *im Körper* K *als Produkt teilerfremder Polynome* $\psi_1(\lambda)$ *und* $\psi_2(\lambda)$ *(bei denen der Koeffizient der höchsten Potenz gleich* 1 *ist) darstellen,*

$$\psi(\lambda) = \psi_1(\lambda)\,\psi_2(\lambda), \tag{8}$$

so zerfällt $\mathfrak{R}$ *in zwei invariante Unterräume* $\mathfrak{J}_1$ *und* $\mathfrak{J}_2$,

$$\mathfrak{R} = \mathfrak{J}_1 + \mathfrak{J}_2, \tag{9}$$

deren Minimalpolynome $\psi_1(\lambda)$ *bzw.* $\psi_2(\lambda)$ *sind.*

Beweis. Wir bezeichnen die Menge aller Vektoren $\boldsymbol{x} \in \mathfrak{R}$, die die Gleichung $\psi_1(\boldsymbol{A})\,\boldsymbol{x} = \boldsymbol{o}$ befriedigen, mit $\mathfrak{J}_1$. Analog definieren wir $\mathfrak{J}_2$ durch die Gleichung $\psi_2(\boldsymbol{A})\,\boldsymbol{x} = \boldsymbol{o}$. Die so definierte Menge $\mathfrak{J}_1$ bzw. $\mathfrak{J}_2$ ist Unterraum von $\mathfrak{R}$.

Da $\psi_1(\lambda)$ und $\psi_2(\lambda)$ teilerfremd sind, gibt es zwei Polynome $\chi_1(\lambda)$ und $\chi_2(\lambda)$ (mit

---

[1]) Entspricht dem Operator $\boldsymbol{A}$ bei einer gewissen Basis $\boldsymbol{e}_1, \boldsymbol{e}_2, \ldots, \boldsymbol{e}_n$ die Matrix $A = \|a_{ik}\|_1^n$, so ist ein annullierendes Polynom bzw. das Minimalpolynom des Vektorraumes $\mathfrak{R}$ (bezüglich $\boldsymbol{A}$) gleichzeitig annullierendes Polynom bzw. Minimalpolynom der Matrix A und umgekehrt. Vgl. 4.5.

Koeffizienten aus K) derart, daß[1])

$$1 = \psi_1(\lambda)\,\chi_1(\lambda) + \psi_2(\lambda)\,\chi_2(\lambda) \tag{10}$$

ist.

Es sei nun $\boldsymbol{x}$ ein beliebiger Vektor aus $\mathfrak{R}$. Wir ersetzen in (10) λ durch $\boldsymbol{A}$ und wenden beide Seiten der Operatorgleichung auf den Vektor $\boldsymbol{x}$ an:

$$\boldsymbol{x} = \psi_1(\boldsymbol{A})\,\chi_1(\boldsymbol{A})\,\boldsymbol{x} + \psi_2(\boldsymbol{A})\,\chi_2(\boldsymbol{A})\,\boldsymbol{x}, \tag{11}$$

d. h.

$$\boldsymbol{x} = \boldsymbol{x}' + \boldsymbol{x}'' \tag{12}$$

mit

$$\boldsymbol{x}' = \psi_2(\boldsymbol{A})\,\chi_2(\boldsymbol{A})\,\boldsymbol{x}, \qquad \boldsymbol{x}'' = \psi_1(\boldsymbol{A})\,\chi_1(\boldsymbol{A})\,\boldsymbol{x}. \tag{13}$$

Ferner ist

$$\psi_1(\boldsymbol{A})\,\boldsymbol{x}' = \psi(\boldsymbol{A})\,\chi_2(\boldsymbol{A})\,\boldsymbol{x} = \boldsymbol{o}, \qquad \psi_2(\boldsymbol{A})\,\boldsymbol{x}'' = \psi(\boldsymbol{A})\,\chi_1(\boldsymbol{A})\,\boldsymbol{x} = \boldsymbol{o},$$

d. h. $\boldsymbol{x}' \in \mathfrak{J}_1$ und $\boldsymbol{x}'' \in \mathfrak{J}_2$.

Die Unterräume $\mathfrak{J}_1$ und $\mathfrak{J}_2$ haben nur den Nullvektor gemeinsam; denn gilt $\boldsymbol{x}_0 \in \mathfrak{J}_1$ und $\boldsymbol{x}_0 \in \mathfrak{J}_2$, d. h. $\psi_1(\boldsymbol{A})\,\boldsymbol{x}_0 = \boldsymbol{o}$ und $\psi_2(\boldsymbol{A})\,\boldsymbol{x}_0 = \boldsymbol{o}$, so folgt aus (11)

$$\boldsymbol{x}_0 = \chi_1(\boldsymbol{A})\,\psi_1(\boldsymbol{A})\,\boldsymbol{x}_0 + \chi_2(\boldsymbol{A})\,\psi_2(\boldsymbol{A})\,\boldsymbol{x}_0 = \boldsymbol{o}.$$

Damit ist bewiesen, daß $\mathfrak{R} = \mathfrak{J}_1 + \mathfrak{J}_2$ ist.

Es sei ferner $\boldsymbol{x} \in \mathfrak{J}_1$. Dann ist $\psi_1(\boldsymbol{A})\,\boldsymbol{x} = \boldsymbol{o}$. Multipliziert man beide Seiten dieser Gleichung von links mit $\boldsymbol{A}$ und vertauscht dann $\boldsymbol{A}$ mit $\psi_1(\boldsymbol{A})$, so folgt $\psi_1(\boldsymbol{A})\,\boldsymbol{A}\boldsymbol{x} = \boldsymbol{o}$, d. h. $\boldsymbol{A}\boldsymbol{x} \in \mathfrak{J}_1$. Damit ist die Invarianz des Unterraumes $\mathfrak{J}_1$ in bezug auf $\boldsymbol{A}$ bewiesen. Analog beweist man, daß $\mathfrak{J}_2$ ein invarianter Unterraum ist.

Wir zeigen nun, daß $\psi_1(\lambda)$ das Minimalpolynom von $\mathfrak{J}_1$ ist. Es sei $\tilde{\psi}_1(\lambda)$ ein beliebiges annullierendes Polynom von $\mathfrak{J}_1$, $\boldsymbol{x}$ ein beliebiger Vektor aus $\mathfrak{R}$. Unter Benutzung der schon erwähnten Darstellung (12) schreiben wir

$$\tilde{\psi}_1(\boldsymbol{A})\,\psi_2(\boldsymbol{A})\,\boldsymbol{x} = \psi_2(\boldsymbol{A})\,\tilde{\psi}_1(\boldsymbol{A})\,\boldsymbol{x}' + \tilde{\psi}_1(\boldsymbol{A})\,\psi_2(\boldsymbol{A})\,\boldsymbol{x}'' = \boldsymbol{o}.$$

Da $\boldsymbol{x}$ ein beliebiger Vektor aus $\mathfrak{R}$ ist, folgt hieraus, daß das Produkt $\tilde{\psi}_1(\lambda)\,\psi_2(\lambda)$ ein annullierendes Polynom von $\mathfrak{R}$ und daher ohne Rest durch das Polynom $\psi(\lambda) = \psi_1(\lambda)\,\psi_2(\lambda)$ teilbar ist; mit anderen Worten, $\psi_1(\lambda)$ teilt $\tilde{\psi}_1(\lambda)$. Nun war aber $\tilde{\psi}_1(\lambda)$ ein beliebiges annullierendes Polynom von $\mathfrak{J}_1$ und $\psi_1(\lambda)$ (auf Grund der Definition von $\mathfrak{J}_1$) ein bestimmtes dieser annullierenden Polynome; d. h., $\psi_1(\lambda)$ ist das Minimalpolynom von $\mathfrak{J}_1$. Völlig analog wird bewiesen, daß $\psi_2(\lambda)$ das Minimalpolynom des invarianten Unterraums $\mathfrak{J}_2$ ist.

Damit ist der Satz vollständig bewiesen.

Wir zerlegen das Polynom $\psi(\lambda)$ in über dem Körper K irreduzible Faktoren:

$$\psi(\lambda) = [\varphi_1(\lambda)]^{c_1}\,[\varphi_2(\lambda)]^{c_2} \cdots [\varphi_s(\lambda)]^{c_s} \tag{14}$$

[1]) Vgl. etwa [20], S. 177.

(hier sind $\varphi_1(\lambda), \varphi_2(\lambda), \ldots, \varphi_s(\lambda)$ verschiedene, über dem Körper $\mathbf{K}$ irreduzible Polynome, bei denen der Koeffizient der höchsten Potenz gleich 1 ist). Dann folgt aus Satz 1

$$\mathfrak{R} = \mathfrak{J}_1 + \mathfrak{J}_2 + \cdots + \mathfrak{J}_s, \tag{15}$$

und $\mathfrak{J}_k$ ist ein invarianter Unterraum mit dem Minimalpolynom $[\varphi_k(\lambda)]^{c_k}$ $(k = 1, 2, \ldots, s)$.

Der oben bewiesene Satz führt die Untersuchung der Eigenschaften eines linearen Operators in einem beliebigen Vektorraum auf die Untersuchung seiner Eigenschaften in einem Raum zurück, dessen Minimalpolynom Potenz eines über $\mathbf{K}$ irreduziblen Polynoms ist. Diesen Umstand machen wir uns beim Beweis des folgenden wichtigen Satzes zunutze.

Satz 2. *In jedem Vektorraum gibt es einen Vektor, dessen Minimalpolynom mit dem des gesamten Raumes übereinstimmt.*

Beweis. Wir betrachten zu Beginn den Spezialfall, daß das Minimalpolynom des Vektorraums $\mathfrak{R}$ eine Potenz eines in $\mathbf{K}$ irreduziblen Polynoms $\varphi(\lambda)$ ist:

$$\psi(\lambda) = [\varphi(\lambda)]^l.$$

Es sei $\boldsymbol{e}_1, \boldsymbol{e}_2, \ldots, \boldsymbol{e}_n$ eine Basis von $\mathfrak{R}$. Die Minimalpolynome der Basisvektoren $\boldsymbol{e}_i$ sind Teiler des Polynoms $\psi(\lambda)$ und daher in der Form $[\varphi(\lambda)]^{l_i}$ mit $l_i \leqq l$ darstellbar $(i = 1, 2, \ldots, n)$. Nun ist aber das Minimalpolynom eines Vektorraumes das kleinste gemeinsame Vielfache der Minimalpolynome seiner Basisvektoren, d. h., $\psi(\lambda)$ stimmt mit dem Minimalpolynom eines der Basisvektoren $\boldsymbol{e}_1, \boldsymbol{e}_2, \ldots, \boldsymbol{e}_n$ überein.

Bevor wir zum allgemeinen Fall übergehen, beweisen wir folgenden

Hilfssatz. *Sind die Minimalpolynome der Vektoren $\boldsymbol{e}'$ und $\boldsymbol{e}''$ teilerfremd, so ist das Minimalpolynom des Vektors $\boldsymbol{e}' + \boldsymbol{e}''$ gleich dem Produkt der Minimalpolynome der Summanden.*

Beweis. Es seien $\chi_1(\lambda)$ und $\chi_2(\lambda)$ die Minimalpolynome der Vektoren $\boldsymbol{e}'$ bzw. $\boldsymbol{e}''$. Nach Voraussetzung sind $\chi_1(\lambda)$ und $\chi_2(\lambda)$ teilerfremd. Ist $\chi(\lambda)$ ein beliebiges annullierendes Polynom des Vektors $\boldsymbol{e} = \boldsymbol{e}' + \boldsymbol{e}''$, so ist

$$\chi_2(\boldsymbol{A})\, \chi(\boldsymbol{A})\, \boldsymbol{e}' = \chi_2(\boldsymbol{A})\, \chi(\boldsymbol{A})\, \boldsymbol{e} - \chi(\boldsymbol{A})\, \chi_2(\boldsymbol{A})\, \boldsymbol{e}'' = \boldsymbol{o},$$

d. h., $\chi_2(\lambda)\, \chi(\lambda)$ ist ein annullierendes Polynom von $\boldsymbol{e}''$; dann ist $\chi_2(\lambda)\, \chi(\lambda)$ ohne Rest durch $\chi_1(\lambda)$ teilbar, und da $\chi_1(\lambda)$ und $\chi_2(\lambda)$ teilerfremd sind, teilt $\chi_1(\lambda)$ das Polynom $\chi(\lambda)$. Analog wird bewiesen, daß $\chi(\lambda)$ durch $\chi_2(\lambda)$ teilbar ist. Da $\chi_1(\lambda)$ und $\chi_2(\lambda)$ teilerfremd sind, ist $\chi(\lambda)$ durch das Produkt $\chi_1(\lambda)\, \chi_2(\lambda)$ teilbar. Jedes annullierende Polynom des Vektors $\boldsymbol{e}$ ist also durch das annullierende Polynom $\chi_1(\lambda)\, \chi_2(\lambda)$ teilbar. Folglich ist $\chi_1(\lambda)\, \chi_2(\lambda)$ das Minimalpolynom des Vektors $\boldsymbol{e} = \boldsymbol{e}' + \boldsymbol{e}''$.

Wir kehren zu Satz 2 zurück. Zum Beweis des allgemeinen Falls benutzen wir die Zerlegung (15). Da die Minimalpolynome der Unterräume $\mathfrak{J}_1, \mathfrak{J}_2, \ldots, \mathfrak{J}_s$ Potenzen irreduzibler Polynome sind, ist für diese Unterräume unser Satz bereits bewiesen. Es existieren also Vektoren $\boldsymbol{e}' \in \mathfrak{J}_1$, $\boldsymbol{e}'' \in \mathfrak{J}_2, \ldots, \boldsymbol{e}^{(s)} \in \mathfrak{J}_s$, deren Minimalpolynome mit $[\varphi_1(\lambda)]^{c_1}$, $[\varphi_2(\lambda)]^{c_2}$, ..., $[\varphi_s(\lambda)]^{c_s}$ übereinstimmen. Unser Hilfssatz besagt nun, daß das Minimalpolynom des Vektors $\boldsymbol{e} = \boldsymbol{e}' + \boldsymbol{e}'' + \cdots + \boldsymbol{e}^{(s)}$ gleich dem Produkt $[\varphi_1(\lambda)]^{c_1} [\varphi_2(\lambda)]^{c_2} \cdots [\varphi_s(\lambda)]^{c_s}$, d. h. gleich dem Minimalpolynom des Vektorraumes $\mathfrak{R}$ ist.

7.3. Kongruenzen. Quotientenräume

Gegeben sei ein Unterraum $\mathfrak{J} \subset \mathfrak{R}$. Wir nennen zwei Vektoren $\boldsymbol{x}$ und $\boldsymbol{y}$ aus $\mathfrak{R}$ *kongruent* mod $\mathfrak{J}$, wenn $\boldsymbol{x} - \boldsymbol{y} \in \mathfrak{J}$, und schreiben $\boldsymbol{x} \equiv \boldsymbol{y} \pmod{\mathfrak{J}}$. Man prüft leicht nach, daß dieser Kongruenzbegriff folgende Eigenschaften besitzt:

Für beliebiges $\boldsymbol{x}$, $\boldsymbol{y}$ und $\boldsymbol{z}$ aus $\mathfrak{R}$ gilt

1. $\boldsymbol{x} \equiv \boldsymbol{x} \pmod{\mathfrak{J}}$ (Reflexivität).
2. Aus $\boldsymbol{x} \equiv \boldsymbol{y} \pmod{\mathfrak{J}}$ folgt $\boldsymbol{y} \equiv \boldsymbol{x} \pmod{\mathfrak{J}}$ (Symmetrie).
3. Aus $\boldsymbol{x} \equiv \boldsymbol{y} \pmod{\mathfrak{J}}$ und $\boldsymbol{y} \equiv \boldsymbol{z} \pmod{\mathfrak{J}}$ folgt $\boldsymbol{x} \equiv \boldsymbol{z} \pmod{\mathfrak{J}}$ (Transitivität).

Diese drei Eigenschaften ermöglichen uns, in $\mathfrak{R}$ eine Klasseneinteilung vorzunehmen: Jede Klasse besteht aus allen untereinander mod $\mathfrak{J}$ kongruenten Vektoren von $\mathfrak{R}$, Vektoren aus verschiedenen Klassen sind inkongruent mod $\mathfrak{J}$. Die Klasse, der der Vektor $\boldsymbol{x}$ angehört, wird mit $\bar{\boldsymbol{x}}$ bezeichnet.[1] Der Unterraum $\mathfrak{J}$ selbst ist eine dieser Klassen, und zwar gerade die Klasse $\bar{\boldsymbol{o}}$. Man beachte: Jeder Kongruenz $\boldsymbol{x} \equiv \boldsymbol{y} \pmod{\mathfrak{J}}$ zwischen Vektoren $\boldsymbol{x}$ und $\boldsymbol{y}$ entspricht eine Gleichung[2] $\bar{\boldsymbol{x}} = \bar{\boldsymbol{y}}$ zwischen den Klassen, denen diese Vektoren angehören.

Es läßt sich ganz elementar beweisen, daß Kongruenzen zueinander addiert und mit Zahlen aus K multipliziert werden können:

1. Aus $\boldsymbol{x} \equiv \boldsymbol{x}' \pmod{\mathfrak{J}}$ und $\boldsymbol{y} \equiv \boldsymbol{y}' \pmod{\mathfrak{J}}$ folgt $\boldsymbol{x} + \boldsymbol{y} \equiv \boldsymbol{x}' + \boldsymbol{y}' \pmod{\mathfrak{J}}$.
2. Aus $\boldsymbol{x} \equiv \boldsymbol{x}' \pmod{\mathfrak{J}}$ folgt $\alpha\boldsymbol{x} \equiv \alpha\boldsymbol{x}' \pmod{\mathfrak{J}}$ $(\alpha \in \mathsf{K})$.

Diese Eigenschaften zeigen: Die Operationen der Addition und der Multiplikation mit einer Zahl aus K sind mit der Klasseneinteilung verträglich. Nehmen wir zwei Klassen $\bar{\boldsymbol{x}}$ und $\bar{\boldsymbol{y}}$ und addieren zu den Elementen $\boldsymbol{x}, \boldsymbol{x}', \ldots$ der ersten Klasse beliebige Elemente $\boldsymbol{y}, \boldsymbol{y}', \ldots$ der zweiten Klasse, so liegen alle so erhaltenen Summen in ein und derselben Klasse; diese werden wir die Summe der Klassen $\bar{\boldsymbol{x}}$ und $\bar{\boldsymbol{y}}$ nennen und mit $\bar{\boldsymbol{x}} + \bar{\boldsymbol{y}}$ bezeichnen. Analog wollen wir unter $\alpha\bar{\boldsymbol{x}}$ diejenige Klasse verstehen, in der alle mit einer Zahl $\alpha \in \mathsf{K}$ multiplizierten Vektoren $\boldsymbol{x}, \boldsymbol{x}', \ldots$ der Klasse $\bar{\boldsymbol{x}}$ liegen.

Damit haben wir in der Menge $\bar{\mathfrak{R}}$ aller Klassen $\bar{\boldsymbol{x}}, \bar{\boldsymbol{y}}, \ldots$ zwei Operationen eingeführt: die „Addition" von Klassen und die „Multiplikation" einer Klasse mit Zahlen aus K. Diese Operationen besitzen — wie man leicht sieht — die Eigenschaften, die bei der Definition des Vektorraums formuliert wurden (Abschnitt 3.1.). Daher ist $\bar{\mathfrak{R}}$ ebenso wie $\mathfrak{R}$ ein Vektorraum über dem Körper K. Wir nennen $\bar{\mathfrak{R}}$ einen *Quotientenrau m*von $\mathfrak{R}$. Sind n, m und $\bar{n}$ die Dimensionen der Vektorräume $\mathfrak{R}$, $\mathfrak{J}$ bzw. $\bar{\mathfrak{R}}$, so ist $\bar{n} = n - m$.

---

[1]) Da jede Klasse, wenn $\mathfrak{J} \neq \{\boldsymbol{o}\}$ ist, unendlich viele Vektoren enthält, gibt es auf Grund dieser Festsetzung auch unendlich viele Bezeichnungen für jede Klasse.

[2]) Die Gleichung soll besagen, daß die beiden Mengen übereinstimmen.

Alle in diesem Abschnitt eingeführten Begriffe lassen sich sehr gut an folgendem Beispiel erläutern.

Beispiel. Es sei $\mathfrak{R}$ die Menge aller Vektoren eines dreidimensionalen Vektorraums, K der Körper der reellen Zahlen. Der größeren Anschaulichkeit halber werden wir die Vektoren als gerichtete Strecken, deren Anfang im Nullpunkt liegt, darstellen. Es sei $\mathfrak{J}$ eine durch den Nullpunkt gehende Gerade (genauer die Menge aller Vektoren, die einer durch den Nullpunkt gehenden Geraden parallel sind; Abb. 4).

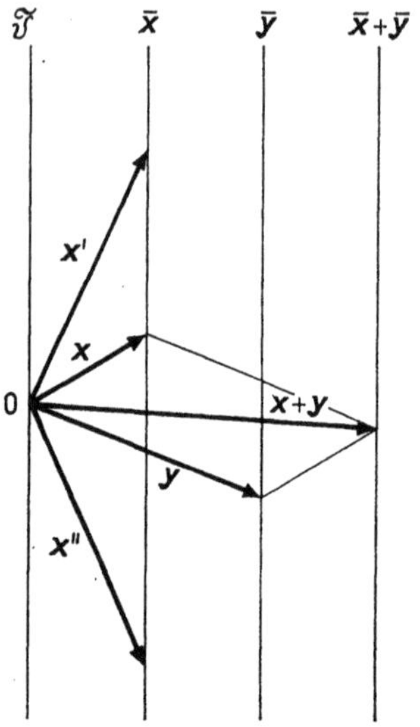

Abb. 4

Die Kongruenz $\boldsymbol{x} \equiv \boldsymbol{x}'$ (mod $\mathfrak{J}$) besagt, daß sich $\boldsymbol{x}$ und $\boldsymbol{x}'$ nur um einen Vektor aus $\mathfrak{J}$ unterscheiden, d. h., die Strecke, die die Endpunkte von $\boldsymbol{x}$ und $\boldsymbol{x}'$ verbindet, ist der Geraden $\mathfrak{J}$ parallel. Damit erweist sich die Klasse $\bar{\boldsymbol{x}}$ als die zu $\mathfrak{J}$ parallele Gerade durch den Endpunkt des Vektors $\boldsymbol{x}$, genauer: als das „Büschel" der Vektoren, die vom Nullpunkt ausgehen und deren Endpunkte auf dieser Geraden liegen. Diese „Büschel" kann man zueinander addieren und mit reellen Zahlen multiplizieren (indem man ihre Vektoren addiert bzw. mit reellen Zahlen multipliziert). Diese „Büschel" sind die Elemente des Quotientenraumes $\bar{\mathfrak{R}}$. In unserem Beispiel ist $n = 3$, $m = 1$ und $\bar{n} = 2$.

Ein weiteres Beispiel erhalten wir, wenn $\mathfrak{J}$ eine Ebene durch den Nullpunkt ist. In diesem Beispiel ist $n = 3$, $m = 2$ und $\bar{n} = 1$.

Gegeben sei nun in $\mathfrak{R}$ ein linearer Operator $\boldsymbol{A}$. Wir setzen voraus, daß $\mathfrak{J}$ *ein invarianter Unterraum bezüglich* $\boldsymbol{A}$ *ist.* Aus der Kongruenz $\boldsymbol{x} \equiv \boldsymbol{x}'$ (mod $\mathfrak{J}$) folgt leicht $\boldsymbol{A}\boldsymbol{x} \equiv \boldsymbol{A}\boldsymbol{x}'$ (mod $\mathfrak{J}$), d. h., daß man den Operator $\boldsymbol{A}$ auf beide Seiten einer Kongruenz anwenden kann. Mit anderen Worten, wendet man den Operator $\boldsymbol{A}$ auf alle Vektoren $\boldsymbol{x}, \boldsymbol{x}', \ldots$ einer Klasse $\bar{\boldsymbol{x}}$ an, so erhält man die Vektoren $\boldsymbol{A}\boldsymbol{x}, \boldsymbol{A}\boldsymbol{x}', \ldots$, und diese gehören ebenfalls zu einer Klasse, die wir mit $\boldsymbol{A}\bar{\boldsymbol{x}}$ bezeichnen. Der lineare Operator $\boldsymbol{A}$ transformiert eine Klasse in eine andere und ist daher linearer Operator in $\bar{\mathfrak{R}}$.

Gibt es Zahlen $\alpha_1, \alpha_2, \ldots, \alpha_p$ in $\mathbf{K}$, die nicht gleichzeitig 0 sind, so daß

$$\alpha_1 \boldsymbol{x}_1 + \alpha_2 \boldsymbol{x}_2 + \cdots + \alpha_p \boldsymbol{x}_p \equiv \boldsymbol{o} \pmod{\mathfrak{J}} \tag{16}$$

ist, so heißen die Vektoren $\boldsymbol{x}_1, \boldsymbol{x}_2, \ldots, \boldsymbol{x}_p$ linear abhängig mod $\mathfrak{J}$.

Nicht nur der Begriff der linearen Abhängigkeit von Vektoren, sondern alle Begriffe, alle Sätze und Überlegungen des vorigen Abschnitts können wortwörtlich übertragen werden, wenn man das Zeichen „$=$" durch „$\equiv$ (mod $\mathfrak{J}$)" ersetzt und $\mathfrak{J}$ ein fester bezüglich $\boldsymbol{A}$ invarianter Vektorraum ist.

Auf diese Weise lassen sich die Begriffe annullierendes Polynom und Minimalpolynom eines Vektors oder eines Raumes mod $\mathfrak{J}$ einführen. Alle diese Begriffe bezeichnen wir als „relative" im Gegensatz zu den früheren „absoluten" Begriffen (die bei „$=$" Anwendung finden).

Wir weisen darauf hin, daß *das relative Minimalpolynom eines Vektors bzw. eines Vektorraumes Teiler des absoluten Minimalpolynoms ist.*

Es sei beispielsweise $\sigma_1(\lambda)$ das relative Minimalpolynom des Vektors $\boldsymbol{x}$, $\sigma(\lambda)$ das entsprechende absolute Minimalpolynom. Dann ist $\sigma(\boldsymbol{A})\,\boldsymbol{x} = \boldsymbol{o}$; daraus folgt aber $\sigma(\boldsymbol{A})\,\boldsymbol{x} \equiv \boldsymbol{o} \pmod{\mathfrak{J}}$; folglich ist $\sigma(\lambda)$ relatives annullierendes Polynom des Vektors $\boldsymbol{x}$ und als solches durch das relative Minimalpolynom $\sigma_1(\lambda)$ teilbar.

Neben den „absoluten" Sätzen des vorigen Abschnitts gibt es nun auch „relative" Sätze, beispielsweise folgenden: „In jedem Vektorraum gibt es einen Vektor, dessen relatives Minimalpolynom mit dem relativen Minimalpolynom des gesamten Raumes übereinstimmt." Die Richtigkeit aller „relativen" Sätze folgt aus der Tatsache, daß wir es bei den Kongruenzen mod $\mathfrak{J}$ im Grunde genommen mit Gleichungen zu tun haben, allerdings nicht im Vektorraum $\mathfrak{R}$, sondern im Quotientenraum $\overline{\mathfrak{R}}$.

7.4. Die Zerlegung eines Vektorraumes in zyklische invariante Unterräume

Es sei $\sigma(\lambda) = \lambda^p + \alpha_1 \lambda^{p-1} + \cdots + \alpha_{p-1}\lambda + \alpha_p$ das Minimalpolynom des Vektors $\boldsymbol{e}$. Dann sind die Vektoren

$$\boldsymbol{e},\ \boldsymbol{A}\boldsymbol{e},\ \ldots,\ \boldsymbol{A}^{p-1}\boldsymbol{e} \tag{17}$$

linear unabhängig, aber es ist

$$\boldsymbol{A}^p\boldsymbol{e} = -\alpha_p\boldsymbol{e} - \alpha_{p-1}\boldsymbol{A}\boldsymbol{e} - \cdots - \alpha_1\boldsymbol{A}^{p-1}\boldsymbol{e}. \tag{18}$$

Die Vektoren (17) bilden eine Basis eines p-dimensionalen Unterraums $\mathfrak{J}$. Im Hinblick auf den speziellen Charakter der Basis (17) und auf Gleichung (18) nennen wir diesen Unterraum *zyklisch.*[1]) Der Operator $\boldsymbol{A}$ transformiert den ersten der Vektoren (17) in den zweiten, den zweiten in den dritten usw. Der letzte dieser Basisvektoren ergibt jedoch mit $\boldsymbol{A}$ transformiert nach (18) eine Linearkombination der Basisvektoren. Der Operator $\boldsymbol{A}$ transformiert also jeden Basisvektor in einen Vektor aus $\mathfrak{J}$; folglich transformiert er jeden Vektor aus $\mathfrak{J}$ in einen Vektor aus $\mathfrak{J}$. Mit anderen Worten, *zyklische Unterräume sind stets invariant bezüglich* $\boldsymbol{A}$.

---

[1]) Genauer müßte man diesen Unterraum zyklisch bezüglich des linearen Operators $\boldsymbol{A}$ nennen. Der Kürze halber lassen wir die Worte „bezüglich des linearen Operators $\boldsymbol{A}$" weg, da wir in dieser Theorie stets einen festen Operator $\boldsymbol{A}$ betrachten (vgl. auch die Fußnote auf S. 197).

Ein beliebiger Vektor $\boldsymbol{x} \in \mathfrak{J}$ läßt sich als Linearkombination der Basisvektoren (17) darstellen, d. h. in der Form

$$\boldsymbol{x} = \chi(\boldsymbol{A})\, \boldsymbol{e} \tag{19}$$

($\chi(\lambda)$ ist ein Polynom in λ mit Koeffizienten aus $\mathbf{K}$, dessen Grad höchstens $p - 1$ ist). Betrachten wir alle möglichen Polynome $\chi(\lambda)$ mit Koeffizienten aus $\mathbf{K}$, deren Grad höchstens $p - 1$ ist, so erhalten wir alle Vektoren aus $\mathfrak{J}$, und zwar jeden Vektor $\boldsymbol{x} \in \mathfrak{J}$ nur einmal, d. h. nur durch ein Polynom $\chi(\lambda)$. Mit Rücksicht auf die Basis (17) bzw. die Formel (19) werden wir sagen, daß der Vektor $\boldsymbol{e}$ den Unterraum $\mathfrak{J}$ *erzeugt*. Wir bemerken noch, daß *das Minimalpolynom des erzeugenden Vektors* $\boldsymbol{e}$ *gleichzeitig das Minimalpolynom des ganzen Unterraums* $\mathfrak{J}$ *ist*.

Als nächstes beweisen wir den wichtigen Satz, daß jeder Vektorraum $\mathfrak{R}$ in zyklische Unterräume zerlegt werden kann. Es sei $\psi_1(\lambda) = \psi(\lambda) = \lambda^m + \alpha_1\lambda^{m-1} + \cdots + \alpha_m$ das Minimalpolynom des Vektorraumes $\mathfrak{R}$. Dann gibt es in $\mathfrak{R}$ einen Vektor $\boldsymbol{e}$, dessen Minimalpolynom $\psi_1(\lambda)$ ist (Satz 2, 7.2.). Es sei nun $\mathfrak{J}_1$ der zyklische Unterraum mit der Basis

$$\boldsymbol{e},\ \boldsymbol{A}\boldsymbol{e},\ \ldots,\ \boldsymbol{A}^{m-1}\boldsymbol{e}. \tag{20}$$

Ist $m = n$, so ist $\mathfrak{J}_1 = \mathfrak{R}$. Es sei $n > m$ und $\psi_2(\lambda) = \lambda^p + \beta_1\lambda^{p-1} + \cdots + \beta_p$ das Minimalpolynom von $\mathfrak{R}$ mod $\mathfrak{J}_1$. Nach der Bemerkung in 7.3. ist $\psi_2(\lambda)$ Teiler von $\psi_1(\lambda)$, d. h., es existiert ein Polynom $\varkappa(\lambda)$ mit

$$\psi_1(\lambda) = \psi_2(\lambda)\, \varkappa(\lambda). \tag{21}$$

Ferner gibt es in $\mathfrak{R}$ einen Vektor $\boldsymbol{g}^*$ mit dem relativen Minimalpolynom $\psi_2(\lambda)$. Dann ist

$$\psi_2(\boldsymbol{A})\, \boldsymbol{g}^* \equiv \boldsymbol{o} \pmod{\mathfrak{J}_1}, \tag{22}$$

d. h., es gibt ein Polynom $\chi(\lambda)$, dessen Grad höchstens gleich $m - 1$ ist, so daß

$$\psi_2(\boldsymbol{A})\, \boldsymbol{g}^* = \chi(\boldsymbol{A})\, \boldsymbol{e} \tag{23}$$

ist. Wir wenden auf beide Seiten dieser Gleichung den Operator $\varkappa(\boldsymbol{A})$ an. Dann erhalten wir auf der linken Seite $\psi_1(\boldsymbol{A})\, \boldsymbol{g}^*$, d. h. den Nullvektor, da $\psi_1(\lambda)$ das absolute Minimalpolynom des Vektorraums ist; folglich ist

$$\varkappa(\boldsymbol{A})\, \chi(\boldsymbol{A})\, \boldsymbol{e} = \boldsymbol{o}. \tag{24}$$

Diese Gleichung zeigt, daß $\varkappa(\lambda)\, \chi(\lambda)$ annullierendes Polynom des Vektors $\boldsymbol{e}$ und daher ohne Rest durch das Minimalpolynom $\psi_1(\lambda) = \varkappa(\lambda)\, \psi_2(\lambda)$ teilbar ist, d. h., $\psi_2(\lambda)$ teilt $\chi(\lambda)$:

$$\chi(\lambda) = \varkappa_1(\lambda)\, \psi_2(\lambda); \tag{25}$$

dabei ist $\varkappa_1(\lambda)$ ein gewisses Polynom. Unter Ausnutzung dieser Zerlegung des Polynoms $\chi(\lambda)$ kann (23) folgendermaßen geschrieben werden:

$$\psi_2(\boldsymbol{A})\, \boldsymbol{g} = \boldsymbol{o}, \tag{26}$$

wobei der Vektor $\boldsymbol{g}$ durch

$$\boldsymbol{g} = \boldsymbol{g}^* - \varkappa_1(\boldsymbol{A})\,\boldsymbol{e} \tag{27}$$

gegeben ist. Die letzte Gleichung zeigt, daß

$$\boldsymbol{g} \equiv \boldsymbol{g}^* \pmod{\mathfrak{J}_1} \tag{28}$$

ist. Daher ist $\psi_2(\lambda)$ als relatives Minimalpolynom des Vektors $\boldsymbol{g}^*$ auch relatives Minimalpolynom für $\boldsymbol{g}$. Wegen (26) ist $\psi_2(\lambda)$ gleichzeitig auch absolutes Minimalpolynom des Vektors $\boldsymbol{g}$.

Da $\psi_2(\lambda)$ absolutes Minimalpolynom des Vektors $\boldsymbol{g}$ ist, ist der Unterraum $\mathfrak{J}_2$ mit der Basis

$$\boldsymbol{g}, \boldsymbol{A}\boldsymbol{g}, \ldots, \boldsymbol{A}^{p-1}\boldsymbol{g} \tag{29}$$

zyklisch.

Da $\psi_2(\lambda)$ relatives Minimalpolynom des Vektors $\boldsymbol{g}$ mod $\mathfrak{J}_1$ ist, sind die Vektoren (29) linear unabhängig mod $\mathfrak{J}_1$, d. h., keine Linearkombination der Vektoren (29), deren Koeffizienten nicht gleichzeitig verschwinden, kann einer Linearkombination der Vektoren (20) gleich sein. Da diese Vektoren gleichfalls linear unabhängig sind, besagt unsere letzte Behauptung die lineare Unabhängigkeit der $m + p$ Vektoren

$$\boldsymbol{e}, \boldsymbol{A}\boldsymbol{e}, \ldots, \boldsymbol{A}^{m-1}\boldsymbol{e}; \boldsymbol{g}, \boldsymbol{A}\boldsymbol{g}, \ldots, \boldsymbol{A}^{p-1}\boldsymbol{g}. \tag{30}$$

Die Vektoren (30) bilden eine Basis des $(m + p)$-dimensionalen invarianten Unterraumes $\mathfrak{J}_1 + \mathfrak{J}_2$.

Ist $m + p = n$, so ist $\mathfrak{J}_1 + \mathfrak{J}_2 = \mathfrak{R}$. Ist dagegen $n > m + p$, so betrachten wir den Vektorraum $\mathfrak{R}$ mod $(\mathfrak{J}_1 + \mathfrak{J}_2)$ und setzen den Prozeß der Abspaltung zyklischer invarianter Unterräume fort. Da der Vektorraum $\mathfrak{R}$ die endliche Dimension n besitzt, bricht dieser Prozeß mit einem gewissen Unterraum $\mathfrak{J}_t$ mit $t \leqq n$ ab.

Damit haben wir folgenden Satz erhalten:

Satz 3 (Zweiter Satz über die Zerlegung eines Vektorraumes in invariante Unterräume). *Ein Vektorraum kann stets in bezüglich eines gegebenen linearen Operators $\boldsymbol{A}$ zyklische Unterräume $\mathfrak{J}_1, \mathfrak{J}_2, \ldots, \mathfrak{J}_t$ mit den Minimalpolynomen $\psi_1(\lambda)$, $\psi_2(\lambda), \ldots, \psi_t(\lambda)$ zerlegt werden,*

$$\mathfrak{R} = \mathfrak{J}_1 + \mathfrak{J}_2 + \cdots + \mathfrak{J}_t, \tag{31}$$

so daß $\psi_1(\lambda)$ mit dem Minimalpolynom $\psi(\lambda)$ des ganzen Raumes übereinstimmt und jedes $\psi_i(\lambda)$ Teiler von $\psi_{i-1}(\lambda)$ ist $(i = 2, 3, \ldots, t)$.

Wir erwähnen nun einige Eigenschaften zyklischer Vektorräume.

Es sei $\mathfrak{R}$ ein n-dimensionaler zyklischer Raum, $\psi(\lambda) = \gamma^m + \cdots$ das Minimalpolynom dieses Raumes. Aus der Definition des zyklischen Vektorraumes folgt dann $m = n$. Umgekehrt sei ein beliebiger Vektorraum $\mathfrak{R}$ vorgegeben, dessen Dimension mit dem Grad seines Minimalpolynoms übereinstimmt. Dann wenden wir Satz 3 an und stellen $\mathfrak{R}$ in der Form (31) dar. Nun ist der zyklische Unterraum $\mathfrak{J}_1$ aber m-dimensional, da sein Minimalpolynom mit dem Minimalpolynom des ganzen Raums übereinstimmt. Aus der Voraussetzung $m = n$ folgt, daß $\mathfrak{R} = \mathfrak{J}_1$, d. h. $\mathfrak{R}$ ein zyklischer Vektorraum ist.

Damit ergibt sich folgendes Kriterium für zyklische Vektorräume.

Satz 4. *Ein Vektorraum ist genau dann zyklisch, wenn seine Dimension mit dem Grad seines Minimalpolynoms übereinstimmt.*

Wir betrachten jetzt die Zerlegung eines zyklischen Vektorraums $\mathfrak{R}$ in zwei invariante Unterräume $\mathfrak{J}_1$ und $\mathfrak{J}_2$:

$$\mathfrak{R} = \mathfrak{J}_1 + \mathfrak{J}_2. \tag{32}$$

Der Vektorraum $\mathfrak{R}$ (bzw. $\mathfrak{J}_1$, $\mathfrak{J}_2$) habe die Dimension n (bzw. n_1, n_2), sein Minimalpolynom sei $\psi(\lambda)$ (bzw. $\psi_1(\lambda)$, $\psi_2(\lambda)$) und habe den Grad m (bzw. m_1, m_2). Dann ist

$$m_1 \leqq n_1, \quad m_2 \leqq n_2. \tag{33}$$

Durch Addition erhalten wir

$$m_1 + m_2 \leqq n_1 + n_2. \tag{34}$$

Da $\psi(\lambda)$ das kleinste gemeinsame Vielfache der Polynome $\psi_1(\lambda)$ und $\psi_2(\lambda)$ ist, gilt

$$m \leqq m_1 + m_2. \tag{35}$$

Ferner folgt aus (32)

$$n = n_1 + n_2. \tag{36}$$

Es ist also

$$m \leqq m_1 + m_2 \leqq n_1 + n_2 = n, \tag{37}$$

wie sich unmittelbar aus (34), (35) und (36) ergibt.

Da der Vektorraum $\mathfrak{R}$ zyklisch ist, sind m und n gleich. Folglich gilt in (37) überall die Gleichheit, d. h. $m = m_1 + m_2 = n_1 + n_2$. Aus $m = m_1 + m_2$ folgt, daß $\psi_1(\lambda)$ und $\psi_2(\lambda)$ relativ prim sind.

Aus $m_1 + m_2 = n_1 + n_2$ folgt unter Berücksichtigung von (33)

$$m_1 = n_1, \quad m_2 = n_2. \tag{38}$$

Diese Gleichungen besagen, daß die Unterräume $\mathfrak{J}_1$ und $\mathfrak{J}_2$ zyklisch sind.

Damit haben wir folgenden Satz gewonnen:

Satz 5. *Ein zyklischer Vektorraum kann nur in zyklische invariante Unterräume mit teilerfremden Minimalpolynomen zerlegt werden.*

Von Satz 5 gilt auch die Umkehrung, da sich die zu seinem Beweis notwendigen Schlüsse umkehren lassen:

Satz 6. *Besitzt ein Vektorraum eine Zerlegung in zyklische invariante Unterräume mit teilerfremden Minimalpolynomen, so ist dieser Vektorraum zyklisch.*

Es sei nun $\mathfrak{R}$ ein zyklischer Vektorraum, dessen Minimalpolynom Potenz eines über dem Körper K irreduziblen Polynoms ist: $\psi(\lambda) = [\varphi(\lambda)]^c$. In diesem Fall ist das Minimalpolynom eines beliebigen invarianten Unterraumes von $\mathfrak{R}$ ebenfalls Potenz des irreduziblen Polynoms $\varphi(\lambda)$. Folglich könnten die Minimalpolynome zweier beliebiger invarianter Unterräume nicht teilerfremd sein. Dann ist aber $\mathfrak{R}$ nach Satz 5 nicht in invariante Unterräume zerlegbar.

Es sei umgekehrt bekannt, daß ein gewisser Vektorraum $\mathfrak{R}$ nicht in invariante Unterräume zerlegbar ist. Dann ist $\mathfrak{R}$ ein zyklischer Vektorraum, da er andernfalls nach dem zweiten Zerlegungssatz (Satz 3) in zyklische Unterräume zerlegt werden könnte; andererseits muß das Minimalpolynom von $\mathfrak{R}$ Potenz eines irreduziblen Polynoms sein, da sonst aus dem ersten Zerlegungssatz folgen würde, daß $\mathfrak{R}$ in invariante Unterräume zerlegt werden könnte.

Wir kommen somit zu folgendem Schluß:

Satz 7. *Ein Vektorraum ist dann und nur dann nicht in invariante Unterräume zerlegbar, wenn er erstens zyklisch ist und zweitens sein Minimalpolynom Potenz eines über dem Körper* K *irreduziblen Polynoms ist.*

Wir betrachten jetzt wieder die Zerlegung (31); die Minimalpolynome $\psi_1(\lambda), \psi_2(\lambda), \ldots, \psi_t(\lambda)$ der zyklischen Unterräume $\mathfrak{J}_1, \mathfrak{J}_2, \ldots, \mathfrak{J}_t$ werden in über dem Körper K irreduzible Faktoren aufgespalten:

$$\left.\begin{aligned} \psi_1(\lambda) &= [\varphi_1(\lambda)]^{c_1}[\varphi_2(\lambda)]^{c_2}\cdots[\varphi_s(\lambda)]^{c_s},\\ \psi_2(\lambda) &= [\varphi_1(\lambda)]^{d_1}[\varphi_2(\lambda)]^{d_2}\cdots[\varphi_s(\lambda)]^{d_s},\\ &\cdots\cdots\cdots\cdots\cdots\cdots\\ \psi_t(\lambda) &= [\varphi_1(\lambda)]^{l_1}[\varphi_2(\lambda)]^{l_2}\cdots[\varphi_s(\lambda)]^{l_s} \end{aligned}\right\} \tag{39}$$

$$(c_k \geqq d_k \geqq \cdots \geqq l_k \geqq 0; \quad k = 1, 2, \ldots, s).^{1)}$$

Wendet man auf $\mathfrak{J}_1$ den ersten Zerlegungssatz an, so erhält man

$$\mathfrak{J}_1 = \mathfrak{J}_1' + \mathfrak{J}_1'' + \cdots + \mathfrak{J}_1^{(s)};$$

dabei sind $\mathfrak{J}_1', \mathfrak{J}_1'', \ldots, \mathfrak{J}_1^{(s)}$ zyklische Unterräume mit den Minimalpolynomen $[\varphi_1(\lambda)]^{c_1}, [\varphi_2(\lambda)]^{c_2}, \ldots, [\varphi_s(\lambda)]^{c_s}$. Analog werden die Unterräume $\mathfrak{J}_2, \ldots, \mathfrak{J}_t$ zerlegt. Damit erhalten wir eine Zerlegung des ganzen Raumes $\mathfrak{R}$ in zyklische Unterräume mit den Minimalpolynomen $[\varphi_k(\lambda)]^{c_k}$, $[\varphi_k(\lambda)]^{d_k}, \ldots$, $[\varphi_k(\lambda)]^{l_k}$ $(k = 1, 2, \ldots, s)$ (die Potenzen mit dem Exponenten 0 werden nicht berücksichtigt). Aus Satz 7 folgt, daß diese zyklischen Unterräume nicht weiter (in invariante Unterräume) zerlegbar sind. Wir erhalten also:

Satz 8 (Dritter Satz über die Zerlegung eines Vektorraumes in invariante Unterräume). *Ein Vektorraum kann stets derart in zyklische Unterräume zerlegt werden,*

$$\mathfrak{R} = \mathfrak{J}' + \mathfrak{J}'' + \cdots + \mathfrak{J}^{(u)}, \tag{40}$$

[1]) Einige Exponenten $d_k, \ldots, l_k$ können für $k > 1$ auch gleich 0 sein.

daß die Minimalpolynome dieser Unterräume Potenzen von irreduziblen Polynomen sind.

Dieser Satz liefert eine Zerlegung des Vektorraumes in unzerlegbare Unterräume.

Anmerkung. Satz 8, den dritten Zerlegungssatz, erhielten wir durch Anwendung der ersten beiden Zerlegungssätze. Der dritte Zerlegungssatz kann jedoch auch auf einem anderen Wege, und zwar als unmittelbare (fast triviale) Folgerung aus Satz 7 erhalten werden.

Ein Vektorraum $\mathfrak{R}$ kann nämlich stets, da seine Dimension endlich ist, in unzerlegbare invariante Unterräume zerlegt werden:

$$\mathfrak{R} = \mathfrak{J}' + \mathfrak{J}'' + \cdots + \mathfrak{J}^{(u)}. \tag{40}$$

Jeder als Summand auftretende Unterraum ist nach Satz 7 zyklisch und sein Minimalpolynom Potenz eines über $\mathbf{K}$ irreduziblen Polynoms.

7.5. Normalformen einer Matrix

Es sei $\mathfrak{J}_1$ ein m-dimensionaler invarianter Unterraum von $\mathfrak{R}$. Wir wählen in $\mathfrak{J}_1$ eine Basis $\boldsymbol{e}_1, \boldsymbol{e}_2, \ldots, \boldsymbol{e}_m$ und ergänzen sie zu einer Basis von $\mathfrak{R}$:

$$\boldsymbol{e}_1, \boldsymbol{e}_2, \ldots, \boldsymbol{e}_m, \boldsymbol{e}_{m+1}, \ldots, \boldsymbol{e}_n.$$

Uns interessiert nun die Gestalt der dem Operator $\boldsymbol{A}$ bei dieser Basis entsprechenden Matrix A. Wir erinnern den Leser daran, daß die Elemente der k-ten Spalte der Matrix A mit den Koordinaten des Vektors $\boldsymbol{A}\boldsymbol{e}_k$ übereinstimmen ($k = 1, 2, \ldots, n$). Ist $k \leqq m$, so liegt der Vektor $\boldsymbol{A}\boldsymbol{e}_k$ in $\mathfrak{J}_1$ (da $\mathfrak{J}_1$ bezüglich $\boldsymbol{A}$ invariant ist); folglich sind die letzten $n - m$ Koordinaten des Vektores $\boldsymbol{A}\boldsymbol{e}_k$ gleich 0. Die Matrix A hat daher die Gestalt

$$A = \left\| \begin{matrix} \overbrace{A_1}^{m} & \overbrace{A_3}^{n-m} \\ O & A_2 \end{matrix} \right\| \begin{matrix} \}\, m \\ \}\, n - m \end{matrix}; \tag{41}$$

A_1 und A_2 sind quadratische Matrizen m-ter bzw. $(n - m)$-ter Ordnung, A_3 dagegen ist eine rechteckige Matrix. Die Invarianz des Unterraumes $\mathfrak{J}_1$ findet ihren Ausdruck darin, daß der vierte „Block" eine Nullmatrix ist. Die Matrix A_1 entspricht dem Operator $\boldsymbol{A}$ in $\mathfrak{J}_1$ (bei der Basis $\boldsymbol{e}_1, \boldsymbol{e}_2, \ldots, \boldsymbol{e}_m$).

Wir nehmen nun an, $\boldsymbol{e}_{m+1}, \ldots, \boldsymbol{e}_n$ sei ebenfalls Basis eines gewissen invarianten Unterraums $\mathfrak{J}_2$, d. h., es sei $\mathfrak{R} = \mathfrak{J}_1 + \mathfrak{J}_2$, und die Basis des ganzen Raumes setze sich aus zwei Teilen zusammen, die die Basis von $\mathfrak{J}_1$ bzw. $\mathfrak{J}_2$ bilden. Dann ist offensichtlich in (41) auch A_3 eine Nullmatrix und damit A eine verallgemeinerte Diagonalmatrix der Gestalt

$$A = \left\| \begin{matrix} A_1 & O \\ O & A_2 \end{matrix} \right\| = \{A_1, A_2\}; \tag{42}$$

dabei sind A_1 und A_2 quadratische Matrizen m-ter bzw. $(n-m)$-ter Ordnung, die dem Operator $\boldsymbol{A}$ in den Unterräumen $\mathfrak{J}_1$ (mit der Basis $\boldsymbol{e}_1, \boldsymbol{e}_2, \ldots, \boldsymbol{e}_m$) und $\mathfrak{J}_2$ (mit der Basis $\boldsymbol{e}_{m+1}, \ldots, \boldsymbol{e}_n$) entsprechen. Man sieht sofort, daß auch umgekehrt einer verallgemeinerten Diagonalmatrix A stets eine Zerlegung des Raumes in invariante Unterräume entspricht (dabei setzt sich die Basis des ganzen Raumes aus zwei Teilen zusammen, die die Basis der Unterräume bilden).

Auf Grund des zweiten Zerlegungssatzes können wir den ganzen Vektorraum $\mathfrak{R}$ in zyklische Unterräume $\mathfrak{J}_1, \mathfrak{J}_2, \ldots, \mathfrak{J}_t$ zerlegen:

$$\mathfrak{R} = \mathfrak{J}_1 + \mathfrak{J}_2 + \cdots + \mathfrak{J}_t. \tag{43}$$

In der Folge $\psi_1(\lambda), \psi_2(\lambda), \ldots, \psi_t(\lambda)$ der Minimalpolynome dieser Unterräume ist jedes Polynom Teiler des vorhergehenden (allein hieraus folgt sofort, daß das erste Polynom Minimalpolynom des ganzen Raumes ist).

Es sei

$$\left.\begin{array}{l} \psi_1(\lambda) = \lambda^m + \alpha_1\lambda^{m-1} + \cdots + \alpha_m, \\ \psi_2(\lambda) = \lambda^p + \beta_1\lambda^{p-1} + \cdots + \beta_p, \\ \dotfill \\ \psi_t(\lambda) = \lambda^v + \varepsilon_1\lambda^{v-1} + \cdots + \varepsilon_v. \end{array}\right\} \quad (m \geqq p \geqq \cdots \geqq v). \tag{44}$$

Wir bezeichnen die erzeugenden Vektoren der Unterräume $\mathfrak{J}_1, \mathfrak{J}_2, \ldots, \mathfrak{J}_t$ mit $\boldsymbol{e}, \boldsymbol{g}, \ldots, \boldsymbol{l}$ und stellen die Basis des ganzen Raumes auf, indem wir sie aus den Teilen, die den einzelnen zyklischen Unterräumen als Basis dienen, zusammensetzen:

$$\boldsymbol{e}, \boldsymbol{Ae}, \ldots, \boldsymbol{A}^{m-1}\boldsymbol{e};\ \boldsymbol{g}, \boldsymbol{Ag}, \ldots, \boldsymbol{A}^{p-1}\boldsymbol{g};\ \ldots;\ \boldsymbol{l}, \boldsymbol{Al}, \ldots, \boldsymbol{A}^{v-1}\boldsymbol{l}. \tag{45}$$

Wir interessieren uns nun für die Gestalt der Matrix L_{I}, die dem Operator $\boldsymbol{A}$ bei dieser Basiswahl entspricht. Wie wir am Anfang dieses Abschnitts feststellten, muß L_{I} eine verallgemeinerte Diagonalmatrix sein:

$$L_{\mathrm{I}} = \begin{pmatrix} L_1 & O & \ldots & O \\ O & L_2 & \ldots & O \\ \ldots & \ldots & \ldots & \ldots \\ O & O & \ldots & L_t \end{pmatrix}. \tag{46}$$

Die Matrix L_1 entspricht dem Operator $\boldsymbol{A}$ in $\mathfrak{J}_1$, wenn man in $\mathfrak{J}_1$ die Basis $\boldsymbol{e}_1 = \boldsymbol{e}$, $\boldsymbol{e}_2 = \boldsymbol{Ae}, \ldots, \boldsymbol{e}_m = \boldsymbol{A}^{m-1}\boldsymbol{e}$ wählt. Erinnern wir uns an die Regel zur Aufstellung der Matrix bei gegebenem Operator und gegebener Basis (Kap. 3, S. 85), so finden wir

$$L_1 = \begin{Vmatrix} 0 & 0 & \ldots & 0 & -\alpha_m \\ 1 & 0 & \ldots & 0 & -\alpha_{m-1} \\ 0 & 1 & \cdot & \cdot & \cdot \\ \cdot & \cdot & \cdot & \cdot & \cdot \\ \cdot & \cdot & \cdot & \cdot & \cdot \\ \cdot & \cdot & \cdot & 0 & -\alpha_1 \\ 0 & 0 & \ldots & 1 & -\alpha_2 \end{Vmatrix}. \tag{47}$$

Analog ist

$$L_2 = \begin{Vmatrix} 0 & 0 & \dots & 0 & -\beta_p \\ 1 & 0 & \dots & 0 & -\beta_{p-1} \\ 0 & 1 & \cdot & \cdot & \cdot \\ \cdot & \cdot & \cdot & \cdot & \cdot \\ \cdot & \cdot & \cdot & \cdot & \cdot \\ \cdot & \cdot & \cdot & 0 & -\beta_2 \\ 0 & 0 & \dots & 1 & -\beta_1 \end{Vmatrix} \tag{48}$$

usw. Berechnet man die charakteristischen Polynome der Matrizen $L_1, L_2, \ldots, L_t$, so erhält man

$$|\lambda E - L_1| = \psi_1(\lambda), \quad |\lambda E - L_2| = \psi_2(\lambda), \ldots, |\lambda E - L_t| = \psi_t(\lambda)$$

(in einem zyklischen Unterraum stimmt das charakteristische Polynom eines Operators $\boldsymbol{A}$ mit dem Minimalpolynom des Unterraumes bezüglich dieses Operators überein).

Die Matrix L_{I} entspricht dem Operator $\boldsymbol{A}$ bei Wahl der „kanonischen" Basis (45). Entspricht eine Matrix A dem Operator $\boldsymbol{A}$ bei beliebiger Basiswahl, so ist die Matrix A der Matrix L_{I} ähnlich, d. h., es existiert eine reguläre Matrix T mit

$$A = T L_{\mathrm{I}} T^{-1}. \tag{49}$$

Die Matrix L_{I} nennen wir *erste Normalform*. Die erste Normalform wird folgendermaßen charakterisiert:

1. Sie besitzt die verallgemeinerte Diagonalgestalt (46).
2. Ihre Diagonalelemente weisen die spezielle Struktur (47), (48) usw. auf.
3. Sie genügt folgender Zusatzbedingung: Das charakteristische Polynom jedes Diagonalelements ist durch das charakteristische Polynom des folgenden ohne Rest teilbar.

Geht man nicht vom zweiten, sondern vom dritten Zerlegungssatz aus, so entspricht dem Operator $\boldsymbol{A}$ bei der so gewonnenen Basis die *zweite Normalform*, die folgendermaßen charakterisiert ist:

1. Sie besitzt die verallgemeinerte Diagonalgestalt

$$L_{\mathrm{II}} = \{L_1, L_2, \ldots, L_u\}.$$

2. Ihre Diagonalelemente weisen die spezielle Struktur (47), (48) usw. auf.
3. Sie genügt folgender Zusatzbedingung: Das charakteristische Polynom jedes Diagonalelements ist Potenz eines über dem Körper $\mathbf{K}$ irreduziblen Polynoms.

Im folgenden Abschnitt werden wir zeigen, daß in der Klasse ähnlicher Matrizen, die einem Operator (bei verschiedener Basiswahl) entsprechen, genau eine Matrix existiert, welche erste Normalform[1]), und genau eine[2]), die zweite Normalform be-

[1]) Das bedeutet nicht, daß nur eine kanonische Basis der Form (45) existiert, aber allen vorhandenen entspricht ein und dieselbe Matrix L_{I}.

[2]) ohne Berücksichtigung der Anordnung der Diagonalelemente

sitzt. Darüber hinaus geben wir einen Algorithmus an, die Polynome $\psi_1(\lambda), \psi_2(\lambda), \ldots, \psi_t(\lambda)$ aus den Elementen der Matrix A zu berechnen. Die Kenntnis dieser Polynome gibt uns die Möglichkeit, alle Elemente der Matrizen L_{I} und L_{II}, die der Matrix A ähnlich sind und erste bzw. zweite Normalform besitzen, anzugeben.

7.6. Invariantenteiler. Elementarteiler

1.[1]) Wir bezeichnen mit $D_p(\lambda)$ den größten gemeinsamen Teiler aller Minoren p-ter Ordnung der charakteristischen Matrix $A_\lambda = \lambda E - A$ $(p = 1, 2, \ldots, n)$.[2]) Da in der Folge $D_n(\lambda), D_{n-1}(\lambda), \ldots, D_1(\lambda)$ jedes Polynom ohne Rest durch das folgende teilbar ist, definieren die Formeln

$$i_1(\lambda) = \frac{D_n(\lambda)}{D_{n-1}(\lambda)}, \quad i_2(\lambda) = \frac{D_{n-1}(\lambda)}{D_{n-2}(\lambda)}, \ldots, i_n(\lambda) = \frac{D_1(\lambda)}{D_0(\lambda)} \quad \left(D_0(\lambda) \equiv 1\right) \tag{50}$$

n Polynome, deren Produkt gleich dem charakteristischen Polynom ist:

$$\Delta(\lambda) = |\lambda E - A| = D_n(\lambda) = i_1(\lambda)\, i_2(\lambda) \cdots i_n(\lambda). \tag{51}$$

Die Polynome $i_p(\lambda)$ $(p = 1, 2, \ldots, n)$ zerlegen wir in über dem Körper **K** irreduzible Faktoren:

$$i_p(\lambda) = [\varphi_1(\lambda)]^{\gamma_p} [\varphi_2(\lambda)]^{\delta_p} \cdots \quad (p = 1, 2, \ldots, n); \tag{52}$$

$\varphi_1(\lambda), \varphi_2(\lambda), \ldots$ sind dabei voneinander verschiedene über dem Körper **K** irreduzible Polynome.

Die Polynome $i_1(\lambda), i_2(\lambda), \ldots, i_n(\lambda)$ heißen *Invariantenteiler*, diejenigen unter den Potenzen $[\varphi_1(\lambda)]^{\gamma_p}, [\varphi_2(\lambda)]^{\delta_p}, \ldots$, die nicht konstant sind, heißen *Elementarteiler* der charakteristischen Matrix $A_\lambda = \lambda E - A$ oder einfach der Matrix A.

Das Produkt aller Elementarteiler ist, ebenso wie auch das Produkt aller Invariantenteiler einer Matrix, gleich dem charakteristischen Polynom $\Delta(\lambda) = |\lambda E - A|$.

Die Berechtigung für die Bezeichnung „Invariantenteiler" ergab sich daraus, daß zwei ähnliche Matrizen A und $\tilde{A}$,

$$\tilde{A} = T^{-1} A T, \tag{53}$$

stets dieselben Invariantenteiler besitzen:

$$i_p(\lambda) = \tilde{i}_p(\lambda) \quad (p = 1, 2, \ldots, n). \tag{54}$$

In der Tat folgt aus (53)

$$\tilde{A}_\lambda = \lambda E - \tilde{A} = T^{-1}(\lambda E - A)\, T = T^{-1} A_\lambda T. \tag{55}$$

Hieraus erhalten wir (vgl. 1.2.) eine Relation zwischen den Minoren der ähnlichen

[1]) Im Teil 1 dieses Abschnitts werden für eine charakteristische Matrix die grundlegenden Begriffe aus 6.3. wiederholt, die dort für beliebige Polynommatrizen eingeführt wurden.

[2]) Wir wählen den größten gemeinsamen Teiler stets so, daß der Koeffizient der höchsten Potenz gleich 1 ist.

Matrizen A_λ und $\tilde{A}_\lambda$:

$$\tilde{A}_\lambda\begin{pmatrix} i_1 & i_2 & \dots & i_p \\ k_1 & k_2 & \dots & k_p \end{pmatrix}$$

$$= \sum_{\substack{\alpha_1<\alpha_2<\cdots<\alpha_p \\ \beta_1<\beta_2<\cdots<\beta_p}} T^{-1}\begin{pmatrix} i_1 & i_2 & \dots & i_p \\ \alpha_1 & \alpha_2 & \dots & \alpha_p \end{pmatrix} A_\lambda \begin{pmatrix} \alpha_1 & \alpha_2 & \dots & \alpha_p \\ \beta_1 & \beta_2 & \dots & \beta_p \end{pmatrix} T \begin{pmatrix} \beta_1 & \beta_2 & \dots & \beta_p \\ k_1 & k_2 & \dots & k_p \end{pmatrix}$$

$$(p = 1, 2, \dots, n). \tag{56}$$

Diese Gleichung zeigt, daß jeder gemeinsame Teiler aller Minoren p-ter Ordnung der Matrix A_p gemeinsamer Teiler aller Minoren p-ter Ordnung der Matrix $\tilde{A}_\lambda$ ist und umgekehrt (da ja die Matrizen A und $\tilde{A}$ ihre Rollen tauschen können). Also ist $D_p(\lambda) = \tilde{D}_p(\lambda)$ $(p = 1, 2, \dots, n)$, und folglich gilt (54).

Da alle Matrizen, die einen gegebenen Operator $\boldsymbol{A}$ bei verschiedener Basiswahl darstellen, einander ähnlich sind, daher dieselben Invariantenteiler und folglich dieselben Elementarteiler besitzen, kann man von den Invariantenteilern und den Elementarteilern des Operators $\boldsymbol{A}$ sprechen.

2. Wir wählen jetzt als $\tilde{A}$ die Matrix L_{I}, die erste Normalform besitzt, und berechnen, ausgehend von der Form der Matrix $\tilde{A}_\lambda = \lambda E - \tilde{A}$, die Invariantenteiler der Matrix A (in (57) ist diese Matrix für den Fall $m = 5$, $p = 4$, $q = 4$ und $r = 3$ angegeben):

$$\left\|\begin{array}{ccccc|cccc|cccc|ccc}
\lambda & 0 & 0 & 0 & \alpha_5 & 0 & 0 & 0 & 0 & 0 & 0 & 0 & 0 & 0 & 0 & 0 \\
-1 & \lambda & 0 & 0 & \alpha_4 & 0 & 0 & 0 & 0 & 0 & 0 & 0 & 0 & 0 & 0 & 0 \\
0 & -1 & \lambda & 0 & \alpha_3 & 0 & 0 & 0 & 0 & 0 & 0 & 0 & 0 & 0 & 0 & 0 \\
0 & 0 & -1 & \lambda & \alpha_2 & 0 & 0 & 0 & 0 & 0 & 0 & 0 & 0 & 0 & 0 & 0 \\
0 & 0 & 0 & -1 & \alpha_1+\lambda & 0 & 0 & 0 & 0 & 0 & 0 & 0 & 0 & 0 & 0 & 0 \\
\hline
0 & 0 & 0 & 0 & 0 & \lambda & 0 & 0 & \beta_4 & 0 & 0 & 0 & 0 & 0 & 0 & 0 \\
0 & 0 & 0 & 0 & 0 & -1 & \lambda & 0 & \beta_3 & 0 & 0 & 0 & 0 & 0 & 0 & 0 \\
0 & 0 & 0 & 0 & 0 & 0 & -1 & \lambda & \beta_2 & 0 & 0 & 0 & 0 & 0 & 0 & 0 \\
0 & 0 & 0 & 0 & 0 & 0 & 0 & -1 & \beta_1+\lambda & 0 & 0 & 0 & 0 & 0 & 0 & 0 \\
\hline
0 & 0 & 0 & 0 & 0 & 0 & 0 & 0 & 0 & \lambda & 0 & 0 & \gamma_4 & 0 & 0 & 0 \\
0 & 0 & 0 & 0 & 0 & 0 & 0 & 0 & 0 & -1 & \lambda & 0 & \gamma_3 & 0 & 0 & 0 \\
0 & 0 & 0 & 0 & 0 & 0 & 0 & 0 & 0 & 0 & -1 & \lambda & \gamma_2 & 0 & 0 & 0 \\
0 & 0 & 0 & 0 & 0 & 0 & 0 & 0 & 0 & 0 & 0 & -1 & \gamma_1+\lambda & 0 & 0 & 0 \\
\hline
0 & 0 & 0 & 0 & 0 & 0 & 0 & 0 & 0 & 0 & 0 & 0 & 0 & \lambda & 0 & \varepsilon_3 \\
0 & 0 & 0 & 0 & 0 & 0 & 0 & 0 & 0 & 0 & 0 & 0 & 0 & -1 & \lambda & \varepsilon_2 \\
0 & 0 & 0 & 0 & 0 & 0 & 0 & 0 & 0 & 0 & 0 & 0 & 0 & 0 & -1 & \varepsilon_1+\lambda
\end{array}\right\| \tag{57}$$

Benutzt man den Laplaceschen Entwicklungssatz, so findet man

$$D_n(\lambda) = |\lambda E - \tilde{A}| = |\lambda E - L_1|\,|\lambda E - L_2| \cdots |\lambda E - L_t|$$
$$= \psi_1(\lambda)\,\psi_2(\lambda) \cdots \psi_t(\lambda). \tag{58}$$

Wir bestimmen nun $D_{n-1}(\lambda)$. Dazu betrachten wir den Minor des Elements α_m. Dieser Minor ist bis auf das Vorzeichen gleich

$$|\lambda E - L_2| \cdots |\lambda E - L_t| = \psi_2(\lambda) \cdots \psi_t(\lambda). \tag{59}$$

Wir werden zeigen, daß dieser Minor $(n - 1)$-ter Ordnung Teiler aller übrigen Minoren $(n - 1)$-ter Ordnung und folglich

$$D_{n-1}(\lambda) = \psi_2(\lambda) \cdots \psi_t(\lambda) \tag{60}$$

ist. Zum Beweis betrachten wir als erstes die Minoren der Elemente, die keinem der Diagonalkästchen angehören, und zeigen, daß diese Minoren gleich 0 sind. Um diese Minoren zu erhalten, muß man in der Matrix (57) eine Zeile und eine Spalte streichen. Den gestrichenen Reihen gehören in dem von uns betrachteten Fall Elemente zweier verschiedener Diagonalkästchen an, d. h., in diesen beiden Kästchen ist je eine Reihe gestrichen worden. Es sei beispielsweise im j-ten Kästchen, das die Ordnung s habe, eine Zeile gestrichen; dann betrachten wir den vertikalen Streifen des Minors, der dieses Kästchen enthält und aus s Spalten besteht. Die Zeilen dieses Streifens setzen sich bis auf $s - 1$ Zeilen aus lauter Nullen zusammen (mit s bezeichneten wir die Ordnung der Matrix L_j). Wir berechnen die betrachtete Determinante $(n - 1)$-ter Ordnung nach dem Satz von LAPLACE und entwickeln nach den Minoren s-ter Ordnung, die in dem erwähnten Streifen liegen. Es ergibt sich, daß die Determinante verschwindet.

Nun betrachten wir den Minor eines Elements, das einem der Diagonalkästchen angehört. In diesem Fall wird durch das Streichen der entsprechenden Zeile und Spalte nur eins der Diagonalkästchen „reduziert", beispielsweise das j-te Kästchen; die dadurch entstehende Matrix ist wiederum eine verallgemeinerte Diagonalmatrix, ihre Determinante ist daher gleich

$$\psi_1(\lambda) \cdots \psi_{j-1}(\lambda)\, \psi_{j+1}(\lambda) \cdots \psi_t(\lambda)\, \chi(\lambda), \tag{61}$$

wobei $\chi(\lambda)$ die Determinante des „reduzierten" j-ten Diagonalkästchens bezeichnet. Da $\psi_i(\lambda)$ ohne Rest durch $\psi_{i+1}(\lambda)$ teilbar ist $(i = 1, 2, \ldots, t - 1)$, ist das Produkt (61) ohne Rest durch das Produkt (59) teilbar. Analoge Überlegungen ergeben

$$\left.\begin{aligned} D_{n-2}(\lambda) &= \psi_3(\lambda) \cdots \psi_t(\lambda), \\ &\ldots\ldots\ldots\ldots \\ D_{n-t+1}(\lambda) &= \psi_t(\lambda), \\ D_{n-t}(\lambda) &= \cdots = D_1(\lambda) = 1. \end{aligned}\right\} \tag{62}$$

Aus (58), (60) und (62) folgt

$$\left.\begin{aligned} &\psi_1(\lambda) = \frac{D_n(\lambda)}{D_{n-1}(\lambda)} = i_1(\lambda), \quad \psi_2(\lambda) = \frac{D_{n-1}(\lambda)}{D_{n-2}(\lambda)} = i_2(\lambda), \ldots, \\ &\psi_t(\lambda) = \frac{D_{n-t+1}(\lambda)}{D_{n-t}(\lambda)} = i_t(\lambda), \quad i_{t+1}(\lambda) = \cdots = i_n(\lambda) = 1. \end{aligned}\right\} \tag{63}$$

Die Formeln (63) zeigen, daß die Polynome $\psi_1(\lambda)$, $\psi_2(\lambda)$, ..., $\psi_t(\lambda)$ mit den von 1 verschiedenen Invariantenteilern des Operators $\boldsymbol{A}$ (oder der entsprechenden Matrix A) übereinstimmen. Die von 1 verschiedenen $[\varphi_k(\lambda)]^{\gamma_k}$, $[\varphi_k(\lambda)]^{\delta_k}$, ... $(k = 1, 2, \ldots)$ in der Zerlegung (39) stimmen dann aber mit den Elementarteilern des Operators $\boldsymbol{A}$ (oder der entsprechenden Matrix A) überein. Folglich sind durch die Invariantenteiler oder, was gleichbedeutend ist, durch die Elementarteiler im Körper K die Elemente der Normalformen L_{I} und L_{II} eindeutig festgelegt.

Auf S. 212 stellten wir fest, daß zwei ähnliche Matrizen die gleichen Invariantenteiler besitzen. Es sei nun umgekehrt bekannt, daß zwei Matrizen A und B mit Elementen aus einem Körper K die gleichen Invariantenteiler besitzen. Da die Matrix L_{I} durch Vorgabe dieser Polynome eindeutig definiert ist, sind die beiden Matrizen A und B ein und derselben Matrix L_{I} und folglich auch einander ähnlich. Damit haben wir folgenden Satz erhalten:

Satz 9. *Zwei Matrizen mit Elementen aus* K *sind dann und nur dann ähnlich, wenn sie die gleichen Invariantenteiler*[1]) *besitzen.*

Das charakteristische Polynom $\Delta(\lambda)$ des Operators $\boldsymbol{A}$ stimmt mit $D_n(\lambda)$ überein und ist daher gleich dem Produkt aller Invariantenteiler:

$$\Delta(\lambda) = \psi_1(\lambda)\,\psi_2(\lambda) \cdots \psi_t(\lambda). \tag{64}$$

Nun ist aber $\psi_1(\lambda)$ das Minimalpolynom des ganzen Raumes bezüglich $\boldsymbol{A}$; also ist $\psi_1(\boldsymbol{A}) = \boldsymbol{O}$, und aus (64) folgt

$$\Delta(\boldsymbol{A}) = \boldsymbol{O}. \tag{65}$$

Damit ist erneut der Satz von Cayley-Hamilton bewiesen (vgl. 4.3.).

7.7. Die Jordansche Normalform einer Matrix

Der zugrunde gelegte Körper K enthalte alle Wurzeln der charakteristischen Gleichung eines vorgegebenen Operators $\boldsymbol{A}$. Das ist stets dann der Fall, wenn K der Körper der komplexen Zahlen ist.

In dem von uns betrachteten Fall hat die Zerlegung der Invariantenteiler in Elementarteiler über dem Körper K folgendes Aussehen:

$$\left.\begin{array}{l} i_1(\lambda) = (\lambda - \lambda_1)^{c_1}\,(\lambda - \lambda_2)^{c_2} \cdots (\lambda - \lambda_s)^{c_s}, \\ i_2(\lambda) = (\lambda - \lambda_1)^{d_1}\,(\lambda - \lambda_2)^{d_2} \cdots (\lambda - \lambda_s)^{d_s}, \\ \cdots\cdots\cdots\cdots\cdots\cdots\cdots\cdots \\ i_t(\lambda) = (\lambda - \lambda_1)^{l_1}\,(\lambda - \lambda_2)^{l_2} \cdots (\lambda - \lambda_s)^{l_s} \end{array}\right\} \tag{66}$$

$$(c_k \geqq d_k \geqq \cdots \geqq l_k \geqq 0,\ c_k > 0;\ k = 1, 2, \ldots, s).$$

Da das Produkt aller Invariantenteiler gleich dem charakteristischen Polynom $\Delta(\lambda)$ ist, sind die in (66) angegebenen Zahlen λ_1, λ_2, ..., λ_s die verschiedenen Wurzeln der charakteristischen Gleichung $\Delta(\lambda) = 0$.

---

[1]) oder (was äquivalent ist) dieselben Elementarteiler im Körper K

Wir betrachten nun einen beliebigen dieser Elementarteiler:

$$(\lambda - \lambda_0)^p; \tag{67}$$

dabei ist λ_0 eine der Zahlen $\lambda_1, \lambda_2, \ldots, \lambda_s$, während p einer der (von 0 verschiedenen) Exponenten $c_k, d_k, \ldots, l_k$ ist $(k = 1, 2, \ldots, s)$. Diesem Elementarteiler entspricht in der Zerlegung (40) ein bestimmter Unterraum $\mathfrak{J}$, dessen erzeugenden Vektor wir mit $\boldsymbol{e}$ bezeichnen; $(\lambda - \lambda_0)^p$ ist das Minimalpolynom des Vektors $\boldsymbol{e}$.

Wir betrachten nun die Vektoren

$$\boldsymbol{e}_1 = (\boldsymbol{A} - \lambda_0 \boldsymbol{E})^{p-1} \boldsymbol{e}, \quad \boldsymbol{e}_2 = (\boldsymbol{A} - \lambda_0 \boldsymbol{E})^{p-2} \boldsymbol{e}, \ldots, \boldsymbol{e}_p = \boldsymbol{e}. \tag{68}$$

Die Vektoren $\boldsymbol{e}_1, \boldsymbol{e}_2, \ldots, \boldsymbol{e}_p$ sind linear unabhängig, da es anderenfalls ein annullierendes Polynom des Vektors $\boldsymbol{e}$ mit einem Grad kleiner als p gäbe, was unmöglich ist. Wir bemerken, daß

$$(\boldsymbol{A} - \lambda_0 \boldsymbol{E})\, \boldsymbol{e}_1 = \boldsymbol{o}, \quad (\boldsymbol{A} - \lambda_0 \boldsymbol{E})\, \boldsymbol{e}_2 = \boldsymbol{e}_1, \ldots, (\boldsymbol{A} - \lambda_0 \boldsymbol{E})\, \boldsymbol{e}_p = \boldsymbol{e}_{p-1} \tag{69}$$

oder

$$\boldsymbol{A}\boldsymbol{e}_1 = \lambda_0 \boldsymbol{e}_1, \quad \boldsymbol{A}\boldsymbol{e}_2 = \lambda_0 \boldsymbol{e}_2 + \boldsymbol{e}_1, \ldots, \boldsymbol{A}\boldsymbol{e}_p = \lambda_0 \boldsymbol{e}_p + \boldsymbol{e}_{p-1} \tag{70}$$

ist.

Ausgehend von Gleichung (70) ist es nicht schwer, die Matrix anzugeben, die dem Operator $\boldsymbol{A}$ in $\mathfrak{J}$ bei der Basis (68) entspricht. Diese Matrix hat folgende Gestalt:

$$\begin{Vmatrix} \lambda_0 & 1 & 0 & \ldots & 0 \\ 0 & \lambda_0 & 1 & \ldots & 0 \\ \cdot & \cdot & \cdot & \cdot & \cdot \\ \cdot & \cdot & \cdot & \cdot & \cdot \\ \cdot & \cdot & \cdot & \cdot & 1 \\ 0 & 0 & 0 & \ldots & \lambda_0 \end{Vmatrix} = \lambda_0 E^{(p)} + H^{(p)}; \tag{71}$$

$E^{(p)}$ ist die Einheitsmatrix p-ter Ordnung, $H^{(p)}$ eine Matrix p-ter Ordnung, in der die Elemente der ersten oberen Diagonale gleich 1, alle übrigen gleich 0 sind.

Die linear unabhängigen Vektoren $\boldsymbol{e}_1, \boldsymbol{e}_2, \ldots, \boldsymbol{e}_p$, die den Gleichungen (70) genügen, bilden eine sogenannte *Jordansche Kette von Vektoren* in $\mathfrak{J}$. Die Jordanschen Ketten der Unterräume $\mathfrak{J}', \mathfrak{J}'', \ldots, \mathfrak{J}^{(u)}$ bilden zusammen eine Jordansche Basis des Vektorraumes $\mathfrak{R}$. Bezeichnen wir die Minimalpolynome der Unterräume, d. h. die Elementarteiler des Operators $\boldsymbol{A}$, jetzt mit

$$(\lambda - \lambda_1)^{p_1}, (\lambda - \lambda_2)^{p_2}, \ldots, (\lambda - \lambda_u)^{p_u} \tag{72}$$

(die Zahlen $\lambda_1, \lambda_2, \ldots, \lambda_u$ müssen nicht notwendig verschieden sein), dann ist die Matrix J, die dem Operator $\boldsymbol{A}$ bei der Wahl der Jordanschen Basis in $\mathfrak{R}$ entspricht, eine verallgemeinerte Diagonalmatrix:

$$J = \{\lambda_1 E^{(p_1)} + H^{(p_1)}, \lambda_2 E^{(p_2)} + H^{(p_2)}, \ldots, \lambda_u E^{(p_u)} + H^{(p_u)}\}. \tag{73}$$

Man sagt, die Matrix J besitze *Jordansche Normalform* oder einfach *Jordansche Form*. Die Matrix J kann sofort angegeben werden, wenn die Elementarteiler des

Operators $\boldsymbol{A}$ über einem Körper K, der alle Wurzeln der charakteristischen Gleichung $\Delta(\lambda) = 0$ enthält, bekannt sind.

Eine beliebige Matrix A ist stets einer Jordanschen Normalform J ähnlich, d. h., zu einer beliebigen Matrix A existiert stets eine reguläre Matrix T ($|T| \neq 0$) mit

$$A = TJT^{-1}. \tag{74}$$

Sind alle Elementarteiler eines Operators $\boldsymbol{A}$ linear, so ist die Jordansche Normalform eine Diagonalmatrix (und umgekehrt); in diesem Fall ist

$$A = T\{\lambda_1, \lambda_2, \ldots, \lambda_n\}\, T^{-1}. \tag{75}$$

Somit gilt:

Ein linearer Operator $\boldsymbol{A}$ ist dann und nur dann ein Operator einfacher Struktur (vgl. 3.8.), *wenn alle seine Elementarteiler linear sind.*

Wenn man die durch die Gleichungen (70) definierten Vektoren $\boldsymbol{e}_1, \boldsymbol{e}_2, \ldots, \boldsymbol{e}_p$ umnumeriert,

$$\boldsymbol{g}_1 = \boldsymbol{e}_p = \boldsymbol{e}, \quad \boldsymbol{g}_2 = \boldsymbol{e}_{p-1} = (\boldsymbol{A} - \lambda_0\boldsymbol{E})\,\boldsymbol{e}, \ldots, \boldsymbol{g}_p = \boldsymbol{e}_1 = (\boldsymbol{A} - \lambda_0\boldsymbol{E})^{p-1}\,\boldsymbol{e}, \tag{76}$$

so ist

$$(\boldsymbol{A} - \lambda_0\boldsymbol{E})\,\boldsymbol{g}_1 = \boldsymbol{g}_2, \quad (\boldsymbol{A} - \lambda_0\boldsymbol{E})\,\boldsymbol{g}_2 = \boldsymbol{g}_3, \ldots, (\boldsymbol{A} - \lambda_0\boldsymbol{E})\,\boldsymbol{g}_p = \boldsymbol{o} \tag{77}$$

und damit

$$\boldsymbol{A}\boldsymbol{g}_1 = \lambda_0\boldsymbol{g}_1 + \boldsymbol{g}_2, \quad \boldsymbol{A}\boldsymbol{g}_2 = \lambda_0\boldsymbol{g}_2 + \boldsymbol{g}_3, \ldots, \boldsymbol{A}\boldsymbol{g}_p = \lambda_0\boldsymbol{g}_p. \tag{78}$$

Die Vektoren (76) bilden die Basis des zyklischen Unterraums $\mathfrak{J}$, dem der Elementarteiler $(\lambda - \lambda_0)^p$ entspricht. Bei dieser Basiswahl wird der Operator $\boldsymbol{A}$ in $\mathfrak{J}$, wie man leicht sieht, durch folgende Matrix dargestellt:

$$\left\|\begin{matrix} \lambda_0 & 0 & 0 & \ldots & 0 \\ 1 & \lambda_0 & 0 & \ldots & 0 \\ 0 & 1 & \lambda_0 & & \cdot \\ \cdot & \cdot & \cdot & \cdot & \cdot \\ \cdot & \cdot & \cdot & \cdot & \cdot \\ \cdot & \cdot & & \cdot \; \cdot & \cdot \\ 0 & 0 & \ldots & 1 & \lambda_0 \end{matrix}\right\| = \lambda_0 E^{(p)} + F^{(p)}; \tag{79}$$

$E^{(p)}$ ist die Einheitsmatrix p-ter Ordnung, $F^{(p)}$ eine Matrix p-ter Ordnung, in der die Elemente der ersten unteren Diagonale gleich 1, alle übrigen gleich 0 sind.

Von den Vektoren (76) sagt man, daß sie eine *untere Jordansche Kette von Vektoren* bilden. Wählen wir in jedem Unterraum $\mathfrak{J}', \mathfrak{J}'', \ldots, \mathfrak{J}^{(u)}$ der Zerlegung (40) eine untere Jordansche Kette von Vektoren und bilden aus diesen Ketten eine „untere" Jordansche Basis, so entspricht dem Operator $\boldsymbol{A}$ die verallgemeinerte Diagonalmatrix

$$J_1 = \{\lambda_1 E^{(p_1)} + F^{(p_1)}, \lambda_2 E^{(p_2)} + F^{(p_2)}, \ldots, \lambda_u E^{(p_u)} + F^{(p_u)}\}. \tag{80}$$

Von der Matrix J_1 sagt man, sie besitze *untere Jordansche Form.* Die Matrix (73) wird im Gegensatz dazu manchmal *obere Jordansche Matrix* genannt.

Zusammenfassend haben wir erhalten:

Eine beliebige Matrix A ist stets sowohl einer oberen als auch einer unteren Jordanschen Matrix ähnlich.

7.8. Die Methode von A. N. Krylov zur Transformation der Säkulargleichung

1. Ist eine Matrix $A = \|a_{ik}\|_1^n$ vorgegeben, so kann man ihre charakteristische Gleichung (Säkulargleichung) in folgender Form schreiben:

$$\Delta(\lambda) \equiv (-1)^n \begin{vmatrix} a_{11}-\lambda & a_{12} & \dots & a_{1n} \\ a_{21} & a_{22}-\lambda & \dots & a_{2n} \\ \dots & \dots & \dots & \dots \\ a_{n1} & a_{n2} & \dots & a_{nn}-\lambda \end{vmatrix} = 0. \tag{81}$$

Auf der linken Seite dieser Gleichung steht das charakteristische Polynom n-ten Grades $\Delta(\lambda)$. Zur Bestimmung seiner Koeffizienten muß man die charakteristische Determinante $|A - \lambda E|$ ausrechnen; das ist bei großem n mit oft recht umfangreichen Rechnungen verbunden, da λ in die Diagonalelemente der Determinante eingeht.[1])

Im Jahre 1937 gab A. N. KRYLOV eine Transformation der charakteristischen Determinante an (vgl. [103]), durch die erreicht wird, daß λ nur noch in den Elementen einer einzigen Spalte (oder Zeile) auftritt. Die Krylovsche Transformation vereinfacht die Berechnung der Koeffizienten einer charakteristischen Gleichung außerordentlich.[2])

Die Darstellung der Transformation der charakteristischen Gleichung in diesem Abschnitt ist rein algebraisch, unterscheidet sich jedoch von der Darstellung bei KRYLOV nicht wesentlich.[3])

Für unsere Betrachtungen sei ein n-dimensionaler Vektorraum $\mathfrak{R}$ mit einer Basis $\boldsymbol{e}_1, \boldsymbol{e}_2, \dots, \boldsymbol{e}_n$ vorgegeben, ferner ein linearer Operator $\boldsymbol{A}$ in $\mathfrak{R}$, der durch die Matrix $A = \|a_{ik}\|_1^n$ definiert wird. Wir wählen in $\mathfrak{R}$ einen beliebigen Vektor $\boldsymbol{x} \neq \boldsymbol{o}$ und betrachten die Folge der Vektoren

$$\boldsymbol{x}, \boldsymbol{A}\boldsymbol{x}, \boldsymbol{A}^2\boldsymbol{x}, \dots \tag{82}$$

---

[1]) Wir erinnern daran, daß der Koeffizient von λ^k in $\Delta(\lambda)$ bis auf das Vorzeichen mit der Summe aller Hauptminoren $(n-k)$-ter Ordnung der Matrix A übereinstimmt $(k = 1, 2, \dots, n)$. Schon für $n = 6$ müssen beispielsweise zur Bestimmung des Koeffizienten von λ in $\Delta(\lambda)$ sechs Determinanten fünfter Ordnung, zur Bestimmung des Koeffizienten von λ^2 fünfzehn Determinanten vierter Ordnung berechnet werden.

[2]) Der algebraischen Untersuchung der Methode von A. N. KRYLOV zur Transformation der charakteristischen Gleichung sind eine Reihe von Untersuchungen gewidmet: [109a, b], [133], [81b], [132].

[3]) A. N. KRYLOV stellte seine Gleichungstransformation ausgehend von der Betrachtung eines Systems von n linearen Differentialgleichungen mit konstanten Koeffizienten auf. Die algebraische Form der Krylovschen Methode kann man beispielsweise in [109a], [81b], aber auch in dem Buch [33], § 42, finden.

Die ersten p Vektoren $\boldsymbol{x}, \boldsymbol{A}\boldsymbol{x}, \ldots, \boldsymbol{A}^{p-1}\boldsymbol{x}$ dieser Folge seien linear unabhängig, der $(p+1)$-te Vektor $\boldsymbol{A}^p\boldsymbol{x}$ dagegen eine Linearkombination dieser p Vektoren:

$$\boldsymbol{A}^p\boldsymbol{x} = -\alpha_p\boldsymbol{x} - \alpha_{p-1}\boldsymbol{A}\boldsymbol{x} - \cdots - \alpha_1\boldsymbol{A}^{p-1}\boldsymbol{x} \tag{83}$$

oder

$$\varphi(\boldsymbol{A})\,\boldsymbol{x} = \boldsymbol{o}, \tag{84}$$

wobei

$$\varphi(\lambda) = \lambda^p + \alpha_1\lambda^{p-1} + \cdots + \alpha_p \tag{85}$$

ist. Alle weiteren Vektoren der Folge (82) können ebenfalls linear durch die ersten p Vektoren dieser Folge ausgedrückt werden.[1] Die Folge (82) besitzt also p linear unabhängige Vektoren, und diese maximale Anzahl linear unabhängiger Vektoren kann stets durch die ersten p Vektoren realisiert werden.

Das Polynom $\varphi(\lambda)$ ist Minimalpolynom (annullierendes Polynom) des Vektors $\boldsymbol{x}$ bezüglich des Operators $\boldsymbol{A}$ (vgl. 7.1.). Die Krylovsche Methode besteht in der effektiven Berechnung des Minimalpolynoms $\varphi(\lambda)$ des Vektors $\boldsymbol{x}$.

Wir untersuchen die beiden Fälle, den *regulären Fall* mit $p = n$ und den *Ausnahmefall* $p < n$, einzeln.

Das Polynom $\varphi(\lambda)$ ist Teiler des Minimalpolynoms $\psi(\lambda)$ des ganzen Vektorraums $\mathfrak{R}$,[2] und $\psi(\lambda)$ ist seinerseits Teiler des charakteristischen Polynoms $\Delta(\lambda)$. Also ist $\varphi(\lambda)$ stets Teiler von $\Delta(\lambda)$.

Im regulären Fall ($p = n$) besitzen $\varphi(\lambda)$ und $\Delta(\lambda)$ denselben Grad, nämlich n, und da die Koeffizienten ihrer höchsten Potenz gleich 1 sind, stimmen diese Polynome überein. Also ist im regulären Fall

$$\Delta(\lambda) \equiv \psi(\lambda) \equiv \varphi(\lambda),$$

d. h., *im regulären Fall ermöglicht die Krylovsche Methode die Berechnung der Koeffizienten des charakteristischen Polynoms* $\Delta(\lambda)$.

Im Ausnahmefall ($p < n$) gibt uns, wie wir weiter unten sehen werden, die Krylovsche Methode nicht die Möglichkeit, $\Delta(\lambda)$ zu bestimmen; wir erhalten in diesem Fall nur ein Polynom $\varphi(\lambda)$, das Teiler des Minimalpolynoms $\Delta(\lambda)$ ist.

Zur Beschreibung der Krylovschen Methode bezeichnen wir die Koordinaten des Vektors $\boldsymbol{x}$ bezüglich der vorgegebenen Basis $\boldsymbol{e}_1, \boldsymbol{e}_2, \ldots, \boldsymbol{e}_n$ mit $a, b, \ldots, l$, die Koordinaten des Vektors $\boldsymbol{A}^k\boldsymbol{x}$ mit $a_k, b_k, \ldots, l_k$ ($k = 1, 2, \ldots, n$).

2. Der reguläre Fall $p = n$. In diesem Fall sind $\boldsymbol{x}, \boldsymbol{A}\boldsymbol{x}, \ldots, \boldsymbol{A}^{n-1}\boldsymbol{x}$ linear unabhängig, und die Gleichungen (83), (84) und (85) erhalten die Form

$$\boldsymbol{A}^n\boldsymbol{x} = -\alpha_n\boldsymbol{x} - \alpha_{n-1}\boldsymbol{A}\boldsymbol{x} - \cdots - \alpha_1\boldsymbol{A}^{n-1}\boldsymbol{x} \tag{86}$$

---

[1] Wenden wir den Operator $\boldsymbol{A}$ auf beide Seiten der Gleichung (83) an, so wird $\boldsymbol{A}^{p+1}\boldsymbol{x}$ als Linearkombination der Vektoren $\boldsymbol{A}\boldsymbol{x}, \ldots, \boldsymbol{A}^{p-1}\boldsymbol{x}, \boldsymbol{A}^p\boldsymbol{x}$ dargestellt. $\boldsymbol{A}^p\boldsymbol{x}$ ist aber laut (83) Linearkombination der Vektoren $\boldsymbol{x}, \boldsymbol{A}\boldsymbol{x}, \ldots, \boldsymbol{A}^{p-1}\boldsymbol{x}$, d. h., auch für $\boldsymbol{A}^{p+1}\boldsymbol{x}$ gibt es einen entsprechenden Ausdruck. Wenden wir darauf abermals den Operator $\boldsymbol{A}$ an, so läßt sich $\boldsymbol{A}^{p+2}\boldsymbol{x}$ linear durch $\boldsymbol{x}, \boldsymbol{A}\boldsymbol{x}, \ldots, \boldsymbol{A}^{p+1}\boldsymbol{x}$ ausdrücken usw.

[2] $\psi(\lambda)$ ist das Minimalpolynom der Matrix A.

oder

$$\Delta(\boldsymbol{A})\,\boldsymbol{x} = \boldsymbol{o}, \tag{87}$$

wobei

$$\Delta(\lambda) = \lambda^n + \alpha_1\lambda^{n-1} + \cdots + \alpha_{n-1}\lambda + \alpha_n \tag{88}$$

ist.

Daß die Vektoren $\boldsymbol{x}$, $\boldsymbol{A}\boldsymbol{x}$, ..., $\boldsymbol{A}^{n-1}\boldsymbol{x}$ linear unabhängig sind, läßt sich analytisch folgendermaßen ausdrücken (vgl. 3.1.):

$$M = \begin{vmatrix} a & b & \dots & l \\ a_1 & b_1 & \dots & l_1 \\ \dots & \dots & \dots & \dots \\ a_{n-1} & b_{n-1} & \dots & l_{n-1} \end{vmatrix} \neq 0. \tag{89}$$

Wir betrachten die Matrix

$$\begin{Vmatrix} a & b & \dots & l \\ a_1 & b_1 & \dots & l_1 \\ \dots & \dots & \dots & \dots \\ a_{n-1} & b_{n-1} & \dots & l_{n-1} \\ a_n & b_n & \dots & l_n \end{Vmatrix}, \tag{90}$$

die sich aus den Koordinaten der Vektoren $\boldsymbol{x}$, $\boldsymbol{A}\boldsymbol{x}$, ..., $\boldsymbol{A}^n\boldsymbol{x}$ zusammensetzt.

Im regulären Fall ist (90) eine Matrix vom Rang n. Die ersten n Zeilen dieser Matrix sind linear unabhängig, die $(n+1)$-te Zeile ist Linearkombination der n vorhergehenden.

Die Abhängigkeit zwischen den Zeilen der Matrix (90) erhalten wir, indem wir die Vektorgleichung (86) durch ein ihr äquivalentes System von n skalaren Gleichungen ersetzen:

$$\left.\begin{aligned} -\alpha_n a - \alpha_{n-1}a_1 - \cdots - \alpha_1 a_{n-1} &= a_n, \\ -\alpha_n b - \alpha_{n-1}b_1 - \cdots - \alpha_1 b_{n-1} &= b_n, \\ \dots\dots\dots\dots\dots\dots\dots\dots \\ -\alpha_n l - \alpha_{n-1}l_1 - \cdots - \alpha_1 l_{n-1} &= l_n. \end{aligned}\right\} \tag{91}$$

Aus diesem linearen Gleichungssystem lassen sich die gesuchten Koeffizienten $\alpha_1, \alpha_2, \ldots, \alpha_n$ eindeutig bestimmen;[1]) die erhaltenen Werte setzen wir in (88) ein. Die Elimination der $\alpha_1, \alpha_2, \ldots, \alpha_n$ in (88) und (91) kann in homogener Form durchgeführt werden. Dazu formen wir (88) und (91) um:

$$\left.\begin{aligned} a\alpha_n + a_1\alpha_{n-1} + \cdots + a_{n-1}\alpha_1 + a_n\alpha_0 &= 0, \\ b\alpha_n + b_1\alpha_{n-1} + \cdots + b_{n-1}\alpha_1 + b_n\alpha_0 &= 0, \\ \dots\dots\dots\dots\dots\dots\dots\dots\dots\dots \\ l\alpha_n + l_1\alpha_{n-1} + \cdots + l_{n-1}\alpha_1 + l_n\alpha_0 &= 0, \\ 1\alpha_n + \lambda\alpha_{n-1} + \cdots + \lambda^{n-1}\alpha_1 + [\lambda^n - \Delta(\lambda)]\,\alpha_0 &= 0 \end{aligned}\right\} (\alpha_0 = 1).$$

[1]) Nach (89) ist die Determinante dieses Systems von 0 verschieden.

Da dieses System von $n + 1$ Gleichungen mit $n + 1$ Unbekannten $\alpha_0, \alpha_2, \ldots, \alpha_n$ eine nichttriviale Lösung besitzt ($\alpha_0 = 1$!), muß seine Determinante verschwinden:

$$\begin{vmatrix} a & a_1 & \ldots & a_{n-1} & a_n \\ b & b_1 & \ldots & b_{n-1} & b_n \\ \cdots & \cdots & \cdots & \cdots & \cdots \\ l & l_1 & \ldots & l_{n-1} & l_n \\ 1 & \lambda & \ldots & \lambda^{n-1} & \lambda^n - \Delta(\lambda) \end{vmatrix} = 0. \tag{92}$$

Wir gehen nun zur Transponierten der Koeffizientenmatrix dieses Gleichungssystems über und bestimmen $\Delta(\lambda)$ durch

$$M\Delta(\lambda) = \begin{vmatrix} a & b & \ldots & l & 1 \\ a_1 & b_1 & \ldots & l_1 & \lambda \\ \cdots & \cdots & \cdots & \cdots & \cdots \\ a_{n-1} & b_{n-1} & \ldots & l_{n-1} & \lambda^{n-1} \\ a_n & b_n & \ldots & l_n & \lambda^n \end{vmatrix}, \tag{93}$$

dabei ist der konstante, von 0 verschiedene Faktor M durch (89) gegeben.

Die Identität (93) stellt das Ergebnis der Krylovschen Transformation dar. In der auf der rechten Seite dieser Identität stehenden Krylovschen Determinante tritt λ nur in den Elementen der letzten Spalte auf; alle übrigen Elemente sind von λ unabhängig.

Bemerkung. Im regulären Fall ist der ganze Vektorraum $\mathfrak{R}$ (bezüglich des Operators $\boldsymbol{A}$) zyklisch. Wählt man als Basis dieses Raumes die Vektoren $\boldsymbol{x}, \boldsymbol{A}\boldsymbol{x}, \ldots, \boldsymbol{A}^{n-1}\boldsymbol{x}$, so besitzt die dem Operator $\boldsymbol{A}$ bei dieser Basiswahl entsprechende Matrix $\tilde{A}$ Normalform:

$$\tilde{A} = \begin{Vmatrix} 0 & 0 & \ldots & 0 & -\alpha_n \\ 1 & 0 & \ldots & 0 & -\alpha_{n-1} \\ \vdots & \ddots & & & \vdots \\ \vdots & & \ddots & 0 & -\alpha_2 \\ 0 & \ldots & & 1 & -\alpha_1 \end{Vmatrix}. \tag{94}$$

Der Übergang von der ursprünglichen Basis $\boldsymbol{e}_1, \boldsymbol{e}_2, \ldots, \boldsymbol{e}_n$ zur Basis $\boldsymbol{x}, \boldsymbol{A}\boldsymbol{x}, \ldots, \boldsymbol{A}^{n-1}\boldsymbol{x}$ erfolgt mit Hilfe der regulären Transformationsmatrix

$$T = \begin{Vmatrix} a & a_1 & \ldots & a_{n-1} \\ b & b_1 & \ldots & b_{n-1} \\ \cdots & \cdots & \cdots & \cdots \\ l & l_1 & \ldots & l_{n-1} \end{Vmatrix}. \tag{95}$$

Dabei ist

$$A = T\tilde{A}T^{-1}. \tag{96}$$

3. Der Ausnahmefall $p < n$. In diesem Fall sind $\boldsymbol{x}, \boldsymbol{A}\boldsymbol{x}, \ldots, \boldsymbol{A}^{n-1}\boldsymbol{x}$ linear abhängig, und daher ist

$$M = \begin{Vmatrix} a & b & \ldots & l \\ a_1 & b_1 & \ldots & l_1 \\ \cdots & \cdots & \cdots & \cdots \\ a_{n-1} & b_{n-1} & \ldots & l_{n-1} \end{Vmatrix} = 0.$$

Gleichung (93) wurde unter der Bedingung $M \neq 0$ erschlossen. Da beide Seiten dieser Gleichung ganze rationale Funktionen in λ und den Parametern $a, b, \ldots, l$ sind,[1]) folgt „aus Stetigkeitsgründen", daß (93) auch im Fall $M = 0$ gilt. Berechnet man aber die Krylovsche Determinante, so verschwinden alle Koeffizienten der λ-Potenzen, d. h., im Ausnahmefall ($p < n$) geht (93) in die triviale Identität $0 = 0$ über.

Wir betrachten die Matrix

$$\begin{Vmatrix} a & b & \ldots & l \\ a_1 & b_1 & \ldots & l_1 \\ \cdots & \cdots & \cdots & \cdots \\ a_{p-1} & b_{p-1} & \ldots & l_{p-1} \\ a_p & b_p & \ldots & l_p \end{Vmatrix}, \tag{97}$$

die sich aus den Koordinaten der Vektoren $\boldsymbol{x}, \boldsymbol{A}\boldsymbol{x}, \ldots, \boldsymbol{A}^p\boldsymbol{x}$ zusammensetzt. Diese Matrix besitzt den Rang p, und ihre ersten p Zeilen sind linear unabhängig; die $(p+1)$-te Zeile ist Linearkombination der ersten p Zeilen, die entsprechenden Koeffizienten sind $-\alpha_p, -\alpha_{p-1}, \ldots, -\alpha_1$ (vgl. (83)). Unter den n Koordinaten $a, b, \ldots, l$ lassen sich p Koordinaten $c, f, \ldots, h$ derart auswählen, daß folgende Determinante, die sich aus den entsprechenden Koordinaten der Vektoren $\boldsymbol{x}, \boldsymbol{A}\boldsymbol{x}, \ldots, \boldsymbol{A}^{p-1}\boldsymbol{x}$ zusammensetzt, von 0 verschieden ist:

$$M^* = \begin{vmatrix} c & f & \ldots & h \\ c_1 & f_1 & \ldots & h_1 \\ \cdots & \cdots & \cdots & \cdots \\ c_{p-1} & f_{p-1} & \ldots & h_{p-1} \end{vmatrix}. \tag{98}$$

Ferner folgt aus (83)

$$\left.\begin{aligned} -\alpha_p c - \alpha_{p-1} c_1 - \cdots - \alpha_1 c_{p-1} &= c_p, \\ -\alpha_p f - \alpha_{p-1} f_1 - \cdots - \alpha_1 f_{p-1} &= f_p, \\ \cdots\cdots\cdots\cdots\cdots\cdots\cdots\cdots \\ -\alpha_p h - \alpha_{p-1} h_1 - \cdots - \alpha_1 h_{p-1} &= h_p. \end{aligned}\right\} \tag{99}$$

Aus diesem Gleichungssystem lassen sich jedoch die Koeffizienten $\alpha_1, \alpha_2, \ldots, \alpha_p$ des Polynoms $\varphi(\lambda)$ (d. h. des Minimalpolynoms des Vektors $\boldsymbol{x}$) eindeutig bestimmen.

---

[1]) Es ist ja $a_i = a_{11}^{(i)} a + a_{12}^{(i)} b + \cdots + a_{1n}^{(i)} l$, $b_i = a_{21}^{(i)} a + a_{22}^{(i)} b + \cdots + a_{2n}^{(i)} l$ usw. $(i = 1, 2, \ldots, n)$, wobei $a_{jk}^{(i)}$ $(j, k = 1, 2, \ldots, n)$ die Elemente der Matrix $\boldsymbol{A}^i$ $(i = 1, \ldots, n)$ sind.

Dem regulären Fall völlig analog (es ist lediglich p an Stelle von n zu setzen, und statt der Buchstaben $a, b, \ldots, l$ treten die Buchstaben $c, f, \ldots, h$ auf) lassen sich $\alpha_1, \alpha_2, \ldots, \alpha_p$ aus (85) und (99) eliminieren, und wir erhalten für $\varphi(\lambda)$ die Formel

$$M^*\varphi(\lambda) = \begin{vmatrix} c & f & \ldots & h & 1 \\ c_1 & f_1 & \ldots & h_1 & \lambda \\ \cdots & \cdots & \cdots & \cdots & \cdots \\ c_{p-1} & f_{p-1} & \ldots & h_{p-1} & \lambda^{p-1} \\ c_p & f_p & \ldots & h_p & \lambda^p \end{vmatrix}. \tag{100}$$

4. Wir wollen jetzt folgende Fragen klären: Wie muß die Matrix $A = \|a_{ik}\|_1^n$ beschaffen sein und wie der Vektor $\boldsymbol{x}$ oder, was dasselbe ist, wie müssen die Parameter $a, b, \ldots, l$ gewählt werden, damit der reguläre Fall vorliegt?

Im regulären Fall ist, wie wir bereits sahen,

$$\Delta(\lambda) \equiv \psi(\lambda) \equiv \varphi(\lambda).$$

Die Übereinstimmung des charakteristischen Polynoms $\Delta(\lambda)$ mit dem Minimalpolynom besagt, daß jeder charakteristischen Wurzel auch nur ein Elementarteiler der Matrix $A = \|a_{ik}\|_1^n$ entspricht, d. h., die Elementarteiler der Matrix sind paarweise teilerfremd. Ist A eine Matrix einfacher Struktur, so erhalten wir die Bedingung, daß die charakteristische Gleichung der Matrix A keine mehrfachen Wurzeln besitzt.

Die Übereinstimmung der Polynome $\varphi(\lambda)$ und $\psi(\lambda)$ besagt, daß $\boldsymbol{x}$ (bezüglich des Operators $\boldsymbol{A}$) ein erzeugender Vektor des ganzen Raumes $\mathfrak{R}$ ist. Nach Satz 2 (7.2.) existiert stets ein solcher Vektor.

Ist die Bedingung $\Delta(\lambda) \equiv \psi(\lambda)$ nicht erfüllt, so liefert die Krylovsche Methode, wie auch der Vektor $\boldsymbol{x}$ gewählt wird, nicht das Polynom $\Delta(\lambda)$; man erhält nämlich ein Polynom $\varphi(\lambda)$, das Teiler von $\psi(\lambda)$ ist, und im vorliegenden Fall stimmt $\psi(\lambda)$ nicht mit $\Delta(\lambda)$ überein, sondern ist ein echter Teiler von $\Delta(\lambda)$. Läßt man den Vektor $\boldsymbol{x}$ variieren, so ergibt $\varphi(\lambda)$ einen beliebigen Teiler von $\psi(\lambda)$.[1])

Unsere Ergebnisse formulieren wir in folgendem Satz:

Satz 14. *Mit Hilfe der Krylovschen Transformation erhält man das charakteristische Polynom $\Delta(\lambda)$ der Matrix $A = \|a_{ik}\|_1^n$ in Gestalt der Determinante* (93) *genau dann, wenn*

1. *die Elementarteiler der Matrix A paarweise teilerfremd sind;*
2. *die Ausgangsparameter $a, b, \ldots, l$ die Koordinaten eines Vektors $\boldsymbol{x}$ sind, der* (*mit Hilfe des Operators $\boldsymbol{A}$, der der Matrix A entspricht*) *den ganzen n-dimensionalen Vektorraum erzeugt.*[2])

Im allgemeinen erhält man durch die Krylovsche Transformation einen gewissen Teiler $\varphi(\lambda)$ des charakteristischen Polynoms $\Delta(\lambda)$. Dieser Teiler $\varphi(\lambda)$ ist Minimalpolynom

---

[1]) Vgl. beispielsweise [81 b], S. 48.

[2]) In analytischer Form besagt diese Bedingung, daß die Spalten $\boldsymbol{x}, \boldsymbol{Ax}, \ldots, \boldsymbol{A}^{n-1}\boldsymbol{x}$, wenn $\boldsymbol{x} = (a, b, \ldots, l)$ ist, linear unabhängig sind.

des Vektors $\boldsymbol{x}$ mit den Koordinaten $a, b, \ldots, l$ (den Ausgangsparametern der Krylovschen Transformation).

5. Wir wollen im folgenden die Koordinaten eines Eigenvektors $\boldsymbol{y}$ zu einer beliebigen charakteristischen Wurzel λ_0, die Nullstelle des nach der Krylovschen Methode bestimmten Polynoms $\varphi(\lambda)$ ist, berechnen.[1])

Für den Vektor $\boldsymbol{y} \neq \boldsymbol{o}$ machen wir den Ansatz

$$\boldsymbol{y} = \xi_1 \boldsymbol{x} + \xi_2 \boldsymbol{A}\boldsymbol{x} + \cdots + \xi_p \boldsymbol{A}^{p-1}\boldsymbol{x}. \tag{101}$$

Diesen Ausdruck für $\boldsymbol{y}$ setzen wir in die Vektorgleichung $\boldsymbol{A}\boldsymbol{y} = \lambda_0 \boldsymbol{y}$ ein und erhalten unter Beachtung von (83)

$$\begin{aligned} &\xi_1 \boldsymbol{A}\boldsymbol{x} + \xi_2 \boldsymbol{A}^2\boldsymbol{x} + \cdots + \xi_{p-1}\boldsymbol{A}^{p-1}\boldsymbol{x} + \xi_p(-\alpha_p \boldsymbol{x} - \alpha_{p-1}\boldsymbol{A}\boldsymbol{x} - \cdots - \alpha_1 \boldsymbol{A}^{p-1}\boldsymbol{x}) \\ &= \lambda_0(\xi_1 \boldsymbol{x} + \xi_2 \boldsymbol{A}\boldsymbol{x} + \cdots + \xi_p \boldsymbol{A}^{p-1}\boldsymbol{x}). \end{aligned} \tag{102}$$

Hieraus folgt unter anderem, daß $\xi_p \neq 0$ ist, da aus (102) sonst folgen würde, daß die Vektoren $\boldsymbol{x}, \boldsymbol{A}\boldsymbol{x}, \ldots, \boldsymbol{A}^{p-1}\boldsymbol{x}$ linear abhängig wären. Für das weitere setzen wir $\xi_p = 1$. Dann folgt aus (102)

$$\left.\begin{aligned} \xi_p = 1, \quad \xi_{p-1} = \lambda_0\xi_p + \alpha_1, \quad \xi_{p-2} = \lambda_0\xi_{p-1} + \alpha_2, \ldots, \xi_1 = \lambda_0\xi_2 + \alpha_{p-1}, \\ 0 = \lambda_0\xi_1 + \alpha_p. \end{aligned}\right\} \tag{103}$$

Die ersten p dieser Gleichungen definieren sukzessive die Größen $\xi_p, \xi_{p-1}, \ldots, \xi_1$ (d. h. die Koordinaten des Vektors $\boldsymbol{y}$ bezüglich der „neuen" Basis $\boldsymbol{x}, \boldsymbol{A}\boldsymbol{x}, \ldots, \boldsymbol{A}^{p-1}\boldsymbol{x}$); die letzte Gleichung ist eine Folge der vorigen und der Relation $\lambda_0^p + \alpha_1\lambda_0^{p-1} + \cdots + \alpha_p = 0$.

Die Koordinaten $a', b', \ldots, l'$ des Vektors $\boldsymbol{y}$ bezüglich der Ausgangsbasis werden durch

$$\left.\begin{aligned} a' &= \xi_1 a + \xi_2 a_1 + \cdots + \xi_p a_{p-1}, \\ b' &= \xi_1 b + \xi_2 b_1 + \cdots + \xi_p b_{p-1}, \\ &\cdots\cdots\cdots\cdots\cdots \\ l' &= \xi_1 l + \xi_2 l_1 + \cdots + \xi_p l_{p-1} \end{aligned}\right\} \tag{104}$$

gegeben. Diese Formeln folgen aus (101).

Beispiel 1. Wir empfehlen dem Leser, bei Rechnungen folgendes Schema anzuwenden. Unter die vorgegebene Matrix schreiben wir als Zeile die Koordinaten des Vektors $\boldsymbol{x}$: $a, b, \ldots, l$. Diese Zahlen können beliebig gewählt werden (mit einer einzigen Einschränkung: wenigstens eine dieser Zahlen muß von 0 verschieden sein). Unter die Zeile $a, b, \ldots, l$ setzen wir die Zeile $a_1, b_1, \ldots, l_1$, d. h. die Koordinaten des Vektors $\boldsymbol{A}\boldsymbol{x}$. (Diese Zahlen erhalten wir, indem wir die Zeile $a, b, \ldots, l$ sukzessive mit den Zeilen der Matrix A multiplizieren.) So ist beispielsweise $a_1 = a_{11}a + a_{12}b + \cdots + a_{1n}l$; $b_1 = a_{21}a + a_{22}b + \cdots + a_{2n}l$; ... Unter die Zeile $a_1, b_1, \ldots, l_1$ chreiben wir die Zeile $a_2, b_2, \ldots, l_2$ usw. Von der zweiten Zeile an ergibt sich jede der unter der Matrix A stehenden Zeilen durch sukzessive Multiplikationen der ersten mit den Zeilen von A.

---

[1]) Die folgenden Überlegungen gelten sowohl für den regulären Fall $p = n$ als auch für den Ausnahmefall $p < n$.

Zur Kontrolle ist über der Matrix A die Summenzeile angegeben.

	8	*3*	*−10*	*−3*		
$A =$	3	−1	−4	2		
	2	3	−2	−4		
	2	−1	−3	2		
	1	2	−1	−3		
$\boldsymbol{x} = \boldsymbol{e}_1 + \boldsymbol{e}_2$	1	1	0	0	−1	1
$\boldsymbol{A x}$	2	5	1	3	−1	−1
$\boldsymbol{A}^2\boldsymbol{x}$	3	5	2	2	1	−1
$\boldsymbol{A}^3\boldsymbol{x}$	0	9	−1	5	1	1
$\boldsymbol{A}^4\boldsymbol{x}$	5	9	4	4		
$\boldsymbol{y}$	0	8	0	4		
	0	2	0	1		
$\boldsymbol{z}$	−4	0	−4	0		
	1	0	1	0		

In unserem Beispiel liegt der reguläre Fall vor, da

$$M = \begin{vmatrix} 1 & 1 & 0 & 0 \\ 2 & 5 & 1 & 3 \\ 3 & 5 & 2 & 2 \\ 0 & 9 & -1 & 5 \end{vmatrix} = -16 \neq 0$$

ist.

Die Krylovsche Determinante hat die Gestalt

$$-16\Delta(\lambda) = \begin{vmatrix} 1 & 1 & 0 & 0 & 1 \\ 2 & 5 & 1 & 3 & \lambda \\ 3 & 5 & 2 & 2 & \lambda^2 \\ 0 & 9 & -1 & 5 & \lambda^3 \\ 5 & 9 & 4 & 4 & \lambda^4 \end{vmatrix}.$$

Die Berechnung der Determinante und Division durch −16 ergibt

$$\Delta(\lambda) = \lambda^4 - 2\lambda^2 + 1 = (\lambda - 1)^2 (\lambda + 1)^2 .$$

Den zur charakteristischen Wurzel $\lambda_0 = 1$ gehörigen Eigenvektor von A bezeichnen wir mit $\boldsymbol{y} = \xi_1 \boldsymbol{x} + \xi_2 \boldsymbol{A x} + \xi_3 \boldsymbol{A}^2\boldsymbol{x} + \xi_4 \boldsymbol{A}^3\boldsymbol{x}$.

Die Zahlen ξ_1, ξ_2, ξ_3 und ξ_4 ergeben sich aus (103):

$$\xi_4 = 1, \quad \xi_3 = 1 \cdot \lambda_0 + 0 = 1, \quad \xi_2 = 1 \cdot \lambda_0 - 2 = -1, \quad \xi_1 = -1 \cdot \lambda_0 + 0 = -1 .$$

Die Kontrollgleichung $-1 \cdot \lambda_0 + 1 = 0$ ist ebenfalls befriedigt.

Die von uns errechneten Zahlen ξ_1, ξ_2, ξ_3 und ξ_4 tragen wir als vertikale Spalte neben den Vektoren $\boldsymbol{x}$, $\boldsymbol{A x}$, $\boldsymbol{A}^2\boldsymbol{x}$ und $\boldsymbol{A}^3\boldsymbol{x}$ ein. Durch Multiplikation der Spalte $\xi_1, \xi_2, \xi_3, \xi_4$ mit der Spalte

a_1, a_2, a_3, a_4 erhalten wir die erste Koordinate a' des Vektors $\boldsymbol{y}$ bezüglich der Ausgangsbasis $\mathbf{e}_1, \mathbf{e}_2, \mathbf{e}_3, \mathbf{e}_4$; analog erhalten wir b', c', d'. Als Koordinaten des Vektors $\boldsymbol{y}$ ergeben sich, wenn wir durch 4 kürzen, 0, 2, 0, 1. Analog bestimmen wir die Koordinaten 1, 0, 1, 0 des zur charakteristischen Wurzel $\lambda_0 = -1$ gehörenden Eigenvektors $\boldsymbol{z}$.

Ferner ist nach (94) und (95)

$$A = T\tilde{A}T^{-1}$$

mit

$$\tilde{A} = \begin{Vmatrix} 0 & 0 & 0 & -1 \\ 1 & 0 & 0 & 0 \\ 0 & 1 & 0 & 2 \\ 0 & 0 & 1 & 0 \end{Vmatrix}, \quad T = \begin{Vmatrix} 1 & 2 & 3 & 0 \\ 1 & 5 & 5 & 9 \\ 0 & 1 & 2 & -1 \\ 0 & 3 & 2 & 5 \end{Vmatrix}.$$

Beispiel 2. Wir betrachten dieselbe Matrix A, wählen aber als Ausgangsparameter die Zahlen $a = 1$, $b = c = d = 0$:

$$\begin{array}{r|rrrr}
 & \mathit{8} & \mathit{3} & \mathit{-10} & \mathit{-3} \\
 & 3 & -1 & -4 & 2 \\
A = & 2 & 3 & -2 & -4 \\
 & 2 & -1 & -3 & 2 \\
 & 1 & 2 & -1 & -3 \\
\hline
\boldsymbol{x} = \mathbf{e}_1 & 1 & 0 & 0 & 0 \\
A\boldsymbol{x} & 3 & 2 & 2 & 1 \\
A^2\boldsymbol{x} & 1 & 4 & 0 & 2 \\
A^3\boldsymbol{x} & 3 & 6 & 2 & 3
\end{array}.$$

Im vorliegenden Fall ist

$$M = \begin{vmatrix} 1 & 0 & 0 & 0 \\ 3 & 2 & 2 & 1 \\ 1 & 4 & 0 & 2 \\ 3 & 6 & 2 & 3 \end{vmatrix} = 0$$

und $p = 3$, d. h., es liegt der Ausnahmefall vor.

Wir nehmen die ersten drei Koordinaten der Vektoren $\boldsymbol{x}, A\boldsymbol{x}, A^2\boldsymbol{x}$ und $A^3\boldsymbol{x}$ und erhalten die Krylovsche Determinante in der Gestalt

$$\begin{vmatrix} 1 & 0 & 0 & 1 \\ 3 & 2 & 2 & \lambda \\ 1 & 4 & 0 & \lambda^2 \\ 3 & 6 & 2 & \lambda^3 \end{vmatrix}.$$

Die Berechnung dieser Determinante ergibt, wenn wir durch -8 kürzen,

$$\varphi(\lambda) = \lambda^3 - \lambda^2 - \lambda + 1 = (\lambda - 1)^2 (\lambda + 1).$$

Wir finden damit drei charakteristische Wurzeln $\lambda_1 = 1$, $\lambda_2 = 1$ und $\lambda_3 = -1$. Die vierte charakteristische Wurzel erhalten wir aus der Bedingung, daß die Summe aller charakteristischen Wurzeln gleich der Spur der Matrix ist. Da Sp $A = 0$ ist, muß $\lambda_4 = -1$ sein.

Die angeführten Beispiele zeigen: Schreibt man sukzessive die Zeilen der Matrix

$$\left\|\begin{matrix} a & b & \ldots & l \\ a_1 & b_1 & \ldots & l_1 \\ a_2 & b_2 & \ldots & l_2 \\ \ldots & \ldots & \ldots & \ldots \\ \ldots & \ldots & \ldots & \ldots \end{matrix}\right\| \tag{105}$$

auf, so muß man bei der Anwendung der Krylovschen Methode auf den Rang der Matrix achten, um bei der ersten Zeile (der $(p + 1)$-ten Zeile von oben), die eine Linearkombination der vorhergehenden ist, aufzuhören. Die Bestimmung des Ranges ist mit der Berechnung bestimmter Determinanten verknüpft. Außerdem müssen wir, wenn wir die Krylovsche Determinante in der Gestalt (93) oder (100) erhalten, bei der Entwicklung dieser Determinante nach den Elementen der letzten Spalte eine Anzahl Determinanten $(p - 1)$-ter Ordnung (im regulären Fall $(n - 1)$-ter Ordnung) berechnen.

Statt die Koeffizienten $\alpha_1, \alpha_2, \ldots$ durch Berechnung der Krylovschen Determinante zu bestimmen, kann man sie unmittelbar aus dem Gleichungssystem (91) (bzw. (99)) durch Anwendung einer beliebigen Lösungsmethode, z. B. durch das Eliminationsverfahren, erhalten. Diese Methode kann unmittelbar auf die Matrix

$$\left\|\begin{matrix} a & b & \ldots & l & 1 \\ a_1 & b_1 & \ldots & l_1 & \lambda \\ a_2 & b_2 & \ldots & l_2 & \lambda^2 \\ \ldots & \ldots & \ldots & \ldots & \ldots \\ \ldots & \ldots & \ldots & \ldots & \ldots \end{matrix}\right\| \tag{106}$$

angewandt werden, indem man sie parallel mit der Berechnung der entsprechenden Zeilen nach der Krylovschen Methode benutzt. Dann erkennen wir rechtzeitig die Abhängigkeit der berechneten Zeilen der Matrix (105), ohne irgendeine Determinante bestimmen zu müssen.

Wir erklären das ausführlich. In der ersten Zeile der Matrix (106) wählen wir ein beliebiges Element $c \neq 0$ und führen mit seiner Hilfe das unter ihm stehende Element c_1 in 0 über, indem wir die mit c_1/c multiplizierte erste Zeile von der zweiten abziehen. Darauf wählen wir in der zweiten Zeile ein beliebiges Element $f_1^* \neq 0$ und führen mit Hilfe der Elemente c und f_1^* die Elemente c_2 und f_2 in 0 über usw.[1]) Durch diese Transformation wird bewirkt, daß das Element λ^k in der letzten Spalte der Matrix (106) in ein Polynom k-ten Grades $g_k(\lambda) = \lambda^k + \cdots$ übergeht $(k = 0, 1, 2, \ldots)$.

---

[1]) Die Elemente $c, f_1^*, \ldots$ dürfen nicht aus der letzten Spalte, die Potenzen von λ enthält, genommen werden.

Da sich bei unserer Transformation für beliebiges k der Rang der Matrizen, die aus den ersten k Zeilen und den ersten n Spalten der Matrix (106) gebildet werden, nicht ändert, geht die $(p + 1)$-te Zeile dieser Matrizen durch die Transformation über in $0, 0, \ldots, 0, g_p(\lambda)$.

Die von uns durchgeführte Transformation ändert den Wert der Krylovschen Determinante

$$\begin{vmatrix} c & f & \ldots & h & 1 \\ c_1 & f_1 & \ldots & h_1 & \lambda \\ \cdots & \cdots & \cdots & \cdots & \cdots \\ c_{p-1} & f_{p-1} & \ldots & h_{p-1} & \lambda^{p-1} \\ c_p & f_p & \ldots & h_p & \lambda^p \end{vmatrix} = M^*\varphi(\lambda)$$

nicht. Daher ist

$$M^*\varphi(\lambda) = cf_1^* \cdots g_p(\lambda), \tag{107}$$

d. h.,[1]) $g_p(\lambda)$ ist gerade das gesuchte Polynom $\varphi(\lambda)$, also $g_p(\lambda) \equiv \varphi(\lambda)$.

Wir empfehlen folgende Vereinfachung. Aus der k-ten transformierten Zeile der Matrix (106),

$$a_{k-1}^*, b_{k-1}^*, \ldots, l_{k-1}^*, g_{k-1}(\lambda), \tag{108}$$

berechnen wir die folgende $(k + 1)$-te nicht durch Multiplikation der ursprünglichen Reihe $a_{k-1}, b_{k-1}, \ldots, l_{k-1}$, sondern der Reihe $a_{k-1}^*, b_{k-1}^*, \ldots, l_{k-1}^*$ mit den Zeilen der gegebenen Matrix.[2]) Wir erhalten dann die $(k + 1)$-te Zeile in der Form

$$\tilde{a}_k, \tilde{b}_k, \ldots, \tilde{l}_k, \lambda g_{k-1}(\lambda);$$

nach Subtraktion der vorigen Zeilen geht sie über in

$$a_k^*, b_k^*, \ldots, l_k^*, g_k(\lambda).$$

Die von uns empfohlene kleine Veränderung der Krylovschen Methode (ihre Vereinigung mit dem Eliminationsverfahren) erlaubt uns, ohne Berechnung irgendwelcher Determinanten und ohne Lösung eines Systems von Hilfsgleichungen sofort das uns interessierende Polynom $\varphi(\lambda)$ (im regulären Fall $\Delta(\lambda)$) zu erhalten.[3])

[1]) Wir erinnern daran, daß die Koeffizienten der höchsten Potenz in $\psi(\lambda)$ und $g_p(\lambda)$ gleich 1 sind.

[2]) Die Vereinfachung besteht darin, daß in der transformierten Zeile (108) $k - 1$ Elemente gleich 0 sind. Darum ist die Muliplikation dieser Zeile mit den Zeilen der Matrix A einfacher.

[3]) Wir machten den Leser neben der Krylovschen Methode in Kapitel 4 mit der Methode von D. K. FADDEJEV zur Berechnung der Koeffizienten des charakteristischen Polynoms bekannt. Diese Methode ist mit größerer Rechenarbeit als die Krylovsche verbunden, ist aber allgemeiner; in ihr gibt es keinen Ausnahmefall. Wir machen den Leser noch auf die sehr praktische Methode von A. M. DANILEVSKIJ [88] aufmerksam; siehe auch [8], S. 235—239, die in [79] gegebene Übersicht und das Buch [33], § 24.

Beispiel.

$$
\begin{array}{cccccc}
 & \mathit{4} & \mathit{4} & \mathit{1} & \mathit{5} & \mathit{0} \\
A = & \left\| \begin{array}{ccccc}
1 & 1 & -1 & 1 & 0 \\
1 & 2 & -1 & 0 & 1 \\
-1 & 2 & 3 & -1 & 0 \\
1 & -2 & 1 & 2 & -1 \\
2 & 1 & -1 & 3 & 0
\end{array} \right\| & & & &
\end{array}
$$

0	0	0	0	1	1	
0	1	0	−1	0	λ	
0	2	3	−4	−2	λ^2	$[2-4\lambda]$
0	−2	3	0	0	$\lambda^2-4\lambda+2$	
−5	−7	5	7	−5	$\lambda^3-4\lambda^2-2\lambda$	$[5+7\lambda]$
−5	0	5	0	0	$\lambda^3-4\lambda^2+9\lambda+5$	
−10	−10	20	0	−15	$\lambda^4-4\lambda^3+9\lambda^2+5\lambda$	$[15-5(\lambda^2-4\lambda+2)$ $-2(\lambda^3-4\lambda^2+9\lambda+5)]$
0	0	−5	0	0	$\lambda^4-6\lambda^3+12\lambda^2+7\lambda-5$	
5	5	−15	−5	5	$\lambda^5-6\lambda^4+12\lambda^3+7\lambda^2-5\lambda$	$[-5-5\lambda+(\lambda^3-4\lambda^2$ $+9\lambda+5)-2(\lambda^4-6\lambda^3+12\lambda^2+7\lambda-5)]$
0	0	0	0	0	$\underbrace{\lambda^5-8\lambda^4+25\lambda^3-21\lambda^2-15\lambda+10}_{\Delta(\lambda)}$	

8. Matrizengleichungen

In diesem Kapitel untersuchen wir einige Typen von Matrizengleichungen, denen man bei verschiedenen Fragen der Matrizentheorie und ihrer Anwendungen begegnet.

8.1. Die Gleichung $AX = XB$

Gegeben sei die Gleichung

$$AX = XB; \tag{1}$$

A und B sind quadratische Matrizen (im allgemeinen verschiedener Ordnung),

$$A = \|a_{ij}\|_1^m, \quad B = \|b_{kl}\|_1^n,$$

X ist eine unbekannte rechteckige Matrix vom Typ (m, n),

$$X = \|x_{jk}\| \quad (j = 1, 2, \ldots, m;\ k = 1, 2, \ldots, n).$$

Die Elementarteiler der Matrizen A und B (über dem Körper der komplexen Zahlen) seien

$$(A):\ (\lambda - \lambda_1)^{p_1}, (\lambda - \lambda_2)^{p_2}, \ldots, (\lambda - \lambda_u)^{p_u} \quad (p_1 + p_2 + \cdots + p_u = m),$$

$$(B):\ (\lambda - \mu_1)^{q_1}, (\lambda - \mu_2)^{q_2}, \ldots, (\lambda - \mu_v)^{q_v} \quad (q_1 + q_2 + \cdots + q_v = n).$$

In Übereinstimmung mit diesen Elementarteilern transformieren wir A und B auf Jordansche Normalform:

$$A = U\tilde{A}U^{-1}, \quad B = V\tilde{B}V^{-1}; \tag{2}$$

dabei sind $\tilde{A}$ und $\tilde{B}$ die Jordanschen Matrizen

$$\left.\begin{aligned} \tilde{A} &= \{\lambda_1 E^{(p_1)} + H^{(p_1)}, \lambda_2 E^{(p_2)} + H^{(p_2)}, \ldots, \lambda_u E^{(p_u)} + H^{(p_u)}\}, \\ \tilde{B} &= \{\mu_1 E^{(q_1)} + H^{(q_1)}, \mu_2 E^{(q_2)} + H^{(q_2)}, \ldots, \mu_v E^{(q_v)} + H^{(q_v)}\}, \end{aligned}\right\} \tag{3}$$

U und V sind reguläre quadratische Matrizen der Ordnung m bzw. n.

Setzen wir für A und B in (1) die entsprechenden Ausdrücke aus (2) ein, so erhalten wir

$$U\tilde{A}U^{-1}X = XV\tilde{B}V^{-1}.$$

Multipliziert man beide Seiten dieser Gleichung von links mit U^{-1} und von rechts mit V,

$$\tilde{A}U^{-1}XV = U^{-1}XV\tilde{B}, \tag{4}$$

und führt an Stelle der gesuchten Matrix X die Matrix $\tilde{X}$ ein (die ebenfalls vom Typ (m, n) ist,

$$\tilde{X} = U^{-1}XV, \tag{5}$$

so geht (4) über in

$$\tilde{A}\tilde{X} = \tilde{X}\tilde{B}. \tag{6}$$

Wir sind von der Matrizengleichung (1) zu einer Gleichung desselben Typs, nämlich (6), übergegangen, in der jedoch die gegebenen Matrizen Jordansche Normalform besitzen.

Die Matrix $\tilde{X}$ wird in Übereinstimmung mit den verallgemeinerten Diagonalmatrizen $\tilde{A}$ und $\tilde{B}$ in Blöcke aufgespalten:

$$\tilde{X} = (X_{\alpha\beta}) \qquad (\alpha = 1, 2, \ldots, u;\ \beta = 1, 2, \ldots, v);$$

dabei ist $X_{\alpha\beta}$ eine rechteckige Matrix vom Typ (p_α, q_β) $(\alpha = 1, 2, \ldots, u;\ \beta = 1, 2, \ldots, v)$.

Unter Benutzung der Regel für die Multiplikation einer Übermatrix mit einer verallgemeinerten Diagonalmatrix multiplizieren wir beide Seiten von (6) aus; dann zerfällt diese Gleichung in $u \cdot v$ Matrizengleichungen

$$[\lambda_\alpha E^{(p_\alpha)} + H^{(p_\alpha)}]\, X_{\alpha\beta} = X_{\alpha\beta}[\mu_\beta E^{(q_\beta)} + H^{(q_\beta)}]$$
$$(\alpha = 1, 2, \ldots, u;\ \beta = 1, 2, \ldots, v),$$

die sich auch folgendermaßen schreiben lassen:

$$(\mu_\beta - \lambda_\alpha)\, X_{\alpha\beta} = H_\alpha X_{\alpha\beta} - X_{\alpha\beta}G_\beta \qquad (\alpha = 1, 2, \ldots, u;\ \beta = 1, 2, \ldots, v); \tag{7}$$

dabei haben wir folgende abkürzende Bezeichnungsweise gewählt:

$$H_\alpha = H^{(p_\alpha)}, \qquad G_\beta = H^{(q_\beta)} \qquad (\alpha = 1, 2, \ldots, u;\ \beta = 1, 2, \ldots, v). \tag{8}$$

Wir betrachten eine beliebige Gleichung des Systems (7) und unterscheiden zwei Fälle:

a) $\lambda_\alpha \neq \mu_\beta$. Durch $(r - 1)$-malige Anwendung der Gleichung erhält man[1])

$$(\mu_\beta - \lambda_\alpha)^r\, X_{\alpha\beta} = \sum_{\sigma+\tau=r} (-1)^\tau \binom{r}{\tau} H_\alpha^\sigma X_{\alpha\beta} G_\beta^\tau. \tag{9}$$

---

[1]) Beide Seiten der Gleichung (7) multiplizieren wir mit $\mu_\beta - \lambda_\alpha$ und ersetzen in jedem Glied der rechten Seite $(\mu_\beta - \lambda_\alpha)\, X_{\alpha\beta}$ durch $H_\alpha X_{\alpha\beta} - X_{\alpha\beta}G_\beta$. Diesen Prozeß wiederholen wir $(r - 1)$-mal.

Wir bemerken, daß nach (8)

$$H_\alpha^{p_\alpha} = G_\beta^{q_\beta} = O \tag{10}$$

ist (vgl. 1.3., S. 32).

Wählt man in (9) $r \geqq p_\alpha + q_\beta - 1$, so ist in jedem Glied der rechten Seite von Gleichung (9) wenigstens eine der beiden Relationen $\sigma \geqq p_\alpha$, $\tau \geqq q_\beta$ erfüllt; nach (10) ist dann $H_\alpha^\sigma = O$ oder $G_\beta^\tau = O$. Da in dem von uns betrachteten Fall $\lambda_\alpha \neq \mu_\beta$ ist, folgt aus (9)

$$X_{\alpha\beta} = O. \tag{11}$$

b) $\lambda_\alpha = \mu_\beta$. In diesem Fall nimmt (7) die Gestalt

$$H_\alpha X_{\alpha\beta} = X_{\alpha\beta} G_\beta \tag{12}$$

an. In den Matrizen H_α und G_β sind die Elemente der ersten oberen Diagonalen gleich 1, alle übrigen gleich 0. Berücksichtigen wir diese spezielle Form der Matrizen H_α und G_β und setzen wir

$$X_{\alpha\beta} = \|\xi_{ik}\| \quad (i = 1, 2, \ldots, p_\alpha;\ k = 1, 2, \ldots, q_\beta),$$

so können wir für die Matrizengleichung (12) ein ihr äquivalentes System skalarer Relationen angeben[1]):

$$\xi_{i+1,k} = \xi_{i,k-1} \quad (\xi_{i0} = \xi_{p\ \alpha+1,k} = 0;\ i = 1, 2, \ldots, p_\alpha;\ k = 1, 2, \ldots, q_\beta). \tag{13}$$

Gleichung (13) besagt:

1. Die Elemente der Hauptdiagonalen sowie jeder oberen oder unteren Diagonalen der Matrix $X_{\alpha\beta}$ sind einander gleich;

2. $\quad \xi_{21} = \xi_{31} + \cdots = \xi_{p_\alpha 1} = \xi_{p_\alpha 2} = \cdots = \xi_{p_\alpha, q_\beta - 1} = 0.$

Es sei $p_\alpha = q_\beta$. Dann ist $X_{\alpha\beta}$ eine quadratische Matrix. Aus 1. und 2. folgt, daß alle Elemente unterhalb der Hauptdiagonalen in $X_{\alpha\beta}$ gleich 0 sind. Alle Elemente der Hauptdiagonalen sind gleich einer Zahl $c_{\alpha\beta}$, alle Elemente der ersten oberen Diagonalen gleich einer Zahl $c'_{\alpha\beta}$ usw.

$$X_{\alpha\beta} = \begin{Vmatrix} c_{\alpha\beta} & c'_{\alpha\beta} & \cdot & \cdot & \cdot & c_{\alpha\beta}^{(p_\alpha-1)} \\ 0 & c_{\alpha\beta} & \cdot & & & \cdot \\ \cdot & \cdot & \cdot & \cdot & & \cdot \\ \cdot & & \cdot & \cdot & \cdot & \cdot \\ \cdot & & & \cdot & \cdot & c'_{\alpha\beta} \\ 0 & \cdot & \cdot & \cdot & 0 & c_{\alpha\beta} \end{Vmatrix} = T_{p_\alpha}; \tag{14}$$

$$(p_\alpha = q_\beta)$$

---

[1]) Aus der Form der Matrizen H_α und G_β folgt: Die Produktmatrix $H_\alpha X_{\alpha\beta}$ erhält man aus der Matrix $X_{\alpha\beta}$, indem man alle ihre Zeilen um eine Stelle nach oben rückt und als letzte Zeile eine Nullzeile anfügt. Analog erhält man $X_{\alpha\beta} G_\beta$ uas $X_{\alpha\beta}$, indem man alle ihre Spalten um eine Stelle nach rechts rückt und als erste Spalte eine Nullspalte davor setzt (vgl. Kap. 1, S. 33).

Der kürzeren Schreibweise halber bezeichnen wir die Elemente der Matrix $X_{\alpha\beta}$ mit ξ_{ik} und verzichten auf die Indizes α und β.

$c_{\alpha\beta}, c'_{\alpha\beta}, \ldots, c^{(p_\alpha-1)}_{\alpha\beta}$ sind Parameter, da Gleichung (12) ihnen keinerlei Beschränkungen auferlegt.

Für $p_\alpha < q\tau$ ist, wie man leicht sieht,

$$X_{\alpha\beta} = (\overbrace{\;0\;}^{q_\beta - p_\alpha},\; T_{p_\alpha}) \tag{15}$$

und für $p_\alpha > q_\beta$

$$X_{\alpha\beta} = \begin{pmatrix} T_{q_\beta} \\ 0 \end{pmatrix} \}\, p_\alpha - q_\beta. \tag{16}$$

Die Matrizen (14), (15) und (16) nennen wir *obere Dreiecksmatrizen.* Die Anzahl der Parameter in $X_{\alpha\beta}$ ist gleich dem Minimum der Zahlen p_α und q_β. Wir geben im folgenden einige Beispiele an, die die Struktur der Matrix $X_{\alpha\beta}$ für den Fall $\lambda_\alpha = \mu_\beta$ zeigen (die Parameter werden mit a, b, c und d bezeichnet):

$$X_{\alpha\beta} = \begin{Vmatrix} a & b & c & d \\ 0 & a & b & c \\ 0 & 0 & a & b \\ 0 & 0 & 0 & a \end{Vmatrix}, \quad X_{\alpha\beta} = \begin{Vmatrix} 0 & 0 & a & b & c \\ 0 & 0 & 0 & a & b \\ 0 & 0 & 0 & 0 & a \end{Vmatrix}, \quad X_{\alpha\beta} = \begin{Vmatrix} a & b & c \\ 0 & a & b \\ 0 & 0 & a \\ 0 & 0 & 0 \\ 0 & 0 & 0 \end{Vmatrix}.$$

$(p_\alpha = q_\beta = 4)$ $\qquad$ $(p_\alpha = 3,\ q_\beta = 5)$ $\qquad$ $(p_\alpha = 5,\ q_\beta = 3)$

Um den Fall a) in die Berechnung der Parameter von $\tilde{X}$ einbeziehen zu können, bezeichnen wir mit $d_{\alpha\beta}(\lambda)$ den größten gemeinsamen Teiler der Elementarteiler $(\lambda - \lambda_\alpha)^{p_\alpha}$ und $(\lambda - \mu_\beta)^{q_\beta}$ und den Grad des Polynoms $d_{\alpha\beta}(\lambda)$ mit $\delta_{\alpha\beta}$ ($\alpha = 1, 2, \ldots, u$; $\beta = 1, 2, \ldots, v$). Im ersten Fall ist $\delta_{\alpha\beta} = 0$, im zweiten gilt $\delta_{\alpha\beta} = \min(p_\alpha, q_\beta)$. Allgemein ist also die Anzahl der Parameter von $X_{\alpha\beta}$ gleich $\delta_{\alpha\beta}$. Die Anzahl der Parameter von $\tilde{X}$ wird durch folgende Formel bestimmt:

$$N = \sum_{\alpha=1}^{u} \sum_{\beta=1}^{v} \delta_{\alpha\beta}.$$

Im folgenden werden wir die Lösung der Gleichung (6) mit $X_{\tilde{A}\tilde{B}}$ bezeichnen (bisher bezeichneten wir sie mit $\tilde{X}$).

Die in diesem Abschnitt gewonnenen Resultate formulieren wir in folgendem

Satz 1. *Die allgemeine Lösung der Matrizengleichung*

$$AX = XB$$

mit

$$A = \|a_{ik}\|_1^m = U\tilde{A}U^{-1} = U\{\lambda_1 E^{(p_1)} + H^{(p_1)}, \ldots, \lambda_u E^{(p_u)} + H^{(p_u)}\}\, U^{-1},$$

$$B = \|b_{ik}\|_1^n = V\tilde{B}V^{-1} = V\{\mu_1 E^{(q_1)} + H^{(q_1)}, \ldots, \mu_v E^{(q_v)} + H^{(q_v)}\}\, V^{-1}$$

wird gegeben durch

$$X = U X_{\tilde{A}\tilde{B}} V^{-1}. \tag{17}$$

Dabei ist $X_{\tilde{A}\tilde{B}}$ die allgemeine Lösung der Gleichung

$$\tilde{A}\tilde{X} = \tilde{X}\tilde{B}$$

und besitzt folgende Form:

$X_{\tilde{A}\tilde{B}}$ ist in Blöcke aufgespalten,

$$X_{\tilde{A}\tilde{B}} = (\overbrace{X_{\alpha\beta}}^{q_\beta})\} \, p_\alpha \qquad (\alpha = 1, 2, \ldots, u;\ \beta = 1, 2, \ldots, v);$$

für $\lambda_\alpha \neq \mu_\beta$ ist $X_{\alpha\beta}$ die Nullmatrix, für $\lambda_\alpha = \mu_\beta$ eine beliebige obere Dreiecksmatrix. $X_{\tilde{A}\tilde{B}}$ und damit auch X, hängt linear von N Parametern $c_1, c_2, \ldots, c_N$ ab,

$$X = \sum_{j=1}^{N} c_j X_j, \tag{18}$$

und N ist durch folgende Formel bestimmt:

$$N = \sum_{\alpha=1}^{u} \sum_{\beta=1}^{v} \delta_{\alpha\beta} \tag{19}$$

($\delta_{\alpha\beta}$ ist der Grad des größten gemeinsamen Teilers von $(\lambda - \lambda_\alpha)^{p_\alpha}$ und $(\lambda - \mu_\beta)^{q_\beta}$).

Wir bemerken, daß in (18) auftretenden Matrizen $X_1, X_2, \ldots, X_N$ Lösungen der Ausgangsgleichung (1) sind (die Matrix X_j erhält man, indem man in X den Parameter c_j gleich 1, alle übrigen gleich 0 setzt; $j = 1, 2, \ldots, N$). Die Lösungen sind linear unabhängig: Sonst wäre nämlich für gewisse, von 0 verschiedene Werte der Parameter $c_1, c_2, \ldots, c_N$ die Matrix X und folglich auch $X_{\tilde{A}\tilde{B}}$ die Nullmatrix, was unmöglich ist. Gleichung (18) zeigt, daß jede beliebige Lösung der Ausgangsgleichung als Linearkombination von N linear unabhängigen Lösungen darstellbar ist.

Besitzen die Matrizen A und B keine gemeinsamen charakteristischen Wurzeln (wenn die charakteristischen Polynome $|\lambda E - A|$ und $|\lambda E - B|$ relativ prim sind), *so ist* $N = \sum_{\alpha=1}^{u} \sum_{\beta=1}^{v} \delta_{\alpha\beta} = 0$ *und folglich $X = O$*, d. h., *in diesem Fall besitzt die Gleichung* (1) *nur die triviale (Null-)Lösung $X = O$.*

Bemerkung. Gehören die Elemente der Matrizen A und B einem bestimmten Zahlkörper K an, so darf daraus nicht geschlossen werden, daß die Elemente der Matrizen U, V und $X_{\tilde{A}\tilde{B}}$, die in Formel (17) auftreten, ebenfalls dem Körper K angehören. Die Elemente dieser Matrizen liegen jedenfalls in einem Erweiterungskörper K_1, der aus K durch Adjunktion aller Wurzeln der charakteristischen Gleichungen $|\lambda E - A| = 0$ und $|\lambda E - B| = 0$ gewonnen wird. Diese Art der Erweiterung des Grundkörpers ist stets erforderlich, wenn man die Transformation gegebener Matrizen auf Jordansche Normalform benutzt.

Die Matrizengleichung (1) ist aber einem System von $m \cdot n$ homogenen linearen Gleichungen äquivalent, deren Unbekannte x_{jk} $(j = 1, 2, \ldots, m;\ k = 1, 2, \ldots, n)$

die Elemente der gesuchten Matrix X sind:

$$\sum_{j=1}^{m} a_{ij}x_{jk} = \sum_{h=1}^{n} x_{ih}b_{hk} \quad (i = 1, 2, \ldots, m;\ k = 1, 2, \ldots, n). \tag{20}$$

Wir haben bewiesen, daß dieses System N linear unabhängige Lösungen besitzt, wobei N durch (19) gegeben ist. Es ist bekannt, daß ein linear unabhängiges System von Lösungen im Grundkörper $\mathbf{K}$ existiert, dem die Koeffizienten des Gleichungssystems (20) angehören. In (18) können die Matrizen $X_1, X_2, \ldots, X_N$ also derart gewählt werden, daß alle ihre Elemente dem Körper $\mathbf{K}$ angehören. Lassen wir dann in (18) die Parameter alle Werte von $\mathbf{K}$ durchlaufen, so erhalten wir alle Matrizen X mit Elementen aus $\mathbf{K}$, die der Gleichung (1) genügen.[1]

8.2. Der Spezialfall $A = B$. Vertauschbare Matrizen

Wir untersuchen jetzt einen Spezialfall der Gleichung (1), die Gleichung

$$AX = XA; \tag{21}$$

$A = \|a_{ik}\|_1^n$ ist die gegebene, $X = \|x_{ik}\|_1^n$ eine gesuchte Matrix. Das ist die von Frobenius gestellte Aufgabe: Man bestimme alle Matrizen X, die mit einer vorgegebenen Matrix A vertauschbar sind.

Wir bringen die Matrix A auf die Jordansche Normalform:

$$A = U\tilde{A}U^{-1} = U\{\lambda_1 E^{(p_1)} + H^{(p_1)}, \ldots, \lambda_u E^{(p_u)} + H^{(p_u)}\}\, U^{-1}. \tag{22}$$

Setzen wir nun in (17) $V = U$ und $\tilde{B} = \tilde{A}$ und wählen für $X_{\tilde{A}\tilde{A}}$ die kürzere Bezeichnung $X_{\tilde{A}}$, so erhalten wir alle Lösungen der Gleichung (21), d. h. alle mit A vertauschbaren Matrizen, in der Form

$$X = UX_{\tilde{A}}U^{-1}; \tag{23}$$

$X_{\tilde{A}}$ ist hier eine beliebige mit $\tilde{A}$ vertauschbare Matrix. Wie in 8.1. gezeigt wurde, läßt sich $X_{\tilde{A}}$ in Übereinstimmung mit der Zerlegung der Jordanschen Matrix $\tilde{A}$ in u^2 Blöcke zerlegen:

$$X_{\tilde{A}} = (X_{\alpha\beta})_1^u.$$

Je nachdem, ob $\lambda_\alpha \neq \lambda_\beta$ oder $\lambda_\alpha = \lambda_\beta$ ist, ist $X_{\alpha\beta}$ die Nullmatrix oder eine beliebige obere Dreiecksmatrix.

Als Beispiel geben wir die Matrix $X_{\tilde{A}}$ für den Fall an, daß die Matrix A folgende Elementarteiler besitzt:

$$(\lambda - \lambda_1)^4, \quad (\lambda - \lambda_1)^3, \quad (\lambda - \lambda_2)^3, \quad \lambda - \lambda_2 \quad (\lambda_1 \neq \lambda_2).$$

---

[1]) Die Matrizen $A = \|a_{ij}\|_1^m$ und $B = \|b_{kl}\|_1^n$ definieren einen linearen Operator $\widehat{F}(X) = AX - XB$ im Raum aller rechteckigen Matrizen X vom Typ (m, n). Operatoren dieses Typs werden in [85a, b] untersucht.

In diesem Fall hat $X_{\tilde{A}}$ die Gestalt

$$\left\| \begin{array}{cccc:ccc:cc:c} a & b & c & d & e & f & g & 0 & 0 & 0 \\ 0 & a & b & c & 0 & e & f & 0 & 0 & 0 \\ 0 & 0 & a & b & 0 & 0 & e & 0 & 0 & 0 \\ 0 & 0 & 0 & a & 0 & 0 & 0 & 0 & 0 & 0 \\ \hdashline 0 & h & k & l & m & p & q & 0 & 0 & 0 \\ 0 & 0 & h & k & 0 & m & p & 0 & 0 & 0 \\ 0 & 0 & 0 & h & 0 & 0 & m & 0 & 0 & 0 \\ \hdashline 0 & 0 & 0 & 0 & 0 & 0 & 0 & r & s & t \\ 0 & 0 & 0 & 0 & 0 & 0 & 0 & 0 & r & 0 \\ \hdashline 0 & 0 & 0 & 0 & 0 & 0 & 0 & 0 & w & z \end{array} \right\|$$

($a, b, \ldots, z$ sind beliebige Parameter).

Die Anzahl der Parameter von $X_{\tilde{A}}$ ist gleich N mit $N = \sum_{\alpha,\beta=1}^{u} \delta_{\alpha\beta}$; $\delta_{\alpha\beta}$ ist der Grad des größten gemeinsamen Teilers der Polynome $(\lambda - \lambda_\alpha)^{p_\alpha}$ und $(\lambda - \lambda_\beta)^{p_\beta}$.

Für die weitere Untersuchung betrachten wir die Invariantenteiler $i_1(\lambda)$, $i_2(\lambda)$, $\ldots$, $i_t(\lambda)$; $i_{t+1}(\lambda) = \cdots = i_n(\lambda) = 1$ von A. Die Grade dieser Polynome seien $n_1 \geqq n_2 \geqq \cdots \geqq n_t > n_{t+1} = \cdots = n_u = 0$. Da jeder Invariantenteiler das Produkt gewisser teilerfremder Elementarteiler ist, läßt sich die Bestimmungsgleichung für N auch folgendermaßen schreiben:

$$N = \sum_{g,j=1}^{t} \varkappa_{gj}, \tag{24}$$

und $\varkappa_{gj}$ ist der Grad des größten gemeinsamen Teilers $i_g(\lambda)$ und $i_j(\lambda)$ $(g, j = 1, 2, \ldots, t)$. Da aber der größte gemeinsame Teiler von $i_g(\lambda)$ und $i_j(\lambda)$ eins dieser Polynome selbst ist, gilt $\varkappa_{gj} = \min(n_g, n_j)$, und wir erhalten

$$N = n_1 + 3n_2 + \cdots + (2t - 1)\, n_t.$$

Die Zahl N ist die Anzahl der linear unabhängigen mit A vertauschbaren Matrizen (man kann annehmen, daß die Elemente dieser Matrizen dem Grundkörper **K** angehören, der die Elemente von A enthält; siehe die Bemerkung am Ende des vorigen Abschnitts). Wir haben damit folgenden Satz gewonnen.

Satz 2. *Sind $n_1, n_2, \ldots, n_t$ die Grade der nichtkonstanten Invariantenteiler $i_1(\lambda)$, $i_2(\lambda), \ldots, i_t(\lambda)$ einer Matrix $A = \|a_{ik}\|_1^n$, so wird die Anzahl der linear unabhängigen mit ihr vertauschbaren Matrizen durch folgende Formel gegeben:*

$$N = n_1 + 3n_2 + \cdots + (2t - 1)\, n_t. \tag{25}$$

Wir bemerken noch, daß

$$n = n_1 + n_2 + \cdots + n_t \tag{26}$$

ist.

Aus (25) und (26) ergibt sich

$$N \geqq n; \tag{27}$$

das Gleichheitszeichen gilt genau dann, wenn $t = 1$ ist, d. h., wenn alle Elementarteiler paarweise teilerfremd sind.

Es sei $g(\lambda)$ ein Polynom in λ. Dann ist die Matrix $g(A)$ mit A vertauschbar. Es entsteht nun die umgekehrte Frage: Wann ist eine beliebige mit J vertauschbare Matrix als Polynom in A darstellbar? In diesem Fall ist jede mit A vertauschbare Matrix Linearkombination folgender linear unabhängiger Matrizen:

$$E, A, A^2, \ldots, A^{n_1-1}.$$

Ferner ist $N = n_1 \leqq n$; ein Vergleich mit (27) ergibt $N = n_1 = n$. Dieses Ergebnis formulieren wir wie folgt:

Folgerung 1 aus Satz 2. *Alle mit einer Matrix A vertauschbaren Matrizen sind dann und nur dann als Polynome in A darstellbar, wenn $n_1 = n$ ist, d. h., wenn alle Elementarteiler der Matrix A paarweise teilerfremd sind.*

Jedes Polynom einer mit A vertauschbaren Matrix ist ebenfalls mit A vertauschbar. Wir stellen nun die Frage: In welchem Fall sind alle mit A vertauschbaren Matrizen als Polynome einer bestimmten Matrix C darstellbar? Tritt der uns interessierende Fall ein, so kann jede mit A vertauschbare Matrix (da C nach dem Satz von Cayley-Hamilton ihrer eigenen charakteristischen Gleichung genügt) als Linearkombination der Matrizen

$$E, C, C^2, \ldots, C^{n-1}$$

dargestellt werden.

In dem von uns betrachteten Fall ist also $N \leqq n$, und ein Vergleich mit (27) ergibt $N = n$. Dann aber folgt aus (25) und (26), daß auch $n_1 = n$ ist.

Folgerung 2 aus Satz 2. *Alle mit einer vorgegebenen Matrix A vertauschbaren Matrizen können genau dann als Polynom ein und derselben Matrix C dargestellt werden, wenn $n_1 = n$ ist, d. h., wenn alle Elementarteiler von $\lambda E - A$ paarweise teilerfremd sind. In diesem Fall können alle mit A vertauschbaren Matrizen schon als Polynome in A dargestellt werden.*

Wir machen noch auf eine wichtige Eigenschaft vertauschbarer Matrizen aufmerksam:

Satz 3. *Sind zwei Matrizen $A = \|a_{ik}\|_1^n$ und $B = \|b_{ik}\|_1^n$ vertauschbar, ist eine von ihnen, beispielsweise A, eine verallgemeinerte Diagonalmatrix der Form*

$$A = \{\overbrace{A_1}^{s_1}, \overbrace{A_2}^{s_2}\} \tag{28}$$

und besitzen die Diagonalelemente A_1 und A_2 verschiedene charakteristische Wurzeln, so ist auch die andere Matrix eine verallgemeinerte Diagonalmatrix derselben Form,

$$B = \{\overbrace{B_1}^{s_1}, \overbrace{B_2}^{s_2}\}. \tag{29}$$

Beweis. Wir spalten die Matrix B in Übereinstimmung mit der verallgemeinerten Diagonalmatrix A in Blöcke auf:

$$B = \begin{pmatrix} \overbrace{B_1}^{s_1} & \overbrace{X}^{s_2} \\ Y & B_2 \end{pmatrix}.$$

Da $AB = BA$ ist, gelten die vier Matrizengleichungen

$$1.\ A_1B_1 = B_1A_1, \quad 2.\ A_1X = XA_2, \quad 3.\ A_2Y = YA_1, \quad 4.\ A_2B_2 = B_2A_2. \tag{30}$$

Die zweite und dritte dieser Gleichungen besitzen, wie in 8.1. (auf S. 233 bewiesen wurde, nur die Lösung $X = O$ bzw. $Y = O$, da die Matrizen A_1 und A_2 keine gemeinsamen charakteristischen Wurzeln haben. Die erste und vierte Gleichung in (30) zeigen, daß die Matrizen A_1 und B_1 bzw. A_2 und B_2 vertauschbar sind. Damit ist der Satz bewiesen.

In geometrischer Form lautet der eben bewiesene Satz:

Satz 3′. *Ist $\mathfrak{R} = \mathfrak{J}_1 + \mathfrak{J}_2$ eine Zerlegung des ganzen Vektorraumes $\mathfrak{R}$ in bezüglich eines Operators $\boldsymbol{A}$ invariante Unterräume $\mathfrak{J}_1$ und $\mathfrak{J}_2$, deren Minimalpolynome (bezüglich $\boldsymbol{A}$) teilerfremd sind, so sind diese Unterräume invariant bezüglich jedes mit $\boldsymbol{A}$ vertauschbaren linearen Operators $\boldsymbol{B}$.*

Aus diesem Satz folgt:[1])

Folgerung 1. *Sind die linearen Operatoren $\boldsymbol{A}, \boldsymbol{B}, \ldots, \boldsymbol{L}$ paarweise vertauschbar, so kann der ganze Vektorraum $\mathfrak{R}$ folgendermaßen zerlegt werden:*

$$\mathfrak{R} = \mathfrak{J}_1 + \mathfrak{J}_2 + \cdots + \mathfrak{J}_w;$$

dabei sind die Unterräume $\mathfrak{J}_1, \mathfrak{J}_2, \ldots, \mathfrak{J}_w$ invariant bezüglich aller Operatoren $\boldsymbol{A}$, $\boldsymbol{B}, \ldots, \boldsymbol{L}$, und das Minimalpolynom jedes dieser Unterräume ist bezüglich eines beliebigen der Operatoren $\boldsymbol{A}, \boldsymbol{B}, \ldots, \boldsymbol{L}$ Potenz eines irreduziblen Polynoms.

Als Spezialfall erhalten wir:

Folgerung 2. *Sind die linearen Operatoren $\boldsymbol{A}, \boldsymbol{B}, \ldots, \boldsymbol{L}$ paarweise vertauschbar und gehören die charakteristischen Wurzeln dieser Operatoren alle dem Ausgangskörper K an, so läßt sich der ganze Vektorraum $\mathfrak{R}$ derart in bezüglich aller Operatoren $\boldsymbol{A}$, $\boldsymbol{B}, \ldots, \boldsymbol{L}$ invariante Unterräume $\mathfrak{J}_1, \mathfrak{J}_2, \ldots, \mathfrak{J}_w$ zerlegen, daß in jedem von ihnen jeder der Operatoren $\boldsymbol{A}, \boldsymbol{B}, \ldots, \boldsymbol{L}$ gleiche charakteristische Wurzeln besitzt.*

---

[1]) Vgl. auch Kap. 7, Satz 1 (S. 198).

Zum Schluß geben wir noch einen Spezialfall dieses Satzes an:

Folgerung 3. *Sind die paarweise vertauschbaren Operatoren* $\boldsymbol{A}, \boldsymbol{B}, \ldots, \boldsymbol{L}$ *Operatoren einfacher Struktur* (vgl. 3.8.)., *so kann man eine Basis des Vektorraums aus ihren gemeinsamen Eigenvektoren aufstellen.*

Für Matrizen lautet dieser Satz:

Vertauschbare Matrizen einfacher Struktur können durch Ähnlichkeitstransformationen gleichzeitig auf Diagonalform transformiert werden.

8.3. Die Gleichung $AX - XB = C$

Es seien zwei quadratische Matrizen $A = \|a_{ij}\|_1^m$ und $B = \|b_{kl}\|_1^n$ der Ordnung m bzw. n sowie eine Matrix $C = \|c_{jk}\|$ vom Typ (m, n) gegeben. Wir suchen die Lösung der Matrizengleichung

$$AX - XB = C, \tag{31}$$

d. h. alle rechteckigen Matrizen $X = \|x_{jk}\|$ vom Typ (m, n), die diese Gleichung befriedigen. Gleichung (31) ist einem System von $m \cdot n$ skalaren Gleichungen für die Elemente der Matrix X äquivalent:

$$\sum_{j=1}^{m} a_{ij} x_{jk} - \sum_{l=1}^{n} x_{il} b_{lk} = c_{ik} \quad (i = 1, 2, \ldots, m;\ k = 1, 2, \ldots, n). \tag{31'}$$

Diesem entspricht das homogene Gleichungssystem

$$\sum_{j=1}^{m} a_{ij} x_{jk} - \sum_{l=1}^{n} x_{il} b_{lk} = 0 \quad (i = 1, 2, \ldots, m;\ k = 1, 2, \ldots, n),$$

das sich mit Hilfe der Matrizen A, B und X folgendermaßen schreiben läßt:

$$AX - XB = O. \tag{32}$$

Gleichung (31) ist also eindeutig lösbar, wenn (32) nur die triviale Lösung $X = O$ besitzt. In 8.1. wurde gezeigt, daß das genau dann eintritt, wenn die Matrizen A und B keine gemeinsamen charakteristischen Wurzeln besitzen. *Gleichung* (31) *ist also eindeutig lösbar, wenn die Matrizen A und B keine gemeinsamen charakteristischen Wurzeln besitzen; sind gemeinsame charakteristische Wurzeln vorhanden, so können in Abhängigkeit von der Gestalt des „konstanten Gliedes" C zwei Fälle auftreten: Entweder ist das Gleichungssystem* (31') *widerspruchsvoll, und dann ist Gleichung* (31) *nicht lösbar, oder Gleichung* (31) *besitzt unendlich viele Lösungen, und die Lösungsmannigfaltigkeit wird durch folgende Formel gegeben:*

$$X = X_0 + X_1;$$

dabei ist X_0 eine spezielle Lösung von (31), X_1 die allgemeine Lösung der homogenen Gleichung (32) (diese wurde in 8.1. angegeben).

8.4. Die skalare Gleichung $f(X) = O$

Zu Beginn betrachten wir einen Spezialfall, die Gleichung

$$g(X) = O, \tag{33}$$

in der

$$g(\lambda) = (\lambda - \lambda_1)^{a_1} (\lambda - \lambda_2)^{a_2} \cdots (\lambda - \lambda_h)^{a_h}$$

ein vorgegebenes Polynom in λ und X eine gesuchte quadratische Matrix n-ter Ordnung ist. Da das Minimalpolynom von X, d. h. der erste Invariantenteiler $i_1(\lambda)$, ein Teiler des Polynoms $g(\lambda)$ ist, haben die Elementarteiler von X die Gestalt

$$(\lambda - \lambda_{j_1})^{p_{j_1}},\ (\lambda - \lambda_{j_2})^{p_{j_2}},\ \ldots,\ (\lambda - \lambda_{j_\nu})^{p_{j_\nu}}$$

$$(j_1, j_2, \ldots, j_\nu = 1, 2, \ldots, h;\ p_{j_1} \leqq a_{j_1},\ p_{j_2} \leqq a_{j_2}, \ldots, p_{j_\nu} \leqq a_{j_\nu};$$

$$p_{j_1} + p_{j_2} + \cdots + p_{j_\nu} = n)$$

(die Indizes $j_1, j_2, \ldots, j_\nu$ müssen nicht notwendig verschieden sein; n ist die vorgegebene Ordnung der gesuchten Matrix X).

Ist T eine beliebige reguläre Matrix n-ter Ordnung, so kann die gesuchte Matrix X in folgender Form dargestellt werden:

$$X = T\{\lambda_{j_1} E^{(p_{j_1})} + H^{(p_{j_1})}, \ldots, \lambda_{j_\nu} E^{(p_{j_\nu})} + H^{(p_{j_\nu})}\}\, T^{-1}. \tag{34}$$

Die Lösungsmannigfaltigkeit der Gleichung (33) zerfällt bei vorgegebener Ordnung der gesuchten Matrix nach Formel (34) in endlich viele Klassen ähnlicher Matrizen.

Beispiel 1. Gegeben sei die Gleichung

$$X^m = O. \tag{35}$$

Eine Matrix A heißt *nilpotent*, wenn eine gewisse Potenz dieser Matrix die Nullmatrix ergibt. Ist k der kleinste Exponent, für den dieser Fall eintritt, so nennen wir A *nilpotent vom Index k*.

Die Lösungen von (35) sind genau die nilpotenten Matrizen vom Index $\mu \leqq m$. Die Formel, die alle Lösungen vorgegebener Ordnung n erfaßt, lautet

$$X = T\{H^{(p_1)}, H^{(p_2)}, \ldots, H^{(p_\nu)}\}\, T^{-1} \tag{36}$$

$$(p_1, p_2, \ldots, p_\nu \leqq m;\ p_1 + p_2 + \cdots + p_\nu = n)$$

(T ist eine reguläre Matrix).

Beispiel 2. Gegeben sei die Gleichung

$$X^2 = X. \tag{37}$$

Eine Matrix, die diese Gleichung befriedigt, heißt *idempotent*. Idempotente Matrizen können nur die Elementarteiler λ oder $\lambda - 1$ besitzen. Daher lassen sich idempotente Matrizen folgendermaßen definieren: Es sind Matrizen einfacher Struktur (d. h. auf Diagonalform reduzierbar), deren charakteristische Wurzeln gleich 0 oder gleich 1 sind. Ist T eine beliebige reguläre Matrix n-ter Ordnung, so umfaßt die Formel

$$X = T\{\underbrace{1, 1, \ldots, 1, 0, \ldots, 0}_{n}\} T^{-1} \tag{38}$$

alle idempotenten Matrizen n-ter Ordnung.

Es sei nun $f(\lambda)$ eine in einem gewissen Gebiet G der komplexen Zahlenebene reguläre Funktion. Wir betrachten die Gleichung

$$f(X) = O. \tag{39}$$

Von den Lösungen $X = \|x_{ik}\|_1^n$ fordern wir, daß ihre charakteristischen Wurzeln in G liegen. Wir geben alle Nullstellen der Funktion $f(\lambda)$, die in G liegen, und deren Vielfachheit an:

$$\text{Nullstellen: } \lambda_1, \lambda_2, \ldots,$$
$$\text{Vielfachheit: } a_1, a_2, \ldots$$

Wie im vorigen Fall haben alle Elementarteiler der Matrix X die Gestalt $(\lambda - \lambda_i)^{p_i}$ $(p_i \leqq a_i)$, und daher gilt

$$X = T\{\lambda_{j_1} E^{(p_{j_1})} + H^{(p_{j_1})}, \ldots, \lambda_{j_\nu} E^{(p_{j_\nu})} + H^{(p_{j_\nu})}\} T^{-1} \tag{40}$$
$$(j_1, j_2, \ldots, j_\nu = 1, 2, \ldots; \quad p_{j_1} \leqq a_{j_1}, p_{j_2} \leqq a_{j_2}, \ldots, p_{j_\nu} \leqq a_{j_\nu};$$
$$p_{j_1} + p_{j_2} + \cdots + p_{j_\nu} = n)$$

(T ist eine beliebige reguläre Matrix).

8.5. Gleichungen von Matrizenpolynomen

Wir betrachten die Gleichungen

$$A_0 X^m + A_1 X^{m-1} + \cdots + A_m = O, \tag{41}$$

$$Y^m A_0 + Y^{m-1} A_1 + \cdots + A_m = O, \tag{42}$$

($A_0, A_1, \ldots, A_m$ sind gegebene, X und Y gesuchte quadratische Matrizen n-ter Ordnung). Die in 8.4. untersuchte Gleichung (33) erweist sich als Spezialfall (man kann sagen, als trivialer Spezialfall) der Gleichungen (41) und (42); setzt man in diesen $A_i = \alpha_i E$ $(\alpha_i \in \mathbf{K};\ i = 1, 2, \ldots, m)$, so gehen sie in (33) über.

Der folgende Satz stellt den Zusammenhang zwischen den Gleichungen (41), (42) und (33) her.

Satz 4. *Jede Lösung X der Matrizengleichung*

$$A_0 X^m + A_1 X^{m-1} + \cdots + A_m = O$$

befriedigt die Gleichung

$$g(X) = O; \tag{43}$$

dabei ist

$$g(\lambda) \equiv |A_0\lambda^m + A_1\lambda^{m-1} + \cdots + A_m|. \tag{44}$$

Diese Gleichung wird auch durch jede Lösung Y der Matrizengleichung

$$Y^m A_0 + Y^{m-1}A_1 + \cdots + A_m = O$$

befriedigt.

Beweis. Mit $F(\lambda)$ bezeichnen wir das Matrizenpolynom

$$F(\lambda) = A_0\lambda^m + A_1\lambda^{m-1} + \cdots + A_m.$$

Die Gleichungen (41) und (42) können dann folgendermaßen geschrieben werden (vgl. S. 104f.):

$$F(X) = O, \quad \hat{F}(Y) = O.$$

Der verallgemeinerte Bezoutsche Satz (Abschnitt 4.2) besagt: Sind X und Y Lösungen dieser Gleichungen, so ist das Polynom $F(\lambda)$ von rechts durch $\lambda E - X$ und von links durch $\lambda E - Y$ teilbar:

$$F(\lambda) = Q(\lambda)(\lambda E - X) = (\lambda E - Y)\,Q_1(\lambda).$$

Hieraus folgt, wenn man die charakteristischen Polynome der Matrizen X und Y mit $\Delta(\lambda)$ bzw. $\Delta_1(\lambda)$ bezeichnet $\big(\Delta(\lambda) = |\lambda E - X|;\ \Delta_1(\lambda) = |\lambda E - Y|\big)$,

$$g(\lambda) = |F(\lambda)| = |Q(\lambda)|\,\Delta(\lambda) = |Q_1(\lambda)|\,\Delta_1(\lambda). \tag{45}$$

Nach dem Satz von Cayley-Hamilton (Abschnitt 4.3) ist $\Delta(X) = O$, $\Delta(Y) = O$. Aus (45) folgt daher $g(X) = g(Y) = O$. Damit ist der Satz bewiesen.

Wir haben bewiesen, daß jede Lösung von (41) der skalaren Gleichung $g(\lambda) = 0$ (des Grades $\leq mn$) genügt. Die Lösungsmannigfaltigkeit der entsprechenden Matrizengleichung der vorgegebenen Ordnung n zerfällt aber in eine endliche Zahl von Klassen einander ähnlicher Matrizen (vgl. 8.4.). Alle Lösungen von (41) müssen daher die Form

$$T_i D_i T_i^{-1} \tag{46}$$

haben. (Hier sind D_i bekannte Matrizen; nach Belieben kann vorausgesetzt werden, daß die D_i in Jordanscher Normalform vorliegen; T_i sind beliebige reguläre Matrizen n-ter Ordnung; $i = 1, 2, \ldots, h$.) Wir ersetzen in (41) X durch (46) und wählen T_i derart, daß (41) erfüllt ist. Für jedes T_i erhalten wir eine Gleichung der Form

$$A_0 T_i D_i^m + A_1 T_i D_i^{m-1} + \cdots + A_m T_i = O \quad (i = 1, 2, \ldots, h). \tag{47}$$

Die einzige Methode, die wir zum Auffinden der Lösungen T_i von (47) empfehlen können, besteht in der Lösung des zugehörigen homogenen linearen Gleichungssystems für die Elemente der gesuchten Matrix T_i. Jede nichtsinguläre Lösung T_i von (47) ergibt nach Einsetzen in (46) eine Lösung von (41). Analog können wir auch mit der Gleichung (42) verfahren.

In 8.6. und 8.7. betrachten wir Spezialfälle von (41) in Verbindung mit der Berechnung der m-ten Wurzel einer Matrix.

Wir bemerken, daß der Satz von CAYLEY-HAMILTON ein Spezialfall des eben bewiesenen Satzes ist. Eine beliebige Matrix A erfüllt die Gleichung $\lambda E - A = O$, wenn man A an Stelle von λ setzt, und nach dem bewiesenen Satz gilt $\Delta(A) = O$ mit $\Delta(\lambda) = |\lambda E - A|$.

Satz 4 läßt sich auf folgende Weise verallgemeinern:

Satz 5.[1]) *Sind $X_0, X_1, \ldots, X_m$ paarweise vertauschbare Matrizen n-ter Ordnung, die der Gleichung*

$$A_0 X_0 + A_1 X_1 + \cdots + A_m X_m = O \tag{48}$$

genügen ($A_0, A_1, \ldots, A_m$ vorgegebene Matrizen n-ter Ordnung), so genügen sie der skalaren Gleichung

$$g(X_0, X_1, \ldots, X_m) = O \tag{49}$$

mit

$$g(\xi_0, \xi_1, \ldots, \xi_m) = |A_0\xi_0 + A_1\xi_1 + \cdots + A_m\xi_m|. \tag{50}$$

Beweis.[2]) $\xi_0, \xi_1, \ldots, \xi_m$ seien Unbestimmte, und es sei

$$F(\xi_0, \xi_1, \ldots, \xi_m) = \|f_{ik}(\xi_0, \xi_1, \ldots, \xi_m)\|_1^n = A_0\xi_0 + A_1\xi_1 + \cdots + A_m\xi_m.$$

Wir bezeichnen mit $\widehat{F}(\xi_0, \xi_1, \ldots, \xi_m) = \|\widehat{f_{ik}}(\xi_0, \xi_1, \ldots, \xi_m)\|_1^n$ die zu der Matrix F adjungierte Matrix ($\widehat{f_{ik}}$ ist das algebraische Komplement (die Adjunkte) des Elements f_{ki} der Determinante $|F(\xi_0, \xi_1, \ldots, \xi_m)| = |f_{ik}|_1^n$ $(i, k = 1, 2, \ldots, n)$). Jedes Element $\widehat{f_{ik}}$ der Matrix $\widehat{F}$ ist dann ein homogenes Polynom $(m-1)$-ten Grades in $\xi_0, \xi_1, \ldots, \xi_m$, d. h., die Matrix $\widehat{F}$ kann in der Form

$$\widehat{F} = \sum_{j_0 + j_1 + \cdots + j_m = n-1} F_{j_0 j_1 \ldots j_m} \xi_0^{j_0} \xi_1^{j_1} \ldots \xi_m^{j_m},$$

dargestellt werden (die $F_{j_0 j_1 \ldots j_m}$ sind konstante Matrizen n-ter Ordnung).

Aus der Definition der Matrix $\widehat{F}$ ergibt sich die Identität

$$\widehat{F} F = g(\xi_0, \xi_1, \ldots, \xi_m)\, E.$$

Diese Identität läßt sich folgendermaßen schreiben:

$$\sum_{j_0 + j_1 + \cdots + j_{m-1} = n-1} F_{j_0 j_1 \ldots j_m} (A_0\xi_0 + A_1\xi_1 + \cdots + A_m\xi_m)\, \xi_0^{j_0} \xi_1^{j_1} \ldots \xi_m^{j_m}$$
$$= g(\xi_0, \xi_1, \ldots, \xi_m)\, E. \tag{51}$$

Will man von der linken zur rechten Seite von (51) übergehen, so hat man die Klammer aufzulösen und die Glieder zu ordnen. *Dabei werden die Variablen $\xi_0, \xi_1, \ldots, \xi_m$ mit-*

---

[1]) Vgl. [231].

[2]) Die $f_{ik}(\xi_0, \xi_1, \ldots, \xi_m)$ sind Linearformen in $\xi_0, \xi_1, \ldots, \xi_m$ $(i, k = 1, 2, \ldots, n)$.

einander vertauscht, nicht aber mit den Matrizenkoeffizienten A_i *und* $F_{j_0 j_1 \cdots j_m}$. Die Identität (51) bleibt daher erhalten, wenn man von den Variablen $\xi_0, \xi_1, \ldots, \xi_m$ zu den paarweise vertauschbaren Matrizen $X_0, X_1, \ldots, X_m$ übergeht:

$$\sum_{j_0+j_1+\cdots+j_m=n-1} F_{j_0 j_1 \cdots j_m}(A_0X_0 + A_1X_1 + \cdots + A_mX_m)\, X_0^{j_0}X_1^{j_1}\cdots X_m^{j_m}$$

$$= g(X_0, X_1, \ldots, X_m). \tag{52}$$

Da aber nach Voraussetzung $A_0X_0 + A_1X_1 + \cdots + A_mX_m = O$ ist, folgt aus (52) $g(X_0, X_1, \ldots, X_m) = O$, was zu beweisen war.

Bemerkung 1. Satz 5 gilt weiterhin, wenn Gleichung (48) durch

$$X_0A_0 + X_1A_1 + \cdots + X_mA_m = O \tag{53}$$

ersetzt wird. Man wende nämlich Satz 5 auf die Gleichung

$$A_0^{\mathsf{T}}X_0 + A_1^{\mathsf{T}}X_1 + \cdots + A_m^{\mathsf{T}}X_m = O$$

an und gehe dann gliedweise zu den transponierten Matrizen über.

Bemerkung 2. Satz 4 erweist sich als Spezialfall von Satz 5; man wähle nur an Stelle von $X_0, X_1, \ldots, X_m$ die Matrizen $X^m, X^{m-1}, \ldots, X, E$.

8.6. Die m-ten Wurzeln regulärer Matrizen

Dieser und auch der folgende Abschnitt beschäftigt sich mit der Gleichung

$$X^m = A \tag{54}$$

(A ist eine gegebene, X eine gesuchte Matrix n-ter Ordnung, m schließlich eine positive ganze Zahl).

In diesem Abschnitt untersuchen wir den Fall $|A| \neq 0$ (A ist eine reguläre Matrix). Alle charakteristischen Wurzeln der Matrix A sind dann von 0 verschieden (da $|A|$ gleich dem Produkt der charakteristischen Wurzeln ist).

Wir bezeichnen die Elementarteiler der Matrix A mit

$$(\lambda - \lambda_1)^{p_1}, (\lambda - \lambda_2)^{p_2}, \ldots, (\lambda - \lambda_u)^{p_u} \tag{55}$$

und reduzieren die Matrix auf Jordansche Normalform[1])

$$A = U\tilde{A}U^{-1} = U\{\lambda_1E_1 + H_1, \ldots, \lambda_uE_u + H_u\}\, U^{-1}. \tag{56}$$

Die charakteristischen Wurzeln der Matrix X ergeben, in die m-te Potenz erhoben, die charakteristischen Wurzeln der Matrix A und sind ebenfalls sämtlich von 0 verschieden. Dann verschwindet aber die Ableitung der Funktion $f(\lambda) = \lambda^m$ für diese charakteristischen Wurzeln nicht, und folglich (vgl. Kap. 6, S. 182) werden die Elementarteiler der Matrix X beim Übergang zur m-ten Potenz dieser Matrix nicht „aufgespalten". Aus dem Gesagten folgt: Ist $\xi_j^m = \lambda_j$, d. h., ist ξ_j eine der m-ten

[1]) Wir setzen dabei $E_j = E^{(p_j)}$ und $H_j = H^{(p_j)}$ $(j = 1, \ldots, u)$.

Wurzeln von λ_j ($\xi_j = \sqrt[m]{\lambda_j}$; $j = 1, 2, \ldots, u$), so haben die Elementarteiler der Matrix X die Gestalt

$$(\lambda - \xi_1)^{p_1}, (\lambda - \xi_2)^{p_2}, \ldots, (\lambda - \xi_u)^{p_u}. \tag{57}$$

Wir definieren jetzt $\sqrt[m]{\lambda_j E_j + H_j}$ folgendermaßen: Wir wählen in der λ-Ebene einen Kreis mit dem Zentrum im Punkt λ_j, der den Nullpunkt nicht enthält. In diesem Kreis liegen m getrennte Zweige der Funktion $\sqrt[m]{\lambda}$. Diese Zweige können durch die Werte unterschieden werden, die sie im Zentrum des Kreises, im Punkt λ_j, annehmen. Den Zweig, dessen Wert im Punkt λ_j mit der charakteristischen Wurzel ξ_j der gesuchten Matrix X übereinstimmt, bezeichnen wir mit $\sqrt[m]{\lambda}$ und definieren, ausgehend von diesem Zweig, die Matrizenfunktion $\sqrt[m]{\lambda_j E_j + H_j}$ durch die Reihe

$$\sqrt[m]{\lambda_j E_j + H_j} = \lambda_j^{\frac{1}{m}} E_j + \frac{1}{m} \lambda_j^{\frac{1}{m}-1} H_j + \frac{1}{2!}\,\frac{1}{m}\left(\frac{1}{m} - 1\right) \lambda_j^{\frac{1}{m}-2} H_j^2 + \cdots. \tag{58}$$

Da die Ableitung der betrachteten Funktion $\sqrt[m]{\lambda}$ im Punkt λ_j nicht verschwindet, besitzt die Matrix (58) nur einen Elementarteiler $(\lambda - \xi_j)^{p_j}$ mit $\xi_j = \sqrt[m]{\lambda}$ ($j = 1, 2, \ldots, u$). Hieraus folgt, daß die verallgemeinerte Diagonalmatrix

$$\left\{\sqrt[m]{\lambda_1 E_1 + H_1}, \sqrt[m]{\lambda_2 E_2 + H_2}, \ldots, \sqrt[m]{\lambda_u E_u + H_u}\right\}$$

die Elementarteiler (57) besitzt, d. h. dieselben Elementarteiler wie die gesuchte Matrix X. Daher existiert eine reguläre Matrix T ($|T| \neq 0$) mit

$$X = T \left\{\sqrt[m]{\lambda_1 E_1 + H_1}, \sqrt[m]{\lambda_2 E_2 + H_2}, \ldots, \sqrt[m]{\lambda_u E_u + H_u}\right\} T^{-1}. \tag{59}$$

Zur Bestimmung der Matrix T bemerken wir folgendes: Ersetzt man auf beiden Seiten der Identität

$$\left(\sqrt[m]{\lambda}\right)^m = \lambda$$

λ durch die Matrix $\lambda_j E_j = H_j$, $j = 1, 2, \ldots, u$, so erhält man

$$\left(\sqrt[m]{\lambda_j E_j + H_j}\right)^m = \lambda_j E_j + H_j \qquad (j = 1, 2, \ldots, u).$$

Nun folgt aus (54) und (59)

$$A = T\{\lambda_1 E_1 + H_1, \lambda_2 E_2 + H_2, \ldots, \lambda_u E_u + H_u\}\, T^{-1}. \tag{60}$$

Vergleicht man (56) und (60), so findet man

$$T = U X_{\tilde{A}}; \tag{61}$$

$X_{\tilde{A}}$ ist hier eine beliebige mit $\tilde{A}$ vertauschbare Matrix (ihre Struktur ist in 8.2. ausführlich angegeben).

Ersetzen wir in (59) die Matrix T durch den Ausdruck $UX_{\tilde{A}}$, so erhalten wir die Formel

$$X = UX_{\tilde{A}} \left\{\sqrt[m]{\lambda_1 E_1 + H_1}, \sqrt[m]{\lambda_2 E_2 + H_2}, \ldots, \sqrt[m]{\lambda_u E_u + H_u}\right\} X_{\tilde{A}}^{-1} U^{-1}, \tag{62}$$

die alle Lösungen von (54) umfaßt. Die auf der rechten Seite dieser Formel vorhandene Mehrdeutigkeit hat sowohl diskreten als auch kontinuierlichen Charakter: diskreten (im gegebenen Fall sogar endlichen) im Hinblick auf die Wahl der verschiedenen Zweige von $\sqrt[m]{\lambda}$ in den verschiedenen Kästchen der verallgemeinerten Diagonalmatrix (dabei können sogar für $\lambda_j = \lambda_k$ die Zweige von $\sqrt[m]{\lambda}$ im j-ten und k-ten Diagonalkästchen verschieden sein); kontinuierlichen im Hinblick auf die in der Matrix $X_{\tilde{A}}$ enthaltenen Parameter.

Alle Lösungen der Gleichung (54) heißen *m-te Wurzeln der Matrix A*, und wir benutzen für sie die mehrdeutige Bezeichnung $\sqrt[m]{A}$. Wir möchten betonen, daß $\sqrt[m]{A}$ im allgemeinen nicht als Polynom in A dargestellt werden kann.

Bemerkung. Sind alle Elementarteiler der Matrix A paarweise teilerfremd, d. h., sind die Zahlen $\lambda_1, \lambda_2, \ldots, \lambda_u$ alle verschieden, so ist die Matrix $X_{\tilde{A}}$ eine verallgemeinerte Diagonalmatrix,

$$X_{\tilde{A}} = \{X_1, X_2, \ldots, X_u\},$$

und die Matrix X_j ist mit $\lambda_j E_j + H_j$ und damit auch mit jedem Polynom in $\lambda_j E_j + H_j$, speziell mit $\sqrt[m]{\lambda_j E_j + H_j}$ vertauschbar ($j = 1, 2, \ldots, u$). Daher hat Formel (62) in dem von uns betrachteten Fall die Gestalt

$$X = U \left\{\sqrt[m]{\lambda_1 E_1 + H_1}, \sqrt[m]{\lambda_2 E_2 + H_2}, \ldots, \sqrt[m]{\lambda_u E_u + H_u}\right\} U^{-1}.$$

Sind also die Elementarteiler der Matrix A paarweise teilerfremd, so tritt in der Formel für $X = \sqrt[m]{A}$ nur eine diskrete Mehrdeutigkeit auf. In diesem Fall kann jeder Wert von $\sqrt[m]{A}$ als Polynom in A dargestellt werden.

Beispiel. Gesucht sind alle Quadratwurzeln der Matrix

$$A = \left\| \begin{matrix} 1 & 1 & 0 \\ 0 & 1 & 0 \\ 0 & 0 & 1 \end{matrix} \right\|,$$

d. h. alle Lösungen der Gleichung $X^2 = A$.

In unserem Beispiel besitzt die Matrix A bereits Jordansche Normalform. Daher kann man in (62) $A = \tilde{A}$ und $U = E$ setzen. Für die Matrix $X_{\tilde{A}}$ finden wir

$$X_{\tilde{A}} = \left\| \begin{matrix} a & b & c \\ 0 & a & 0 \\ 0 & d & e \end{matrix} \right\| \qquad (a, b, c, d \text{ und } e \text{ sind Parameter}).$$

Formel (62), die alle Lösungen X umfaßt, nimmt folgende Gestalt an:

$$X = \begin{Vmatrix} a & b & c \\ 0 & a & 0 \\ 0 & d & e \end{Vmatrix} \begin{Vmatrix} \varepsilon & \frac{\varepsilon}{2} & 0 \\ 0 & \varepsilon & 0 \\ 0 & 0 & \eta \end{Vmatrix} \begin{Vmatrix} a & b & c \\ 0 & a & 0 \\ 0 & d & e \end{Vmatrix}^{-1} \quad (\varepsilon^2 = \eta^2 = 1). \tag{63}$$

Ohne X zu ändern, können wir in (62) die Matrix $X_{\tilde{A}}$ mit einem Skalar multiplizieren, so daß $|X_{\tilde{A}}| = 1$ ist. Im gegebenen Fall ergibt das die Gleichung $a^2 e = 1$; daraus folgt $e = a^{-2}$.

Um die Elemente der Matrix $X_{\tilde{A}}^{-1}$ zu berechnen, geben wir eine lineare Transformation mit der Koeffizientenmatrix $X_{\tilde{A}}$ an:

$$\begin{aligned} y_1 &= ax_1 + bx_2 + cx_3, \\ y_2 &= ax_2, \\ y_3 &= dx_2 + a^{-2}x_3. \end{aligned}$$

Lösen wir dieses Gleichungssystem nach x_1, x_2, x_3 auf, so erhalten wir die Transformation, die als Koeffizientenmatrix die inverse Matrix $X_{\tilde{A}}^{-1}$ besitzt:

$$\begin{aligned} x_1 &= a^{-1}y_1 - (a^{-2}b - cd)\, y_2 - acy_3, \\ x_2 &= a^{-1}y_2, \\ x_3 &= -ady_2 + a^2y_3. \end{aligned}$$

Hieraus folgt

$$X_{\tilde{A}}^{-1} = \begin{Vmatrix} a & b & c \\ 0 & a & 0 \\ 0 & d & a^{-2} \end{Vmatrix}^{-1} = \begin{Vmatrix} a^{-1} & cd - a^{-2}b & -ac \\ 0 & a^{-1} & 0 \\ 0 & -ad & a^2 \end{Vmatrix}.$$

Somit ergibt sich aus Formel (63)

$$X = \begin{Vmatrix} \varepsilon & (\varepsilon - \eta)\, acd + \frac{\varepsilon}{2} & a^2c(\eta - \varepsilon) \\ 0 & \varepsilon & 0 \\ 0 & (\varepsilon - \eta)\, da^{-1} & \eta \end{Vmatrix}$$

$$= \begin{Vmatrix} \varepsilon & (\varepsilon - \eta)\, vw + \frac{\varepsilon}{2} & (\varepsilon - \eta)\, v \\ 0 & \varepsilon & 0 \\ 0 & (\varepsilon - \eta)\, w & \eta \end{Vmatrix} \quad (v = a^2c;\ w = a^{-1}d). \tag{64}$$

Die Lösungsmatrix hängt von zwei Parametern ab; außerdem sind für ε und η die Werte $+1$ und -1 zulässig.

8.7. Die m-ten Wurzeln singulärer Matrizen

Wir gehen zur Untersuchung des Falls $|A| = 0$ (A ist eine singuläre Matrix) über. Wie im ersten Fall reduzieren wir die Matrix A auf Jordansche Normalform:

$$A = U\{\lambda_1 E^{(p_1)} + H^{(p_1)}, \ldots, \lambda_u E^{(p_u)} + H^{(p_u)};\ H^{(q_1)}, H^{(q_2)}, \ldots, H^{(q_t)}\}\, U^{-1}; \tag{65}$$

die Elementarteiler der Matrix A, die von 0 verschiedenen charakteristischen Wurzeln entsprechen, haben wir mit $(\lambda - \lambda_1)^{p_1}, \ldots, (\lambda - \lambda_u)^{p_u}$ und die, welche verschwindenden charakteristischen Wurzeln entsprechen, mit $\lambda^{q_1}, \lambda^{q_2}, \ldots, \lambda^{q_t}$ bezeichnet. Dann ist

$$A = U\{A_1, A_2\}\, U^{-1} \tag{66}$$

mit

$$A_1 = \{\lambda_1 E^{(p_1)} + H^{(p_1)}, \ldots, \lambda_u E^{(p_u)} + H^{(p_u)}\}, \quad A_2 = \{H^{(q_1)}, H^{(q_2)}, \ldots, H^{(q_t)}\}. \tag{67}$$

Wir bemerken, daß A_1 eine reguläre Matrix ($|A_1| \neq 0$), A_2 eine nilpotente Matrix vom Index $\mu = \max(q_1, q_2, \ldots, q_t)$ ist ($A_2^\mu = O$).

Aus der Ausgangsgleichung (54) folgt, daß die Matrix A und die gesuchte Matrix X vertauschbar sind; die ihnen ähnlichen Matrizen

$$U^{-1}AU = \{A_1, A_2\} \qquad \text{und} \qquad U^{-1}XU \tag{68}$$

sind dann ebenfalls vertauschbar.

Wie in 8.2. (Satz 3) bewiesen wurde, folgt aus der Vertauschbarkeit der Matrizen (68) und der Tatsache, daß die Matrizen A_1 und A_2 keine gemeinsamen charakteristischen Wurzeln besitzen, daß auch die zweite der Matrizen eine entsprechende verallgemeinerte Diagonalmatrix ist:

$$U^{-1}XU = \{X_1, X_2\}. \tag{69}$$

Ersetzen wir in (54) die Matrizen A und X durch die ihnen ähnlichen Matrizen $\{A_1, A_2\}$ und $\{X_1, X_2\}$, so geht (54) in folgende zwei Gleichungen über:

$$X_1^m = A_1, \tag{70}$$

$$X_2^m = A_2. \tag{71}$$

Da $|A_1| \neq 0$ ist, sind auf (70) die Ergebnisse aus 8.6. anwendbar. Formel (62) ergibt für X_1

$$X_1 = X_{A_1} \left\{\sqrt[m]{\lambda_1 E^{(p_1)} + H^{(p_1)}}, \ldots, \sqrt[m]{\lambda_u E^{(p_u)} + H^{(p_u)}}\right\} X_{A_1}^{-1}. \tag{72}$$

Es bleibt also die Gleichung (71) zu untersuchen, d. h., gesucht sind alle m-ten Wurzeln der Matrix A_2, die nilpotent vom Index $\mu = \max(q_1, q_2, \ldots, q_t)$ ist und bereits Jordansche Normalform besitzt:

$$A_2 = \{H^{(q_1)}, H^{(q_2)}, \ldots, H^{(q_t)}\}. \tag{73}$$

Aus $A_2^\mu = O$ und (71) folgt $X_2^{m\mu} = O$. Diese Gleichung zeigt, daß die gesuchte Matrix X_2 ebenfalls nilpotent ist, und zwar vom Index ν, wobei $m(\mu - 1) < \nu \leqq m\mu$ ist. — Die Matrix X_2 reduzieren wir auf Jordansche Normalform:

$$X_2 = T\{H^{(v_1)}, H^{(v_2)}, \ldots, H^{(v_s)}\}\, T^{-1} \qquad (v_1, v_2, \ldots, v_s \leqq \nu). \tag{74}$$

Geht man auf beiden Seiten der letzten Gleichung zur m-ten Potenz über, so ergibt sich

$$A_2 = X_2^m = T\{[H^{(v_1)}]^m, [H^{(v_2)}]^m, \ldots, [H^{(v_s)}]^m\}T^{-1}. \tag{75}$$

Wir klären nun die Frage, welche Elementarteiler die Matrix $[H^{(v)}]^m$ besitzt.[1] Der durch die Matrix $H^{(v)}$ im v-dimensionalen Vektorraum mit der Basis $\boldsymbol{e}_1, \boldsymbol{e}_2, \ldots, \boldsymbol{e}_v$ gegebene lineare Operator sei $\boldsymbol{H}$. Aus der speziellen Struktur der Matrix $H^{(v)}$ (die Elemente der ersten oberen Diagonale der Matrix $H^{(v)}$ sind gleich 1, alle übrigen gleich 0) folgt:

$$\boldsymbol{He}_1 = \boldsymbol{o},\ \boldsymbol{He}_2 = \boldsymbol{e}_1, \ldots, \boldsymbol{He}_v = \boldsymbol{e}_{v-1}. \tag{76}$$

Diese Gleichungen zeigen, daß bezüglich des Operators $\boldsymbol{H}$ die Vektoren $\boldsymbol{e}_1, \boldsymbol{e}_2, \ldots, \boldsymbol{e}_v$ eine dem Elementarteiler λ^v entsprechende Jordansche Kette von Vektoren bilden.

Die Gleichungen (76) können folgendermaßen geschrieben werden:

$$\boldsymbol{He}_j = \boldsymbol{e}_{j-1} \quad (j = 1, 2, \ldots, v;\ \boldsymbol{e}_0 = \boldsymbol{o}).$$

Offenbar ist

$$\boldsymbol{H}^m \boldsymbol{e}_j = \boldsymbol{e}_{j-m} \quad (j = 1, 2, \ldots, v;\ \boldsymbol{e}_0 = \boldsymbol{e}_{-1} = \cdots \boldsymbol{e}_{-m+1} = \boldsymbol{o}). \tag{77}$$

Wir zerlegen die Zahl v in der Gestalt $v = km + r$ ($r < m$; k und r sind nichtnegative ganze Zahlen) und ordnen die Basisvektoren auf folgende Weise an:

$$\left.\begin{array}{lll} \boldsymbol{e}_1, & \boldsymbol{e}_2, & \ldots, \boldsymbol{e}_m, \\ \boldsymbol{e}_{m+1}, & \boldsymbol{e}_{m+2}, & \ldots, \boldsymbol{e}_{2m}, \\ \multicolumn{3}{c}{\dotfill} \\ \boldsymbol{e}_{(k-1)m+1}, & \boldsymbol{e}_{(k-1)m+2}, & \ldots, \boldsymbol{e}_{km}, \\ \boldsymbol{e}_{km+1}, \ldots, & \boldsymbol{e}_{km+r}. & \end{array}\right\} \tag{78}$$

Dieses Schema besteht aus m Spalten; die ersten r enthalten je $k + 1$, die restlichen je k Vektoren. Der Gleichung (77) entnehmen wir, daß die Vektoren jeder Spalte eine Jordansche Kette von Vektoren bezüglich des Operators $\boldsymbol{H}^m$ bilden. Numerieren wir die Vektoren (78) nicht sukzessive nach Zeilen, sondern nach Spalten, so erhalten wir eine neue Basis; bezüglich dieser Basis besitzt die dem Operator $\boldsymbol{H}^m$ entsprechende Matrix die Jordansche Normalform

$$\{\underbrace{H^{(k+1)}, \ldots, H^{(k+1)}}_{r},\ \underbrace{H^{(k)}, \ldots, H^{(k)}}_{m-r}\};\,^{2)}$$

daher ist

$$[H^{(v)}]^m = P_{v,m}\{\underbrace{H^{(k+1)}, \ldots, H^{(k+1)}}_{r},\ \underbrace{H^{(k)}, \ldots, H^{(k)}}_{m-r}\}\, P_{v,m}^{-1}, \tag{79}$$

---

[1]) Eine Antwort auf diese Frage gibt Satz 9 in Kap. 6 (S. 181). Hier erzwingen wir eine Antwort auf diese Frage auf anderem Wege, da wir nicht nur die Elementarteiler der Matrix $[H^{(v)}]^m$ ermitteln wollen, sondern auch die Matrix $P_{v,m}$, die $[H^{(v)}]^m$ auf Jordansche Normalform transformiert.

[2]) Ist $k = 0$, so fehlen die Kästchen $\underbrace{H^{(k)}, \ldots, H^{(k)}}_{m-r}$, und die Matrix hat die Gestalt $\{\underbrace{H^{(1)}, \ldots, H^{(1)}}_{r}\}$.

und die Matrix $P_{v,m}$ (die den Übergang von der einen zur anderen Basis vermittelt) ist folgendermaßen aufgebaut (vgl. 3.4.)

$$P_{v,m} = \left\| \begin{matrix} \overbrace{1 \; 0 \; \ldots \; 0}^{m} & 0 & \ldots \\ 0 \; 0 \; \ldots \; 0 & 1 & \ldots \\ \ldots\ldots\ldots\ldots & \ldots & \ldots \\ 0 \; 0 \; \ldots \; 0 & & \\ 0 \; 1 \; \ldots \; 0 & & \\ \ldots\ldots\ldots\ldots & \ldots & \ldots \end{matrix} \right\| \left.\vphantom{\begin{matrix} 1\\0\\ \ldots \\ 0 \end{matrix}}\right\} m. \tag{80}$$

Die Matrix $H^{(v)}$ besitzt als einzigen Elementarteiler λ^v. Beim Übergang zur m-ten Potenz „spaltet" sich dieser Elementarteiler. Wie (79) zeigt, besitzt die Matrix $[H^{(v)}]^m$ die Elementarteiler

$$\underbrace{\lambda^{k+1}, \ldots, \lambda^{k+1}}_{r}, \quad \underbrace{\lambda^k, \ldots, \lambda^k}_{m-r}.$$

Wir wenden uns jetzt Gleichung (75) zu und setzen

$$v_i = k_i m + r_i \qquad (0 \leqq r_i < m,\ k_i \geqq 0;\ i = 1, 2, \ldots, s). \tag{81}$$

Nach (79) kann dann, wenn $P = \{P_{v_1,m}, P_{v_2,m}, \ldots, P_{v_s,m}\}$ ist, Gleichung (75) folgendermaßen geschrieben werden:

$$A_2 = X_2^m = TP\{\underbrace{H^{(k_1+1)}, \ldots, H^{(k_1+1)}}_{r_1}, \underbrace{H^{(k_1)}, \ldots, H^{(k_1)}}_{m-r_1}, \\ \underbrace{H^{(k_2+1)}, \ldots, H^{(k_2+1)}}_{r_2}, H^{(k_2)}, \ldots\} P^{-1}T^{-1}. \tag{82}$$

Vergleicht man (82) und (73), so sieht man, daß die Kästchen

$$H^{(k_1+1)}, \ldots, H^{(k_1+1)}, H^{(k_1)}, \ldots, H^{(k_1)}, H^{(k_2+1)}, \ldots, H^{(k_2+1)}, \ldots \tag{83}$$

bis auf die Anordnung mit den Kästchen

$$H^{(q_1)}, H^{(q_2)}, \ldots, H^{(q_t)} \tag{84}$$

übereinstimmen.

Ein System von Elementarteilern, $\lambda^{v_1}, \lambda^{v_2}, \ldots, \lambda^{v_s}$ nennen wir ein für die Matrix X_2 *mögliches* System, wenn sich die Elementarteiler beim Übergang zur m-ten Potenz der Matrix „spalten" und dabei das bekannte System $\lambda^{q_1}, \lambda^{q_2}, \ldots, \lambda^{q_t}$ der Elementarteiler der Matrix A_2 erzeugen. Die Anzahl der möglichen Systeme von Elementarteilern ist stets endlich, denn es ist

$$\max(v_1, v_2, \ldots, v_s) \leqq m\mu, \qquad v_1 + v_2 + \cdots + v_s = n_2 \tag{85}$$

(n_2 ist die Ordnung der Matrix A_2).

In jedem konkreten Fall lassen sich die für die Matrix X_2 möglichen Systeme von Elementarteilern leicht durch endlich viele Proben bestimmen.

Wir zeigen nun, daß zu jedem möglichen System von Elementarteilern $\lambda^{v_1}, \lambda^{v_2}, \ldots, \lambda^{v_s}$ eine entsprechende Lösung der Gleichung (71) existiert, und bestimmen alle diese Lösungen. In dem von uns betrachteten Fall gibt es eine Transformationsmatrix Q mit

$$\{H^{(k_1+1)}, \ldots, H^{(k_1+1)}, H^{(k_1)}, \ldots, H^{(k_1)}, H^{(k_2+1)}, \ldots\} = Q^{-1}A_2Q. \tag{86}$$

Die Matrix Q ordnet die Kästchen in der verallgemeinerten Diagonalmatrix um, was durch entsprechende Umnumerierung der Basisvektoren erreicht werden kann. Daher kann die Matrix Q als bekannt angesehen werden. Durch Anwendung von (86) folgt aus (82)

$$A_2 = TPQ^{-1}A_2QP^{-1}T^{-1}.$$

Hieraus ergibt sich $TPQ^{-1} = X_{A_2}$ oder

$$T = X_{A_2}QP^{-1}, \tag{87}$$

wobei X_{A_2} eine beliebige mit A_2 vertauschbare Matrix ist. Setzt man in (74) den aus (87) gewonnenen Ausdruck für T ein, so findet man

$$X_2 = X_{A_2}QP^{-1}\{H^{(v_1)}, H^{(v_2)}, \ldots, H^{(v_s)}\}\, PQ^{-1}X_{A_2}^{-1}. \tag{88}$$

Aus (69), (72) und (88) erhalten wir eine Formel, die alle von uns gesuchten Lösungen umfaßt:

$$X = U\{X_{A_1}, X_{A_2}QP^{-1}\}\left\{\sqrt[m]{\lambda_1 E^{(p_1)} + H^{(p_1)}}, \ldots, \sqrt[m]{\lambda_u E^{(p_u)} + H^{(p_u)}},\right.$$
$$\left. H^{(v_1)}, \ldots, H^{(v_s)}\right\} \cdot \left\{X_{A_1}^{-1}, PQ^{-1}X_{A_2}^{-1}\right\} U^{-1}. \tag{89}$$

Wir machen den Leser darauf aufmerksam, daß eine singuläre Matrix nicht immer m-te Wurzeln besitzt. Ihre Existenz ist abhängig von der Existenz möglicher Elementarteilersysteme für die Matrix X_2.

Wie man leicht sieht, besitzt beispielsweise die Gleichung $X^m = H^{(p)}$ für $m > 1$ und $p > 1$ keine Lösung.

Beispiel. Gesucht sind die Quadratwurzeln der Matrix

$$A = \begin{Vmatrix} 0 & 1 & 0 \\ 0 & 0 & 0 \\ 0 & 0 & 0 \end{Vmatrix},$$

d. h. die Lösungen der Gleichung $X^2 = A$. In diesem Fall ist $A = A_2$, $X = X_2$, $m = 2$, $t = 2$, $q_1 = 2$ und $q_2 = 1$. Die Matrix X kann nur den Elementarteiler λ^3 besitzen. Daher ist $s = 1$, $v_1 = 3$, $k = 1$, $r_1 = 1$ und (vgl. (80))

$$P = P_{3,2} = \begin{Vmatrix} 1 & 0 & 0 \\ 0 & 0 & 1 \\ 0 & 1 & 0 \end{Vmatrix} = P^{-1}, \quad Q = E.$$

Außerdem kann man wie in dem Beispiel auf S. 245–246 in (88)

$$X_{A_2} = \begin{Vmatrix} a & b & c \\ 0 & a & 0 \\ 0 & d & a^{-2} \end{Vmatrix}, \quad X_{A_2}^{-1} = \begin{Vmatrix} a^{-1} & cd - a^{-2}b & -ac \\ 0 & a^{-1} & 0 \\ 0 & -ad & a^2 \end{Vmatrix}$$

setzen. Aus dieser Formel erhalten wir

$$X = X_2 = X_{A_2} P^{-1} H^{(3)} P X_{A_2}^{-1} = \begin{Vmatrix} 0 & \alpha & \beta \\ 0 & 0 & 0 \\ 0 & \beta^{-1} & 0 \end{Vmatrix},$$

wobei $\alpha = ca^{-1} - a^2 d$ und $\beta = a^3$ Parameter sind.

8.8. Der Logarithmus einer Matrix

1. Wir untersuchen die Gleichung

$$e^X = A. \tag{90}$$

Alle Lösungen dieser Gleichung nennen wir (natürliche) Logarithmen der Matrix A und bezeichnen sie mit $\ln A$.

Der Zusammenhang zwischen den charakteristischen Wurzeln λ_j der Matrix A und den charakteristischen Wurzeln ξ_j der Matrix X wird durch die Formel $\lambda_j = e^{\xi_j}$ gegeben; besitzt also (90) eine Lösung, so sind alle charakteristischen Wurzeln der Matrix A von 0 verschieden, d. h., die Matrix A ist regulär ($|A| \neq 0$). $|A| \neq 0$ ist also eine notwendige Bedingung für die Existenz von Lösungen der Gleichung (90). Weiter unten werden wir sehen, daß diese Bedingung auch hinreichend ist.

Es sei also $|A| \neq 0$. Wir geben die Elementarteiler der Matrix A an:

$$\begin{gathered}(\lambda - \lambda_1)^{p_1}, (\lambda - \lambda_2)^{p_2}, \ldots, (\lambda - \lambda_u)^{p_u} \\ (\lambda_1 \lambda_2 \cdots \lambda_u \neq 0,\ p_1 + p_2 + \cdots + p_u = n).\end{gathered} \tag{91}$$

In Übereinstimmung mit diesen Elementarteilern reduzieren wir die Matrix A auf Jordansche Normalform:

$$\begin{aligned} A &= U\tilde{A}U^{-1} \\ &= U\{\lambda_1 E^{(p_1)} + H^{(p_1)}, \lambda_2 E^{(p_2)} + H^{(p_2)}, \ldots, \lambda_u E^{(p_u)} + H^{(p_u)}\}\, U^{-1}. \end{aligned} \tag{92}$$

Da die Ableitung der Funktion e^ξ für alle Werte von ξ ungleich 0 ist, spalten sich die Elementarteiler der Matrix X beim Übergang zur Matrix $A = e^X$ nicht, d. h., X besitzt die Elementarteiler

$$(\lambda - \xi_1)^{p_1}, (\lambda - \xi_2)^{p_2}, \ldots, (\lambda - \xi_u)^{p_u}; \tag{93}$$

dabei ist $e^{\xi_j} = \lambda_j$, d. h., ξ_j ist einer der Werte von $\ln \lambda_j$ ($j = 1, 2, \ldots, u$).

In der Ebene der komplexen Variablen λ wählen wir einen Kreis mit dem Zentrum im Punkt λ_j, dessen Radius kleiner als $|\lambda_j|$ ist, und bezeichnen mit $f_j(\lambda) = \ln \lambda$ den

Zweig der Funktion $\ln \lambda$ in dem von uns betrachteten Kreis, dessen Wert im Punkt λ_j mit der charakteristischen Wurzel ξ_j der Matrix X übereinstimmt ($j = 1, 2, \ldots, u$). Danach setzen wir

$$\ln (\lambda_j E^{(p_j)} + H^{(p_j)}) = f_j(\lambda_j E^{(p_j)} + H^{(p_j)}) = \ln \lambda_j E^{(p_j)} + \lambda_j^{-1} H^{(p_j)} + \cdots. \quad (94)$$

Da die Ableitung von $\ln \lambda$ (in einem beschränkten Gebiet der λ-Ebene) nicht verschwindet, besitzt (94) nur den Elementarteiler $(\lambda - \xi_j)^{p_j}$. Danach besitzt die verallgemeinerte Diagonalmatrix

$$\{\ln (\lambda_1 E^{(p_1)} + H^{(p_1)}), \ln (\lambda_2 E^{(p_2)} + H^{(p_2)}), \ldots, \ln (\lambda_u E^{(p_u)} + H^{(p_u)})\} \quad (95)$$

dieselben Elementarteiler wie die gesuchte Matrix X. Es existiert also eine Matrix T ($|T| \neq 0$) mit

$$X = T\{\ln (\lambda_1 E^{(p_1)} + H^{(p_1)}), \ldots, \ln (\lambda_u E^{(p_u)} + H^{(p_u)})\}\, T^{-1}. \quad (96)$$

Zur Bestimmung von T bemerken wir, daß

$$A = e^X = T\{\lambda_1 E^{(p_1)} + H^{(p_1)}, \ldots, \lambda_u E^{(p_u)} + H^{(p_u)}\}\, T^{-1} \quad (97)$$

ist. Ein Vergleich von (97) und (92) ergibt

$$T = U X_{\tilde{A}}; \quad (98)$$

dabei ist $X_{\tilde{A}}$ eine beliebige mit $\tilde{A}$ vertauschbare Matrix. Setzt man den in (98) erhaltenen Ausdruck an Stelle von T in (96) ein, so erhält man eine Formel, die alle Logarithmen der Matrix A umfaßt:

$$X = U X_{\tilde{A}}\{\ln (\lambda_1 E^{(p_1)} + H^{(p_1)}), \ln (\lambda_2 E^{(p_2)} + H^{(p_2)}), \ldots,$$
$$\ln (\lambda_u E^{(p_u)} + H^{(p_u)})\}\, X_{\tilde{A}}^{-1} U^{-1}. \quad (99)$$

Bemerkung. Sind alle Elementarteiler der Matrix A paarweise teilerfremd, so kann man auf der rechten Seite der Gleichung (99) die Faktoren $X_{\tilde{A}}$ und $X_{\tilde{A}}^{-1}$ streichen (vgl. die analoge Bemerkung auf S. 245).

2. Es soll nun geklärt werden, wann eine reelle reguläre Matrix A einen reellen Logarithmus X besitzt. Wir nehmen an, die gesuchte Matrix besitze mehrere Elementarteiler, die einer charakteristischen Wurzel der Form $\varrho + i\pi$ entsprechen: $(\lambda - \varrho - i\pi)^{q_1}, \ldots, (\lambda - \varrho - i\pi)^{q_t}$. Da die Matrix X reell ist, besitzt sie auch die entsprechenden konjugiert-komplexen Elementarteiler $(\lambda - \varrho + i\pi)^{q_1}, \ldots, (\lambda - \varrho + i\pi)^{q_t}$. Beim Übergang von der Matrix X zur Matrix A spalten sich die Elementarteiler nicht, die charakteristischen Wurzeln $\varrho + i\pi$ und $\varrho - i\pi$ gehen aber in die Wurzeln $e^{\varrho+i\pi} = e^{\varrho-i\pi} = -\mu$ mit $\mu = e^{\varrho} > 0$ über. Im System der Elementarteiler der Matrix A kommen daher diejenigen Elementarteiler, die negativen charakteristischen Wurzeln entsprechen (wenn solche überhaupt existieren), immer geradzahlig vor. Wir zeigen nun, daß diese notwendige Bedingung auch hinreichend ist, d. h., daß *eine relle reguläre Matrix A dann und nur dann einen reellen Logarithmus X besitzt, wenn A keine negativen charakteristischen Wurzeln entsprechenden Elementarteiler hat*[1]) *oder aber solche nur in gerader Anzahl auftreten.*[2])

---

[1]) In diesem Fall existiert ein reeller $\ln A$, der den Wert $r(A)$ hat, wobei $r(\lambda)$ das entsprechende Interpolationspolynom für $\ln_0 \lambda$ ist (vgl. S. 122).

[2]) Diese Bedingung ist unter anderem dann erfüllt, wenn $A = B^2$ und B eine reelle Matrix ist.

Es sei nun diese Bedingung erfüllt. Dann wählen wir in der verallgemeinerten Diagonalmatrix (95) entsprechend (94) in den Kästchen, wo λ_i positiv reell ist, für $\ln \lambda_i$ den reellen Wert; ist aber λ_n in einem Kästchen komplex, so findet sich ein anderes Kästchen gleicher Ordnung mit $\lambda_g = \bar{\lambda}_n$. In diesen Kästchen wählen wir konjugiert-komplexe Werte für $\ln \lambda_n$ und $\ln \lambda_g$. Jedes Kästchen mit negativem λ_k tritt (nach Voraussetzung) in (95) geradzahlig auf, und zwar bei Erhalt der Ordnung des Kästchens. Wir wählen dann in einer Hälfte dieser Kästchen $\ln \lambda_k = \ln |\lambda_k| + \mathrm{i}\pi$ und in der anderen $\ln \lambda_k = \ln |\lambda_k| - \mathrm{i}\pi$. Dann sind in der verallgemeinerten Diagonalmatrix (95) alle Kästchen entweder reell oder aber paarweise konjugiert-komplex. *Eine solche Matrix ist aber immer einer reellen Matrix ähnlich.*[1]) Es existiert folglich eine solche reguläre Matrix T_1 ($|T_1| \neq 0$), daß die Matrix

$$X_1 = T_1\{\ln (\lambda_1 E^{(p_1)} + H^{(p_1)}), \ldots, \ln (\lambda_n E^{(p_n)} + H^{(p_n)})\}\, T_1^{-1}$$

reell ist. Dann ist aber auch die Matrix

$$A_1 = \mathrm{e}^{X_1} = T_1\{\lambda_1 E^{(p_1)} + H^{(p_1)}, \ldots, \lambda_n E^{(p_n)} + H^{(p_n)}\}\, T_1^{-1} \tag{100}$$

reell. Vergleichen wir (100) und (92), so können wir feststellen, daß die Matrizen A und A_1 einander ähnlich sind (da sie ja ein und derselben Jordanschen Matrix ähnlich sind). Zwei reelle einander ähnliche Matrizen können aber durch eine reelle reguläre Matrix W ($|W| \neq 0$): aufeinander reduziert werden:

$$A = W A_1 W^{-1} = W\, \mathrm{e}^{X_1} W^{-1} = \mathrm{e}^{W X_1 W^{-1}}.$$

Die Matrix $X = W X_1 W^{-1}$ ist nun der gesuchte reelle Logarithmus der Matrix A.

---

[1]) Um sich davon zu überzeugen, genügt es zu zeigen, daß die verallgemeinerte Diagonalmatrix

$$D = \begin{pmatrix} B & O \\ O & \bar{B} \end{pmatrix}$$

immer einer reellen Matrix ähnlich ist. Hier ist $B = U + \mathrm{i}V$ und $\bar{B} = U - \mathrm{i}V$, wobei U und V beliebige reelle Matrizen sind. Es sei E die Einheitsmatrix von derselben Ordnung wie B. Dann setzen wir

$$T = \begin{pmatrix} E & \mathrm{i}E \\ E & -\mathrm{i}E \end{pmatrix}$$

und können leicht überprüfen, daß

$$T^{-1} = \begin{pmatrix} \frac{1}{2} E & \frac{1}{2} E \\ \frac{1}{2\mathrm{i}} E & -\frac{1}{2\mathrm{i}} E \end{pmatrix} \quad \text{und} \quad T^{-1} D T = \begin{pmatrix} U & -V \\ V & U \end{pmatrix}$$

ist.

9. Lineare Operatoren im unitären Raum

9.1. Vorbemerkungen

In den Kapiteln 3 und 7 haben wir uns mit linearen Operatoren in einem n-dimensionalen Vektorraum beschäftigt und unter anderem festgestellt, daß in einem linearen Vektorraum keine Basis vor einer anderen ausgezeichnet ist. Jedem linearen Operator entsprach bei Wahl einer Basis eine bestimmte Matrix, und zwei Matrizen waren einander ähnlich, wenn sie den gleichen Operator bei verschiedener Basiswahl darstellten. So konnten wir durch die Untersuchung der linearen Operatoren diejenigen Eigenschaften der Matrizen kennenlernen, die nur von der Klasse ähnlicher Matrizen abhängen.

In diesem Kapitel wollen wir zuerst eine Metrik im n-dimensionalen Vektorraum einführen. Dies geschieht, indem wir je zwei Vektoren eine Zahl aus dem Grundkörper K zuordnen, die wir das „innere Produkt“ oder auch das „Skalarprodukt“ der beiden Vektoren nennen. Mit seiner Hilfe definieren wir dann die „Länge“ eines Vektors und den „Kosinus des zwischen zwei Vektoren eingeschlossenen Winkels“. Über dem Körper der komplexen Zahlen erhalten wir damit die sogenannten unitären Räume, über dem Körper der reellen Zahlen die euklidischen Räume. Wir werden dann die Eigenschaften der linearen Operatoren untersuchen, die mit der Metrik des Raumes zusammenhängen. In einem metrischen Raum gibt es gewisse ausgezeichnete Basissysteme, die sogenannten Orthonormalbasen. Alle Orthonormalbasen sind dann wieder untereinander gleichberechtigt. In einem unitären (bzw. euklidischen) Raum vollzieht sich der Übergang von einer Orthonormalbasis zu einer anderen mit Hilfe einer unitären (bzw. orthogonalen) Transformation: Zwei Matrizen, die dem gleichen Operator bei verschiedener Basiswahl entsprechen, können durch eine Ähnlichkeitstransformation ineinander übergeführt werden, die Transformationsmatrix ist unitär (bzw. orthogonal), und die beiden Matrizen heißen deshalb unitär- (bzw. orthogonal-) ähnlich.

Untersuchen wir die Eigenschaften linearer Operatoren in unitären und euklidischen Räumen, so untersuchen wir diejenigen Eigenschaften der Matrizen, die nur von den Klassen unitär- bzw. orthogonalähnlicher Matrizen abhängen. Das führt uns auf ganz natürlichem Wege zur Untersuchung gewisser spezieller Klassen von Matrizen (normalen, hermiteschen, unitären, symmetrischen, schiefsymmetrischen und orthogonalen Matrizen).

9.2. Metrische Räume

Wir betrachten einen Vektorraum $\mathfrak{R}$ über dem Körper der komplexen Zahlen. Jedem geordneten Paar $\boldsymbol{x}, \boldsymbol{y}$ von Vektoren aus $\mathfrak{R}$ sei eine komplexe Zahl zugeordnet; diese Zahl nennen wir das *Skalarprodukt* oder *innere Produkt* der Vektoren $\boldsymbol{x}$ und $\boldsymbol{y}$ und bezeichnen es mit $(\boldsymbol{xy})$ oder $(\boldsymbol{x}, \boldsymbol{y})$. Dabei mögen für die „skalare Multiplikation" folgende Eigenschaften gelten:

Für beliebige Vektoren $\boldsymbol{x}, \boldsymbol{y}$ und $\boldsymbol{z}$ aus $\mathfrak{R}$ und jede komplexe Zahl α sei

$$\left.\begin{array}{l} 1.\ (\boldsymbol{xy}) = \overline{(\boldsymbol{yx})},^{1)} \\ 2.\ (\alpha\boldsymbol{x}, \boldsymbol{y}) = \alpha(\boldsymbol{xy}), \\ 3.\ (\boldsymbol{x} + \boldsymbol{y}, \boldsymbol{z}) = (\boldsymbol{xz}) + (\boldsymbol{yz}). \end{array}\right\} \tag{1}$$

Man spricht dann von einer *hermiteschen Metrik* des Raumes $\mathfrak{R}$.

Wir bemerken noch, daß aus 1., 2. und 3. für beliebige Vektoren $\boldsymbol{x}, \boldsymbol{y}$ und $\boldsymbol{z}$ aus $\mathfrak{R}$ folgt:

2'. $(\boldsymbol{x}, \alpha\boldsymbol{y}) = \bar{\alpha}(\boldsymbol{xy})$,

3'. $(\boldsymbol{x}, \boldsymbol{y} + \boldsymbol{z}) = (\boldsymbol{xy}) + (\boldsymbol{xz})$.

Aus 1. schließen wir, daß das Skalarprodukt $(\boldsymbol{x}, \boldsymbol{x})$ eines beliebigen Vektors $\boldsymbol{x}$ mit sich selbst eine reelle Zahl ist.

Gilt für jeden Vektor $\boldsymbol{x}$ aus $\mathfrak{R}$

$$4.\ (\boldsymbol{xx}) \geqq 0, \tag{2}$$

so heißt die hermitesche Metrik *positiv semidefinit*. Ist

$$5.\ (\boldsymbol{xx}) > 0 \quad \text{für} \quad \boldsymbol{x} \neq \boldsymbol{o}, \tag{3}$$

so heißt die hermitesche Metrik *positiv definit*.

Definition 1. Ein Vektorraum mit positiv definiter hermitescher Metrik heißt ein *unitärer Raum*.[2]

In diesem Kapitel werden endlichdimensionale unitäre Räume untersucht.[3]

Unter der *Länge* oder dem *Betrag* eines Vektors $\boldsymbol{x}$ verstehen wir $|\boldsymbol{x}| = \sqrt{(\boldsymbol{x}, \boldsymbol{x})}$.[4]

Aus 2. und 5. folgt, daß die Länge jedes vom Nullvektor verschiedenen Vektors positiv und nur die des Nullvektors gleich 0 ist. Der Vektor $\boldsymbol{x}$ heißt *normiert* (oder auch *Einheitsvektor*), wenn $|\boldsymbol{x}| = 1$ ist. Jeder Vektor $\boldsymbol{x} \neq \boldsymbol{o}$ kann durch Multiplikation mit einer komplexen Zahl λ, die der Bedingung $|\lambda| = \dfrac{1}{|\boldsymbol{x}|}$ genügt, *„normiert"* werden.

In Analogie zu dem gewöhnlichen dreidimensionalen Vektorraum heißen zwei Vektoren $\boldsymbol{x}$ und $\boldsymbol{y}$ *orthogonal* (Bezeichnung: $\boldsymbol{x} \perp \boldsymbol{y}$), wenn $(\boldsymbol{x}, \boldsymbol{y}) = 0$ ist. Für ortho-

---

[1]) Der Querstrich über einer Zahl bedeutet den Übergang zur konjugiert-komplexen.

[2]) Zu Untersuchungen über n-dimensionale Vektorräume mit beliebiger (nicht positiv definiter) Metrik vgl. [117] sowie [24], Kap. IX und X.

[3]) In 9.2. bis 9.7. gelten alle Überlegungen auch für unendlichdimensionale Räume, wenn nicht besonders auf die Endlichkeit der Dimension des Raumes hingewiesen wird.

[4]) Hier wird mit $\sqrt{\ }$ der nichtnegative (arithmetische) Wert der Wurzel bezeichnet.

gonale Vektoren $\boldsymbol{x}$ und $\boldsymbol{y}$ folgt aus 1., 3. und 3'.

$$(\boldsymbol{x}+\boldsymbol{y}, \boldsymbol{x}+\boldsymbol{y}) = (\boldsymbol{x}\boldsymbol{x}) + (\boldsymbol{y}\boldsymbol{y}),$$

d. h. (Satz des PYTHAGORAS)

$$|\boldsymbol{x}+\boldsymbol{y}|^2 = |\boldsymbol{x}|^2 + |\boldsymbol{y}|^2 \quad (\boldsymbol{x} \perp \boldsymbol{y}).$$

Es seien ein endlichdimensionaler unitärer Raum der Dimension n und eine beliebige Basis $\boldsymbol{e}_1, \boldsymbol{e}_2, \ldots, \boldsymbol{e}_n$ gegeben, und x_i und y_i ($i = 1, 2, \ldots, n$) seien die Koordinaten der Vektoren $\boldsymbol{x}$ bzw. $\boldsymbol{y}$ bezüglich dieser Basis:

$$\boldsymbol{x} = \sum_{i=1}^{n} x_i \boldsymbol{e}_i, \qquad \boldsymbol{y} = \sum_{i=1}^{n} y_i \boldsymbol{e}_i.$$

Dann folgt aus 2., 3., 2'. und 3'.

$$(\boldsymbol{x}\boldsymbol{y}) = \sum_{i,k=1}^{n} h_{ik} x_i \bar{y}_k, \tag{4}$$

wenn

$$h_{ik} = (\boldsymbol{e}_i \boldsymbol{e}_k) \quad (i, k = 1, 2, \ldots, n) \tag{5}$$

ist. Speziell gilt

$$(\boldsymbol{x}\boldsymbol{x}) = \sum_{i,k=1}^{n} h_{ik} x_i \bar{x}_k. \tag{6}$$

Aus 1. und (5) folgt

$$h_{ki} = \bar{h}_{ik} \quad (i, k = 1, 2, \ldots, n). \tag{7}$$

Die Form $\sum_{i,k=1}^{n} h_{ik} x_i \bar{x}_k$ mit $h_{ki} = \bar{h}_{ik}$ ($i = 1, 2, \ldots, n$) heißt *hermitesch.*[1]) Die Norm eines Vektors, d. h. das Quadrat seiner Länge, kann als hermitesche Form seiner Koordinaten dargestellt werden. Hieraus ergibt sich auch die Bezeichnung „hermitesche Metrik“. Die auf der rechten Seite in (6) stehende Form ist nach 4. für alle Werte der Variablen $x_1, x_2, \ldots, x_n$ *nichtnegativ*:

$$\sum_{i,k=1}^{n} h_{ik} x_i \bar{x}_k \geqq 0. \tag{8}$$

Auf Grund der Zusatzbedingung 5. ist diese Form *positiv definit*, d. h., das Gleichheitszeichen gilt in (8) nur, wenn alle x_i ($i = 1, 2, \ldots, n$) verschwinden.

Definition 2. Ein System von Vektoren $\boldsymbol{e}_1, \boldsymbol{e}_2, \ldots, \boldsymbol{e}_m$ heißt *orthonormiert*, wenn folgendes gilt:

$$(\boldsymbol{e}_i \boldsymbol{e}_k) = \delta_{ik} = \begin{cases} 0 & \text{für } i \neq k, \\ 1 & \text{für } i = k \end{cases} \quad (i, k = 1, 2, \ldots, m). \tag{9}$$

[1]) In Übereinstimmung damit wird der auf der rechten Seite von (4) stehende Ausdruck eine bilineare hermitesche Form (in den $x_1, x_2, \ldots, x_n$ und den $y_1, y_2, \ldots, y_n$) genannt.

Ist $m = n$ und n die Dimension des Raumes, so bilden die Vektoren $\boldsymbol{e}_1, \boldsymbol{e}_2, \ldots, \boldsymbol{e}_n$ eine *Orthonormalbasis* des Raumes.

In 9.7. zeigen wir, daß *jeder n-dimensionale unitäre Raum eine Orthonormalbasis besitzt.*

Es seien x_i und y_i $(i = 1, 2, \ldots, n)$ die Koordinaten der Vektoren $\boldsymbol{x}$ bzw. $\boldsymbol{y}$ bezüglich einer Orthonormalbasis. Dann folgt aus (4), (5) und (9)

$$(\boldsymbol{x}\boldsymbol{y}) = \sum_{i=1}^{n} x_i \bar{y}_i, \qquad (\boldsymbol{x}\boldsymbol{x}) = \sum_{i=1}^{n} |x_i|^2. \tag{10}$$

Halten wir eine beliebige Basis des n-dimensionalen Vektorraums $\mathfrak{R}$ fest, so ist jede Metrik des Raumes mit einer bestimmten positiv definiten hermiteschen Form $\sum_{i,k=1}^{n} h_{ik} x_i \bar{x}_k$ verknüpft; umgekehrt definiert nach (4) jede solche Form in $\mathfrak{R}$ eine positiv definite Metrik. *Jedoch liefern alle diese Metriken keine wesentlich verschiedenen n-dimensionalen unitären Räume.* Um das zu zeigen, betrachten wir zwei dieser Metriken und die ihnen entsprechenden Skalarprodukte $(\boldsymbol{x}\boldsymbol{y})$ und $(\boldsymbol{x}\boldsymbol{y})'$. Bezüglich jeder dieser Metriken wählen wir eine Orthonormalbasis in $\mathfrak{R}$, $\boldsymbol{e}_i$ bzw. $\boldsymbol{e}'_i$ $(i = 1, 2, \ldots, n)$, und ordnen jedem Vektor $\boldsymbol{x}$ aus $\mathfrak{R}$ den Vektor $\boldsymbol{x}'$ zu $(\boldsymbol{x} \to \boldsymbol{x}')$, der bezüglich der zweiten Basis dieselben Koordinaten besitzt wie der Vektor $\boldsymbol{x}$ bezüglich der ersten. Diese Abbildung ist affin.[1]) Außerdem ist nach (10)

$$(\boldsymbol{x}\boldsymbol{y}) = (\boldsymbol{x}'\boldsymbol{y}')'.$$

Die verschiedenen hermiteschen Metriken eines n-dimensionalen Vektorraumes können also durch affine Transformationen ineinander übergeführt werden.

Ist der Grundkörper K der Körper der reellen Zahlen, so nennen wir eine Metrik, die den Postulaten 1., 2., 3., 4. und 5. genügt, *euklidisch.*

Definition 3. Ein Vektorraum $\mathfrak{R}$ über dem Körper der reellen Zahlen mit positiv definiter euklidischer Metrik heißt ein *euklidischer Raum.*

Sind x_i und y_i die Koordinaten der Vektoren $\boldsymbol{x}$ und $\boldsymbol{y}$ bezüglich einer beliebigen Basis $\boldsymbol{e}_1, \boldsymbol{e}_2, \ldots, \boldsymbol{e}_n$ eines euklidischen Raums, so ist

$$(\boldsymbol{x}\boldsymbol{y}) = \sum_{i,k=1}^{n} s_{ik} x_i y_k, \qquad |\boldsymbol{x}|^2 = \sum_{i,k=1}^{n} s_{ik} x_i x_k.$$

Die $s_{ik} = s_{ki}$ $(i, k = 1, 2, \ldots, n)$ sind reelle Zahlen.[2]) Den Ausdruck $\sum_{i,k=1}^{n} s_{ik} x_i x_k$ nennt man eine *quadratische Form* in den $x_1, x_2, \ldots, x_n$. Da es sich um eine positiv definite Metrik handelt, ist die quadratische Form $\sum_{i,k=1}^{n} s_{ik} x_i x_k$ als analytischer Ausdruck dieser Metrik positiv definit, d. h. $\sum_{i,k=1}^{n} s_{ik} x_i x_k > 0$, wenn $\sum_{i=1}^{n} x_i^2 > 0$ ist.

[1]) Das heißt, der Operator A, der dem Vektor $\boldsymbol{x}$ aus $\mathfrak{R}$ den Vektor $\boldsymbol{x}'$ aus $\mathfrak{R}'$ zuordnet, ist linear und regulär.

[2]) $s_{ik} = (\boldsymbol{e}_i, \boldsymbol{e}_k)$ $\quad (i, k = 1, 2, \ldots, n)$

Ist die Basis orthonormiert, so gilt

$$(\boldsymbol{x}\boldsymbol{y}) = \sum_{i=1}^{n} x_i y_i, \qquad |\boldsymbol{x}|^2 = \sum_{i=1}^{n} x_i^2. \tag{11}$$

Im Fall $n = 3$ erhalten wir die bekannte Formel für das Skalarprodukt zweier Vektoren und das Quadrat der Länge eines Vektors im dreidimensionalen euklidischen Raum.

9.3. Die Gramsche Determinante

Die Vektoren $\boldsymbol{x}_1, \boldsymbol{x}_2, \ldots, \boldsymbol{x}_m$ eines unitären oder euklidischen Raums $\mathfrak{R}$ seien linear abhängig, d. h., es existieren komplexe[1]) Zahlen $c_1, c_2, \ldots, c_m$, die nicht alle gleichzeitig verschwinden, derart, daß

$$c_1\boldsymbol{x}_1 + c_2\boldsymbol{x}_2 + \cdots + c_m\boldsymbol{x}_m = \boldsymbol{o} \tag{12}$$

ist. Wir multiplizieren diese Gleichung von links skalar mit $\boldsymbol{x}_1, \boldsymbol{x}_2, \ldots, \boldsymbol{x}_m$ und erhalten

$$\left.\begin{array}{l}
(\boldsymbol{x}_1\boldsymbol{x}_1)\,\bar{c}_1 + (\boldsymbol{x}_1\boldsymbol{x}_2)\,\bar{c}_2 + \cdots + (\boldsymbol{x}_1\boldsymbol{x}_m)\,\bar{c}_m = 0,\\
(\boldsymbol{x}_2\boldsymbol{x}_1)\,\bar{c}_1 + (\boldsymbol{x}_2\boldsymbol{x}_2)\,\bar{c}_2 + \cdots + (\boldsymbol{x}_2\boldsymbol{x}_m)\,\bar{c}_m = 0,\\
\cdots\cdots\cdots\cdots\cdots\cdots\cdots\cdots\cdots\cdots\\
(\boldsymbol{x}_m\boldsymbol{x}_1)\,\bar{c}_1 + (\boldsymbol{x}_m\boldsymbol{x}_2)\,\bar{c}_2 + \cdots + (\boldsymbol{x}_m\boldsymbol{x}_m)\,\bar{c}_m = 0.
\end{array}\right\} \tag{13}$$

Die $\bar{c}_1, \bar{c}_2, \ldots, \bar{c}_m$ sehen wir als nichttriviale Lösung des homogenen linearen Gleichungssystems (13) mit der Determinante

$$G(\boldsymbol{x}_1, \boldsymbol{x}_2, \ldots, \boldsymbol{x}_m) = \begin{vmatrix}
(\boldsymbol{x}_1\boldsymbol{x}_1) & (\boldsymbol{x}_1\boldsymbol{x}_2) & \ldots & (\boldsymbol{x}_1\boldsymbol{x}_m)\\
(\boldsymbol{x}_2\boldsymbol{x}_1) & (\boldsymbol{x}_2\boldsymbol{x}_2) & \ldots & (\boldsymbol{x}_2\boldsymbol{x}_m)\\
\cdots & \cdots & \cdots & \cdots\\
(\boldsymbol{x}_m\boldsymbol{x}_1) & (\boldsymbol{x}_m\boldsymbol{x}_2) & \ldots & (\boldsymbol{x}_m\boldsymbol{x}_m)
\end{vmatrix} \tag{14}$$

an und schließen daraus, daß diese Determinante gleich 0 sein muß:

$$G(\boldsymbol{x}_1, \boldsymbol{x}_2, \ldots, \boldsymbol{x}_m) = 0.$$

Die Determinante $G(\boldsymbol{x}_1, \boldsymbol{x}_2, \ldots, \boldsymbol{x}_m)$ heißt *Gramsche Determinante* der Vektoren $\boldsymbol{x}_1, \boldsymbol{x}_2, \ldots, \boldsymbol{x}_m$.

Es sei umgekehrt die Gramsche Determinante (14) gleich 0. Dann besitzt das Gleichungssystem (13) eine nichttriviale Lösung $\bar{c}_1, \bar{c}_2, \ldots, \bar{c}_m$ und kann folgendermaßen geschrieben werden:

$$\left.\begin{array}{l}
(\boldsymbol{x}_1, c_1\boldsymbol{x}_1 + c_2\boldsymbol{x}_2 + \cdots + c_m\boldsymbol{x}_m) = 0,\\
(\boldsymbol{x}_2, c_1\boldsymbol{x}_1 + c_2\boldsymbol{x}_2 + \cdots + c_m\boldsymbol{x}_m) = 0,\\
\cdots\cdots\cdots\cdots\cdots\cdots\cdots\cdots\\
(\boldsymbol{x}_m, c_1\boldsymbol{x}_1 + c_2\boldsymbol{x}_2 + \cdots + c_m\boldsymbol{x}_m) = 0.
\end{array}\right\} \tag{13'}$$

[1]) Handelt es sich um einen euklidischen Raum, so sind $c_1, c_2, \ldots, c_m$ reell.

Multiplizieren wir diese Gleichungen mit $c_1, c_2, \ldots$ bzw. c_m und addieren dann, so ergibt sich

$$|(c_1\boldsymbol{x}_1 + c_2\boldsymbol{x}_2 + \cdots + c_m\boldsymbol{x}_m)|^2 = 0.$$

Hieraus folgt, da die Metrik positiv definit ist, $c_1\boldsymbol{x}_1 + c_2\boldsymbol{x}_2 + \cdots + c_m\boldsymbol{x}_m = \boldsymbol{o}$, d. h., die Vektoren $\boldsymbol{x}_1, \boldsymbol{x}_2, \ldots, \boldsymbol{x}_m$ sind linear abhängig. Damit ist folgender Satz bewiesen:

Satz 1. *Die Vektoren $\boldsymbol{x}_1, \boldsymbol{x}_2, \ldots, \boldsymbol{x}_m$ sind genau dann linear unabhängig, wenn ihre Gramsche Determinante nicht verschwindet.*

Wir geben noch folgende Eigenschaft der Gramschen Determinante an:

Ist ein beliebiger Hauptminor einer Gramschen Determinante gleich 0, so verschwindet auch die Gramsche Determinante.

Ein Hauptminor einer Gramschen Determinante ist nämlich die Gramsche Determinante eines Teils der betrachteten Vektoren. Aus dem Verschwinden eines Hauptminors folgt also die lineare Abhängigkeit eines Teils der betrachteten Vektoren und damit die lineare Abhängigkeit aller Vektoren.

Beispiel. Es seien n in dem abgeschlossenen Intervall $[\alpha, \beta]$ stückweise stetige komplexe Funktionen $f_1(t), f_2(t), \ldots, f_n(t)$ des reellen Arguments t gegeben. Wir suchen eine Bedingung dafür, daß diese Funktionen linear abhängig sind. Dazu setzen wir

$$(f, g) = \int_\alpha^\beta f(t)\,\overline{g(t)}\,dt$$

und führen damit im Raum der im Intervall $[\alpha, \beta]$ stückweise stetigen Funktionen eine positiv definite Metrik ein. Wenden wir das Gramsche Kriterium (Satz 1) auf die von uns betrachteten Funktionen an, so erhalten wir die gesuchte Bedingung

$$\begin{vmatrix} \int_\alpha^\beta f_1(t)\,\overline{f_1(t)}\,dt & \ldots & \int_\alpha^\beta f_1(t)\,\overline{f_n(t)}\,dt \\ \cdots & \cdots & \cdots \\ \int_\alpha^\beta f_n(t)\,\overline{f_1(t)}\,dt & \ldots & \int_\alpha^\beta f_n(t)\,\overline{f_n(t)}\,dt \end{vmatrix} = 0.$$

9.4. Orthogonalprojektionen

Wir gehen von einem unitären oder euklidischen Raum $\mathfrak{R}$ aus; in $\mathfrak{R}$ seien ein beliebiger Vektor $\boldsymbol{x}$ und ein m-dimensionaler Unterraum $\mathfrak{S}$ mit einer Basis $\boldsymbol{x}_1, \boldsymbol{x}_2, \ldots, \boldsymbol{x}_m$ vorgegeben. Wir werden zeigen, daß der Vektor $\boldsymbol{x}$ in der Form

$$\boldsymbol{x} = \boldsymbol{x}_{\mathfrak{S}} + \boldsymbol{x}_{\mathfrak{N}} \tag{15}$$

(und sogar eindeutig) dargestellt werden kann; dabei ist

$$\boldsymbol{x}_{\mathfrak{S}} \in \mathfrak{S} \quad \text{und} \quad \boldsymbol{x}_{\mathfrak{R}} \perp \mathfrak{S}$$

(mit $\perp$ bezeichnen wir die Orthogonalität von Vektoren; ein Vektor heißt zu einem Unterraum orthogonal, wenn er zu jedem Vektor dieses Unterraums orthogonal ist). Es heiße $\boldsymbol{x}_{\mathfrak{S}}$ die *Orthogonalprojektion* oder einfach *Projektion* des Vektors $\boldsymbol{x}$ auf den Unterraum $\mathfrak{S}$ und $\boldsymbol{x}_{\mathfrak{R}}$ der *projizierende Vektor.*[1])

Beispiel. Es sei $\mathfrak{R}$ der dreidimensionale euklidische Raum und $m = 2$. Wir nehmen an, daß alle Vektoren in einem festen Punkt, dem Nullpunkt, angetragen sind. Dann ist $\mathfrak{S}$ eine Ebene durch den Nullpunkt, $\boldsymbol{x}_{\mathfrak{S}}$ die Orthogonalprojektion des Vektors $\boldsymbol{x}$ auf die Ebene $\mathfrak{S}$ und $\boldsymbol{x}_{\mathfrak{R}}$ das von der Spitze des Vektors $\boldsymbol{x}$ auf die Ebene $\mathfrak{S}$ gefällte Lot (Abb. 5); $h = |\boldsymbol{x}_{\mathfrak{R}}|$ ist der Abstand der Spitze des Vektors $\boldsymbol{x}$ von der Ebene $\mathfrak{S}$.

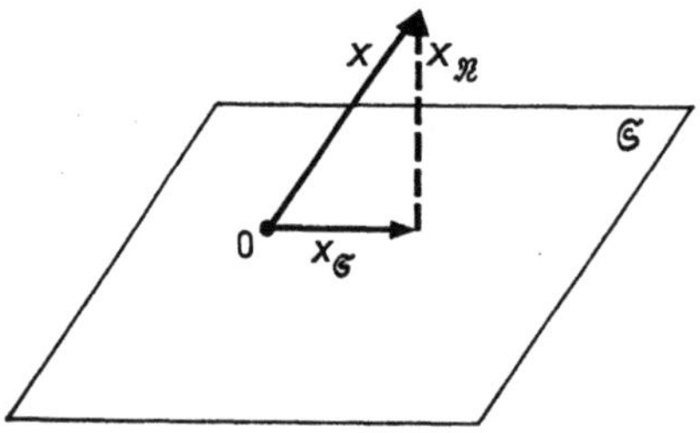

Abb. 5

Wir wollen jetzt die Zerlegung (15) angeben. Dazu machen wir den Ansatz

$$\boldsymbol{x}_{\mathfrak{S}} = c_1\boldsymbol{x}_1 + c_2\boldsymbol{x}_2 + \cdots + c_m\boldsymbol{x}_m; \tag{16}$$

$c_1, c_2, \ldots, c_m$ sind komplexe Zahlen.[2]) Um diese Zahlen zu bestimmen, gehen wir von folgenden Relationen aus:

$$(\boldsymbol{x} - \boldsymbol{x}_{\mathfrak{S}}, \boldsymbol{x}_k) = 0 \qquad (k = 1, 2, \ldots, m). \tag{17}$$

Setzt man in (17) für $\boldsymbol{x}_{\mathfrak{S}}$ den entsprechenden Ausdruck aus (16) ein, so ergibt sich

$$\left.\begin{array}{l} (\boldsymbol{x}_1\boldsymbol{x}_1)\, c_1 + \cdots + (\boldsymbol{x}_m\boldsymbol{x}_1)\, c_m + (\boldsymbol{x}\boldsymbol{x}_1) \cdot (-1) = 0, \\ \cdots\cdots\cdots\cdots\cdots\cdots\cdots\cdots\cdots\cdots \\ (\boldsymbol{x}_1\boldsymbol{x}_m)\, c_1 + \cdots + (\boldsymbol{x}_m\boldsymbol{x}_m)\, c_m + (\boldsymbol{x}\boldsymbol{x}_m) \cdot (-1) = 0, \\ \quad \boldsymbol{x}_1 c_1 + \cdots + \quad \boldsymbol{x}_m c_m + \quad \boldsymbol{x}_{\mathfrak{S}} \cdot (-1) = \boldsymbol{o}. \end{array}\right\} \tag{18}$$

Wir fassen (18) als ein homogenes lineares Gleichungssystem mit der nichttrivialen Lösung $c_1, c_2, \ldots, c_m, -1$ auf. Dann verschwindet die Determinante dieses Systems

[1]) In diesem Fall ist $\boldsymbol{x}_{\mathfrak{S}}$ die Projektion des Vektors $\boldsymbol{x}$ auf den Unterraum $\mathfrak{S}$ parallel zum Unterraum $\mathfrak{T}$, der aus allen denjenigen Vektoren des Raumes $\mathfrak{R}$ besteht, die orthogonal zu $\mathfrak{S}$ sind (vgl. S. 97).

[2]) Handelt es sich um einen euklidischen Raum, so sind $c_1, c_2, \ldots, c_m$ reell.

und damit auch ihre Transponierte:[1])

$$\begin{vmatrix} (\boldsymbol{x}_1\boldsymbol{x}_1) & \dots & (\boldsymbol{x}_1\boldsymbol{x}_m) & \boldsymbol{x}_1 \\ \dots & \dots & \dots & \dots \\ (\boldsymbol{x}_m\boldsymbol{x}_1) & \dots & (\boldsymbol{x}_m\boldsymbol{x}_m) & \boldsymbol{x}_m \\ (\boldsymbol{x}\boldsymbol{x}_1) & \dots & (\boldsymbol{x}\boldsymbol{x}_m) & \boldsymbol{x}_{\mathfrak{S}} \end{vmatrix} = \boldsymbol{o}. \tag{19}$$

Lösen wir nach $\boldsymbol{x}_{\mathfrak{S}}$ auf, so erhalten wir in nach unseren Vereinbarungen leicht verständlicher Schreibweise:

$$\boldsymbol{x}_{\mathfrak{S}} = -\frac{\begin{vmatrix} & & & \boldsymbol{x}_1 \\ & G & & \vdots \\ & & & \boldsymbol{x}_m \\ (\boldsymbol{x}\boldsymbol{x}_1) & \dots & (\boldsymbol{x}\boldsymbol{x}_m) & 0 \end{vmatrix}}{G}; \tag{20}$$

dabei ist $G = G(\boldsymbol{x}_1, \boldsymbol{x}_2, \dots, \boldsymbol{x}_m)$ die Gramsche Determinante der Vektoren $\boldsymbol{x}_1, \boldsymbol{x}_2, \dots, \boldsymbol{x}_m$ (da diese Vektoren linear unabhängig sind, ist $G \neq 0$). Aus (15) und (20) folgt

$$\boldsymbol{x}_{\mathfrak{N}} = \boldsymbol{x} - \boldsymbol{x}_{\mathfrak{S}} = \frac{\begin{vmatrix} & & & \boldsymbol{x}_1 \\ & G & & \vdots \\ & & & \boldsymbol{x}_m \\ (\boldsymbol{x}\boldsymbol{x}_1) & \dots & (\boldsymbol{x}\boldsymbol{x}_m) & \boldsymbol{x} \end{vmatrix}}{G}. \tag{21}$$

Die Formeln (20) und (21) drücken die Projektion $\boldsymbol{x}_{\mathfrak{S}}$ des Vektors $\boldsymbol{x}$ auf den Unterraum $\mathfrak{S}$ bzw. den projizierenden Vektor $\boldsymbol{x}_{\mathfrak{N}}$ durch den vorgegebenen Vektor $\boldsymbol{x}$ und die Basis des Unterraums $\mathfrak{S}$ aus.

Wir machen noch auf eine wichtige Formel aufmerksam. Bezeichnen wir die Länge des Vektors $\boldsymbol{x}_{\mathfrak{N}}$ mit h, so folgt aus (15) und (21)

$$h^2 = (\boldsymbol{x}_{\mathfrak{N}}\boldsymbol{x}_{\mathfrak{N}}) = (\boldsymbol{x}_{\mathfrak{N}}\boldsymbol{x}) = \frac{\begin{vmatrix} & & & (\boldsymbol{x}_1\boldsymbol{x}) \\ & G & & \vdots \\ & & & (\boldsymbol{x}_m\boldsymbol{x}) \\ (\boldsymbol{x}\boldsymbol{x}_1) & \dots & (\boldsymbol{x}\boldsymbol{x}_m) & (\boldsymbol{x}\boldsymbol{x}) \end{vmatrix}}{G},$$

[1]) Die Determinante auf der linken Seite von (19) stellt einen Vektor dar; seine i-te Koordinate erhält man, wenn man die Vektoren $\boldsymbol{x}_1, \boldsymbol{x}_2, \dots, \boldsymbol{x}_m, \boldsymbol{x}_{\mathfrak{S}}$ durch ihre i-ten Koordinaten ersetzt ($i = 1, 2, \dots, n$); um diese Koordinaten zu erhalten, wird eine beliebige feste Basis gewählt. Um den Übergang von (18) nach (19) zu rechtfertigen, ist es notwendig, in der letzten Gleichung in (18) und in der letzten Spalte der linken Seite von (19) die Vektoren $\boldsymbol{x}_1, \boldsymbol{x}_2, \dots, \boldsymbol{x}_m, \boldsymbol{x}_{\mathfrak{S}}$ durch ihre i-ten Koordinaten zu ersetzen.

d. h.

$$h^2 = \frac{G(\boldsymbol{x}_1, \boldsymbol{x}_2, \ldots, \boldsymbol{x}_m, \boldsymbol{x})}{G(\boldsymbol{x}_1, \boldsymbol{x}_2, \ldots, \boldsymbol{x}_m)}. \tag{22}$$

Die Größe h kann auch folgendermaßen interpretiert werden:

Wir tragen die Vektoren $\boldsymbol{x}_1, \boldsymbol{x}_2, \ldots, \boldsymbol{x}_m, \boldsymbol{x}$ in einem festen Punkt an und betrachten sie als Kanten des durch sie erzeugten $(m+1)$-dimensionalen Parallelepipeds; h ist dann die Höhe dieses Parallelepipeds von der Spitze der Kante $\boldsymbol{x}$ auf die durch die Vektoren $\boldsymbol{x}_1, \boldsymbol{x}_2, \ldots, \boldsymbol{x}_m$ aufgespannte „Grundfläche" $\mathfrak{S}$.

Es sei $\boldsymbol{x}$ ein beliebiger Vektor aus $\mathfrak{R}$ und $\boldsymbol{y}$ ein Vektor aus $\mathfrak{S}$. Wir tragen beide Vektoren im Nullpunkt des n-dimensionalen Punktraums an. Dann ist $|\boldsymbol{x} - \boldsymbol{y}|$ die Länge des Vektors, der die Endpunkte der Vektoren $\boldsymbol{x}$ und $\boldsymbol{y}$ verbindet, und $|\boldsymbol{x} - \boldsymbol{x}_{\mathfrak{S}}|$ ist die Länge des Lotes vom Endpunkt von $\boldsymbol{x}$ auf die Hyperebene $\mathfrak{S}$.[1]) Da die Verbindung der Endpunkte von $\boldsymbol{x}$ und $\boldsymbol{y}$, also der Vektor $\boldsymbol{x} - \boldsymbol{y}$, bei beliebigem $\boldsymbol{y}$ gegenüber dem Lot auf $\mathfrak{S}$ eine gewisse Neigung besitzt, gilt[2])

$$h = |\boldsymbol{x} - \boldsymbol{x}_{\mathfrak{S}}| \leqq |\boldsymbol{x} - \boldsymbol{y}|$$

(das Gleichheitszeichen gilt hier nur im Fall $\boldsymbol{y} = \boldsymbol{x}_{\mathfrak{S}}$). Unter allen Vektoren $\boldsymbol{y} \in \mathfrak{S}$ besitzt also der Vektor $\boldsymbol{x}_{\mathfrak{S}}$ die geringste Abweichung von dem gegebenen Vektor $\boldsymbol{x} \in \mathfrak{R}$. Die Größe $h = \sqrt{(\boldsymbol{x} - \boldsymbol{x}_{\mathfrak{S}}, \boldsymbol{x} - \boldsymbol{x}_{\mathfrak{S}})}$ ist der quadratische Fehler der Näherung $\boldsymbol{x} \approx \boldsymbol{x}_{\mathfrak{S}}$.[3])

9.5. Die geometrische Bedeutung der Gramschen Determinante

1. Wir gehen von beliebigen Vektoren $\boldsymbol{x}_1, \boldsymbol{x}_2, \ldots, \boldsymbol{x}_m$ aus. Fürs erste setzen wir voraus, daß diese Vektoren linear unabhängig sind. In diesem Fall ist die Gramsche Determinante für eine beliebige Anzahl dieser Vektoren von 0 verschieden. Dann ist nach (22)

$$\frac{G(\boldsymbol{x}_1, \boldsymbol{x}_2, \ldots, \boldsymbol{x}_{p+1})}{G(\boldsymbol{x}_1, \boldsymbol{x}_2, \ldots, \boldsymbol{x}_p)} = h_p^2 > 0 \quad (p = 1, 2, \ldots, m-1), \tag{23}$$

und aus dieser sowie der Ungleichung

$$G(\boldsymbol{x}_1) = (\boldsymbol{x}_1 \boldsymbol{x}_1) > 0 \tag{24}$$

erhält man

$$G(\boldsymbol{x}_1, \boldsymbol{x}_2, \ldots, \boldsymbol{x}_m) > 0.$$

Die Gramsche Determinante ist also für linear unabhängige Vektoren positiv und verschwindet für linear abhängige; sie ist keiner negativen Werte fähig.

[1]) Vgl. das Beispiel auf S. 260.

[2]) $|\boldsymbol{x} - \boldsymbol{y}|^2 = |\boldsymbol{x}_{\mathfrak{N}} + \boldsymbol{x}_{\mathfrak{S}} - \boldsymbol{y}|^2 = |\boldsymbol{x}_{\mathfrak{N}}|^2 + |\boldsymbol{x}_{\mathfrak{S}} - \boldsymbol{y}|^2 \geqq |\boldsymbol{x}_{\mathfrak{N}}|^2 = h^2$

[3]) Bezüglich der Benutzung metrischer Funktionalräume bei der Approximation von Funktionen vgl. [2].

Wir führen nun folgende abkürzende Bezeichnung ein: $G_p = G(\boldsymbol{x}_1, \boldsymbol{x}_2, \ldots, \boldsymbol{x}_p)$ $(p = 1, 2, \ldots, m)$. Dann folgt aus (23) und (24), wenn V_1 die Länge des Vektors $\boldsymbol{x}_1$ und V_2 den Flächeninhalt des von den Vektoren $\boldsymbol{x}_1$ und $\boldsymbol{x}_2$ aufgespannten Parallelogramms bezeichnet, $\sqrt{G_1} = |\boldsymbol{x}_1| = V_1, \sqrt{G_2} = V_1 h_1 = V_2$. Ferner ist $\sqrt{G_3} = V_2 h_2 = V_3$, wobei V_3 das Volumen des von den Vektoren $\boldsymbol{x}_1$, $\boldsymbol{x}_2$ und $\boldsymbol{x}_3$ aufgespannten Parallelepipeds ist. Fährt man fort, so findet man $\sqrt{G_4} = V_3 h_3 = V_4$ und allgemein

$$\sqrt{G_k} = V_{k-1} h_{k-1} = V_k. \tag{25}$$

V_k ist das Volumen des von den Vektoren $\boldsymbol{x}_1, \boldsymbol{x}_2, \ldots, \boldsymbol{x}_k$ als Kanten aufgespannten Parallelepipeds.[1])

Wir bezeichnen mit $x_{1k}, x_{2k}, \ldots, x_{nk}$ die Koordinaten des Vektors $\boldsymbol{x}_k$ $(k = 1, 2, \ldots, m)$ bezüglich einer Orthonormalbasis von $\mathfrak{R}$, und es sei

$$X = \|x_{ik}\| \qquad (i = 1, 2, \ldots, n; \; k = 1, 2, \ldots, m).$$

Auf Grund von (10) ist dann

$$G_m = |X^{\mathsf{T}} \overline{X}|$$

und daher (vgl. (25))

$$V_m^2 = G_m = \sum_{1 \leqq i_1 < i_2 < \cdots < i_m \leqq n} \operatorname{abs} \begin{vmatrix} x_{i_1 1} & x_{i_1 2} & \ldots & x_{i_1 m} \\ x_{i_2 1} & x_{i_2 2} & \ldots & x_{i_2 m} \\ \cdots & \cdots & \cdots & \cdots \\ x_{i_m 1} & x_{i_m 2} & \ldots & x_{i_m m} \end{vmatrix}^2 \tag{26}$$

(abs = absoluter Betrag). Diese Gleichung besagt geometrisch:

Das Quadrat des Volumens eines m-dimensionalen Parallelepipeds ist gleich der Summe der Quadrate der Volumina seiner Projektionen auf alle durch m Basisvektoren aufgespannten Unterräume von $\mathfrak{R}$.

Insbesondere folgt aus (26) für $m = n$

$$V_n = \operatorname{abs} \begin{vmatrix} x_{11} & x_{12} & \ldots & x_{1n} \\ x_{21} & x_{22} & \ldots & x_{2n} \\ \cdots & \cdots & \cdots & \cdots \\ x_{n1} & x_{n2} & \ldots & x_{nn} \end{vmatrix}. \tag{26'}$$

Mit Hilfe von (20), (21), (22), (26) und (26′) können eine Reihe von Aufgaben der n-dimensionalen unitären bzw. euklidischen analytischen Geometrie gelöst werden.

2. Wir kehren zur Zerlegung (15) zurück. Aus ihr folgt unmittelbar

$$(\boldsymbol{x}\boldsymbol{x}) = (\boldsymbol{x}_{\mathfrak{S}} + \boldsymbol{x}_{\mathfrak{N}}, \boldsymbol{x}_{\mathfrak{S}} + \boldsymbol{x}_{\mathfrak{N}}) = (\boldsymbol{x}_{\mathfrak{S}}, \boldsymbol{x}_{\mathfrak{S}}) + (\boldsymbol{x}_{\mathfrak{N}}, \boldsymbol{x}_{\mathfrak{N}}) \geqq (\boldsymbol{x}_{\mathfrak{N}} \boldsymbol{x}_{\mathfrak{N}}) = h^2;$$

---

[1]) Formel (25) ist eine induktive Definition für das Volumen eines k-dimensionalen Parallelepipeds.

in Verbindung mit (22) ergibt sich daraus (für beliebige Vektoren) $\boldsymbol{x}_1, \boldsymbol{x}_2, \ldots, \boldsymbol{x}_m, \boldsymbol{x}$ die Ungleichung

$$G(\boldsymbol{x}_1, \boldsymbol{x}_2, \ldots, \boldsymbol{x}_m, \boldsymbol{x}) \leqq G(\boldsymbol{x}_1, \boldsymbol{x}_2, \ldots, \boldsymbol{x}_m)\, G(\boldsymbol{x}); \tag{27}$$

das Gleichheitszeichen tritt genau dann auf, wenn der Vektor $\boldsymbol{x}$ zu den Vektoren $\boldsymbol{x}_1, \boldsymbol{x}_2, \ldots, \boldsymbol{x}_m$ orthogonal ist.

Hieraus gewinnen wir leicht die sogenannte *Hadamardsche Ungleichung*

$$G(\boldsymbol{x}_1, \boldsymbol{x}_2, \ldots, \boldsymbol{x}_m) \leqq G(\boldsymbol{x}_1)\, G(\boldsymbol{x}_2) \cdots G(\boldsymbol{x}_m); \tag{28}$$

das Gleichheitszeichen gilt genau dann, wenn die Vektoren $\boldsymbol{x}_1, \boldsymbol{x}_2, \ldots, \boldsymbol{x}_m$ paarweise orthogonal sind. Die Ungleichung (28) drückt folgende geometrisch offensichtliche Tatsache aus:

Das Volumen eines Parallelepipeds übertrifft das Produkt der Längen seiner Kanten nicht und ist nur dann gleich diesem Produkt, wenn das Parallelepiped rechtwinklig ist.

Wir wollen noch die Hadamardsche Ungleichung in der üblichen Form angeben. Dazu setzen wir in (28) $m = n$ und führen die Determinante Δ ein, die aus den Koordinaten $\boldsymbol{x}_{1k}, \boldsymbol{x}_{2k}, \ldots, \boldsymbol{x}_{nk}$ der Vektoren $\boldsymbol{x}_k$ $(k = 1, 2, \ldots, n)$ bezüglich einer Orthogonalbasis besteht:

$$\Delta = \begin{vmatrix} x_{11} & \ldots & x_{1n} \\ \ldots & \ldots & \ldots \\ x_{n1} & \ldots & x_{nn} \end{vmatrix}.$$

Dann folgt aus (26′) und (28)

$$|\Delta|^2 \leqq \sum_{i=1}^{n} |x_{i1}|^2 \sum_{i=1}^{n} |x_{i2}|^2 \cdots \sum_{i=1}^{n} |x_{in}|^2. \tag{28′}$$

3. Wir wenden uns jetzt der verallgemeinerten Hadamardschen Ungleichung zu, die die Ungleichungen (27) und (28) umfaßt,

$$G(\boldsymbol{x}_1, \boldsymbol{x}_2, \ldots, \boldsymbol{x}_m) \leqq G(\boldsymbol{x}_1, \ldots, \boldsymbol{x}_p)\, G(\boldsymbol{x}_{p-1}, \ldots, \boldsymbol{x}_m), \tag{29}$$

wobei das Gleichheitszeichen dann und nur dann gilt, wenn jeder der Vektoren $\boldsymbol{x}_1, \boldsymbol{x}_2, \ldots, \boldsymbol{x}_p$ orthogonal ist zu jedem der Vektoren $\boldsymbol{x}_{p-1}, \ldots, \boldsymbol{x}_m$ oder aber eine der Determinanten $G(\boldsymbol{x}_1, \ldots, \boldsymbol{x}_p)$ und $G(\boldsymbol{x}_{p-1}, \ldots, \boldsymbol{x}_m)$ verschwindet.

Die Ungleichung (29) besagt geometrisch:

Das Volumen eines Parallelepipeds ist nicht größer als das Produkt der Volumina zweier sich ergänzender „Seitenflächen“ und stimmt mit diesem dann und nur dann überein, wenn diese „Seitenflächen“ orthogonal zueinander liegen oder aber eine von ihnen das Volumen 0 hat.

Wir beweisen die Ungleichung (29) durch vollständige Induktion nach der Anzahl der Vektoren $\boldsymbol{x}_{p+1}, \ldots, \boldsymbol{x}_m$. Die Ungleichung gilt sicherlich dann, wenn diese Zahl gleich 1 ist (vgl. (27)).

Wir betrachten zwei Unterräume $\mathfrak{S}$ und $\mathfrak{S}_1$ mit der Basis $\boldsymbol{x}_1, \ldots, \boldsymbol{x}_{m-1}$ bzw. $\boldsymbol{x}_{p+1}, \ldots, \boldsymbol{x}_{m-1}$. Offensichtlich ist $\mathfrak{S}_1 \subset \mathfrak{S}$. Weiter betrachten wir die orthogonalen Zerlegungen

$$\boldsymbol{x}_m = \boldsymbol{x}_{\mathfrak{S}_1} + \boldsymbol{x}_{\mathfrak{N}_1} \qquad (\boldsymbol{x}_{\mathfrak{S}_1} \in \mathfrak{S}_1, \boldsymbol{x}_{\mathfrak{N}_1} \perp \mathfrak{S}_1),$$

$$\boldsymbol{x}_{\mathfrak{N}_1} = \boldsymbol{x}'_{\mathfrak{S}} + \boldsymbol{x}_{\mathfrak{N}} \qquad (\boldsymbol{x}'_{\mathfrak{S}} \in \mathfrak{S}, \boldsymbol{x}_{\mathfrak{N}} \perp \mathfrak{S}).$$

Dann ist

$$\boldsymbol{x}_m = \boldsymbol{x}_{\mathfrak{S}} + \boldsymbol{x}_{\mathfrak{N}} \qquad (\boldsymbol{x}_{\mathfrak{S}} = \boldsymbol{x}_{\mathfrak{S}_1} + \boldsymbol{x}'_{\mathfrak{S}}, \boldsymbol{x}_{\mathfrak{N}} \perp \mathfrak{S}).$$

Wir ersetzen nun das Quadrat des Volumens des Parallelepipeds durch das Produkt des Quadrats des Grundflächenvolumens mit dem Quadrat der Höhe (vgl. (22)) und erhalten

$$G(\boldsymbol{x}_1, \ldots, \boldsymbol{x}_{m-1}, \boldsymbol{x}_m) = G(\boldsymbol{x}_1, \ldots, \boldsymbol{x}_{m-1})\, G(\boldsymbol{x}_{\mathfrak{N}}), \tag{30}$$

$$G(\boldsymbol{x}_{p+1}, \ldots, \boldsymbol{x}_{m-1}, \boldsymbol{x}_m) = G(\boldsymbol{x}_{p+1}, \ldots, \boldsymbol{x}_{m-1})\, G(\boldsymbol{x}_{\mathfrak{N}_1}). \tag{30'}$$

Dabei folgt aus der Zerlegung des Vektors $\boldsymbol{x}_{\mathfrak{N}_1}$

$$G(\boldsymbol{x}_{\mathfrak{N}}) \leqq G(\boldsymbol{x}_{\mathfrak{N}_1}), \tag{31}$$

wobei das Gleichheitszeichen hier nur im Fall $\boldsymbol{x}_{\mathfrak{N}_1} = \boldsymbol{x}_{\mathfrak{N}}$ zutrifft.

Unter Benutzung von (20), (30′) und (31) sowie der Induktionsvoraussetzung erhalten wir

$$\begin{aligned} G(\boldsymbol{x}_1, \ldots, \boldsymbol{x}_m) &= G(\boldsymbol{x}_1, \ldots, \boldsymbol{x}_{m-1})\, G(\boldsymbol{x}_{\mathfrak{N}}) \leqq G(\boldsymbol{x}_1, \ldots, \boldsymbol{x}_{m-1})\, G(\boldsymbol{x}_{\mathfrak{N}_1}) \\ &\leqq G(\boldsymbol{x}_1, \ldots, \boldsymbol{x}_p)\, G(\boldsymbol{x}_{p+1}, \ldots, \boldsymbol{x}_{m-1})\, G(\boldsymbol{x}_{\mathfrak{N}_1}) \\ &= G(\boldsymbol{x}_1, \ldots, \boldsymbol{x}_p)\, G(\boldsymbol{x}_{p+1}, \ldots, \boldsymbol{x}_m), \end{aligned} \tag{32}$$

d. h. die Ungleichung (29). Um zu klären, wann das Gleichheitszeichen gilt, nehmen wir an, daß $G(\boldsymbol{x}_1, \ldots, \boldsymbol{x}_p) \neq 0$ und $G(\boldsymbol{x}_{p+1}, \ldots, \boldsymbol{x}_m) \neq 0$ ist. Dann ist wegen (30′) auch $G(\boldsymbol{x}_{p+1}, \ldots, \boldsymbol{x}_p) \neq 0$ und $G(\boldsymbol{x}_{\mathfrak{N}_1}) \neq 0$. Da in den Beziehungen (32) überall das Gleichheitszeichen zutrifft, haben wir $\boldsymbol{x}_{\mathfrak{N}_1} = \boldsymbol{x}_{\mathfrak{N}}$, und außerdem ist nach Induktionsvoraussetzung jeder der Vektoren $\boldsymbol{x}_{p+1}, \ldots, \boldsymbol{x}_{m-1}$ orthogonal zu jedem der Vektoren $\boldsymbol{x}_1, \ldots, \boldsymbol{x}_p$. Diese Eigenschaft hat offensichtlich auch der Vektor

$$\boldsymbol{x}_m = \boldsymbol{x}_{\mathfrak{S}_1} + \boldsymbol{x}_{\mathfrak{N}_1} = \boldsymbol{x}_{\mathfrak{S}_1} + \boldsymbol{x}_{\mathfrak{N}}.$$

Damit ist die Hadamardsche Ungleichung vollständig bewiesen.

4. Die verallgemeinerte Hadamardsche Ungleichung (32) kann auch analytisch formuliert werden.

Es sei $\sum_{i,k=1}^{n} h_{ik} x_i \bar{x}_k$ eine beliebige positiv definite hermitesche Form. Wir fassen die $x_1, x_2, \ldots, x_n$ als Koordinaten eines Vektors $\boldsymbol{x}$ im n-dimensionalen Vektorraum $\mathfrak{R}$ mit der Basis $\boldsymbol{e}_1, \boldsymbol{e}_2, \ldots, \boldsymbol{e}_n$ auf und wählen damit $\sum_{i,k=1}^{n} h_{ik} x_i \bar{x}_k$ als metrische Fundamentalform in $\mathfrak{R}$ (vgl. S. 256). Dann wird $\mathfrak{R}$ ein unitärer Raum. Wir wenden die verallgemeinerte Hadamardsche Ungleichung auf die Basisvektoren $\boldsymbol{e}_1, \boldsymbol{e}_2, \ldots, \boldsymbol{e}_n$ an:

$$G(\boldsymbol{e}_1, \boldsymbol{e}_2, \ldots, \boldsymbol{e}_n) \leqq G(\boldsymbol{e}_1, \ldots, \boldsymbol{e}_p)\, G(\boldsymbol{e}_{p+1}, \ldots, \boldsymbol{e}_n).$$

Setzen wir $H = \|h_{ik}\|_1^n$ und berücksichtigen, daß $(\boldsymbol{e}_i, \boldsymbol{e}_k) = h_{ik}$ $(i, k = 1, 2, \ldots, n)$ ist, so läßt sich die letzte Ungleichung folgendermaßen schreiben:

$$H\begin{pmatrix}1 & 2 & \ldots & n\\ 1 & 2 & \ldots & n\end{pmatrix} \leqq H\begin{pmatrix}1 & 2 & \ldots & p\\ 1 & 2 & \ldots & p\end{pmatrix} H\begin{pmatrix}p+1 & \ldots & n\\ p+1 & \ldots & n\end{pmatrix} \quad (p < n); \tag{33}$$

das Gleichheitszeichen gilt dann und nur dann, wenn $h_{ik} = h_{ki} = 0$ für $i = 1, 2, \ldots, p$ und $k = p + 1, \ldots, n$ ist. Die Ungleichung (33) gilt für jede Koeffizientenmatrix $H = \|h_{ik}\|_1^n$ einer positiv definiten hermiteschen Form. Speziell gilt (33), wenn H die reelle Koeffizientenmatrix einer positiv definiten quadratischen Form $\sum_{i,k=1}^{n} h_{ik} x_i x_k$ ist.[1])

5. Wir wollen nun den Leser noch auf die Bunjakovskijsche Ungleichung hinweisen.[2])
Für beliebige Vektoren $\boldsymbol{x}, \boldsymbol{y} \in \mathfrak{R}$ ist

$$|(\boldsymbol{x}\boldsymbol{y})|^2 \leqq (\boldsymbol{x}\boldsymbol{x})\,(\boldsymbol{y}\boldsymbol{y}); \tag{34}$$

das Gleichheitszeichen gilt genau dann, wenn sich die Vektoren $\boldsymbol{x}$ und $\boldsymbol{y}$ nur um einen skalaren Faktor unterscheiden.

Die Bunjakovskijsche Ungleichung ergibt sich sofort aus der von uns bereits bewiesenen Ungleichung

$$G(\boldsymbol{x}, \boldsymbol{y}) = \begin{vmatrix}(\boldsymbol{x}\boldsymbol{x}) & (\boldsymbol{x}\boldsymbol{y})\\ (\boldsymbol{y}\boldsymbol{x}) & (\boldsymbol{y}\boldsymbol{y})\end{vmatrix} \geqq 0.$$

In Analogie zu dem Skalarprodukt von Vektoren des dreidimensionalen euklidischen Raumes kann man im n-dimensionalen unitären Raum den „Winkel“ θ zwischen zwei Vektoren $\boldsymbol{x}$ und $\boldsymbol{y}$ einführen, indem man ihn durch folgende Relation definiert:[3])

$$\cos^2\theta = \frac{|(\boldsymbol{x}\boldsymbol{y})|^2}{(\boldsymbol{x}\boldsymbol{x})\,(\boldsymbol{y}\boldsymbol{y})}.$$

Aus der Bunjakovskijschen Ungleichung folgt, daß θ nur reelle Werte annimmt.

---

[1]) Der analytische Beweis der verallgemeinerten Hadamardschen Ungleichung ist in [7], § 8, zu finden.

[2]) Diese Ungleichung wird auch häufig Schwarzsche, Cauchy-Schwarzsche bzw. Cauchy-Bunjakovskijsche Ungleichung genannt (*Anm. d. Red.*).

[3]) Sind $\boldsymbol{x}$ und $\boldsymbol{y}$ Vektoren eines euklidischen Raums, so wird der Winkel θ zwischen ihnen definiert durch $\cos\theta = \dfrac{(\boldsymbol{x}\boldsymbol{y})}{|\boldsymbol{x}|\,|\boldsymbol{y}|}$.

9.6. Orthogonalisierung

1. Wir bezeichnen den kleinsten Unterraum, der die Vektoren $\boldsymbol{x}_1, \boldsymbol{x}_2, \ldots, \boldsymbol{x}_p$ enthält, d. h. den durch diese Vektoren aufgespannten Unterraum, mit $[\boldsymbol{x}_1, \boldsymbol{x}_2, \ldots, \boldsymbol{x}_p]$. Dieser Unterraum besteht aus allen Linearkombinationen $c_1\boldsymbol{x}_2 + c_2\boldsymbol{x}_2 + \cdots + c_p\boldsymbol{x}_p$ der Vektoren $\boldsymbol{x}_1, \boldsymbol{x}_2, \ldots, \boldsymbol{x}_p$ (die $c_1, c_2, \ldots, c_p$ sind komplexe Zahlen.[1])). Sind die Vektoren $\boldsymbol{x}_1, \boldsymbol{x}_2, \ldots, \boldsymbol{x}_p$ linear unabhängig, so bilden sie eine Basis des Unterraums $[\boldsymbol{x}_1, \boldsymbol{x}_2, \ldots, \boldsymbol{x}_p]$. In diesem Fall ist der Unterraum p-dimensional.

Zwei Vektorfolgen $\boldsymbol{X}$: $\boldsymbol{x}_1, \boldsymbol{x}_2, \ldots$ und $\boldsymbol{Y}$: $\boldsymbol{y}_1, \boldsymbol{y}_2, \ldots$, die dieselbe endliche Anzahl von Vektoren oder beide unendlich viele Vektoren enthalten, nennen wir *äquivalent*, wenn für alle in Frage kommenden p

$$[\boldsymbol{x}_1, \boldsymbol{x}_2, \ldots, \boldsymbol{x}_p] \equiv [\boldsymbol{y}_1, \boldsymbol{y}_2, \ldots, \boldsymbol{y}_p] \qquad (p = 1, 2, \ldots)$$

gilt. Eine Vektorfolge $\boldsymbol{X}$: $\boldsymbol{x}_1, \boldsymbol{x}_2, \ldots$ heißt *nicht entartet*, wenn für beliebiges p die Vektoren $\boldsymbol{x}_1, \boldsymbol{x}_2, \ldots, \boldsymbol{x}_p$ linear unabhängig sind.

Eine solche Vektorfolge, in der je zwei Vektoren orthogonal sind, heißt *orthogonale Vektorfolge*.

Wir sprechen von der *Orthogonalisierung einer Vektorfolge*, wenn eine vorgegebene Folge durch eine ihr äquivalente orthogonale ersetzt wird.

Satz 2. *Jede nicht entartete Vektorfolge kann orthogonalisiert werden. Dabei sind die orthogonalen Vektoren bis auf konstante Faktoren eindeutig bestimmt.*

Beweis 1. Wir beginnen mit dem Beweis des zweiten Teils des Satzes. Sind zwei orthogonale Vektorfolgen $\boldsymbol{Y}$: $\boldsymbol{y}_1, \boldsymbol{y}_2, \ldots$ und $\boldsymbol{Z}$: $\boldsymbol{z}_1, \boldsymbol{z}_2, \ldots$ einer dritten (nicht entarteten) Folge $\boldsymbol{X}$: $\boldsymbol{x}_1, \boldsymbol{x}_2, \ldots$ äquivalent, so sind sie auch einander äquivalent. Für beliebiges p existieren daher Zahlen $c_{p1}, c_{p2}, \ldots, c_{pp}$ derart, daß

$$\boldsymbol{z}_p = c_{p1}\boldsymbol{y}_1 + c_{p2}\boldsymbol{y}_2 + \cdots + c_{p,p-1}\boldsymbol{y}_{p-1} + c_{pp}\boldsymbol{y}_p \qquad (p = 1, 2, \ldots)$$

ist. Multipliziert man sukzessive diese Gleichung mit $\boldsymbol{y}_1, \boldsymbol{y}_2, \ldots, \boldsymbol{y}_{p-1}$ und berücksichtigt die Orthogonalität der Folge $\boldsymbol{Y}$ und die Relation

$$\boldsymbol{z}_p \perp [\boldsymbol{z}_1, \boldsymbol{z}_2, \ldots, \boldsymbol{z}_{p-1}] \equiv [\boldsymbol{y}_1, \boldsymbol{y}_2, \ldots, \boldsymbol{y}_{p-1}],$$

so erhält man $c_{p1} = c_{p2} = \cdots = c_{p,p-1} = 0$ und folglich $\boldsymbol{z}_p = c_{pp}\boldsymbol{y}_p$ $(p = 1, 2, \ldots)$.

2. Für die Orthogonalisierung einer beliebigen nicht entarteten Vektorfolge $\boldsymbol{X}$: $\boldsymbol{x}_1, \boldsymbol{x}_2, \ldots$ ergibt sich folgende Konstruktion.[2]) Es sei

$$\mathfrak{S}_p \equiv [\boldsymbol{x}_1, \boldsymbol{x}_2, \ldots, \boldsymbol{x}_p], \qquad G_p = G(\boldsymbol{x}_1, \boldsymbol{x}_2, \ldots, \boldsymbol{x}_p) \qquad (p = 1, 2, \ldots).$$

Wir projizieren den Vektor $\boldsymbol{x}_p$ orthogonal auf den Unterraum $\mathfrak{S}_{p-1}$ $(p = 1, 2, \ldots)$:[3])

$$\boldsymbol{x}_p = \boldsymbol{x}_{p\mathfrak{S}_{p-1}} + \boldsymbol{x}_{p\mathfrak{N}}, \ \boldsymbol{x}_{p\mathfrak{S}_{p-1}} \in \mathfrak{S}_{p-1}, \ \boldsymbol{x}_{p\mathfrak{N}} \perp \mathfrak{S}_{p-1} \qquad (p = 1, 2, \ldots).$$

Es ergibt sich

$$\boldsymbol{y}_p = \lambda_p \boldsymbol{x}_{p\mathfrak{N}} \qquad (p = 1, 2, \ldots; \ \boldsymbol{x}_{1\mathfrak{N}} = \boldsymbol{x}_1),$$

---

[1]) Handelt es sich um einen euklidischen Raum, so sind diese Zahlen reell.

[2]) Es handelt sich um das sogenannte Erhard-Schmidtsche Orthogonalisierungsverfahren (*Anm. d. Red.*).

[3]) Für $p = 1$ setzen wir $\boldsymbol{x}_{1\mathfrak{S}_0} = \boldsymbol{o}$ und $\boldsymbol{x}_{1\mathfrak{N}} = \boldsymbol{x}_1$.

wobei λ_p ($p = 1, 2, \ldots$) eine beliebige von 0 verschiedene Zahl ist. Die Vektorfolge $\boldsymbol{Y}: \boldsymbol{y}_1, \boldsymbol{y}_2, \ldots$ ist dann, wie man leicht sieht, orthogonal und der Folge $\boldsymbol{X}$ äquivalent. Damit ist der Satz bewiesen.

Nach (21) ist

$$\boldsymbol{x}_{p\mathfrak{N}} = \frac{\begin{vmatrix} & & \boldsymbol{x}_1 \\ & G & \vdots \\ & & \boldsymbol{x}_{p-1} \\ (\boldsymbol{x}_p\boldsymbol{x}_1) & \ldots\; (\boldsymbol{x}_p\boldsymbol{x}_{p-1}) & \boldsymbol{x}_p \end{vmatrix}}{G_{p-1}} \qquad (p = 1, 2, \ldots; G_0 = 1).$$

Setzen wir $\lambda_p = G_{p-1}$ ($p = 1, 2, \ldots, G_0 = 1$), so erhalten wir für die Vektoren der orthogonalisierten Folge die Formeln

$$\boldsymbol{y}_1 = \boldsymbol{x}_1, \quad \boldsymbol{y}_2 = \begin{vmatrix} (\boldsymbol{x}_1\boldsymbol{x}_1) & \boldsymbol{x}_1 \\ (\boldsymbol{x}_2\boldsymbol{x}_1) & \boldsymbol{x}_2 \end{vmatrix}, \ldots, \boldsymbol{y}_p = \begin{vmatrix} (\boldsymbol{x}_1\boldsymbol{x}_1) & \ldots & (\boldsymbol{x}_1\boldsymbol{x}_{p-1}) & \boldsymbol{x}_1 \\ \cdots & \cdots & \cdots & \cdots \\ (\boldsymbol{x}_{p-1}\boldsymbol{x}_1) & \ldots & (\boldsymbol{x}_{p-1}\boldsymbol{x}_{p-1}) & \boldsymbol{x}_{p-1} \\ (\boldsymbol{x}_p\boldsymbol{x}_1) & \ldots & (\boldsymbol{x}_p\boldsymbol{x}_{p-1}) & \boldsymbol{x}_p \end{vmatrix}, \ldots \tag{35}$$

Nach (22) ist

$$(\boldsymbol{y}_p\boldsymbol{y}_p) = G_{p-1}^2\, |\boldsymbol{x}_{p\mathfrak{N}}| = G_{p-1}^2 \cdot \frac{G_p}{G_{p-1}} = G_{p-1}G_p \quad (p = 1, 2, \ldots; G_0 = 1). \tag{36}$$

Setzen wir nun

$$\boldsymbol{z}_p = \frac{\boldsymbol{y}_p}{\sqrt{G_{p-1}G_p}} \qquad (p = 1, 2, \ldots), \tag{37}$$

so erhalten wir eine der vorgegebenen Folge $\boldsymbol{X}$ äquivalente orthonormierte Folge $\boldsymbol{Z}$.

Beispiel. Wir definieren ein Skalarprodukt im Raum aller stückweise stetigen reellen Funktionen des abgeschlossenen Intervalls $[-1, +1]$ durch

$$(f, g) = \int_{-1}^{+1} f(x)\, g(x)\, dx.$$

Wir orthogonalisieren die „Vektor"folge $1, x, x^2, x^3, \ldots$ nach Formel (35):

$$y_0 \equiv 1, \quad y_m = \begin{vmatrix} \frac{1}{1} & 0 & \frac{1}{3} & 0 & \frac{1}{5} & 0 & \ldots & 1 \\ 0 & \frac{1}{3} & 0 & \frac{1}{5} & 0 & \frac{1}{7} & \ldots & x \\ \frac{1}{3} & 0 & \frac{1}{5} & 0 & \frac{1}{7} & 0 & \ldots & x^2 \\ \cdots & \cdots & \cdots & \cdots & \cdots & \cdots & \cdots & \cdots \\ \cdots & \cdots & \cdots & \cdots & \cdots & \cdots & \cdots & x^m \end{vmatrix} \qquad (m = 1, 2, \ldots).$$

Diese zueinander orthogonalen Funktionen stimmen bis auf konstante Faktoren mit den bekannten Legendreschen Polynomen[1])

$$P_0(x) = 1, \quad P_m(x) = \frac{1}{2^m m!} \frac{d^m(x^2-1)^m}{dx^m} \qquad (m = 1, 2, \ldots)$$

überein.

Dieselbe Folge ergibt bezüglich der Metrik (mit „Belegungsfunktion")

$$(f, g) = \int_a^b f(x)\, g(x)\, \tau(x)\, dx \qquad \left(\tau(x) \geqq 0 \text{ für } a \leqq x \leqq b\right)$$

eine andere Folge orthogonaler Polynome.

Setzt man beispielsweise $a = -1$, $b = 1$ und $\tau(x) = \frac{1}{\sqrt{1-x^2}}$, so erhält man die Čebyševschen Polynome

$$T_n(x) = \frac{1}{2^{n-1}} \cos (n \arccos x).$$

Setzt man dagegen $a = -\infty$, $b = +\infty$ und $\tau(x) = e^{-x^2}$, so erhält man die Čebyšev-Hermiteschen Polynome usw.[2])

2. Wir beweisen noch die sogenannte Besselsche Ungleichung für eine orthonormierte Vektorfolge $\boldsymbol{Z}: \boldsymbol{z}_1, \boldsymbol{z}_2, \ldots$ Gegeben sei ein beliebiger Vektor $\boldsymbol{x}$. Wir bezeichnen seine Projektion auf $\boldsymbol{z}_p$ mit ξ_p:

$$\xi_p = (\boldsymbol{x}\boldsymbol{z}_p) \qquad (p = 1, 2, \ldots).$$

Dann kann die Projektion des Vektors $\boldsymbol{x}$ auf den Unterraum $\mathfrak{S}_p = [\boldsymbol{z}_1, \boldsymbol{z}_2, \ldots, \boldsymbol{z}_p]$ in folgender Form dargestellt werden (vgl. (20)):

$$\boldsymbol{x}_{\mathfrak{S}_p} = \xi_1 \boldsymbol{z}_1 + \xi_2 \boldsymbol{z}_2 + \cdots + \xi_p \boldsymbol{z}_p \qquad (p = 1, 2, \ldots).$$

Nun ist aber $|\boldsymbol{x}_{\mathfrak{S}_p}|^2 = |\xi_1|^2 + |\xi_2|^2 + \cdots + |\xi_p|^2 \leqq |\boldsymbol{x}|^2$. Daher gilt für beliebiges p die Besselsche Ungleichung

$$|\xi_1|^2 + |\xi_2|^2 + \cdots + |\xi_p|^2 \leqq |\boldsymbol{x}|^2. \tag{38}$$

Im Fall eines endlichdimensionalen Raumes von der Dimension n hat diese Ungleichung eine leicht ersichtliche geometrische Bedeutung. Für $p = n$ ergibt sie den Satz des Pythagoras:

$$|\xi_1|^2 + |\xi_2|^2 + \cdots + |\xi_n|^2 = |\boldsymbol{x}|^2.$$

Ist der Raum unendlichdimensional und enthält die Folge $\boldsymbol{Z}$ unendlich viele Vektoren, so besagt (38) die Konvergenz der Reihe $\sum_{k=1}^{\infty} |\xi_k|^2$, und man erhält die Ungleichung

$$\sum_{k=1}^{\infty} |\xi_k|^2 \leqq |\boldsymbol{x}|^2.$$

---

[1]) Vgl. [19], S. 77ff.

[2]) Eine ausführliche Darstellung findet man in [19], Kap. II, § 9, aber auch in [9].

Wir bilden die Reihe $\sum_{k=1}^{\infty} \xi_k z_k$. Die p-te Partialsumme dieser Reihe,

$$\xi_1 z_1 + \xi_2 z_2 + \cdots + \xi_p z_p,$$

ist (für beliebiges p) gleich der Projektion $x_{\mathfrak{S}_p}$ des Vektors x auf den Unterraum $\mathfrak{S}_p = [z_1, z_2, \ldots, z_p]$ und daher die beste Approximation des Vektors x in diesem Raum:

$$\left|\left(x - \sum_{k=1}^{p} \xi_k z_k\right)\right| \leqq \left|\left(x - \sum_{k=1}^{p} c_k z_k\right)\right|;$$

die $c_1, c_2, \ldots, c_p$ sind hier beliebige komplexe Zahlen. Wir berechnen die entsprechende quadratische Abweichung δ_p:

$$\delta_p^2 = \left|\left(x - \sum_{k=1}^{p} \xi_k z_k\right)\right|^2 = \left(x - \sum_{k=1}^{p} \xi_k z_k, x - \sum_{k=1}^{p} \xi_k z_k\right) = |x|^2 - \sum_{k=1}^{p} |\xi_k|^2.$$

Hieraus folgt

$$\lim_{p\to\infty} \delta_p^2 = |x|^2 - \sum_{k=1}^{\infty} |\xi_k|^2.$$

Ist $\lim_{p\to\infty} \delta_p = 0$, so sagen wir: Die Reihe $\sum_{k=1}^{\infty} \xi_k z_k$ *konvergiert im Mittel* (konvergiert der Norm nach) gegen den Vektor x. In diesem Fall gilt für den Vektor x aus $\mathfrak{R}$ die (Parsevalsche) Gleichung

$$(xx) = |x|^2 = \sum_{k=1}^{\infty} |\xi_k|^2 \tag{39}$$

(Satz des PYTHAGORAS im unendlichdimensionalen Raum!).

Wenn für jeden Vektor x aus $\mathfrak{R}$ die Reihe $\sum_{k=1}^{p} \xi_n z_k$ im Mittel gegen den Vektor x konvergiert, so heißt die orthonormierte Vektorfolge $z_1, z_2, \ldots$ *vollständig*. In diesem Fall erhält man sofort durch dreimalige Anwendung von (39), indem man hier x durch $x + y$ ersetzt,

$$(xy) = \sum_{k=1}^{\infty} \xi_k \bar{\eta}_k \quad \left(\xi_k = (x z_k),\ \eta_k = (y z_k);\ k = 1, 2, \ldots\right). \tag{40}$$

Beispiel. Wir betrachten den Raum aller im abgeschlossenen Intervall $[0, 2\pi]$ stückweise stetigen komplexen Funktionen $f(t)$ (t ist das reelle Argument). Das Skalarprodukt zweier Funktionen $f(t)$ und $g(t)$ definieren wir durch

$$(f, g) = \int_0^{2\pi} f(t)\,\overline{g(t)}\,dt.$$

Insbesondere ist

$$(f, f) = \int_0^{2\pi} |f(t)|^2\,dt.$$

Wir betrachten jetzt die Funktionenfolge $\frac{1}{\sqrt{2\pi}}\, e^{ikt}$ $(k = 0, \pm 1, \pm 2, \ldots)$. Sie ist orthonormiert, da

$$\int_0^{2\pi} e^{i\mu t}\, e^{-i\nu t}\, dt = \int_0^{2\pi} e^{i(\mu-\nu)t}\, dt = \begin{cases} 0 & \text{für } \mu \neq \nu, \\ 2\pi & \text{für } \mu = \nu \end{cases}$$

ist. Die Reihe

$$\sum_{k=-\infty}^{\infty} f_k\, e^{ikt} \qquad \left(f_k = \frac{1}{2\pi} \int_0^{2\pi} f(t)\, e^{-ikt}\, dt; \quad k = 0, \pm 1, \pm 2, \ldots \right)$$

konvergiert im Intervall $[0, 2\pi]$ im Mittel gegen die Funktion $f(t)$. Diese Reihe wird die *Fourierreihe* und die Koeffizienten f_k $(k = 0, \pm 1, \pm 2, \ldots)$ werden die *Fourierkoeffizienten* der Funktion $f(t)$ genannt.

In der Theorie der Fourierreihen wird gezeigt, daß das System der Funktionen e^{ikt} $(k = 0, \pm 1, \pm 2, \ldots)$ vollständig ist.[1])

Aus der Vollständigkeit folgt die Gültigkeit der Parsevalschen Gleichung (vgl. (40))

$$\int_0^{2\pi} f(t)\, \overline{g(t)}\, dt = \sum_{k=-\infty}^{+\infty} \frac{1}{2\pi} \int_0^{2\pi} f(t)\, e^{-ikt}\, dt \int_0^{2\pi} \overline{g(t)}\, e^{ikt}\, dt.$$

Ist $f(t)$ eine reelle Funktion, so ist f_0 reell, f_k und f_{-k} dagegen sind konjugiert-komplexe Zahlen $(k = 1, 2, \ldots)$. Wir setzen

$$f_k = \frac{1}{2\pi} \int_0^{2\pi} f(t)\, e^{-ikt}\, dt = \frac{1}{2}\, (a_k + ib_k),$$

wobei

$$a_k = \frac{1}{\pi} \int_0^{2\pi} f(t) \cos kt\, dt, \qquad b_k = \frac{1}{\pi} \int_0^{2\pi} f(t) \sin kt\, dt \qquad (k = 0, 1, 2, \ldots)$$

ist, und erhalten

$$f_k\, e^{ikt} + f_{-k}\, e^{-ikt} = a_k \cos kt + b_k \sin kt \qquad (k = 1, 2, \ldots).$$

Für reelle Funktionen $f(t)$ hat daher die Fourierreihe die Gestalt

$$\frac{a_0}{2} + \sum_{k=1}^{\infty} (a_k \cos kt + b_k \sin kt)$$

$$\left(a_k = \frac{1}{\pi} \int_0^{2\pi} f(t) \cos kt\, dt, \qquad b_k = \frac{1}{\pi} \int_0^{2\pi} f(t) \sin kt\, dt; \qquad k = 0, 1, 2, \ldots \right).$$

[1]) Vgl. etwa [19], Kap. II.

9.7. Orthonormalbasen

Die Basis eines beliebigen endlichdimensionalen Unterraumes $\mathfrak{S}$ eines unitären oder euklidischen Raums $\mathfrak{R}$ ist eine nicht ausgeartete Folge von Vektoren und kann daher nach Satz 2 aus 9.6. orthogonalisiert und normiert werden.

Jeder endlichdimensionale Unterraum $\mathfrak{S}$ (und insbesondere jeder endlichdimensionale Vektorraum $\mathfrak{R}$ selbst) besitzt eine Orthonormalbasis.

Es sei $\boldsymbol{e}_1, \boldsymbol{e}_2, \ldots, \boldsymbol{e}_n$ eine Orthonormalbasis des Vektorraumes $\mathfrak{R}$. Wir bezeichnen die Koordinaten eines beliebigen Vektors $\boldsymbol{x}$ bezüglich dieser Basis mit $x_1, \ldots, x_n$:

$$\boldsymbol{x} = \sum_{k=1}^{n} x_k \boldsymbol{e}_k .$$

Multipliziert man diese Gleichung von rechts mit $\boldsymbol{e}_k$ und berücksichtigt die Orthonormalität der Basis, so ergibt sich sofort $x_k = (\boldsymbol{x}\boldsymbol{e}_k)$ $(k = 1, 2, \ldots, n)$, d. h., *bezüglich einer Orthonormalbasis sind die Koordinaten eines Vektors gleich seinen Projektionen auf die entsprechenden Koordinatenachsen*:

$$\boldsymbol{x} = \sum_{k=1}^{n} (\boldsymbol{x}\boldsymbol{e}_k)\, \boldsymbol{e}_k . \tag{41}$$

Es seien $x_1, x_2, \ldots, x_k$ und $x'_1, x'_2, \ldots, x'_n$ die Koordinaten ein und desselben Vektors $\boldsymbol{x}$ bezüglich der Orthonormalbasis $\boldsymbol{e}_1, \boldsymbol{e}_2, \ldots, \boldsymbol{e}_n$ bzw. $\boldsymbol{e}'_1, \boldsymbol{e}'_2, \ldots, \boldsymbol{e}'_n$ eines unitären Raumes $\mathfrak{R}$. Die Koordinatentransformation lautet

$$x_i = \sum_{k=1}^{n} u_{ik} x'_k \quad (i = 1, 2, \ldots, n). \tag{42}$$

Die Koeffizienten $u_{1k}, u_{2k}, \ldots, u_{nk}$, die dabei die k-te Spalte der Matrix $U = \|u_{ik}\|_1^n$ bilden, sind — wie man leicht sieht — die Koordinaten des Vektors $\boldsymbol{e}'_k$ bezüglich der Basis $\boldsymbol{e}_1, \boldsymbol{e}_2, \ldots, \boldsymbol{e}_n$. Gibt man daher die Orthonormalitätsbedingung für die Basis $\boldsymbol{e}'_1, \boldsymbol{e}'_2, \ldots, \boldsymbol{e}'_n$ in Koordinaten an (vgl. (10)), so erhält man

$$\sum_{i=1}^{n} u_{ik} \overline{u}_{il} = \delta_{kl} = \begin{cases} 1 & \text{für } k = l, \\ 0 & \text{für } k \neq l. \end{cases} \tag{43}$$

Eine Transformation (42), deren Koeffizienten die Bedingung (43) erfüllen, heißt *unitär*, und die entsprechende Matrix U wird eine *unitäre Matrix* genannt. *In einem n-dimensionalen unitären Raum sind es also die unitären Koordinatentransformationen, die den Übergang von einer Orthonormalbasis zu einer anderen Orthonormalbasis beschreiben.*

Gegeben sei ein n-dimensionaler euklidischer Raum $\mathfrak{R}$. Der Übergang von einer Orthonormalbasis in $\mathfrak{R}$ zu einer anderen wird durch eine Koordinatentransformation

$$x_i = \sum_{k=1}^{n} v_{ik} x'_k \quad (i = 1, 2, \ldots, n) \tag{44}$$

beschrieben, deren Koeffizienten durch folgende Relationen miteinander verknüpft sind:

$$\sum_{i=1}^{n} v_{ik} v_{il} = \delta_{kl} \quad (k, l = 1, 2, \ldots, n). \tag{45}$$

Eine solche Koordinatentransformation heißt *orthogonal*, und die ihr entsprechende Matrix V ist eine *orthogonale Matrix*.

Wir geben noch eine interessante Matrizenschreibweise des Orthogonalisierungsprozesses an.

Es sei $A = \|a_{ik}\|_1^n$ eine beliebige reguläre Matrix ($|A| \neq 0$) mit komplexen Koeffizienten. Wir betrachten den unitären Raum $\mathfrak{R}$ mit der Orthonormalbasis $\boldsymbol{e}_1, \boldsymbol{e}_2, \ldots, \boldsymbol{e}_n$ und definieren n linear unabhängige Vektoren $\boldsymbol{a}_1, \boldsymbol{a}_2, \ldots, \boldsymbol{a}_n$ durch die Gleichung

$$\boldsymbol{a}_k = \sum_{i=1}^{n} a_{ik} \boldsymbol{e}_i \quad (k = 1, 2, \ldots, n).$$

Auf die Vektoren $\boldsymbol{a}_1, \boldsymbol{a}_2, \ldots, \boldsymbol{a}_n$ wenden wir den Orthogonalisierungsprozeß an. Die so gewonnene Orthonormalbasis von $\mathfrak{R}$ bezeichnen wir mit $\boldsymbol{u}_1, \boldsymbol{u}_2, \ldots, \boldsymbol{u}_n$, und es sei

$$\boldsymbol{u}_k = \sum_{i=1}^{n} u_{ik} \boldsymbol{e}_i \quad (k = 1, 2, \ldots, n).$$

Dann ist

$$[\boldsymbol{a}_1, \boldsymbol{a}_2, \ldots, \boldsymbol{a}_p] = [\boldsymbol{u}_1, \boldsymbol{u}_2, \ldots, \boldsymbol{u}_p] \quad (p = 1, 2, \ldots, n),$$

d. h.

$$\begin{aligned}
\boldsymbol{a}_1 &= c_{11} \boldsymbol{u}_1, \\
\boldsymbol{a}_2 &= c_{12} \boldsymbol{u}_1 + c_{22} \boldsymbol{u}_2, \\
&\cdots\cdots\cdots\cdots\cdots\cdots \\
\boldsymbol{a}_n &= c_{1n} \boldsymbol{u}_1 + c_{2n} \boldsymbol{u}_2 + \cdots + c_{nn} \boldsymbol{u}_n,
\end{aligned}$$

die c_{ik} ($i, k = 1, 2, \ldots, n$; $i \leqq k$) sind bestimmte komplexe Zahlen.

Setzen wir $c_{ik} = 0$, wenn $i > k$ ist ($i, k = 1, 2, \ldots, n$), so erhalten wir

$$\boldsymbol{a}_k = \sum_{p=1}^{n} c_{pk} \boldsymbol{u}_p \quad (k = 1, 2, \ldots, n).$$

Der Übergang zu Koordinaten und die Einführung der unteren Dreiecksmatrix $C = \|c_{ik}\|_1^n$ und der unitären Matrix $U = \|u_{ik}\|_1^n$ ergibt

$$a_{ik} = \sum_{p=1}^{n} u_{ip} c_{pk} \quad (i, k = 1, 2, \ldots, n)$$

oder

$$A = UC. \tag{*}$$

Diese Formel zeigt: *Jede reguläre Matrix $A = \|a_{ik}\|_1^n$ kann als Produkt einer unitären Matrix U mit einer unteren Dreiecksmatrix C dargestellt werden.*

Da die Vektoren $\boldsymbol{u}_1, \boldsymbol{u}_2, \ldots, \boldsymbol{u}_n$ durch den Orthogonalisierungsprozeß bis auf skalare Faktoren $\varepsilon_1, \varepsilon_2, \ldots, \varepsilon_n$ ($|\varepsilon_i| = 1$; $i = 1, 2, \ldots, n$) eindeutig definiert sind, sind auch in Formel (*)

die Matrizen U und C eindeutig bis auf einen Diagonalfaktor $M = \{\varepsilon_1, \varepsilon_2, \ldots, \varepsilon_n\}$ definiert: $U = U_1 M, \quad C = M^{-1} C_1$.

Das läßt sich auch unmittelbar beweisen.

Bemerkung 1. Ist A eine reelle Matrix, so können die Faktoren U und C in der Formel (*) reell gewählt werden. In diesem Fall ist U eine orthogonale Matrix.

Bemerkung 2. Formel (*) behält auch für singuläre Matrizen A ($|A| = 0$) Gültigkeit. Davon kann man sich überzeugen, indem man $A = \lim_{m\to\infty} A_m$ mit $|A_m| \neq 0$ ($m = 1, 2, \ldots$) setzt.

Dann ist $A_m = U_m C_m$ ($m = 1, 2, \ldots$). Nehmen wir aus der Folge $\{U_m\}$ eine konvergente Teilfolge $\{U_{mp}\}$ $\left(\lim_{p\to\infty} U_{m_p} = U\right)$ heraus und gehen zur Grenze über, so folgt aus der Gleichung $A_{m_p} = U_{m_p} C_{m_p}$ für $p \to \infty$ die gesuchte Zerlegung $A = UC$. Jedoch sind im Fall $|A| = 0$ die Matrizen U und C nicht mehr bis auf einen Diagonalfaktor M eindeutig definiert.

Bemerkung 3. An Stelle von (*) hätte man auch die Formel

$$A = DW \tag{**}$$

herleiten können; dabei ist D eine obere Dreiecksmatrix und W wiederum eine unitäre Matrix. Wenden wir nämlich die schon bewiesene Formel (*) auf die transponierte Matrix $A^{\mathsf T}$ an, $A^{\mathsf T} = UC$, und setzen $W = U^{\mathsf T}$ und $D = C^{\mathsf T}$, so erhalten wir (**).[1]

9.8. Adjungierte Operatoren

In einem n-dimensionalen unitären Raum $\mathfrak{R}$ sei ein beliebiger linearer Operator $\boldsymbol{A}$ vorgegeben.

Definition 4. Ein linearer Operator $\boldsymbol{A}^*$ heißt ein zu $\boldsymbol{A}$ *adjungierter Operator*, wenn für beliebige Vektoren $\boldsymbol{x}$ und $\boldsymbol{y}$ aus $\mathfrak{R}$ die Gleichung

$$(\boldsymbol{Ax}, \boldsymbol{y}) = (\boldsymbol{x}, \boldsymbol{A}^*\boldsymbol{y}) \tag{46}$$

erfüllt ist.

Wir beweisen, daß zu jedem linearen Operator $\boldsymbol{A}$ ein eindeutig bestimmter adjungierter Operator $\boldsymbol{A}^*$ existiert. Zum Beweis wählen wir in $\mathfrak{R}$ eine Orthonormalbasis $\boldsymbol{e}_1, \boldsymbol{e}_2, \ldots, \boldsymbol{e}_n$. Dann muß (vgl. (41)) der gesuchte Operator $\boldsymbol{A}^*$ für jeden Vektor $\boldsymbol{y}$ aus $\mathfrak{R}$ folgende Gleichung erfüllen:

$$\boldsymbol{A}^*\boldsymbol{y} = \sum_{k=1}^{n} (\boldsymbol{A}^*\boldsymbol{y}, \boldsymbol{e}_k)\, \boldsymbol{e}_k.$$

Nach (46) können wir dafür schreiben:

$$\boldsymbol{A}^*\boldsymbol{y} = \sum_{k=1}^{n} (\boldsymbol{y}, \boldsymbol{A}\boldsymbol{e}_k)\, \boldsymbol{e}_k. \tag{47}$$

Die Gleichung (47) nehmen wir jetzt als Definitionsgleichung für den Operator $\boldsymbol{A}^*$.

[1]) Mit U ist auch $U^{\mathsf T}$ eine unitäre Matrix, da die unitären Matrizen durch die Bedingung $U^{\mathsf T}\overline{U} = E$ charakterisiert sind, die ihrerseits die Gleichung $U\overline{U}^{\mathsf T} = E$ nach sich zieht.

Man prüft leicht nach, daß der so definierte Operator $\boldsymbol{A}^*$ linear ist und Gleichung (46) für beliebige Vektoren $\boldsymbol{x}$ und $\boldsymbol{y}$ aus $\mathfrak{R}$ befriedigt. Überdies wird $\boldsymbol{A}^*$ durch (47) eindeutig definiert. Damit ist Existenz und Eindeutigkeit des adjungierten Operators $\boldsymbol{A}^*$ gezeigt.

Es sei $\boldsymbol{A}$ ein linearer Operator eines unitären Raumes, $A = \|a_{ik}\|_1^n$ die ihm bezüglich der Orthonormalbasis $\boldsymbol{e}_1, \boldsymbol{e}_2, \ldots, \boldsymbol{e}_n$ entsprechende Matrix. Dann folgt durch Anwendung von (41) auf den Vektor $\boldsymbol{A}\boldsymbol{e}_k = \sum_{i=1}^{n} a_{ik}\boldsymbol{e}_i$

$$a_{ik} = (\boldsymbol{A}\boldsymbol{e}_k, \boldsymbol{e}_i) \qquad (i, k = 1, 2, \ldots, n). \tag{48}$$

Dem adjungierten Operator $\boldsymbol{A}^*$ entspreche bezüglich derselben Basis die Matrix $A^* = \|a_{ik}^*\|_1^n$. Dann ist nach (48)

$$a_{ik}^* = (\boldsymbol{A}^*\boldsymbol{e}_k, \boldsymbol{e}_i) \qquad (i, k = 1, 2, \ldots, n). \tag{49}$$

Aus (48) und (49) folgt unter Berücksichtigung von (46) $a_{ik}^* = \bar{a}_{ki}$ $(i, k = 1, 2, \ldots, n)$, d. h.

$$A^* = \bar{A}^{\mathsf{T}}.$$

Die Matrix A^* ist die Transponierte der zu A konjugiert-komplexen Matrix. Wir nennen sie kurz die zu A *adjungierte Matrix.*

Bezüglich einer Orthonormalbasis entspricht also dem adjungierten Operator die adjungierte Matrix.

Aus der Definition ergeben sich folgende Eigenschaften des adjungierten Operators:

1. $(\boldsymbol{A}^*)^* = \boldsymbol{A}$,
2. $(\boldsymbol{A} + \boldsymbol{B})^* = \boldsymbol{A}^* + \boldsymbol{B}^*$,
3. $(\alpha\boldsymbol{A})^* = \bar{\alpha}\boldsymbol{A}^*$ (α ein Skalar),
4. $(\boldsymbol{A}\boldsymbol{B})^* = \boldsymbol{B}^*\boldsymbol{A}^*$.

Wir führen nun einen wichtigen Begriff ein.[1]) Es sei $\mathfrak{S}$ ein beliebiger Unterraum von $\mathfrak{R}$. Wir bezeichnen die Menge aller Vektoren $\boldsymbol{y}$ aus $\mathfrak{R}$, die zu $\mathfrak{S}$ orthogonal sind, mit $\mathfrak{T}$. Man sieht leicht, daß $\mathfrak{T}$ ebenfalls ein Unterraum von $\mathfrak{R}$ ist und daß jeder Vektor $\boldsymbol{x}$ aus $\mathfrak{R}$ eindeutig in Form folgender Summe darstellbar ist: $\boldsymbol{x} = \boldsymbol{x}_{\mathfrak{S}} + \boldsymbol{x}_{\mathfrak{T}}$ mit $\boldsymbol{x}_{\mathfrak{S}} \in \mathfrak{S}$ und $\boldsymbol{x}_{\mathfrak{T}} \in \mathfrak{T}$, d. h., es gilt

$$\mathfrak{R} = \mathfrak{S} + \mathfrak{T}, \qquad \mathfrak{S} \perp \mathfrak{T}.$$

Diese Zerlegung erhalten wir durch Anwendung der Zerlegung (15) aus 9.7. auf einen beliebigen Vektor $\boldsymbol{x}$ aus $\mathfrak{R}$. Der Unterraum $\mathfrak{T}$ heißt das *orthogonale Komplement* von $\mathfrak{S}$. Offensichtlich ist $\mathfrak{S}$ das orthogonale Komplement von $\mathfrak{T}$. Wir schreiben $\mathfrak{S} \perp \mathfrak{T}$ und meinen damit, daß jeder Vektor aus $\mathfrak{S}$ zu jedem Vektor aus $\mathfrak{T}$ orthogonal ist.

Wir können nun eine wichtige Eigenschaft adjungierter Operatoren formulieren:

5. *Ist ein Unterraum $\mathfrak{S}$ invariant bezüglich $\boldsymbol{A}$, so ist sein orthogonales Komplement $\mathfrak{T}$ invariant bezüglich $\boldsymbol{A}^*$.*

---

[1]) Dieser Begriff wurde bereits in 9.5. zum Beweis der verallgemeinerten Hadamardschen Ungleichung herangezogen. (*Anm. d. Red.*)

Es sei nämlich $\boldsymbol{x} \in \mathfrak{S}$ und $\boldsymbol{y} \in \mathfrak{T}$. Dann folgt aus $\boldsymbol{A}\boldsymbol{x} \in \mathfrak{S}$, daß $(\boldsymbol{A}\boldsymbol{x}, \boldsymbol{y}) = 0$ ist, und hieraus nach (46) $(\boldsymbol{x}, \boldsymbol{A}^*\boldsymbol{y}) = 0$. Da $\boldsymbol{x}$ ein beliebiger Vektor aus $\mathfrak{S}$ war, ist $\boldsymbol{A}^*\boldsymbol{y} \in \mathfrak{T}$, womit der Satz bewiesen ist.

Wir führen folgende Definition ein:

Definition 5. Zwei Vektorsysteme $\boldsymbol{x}_1, \boldsymbol{x}_2, \ldots, \boldsymbol{x}_m$ und $\boldsymbol{y}_1, \boldsymbol{y}_2, \ldots, \boldsymbol{y}_m$ heißen *biorthonormiert*, wenn

$$(\boldsymbol{x}_i \boldsymbol{y}_k) = \delta_{ik} \quad (i, k = 1, 2, \ldots, m) \tag{50}$$

gilt (δ_{ik} ist das Kroneckersymbol).

Wir beweisen folgenden Satz:

6. *Ist $\boldsymbol{A}$ ein linearer Operator einfacher Struktur, so ist der Operator $\boldsymbol{A}^*$ ebenfalls ein Operator einfacher Struktur, und überdies gibt es zwei biorthonormierte vollständige Systeme von Eigenvektoren $\boldsymbol{x}_1, \boldsymbol{x}_2, \ldots, \boldsymbol{x}_n$ und $\boldsymbol{y}_1, \boldsymbol{y}_2, \ldots, \boldsymbol{y}_n$ der Operatoren $\boldsymbol{A}$ bzw. $\boldsymbol{A}^*$:*

$$\boldsymbol{A}\boldsymbol{x}_i = \lambda_i \boldsymbol{x}_i, \quad \boldsymbol{A}^*\boldsymbol{y}_i = \mu_i \boldsymbol{y}_i, \quad (\boldsymbol{x}_i \boldsymbol{y}_k) = \delta_{ik} \quad (i, k = 1, 2, \ldots, n).$$

Es sei $\boldsymbol{x}_1, \boldsymbol{x}_2, \ldots, \boldsymbol{x}_n$ ein vollständiges System von Eigenvektoren des Operators $\boldsymbol{A}$. Wir führen die Bezeichnung

$$\mathfrak{S}_k = [\boldsymbol{x}_1, \ldots, \boldsymbol{x}_{k-1}, \boldsymbol{x}_{k+1}, \ldots, \boldsymbol{x}_n] \quad (k = 1, 2, \ldots, n)$$

ein und betrachten das eindimensionale orthogonale Komplement $\mathfrak{T}_k = [\boldsymbol{y}_k]$ des $(n-1)$-dimensionalen Unterraumes $\mathfrak{S}_k$ $(k = 1, 2, \ldots, n)$. Dann ist $\mathfrak{T}_k$ bezüglich $\boldsymbol{A}^*$ invariant:

$$\boldsymbol{A}^*\boldsymbol{y}_k = \mu_k \boldsymbol{y}_k, \quad \boldsymbol{y}_k \neq \boldsymbol{o} \quad (k = 1, 2, \ldots, n).$$

Aus $\mathfrak{S}_k \perp \boldsymbol{y}_k$ folgt $(\boldsymbol{x}_k, \boldsymbol{y}_k) \neq 0$, weil andernfalls $\boldsymbol{y}_k$ der Nullvektor sein müßte. Multiplizieren wir $\boldsymbol{x}_k$ und $\boldsymbol{y}_k$ $(k = 1, 2, \ldots, n)$ mit entsprechenden Zahlenfaktoren, so erhalten wir $(\boldsymbol{x}_i \boldsymbol{y}_k) = \delta_{ik}$ $(i, k = 1, 2, \ldots, n)$. Aus der Biorthonormalität der Vektoren $\boldsymbol{x}_1, \boldsymbol{x}_2, \ldots, \boldsymbol{x}_n$ und $\boldsymbol{y}_1, \boldsymbol{y}_2, \ldots, \boldsymbol{y}_n$ folgt, daß die Vektoren jedes der beiden Systeme linear unabhängig sind.

Wir geben noch folgenden Satz an:

7. *Besitzen die Operatoren $\boldsymbol{A}$ und $\boldsymbol{A}^*$ gemeinsame Eigenvektoren, so sind die charakteristischen Wurzeln der Operatoren $\boldsymbol{A}$ und $\boldsymbol{A}^*$, die diesen Eigenvektoren entsprechen, konjugiert-komplex.*

Ist nämlich $\boldsymbol{A}\boldsymbol{x} = \lambda \boldsymbol{x}$ und $\boldsymbol{A}^*\boldsymbol{x} = \mu \boldsymbol{x}$ $(\boldsymbol{x} \neq \boldsymbol{o})$ und setzt man in (46) $\boldsymbol{x} = \boldsymbol{x}$, dann ist $\lambda(\boldsymbol{x}, \boldsymbol{x}) = \bar{\mu}(\boldsymbol{x}, \boldsymbol{x})$, und hieraus folgt $\lambda = \bar{\mu}$.

8. Es sei $\boldsymbol{y}$ ein Eigenvektor des Operators $\boldsymbol{A}^*$ und $\mathfrak{S}^{(n-1)}$ das orthogonale Komplement des eindimensionalen Unterraumes $\mathfrak{T} = [\boldsymbol{y}]$. Da $\boldsymbol{A} = (\boldsymbol{A}^*)^*$ ist, ist wegen der fünften Eigenschaft der Unterraum $\mathfrak{S}^{(n-1)}$ invariant bezüglich des Operators $\boldsymbol{A}$. Demnach *hat jeder lineare Operator in einem n-dimensionalen unitären Raum $(n-1)$-dimensionale invariante Unterräume.*

Betrachten wir jetzt den Operator $\boldsymbol{A}$ im Unterraum $\mathfrak{S}^{(n-1)}$, so können wir auf Grund des soeben formulierten Satzes einen $(n-2)$-dimensionalen invarianten Unterraum $\mathfrak{S}^{(n-2)}$ bezüglich des Operators $\boldsymbol{A}$ finden, der seinerseits Unterraum von $\mathfrak{S}^{(n-1)}$ ist. Setzen wir diesen Prozeß fort, so erhalten wir eine Folge von n ineinandergeschachtelten invarianten Unterräumen bezüglich des Operators $\boldsymbol{A}$ (der obere Index gibt die Dimension an):

$$\mathfrak{S}^{(1)} \subset \mathfrak{S}^{(2)} \subset \cdots \subset \mathfrak{S}^{(n-1)} \subset \mathfrak{S}^{(n)} = \mathfrak{R}.$$

Es sei nun $\boldsymbol{e}_1$ ein normierter Vektor aus $\mathfrak{S}^{(1)}$. Wir wählen in $\mathfrak{S}^{(2)}$ einen normierten Vektor $\boldsymbol{e}_2$ derart, daß $(\boldsymbol{e}_1, \boldsymbol{e}_2) = 0$ ist. In $\mathfrak{S}^{(3)}$ suchen wir einen normierten Vektor $\boldsymbol{e}_3$ mit $(\boldsymbol{e}_1, \boldsymbol{e}_3) = 0$ und $(\boldsymbol{e}_2, \boldsymbol{e}_3) = 0$. Wir setzen den Prozeß fort und erhalten so die Orthonormalbasis $\boldsymbol{e}_1, \boldsymbol{e}_2, \ldots, \boldsymbol{e}_n$ mit der Eigenschaft, daß jeder durch die ersten k Basisvektoren aufgespannte Unterraum $\mathfrak{S}^{(k)} = [\boldsymbol{e}_1, \boldsymbol{e}_2, \ldots, \boldsymbol{e}_k]$ invariant bezüglich des Operators $\boldsymbol{A}$ ist.

Es sei nun $\|a_{ij}\|_1^n$ die den Operator $\boldsymbol{A}$ bei der gefundenen Basis definierende Matrix. Dann ist

$$\boldsymbol{A}\boldsymbol{e}_j = \sum_{i=1}^{n} a_{ij}\boldsymbol{e}_i \quad \text{mit} \quad a_{ij} = (\boldsymbol{A}\boldsymbol{e}_j, \boldsymbol{e}_i).$$

Da $\boldsymbol{A}\boldsymbol{e}_j$ aber in $\mathfrak{S}^{(j)}$ liegt, gilt $a_{ij} = (\boldsymbol{A}\boldsymbol{e}_j, \boldsymbol{e}_i) = 0$ für $i > j$, d. h., die den Operator definierende Matrix ist eine obere Dreiecksmatrix.

Somit haben wir folgenden Satz bewiesen:

Zu jedem linearen Operator $\boldsymbol{A}$ in einem n-dimensionalen unitären Raum kann man eine solche Orthonormalbasis konstruieren, bei welcher die diesen Operator definierende Matrix eine Dreiecksmatrix ist.

Dieser Satz wird Satz von Schur genannt. Er folgt aus dem allgemeineren Satz über die Transformation einer Matrix eines Operators in die Jordansche Normalform durch sukzessive Orthogonalisierung der Jordanschen Basis. Der hier angegebene Beweis hingegen benutzt im wesentlichen nur die Existenz eines Eigenvektors eines linearen Operators im n-dimensionalen unitären Raum.

9.9. Normale Operatoren im unitären Raum

Definition 6. Ein linearer Operator $\boldsymbol{A}$ heißt *normal*, wenn er mit seinem adjungierten Operator vertauschbar ist:

$$\boldsymbol{A}\boldsymbol{A}^* = \boldsymbol{A}^*\boldsymbol{A}. \tag{51}$$

Definition 7. Ein linearer Operator $\boldsymbol{H}$ heißt *hermitesch*, wenn er mit seinem adjungierten Operator übereinstimmt:

$$\boldsymbol{H}^* = \boldsymbol{H}. \tag{52}$$

Definition 8. Ein linearer Operator $\boldsymbol{U}$ heißt *unitär*, wenn er das Inverse seines adjungierten Operators ist:

$$\boldsymbol{U}\boldsymbol{U}^* = \boldsymbol{E}. \tag{53}$$

Wir bemerken, daß man die unitären Operatoren auch als die isometrischen Operatoren des hermiteschen Raums definieren kann, d. h. als die Operatoren, die die Metrik des Raumes erhalten.

Es sei nämlich für beliebige Vektoren $\boldsymbol{x}$ und $\boldsymbol{y}$ aus $\mathfrak{R}$

$$(\boldsymbol{Ux}, \boldsymbol{Uy}) = (\boldsymbol{x}, \boldsymbol{y}). \tag{54}$$

Nach (46) ist dann $(\boldsymbol{U^*Ux}, \boldsymbol{y}) = (\boldsymbol{x}, \boldsymbol{y})$ und folglich, da $\boldsymbol{y}$ beliebig war, $\boldsymbol{U^*Ux} = \boldsymbol{x}$, d. h. $\boldsymbol{U^*U} = \boldsymbol{E}$ oder $\boldsymbol{U^*} = \boldsymbol{U}^{-1}$. Umgekehrt folgt aus (53) die Relation (54).

Aus (53) und (54) folgt, daß 1. das Produkt zweier unitärer Operatoren, 2. der Einheitsoperator und 3. das Inverse eines unitären Operators wieder ein unitärer Operator ist. Die unitären Operatoren bilden somit eine Gruppe[1]); wir nennen sie die *unitäre Gruppe.*

Die hermiteschen und die unitären Operatoren sind spezielle normale Operatoren.

Satz 3. *Jeder lineare Operator* $\boldsymbol{A}$ *kann in der Form*

$$\boldsymbol{A} = \boldsymbol{H}_1 + \mathrm{i}\boldsymbol{H}_2 \tag{55}$$

dargestellt werden; dabei sind $\boldsymbol{H}_1$ *und* $\boldsymbol{H}_2$ *hermitesche Operatoren (die „hermiteschen Komponenten" des Operators* $\boldsymbol{A}$*). Sie sind durch Vorgabe von* $\boldsymbol{A}$ *eindeutig bestimmt.*

Der Operator $\boldsymbol{A}$ *ist genau dann normal, wenn seine hermiteschen Komponenten* $\boldsymbol{H}_1$ *und* $\boldsymbol{H}_2$ *vertauschbar sind.*

Beweis. Die Zerlegung (55) sei vorgegeben. Dann ist

$$\boldsymbol{A}^* = \boldsymbol{H}_1 - \mathrm{i}\boldsymbol{H}_2. \tag{56}$$

Aus (55) und (56) folgt

$$\boldsymbol{H}_1 = \frac{1}{2}(\boldsymbol{A} + \boldsymbol{A}^*), \quad \boldsymbol{H}_2 = \frac{1}{2\mathrm{i}}(\boldsymbol{A} - \boldsymbol{A}^*). \tag{57}$$

Umgekehrt sind die durch (57) definierten hermiteschen Operatoren $\boldsymbol{H}_1$ und $\boldsymbol{H}_2$ mit $\boldsymbol{A}$ durch (55) verknüpft.

Es sei jetzt $\boldsymbol{A}$ ein normaler Operator: $\boldsymbol{AA}^* = \boldsymbol{A}^*\boldsymbol{A}$. Dann folgt aus (57) $\boldsymbol{H}_1\boldsymbol{H}_2 = \boldsymbol{H}_2\boldsymbol{H}_1$. Umgekehrt ergibt sich aus $\boldsymbol{H}_1\boldsymbol{H}_2 = \boldsymbol{H}_2\boldsymbol{H}_1$ nach (55) und (56) $\boldsymbol{AA}^* = \boldsymbol{A}^*\boldsymbol{A}$.

Damit ist der Satz bewiesen.

Die in (55) angegebene Darstellung eines beliebigen Operators $\boldsymbol{A}$ ist der Summendarstellung $x_1 + ix_2$ einer komplexen Zahl z mit reellem x_1 und x_2 analog.

Entsprechen die Matrizen A, H und U den Operatoren $\boldsymbol{A}$, $\boldsymbol{H}$ und $\boldsymbol{U}$ bei einer orthonormierten Basis, so ziehen die Operatorengleichungen

$$\boldsymbol{AA}^* = \boldsymbol{A}^*\boldsymbol{A}, \quad \boldsymbol{H}^* = \boldsymbol{H}, \quad \boldsymbol{UU}^* = \boldsymbol{E} \tag{58}$$

die Matrizengleichungen

$$AA^* = A^*A, \quad H^* = H, \quad UU^* = E \tag{59}$$

[1]) Vgl. die Fußnote 1 auf S. 36.

nach sich. Wir sagen, eine Matrix sei *normal*, wenn sie mit ihrer adjungierten vertauschbar ist, *hermitesch*, wenn sie mit ihrer adjungierten übereinstimmt, und *unitär*, wenn sie die Inverse ihrer adjungierten ist.

Bezüglich einer orthonormierten Basis entsprechen den normalen, hermiteschen und unitären Operatoren normale, hermitesche bzw. unitäre Matrizen.

Eine hermitesche Matrix $H = \|h_{ik}\|_1^n$ ist nach (59) durch die zwischen ihren Elementen bestehenden Relationen

$$h_{ki} = \bar{h}_{ik} \qquad (i, k = 1, 2, \ldots, n)$$

definiert, d. h., hermitesche Matrizen sind stets Koeffizientenmatrizen gewisser hermitescher Formen (vgl. 9.1.).

Nach (59) ist eine unitäre Matrix $U = \|u_{ik}\|_1^n$ durch folgende Relationen zwischen ihren Elementen charakterisiert:

$$\sum_{j=1}^{n} u_{ij}\bar{u}_{kj} = \delta_{ik} \qquad (i, k = 1, 2, \ldots, n). \tag{60}$$

Da aus $UU^* = E$ folgt, daß $U^*U = E$ ist, ergeben sich aus (60) folgende äquivalente Relationen:

$$\sum_{j=1}^{n} u_{ji}\bar{u}_{jk} = \delta_{ik} \qquad (i, k = 1, 2, \ldots, n). \tag{61}$$

Gleichung (60) bzw. (61) besagt, daß die Zeilen bzw. Spalten der Matrix $U = \|u_{ik}\|_1^n$ orthonormiert sind.[1])

Unitäre Matrizen sind Koeffizientenmatrizen gewisser unitärer Transformationen (vgl. 9.7.).

Die Orthogonalprojektion eines unitären Raumes $\mathfrak{R}$ auf einen gegebenen Unterraum $\mathfrak{S}$ wird durch einen hermiteschen Projektionsoperator bewirkt, den wir mit $\boldsymbol{P}$ bezeichnen.

Wegen $\boldsymbol{P}^2 = \boldsymbol{P}$ (vgl. 3.6.) ist $\boldsymbol{P}$ tatsächlich ein Projektionsoperator. Aus der Orthogonalität der Vektoren $\boldsymbol{x}_{\mathfrak{S}} = \boldsymbol{P}\boldsymbol{x}$ und $\boldsymbol{y} - \boldsymbol{y}_{\mathfrak{S}} = (\boldsymbol{E} - \boldsymbol{P})\,\boldsymbol{y}$ $(\boldsymbol{x}, \boldsymbol{y} \in \mathfrak{R})$ folgt weiterhin

$$0 = \bigl(\boldsymbol{P}\boldsymbol{x}, (\boldsymbol{E} - \boldsymbol{P})\,\boldsymbol{y}\bigr) = \bigl((\boldsymbol{E} - \boldsymbol{P}^*)\,\boldsymbol{P}\boldsymbol{x}, \boldsymbol{y}\bigr).$$

Da $\boldsymbol{x}$ und $\boldsymbol{y}$ beliebig sind, gilt $(\boldsymbol{E} - \boldsymbol{P}^*)\,\boldsymbol{P} = \boldsymbol{O}$, d. h. $\boldsymbol{P} = \boldsymbol{P}^*\boldsymbol{P}$. Weil aber $(\boldsymbol{P}^*\boldsymbol{P})^* = \boldsymbol{P}^*\boldsymbol{P}$ ist, folgt aus dieser Gleichung, daß $\boldsymbol{P}$ hermitesch ist.

9.10. Spektren normaler, hermitescher und unitärer Operatoren

Einleitend beweisen wir in einem Lemma eine Eigenschaft vertauschbarer Operatoren.

Lemma 1. *Zwei vertauschbare Operatoren* $\boldsymbol{A}$ *und* $\boldsymbol{B}$ $(\boldsymbol{AB} = \boldsymbol{BA})$ *besitzen stets einen gemeinsamen Eigenvektor.*

---

[1]) Sind die Spalten der Matrix U orthonormiert, so auch ihre Zeilen und umgekehrt.

Beweis. Es sei $\boldsymbol{x}$ ein Eigenvektor des Operators $\boldsymbol{A}$: $\boldsymbol{Ax} = \lambda\boldsymbol{x}$, $\boldsymbol{x} \neq \boldsymbol{o}$. Wegen der Vertauschbarkeit der Operatoren $\boldsymbol{A}$ und $\boldsymbol{B}$ ist

$$\boldsymbol{AB}^k\boldsymbol{x} = \lambda\boldsymbol{B}^k\boldsymbol{x} \quad (k = 0, 1, 2, \ldots). \tag{62}$$

In der Vektorfolge $\boldsymbol{x}, \boldsymbol{Bx}, \boldsymbol{B}^2\boldsymbol{x}, \ldots$ seien die ersten p Vektoren linear unabhängig und der $(p + 1)$-te Vektor $\boldsymbol{B}^p\boldsymbol{x}$ eine Linearkombination der p vorhergehenden. Dann ist der Unterraum $\mathfrak{S} \equiv [\boldsymbol{x}, \boldsymbol{Bx}, \ldots, \boldsymbol{B}^{p-1}\boldsymbol{x}]$ bezüglich $\boldsymbol{B}$ invariant; in diesem Unterraum $\mathfrak{S}$ liegt ein Eigenvektor $\boldsymbol{y}$ des Operators $\boldsymbol{B}$: $\boldsymbol{By} = \mu\boldsymbol{y}$, $\boldsymbol{y} \neq \boldsymbol{o}$. Andererseits zeigt (62), daß die Vektoren $\boldsymbol{x}, \boldsymbol{Bx}, \ldots, \boldsymbol{B}^{p-1}\boldsymbol{x}$ Eigenvektoren von $\boldsymbol{A}$ zu derselben charakteristischen Wurzel λ sind. Dann ist aber auch jede Linearkombination dieser Vektoren, insbesondere auch der Vektor $\boldsymbol{y}$, ein Eigenvektor von $\boldsymbol{A}$, der zu der charakteristischen Wurzel λ gehört. Damit ist die Existenz eines gemeinsamen Eigenvektors der Operatoren $\boldsymbol{A}$ und $\boldsymbol{B}$ bewiesen.

Es sei nun $\boldsymbol{A}$ ein beliebiger normaler Operator eines n-dimensionalen hermiteschen Raumes $\mathfrak{R}$. Dann sind die Operatoren $\boldsymbol{A}$ und $\boldsymbol{A}^*$ vertauschbar und besitzen einen gemeinsamen Eigenvektor $\boldsymbol{x}_1$. Es ist also (vgl. 9.8.,7.)

$$\boldsymbol{Ax}_1 = \lambda_1\boldsymbol{x}_1, \quad \boldsymbol{A}^*\boldsymbol{x}_1 = \bar{\lambda}_1\boldsymbol{x}_1 \quad (\boldsymbol{x}_1 \neq \boldsymbol{o}).$$

Wir bezeichnen den eindimensionalen Unterraum, der den Vektor $\boldsymbol{x}_1$ enthält, mit $\mathfrak{S}_1$ ($\mathfrak{S}_1 = [\boldsymbol{x}_1]$) und mit $\mathfrak{T}_1$ sein orthogonales Komplement in $\mathfrak{R}$:

$$\mathfrak{R} = \mathfrak{S}_1 + \mathfrak{T}_1, \quad \mathfrak{S}_1 \perp \mathfrak{T}_1.$$

Wegen der Invarianz von $\mathfrak{S}_1$ bezüglich $\boldsymbol{A}$ und $\boldsymbol{A}^*$ ist (vgl. 9.8., 5.) auch $\mathfrak{T}_1$ bezüglich dieser Operatoren invariant. Nach Lemma 1 besitzen dann die vertauschbaren Operatoren $\boldsymbol{A}$ und $\boldsymbol{A}^*$ in $\mathfrak{T}_1$ einen gemeinsamen Eigenvektor $\boldsymbol{x}_2$:

$$\boldsymbol{Ax}_2 = \lambda_2\boldsymbol{x}_2, \quad \boldsymbol{A}^*\boldsymbol{x}_2 = \bar{\lambda}_2\boldsymbol{x}_2 \quad (\boldsymbol{x}_2 \neq \boldsymbol{o}).$$

Offensichtlich ist $\boldsymbol{x}_1 \perp \boldsymbol{x}_2$. Setzen wir nun $\mathfrak{S}_2 = [\boldsymbol{x}_1, \boldsymbol{x}_2]$ und $\mathfrak{R} = \mathfrak{S}_2 + \mathfrak{T}_2$, $\mathfrak{S}_2 \perp \mathfrak{T}_2$, so folgt aus analogen Überlegungen die Existenz eines gemeinsamen Eigenvektors $\boldsymbol{x}_3$ der Operatoren $\boldsymbol{A}$ und $\boldsymbol{A}^*$ in $\mathfrak{T}_2$. Offensichtlich ist $\boldsymbol{x}_1 \perp \boldsymbol{x}_3$ und $\boldsymbol{x}_2 \perp \boldsymbol{x}_3$. Setzen wir diesen Prozeß fort, so erhalten wir n paarweise orthogonale gemeinsame Eigenvektoren $\boldsymbol{x}_1, \boldsymbol{x}_2, \ldots, \boldsymbol{x}_n$ der Operatoren $\boldsymbol{A}$ und $\boldsymbol{A}^*$:

$$\begin{aligned} &\boldsymbol{Ax}_k = \lambda_k\boldsymbol{x}_k, \quad \boldsymbol{A}^*\boldsymbol{x}_k = \bar{\lambda}_k\boldsymbol{x}_k \quad (\boldsymbol{x}_k \neq \boldsymbol{o}), \\ &(\boldsymbol{x}_i\boldsymbol{x}_k) = 0 \quad \text{für} \quad i \neq k \quad (i, k = 1, 2, \ldots, n). \end{aligned} \tag{63}$$

Die Gleichungen (63) bleiben erhalten, wenn man die Vektoren $\boldsymbol{x}_1, \boldsymbol{x}_2, \ldots, \boldsymbol{x}_n$ normiert.

Damit ist bewiesen, daß normale Operatoren stets ein vollständiges Orthonormalsystem[1]) von Eigenvektoren besitzen.

---

[1]) Unter einem vollständigen Orthonormalsystem wollen wir hier und im folgenden ein Orthonormalsystem von n Vektoren verstehen, wenn n die Dimension des betrachteten Raumes ist.

Da aus $\lambda_k = \lambda_l$ stets $\bar{\lambda}_k = \bar{\lambda}_l$ folgt, ergibt sich aus (63):

1. *Ist $\boldsymbol{A}$ ein normaler Operator, so ist jeder seiner Eigenvektoren auch ein Eigenvektor des adjungierten Operators $\boldsymbol{A}^*$*, d. h., ist der Operator $\boldsymbol{A}$ normal, so besitzen die Operatoren $\boldsymbol{A}$ und $\boldsymbol{A}^*$ dieselben Eigenvektoren.

Umgekehrt sei jetzt ein linearer Operator $\boldsymbol{A}$ gegeben, der ein vollständiges Orthonormalsystem von Eigenvektoren besitzt: $\boldsymbol{A}\boldsymbol{x}_k = \lambda_k \boldsymbol{x}_k$, $(\boldsymbol{x}_i \boldsymbol{x}_k) = \delta_{ik}$ $(i, k = 1, 2, \ldots, n)$. Wir werden zeigen, daß $\boldsymbol{A}$ ein normaler Operator ist. Setzen wir nämlich $\boldsymbol{y}_l = \boldsymbol{A}^*\boldsymbol{x}_l - \bar{\lambda}_l \boldsymbol{x}_l$, dann gilt

$$(\boldsymbol{x}_k \boldsymbol{y}_l) = (\boldsymbol{x}_k, \boldsymbol{A}^*\boldsymbol{x}_l) - \lambda_l(\boldsymbol{x}_k \boldsymbol{x}_l) = (\boldsymbol{A}\boldsymbol{x}_k, \boldsymbol{x}_l) - \lambda_l(\boldsymbol{x}_k \boldsymbol{x}_l)$$
$$= (\lambda_k - \lambda_l)\,\delta_{kl} = 0 \qquad (k, l = 1, 2, \ldots, n).$$

Hieraus folgt $\boldsymbol{y}_l = \boldsymbol{A}^*\boldsymbol{x}_l - \bar{\lambda}_l \boldsymbol{x}_l = \boldsymbol{o}$ $(l = 1, 2, \ldots, n)$, d. h., es gilt (63). Dann ist aber $\boldsymbol{A}\boldsymbol{A}^*\boldsymbol{x}_k = \lambda_k \bar{\lambda}_k \boldsymbol{x}_k$ und $\boldsymbol{A}^*\boldsymbol{A}\boldsymbol{x}_k = \lambda_k \bar{\lambda}_k \boldsymbol{x}_k$ $(k = 1, 2, \ldots, n)$, also $\boldsymbol{A}\boldsymbol{A}^* = \boldsymbol{A}^*\boldsymbol{A}$.

Wir erhalten somit folgende „innere" (spektrale) Charakterisierung eines normalen Operators $\boldsymbol{A}$ (neben der „äußeren": $\boldsymbol{A}\boldsymbol{A}^* = \boldsymbol{A}^*\boldsymbol{A}$):

Satz 4. *Ein linearer Operator $\boldsymbol{A}$ ist genau dann normal, wenn er ein vollständiges Orthonormalsystem von Eigenvektoren besitzt.*

Insbesondere haben wir bewiesen, daß ein normaler Operator stets ein Operator einfacher Struktur ist.

Es sei $\boldsymbol{A}$ ein normaler Operator mit den charakteristischen Wurzeln $\lambda_1, \lambda_2, \ldots, \lambda_n$. Mit Hilfe der Lagrangeschen Interpolationsformel definieren wir zwei Polynome $p(\lambda)$ und $q(\lambda)$ durch die Bedingung $p(\lambda_k) = \bar{\lambda}_k$, $q(\bar{\lambda}_k) = \lambda_k$ $(k = 1, 2, \ldots, n)$. Nach (63) ist dann

$$\boldsymbol{A}^* = p(\boldsymbol{A}), \qquad \boldsymbol{A} = q(\boldsymbol{A}^*), \tag{64}$$

d. h.:

2. *Ist $\boldsymbol{A}$ ein normaler Operator, so kann jeder der beiden Operatoren $\boldsymbol{A}$ und $\boldsymbol{A}^*$ als ein Polynom des anderen Operators dargestellt werden; die beiden Polynome sind durch die charakteristischen Wurzeln des Operators $\boldsymbol{A}$ bestimmt.*

Es sei $\mathfrak{S}$ ein bezüglich des normalen Operators $\boldsymbol{A}$ invarianter Unterraum von $\mathfrak{R}$ und $\mathfrak{R} = \mathfrak{S} + \mathfrak{T}, \mathfrak{S} \perp \mathfrak{T}$. Dann ist nach 9.8.,5. (S. 275) der Unterraum $\mathfrak{T}$ bezüglich $\boldsymbol{A}^*$ invariant. Nun ist aber $\boldsymbol{A} = q(\boldsymbol{A}^*)$ und $q(\lambda)$ ein Polynom. Folglich ist $\mathfrak{T}$ auch bezüglich des gegebenen Operators $\boldsymbol{A}$ invariant. Damit erhalten wir folgenden Satz:

3. *Ist $\mathfrak{S}$ ein bezüglich des normalen Operators $\boldsymbol{A}$ invarianter Unterraum und $\mathfrak{T}$ sein orthogonales Komplement, so ist auch $\mathfrak{T}$ invariant bezüglich $\boldsymbol{A}$.*

Wir interessieren uns jetzt für die Spektren hermitescher Operatoren. Da jeder hermitesche Operator $\boldsymbol{H}$ auch ein normaler Operator ist, besitzt er nach dem bereits Bewiesenen ein vollständiges Orthonormalsystem von Eigenvektoren:

$$\boldsymbol{H}\boldsymbol{x}_k = \lambda_k \boldsymbol{x}_k, \qquad (\boldsymbol{x}_k \boldsymbol{x}_l) = \delta_{kl} \qquad (k, l = 1, 2, \ldots, n). \tag{65}$$

Aus $\boldsymbol{H}^* = \boldsymbol{H}$ folgt

$$\bar{\lambda}_k = \lambda_k \qquad (k = 1, 2, \ldots, n), \tag{66}$$

d. h., alle charakteristischen Wurzeln eines hermiteschen Operators $\boldsymbol{A}$ sind reell.

Man bemerkt sofort, daß auch umgekehrt jeder normale Operator mit reellen charakteristischen Wurzeln hermitesch ist. Aus (56), (66) und $\boldsymbol{H}^*\boldsymbol{x}_k = \lambda_k \boldsymbol{x}_k$ $(k = 1, 2, \ldots, n)$ folgt nämlich $\boldsymbol{H}^*\boldsymbol{x}_k = \boldsymbol{H}\boldsymbol{x}_k$ $(k = 1, 2, \ldots, n)$, d. h. $\boldsymbol{H}^* = \boldsymbol{H}$. Wir erhalten damit (neben der „äußeren": $\boldsymbol{H}^* = \boldsymbol{H}$) folgende „innere" Charakterisierung der hermiteschen Operatoren:

Satz 5. *Ein linearer Operator $\boldsymbol{H}$ ist genau dann hermitesch, wenn er ein vollständiges Orthonormalsystem von Eigenvektoren mit reellen charakteristischen Wurzeln besitzt.*

Wir untersuchen nun die Spektren unitärer Operatoren. Da jeder unitäre Operator auch normal ist, besitzt er ein vollständiges System von Eigenvektoren:

$$\boldsymbol{U}\boldsymbol{x}_k = \lambda_k \boldsymbol{x}_k, \quad (\boldsymbol{x}_k \boldsymbol{x}_l) = \delta_{kl} \quad (k, l = 1, 2, \ldots, n). \tag{67}$$

Dabei ist

$$\boldsymbol{U}^*\boldsymbol{x}_k = \bar{\lambda}_k \boldsymbol{x}_k \quad (k = 1, 2, \ldots, n). \tag{68}$$

Aus $\boldsymbol{U}\boldsymbol{U}^* = \boldsymbol{E}$ folgt

$$\lambda_k \bar{\lambda}_k = 1. \tag{69}$$

Umgekehrt ergibt sich aus (67), (68) und (69) $\boldsymbol{U}\boldsymbol{U}^* = \boldsymbol{E}$. Unter den normalen Operatoren zeichnen sich die unitären Operatoren also dadurch aus, daß der Betrag ihrer charakteristischen Wurzeln gleich 1 ist.

Damit erhalten wir (neben der „äußeren": $\boldsymbol{U}\boldsymbol{U}^* = \boldsymbol{E}$) folgende „innere" Charakterisierung der unitären Operatoren:

Satz 6. *Ein linearer Operator $\boldsymbol{U}$ ist genau dann unitär, wenn er ein vollständiges Orthonormalsystem von Eigenvektoren besitzt, deren charakteristische Wurzeln sämtlich dem Betrag nach gleich* 1 *sind.*

Da bezüglich einer orthonormalen Basis normalen, hermiteschen und unitären Operatoren normale, hermitesche bzw. unitäre Matrizen entsprechen, ergeben sich aus dem Vorhergehenden folgende Sätze:

Satz 4'. Eine *Matrix A ist genau dann normal, wenn sie einer Diagonalmatrix unitär-ähnlich ist*:

$$A = U \, \|\lambda_i \delta_{ik}\|_1^n \, U^{-1} \quad (U^* = U^{-1}). \tag{70}$$

Satz 5'. *Eine Matrix H ist genau dann hermitesch, wenn sie einer reellen Diagonalmatrix unitär-ähnlich ist:*

$$H = U \, \|\lambda_i \delta_{ik}\|_1^n \, U^{-1} \quad (U^* = U^{-1};\ \lambda_i = \bar{\lambda}_i;\ i = 1, 2, \ldots, n). \tag{71}$$

Satz 6'. *Eine Matrix U ist genau dann unitär, wenn sie einer Diagonalmatrix unitär-ähnlich ist, deren Diagonalelemente vom Betrag* 1 *sind:*

$$U = U_1 \, \|\lambda_i \delta_{ik}\|_1^n \, U_1^{-1} \quad (U_1^* = U_1^{-1};\ |\lambda_i| = 1;\ i = 1, 2, \ldots, n). \tag{72}$$

9.11. Positiv semidefinite und positiv definite hermitesche Operatoren

Wir beginnen mit folgender Definition.

Definition 9. Ein hermitescher Operator $\boldsymbol{H}$ heißt *positiv semidefinit*, wenn für jeden Vektor $\boldsymbol{x}$ aus $\mathfrak{R}$ die Ungleichung

$$(\boldsymbol{H}\boldsymbol{x}, \boldsymbol{x}) \geqq 0$$

gilt, und *positiv definit*, wenn für jeden Vektor $\boldsymbol{x} \neq \boldsymbol{o}$ aus $\mathfrak{R}$

$$(\boldsymbol{H}\boldsymbol{x}, \boldsymbol{x}) > 0$$

ist.

Sind die Koordinaten $x_1, x_2, \ldots, x_n$ eines Vektors $\boldsymbol{x}$ bezüglich einer beliebigen orthonormalen Basis vorgegeben, so stellt $(\boldsymbol{H}\boldsymbol{x}, \boldsymbol{x})$, wie man leicht sieht, eine hermitesche Form in den Variablen $x_1, x_2, \ldots, x_k$ dar; sie ist positiv semidefinit (bzw. positiv definit), wenn der Operator positiv semidefinit (bzw. positiv definit) ist (vgl. 9.1.).

Wählen wir eine orthonormierte Basis $\boldsymbol{x}_1, \boldsymbol{x}_2, \ldots, \boldsymbol{x}_n$ aus Eigenvektoren des Operators $\boldsymbol{H}$,

$$\boldsymbol{H}\boldsymbol{x}_k = \lambda_k \boldsymbol{x}_k, \quad (\boldsymbol{x}_k \boldsymbol{x}_l) = \delta_{kl} \quad (k, l = 1, 2, \ldots, n), \tag{73}$$

und setzen $\boldsymbol{x} = \sum_{k=1}^{n} \xi_k \boldsymbol{x}_k$, so ist $(\boldsymbol{H}\boldsymbol{x}, \boldsymbol{x}) = \sum_{k=1}^{n} \lambda_k |\xi_k|^2$ $(k = 1, 2, \ldots, n)$. Hieraus ergibt sich sofort folgende „innere" Charakterisierung der positiv semidefiniten bzw. positiv definiten Operatoren:

Satz 7. *Ein hermitescher Operator ist genau dann positiv semidefinit* (*bzw. definit*), *wenn alle seine charakteristischen Wurzeln nicht negativ* (*bzw. positiv*) *sind.*

Aus dem Gesagten folgt, daß ein positiv definiter hermitescher Operator ein regulärer positiv semidefiniter hermitescher Operator ist.

Es sei $\boldsymbol{H}$ ein positiv semidefiniter hermitescher Operator, und es gelte (73) mit $\lambda_k \geqq 0$ $(k = 1, 2, \ldots, n)$. Wir setzen $\varrho_k = \sqrt{\lambda_k} \geqq 0$ und definieren einen linearen Operator $\boldsymbol{F}$ durch die Gleichungen

$$\boldsymbol{F}\boldsymbol{x}_k = \varrho_k \boldsymbol{x}_k \quad (k = 1, 2, \ldots, n). \tag{74}$$

Dann ist $\boldsymbol{F}$ ebenfalls ein positiv semidefiniter Operator; dabei gilt

$$\boldsymbol{F}^2 = \boldsymbol{H}. \tag{75}$$

Dieser Operator wird die *arithmetische* (*positive*) *Quadratwurzel* des Operators $\boldsymbol{H}$ genannt und folgendermaßen bezeichnet:

$$\boldsymbol{F} = \sqrt{\boldsymbol{H}}.$$

Ist $\boldsymbol{H}$ ein positiv definiter hermitescher Operator, so auch $\boldsymbol{F}$.

Wir definieren das Lagrangesche Interpolationspolynom $g(\lambda)$ durch die Gleichungen

$$g(\lambda_k) = \varrho_k \left(= \sqrt{\lambda_k}\right) \quad (k = 1, 2, \ldots, n). \tag{76}$$

Dann folgt aus (73), (74) und (76)

$$\boldsymbol{F} = g(\boldsymbol{H}). \tag{77}$$

Die letzte Gleichung zeigt: *$\sqrt{\boldsymbol{H}}$ ist ein Polynom in $\boldsymbol{H}$, das durch den positiv semidefiniten hermiteschen Operator $\boldsymbol{H}$ eindeutig bestimmt ist* (die Koeffizienten des Polynoms $g(\lambda)$ hängen von den charakteristischen Wurzeln des Operators $\boldsymbol{H}$ ab).

Beispiele für positiv semidefinite Operatoren sind $\boldsymbol{AA}^*$ und $\boldsymbol{A}^*\boldsymbol{A}$, wobei $\boldsymbol{A}$ ein beliebiger linearer Operator des vorgegebenen Vektorraumes ist. Ein beliebiger Vektor $\boldsymbol{x}$ genügt nämlich den Ungleichungen

$$(\boldsymbol{AA}^*\boldsymbol{x}, \boldsymbol{x}) = (\boldsymbol{A}^*\boldsymbol{x}, \boldsymbol{A}^*\boldsymbol{x}) \geqq 0, \quad (\boldsymbol{A}^*\boldsymbol{A}\boldsymbol{x}, \boldsymbol{x}) = (\boldsymbol{A}\boldsymbol{x}, \boldsymbol{A}\boldsymbol{x}) \geqq 0.$$

Ist der Operator $\boldsymbol{A}$ regulär, so sind $\boldsymbol{AA}^*$ und $\boldsymbol{A}^*\boldsymbol{A}$ positiv definite hermitesche Operatoren.

Die Operatoren $\boldsymbol{AA}^*$ und $\boldsymbol{A}^*\boldsymbol{A}$ nennt man bisweilen die *linke* bzw. *rechte Norm*, $\sqrt{\boldsymbol{AA}^*}$ und $\sqrt{\boldsymbol{A}^*\boldsymbol{A}}$ dagegen den *linken* bzw. *rechten Betrag* des Operators $\boldsymbol{A}$.

Für normale Operatoren stimmen linke und rechte Norm und folglich auch linker und rechter Betrag überein.[1])

9.12. Polare Zerlegung linearer Operatoren im unitären Raum. Cayleysche Formeln

Wir beweisen folgenden Satz:[2])

Satz 8. *Jeder lineare Operator $\boldsymbol{A}$ eines unitären Raumes läßt sich in der Form*

$$\boldsymbol{A} = \boldsymbol{HU}, \tag{78}$$

$$\boldsymbol{A} = \boldsymbol{U}_1\boldsymbol{H}_1 \tag{79}$$

darstellen; $\boldsymbol{H}$ und $\boldsymbol{H}_1$ sind dabei positiv semidefinite hermitesche, $\boldsymbol{U}$ und $\boldsymbol{U}_1$ unitäre Operatoren. Der Operator $\boldsymbol{A}$ ist genau dann normal, wenn $\boldsymbol{H}$ und $\boldsymbol{U}$ (bzw. $\boldsymbol{H}_1$ und $\boldsymbol{U}_1$) in der Zerlegung (78) *bzw.* (79) *vertauschbar sind.*

Beweis. Aus (78) und (79) folgt, daß $\boldsymbol{H}$ bzw. $\boldsymbol{H}_1$ der linke bzw. rechte Betrag des Operators $\boldsymbol{A}$ ist. Es gilt nämlich

$$\boldsymbol{AA}^* = \boldsymbol{HUU}^*\boldsymbol{H} = \boldsymbol{H}^2, \quad \boldsymbol{A}^*\boldsymbol{A} = \boldsymbol{H}_1\boldsymbol{U}_1^*\boldsymbol{U}_1\boldsymbol{H}_1 = \boldsymbol{H}_1^2.$$

Wir bemerken, daß es genügt, die Zerlegung (78) zu beweisen. Wendet man diese auf den Operator $\boldsymbol{A}^*$ an, so erhält man $\boldsymbol{A}^* = \boldsymbol{HU}$ und folglich $\boldsymbol{A} = \boldsymbol{U}^{-1}\boldsymbol{H}$, d. h. die Zerlegung (79) des Operators $\boldsymbol{A}$.

---

[1]) Ausführliche Untersuchungen über normale Operatoren findet man in [82b]. In dieser Arbeit werden notwendige und hinreichende Bedingungen dafür aufgestellt, daß das Produkt zweier normaler Operatoren wiederum ein normaler Operator ist.

[2]) Vgl. [82b], S. 77.

Zu Beginn beweisen wir (78) für den Spezialfall, daß $\boldsymbol{A}$ ein regulärer Operator ist ($|\boldsymbol{A}| \neq 0$). Wir setzen $\boldsymbol{H} = \sqrt{\boldsymbol{A}\boldsymbol{A}^*}$ (dabei ist $|\boldsymbol{H}|^2 = |\boldsymbol{A}|^2 \neq 0$), $\boldsymbol{U} = \boldsymbol{H}^{-1}\boldsymbol{A}$ und bestätigen, daß $\boldsymbol{U}$ ein unitärer Operator ist:

$$\boldsymbol{U}\boldsymbol{U}^* = \boldsymbol{H}^{-1}\boldsymbol{A}\boldsymbol{A}^*\boldsymbol{H}^{-1} = \boldsymbol{H}^{-1}\boldsymbol{H}^2\boldsymbol{H}^{-1} = \boldsymbol{E}.$$

Wir weisen darauf hin, daß in diesem Fall in (78) nicht nur der erste Faktor $\boldsymbol{H}$, sondern auch der zweite, $\boldsymbol{U}$, durch den (regulären) Operator $\boldsymbol{A}$ eindeutig bestimmt ist.

Wir gehen nun zum allgemeinen Fall über, d. h., $\boldsymbol{A}$ kann auch ein singulärer Operator sein. Wir stellen zuerst fest, daß ein vollständiges System von Eigenvektoren der rechten Norm $\boldsymbol{A}^*\boldsymbol{A}$ des Operators $\boldsymbol{A}$ durch diesen Operator wieder in ein orthogonales System von Vektoren transformiert wird. Es sei

$$\boldsymbol{A}^*\boldsymbol{A}\boldsymbol{x}_k = \varrho_k^2\boldsymbol{x}_k \qquad \left((\boldsymbol{x}_k\boldsymbol{x}_l) = \delta_{kl},\ \varrho_k \geqq 0;\ k, l = 1, 2, \ldots, n\right).$$

Dann ist

$$(\boldsymbol{A}\boldsymbol{x}_k, \boldsymbol{A}\boldsymbol{x}_l) = (\boldsymbol{A}^*\boldsymbol{A}\boldsymbol{x}_k, \boldsymbol{x}_l) = \varrho_k^2 \cdot (\boldsymbol{x}_k\boldsymbol{x}_l) = 0 \qquad (k \neq l)$$

mit

$$|\boldsymbol{A}\boldsymbol{x}_k|^2 = (\boldsymbol{A}\boldsymbol{x}_k, \boldsymbol{A}\boldsymbol{x}_k) = \varrho_k^2 \qquad (k = 1, 2, \ldots, n).$$

Es existiert also ein Orthonormalsystem von Vektoren $\boldsymbol{z}_1, \boldsymbol{z}_2, \ldots, \boldsymbol{z}_n$ derart, daß

$$\boldsymbol{A}\boldsymbol{x}_k = \varrho_k\boldsymbol{z}_k \qquad \left((\boldsymbol{z}_k\boldsymbol{z}_l) = \delta_{kl};\ k, l = 1, 2, \ldots, n\right) \tag{80}$$

ist. Wir definieren lineare Operatoren $\boldsymbol{H}$ und $\boldsymbol{U}$ durch die Gleichungen

$$\boldsymbol{U}\boldsymbol{x}_k = \boldsymbol{z}_k, \qquad \boldsymbol{H}\boldsymbol{z}_k = \varrho_k\boldsymbol{z}_k. \tag{81}$$

Aus (80) und (81) ergibt sich $\boldsymbol{A} = \boldsymbol{H}\boldsymbol{U}$. Nach (81) ist $\boldsymbol{H}$ ein positiv semidefiniter hermitescher Operator, da er ein vollständiges Orthonormalsystem von Eigenvektoren $\boldsymbol{z}_1, \boldsymbol{z}_2, \ldots, \boldsymbol{z}_n$ und nichtnegative charakteristische Wurzeln $\varrho_1, \varrho_2, \ldots, \varrho_n$ besitzt, $\boldsymbol{U}$ ist ein unitärer Operator, da er das Orthonormalsystem $\boldsymbol{x}_1, \boldsymbol{x}_2, \ldots, \boldsymbol{x}_n$ wiederum in ein Orthonormalsystem $\boldsymbol{z}_1, \boldsymbol{z}_2, \ldots, \boldsymbol{z}_n$ transformiert.

Man kann also als bewiesen ansehen, daß sich ein beliebiger Operator in der in (78) und (79) angegebenen Form zerlegen läßt, wobei die hermiteschen Faktoren $\boldsymbol{H}$ und $\boldsymbol{H}_1$ durch den Operator $\boldsymbol{A}$ stets eindeutig definiert sind (sie sind der linke bzw. rechte Betrag des Operators $\boldsymbol{A}$), die unitären Faktoren $\boldsymbol{U}$ und $\boldsymbol{U}_1$ jedoch nur, wenn $\boldsymbol{A}$ ein regulärer Operator ist.

Aus (78) folgert man sofort

$$\boldsymbol{A}\boldsymbol{A}^* = \boldsymbol{H}^2, \qquad \boldsymbol{A}^*\boldsymbol{A} = \boldsymbol{U}^{-1}\boldsymbol{H}^2\boldsymbol{U}. \tag{82}$$

Ist $\boldsymbol{A}$ ein normaler Operator ($\boldsymbol{A}\boldsymbol{A}^* = \boldsymbol{A}^*\boldsymbol{A}$), so folgt aus (82)

$$\boldsymbol{H}^2\boldsymbol{U} = \boldsymbol{U}\boldsymbol{H}^2. \tag{83}$$

Diese Gleichung zeigt, da $\boldsymbol{H} = \sqrt{\boldsymbol{H}^2} = g(\boldsymbol{H}^2)$ ist (vgl. 9.11.), daß $\boldsymbol{U}$ und $\boldsymbol{H}$ vertauschbar sind. Sind umgekehrt $\boldsymbol{H}$ und $\boldsymbol{U}$ vertauschbar, dann folgt aus (82), daß $\boldsymbol{A}$ ein normaler Operator ist. Damit ist der Satz bewiesen.

Es ist wohl kaum notwendig zu betonen, daß neben den Operatorengleichungen (78) und (79) die entsprechenden Matrizengleichungen gelten.

Die charakteristischen Wurzeln des Operators $\boldsymbol{H} = \sqrt{\boldsymbol{A}\boldsymbol{A}^*}$ (die wegen (82) gleichzeitig charakteristische Wurzeln des Operators $\boldsymbol{H}_1 = \sqrt{\boldsymbol{A}^*\boldsymbol{A}}$ sind) nennt man auch *singuläre Wurzeln* des Operators $\boldsymbol{H}$.[1])

Die Zerlegungen (78) und (79) sind Analoga zur Darstellung einer komplexen Zahl z in der Form $z = ru$ mit $r = |z|$ und $|u| = 1$.

Es sei jetzt $\boldsymbol{x}_1, \boldsymbol{x}_2, \ldots, \boldsymbol{x}_n$ ein vollständiges Orthonormalsystem von Eigenvektoren eines beliebigen unitären Operators $\boldsymbol{U}$. Dann ist (die f_k sind reelle Zahlen)

$$\boldsymbol{U}\boldsymbol{x}_k = e^{i f_k}\boldsymbol{x}_k, \qquad (\boldsymbol{x}_k\boldsymbol{x}_l) = \delta_{kl} \qquad (k, l = 1, 2, \ldots, n). \tag{84}$$

Wir definieren einen hermiteschen Operator $\boldsymbol{F}$ durch die Gleichungen

$$\boldsymbol{F}\boldsymbol{x}_k = f_k\boldsymbol{x}_k \qquad (k = 1, 2, \ldots, n). \tag{85}$$

Dann ist[2])

$$e^{i\boldsymbol{F}}\boldsymbol{x}_k = e^{i f_k}\boldsymbol{x}_k \qquad (k = 1, 2, \ldots, n). \tag{85'}$$

Aus (84) und (85') erhalten wir dann

$$\boldsymbol{U} = e^{i\boldsymbol{F}}. \tag{86}$$

Ein unitärer Operator kann also stets in der Form (86) mit hermiteschem $\boldsymbol{F}$ dargestellt werden. Ebenso gilt die Umkehrung: Ist $\boldsymbol{F}$ ein hermitescher Operator, so ist $\boldsymbol{U} = e^{i\boldsymbol{F}}$ unitär.

Gleichung (86) gestattet, die Zerlegungen (78) und (79) in der Form

$$\boldsymbol{A} = \boldsymbol{H}\, e^{i\boldsymbol{F}}, \tag{87}$$

$$\boldsymbol{A} = e^{i\boldsymbol{F}_1}\boldsymbol{H}_1 \tag{88}$$

darzustellen; dabei sind $\boldsymbol{H}$, $\boldsymbol{F}$, $\boldsymbol{H}_1$ und $\boldsymbol{F}_1$ hermitesche Operatoren, $\boldsymbol{H}$ und $\boldsymbol{H}_1$ sogar positiv semidefinite.

Die Zerlegungen (87) und (88) sind Analoga zur Darstellung einer komplexen Zahl z in der Form $z = re^{i\varphi}$ mit reellem r und φ und $r \geqq 0$.

Bemerkung. Der in (86) auftretende Operator $\boldsymbol{F}$ ist durch die Vorgabe des Operators $\boldsymbol{U}$ nicht eindeutig definiert. $\boldsymbol{F}$ wird nämlich mit Hilfe der Zahlen f_k ($k = 1$,

---

[1]) Sind die charakteristischen Wurzeln $\lambda_1, \lambda_2, \ldots, \lambda_n$ und die singulären Wurzeln $\varrho_1, \varrho_2, \ldots, \varrho_n$ des linearen Operators $\boldsymbol{A}$ derart numeriert, daß

$$|\lambda_1| \geqq |\lambda_2| \geqq \cdots \geqq |\lambda_n| \quad \text{und} \quad |\varrho_1| \geqq |\varrho_2| \geqq \cdots \geqq |\varrho_n|.$$

gilt, so gelten die Weylschen Ungleichungen

$$|\lambda_1| \leqq \varrho_1, \quad |\lambda_1| + |\lambda_2| \leqq \varrho_1 + \varrho_2, \ldots, |\lambda_1| + \cdots + |\lambda_n| \leqq \varrho_1 + \cdots + \varrho_n.$$

Ausführlicher darüber im Anhang auf S. 611ff. (*Anm. d. Red. d. 2. russ. Aufl.*).

[2]) $e^{i\boldsymbol{F}} = r(\boldsymbol{F})$, wobei $r(\lambda)$ das Lagrangesche Interpolationspolynom der Funktion $e^{i\lambda}$ in den Punkten $f_1, f_2, \ldots, f_n$ ist

$2, \ldots, n$) definiert, zu denen man beliebige Vielfache von 2π hinzufügen kann, ohne die Ausgangsgleichung (84) zu ändern. Durch entsprechende Wahl dieser Vielfachen von 2π kann erreicht werden, daß aus $e^{if_k} = e^{if_l}$ stets $f_k = f_l$ $(1 \leqq k, l \leqq n)$ folgt. Dann kann man ein Interpolationspolynom $g(\lambda)$ durch folgende Gleichungen definieren:

$$g(e^{if_k}) = f_k \quad (k = 1, 2, \ldots, n). \tag{89}$$

Aus (84), (85) und (89) erhält man

$$\boldsymbol{F} = g(\boldsymbol{U}) = g(e^{i\boldsymbol{F}}). \tag{90}$$

Völlig analog kann die Wahl von $\boldsymbol{F}_1$ „normiert" werden, so daß

$$\boldsymbol{F}_1 = h(\boldsymbol{U}_1) = h(e^{i\boldsymbol{F}_1}) \tag{91}$$

gilt ($h(\lambda)$ ein Polynom).

Wie (90) und (91) zeigen, zieht die Vertauschbarkeit von $\boldsymbol{H}$ und $\boldsymbol{U}$ ($\boldsymbol{H}_1$ und $\boldsymbol{U}_1$) die von $\boldsymbol{H}$ und $\boldsymbol{F}$ ($\boldsymbol{H}_1$ und $\boldsymbol{F}_1$) nach sich und umgekehrt. Nach Satz 8 ist daher der Operator $\boldsymbol{A}$ genau dann normal, wenn in Formel (87) $\boldsymbol{H}$ und $\boldsymbol{F}$ (oder in (88) $\boldsymbol{H}_1$ und $\boldsymbol{F}_1$) vertauschbar sind, sobald die charakteristischen Wurzeln des Operators $\boldsymbol{F}$ (bzw. des Operators $\boldsymbol{F}_1$) entsprechend normiert wurden.

Der Formel (86) liegt die Tatsache zugrunde, daß durch den funktionalen Zusammenhang

$$\mu = e^{if} \tag{92}$$

n beliebige Zahlen $f_1, f_2, \ldots, f_n$ der reellen Achse in gewisse Zahlen $\mu_1, \mu_2, \ldots, \mu_n$ übergeführt werden, die auf dem Kreis $|\mu| = 1$ liegen, und umgekehrt.

Die transzendente Abhängigkeit (92) kann durch folgende rationale ersetzt werden:

$$\mu = \frac{1 + if}{1 - if}; \tag{93}$$

sie bildet die reelle Achse $f = \bar{f}$ auf den Kreis $|\mu| = 1$ ab und führt den unendlich fernen Punkt der reellen Achse in den Punkt $\mu = -1$ über. Aus (93) folgt

$$f = i\,\frac{1 - \mu}{1 + \mu}. \tag{94}$$

Wiederholen wir die Überlegungen, die uns zur Gleichung (86) führten, so erhalten wir aus (93) und (94) die beiden zueinander inversen Gleichungen

$$\boldsymbol{U} = (\boldsymbol{E} + i\boldsymbol{F})\,(\boldsymbol{E} - i\boldsymbol{F})^{-1}, \qquad \boldsymbol{F} = i(\boldsymbol{E} - \boldsymbol{U})\,(\boldsymbol{E} + \boldsymbol{U})^{-1}, \tag{95}$$

die *Cayleyschen Formeln.*

Diese Gleichungen geben einen eineindeutigen Zusammenhang zwischen einem beliebigen hermiteschen Operator $\boldsymbol{F}$ und einem unitären Operator $\boldsymbol{U}$, unter dessen charakteristischen Wurzeln -1 nicht vorkommt.[1])

---

[1]) Der kritische Punkt kann durch eine beliebige Zahl μ_0 mit $|\mu_0| = 1$ ersetzt werden. Dazu ist notwendig, an Stelle von (93) eine andere gebrochene lineare Funktion zu wählen, die die reelle Achse $f = \bar{f}$ auf den Kreis $|\mu| = 1$ abbildet und den Punkt $f = \infty$ in den Punkt $\mu = \mu_0$ überführt. Dabei werden die Formeln (94) und (95) entsprechend geändert.

Die Formeln (86), (87), (88) und (95) gelten schließlich auch dann, wenn man in ihnen alle Operatoren durch die entsprechenden Matrizen ersetzt.

Unter Benutzung der polaren Zerlegung einer Matrix A vom Rang r

$$A = U_1 H_1 \quad \left(H_1 = \sqrt{A^* A},\ U_1^* U_1 = E\right) \tag{96}$$

und der Formel (71)

$$\begin{gathered} H_1 = V^{-1} \, \| \mu_i \delta_{ik} \|_1^n \, V \\ (V^* V = E, \quad \mu_1 > 0, \ldots, \mu_r > 0, \quad \mu_{r+1} = \cdots = \mu_n = 0) \end{gathered} \tag{97}$$

kann man eine beliebige quadratische Matrix vom Rang r als Produkt

$$A = U M V \tag{98}$$

darstellen, wobei $U = U_1 V^{-1}$ und V unitäre Matrizen sind ($U^* U = V^* V = E$), M aber eine Diagonalmatrix der Form

$$M = \{\mu_1, \ldots, \mu_r, 0, \ldots, 0\} \quad (\mu_1 > 0, \ldots, \mu_r > 0) \tag{98'}$$

ist, in der die Diagonalelemente die charakteristischen Wurzeln des rechten Betrages $H_1 = \sqrt{A^* A}$ (und folglich auch des linken Betrages $H = \sqrt{A A^*}$) der Matrix A sind.

Die Formel (98) kann man auch in der Gestalt

$$A = X \varDelta Y^* \tag{99}$$

angeben, wobei X und Y Matrizen vom Typ (n, r) sind, die aus den ersten r Spalten der unitären Matrizen U bzw. V^* gebildet werden, $\varDelta$ aber eine Diagonalmatrix r-ter Ordnung ist:

$$\varDelta = \{\mu_1, \ldots, \mu_r\} \quad (\mu_1 > 0, \ldots, \mu_r > 0). \tag{100}$$

Es sei jetzt A eine beliebige rechteckige Matrix vom Typ (n, m) und vom Rang r. Wir setzen zunächst $m \leqq n$ voraus. Nun ergänzen wir die Matrix A durch Zeilen von Nullen zu einer quadratischen Matrix A_1, wonach wir die Formel (99) anwenden:

$$A_1 = \begin{pmatrix} A \\ O \end{pmatrix} = X_1 \varDelta Y^*. \tag{101}$$

Wir stellen die Matrix X_1 vom Typ (n, r) in der Form

$$X_1 = \overset{r}{\begin{pmatrix} X \\ \hat{X} \end{pmatrix}} \begin{matrix} \}\, m \\ \}\, n - m \end{matrix}$$

dar. Dann erhalten wir aus (101)

$$A = X \varDelta Y^* \tag{102}$$

und

$$\hat{X} \varDelta Y^* = O \tag{103}$$

Wir multiplizieren nun beide Seiten dieser Gleichung mit Y. Da aber $Y^* Y = E$ ist, erhalten wir $\hat{X} \varDelta = O$, d. h. $\hat{X} = O$. Dann bilden aber die Spalten der Matrix X wie auch die der Matrix Y ein orthonormiertes System.

Der Fall $m \geqq n$ kann auf den Fall $m \leqq n$ zurückgeführt werden, wenn man zunächst die Zerlegung der Matrix A^* betrachtet und danach aus der erhaltenen Gleichung die Matrix A bestimmt. Somit haben wir folgenden Satz bewiesen:[1])

Satz 9 *Eine beliebige rechteckige Matrix vom Typ* (m, n) *und vom Rang* r *läßt sich immer in der Form eines Produktes*

$$A = X\Delta Y^* \tag{104}$$

darstellen, wobei X *und* Y *unitäre bezüglich ihrer Spalten rechteckige Matrizen vom Typ* (m, r) *bzw.* (n, r) *sind,* Δ *aber eine Diagonalmatrix* r*-ter Ordnung mit positiven Elementen* $\mu_1, \mu_2, \ldots, \mu_r$ *in der Diagonalen ist.*[2])

Setzen wir $B = X$ und $C = \Delta Y^*$, so erhalten wir die in Kapitel 1 (S. 41) angegebene Zerlegung

$$A = BC, \tag{105}$$

bei der B und C jeweils vom Typ (m, r) bzw. (r, n) sind. Allerdings liefert der eben bewiesene Satz eine Verfeinerung der Zerlegung. Er besagt, daß die Faktoren B und C derart gewählt werden können, daß in der Matrix B die Spalten, in der Matrix C die Zeilen ein orthogonales System bilden.

9.13. Lineare Operatoren im euklidischen Raum

In einem n-dimensionalen euklidischen Raum $\mathfrak{R}$ sei ein Operator $\boldsymbol{A}$ vorgegeben.

Definition 10. Ein linearer Operator $\boldsymbol{A}^{\mathsf{T}}$ heißt ein zu $\boldsymbol{A}$ *transponierter* Operator, wenn für beliebige Vektoren $\boldsymbol{x}$ und $\boldsymbol{y}$ aus $\mathfrak{R}$ folgendes gilt:

$$(\boldsymbol{A}\boldsymbol{x}, \boldsymbol{y}) = (\boldsymbol{x}, \boldsymbol{A}^{\mathsf{T}}\boldsymbol{y}). \tag{106}$$

Existenz und Eindeutigkeit des transponierten Operators werden genauso bewiesen wie die des adjungierten Operators im unitären Raum (vgl. 9.8.).

Transponierte Operatoren besitzen folgende Eigenschaften:

1. $(\boldsymbol{A}^{\mathsf{T}})^{\mathsf{T}} = \boldsymbol{A}$,
2. $(\boldsymbol{A} + \boldsymbol{B})^{\mathsf{T}} = \boldsymbol{A}^{\mathsf{T}} + \boldsymbol{B}^{\mathsf{T}}$,
3. $(\alpha \boldsymbol{A})^{\mathsf{T}} = \alpha \boldsymbol{A}^{\mathsf{T}}$ (α eine reelle Zahl),
4. $(\boldsymbol{A}\boldsymbol{B})^{\mathsf{T}} = \boldsymbol{B}^{\mathsf{T}}\boldsymbol{A}^{\mathsf{T}}$.

Wir geben nun eine Reihe von Definitionen an.

Definition 11. Ein linearer Operator $\boldsymbol{A}$ heißt *normal*, wenn

$$\boldsymbol{A}\boldsymbol{A}^{\mathsf{T}} = \boldsymbol{A}^{\mathsf{T}}\boldsymbol{A}.$$

---

[1]) Vgl. Lanzoc, C., Linear systems in selfadjoint form, Amer. Math. Monthly **65** (1958), 665–779; Schwerdtfeger, H., Direct proof of Lanzoc's decomposition theorem, ibid. **67** (1960), 855–860.

[2]) $\mu_1, \mu_2, \ldots, \mu_r$ sind die von 0 verschiedenen charakteristischen Wurzeln der Matrix $\sqrt{AA^*}$ (oder $\sqrt{A^*A}$).

Definition 12. Ein linearer Operator $\boldsymbol{S}$ heißt *symmetrisch*, wenn

$$\boldsymbol{S}^{\mathsf{T}} = \boldsymbol{S}.$$

Definition 13. Ein symmetrischer Operator $\boldsymbol{S}$ heißt *positiv semidefinit*, wenn für beliebige Vektoren $\boldsymbol{x}$ aus $\mathfrak{R}$ gilt:

$$(\boldsymbol{S}\boldsymbol{x}, \boldsymbol{x}) \geqq 0.$$

Definition 14. Ein symmetrischer Operator $\boldsymbol{S}$ heißt *positiv definit*, wenn für beliebige Vektoren $\boldsymbol{x} \neq \boldsymbol{o}$ aus $\mathfrak{R}$ gilt:

$$(\boldsymbol{S}\boldsymbol{x}, \boldsymbol{x}) > 0.$$

Definition 15. Ein linearer Operator $\boldsymbol{K}$ heißt *schiefsymmetrisch*, wenn

$$\boldsymbol{K}^{\mathsf{T}} = -\boldsymbol{K}.$$

Jeder lineare Operator $\boldsymbol{A}$ ist eindeutig in folgender Form darstellbar:

$$\boldsymbol{A} = \boldsymbol{S} + \boldsymbol{K}, \tag{107}$$

dabei ist $\boldsymbol{S}$ ein symmetrischer, $\boldsymbol{K}$ ein schiefsymmetrischer Operator.

Aus (97) folgt nämlich

$$\boldsymbol{A}^{\mathsf{T}} = \boldsymbol{S} - \boldsymbol{K} \tag{108}$$

und aus (97) und (98)

$$\boldsymbol{S} = \frac{1}{2}(\boldsymbol{A} + \boldsymbol{A}^{\mathsf{T}}), \quad \boldsymbol{K} = \frac{1}{2}(\boldsymbol{A} - \boldsymbol{A}^{\mathsf{T}}). \tag{109}$$

Umgekehrt definieren die Formeln (109) stets einen symmetrischen Operator $\boldsymbol{S}$ und einen schiefsymmetrischen Operator $\boldsymbol{K}$, die der Gleichung (107) genügen.

$\boldsymbol{S}$ und $\boldsymbol{K}$ werden die *symmetrische* bzw. die *schiefsymmetrische Komponente* des Operators $\boldsymbol{A}$ genannt.

Definition 16. Ein linearer Operator $\boldsymbol{Q}$ heißt *orthogonal*, wenn er die Metrik des Raumes erhält, d. h., wenn er für beliebige Vektoren $\boldsymbol{x}$ und $\boldsymbol{y}$ aus $\mathfrak{R}$ folgender Gleichung genügt:

$$(\boldsymbol{Q}\boldsymbol{x}, \boldsymbol{Q}\boldsymbol{y}) = (\boldsymbol{x}, \boldsymbol{y}). \tag{110}$$

Nach (106) kann (110) in der Form $(\boldsymbol{x}, \boldsymbol{Q}^{\mathsf{T}}\boldsymbol{Q}\boldsymbol{y}) = (\boldsymbol{x}, \boldsymbol{y})$ geschrieben werden. Daraus folgt

$$\boldsymbol{Q}^{\mathsf{T}}\boldsymbol{Q} = \boldsymbol{E}. \tag{111}$$

Umgekehrt ergibt sich aus (111) für beliebige Vektoren $\boldsymbol{x}$ und $\boldsymbol{y}$ aus $\mathfrak{R}$ die Beziehung (110).[1]) Aus (101) folgt $|\boldsymbol{Q}|^2 = 1$, d. h.

$$|\boldsymbol{Q}| = \pm 1.$$

---

[1]) Die orthogonalen Operatoren eines euklidischen Raums bilden eine Gruppe (die sogenannte orthogonale Gruppe).

Einen orthogonalen Operator $\boldsymbol{Q}$ nennen wir einen *Operator erster Art,* wenn $|\boldsymbol{Q}| = 1$, und *zweiter Art,* wenn $|\boldsymbol{Q}| = -1$ ist.

Symmetrische, schiefsymmetrische und orthogonale Operatoren sind spezielle normale Operatoren.

Wir betrachten eine beliebige orthonormierte Basis eines gegebenen euklidischen Raumes. Dem Operator $\boldsymbol{A}$ sei bei dieser Basis die Matrix $A = \|a_{ik}\|_1^n$ zugeordnet (alle a_{ik} sind hier reell). Der Leser beweist ohne Mühe, daß bezüglich dieser Basis dem transponierten Operator $\boldsymbol{A}^\mathsf{T}$ die transponierte Matrix $A^\mathsf{T} = \|a_{ik}^\mathsf{T}\|_1^n$ mit $a_{ik}^\mathsf{T} = a_{ki}$ $(i, k = 1, 2, \ldots, n)$ entspricht. Hieraus folgt, daß bei einer orthonormierten Basis einem normalen Operator $\boldsymbol{A}$ eine normale Matrix $A = \|a_{ik}\|_1^n$ $(AA^\mathsf{T} = A^\mathsf{T}A)$, einem symmetrischen Operator $\boldsymbol{S}$ eine symmetrische Matrix $S = \|s_{ik}\|_1^n$ $(S^\mathsf{T} = S)$, einem schiefsymmetrischen Operator $\boldsymbol{K}$ eine schiefsymmetrische Matrix $K = \|k_{ij}\|_1^n$ $(K^\mathsf{T} = -K)$ und schließlich einem orthogonalen Operator $\boldsymbol{Q}$ eine orthogonale Matrix $Q = \|q_{ik}\|_1^n$ $(QQ^\mathsf{T} = E)$ entspricht.[1])

Wie in 9.8. für den adjungierten Operator stellen wir hier folgenden Satz auf:

Ist ein Unterraum $\mathfrak{S}$ von $\mathfrak{R}$ bezüglich eines linearen Operators $\boldsymbol{A}$ invariant, so ist sein orthogonales Komplement in $\mathfrak{R}$ invariant in bezug auf den transponierten Operator $\boldsymbol{A}^\mathsf{T}$.

Zur Untersuchung linearer Operatoren eines euklidischen Raums $\mathfrak{R}$ betten wir diesen in einen unitären Raum $\tilde{\mathfrak{R}}$ ein. Diese Einbettung geschieht auf folgende Weise:

1. Die Vektoren aus $\mathfrak{R}$ werden „reelle" Vektoren genannt.

2. Es werden „komplexe" Vektoren $\boldsymbol{z} = \boldsymbol{x} + \mathrm{i}\boldsymbol{y}$ eingeführt; dabei sind $\boldsymbol{x}$ und $\boldsymbol{y}$ reelle Vektoren, d. h. $\boldsymbol{x} \in \mathfrak{R}$ und $\boldsymbol{y} \in \mathfrak{R}$.

3. Die Addition komplexer Vektoren sowie die Multiplikation eines Vektors mit einer komplexen Zahl werden in natürlicher Weise definiert. Die Menge der komplexen Vektoren bildet dann einen n-dimensionalen Vektorraum $\tilde{\mathfrak{R}}$ über dem Körper der komplexen Zahlen, der $\mathfrak{R}$ als Unterraum enthält.

4. In $\tilde{\mathfrak{R}}$ wird eine hermitesche Metrik eingeführt, die in $\mathfrak{R}$ mit der dort vorhandenen euklidischen Metrik übereinstimmt. Der Leser kann leicht nachprüfen, daß die gesuchte hermitesche Metrik sich in folgender Weise ergibt:

Aus $\boldsymbol{z} = \boldsymbol{x} + \mathrm{i}\boldsymbol{y}$, $\boldsymbol{w} = \boldsymbol{u} + \mathrm{i}\boldsymbol{v}$ und $\boldsymbol{x}, \boldsymbol{y}, \boldsymbol{u}, \boldsymbol{v}$ aus $\mathfrak{R}$ folgt

$$(\boldsymbol{z}\boldsymbol{w}) = (\boldsymbol{x}\boldsymbol{u}) + (\boldsymbol{y}\boldsymbol{v}) + \mathrm{i}[(\boldsymbol{y}\boldsymbol{u}) - (\boldsymbol{x}\boldsymbol{v})].$$

Setzen wir $\bar{\boldsymbol{z}} = \boldsymbol{x} - \mathrm{i}\boldsymbol{y}$ und $\bar{\boldsymbol{w}} = \boldsymbol{u} - \mathrm{i}\boldsymbol{v}$, so erhalten wir $(\bar{\boldsymbol{z}}\bar{\boldsymbol{w}}) = \overline{(\boldsymbol{z}\boldsymbol{w})}$. Wählen wir eine reelle Basis, d. h. eine Basis, die in $\mathfrak{R}$ liegt, so ist $\tilde{\mathfrak{R}}$ die Menge aller Vektoren mit komplexen, $\mathfrak{R}$ die Menge aller Vektoren mit reellen Koordinaten bezüglich dieser Basis.

Jeder lineare Operator $\boldsymbol{A}$ in $\mathfrak{R}$ kann eindeutig zu einem linearen Operator in $\tilde{\mathfrak{R}}$ erweitert (fortgesetzt) werden: $\boldsymbol{A}(\boldsymbol{x} + \mathrm{i}\boldsymbol{y}) = \boldsymbol{A}\boldsymbol{x} + \mathrm{i}\boldsymbol{A}\boldsymbol{y}$.

---

[1]) Folgende Arbeiten beschäftigen sich mit der Untersuchung der Struktur orthogonaler Matrizen: [91b], [108a], [82a]. Die orthogonalen Matrizen nennen wir ebenso wie die orthogonalen Operatoren Matrizen erster oder zweiter Art, je nachdem, ob $|Q| = +1$ oder $|Q| = -1$ ist.

Unter allen linearen Operatoren in $\tilde{\mathfrak{R}}$ sind die Operatoren, die wir auf die eben beschriebene Weise durch Erweiterung aus den Operatoren in $\mathfrak{R}$ gewinnen, dadurch ausgezeichnet, daß sie $\mathfrak{R}$ in $\mathfrak{R}$ überführen ($\boldsymbol{A}\mathfrak{R} \subset \mathfrak{R}$). Diese Operatoren nennen wir *reell.*

Bezüglich einer reellen Basis definieren reelle Operatoren reelle Matrizen, d. h. Matrizen mit reellen Elementen.

Ein reeller Operator $\boldsymbol{A}$ transformiert konjugiert-komplexe Vektoren, $\boldsymbol{z} = \boldsymbol{x} + \mathrm{i}\boldsymbol{y}$ und $\bar{\boldsymbol{z}} = \boldsymbol{x} - \mathrm{i}\boldsymbol{y}$ ($\boldsymbol{x}, \boldsymbol{y} \in \mathfrak{R}$), wieder in konjugiert-komplexe:

$$\boldsymbol{A}\boldsymbol{z} = \boldsymbol{A}\boldsymbol{x} + \mathrm{i}\boldsymbol{A}\boldsymbol{y}, \quad \boldsymbol{A}\bar{\boldsymbol{z}} = \boldsymbol{A}\boldsymbol{x} - \mathrm{i}\boldsymbol{A}\boldsymbol{y} \quad (\boldsymbol{A}\boldsymbol{x}, \boldsymbol{A}\boldsymbol{y} \in \mathfrak{R}).$$

Die Koeffizienten der Säkulargleichung eines reellen Operators sind reell; daher ist mit λ auch $\bar{\lambda}$ eine p-fache Wurzel der Gleichung. Aus $\boldsymbol{A}\boldsymbol{z} = \lambda\boldsymbol{z}$ folgt $\boldsymbol{A}\bar{\boldsymbol{z}} = \bar{\lambda}\bar{\boldsymbol{z}}$, d. h., der konjugierten charakteristischen Wurzel entspricht der konjugierte Eigenvektor.[1])

Der zweidimensionale Unterraum $[\boldsymbol{z}, \bar{\boldsymbol{z}}]$ besitzt eine reelle Basis:

$$\boldsymbol{x} = \frac{1}{2}(\boldsymbol{z} + \bar{\boldsymbol{z}}), \quad \boldsymbol{y} = \frac{1}{2\mathrm{i}}(\boldsymbol{z} - \bar{\boldsymbol{z}}).$$

Die durch diese Basis in $\mathfrak{R}$ aufgespannte Ebene nennen wir die invariante Ebene des Operators $\boldsymbol{A}$, die dem Paar charakteristischer Wurzeln $\lambda, \bar{\lambda}$ entspricht.

Es sei $\lambda = \mu + \mathrm{i}\nu$. Dann ist, wie man leicht sieht,

$$\boldsymbol{A}\boldsymbol{x} = \mu\boldsymbol{x} - \nu\boldsymbol{y}, \quad \boldsymbol{A}\boldsymbol{y} = \nu\boldsymbol{x} + \mu\boldsymbol{y}.$$

Wir betrachten einen reellen Operator $\boldsymbol{A}$ einfacher Struktur mit den charakteristischen Wurzeln

$$\lambda_{2k-1} = \mu_k + \mathrm{i}\nu_k, \quad \lambda_{2k} = \mu_k - \mathrm{i}\nu_k, \quad \lambda_l = \mu_l \quad (k = 1, 2, \ldots, q;\ l = 2q + 1, \ldots, n),$$

die μ_k, ν_k und μ_l sind reelle Zahlen, und es ist $\nu_k \neq 0$ ($k = 1, 2, \ldots, q$). Dann können die diesen charakteristischen Wurzeln entsprechenden Eigenvektoren $\boldsymbol{z}_1, \boldsymbol{z}_2, \ldots, \boldsymbol{z}_n$ so gewählt werden, daß

$$\begin{gathered} \boldsymbol{z}_{2k-1} = \boldsymbol{x}_k + i\boldsymbol{y}_k, \quad \boldsymbol{z}_{2k} = \boldsymbol{x}_k - i\boldsymbol{y}_k, \quad \boldsymbol{z}_l = \boldsymbol{x}_l \\ (k = 1, 2, \ldots, q;\ l = 2q + 1, \ldots, n) \end{gathered} \tag{112}$$

ist. Die Vektoren

$$\boldsymbol{x}_1, \boldsymbol{y}_1, \boldsymbol{x}_2, \boldsymbol{y}_2, \ldots, \boldsymbol{x}_q, \boldsymbol{y}_q, \boldsymbol{x}_{2q+1}, \ldots, \boldsymbol{x}_n \tag{113}$$

bilden eine Basis des euklidischen Raumes $\mathfrak{R}$. Dabei ist

$$\left.\begin{aligned} \boldsymbol{A}\boldsymbol{x}_k &= \mu_k\boldsymbol{x}_k - \nu_k\boldsymbol{y}_k, \\ \boldsymbol{A}\boldsymbol{y}_k &= \nu_k\boldsymbol{x}_k + \mu_k\boldsymbol{y}_k, \\ \boldsymbol{A}\boldsymbol{x}_l &= \mu_l\boldsymbol{x}_l \end{aligned}\right\} \quad (k = 1, 2, \ldots, q;\ l = 2q + 1, \ldots, n). \tag{114}$$

---

[1]) Entsprechen der charakteristischen Wurzel λ eines reellen Operators $\boldsymbol{A}$ die linear unabhängigen Eigenvektoren $\boldsymbol{z}_1, \boldsymbol{z}_2, \ldots, \boldsymbol{z}_p$, so sind der charakteristischen Wurzel $\bar{\lambda}$ die linear unabhängigen Eigenvektoren $\bar{\boldsymbol{z}}_1, \bar{\boldsymbol{z}}_2, \ldots, \bar{\boldsymbol{z}}_p$ zugeordnet.

Bezüglich der Basis (113) entspricht dem Operator A die reelle verallgemeinerte Diagonalmatrix

$$\left\{\left\|\begin{matrix}\mu_1 & \nu_1\\ -\nu_1 & \mu_1\end{matrix}\right\|, \ldots, \left\|\begin{matrix}\mu_q & \nu_q\\ -\nu_q & \mu_q\end{matrix}\right\|, \mu_{2q+1}, \ldots, \mu_n\right\}. \tag{115}$$

Ist A ein Operator einfacher Struktur in einem euklidischen Raum $\mathfrak{R}$, so kann man eine Basis des Raumes so wählen, daß dem Operator A eine Matrix der Form (115) *entspricht. Daraus folgt, daß jede reelle Matrix einfacher Struktur einer kanonischen Matrix der Gestalt* (115) *reell-ähnlich ist:*

$$A = T\left\{\left\|\begin{matrix}\mu_1 & \nu_1\\ -\nu_1 & \mu_1\end{matrix}\right\|, \ldots, \left\|\begin{matrix}\mu_q & \nu_q\\ -\nu_q & \mu_q\end{matrix}\right\|, \mu_{2q+1}, \ldots, \mu_n\right\} T^{-1} \qquad (T = \overline{T}). \tag{116}$$

Dem transponierten Operator A^{T} von A in $\mathfrak{R}$ entspricht nach der Erweiterung der zu $\mathfrak{R}$ adjungierte Operator A^* in $\tilde{\mathfrak{R}}$. *Folglich gehen die normalen, symmetrischen, schiefsymmetrischen und orthogonalen Operatoren in $\mathfrak{R}$ durch Erweiterung in normale, hermitesche, mit* i *multiplizierte hermitesche bzw. in unitäre reelle Operatoren in $\tilde{\mathfrak{R}}$ über.*

Es läßt sich leicht beweisen, daß *zu einem normalen Operator A im euklidischen Raum eine kanonische Basis, die orthonormierte Basis* (113), *gewählt werden kann, so daß die Gleichungen* (114) *gelten.*[1]) *Eine reelle normale Matrix ist also stets einer Matrix der Gestalt* (115) *reell- und orthogonal-ähnlich:*

$$A = Q\left\{\left\|\begin{matrix}\mu_1 & \nu_1\\ -\nu_1 & \mu_1\end{matrix}\right\|, \ldots, \left\|\begin{matrix}\mu_q & \nu_q\\ -\nu_q & \mu_q\end{matrix}\right\|, \mu_{2q+1}, \ldots, \mu_n\right\} Q^{-1} \qquad (Q = Q^{\mathsf{T}-1} = \overline{Q}). \tag{117}$$

Die charakteristischen Wurzeln jedes symmetrischen Operators S eines euklidischen Raums sind reell, denn bei Erweiterung geht dieser Operator in einen hermiteschen über. Für einen symmetrischen Operator S ist also in den Formeln (114) $q = 0$ zu setzen. Man erhält dann

$$S\boldsymbol{x}_l = \mu_l \boldsymbol{x}_l \qquad \big((\boldsymbol{x}_k \boldsymbol{x}_l) = \delta_{kl};\ l = 1, 2, \ldots, n\big). \tag{118}$$

Jeder symmetrische Operator S eines euklidischen Raums besitzt ein Orthonormalsystem von Eigenvektoren mit reellen charakteristischen Wurzeln.[2]) *Eine reelle symmetrische Matrix ist also stets einer Diagonalmatrix reell- und orthogonal-ähnlich:*

$$S = Q\{\mu_1, \mu_2, \ldots, \mu_n\}\, Q^{-1} \qquad (Q = Q^{\mathsf{T}-1} = \overline{Q}). \tag{119}$$

Die charakteristischen Wurzeln jedes schiefsymmetrischen Operators K eines euklidischen Raums sind rein imaginär (durch Erweiterung geht dieser Operator in einen mit i multiplizierten hermiteschen über). Für einen schiefsymmetrischen Operator K ist in (114)

$$\mu_1 = \mu_2 = \cdots = \mu_q = \mu_{2q+1} = \cdots = \mu_n = 0$$

---

[1]) Da die Basis (112) bezüglich der hermiteschen Metrik orthonormiert ist, ist die Basis (113) in bezug auf die euklidische Metrik ebenfalls orthornormiert.

[2]) Der symmetrische Operator $\mathfrak{S}$ ist positiv semidefinit, wenn in (118) alle $\mu_l \geqq 0$, und positiv definit, wenn in (118) alle $\mu_l > 0$ sind.

zu setzen; dann nehmen diese Formeln folgende Gestalt an.

$$\left.\begin{aligned} \boldsymbol{K}\boldsymbol{x}_k &= -\nu_k \boldsymbol{y}_k, \\ \boldsymbol{K}\boldsymbol{y}_k &= \nu_k \boldsymbol{x}_k, \\ \boldsymbol{K}\boldsymbol{x}_l &= \boldsymbol{o} \end{aligned}\right\} \quad (k = 1, 2, \ldots, q;\ l = 2q+1, \ldots, n). \tag{120}$$

Da $\boldsymbol{K}$ ein normaler Operator ist, kann man die Basis (113) als orthonormiert voraussetzen. *Jede reelle schiefsymmetrische Matrix ist also einer kanonischen schiefsymmetrischen Matrix*

$$K = Q\left\{\begin{Vmatrix} 0 & \nu_1 \\ -\nu_1 & 0 \end{Vmatrix}, \ldots, \begin{Vmatrix} 0 & \nu_q \\ -\nu_q & 0 \end{Vmatrix}, 0, \ldots, 0\right\} Q^{-1} \qquad (Q = Q^{\mathsf{T}-1} = \bar{Q}) \tag{121}$$

reell- und orthogonal-ähnlich.

Die charakteristischen Wurzeln eines reellen orthogonalen Operators $\boldsymbol{Q}$ in einem euklidischen Raum sind dem Betrag nach gleich 1 (bei Erweiterung geht dieser Operator in einen unitären über). Für einen orthogonalen Operator $\boldsymbol{Q}$ ist in (114)

$$\mu_k^2 + \nu_k^2 = 1, \qquad \mu_l = \pm 1 \qquad (k = 1, 2, \ldots, q;\ l = 2q+1, \ldots, n)$$

zu setzen. Die Basis (113) kann dabei als orthonormiert vorausgesetzt werden. Die Formeln (114) lassen sich wie folgt darstellen:

$$\left.\begin{aligned} \boldsymbol{Q}\boldsymbol{x}_k &= \boldsymbol{x}_k \cos\varphi_k - \boldsymbol{y}_k \sin\varphi_k, \\ \boldsymbol{Q}\boldsymbol{y}_k &= \boldsymbol{x}_k \sin\varphi_k + \boldsymbol{y}_k \cos\varphi_k, \\ \boldsymbol{Q}\boldsymbol{x}_l &= \pm \boldsymbol{x}_l \end{aligned}\right\} \quad (k = 1, 2, \ldots, q;\ l = 2q+1, \ldots, n). \tag{122}$$

Hieraus ergibt sich, daß *jede reelle orthogonale Matrix einer kanonischen orthogonalen Matrix*

$$Q = Q_1\left\{\begin{Vmatrix} \cos\varphi_1 & \sin\varphi_1 \\ -\sin\varphi_1 & \cos\varphi_1 \end{Vmatrix}, \ldots, \begin{Vmatrix} \cos\varphi_q & \sin\varphi_q \\ -\sin\varphi_q & \cos\varphi_q \end{Vmatrix}, \pm 1, \ldots, \pm 1\right\} Q_1^{-1}$$
$$(Q_1 = Q_1^{\mathsf{T}-1} = \bar{Q}_1) \tag{123}$$

reell- und orthogonal-ähnlich ist.

Beispiel. Wir betrachten eine beliebige endliche Drehung um den Punkt O (den Koordinatenursprung) des dreidimensionalen Raumes. Sie führt eine gerichtete Strecke $\overrightarrow{OA}$ in eine andere Strecke $\overrightarrow{OB}$ über und kann daher als Operator $\boldsymbol{Q}$ des dreidimensionalen Vektorraumes (der von allen gerichteten Strecken $\overrightarrow{OA}$ gebildet wird) angesehen werden. Dieser Operator ist linear und überdies orthogonal. Die Determinante dieses Operators ist $+1$, da er die Orientierung des Raumes erhält.

$\boldsymbol{Q}$ ist also ein orthogonaler Operator erster Art. Für ihn hat (122) die Gestalt

$$\begin{aligned} \boldsymbol{Q}\boldsymbol{x}_1 &= \boldsymbol{x}_1 \cos\varphi - \boldsymbol{y}_1 \sin\varphi, \\ \boldsymbol{Q}\boldsymbol{y}_1 &= \boldsymbol{x}_1 \sin\varphi + \boldsymbol{y}_1 \cos\varphi, \\ \boldsymbol{Q}\boldsymbol{x}_2 &= \pm\boldsymbol{x}_2. \end{aligned}$$

Aus $|\boldsymbol{Q}| = +1$ folgt, daß $\boldsymbol{Q}\boldsymbol{x}_2 = \boldsymbol{x}_2$ ist. Das besagt, daß alle Punkte der Geraden in Richtung des Vektors $\boldsymbol{x}_2$ durch den Koordinatenursprung O bei dieser Transformation Fixpunkte sind, die Gerade also eine Fixgerade ist. Es gilt also folgender Satz:

Eine beliebige endliche Drehung eines festen Körpers um einen Fixpunkt kann als endliche Drehung mit einem Winkel φ um eine feste Achse, die durch den Fixpunkt verläuft, aufgefaßt werden.

Wir betrachten jetzt eine beliebige endliche Bewegung im dreidimensionalen euklidischen Raum, die den Punkt $\boldsymbol{x}$ in den Punkt

$$\boldsymbol{x}' = \boldsymbol{c} + \boldsymbol{Q}\boldsymbol{x} \tag{*}$$

überführt. Die Bewegung setzt sich aus der Drehung $\boldsymbol{Q}$ um eine feste Achse, die durch den Koordinatenursprung verläuft, und der Parallelverschiebung um den Vektor $\boldsymbol{c}$ zusammen. Es seien nun $\boldsymbol{u}$, $\boldsymbol{z}_1$ und $\boldsymbol{z}_2$ die den charakteristischen Wurzeln $\lambda = 1$, λ_1 bzw. λ_2 entsprechenden Eigenvektoren von $\boldsymbol{Q}$ (hierbei ist $\lambda_2 = \bar{\lambda}_1$ und $\boldsymbol{z}_2 = \bar{\boldsymbol{z}}_1$):

$$\boldsymbol{Q}\boldsymbol{u} = \boldsymbol{u}, \quad \boldsymbol{Q}\boldsymbol{z}_1 = \lambda_1\boldsymbol{z}_1, \quad \boldsymbol{Q}\boldsymbol{z}_2 = \lambda_2\boldsymbol{z}_2.$$

Wir beweisen die Existenz eines solchen Punktes $\boldsymbol{x}_0$, dessen Verschiebung $\boldsymbol{x}_0' - \boldsymbol{x}_0$ parallel zum Vektor $\boldsymbol{u}$ ist (d. h. parallel zur Achse der endlichen Drehung $\boldsymbol{Q}$). Dazu setzen wir

$$\boldsymbol{c} = \gamma\boldsymbol{u} + \gamma_1\boldsymbol{z}_1 + \gamma_2\boldsymbol{z}_2, \quad \boldsymbol{x}_0 = \xi\boldsymbol{u} + \xi_1\boldsymbol{z}_1 + \xi_2\boldsymbol{z}_2 \quad (\gamma_2 = \overline{\gamma_1}, \xi_2 = \overline{\xi_1}).$$

Wir erhalten

$$\begin{aligned}\boldsymbol{x}_0' - \boldsymbol{x}_0 &= \boldsymbol{c} + (\boldsymbol{Q} - \boldsymbol{E})\,\boldsymbol{x}_0 \\ &= \gamma\boldsymbol{u} + [\gamma_1 + (\lambda_1 - 1)\,\xi_1]\,\boldsymbol{z}_1 + [\gamma_2 + (\lambda_2 - 1)\,\xi_2]\,\boldsymbol{z}_2.\end{aligned}$$

Setzen wir für die Koordinaten ξ_1 und ξ_2 des gesuchten Punktes $\boldsymbol{x}_0$

$$\xi_1 = \frac{\gamma_1}{1 - \lambda_1}, \quad \xi_2 = \frac{\gamma_2}{1 - \lambda_2} = \overline{\xi_1},$$

so ergibt sich für die Verschiebung des Punktes $\boldsymbol{x}_0$ die Formel $\boldsymbol{x}_0' - \boldsymbol{x}_0 = \gamma\boldsymbol{u}$. Wir addieren diese Gleichung zu der aus (*) folgenden Gleichung $\boldsymbol{x}' - \boldsymbol{x}_0' = \boldsymbol{Q}(\boldsymbol{x} - \boldsymbol{x}_0)$ und erhalten

$$\boldsymbol{x}' - \boldsymbol{x}_0 = \boldsymbol{Q}(\boldsymbol{x} - \boldsymbol{x}_0) + \gamma\boldsymbol{u}. \tag{**}$$

Diese Formel zeigt, daß bei der betrachteten endlichen Bewegung der vom Ursprung $\boldsymbol{x}_0$ ausgehende Radiusvektor eines Punktes um eine gewisse Achse mit einem fixierten Winkel gedreht und danach der zu dieser Achse parallele Vektor $\gamma\boldsymbol{u}$ hinzuaddiert wird. Mit anderen Worten, die Bewegung ist eine Schraubung um eine Achse, die durch den Punkt $\boldsymbol{x}_0$ verläuft und zu dem Vektor $\boldsymbol{u}$ parallel ist. Wir haben damit den Satz von EULER-D'ALEMBERT bewiesen:

Jede endliche Bewegung im dreidimensionalen euklidischen Raum ist eine Schraubung um eine feste Achse (Fixgerade).

9.14. Die polare Zerlegung linearer Operatoren und die Cayleyschen Formeln im euklidischen Raum

1. In 9.12. wurde die polare Zerlegung linearer Operatoren im unitären Raum hergeleitet. Völlig analog erhält man die polare Zerlegung linearer Operatoren im euklidischen Raum.

Satz 9. *Jeder lineare Operator* $\boldsymbol{A}$ *eines euklidischen Raums läßt sich in folgender Form darstellen:*

$$\boldsymbol{A} = \boldsymbol{S}\boldsymbol{Q}, \tag{124}$$

$$\boldsymbol{A} = \boldsymbol{Q}_1\boldsymbol{S}_1; \tag{125}$$

$\boldsymbol{S}$ *und* $\boldsymbol{S}_1$ *sind dabei positiv semidefinite symmetrische,* $\boldsymbol{Q}$ *und* $\boldsymbol{Q}_1$ *orthogonale Operatoren; ferner ist* $\boldsymbol{S} = \sqrt{\boldsymbol{A}\boldsymbol{A}^\mathsf{T}} = g(\boldsymbol{A}\boldsymbol{A}^\mathsf{T})$, $\boldsymbol{S}_1 = \sqrt{\boldsymbol{A}^\mathsf{T}\boldsymbol{A}} = h(\boldsymbol{A}^\mathsf{T}\boldsymbol{A})$, *wobei* $g(\lambda)$ *und* $h(\lambda)$ *reelle Polynome sind.*

Der Operator $\boldsymbol{A}$ *ist genau dann normal, wenn die Faktoren* $\boldsymbol{S}$ *und* $\boldsymbol{Q}$ *(bzw.* $\boldsymbol{S}_1$ *und* $\boldsymbol{Q}_1$*) vertauschbar sind* [1])

Ein analoger Satz gilt für Matrizen.

Der geometrische Inhalt von (124) und (125) ist folgender: Verschiebt man die Anfangspunkte der Vektoren eines n-dimensionalen euklidischen Punktraums in den Koordinatenursprung O, dann ist jeder Vektor Radiusvektor eines Punktes des Raumes. Eine durch den Operator $\boldsymbol{Q}$ (oder $\boldsymbol{Q}_1$) realisierte orthogonale Transformation ist eine „Drehung" des Raums, da die euklidische Metrik erhalten bleibt und den Koordinatenursprung als Fixpunkt hat.[2]) Der symmetrische Operator $\boldsymbol{S}$ (oder $\boldsymbol{S}_1$) realisiert eine „Dilatation" des n-dimensionalen Raums, d. h. eine „Streckung" längs n paarweise senkrechter Richtungen mit im allgemeinen verschiedenen Streckungsverhältnissen $\varrho_1, \varrho_2, \ldots, \varrho_n$ (die ϱ_ν sind beliebige nichtnegative Zahlen). Die Formeln (124) und (125) besagen, daß eine beliebige homogene lineare Transformation des n-dimensionalen euklidischen Raumes dadurch erhalten werden kann, daß man nacheinander erst eine bestimmte Drehung und dann eine bestimmte Streckung oder umgekehrt ausführt.

2. Analog den in einem früheren Abschnitt hergeleiteten Darstellungen unitärer Operatoren betrachten wir jetzt gewisse Darstellungen orthogonaler Operatoren in einem euklidischen Raum $\mathfrak{R}$.

Es sei $\boldsymbol{K}$ ein beliebiger schiefsymmetrischer Operator ($\boldsymbol{K}^\mathsf{T} = -\boldsymbol{K}$) und

$$\boldsymbol{Q} = \mathrm{e}^{\boldsymbol{K}}. \tag{126}$$

Dann ist $\boldsymbol{Q}$ ein orthogonaler Operator erster Art, da $\boldsymbol{Q}^\mathsf{T} = \mathrm{e}^{\boldsymbol{K}^\mathsf{T}} = \mathrm{e}^{-\boldsymbol{K}} = \boldsymbol{Q}^{-1}$ und $|\boldsymbol{Q}| = 1$[3]) ist.

---

[1]) Die Operatoren $\boldsymbol{S}$ und $\boldsymbol{S}_1$ sind, ebenso wie in Satz 8, durch Vorgabe von $\boldsymbol{A}$ eindeutig bestimmt. Ist $\boldsymbol{A}$ ein regulärer Operator, so sind die Faktoren $\boldsymbol{Q}$ und $\boldsymbol{Q}_1$ ebenfalls eindeutig bestimmt.

[2]) Ist $|\boldsymbol{Q}| = 1$, so handelt es sich um eine eigentliche Drehung, im Fall $|\boldsymbol{Q}| = -1$ dagegen um die Kombination einer Drehung mit einer Spiegelung an einer gewissen Koordinatenebene.

[3]) Sind $k_1, k_2, \ldots, k_n$ die charakteristischen Wurzeln des Operators $\boldsymbol{K}$, so sind $\mu_1 = \mathrm{e}^{k_1}$, $\mu_2 = \mathrm{e}^{k_2}, \ldots, \mu_n = \mathrm{e}^{k_n}$ die charakteristischen Wurzeln des Operators $\boldsymbol{Q} = \mathrm{e}^{\boldsymbol{K}}$; dabei ist $|\boldsymbol{Q}| = \mu_1\mu_2\cdots\mu_n = \mathrm{e}^{\sum_{i=1}^{n} k_i} = 1$, da $\sum_{i=1}^{n} k_i = 0$ ist.

Wir beweisen, daß jeder orthogonale Operator erster Art in der Form (126) darstellbar ist. Dazu betrachten wir eine ihm entsprechende orthogonale Matrix Q. Aus $|Q| = 1$ folgt nach (123)[1])

$$Q = Q_1 \left\{ \begin{Vmatrix} \cos\varphi_1 & \sin\varphi_1 \\ -\sin\varphi_1 & \cos\varphi_1 \end{Vmatrix}, \dots, \begin{Vmatrix} \cos\varphi_p & \sin\varphi_q \\ -\sin\varphi_p & \cos\varphi_q \end{Vmatrix}, +1, \dots, +1 \right\} Q_1^{-1}$$

$$\left(Q_1 = (Q_1^{\mathsf{T}})^{-1} = \bar{Q}_1\right). \tag{127}$$

Wir definieren eine schiefsymmetrische Matrix K durch

$$K = Q_1 \left\{ \begin{Vmatrix} 0 & \varphi_1 \\ -\varphi_1 & 0 \end{Vmatrix}, \dots, \begin{Vmatrix} 0 & \varphi_q \\ -\varphi_q & 0 \end{Vmatrix}, 0, \dots, 0 \right\} Q_1^{-1}. \tag{128}$$

Da

$$\exp \left\{ \begin{Vmatrix} 0 & \varphi \\ -\varphi & 0 \end{Vmatrix} \right\} = \begin{Vmatrix} \cos\varphi & \sin\varphi \\ -\sin\varphi & \cos\varphi \end{Vmatrix}$$

ist, folgt aus (127) und (128)

$$Q = \mathrm{e}^K. \tag{129}$$

Die Matrizengleichung (129) zieht die Operatorengleichung (126) nach sich.

Zur Darstellung orthogonaler Operatoren zweiter Art benutzen wir einen speziellen Operator $\boldsymbol{W}$, der bezüglich einer orthonormierten Basis $\boldsymbol{e}_1, \boldsymbol{e}_2, \dots, \boldsymbol{e}_n$ durch folgende Gleichungen definiert wird:

$$\boldsymbol{W}\boldsymbol{e}_1 = \boldsymbol{e}_1, \dots, \boldsymbol{W}\boldsymbol{e}_{n-1} = \boldsymbol{e}_{n-1}, \qquad \boldsymbol{W}\boldsymbol{e}_n = -\boldsymbol{e}_n. \tag{130}$$

$\boldsymbol{W}$ ist ein orthogonaler Operator zweiter Art. Ist $\boldsymbol{Q}$ ein beliebiger Operator zweiter Art, so sind $\boldsymbol{W}^{-1}\boldsymbol{Q}$ und $\boldsymbol{Q}\boldsymbol{W}^{-1}$ Operatoren erster Art und daher in der Form $\mathrm{e}^{\boldsymbol{K}}$ bzw. $\mathrm{e}^{\boldsymbol{K}_1}$ mit schiefsymmetrischen $\boldsymbol{K}$ bzw. $\boldsymbol{K}_1$ darstellbar. Hieraus erhalten wir für orthogonale Operatoren zweiter Art die Formeln

$$\boldsymbol{Q} = \boldsymbol{W}\,\mathrm{e}^{\boldsymbol{K}} = \mathrm{e}^{\boldsymbol{K}_1}\boldsymbol{W}. \tag{131}$$

Die Basis $\boldsymbol{e}_1, \boldsymbol{e}_2, \dots, \boldsymbol{e}_n$ in (130) kann so gewählt werden, daß sie mit der Basis $\boldsymbol{x}_k, \boldsymbol{Q}_k, \boldsymbol{x}_l$ ($k = 1, 2, \dots, q$; $l = 2q + 1, \dots, n$) in (120) und (122) übereinstimmt. Der so definierte Operator $\boldsymbol{W}$ ist mit $\boldsymbol{K}$ vertauschbar, so daß die beiden Formeln (131) in eine einzige übergehen:

$$\boldsymbol{Q} = \boldsymbol{W}\,\mathrm{e}^{\boldsymbol{K}} \quad (\boldsymbol{W} = \boldsymbol{W}^{\mathsf{T}} = \boldsymbol{W}^{-1};\ \boldsymbol{K}^{\mathsf{T}} = -\boldsymbol{K},\ \boldsymbol{W}\boldsymbol{K} = \boldsymbol{K}\boldsymbol{W}). \tag{132}$$

Wir verweilen noch bei den Cayleyschen Formeln, die einen Zusammenhang zwischen den orthogonalen und den schiefsymmetrischen Operatoren eines euklidi-

[1]) Eine orthogonale Matrix Q erster Art besitzt stets eine gerade Anzahl von charakteristischen Wurzeln, die gleich -1 sind. Die Diagonalmatrix $\begin{Vmatrix} -1 & 0 \\ 0 & -1 \end{Vmatrix}$ kann in der Form $\begin{Vmatrix} \cos\varphi & \sin\varphi \\ -\sin\varphi & \cos\varphi \end{Vmatrix}$ mit $\varphi = \pi$ geschrieben werden.

schen Raums herstellen. Die Formel

$$\boldsymbol{Q} = (\boldsymbol{E} - \boldsymbol{K})(\boldsymbol{E} + \boldsymbol{K})^{-1} \tag{133}$$

transformiert, wie man leicht sieht, einen schiefsymmetrischen Operator $\boldsymbol{K}$ in einen orthogonalen $\boldsymbol{Q}$. Umgekehrt ermöglicht (133), $\boldsymbol{K}$ durch $\boldsymbol{Q}$ darzustellen:

$$\boldsymbol{K} = (\boldsymbol{E} - \boldsymbol{Q})(\boldsymbol{E} + \boldsymbol{Q})^{-1}. \tag{134}$$

Die Formeln (133) und (134) ordnen die schiefsymmetrischen und diejenigen orthogonalen Operatoren, die keine charakteristischen Wurzeln $\lambda = -1$ besitzen, eineindeutig einander zu. Wählt man an Stelle von (133) und (134)

$$\boldsymbol{Q} = -(\boldsymbol{E} - \boldsymbol{K})(\boldsymbol{E} + \boldsymbol{K})^{-1}, \tag{135}$$

$$\boldsymbol{K} = (\boldsymbol{E} + \boldsymbol{Q})(\boldsymbol{E} - \boldsymbol{Q})^{-1}, \tag{136}$$

so ist der kritische Wert gleich $+1$.

3. Die polare Zerlegung reeller Matrizen nach Satz 9 gestattet uns, die Gleichungen (117), (119), (121) und (123) herzuleiten, ohne uns der Einbettung des euklidischen Raumes in einen unitären zu bedienen, wie das zuvor geschehen ist. Dabei stützen wir uns auf folgenden Satz:

Satz 10. *Sind zwei reelle normale Matrizen A und B ähnlich,*

$$B = T^{-1}AT \qquad (AA^{\mathsf{T}} = A^{\mathsf{T}}A,\ BB^{\mathsf{T}} = B^{\mathsf{T}}B,\ A = \bar{A},\ B = \bar{B}), \tag{137}$$

so sind diese Matrizen reell und orthogonal-ähnlich:

$$B = Q^{-1}AQ \qquad (Q = \bar{Q} = Q^{\mathsf{T}-1}). \tag{138}$$

Beweis. Da die normalen Matrizen A und B dieselben charakteristischen Wurzeln besitzen, existiert (vgl. 2. auf S. 281) ein Polynom $g(\lambda)$ mit $A^{\mathsf{T}} = g(A)$, $B^{\mathsf{T}} = g(B)$. Die nach (137) bestehende Gleichung $g(B) = T^{-1}g(A)\,T$ kann daher folgendermaßen geschrieben werden:

$$B^{\mathsf{T}} = T^{-1}A^{\mathsf{T}}T. \tag{139}$$

Gehen wir in dieser Gleichung zu den transponierten Matrizen über, so erhalten wir

$$B = T^{\mathsf{T}}AT^{\mathsf{T}-1}. \tag{140}$$

Ein Vergleich der Formeln (137) und (140) ergibt

$$TT^{\mathsf{T}}A = ATT^{\mathsf{T}}. \tag{141}$$

Wir benutzen nun die polare Zerlegung der Matrix T,

$$T = SQ, \tag{142}$$

in der $S = \sqrt{TT^{\mathsf{T}}} = h(TT^{\mathsf{T}})$ ($h(\lambda)$ ein reelles Polynom) eine symmetrische, Q eine reelle orthogonale Matrix ist. Da nach (141) die Matrix A mit TT^{T} vertauschbar ist, ist sie es auch mit $S = h(TT^\mathsf{T})$. Setzt man nun in (137) den durch (142) für T gegebenen Ausdruck ein, so erhält man $B = Q^{-1}S^{-1}ASQ = Q^{-1}AQ$. Damit ist der Satz bewiesen.

Wir betrachten die reelle kanonische Matrix

$$\left\{\begin{Vmatrix} \mu_1 & \nu_1 \\ -\nu_1 & \mu_1 \end{Vmatrix}, \ldots, \begin{Vmatrix} \mu_q & \nu_q \\ -\nu_q & \mu_q \end{Vmatrix}, \mu_{2q+1}, \ldots, \mu_n\right\}. \tag{143}$$

Dies ist eine normale Matrix; sie besitzt die charakteristischen Wurzeln $\mu_1 \pm i\nu_1, \ldots, \mu_q \pm i\nu_q, \mu_{2q+1}, \ldots, \mu_n$. Da eine normale Matrix eine Matrix einfacher Struktur ist, sind zwei normale Matrizen mit den gleichen charakteristischen Wurzeln ähnlich, und zwar nach Satz 10 reell- und orthogonal-ähnlich. Damit haben wir (117) hergeleitet. Auf demselben Weg erhält man (119), (121) und (123).

9.15. Vertauschbare normale Operatoren

In 9.10. wurde bewiesen, daß zwei vertauschbare Operatoren $\boldsymbol{A}$ und $\boldsymbol{B}$ eines n-dimensionalen Raums $\mathfrak{R}$ stets einen gemeinsamen Eigenvektor besitzen. Durch vollständige Induktion kann man beweisen, daß dieser Satz nicht nur für zwei, sondern auch für eine beliebige endliche Anzahl paarweise vertauschbarer Operatoren gilt. Sind nämlich m paarweise vertauschbare Operatoren $\boldsymbol{A}_1, \boldsymbol{A}_2, \ldots, \boldsymbol{A}_m$ vorgegeben, von denen die ersten $m-1$ einen gemeinsamen Eigenvektor $\boldsymbol{x}$ besitzen, dann kann man wörtlich die Überlegungen von Lemma 1 (S. 279) wiederholen (an Stelle von $\boldsymbol{A}$ wird ein beliebiger Operator $\boldsymbol{A}_i$ $(i = 1, 2, \ldots, m-1)$ und an Stelle von $\boldsymbol{B}$ der Operator $\boldsymbol{A}_m$ gewählt); man erhält einen Vektor $\boldsymbol{y}$, der gemeinsamer Eigenvektor der Operatoren $\boldsymbol{A}_1, \boldsymbol{A}_2, \ldots, \boldsymbol{A}_m$ ist.

Der Satz gilt sogar für eine unendliche Menge paarweise vertauschbarer Operatoren, da diese Menge nur endlich viele (höchstens n^2) linear unabhängige Operatoren enthält und jeder Eigenvektor der letzteren ein Eigenvektor aller Operatoren der betrachteten Menge ist.

Es sei nun eine beliebige endliche oder unendliche Menge paarweise vertauschbarer normaler Operatoren $\boldsymbol{A}, \boldsymbol{B}, \boldsymbol{C}, \ldots$ vorgegeben. Diese Operatoren besitzen einen gemeinsamen Eigenvektor $\boldsymbol{x}_1$. Mit $\mathfrak{T}_1$ bezeichnen wir den $(m-1)$-dimensionalen Unterraum aller Vektoren aus $\mathfrak{R}$, die zu $\boldsymbol{x}_1$ orthogonal sind. Nach 9.10., 3., S. 281, ist der Unterraum $\mathfrak{T}_1$ bezüglich der Operatoren $\boldsymbol{A}, \boldsymbol{B}, \boldsymbol{C}, \ldots$ invariant. Somit besitzen diese Operatoren in $\mathfrak{T}_1$ einen gemeinsamen Eigenvektor $\boldsymbol{x}_2$. Betrachten wir nun das orthogonale Komplement $\mathfrak{T}_2$ der Ebene $[\boldsymbol{x}_1, \boldsymbol{x}_2]$, so erhalten wir einen Vektor $\boldsymbol{x}_3$ usw. Auf diese Weise erhalten wir ein Orthogonalsystem $\boldsymbol{x}_1, \boldsymbol{x}_2, \ldots, \boldsymbol{x}_n$ von Eigenvektoren der Operatoren $\boldsymbol{A}, \boldsymbol{B}, \boldsymbol{C}, \ldots$ Diese Vektoren können wir normieren und erhalten folgenden Satz:

Satz 11. *Jede endliche oder unendliche Menge paarweise vertauschbarer normaler Operatoren $\boldsymbol{A}, \boldsymbol{B}, \boldsymbol{C}, \ldots$ eines unitären Raums $\mathfrak{R}$ besitzt ein vollständiges Orthonormalsystem gemeinsamer Eigenvektoren $\boldsymbol{z}_1, \boldsymbol{z}_2, \ldots, \boldsymbol{z}_n$:*

$$\boldsymbol{A}\boldsymbol{z}_i = \lambda_i \boldsymbol{z}_i \quad \boldsymbol{B}\boldsymbol{z}_i = \lambda_i' \boldsymbol{z}_i, \quad \boldsymbol{C}\boldsymbol{z}_i = \lambda_i'' \boldsymbol{z}_i, \ldots \tag{144}$$

$$\big((\boldsymbol{z}_i \boldsymbol{z}_k) = \delta_{ik};\ i, k = 1, 2, \ldots, n\big).$$

Für Matrizen lautet dieser Satz folgendermaßen:

Satz 11'. *Jede endliche oder unendliche Menge paarweise vertauschbarer normaler Matrizen A, B, C, ... kann gleichzeitig durch dieselbe unitäre Transformation in Diagonalform übergeführt werden, d. h., es existiert eine unitäre Matrix U mit*

$$\left.\begin{aligned} A &= U\{\lambda_1, \ldots, \lambda_n\}\, U^{-1}, \qquad B = U\{\lambda_1', \ldots, \lambda_n'\}\, U^{-1}, \\ C &= U\{\lambda_1'', \ldots, \lambda_n''\}\, U^{-1}, \ldots \qquad (U = U^{*-1}). \end{aligned}\right\} \tag{145}$$

Es seien jetzt paarweise vertauschbare Operatoren eines euklidischen Raums $\mathfrak{R}$ vorgegeben. Mit $\boldsymbol{A}, \boldsymbol{B}, \boldsymbol{C}, \ldots$ bezeichnen wir die (endlich vielen) linear unabhängigen unter ihnen und betten (ohne die Metrik zu ändern) $\mathfrak{R}$ in einen unitären Raum $\tilde{\mathfrak{R}}$ ein, wie das in 9.13. getan wurde. Nach Satz 11 besitzen die Operatoren $\boldsymbol{A}, \boldsymbol{B}, \boldsymbol{C}, \ldots$ in $\tilde{\mathfrak{R}}$ ein gemeinsames vollständiges Orthonormalsystem von Eigenvektoren $\boldsymbol{z}, \boldsymbol{z}_2, \ldots, \boldsymbol{z}_n$, d. h., die Gleichungen (144) gelten.

Wir betrachten eine beliebige Linearkombination der Operatoren $\boldsymbol{A}, \boldsymbol{B}, \boldsymbol{C}, \ldots$:

$$\boldsymbol{P} = \alpha \boldsymbol{A} + \beta \boldsymbol{B} + \gamma \boldsymbol{C} + \cdots.$$

Wenn die $\alpha, \beta, \gamma, \ldots$ beliebige reelle Zahlen sind, ist $\boldsymbol{P}$ ein reeller ($\boldsymbol{P}\mathfrak{R} \subset \mathfrak{R}$) normaler Operator in $\tilde{\mathfrak{R}}$, und es ist

$$\boldsymbol{P}\boldsymbol{z}_j = \Lambda_j \boldsymbol{z}_j, \qquad \Lambda_j = \alpha\lambda_j + \beta\lambda_j' + \gamma\lambda_j'' + \cdots \tag{146}$$
$$\big((\boldsymbol{z}_j \boldsymbol{z}_k) = \delta_{jk};\ j, k = 1, 2, \ldots, n\big).$$

Die charakteristischen Wurzeln Λ_j ($j = 1, 2, \ldots, n$) des Operators $\boldsymbol{P}$ sind Linearformen in $\alpha, \beta, \gamma, \ldots$ Da $\boldsymbol{P}$ ein reeller Operator ist, können diese Formen in paarweise konjugiert-komplexe und in reelle eingeteilt werden; man erhält so bei entsprechender Numerierung der Eigenvektoren

$$\Lambda_{2k-1} = M_k + \mathrm{i}N_k, \qquad \Lambda_{2k} = M_k - \mathrm{i}N_k, \qquad \Lambda_l = M_l \tag{147}$$
$$(k = 1, 2, \ldots, q;\ l = 2q+1, \ldots, n),$$

wobei die M_k, N_k und M_l reelle Linearformen in $\alpha, \beta, \gamma, \ldots$ sind.

In Übereinstimmung damit können wir in (146) die $\boldsymbol{z}_{2k-1}$ und $\boldsymbol{z}_{2k}$ als konjugiert-komplexe, die $\boldsymbol{z}_l$ als reelle Vektoren ansehen:

$$\boldsymbol{z}_{2k-1} = \boldsymbol{x}_k + \mathrm{i}\boldsymbol{y}_k, \qquad \boldsymbol{z}_{2k} = \boldsymbol{x}_k - \mathrm{i}\boldsymbol{y}_k, \qquad \boldsymbol{z}_l = \boldsymbol{x}_l \tag{148}$$
$$(k = 1, 2, \ldots, q;\ l = 2q+1, \ldots, n).$$

Dann bilden, wie man leicht sieht, die reellen Vektoren

$$\boldsymbol{x}_k, \boldsymbol{y}_k, \boldsymbol{x}_l \qquad (k = 1, 2, \ldots, q;\ l = 2q+1, \ldots, n) \tag{149}$$

eine orthonormierte Basis in $\mathfrak{R}$. Bezüglich dieser kanonischen Basis gilt[1])

$$\left.\begin{aligned} \boldsymbol{P}\boldsymbol{x}_k &= M_k\boldsymbol{x}_k - N_k\boldsymbol{y}_k, \\ \boldsymbol{P}\boldsymbol{y}_k &= N_k\boldsymbol{x}_k + M_k\boldsymbol{y}_k, \\ \boldsymbol{P}\boldsymbol{x}_l &= M_l\boldsymbol{x}_l \end{aligned}\right\} \quad (k = 1, 2, \ldots, q;\ l = 2q+1, \ldots, n). \tag{150}$$

[1]) Gleichung (150) folgt aus (146), (147) und (148).

Da alle Operatoren der von uns betrachteten Menge aus $\boldsymbol{P}$ durch spezielle Wahl der Werte $\alpha, \beta, \gamma, \ldots$ hervorgehen, ist die Basis von diesen Parametern unabhängig und somit gemeinsame kanonische Basis aller vorgegebenen Operatoren.

Wir haben also folgenden Satz bewiesen:

Satz 12. *Eine beliebige Menge paarweise vertauschbarer normaler linearer Operatoren eines euklidischen Raums $\mathfrak{R}$ besitzt eine gemeinsame kanonische orthonormierte Basis $\boldsymbol{x}_k, \boldsymbol{y}_k, \boldsymbol{x}_l$:*

$$\left.\begin{array}{ll} \boldsymbol{A}\boldsymbol{x}_k = \mu_k \boldsymbol{x}_k - \nu_k \boldsymbol{y}_k, & \boldsymbol{B}\boldsymbol{x}_k = \mu_k' \boldsymbol{x}_k - \nu_k' \boldsymbol{y}_k, \ldots, \\ \boldsymbol{A}\boldsymbol{y}_k = \nu_k \boldsymbol{x}_k + \mu_k \boldsymbol{y}_k, & \boldsymbol{B}\boldsymbol{y}_k = \nu_k' \boldsymbol{x}_k + \mu_k' \boldsymbol{y}_k, \ldots, \\ \boldsymbol{A}\boldsymbol{x}_l = \mu_l \boldsymbol{x}_l; & \boldsymbol{B}\boldsymbol{x}_l = \mu_l' \boldsymbol{x}_l, \ldots \end{array}\right\} \tag{151}$$

Für Matrizen lautet dieser Satz folgendermaßen:

Satz 12'. *Eine beliebige Menge paarweise vertauschbarer reeller normaler Matrizen $A, B, C, \ldots$ kann mit Hilfe ein und derselben reellen orthogonalen Matrix Q auf kanonische Form transformiert werden:*

$$\left.\begin{array}{l} A = Q\left\{\left\|\begin{array}{cc} \mu_1 & \nu_1 \\ -\nu_1 & \mu_1 \end{array}\right\|, \ldots, \left\|\begin{array}{cc} \mu_q & \nu_q \\ -\nu_q & \mu_q \end{array}\right\|, \mu_{2q+1}, \ldots, \mu_n\right\} Q^{-1}, \\ B = Q\left\{\left\|\begin{array}{cc} \mu_1' & \nu_1' \\ -\nu_1' & \mu_1' \end{array}\right\|, \ldots, \left\|\begin{array}{cc} \mu_q' & \nu_q' \\ -\nu_q' & \mu_q' \end{array}\right\|, \mu_{2q+1}', \ldots, \mu_n'\right\} Q^{-1}, \\ \ldots\ldots\ldots\ldots\ldots\ldots\ldots\ldots\ldots\ldots\ldots\ldots \end{array}\right\} \tag{152}$$

Bemerkung. Ist irgendeiner der Operatoren $\boldsymbol{A}, \boldsymbol{B}, \boldsymbol{C}, \ldots$ (irgendeine der Matrizen $A, B, C, \ldots$), beispielsweise $\boldsymbol{A}$ (bzw. A), symmetrisch, so sind in (151) (in (152)) alle ν gleich 0. Liegt Schiefsymmetrie vor, so sind alle μ gleich 0. Ist $\boldsymbol{A}$ ein orthogonaler Operator (A eine orthogonale Matrix), so ist $\mu_k = \cos\varphi_k$, $\nu_k = \sin\varphi_k$ und $\mu_l = \pm 1$ $(k = 1, 2, \ldots, q;\ l = 2q + 1, \ldots, n)$.

9.16. Der pseudoinverse Operator

Gegeben sei ein beliebiger linearer Operator $\boldsymbol{A}$, der einen n-dimensionalen unitären Raum $\mathfrak{R}$ in einen m-dimensionalen unitären Raum $\mathfrak{S}$ abbildet (vgl. 3.2.). Mit r bezeichnen wir den Rang des Operators $\boldsymbol{A}$, d. h. die Dimension des Unterraumes $\boldsymbol{A}\mathfrak{R}$. Wir betrachten zwei orthogonale Zerlegungen der Räume $\mathfrak{R}$ und $\mathfrak{S}$:

$$\mathfrak{R} = \mathfrak{R}_1 + \mathfrak{R}_2, \quad \mathfrak{R}_1 \perp \mathfrak{R}_2, \quad \mathfrak{R}_2 = \mathfrak{R}_A, \tag{153}$$

$$\mathfrak{S} = \mathfrak{S}_1 + \mathfrak{S}_2, \quad \mathfrak{S}_1 \perp \mathfrak{S}_2, \quad \mathfrak{S}_1 = \boldsymbol{A}\mathfrak{R}. \tag{154}$$

Hier besteht der Unterraum $\mathfrak{R}_2 = \mathfrak{R}_A$ aus allen denjenigen Vektoren $\boldsymbol{x} \in \mathfrak{R}$, die der Gleichung $\boldsymbol{A}\boldsymbol{x} = \boldsymbol{o}$ genügen. Deshalb ist die Dimension d des Unterraumes $\mathfrak{R}_2$ gleich $n - r$ (vgl. 93). Folglich ist das orthogonale Komplement $\mathfrak{R}_1$ r-dimensional.

Andererseits ist $\boldsymbol{A}\mathfrak{R}_2 \equiv \boldsymbol{O}$ und $\boldsymbol{A}\mathfrak{R}_1 \equiv \boldsymbol{A}\mathfrak{R} \equiv \mathfrak{S}_1$. Da die Unterräume $\mathfrak{R}_1$ und $\mathfrak{S}_1$ beide r-dimensional sind, ist der Operator $\boldsymbol{A}$ eine eineindeutige Abbildung des Unterraumes $\mathfrak{R}_1$ auf den Unterraum $\mathfrak{S}_1$. Der Umkehroperator $\boldsymbol{A}^{-1}$ als Abbildung von $\mathfrak{S}_1$ auf $\mathfrak{R}_1$ ist daher eindeutig bestimmt.

Denjenigen linearen Operator von $\mathfrak{S}$ in $\mathfrak{R}$, der durch die Gleichungen

$$\left.\begin{aligned} A^+y &= A^{-1}y \qquad (y \in \mathfrak{S}_1), \\ A^+y &= o \qquad (y \in \mathfrak{S}_2) \end{aligned}\right\} \tag{155}$$

bestimmt ist, nennen wir einen *pseudoinversen Operator* A^+ für den Operator A.

Der pseudoinverse Operator A^+ ist eindeutig bestimmt durch den linearen Operator A, der $\mathfrak{R}$ in $\mathfrak{S}$ abbildet, und durch die Metriken in den Räumen $\mathfrak{R}$ und $\mathfrak{S}$. Durch die Änderung der Metrik in den Räumen $\mathfrak{R}$ und $\mathfrak{S}$ ändert sich auch der pseudoinverse Operator A^+.[1])

Das Wesen des pseudoinversen Operators wird aus folgender geometrischer Interpretation ersichtlich: Die Gleichung

$$Ax = y \tag{156}$$

kann bei gegebenen $y \in \mathfrak{S}$ entweder keine Lösung haben (wenn nämlich y nicht im Unterraum $\mathfrak{S} = A\mathfrak{R}$ liegt) oder aber eine Lösung haben (wenn $y \in A\mathfrak{R}$ ist). Im letzten Fall erhält man alle Lösungen von (156) aus einer einzigen Lösung x^0, indem zu x^0 ein beliebiger Vektor $x_2 \in \mathfrak{R}_2 = \mathfrak{R}_A$ addiert wird.

Wir zeigen, daß der Vektor

$$x^0 = A^+y \tag{157}$$

die *beste Näherungslösung* der Gleichung (156) ist, d. h.

$$|Ax^0 - y| = \min_{x \in \mathfrak{R}} |Ax - y|, \tag{158}$$

und von allen Vektoren $x \in \mathfrak{R}$, bei denen dieses Minimum erreicht wird, ist x^0 derjenige mit der kleinsten Länge $|x_0|$.

Es sei nämlich $y = y_1 + y_2$ ($y_1 \in \mathfrak{S}_1, y_2 \in \mathfrak{S}_2$) und $x^0 = A^+y = A^+y_1$. Dann ist y_1 die Orthogonalprojektion des Vektors y auf den Unterraum $\mathfrak{S} = A\mathfrak{R}$, der aus allen Vektoren der Gestalt Ax mit $x \in \mathfrak{R}$ besteht. Daher gilt (158). Es sei nun aber $x' \in \mathfrak{R}$ ein beliebiger weiterer Vektor ($x' \neq x^0$), bei dem das Minimum in (158) erreicht wird. Dann ist

$$Ax' = Ax^0 = y_1 \tag{159}$$

und folglich auch

$$A(x' - x^0) = o, \tag{160}$$

d. h. $x' - x^0 \in \mathfrak{R}_2$. Da also $x^0 \perp (x' - x^0)$ ist, folgt aus $x' = x^0 + (x' - x^0)$ nach dem Satz des PYTHAGORAS

$$|x'|^2 = |x^0|^2 + |x' - x^0|^2 > |x^0|^2, \tag{161}$$

Somit *existiert nur eine beste Näherungslösung von* (156), *und diese Lösung wird durch* (157) *bestimmt.*

---

[1]) Darin unterscheidet er sich vom Operator A^{-1}, dessen Definition in keinem Zusammenhang mit der Metrik steht. Dafür aber ist der pseudoinverse Operator im allgemeinen Fall, also bei beliebigen m, n und r definiert; der Umkehroperator A^{-1} hingegen kann nur in dem Spezialfall definiert werden, daß der lineare Operator A eine eineindeutige Abbildung des Raumes $\mathfrak{R}$ auf den Raum $\mathfrak{S}$ ist, d. h. für $m = n = r$. In diesem Fall hängt A^+ nicht von der Metrik der Räume $\mathfrak{R}$ und $\mathfrak{S}$ ab und stimmt mit A^{-1} überein.

Wir wählen jetzt in den Räumen $\mathfrak{R}$ und $\mathfrak{S}$ Orthonormalbasen. In diesen Basen errechnet man das Quadrat der Länge der Vektoren $\boldsymbol{x} \in \mathfrak{R}$ und $\boldsymbol{y} \in \mathfrak{S}$ durch

$$|\boldsymbol{x}|^2 = \sum_{i=1}^{n} |x_i|^2, \quad |\boldsymbol{y}|^2 = \sum_{i=1}^{m} |y_i|^2, \tag{162}$$

und die Vektorgleichungen $\boldsymbol{A}\boldsymbol{x} = \boldsymbol{y}$, $\boldsymbol{x}^0 = \boldsymbol{A}^+\boldsymbol{y}$ gehen über in die Matrizengleichungen

$$Ax = y, \quad x^0 = A^+y. \tag{163}$$

Da x^0 bei beliebigem y die beste Näherungslösung des Gleichungssystems (im Sinne der Metrik (162)) darstellt, ist A^+ die pseudoinverse Matrix der rechteckigen Matrix A (vgl. 1.4.). Auf diese Weise entsprechen bei der Wahl von Orthonormalbasen in den Räumen $\mathfrak{R}$ und $\mathfrak{S}$ den Operatoren $\boldsymbol{A}$ und $\boldsymbol{A}^+$ zueinander pseudoinverse Matrizen A und A^+.

10. Quadratische und hermitesche Formen

10.1. Lineare Transformationen quadratischer Formen

1. Eine *quadratische Form* ist ein homogenes Polynom zweiten Grades in n Veränderlichen $x_1, x_2, \ldots, x_n$. Sie kann stets durch

$$\sum_{i,k=1}^{n} a_{ik}x_i x_k \qquad (a_{ik} = a_{ki};\ i, k = 1, 2, \ldots, n)$$

dargestellt werden; dabei ist $A = \|a_{ik}\|_1^n$ eine symmetrische Matrix.

Bezeichnen wir die Spaltenmatrix $(x_1, x_2, \ldots, x_n)$ mit x und wählen wir für quadratische Formen die Abkürzung

$$A(x, x) = \sum_{i,k=1}^{n} a_{ik}x_i x_k, \tag{1}$$

so können wir

$$A(x, x) = x^{\mathsf{T}}Ax \tag{2}$$

schreiben.[1])

Ist $A = \|a_{ik}\|_1^n$ eine reelle symmetrische Matrix, so nennt man die Form (1) *reell.* In diesem Kapitel werden wir uns hauptsächlich mit reellen quadratischen Formen beschäftigen.

Die Determinante $|A| = |a_{ik}|_1^n$ heißt *Diskriminante* der quadratischen Form $A(x, x)$. Die Form heißt *singulär*, wenn ihre Diskriminante verschwindet.

Jeder quadratischen Form entspricht eine *Bilinearform*

$$A(x, y) = \sum_{i,k=1}^{n} a_{ik}x_i y_k \tag{3}$$

oder

$$A(x, y) = x^{\mathsf{T}}Ay \qquad \big(x = (x_1, \ldots, x_n),\ y = (y_1, \ldots, y_n)\big). \tag{4}$$

---

[1]) Das Zeichen „T" bedeutet den Übergang zur transponierten Matrix. In Formel (2) wird die quadratische Form als Produkt dreier Matrizen dargestellt: der Zeile x^{T}, der quadratischen Matrix A und der Spalte x.

Sind $x^1, x^2, \ldots, x^l, y^1, y^2, \ldots, y^m$ Spaltenmatrizen, $c_1, c_2, \ldots, c_l, d_1, d_2, \ldots, d_m$ Skalare, so folgt aus der Bilinearität von $A(x, y)$ (vgl. (4))

$$A\left(\sum_{i=1}^{l} c_i x^i, \sum_{j=1}^{m} d_j y^j\right) = \sum_{i=1}^{l} \sum_{j=1}^{m} c_i d_j A(x^i, y^j). \tag{5}$$

Ist $\boldsymbol{A}$ ein beliebiger symmetrischer Operator eines n-dimensionalen euklidischen Raumes und entspricht diesem Operator die Matrix $A = \|a_{ik}\|_1^n$[1]) bei der orthonormierten Basis $\boldsymbol{e}_1, \boldsymbol{e}_2, \ldots, \boldsymbol{e}_n$, so gilt für beliebige Vektoren

$$\boldsymbol{x} = \sum_{i=1}^{n} x_i \boldsymbol{e}_i, \qquad \boldsymbol{y} = \sum_{i=1}^{n} y_i \boldsymbol{e}_i$$

die Identität

$$A(x, y) = (\boldsymbol{A}\boldsymbol{x}, \boldsymbol{y}) = (\boldsymbol{x}, \boldsymbol{A}\boldsymbol{y}).^{2)}$$

Speziell ist

$$A(x, x) = (\boldsymbol{A}\boldsymbol{x}, \boldsymbol{x}) = (\boldsymbol{x}, \boldsymbol{A}\boldsymbol{x})$$

mit

$$a_{ik} = (\boldsymbol{A}\boldsymbol{e}_i, \boldsymbol{e}_k) \qquad (i, k = 1, 2, \ldots, n).$$

2. Wir untersuchen jetzt, wie sich die *Formmatrix* bei einer linearen Transformation

$$x_i = \sum_{k=1}^{n} t_{ik} \xi_k \qquad (i = 1, 2, \ldots, n) \tag{6}$$

der Variablen ändert. In Matrizenschreibweise hat diese Transformation die Gestalt

$$x = T\xi; \tag{6'}$$

x und ξ sind Spaltenmatrizen: $x = (x_1, x_2, \ldots, x_n)$ und $\xi = (\xi_1, \xi_2, \ldots, \xi_n)$, T ist die *Transformationsmatrix*: $T = \|t_{ik}\|_1^n$.

Setzt man in (2) den Ausdruck für x aus (6') ein, so erhält man

$$A(x, x) = \xi^{\mathsf{T}} T^{\mathsf{T}} A T \xi = \xi^{\mathsf{T}} \tilde{A} \xi = \tilde{A}(\xi, \xi);$$

dabei ist

$$\tilde{A} = T^{\mathsf{T}} A T. \tag{7}$$

Die Formmatrix $\tilde{A} = \|\tilde{a}_{ik}\|_1^n$ der transformierten Form $\tilde{A}(\xi, \xi) = \sum_{i,k=1}^{n} \tilde{a}_{ik} \xi_i \xi_k$ wird in (7) durch die Matrix $A = \|a_{ik}\|_1^n$ der ursprünglichen Form und die Transformationsmatrix $T = \|t_{ik}\|_1^n$ ausgedrückt.

---

[1]) $\boldsymbol{A}\boldsymbol{e}_k = \sum_{i=1}^{n} a_{ik} \boldsymbol{e}_i$ $(k = 1, 2, \ldots, n)$; vgl. S. 84.

[2]) In $A(x, y)$ stehen die Klammern auf Grund der von uns gewählten Bezeichnungsweise, in $(\boldsymbol{A}\boldsymbol{x}, \boldsymbol{y})$ und $(\boldsymbol{x}, \boldsymbol{A}\boldsymbol{y})$ bezeichnen sie das skalare Produkt.

Aus (7) folgt ferner: Die Diskriminante einer Form multipliziert sich bei einer linearen Transformation mit dem Quadrat der Determinante der Transformationsmatrix:

$$|\tilde{A}| = |A|\,|T|^2. \tag{8}$$

Im folgenden betrachten wir ausschließlich reguläre Transformationen ($|T| \neq 0$). In diesem Fall bleibt, wie man aus (7) ersieht, der Rang der Formmatrix erhalten (die Matrizen A und $\tilde{A}$ haben denselben Rang[1])). Den Rang der Formmatrix nennt man dann den *Rang der quadratischen Form.*

Definition 1. Zwei symmetrische Matrizen A und A heißen *kongruent,* wenn

$$\tilde{A} = T^{\mathsf{T}} A T$$

und $|T| \neq 0$ ist.

Jeder quadratischen Form entspricht also eine ganze Klasse paarweise kongruenter symmetrischer Matrizen. Wie wir schon oben bemerkten, haben alle diese Matrizen den gleichen Rang, den wir den Rang der Form nennen. Der Rang ist eine Invariante der Klassen kongruenter Matrizen. Bei reellen Matrizen ist die sogenannte „Signatur" der quadratischen Form die zweite Invariante. Wir wollen nun diesen Begriff erläutern.

10.2. Die Transformation einer quadratischen Form in eine Summe von Quadraten. Das Trägheitsgesetz der quadratischen Formen

Die reelle quadratische Form $A(x, x)$ besitzt unendlich viele Darstellungen der Gestalt

$$A(x, x) = \sum_{i=1}^{r} a_i X_i^2; \tag{9}$$

dabei ist $a_i \neq 0$ ($i = 1, 2, \ldots, r$), und die $X_i = \sum_{k=1}^{n} \alpha_{ki} x_k$ ($i = 1, 2, \ldots, r$) sind linear unabhängige reelle Linearformen in $x_1, x_2, \ldots, x_n$ (hieraus folgt $r \leqq n$).

Wir betrachten eine reguläre Transformation, in der die ersten r der neuen Variablen $\xi_1, \xi_2, \ldots, \xi_n$ mit den $x_1, x_2, \ldots, x_n$ durch die Formeln $\xi_i = X_i$ ($i = 1, 2, \ldots, r$) verknüpft sind.[2]) Dann ist

$$A(x, x) = \tilde{A}(\xi, \xi) = \sum_{i=1}^{r} a_i \xi_i^2,$$

und folglich besitzt $\tilde{A}$ Diagonalform:

$$\tilde{A} = \{a_1, a_2, \ldots, a_r, 0, \ldots, 0\}.$$

---

[1]) Vgl. S. 35.

[2]) Man erhält die gesuchte Transformation, indem man das System $X_1, X_2, \ldots, X_r$ durch Linearformen $X_{r+1}, \ldots, X_n$ derart ergänzt, daß die n Formen X_j linear unabhängig sind, und $\xi_j = X_j$ setzt ($j = 1, 2, \ldots, n$).

Der Rang der Matrix $\tilde{A}$ ist gleich r, und daraus folgt: *Die Anzahl der Quadrate in der Darstellung* (9) *ist stets gleich dem Rang der Form.*

Wir wollen zeigen, daß nicht nur die Anzahl der Quadrate schlechthin, sondern sogar die Anzahl der positiven[1]) (und damit auch die Anzahl der negativen) Quadrate von der speziellen Darstellung der Form $A(x, x)$ in der Gestalt (9) unabhängig ist.

Satz 1 (Trägheitsgesetz der quadratischen Formen). *Stellt man eine reelle quadratische Form $A(x, x)$ als Summe linear unabhängiger Quadrate*[2]) *dar,*

$$A(x, x) = \sum_{i=1}^{r} a_i X_i^2, \tag{9}$$

so ist die Anzahl der in der Summe auftretenden positiven sowie die der negativen Quadrate von der speziellen Wahl der Darstellung unabhängig.

Beweis. Neben (9) sei

$$A(x, x) = \sum_{i=1}^{r} b_i Y_i^2$$

eine zweite Darstellung der Form $A(x, x)$ als Summe linear unabhängiger Quadrate, und es sei

$$a_1 > 0, \quad a_2 > 0, \ldots, a_h > 0, \quad a_{h+1} < 0, \ldots, a_r < 0,$$
$$b_1 > 0, \quad b_2 > 0, \ldots, b_g > 0, \quad b_{g+1} < 0, \ldots, b_r < 0.$$

Wir setzen voraus, daß $h \neq g$, beispielsweise $h < g$ ist. In der Identität

$$\sum_{i=1}^{r} a_i X_i^2 = \sum_{i=1}^{r} b_i Y_i^2 \tag{10}$$

wählen wir für die Variablen $x_1, x_2, \ldots, x_n$ solche Werte, daß folgendes System von $r - (g - h)$ Gleichungen erfüllt ist:

$$X_1 = 0, \quad X_2 = 0, \ldots, X_h = 0, \quad Y_{g+1} = 0, \ldots, Y_r = 0, \tag{11}$$

und wenigstens eine der Formen $X_{h+1}, \ldots, X_r$ nicht verschwindet.[3]) Dann wird die linke Seite der Identität gleich $\sum_{j=h+1}^{r} a_j X_j^2 < 0$, die rechte dagegen gleich $\sum_{k=1}^{g} b_k Y_k^2 \geqq 0$. Unsere Annahme $h \neq g$ führt also zu einem Widerspruch. Damit ist der Satz bewiesen.

---

[1]) Unter der Anzahl der positiven (negativen) Quadrate in (9) verstehen wir die Anzahl der in dieser Summe auftretenden positiven (negativen) a_i.

[2]) Unter einer Summe linear unabhängiger Quadrate verstehen wir eine Summe der Form (9), in der alle $a_i \neq 0$ und die Formen $X_1, X_2, \ldots, X_s$ linear unabhängig sind.

[3]) Derartige Werte existieren: Andernfalls wären nämlich die Gleichungen $X_{h+1} = 0, \ldots, X_r = 0$ und folglich alle r Gleichungen $X_1 = 0, X_2 = 0, \ldots, X_r = 0$ Folgerungen der $r - (g - h)$ Gleichungen (11). Das ist aber nicht möglich, da die Linearformen $X_1, X_2, \ldots, X_r$ linear unabhängig sind.

Definition 2. Unter der *Signatur* $\sigma = \sigma[A(x, x)]$ *der Form* $A(x, x)$ verstehen wir die Differenz zwischen der Anzahl π der positiven Quadrate[1]) und der Anzahl ν der negativen Quadrate der Form $A(x, x)$.

Durch Rang und Signatur (r und σ) sind die Zahlen π und ν eindeutig definiert, denn es ist $r = \pi + \nu$, $\sigma = \pi - \nu$.

Wir bemerken noch, daß wir in (9) die positiven Faktoren $\sqrt{|a_i|}$ in die X_i $(i = 1, 2, \ldots, r)$ hineinziehen können, so daß die Formel die Gestalt

$$A(x, x) = X_1^2 + X_2^2 + \cdots + X_\pi^2 - X_{\pi+1}^2 - \cdots - X_r^2 \tag{12}$$

annimmt. Setzt man $\xi_i = X_i$ $(i = 1, 2, \ldots, r)$,[2]) so geht die Form $A(x, x)$ in folgende kanonische Gestalt über:

$$\tilde{A}(\xi, \xi) = \xi_1^2 + \xi_2^2 + \cdots + \xi_\pi^2 - \xi_{\pi+1}^2 - \cdots - \xi_r^2. \tag{13}$$

Das Trägheitsgesetz besagt hiernach: *Jede reelle symmetrische Matrix A ist einer Diagonalmatrix kongruent, deren Diagonalelemente gleich* $+1$, -1 *oder gleich* 0 *sind:*

$$A = T^{\mathsf{T}}\{\underbrace{+1, \ldots, +1}_{\pi}, \underbrace{-1, \ldots, -1}_{\nu}, 0, \ldots, 0\}\, T. \tag{14}$$

Im folgenden Abschnitt wollen wir ein Verfahren behandeln, das die Bestimmung der Signatur aus den Koeffizienten der quadratischen Form ermöglicht.

10.3. Die Methode von Lagrange zur Transformation einer quadratischen Form in eine Summe von Quadraten. Die Jacobische Gleichung

Nach den Ergebnissen von 10.2. genügt es zur Bestimmung von Rang und Signatur einer quadratischen Form, diese Form auf irgendeine Weise in eine Summe unabhängiger Quadrate überzuführen. Wir beschreiben hier die Methode von LAGRANGE.

1. Die Lagrangesche Methode. Gegeben sei die quadratische Form

$$A(x, x) = \sum_{i,k=1}^{n} a_{ik} x_i x_k .$$

Wir betrachten zwei Fälle:

1. Für ein gewisses g $(1 \leqq g \leqq n)$ sei das Diagonalelement a_{gg} von 0 verschieden. Wir setzen

$$A(x, x) = \frac{1}{a_{gg}} \left(\sum_{k=1}^{n} a_{gk} x_k \right)^2 + A_1(x, x) \tag{15}$$

[1]) π ist der sogenannte *Trägheitsindex* der Form (*Anm. d. Red.*).

[2]) Vgl. die Fußnote 2 auf S. 306.

und überzeugen uns leicht davon, daß die quadratische Form $A_1(x, x)$ die Variable x_g bereits nicht mehr enthält. Dieses Verfahren der Abspaltung eines Quadrats aus einer quadratischen Form können wir immer dann anwenden, wenn die Matrix $A = \|a_{ik}\|_1^n$ von 0 verschiedene Diagonalelemente besitzt.

2. Es ist $a_{gg} = 0$ und $a_{hh} = 0$, aber $a_{gh} \neq 0$. In diesem Fall setzen wir

$$A(x, x) = \frac{1}{2a_{hg}}\left[\sum_{k=1}^{n}(a_{gk} + a_{hk})\,x_k\right]^2 - \frac{1}{2a_{hg}}\left[\sum_{k=1}^{n}(a_{gk} - a_{hk})\,x_k\right]^2 + A_2(x, x). \tag{16}$$

Die Formen

$$\sum_{k=1}^{n} a_{gk}x_k, \qquad \sum_{k=1}^{n} a_{hk}x_k \tag{17}$$

sind linear unabhängig: Die erste enthält x_h, aber nicht x_g, die zweite dagegen x_g, aber nicht x_h. Folglich sind auch die in (16) in eckigen Klammern stehenden Formen (als Summe und Differenz der linear unabhängigen Linearformen (17)) linear unabhängig.

Damit haben wir in $A(x, x)$ zwei linear unabhängige Quadrate abgespalten. Jedes dieser Quadrate enthält x_g und x_h, während die Form $A_2(x, x)$ diese Variablen nicht enthält.

Durch sukzessive Anwendung der Verfahren 1 und 2 ist es stets möglich, mit Hilfe rationaler Operationen die Form $A(x, x)$ in eine Summe von Quadraten überzuführen. Die dabei auftretenden Quadrate sind linear unabhängig, weil die bei jedem Schritt abgespaltenen Quadrate Variablen enthalten, die in den folgenden Quadraten fehlen.

Wir bemerken noch, daß die Formeln (15) und (16) folgende Schreibweise zulassen:

$$A(x, x) = \frac{1}{4a_{gg}}\left(\frac{\partial A}{\partial x_g}\right)^2 + A_1(x, x), \tag{15'}$$

$$A(x, x) = \frac{1}{8a_{gh}}\left[\left(\frac{\partial A}{\partial x_g} + \frac{\partial A}{\partial x_h}\right)^2 - \left(\frac{\partial A}{\partial x_g} - \frac{\partial A}{\partial x_h}\right)^2\right] + A_2(x, x). \tag{16'}$$

Beispiel.

$$A(x, x) = 4x_1^2 + x_2^2 + x_3^2 + x_4^2 - 4x_1x_2 - 4x_1x_3 + 4x_1x_4 + 4x_2x_3 - 4x_2x_4.$$

Die Anwendung von (15′) ergibt ($g = 1$)

$$\begin{aligned} A(x, x) &= \frac{1}{16}(8x_1 - 4x_2 - 4x_3 + 4x_4)^2 + A_1(x, x) \\ &= (2x_1 - x_2 - x_3 + x_4)^2 + A_1(x, x); \end{aligned}$$

dabei ist

$$A_1(x, x) = 2x_2x_3 - 2x_2x_4 + 2x_3x_4.$$

Wendet man nun (16′) an, so findet man ($g = 2$, $h = 3$)

$$\begin{aligned} A_1(x, x) &= \frac{1}{8}(2x_2 + 2x_3)^2 - \frac{1}{8}(2x_3 - 2x_2 - 4x_4)^2 + A_2(x, x) \\ &= \frac{1}{2}(x_2 + x_3)^2 - \frac{1}{2}(x_3 - x_2 - 2x_4)^2 + A_2(x, x) \end{aligned}$$

mit $A_2(x, x) = 2x_4^2$. Das Endergebnis lautet

$$A(x, x) = (2x_1 - x_2 - x_3 + x_4)^2 + \frac{1}{2}(x_2 + x_3)^2 - \frac{1}{2}(x_3 - x_2 - 2x_4)^2 + 2x_4^2,$$

$$r = 4, \quad \sigma = 2.$$

2. Die Jacobische Gleichung. Wir bezeichnen den Rang der quadratischen Form $A(x, x) = \sum_{i,k=1}^{n} a_{ik} x_i x_k$ mit r und nehmen an, daß

$$D_k = A\begin{pmatrix} 1 & 2 & \dots & k \\ 1 & 2 & \dots & k \end{pmatrix} \neq 0 \quad (k = 1, 2, \dots, r) \tag{18}$$

ist. Wegen $a_{11} = D_1 \neq 0$ erhalten wir durch Abspalten eines Quadrats aus der quadratischen Form $A(x, x)$ nach der Lagrangeschen Methode

$$A(x, x) = \frac{1}{a_{11}}(a_{11}x_1 + a_{12}x_2 + \cdots + a_{1n}x_n)^2 + A_1(x, x), \tag{19}$$

wobei die quadratische Form

$$A_1(x, x) = \sum_{i,k=2}^{n} a_{ik}^{(1)} x_i x_k \quad (a_{ik}^{(1)} = a_{ki}^{(1)};\ i, k = 2, \dots, n) \tag{20}$$

die Variable x_1 nicht enthält. Aus (19) folgt, daß sich die Koeffizienten der quadratischen Form $A_1(x, x)$ nach der Formel

$$a_{ik}^{(1)} = a_{ik} - \frac{a_{1i}a_{1k}}{a_{11}} \quad (i, k = 2, \dots, n) \tag{21}$$

berechnen. Dann stimmen aber diese Koeffizienten mit den entsprechenden Elementen derjenigen Matrix

$$G_1 = \left\| \begin{matrix} a_{11} & a_{12} & \dots & a_{1n} \\ 0 & a_{22}^{(1)} & \dots & a_{2n}^{(1)} \\ \dots & \dots & \dots & \dots \\ 0 & a_{n2}^{(1)} & \dots & a_{nn}^{(1)} \end{matrix} \right\|$$

überein, die aus der symmetrischen Matrix $A = \|a_{ik}\|_1^n$ nach Anwendung des ersten Schrittes des Gaußschen Algorithmus (vgl. 2.1.) hervorgeht.[1])

Der Prozeß der Abspaltung eines Quadrats nach der Lagrangeschen Methode stimmt also im wesentlichen mit der ersten Etappe des Gaußschen Algorithmus überein. Die Elemente der ersten Zeile der Matrix G_1 sind die Koeffizienten des abgespaltenen Quadrats; das Inverse des Elements a_{11} ist der Faktor des Quadrats. Die übrigen Elemente der Matrix G_1 definieren die Koeffizienten der quadratischen Form $A_1(x, x)$. Zur Abspaltung des zweiten Quadrats ist also der zweite Schritt des Gaußschen Algorithmus auszuführen usw. Nach Anwendung des gesamten Gaußschen

---

[1]) Aus (21) und der Symmetrie der Matrix $A = \|a_{ik}\|_1^n$ folgt, daß auch die Matrix $A_1 = \|a_{ik}^{(1)}\|_2^n$ symmetrisch ist.

Algorithmus auf die symmetrische Matrix $A = \|a_{ik}\|_1^n$, der aus r Schritten besteht,[1]) erhalten wir die Matrix

$$G_r = \left\| \begin{matrix} a_{11} & a_{12} & \dots & a_{1r} & a_{1,r+1} & \dots & a_{1n} \\ 0 & a_{22}^{(1)} & \dots & a_{2r}^{(1)} & a_{2,r+1}^{(1)} & \dots & a_{2n}^{(1)} \\ \dots & \dots & \dots & \dots & \dots & \dots & \dots \\ 0 & 0 & \dots & a_{rr}^{(r-1)} & a_{r,r+1}^{(r-1)} & \dots & a_{rn}^{(r-1)} \\ 0 & 0 & \dots & 0 & 0 & \dots & 0 \\ \dots & \dots & \dots & \dots & \dots & \dots & \dots \\ 0 & 0 & \dots & 0 & 0 & \dots & 0 \end{matrix} \right\|$$

und die entsprechende Darstellung der quadratischen Form als Summe von Quadraten

$$A(x, x) = \sum_{k=1}^{r} \frac{1}{a_{kk}^{(k-1)}} (a_{kk}^{(k-1)} x_k + a_{k,k+1}^{(k-1)} x_{k+1} + \cdots + a_{kn}^{(k-1)} x_n)^2 \tag{22}$$

$(a_{1j}^{(0)} = a_{1k};\ j = 1, \dots, n)$.

Wir führen X_k als Abkürzung für die unabhängigen linearen Formen ein:

$$X_k = a_{kk}^{(k-1)} x_k + a_{k,k+1}^{(k-1)} x_{k+1} + \cdots + a_{kn}^{(k-1)} x_n \qquad (a_{1k}^{(0)} = a_{1k};\ k = 1, \dots, r). \tag{23}$$

Berücksichtigen wir, daß[2])

$$a_{kk}^{(k-1)} = \frac{D_k}{D_{k-1}} \qquad (k = 1, \dots, r;\ D_0 = 1,\ a_{11}^{(0)} = a_{11}) \tag{24}$$

gilt, so können wir (22) in der Form

$$A(x, x) = \sum_{k=1}^{r} \frac{D_{k-1}}{D_k} X_k^2 \qquad (D_0 = 1) \tag{25}$$

schreiben. Diese Formel, die eine Darstellung der quadratischen Form $A(x, x)$ als Summe von unabhängigen Quadraten angibt, heißt *Jacobische Gleichung*.[3])

Die in der Jacobischen Gleichung auftretenden Koeffizienten der Linearformen sind durch die Gleichungen[4])

$$a_{kq}^{(k-1)} = \frac{A\begin{pmatrix} 1 & \dots & k-1 & k \\ 1 & \dots & k-1 & q \end{pmatrix}}{A\begin{pmatrix} 1 & \dots & k-1 \\ 1 & \dots & k-1 \end{pmatrix}} \qquad (k = 1, \dots, r) \tag{26}$$

bestimmt.

---

[1]) Der Algorithmus ist anwendbar dank der Ungleichungen (18). Aus diesen Ungleichungen folgt, daß $a_{11} \neq 0,\ a_{22}^{(1)} \neq 0, \dots, a_{rr}^{(r-1)} \neq 0$ ist (vgl. S. 53).

[2]) Vgl. S. 53; die Formeln (24) erhält man durch Vergleich der aufeinanderfolgenden Hauptminoren D_{k-1} und D_k in den Matrizen A und G_r; dabei erhalten wir $D_k = a_{11} a_{22}^{(1)} \cdots a_{kk}^{(k-1)}$ $(k = 1, 2, \dots, r)$.

[3]) Eine andere Ableitung der Jacobischen Gleichung, die den Gaußschen Algorithmus nicht benutzt, findet man beispielsweise in [7] auf S. 43 und 44.

[4]) Vgl. (13) auf S. 53.

Es sei G eine beliebige obere Dreiecksmatrix, bei der die ersten r Zeilen mit den entsprechenden Zeilen der Matrix G_r übereinstimmen. Dann kann man aus der Jacobischen Gleichung folgern, daß die Variablentransformation $\xi = Gx$ $\left(\xi = (\xi_1, \xi_2, \ldots, \xi_n)\right)$ die quadratische Form $\sum_{k=1}^{n} \frac{D_{k-1}}{D_k} \xi_k^2$ mit der diagonalen Koeffizientenmatrix

$$D = \left\{\frac{1}{D_1}, \frac{D_1}{D_2}, \ldots, \frac{D_{r-1}}{D_r}, 0, \ldots, 0\right\}$$

in die quadratische Form $A(x, x)$ überführt. Dann gilt aber (vgl. (7)) $A = G^{\mathsf{T}}DG$. Diese Gleichung zerlegt die symmetrische Matrix A in ein Produkt von Dreiecksmatrizen und stimmt mit (55) auf S. 66 überein.

Die Jacobische Gleichung wird oft in einer anderen Form angegeben. An Stelle der X_k werden die linear unabhängigen Formen

$$Y_k = D_{k-1}X_k \quad (k = 1, 2, \ldots, r;\ D_0 = 1) \tag{27}$$

eingeführt. Die Jacobische Gleichung nimmt dann die Gestalt

$$A(x, x) = \sum_{k=1}^{r} \frac{Y_k^2}{D_{k-1}D_k} \tag{28}$$

an. Hier ist

$$Y_k = c_{kk}x_k + c_{k,k+1}x_{k+1} + \cdots + c_{kn}x_n \quad (k = 1, 2, \ldots, r) \tag{29}$$

mit

$$c_{kq} = A\begin{pmatrix} 1 & 2 & \ldots & k-1 & k \\ 1 & 2 & \ldots & k-1 & q \end{pmatrix} \quad (q = k, k+1, \ldots, n;\ k = 1, 2, \ldots, r). \tag{30}$$

Beispiel.

$$A(x, x) = x_1^2 + 3x_2^2 - 3x_4^2 - 4x_1x_2 + 2x_1x_3 - 2x_1x_4 - 6x_2x_3 + 8x_2x_4 + 2x_3x_4.$$

Führt man die Matrix

$$A = \begin{Vmatrix} 1 & -2 & 1 & -1 \\ -2 & 3 & -3 & 4 \\ 1 & -3 & 0 & 1 \\ -1 & 4 & 1 & -3 \end{Vmatrix}$$

in die Gaußsche Form

$$G = \begin{Vmatrix} 1 & -2 & 1 & -1 \\ 0 & -1 & -1 & 2 \\ 0 & 0 & 0 & 0 \\ 0 & 0 & 0 & 0 \end{Vmatrix}$$

über, so findet man $r = 2$, $g_{11} = 1$ und $g_{22} = -1$.

Die Jacobische Gleichung (26) ergibt

$$A(x, x) = (x_1 - 2x_2 + x_3 - x_4)^2 - (-x_2 - x_3 + 2x_4)^2.$$

Aus der Jacobischen Gleichung ergibt sich unmittelbar folgender Satz:

Satz 2 (JACOBI). *Erfüllt eine quadratische Form*

$$A(x, x) = \sum_{i,k=1}^{n} a_{ik} x_i x_k$$

vom Rang r die Ungleichungen

$$D_k = A\begin{pmatrix}1 & 2 & \dots & k\\ 1 & 2 & \dots & k\end{pmatrix} \neq 0 \qquad (k = 1, 2, \dots, r), \tag{31}$$

so ist die Anzahl der positiven bzw. negativen Quadrate dieser Form, d. h. π bzw. ν, gleich der Anzahl P der Zeichenfolgen bzw. gleich der Anzahl V der Zeichenwechsel in der Zahlenfolge

$$1, D_1, D_2, \dots, D_r, \tag{32}$$

d. h.

$$\pi = P(1, D_1, D_2, \dots, D_r), \qquad \nu = V(1, D_1, D_2, \dots, D_r),$$

und die Signatur ist

$$\sigma = r - 2V(1, D_1, D_2, \dots, D_r). \tag{33}$$

Bemerkung 1. *Verschwinden Glieder der Zahlenfolge* (32), *aber nicht drei aufeinanderfolgende, und ist $D_r \neq 0$, so kann* (33) *weiterhin zur Bestimmung der Signatur benutzt werden, wenn man folgendes beachtet: $D_k = 0$ wird einfach weggelassen, wenn $D_{k-1}D_{k+1} \neq 0$ ist; ist dagegen $D_k = D_{k+1} = 0$ und $D_{k-1}D_{k+2} \neq 0$, so setzt man*

$$V(D_{k-1}, D_k, D_{k+1}, D_{k+2}) = \begin{cases} 1 & \text{\textit{für}} \quad \dfrac{D_{k+2}}{D_{k-1}} < 0, \\[2ex] 2 & \text{\textit{für}} \quad \dfrac{D_{k+2}}{D_{k-1}} > 0. \end{cases} \tag{34}$$

Wir geben diese Regel ohne Beweis an.[1])

Bemerkung 2. *Verschwinden in der Folge $D_1, D_2, \dots, D_{r-1}$ drei oder mehr aufeinanderfolgende Glieder, so kann die Signatur der quadratischen Form nicht unmittelbar mittels des Jacobischen Satzes bestimmt werden.* Sie ist in diesem Fall nicht durch die Vorzeichen der von 0 verschiedenen D_k festgelegt. Wir wollen uns an folgendem Beispiel davon überzeugen:

$$A(x, x) = 2a_1x_1x_4 + a_2x_2^2 + a_3x_3^2 \qquad (a_1a_2a_3 \neq 0).$$

Hier ist $D_1 = D_2 = D_3 = 0$, $D_4 = -a_1^2a_2a_3 \neq 0$ und gleichzeitig

$$\nu = \begin{cases} 1 & \text{für} \quad a_2 > 0, a_3 > 0, \\ 3 & \text{für} \quad a_2 < 0, a_3 < 0. \end{cases}$$

In beiden Fällen ist aber $D_4 < 0$.

---

[1]) Diese Regel wurde für den Fall des Verschwindens eines einzelnen D_k von GUNDELFINGER, für den Fall des Verschwindens zweier aufeinanderfolgender D_k von FROBENIUS [182f] aufgestellt.

Bemerkung 3. *Ist* $D_1 \neq 0, \ldots, D_{r-1} \neq 0$, *aber* $D_r = 0$, *so ist die Signatur der Form durch die Vorzeichen von* $D_1, D_2, \ldots, D_{r-1}$ *nicht festgelegt.* Man findet diese Tatsache an folgendem Beispiel bestätigt:

$$ax_1^2 + ax_2^2 + bx_3^2 + 2ax_1x_2 + 2ax_2x_3 + 2ax_1x_3$$
$$= a(x_1 + x_2 + x_3)^2 + (b - a)\, x_3^2.$$

Im letzten Fall kann man allerdings durch Variablenumbenennung erreichen, daß auch die Ungleichung $D_r \neq 0$ gilt. Es sei nämlich die s-te Zeile ($s \geqq r$) linear unabhängig von den ersten $r - 1$ Zeilen. Wir vertauschen die Indizes der Variablen x_r und x_s. Danach sind in der neuen Koeffizientenmatrix die ersten r Zeilen und demnach (wegen der Symmetrie der Matrix) auch die ersten r Spalten linear unabhängig. Dann stellen wir in einem beliebigen Minor r-ter Ordnung Δ_r jede Zeile als Linearkombination der ersten r Zeilen, jede Spalte aber als Linearkombination der ersten r Spalten dar. Entsprechend finden wir schließlich durch Zerlegung des Minors Δ_r in eine Summe von Determinanten r-ter Ordnung, daß der Minor Δ_r gleich dem Produkt des Hauptminors D_r mit einer Zahl ist: $\Delta_r = cD_r$. Unter den Minoren Δ_r sind aber auch von 0 verschiedene, da r der Rang der Matrix ist. Folglich muß $D_r \neq 0$ sein.

10.4. Semidefinite und definite quadratische Formen

Dieser Abschnitt beschäftigt sich mit einer speziellen, aber wichtigen Klasse quadratischer Formen, den semidefiniten (und definiten) quadratischen Formen.

Definition 3. Eine reelle quadratische Form $A(x, x) = \sum_{i,k=1}^{n} a_{ik}x_ix_k$ heißt *positiv* (*negativ*) *semidefinit*, wenn für beliebige reelle Werte der Variablen

$$A(x, x) \geqq 0 \quad (\leqq 0) \tag{35}$$

gilt. In diesem Fall nennen wir die symmetrische Koeffizientenmatrix A *positiv* (*negativ*) *semidefinit.*

Definition 4. Eine reelle quadratische Form $A(x, x) = \sum_{i,k=1}^{n} a_{ik}x_ix_k$ heißt *positiv* (*negativ*) *definit*, wenn für beliebige reelle Werte der Variablen

$$A(x, x) > 0 \quad (< 0) \tag{36}$$

ist, solange nicht alle Variablen gleichzeitig verschwinden ($x \neq o$). In diesem Fall soll auch die Matrix A *positiv* (*negativ*) *definit* heißen.

Die positiv (negativ) definiten Formen sind spezielle positiv (negativ) semidefinite Formen.

Es sei eine positiv semidefinite Form $A(x, x)$ gegeben. Stellen wir sie als Summe linear unabhängiger Quadrate dar,

$$A(x, x) = \sum_{i=1}^{r} a_iX_i^2, \tag{37}$$

so müssen diese Quadrate sämtlich positiv sein:

$$a_i > 0 \quad (i = 1, 2, \ldots, r). \tag{38}$$

Wäre irgendein a_i negativ, so könnten wir Werte $x_1, x_2, \ldots, x_n$ finden, für die

$$X_1 = \cdots = X_{i-1} = X_{i+1} = \cdots = X_0 = 0, \qquad X_i \neq 0,$$

gilt. Dann würde aber die Form $A(x, x)$ entgegen der Voraussetzung negative Werte annehmen. Offensichtlich folgt auch umgekehrt aus (37) und (38), daß $A(x, x)$ eine positiv semidefinite Form ist. Positiv semidefinite quadratische Formen sind also durch die Gleichung $\sigma = r$ (bzw. $\pi = r$, $\nu = 0$) charakterisiert.

Es sei nun $A(x, x)$ eine positiv definite quadratische Form. Dann ist $A(x, x)$ erst recht positiv semidefinit und läßt sich in der Form (37) darstellen, wobei alle a_i $(i = 1, 2, \ldots, r)$ positiv sind. Darüber hinaus gilt $r = n$, weil $A(x, x)$ positiv definit ist. Wäre nämlich $r < n$, so könnten wir Werte $x_1, x_2, \ldots, x_n$ finden, die nicht alle gleich 0 sind und für die sämtliche X_i verschwinden. Dann wäre aber nach (37) $A(x, x) = 0$ für $x \neq o$, im Gegensatz zur Voraussetzung (36).

Man sieht sofort, daß auch umgekehrt $A(x, x)$ eine positiv definite Form ist, wenn in (37) $r = n$ ist und alle a_i positiv sind.

Mit anderen Worten: *Eine positiv semidefinite quadratische Form ist genau dann positiv definit, wenn sie nicht singulär ist.*

Der folgende Satz gibt eine für positiv definite Formen charakteristische Bedingung für die Koeffizienten der Form. Dabei benutzen wir die Bezeichnung für die Hauptabschnittsdeterminanten der Matrix A aus 10.3.:

$$D_1 = a_{11}, \quad D_2 = \begin{vmatrix} a_{11} & a_{12} \\ a_{21} & a_{22} \end{vmatrix}, \ldots, \quad D_n = \begin{vmatrix} a_{11} & a_{12} & \ldots & a_{1n} \\ a_{21} & a_{22} & \ldots & a_{2n} \\ \cdots & \cdots & \cdots & \cdots \\ a_{n1} & a_{n2} & \ldots & a_{nn} \end{vmatrix}.$$

Satz 3. *Eine quadratische Form ist dann und nur dann positiv definit, wenn folgende Ungleichungen erfüllt sind:*

$$D_1 > 0, \quad D_2 > 0, \ldots, D_n > 0. \tag{39}$$

Beweis. Die Bedingung (39) ist hinreichend. Dies ergibt sich aus der Jacobischen Formel (28). Von der Notwendigkeit der angegebenen Bedingung überzeugt man sich folgendermaßen: Mit $A(x, x) = \sum_{i,k=1}^{n} a_{ik} x_i x_k$ ist auch jede „verkürzte" Form[1])

$$A_p(x, x) = \sum_{i,k=1}^{p} a_{ik} x_i x_k \qquad (p = 1, 2, \ldots, n)$$

positiv definit. Dann müssen aber alle diese Formen regulär sein, d. h., es ist

$$D_p = |A_p| \neq 0 \quad (p = 1, 2, \ldots, n).$$

[1]) Die Form $A_p(x, x)$ erhält man aus der Form $A(x, x)$, wenn man in der letzteren $x_{p+1} = \cdots = x_n = 0$ setzt $(p = 1, 2, \ldots, n)$.

Wir benutzen nun die Jacobische Formel (28) (hier ist $r = n$): Da auf der rechten Seite dieser Formel alle Quadrate positiv sein müssen, ist

$$D_1 > 0, \quad D_1 D_2 > 0, \quad D_2 D_3 > 0, \ldots, D_{n-1} D_n > 0 .$$

Hieraus folgen die Ungleichungen (39). Damit ist der Satz bewiesen.

Da ein beliebiger Hauptminor der Matrix A durch entsprechende Umnumerierung der Variablen in die linke obere Ecke der Matrix gebracht werden kann, erlaubt unser Satz die

Folgerung. *In einer positiv definiten quadratischen Form* $A(x, x) = \sum_{i,k=1}^{n} a_{ik} x_i x_k$ *sind sämtliche Hauptminoren der Formmatrix positiv*[1]:

$$A\begin{pmatrix} i_1 & i_2 & \ldots & i_p \\ i_1 & i_2 & \ldots & i_p \end{pmatrix} > 0 \quad (1 \leqq i_1 < i_2 < \cdots < i_p \leqq n;\ p = 1, 2, \ldots, n). \tag{40}$$

Bemerkung. Sind die oben betrachteten Hauptminoren nicht negativ, $D_1 \geqq 0$, $D_2 \geqq 0, \ldots, D_n \geqq 0$, so folgt daraus nicht, daß die Form $A(x, x)$ positiv semidefinit ist. Beispielsweise erfüllt die Form $a_{11}x_1^2 + 2a_{12}x_1x_2 + a_{22}x_2^2$ für $a_{11} = a_{12} = 0$, $a_{22} < 0$ die Bedingungen $D_1 \geqq 0$, $D_2 \geqq 0$, ist aber nicht positiv semidefinit.

Es gilt jedoch der

Satz 4. *Eine quadratische Form* $A(x, x) = \sum_{i,k=1}^{n} a_{ik} x_i x_k$ *ist dann und nur dann positiv semidefinit, wenn alle Hauptminoren ihrer Formmatrix nicht negativ sind:*

$$A\begin{pmatrix} i_1 & i_2 & \ldots & i_p \\ i_1 & i_2 & \ldots & i_p \end{pmatrix} \geqq 0 \quad (1 \leqq i_1 < i_2 < \cdots < i_p \leqq n;\ p = 1, 2, \ldots, n).$$

Beweis. Für die weiteren Betrachtungen führen wir die (Hilfs-) Formen

$$A_\varepsilon(x, x) = A(x, x) + \varepsilon \sum_{i=1}^{n} x_i^2 \qquad (\varepsilon < 0)$$

ein. Offenbar ist $\lim_{\varepsilon \to 0} A_\varepsilon(x, x) = A(x, x)$. Da die Form $A(x, x)$ positiv semidefinit ist, sind die Formen $A_\varepsilon(x, x)$ positiv definit, und es gelten (vgl. Folgerung aus Satz 3) die Ungleichungen

$$A_\varepsilon\begin{pmatrix} i_1 & i_2 & \ldots & i_p \\ i_1 & i_2 & \ldots & i_p \end{pmatrix} > 0 \quad (1 \leqq i_1 < i_2 < \cdots < i_p \leqq n;\ p = 1, 2, \ldots, n).$$

Durch Grenzübergang ($\varepsilon \to 0$) erhalten wir die Bedingungen (40).

---

[1] Sind alle Hauptabschnittsdeterminanten einer reellen symmetrischen Matrix positiv, so auch alle übrigen Hauptminoren dieser Matrix.

Es seien umgekehrt die Bedingungen (40) erfüllt. Aus ihnen folgt

$$A_\varepsilon\begin{pmatrix} i_1 & i_2 & \dots & i_p \\ i_1 & i_2 & \dots & i_p \end{pmatrix} = \varepsilon^p + \cdots \geqq \varepsilon^p > 0$$

$$(1 \leqq i_1 < i_2 < \cdots < i_p \leqq n; \quad p = 1, 2, \ldots, n).$$

Dann sind die $A_\varepsilon(x, x)$ (nach Satz 3) positiv definite Formen: $A_\varepsilon(x, x) > 0$ $(x \neq o)$. Durch Grenzübergang $(\varepsilon \to 0)$ folgt hieraus $A(x, x) \geqq 0$.

Damit ist der Satz bewiesen.

Die entsprechenden für negativ semidefinite bzw. definite quadratische Formen charakteristischen Bedingungen erhält man aus den Ungleichungen (39) und (40), wenn man diese Ungleichungen auf die Form $-A(x, x)$ anwendet:

Satz 5. *Eine quadratische Form $A(x, x)$ ist dann und nur dann negativ definit, wenn folgende Ungleichungen erfüllt sind:*

$$D_1 < 0, \quad D_2 > 0, \quad D_3 < 0, \ldots, (-1)^n D_n > 0. \tag{39'}$$

Satz 6. *Eine quadratische Form $A(x, x)$ ist dann und nur dann negativ semidefinit, wenn folgende Ungleichungen erfüllt sind:*

$$(-1)^p A\begin{pmatrix} i_1 & i_2 & \dots & i_p \\ i_1 & i_2 & \dots & i_p \end{pmatrix} \geqq 0 \tag{40'}$$

$$(1 \leqq i_1 < i_2 < \cdots < i_p \leqq n; \; p = 1, 2, \ldots, n).$$

10.5. Die Hauptachsentransformation quadratischer Formen

Wir betrachten eine reelle quadratische Form

$$A(x, x) = \sum_{i,k=1}^{n} a_{ik} x_i x_k.$$

Ihre Formmatrix $A = \|a_{ik}\|_1^n$ ist reell symmetrisch und folglich (vgl. 9.13.) einer reellen Diagonalmatrix Λ orthogonal-ähnlich, d. h., es existiert eine reelle orthogonale Matrix Q mit

$$\Lambda = Q^{-1} A Q \quad (\Lambda = \|\lambda_i \delta_{ik}\|_1^n, \; QQ^{\mathsf{T}} = E). \tag{41}$$

Dabei sind $\lambda_1, \lambda_2, \ldots, \lambda_n$ die charakteristischen Wurzeln der Matrix A.

Da Q orthogonal ist, gilt $Q^{-1} = Q^{\mathsf{T}}$, und aus (41) folgt somit: Die Form $A(x, x)$ geht bei der orthogonalen Transformation

$$x = Q\xi \quad (QQ^{\mathsf{T}} = E) \tag{42}$$

oder, ausführlicher geschrieben,

$$x_i = \sum_{k=1}^{n} q_{ik} \xi_k \quad \left(\sum_{j=1}^{n} q_{ij} q_{kj} = \delta_{ik}; \; i, k = 1, 2, \ldots, n\right) \tag{42'}$$

in die Form

$$\Lambda(\xi, \xi) = \sum_{i=1}^{n} \lambda_i \xi_i^2 \tag{43}$$

über.

Satz 7. *Eine reelle quadratische Form* $A(x, x) = \sum_{i,k=1}^{n} a_{ik} x_i x_k$ *kann stets durch eine orthogonale Transformation in die kanonische Form* (43) *transformiert werden; dabei sind* $\lambda_1, \lambda_2, \ldots, \lambda_n$ *die charakteristischen Wurzeln der Matrix* $A = \|a_{ik}\|_1^n$.

Die Transformation der quadratischen Form $A(x, x)$ in die kanonische Gestalt (43) durch eine orthogonale Matrix heißt *Hauptachsentransformation*. Diese Redeweise erklärt sich daraus, daß die Gleichung einer Mittelpunktshyperfläche zweiter Ordnung,

$$\sum_{i,k=1}^{n} a_{ik} x_i x_k = c \qquad (c = \text{const} \neq 0), \tag{44}$$

bei der orthogonalen Transformation (42) folgende kanonische Gestalt annimmt:

$$\sum_{i=1}^{n} \varepsilon_i \frac{\xi_i^2}{a_i^2} = 1 \qquad \left(\frac{\varepsilon_i}{a_i^2} = \frac{\lambda_i}{c};\ \varepsilon_i = \pm 1;\ i = 1, 2, \ldots, n\right). \tag{45}$$

Betrachten wir $x_1, x_2, \ldots, x_n$ als Koordinaten in bezug auf eine orthonormierte Basis eines n-dimensionalen euklidischen Raumes, so sind $\xi_1, \xi_2, \ldots, \xi_n$ Koordinaten bezüglich einer neuen orthonormierten Basis desselben Raumes; die „Drehung“[1]) der Achsen wird dabei durch die orthogonale Transformation (45) realisiert. Die neuen Koordinatenachsen sind die Symmetrieachsen der Mittelpunktshyperfläche (47) und werden gewöhnlich *Hauptachsen* dieser Fläche genannt.

Aus (46) folgt, daß *der Rang* r *der Form* $A(x, x)$ *gleich der Anzahl der von* 0 *verschiedenen charakteristischen Wurzeln der Matrix* A, *die Signatur gleich der Differenz zwischen der Anzahl der positiven und der Anzahl der negativen charakteristischen Wurzeln von* A *ist.*

Hieraus folgt insbesondere der Satz:

Wenn bei einer stetigen Änderung der Koeffizienten einer quadratischen Form ihr Rang erhalten bleibt, so bleibt bei dieser Änderung auch ihre Signatur erhalten.

Zum Beweis gehen wir davon aus, daß eine stetige Veränderung der Koeffizienten einer quadratischen Form eine stetige Veränderung ihrer charakteristischen Wurzeln nach sich zieht. Die Signatur kann sich nur dann ändern, wenn irgendeine charakteristische Wurzel ihr Vorzeichen wechselt. Während dieses Prozesses müßte aber einmal die von uns betrachtete charakteristische Wurzel in 0 übergehen, was eine Änderung des Rangs der Form zur Folge hätte.

---

[1]) Ist $|Q| = -1$, so stellt die Transformation (45) eine mit einer Spiegelung verbundene Drehung dar (vgl. S. 296); jedoch kann die Hauptachsentransformation stets mit Hilfe einer orthogonalen Matrix erster Art ($|Q| = +1$) realisiert werden. Dies folgt aus der Tatsache, daß die kanonische Form nicht geändert wird, wenn wir zusätzlich die Transformation $\xi_i = \xi_i^{\mathsf{T}}$ $(i = 1, 2, \ldots, n-1)$, $\xi_n = -\xi_n^{\mathsf{T}}$ durchführen.

Aus (43) folgt ebenfalls, daß die reelle symmetrische Matrix A dann und nur dann positiv semidefinit (definit) ist, wenn alle charakteristischen Wurzeln der Matrix A nichtnegativ (positiv) sind,[1]) d. h., wenn sie in der Gestalt

$$A = Q\,\|\lambda_i \delta_{ik}\|_1^n\, Q^{-1} \qquad \left(\lambda_i \geqq 0\,(> 0);\ i = 1, \ldots, n\right) \tag{46}$$

darstellbar ist. Die positiv semidefinite (definite) Matrix

$$F = Q\,\left\|\sqrt{\lambda_i}\,\delta_{ik}\right\|_1^n Q^{-1} \tag{47}$$

ist dann Quadratwurzel der positiv semidefiniten (definiten) Matrix A:

$$F = \sqrt{A}\,. \tag{48}$$

10.6. Formenbüschel

In der Theorie der kleinen Schwingungen eines mechanischen Systems mit n Freiheitsgraden ist man gezwungen, zwei quadratische Formen gleichzeitig zu betrachten; der ersten Form entnimmt man die potentielle, der Zweiten die kinetische Energie des Systems. Die zweite Form ist stets positiv definit.

In diesem Abschnitt untersuchen wir derartige Paare von Formen.

Zwei reelle quadratische Formen

$$A(x, x) = \sum_{i,k=1}^{n} a_{ik} x_i x_k \quad \text{und} \quad B(x, x) = \sum_{i,k=1}^{n} b_{ik} x_i x_k$$

definieren das *Formenbüschel* $A(x, x) - \lambda B(x, x)$ (λ ist ein Parameter).

Ist die Form $B(x, x)$ positiv definit, so heißt das Büschel $A(x, x) - \lambda B(x, x)$ *regulär*.

Die Gleichung

$$|A - \lambda B| = 0$$

wird die *charakteristische Gleichung des Formenbüschels* $A(x, x) - \lambda B(x, x)$ genannt. Es sei λ_0 eine beliebige Wurzel dieser Gleichung. Dann ist die Matrix $A - \lambda_0 B$ singulär, und folglich existiert eine Spalte $z = (z_1, z_2, \ldots, z_n) \neq o$ derart, daß $(A - \lambda_0 B) z = o$ oder $Az = \lambda_0 Bz$ $(z \neq o)$ ist; λ_0 nennen wir eine *charakteristische Wurzel des Büschels* $A(x, x) - \lambda B(x, x)$ und den Vektor $\boldsymbol{z}$ mit der Koordinatenspalte z den zugehörigen „Hauptvektor".

Satz 8. *Die charakteristische Gleichung* $|A - \lambda B| = 0$ *eines regulären Formenbüschels* $A(x, x) - \lambda B(x, x)$ *besitzt stets* n *reelle Wurzeln* λ_k *mit den Hauptvektoren* $z^k = (z_{1k}, z_{2k}, \ldots, z_{nk})$ $(k = 1, 2, \ldots, n)$:

$$Az^k = \lambda_k B z^k \qquad (k = 1, 2, \ldots, n). \tag{49}$$

[1]) Daraus folgt sofort, daß bei einer Orthonormalbasis in einem euklidischen Raum einem positiv definiten (semidefiniten) Operator eine positiv definite (semidefinite) Matrix entspricht. Davon kann man sich auch unmittelbar durch Vergleich der Definitionen 3 und 4 mit 9.11. überzeugen.

Die Hauptvektoren z^k können so gewählt werden, daß folgende Relationen erfüllt sind:

$$B(z^i, z^k) = \delta_{ik} \qquad (i, k = 1, 2, \ldots, n).^{1)} \tag{50}$$

Beweis. Wir bemerken, daß die Gleichungen (49) folgendermaßen geschrieben werden können:

$$B^{-1}Az^k = \lambda_k z^k \qquad (k = 1, 2, \ldots, n). \tag{49'}$$

Unser Satz behauptet also, daß die Matrix

$$D = B^{-1}A \tag{51}$$

1. eine Matrix einfacher Struktur ist, 2. die reellen charakteristischen Wurzeln $\lambda_1, \lambda_2, \ldots, \lambda_n$ besitzt und daß 3. zu diesen charakteristischen Wurzeln die Eigenvektoren $z^1, z^2, \ldots, z^n$ gehören, die die Relationen (50) erfüllen.

Die Matrix D ist als Produkt der beiden symmetrischen Matrizen B^{-1} und A selbst nicht notwendig symmetrisch, da $D = B^{-1}A$ ist, aber $D^{\mathsf{T}} = AB^{-1}$ gilt. Wenn wir allerdings $F = \sqrt{B}$ [2]) setzen, erhalten wir aus (51) leicht

$$D = F^{-1}SF, \tag{52}$$

wobei

$$S = F^{-1}AF^{-1} \tag{52'}$$

eine symmetrische Matrix ist. Da *die Matrix D einer symmetrischen Matrix ähnlich ist,* folgen sofort die Behauptungen 1 und 2. Bezeichnen wir mit u^k $(k = 1, \ldots, n)$ das normierte System der Eigenvektoren der symmetrischen Matrix S:

$$Su^k = \lambda_k u^k \qquad (k = 1, \ldots, n), \qquad (u^k)^{\mathsf{T}} u^l = \delta_{kl} \qquad (k, l = 1, \ldots, n), \tag{53}$$

und setzen

$$u^k = Fz^k \qquad (k = 1, \ldots, n), \tag{54}$$

dann folgt aus (52), (52'), (53) und (54) für $k, l = 1, \ldots, n$

$$Dz^k = \lambda_k z^k, \qquad B(z^k, z^l) = (z^k)^{\mathsf{T}} Bz^l = \delta_{kl}.$$

Damit haben wir die Behauptung 3 bewiesen und somit Satz 8.

Wir bemerken, daß sich aus (50) die lineare Unabhängigkeit der Spalten $z^1, z^2, \ldots, z^n$ ergibt. Ist nämlich

$$\sum_{k=1}^{n} c_k z^k = 0, \tag{55}$$

dann ist nach (50) für beliebiges i $(1 \leq i \leq n)$

$$0 = B\left(z^i, \sum_{k=1}^{n} c_k z^k\right) = \sum_{k=1}^{n} c_k B(z^i, z^k) = c_i.$$

---

[1]) Man spricht auch davon, daß die Gleichungen (50) die Orthonormiertheit der Vektoren $z^1, \ldots, z^n$ in der B-Metrik bedeuten.

[2]) F ist eine positiv definite Matrix (vgl. S. 319). Daher ist $|F| \neq 0$.

Damit ist gezeigt, daß in (55) alle c_i ($i = 1, 2, \ldots, n$) verschwinden, also zwischen den Spalten $z^1, z^2, \ldots, z^n$ keine lineare Abhängigkeit auftritt.

Die quadratische Matrix

$$Z = (z^1, z^2, \ldots, z^n) = \|z_{ik}\|_1^n,$$

deren Spalten die Hauptvektoren $z^1, z^2, \ldots, z^n$ sind, die die Relationen (50) erfüllen, nennen wir die *Hauptmatrix* des Formenbüschels $A(x, x) - \lambda B(x, x)$. Die Hauptmatrix Z ist regulär ($|Z| \neq 0$), da ihre Spalten linear unabhängig sind.

Gleichung (50) kann folgendermaßen geschrieben werden:

$$z^{i\mathsf{T}} B z^k = \delta_{ik} \quad (i, k = 1, 2, \ldots, n). \tag{56}$$

Multipliziert man beide Seiten von (49) von links mit der Zeile $z^{i\mathsf{T}}$, so erhält man ferner

$$z^{i\mathsf{T}} A z^k = \lambda_k z^{i\mathsf{T}} B z^k = \lambda_k \delta_{ik} \quad (i, k = 1, 2, \ldots, n). \tag{57}$$

Durch Einführung der Hauptmatrix $Z = (z^1, z^2, \ldots, z^n)$ können wir die Gleichungen (56) und (57) in folgender Form darstellen:

$$Z^{\mathsf{T}} A Z = \|\lambda_k \delta_{ik}\|_1^n, \quad Z^{\mathsf{T}} B Z = E. \tag{58}$$

Formel (58) zeigt, daß die reguläre Transformation

$$x = Z\xi \tag{59}$$

die quadratischen Formen $A(x, x)$ und $B(x, x)$ gleichzeitig in eine Summe von Quadraten überführt:

$$\sum_{k=1}^{n} \lambda_k \xi_k^2 \quad \text{und} \quad \sum_{k=1}^{n} \xi_k^2. \tag{60}$$

Diese Eigenschaft der Transformation (59) ist für die Hauptmatrix charakteristisch. Führt nämlich die Transformation (59) die Formen $A(x, x)$ und $B(x, x)$ gleichzeitig in die kanonische Gestalt (60) über, so gelten die Gleichungen (58) und folglich für die Zeilen der Matrix Z die Beziehungen (56) und (57). Aus (58) folgt, daß Z eine reguläre Matrix ist ($|Z| \neq 0$). Die Gleichungen (57) können folgendermaßen umgeschrieben werden:

$$z^{i\mathsf{T}}(A z^k - \lambda_k B z^k) = 0 \quad (i = 1, 2, \ldots, n); \tag{61}$$

dabei wird für k ein beliebiger fester Wert zwischen 1 und n genommen. Das Gleichungssystem (61) kann zu einer Matrizengleichung zusammengefaßt werden: $Z^{\mathsf{T}}(A z_k - \lambda_k B z^k) = o$. Hieraus folgt schließlich, da Z^{T} eine reguläre Matrix ist,

$$A z^k - \lambda_k B z^k = o,$$

d. h., für beliebiges k gilt (49). Dann ist Z aber die Hauptmatrix. Wir haben damit folgenden Satz bewiesen:

Satz 9. *Ist* $Z = \|z_{ik}\|_1^n$ *die Hauptmatrix des regulären Formenbüschels* $A(x, x) - \lambda B(x, x)$, *so führt die Transformation*

$$x = Z\xi \tag{62}$$

die Formen $A(x, x)$ und $B(x, x)$ gleichzeitig in eine Summe von Quadraten über,

$$\sum_{k=1}^{n} \lambda_k \xi_k^2, \quad \sum_{k=1}^{n} \xi_k^2; \tag{63}$$

dabei sind in (63) $\lambda_1, \lambda_2, \ldots, \lambda_n$ die charakterischen Wurzeln des Büschels $A(x, x) - \lambda B(x, x)$, denen die Spalten $z^1, z^2, \ldots, z^n$ der Matrix Z entsprechen.

Ist umgekehrt (62) eine Transformation, die die beiden Formen $A(x, x)$ und $B(x, x)$ gleichzeitig in die Gestalt (63) überführt, so ist $Z = \|z_{ik}\|_1^n$ die Hauptmatrix des regulären Formenbüschels.

Bisweilen wird die charakteristische Eigenschaft der Transformation (62), die wir in Satz 9 formuliert haben, zur Konstruktion der Hauptmatrix und zum Beweis des Satzes 8 ausgenutzt.[1]) Dazu führt man als erstes durch eine Transformation $x = Ty$ die Form $B(x, x)$ in eine Summe von Quadraten mit den Koeffizienten 1 über: $\sum_{k=1}^{n} y_k^2$ (das ist stets möglich, da $B(x, x)$ eine positiv definite Form ist). Dabei gehe $A(x, x)$ in eine gewisse Form $A_1(y, y)$ über. Nun führt man mit Hilfe einer orthogonalen Transformation $y = Q\xi$ die Form $A_1(y, y)$ in $\sum_{k=1}^{n} \lambda_k \xi_k^2$ über (Hauptachsentransformation!). Dabei ist offensichtlich[2]) $\sum_{k=1}^{n} y_k^2 = \sum_{k=1}^{n} \xi_k^2$. Die Transformation $x = Z\xi$ mit $Z = TQ$ führt also die beiden gegebenen Formen in die gewünschte Gestalt (63) über. Danach zeigt man (wie das auf S. 320 getan wurde), daß die Spalten $z^1, z^2, \ldots, z^n$ der Matrix Z den Relationen (49) und (50) genügen.

In dem Spezialfall, daß $B(x, x)$ die Einheitsform, d. h. $B(x, x) = \sum_{k=1}^{n} x_k^2$ und folglich $B = E$ ist, stimmt die charakteristische Gleichung des Büschels $A(x, x) - \lambda B(x, x)$ mit der charakteristischen Gleichung der Matrix A überein, und die Hauptvektoren des Büschels erweisen sich als Eigenvektoren der Matrix A. In diesem Fall können die Relationen (50) in der Form $z^{i\mathsf{T}} z^k = \delta_{ik}$ $(i, k = 1, 2, \ldots, n)$ geschrieben werden, und sie besagen, daß die Spalten $z^1, z^2, \ldots, z^n$ orthonormiert sind.

Die Sätze 8 und 9 lassen sich geometrisch deuten. Wir betrachten den euklidischen Raum $\mathfrak{R}$ mit der Basis $\boldsymbol{e}_1, \boldsymbol{e}_2, \ldots, \boldsymbol{e}_n$ und der metrischen Fundamentalform $B(x, x)$ und in $\mathfrak{R}$ die Mittelpunktshyperfläche zweiter Ordnung

$$A(x, x) \equiv \sum_{i,k=1}^{n} a_{ik} x_i x_k = c. \tag{64}$$

Nach der Koordinatentransformation $x = Z\xi$, wobei $Z = \|z_{ik}\|_1^n$ die Hauptmatrix des Büschels $A(x, x) - \lambda B(x, x)$ ist, sind $z^1, z^2, \ldots, z^n$ die neuen Basisvektoren; ihre Koordinaten bezüglich der alten Basis ergeben die Spalten der Matrix Z, d. h. die Hauptvektoren des Büschels. Diese Vektoren bilden eine orthonormierte Basis.

---

[1]) Vgl. [7], S. 56 und 57.

[2]) Eine orthogonale Transformation ändert diese Summe von Quadraten der Variablen nicht, da $(Qx)^{\mathsf{T}} Qx = x^{\mathsf{T}} x$ ist.

In bezug auf diese Basis ist

$$\sum_{k=1}^{n} \lambda_k \xi_k^2 = c \tag{65}$$

die Gleichung der Hyperfläche (64). Die Richtungen der Hauptvektoren $z^1, z^2, \ldots, z^n$ des Büschels stimmen mit den Richtungen der Hauptachsen der Hyperfläche (64) überein, und die charakteristischen Wurzeln $\lambda_1, \lambda_2, \ldots, \lambda_n$ des Büschels geben die Länge der Halbachsen an:

$$\lambda_k = \pm \frac{c}{a_k^2} \qquad (k = 1, 2, \ldots, n).$$

Wir haben gesehen, daß die Bestimmung der charakteristischen Wurzeln und der Hauptvektoren des Formenbüschels $A(x, x) - \lambda B(x, x)$ äquivalent der Durchführung der Hauptachsentransformation einer Mittelpunktshyperfläche zweiter Ordnung (64) für den Fall ist, daß die Gleichung der Hyperfläche in einem allgemeinen schiefwinkligen Koordinatensystem[1]) gegeben ist, in dem die „Einheitssphäre" durch die Gleichung $B(x, x) = 1$ definiert ist.

Beispiel. Gegeben sei die Gleichung

$$2x^2 - 2y^2 - 3z^2 - 10yz + 2xz - 4 = 0 \tag{66}$$

einer Fläche zweiter Ordnung in einem allgemeinen schiefwinkligen Koordinatensystem mit der durch die Gleichung

$$2x^2 + 3y^2 + 2z^2 + 2xz = 1 \tag{67}$$

definierten Einheitssphäre. Wir wollen (66) auf Hauptachsen transformieren.

Im vorliegenden Fall ist

$$A = \begin{Vmatrix} 2 & 0 & 1 \\ 0 & -2 & -5 \\ 1 & -5 & -3 \end{Vmatrix}, \quad B = \begin{Vmatrix} 2 & 0 & 1 \\ 0 & 3 & 0 \\ 1 & 0 & 2 \end{Vmatrix}.$$

Die charakteristische Gleichung $|A - \lambda B| = 0$ des Büschels hat die Gestalt

$$\begin{vmatrix} 2 - 2\lambda & 0 & 1 - \lambda \\ 0 & -2 - 3\lambda & -5 \\ 1 - \lambda & -5 & -3 - 2\lambda \end{vmatrix} = 0. \tag{68}$$

Diese Gleichung besitzt drei Wurzeln: $\lambda_1 = 1, \lambda_2 = 1, \lambda_3 = -4$.

Wir bezeichnen die Koordinaten eines zur charakteristischen Wurzel 1 gehörenden Hauptvektors mit u, v und w. Die Größen u, v und w werden aus einem homogenen Gleichungssystem bestimmt, dessen Koeffizienten mit den Elementen der Determinante (68) für $\lambda = 1$ übereinstimmen:

$$\begin{aligned} 0 \cdot u + 0 \cdot v + 0 \cdot w &= 0, \\ 0 \cdot u - 5v \quad - 5w &= 0, \\ 0 \cdot u - 5v \quad - 5w &= 0. \end{aligned}$$

---

[1]) d. h. in einem schiefwinkligen Koordinatensystem mit unterschiedlichen Maßstäben längs seiner Achsen

Wir erhalten lediglich die Relation $v + w = 0$. Der charakteristischen Wurzel $\lambda = 1$ entsprechen zwei orthonormierte Hauptvektoren. Die Koordinaten des ersten können, sofern sie nur der Bedingung $v + w = 0$ genügen, beliebig gewählt werden.

Wir setzen

$$u = 0, \quad v, \quad w = -v.$$

Die Koordinaten des zweiten Vektors mögen folgende Form haben:

$$u', \quad v', \quad w' = -v';$$

die Orthogonalitätsbedingung $\left(B(z^1, z^2) = 0\right)$ ergibt

$$2uu' + 3vv' + 2ww' + uw' + u'w = 0.$$

Hieraus erhalten wir $u' = 5v'$. Die Koordinaten des zweiten Hauptvektors sind also

$$u' = 5v', \quad v', \quad w' = -v'.$$

Setzen wir in der charakteristischen Determinante $\lambda = -4$, so finden wir völlig analog für die Koordinaten des zugehörigen Hauptvektors

$$u'', \quad v'' = -u'', \quad w'' = -2u''.$$

Die Größen v, v' und u'' bestimmt man durch folgende Bedingung: Die Koordinaten eines Hauptvektors müssen der Gleichung der Einheitssphäre $\left(B(x, x) = 1\right)$, d. h. der Gleichung (67) genügen. Hieraus ergibt sich

$$v = \frac{1}{\sqrt{5}}, \quad v' = \frac{1}{3\sqrt{5}}, \quad u'' = -\frac{1}{3}.$$

Die Hauptmatrix hat somit die Gestalt

$$Z = \left\| \begin{matrix} 0 & \frac{\sqrt{5}}{3} & -\frac{1}{3} \\ \frac{1}{\sqrt{5}} & \frac{1}{3\sqrt{5}} & \frac{1}{3} \\ -\frac{1}{\sqrt{5}} & -\frac{1}{3\sqrt{5}} & \frac{2}{3} \end{matrix} \right\|,$$

und die entsprechende Koordinatentransformation $(x = Z\xi)$ führt die Gleichungen (66) und (67) in die kanonische Form

$$\xi_1^2 + \xi_2^2 - 4\xi_3^2 - 4 = 0, \quad \xi_1^2 + \xi_2^2 + \xi_3^2 = 1$$

über. Die erste Gleichung läßt sich folgendermaßen schreiben:

$$\frac{\xi_1^2}{4} + \frac{\xi_2^2}{4} - \frac{\xi_3^2}{1} = 1.$$

Dies ist die Gleichung eines einschaligen Rotationshyperboloids mit einer reellen Halbachse gleich 2 und einer imaginären gleich 1. Die Koordinaten der Rotationsachse werden durch die dritte Spalte der Matrix Z bestimmt, d. h. sind gleich $-\frac{1}{3}, \frac{1}{3}, \frac{2}{3}$. Die Koordinaten der anderen beiden orthogonalen Achsen werden durch die erste und die zweite Spalte gegeben.

10.7. Extremaleigenschaften der charakteristischen Wurzeln regulärer Formenbüschel[1])

1. Wir betrachten die beiden quadratischen Formen

$$A(x, x) = \sum_{i,k=1}^{n} a_{ik} x_i x_k \quad \text{und} \quad B(x, x) = \sum_{i,k=1}^{n} b_{ik} x_i x_k ,$$

von denen die eine, $B(x, x)$, positiv definit ist. Wir numerieren die charakteristischen Wurzeln des regulären Formenbüschels $A(x, x) - \lambda B(x, x)$, so daß die Ungleichungen

$$\lambda_1 \leqq \lambda_2 \leqq \cdots \leqq \lambda_n \tag{69}$$

gelten. Die zugehörigen Hauptvektoren[2]) bezeichnen wir wie früher mit

$$z^k = (z_{1k}, z_{2k}, \ldots, z_{nk}) \qquad (k = 1, 2, \ldots, n).$$

Wir bestimmen das Minimum des Formenquotienten $\frac{A(x, x)}{B(x, x)}$, indem wir ihn für alle möglichen, nicht gleichzeitig verschwindenden Werte ($x \neq o$) der Variablen betrachten. Zu diesem Zweck ist es bequem, mit Hilfe der Transformation

$$x = Z\xi \qquad \left(x_i = \sum_{k=1}^{n} z_{ik} \xi_k ;\ i = 1, 2, \ldots, n\right)$$

zu den neuen Variablen $\xi_1, \xi_2, \ldots, \xi_n$ überzugehen. $Z = \|z_{ik}\|_1^n$ ist dabei die Hauptmatrix des Formenbüschels $A(x, x) - \lambda B(x, x)$. Bezüglich der neuen Variablen gewinnt der Formenquotient folgendes Aussehen (vgl. (63)):

$$\frac{A(x, x)}{B(x, x)} = \frac{\lambda_1 \xi_1^2 + \lambda_2 \xi_2^2 + \cdots + \lambda_n \xi_n^2}{\xi_1^2 + \xi_2^2 + \cdots + \xi_n^2}. \tag{70}$$

Wir betrachten $\lambda_1, \lambda_2, \ldots, \lambda_n$ als Punkte auf der Zahlengeraden und schreiben ihnen die entsprechenden nichtnegativen Massen $m_1 = \xi_1^2,\ m_2 = \xi_2^2,\ \ldots,\ m_n = \xi_n^2$ zu. Nach (70) ergibt der Quotient $\frac{A(x, x)}{B(x, x)}$ die Koordinate des Schwerpunktes dieser Massen. Daher ist

$$\lambda_1 \leqq \frac{A(x, x)}{B(x, x)} \leqq \lambda_n .$$

Wir berücksichtigen vorübergehend nur den linken Teil der Ungleichung und untersuchen, wann hier das Gleichheitszeichen gilt. Dazu fassen wir in (69) Gruppen gleicher charakteristischer Wurzeln zusammen:

$$\lambda_1 = \cdots = \lambda_{p_1} < \lambda_{p_1+1} = \cdots = \lambda_{p_1+p_2} < \cdots . \tag{71}$$

Der Massenschwerpunkt kann mit dem außengelegenen Punkt λ_1 nur dann zusammenfallen, wenn alle außerhalb dieses Punktes gelegenen Massen gleich 0 sind, d. h.,

---

[1]) Die Darstellung dieses Abschnitts folgt der des Buches [7], § 10.

[2]) Wir verwenden hier den Terminus „Hauptvektor“ im Sinne von Hauptspalte einer Form (vgl. S. 319). Da wir in diesem Abschnitt die geometrische Interpretation im Auge haben (vgl. S. 322), werden wir die Spalten häufig Vektoren nennen.

wenn $\xi_{p_1+1} = \cdots = \xi_n = 0$ gilt. In diesem Fall ist das entsprechende x Linearkombination der Spalten $z^1, z^2, \ldots, z^{p_1}$.[1]) Da alle diese Spalten derselben charakteristischen Wurzel λ_1 entsprechen, ist auch x Hauptspalte (-vektor) zu $\lambda = \lambda_1$.

Damit ist folgender Satz bewiesen:

Satz 10. *Die kleinste charakteristische Wurzel des regulären Büschels* $A(x,x) - \lambda B(x,x)$ *ist das Minimum des Formenquotienten* $\dfrac{A(x, x)}{B(x, x)}$:

$$\lambda_1 = \min \frac{A(x, x)}{B(x, x)}. \tag{72}$$

Dieses Minimum wird nur von Vektoren erreicht, die zur charakteristischen Wurzel λ_1 *gehörige Hauptvektoren sind.*

2. Um für die charakteristische Wurzel λ_2 eine analoge „minimale" Charakterisierung geben zu können, beschränken wir unsere Betrachtung auf alle zu z^1 orthogonalen Vektoren x, d. h. auf alle Vektoren x, die der Gleichung $B(z^1, x) = 0$ genügen.[2]) Für diese Vektoren ist

$$\frac{A(x, x)}{B(x, x)} = \frac{\lambda_2\xi_2^2 + \cdots + \lambda_n\xi_n^2}{\xi_2^2 + \cdots + \xi_n^2}$$

und folglich

$$\min \frac{A(x, x)}{B(x, x)} = \lambda_2 \qquad \bigl(B(z^1, x) = 0\bigr).$$

Erreicht wird das Minimum nur für solche zu z^1 orthogonalen Vektoren, die zur charakteristischen Wurzel λ_2 gehörige Hauptvektoren sind.

Betrachten wir noch die weiteren charakteristischen Wurzeln, so erhalten wir schließlich folgenden Satz:

Satz 11. *Die p-te der in* (69) *der Größe nach geordneten charakteristischen Wurzeln* λ_p *ist für jedes* p $(1 \leqq p \leqq n)$ *das Minimum des Formenquotienten* $\dfrac{A(x, x)}{B(x, x)}$,

$$\lambda_p = \min \frac{A(x, x)}{B(x, x)}, \tag{73}$$

---

[1]) Aus $x = Z\xi$ folgt $x = \sum_{k=1}^{n} \xi_k z^k$.

[2]) Wir nennen hier und im folgenden zwei Vektoren (Spalten) x und y zueinander orthogonal, wenn sie der Gleichung $B(x, y) = 0$ genügen. Diese Auffassung stimmt völlig mit der in 10.6. angegebenen geometrischen Interpretation überein. Die Größen $x_1, x_2, \ldots, x_n$ sehen wir als Koordinaten des Vektors x bezüglich einer gewissen Basis eines euklidischen Raumes an, in dem das Quadrat der Länge eines Vektors (seine Norm) durch die positiv definite Form $B(x, x) = \sum_{i,k=1}^{n} b_{ik}x_ix_k$ gegeben wird. Bezüglich dieser Metrik bilden die Vektoren $z^1, z^2, \ldots, z^n$ eine orthonormierte Basis. Daher folgt aus der Orthogonalität des Vektors $x = \sum_{k=1}^{n} \xi_k z^k$ zu einem der z^k, daß das entsprechende ξ_k verschwindet.

wenn wir den Vektor x auf zu den ersten $p - 1$ Hauptvektoren $z^1, z^2, \ldots, z^{p-1}$ orthogonale Vektoren einschränken:

$$B(z^1, x) = 0, \ldots, B(z^{p-1}, x) = 0. \tag{74}$$

Dabei wird das Minimum nur für solche Vektoren erreicht, die der Bedingung (74) *genügen und gleichzeitig zur charakteristischen Wurzel λ_p gehörige Hauptvektoren sind.*

3. Die Bestimmung der charakteristischen Wurzel λ_p nach Satz 11 hat den Nachteil, daß λ_p von den Hauptvektoren $z^1, z^2, \ldots, z^{p-1}$ abhängt und folglich erst dann bestimmt werden kann, wenn diese Vektoren bereits bekannt sind. Überdies wissen wir, daß die Wahl der Hauptvektoren willkürlich ist.

Um die charakteristische Wurzel λ_p $(p = 1, 2, \ldots, n)$ frei von diesem Nachteil zu bestimmen, werden wir den Variablen $x_1, x_2, \ldots, x_n$ gewisse *Bindungen* auferlegen.

Es seien Linearformen der Variablen $x_1, x_2, \ldots, x_n$ gegeben:

$$L_k(x) = l_{1k}x_1 + l_{2k}x_2 + \cdots + l_{nk}x_n \quad (k = 1, 2, \ldots, h). \tag{74'}$$

Wir sagen, daß wir den Variablen $x_1, x_2, \ldots, x_n$ oder (was dasselbe ist) der Spalte x die h Bindungen $L_1, L_2, \ldots, L_h$ auferlegt haben, wenn wir nur Werte der Variablen betrachten, die folgendem Gleichungssystem genügen:

$$L_k(x) = 0 \quad (k = 1, 2, \ldots, h).$$

Nachdem wir für beliebige Linearformen die Bezeichnungen (74') zur Verfügung haben, führen wir für die „Skalarprodukte" des Vektors x mit den Hauptvektoren $z^1, z^2, \ldots, z^n$ spezielle Bezeichnungen ein:

$$\tilde{L}_k(x) = B(z^k, x) \quad (k = 1, 2, \ldots, n).^{1)} \tag{75}$$

Überdies schreiben wir für $\min \dfrac{A(x, x)}{B(x, x)}$

$$\mu\left(\frac{A}{B}; L_1, L_2, \ldots, L_h\right),$$

wenn dem variablen Vektor die Bindungen $L_1, L_2, \ldots, L_h$ auferlegt sind.

Die Gleichungen (73) nehmen bei Benutzung dieser Schreibweise folgende Form an:

$$\lambda_p = \mu\left(\frac{A}{B}; \tilde{L}_1, \tilde{L}_2, \ldots, \tilde{L}_{p-1}\right) \quad (p = 1, 2, \ldots, n). \tag{76}$$

Wir betrachten die Bindungen

$$L_1(x) = 0, \ldots, L_{p-1}(x) = 0 \tag{77}$$

und

$$\tilde{L}_{p+1}(x) = 0, \ldots, \tilde{L}_n(x) = 0. \tag{78}$$

---

[1] $\tilde{L}_k(x) = z^{k\mathsf{T}}Bx = \tilde{l}_{1k}x_1 + \tilde{l}_{2k}x_2 + \cdots + \tilde{l}_{nk}x_n$; die $\tilde{l}_{1k}, \tilde{l}_{2k}, \ldots, \tilde{l}_{nk}$ sind dabei die Elemente der Zeilenmatrix $z^{k\mathsf{T}}B$ $(k = 1, 2, \ldots, n)$.

Da die Anzahl der Bindungen (77) und (78) kleiner als n ist, existiert ein Vektor $x^{(1)} \neq o$, der allen diesen Bindungen gleichzeitig genügt. Die Bindungen (78) besagen, daß der Vektor x zu den Hauptvektoren $z^{p+1}, \ldots, z^n$ orthogonal ist; der Vektor $x^{(1)}$ besitzt also die Koordinaten $\xi_{p+1} = \cdots = \xi_n = 0$. Daher folgt aus (70)

$$\frac{A(x^{(1)}, x^{(1)})}{B(x^{(1)}, x^{(1)})} = \frac{\lambda_1 \xi_1^2 + \cdots + \lambda_p \xi_p^2}{\xi_1^2 + \cdots + \xi_p^2} \leqq \lambda_p .$$

Dann ist aber

$$\mu\left(\frac{A}{B}; L_1, L_2, \ldots, L_{p-1}\right) \leqq \frac{A(x^{(1)}, x^{(1)})}{B(x^{(1)}, x^{(1)})} \leqq \lambda_p .$$

Diese Ungleichung zeigt unter Berücksichtigung von (76), daß für beliebige Bindungen $L_1, L_2, \ldots, L_{p-1}$ stets $\mu \leqq \lambda_p$ ist. Für die speziellen Bindungen $\tilde{L}_1, \tilde{L}_2, \ldots, \tilde{L}_{p-1}$ ist $\mu = \lambda_p$.

Damit ist folgender Satz bewiesen:

Satz 12. *Betrachten wir das Minimum des Formenquotienten* $\dfrac{A(x, x)}{B(x, x)}$ *für die* $p-1$ *willkürlichen Bindungen* $L_1, L_2, \ldots, L_{p-1}$ *und variieren diese Bindungen, so ist das Maximum dieser Minima gleich* λ_p:

$$\lambda_p = \max \mu\left(\frac{A}{B}; L_1, L_2, \ldots, L_{p-1}\right) \quad (p = 1, \ldots, n). \tag{79}$$

Satz 12 gibt eine Charakterisierung der Zahlen $\lambda_1, \lambda_2, \ldots, \lambda_n$ durch eine Maximal-Minimalbedingung, die sich von der in Satz 11 aufgestellten Minimalbedingung wesentlich unterscheidet.

4. Wir bemerken, daß alle charakteristischen Wurzeln des Büschels $A(x,x) - \lambda B(x,x)$ ihre Vorzeichen ändern, wenn man von der Form $A(x, x)$ zu der Form $-A(x, x)$ übergeht, während die entsprechenden Hauptvektoren unverändert bleiben. Die charakteristischen Wurzeln des Büschels $-A(x, x) - \lambda B(x, x)$ sind also $-\lambda_n \leqq -\lambda_{n-1} \leqq \cdots \leqq -\lambda_1$.

Führen wir noch die Bezeichnungsweise

$$\nu\left(\frac{A}{B}; L_1, L_2, \ldots, L_h\right) = \max \frac{A(x, x)}{B(x, x)} \tag{80}$$

für den Fall ein, daß dem variablen Vektor die Bindungen $L_1, L_2, \ldots, L_h$ auferlegt sind, so können wir schreiben:

$$\mu\left(-\frac{A}{B}; L_1, L_2, \ldots, L_h\right) = -\nu\left(\frac{A}{B}; L_1, L_2, \ldots, L_h\right)$$

und

$$\max \mu\left(-\frac{A}{B}; L_1, L_2, \ldots, L_h\right) = -\min \nu\left(\frac{A}{B}; L_1, L_2, \ldots, L_h\right).$$

Wenden wir auf den Quotienten $-\frac{A(x,x)}{B(x,x)}$ die Sätze 10, 11 und 12 an, so erhalten wir jetzt an Stelle von (72), (76) und (79) die Formeln

$$\lambda_n = \max \frac{A(x,x)}{B(x,x)},$$

$$\lambda_{n-p+1} = \nu\left(\frac{A}{B}; \tilde{L}_n, \tilde{L}_{n-1}, \ldots, \tilde{L}_{n-p+2}\right),$$

$$\lambda_{n-p+1} = \min \nu\left(\frac{A}{B}; L_1, L_2, \ldots, L_{p-1}\right) \quad (p = 2, \ldots, n).$$

Diese Formeln stellen entsprechende Maximal- und Minimal-Maximaleigenschaften der Zahlen $\lambda_1, \lambda_2, \ldots, \lambda_n$ dar, die wir in folgendem Satz formulieren:

Satz 13. *Entsprechen den charakteristischen Wurzeln* $\lambda_1 \leqq \lambda_2 \leqq \cdots \leqq \lambda_n$ *des regulären Formenbüschels* $A(x,x) - \lambda B(x,x)$ *die linear unabhängigen Hauptvektoren* $z^1, z^2, \ldots, z^n$, *so gilt:*

1. *Die größte charakteristische Wurzel* λ_n *ist gleich dem Maximum des Formenquotienten* $\frac{A(x,x)}{B(x,x)}$:

$$\lambda_n = \max \frac{A(x,x)}{B(x,x)}, \tag{81}$$

und dieses Maximum wird nur für Hauptvektoren des Büschels erreicht, die der charakteristischen Wurzel λ_n *entsprechen.*

2. *Die* $(n - p + 1)$*-te charakteristische Wurzel* λ_{n-p+1} $(2 \leqq p \leqq n)$ *ist Maximum desselben Formenquotienten*

$$\lambda_{n-p+1} = \max \frac{A(x,x)}{B(x,x)} \tag{82}$$

unter der Voraussetzung, daß dem variablen Vektor x *folgende Bindungen auferlegt sind:*

$$B(z^n, x) = 0, \quad B(z^{n-1}, x) = 0, \ldots, B(z^{n-p+2}, x) = 0, \tag{83}$$

d. h.

$$\lambda_{n-p+1} = \nu\left(\frac{A}{B}; \tilde{L}_n, \tilde{L}_{n-1}, \ldots, \tilde{L}_{n-p+2}\right); \tag{84}$$

dieses Maximum wird nur für Hauptvektoren des Büschels erreicht, die der charakteristischen Wurzel λ_{n-p+1} *entsprechen und den Bindungen* (83) *genügen.*

3. *Betrachtet man das Maximum des Formenquotienten* $\frac{A(x,x)}{B(x,x)}$ *mit den Bindungen*

$$L_1(x) = 0, \ldots, L_{p-1}(x) = 0 \quad (2 \leqq p \leqq n)$$

und variiert diese, so ist das Minimum dieser Maxima gleich λ_{n-p+1}:

$$\lambda_{n-p+1} = \min \nu\left(\frac{A}{B}; L_1, L_2, \ldots, L_{p-1}\right). \tag{85}$$

5. Es seien h *unabhängige* Bindungen[1]) vorgegeben:

$$L_1^0(x) = 0, \quad L_2^0(x) = 0, \ldots, L_h^0(x) = 0. \tag{86}$$

Mit ihrer Hilfe können h der Variablen $x_1, x_2, \ldots, x_n$ durch die übrigen ausgedrückt werden; diese wollen wir mit $v_1, v_2, \ldots, v_{n-h}$ bezeichnen. Das reguläre Formenbüschel $A(x,x) - \lambda B(x,x)$ geht auf Grund der Bindungen (86) in das Büschel $A^0(v,v) - \lambda B^0(v,v)$ über; $B^0(v, v)$ ist wiederum eine positiv definite Form (von nur $n - h$ Variablen). Das so erhaltene reguläre Formenbüschel besitzt $n - h$ reelle charakteristische Wurzeln:

$$\lambda_1^0 \leqq \lambda_2^0 \leqq \cdots \leqq \lambda_{n-h}^0. \tag{87}$$

Sind die Bindungen (86) vorgeschrieben, so können wir alle Variablen auf verschiedene Weise durch die $n - h$ linear unabhängigen $v_1, v_2, \ldots, v_{n-h}$ ausdrücken. Die charakteristischen Wurzeln (87) sind jedoch von dieser Willkür unabhängige feste Größen. Dies folgt aus der Maximal-Minimaleigenschaft der charakteristischen Wurzeln:

$$\lambda_1^0 = \min \frac{A^0(v, v)}{B^0(v, v)} = \mu\left(\frac{A}{B}; L_1^0, L_2^0, \ldots, L_h^0\right) \tag{88}$$

und allgemein

$$\begin{aligned} \lambda_p^0 &= \max \mu\left(\frac{A^0}{B^0}; L_1, L_2, \ldots, L_{p-1}\right) \\ &= \max \mu\left(\frac{A}{B}; L_1^0, \ldots, L_h^0, L_1, \ldots, L_{p-1}\right); \end{aligned} \tag{89}$$

dabei werden in (89) nur die Bindungen $L_1, L_2, \ldots, L_{p-1}$ variiert.

Es gilt

Satz 14. *Sind* $\lambda_1 \leqq \lambda_2 \leqq \cdots \leqq \lambda_n$ *die charakteristischen Wurzeln des regulären Formenbüschels* $A(x, x) - \lambda B(x, x)$ *und* $\lambda_1^0 \leqq \lambda_2^0 \leqq \cdots \leqq \lambda_{n-h}^0$ *die charakteristischen Wurzeln desselben Büschels, dem h unabhängige Bindungen auferlegt sind, so ist*

$$\lambda_p \leqq \lambda_p^0 \leqq \lambda_{p+h} \quad (p = 1, 2, \ldots, n - h). \tag{90}$$

Beweis. Die Ungleichungen $\lambda_p \leqq \lambda_p^0$ $(p = 1, 2, \ldots, n - h)$ folgen sofort aus (79) und (89). Die Minima $\mu\left(\frac{A}{B}; L_1, \ldots, L_{p-1}\right)$ können sich nämlich bei Hinzufügen

[1]) Die Bindungen (86) heißen unabhängig, wenn die auf den linken Seiten der Gleichungen stehenden Linearformen $L_1^0(x), L_2^0(x), \ldots, L_h^0(x)$ linear unabhängig sind.

neuer Bindungen höchstens vergrößern; es ist also

$$\mu\left(\frac{A}{B}; L_1, \ldots, L_{p-1}\right) \leqq \mu\left(\frac{A}{B}; L_1^0, \ldots, L_h^0; L_1, \ldots, L_{p-1}\right).$$

Hieraus folgt

$$\lambda_p = \max \mu\left(\frac{A}{B}; L_1, \ldots, L_{p-1}\right)$$

$$\leqq \lambda_p^0 = \max \mu\left(\frac{A}{B}; L_1^0, \ldots, L_h^0, L_1, \ldots, L_{p-1}\right).$$

Der andere Teil der Ungleichungen (90) gilt auf Grund der Relationen

$$\lambda_p^0 = \max \mu\left(\frac{A}{B}; L_1^0, \ldots, L_h^0; L_1, \ldots, L_{p-1}\right)$$

$$\leqq \max \mu\left(\frac{A}{B}; L_1, \ldots, L_{p-1}, L_p, \ldots, L_{p+h-1}\right) = \lambda_{p+h}.$$

Dabei werden auf der rechten Seite nicht nur die Bindungen $L_1, L_2, \ldots, L_{p-1}$, sondern auch die Bindungen $L_p, \ldots, L_{p+h-1}$ variiert; auf der linken Seite sind die letzteren durch die festen Bindungen $L_1^0, L_2^0, \ldots, L_h^0$ ersetzt worden.

Damit ist der Satz bewiesen.

6. Es seien zwei reguläre Formenbüschel vorgegeben:

$$A(x, x) - \lambda B(x, x), \qquad \tilde{A}(x, x) - \lambda \tilde{B}(x, x); \tag{91}$$

für beliebiges $x \neq o$ sei stets $\dfrac{A(x, x)}{B(x, x)} \leqq \dfrac{\tilde{A}(x, x)}{\tilde{B}(x, x)}$. Dann ist offenbar

$$\max \mu\left(\frac{A}{B}; L_1, L_2, \ldots, L_{p-1}\right) \leqq \max \mu\left(\frac{\tilde{A}}{\tilde{B}}; L_1, L_2, \ldots, L_{p-1}\right)$$

$$(p = 1, 2, \ldots, n).$$

Bezeichnen wir die charakteristischen Wurzeln der Büschel mit $\lambda_1 \leqq \lambda_2 \leqq \cdots \leqq \lambda_n$ bzw. $\tilde{\lambda}_1 \leqq \tilde{\lambda}_2 \leqq \cdots \leqq \tilde{\lambda}_n$, so gilt folglich $\lambda_p \leqq \tilde{\lambda}_p$ $(p = 1, 2, \ldots, n)$. Damit haben wir folgenden Satz bewiesen:

Satz 15. *Sind zwei reguläre Formenbüschel $A(x,x) - \lambda B(x,x)$ und $\tilde{A}(x,x) - \lambda \tilde{B}(x,x)$ mit den charakteristischen Wurzeln $\lambda_1 \leqq \lambda_2 \leqq \cdots \leqq \lambda_n$ bzw. $\tilde{\lambda}_1 \leqq \tilde{\lambda}_2 \leqq \cdots \leqq \tilde{\lambda}_n$ vorgegeben und gilt für jedes $x \neq o$*

$$\frac{A(x, x)}{B(x, x)} \leqq \frac{\tilde{A}(x, x)}{\tilde{B}(x, x)}, \tag{92}$$

so folgt

$$\lambda_p \leqq \tilde{\lambda}_n \quad (p = 1, 2, \ldots, n). \tag{93}$$

Wir betrachten den Spezialfall, daß in (92) $B(x, x) \equiv \tilde{B}(x, x)$ ist. In diesem Fall ist die Differenz $\tilde{A}(x, x) - A(x, x)$ eine positiv semidefinite quadratische Form und kann daher als Summe unabhängiger positiver Quadrate dargestellt werden:

$$\tilde{A}(x, x) = A(x, x) + \sum_{i=1}^{r} [X_i(x)]^2.$$

Wenn wir die r unabhängigen Bindungen $X_1(x) = 0,\ X_2(x) = 0,\ \ldots,\ X_r(x) = 0$ vorschreiben, dann stimmen die Formen $A(x, x)$ und $\tilde{A}(x, x)$ überein, und die Büschel $A(x, x) - \lambda B(x, x)$ und $\tilde{A}(x, x) - \lambda B(x, x)$ besitzen die gleichen charakteristischen Wurzeln $\lambda_1^0 \leqq \lambda_2^0 \leqq \cdots \leqq \lambda_{n-r}^0$.

Durch Anwendung von Satz 14 auf die beiden Büschel $A(x, x) - \lambda B(x, x)$ und $\tilde{A}(x, x) - \lambda B(x, x)$ ergibt sich $\tilde{\lambda}_p \leqq \lambda_p^0 \leqq \lambda_{p+r}$ $(p = 1, 2, \ldots, n - r)$. Wendet man hier die Ungleichungen (93) an, so erhält man folgenden Satz:

Satz 16. *Sind $\lambda_1 \leqq \lambda_2 \leqq \cdots \leqq \lambda_n$ und $\tilde{\lambda}_1 \leqq \tilde{\lambda}_2 \leqq \cdots \leqq \tilde{\lambda}_n$ die charakteristischen Wurzeln der regulären Formenbüschel $A(x, x) - \lambda B(x, x)$ bzw. $\tilde{A}(x, x) - \lambda B(x, x)$ und ist ferner*

$$\tilde{A}(x, x) = A(x, x) + \sum_{i=1}^{r} [X_i(x)]^2,$$

wobei die $X_i(x)$ $(i = 1, 2, \ldots, r)$ unabhängige Linearformen sind, so gelten die Ungleichungen[1])

$$\lambda_p \leqq \tilde{\lambda}_p \leqq \lambda_{p+r} \quad (p = 1, 2, \ldots, n). \tag{94}$$

Völlig analog beweist man

Satz 17. *Sind $\lambda_1 \leqq \lambda_2 \leqq \cdots \leqq \lambda_n$ und $\tilde{\lambda}_1 \leqq \tilde{\lambda}_2 \leqq \cdots \leqq \tilde{\lambda}_n$ die charakteristischen Wurzeln der regulären Formenbüschel $A(x, x) - \lambda B(x, x)$ bzw. $A(x, x) - \lambda \tilde{B}(x, x)$ und erhält man die Form $\tilde{B}(x, x)$ aus $B(x, x)$ durch Hinzufügen von r positiven Quadraten, so gelten die Ungleichungen*[2])

$$\lambda_{p-r} \leqq \tilde{\lambda}_p \leqq \lambda_p \quad (p = 1, 2, \ldots, n). \tag{95}$$

Bemerkung. In Satz 16 (und 17) kann man voraussetzen, daß für ein gewisses p $\lambda_p < \tilde{\lambda}_p$ (bzw. $\tilde{\lambda}_p < \lambda_p$) gilt, sobald $r \neq 0$ ist.[3])

10.8. Kleine Schwingungen von Systemen mit *n* Freiheitsgraden

Die Ergebnisse der letzten beiden Abschnitte finden wichtige Anwendungen in der Theorie der kleinen Schwingungen eines mechanischen Systems mit n Freiheitsgraden.

Wir betrachten freie Schwingungen eines konservativen mechanischen Systems mit n Freiheitsgraden in der Nähe seiner stabilen Gleichgewichtslage. Abweichungen

---

1) Der zweite Teil dieser Ungleichungen gilt nur für $p \leqq n - r$.

2) Der erste Teil dieser Ungleichungen ist nur für $p > r$ sinnvoll.

3) Vgl. [7], S. 71–75.

des Systems von der Gleichgewichtslage beschreiben wir in den generalisierten Koordinaten $q_1, q_2, \ldots, q_n$. Die Gleichgewichtslage selbst ist dabei durch das Verschwinden der generalisierten Koordinaten gekennzeichnet: $q_1 = 0, q_2 = 0, \ldots, q_n = 0$. Dann läßt sich die kinetische Energie des Systems als quadratische Form in den generalisierten Geschwindigkeiten $\dot{q}_1, \dot{q}_2, \ldots, \dot{q}_n$[1]) darstellen:

$$T = \sum_{i,k=1}^{n} b_{ik}(q_1, q_2, \ldots, q_n)\, \dot{q}_i \dot{q}_k .$$

Entwickeln wir die Koeffizienten $b_{ik}(q_1, q_2, \ldots, q_n)$ nach Potenzen von $q_1, q_2, \ldots, q_n$,

$$b_{ik}(q_1, q_2, \ldots, q_n) = b_{ik} + \cdots \qquad (i, k = 1, 2, \ldots, n)$$

und berücksichtigen wir wegen der Kleinheit der Abweichungen $q_1, q_2, \ldots, q_n$ nur die konstanten Glieder b_{ik}, so erhalten wir

$$T = \sum_{i,k=1}^{n} b_{ik} \dot{q}_i \dot{q}_k \qquad (b_{ik} = b_{ki};\ i, k = 1, 2, \ldots, n).$$

Die kinetische Energie ist stets positiv und verschwindet nur dann, wenn die Geschwindigkeiten 0 werden: $\dot{q}_1 = \dot{q}_2 = \cdots = \dot{q}_n = 0$. Daher ist $\sum_{i,k=1}^{n} b_{ik} \dot{q}_i \dot{q}_k$ eine positiv definite Form.

Die potentielle Energie ist eine Funktion der Koordinaten: $P(q_1, q_2, \ldots, q_n)$. Ohne Beschränkung der Allgemeinheit können wir $P_0 = P(0, 0, \ldots, 0) = 0$ setzen. Dann erhalten wir, wenn wir die potentielle Energie nach Potenzen von $q_1, q_2, \ldots, q_n$ entwickeln,

$$P = \sum_{i=1}^{n} a_i q_i + \sum_{i,k=1}^{n} a_{ik} q_i q_k + \cdots .$$

Da in der Gleichgewichtslage die potentielle Energie stets stationäre Werte hat, ist

$$a_i = \left(\frac{\partial P}{\partial q_i}\right)_0 = 0 \qquad (i = 1, 2, \ldots, n).$$

Berücksichtigt man nur die Glieder zweiter Ordnung in $q_1, q_2, \ldots, q_n$, so erhält man

$$P = \sum_{i,k=1}^{n} a_{ik} q_i q_k \qquad (a_{ik} = a_{ki};\ i, k = 1, 2, \ldots, n).$$

Die potentielle Energie P und die kinetische Energie T werden durch die quadratischen Formen

$$P = \sum_{i,k=1}^{n} a_{ik} q_i q_k , \qquad T = \sum_{i,k=1}^{n} b_{ik} \dot{q}_i \dot{q}_k \tag{96}$$

beschrieben; dabei ist die zweite Form positiv definit.

---

[1]) Durch den Punkt wird die Ableitung nach der Zeit gekennzeichnet.

Wir geben die Bewegungsgleichungen in Form der sogenannten Lagrangeschen Bewegungsgleichungen zweiter Art an[1]):

$$\frac{\mathrm{d}}{\mathrm{d}t}\frac{\partial T}{\partial \dot{q}_i} - \frac{\partial T}{\partial q_i} = -\frac{\partial P}{\partial q_i} \quad (i = 1, 2, \ldots, n). \tag{97}$$

Setzen wir hier an Stelle von T und P ihre Ausdrücke aus (96) ein, so ergibt sich

$$\sum_{k=1}^{n} b_{ik}\ddot{q}_k + \sum_{k=1}^{n} a_{ik}q_k = 0 \quad (i = 1, 2, \ldots, n). \tag{98}$$

Nach Einführung der reellen symmetrischen Matrizen $A = \|a_{ik}\|_1^n$ und $B = \|b_{ik}\|_1^n$ und der Spaltenmatrix $q = (q_1, q_2, \ldots, q_n)$ können wir das Gleichungssystem (97) in Matrizenschreibweise angeben:

$$B\ddot{q} + Aq = o. \tag{98'}$$

Wir suchen eine Lösung des Systems (98) in Form harmonischer Schwingungen:

$$q_1 = v_1 \sin(\omega t + \alpha), \quad q_2 = v_2 \sin(\omega t + \alpha), \ldots, q_n = v_n \sin(\omega t + \alpha),$$

in Matrizenschreibweise:

$$q = v \sin(\omega t + \alpha). \tag{99}$$

Hier ist $v = (v_1, v_2, \ldots, v_n)$ die konstante Amplitudenspalte (der konstante Amplituden„vektor"), ω die Frequenz und α die Anfangsphase der Schwingungen.

Setzen wir für q in (98') den Ausdruck (99) ein, so erhalten wir nach Kürzen durch $\sin(\omega t + \alpha)$ die Gleichung $Av = \lambda Bv$ ($\lambda = \omega^2$). Diese Gleichung stimmt aber mit (49) überein. Folglich ist der gesuchte Amplitudenvektor Hauptvektor und das Quadrat der Frequenz $\lambda = \omega^2$ eine entsprechende charakteristische Wurzel des regulären Formenbüschels $A(x, x) - \lambda B(x, x)$.

Wir erlegen der potentiellen Energie eine zusätzliche Einschränkung auf, indem wir fordern, daß die Funktion $P(q_1, q_2, \ldots, q_n)$ in der Gleichgewichtslage ein eigentliches[2]) Minimum besitzt.

Dann ist nach dem Hauptsatz von LEJEUNE DIRICHLET[3]) die Gleichgewichtslage des Systems stabil. Auf der anderen Seite besagt die von uns gemachte Annahme, daß die quadratische Form $P = A(q, q)$ ebenfalls positiv definit ist.

Nach Satz 8 besitzt das reguläre Formenbüschel $A(x, x) - \lambda B(x, x)$ die n reellen charakteristischen Wurzeln $\lambda_1, \lambda_2, \ldots, \lambda_n$, und die diesen Wurzeln entsprechenden Hauptvektoren $v^1, v^2, \ldots, v^n$ $\left(v^k = (v_{1k}, v_{2k}, \ldots, v_{nk});\ k = 1, 2, \ldots, n\right)$ genügen den

[1]) Vgl. etwa H. STEPHANI und G. KLUGE, Grundlagen der Theoretischen Mechanik, Studienbücherei Physik, 2. Aufl., VEB Deutscher Verlag der Wissenschaften, Berlin 1980, S. 106–110.

[2]) Das heißt, daß der Wert P_0 in der Gleichgewichtslage echt kleiner als alle Werte der Funktion in einer gewissen Umgebung der Gleichgewichtslage ist.

[3]) Vgl. etwa A. BUDÓ, Theoretische Mechanik, 10. Aufl., VEB Deutscher Verlag der Wissenschaften, Berlin 1980, § 42, 5., S. 226f.

Bedingungen

$$B(v^i, v^k) = \sum_{\mu,\nu=1}^{n} b_{\mu\nu} v_{\mu i} v_{\nu k} = \delta_{ik} \quad (i, k = 1, 2, \ldots, n). \tag{100}$$

Da die Form $A(x, x)$ positiv definit ist, sind alle charakteristischen Wurzeln des Büschels $A(x, x) - \lambda B(x, x)$ positiv[1]: $\lambda_k > 0$ $(k = 1, 2, \ldots, n)$. Dann existieren aber n harmonische Schwingungen[2])

$$v^k \sin(\omega_k t + \alpha_k) \quad (\omega_k^2 = \lambda_k;\ k = 1, 2, \ldots, n), \tag{101}$$

deren Amplitudenvektoren $v^k = (v_{1k}, v_{2k}, \ldots, v_{nk})$ $(k = 1, 2, \ldots, n)$ den „Orthogonalitäts"bedingungen (100) genügen.

Auf Grund der Linearität der Gleichungen (98') können beliebige Schwingungen durch Überlagerung der harmonischen Schwingungen (101) erhalten werden:

$$q = \sum_{k=1}^{n} A_k \sin(\omega_k t + \alpha_k)\, v^k; \tag{102}$$

dabei sind die A_k und α_k $(k = 1, 2, \ldots, n)$ beliebige Konstante. Der Ausdruck (102) ist nämlich für alle Werte dieser Konstanten Lösung der Gleichungen (98'). Andererseits können durch geeignete Wahl der willkürlichen Konstanten beliebige Anfangsbedingungen erfüllt werden:

$$q|_{t=0} = q_0,\ \dot{q}|_{t=0} = \dot{q}_0.$$

In der Tat ergibt sich aus (102)

$$q_0 = \sum_{k=1}^{n} A_k \sin \alpha_k v^k, \quad \dot{q}_0 = \sum_{k=1}^{n} \omega_k A_k \cos \alpha_k v^k. \tag{103}$$

Da die Hauptspalten $v^1, v^2, \ldots, v^n$ stets linear unabhängig sind, folgt aus den Gleichungen (103), daß die Größen $A_k \sin \alpha_k$, $\omega_k A_k \cos \alpha_k$ und folglich die willkürlichen Konstanten A_k und α_k $(k = 1, 2, \ldots, n)$ eindeutig bestimmt sind.

Die Lösung (102) unseres Differentialgleichungssystems (98) kann ausführlicher folgendermaßen angegeben werden:

$$q_i = \sum_{k=1}^{n} A_k \sin(\omega_k t + \alpha_k)\, v_{ik}. \tag{104}$$

Wir weisen darauf hin, daß man die Formeln (102) und (104) auch erhalten kann, indem man von Satz 9 ausgeht. In der Tat, betrachten wir die reguläre Variablentransformation mit der Matrix $V = \|v_{ik}\|_1^n$, die die beiden Formen $A(x, x)$ und $B(x, x)$ gleichzeitig in die kanonische Form (63) überführt. Setzen wir

$$q_i = \sum_{k=1}^{n} v_{ik} \theta_k \quad (i = 1, 2, \ldots, n) \tag{105}$$

oder, in abgekürzter Schreibweise,

$$q = V\theta \quad \big(\theta = (\theta_1, \theta_2, \ldots, \theta_n)\big) \tag{106}$$

---

[1]) Dies folgt aus der Darstellung (63).

[2]) Hier ist die Anfangsphase α_k $(k = 1, 2, \ldots, n)$ eine beliebige Konstante.

und berücksichtigen, daß $\dot{q} = V\dot{\theta}$ ist, so ergibt sich

$$P = A(q, q) = \sum_{i=1}^{n} \lambda_k \theta_k^2, \qquad T = B(\dot{q}, \dot{q}) = \sum_{k=1}^{n} \dot{\theta}_k^2. \tag{107}$$

Die Koordinaten $\theta_1, \theta_2, \ldots, \theta_n$, die eine Darstellung der potentiellen und der kinetischen Energie in der Gestalt (107) gestatten, heißen *Hauptkoordinaten* bzw. *Normalkoordinaten.*

Wir benutzen die Lagrangeschen Bewegungsgleichungen zweiter Art (98), setzen in ihnen an Stelle von P und T die Ausdrücke aus (107) ein und erhalten

$$\ddot{\theta}_k + \lambda_k \theta_k = 0 \quad (k = 1, 2, \ldots, n). \tag{108}$$

Da die Form $A(q, q)$ positiv definit ist, sind die Zahlen $\lambda_1, \lambda_2, \ldots, \lambda_n$ positiv und können wie folgt dargestellt werden:

$$\lambda_k = \omega_k^2 \quad (\omega_k > 0;\ k = 1, 2, \ldots, n). \tag{109}$$

Aus (108) und (109) ergibt sich

$$\theta_k = A_k \sin(\omega_k t + \alpha_k) \quad (k = 1, 2, \ldots, n). \tag{110}$$

Setzen wir diese Ausdrücke für θ_k in (105) ein, so erhalten wir wiederum (104) und folglich (102). Die Größen v_{ik} $(i, k = 1, 2, \ldots, n)$, die wir auf den beiden verschiedenen Wegen erhielten, sind ein und dieselben, da nach Satz 9 die Matrix $V = \|v_{ik}\|_1^n$ in (106) Hauptmatrix des regulären Formenbüschels $A(x, x) - \lambda B(x, x)$ ist.

Wir geben noch eine Interpretation der Sätze 14 und 15 in der Mechanik an.

Wir numerieren die Frequenzen $\omega_1, \omega_2, \ldots, \omega_n$ eines gegebenen mechanischen Systems so, daß sie eine monoton wachsende Folge bilden: $0 < \omega_1 \leqq \omega_2 \leqq \cdots \leqq \omega_n$. Damit ist auch die Reihenfolge der entsprechenden charakteristischen Wurzeln $\lambda_k = \omega_k^2 (k = 1, 2, \ldots, n)$ des Büschels $A(x, x) - \lambda B(x, x)$ festgelegt: $\lambda_1 \leqq \lambda_2 \leqq \cdots \leqq \lambda_n$.

Wir erlegen dem gegebenen System h voneinander unabhängige holonome zeitunabhängige Bindungen[1]) auf. Da die Auslenkungen $q_1, q_2, \ldots, q_n$ als kleine Größen angesehen werden, kann man die Bindungen als linear bezüglich $q_1, q_2, \ldots, q_n$ ansehen: $L_1(q) = 0$, $L_2(q) = 0, \ldots, L_h(q) = 0$. Beachtet man diese Bindungen, so besitzt unser System $n - h$ Freiheitsgrade. Der Zusammenhang der Frequenzen dieses Systems, $\omega_1^0 \leqq \omega_2^0 \leqq \cdots \leqq \omega_{n-h}^0$, mit den charakteristischen Wurzeln $\lambda_1^0 \leqq \lambda_2^0 \leqq \cdots \leqq \lambda_{n-h}^0$ des Büschels $A(x, x) - \lambda B(x, x)$, dem die Bindungen $L_1, L_2, \ldots, L_n$ auferlegt sind, wird durch die Relationen $\lambda_j^0 = \omega_j^{0\,2}$ $(j = 1, 2, \ldots, n - h)$ gegeben. Aus Satz 14 folgt daher unmittelbar $\omega_j \leqq \omega_j^0 \leqq \omega_{j+h}$ $(j = 1, 2, \ldots, n - h)$.

Werden einem System h Bindungen auferlegt, so können seine Frequenzen nur zunehmen, jedoch kann die j-te neue Frequenz ω_j^0 die $(j + h)$-te ursprüngliche Frequenz ω_{j+h} nicht übertreffen.

Ebenso kann man nach Satz 15 *aussagen, daß bei Vergrößerung der Steifigkeit eines Systems, d. h. bei Vergrößerung der Form $A(q, q)$ für die potentielle Energie (ohne Änderung der Form $B(\dot{q}, \dot{q})$) die Frequenzen nur zunehmen können, dagegen bei Ver-*

---

[1]) Eine holonome zeitunabhängige Bindung wird durch eine Gleichung $f(q_1, q_2, \ldots, q_n) = 0$ gegeben, wobei $f(q_1, q_2, \ldots, q_n)$ eine Funktion der generalisierten Koordinaten ist.

größerungen der Trägheit des Systems, d. h. bei Vergrößerung der Form $B(\dot{q}, \dot{q})$ für die kinetische Energie (ohne Änderung der Form $A(q, q)$) die Frequenzen nur abnehmen können.

Die Sätze 16 und 17 präzisieren ergänzend diese Sachlage.

10.9. Hermitesche Formen[1])

Alle Ergebnisse aus 10.1. bis 10.7., die für quadratische Formen aufgestellt wurden, lassen sich auf hermitesche Formen übertragen.

Wir erinnern daran,[2]) was wir unter einer *hermiteschen Form* verstanden:

$$H(x, x) = \sum_{i,k=1}^{n} h_{ik} x_i \bar{x}_k \qquad (h_{ik} = \bar{h}_{ki};\ i, k = 1, 2, \ldots, n). \tag{111}$$

Der hermiteschen Form (111) entspricht folgende *hermitesche Bilinearform*:

$$H(x, y) = \sum_{i,k=1}^{n} h_{ik} x_i \bar{y}_k; \tag{112}$$

dabei ist

$$H(y, x) = \overline{H(x, y)} \tag{113}$$

und insbesondere

$$H(x, x) = \overline{H(x, x)}, \tag{113'}$$

d. h., die Form $H(x, x)$ nimmt nur reelle Werte an.

Die Formmatrix $H = \|h_{ik}\|_1^n$ einer hermiteschen Form ist hermitesch, d. h. $H^* = H$.[3])

Unter Benutzung der Matrix $H = \|h_{ik}\|_1^n$ kann man $H(x, y)$ und speziell $H(x, x)$ als Produkt dreier Matrizen — einer Zeilenmatrix, einer quadratischen Matrix und einer Spaltenmatrix — darstellen:

$$H(x, y) = x^{\mathsf{T}} H \bar{y}, \qquad H(x, x) = x^{\mathsf{T}} H \bar{x}.^{4)} \tag{114}$$

Ist

$$x = \sum_{i=1}^{m} c_i u^i, \qquad y = \sum_{k=1}^{p} d_k v^k, \tag{115}$$

wobei die u^i und v^k Spaltenmatrizen, die c_i und d_k komplexe Zahlen sind ($i = 1, 2, \ldots, m$; $k = 1, 2, \ldots, p$), so ist

$$H(x, y) = \sum_{i=1}^{m} \sum_{k=1}^{p} c_i \bar{d}_k H(u^i, v^k). \tag{116}$$

---

[1]) In den vorhergehenden Abschnitten waren alle Zahlen und Variablen reell. In diesem Abschnitt sind alle Zahlen komplex, und die Variablen nehmen komplexe Werte an.

[2]) Vgl. 9.2.

[3]) Mit „*" bezeichnen wir den Übergang zur adjungierten Matrix (vgl. 1.3.).

[4]) Hier ist

$$x = (x_1, x_2, \ldots, x_n), \quad \bar{x} = (\bar{x}_1, \bar{x}_2, \ldots, \bar{x}_n), \quad y = (y_1, y_2, \ldots, y_n), \quad \bar{y} = (\bar{y}_1, \bar{y}_2, \ldots, \bar{y}_n);$$

mit „T" bezeichnen wir den Übergang zur transponierten Matrix.

Wir unterwerfen die Variablen $x_1, x_2, \ldots, x_n$ einer linearen Transformation

$$x_i = \sum_{k=1}^{n} t_{ik}\xi_k \quad (i = 1, 2, \ldots, n) \tag{117}$$

oder, in Matrizenschreibweise,

$$x = T\xi \quad (T = \|t_{ik}\|_1^n). \tag{117'}$$

Nach dieser Transformation nimmt die hermitesche Form $H(x, x)$ die Gestalt $\tilde{H}(\xi, \xi) = \sum_{i,k=1}^{n} \tilde{h}_{ik}\xi_i\bar{\xi}_k$ an; den Zusammenhang zwischen der neuen Formmatrix $\tilde{H} = \|\tilde{h}_{ik}\|_1^n$ und der alten Formmatrix $H = \|h_{ik}\|_1^n$ gibt

$$\tilde{H} = T^{\mathsf{T}}H\overline{T}. \tag{118}$$

Davon kann man sich unmittelbar überzeugen, wenn man in der zweiten der Formeln (114) x durch $T\xi$ ersetzt. Setzt man $T = \overline{W}$, so läßt sich (118) auch folgendermaßen schreiben:

$$\tilde{H} = W^*HW. \tag{119}$$

Aus Formel (118) folgt, daß die Matrizen H und $\tilde{H}$ gleichen Rang besitzen, wenn die Transformation (117) regulär ist ($|T| \neq 0$). Der Rang der Matrix H wird der *Rang der Form* $H(x, x)$ genannt.

Die Determinante $|H|$ heißt *Diskriminante* der hermiteschen Form $H(x, x)$. Aus (118) ergibt sich die Transformationsformel für die Diskriminante beim Übergang zu neuen Variablen: $|\tilde{H}| = |H|\,|T|\,|\overline{T}|$.

Eine hermitesche Form heißt *singulär*, wenn ihre Diskriminante gleich 0 ist. Offensichtlich bleiben singuläre Formen bei einer beliebigen Variablentransformation (117) singulär.

Eine hermitesche Form $H(x, x)$ besitzt unendlich viele Darstellungen der Gestalt

$$H(x, x) = \sum_{i=1}^{r} a_i X_i \overline{X}_i, \tag{120}$$

wobei die a_i ($i = 1, 2, \ldots, r$) von 0 verschiedene reelle Zahlen, die

$$X_i = \sum_{k=1}^{n} \alpha_{ik}x_k \quad (i = 1, 2, \ldots, r)$$

linear unabhängige komplexe Linearformen in den Variablen $x_1, x_2, \ldots, x_n$ sind.[1])

Die rechte Seite in (120) nennen wir *Summe linear unabhängiger Quadrate*[2]), und ein Summand dieser Summe heißt ein *positives* bzw. *negatives Quadrat*, je nachdem, ob das entsprechende a_i größer oder kleiner als 0 ist. Wie auch bei den quadratischen Formen ist die in (120) auftretende Anzahl r gleich dem Rang der Form $H(x, x)$.

---

[1]) Folglich ist $r \leq n$.

[2]) Diese Terminologie hängt damit zusammen, daß das Produkt $X_i\overline{X}_i$ gleich dem Quadrat des Betrages von X_i ist ($X_i\overline{X}_i = |X_i|^2$).

Satz 18 (Trägheitsgesetz für hermitesche Formen). *Stellt man eine hermitesche Form $H(x, x)$ als Summe linear unabhängiger Quadrate dar,*

$$H(x, x) = \sum_{i=1}^{r} a_i X_i \overline{X}_i,$$

so ist die Anzahl der in der Summe auftretenden positiven und negativen Quadrate von der speziellen Wahl der Darstellung unabhängig.

Der Beweis ist dem von Satz 1 (S. 307) völlig analog.

Die Differenz σ der Anzahl π der positiven und der Anzahl ν der negativen Quadrate in (120) heißt *Signatur* der hermiteschen Form $H(x, x)$: $\sigma = \pi - \nu$.

Die Lagrangesche Methode zur Transformation quadratischer Formen in Summen von Quadraten kann auch bei hermiteschen Formen angewandt werden, nur müssen dabei die Hauptformeln (15) und (16) auf S. 308—309 durch folgende Formeln ersetzt werden:[1])

$$H(x, x) = \frac{1}{h_{gg}} \left| \sum_{k=1}^{n} h_{kg} x_k \right|^2 + H_1(x, x), \tag{121}$$

$$H(x, x) = \frac{1}{2} \left\{ \left| \sum_{k=1}^{n} \left(h_{kf} + \frac{h_{kg}}{h_{fg}} \right) x_k \right|^2 - \left| \sum_{k=1}^{n} \left(h_{kf} - \frac{h_{kg}}{h_{fg}} \right) x_k \right|^2 \right\} + H_2(x, x). \tag{122}$$

Wir nehmen nun an, für die hermitesche Form

$$H(x, x) = \sum_{i,k=1}^{n} h_{ik} x_i \overline{x}_k$$

vom Rang r gelten die Ungleichungen

$$D_k = H\begin{pmatrix} 1 & 2 & \dots & k \\ 1 & 2 & \dots & k \end{pmatrix} \neq 0. \tag{123}$$

Dann erhalten wir völlig analog wie auch bei den quadratischen Formen (vgl. S. 311—312) die Jacobische Gleichung in den beiden Formen

$$H(x, x) = \sum_{k=1}^{n} \frac{D_{k-1}}{D_k} X_k \overline{X}_k, \quad H(x, x) = \sum_{k=1}^{n} \frac{Y_k \overline{Y}_k}{D_{k-1} D_k} \quad (D_0 = 1) \tag{124}$$

mit

$$X_k = \frac{1}{D_k} Y_k, \quad Y_k = c_{kk} x_k + c_{k,k+1} x_{k+1} + \cdots + c_{kn} x_n \tag{125}$$

und

$$c_{kq} = H\begin{pmatrix} 1 & \dots & k-1 & q \\ 1 & \dots & k-1 & k \end{pmatrix} \quad (k = 1, 2, \dots, r;\ q = k, k+1, \dots, n). \tag{126}$$

---

1) Formel (121) findet Anwendung, wenn $h_{gg} \neq 0$ ist, Formel (122) dann, wenn zwar $h_{ff} = h_{gg} = 0$, aber $h_{fg} \neq 0$ ist.

In Übereinstimmung mit den Jacobischen Gleichungen (124) ist die Anzahl der negativen Quadrate in der Darstellung der Form $H(x, x)$ gleich der Anzahl der Zeichenwechsel in der Folge $1, D_1, D_2, \ldots, D_r$:

$$\nu = V(1, D_1, D_2, \ldots, D_r), \tag{127}$$

und folglich ist die Signatur σ der hermiteschen Form $H(x, x)$ durch folgende Formel gegeben:

$$\sigma = r - 2V(1, D_1, D_2, \ldots, D_r). \tag{128}$$

Alle Bemerkungen über hier mögliche Spezialfälle, die bezüglich quadratischer Formen in 10.3. gemacht wurden, übertragen sich automatisch auf den Fall hermitescher Formen.

Definition 5. Eine hermitesche Form $H(x, x) = \sum_{i,k=1}^{n} h_{ik} x_i \bar{x}_k$ heißt *positiv* (*negativ*) *semidefinit*, wenn für beliebige Werte der Variablen die Ungleichung $H(x, x) \geqq 0$ ($\leqq 0$) gilt.

Definition 6. Eine hermitesche Form $H(x, x) = \sum_{i,k=1}^{n} h_{ik} x_i \bar{x}_k$ heißt *positiv* (*negativ*) *definit*, wenn für beliebige Werte der Variablen $H(x, x) > 0$ (< 0) ist, solange nicht alle Variablen gleichzeitig verschwinden.

Satz 19. *Eine hermitesche Form* $H(x, x) = \sum_{i,k=1}^{n} h_{ik} x_i \bar{x}_k$ *ist dann und nur dann positiv definit, wenn die Ungleichungen*

$$D_k = H\begin{pmatrix} 1 & 2 & \ldots & k \\ 1 & 2 & \ldots & k \end{pmatrix} > 0 \qquad (k = 1, 2, \ldots, n) \tag{129}$$

erfüllt sind.

Satz 20. *Eine hermitesche Form* $H(x, x) = \sum_{i,k=1}^{n} h_{ik} x_i \bar{x}_k$ *ist dann und nur dann positiv semidefinit, wenn alle Hauptminoren ihrer Formmatrix* $H = \|h_{ik}\|_1^n$ *nicht negativ sind:*

$$H\begin{pmatrix} i_1 & i_2 & \ldots & i_p \\ i_1 & i_2 & \ldots & i_p \end{pmatrix} \geqq 0 \qquad (i_1, i_2, \ldots, i_p = 1, 2, \ldots, n; p = 1, 2, \ldots, n). \tag{130}$$

Der Beweis der Sätze 19 und 20 ist dem Beweis der Sätze 3 und 4 für quadratische Formen völlig analog.

Notwendige und hinreichende Bedingungen dafür, daß eine hermitesche Form $H(x, x)$ negativ definit bzw. semidefinit ist, erhält man durch Anwendung von (129) und (130) auf die Form $-H(x, x)$.

Aus Satz 5′ in 9.10. (S. 282) folgt die Möglichkeit der Hauptachsentransformation hermitescher Formen.

Satz 21. *Eine hermitesche Form* $H(x, x) = \sum_{i,k=1}^{n} h_{ik} x_i \bar{x}_k$ *kann stets durch eine unitäre Variablentransformation*

$$x = U\xi \qquad (UU^* = E) \tag{131}$$

in die kanonische Form

$$\Lambda(\xi, \xi) = \sum_{i=1}^{n} \lambda_i \xi_i \bar{\xi}_i \tag{132}$$

transformiert werden; dabei sind $\lambda_1, \lambda_2, \ldots, \lambda_n$ *die charakteristischen Wurzeln der Matrix* $H = \|h_{ik}\|_1^n$.

Satz 21 ergibt sich unmittelbar aus der Formel

$$H = U\,\|\lambda_i \delta_{ik}\|\,U^{-1} = T^{\mathsf{T}}\,\|\lambda_i \delta_{ik}\|\,\overline{T} \qquad (U^{\mathsf{T}} = \overline{U}^{-1} = T). \tag{133}$$

Gegeben seien nun zwei hermitesche Formen $H(x, x) = \sum_{i,k=1}^{n} h_{ik} x_i \bar{x}_k$ und $G(x, x) = \sum_{i,k=1}^{n} g_{ik} x_i \bar{x}_k$. Wir betrachten das hermitesche Formenbüschel $H(x, x) - \lambda G(x, x)$ (λ ein reeller Parameter). Dieses Büschel heißt *regulär*, wenn die Form $G(x, x)$ positiv definit ist. Mit Hilfe der hermiteschen Matrizen $H = \|h_{ik}\|_1^n$ und $G = \|g_{ik}\|_1^n$ stellen wir folgende Gleichung auf:

$$|H - \lambda G| = 0.$$

Diese Gleichung heißt die *charakteristische Gleichung des hermiteschen Formenbüschels*. Die Wurzeln dieser Gleichung heißen die *charakteristischen Wurzeln des Büschels*.

Ist λ_0 eine charakteristische Wurzel des Büschels, so existiert eine Spalte $z = (z_1, z_2, \ldots, z_n) \neq o$ derart, daß $Hz = \lambda_0 z$ ist. Die Spalte z heißt eine zur charakteristischen Wurzel λ_0 gehörige *Hauptspalte* oder ein *Hauptvektor des Büschels* $H(x, x) - \lambda G(x, x)$.

Es gilt

Satz 22. *Die charakteristische Gleichung des regulären hermiteschen Formenbüschels* $H(x, x) - \lambda G(x, x)$ *besitzt n reelle Wurzeln* $\lambda_1, \lambda_2, \ldots, \lambda_n$. *Zu diesen Wurzeln existieren n Hauptvektoren* $z^1, z^2, \ldots, z^n$, *die folgenden „Orthogonalitäts-"bedingungen genügen:*

$$G(z^i, z^k) = \delta_{ik} \qquad (i, k = 1, 2, \ldots, n).$$

Der Beweis verläuft völlig analog dem Beweis von Satz 8.

Alle Extremaleigenschaften charakteristischer Wurzeln regulärer Büschel quadratischer Formen gelten auch für hermitesche Formen.

Die Sätze 10 bis 17 bleiben in Kraft, wenn in allen diesen Sätzen der Terminus „quadratische Form" überall durch den Terminus „hermitesche Form" ersetzt wird. Die Beweise der Sätze bleiben dabei unverändert.

10.10. Hankelsche Formen

Es sei eine Folge $s_0, s_1, \ldots, s_{2n-2}$ von Zahlen vorgegeben. Mit Hilfe dieser Zahlen bilden wir folgende quadratische Form von n Variablen:

$$S(x, y) = \sum_{i,k=0}^{n-1} s_{i+k} x_i x_k. \tag{134}$$

Die quadratische Form heißt *Hankelsche Form.* Die entsprechende symmetrische Matrix $S = \|s_{i+k}\|_0^{n-1}$ heißt *Hankelsche Matrix.* Diese Matrix lautet

$$S = \begin{Vmatrix} s_0 & s_1 & s_2 & \dots & s_{n-1} \\ s_1 & s_2 & s_3 & \dots & s_n \\ s_2 & s_3 & s_4 & \dots & s_{n+1} \\ \dots & \dots & \dots & \dots & \dots \\ s_{n-1} & s_n & s_{n+1} & \dots & s_{2n-2} \end{Vmatrix}.$$

Die Hauptabschnittsdeterminanten der Matrix S bezeichnen wir mit $D_1, D_2, \dots, D_n$, und zwar ist $D_p = |s_{i+k}|_0^{p-1}$ $(p = 1, 2, \dots, n)$.

In diesem Abschnitt beweisen wir die wichtigsten Ergebnisse von Frobenius über Rang und Signatur reeller Hankelscher Formen.[1]

Einleitend beweisen wir zwei Lemmata.

Lemma 1. *Sind die ersten h Zeilen einer Hankelschen Matrix $S = \|s_{i+k}\|_0^{n-1}$ linear unabhängig, die ersten $h + 1$ dagegen linear abhängig, so ist $D_h \neq 0$.*

Beweis. Wir bezeichnen die ersten $h + 1$ Zeilen von S mit $Z_1, Z_2, \dots, Z_h, Z_{h+1}$. Nach Voraussetzung sind die Zeilen $Z_1, Z_2, \dots, Z_h$ linear unabhängig, die Zeile Z_{h+1} ist Linearkombination dieser Zeilen: $Z_{h+1} = \sum_{j=1}^{h} \alpha_j Z_{h-j+1}$ oder

$$s_q = \sum_{j=1}^{h} \alpha_j s_{q-j} \qquad (q = h, h + 1, \dots, h + n - 1). \tag{135}$$

Wir geben die Matrix an, die aus den ersten h Zeilen $Z_1, Z_2, \dots, Z_h$ der Matrix S besteht:

$$\begin{Vmatrix} s_0 & s_1 & s_2 & \dots & s_{n-1} \\ s_1 & s_2 & s_3 & \dots & s_n \\ \dots & \dots & \dots & \dots & \dots \\ s_{h-1} & s_h & s_{h+1} & \dots & s_{h+n-2} \end{Vmatrix}. \tag{136}$$

Der Rang dieser Matrix ist h. Andererseits kann nach (135) eine beliebige Spalte dieser Matrix als Linearkombination der h vorhergehenden Spalten dargestellt werden. Folglich kann eine beliebige Spalte der Matrix als Linearkombination der ersten h Spalten dargestellt werden. Dann sind aber, da der Rang der Matrix (136) gleich h ist, die ersten h Spalten der Matrix (136) linear unabhängig, d. h., es ist $D_h \neq 0$. Damit ist das Lemma bewiesen.

Lemma 2. *Genügen die Hauptminoren $D_1, D_2, \dots, D_n$ der Matrix $S = \|s_{i+k}\|_0^{n-1}$ für $h < n$ der Bedingung*

$$D_h \neq 0, \qquad D_{h+1} = \dots = D_h = 0 \tag{137}$$

[1]) Vgl. [182].

und ist

$$t_{ik} = \frac{S\begin{pmatrix}1 & \dots & h & h+i+1\\ 1 & \dots & h & h+k+1\end{pmatrix}}{S\begin{pmatrix}1 & \dots & h\\ 1 & \dots & h\end{pmatrix}} = \frac{1}{D_h}\begin{vmatrix} & & & s_{h+k}\\ & \boldsymbol{D}_h & & \vdots\\ & & & s_{2h+k-1}\\ s_{h+i} & \dots & s_{2h+i-1} & s_{2h+i+k}\end{vmatrix}\,[1)]$$

$$(i, k = 0, 1, \dots, n-h-1), \tag{138}$$

so ist $T = \|t_{ik}\|_0^{n-h-1}$ *ebenfalls eine Hankelsche Matrix, und alle ihre oberhalb der Nebendiagonale stehenden Elemente sind gleich* 0, *d. h., es existieren Zahlen* $t_{n-h-1}, \dots, t_{2n-2h-2}$ *mit*

$$t_{ik} = t_{i+k} \quad (i, k = 0, 1, \dots, n-h-1;\ t_0 = t_1 = \cdots = t_{n-h-2} = 0).$$

Beweis. In unsere Betrachtungen führen wir die Matrizen $T_p = \|t_{ik}\|_0^{p-1}$ $(p = 1, 2, \dots, n-h)$ ein. Bei dieser Bezeichnungsweise ist $T = T_{n-h}$. Wir beweisen durch vollständige Induktion über p, daß alle diese Matrizen T_p $(p = 1, 2, \dots, n-h)$ Hankelsch sind und daß $t_{ik} = 0$ für $i + k \leqq p - 2$ ist.

Für die Matrix T_1 ist unsere Behauptung trivial, für die Matrix T_2 ist sie offensichtlich zutreffend, da $T_2 = \begin{Vmatrix} t_{00} & t_{01}\\ t_{10} & t_{11}\end{Vmatrix}$, $t_{01} = t_{10}$ (infolge der Symmetrie von S) und $t_{00} = \dfrac{D_{h+1}}{D_h} = 0$ ist.

Wir setzen nun die Gültigkeit der Behauptung für die Matrix T_p $(p < n - h)$ voraus und zeigen, daß sie dann auch für die Matrix $T_{p+1} = \|t_{ik}\|_0^p$ zutrifft. Nach Voraussetzung gibt es Zahlen $t_{p-1}, t_p, \dots, t_{2p-2}$, so daß $T_p = \|t_{i+k}\|_0^{p-1}$ und $t_0 = \cdots = t_{p-2} = 0$ gilt. Dabei ist

$$|T_p| = +t_{p-1}^p. \tag{139}$$

Andererseits ergibt die Anwendung des Sylvesterschen Determinantensatzes (vgl. (28) auf S. 58)

$$|T_p| = \frac{D_{h+p}}{D_h} = 0. \tag{140}$$

Durch Vergleich von (139) und (140) erhalten wir

$$t_{p-1} = 0. \tag{141}$$

Ferner folgt aus (138)

$$t_{ik} = s_{2h+i+k} + \frac{1}{D_h}\begin{vmatrix} & & & s_{h+k}\\ & \boldsymbol{D}_h & & \vdots\\ & & & s_{2h+k-1}\\ s_{h+i} & \dots & s_{2h+i-1} & 0\end{vmatrix}. \tag{142}$$

---

[1]) In dieser Formel (wie auch in einigen folgenden) steht D_h für die entsprechende Matrix (*Anm. d. Red.*).

Nach Lemma 1 ergibt (137), daß die $(h+1)$-te Zeile der Matrix $S = \|s_{i+k}\|_0^{n-1}$ Linearkombination der ersten h Zeilen ist:

$$s_q = \sum_{g=1}^{n} \alpha_g s_{q-g} \quad (q = h, h+1, \ldots, h+n-1). \tag{143}$$

Es sei $i, k \leqq p \leqq i+k \leqq 2p-1$. Eine der beiden Zahlen i und k ist dabei kleiner als p. Ohne Beschränkung der Allgemeinheit setzen wir $i < p$ voraus. Zerlegen wir nun mit Hilfe von (143) die letzte Spalte der Matrix, die auf der rechten Seite von (142) steht, und wenden erneut (142) an, so erhalten wird

$$t_{ik} = s_{2h+i+k} + \sum_{g=1}^{h} \frac{\alpha_g}{D_h} \begin{vmatrix} & & & s_{h+k-g} \\ & D_h & & \cdot \\ & & & \cdot \\ & & & \cdot \\ & & & s_{2h+k-g-1} \\ s_{h+1} & \cdots & s_{2h+i-1} & 0 \end{vmatrix}$$

$$= s_{2h+i+k} + \sum_{g=1}^{h} \alpha_g (t_{i,k-g} - s_{2h+i+k-g}). \tag{144}$$

Nach Induktionsvoraussetzung gilt aber (141), und da in (144) $i < p$, $k - g < p$ und $i + k - g \leqq 2p - 2$ ist, gilt $t_{i,k-g} = t_{i+k-g}$. Folglich sind für $i + k < p$ alle $t_{ik} = 0$ und für $p \leqq i + k \leqq 2p - 1$ die Größen t_{ik} nach (144) nur von der Summe $i + k$ abhängig.

T_{p+1} ist also eine Hankelsche Matrix, und in ihr sind alle oberhalb der Nebendiagonale stehenden Elemente, nämlich $t_0, t_1, \ldots, t_{p-1}$, gleich 0.

Damit ist das Lemma bewiesen.

Unter Benutzung von Lemma 2 beweisen wir folgenden Satz.

Satz 23. *Betrachten wir eine Hankelsche Matrix $S = \|s_{i+k}\|_0^{n-1}$ vom Rang r und gilt $D_h \neq 0$, $D_{h+1} = \cdots = D_r = 0$ für ein $h < r$, so ist der aus den ersten h und den letzten $r - h$ Zeilen und Spalten der Matrix S gebildete Hauptminor von 0 verschieden:*

$$D^{(r)} = S\begin{pmatrix} 1 & \ldots & h & n-r+h+1 & n-r+h+2 & \ldots & n \\ 1 & \ldots & h & n-r+h+1 & n-r+h+2 & \ldots & n \end{pmatrix} \neq 0.$$

Beweis. Auf Grund des eben bewiesenen Lemmas ist

$$T = \|t_{ik}\|_0^{n-h-1} \quad \left(t_{ik} = \frac{S\begin{pmatrix} 1 & \ldots & h & h+i+1 \\ 1 & \ldots & h & h+k+1 \end{pmatrix}}{S\begin{pmatrix} 1 & \ldots & h \\ 1 & \ldots & h \end{pmatrix}} \quad (i, k = 0, 1, \ldots, n-h+1) \right)$$

eine Hankelsche Matrix, und alle ihre oberhalb der Nebendiagonale stehenden Elemente sind gleich 0. Daher ist $|T| = \pm t_{0,n-h-1}^{n-h}$. Andererseits gilt[1]) $|T| = \dfrac{D_n}{D_h} = 0$.

[1]) Auf Grund des Sylvesterschen Determinantensatzes (vgl. (28) auf S. 58).

Folglich ist $t_{0,n-h-1} = 0$, und die Matrix T hat die Gestalt

$$T = \left\| \begin{matrix} 0 & \cdots & \cdots & \cdots & 0 \\ \vdots & & & \cdot & u_{n-h-1} \\ \vdots & & \cdot & \cdot & \vdots \\ \vdots & \cdot & & & \vdots \\ \vdots & & & & u_2 \\ 0 & u_{n-h-1} & \cdots & u_2 & u_1 \end{matrix} \right\|.$$

Die Matrix T besitzt den Rang $r - h$.[1]) Daher sind in der Matrix T für $r < n - 1$ die Elemente $u_{r-h+1}, \ldots, u_{n-h+1}$ gleich 0, und es ist

$$T = \left\| \begin{matrix} 0 & \cdots & \cdots & \cdots & \cdots & 0 \\ \vdots & & & & \cdot & \vdots \\ \vdots & & & \cdot & & 0 \\ \vdots & & \cdot & & \cdot & u_{r-h} \\ \vdots & \cdot & & \cdot & & \vdots \\ 0 & \cdots & 0 & u_{r-h} & \cdots & u_1 \end{matrix} \right\| \qquad (u_{r-h} \neq 0).$$

Dann folgt aber aus dem Sylvesterschen Determinantensatz (vgl. S. 58)

$$D^{(r)} = D_h T \begin{pmatrix} n - r + 1 & \ldots & n - h \\ n - r + 1 & \ldots & n - h \end{pmatrix} = \pm D_h u_{r-h}^{r-h} \neq 0.$$

was zu beweisen war.

Wir betrachten nun eine reelle[2]) Hankelsche Form $S(x, x) = \sum_{i,k=0}^{\infty} s_{i+k} x_i x_k$ vom Rang r und bezeichnen die Anzahl der positiven Quadrate, die Anzahl der negativen Quadrate und die Signatur dieser Form mit π, ν bzw. σ: $\pi + \nu = r$, $\sigma = \pi - \nu = r - 2\nu$. Nach dem Satz von Jacobi (S. 313) können diese Größen aus der Untersuchung

---

[1]) Aus dem Sylvesterschen Determinantensatz folgt, daß alle Minoren der Matrix T, deren Ordnung größer als $r - h$ ist, verschwinden. Andererseits sind gewisse Minoren r-ter Ordnung der Matrix S, die durch Rändern aus D_h hervorgehen, von 0 verschieden. Hieraus folgt, daß auch entsprechende Minoren $(r - h)$-ter Ordnung der Matrix T von 0 verschieden sind.

[2]) In den vorhergehenden Lemmata 1 und 2 und in Satz 23 konnte als Grundkörper ein beliebiger Zahlkörper, insbesondere der Körper der komplexen oder der Körper der reellen Zahlen, gewählt werden.

der Vorzeichen der Hauptabschnittsdeterminanten gewonnen werden:

$$D_0 = 1, D_1, D_2, \ldots, D_{r-1}, D_r, \tag{145}$$

und zwar ist

$$\left.\begin{aligned} \pi &= P(1, D_1, \ldots, D_r), \qquad \nu = V(1, D_1, \ldots, D_r), \\ \sigma &= P(1, D_1, \ldots, D_r) - V(1, D_1, \ldots, D_r) = r - 2V(1, D_1, \ldots, D_r). \end{aligned}\right\} \tag{146}$$

Diese Formeln können nicht angewandt werden, wenn das letzte Glied der Folge (145) oder drei aufeinanderfolgende Zwischenglieder gleich 0 sind (vgl. 10.3.). Jedoch kann man für Hankelsche Formen, wie FROBENIUS bewiesen hat, Regeln angeben, die die Anwendung von (146) auch im allgemeinen gestatten:

Satz 24 (FROBENIUS). *Für eine reelle Hankelsche Form* $S(x, x) = \sum_{i,k=0}^{n-1} s_{i+k} x_i x_k$ *vom Rang* r *können die Größen* π, ν *und* σ *nach den Formeln* (146) *bestimmt werden, wenn man*

1. *in dem Fall, daß*

$$D_h \neq 0, \quad D_{h+1} = \cdots = D_r = 0 \quad (h < r) \tag{147}$$

ist, in diesen Formeln D_r *durch* $D^{(r)}$ *ersetzt, wobei*

$$D^{(r)} = S\begin{pmatrix} 1 & \ldots & h n-r+h+1 & \ldots & n \\ 1 & \ldots & h n-r+h+1 & \ldots & n \end{pmatrix} \neq 0;$$

2. *in dem Fall, daß*

$$(D_h \neq 0) \quad D_{h+1} = D_{h+2} = \cdots = D_{h+p} = 0 \quad (D_{h+p+1} \neq 0) \tag{148}$$

ist, diesen verschwindenden Zwischengliedern gemäß der Formel

$$\operatorname{sign} D_{h+j} = (-1)^{\frac{j(j-1)}{2}} \operatorname{sign} D_h \tag{149}$$

Vorzeichen zuschreibt.

Dabei erhalten die Größen P, V *und* $P - V$, *die dem Abschnitt* (148) *entsprechen, die Werte*[1])

	p ungerade	p gerade
$P_{h,p} = P(D_h, D_{h+1}, \ldots, D_{h+p+1})$	$\frac{p+1}{2}$	$\frac{p+1+\varepsilon}{2}$
$V_{h,p} = V(D_h, D_{h+1}, \ldots, D_{h+p+1})$	$\frac{p+1}{2}$	$\frac{p+1-\varepsilon}{2}$
$P_{h,p} - V_{h,p}$	0	ε

; (150)

$$\varepsilon = (-1)^{p/2} \operatorname{sign} \frac{D_{h+p+1}}{D_h}.$$

[1]) Die Formeln (149) und (150) sind auch auf den Fall (147) anwendbar, nur muß man hier $p = r - h - 1$ setzen und unter D_{h+p+1} nicht $D_r = 0$, sondern $D^{(r)} \neq 0$ verstehen.

Beweis. Zuerst betrachten wir den Fall $D_r \neq 0$. In diesem Fall besitzen die Formen $S(x, x) = \sum_{i,k=0}^{n-1} s_{i+k}x_ix_k$ und $S_r(x, x) = \sum_{i,k=0}^{r-1} s_{i+k}x_ix_k$ nicht nur den gleichen Rang r, sondern auch die gleiche Signatur σ. Es sei nämlich $S(x, x) = \sum_{i=1}^{r} \varepsilon_i Z_i^2$ mit reellen Linearformen Z_i und $\varepsilon_i = \pm 1$ $(i = 1, 2, \ldots, r)$. Setzen wir $x_{r+1} = \cdots = x_n = 0$, so gehen die Formen $S(x, x)$ und Z_i in $S_r(x, x)$ bzw. $\hat{Z}_i$ $(i = 1, 2, \ldots, r)$ über; dabei ist $S_r(x, x) = \sum_{i=1}^{r} \varepsilon_i \hat{Z}_i^2$, d. h., $S_r(x, x)$ besitzt die gleiche Anzahl positiver und negativer linear unabhängiger Quadrate wie die Form $S(x, x)$.[1]) Folglich ist σ die Signatur der Form $S_r(x, x)$.

Wir variieren die kontinuierlichen Parameter $s_0, s_1, \ldots, s_{2r-2}$ derart, daß bezüglich der neuen Werte der Parameter $s_0^*, s_1^*, \ldots, s_{2r-2}^*$[2]) alle Glieder der Folge $1, D_1^*, D_2^*, \ldots, D_r^*$ $(D_q^* = |s_{i+k}^*|_0^{q-1};\ q = 1, 2, \ldots, r)$ von 0 verschieden sind und keine der von 0 verschiedenen Determinanten (145) während dieses Prozesses den Wert 0 annimmt.[3])

Da bei der Änderung der Parameter der Rang der Form $S_r(x, x)$ erhalten bleibt, bleibt auch ihre Signatur unverändert (vgl. S. 318). Daher ist

$$\sigma = P(1, D_1^*, \ldots, D_r^*) - V(1, D_1^*, \ldots, D_r^*). \tag{151}$$

Ist für ein gewisses i der Minor D_i ungleich 0, so gilt $\operatorname{sign} D_i^* = \operatorname{sign} D_i$. Die ganze Frage reduziert sich darauf, den Wechsel der Vorzeichen unter denjenigen D_i^* zu bestimmen, deren entsprechende D_i verschwinden. Genauer: Es ist notwendig, für jeden Abschnitt der Form (148) den Ausdruck

$$P(D_h^*, D_{h+1}^*, \ldots, D_{h+p+1}^*) - V(D_h^*, D_{h+1}^*, \ldots, D_{h+p}^*, D_{h+p+1}^*)$$

zu bestimmen. Dazu setzen wir

$$t_{ik} = \frac{1}{D_h} \begin{vmatrix} & & & s_{h+k} \\ & \boldsymbol{D}_h & & \vdots \\ & & & s_{2h+k-1} \\ s_{h+i} & \cdots & s_{2h+i-1} & s_{2h+i+k} \end{vmatrix} \qquad (i, k = 0, 1, \ldots, p).$$

Nach Lemma 2 ist die Matrix $T = \|t_{ik}\|_0^p$ eine Hankelsche Matrix, und alle ihre oberhalb der Nebendiagonalen gelegenen Elemente sind gleich 0, d. h., T besitzt die

---

[1]) Die Linearformen $\hat{Z}_1, \hat{Z}_2, \ldots, \hat{Z}_r$ sind linear unabhängig, da die quadratische Form $S_r(x, x) = \sum_{i=1}^{r} \varepsilon_i \hat{Z}_i^2$ den Rang r besitzt $(D_r \neq 0)$.

[2]) In diesem Abschnitt bedeutet das Zeichen * nicht den Übergang zur adjungierten Matrix.

[3]) Eine solche Variation der Parameter ist stets möglich, da im Raum der Parameter $s_0, s_1, \ldots, s_{2r-2}$ Gleichungen vom Typ $D_i = 0$ eine algebraische Hyperebene definieren. Liegt ein Punkt auf einigen dieser Hyperebenen, so kann er stets durch beliebig nahe gelegene Punkte approximiert werden, die keiner dieser Hyperebenen angehören.

Form

$$T = \left\| \begin{matrix} 0 & \cdot & \cdot & \cdot & 0 & t_p \\ & & & & \cdot\ \cdot & * \\ \cdot & & & \cdot\ \cdot & & \\ \cdot & & \cdot\ \cdot & & & \cdot \\ \cdot & \cdot\ \cdot & & & & \cdot \\ 0 & \cdot & & & & \cdot \\ t_p & * & & \cdots & & * \end{matrix} \right\| . \tag{152}$$

Wir bezeichnen die der Folge $D_1, D_2, \ldots$. entsprechenden Hauptabschnittsdeterminanten der Matrix T mit $\hat{D}_1, \hat{D}_2, \ldots, \hat{D}_{p+1}$:

$$\hat{D}_q = |t_{ik}|_0^{q-1} \qquad (q = 1, 2, \ldots, p+1).$$

Außer T betrachten wir die Matrix $T^* = \|t^*_{ik}\|_0^p$ mit

$$t^*_{ik} = \frac{1}{D^*_h} \begin{vmatrix} & & & s^*_{h+k} \\ & \boldsymbol{D}^*_h & & \cdot \\ & & & \cdot \\ & & & \cdot \\ & & & s^*_{2h+k-1} \\ s^*_{h+i} & \cdots & s^*_{2h+i-1} & s^*_{2h+i+k} \end{vmatrix} \qquad (i, k = 0, 1, \ldots, p)$$

und die entsprechenden Determinanten $\hat{D}^*_q = |t^*_{ik}|_0^{q-1}$ $(q = 1, 2, \ldots, p+1)$. Auf Grund des Sylvesterschen Determinantensatzes ist $D^*_{h+q} = D^*_h \hat{D}^*_q$ $(q = 1, 2, \ldots, p+1)$. Daher gilt

$$\begin{aligned} &P(D^*_h, D^*_{h+1}, \ldots, D^*_{h+p+1}) - V(D^*_h, D^*_{h+1}, \ldots, D^*_{h+p+1}) \\ &= P(1, \hat{D}^*_1, \ldots, \hat{D}^*_{p+1}) - V(1, \hat{D}^*_1, \ldots, \hat{D}^*_{p+1}) = \hat{\sigma}^*, \end{aligned} \tag{153}$$

wobei $\hat{\sigma}^*$ die Signatur der Form $T^*(x, x) = \sum_{i,k=0}^{p} t^*_{ik} x_i x_k$ ist.

Außer der Form $T^*(x, x)$ betrachten wir die Formen

$$T(x, x) = \sum_{i,k=0}^{p} t_{i+k} x_i x_k \quad \text{und} \quad T^{**}(x, x) = t_p(x_0 x_p + x_1 x_{p-1} + \cdots + x_p x_0).$$

Die Matrix T^{**} erhalten wir aus der Matrix T (vgl. (152)) dadurch, daß wir in ihr alle unterhalb der Nebendiagonalen stehenden Elemente durch Nullen ersetzen. Die Signaturen der Formen $T(x, x)$ und $T^{**}(x, x)$ bezeichnen wir mit $\hat{\sigma}$ bzw. $\hat{\sigma}^{**}$. Da die Formen $T^*(x, x)$ und $T^{**}(x, x)$ durch eine Variation der Koeffizienten aus der Form $T(x, x)$ erhalten werden, in deren Verlauf der Rang der Formen nicht geändert wird $\left(|T^{**}| = |T| = \dfrac{D_{h+p+1}}{D_h} \neq 0,\ |T^*| = \dfrac{D^*_{h+p+1}}{D^*_h} \neq 0\right)$, stimmen auch die Signaturen der Formen $T(x, x)$, $T^*(x, x)$ und $T^{**}(x, x)$ überein:

$$\hat{\sigma} = \hat{\sigma}^* = \hat{\sigma}^{**}. \tag{154}$$

Nun ist aber

$$T^{**}(x, x) = \begin{cases} 2t_p(x_0x_{2k-1} + \cdots + x_{k-1}x_k) & \text{für} \quad p = 2k-1, \\ t_p[2(x_0x_{2k} + \cdots + x_{k-1}x_{k+1}) + x_k^2] & \text{für} \quad p = 2k. \end{cases}$$

Da jedes Produkt der Gestalt $x_\alpha x_\beta$ für $\alpha \neq \beta$ durch eine Differenz zweier Quadrate ersetzt werden kann, $x_\alpha x_\beta = \left(\frac{x_\alpha + x_\beta}{2}\right)^2 - \left(\frac{x_\alpha - x_\beta}{2}\right)^2$, und da man auf diese Weise eine Zerlegung von $T^{**}(x, x)$ in unabhängige Quadrate erhält, gilt

$$\delta^{**} = \begin{cases} 0 & \text{für} \quad p \text{ ungerade}, \\ \operatorname{sign} t_p & \text{für} \quad p \text{ gerade}. \end{cases} \tag{155}$$

Andererseits ergibt sich aus (162)

$$\frac{D_{h+p+1}}{D_h} = |T| = (-1)^{\frac{p(p+1)}{2}} t_p^{p+1}. \tag{156}$$

Aus (153), (154), (155) und (156) folgt

$$P(D_h^*, D_{h+1}^*, \ldots, D_{h+p+1}^*) - V(D_h^*, D_{h+1}^*, \ldots, D_{h+p+1}^*)$$
$$= \begin{cases} 0 & \text{für} \quad p \text{ ungerade}, \\ \varepsilon & \text{für} \quad p \text{ gerade}, \end{cases} \tag{157}$$

wobei $\varepsilon = (-1)^{p/2} \operatorname{sign} \frac{D_{h+p+1}}{D_h}$ ist. Nun gilt aber

$$P(D_{h+1}^*, D_{h+2}^*, \ldots, D_{h+p+1}^*) + V(D_{h+1}^*, D_{h+2}^*, \ldots, D_{h+p+1}^*) = p + 1, \tag{158}$$

und es ergibt sich aus (157) und (158) die Tabelle (150).

Es sei nun $D_r = 0$. Dann ist für ein gewisses $h < r$

$$D_h \neq 0, \quad D_{h+1} = \cdots = D_r = 0.$$

In diesem Fall folgt aus Satz 25

$$D^{(r)} = S\begin{pmatrix} 1 & \ldots & h & n-r+h+1 & \ldots & n \\ 1 & \ldots & h & n-r+h+1 & \ldots & n \end{pmatrix} \neq 0.$$

Der hier betrachtete Fall führt auf eine schon früher einmal vorgenommene Umnumerierung der Variablen der quadratischen Form $S(x, x) = \sum_{i,k=0}^{n-1} s_{i+k} x_i x_k$. Wir setzen

$$\left.\begin{aligned} &\tilde{x}_0 = x_0, \ldots, \tilde{x}_{h-1} = x_{h-1}, \quad \tilde{x}_h = x_{n-r+h}, \ldots, \tilde{x}_{r-1} = x_{n-1}, \\ &\tilde{x}_r = x_h, \ldots, \tilde{x}_{n-1} = x_{n-r+h-1}. \end{aligned}\right\} \tag{159}$$

Dabei ist $S(x, x) = \sum_{i,k=0}^{n-1} \tilde{s}_{i+k} x_i x_k$.

Geht man von der Struktur der Matrix T aus (vgl. S. 345) und benutzt die aus dem Sylvesterschen Determinantensatz gewonnenen Relationen

$$\hat{D}_j = \frac{D_{h+j}}{D_h}, \quad \hat{\tilde{D}}_j = \frac{\tilde{D}_{h+j}}{D_h} \quad (j = 1, 2, \ldots, n-h),$$

so findet man, daß die Folge $1, \tilde{D}_1, \tilde{D}_2, \ldots, \tilde{D}_n$ aus der Folge $1, D_1, D_2, \ldots, D_n$ durch eine einzige Änderung hervorgeht: Das Glied D_r wird durch $D^{(r)}$ ersetzt.

Auf diese Weise haben wir gezeigt, daß in allen Fällen die Tabelle (150) angewendet werden kann.

Wir bemerken noch, daß bei ungeradem p (p ist die Anzahl der im Abschnitt (148) verschwindenden Determinanten) wegen (156)

$$\operatorname{sign} \frac{D_{h+p+1}}{D_h} = (-1)^{\frac{p+1}{2}} \tag{160}$$

folgt. Unter Anwendung dieser Formel kann der Leser leicht überprüfen, daß der Tabelle (150) gerade die durch die Formel (149) gegebene Vorzeichenzuschreibung der verschwindenden Determinanten entspricht.

Damit ist der Satz vollständig bewiesen.[1])

Anmerkung. Für $p = 1$ folgt aus der Formel (160), daß $D_h D_{h+2} < 0$ ist. Wir erhalten somit die Regel von Gundelfinger, die besagt, daß man bei der Berechnung von $V(1, D_1, \ldots, D_r)$ den Minor D_{h+1} weglassen kann. Für $p = 2$ folgt aus der Tabelle (150) die Regel von Frobenius (vgl. S. 313).

---

[1]) Man kann sich leicht davon überzeugen, daß Satz 23 und damit auch Satz 24 auf den Fall $h = 0$ ausgedehnt werden kann, wenn man, wie auf S. 346 vereinbart, $D_0 \equiv 1$ annimmt (vgl. Frobenius [182f]).

Zweiter Teil

Spezielle Fragen und Anwendungen

11. Komplexe symmetrische, schiefsymmetrische und orthogonale Matrizen

In Kapitel 9 haben wir im Zusammenhang mit der Untersuchung linearer Operatoren in euklidischen Räumen reelle symmetrische, schiefsymmetrische und orthogonale Matrizen betrachtet, d. h. reelle quadratische Matrizen, die durch die Relationen

$$S^{\mathsf{T}} = S, \quad K^{\mathsf{T}} = -K, \quad Q^{\mathsf{T}} = Q^{-1}$$

charakterisierbar sind. (^{T} bedeutet dabei den Übergang zur transponierten Matrix.) Dort wurde gezeigt, daß alle diese Matrizen über dem Körper der komplexen Zahlen lineare Elementarteiler besitzen, und es wurden Normalformen für diese Matrizen aufgestellt, d. h., „einfachste" reelle symmetrische, schiefsymmetrische und orthogonale Matrizen angegeben, die beliebigen Matrizen der betrachteten Typen reell- und orthogonal-ähnlich sind.

Dieses Kapitel ist der Untersuchung komplexer symmetrischer, schiefsymmetrischer und orthogonaler Matrizen gewidmet. Wir beschäftigen uns mit der Frage, wie die Elementarteiler dieser Matrizen aussehen, und stellen Normalformen auf. Die Struktur dieser Normalformen ist wesentlich komplizierter als die der entsprechenden Normalformen im reellen Fall. In 11.1. werden einleitend interessante Zusammenhänge zwischen komplexen orthogonalen bzw. unitären Matrizen und reellen symmetrischen, schiefsymmetrischen und orthogonalen Matrizen aufgezeigt.

11.1. Einige Sätze über komplexe orthogonale und unitäre Matrizen

Wir beginnen mit einem Lemma.

Lemma 1.[1]) 1. *Ist die Matrix G gleichzeitig hermitesch und orthogonal (d. h., gilt $G^{\mathsf{T}} = \bar{G} = G^{-1}$), so kann sie in der Gestalt*

$$G = I\, e^{iK} \tag{1}$$

dargestellt werden, wobei I eine reelle symmetrische involutorische und K eine mit I vertauschbare reelle schiefsymmetrische Matrix ist:

$$I = \bar{I} = I^{\mathsf{T}}, \quad I^2 = E, \quad K = \bar{K} = -K^{\mathsf{T}}. \tag{2}$$

[1]) Vgl. [81c], S. 223–225.

2. *Ist darüber hinaus G eine positiv definite hermitesche Matrix*[1]), *so ist in Formel* (1) $I = E$, *und es gilt*

$$G = e^{iK}. \tag{3}$$

Beweis. 1. Es sei

$$G = S + iT, \tag{4}$$

wobei S und T reelle Matrizen sind. Dann ist

$$\bar{G} = S - iT \quad \text{und} \quad G^{\mathsf{T}} = S^{\mathsf{T}} + iT^{\mathsf{T}}. \tag{5}$$

Die Beziehung $\bar{G} = G^{\mathsf{T}}$ hat also zur Folge, daß $S = S^{\mathsf{T}}$ und $T = -T^{\mathsf{T}}$, d. h., daß S eine symmetrische und T eine schiefsymmetrische Matrix ist. Setzt man ferner in die komplexe Gleichung $G\bar{G} = E$ für G und $\bar{G}$ die entsprechenden Ausdrücke aus (4) und (5) ein, so zerfällt sie in die beiden reellen Gleichungen

$$S^2 + T^2 = E, \quad ST = TS. \tag{6}$$

Die zweite dieser Gleichungen besagt, daß S und T vertauschbar sind.

Nach Kap. 9, Satz 12′ (S. 301), können vertauschbare normale Matrizen durch ein und dieselbe reelle orthogonale Transformation in kanonische Normalform (spezielle verallgemeinerte Diagonalmatrizen) übergeführt werden. Daher gilt[2])

$$\begin{aligned} S &= Q\{s_1, s_1, s_2, s_2, \ldots, s_q, s_q, s_{2q+1}, \ldots, s_n\}\, Q^{-1}, \\ T &= Q\left\{\left\|\begin{matrix} 0 & t_1 \\ -t_1 & 0 \end{matrix}\right\|, \left\|\begin{matrix} 0 & t_2 \\ -t_2 & 0 \end{matrix}\right\|, \ldots, \left\|\begin{matrix} 0 & t_q \\ -t_q & 0 \end{matrix}\right\|, 0, \ldots, 0\right\} Q^{-1} \end{aligned} \tag{7}$$

($Q = \bar{Q} = Q^{\mathsf{T}-1}$; die s_i und t_i sind reelle Zahlen). Hieraus folgt

$$G = S + iT = Q\left\{\left\|\begin{matrix} s_1 & it_1 \\ -it_1 & s_1 \end{matrix}\right\|, \left\|\begin{matrix} s_1 & it_2 \\ -it_2 & s_2 \end{matrix}\right\|, \ldots, \left\|\begin{matrix} s_q & it_q \\ -it_q & s_q \end{matrix}\right\|, s_{2q+1}, \ldots, s_n\right\} Q^{-1}. \tag{8}$$

Andererseits findet man, wenn man in die erste der Gleichungen (6) für S und T die in (7) erhaltenen Ausdrücke einsetzt,

$$s_1^2 - t_1^2 = 1, \quad s_2^2 - t_2^2 = 1, \ldots, s_q^2 - t_q^2 = 1, \quad s_{2q+1} = \pm 1, \ldots, s_n = \pm 1. \tag{9}$$

Es läßt sich leicht nachprüfen, daß Matrizen vom Typ $\left\|\begin{matrix} s & it \\ -it & s \end{matrix}\right\|$ mit $s^2 - t^2 = 1$ stets in der Form

$$\left\|\begin{matrix} s & it \\ -it & s \end{matrix}\right\| = \varepsilon\, e^{i\left\|\begin{smallmatrix} 0 & \varphi \\ -\varphi & 0 \end{smallmatrix}\right\|}$$

mit $|s| = \cosh \varphi$, $\varepsilon t = \sinh \varphi$, $\varepsilon = \operatorname{sign} s$ dargestellt werden können. Nach (8) und (9) ist also

$$G = Q\left\{\pm e^{i\left\|\begin{smallmatrix} 0 & \varphi_1 \\ -\varphi_1 & 0 \end{smallmatrix}\right\|}, \pm e^{i\left\|\begin{smallmatrix} 0 & \varphi_2 \\ -\varphi_2 & 0 \end{smallmatrix}\right\|}, \ldots, \pm e^{i\left\|\begin{smallmatrix} 0 & \varphi_q \\ -\varphi_q & 0 \end{smallmatrix}\right\|}, \pm 1, \ldots, \pm 1\right\} Q^{-1}, \tag{10}$$

[1]) d. h., ist G die Formmatrix einer positiv definiten hermiteschen Form (vgl. 10.9.).

[2]) Vgl. auch die Bemerkung zu Satz 12′ in Kap. 9 (S. 301).

d. h. $G = I\,e^{iK}$ mit

$$\left.\begin{aligned} I &= Q\{\pm 1, \pm 1, \ldots, \pm 1\}\, Q^{-1}, \\ K &= Q\left\{\begin{Vmatrix} 0 & \varphi_1 \\ -\varphi_1 & 0 \end{Vmatrix}, \ldots, \begin{Vmatrix} 0 & \varphi_q \\ -\varphi_q & 0 \end{Vmatrix}, 0, \ldots, 0\right\} Q^{-1} \end{aligned}\right\} \tag{11}$$

und

$$IK = KI.$$

2. Ist darüber hinaus G eine positiv definite hermitesche Matrix, so sind ihre sämtlichen charakteristischen Wurzeln positiv (vgl. Kap. 9, S. 283). Nach (10) sind diese Wurzeln aber gleich

$$\pm e^{\varphi_1}, \quad \pm e^{-\varphi_1}, \quad \pm e^{\varphi_2}, \quad \pm e^{-\varphi_2}, \ldots, \pm e^{\varphi_q}, \quad \pm e^{-\varphi_q}, \quad \pm 1, \ldots, \pm 1$$

(die Vorzeichen entsprechen denen in (10)). In (10) und in der ersten Formel von (11) ist daher $\pm$ überall durch $+$ zu ersetzen, und es ist

$$I = Q\{1, 1, \ldots, 1\}\, Q^{-1} = E,$$

was zu beweisen war.

Damit ist das Lemma vollständig bewiesen.

Mit Hilfe dieses Lemmas beweisen wir folgenden Satz:

Satz 1. *Eine komplexe orthogonale Matrix Q kann stets in der Gestalt*

$$Q = R\,e^{iK} \tag{12}$$

dargestellt werden; dabei ist R eine reelle orthogonale und K eine schiefsymmetrische Matrix:

$$R = \bar{R} = R^{\mathsf{T}-1}, \qquad K = \bar{K} = -K^{\mathsf{T}} \tag{13}$$

Beweis. Wir nehmen an, daß (12) gilt. Dann ist

$$Q^* = \bar{Q}^{\mathsf{T}} = e^{iK} R^{\mathsf{T}} \quad \text{und} \quad Q^*Q = e^{iK} R^{\mathsf{T}} R\, e^{iK} = e^{2iK}$$

Nach Lemma 1 kann die gesuchte reelle schiefsymmetrische Matrix K aus der Gleichung

$$Q^*Q = e^{2iK} \tag{14}$$

bestimmt werden, da Q^*Q eine positiv definite hermitesche und orthogonale Matrix ist.[1]) Ist K aus (14) bestimmt, so kann R aus (12) berechnet werden:

$$R = Q\,e^{-iK}. \tag{15}$$

Dann ist $R^*R = e^{-iK}Q^*Q\,e^{-iK} = E$, d. h., R ist unitär. Andererseits folgt aus (15), daß die Matrix R als Produkt zweier orthogonaler Matrizen ebenfalls orthogonal ist: $R^{\mathsf{T}}R = E$. Die Matrix R ist also gleichzeitig unitär und orthogonal, folglich reell

[1]) Eine komplexe orthogonale Matrix ist regulär, denn aus $QQ^{\mathsf{T}} = E$ folgt $|Q| = \pm 1$.

orthogonal. Formel (15) kann so umgeschrieben werden, daß sie mit (12) übereinstimmt.

Damit ist der Satz bewiesen.[1])

Wir beweisen nun folgendes Lemma:

Lemma 2. *Ist die Matrix D gleichzeitig symmetrisch und unitär* ($D = D^{\mathsf{T}} = \overline{D}^{-1}$), *so kann sie stets in der Form*

$$D = e^{iS} \tag{16}$$

dargestellt werden, wobei S eine reelle symmetrische Matrix ($S = \overline{S} = S^{\mathsf{T}}$) *ist.*

Beweis. Wir setzen

$$D = U + iV \quad (U = \overline{U},\ V = \overline{V}). \tag{17}$$

Dann ist

$$\overline{D} = U - iV, \quad D^{\mathsf{T}} = U^{\mathsf{T}} + iV^{\mathsf{T}}.$$

Die komplexe Beziehung $D = D^{\mathsf{T}}$ zerfällt in zwei reelle: $U = U^{\mathsf{T}}$, $V = V^{\mathsf{T}}$. Folglich sind U und V reelle symmetrische Matrizen.

Aus $D\overline{D} = E$ folgt

$$U^2 + V^2 = E, \quad UV = VU. \tag{18}$$

Die zweite dieser Gleichungen besagt, daß die Matrizen U und V vertauschbar sind. Wenden wir auf sie Satz 12′ (und die Bemerkung) aus Kap. 9 (S. 301) an, so erhalten wir

$$U = Q\{s_1, s_2, \ldots, s_n\}\, Q^{-1}, \qquad V = Q\{t_1, t_2, \ldots, t_n\}\, Q^{-1}. \tag{19}$$

Hier ist $Q = \overline{Q} = (Q^{\mathsf{T}})^{-1}$, und die s_k und t_k ($k = 1, 2, \ldots, n$) sind reelle Zahlen.

Jetzt ergibt die erste Gleichung aus (18) $s_k^2 + t_k^2 = 1$ ($k = 1, 2, \ldots, n$). Daher existieren reelle Zahlen φ_k ($k = 1, 2, \ldots, n$) derart, daß $s_k = \cos\varphi_k$, $t_k = \sin\varphi_k$ ($k = 1, 2, \ldots, n$) ist. Setzen wir diese Ausdrücke für s_k und t_k in (19) ein und beachten wir (17), so finden wir

$$D = Q\{e^{i\varphi_1}, e^{i\varphi_2}, \ldots, e^{i\varphi_n}\}\, Q^{-1} = e^{iS}$$

mit

$$S = Q\{\varphi_1, \varphi_2, \ldots, \varphi_n\}\, Q^{-1}. \tag{20}$$

Aus (20) folgt $S = \overline{S} = S^{\mathsf{T}}$. Damit ist das Lemma bewiesen.

---

[1]) Die Beziehung (12) und ebenso die polare Zerlegung komplexer Matrizen (in Übereinstimmung mit (87) und (88) auf S. 286) hängt eng mit einem Satz von Cartan zusammen, der die Darstellungen für die Automorphismen halbeinfacher komplexer Liescher Gruppen behandelt; vgl. [81c], S. 232–233.

Mit Hilfe dieses Lemmas beweisen wir folgenden Satz:

Satz 2. *Eine unitäre Matrix U kann stets in der Form*

$$U = R\,e^{iS} \tag{21}$$

dargestellt werden; dabei ist R eine reelle orthogonale und S eine reelle symmetrische Matrix:

$$R = \bar{R} = R^{\mathsf{T}-1}, \qquad S = \bar{S} = S^{\mathsf{T}}. \tag{22}$$

Beweis. Aus (21) folgt

$$U^{\mathsf{T}} = e^{iS} R^{\mathsf{T}}. \tag{23}$$

Multipliziert man beide Seiten von (21) und (23) miteinander, so erhält man nach (22) $U^{\mathsf{T}}U = e^{iS}\,R^{\mathsf{T}}R\,e^{iS} = e^{2iS}$. Nach Lemma 2 kann die reelle symmetrische Matrix S aus der Gleichung

$$U^{\mathsf{T}}U = e^{2iS} \tag{24}$$

bestimmt werden, da die Matrix $U^{\mathsf{T}}U$ symmetrisch und unitär ist. Nachdem wir die Matrix S kennen, bestimmen wir die Matrix R aus der Gleichung

$$R = U\,e^{-iS}. \tag{25}$$

Dann ist

$$R^{\mathsf{T}} = e^{-iS} U^{\mathsf{T}}, \tag{26}$$

und damit ergibt sich aus (24), (25) und (26) $R^{\mathsf{T}}R = e^{-iS}U^{\mathsf{T}}U\,e^{-iS} = E$, d. h., R ist eine orthogonale Matrix.

Andererseits ist R nach (25) das Produkt zweier unitärer Matrizen, also ebenfalls unitär. Da R gleichzeitig orthogonal und unitär ist, ist R eine reelle Matrix, und Formel (25) kann so umgeschrieben werden, daß sie mit (21) übereinstimmt.

Damit ist der Satz bewiesen.

11.2. Die polare Zerlegung einer komplexen Matrix

Wir beweisen folgenden Satz:

Satz 3. *Eine reguläre Matrix* $A = \|a_{ik}\|_1^n$ *mit komplexen Elementen kann stets in der Form*

$$A = SQ \tag{27}$$

bzw.

$$A = Q_1 S_1 \tag{28}$$

dargestellt werden; dabei sind S *und* S_1 *komplexe symmetrische,* Q *und* Q_1 *komplexe orthogonale Matrizen. Ferner ist*

$$S = \sqrt{AA^{\mathsf{T}}} = f(AA^{\mathsf{T}}), \qquad S_1 = \sqrt{A^{\mathsf{T}}A} = f_1(A^{\mathsf{T}}A),$$

wobei $f(\lambda)$ *und* $f_1(\lambda)$ *Polynome in* λ *sind.*

Sowohl in der Zerlegung (27) *als auch in der Zerlegung* (28) *sind die Faktoren S und Q (bzw. S_1 und Q_1) genau dann vertauschbar, wenn die Matrizen A und A^{T} vertauschbar sind.*

Beweis. Es genügt, die Zerlegung (27) herzuleiten; wendet man nämlich diese Zerlegung auf die Matrix A^{T} an und bestimmt aus der erhaltenen Formel die Matrix A, so ist damit die Zerlegung (28) gegeben.

Gilt (27), so ist $A = SQ$, $A^{\mathsf{T}} = Q^{-1}S$ und daher

$$AA^{\mathsf{T}} = S^2. \tag{29}$$

Umgekehrt folgt aus der Tatsache, daß AA^{T} eine reguläre Matrix ist ($|AA^{\mathsf{T}}| = |A|^2 \neq 0$): Die Funktion $\sqrt{\lambda}$ ist auf dem Spektrum der Matrix AA^{T} definiert,[1]) folglich existiert ein Interpolationspolynom $f(\lambda)$ mit

$$\sqrt{AA^{\mathsf{T}}} = f(AA^{\mathsf{T}}). \tag{30}$$

Die symmetrische Matrix (30) bezeichnen wir mit $S = \sqrt{AA^{\mathsf{T}}}$. Dann gilt (29), folglich $|S| \neq 0$. Nachdem wir die Matrix Q aus (27) bestimmt haben, $Q = S^{-1}A$, läßt sich leicht nachprüfen, daß diese Matrix orthogonal ist. Damit haben wir die Zerlegung (27) hergeleitet.

Sind in (27) die Faktoren S und Q vertauschbar, so sind auch die Matrizen

$$A = SQ \quad \text{und} \quad A^{\mathsf{T}} = Q^{-1}S$$

vertauschbar; denn es ist $AA^{\mathsf{T}} = S^2$, $A^{\mathsf{T}}A = Q^{-1}S^2Q$.

Gilt umgekehrt $AA^{\mathsf{T}} = A^{\mathsf{T}}A$, so ist $S^2 = Q^{-1}S^2Q$, d. h., die Matrix Q ist mit $S^2 = AA^{\mathsf{T}}$ vertauschbar. Dann ist Q aber auch mit $S = f(AA^{\mathsf{T}})$ vertauschbar.

Damit ist der Satz vollständig bewiesen.

Mit Hilfe der polaren Zerlegung beweisen wir folgenden Satz:

Satz 4. *Sind zwei komplexe symmetrische, schiefsymmetrische oder orthogonale Matrizen A und B einander ähnlich,*

$$B = T^{-1}AT, \tag{31}$$

so sind diese Matrizen orthogonal-ähnlich, d. h., es existiert eine orthogonale Matrix Q mit

$$B = Q^{-1}AQ. \tag{32}$$

Beweis. Aus den Voraussetzungen des Satzes folgt die Existenz eines Polynoms $q(\lambda)$ mit

$$A^{\mathsf{T}} = q(A), \quad B^{\mathsf{T}} = q(B). \tag{33}$$

---

[1]) Vgl. 5.1. Wir betrachten einen eindeutigen Zweig der Funktion $\sqrt{\lambda}$ in einem einfach zusammenhängenden Gebiet, das alle charakteristischen Wurzeln der Matrix AA^{T} enthält, die Null aber nicht.

Dieses Polynom ist im Fall symmetrischer Matrizen identisch gleich λ, im Fall schiefsymmetrischer Matrizen identisch gleich $-\lambda$. Sind aber A und B orthogonale Matrizen, so ist $q(\lambda)$ das Interpolationspolynom für $1/\lambda$ auf dem gemeinsamen Spektrum der Matrizen A und B.

Gestützt auf die Gleichungen (33) führen wir den Beweis des Satzes völlig analog dem Beweis des entsprechenden Satzes 10 in Kap. 9 (S. 298) für den reellen Fall durch. Aus (31) folgt $q(B) = T^{-1}q(A)T$ oder nach (33) $B^{\mathsf{T}} = T^{-1}A^{\mathsf{T}}T$. Hieraus ergibt sich $B = T^{\mathsf{T}}AT^{\mathsf{T}-1}$. Vergleich man diese Gleichung mit (31), so findet man leicht

$$TT^{\mathsf{T}}A = ATT^{\mathsf{T}}. \tag{34}$$

Wir wenden die polare Zerlegung auf die reguläre Matrix T an:

$$T = SQ \quad \left(S = S^{\mathsf{T}} = f(TT^{\mathsf{T}}),\ Q^{\mathsf{T}} = Q^{-1}\right).$$

Da nach (34) die Matrix TT^{T} mit A vertauschbar ist, läßt sich auch die Matrix $S = f(TT^{\mathsf{T}})$ mit A vertauschen. Folglich erhält man, wenn man in (31) an Stelle von T das Produkt SQ einsetzt,

$$B = Q^{-1}S^{-1}ASQ = Q^{-1}AQ.$$

Damit ist der Satz bewiesen.

11.3. Normalformen komplexer symmetrischer Matrizen [1]

Wir beweisen folgenden Satz:

Satz 5. *Zu beliebig vorgegebenen Elementarteilern gibt es stets eine komplexe symmetrische Matrix, die diese Elementarteiler besitzt.*

Beweis. Wir betrachten eine Matrix H n-ter Ordnung, bei der die Elemente der ersten oberen Diagonale gleich 1, alle übrigen gleich 0 sind, und zeigen, daß eine symmetrische Matrix S existiert, die der Matrix H ähnlich ist:

$$S = THT^{-1}. \tag{35}$$

Wir suchen die Transformation T und gehen dabei von den Voraussetzungen

$$S = THT^{-1} = S^{\mathsf{T}} = T^{\mathsf{T}-1}H^{\mathsf{T}}T^{\mathsf{T}}$$

aus, die auch folgendermaßen geschrieben werden können:

$$VH = H^{\mathsf{T}}V; \tag{36}$$

dabei ist V eine symmetrische Matrix, die mit T durch die Beziehung[2])

$$T^{\mathsf{T}}T = -2\mathrm{i}V \tag{37}$$

[1]) Bezüglich des Inhalts dieses und der beiden folgenden Abschnitte vgl. [256].

[2]) Zur Vereinfachung der folgenden Beziehungen ist es zweckmäßig, hier den Faktor $-2\mathrm{i}$ einzuführen.

verknüpft ist. Berücksichtigen wir die Eigenschaften der Matrizen H und $F = H^{\mathsf{T}}$ (vgl. S. 32—33), so finden wir, daß jede Lösung V der Matrizengleichung (36) die Gestalt

$$V = \begin{Vmatrix} 0 & \cdot & \cdot & \cdot & 0 & a_0 \\ \cdot & & & \cdot & a_0 & a_1 \\ \cdot & & \cdot & \cdot & \cdot & \cdot \\ \cdot & \cdot & \cdot & \cdot & & \cdot \\ \cdot & \cdot & \cdot & & & \cdot \\ 0 & a_0 & \cdot & & & \cdot \\ a_0 & a_1 & \cdot & \cdot & \cdot & a_{n-1} \end{Vmatrix} \tag{38}$$

hat, wobei $a_0, a_1, \ldots, a_{n-1}$ beliebige komplexe Zahlen sind.

Da es ausreicht, irgendeine Transformationsmatrix T zu bestimmen, setzen wir in (38) $a_0 = 1$, $a_1 = \cdots = a_{k-1} = 0$ und definieren die Matrix V durch[1])

$$V = \begin{Vmatrix} 0 & \ldots & 0 & 1 \\ 0 & \ldots & 1 & 0 \\ \ldots & \ldots & \ldots & \ldots \\ 1 & \ldots & 0 & 0 \end{Vmatrix}. \tag{39}$$

Ferner beschränken wir uns auf symmetrische Transformationsmatrizen:

$$T = T^{\mathsf{T}}. \tag{40}$$

Dann geht (37) in die Gleichung

$$T^2 = -2\mathrm{i}V \tag{41}$$

über. Die von uns gesuchte Matrix T setzen wir als Polynom in V an. Da $V^2 = E$ ist, kommt dafür nur ein Polynom ersten Grades in Frage:

$$T = \alpha E + \beta V.$$

Aus (41) ergibt sich unter Berücksichtigung der Identität $V^2 = E$

$$\alpha^2 + \beta^2 = 0, \quad 2\alpha\beta = -2\mathrm{i}.$$

Setzen wir $\alpha = 1$, $\beta = -\mathrm{i}$, so werden diese Relationen befriedigt. Dann ist

$$T = E - \mathrm{i}V. \tag{42}$$

Die Matrix T ist regulär symmetrisch.[2]) Gleichzeitig folgt aus (41)

$$T^{-1} = \frac{1}{2}\,\mathrm{i}V^{-1}T = \frac{1}{2}\,\mathrm{i}VT,$$

d. h.

$$T^{-1} = \frac{1}{2}\,(E + \mathrm{i}V). \tag{43}$$

---

[1]) Die Matrix V ist gleichzeitig symmetrisch und orthogonal.

[2]) Die Regularität der Matrix T folgt insbesondere aus (41), da die Matrix V regulär ist.

Die folgende Gleichung definiert also eine symmetrische, zur Matrix H ähnliche Matrix S:

$$S = THT^{-1} = \frac{1}{2}(E - \mathrm{i}V)\,H(E + \mathrm{i}V), \qquad V = \begin{Vmatrix} 0 & \dots & 0 & 1 \\ 0 & \dots & 1 & 0 \\ \dots & \dots & \dots & \dots \\ 1 & \dots & 0 & 0 \end{Vmatrix}. \tag{44}$$

Benutzt man (36) und die Beziehung $V^2 = E$, so läßt sich (44) auch folgendermaßen schreiben:

$$2S = (H + H^{\mathsf{T}}) + \mathrm{i}(HV - VH) = H + H^{\mathsf{T}} + \mathrm{i}(H - H^{\mathsf{T}})\,V$$

$$= \begin{Vmatrix} 0 & 1 & \dots & 0 \\ 1 & \ddots & \ddots & \vdots \\ \vdots & \ddots & \ddots & 1 \\ 0 & \dots & 1 & 0 \end{Vmatrix} + \mathrm{i} \begin{Vmatrix} 0 & \dots & 1 & 0 \\ \vdots & & \iddots & -1 \\ 1 & \iddots & & \vdots \\ 0 & -1 & \dots & 0 \end{Vmatrix}. \tag{45}$$

Die symmetrische Matrix S, die der Matrix H ähnlich ist, wird dann durch (45) definiert.

Im weiteren werden wir, wenn n die Ordnung der Matrix H ist, für H, T, V und S auch die Bezeichnungen $H^{(n)}$, $T^{(n)}$, $V^{(n)}$ bzw. $S^{(n)}$ benutzen.

Es sei ein beliebiges System von Elementarteilern gegeben:

$$(\lambda - \lambda_1)^{p_1}, \quad (\lambda - \lambda_2)^{p_2}, \dots, (\lambda - \lambda_u)^{p_u}. \tag{46}$$

Wir bilden die entsprechende Jordansche Matrix

$$J = \{\lambda_1 E^{(p_1)} + H^{(p_1)}, \lambda_2 E^{(p_2)} + H^{(p_2)}, \dots, \lambda_u E^{(p_u)} + H^{(p_u)}\}$$

und führen für jede der Matrizen $H^{(p_j)}$ die entsprechende symmetrische Matrix $S^{(p_j)}$ ein. Aus $S^{(p_j)} = T^{(p_j)} H^{(p_j)} [T^{(p_j)}]^{-1}$ $(j = 1, 2, \dots, u)$ folgt

$$\lambda_j E^{(p_j)} + S^{(p_j)} = T^{(p_j)} [\lambda_j E^{(p_j)} + H^{(p_j)}]\, [T^{(p_j)}]^{-1}.$$

Setzt man nun

$$\tilde{S} = \{\lambda_1 E^{(p_1)} + S^{(p_1)}, \lambda_2 E^{(p_2)} + S^{(p_2)}, \dots, \lambda_u E^{(p_u)} + S^{(p_u)}\}, \tag{47}$$

$$T = \{T^{(p_1)}, T^{(p_2)}, \dots, T^{(p_u)}\}, \tag{48}$$

so ergibt sich

$$\tilde{S} = TJT^{-1}.$$

Dies ist eine der Jordanschen Matrix J entsprechende symmetrische Matrix. $\tilde{S}$ und J sind ähnliche Matrizen und besitzen die gleichen Elementarteiler (46). Damit ist der Satz bewiesen.

Folgerung 1. *Jede komplexe quadratische Matrix* $A = \|a_{ik}\|_1^n$ *ist einer symmetrischen Matrix ähnlich.*

Unter Hinzuziehen von Satz 4 erhalten wir

Folgerung 2. *Jede komplexe symmetrische Matrix* $S = \|s_{ik}\|_1^n$ *ist einer symmetrischen Matrix, die die Normalform* $\tilde{S}$ *besitzt, orthogonal-ähnlich, d. h., es existiert eine orthogonale Matrix* Q *mit*

$$\tilde{S} = QSQ^{-1}. \tag{49}$$

Die Normalform einer komplexen symmetrischen Matrix ist eine verallgemeinerte Diagonalmatrix:

$$\tilde{S} = \{\lambda_1 E^{(p_1)} + S^{(p_1)}, \lambda_2 E^{(p_2)} + S^{(p_2)}, \ldots, \lambda_u E^{(p_u)} + S^{(p_u)}\}; \tag{50}$$

die Matrizen $S^{(p)}$ sind dabei folgendermaßen definiert (vgl. (44) und (45)):

$$\begin{aligned} 2S^{(p)} &= [E^{(p)} - \mathrm{i}V^{(p)}]\, H^{(p)} [E^{(p)} + \mathrm{i}V^{(p)}] \\ &= [H^{(p)} + H^{(p)\mathsf{T}} + \mathrm{i}(H^{(p)}V^{(p)} - V^{(p)}H^{(p)})] \\ &= \begin{Vmatrix} 0 & 1 & \cdots & 0 \\ 1 & \ddots & \ddots & \vdots \\ \vdots & \ddots & \ddots & 1 \\ 0 & \cdots & 1 & 0 \end{Vmatrix} + \mathrm{i} \begin{Vmatrix} 0 & \cdots & 1 & 0 \\ \vdots & \iddots & \iddots & -1 \\ 1 & \iddots & \iddots & \vdots \\ 0 & -1 & \cdots & 0 \end{Vmatrix}. \end{aligned} \tag{51}$$

11.4. Normalformen komplexer schiefsymmetrischer Matrizen

Wir wollen nun die Eigenschaften der Elementarteiler einer schiefsymmetrischen Matrix untersuchen. Dazu stützen wir uns auf folgenden Satz:

Satz 6. *Der Rang einer schiefsymmetrischen Matrix ist stets gerade.*

Beweis. Die schiefsymmetrische Matrix L habe den Rang r. Dann gibt es unter den Zeilen der Matrix K genau r linear unabhängige, deren Nummern $i_1, i_2, \ldots, i_r$ seien; alle übrigen Zeilen sind Linearkombinationen dieser linear unabhängigen Zeilen. Da die Spalten der Matrix K aus den entsprechenden Zeilen durch Multiplikation der Elemente mit -1 hervorgehen, ist auch jede Spalte der Matrix K Linearkombination der Spalten mit den Nummern $i_1, i_2, \ldots, i_r$. Daher kann ein beliebiger Minor r-ter Ordnung der Matrix K in der Form

$$\alpha K \begin{pmatrix} i_1 & i_2 & \ldots & i_r \\ i_1 & i_2 & \ldots & i_r \end{pmatrix}$$

dargestellt werden, wobei α eine Zahl des Grundkörper ist. Hieraus folgt

$$K\begin{pmatrix} i_1 & i_2 & \dots & i_r \\ i_1 & i_2 & \dots & i_r \end{pmatrix} \neq 0.$$

Da aber eine schiefsymmetrische Determinante ungerader Ordnung stets gleich 0 ist, muß r eine gerade Zahl sein.

Damit ist der Satz bewiesen.

Satz 7. 1. *Ist λ_0 charakteristische Wurzel einer schiefsymmetrischen Matrix K und entsprechen ihr die Elementarteiler*

$$(\lambda - \lambda_0)^{f_1}, (\lambda - \lambda_0)^{f_2}, \dots, (\lambda - \lambda_0)^{f_t},$$

so ist $-\lambda_0$ ebenfalls charakteristische Wurzel von K. Die Anzahl der zur charakteristischen Wurzel λ_0 bzw. $-\lambda_0$ gehörigen Elementarteiler ist die gleiche, und die Grade der Elementarteiler stimmen überein:

$$(\lambda + \lambda_0)^{f_1}, (\lambda + \lambda_0)^{f_2}, \dots, (\lambda + \lambda_0)^{f_t}.$$

2. *Besitzt eine schiefsymmetrische Matrix K die charakteristische Wurzel 0,*[1] *so treten alle Elementarteiler von K, die der charakteristischen Wurzel 0 entsprechen und einen geraden Grad besitzen, in gerader Anzahl auf.*

Beweis. 1. Die transponierte Matrix K^{T} besitzt die gleichen Elementarteiler wie die Matrix K. Da aber $K^{\mathsf{T}} = -K$ ist und die Elementarteiler der Matrix $-K$ aus den Elementarteilern der Matrix K dadurch hervorgehen, daß man in letzteren die charakteristischen Wurzeln $\lambda_1, \lambda_2, \dots$ durch $-\lambda_1, -\lambda_2, \dots$ ersetzt, ist der erste Teil unseres Satzes bewiesen.

2. Der charakteristischen Wurzel 0 der Matrix K mögen δ_1 Elementarteiler λ, δ_2 Elementarteiler λ^2 usw. entsprechen. Allgemein bezeichnen wir mit δ_p die Anzahl der Elementarteiler λ^p $(p = 1, 2, \dots)$. Wir werden zeigen, daß $\delta_2, \delta_4, \dots$ gerade Zahlen sind.

Der Defekt d der Matrix K ist gleich der Anzahl der linear unabhängigen Eigenvektoren, die der charakteristischen Wurzel 0 entsprechen, oder, was dasselbe ist, gleich der Anzahl der Elementarteiler der Form $\lambda, \lambda^2, \lambda^3, \dots$ Es ist also

$$d = \delta_1 + \delta_2 + \delta_3 + \cdots. \tag{52}$$

Es ist $d = n - r$ und nach Satz 6 der Rang der Matrix K eine gerade Zahl; d und n sind folglich gleichzeitig gerade bzw. ungerade. Dasselbe gilt auch für die Defekte $d_3, d_5, \dots$ der Matrizen $K^3, K^5, \dots$, da eine ungerade Potenz einer schiefsymmetrischen Matrix ebenfalls schiefsymmetrisch ist. Die Zahlen $d_1 = d, d_3, d_5, \dots$ sind also alle gleichzeitig gerade bzw. ungerade.

Andererseits wird beim Übergang zur m-ten Potenz der Matrix K jeder Elementarteiler λ^p aufgespalten; und zwar für $p < m$ in p Elementarteiler (ersten Grades),

[1]) Das heißt, wenn $|K| = 0$ ist. Für ungerades n gilt stets $|K| = 0$.

für $p \geqq m$ in m Elementarteiler.[1]) Die Anzahl der Elementarteiler der Matrizen K, $K^3, \ldots$, die Potenzen von λ sind, wird daher durch folgende Formel gegeben:[2])

$$\left.\begin{aligned} d_3 &= \delta_1 + 2\delta_2 + 3(\delta_3 + \delta_4 + \cdots), \\ d_5 &= \delta_1 + 2\delta_2 + 3\delta_3 + 4\delta_4 + 5(\delta_5 + \delta_6 + \cdots), \\ &\cdots\cdots\cdots\cdots\cdots\cdots\cdots\cdots \end{aligned}\right\} \tag{53}$$

Vergleicht man (52) mit (53) und berücksichtigt man, daß die Zahlen $d_1 = d$, $d_3, d_5, \ldots$ gleichzeitig gerade bzw. ungerade sind, so läßt sich leicht erkennen, daß $\delta_2, \delta_4, \ldots$ gerade Zahlen sein müssen.

Damit ist der Satz vollständig bewiesen.

Ferner gilt die Umkehrung von Satz 7:

Satz 8. *Zu gegebenen Elementarteilern, die den in Satz 7 formulierten Beschränkungen 1 und 2 genügen, gibt es stets eine schiefsymmetrische Matrix, die diese Elementarteiler besitzt.*

Beweis. Zu Beginn suchen wir eine der verallgemeinerten Diagonalmatrix $2p$-ter Ordnung

$$J_{\lambda_0}^{(pp)} = \{\lambda_0 E + H, \; -\lambda_0 E - H\} \tag{54}$$

entsprechende schiefsymmetrische Matrix, die die Elementarteiler $(\lambda - \lambda_0)^p$ und $(\lambda + \lambda_0)^p$ besitzt (in (54) ist $E = E^{(p)}$, $H = H^{(p)}$).

Gesucht wird also eine Transformationsmatrix T mit der Eigenschaft, daß $TJ_{\lambda_0}^{(pp)}T^{-1}$ eine schiefsymmetrische Matrix ist, d. h., daß $TJ_{\lambda_0}^{(pp)}T^{-1} + T^{\mathsf{T}-1}[J_{\lambda_0}^{(pp)}]^{\mathsf{T}}\, T^{\mathsf{T}} = O$ oder

$$WJ_{\lambda_0}^{(pp)} + [J_{\lambda_0}^{(pp)}]^{\mathsf{T}}\, W = O \tag{55}$$

gilt; dabei ist W eine symmetrische Matrix, die mit der Matrix T durch die Gleichung[3])

$$T^{\mathsf{T}}T = -2i\,W \tag{56}$$

verknüpft ist. Wir teilen die Matrix W in vier quadratische Blöcke der Ordnung p ein:

$$W = \begin{pmatrix} W_{11} & W_{12} \\ W_{21} & W_{22} \end{pmatrix}.$$

Dann läßt sich (55) folgendermaßen schreiben:

$$\begin{pmatrix} W_{11} & W_{12} \\ W_{21} & W_{22} \end{pmatrix} \begin{pmatrix} \lambda_0 E + H & O \\ O & -\lambda_0 E - H \end{pmatrix} + \begin{pmatrix} \lambda_0 E + H^{\mathsf{T}} & O \\ O & -\lambda_0 E - H^{\mathsf{T}} \end{pmatrix} \begin{pmatrix} W_{11} & W_{12} \\ W_{21} & W_{22} \end{pmatrix} = O. \tag{57}$$

---

[1]) Vgl. Kap. 6, Satz 9, S. 181.

[2]) Diese Formeln wurden in Kap. 6 (ohne Berufung auf Satz 9) aufgestellt (vgl. (49) auf S. 179).

[3]) Vgl. die Fußnote 2 auf S. 359.

Führt man auf der linken Seite der Matrizengleichung (57) mit den Blöcken die erforderlichen Rechenoperationen aus, so geht diese Gleichung in ein System von vier Matrizengleichungen über:

$$\left.\begin{aligned} &1.\ H^{\mathsf{T}}W_{11} + W_{11}(2\lambda_0 E + H) = O, \\ &2.\ H^{\mathsf{T}}W_{12} - W_{12}H = O, \\ &3.\ H^{\mathsf{T}}W_{21} - W_{21}H = O, \\ &4.\ H^{\mathsf{T}}W_{22} + W_{22}(2\lambda_0 E + H) = O. \end{aligned}\right\} \tag{58}$$

Die Gleichung $AX - XB = O$ besitzt, wenn A und B quadratische Matrizen ohne gemeinsame charakteristische Wurzeln sind, nur die Lösung $X = O$.[1]) Die erste und die vierte der Gleichungen (58) ergeben daher $W_{11} = W_{22} = O$.[2]) Die zweite Gleichung kann, wie wir beim Beweis des Satzes 5 sahen, durch folgenden Ansatz befriedigt werden:

$$W_{12} = V = \begin{Vmatrix} 0 & \dots & 0 & 1 \\ 0 & \dots & 1 & 0 \\ \dots & \dots & \dots & \dots \\ 1 & \dots & 0 & 0 \end{Vmatrix}; \tag{59}$$

denn es ist (vgl. (36)) $VH - H^{\mathsf{T}}V = O$. Aus der Symmetrie der Matrizen W und V folgt $W_{21} = W_{12}^{\mathsf{T}} = V$. Damit ist automatisch auch die dritte Gleichung erfüllt.

Wir erhalten also

$$W = \begin{pmatrix} O & V \\ V & O \end{pmatrix} = V^{(2p)}. \tag{60}$$

Dann wird aber, wie schon auf S. 360 gezeigt wurde, die Gleichung (56) durch folgenden Ansatz befriedigt:

$$T = E^{(2p)} - \mathrm{i}V^{(2p)}. \tag{61}$$

Dabei ist

$$T^{-1} = \frac{1}{2}\,(E^{(2p)} + \mathrm{i}V^{(2p)}), \tag{62}$$

und die gesuchte schiefsymmetrische Matrix hat die Gestalt[3])

$$\begin{aligned} K_{\lambda_0}^{(pp)} &= \frac{1}{2}\,[E^{(2p)} - \mathrm{i}V^{(2p)}]\,J_{\lambda_0}^{(pp)}[E^{(2p)} + \mathrm{i}V^{(2p)}] \\ &= \frac{1}{2}\,[J_{\lambda_0}^{(pp)} - J_{\lambda_0}^{(pp)\mathsf{T}} + \mathrm{i}(J_{\lambda_0}^{(pp)}\,V^{(2p)} - V^{(2p)}J_{\lambda_0}^{(pp)})]. \end{aligned} \tag{63}$$

---

[1]) Vgl. 8.1.

[2]) Für $\lambda_0 \neq 0$ besitzen die erste und die vierte Gleichung außer der trivialen Lösung keine weiteren. Für $\lambda_0 = 0$ sind auch andere Lösungen vorhanden, die wir aber nicht berücksichtigen.

[3]) Hier benutzen wir (55), (60) und die Gleichung $[V^{(2p)}]^2 = E^{(2p)}$. Aus diesen Gleichungen folgt $V^{(2p)}J_{\lambda_0}^{(pp)} = -J_{\lambda_0}^{(pp)\mathsf{T}}V^{(2p)}$ und $V^{(2p)}J_{\lambda_0}^{(pp)}V^{(2p)} = -J_{\lambda_0}^{(pp)\mathsf{T}}$.

Ersetzt man $J_{\lambda_0}^{(pp)}$ und $V^{(2p)}$ durch die in (54) und (60) gegebenen Ausdrücke, so findet man

$$
\begin{aligned}
2K_{\lambda_0}^{(pp)} &= \begin{pmatrix} H - H^{\mathsf T} & O \\ O & H^{\mathsf T} - H \end{pmatrix} + \mathrm{i} \begin{pmatrix} \lambda_0 E + H & O \\ O & -\lambda_0 E - H \end{pmatrix} \begin{pmatrix} O & V \\ V & O \end{pmatrix} \\
&\quad - \mathrm{i} \begin{pmatrix} O & V \\ V & O \end{pmatrix} \begin{pmatrix} \lambda_0 E + H & O \\ O & -\lambda_0 E - H \end{pmatrix} \\
&= \begin{pmatrix} H - H^{\mathsf T} & \mathrm{i}(2\lambda_0 V + HV + VH) \\ -\mathrm{i}(2\lambda_0 V + HV + VH) & H^{\mathsf T} - H \end{pmatrix},
\end{aligned}
\tag{64}
$$

d. h.

$$
K_{\lambda_0}^{(pp)} = \frac{1}{2} \left\| \begin{array}{cccccc|cccccc}
0 & 1 & \cdot & \cdot & \cdot & 0 & 0 & \cdot & \cdot & \cdot & \mathrm{i} & 2\lambda_0 \\
-1 & 0 & \cdot & & & \cdot & \cdot & & & \cdot & 2\lambda_0 & \mathrm{i} \\
\cdot & & \ddots & & & \cdot & \cdot & & & & \cdot & \cdot \\
\cdot & & & \ddots & & \cdot & \cdot & & \cdot & & & \cdot \\
\cdot & & & & \ddots & 1 & \mathrm{i} & \cdot & & & & \cdot \\
0 & \cdot & \cdot & \cdot & -1 & 0 & 2\lambda_0 & \mathrm{i} & \cdot & \cdot & \cdot & 0 \\
\hline
0 & \cdot & \cdot & \cdot & -\mathrm{i} & -2\lambda_0 & 0 & -1 & \cdot & \cdot & \cdot & 0 \\
\cdot & & & \cdot & -2\lambda_0 & -\mathrm{i} & 1 & 0 & \cdot & & & \cdot \\
\cdot & & \cdot & & & \cdot & \cdot & & \ddots & & & \cdot \\
\cdot & \cdot & & & & \cdot & \cdot & & & \ddots & & \cdot \\
-\mathrm{i} & \cdot & & & & \cdot & \cdot & & & & \ddots & -1 \\
-2\lambda_0 & -\mathrm{i} & \cdot & \cdot & \cdot & 0 & 0 & \cdot & \cdot & \cdot & 1 & 0
\end{array} \right\| .
\tag{65}
$$

Wir suchen nun eine schiefsymmetrische Matrix q-ter Ordnung $K^{(q)}$, die nur den Elementarteiler λ^q besitzt; q sei eine ungerade Zahl. Offenbar ist die gesuchte Matrix der folgenden ähnlich:

$$
J^{(q)} = \left\| \begin{array}{ccccccc}
0 & 1 & 0 & \cdot & \cdot & \cdot & 0 \\
0 & 0 & 1 & & & & \\
 & & \ddots & \ddots & & & \\
 & & & \ddots & \ddots & & \\
 & & & & \ddots & -1 & 0 \\
 & & & & & 0 & -1 \\
0 & & \cdot & \cdot & \cdot & 0 & 0
\end{array} \right\| .
\tag{66}
$$

In dieser Matrix sind alle außerhalb der ersten oberen Diagonalen gelegenen Elemente gleich 0, die auf der ersten oberen Diagonalen gelegenen ersten $(q-1)/2$ Elemente gleich 1 und die darauf folgenden $(q-1)/2$ Elemente gleich -1. Setzen wir

$$
K^{(q)} = T J^{(q)} T^{-1},
\tag{67}
$$

so folgt aus der Schiefsymmetrie

$$W_1 J^{(q)} + J^{(q)\mathsf{T}} W_1 = 0 \tag{68}$$

mit

$$T^{\mathsf{T}} T = -2\mathrm{i} W_1. \tag{69}$$

Man kann sich auch unmittelbar (durch Probe) davon überzeugen, daß die Matrix

$$W_1 = V^{(q)} = \begin{Vmatrix} 0 & \dots & 0 & 1 \\ 0 & \dots & 1 & 0 \\ \dots & \dots & \dots & \dots \\ 1 & \dots & 0 & 0 \end{Vmatrix}$$

die Gleichung (68) befriedigt. Wählt man diesen Ausdruck für W_1, so erhält man aus (69), wie schon früher,

$$T = E^{(q)} - \mathrm{i} V^{(q)}, \quad T^{-1} = \frac{1}{2}\,[E^{(q)} + \mathrm{i} V^{(q)}], \tag{70}$$

$$\begin{aligned} 2K^{(q)} &= [E^{(q)} - \mathrm{i} V^{(q)}]\, J^{(q)} [E^{(q)} + \mathrm{i} V^{(q)}] \\ &= J^{(q)} - J^{(q)\mathsf{T}} + \mathrm{i}(J^{(q)} V^{(q)} - V^{(q)} J^{(q)}). \end{aligned} \tag{71}$$

Führen wir die entsprechenden Rechnungen durch, so finden wir

$$2K^{(q)} = \begin{Vmatrix} 0 & 1 & & \cdots & 0 \\ -1 & 0 & \ddots & & \vdots \\ & \ddots & \ddots & \ddots & \vdots \\ & & \ddots & \ddots & -1 \\ 0 & \cdots & & 1 & 0 \end{Vmatrix} + \mathrm{i} \begin{Vmatrix} 0 & \cdots & & 1 & 0 \\ & & \iddots & \iddots & 1 \\ & \iddots & \iddots & \iddots & \vdots \\ -1 & \iddots & \iddots & & \vdots \\ 0 & -1 & \cdots & & 0 \end{Vmatrix}. \tag{72}$$

Es seien nun beliebige Elementarteiler vorgegeben, die den Voraussetzungen des Satzes 7 genügen:[1])

$$\left.\begin{array}{l} (\lambda - \lambda_j)^{p_j}, \quad (\lambda + \lambda_j)^{p_j} \quad (j = 1, 2, \dots, u), \\ \lambda^{q_k} \quad (k = 1, 2, \dots, v;\ q_1, q_2, \dots, q_v \text{ ungerade Zahlen}). \end{array}\right\} \tag{73}$$

Dann sind sie Elementarteiler der schiefsymmetrischen Matrix

$$\tilde{K} = \{K_1^{(p_1 p_1)}, \dots, K_u^{(p_u p_u)};\ K^{(q_1)}, \dots, K^{(q_v)}\}. \tag{74}$$

Damit ist der Satz bewiesen.

Folgerung. *Jede komplexe schiefsymmetrische Matrix K ist einer schiefsymmetrischen Matrix orthogonal-ähnlich, die die durch* (74), (65) *und* (72) *definierte Normal-*

[1]) Von den Zahlen $\lambda_1, \lambda_2, \dots, \lambda_u$ können auch einige gleich 0 sein. Ferner kann eine der beiden Zahlen u und v gleich 0 sein, d. h., in diesem Spezialfall sind nur Elementarteiler eines Typs vorhanden.

form $\tilde{K}$ *besitzt, d. h., zu jeder komplexen schiefsymmetrischen Matrix* K *existiert eine (komplexe) orthogonale Matrix* Q *mit*

$$K = Q\tilde{K}Q^{-1}. \tag{75}$$

Bemerkung. Ist K eine reelle schiefsymmetrische Matrix, so besitzt sie die linearen Elementarteiler (vgl. 9.13.)

$$\lambda - i\varphi_1, \lambda + i\varphi_1, \ldots, \lambda - i\varphi_u, \lambda + i\varphi_u, \underbrace{\lambda, \ldots, \lambda}_{v\text{-mal}} \quad (\varphi_j \text{ reelle Zahlen}).$$

In diesem Fall erhält man, wenn man in (74) alle p_j und q_k gleich 1 setzt, für reelle schiefsymmetrische Matrizen die Normalform

$$\tilde{K} = \left\{ \left\| \begin{matrix} 0 & \varphi_1 \\ -\varphi_1 & 0 \end{matrix} \right\|, \ldots, \left\| \begin{matrix} 0 & \varphi_u \\ -\varphi_u & 0 \end{matrix} \right\|, 0, \ldots, 0 \right\}.$$

11.5. Normalformen komplexer orthogonaler Matrizen

Wir beginnen mit der Frage nach den Eigenschaften der Elementarteiler orthogonaler Matrizen.

Satz 9. 1. *Ist* λ_0 *mit* $\lambda_0^2 \neq 1$ *charakteristische Wurzel der orthogonalen Matrix* Q *und entsprechen dieser Wurzel die Elementarteiler*

$$(\lambda - \lambda_0)^{f_1}, \quad (\lambda - \lambda_0)^{f_2}, \quad \ldots, \quad (\lambda - \lambda_0)^{f_t},$$

so ist $1/\lambda_0$ *ebenfalls charakteristische Wurzel der Matrix* Q, *und dieser Wurzel entsprechen ebensolche Elementarteiler wie der Wurzel* λ_0:

$$(\lambda - \lambda_0^{-1})^{f_1}, \quad (\lambda - \lambda_0^{-1})^{f_2}, \quad \ldots, \quad (\lambda - \lambda_0^{-1})^{f_t}.$$

2. *Ist* $\lambda^0 = \pm 1$ *charakteristische Wurzel der orthogonalen Matrix* Q, *so sind die dieser Wurzel entsprechenden Elementarteiler, deren Grad eine gerade Zahl ist, in gerader Anzahl vorhanden.*

Beweis. 1. Geht man von einer beliebigen regulären Matrix Q zu der Matrix Q^{-1} über, so wird jeder Elementarteiler $(\lambda - \lambda_0)^f$ durch den Elementarteiler $(\lambda - \lambda_0^{-1})^f$ ersetzt.[1]) Andererseits besitzen die Matrizen Q und Q^T stets die gleichen Elementarteiler. Da die Matrix Q orthogonal sein sollte, $Q^\mathsf{T} = Q^{-1}$, ergibt sich sofort der erste Teil des Satzes.

2. Wir setzen voraus, daß $+1$ charakteristische Wurzel der Matrix Q ist, -1 aber nicht ($|E - Q| = 0$, $|E + Q| \neq 0$). Dann benutzen wir die Cayleyschen Formeln, die auch für komplexe Matrizen gültig bleiben (vgl. 9.18.), und definieren eine Matrix K durch die Gleichung

$$K = (E - Q)(E + Q)^{-1}. \tag{76}$$

---

[1]) Vgl. Kap. 6.7. Setzt man $f(\lambda) = \frac{1}{\lambda}$, so ist $f'(\lambda) = -\frac{1}{\lambda^2} \neq 0$. Hieraus folgt, daß sich beim Übergang von der Matrix Q zur Matrix Q^{-1} die Elementarteiler nicht aufspalten (vgl. S. 181–182).

Man überzeugt sich unmittelbar davon, daß $K^{\mathsf{T}} = -K$, d. h., daß K eine schiefsymmetrische Matrix ist. Lösen wir (76) nach Q auf, so erhalten wir[1])

$$Q = (E - K)(E + K)^{-1}.$$

Setzt man $f(\lambda) = \dfrac{1-\lambda}{1+\lambda}$, so ist $f'(\lambda) = \dfrac{2}{(1+\lambda)^2} \neq 0$. Beim Übergang von der Matrix K zu der Matrix $Q = f(K)$ werden folglich die Elementarteiler nicht aufgespalten.[2]) Unter den Elementarteilern der Matrix Q treten daher alle Elementarteiler der Form $(\lambda - 1)^{2p}$ in gerader Anzahl auf, da das für alle Elementarteiler der Form λ^{2p} der Matrix K zutrifft (vgl. Satz 7).

Der Fall, daß die orthogonale Matrix Q die charakteristische Wurzel -1 besitzt, nicht aber die Wurzel $+1$, führt sofort auf den bereits untersuchten Fall, wenn man die orthogonale Matrix $-Q$ betrachtet.

Wir behandeln nun den wesentlich komplizierteren Fall, daß sowohl $+1$ als auch -1 charakteristische Wurzeln der Matrix Q sind. Bezeichnet man das Minimalpolynom der Matrix Q mit $\psi(\lambda)$ und berücksichtigt man den bereits bewiesenen ersten Teil des Satzes, so kann $\psi(\lambda)$ in folgender Form geschrieben werden:

$$\psi(\lambda) = (\lambda - 1)^{m_1} (\lambda + 1)^{m_2} \prod_{j=1}^{u} (\lambda - \lambda_j)^{p_j} (\lambda - \lambda_j^{-1})^{p_j} \qquad (\lambda_j^2 \neq 1;\ j = 1, 2, \ldots, u).$$

Wir betrachten ein Polynom $g(\lambda)$, dessen Grad kleiner als m ist (m ist der Grad des Minimalpolynoms) und für das $g(1) = 1$ gilt, während die übrigen $m - 1$ Werte auf dem Spektrum der Matrix Q verschwinden; wir setzen[3])

$$P = g(Q). \tag{77}$$

Wir bemerken, daß die Funktionen $(g(\lambda))^2$ und $g\left(\dfrac{1}{\lambda}\right)$ auf dem Spektrum der Matrix Q dieselben Werte annehmen wie die Funktion $g(\lambda)$. Daher ist

$$P^2 = P, \qquad P^{\mathsf{T}} = g(Q^{\mathsf{T}}) = g(Q^{-1}) = P, \tag{78}$$

d. h., P ist eine symmetrische Projektionsmatrix[4]).

Wir definieren ein Polynom $h(\lambda)$ und eine Matrix N durch die Gleichungen

$$h(\lambda) = (\lambda - 1)\, g(\lambda), \tag{79}$$

$$N = h(Q) = (Q - E)\, P. \tag{80}$$

---

[1]) Wir bemerken, daß sich aus (76) $E + K = 2(E + Q)^{-1}$ ergibt und folglich $|E + K| = 2^n\, |E + Q|^{-1} \neq 0$ ist.

[2]) Vgl. S. 181.

[3]) Aus der Hauptformel (vgl. S. 129)

$$g(A) = \sum_{k=1}^{s} [g(\lambda_k)\, Z_{k1} + g'(\lambda_k)\, Z_{k2} + \cdots]$$

folgt $P = Z_{11}$.

[4]) Vgl. 3.6. (S. 97).

Da die Potenz $\big(h(\lambda)\big)^{m_1}$ auf dem Spektrum der Matrix Q verschwindet, ist sie ohne Rest durch $\psi(\lambda)$ teilbar. Hieraus folgt $N^{m_1} = O$, d. h., N ist nilpotent vom Index m_1.

Aus (80) ergibt sich[1])

$$N^{\mathsf{T}} = (Q^{\mathsf{T}} - E)\,P. \tag{81}$$

Wir betrachten die Matrix

$$R = N(N^{\mathsf{T}} + 2E). \tag{82}$$

Aus (78), (80) und (81) folgt $R = NN^{\mathsf{T}} + 2N = (Q - Q^{\mathsf{T}})\,P$. Aus dieser Darstellung der Matrix R ist ersichtlich, daß R *schiefsymmetrisch* ist. Andererseits folgt aus (82)

$$R^k = N^k(N^{\mathsf{T}} + 2E)^k \quad (k = 1, 2, \ldots). \tag{83}$$

Nun sind sowohl N^{T} als auch N nilpotente Matrizen, und folglich ist $|N^{\mathsf{T}} + 2E| \neq 0$. Aus (83) ergibt sich daher, daß R^k und N^k für beliebiges k desselben Rang besitzen.

Für ungerades k ist die Matrix R^k schiefsymmetrisch und besitzt daher (vgl. S. 362) geraden Rang. Folglich besitzt jede der Matrizen $N, N^3, N^5, \ldots$ geraden Rang.

Wiederholt man Schritt für Schritt die Überlegungen, die auf S. 363 bezüglich der Matrix K durchgeführt wurden, für die Matrix N, so ergibt sich, daß unter den Elementarteilern der Matrix N Elementarteiler der Form λ^{2p} in gerader Anzahl vertreten sind. Nun entspricht aber jedem Elementarteiler λ^{2p} der Matrix N ein Elementarteiler $(\lambda - 1)^{2p}$ der Matrix Q und umgekehrt.[2]) Hieraus folgt, daß sich unter den Elementarteilern der Matrix Q eine gerade Anzahl Elementarteiler der Form $(\lambda - 1)^{2p}$ befindet.

Analoge Behauptungen für Elementarteiler der Form $(\lambda + 1)^{2p}$ erhalten wir, wenn wir den bereits bewiesenen Teil des Satzes auf die Matrix $-Q$ anwenden. Damit ist der Satz bewiesen.

Wir beweisen nun die Umkehrung:

Satz 10. *Es gibt eine orthogonale Matrix Q, die ein beliebiges System von Potenzen der Gestalt*

$$\left.\begin{array}{l} (\lambda - \lambda_j)^{p_j}, \quad (\lambda - \lambda_j^{-1})^{p_j} \quad (\lambda_j \neq 0;\ j = 1, 2, \ldots, u), \\ (\lambda - 1)^{q_1}, \quad (\lambda - 1)^{q_2}, \ldots, (\lambda - 1)^{q_v}, \\ (\lambda + 1)^{t_1}, \quad (\lambda + 1)^{t_2}, \ldots, (\lambda + 1)^{t_w} \\ (q_1, \ldots, q_v, t_1, \ldots, t_w \text{ ungerade Zahlen}) \end{array}\right\} \tag{84}$$

als System der Elementarteiler besitzt.[3])

---

[1]) Alle hier auftretenden Matrizen P, N, N^{T}, $Q^{\mathsf{T}} = Q^{-1}$ sind miteinander und mit Q vertauschbar, da sie sämtlich Funktionen in Q sind.

[2]) Da $h(1) = 1$ und $h'(1) \neq 0$ ist, werden beim Übergang von der Matrix Q zur Matrix $N = h(Q)$ die Elementarteiler der Form $(\lambda - 1)^{2p}$ der Matrix Q, ohne aufgespalten zu werden, durch Elementarteiler der Form λ^{2p} ersetzt (vgl. 6.7.).

[3]) Es können gewisse (oder auch alle) der λ_j gleich ± 1 sein. Ferner können eine oder zwei der Zahlen u, v und w gleich 0 sein. Dann besitzt die Matrix Q keine Elementarteiler dieses Typs.

Beweis. Die Zahlen μ_j $(j = 1, 2, \ldots, u)$ seien durch die Gleichungen $\lambda_j = e^{\mu_j}$ $(j = 1, 2, \ldots, u)$ definiert. Ferner benutzen wir die „kanonischen“ schiefsymmetrischen Matrizen (siehe 11.4.)

$$K_{\mu_j}^{(p_j p_j)} \quad (j = 1, 2, \ldots, u); \quad K^{(q_1)}, \ldots, K^{(q_v)}; \quad K^{(t_1)}, \ldots, K^{(t_w)},$$

die die Elementarteiler

$$(\lambda - \mu_j)^{p_j}, \quad (\lambda + \mu_j)^{p_j} \quad (j = 1, 2, \ldots, u); \quad \lambda^{q_1}, \ldots, \lambda^{q_v}; \quad \lambda^{t_1}, \ldots, \lambda^{t_w}$$

besitzen. Bei schiefsymmetrischem K ist $Q = e^K$ eine orthogonale Matrix ($Q^\mathsf{T} = e^{K^\mathsf{T}} = e^{-K} = Q^{-1}$). Jedem Elementarteiler $(\lambda - \mu)^p$ der Matrix K entspricht ein Elementarteiler $(\lambda - e^{\mu})^p$ der Matrix Q.[1]) Folglich ist die verallgemeinerte Diagonalmatrix

$$\tilde{Q} = \left\{e^{K_{\mu_1}^{(p_1 p_1)}}, \ldots, e^{K_{\mu_u}^{(p_u p_u)}}; e^{K^{(q_1)}}, \ldots, e^{K^{(q_v)}}; -e^{K^{(t_1)}}, \ldots, -e^{K^{(t_w)}}\right\} \tag{85}$$

orthogonal und besitzt die Elementarteiler (84). Damit ist der Satz bewiesen.

Aus den Sätzen 4, 9 und 10 ergibt sich die

Folgerung. *Jede (komplexe) orthogonale Matrix Q ist einer orthogonalen Matrix, die die Normalform $\tilde{Q}$ besitzt, orthogonal-ähnlich, d. h., es existiert eine orthogonale Matrix Q_1 mit*

$$Q = Q_1 \tilde{Q} Q_1^{-1}. \tag{86}$$

Bemerkung. Ähnlich wie das für die schiefsymmetrische Matrix $\tilde{K}$ getan wurde, läßt sich für die Diagonalkästen der Normalform $\tilde{Q}$ ein konkreter Ausdruck angeben.[2])

---

[1]) Dies folgt aus der Tatsache, daß für $f(\lambda) = e^\lambda$ gilt: $f'(\lambda) = e^\lambda \neq 0$ für jedes λ.

[2]) Vgl. [256].

12. Singuläre Matrizenbüschel

12.1. Einführung

1. In diesem Kapitel wird folgende Frage behandelt:

Gegeben seien vier Matrizen A, B, A_1, B_1 gleichen Typs (m, n) mit Elementen aus einem Zahlkörper **K**. *Gesucht sind die Bedingungen, unter denen zwei reguläre quadratische Matrizen P und Q der Ordnung m bzw. n existieren derart, daß gleichzeitig*

$$PAQ = A_1, \quad PBQ = B_1 \tag{1}$$

gilt. [1])

Führt man die Matrizenbüschel $A + \lambda B$ und $A_1 + \lambda B_1$ ein, so können die beiden Matrizengleichungen (1) durch die einzige Gleichung

$$P(A + \lambda B)\,Q = A_1 + \lambda B_1 \tag{2}$$

ersetzt werden.

Definition 1. Wir nennen zwei Büschel $A + \lambda B$ und $A_1 + \lambda B_1$ rechteckiger Matrizen gleichen Typs (m, n) *streng äquivalent*, wenn für sie die Gleichung (2) gilt und dabei P und Q konstante (d. h. von λ unabhängige) reguläre quadratische Matrizen (m-ter bzw. n-ter Ordnung) sind.[2])

Nach der allgemeinen Definition der Äquivalenz von Polynommatrizen (vgl. Kap. 6, S. 159) sind die Büschel $A + \lambda B$ und $A_1 + \lambda B_1$ äquivalent, wenn für sie eine Gleichung der Gestalt (2) gilt und P und Q quadratische Polynommatrizen mit konstanter, von 0 verschiedener Determinante sind. Für die strenge Äquivalenz wird zusätzlich gefordert, daß die Matrizen P und Q von λ unabhängig sind.[3])

---

[1]) Existieren Matrizen P und Q mit den verlangten Eigenschaften, so können sie so gewählt werden, daß ihre Elemente dem Körper **K** angehören. Dies folgt aus der Tatsache, daß die Gleichungen (1) folgendermaßen geschrieben werden können: $PA = A_1Q^{-1}$, $PB = B_1Q^{-1}$. Sie bilden dann ein lineares homogenes Gleichungssystem mit Koeffizienten aus **K** für die Elemente der Matrizen P und Q^{-1}.

[2]) Vgl. Kap. 6, S. 159.

[3]) Wir verwenden an Stelle des in der Literatur gebräuchlichen Terminus „äquivalente Büschel" den Terminus „streng äquivalente Büschel", um Definition 1 scharf von der Äquivalenzdefinition in Kapitel 6 abzugrenzen.

Ein Kriterium für die Äquivalenz der Büschel $A + \lambda B$ und $A_1 + \lambda B_1$ folgt aus dem allgemeinen Kriterium für die Äquivalenz von Polynommatrizen und besteht in der Übereinstimmung der Invariantenteiler oder, was dasselbe ist, der Elementarteiler der Büschel $A + \lambda B$ und $A_1 + \lambda B_1$ (vgl. Kap. 6, S. 166).

In diesem Kapitel werden wir ein Kriterium für die strenge Äquivalenz zweier Matrizenbüschel aufstellen und in jeder Klasse streng äquivalenter Büschel eine kanonische Form bestimmen.

2. Die von uns gestellte Aufgabe erlaubt eine naheliegende geometrische Interpretation. Wir betrachten ein Büschel linearer Operatoren $\boldsymbol{A} + \lambda \boldsymbol{B}$, das den $\mathfrak{R}_n$ in den $\mathfrak{R}_m$ abbildet. Bei einer bestimmten Basiswahl in diesen Räumen möge dem Operatorenbüschel $\boldsymbol{A} + \lambda \boldsymbol{B}$ das Büschel $A + \lambda B$ rechteckiger Matrizen vom Typ (m, n) entsprechen; bei Änderung der Basis im $\mathfrak{R}_n$ und $\mathfrak{R}_m$ geht das Büschel $A + \lambda B$ in das ihm streng äquivalente Büschel $P(A + \lambda B)\, Q$ über; dabei sind P und Q reguläre quadratische Matrizen m-ter bzw. n-ter Ordnung (vgl. 3.2. und 3.4.). Das Kriterium für die strenge Äquivalenz gibt also eine Charakterisierung der Klasse der Matrizenbüschel $A + \lambda B$ vom Typ (m, n), die ein und demselben Operatorenbüschel $\boldsymbol{A} + \lambda \boldsymbol{B}$, das den $\mathfrak{R}_n$ in den $\mathfrak{R}_m$ abbildet, bei verschiedener Basiswahl in beiden Räumen entspricht.

Die kanonische Form eines Büschels zu bestimmen bedeutet also, im $\mathfrak{R}_n$ und $\mathfrak{R}_m$ eine Basis anzugeben, bezüglich derer dem Operatorenbüschel $\boldsymbol{A} + \lambda \boldsymbol{B}$ eine möglichst einfach gebaute Matrix entspricht.

Da das Operatorenbüschel $\boldsymbol{A} + \lambda \boldsymbol{B}$ durch die beiden Operatoren $\boldsymbol{A}$ und $\boldsymbol{B}$ bestimmt ist, kann man auch sagen, *wir beschäftigen uns in diesem Kapitel mit der gleichzeitigen Untersuchung zweier Operatoren* $\boldsymbol{A}$ *und* $\boldsymbol{B}$, *die den* $\mathfrak{R}_n$ *in den* $\mathfrak{R}_m$ *abbilden.*

3. Die Matrizenbüschel $A + \lambda B$ vom Typ (m, n) werden in zwei Grundtypen eingeteilt, in *reguläre* und *singuläre Büschel.*

Definition 2. Ein Matrizenbüschel $A + \lambda B$ vom Typ (m, n) heißt *regulär*, wenn a) A und B quadratische Matrizen n-ter Ordnung sind und b) die Determinante $|A + \lambda B|$ nicht identisch gleich 0 ist. In jedem anderen Fall ($m \neq n$ oder $m = n$, aber $|A + \lambda B| \equiv 0$) heißt das Büschel *singulär*.

Ein Kriterium für die strenge Äquivalenz sowie die kanonische Form regulärer Matrizenbüschel wurde im Jahre 1867 von K. Weierstrass aufgestellt (vgl. [255]); die Grundlage bildete seine Elementarteilertheorie, die wir in den Kapiteln 6 und 7 wiedergaben. Analoge Fragen für singuläre Büschel wurden später (im Jahre 1890) durch die Untersuchungen von L. Kronecker gelöst (vgl. [205]).[1]) Die Ergebnisse Kroneckers bilden im wesentlichen den Inhalt dieses Kapitels.

---

[1]) Von den späteren Veröffentlichungen, in denen andere Verfasser singuläre Matrizenbüschel behandeln, sei verwiesen auf [99b], [251] und [207a].

12.2. Reguläre Matrizenbüschel

1. Wir betrachten zuerst den Spezialfall, daß die Büschel $A + \lambda B$ und $A_1 + \lambda B_1$ aus quadratischen Matrizen bestehen ($m = n$) und $|B| \neq 0$ und $|B_1| \neq 0$ ist. In diesem Fall stimmen, wie in Kapitel 6 (S. 163) bewiesen wurde, die beiden Begriffe „Äquivalenz" und „strenge Äquivalenz" von Büscheln überein. Daher ergibt die Anwendung des allgemeinen Kriteriums für die Äquivalenz von Polynommatrizen (S. 171) auf Matrizenbüschel folgenden Satz:

Satz 1. *Zwei Büschel $A + \lambda B$ und $A_1 + \lambda B_1$ quadratischer Matrizen gleicher Ordnung, bei denen $B \neq 0$ und $B_1 \neq 0$ ist, sind genau dann streng äquivalent, wenn diese Büschel über dem Körper* **K** *die gleichen Elementarteiler besitzen.*

Ein Büschel quadratischer Matrizen $A + \lambda B$, für das $|B| \neq 0$ ist, wurde in Kapitel 6 *eigentlich* genannt, denn es stellt einen Sonderfall eigentlicher Matrizenpolynome in λ dar (vgl. Kap. 4, S. 103). Die in 12.1. gegebene Definition des Begriffs reguläres Büschel ist umfassender als die des eigentlichen Büschels. Nach dieser Definition kann die Gleichung $|B| = 0$ (und auch $|A| = |B| = 0$) auch für reguläre Büschel gelten.

Um zu klären, ob Satz 1 für reguläre Büschel erhalten bleibt, betrachten wir das Beispiel

$$\begin{aligned} A + \lambda B &= \begin{Vmatrix} 2 & 1 & 3 \\ 3 & 2 & 5 \\ 3 & 2 & 6 \end{Vmatrix} + \lambda \begin{Vmatrix} 1 & 1 & 2 \\ 1 & 1 & 2 \\ 1 & 1 & 3 \end{Vmatrix}, \\ A_1 + \lambda B_1 &= \begin{Vmatrix} 2 & 1 & 1 \\ 1 & 2 & 1 \\ 1 & 1 & 1 \end{Vmatrix} + \lambda \begin{Vmatrix} 1 & 1 & 1 \\ 1 & 1 & 1 \\ 1 & 1 & 1 \end{Vmatrix}. \end{aligned} \tag{3}$$

Man sieht leicht, daß hier beide Büschel $A + \lambda B$ und $A_1 + \lambda B_1$ nur den einen Elementarteiler $\lambda + 1$ besitzen. Gleichzeitig sind diese Büschel nicht streng äquivalent, da die Matrizen B und B_1 den Rang 2 bzw. 1 besitzen, während aus (2) folgen würde, daß die Matrizen B und B_1 den gleichen Rang besitzen. Andererseits sind die Büschel (3) regulär nach Definition 1, denn es gilt

$$|A + \lambda B| \equiv |A_1 + \lambda B_1| \equiv \lambda + 1.$$

Dieses Beispiel zeigt, daß Satz 1 für reguläre Büschel falsch ist.

2. Um Satz 1 zu verallgemeinern, sind wir genötigt, den Begriff der „unendlichen" Elementarteiler eines Büschels einzuführen. Schreiben wir das Büschel $A + \lambda B$ in der homogenen Form $\mu A + \lambda B$, so ist die Determinante $\Delta(\lambda, \mu) \equiv \mu A + \lambda B$ eine homogene Funktion in λ und μ. Nach der Definition des größten gemeinsamen Teilers $D_k(\lambda, \mu)$ aller Minoren k-ter Ordnung der Matrix $\mu A + \lambda B$ ($k = 1, 2, \ldots, n$) erhalten wir die Invariantenteiler aus den bekannten Formeln

$$i_1(\lambda, \mu) = \frac{D_n(\lambda, \mu)}{D_{n-1}(\lambda, \mu)}, \quad i_2(\lambda, \mu) = \frac{D_{n-1}(\lambda, \mu)}{D_{n-2}(\lambda, \mu)}, \ldots;$$

dabei sind alle $D_k(\lambda, \mu)$ und $i_j(\lambda, \mu)$ homogene Polynome in λ und μ. Spalten wir die Invariantenteiler in Potenzen von über dem Körper K irreduziblen Polynomen auf, so erhalten wir die Elementarteiler $e_\alpha(\lambda, \mu)$ $(\alpha = 1, 2, \ldots)$ des Büschels $\mu A + \lambda B$ über dem Körper K.

Es ist klar, daß man für $\mu = 1$ an Stelle der $e_\alpha(\lambda, \mu)$ die Elementarteiler $e_\alpha(\lambda)$ des Büschels $A + \lambda B$ erhält. Umgekehrt erhalten wir aus jedem Elementarteiler q-ten Grades $e_\alpha(\lambda)$ des Büschels $A + \lambda B$ den entsprechenden Elementarteiler $e_\alpha(\lambda, \mu)$ mit Hilfe der Formel $e_\alpha(\lambda, \mu) = \mu^q e_\alpha\left(\dfrac{\lambda}{\mu}\right)$. Auf diese Weise erhalten wir alle Elementarteiler des Büschels $\mu A + \lambda B$ bis auf diejenigen vom Typ μ^q.

Elementarteiler der Form μ^q existieren genau dann, wenn $|B| = 0$ ist, und werden „unendliche" Elementarteiler des Büschels $A + \lambda B$ genannt.

Da aus der strengen Äquivalenz des Büschel $A + \lambda B$ und $A_1 + \lambda B_1$ die der Büschel $\mu A + \lambda B$ und $\mu A_1 + \lambda B_1$ folgt, müssen bei strenger Äquivalenz der Büschel $A + \lambda B$ und $A_1 + \lambda B_1$ nicht nur ihre „endlichen", sondern auch ihre „unendlichen" Elementarteiler übereinstimmen.

Es seien jetzt zwei reguläre Büschel $A + \lambda B$ und $A_1 + \lambda B_1$ vorgegeben, deren Elementarteiler (auch die unendlichen) übereinstimmen. Wir führen homogene Parameter ein, $\mu A + \lambda B$, $\mu A_1 + \lambda B_1$, und transformieren sie:

$$\lambda = \alpha_1 \tilde{\lambda} + \alpha_2 \tilde{\mu}, \qquad \mu = \beta_1 \tilde{\lambda} + \beta_2 \tilde{\mu} \qquad (\alpha_1\beta_1 - \alpha_2\beta_2 \neq 0).$$

Bezüglich der neuen Parameter bezeichnen wir die Büschel mit $\tilde{\mu}\tilde{A} + \tilde{\lambda}\tilde{B}$ und $\tilde{\mu}\tilde{A}_1 + \tilde{\lambda}\tilde{B}_1$; dabei ist $\tilde{B} = \beta_1 A + \alpha_1 B$, $\tilde{B}_1 = \beta_1 A_1 + \alpha_1 B_1$. Aus der Regularität der Büschel $\mu A + \lambda B$ und $\mu A_1 + \lambda B_1$ ergibt sich, daß die Zahlen α_1 und β_1 so gewählt werden können, daß $|\tilde{B}| \neq 0$ und $|\tilde{B}_1| \neq 0$ ist.

Daher sind nach Satz 1 die Büschel $\tilde{\mu}\tilde{A} + \tilde{\lambda}\tilde{B}$ und $\tilde{\mu}\tilde{A}_1 + \tilde{\lambda}\tilde{B}_1$ und folglich auch die Ausgangsbüschel $\mu A + \lambda B$ und $\mu A_1 + \lambda B_1$ (oder, was dasselbe ist, $A + \lambda B$ und $A_1 + \lambda B_1$) streng äquivalent. Damit haben wir folgende Verallgemeinerung von Satz 1 gewonnen.

Satz 2. *Zwei reguläre Büschel $A + \lambda B$ und $A_1 + \lambda B_1$ sind genau dann streng äquivalent, wenn ihre Elementarteiler (die „endlichen" und die „unendlichen") übereinstimmen.*

In dem von uns untersuchten Beispiel besaßen die Büschel (3) den gleichen „endlichen" Elementarteiler $\lambda + 1$, aber verschiedene „unendliche" Elementarteiler (das erste Büschel besitzt einen „unendlichen" Elementarteiler μ^2, das zweite die beiden μ, μ). Daher erwiesen sich diese Büschel als nicht streng äquivalent.

3. Es sei $A + \lambda B$ ein beliebiges reguläres Büschel. Dann existiert eine Zahl c derart, daß $|A + cB| \neq 0$ ist. Das gegebene Büschel stellen wir in der Gestalt $A_1 + (\lambda - c) B$ dar; dabei ist $A_1 = A + cB$ und folglich $|A_1| \neq 0$. Wir multiplizieren das Büschel von links mit A_1^{-1}, erhalten $E + (\lambda - c) A_1^{-1}B$ und führen dieses Büschel durch Ähnlichkeitstransformation in

$$E + (\lambda - c)\{J_0, J_1\} = \{E - cJ_0 + \lambda J_0, E - cJ_1 + \lambda J_1\} \tag{4}$$

über,[1]) wobei $\{J_0, J_1\}$ eine verallgemeinerte Diagonalmatrix (die Normalform der Matrix $A_1^{-1}B$), J_0 eine nilpotente[2]) Jordansche Matrix und $|J_1| \neq 0$ ist.

Den ersten Diagonalkasten auf der rechten Seite von (4) multiplizieren wir von links mit $(E - cJ_0)^{-1}$ und erhalten $E + \lambda(E - cJ_0)^{-1} J_0$. Der Koeffizient von λ ist eine nilpotente Matrix.[3]) Daher kann dieses Büschel durch Ähnlichkeitstransformation in folgende Form übergeführt werden:[4])

$$E + \widehat{\lambda J_0} = \{N^{(u_1)}, N^{(u_2)}, \ldots, N^{(u_s)}\} \quad (N^{(u)} = E^{(u)} + \lambda H^{(u)}). \tag{5}$$

Das zweite Diagonalelement auf der rechten Seite von (4) multiplizieren wir mit J_1^{-1} und können es darauf durch Ähnlichkeitstransformation in die Form $J + \lambda E$ überführen, wobei J Normalform besitzt[5]) und E die Einheitsmatrix ist. Damit haben wir folgenden Satz erhalten:

Satz 3. *Jedes reguläre Büschel $A + \lambda B$ kann in die (ihm streng äquivalente) Form*

$$\{N^{(u_1)}, N^{(u_2)}, \ldots, N^{(u_s)}, J + \lambda E\} \quad (N^{(u)} = E^{(u)} + \lambda H^{(u)}) \tag{6}$$

übergeführt werden; dabei entsprechen die ersten s Diagonalelemente den unendlichen Elementarteilern des Büschels $A + \lambda B$; das letzte Diagonalelement, d. h. die Normalform $J + \lambda E$, ist durch die endlichen Elementarteiler des betrachteten Büschels eindeutig definiert.

12.3. Singuläre Büschel

Wir betrachten nun singuläre Matrizenbüschel $A + \lambda B$ vom Typ (m, n). Mit r bezeichnen wir den Rang des Büschels, d. h. die maximale Ordnung der nicht identisch verschwindenden Minoren. Aus der Singularität des Büschels folgt, daß stets wenigstens eine der Ungleichungen $r < n$ bzw. $r < m$ gilt. Es sei $r < n$. Dann sind die Spalten der Polynommatrix $A + \lambda B$ linear abhängig, d. h., die Gleichung

$$(A + \lambda B)\, x = o, \tag{7}$$

in der x die gesuchte Spalte ist, besitzt eine nichttriviale Lösung. Jede nichttriviale Lösung dieser Gleichung ergibt eine lineare Abhängigkeit zwischen den Spalten der Polynommatrix $A + \lambda B$. Wir beschränken uns auf solche Lösungen $x(\lambda)$ von (7),

---

[1]) Die Einheitsmatrizen E in den Diagonalelementen auf der rechten Seite von (4) besitzen dieselben Ordnungen wie J_0 bzw. J_1.

[2]) D. h., für ein gewisses ganzes $l > 0$ ist $J_0^l = O$.

[3]) Aus $J_0^l = O$ folgt $[(E - cJ_0)^{-1} J_0]^l = O$.

[4]) $E^{(u)}$ ist hier die Einheitsmatrix u-ter Ordnung, $H^{(u)}$ eine Matrix u-ter Ordnung, bei der alle Elemente in der ersten oberen Diagonalen gleich 1, die übrigen Elemente jedoch gleich 0 sind.

[5]) Da hier die Matrix J durch eine beliebige, ihr ähnliche Matrix ersetzt werden kann, kann man voraussetzen, daß J eine beliebige Normalform besitzt (beispielsweise erste Normalform, zweite Normalform oder Jordansche Normalform; vgl. 6.6.).

die Polynome in λ sind,[1]) und unter diesen wählen wir eine Lösung kleinsten Grades ε in λ:

$$x(\lambda) = x_0 - \lambda x_1 + \lambda^2 x_2 - \cdots + (-1)^\varepsilon \lambda^\varepsilon x_\varepsilon \qquad (x_\varepsilon \neq 0). \tag{8}$$

Setzen wir die Lösung in (7) ein, so erhalten wir, indem wir die Koeffizienten der λ-Potenzen gleich 0 setzen,

$$\begin{aligned} &Ax_0 = o, \quad Bx_0 - Ax_1 = o, \\ &Bx_1 - Ax_2 = o, \ldots, Bx_{\varepsilon-1} - Ax_\varepsilon = o, \quad Bx_\varepsilon = o. \end{aligned} \tag{9}$$

Sehen wir dieses Gleichungssystem als ein homogenes lineares Gleichungssystem für die Elemente der Spalten $+x_0, -x_1, +x_2, \ldots, (-1)^\varepsilon x_\varepsilon$ an, so können wir folgern, daß für den Rang ϱ_ε der Koeffizientenmatrix dieses Systems

$$M_\varepsilon = M_\varepsilon[A + \lambda B] = \overbrace{\begin{Bmatrix} A & O & \ldots & O \\ B & A & & \cdot \\ O & B & \cdot & \cdot \\ \cdot & \cdot & \cdot & \cdot \\ \cdot & \cdot & \cdot & \\ \cdot & \cdot & & A \\ O & O & \ldots & B \end{Bmatrix}}^{\varepsilon+1} \tag{10}$$

die Ungleichung $\varrho_\varepsilon < (\varepsilon + 1)\, n$ gilt. Aus der Minimaleigenschaft der Zahl ε folgen gleichzeitig für die Rangzahlen $\varrho_0, \varrho_1, \ldots, \varrho_{\varepsilon-1}$ der Matrizen

$$M_0 = \begin{pmatrix} A \\ B \end{pmatrix}, \quad M_1 = \begin{pmatrix} A & O \\ B & A \\ O & B \end{pmatrix}, \ldots, M_{\varepsilon-1} = \overbrace{\begin{pmatrix} A & O & \ldots & O \\ B & A & & \cdot \\ \cdot & \cdot & \cdot & \cdot \\ \cdot & & \cdot & \cdot \\ \cdot & & \cdot & A \\ O & & \ldots & B \end{pmatrix}}^{\varepsilon} \tag{10'}$$

die Gleichungen $\varrho_0 = n, \varrho_1 = 2n, \ldots, \varrho_{\varepsilon-1} = \varepsilon n$. *Die Zahl ε ist also der kleinste Wert des Index k, für den in den Relationen*

$$\varrho_k \leqq (k + 1)\, n$$

das Ungleichheitszeichen gilt.

Wir formulieren und beweisen nun folgenden grundlegenden Satz:

Satz 4. *Besitzt die Gleichung* (7) *eine Lösung minimalen Grades ε und ist $\varepsilon > 0$, so wird das vorgegebene Büschel $A + \lambda B$ einem Büschel der Form*

$$\begin{pmatrix} L_\varepsilon & O \\ O & \hat{A} + \lambda \hat{B} \end{pmatrix} \tag{11}$$

[1]) Zur tatsächlichen Bestimmung der Elemente der Lösungsspalte x muß ein homogenes lineares Gleichungssystem gelöst werden, dessen Koeffizienten lineare Polynome in λ sind. Eine Basis linear unabhängiger Lösungen x kann stets so gewählt werden, daß die Elemente der Lösungen Polynome in λ sind.

streng äquivalent; dabei ist

$$L_\varepsilon = \overbrace{\begin{Vmatrix} \lambda & 1 & 0 & \dots & 0 & 0 \\ 0 & \lambda & 1 & & & \cdot \\ \cdot & \cdot & \ddots & \ddots & & \cdot \\ \cdot & \cdot & & \ddots & \ddots & \cdot \\ \cdot & \cdot & & & \ddots & \cdot \\ 0 & 0 & \dots & & \lambda & 1 \end{Vmatrix}}^{\varepsilon+1} \Bigg\} \varepsilon, \tag{12}$$

und die zu (7) *analoge Gleichung für das Büschel* $\hat{A} + \lambda\hat{B}$ *besitzt keine Lösung, deren Grad kleiner als* ε *ist.*

Beweis. Wir beweisen diesen Satz in drei Schritten. Als erstes zeigen wir, daß das vorgelegte Büschel $A + \lambda B$ einem Büschel der Form

$$\begin{pmatrix} L_\varepsilon & D + \lambda F \\ O & \hat{A} + \lambda\hat{B} \end{pmatrix} \tag{13}$$

streng äquivalent ist, wobei D, F, $\hat{A}$ und $\hat{B}$ konstante rechteckige Matrizen entsprechenden Typs sind. Darauf stellen wir fest, daß die Gleichung $(\hat{A} + \lambda\hat{B})\,\hat{x} = o$ keine Lösung besitzt, deren Grad kleiner als ε ist. Schließlich zeigen wir, daß durch eine weitere Transformation das Büschel (13) in die verallgemeinerte Diagonalmatrix (11) übergeführt werden kann.

1. Dem ersten Teil unseres Beweises geben wir eine geometrische Form. An Stelle des Matrizenbüschels $A + \lambda B$ betrachten wir das entsprechende Operatorenbüschel $\boldsymbol{A} + \lambda\boldsymbol{B}$, das den $\mathfrak{R}_n$ in den $\mathfrak{R}_m$ abbildet; wir zeigen, daß bei entsprechender Basiswahl in diesen Räumen dem Operator $\boldsymbol{A} + \lambda\boldsymbol{B}$ eine Matrix der Form (13) entspricht. An die Stelle von (17) tritt die Operatorgleichung

$$(\boldsymbol{A} + \lambda\boldsymbol{B})\,\boldsymbol{x} = \boldsymbol{o} \tag{14}$$

mit dem Lösungsvektor

$$\boldsymbol{x}(\lambda) = \boldsymbol{x}_0 - \lambda\boldsymbol{x}_1 + \lambda^2\boldsymbol{x}_2 + \cdots + (-1)^\varepsilon\,\lambda^\varepsilon\boldsymbol{x}_\varepsilon; \tag{15}$$

die Gleichungen (9) werden durch die Operatorgleichungen

$$\boldsymbol{A}\boldsymbol{x}_0 = \boldsymbol{o}, \quad \boldsymbol{A}\boldsymbol{x}_1 = \boldsymbol{B}\boldsymbol{x}_0, \quad \boldsymbol{A}\boldsymbol{x}_2 = \boldsymbol{B}\boldsymbol{x}_1, \dots, \boldsymbol{A}\boldsymbol{x}_\varepsilon = \boldsymbol{B}\boldsymbol{x}_{\varepsilon-1}, \quad \boldsymbol{B}\boldsymbol{x}_\varepsilon = \boldsymbol{o} \tag{16}$$

ersetzt.

Später zeigen wir, daß die Vektoren

$$\boldsymbol{A}\boldsymbol{x}_1, \boldsymbol{A}\boldsymbol{x}_2, \dots, \boldsymbol{A}\boldsymbol{x}_\varepsilon \tag{17}$$

linear unabhängig sind. Hieraus läßt sich sofort auf die lineare Unabhängigkeit der Vektoren

$$\boldsymbol{x}_0, \boldsymbol{x}_1, \dots, \boldsymbol{x}_\varepsilon \tag{18}$$

schließen. Da $\boldsymbol{A x}_0 = \boldsymbol{o}$ ist, folgt nämlich aus $\alpha_0 \boldsymbol{x}_0 + \alpha_1 \boldsymbol{x}_1 + \cdots + \alpha_\varepsilon \boldsymbol{x}_\varepsilon = \boldsymbol{o}$ die Beziehung $\alpha \boldsymbol{A x}_1 + \cdots + \alpha_\varepsilon \boldsymbol{A x}_\varepsilon = \boldsymbol{o}$, hieraus wegen der linearen Unabhängigkeit der Vektoren (17) $\alpha_1 = \alpha_2 = \cdots = \alpha_\varepsilon = 0$. Nun ist aber $\boldsymbol{x}_0 \neq \boldsymbol{o}$, da sonst $\boldsymbol{x}(\lambda)/\lambda$ eine Lösung $(\varepsilon - 1)$-ten Grades der Gleichung (14) wäre, was nicht möglich ist. Daher ist auch $\alpha_0 = 0$.

Wählen wir jetzt die Vektoren (17) und (18) als die ersten Basisvektoren einer neuen Basis im $\mathfrak{R}_m$ bzw. $\mathfrak{R}_n$, so entsprechen den Operatoren $\boldsymbol{A}$ und $\boldsymbol{B}$ bezüglich dieser Basis nach (16) folgende Matrizen:

$$\tilde{A} = \left\Vert \begin{array}{ccccccccc} \multicolumn{5}{c}{\overbrace{\hphantom{0 \quad 1 \quad 1 \quad \ldots \quad 0}}^{\varepsilon+1}} & & & & \\ 0 & 1 & & \ldots & 0 & * & \ldots & * \\ 0 & 0 & 1 & \ldots & 0 & * & \ldots & * \\ \cdot & \cdot & & \cdot & \cdot & & & \\ \cdot & \cdot & & \cdot & \cdot & \cdots & \cdots & \cdots \\ \cdot & \cdot & & & \cdot\,\cdot & & & \\ 0 & 0 & & \ldots & 1 & * & \ldots & * \\ 0 & 0 & & \ldots & 0 & * & \ldots & * \\ \cdots & \cdots & \cdots & \cdots & \cdots & \cdots & \cdots & \cdots \\ 0 & 0 & & \ldots & 0 & * & \ldots & * \end{array} \right\Vert, \quad \tilde{B} = \left\Vert \begin{array}{cccccccc} \multicolumn{5}{c}{\overbrace{\hphantom{1 \quad 0 \quad \ldots \quad 0 \quad 0}}^{\varepsilon+1}} & & & \\ 1 & 0 & \ldots & 0 & 0 & * & \ldots & * \\ 0 & 1 & \ldots & 0 & 0 & * & \ldots & * \\ \cdot & & \cdot & & \cdot & & & \\ \cdot & & \cdot & & \cdot & \cdots & \cdots & \cdots \\ \cdot & & & \cdot & \cdot & & & \\ 0 & 0 & \ldots & 1 & 0 & * & \ldots & * \\ 0 & 0 & \ldots & 0 & 0 & * & \ldots & * \\ \cdots & \cdots & \cdots & 0 & 0 & * & \ldots & * \\ 0 & 0 & \ldots & 0 & 0 & * & \ldots & * \end{array} \right\Vert;$$

die Polynommatrix $\tilde{A} + \lambda \tilde{B}$ besitzt dann die Form (13). Unsere Überlegungen setzten voraus, daß die Vektoren (17) linear unabhängig sind; dies ist noch zu beweisen.

Es sei $\boldsymbol{A x}_h$ $(h \geqq 1)$ der erste Vektor der Folge (17), der von den vorhergehenden Vektoren linear abhängig ist:

$$\boldsymbol{A x}_h = \alpha_1 \boldsymbol{A x}_{h-1} + \alpha_2 \boldsymbol{A x}_{h-2} + \cdots + \alpha_{h-1} \boldsymbol{A x}_1 .$$

Nach (16) läßt sich diese Gleichung folgendermaßen schreiben:

$$\boldsymbol{B x}_{h-1} = \alpha_1 \boldsymbol{B x}_{h-2} + \alpha_2 \boldsymbol{B x}_{h-3} + \cdots + \alpha_{h-1} \boldsymbol{B x}_0 ,$$

d. h.

$$\boldsymbol{B x}^*_{h-1} = \boldsymbol{o}$$

mit

$$\boldsymbol{x}^*_{h-1} = \boldsymbol{x}_{h-1} - \alpha_1 \boldsymbol{x}_{h-2} - \alpha_2 \boldsymbol{x}_{h-3} - \cdots - \alpha_{h-1} \boldsymbol{x}_0 .$$

Ferner ist wiederum nach (16)

$$\boldsymbol{A x}^*_{h-1} = \boldsymbol{B}(\boldsymbol{x}_{h-2} - \alpha_1 \boldsymbol{x}_{h-3} - \cdots - \alpha_{h-2} \boldsymbol{x}_0) = \boldsymbol{B x}^*_{h-2}$$

mit

$$\boldsymbol{x}^*_{h-2} = \boldsymbol{x}_{h-2} - \alpha_1 \boldsymbol{x}_{h-3} - \cdots - \alpha_{h-2} \boldsymbol{x}_0 .$$

Setzen wir diesen Prozeß fort und führen die Vektoren

$$\boldsymbol{x}_{h-3} = \boldsymbol{x}_{h-3} - \alpha_1 \boldsymbol{x}_{h-4} - \cdots - \alpha_{h-3} \boldsymbol{x}_0, \ldots, \boldsymbol{x}^*_1 = \boldsymbol{x}_1 - \alpha_1 \boldsymbol{x}_0, \boldsymbol{x}^*_0 = \boldsymbol{x}_0$$

ein, so erhalten wir die Gleichungskette

$$\boldsymbol{B x}^*_{h-1} = \boldsymbol{o}, \quad \boldsymbol{A x}^*_{h-1} = \boldsymbol{B x}^*_{h-2}, \ldots, \boldsymbol{A x}^*_1 = \boldsymbol{B x}^*_0, \quad \boldsymbol{A x}^*_0 = \boldsymbol{o}. \tag{19}$$

Aus (19) folgt, daß

$$\boldsymbol{x}^*(\lambda) = \boldsymbol{x}_0^* - \lambda \boldsymbol{x}_1^* + \cdots + (-1)^{h-1} \boldsymbol{x}_{h-1}^* \qquad (\boldsymbol{x}_0^* = \boldsymbol{x}_0 \neq \boldsymbol{o})$$

eine nichttriviale Lösung der Gleichung (14) mit einem Grad höchstens gleich $h - 1 < \varepsilon$ ist. Damit ist die lineare Unabhängigkeit der Vektoren (17) bewiesen.

2. Wir zeigen jetzt, daß die Gleichung $(\hat{A} + \lambda\hat{B})\,\hat{x} = o$ keine Lösung besitzt, deren Grad kleiner als ε ist. Zu Beginn bemerken wir, daß die Gleichung $Ly = o$ ebenso wie (17) nichttriviale Lösungen vom Grad ε besitzt. Davon überzeugen wir uns unmittelbar dadurch, daß wir die Matrizengleichung $L_\varepsilon y = o$ durch ein System gewöhnlicher Gleichungen ersetzen:

$$\lambda y_1 + y_2 = 0, \quad \lambda y_2 + y_3 = 0, \ldots, \lambda y_\varepsilon + y_{\varepsilon+1} = 0 \quad \bigl(y = (y_1, y_2, \ldots, y_{\varepsilon+1})\bigr);$$

hieraus folgt

$$y_k = (-1)^{k-1} y_1 \lambda^{k-1} \qquad (k = 1, 2, \ldots, \varepsilon + 1).$$

Ist andererseits ein Büschel in Form einer verallgemeinerten Dreiecksmatrix (13) gegeben, so kann man die ihm entsprechende Matrix M_k $(k = 0, 1, \ldots, \varepsilon)$ (vgl. (10) und (10′)) durch Zeilen- und Spaltenvertauschung in eine verallgemeinerte Dreiecksmatrix überführen:

$$\begin{pmatrix} M_k[L_\varepsilon] & M_k[D + \lambda F] \\ O & M_k[\hat{A} + \lambda\hat{B}] \end{pmatrix}. \tag{20}$$

Für $k = \varepsilon - 1$ sind alle Zeilen und auch alle Spalten der Matrix $M_{\varepsilon-1}[L_\varepsilon]$ linear unabhängig.[1] $M_{\varepsilon-1}[L_\varepsilon]$ ist eine quadratische Matrix der Ordnung $\varepsilon(\varepsilon + 1)$. Daher sind auch in der Matrix $M_{\iota-1}[\hat{A} + \lambda\hat{B}]$ alle Spalten linear unabhängig, was nach den Erörterungen am Anfang dieses Abschnitts besagt, daß die Gleichung $(\hat{A} + \lambda\hat{B})\,\hat{x} = o$ keine Lösung besitzt, deren Grad kleiner als ε ist, was zu beweisen war.

3. Wir ersetzen das Büschel (13) durch das ihm streng äquivalente Büschel

$$\begin{aligned} &\begin{pmatrix} E_1 & Y \\ O & E_2 \end{pmatrix} \begin{pmatrix} L_\varepsilon & D + \lambda F \\ O & \hat{A} + \lambda\hat{B} \end{pmatrix} \begin{pmatrix} E_3 & -X \\ O & E_4 \end{pmatrix} \\ &= \begin{pmatrix} L_\varepsilon & D + \lambda F + Y(\hat{A} + \lambda\hat{B}) - L_\varepsilon X \\ O & \hat{A} + \lambda\hat{B} \end{pmatrix}; \end{aligned} \tag{21}$$

dabei sind E_1, E_2, E_3 und E_4 (quadratische) Einheitsmatrizen der Ordnung ε, $m - \varepsilon$, $\varepsilon + 1$ bzw. $n - (\varepsilon + 1)$, X und Y beliebige konstante rechteckige Matrizen entsprechenden Typs. Unser Satz ist vollständig bewiesen, wenn wir gezeigt haben, daß die Matrizen X und Y so gewählt werden können, daß folgende Matrizengleichung gilt:

$$L_\varepsilon X = D + \lambda F + Y(\hat{A} + \lambda\hat{B}). \tag{22}$$

---

[1]) Dies folgt aus der Tatsache, daß für $k = \varepsilon - 1$ der Rang der Matrix (20) gleich εn ist; eine analoge Gleichung gilt für den Rang der Matrix $M_{\varepsilon-1}[L_\varepsilon]$.

Wir führen Bezeichnungen für die Elemente der Matrizen D, F, X, die Zeilen der Matrix Y und die Spalten der Matrizen $\hat{A}$ und $\hat{B}$ ein:

$$D = \|d_{ik}\|, \quad F = \|f_{ik}\|, \quad X = \|x_{jk}\|$$
$$(i = 1, 2, \ldots, \varepsilon;\ k = 1, 2, \ldots, n - \varepsilon - 1;\ j = 1, 2, \ldots, \varepsilon + 1),$$

$$Y = \begin{pmatrix} y_1 \\ y_2 \\ \vdots \\ y_\varepsilon \end{pmatrix}, \quad \hat{A} = (a_1, a_2, \ldots, a_{n-\varepsilon-1}), \quad \hat{B} = (b_1, b_2, \ldots, b_{n-\varepsilon-1}).$$

Dann kann die Matrizengleichung (22) durch ein System skalarer Gleichungen ersetzt werden, indem man fordert, daß die sich entsprechenden Elemente der k-ten Spalte der linken und der rechten Seite von Gleichung (22) einander gleich sind:

$$\left.\begin{array}{l} x_{2k} + \lambda x_{1k} = d_{1k} + \lambda f_{1k} + y_1 a_k + \lambda y_1 b_k, \\ x_{3k} + \lambda x_{2k} = d_{2k} + \lambda f_{2k} + y_2 a_k + \lambda y_2 b_k, \\ x_{4k} + \lambda x_{3k} = d_{3k} + \lambda f_{3k} + y_3 a_k + \lambda y_3 b_k, \\ \dots\dots\dots\dots\dots\dots\dots\dots \\ x_{\varepsilon+1,k} + \lambda x_{\varepsilon k} = d_{\varepsilon k} + \lambda f_{\varepsilon k} + y_\varepsilon a_k + \lambda y_\varepsilon b_k \end{array}\right\} \quad (k = 1, 2, \ldots, n - \varepsilon - 1). \tag{23}$$

Auf der linken Seite dieser Gleichungen stehen lineare Binome in λ. Die Konstante jedes der ersten $\varepsilon - 1$ Binome ist gleich dem Koeffizienten von λ beim folgenden Binom. Dann müssen auf der rechten Seite der Gleichungen entsprechende Beziehungen gelten:

$$\left.\begin{array}{l} y_1 a_k - y_2 b_k = f_{2k} - d_{1k}, \\ y_2 a_k - y_3 b_k = f_{3k} - d_{2k}, \\ \dots\dots\dots\dots\dots \\ y_{\varepsilon-1} a_k - y_\varepsilon b_k = f_{\varepsilon k} - d_{\varepsilon-1,k} \end{array}\right\} \quad (k = 1, 2, \ldots, n - \varepsilon - 1). \tag{24}$$

Sind aber die Gleichungen (24) erfüllt, so können offensichtlich aus (23) die gesuchten Elemente der Matrix X bestimmt werden.

Als letztes muß noch bewiesen werden, daß das System (24) für die Elemente der Matrix Y für beliebige d_{ik} und f_{ik} lösbar ist ($i = 1, 2, \ldots, \varepsilon;\ k = 1, 2, \ldots, n - \varepsilon - 1$). In der Tat kann die Transponierte der Matrix, die aus den Koeffizienten der unbekannten Elemente der Zeilen $y_1, -y_2, +y_3, -y_4, \ldots$ besteht, in folgender Form geschrieben werden:

$$\begin{pmatrix} \overbrace{\hat{A} & O & \ldots & O}^{\varepsilon - 1} \\ \hat{B} & \hat{A} & & \vdots \\ O & \hat{B} & \ddots & \vdots \\ \vdots & & \ddots & \vdots \\ \vdots & & & \hat{A} \\ O & O & \ldots & \hat{B} \end{pmatrix}.$$

Diese Matrix ist aber die Matrix $M_{\varepsilon-2}$ für das Büschel $\hat{A} + \lambda\hat{B}$ (vgl. (10')). Der Rang dieser Matrix ist gleich $(\varepsilon - 1)(n - \varepsilon - 1)$, da nach dem Bewiesenen die Gleichung $(\hat{A} + \lambda B)\,\hat{\mathfrak{x}} = o$ keine Lösung von kleinerem Grade als ε besitzt. Der Rang des Gleichungssystems (24) ist also gleich der Anzahl der Gleichungen, und damit ist das Gleichungssystem für beliebige rechte Seiten lösbar.

Damit ist der Satz bewiesen.

12.4. Die kanonische Form singulärer Matrizenbüschel

Es sei ein beliebiges singuläres Matrizenbüschel $A + \lambda B$ vom Typ (m, n) vorgegeben. Wir setzen voraus, daß weder zwischen den Spalten noch zwischen den Zeilen eine lineare Abhängigkeit mit konstanten Koeffizienten besteht.

Es sei r der Rang des Büschels und $r < n$, d. h., die Spalten des Büschels $A + \lambda B$ seien linear abhängig. In diesem Fall besitzt die Gleichung $(A + \lambda B)\,x = o$ eine nichttriviale Lösung minimalen Grades; dieser sei ε_1. Aus den zu Beginn dieses Abschnitts gemachten Einschränkungen folgt $\varepsilon_1 > 0$. Nach Satz 4 kann daher das vorgegebene Büschel in die Form

$$\begin{pmatrix} L_{\varepsilon_1} & O \\ O & A_1 + \lambda B_1 \end{pmatrix}$$

transformiert werden; dabei gibt es sicher keine Lösung $x^{(1)}$ von $(A_1 + \lambda B_1)\,x^{(1)} = o$, deren Grad kleiner als ε_1 ist.

Besitzt diese Gleichung eine nichttriviale Lösung minimalen Grades ε_2 (dabei ist notwendig $\varepsilon_2 \geqq \varepsilon_1$), so kann durch Anwendung von Satz 4 auf das Büschel $A_1 + \lambda B_1$ das vorgegebene Büschel in die Form

$$\begin{pmatrix} L_{\varepsilon_1} & O & O \\ O & L_{\varepsilon_2} & O \\ O & O & A_2 + \lambda B_2 \end{pmatrix}$$

transformiert werden. Setzen wir diesen Prozeß fort, so wird das gegebene Büschel in die verallgemeinerte Diagonalmatrix

$$\begin{pmatrix} L_{\varepsilon_1} & & & & O \\ & L_{\varepsilon_2} & & & \\ & & \ddots & & \\ & & & L_{\varepsilon_p} & \\ O & & & & A_p + \lambda B_p \end{pmatrix} \tag{25}$$

übergeführt; dabei gelten die Beziehungen $0 < \varepsilon_1 \leqq \varepsilon_2 \leqq \cdots \leqq \varepsilon_p$, und die Gleichung $(A_p + \lambda B_p)\,x^{(p)} = o$ besitzt keine nichttriviale Lösung, d. h., die Spalten der Matrix $A_p + \lambda B_p$ sind linear unabhängig.[1])

---

[1]) Offenbar ist $\varepsilon_1 + \varepsilon_2 + \cdots + \varepsilon_p \leqq m$ und $\varepsilon_1 + \varepsilon_2 + \cdots + \varepsilon_p + p \leqq n$. Gleichheit kann in diesen Ungleichungen nur gleichzeitig eintreten. In diesem Fall fehlt das Element $A_p + \lambda B_p$.

Sind die Zeilen des Büschels $A_p + \lambda B_p$ linear abhängig, so kann das transponierte Büschel $A_p^{\mathsf{T}} + \lambda B_p^{\mathsf{T}}$ in die Form (25) übergeführt werden; an Stelle der Zahlen $\varepsilon_1, \varepsilon_2, \ldots, \varepsilon_p$ treten dabei die Zahlen $(0 <)\ \eta_1 \leqq \eta_2 \leqq \cdots \leqq \eta_q$ auf.[1]) Das vorgegebene Büschel $A + \lambda B$ läßt sich dann also in die verallgemeinerte Diagonalmatrix

$$\begin{pmatrix} L_{\varepsilon_1} & & & & & & & & O \\ & L_{\varepsilon_2} & & & & & & & \\ & & \ddots & & & & & & \\ & & & L_{\varepsilon_p} & & & & & \\ & & & & L_{\eta_1}^{\mathsf{T}} & & & & \\ & & & & & L_{\eta_2}^{\mathsf{T}} & & & \\ & & & & & & \ddots & & \\ & & & & & & & L_{\eta_q}^{\mathsf{T}} & \\ O & & & & & & & & A_0 + \lambda B_0 \end{pmatrix} \tag{26}$$

$$(0 < \varepsilon_1 \leqq \varepsilon_2 \leqq \cdots \leqq \varepsilon_p, \quad 0 < \eta_1 \leqq \eta_2 \leqq \cdots \leqq \eta_q)$$

transformieren; hierbei sind sowohl die Spalten als auch die Zeilen des Büschels $A_0 + \lambda B_0$ linear unabhängig, d. h., $A_0 + \lambda B_0$ ist ein reguläres Büschel.[2])

Wir betrachten nun den allgemeinen Fall, daß zwischen den Zeilen und Spalten des gegebenen Büschels lineare Abhängigkeiten mit konstanten Koeffizienten auftreten. Es seien g und h die maximale Anzahl konstanter linear unabhängiger Lösungen der folgenden Gleichungen:

$$(A + \lambda B)\, x = o \qquad \text{und} \qquad (A^{\mathsf{T}} + \lambda B^{\mathsf{T}})\, y = o.$$

An Stelle der ersten dieser Gleichungen betrachten wir, ähnlich wie beim Beweis von Satz 4 verfahren wurde, die entsprechende Operatorengleichung $(\boldsymbol{A} + \lambda \boldsymbol{B})\, \boldsymbol{x} = \boldsymbol{o}$ ($\boldsymbol{A}$ und $\boldsymbol{B}$ sind Operatoren, die den $\mathfrak{R}_n$ in den $\mathfrak{R}_m$ abbilden). Die linear unabhängigen konstanten Lösungen dieser Gleichungen bezeichnen wir mit $\boldsymbol{e}_1, \boldsymbol{e}_2, \ldots, \boldsymbol{e}_g$ und nehmen sie als die ersten g Basisvektoren des $\mathfrak{R}_n$. Dann sind die Elemente der ersten g Zeilen der entsprechenden Matrix $\tilde{A} + \lambda \tilde{B}$ gleich O:

$$\tilde{A} + \lambda \tilde{B} = (\overbrace{O}^{g}, \tilde{A}_1 + \lambda \tilde{B}_1). \tag{27}$$

Ebenso sind in dem Büschel $\tilde{A}_1 + \lambda \tilde{B}_1$ die Elemente der ersten h Zeilen gleich O. Dann nimmt das gegebene Büschel die Form

$$\begin{pmatrix} h\{\overbrace{O}^{g} & O \\ O & A^0 + \lambda B^0 \end{pmatrix} \tag{28}$$

---

[1]) Da zwischen den Zeilen des Büschels $A + \lambda B$ und folglich zwischen denen des Büschels $A_p + \lambda B_p$ keine lineare Abhängigkeit mit konstanten Koeffizienten besteht, ist $\eta_1 > 0$.

[2]) Ist bei dem gegebenen Büschel $r = n$, d. h., sind die Spalten des Büschels linear unabhängig, so treten in (26) die ersten p Diagonalelemente der Form L_ε nicht auf ($p = 0$). Ebenso fehlen in (26), wenn $r = m$ ist, d. h. die Zeilen von $A + \lambda B$ linear unabhängig sind, die Diagonalelemente der Form L_η^{T} ($q = 0$).

an, und zwischen den Zeilen bzw. Spalten des Büschels $A^0 + \lambda B^0$ besteht keine lineare Abhängigkeit mit konstanten Koeffizienten. Das Büschel $A^0 + \lambda B^0$ stellen wir nun in der Form (26) dar. Im allgemeinen Fall kann das Büschel $A + \lambda B$ also stets in eine verallgemeinerte Diagonalmatrix der Gestalt

$$\{h[\overbrace{O}^{g}, L_{\varepsilon_{g+1}}, \ldots, L_{\varepsilon_p}, L^{\mathsf{T}}_{\eta_{h+1}}, \ldots, L^{\mathsf{T}}_{\eta_q}, A_0 + \lambda B_0\} \tag{29}$$

übergeführt werden. Die Indizes bei ε und η sind so zu verstehen, daß wir $\varepsilon_1 = \varepsilon_2 = \cdots = \varepsilon_g = 0$ und $\eta_1 = \eta_2 = \cdots = \eta_h = 0$ gesetzt haben.

Geben wir an Stelle des regulären Büschels $A_0 + \lambda B_0$ in (29) seine kanonische Form (6) an (vgl. 12.2.), so erhalten wir schließlich die verallgemeinerte Diagonalmatrix

$$\{h[\overbrace{O}^{g}; L_{\varepsilon_{g+1}}, \ldots, L_{\varepsilon_p}; L^{\mathsf{T}}_{\eta_{h+1}}, \ldots, L^{\mathsf{T}}_{\eta_q}; N^{(u_1)}, \ldots, N^{(u_s)}; J + \lambda E\}; \tag{30}$$

die hier auftretende Matrix J besitzt Jordansche bzw. erste oder zweite Normalform, und es gilt $N^{(u)} \equiv E^{(u)} + \lambda H^{(u)}$.

Die Matrix (30) *ist die kanonische Form des Büschels* $A + \lambda B$ *im allgemeinen Fall.*

Um von einem gegebenen Büschel unmittelbar seine kanonische Form angeben zu können, ohne schrittweise den Reduktionsprozeß durchzuführen, werden wir in 12.5. den Begriff der minimalen Indizes eines Büschels nach KRONECKER einführen.

12.5. Die minimalen Indizes eines Büschels. Ein Kriterium für die strenge Äquivalenz von Matrizenbüscheln

Wir betrachten ein beliebiges singuläres Matrizenbüschel $A + \lambda B$. Beliebige k Lösungsspalten $x_1(\lambda), x_2(\lambda), \ldots, x_k(\lambda)$ des Gleichungssystems

$$(A + \lambda B)\, x = o, \tag{31}$$

deren Elemente Polynome in λ sind, sind linear abhängig, wenn der Rang der Matrix $X = [x_1(\lambda), x_2(\lambda), \ldots, x_k(\lambda)]$, die aus diesen Spalten besteht, kleiner als k ist. In diesem Fall existieren k nicht gleichzeitig identisch verschwindende Polynome $p_1(\lambda), p_2(\lambda), \ldots, p_k(\lambda)$ mit

$$p_1(\lambda)\, x_1(\lambda) + p_2(\lambda)\, x_2(\lambda) + \cdots + p_k(\lambda)\, x_k(\lambda) \equiv o.$$

Ist der Rang der Matrix X gleich k, so existiert eine solche Abhängigkeit nicht, und die Lösungen $x_1(\lambda), x_2(\lambda), \ldots, x_k(\lambda)$ sind linear unabhängig.

Von allen Lösungen der Gleichung (31) wählen wir eine nichttriviale Lösung $x_1(\lambda)$

kleinsten Grades ε_1 aus. Dann wählen wir von den Lösungen derselben Gleichung, die von $x_1(\lambda)$ linear unabhängig sind, eine Lösung $x_2(\lambda)$ kleinsten Grades ε_2. Offensichtlich ist $\varepsilon_1 \leqq \varepsilon_2$. Wir setzen diesen Prozeß fort und wählen unter den Lösungen, die von $x_1(\lambda)$ und $x_2(\lambda)$ linear unabhängig sind, eine Lösung $x_3(\lambda)$ kleinsten Grades ε_3 usw. Da die Anzahl der linear unabhängigen Lösungen von (31) höchstens gleich n ist, bricht dieser Prozeß nach endlich vielen Schritten ab, und wir erhalten ein *Fundamentalsystem von Lösungen* der Gleichung (31):

$$x_1(\lambda),\ x_2(\lambda),\ \ldots,\ x_p(\lambda); \tag{32}$$

für die Grade der Lösungsspalten gilt dabei

$$\varepsilon_1 \leqq \varepsilon_2 \leqq \cdots \leqq \varepsilon_p. \tag{33}$$

Im allgemeinen Fall ist dieses Fundamentalsystem von Lösungen durch Vorgabe des Büschels $A + \lambda B$ nicht (bis auf skalare Faktoren) eindeutig bestimmt.

Jedoch besitzen zwei Fundamentalsysteme von Lösungen stets dieselbe Folge $\varepsilon_1, \varepsilon_2, \ldots, \varepsilon_p$ der Grade. Ist nämlich $\tilde{x}_1(\lambda), \tilde{x}_2(\lambda), \ldots$ neben (32) ein zweites Fundamentalsystem von Lösungen mit den Graden $\tilde{\varepsilon}_1, \tilde{\varepsilon}_2, \ldots$, dann gilt für die Grade (33)

$$\varepsilon_1 = \cdots = \varepsilon_{n_1} < \varepsilon_{n_1+1} = \cdots = \varepsilon_{n_2} < \cdots$$

und analog für $\tilde{\varepsilon}_1, \tilde{\varepsilon}_2, \ldots$

$$\tilde{\varepsilon}_1 = \cdots = \tilde{\varepsilon}_{\tilde{n}_1} < \tilde{\varepsilon}_{\tilde{n}_1+1} = \cdots = \tilde{\varepsilon}_{\tilde{n}_2} < \cdots.$$

Offenbar ist $\varepsilon_1 = \tilde{\varepsilon}_1$. Jede Spalte $\tilde{x}_i(\lambda)$ mit $i = 1, 2, \ldots, \tilde{n}_1$ ist Linearkombination der Spalten $x_1(\lambda), x_2(\lambda), \ldots, x_{n_1}(\lambda)$, da im entgegengesetzten Fall in (32) die Lösung $x_{n_1+1}(\lambda)$ durch die Lösung $x_i(\lambda)$ ersetzt werden könnte, *die einen kleineren Grad besitzt*. Umgekehrt ist auch jede Spalte $x_i(\lambda)$ mit $i = 1, 2, \ldots, n_1$ Linearkombination der Spalten $\tilde{x}_1(\lambda), \tilde{x}_2(\lambda), \ldots, \tilde{x}_{n_1+1}(\lambda)$. Daher ist $n_1 = \tilde{n}_1$ und $\varepsilon_{n_1+1} = \tilde{\varepsilon}_{\tilde{n}_1+1}$. Durch analoge Überlegungen überzeugt man sich davon, daß $n_2 = \tilde{n}_2$ und $\tilde{\varepsilon}_{n_2+1} = \tilde{\varepsilon}_{\tilde{n}_2+1}$ ist usw.

Jede Lösung $x_k(\lambda)$ des Fundamentalsystems (32) definiert eine lineare Abhängigkeit ε_k-ten Grades zwischen den Spalten der Matrix $A + \lambda B$ $(k = 1, 2, \ldots, p)$. Die Zahlen $\varepsilon_1, \varepsilon_2, \ldots, \varepsilon_p$ nennen wir die *minimalen Indizes der Spalten* des Büschels $A + \lambda B$.

Analog führen wir die *minimalen Indizes* $\eta_1, \eta_2, \ldots, \eta_q$ *der Zeilen* des Büschels $A + \lambda B$ ein. Dazu ersetzen wir die Gleichung $(A + \lambda B)\,x = o$ durch die Gleichung $(A^{\mathsf{T}} + \lambda B^{\mathsf{T}})\,y = o$ und definieren die Zahlen $\eta_1, \eta_2, \ldots, \eta_q$ als minimale Indizes der Spalten des transponierten Büschels $A^{\mathsf{T}} + \lambda B^{\mathsf{T}}$.

Streng äquivalente Büschel besitzen die gleichen minimalen Indizes. Es seien nämlich zwei solche Büschel $A + \lambda B$ und $P(A + \lambda B)\,Q$ gegeben (P und Q sind reguläre quadratische Matrizen). Dann kann Gleichung (31) für das erste der Büschel, nachdem man sie von links mit P multipliziert hat, folgendermaßen geschrieben werden:

$$P(A + \lambda B)\,Q \cdot Q^{-1}x = o.$$

Hieraus ist ersichtlich, daß die Lösungen der Gleichung (31), nachdem sie von links mit Q^{-1} multipliziert worden sind, ein vollständiges System von Lösungen der Gleichung $P(A + \lambda B)\,Qz = o$ bilden. $A + \lambda B$ und $P(A + \lambda B)\,Q$ besitzen daher dieselben minimalen Indizes der Spalten. Die Übereinstimmung der minimalen Indizes der Zeilen stellen wir durch Übergang zu den transponierten Büscheln fest.

Wir berechnen nun die minimalen Indizes der kanonischen verallgemeinerten Diagonalmatrix

$$\{h[\overbrace{O}^{g}, L_{\varepsilon_{g+1}}, \ldots, L_{\varepsilon_p}; L^{\mathsf{T}}_{\eta_{h+1}}, \ldots, L^{\mathsf{T}}_{\eta_q}; A_0 + \lambda B_0\} \tag{34}$$

($A_0 + \lambda B_0$ ist ein reguläres Büschel, das die Normalform (6) besitzt).

Zuvor bemerken wir, daß das vollständige System minimaler Indizes der Spalten (Zeilen) einer verallgemeinerten Diagonalmatrix als Vereinigung der entsprechenden Systeme minimaler Indizes für die einzelnen Diagonalkästen erhalten werden kann. Die Matrix L_ε besitzt nur einen minimalen Index ε für die Spalten, die Zeilen dieser Matrix sind jedoch linear unabhängig. Ebenso besitzt die Matrix L^{T}_η nur einen minimalen Index η für die Zeilen, und die Spalten dieser Matrix sind linear unabhängig. Das reguläre Büschel $A_0 + \lambda B_0$ besitzt keine minimalen Indizes. Daher besitzt die Matrix (34) für die Spalten die minimalen Indizes

$$\varepsilon_1 = \cdots = \varepsilon_g = 0, \qquad \varepsilon_{g+1}, \ldots, \varepsilon_p$$

und für die Zeilen die Indizes

$$\eta_1 = \cdots = \eta_h = 0, \qquad \eta_{h+1}, \ldots, \eta_q.$$

Wir bemerken noch, daß die Matrix L_ε keine Elementarteiler besitzt, da sich unter ihren Minoren maximaler Ordnung ε ein Minor befindet, der gleich 1, und einer, der gleich λ^ε ist. Diese Behauptung bleibt auch für die transponierte Matrix $L^{\mathsf{T}}_\varepsilon$ richtig. Da man die Elementarteiler einer verallgemeinerten Diagonalmatrix als Vereinigung der Elementarteiler der einzelnen Diagonalkästen erhält (vgl. Kap. 6, S. 168), *stimmen die Elementarteiler der Polynommatrix* (34) *mit den Elementarteilern ihres regulären „Kerns" $A_0 + \lambda B_0$ überein.*

Die kanonische Form (34) *eines Büschels ist durch Vorgabe der minimalen Indizes $\varepsilon_1, \ldots, \varepsilon_p, \eta_1, \ldots, \eta_q$ und der Elementarteiler dieses Büschels oder* (*was dasselbe ist*) *des ihm streng äquivalenten Büschels $A + \lambda B$ vollständig bestimmt.* Da zwei Büschel, die dieselbe kanonische Form besitzen, streng äquivalent sind, haben wir folgenden Satz bewiesen:

Satz 5 (Kronecker). *Zwei Büschel $A + \lambda B$ und $A_1 + \lambda B_1$ rechteckiger Matrizen desselben Typs (m, n) sind genau dann streng äquivalent, wenn sie dieselben minimalen Indizes und dieselben („endlichen" und „unendlichen") Elementarteiler besitzen.*

Zum Abschluß geben wir als anschauliches Beispiel die kanonische Form eines Büschels $A + \lambda B$ an, das die minimalen Indizes $\varepsilon_1 = 0,\ \varepsilon_2 = 1,\ \varepsilon_3 = 2,\ \eta_1 = 0,$

$\eta_2 = 0$, $\eta_3 = 2$ und die Elementarteiler λ^2, $(\lambda + 2)^2$, μ^3 besitzt:[1])

$$\left\| \begin{array}{ccccccc}
\begin{array}{c} 0 \\ 0 \end{array} & & & & & & \\
 & \begin{array}{cc} \lambda & 1 \end{array} & & & & & \\
 & & \begin{array}{ccc} \lambda & 1 & 0 \\ 0 & \lambda & 1 \end{array} & & & & \\
 & & & \begin{array}{cc} \lambda & 0 \\ 1 & \lambda \\ 0 & 1 \end{array} & & & \\
 & & & & \begin{array}{ccc} 1 & \lambda & 0 \\ 0 & 1 & \lambda \\ 0 & 0 & 1 \end{array} & & \\
 & & & & & \begin{array}{cc} \lambda & 1 \\ 0 & \lambda \end{array} & \\
 & & & & & & \begin{array}{cc} \lambda + 2 & 1 \\ 0 & \lambda + 2 \end{array}
\end{array} \right\| . \tag{35}$$

12.6. Singuläre Büschel quadratischer Formen

Gegeben seien zwei komplexe quadratische Formen

$$A(x, x) = \sum_{i,k=1}^{n} a_{ik} x_i x_k, \qquad B(x, x) = \sum_{i,k=1}^{n} b_{ik} x_i x_k; \tag{36}$$

sie erzeugen das Büschel $A(x, x) + \lambda B(x, x)$ quadratischer Formen. Diesem Formenbüschel entspricht ein Büschel $A + \lambda B$ symmetrischer Matrizen ($A^{\mathsf{T}} = A$, $B^{\mathsf{T}} = B$). Durch eine reguläre lineare Transformation der Variablen $x = Tz$ ($|T| \neq 0$) möge das Formenbüschel $A(x,x) + \lambda B(x,x)$ in das Formenbüschel $\tilde{A}(z, z) + \lambda \tilde{B}(z, z)$ transformiert werden, dem das Matrizenbüschel

$$\tilde{A} + \lambda \tilde{B} = T^{\mathsf{T}}(A + \lambda B)\, T \tag{37}$$

entspricht; dabei ist T ein konstante (d. h. von λ unabhängige) quadratische Matrix n-ter Ordnung.

Zwei Matrizenbüschel $A + \lambda B$ und $\tilde{A} + \lambda \tilde{B}$, die durch die Identität (37) verknüpft sind, heißen *kongruent* (man vergleiche damit Definition 1 aus Kap. 10, S. 306).

Offenbar sind kongruente Matrizenbüschel ein Spezialfall äquivalenter Matrizenbüschel. Betrachten wir jedoch zwei kongruente Büschel symmetrischer (oder schiefsymmetrischer) Matrizen, so stimmen die Begriffe kongruente und äquivalente Büschel

---

[1]) Die nicht aufgeschriebenen Elemente dieser Matrix sind gleich 0.

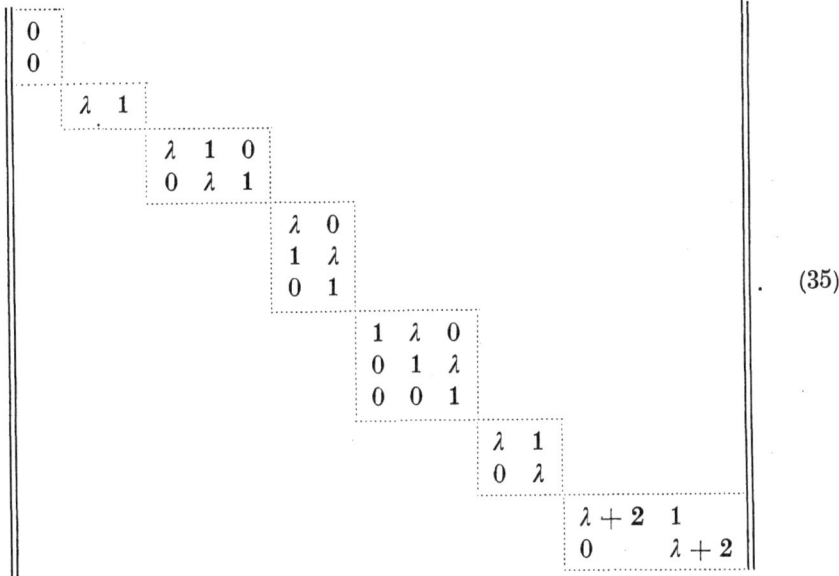

überein. Dies wird durch den folgenden Satz bestätigt:

Satz 6. *Streng äquivalente Büschel komplexer symmetrischer (oder schiefsymmetrischer) Matrizen sind stets kongruent.*

Beweis. Es seien zwei streng äquivalente Büschel $\Lambda = A + \lambda B$ und $\tilde{\Lambda} = \tilde{A} + \lambda \tilde{B}$ symmetrischer (schiefsymmetrischer) Matrizen vorgegeben:

$$\tilde{\Lambda} = P\Lambda Q \quad (\Lambda^{\mathsf{T}} = \pm\Lambda, \tilde{\Lambda}^{\mathsf{T}} = \pm\tilde{\Lambda}; |P| \neq 0, |Q| \neq 0). \tag{38}$$

Durch Übergang zu den transponierten Matrizen erhalten wir

$$\tilde{\Lambda} = Q^{\mathsf{T}}\Lambda P^{\mathsf{T}}. \tag{39}$$

Aus (38) und (39) folgt

$$\Lambda Q P^{\mathsf{T}-1} = P^{-1}Q^{\mathsf{T}}\Lambda. \tag{40}$$

Setzen wir

$$U = QP^{1-\mathsf{T}}, \tag{41}$$

so geht (40) über in

$$\Lambda U = U^{\mathsf{T}}\Lambda. \tag{42}$$

Aus (42) erhalten wir leicht

$$\Lambda U^{k} = U^{\mathsf{T}k}\Lambda \quad (k = 0, 1, 2, \ldots)$$

und allgemein

$$\Lambda S = S^{\mathsf{T}}\Lambda \tag{43}$$

mit

$$S = f(U), \tag{44}$$

wobei $f(\lambda)$ ein beliebiges Polynom in λ ist. Dieses Polynom sei so gewählt, daß $|S| \neq 0$ ist. Dann folgt aus (43)

$$\Lambda = S^{\mathsf{T}}\Lambda S^{-1}. \tag{45}$$

Setzen wir diesen Ausdruck für Λ in (38) ein, so ergibt sich

$$\tilde{\Lambda} = PS^{\mathsf{T}}\Lambda S^{-1}Q. \tag{46}$$

Damit diese Relation eine Kongruenztransformation ist, muß die Gleichung $(PS^{\mathsf{T}})^{\mathsf{T}} = S^{-1}Q$ erfüllt sein, die wir auch in der Form $S^2 = QP^{\mathsf{T}-1} = U$ schreiben können. Die Matrix $S = f(U)$ genügt dieser Gleichung, wenn man für $f(\lambda)$ das Interpolationspolynom von $\sqrt{\lambda}$ auf dem Spektrum der Matrix U wählt. Dies ist möglich, denn die mehrdeutige Funktion $\sqrt{\lambda}$ besitzt einen eindeutigen, auf dem Spektrum der Matrix U definierten Zweig, weil $|U| \neq 0$ ist.

Danach erweist sich Gleichung (46) als Kongruenztransformation:

$$\tilde{\Lambda} = T^{\mathsf{T}}\Lambda T \quad \left(T = SQ = \sqrt{QP^{\mathsf{T}-1}}\,Q\right). \tag{47}$$

Aus dem damit bewiesenen Satz und Satz 5 ergibt sich eine

Folgerung. *Zwei Büschel*

$$A(x, x) + \lambda B(x, x) \quad \textit{und} \quad \tilde{A}(z, z) + \lambda \tilde{B}(z, z)$$

quadratischer Formen können genau dann durch eine Transformation $x = Tz$ ($|T| \neq 0$) ineinander übergeführt werden, wenn die entsprechenden Büschel $A + \lambda B$ und $\tilde{A} + \lambda \tilde{B}$ symmetrischer Matrizen dieselben („endlichen“ und „unendlichen“) Elementarteiler und dieselben minimalen Indizes besitzen.

Bemerkung. Bei Büscheln symmetrischer Matrizen besitzen Zeilen und Spalten die gleichen minimalen Indizes:

$$p = q; \quad \varepsilon_1 = \eta_1, \ldots, \varepsilon_p = \eta_p. \tag{48}$$

Wir stellen folgende Frage: Gegeben seien zwei beliebige komplexe quadratische Formen

$$A(x, x) = \sum_{i,k=1}^{n} a_{ik} x_i x_k, \qquad B(x, x) = \sum_{i,k=1}^{n} b_{ik} x_i x_k.$$

Welche Voraussetzungen müssen erfüllt sein, damit beide Formen durch eine reguläre Variablentransformation $x = Tz$ ($|T| \neq 0$) gleichzeitig in eine Summe von Quadraten

$$\sum_{i=1}^{n} a_i z_i^2 \quad \textit{und} \quad \sum_{i=1}^{n} b_i z_i^2 \tag{49}$$

übergeführt werden können?

Wir nehmen an, daß die quadratischen Formen $A(x, x)$ und $B(x, x)$ die erforderlichen Voraussetzungen erfüllen. Dann ist das Matrizenbüschel $A + \lambda B$ folgendem Büschel von Diagonalmatrizen kongruent:

$$\{a_1 + \lambda b_1, a_2 + \lambda b_2, \ldots, a_n + \lambda b_n\}. \tag{50}$$

Es seien nun von den Binomen $a_i + \lambda b_i$ genau r ($r \leqq n$) nicht identisch gleich 0. Ohne Beschränkung der Allgemeinheit ist dann

$$a_1 = b_1 = 0, \ldots, a_{n-r} = b_{n-r} = 0, \qquad a_i + \lambda b_i \not\equiv 0 \quad (i = n - r + 1, \ldots, n). \tag{51}$$

Setzen wir

$$A_0 + \lambda B_0 = \{a_{n-r+1} + \lambda b_{n-r+1}, \ldots, a_n + \lambda b_n\},$$

so kann die Matrix (50) in folgender Form dargestellt werden:

$$\{\overbrace{O}^{n-r}, A_0 + \lambda B_0\}. \tag{52}$$

Ein Vergleich von (52) mit (34) (auf S. 386) ergibt, daß in dem von uns betrachteten Fall alle minimalen Indizes gleich 0 sind. Außerdem sind alle Elementarteiler linear.

Damit haben wir folgenden Satz erhalten:

Satz 7. *Zwei quadratische Formen $A(x, x)$ und $B(x, x)$ können genau dann durch eine Variablentransformation gleichzeitig in eine Summe von Quadraten* (49) *übergeführt werden, wenn alle (endlichen und unendlichen) Elementarteiler des Büschels $A + \lambda B$ linear und alle minimalen Indizes gleich* 0 *sind.*

Um im allgemeinen Fall zwei quadratische Formen $A(x, x)$ und $B(x, x)$ *gleichzeitig* in eine kanonische Form überführen zu können, ist notwendig, das Matrizenbüschel $A + \lambda B$ durch ein ihm streng äquivalentes „kanonisches" Büschel symmetrischer Matrizen zu ersetzen.

Das Büschel $A + \lambda B$ möge die minimalen Indizes $\varepsilon_1 = \cdots = \varepsilon_g = 0$, $\varepsilon_{g+1} \neq 0, \ldots, \varepsilon_p \neq 0$, die unendlichen Elementarteiler $\mu^{u_1}, \mu^{u_2}, \ldots, \mu^{u_s}$ und die endlichen Elementarteiler $(\lambda + \lambda_1)^{c_1}, (\lambda + \lambda_2)^{c_2}, \ldots, (\lambda + \lambda_t)^{c_t}$ besitzen. Dann ist in der kanonischen Form (30) $g = h$, $p = q$ und $\varepsilon_{g+1} = \eta_{g+1}, \ldots, \varepsilon_p = \eta_p$.

Wir ersetzen in (30) je zwei Diagonalelemente der Form L_ε und $L_\varepsilon^{\mathsf{T}}$ durch einen Diagonalblock $\begin{pmatrix} O & L_\varepsilon^{\mathsf{T}} \\ L_\varepsilon & O \end{pmatrix}$ und jedes Element der Form $N^{(u)} = E^{(u)} + \lambda H^{(u)}$ durch den ihm streng äquivalenten symmetrischen Block

$$\tilde{N}^{(u)} = V^{(u)} N^{(u)} = \begin{Vmatrix} 0 & 0 & \ldots & 0 & 1 \\ 0 & 0 & \ldots & 1 & \lambda \\ \cdot & \cdot & \cdots & \cdot & \cdot \\ 1 & \lambda & \ldots & 0 & 0 \end{Vmatrix} \quad \text{mit} \quad V^{(u)} = \begin{Vmatrix} 0 & 0 & \ldots & 0 & 1 \\ 0 & 0 & \ldots & 1 & 0 \\ \cdot & & & \cdot & \cdot \\ \cdot & & \cdot & & \cdot \\ \cdot & \cdot & & & \cdot \\ \cdot & 1 & & & \cdot \\ 1 & 0 & \ldots & 0 & 0 \end{Vmatrix}. \tag{53}$$

Außerdem wählen wir an Stelle des regulären Diagonalelements $J + \lambda E$ in (30) (J ist eine Jordansche Matrix),

$$J + \lambda E = \{(\lambda + \lambda_1)\, E^{(c_1)} + H^{(c_1)}, \ldots, (\lambda + \lambda_t)\, E^{(c_t)} + H^{(c_t)}\}, \tag{54}$$

das ihm streng äquivalente Büschel

$$\left\{Z_{\lambda_1}^{(c_1)}, \ldots, Z_{\lambda_t}^{(c_t)}\right\} \tag{55}$$

mit

$$Z_{\lambda_i}^{(c_i)} = V^{(c_i)}[(\lambda + \lambda_i)\, E^{(c_i)} + H^{(c_i)}]$$

$$= \begin{Vmatrix} 0 & \ldots & 0 & \lambda + \lambda_i \\ 0 & \ldots & \lambda + \lambda_i & 1 \\ \cdot & \cdot & \cdot & \cdot \\ \cdot & \cdot & \cdot & \cdot \\ \cdot & \cdot & \cdot & \cdot \\ \lambda + \lambda_i & 1 & \ldots & 0 \end{Vmatrix} \qquad (i = 1, 2, \ldots, t). \tag{56}$$

Dem Büschel $A + \lambda B$ ist folgendes symmetrische Büschel streng äquivalent:

$$\tilde{A} + \lambda\tilde{B} = \left\{O, \begin{pmatrix} O & L^{\mathsf{T}}_{\varepsilon_{g+1}} \\ L_{\varepsilon_{g+1}} & O \end{pmatrix}, \ldots, \begin{pmatrix} O & L^{\mathsf{T}}_{\varepsilon_p} \\ L_{\varepsilon_p} & O \end{pmatrix}; \tilde{N}^{(u_1)}, \ldots, \tilde{N}^{(u_s)}; Z^{(c_1)}_{\lambda_1}, \ldots, Z^{(c_t)}_{\lambda_t}\right\}. \quad (57)$$

Zwei quadratische Formen $A(x, x)$ und $B(x, x)$ mit komplexen Koeffizienten können durch dieselbe Variablentransformation $x = Tz$ ($|T| \neq 0$) gleichzeitig in die durch (57) definierten kanonischen Formen $\tilde{A}(z, z)$ und $\tilde{B}(z, z)$ übergeführt werden.

12.7. Anwendungen in der Theorie der Differentialgleichungen

Wir benutzen jetzt die erhaltenen Ergebnisse zur Integration eines Systems von m linearen Differentialgleichungen erster Ordnung für n Funktionen mit konstanten Koeffizienten,[1])

$$\sum_{k=1}^{n} a_{ik} x_k + \sum_{k=1}^{n} b_{ik} \frac{dx_k}{dt} = f_i(t) \qquad (i = 1, 2, \ldots, m), \quad (58)$$

oder in Matrizenschreibweise

$$Ax + B\frac{dx}{dt} = f(t); \quad (59)$$

dabei ist[2])

$$A = \|a_{ik}\|, \quad B = \|b_{ik}\| \quad (i = 1, 2, \ldots, m;\ k = 1, 2, \ldots, n),$$
$$x = (x_1, x_2, \ldots, x_n), \quad f = (f_1, f_2, \ldots, f_m).$$

Wir führen neue unbekannte Funktionen $z_1, z_2, \ldots, z_n$, ein, die mit den ursprünglichen $x_1, x_2, \ldots, x_n$ durch folgende reguläre lineare Transformation mit konstanten Koeffizienten verknüpft sind:

$$x = Qz \quad \big(z = (z_1, z_2, \ldots, z_n);\ |Q| \neq 0\big). \quad (60)$$

Außerdem kann man an Stelle der Gleichungen (58) m beliebige linear unabhängige Linearkombinationen von ihnen wählen; das ist gleichbedeutend mit der linken Multiplikation der Matrizen A, B und f mit einer regulären quadratischen Matrix P der Ordnung m. Setzen wir an Stelle von x in (59) Qz ein und multiplizieren wir (59) von links mit P, so erhalten wir

$$\tilde{A}z + \tilde{B}\frac{dz}{dt} = \tilde{f}(t) \quad (61)$$

[1]) Der Spezialfall, daß $m = n$ und das System (58) nach den Differentialquotienten aufgelöst ist, wurde in 5.5. eingehend untersucht.

Bekanntlich kann man ein System linearer Differentialgleichungen s-ter Ordnung mit konstanten Koeffizienten in die Form (58) überführen, indem man nachträglich alle Ableitungen der gesuchten Funktionen bis zur $(s - 1)$-ten Ordnung einschließlich als neue unbekannte Funktionen einführt.

[2]) Wir erinnern daran, daß runde Klammern die Spalten von Matrizen bezeichnen. So ist also $x = (x_1, x_2, \ldots, x_n)$ eine Spalte mit den Elementen $x_1, x_2, \ldots, x_n$.

mit

$$\tilde{A} = PAQ, \quad \tilde{B} = PBQ, \quad \tilde{f} = Pf = (\tilde{f}_1, \tilde{f}_2, \ldots, \tilde{f}_n). \tag{62}$$

Dabei sind die Matrizenbüschel $A + \lambda B$ und $\tilde{A} + \lambda\tilde{B}$ streng äquivalent:

$$\tilde{A} + \lambda\tilde{B} = P(A + \lambda B)\,Q. \tag{63}$$

Wir wählen die Matrizen P und Q derart, daß das Büschel $\tilde{A} + \lambda\tilde{B}$ folgende kanonische verallgemeinerte Diagonalmatrix ist:

$$\tilde{A} + \lambda\tilde{B} = \{O, L_{\varepsilon_{g+1}}, \ldots, L_{\varepsilon_p}, L^{\mathsf{T}}_{\eta_{h+1}}, \ldots, L^{\mathsf{T}}_{\eta_q}, N^{(u_1)}, \ldots, N^{(u_s)}, J + \lambda E\}. \tag{64}$$

In Übereinstimmung mit den Diagonalelementen in (64) zerfällt unser Differentialgleichungssystem in $v = p - g + q - h + s + 2$ einzelne Systeme der Form

$$O \cdot \overset{1}{z} = \overset{1}{\tilde{f}}, \tag{65}$$

$$L_{\varepsilon_{g+i}}\left(\frac{d}{dt}\right) \overset{1+i}{z} = \overset{1+i}{\tilde{f}} \quad (i = 1, 2, \ldots, p - g), \tag{66}$$

$$L^{\mathsf{T}}_{\eta_{h+j}}\left(\frac{d}{dt}\right) \overset{p-g+1+j}{z} = \overset{p-g+1+j}{\tilde{f}} \quad (j = 1, 2, \ldots, q - h), \tag{67}$$

$$N^{(u_k)}\left(\frac{d}{dt}\right) \overset{p-g+q-h+1+k}{z} = \overset{p-g+q-h+1+k}{\tilde{f}} \quad (k = 1, 2, \ldots, s), \tag{68}$$

$$\left(J + \frac{d}{dt}\right) \overset{v}{z} = \overset{v}{\tilde{f}} \tag{69}$$

mit

$$z = \begin{pmatrix} \overset{1}{z} \\ \overset{2}{z} \\ \vdots \\ \overset{v}{z} \end{pmatrix}, \quad \tilde{f} = \begin{pmatrix} \overset{1}{\tilde{f}} \\ \overset{2}{\tilde{f}} \\ \vdots \\ \overset{v}{\tilde{f}} \end{pmatrix}, \tag{70}$$

$$\overset{1}{z} = (z_1, \ldots, z_g), \quad \overset{1}{\tilde{f}} = (\tilde{f}_1, \ldots, \tilde{f}_h), \quad \overset{2}{z} = (z_{g+1}, \ldots), \quad \overset{2}{\tilde{f}} = (\tilde{f}_{h+1}, \ldots) \quad \text{usw.,} \tag{71}$$

$$\Lambda\left(\frac{d}{dt}\right) = A + B\,\frac{d}{dt}, \quad \text{wenn} \quad \Lambda(\lambda) \equiv A + \lambda B. \tag{72}$$

Damit ist die Integration des Systems (59) im allgemeinen Fall auf die Integration der Teilsysteme (65) bis (69) gleichen Typs zurückgeführt. In diesen Systemen besitzt das Matrizenbüschel die entsprechenden Formen O, L_ε, L^{T}_η, $N^{(u)}$ und $J + \lambda E$.

1. Für die Widerspruchsfreiheit des Systems (65) ist notwendig und hinreichend, daß

$$\overset{1}{\tilde{f}} \equiv o,$$

d. h.

$$\tilde{f}_1 \equiv 0, \ldots, \tilde{f}_h \equiv 0 \tag{73}$$

ist. In diesem Fall können die unbekannten Funktionen $z_1, z_2, \ldots, z_g$, die Elemente der Spalte $\overset{1}{z}$, als beliebige Funktionen von t gewählt werden.

2. Die Beziehung (66) stellt ein System der Art

$$L_\varepsilon\left(\frac{d}{dt}\right) z = \tilde{f} \tag{74}$$

oder, ausführlich geschrieben,[1])

$$\frac{dz_1}{dt} + z_2 = \tilde{f}_1(t), \quad \frac{dz_2}{dt} + z_3 = \tilde{f}_2(t), \ldots, \quad \frac{dz_\varepsilon}{dt} + z_{\varepsilon+1} = \tilde{f}_{\varepsilon+1}(t) \tag{75}$$

dar. Ein solches System ist stets lösbar. Wählt man für $z_{\varepsilon+1}(t)$ eine beliebige Funktion von t, so lassen sich durch sukzessive Quadratur aus (75) die übrigen unbekannten Funktionen $z_\varepsilon, z_{\varepsilon-1}, \ldots, z_1$ bestimmen.

3. Die Beziehung (67) stellt ein System der Art

$$L_\eta^{\mathsf{T}}\left(\frac{d}{dt}\right) z = \tilde{f} \tag{76}$$

oder, ausführlich geschrieben,[2])

$$\frac{dz_1}{dt} = \tilde{f}_1(t), \quad \frac{dz_2}{dt} + z_1 = \tilde{f}_2(t), \ldots, \quad \frac{dz_\eta}{dt} + z_{\eta-1} = \tilde{f}_\eta(t), \ z_\eta = \tilde{f}_{\eta+1}(t) \tag{77}$$

dar. Aus den Gleichungen (77), mit Ausnahme der ersten, bestimmen wir $z_\eta, z_{\eta-1}, \ldots, z_1$:

$$\left.\begin{aligned} z_\eta &= \tilde{f}_{\eta+1}, \\ z_{\eta-1} &= \tilde{f}_\eta - \frac{d\tilde{f}_{\eta+1}}{dt}, \\ &\cdots\cdots\cdots\cdots \\ z_1 &= \tilde{f}_2 - \frac{d\tilde{f}_3}{dt} + \cdots + (-1)^{\eta-1} \frac{d^{\eta-1}\tilde{f}_{\eta+1}}{dt^{\eta-1}}. \end{aligned}\right\} \tag{78}$$

Setzen wir den für z_1 erhaltenen Ausdruck in die erste Gleichung ein, so erhalten wir die Lösbarkeitsbedingung

$$\tilde{f}_1 - \frac{d\tilde{f}_2}{dt} + \frac{d^2\tilde{f}_3}{dt^2} + \cdots + (-1)^\eta \frac{d^\eta \tilde{f}_{\eta+1}}{dt^\eta} = 0. \tag{79}$$

---

[1]) Wir haben hier zur Abkürzung die Indizes bei z und $\tilde{f}$ geändert. Um von (75) zum System (66) zurückzukommen, muß ε durch ε_i ersetzt, zu jedem Index von z die Zahl $g + \varepsilon_{g+1} + \cdots + \varepsilon_{g+i-1} + i - 1$ und zu jedem Index von $\tilde{f}$ die Zahl $h + \varepsilon_{g+1} + \cdots + \varepsilon_{g+i-1}$ addiert werden.

[2]) Wir haben hier wie auch im vorigen Fall die Indizes geändert. Vgl. die Fußnote 1.

4. Die Beziehung (68) stellt ein System der Art

$$N^{(u)}\left(\frac{d}{dt}\right) z = \tilde{f} \tag{80}$$

oder, ausführlich geschrieben,

$$\frac{dz_2}{dt} + z_1 = \tilde{f}_1, \ \frac{dz_3}{dt} + z_2 = \tilde{f}_2, \ldots, \frac{dz_u}{dt} + z_{u-1} = \tilde{f}_{u-1}, \ z_u = \tilde{f}_u \tag{81}$$

dar. Hieraus lassen sich sukzessive die Lösungen bestimmen:

$$\left.\begin{array}{l} z_u = \tilde{f}_u, \\ z_{u-1} = \tilde{f}_{u-1} - \dfrac{d\tilde{f}_u}{dt}, \\ \ldots\ldots\ldots\ldots\ldots\ldots\ldots\ldots\ldots\ldots \\ z_1 = \tilde{f}_1 - \dfrac{d\tilde{f}_2}{dt} + \dfrac{d^2\tilde{f}_3}{dt_2} - \cdots + (-1)^{u-1}\dfrac{d^{u-1}\tilde{f}_u}{dt^{u-1}}. \end{array}\right\} \tag{82}$$

5. Die Beziehung (69) stellt ein System der Art

$$Jz + \frac{dz}{dt} = \tilde{f} \tag{83}$$

dar. Wie in 5.5. bewiesen wurde, hat die allgemeine Lösung dieses Systems die Gestalt

$$z = \mathrm{e}^{-Jt} z_0 + \int_0^t \mathrm{e}^{-J(t-\tau)} f(\tau)\, d\tau; \tag{84}$$

dabei ist z_0 eine Spalte mit beliebigen Elementen (den Anfangswerten der unbekannten Funktionen für $t = 0$).

Der (umgekehrte) Übergang vom System (61) zum System (59) wird mit Hilfe der Formeln (60) und (62) durchgeführt, nach denen jede der Funktionen $x_1, x_2, \ldots, x_n$ eine Linearkombination der Funktionen $z_1, z_2, \ldots, z_n$ ist und jede der Funktionen $\tilde{f}_1(t), \ldots, \tilde{f}_m(t)$ linear (mit konstanten Koeffizienten) durch die Funktionen $f_1(t), \ldots, f_m(t)$ ausgedrückt werden kann.

Die von uns durchgeführte Analyse zeigt, daß *das System* (58) *im allgemeinen Fall nur dann lösbar ist, wenn zwischen den rechten Seiten der Gleichungen gewisse lineare Beziehungen bzw. Differentialgleichungen mit konstanten Koeffizienten bestehen.*

Sind diese Bedingungen erfüllt, so hängt die allgemeine Lösung des Systems linear von gewissen willkürlich wählbaren Konstanten und von willkürlich wählbaren Funktionen ab.

Der Charakter der Lösbarkeitsbedingungen und der Charakter der Lösungen (insbesondere die Anzahl der willkürlich wählbaren Konstanten bzw. Funktionen) ist durch die minimalen Indizes und die Elementarteiler des Büschels $A + \lambda B$ bestimmt, da diese die kanonische Form der Differentialgleichungssysteme (65) *bis* (69) *bestimmen.*

13. Matrizen mit nichtnegativen Elementen

In diesem Kapitel untersuchen wir die Eigenschaften reeller Matrizen mit nichtnegativen Elementen. Die wesentlichen Anwendungsgebiete dieser Matrizen liegen in der Wahrscheinlichkeitsrechnung bei der Untersuchung Markovscher Ketten („stochastische Matrizen"; vgl. [25]) und in der Theorie der kleinen Schwingungen elastischer Systeme („Oszillationsmatrizen"; vgl. [7]).

13.1. Allgemeine Eigenschaften

Wir beginnen mit folgenden Definitionen:

Definition 1. Eine rechteckige Matrix

$$A = \|a_{ik}\| \qquad (i = 1, 2, \ldots, m;\ k = 1, 2, \ldots, n)$$

mit reellen Elementen heißt *nichtnegativ* (Bezeichnung: $A \geqq O$) bzw. *positiv* (Bezeichnung: $A > O$), wenn alle ihre Elemente nichtnegativ bzw. positiv sind: $a_{ik} \geqq 0$ bzw. $a_{ik} > 0$.

Definition 2. Eine quadratische Matrix $A = \|a_{ik}\|_1^n$ heißt *zerlegbar*, wenn bei einer bestimmten Zerlegung der Indizes $1, 2, \ldots, n$ in zwei komplementäre Systeme (ohne gemeinsame Elemente) $i_1, i_2, \ldots, i_\mu$; $k_1, k_2, \ldots, k_\nu$ $(\mu + \nu = n)$ die Beziehung

$$a_{i_\alpha k_\beta} = 0 \qquad (\alpha = 1, 2, \ldots, \mu;\ \beta = 1, 2, \ldots, \nu)$$

gilt. Andernfalls heißt die Matrix A *unzerlegbar*.

Wir sprechen von einer *Permutation der Reihen* einer quadratischen Matrix $A = \|a_{ik}\|_1^n$, wenn wir eine feste Permutation gleichzeitig auf die Zeilen und auf die Spalten der Matrix A anwenden.

Die Definition zerlegbarer und unzerlegbarer Matrizen läßt sich nun folgendermaßen formulieren:

Definition 2'. Eine Matrix $A = \|a_{ik}\|_1^n$ heißt *zerlegbar*, wenn sie durch eine Permutation ihrer Reihen in folgende Form übergeführt werden kann:

$$\tilde{A} = \begin{pmatrix} B & O \\ C & D \end{pmatrix};$$

dabei sind B und D quadratische Matrizen. Andernfalls heißt die Matrix A *unzerlegbar.*

Wir nehmen an, daß die Matrix $A = \|a_{ik}\|_1^n$ dem linearen Operator $\boldsymbol{A}$ des n-dimensionalen Vektorraums $\mathfrak{R}$ bezüglich der Basis $e_1, e_2, \ldots, e_n$ entspricht. Einer Permutation der Reihen von A entspricht dann eine Umnumerierung der Basisvektoren, d. h. der Übergang von der Basis $e_1, e_2, \ldots, e_n$ zu einer neuen Basis $e_1' = e_{j_1}, e_2' = e_{j_2}, \ldots, e_{j_n}' = e_{j_n}$, wobei $(j_1, j_2, \ldots, j_n)$ eine gewisse Permutation der Indizes $1, 2, \ldots, n$ ist. Dabei geht die Matrix A in eine ihr ähnliche Matrix $\tilde{A} = T^{-1}AT$ über (jede Zeile und jede Spalte der Transformationsmatrix T enthält genau ein Element, das gleich 1 ist; alle übrigen Elemente sind gleich 0).

Unter einem ν-dimensionalen Koordinatenunterraum in $\mathfrak{R}$ verstehen wir einen Unterraum von $\mathfrak{R}$ mit einer Basis $e_{k_1}, e_{k_2}, \ldots, e_{k_\nu}$ $(1 \leqq k_1 < k_2 < \cdots < k_\nu \leqq n)$. Zu jeder Basis $e_1, e_2, \ldots, e_n$ des Vektorraumes $\mathfrak{R}$ gibt es $\binom{n}{\nu}$ ν-dimensionale Koordinatenräume. Die Definition der zerlegbaren Matrizen kann nun noch in folgender Form angegeben werden:

Definition 2″. Eine Matrix $A = \|a_{ik}\|_1^n$ heißt genau dann *zerlegbar*, wenn zu dem ihr entsprechenden Operator $\boldsymbol{A}$ ein ν-dimensionaler invarianter Koordinatenunterraum mit $\nu < n$ existiert.

Wir beweisen folgendes Lemma:

Lemma 1. *Ist $A \geqq O$ eine unzerlegbare Matrix n-ter Ordnung, so ist*

$$(E + A)^{n-1} > O. \tag{1}$$

Beweis. Zum Beweis des Lemmas genügt es zu zeigen, daß für einen beliebigen Vektor (eine beliebige Spalte)[1] $y \geqq o$ $(y \neq o)$ folgende Ungleichung gilt:

$$(E + A)^{n-1} y > o.$$

Diese Ungleichung ist bewiesen, wenn wir zeigen können, daß *unter den Voraussetzungen $y \geqq o$ und $y \neq o$ der Vektor $z = (E + A)\, y$ stets mehr von 0 verschiedene Koordinaten* besitzt als der Vektor y. Wir nehmen das Gegenteil an. Dann müssen bei den Vektoren y und z dieselben Koordinaten verschwinden.[2] Ohne Beschränkung der Allgemeinheit nehmen wir an, daß die Spalten y und z folgende Form besitzen:[3]

$$y = \begin{pmatrix} u \\ o \end{pmatrix}, \quad z = \begin{pmatrix} v \\ o \end{pmatrix} \quad (u > o,\, v > o),$$

[1]) Wir verstehen in diesem Kapitel unter einem Vektor eine Spalte von n Zahlen. Wir identifizieren also einen Vektor mit der Spalte seiner Koordinaten bezüglich der Basis, bei der die vorgegebene Matrix $A = \|a_{ik}\|_1^n$ den linearen Operator darstellt.

[2]) Wir beachten dabei, daß $z = y + Ay$ und $Ay \geqq o$ ist; dann entsprechen positiven Koordinaten des Vektors y positive Koordinaten des Vektors z.

[3]) Diese Form der Spalten y und z kann man stets durch eine bestimmte (für y und z gleiche) Umnumerierung der Koordinaten erhalten.

wobei die Spalten u und v dieselbe Länge haben. Setzen wir entsprechend

$$A = \begin{pmatrix} A_{11} & A_{12} \\ A_{21} & A_{22} \end{pmatrix},$$

so erhalten wir

$$\begin{pmatrix} u \\ o \end{pmatrix} + \begin{pmatrix} A_{11} & A_{12} \\ A_{21} & A_{22} \end{pmatrix} \begin{pmatrix} u \\ o \end{pmatrix} = \begin{pmatrix} v \\ o \end{pmatrix};$$

hieraus folgt $A_{21}u = o$. Da $u > o$ ist, ergibt sich schließlich $A_{21} = O$. Dies steht im Widerspruch zur Unzerlegbarkeit der Matrix A. Damit ist das Lemma bewiesen.

Führen wir die Potenzen der Matrix A in unsere Betrachtung ein,

$$A^q = \|a_{ik}^{(q)}\|_1^n \quad (q = 1, 2, \ldots),$$

so ergibt sich aus dem Lemma die

Folgerung. *Ist $A \geqq O$ eine unzerlegbare Matrix, so existiert zu jedem Indexpaar $(1 \leqq)\, i, k\, (\leqq n)$ eine positive ganze Zahl q derart, daß*

$$a_{ik}^{(q)} > 0 \tag{2}$$

ist. Dabei kann die Zahl q, wenn m der Grad des Minimalpolynoms $\psi(\lambda)$ der Matrix A ist, stets folgendermaßen gewählt werden:

$$\left.\begin{aligned} q &\leqq m - 1 \quad \text{für} \quad i \neq k, \\ q &\leqq m \quad \text{für} \quad i = k. \end{aligned}\right\} \tag{3}$$

Bezeichnen wir nämlich den Rest bei der Division von $(\lambda + 1)^{n-1}$ durch $\psi(\lambda)$ mit $r(\lambda)$, so ist nach (1) $r(A) > O$. Da der Grad von $r(\lambda)$ kleiner als m ist, folgt aus dieser Ungleichung, daß für alle $(1 \leqq)\, i, k\, (\leqq n)$ wenigstens eine der nichtnegativen Zahlen $\delta_{ik}, a_{ik}, a_{ik}^{(2)}, \ldots, a_{ik}^{(m-1)}$ ungleich 0 ist. Da $\delta_{ik} = 0$ für $i \neq k$ ist, ergibt sich hieraus die erste der Relationen (3). Die zweite Relation (für $i = k$) erhält man analog, wenn man die Ungleichung $r(A) > O$ durch die Ungleichung $Ar(A) > O$ ersetzt.[1])

Bemerkung. Die Folgerung des Lemmas zeigt, daß man in (1) die Zahl $n - 1$ durch die Zahl $m - 1$ ersetzen kann, wobei m der Grad des Minimalpolynoms der Matrix A ist.

13.2. Spektraleigenschaften unzerlegbarer nichtnegativer Matrizen

1. Perron hat in einer Arbeit aus dem Jahre 1907[2]) einige bemerkenswerte Eigenschaften des Spektrums (d. h. der Menge der charakteristischen Wurzeln und der Eigenvektoren) positiver Matrizen angegeben.

---

[1]) Das Produkt einer unzerlegbaren nichtnegativen Matrix mit einer positiven Matrix ist stets wieder eine positive Matrix.

[2]) Vgl. [230a], [230b], aber auch [7], S. 100.

Satz 1 (Perron). *Eine positive Matrix* $A = \|a_{ik}\|_1^n$ *besitzt stets eine reelle und überdies positive charakteristische Wurzel* r, *die einfache Wurzel der charakteristischen Gleichung ist und den Betrag aller anderen charakteristischen Wurzeln übertrifft. Zu einer „maximalen" charakteristischen Wurzel* r *gibt es einen Eigenvektor* $z = (z_1, z_2, \ldots, z_n)$ *der Matrix* A *mit positiven Koordinaten* $z_i > 0$ $(i = 1, 2, \ldots, n)$.[1])

Positive Matrizen sind eine spezielle Form unzerlegbarer nichtnegativer Matrizen. Frobenius[2]) verallgemeinerte durch die Untersuchung der Spektraleigenschaften unzerlegbarer nichtnegativer Matrizen den Satz von Perron.

Satz 2 (Frobenius). *Eine unzerlegbare nichtnegative Matrix* $A = \|a_{ik}\|_1^n$ *besitzt stets eine positive charakteristische Wurzel* r, *die einfache Wurzel der charakteristischen Gleichung ist. Der Betrag aller anderen charakteristischen Wurzeln übertrifft diese Zahl* r *nicht. Der „maximalen" charakteristischen Wurzel* r *entspricht ein Eigenvektor* z *mit positiven Koordinaten.*

Besitzt A *insgesamt* h *charakteristische Wurzeln* $\lambda_0 = r, \lambda_1, \ldots, \lambda_{h-1}$ *vom Betrag* r, *so sind diese Zahlen alle voneinander verschieden und sind Wurzeln der Gleichung*

$$\lambda^h - r^h = 0. \tag{4}$$

Betrachtet man alle charakteristischen Wurzeln $\lambda_0, \lambda_1, \ldots, \lambda_{n-1}$ *der Matrix* $A = \|a_{ik}\|_1^n$ *als Punkte in der komplexen* λ*-Ebene, so geht das System dieser Wurzeln bei Drehung der Ebene um den Ursprung mit dem Winkel* $\frac{2\pi}{h}$ *in sich über. Für* $h > 1$ *kann die Matrix* A *durch eine Permutation der Reihen in die „zyklische" Form*

$$A = \begin{pmatrix} O & A_{12} & O & \ldots & O \\ O & O & A_{23} & \ldots & O \\ \ldots & \ldots & \ldots & \ldots & \ldots \\ O & O & O & \ldots & A_{h-1,h} \\ A_{h1} & O & O & \ldots & O \end{pmatrix}, \tag{5}$$

übergeführt werden, wobei sämtliche Diagonalelemente quadratisch sind.

Da der Satz von Perron als Spezialfall aus dem Satz von Frobenius folgt, beweisen wir nur den letzteren.[3]) Zuvor vereinbaren wir einige Bezeichnungen.

Sind C und D reelle rechteckige Matrizen gleichen Typs,

$$C = \|c_{ik}\|, D = \|d_{ik}\| \quad (i = 1, 2, \ldots, m;\ k = 1, 2, \ldots, n),$$

---

[1]) Da die Zahl r einfache charakteristische Wurzel ist, ist der dieser Wurzel entsprechende Eigenvektor z bis auf einen skalaren Faktor bestimmt. Nach dem Satz von Perron sind alle Koordinaten des Vektors z von 0 verschieden, reell und besitzen dasselbe Vorzeichen. Durch Multiplikation des Vektors mit ± 1 kann man stets erreichen, daß alle seine Koordinaten positiv sind. In diesem letzten Fall heißt der Vektor (die Spalte) $z = (z_1, z_2, \ldots, z_n)$ *positiv* (vgl. Definition 1).

[2]) Vgl. [182d], [182e].

[3]) Einen direkten Beweis des Satzes von Perron findet sich in [7], S. 100ff.

so schreiben wir

$$C \leqq D \quad \text{oder} \quad D \geqq C$$

genau dann, wenn

$$c_{ik} \leqq d_{ik} \quad (i = 1, 2, \ldots, m;\ k = 1, 2, \ldots, n). \tag{6}$$

Kann in (6) in *allen* Ungleichungen das Gleichheitszeichen fallengelassen werden, so schreiben wir

$$C < D \quad \text{oder} \quad D > C.$$

Insbesondere besagt $C \geqq O$ ($C > O$), daß alle Elemente der Matrix C nichtnegativ (positiv) sind.

Ferner bezeichnen wir mit C^+ die Matrix, die wir erhalten, wenn wir in C alle Elemente durch ihre Beträge ersetzen.

2. Beweis des Satzes von Frobenius.[1]) In bezug auf einen festen reellen Vektor $x = (x_1, x_2, \ldots, x_n) \geqq o$ $(x \neq o)$ setzen wir

$$r_x = \min_{1 \leqq i \leqq n} \frac{(Ax)_i}{x_i} \qquad \left((Ax)_i = \sum_{k=1}^{n} a_{ik} x_k;\ i = 1, 2, \ldots, n\right)$$

und schließen bei dieser Definition eines Minimums diejenigen Werte des Index i aus, für die $x_i = 0$ ist. Offensichtlich gilt $r_x \geqq 0$, und r_x ist die größte reelle Zahl ϱ, für die $\varrho x \leqq Ax$ gilt. Wir werden zeigen, daß die Funktion r_x für einen gewissen Vektor $z \geqq 0$ ein Maximum besitzt:

$$r = r_z = \max_{(x \geqq o)} r_x = \max_{(x \geqq o)} \min_{1 \leqq i \leqq n} \frac{(Ax)_i}{x_i}. \tag{7}$$

Aus der Definition von r_x folgt, daß sich bei der Multiplikation des Vektors $x \geqq o$ $(x \neq o)$ mit einer Zahl $\lambda > 0$ die Größe r_x nicht ändert. Wir werden uns daher bei der Suche nach einem Maximum der Funktion r_x auf die abgeschlossene Menge M beschränken, deren Elemente (die Vektoren x) folgender Bedingung genügen:

$$x \geqq o \quad \text{und} \quad (xx) \equiv \sum_{i=1}^{n} x_i^2 = 1.$$

Wäre die Funktion r_x auf M stetig, so wäre die Existenz eines Maximums gesichert. Nun ist die Funktion zwar in jedem „Punkt" $x > o$ stetig, aber in den Randpunkten der Menge M, in denen eine der Koordinaten verschwindet, können Sprünge auftreten. Wir führen daher an Stelle von M die Menge N ein, die aus allen Vektoren y der folgenden Form besteht:

$$y = (E + A)^{n-1} x \quad (x \in M).$$

Die Menge N ist ebenso wie M beschränkt und abgeschlossen, besteht aber nach Lemma 1 aus *positiven* Vektoren. Außerdem erhält man, wenn man beide Seiten der

[1]) Der hier geführt Beweis ist der Arbeit von Wielandt [260] entnommen.

Ungleichung $r_x x \leqq Ax$ mit $(E + A)^{n-1} > O$ multipliziert,

$$r_x y \leqq Ay \qquad \bigl(y = (E + A)^{n-1} x\bigr).$$

Hieraus ergibt sich unter Berücksichtigung der Definition von r_y

$$r_x \leqq r_y.$$

Wir können also bei der Suche des Maximums von r_x die Menge M durch die Menge N ersetzen, die nur aus positiven Vektoren besteht. Auf der beschränkten abgeschlossenen Menge N ist die Funktion r_x stetig und nimmt daher für einen gewissen Vektor $z > o$ ihren größten Wert an. Jeder Vektor $z \geqq o$, für den

$$r_z = r \tag{8}$$

ist, heißt *extremal*.

Wir zeigen jetzt, daß a) *die durch Gleichung* (7) *definierte Zahl r positiv und charakteristische Wurzel der Matrix A ist und* b) *jeder extremale Vektor positiv und ein zur charakteristischen Wurzel r gehöriger Eigenvektor der Matrix A ist, d. h.*

$$r > 0, \quad z > o, \quad Az = rz. \tag{9}$$

Aus $u = \underbrace{(1, 1, \ldots, 1)}_{n}$ folgt nämlich $r_u = \min\limits_{1 \leqq i \leqq n} \sum\limits_{k=1}^{n} a_{ik}$. Damit ist aber $r_u > 0$, da die Elemente einer Zeile einer unzerlegbaren Matrix nicht alle gleich 0 sein können. Folglich ist auch $r > 0$, da $r \geqq r_u$ ist. Es sei ferner

$$x = (E + A)^{n-1} z. \tag{10}$$

Dann ist $x > o$ nach Lemma 1. Wir nehmen nun an, daß $Az - rz \neq o$ ist. Aus (1), (8) und (10) erhält man dann sukzessive

$$Az - rz \geqq o, \quad (E + A)^{n-1}(Az - rz) > o, \quad Ax - rx > o.$$

Die letzte dieser Ungleichungen widerspricht der Definition der Zahl r, da aus ihr folgen würde, daß $Ax - (r + \varepsilon)x > o$ für ein hinreichend kleines $\varepsilon > 0$, d. h. $r_x \geqq r + \varepsilon > r$ ist. Folglich ist $Az = rz$ und damit

$$o < x = (E + A)^{n-1} z = (1 + r)^{n-1} z,$$

d. h. $z > o$.

Wir zeigen jetzt, daß *der Betrag aller charakteristischen Wurzeln nicht größer als r ist.* Es sei

$$Ay = \alpha y \qquad (y \neq o). \tag{11}$$

Gehen wir auf beiden Seiten der Gleichung (11) zum Betrag über, so ergibt sich[1])

$$|\alpha|\, y^+ \leqq Ay^+. \tag{12}$$

Hieraus folgt $|\alpha| \leqq r_{y^+} \leqq r$.

---

[1]) Bezüglich der Bezeichnung y^+ vgl. S. 399.

Wir nehmen an, daß der charakteristischen Wurzel r der Eigenvektor y entspricht: $Ay = ry$ $(y \neq o)$. Setzt man in (11) und (12) $\alpha = r$, so ergibt sich, daß y^+ ein extremaler Vektor und folglich $y^+ > o$ ist, d. h. $y = (y_1, y_2, \ldots, y_n)$ mit $y_i \neq 0$ $(i = 1, 2, \ldots, n)$. Hieraus folgt, daß *der charakteristischen Wurzel r im wesentlichen, d. h. bis auf skalare Faktoren, nur ein Eigenvektor entspricht.* Sind nämlich z und z_1 zwei linear unabhängige Eigenvektoren, so gibt es Zahlen c und d derart, daß wenigstens eine Koordinate des Eigenvektors $y = cz + dz_1$ verschwindet, was nach dem bereits Bewiesenen unmöglich ist.

Wir führen die zur charakteristischen Matrix $\lambda E - A$ adjungierte Matrix ein:

$$B(\lambda) = \|B_{ik}(\lambda)\|_1^n = \Delta(\lambda)\,(\lambda E - A)^{-1};$$

$\Delta(\lambda)$ ist das charakteristische Polynom der Matrix A und $B_{ik}(\lambda)$ das algebraische Komplement des Elements $\lambda\delta_{ki} - a_{ki}$ in $\Delta(\lambda)$. Aus der Eindeutigkeit (bis auf skalare Faktoren) des zur charakteristischen Wurzel r gehörigen Eigenvektors $z = (z_1, z_2, \ldots, z_n)$ mit $z_1 > 0$, $z_2 > 0, \ldots, z_n > 0$ folgt, daß $B(r) \neq O$ ist und daß in jeder Spalte der Matrix $B(r)$, die keine Nullspalte ist, alle Elemente von 0 verschieden und von gleichem Vorzeichen sind. Dasselbe gilt bezüglich der Zeilen der Matrix $B(r)$, da die obigen Überlegungen auch auf die transponierte Matrix A^{T} angewendet werden können. Aus der erwähnten Eigenschaft der Zeilen und Spalten der Matrix A folgt, daß *alle* $B_{ik}(r)$ $(i, k = 1, 2, \ldots, n)$ von 0 verschieden sind und dasselbe Vorzeichen σ besitzen. Daher gilt

$$\sigma\Delta'(r) = \sigma \sum_{i=1}^{n} B_{ii}(r) > 0,$$

d. h. $\Delta'(r) \neq 0$, und *r ist einfache Wurzel der charakteristischen Gleichung $\Delta(\lambda) = 0$.*

Da r maximale Nullstelle des Polynoms $\Delta(\lambda) = \lambda^n + \cdots$ ist, wächst $\Delta(\lambda)$ für $\lambda \geqq r$. Daher ist $\Delta'(r) > 0$ und $\sigma = 1$, d. h.

$$B_{ik}(r) > 0 \qquad (i, k = 1, 2, \ldots, n).$$

3. Zum Beweis des zweiten Teils des Satzes von FROBENIUS benutzen wir folgendes interessante Lemma.[1])

Lemma 2. *Sind $A = \|a_{ik}\|_1^n$ und $C = \|c_{ik}\|_1^n$ zwei quadratische Matrizen gleicher Ordnung, ist A unzerlegbar und*

$$C^+ \leqq A,^{2)} \tag{14}$$

so gilt für jede charakteristische Wurzel γ der Matrix C und die maximale charakteristische Wurzel r der Matrix A die Ungleichung

$$|\gamma| \leqq r. \tag{15}$$

Das Gleichheitszeichen gilt in (15) *genau dann, wenn*

$$C = e^{i\varphi} DAD^{-1}, \tag{16}$$

---

[1]) Vgl. [260].

[2]) C ist eine komplexe Matrix und $A \geqq O$.

$e^{i\varphi} = \gamma/r$ *und* D *eine Diagonalmatrix ist, deren Diagonalelemente alle den Betrag* 1 *besitzen* ($D^+ = E$).

Beweis. Wir bezeichnen den Eigenvektor der Matrix C, der der charakteristischen Wurzel γ entspricht, mit y:

$$Cy = \gamma y \qquad (\gamma \neq o). \tag{17}$$

Aus (14) und (17) folgt

$$|\gamma|\, y^+ \leqq C^+ y^+ \leqq A y^+. \tag{18}$$

Daher ist

$$|\gamma| \leqq r_{y^+} \leqq r.$$

Wir untersuchen nun den Fall $|\gamma| = r$ näher. In diesem Fall folgt aus der letzten Relation, daß y^+ ein extremaler Vektor der Matrix A ist; dann gilt $y^+ > o$, und y^+ ist ein zur charakteristischen Wurzel r gehöriger Eigenvektor der Matrix A. Die Relation (18) nimmt nun folgende Form an:

$$A y^+ = C^+ y^+ = r y^+, \qquad y^+ > o. \tag{19}$$

Hieraus folgt nach (14)

$$C^+ = A. \tag{20}$$

Es sei $y = (y_1, y_2, \ldots, y_n)$ mit

$$y_j = |y_j|\, e^{i\varphi_j} \qquad (j = 1, 2, \ldots n).$$

Die Diagonalmatrix D definieren wir durch die Gleichung

$$D = \{e^{i\varphi_1}, e^{i\varphi_2}, \ldots, e^{i\varphi_n}\}.$$

Dann ist $y = D y^+$. Setzt man in (17) $\gamma = r\, e^{i\varphi}$ und für y den eben erhaltenen Ausdruck ein, so findet man leicht

$$F y^+ = r y^+ \tag{21}$$

mit

$$F = e^{-i\varphi} D^{-1} C D. \tag{22}$$

Ein Vergleich von (19) und (21) ergibt

$$F y^+ = C^+ y^+ = A y^+. \tag{23}$$

Nach (22) und (20) ist aber $F^+ = C^+ = A$. Daher folgt aus (23) $F y^+ = F^+ y^+$. Da $y^+ > o$ ist, gilt diese Gleichung genau dann, wenn $F = F^+$, d. h. $e^{-i\varphi} D^{-1} C D = A$ ist. Hieraus folgt $C = e^{i\varphi} D A D^{-1}$. Damit ist das Lemma bewiesen.

4. Wir kehren nun zum Satz von Frobenius zurück und wenden das von uns gewonnene Lemma auf eine unzerlegbare Matrix $A \geqq O$ an, die genau h verschiedene

charakteristische Wurzeln von maximalem Betrag r besitzt:

$$\lambda_0 = r\, e^{i\varphi_0},\ \lambda_1 = r\, e^{i\varphi_1}, \ldots, \lambda_{h-1} = r\, e^{i\varphi_{h-1}}$$

$$(0 = \varphi_0 < \varphi_1 < \varphi_2 < \cdots < \varphi_{h-1} < 2\pi).$$

Setzen wir nun im Lemma $C = A$ und $\gamma = \lambda_k$ für beliebiges $k = 0, 1, \ldots, h-1$, so erhalten wir

$$A = e^{i\varphi_k} D_k A D_k^{-1}, \tag{24}$$

wobei D_k eine Diagonalmatrix mit $D_k^+ = E$ ist.

Es sei wiederum z ein positiver, zur charakteristischen Wurzel r gehöriger Eigenvektor der Matrix A:

$$Az = rz \quad (z > o), \tag{25}$$

Setzt man nun

$$\overset{k}{y} = D_k t \quad \left(\overset{k}{y}{}^+ = z > o\right), \tag{26}$$

so erhält man aus (24), (25) und (26)

$$A\overset{k}{y} = \lambda_k \overset{k}{y}{}^+ \quad (\lambda_k = r\, e^{i\varphi_k};\ k = 0, 1, \ldots, h-1). \tag{27}$$

Die Gleichungen (27) zeigen, daß die durch (26) definierten Vektoren $\overset{0}{y}, \overset{1}{y}, \ldots, \overset{h-1}{y}$ zu den charakteristischen Wurzeln $\lambda_0, \lambda_1, \ldots, \lambda_{h-1}$ gehörige Eigenvektoren der Matrix A sind.

Aus (24) folgt, daß nicht nur $\lambda_0 = r$, sondern auch jede der charakteristischen Wurzeln $\lambda_1, \ldots, \lambda_{h-1}$ eine einfache Wurzel ist. Daher sind die Eigenvektoren $\overset{k}{y}$ und damit auch die Matrizen D_k $(k = 0, 1, \ldots, h-1)$ bis auf einen Zahlenfaktor bestimmt. Wir setzen fest, daß das erste Diagonalelement der Matrizen $D_0, D_1, \ldots, D_{h-1}$ gleich 1 ist; dann sind auch diese Matrizen eindeutig festgelegt, und es ist $D_0 = E$ und $\overset{0}{y} = z > o$.

Ferner folgt aus (24)

$$A = e^{i(\varphi_j \pm \varphi_k)} D_j D_k^{\pm 1} A D_k^{\mp 1} D_j^{-1} \quad (j, k = 0, 1, \ldots, h-1).$$

Hieraus läßt sich analog dem Vorigen schließen, daß der Vektor $D_j D_k^{\pm 1} z$ ein zur charakteristischen Wurzel $r\, e^{i(\varphi_j \pm \varphi_k)}$ gehöriger Eigenvektor der Matrix A ist. Daher stimmt $e^{i(\varphi_j \pm \varphi_k)}$ mit einer der Zahlen $e^{i\varphi_l}$ und die Matrix $D_j D_k^{\pm 1}$ mit der entsprechenden Matrix D_l überein, d. h., für gewisse $(0 \leqq)\, l_1, l_2\, (\leqq h-1)$ ist

$$e^{i(\varphi_j + \varphi_k)} = e^{i\varphi_{l_1}}, \quad e^{i(\varphi_j - \varphi_k)} = e^{i\varphi_{l_2}}, \quad D_j D_k = D_{l_1}, \quad D_j D_k^{-1} = D_{l_2}.$$

Die Zahlen $e^{i\varphi_0}, e^{i\varphi_1}, \ldots, e^{i\varphi_{h-1}}$ *und die entsprechenden Diagonalmatrizen* $D_0, D_1, \ldots, D_{h-1}$ *bilden also zwei isomorphe multiplikative abelsche Gruppen.*

In jeder endlichen Gruppe, die aus h verschiedenen Elementen besteht, ist die h-te Potenz eines beliebigen Elements gleich dem Einselement der Gruppe.[1]) Daher sind $e^{i\varphi_0}, e^{i\varphi_1}, \ldots, e^{i\varphi_{h-1}}$ die h-ten Einheitswurzeln. Da nur h verschiedene h-te Einheitswurzeln existieren und $\varphi_0 = 0 < \varphi_1 < \varphi_2 < \cdots < \varphi_{h-1} < 2\pi$ ist, gilt

$$\varphi_k = \frac{2k\pi}{h} \quad (k = 0, 1, 2, \ldots, h-1)$$

und

$$e^{i\varphi_k} = \varepsilon^k \quad (\varepsilon = e^{i\varphi_1} = e^{2\pi i/h};\ k = 0, 1, \ldots, h-1), \tag{28}$$

$$\lambda_k = r\varepsilon^k \quad (k = 0, 1, \ldots, h-1). \tag{29}$$

Die Zahlen $\lambda_0, \lambda_1, \ldots, \lambda_{h-1}$ bilden ein vollständiges Lösungssystem der Gleichung (4).

In Übereinstimmung mit (28) erhalten wir[2])

$$D_k = D^k \quad (D = D_1;\ k = 0, 1, \ldots, h-1). \tag{30}$$

Jetzt folgt aus Gleichung (24) (für $k = 1$)

$$A = e^{2\pi i/h} D A D^{-1}. \tag{31}$$

Hieraus folgt, daß die Matrix A bei der Multiplikation mit $e^{2\pi i/h}$ in eine ihr ähnliche Matrix übergeht und folglich das gesamte System der n charakteristischen Wurzeln der Matrix A bei Multiplikation mit $e^{2\pi i/h}$ in sich selbst übergeht.[3])

Ferner ist $D^h = E$, da alle Diagonalelemente von D, wie gezeigt wurde, h-te Einheitswurzeln sind. Durch eine Permutation der Reihen von A (und entsprechend in D) kann man erreichen, daß D in die (verallgemeinerte) Diagonalmatrix

$$D = \{\eta_0 E_0, \eta_1 E_1, \ldots, \eta_{s-1} E_{s-1}\} \tag{32}$$

übergeht, wobei $E_0, E_1, \ldots, E_{s-1}$ Einheitsmatrizen sind und

$$\eta_p = e^{i\psi_p}, \quad \psi_p = n_p \frac{2\pi}{h}$$

$$(n_p \text{ ganz};\ p = 0, 1, \ldots, s-1;\ 0 = n_0 < n_1 < \cdots < n_{s-1} < h)$$

ist. Offensichtlich ist $s \leq h$.

---

[1]) Vgl. etwa [39], S. 324.

[2]) Hierbei stützen wir uns auf die Isomorphie der Gruppen $e^{i\varphi_0}, e^{i\varphi_1}, \ldots, e^{i\varphi_{h-1}}$ und $D_0, D_1, \ldots, D_{h-1}$.

[3]) Die Zahl h ist die größte ganze Zahl mit dieser Eigenschaft, da die Matrix A genau h charakteristische Wurzeln maximalen Betrages r besitzt. Außerdem folgt aus (31), daß sich alle charakteristischen Wurzeln der Matrix in Systeme (von je h Zahlen) der Form $\mu_0, \mu_0\varepsilon, \ldots, \mu_0\varepsilon^{h-1}$ aufteilen und daß innerhalb dieser Klassen zwei beliebigen charakteristischen Zahlen Elementarteiler gleichen Grades entsprechen. Eins dieser Systeme besteht aus den Wurzeln $\lambda_0, \lambda_1, \ldots, \lambda_{h-1}$ der Gleichung (4).

Teilen wir A in Übereinstimmung mit (32) in Blöcke,

$$A = \begin{pmatrix} A_{11} & A_{12} & \dots & A_{1s} \\ A_{21} & A_{22} & \dots & A_{2s} \\ \dots & \dots & \dots & \dots \\ A_{s1} & A_{s2} & \dots & A_{ss} \end{pmatrix}, \tag{33}$$

so läßt sich (31) durch das Gleichungssystem

$$\varepsilon A_{pq} = \frac{\eta_{q-1}}{\eta_{p-1}} A_{pq} \quad (p, q = 1, 2, \dots, s;\ \varepsilon = e^{2\pi i/h}) \tag{34}$$

ersetzen. Dann ist für alle p und q entweder $\frac{\eta_{q-1}}{\eta_{p-1}} = \varepsilon$ oder $A_{pq} = 0$.

Wir setzen $p = 1$. Da die Matrizen $A_{12}, A_{13}, \dots, A_{1s}$ nicht alle gleichzeitig Nullmatrizen sein können, muß eine der Zahlen $\frac{\eta_1}{\eta_0}, \frac{\eta_2}{\eta_0}, \dots, \frac{\eta_{s-1}}{\eta_0}$ $(\eta_0 = 1)$ gleich ε sein. Dies ist nur für $n_1 = 1$ möglich. Dann ist $\frac{\eta_1}{\eta_0} = \varepsilon$, und es ergibt sich $A_{11} = A_{13} = \dots = A_{1s} = O$. Setzen wir in (34) $p = 2$, so folgt analog $n_2 = 2$ und $A_{21} = A_{22} = A_{24} = \dots = A_{2s} = O$ usw. Wir erhalten schließlich

$$A = \begin{pmatrix} O & A_{12} & O & \dots & O \\ O & O & A_{23} & \dots & O \\ \dots & \dots & \dots & \dots & \dots \\ O & O & O & \dots & A_{s-1,s} \\ A_{s1} & A_{s2} & A_{s3} & \dots & A_{ss} \end{pmatrix}$$

und $n_1 = 1,\ n_2 = 2, \dots, n_{s-1} = s - 1$. Für $p = s$ stehen dann aber auf der rechten Seite von (34) die Faktoren

$$\frac{\eta_{q-1}}{\eta_{s-1}} = e^{(q-s)2\pi i/h} \quad (q = 1, 2, \dots, s).$$

Eine dieser Zahlen muß gleich $\varepsilon = e^{2\pi i/h}$ sein. Das ist nur möglich, wenn $s = h$ und $q = 1$ und folglich $A_{s2} = A_{s3} = \dots = A_{ss} = O$ ist.

Es gilt also

$$D = \{E_0, \varepsilon E_1, \varepsilon^2 E_2, \dots, \varepsilon^{h-1} E_{h-1}\},$$

und die Matrix A besitzt die in (5) angegebene Gestalt. Damit ist der Satz von Frobenius vollständig bewiesen.

5. An den Satz von Frobenius knüpfen wir folgende Bemerkungen.

Bemerkung 1. Beim Beweis des Satzes von Frobenius stellten wir unter anderem fest, daß die zur unzerlegbaren Matrix $A \geqq O$ mit der maximalen charakteristischen

Wurzel r adjungierte Matrix $B(\lambda)$ für $\lambda = r$ positiv ist:

$$B(r) > O, \tag{35}$$

d. h.

$$B_{ik}(r) > 0 \quad (i, k = 1, 2, \ldots, n), \tag{35'}$$

wobei $B_{ik}(r)$ das algebraische Komplement des Elements $r\delta_{ki} - a_{ki}$ in der Determinante $|rE - A|$ ist.

Wir betrachten die reduzierte adjungierte Matrix (vgl. 4.6.)

$$C(\lambda) = \frac{B(\lambda)}{D_{n-1}(\lambda)};$$

$D_{n-1}(\lambda)$ ist der größte gemeinsame Teiler (mit dem Leitkoeffizienten 1) aller Polynome $B_{ik}(\lambda)$ $(i, k = 1, 2, \ldots, n)$. Dabei folgt aus (35'), daß $D_{n-1}(r) \neq 0$ ist. Alle Nullstellen des Polynoms $D_{n-1}(\lambda)$ sind von r verschiedene charakteristische Wurzeln.[1]) Daher sind die Nullstellen von $D_{n-1}(\lambda)$ entweder komplex oder reell, aber kleiner als r. Hieraus folgt $D_{n-1}(r) > 0$, was in Verbindung mit (35)

$$C(r) = \frac{B(r)}{D_{n-1}(r)} > O \tag{36}$$

ergibt.[2])

Bemerkung 2. Die Ungleichung (35') erlaubt, Schranken für die Größe der maximalen charakteristischen Wurzel r anzugeben.

Wir führen folgende Bezeichnungen ein:

$$s_i = \sum_{k=1}^{n} a_{ik} \quad (i = 1, 2, \ldots, n), \qquad s = \min_{1 \leq i \leq n} s_i, \qquad S = \max_{1 \leq i \leq n} s_i.$$

Dann ist für die unzerlegbare Matrix $A \geqq O$

$$s \leqq r \leqq S, \tag{37}$$

wobei das Gleichheitszeichen links oder rechts nur dann gilt, wenn $s = S$ *ist, d. h., wenn die „Zeilensummen"* $s_1, s_2, \ldots, s_n$ *einander gleich sind.*[3]) Addiert man nämlich zur letzten Spalte der charakteristischen Determinante

$$\Delta(r) = \begin{vmatrix} r - a_{11} & -a_{12} & \ldots & -a_{1n} \\ -a_{21} & r - a_{22} & \ldots & -a_{2n} \\ \cdots & \cdots & \cdots & \cdots \\ -a_{n1} & -a_{n2} & \ldots & r - a_{nn} \end{vmatrix}$$

[1]) $D_{n-1}(\lambda)$ ist ein Teiler des charakteristischen Polynoms $D_n(\lambda) \equiv |\lambda E - A|$.

[2]) Im folgenden Abschnitt wird bewiesen, daß für unzerlegbare Matrizen die Ungleichungen $B(\lambda) > O$ und $C(\lambda) > O$ für beliebiges reelles $\lambda \geqq r$ gelten.

[3]) Folgende Arbeiten beschäftigen sich mit der Aufstellung eines Intervalls für r, das kleiner als (s, S) ist: [207], [222a] und [161, IV].

alle vorangehenden und entwickelt man sie dann nach der letzten Spalte, so erhält man

$$\sum_{k=1}^{n} (r - s_k)\, B_{nk}(r) = 0.$$

Wegen (35′) ergibt sich hieraus die Ungleichung (37).

Bemerkung 3. *Eine unzerlegbare Matrix* $A \geqq O$ *kann nicht zwei linear unabhängige nichtnegative Eigenvektoren besitzen.* Besitzt nämlich die Matrix A neben dem der maximalen charakteristischen Wurzel r entsprechenden positiven Eigenvektor $z > o$ noch den der charakteristischen Wurzel α entsprechenden (von z linear unabhängigen) Eigenvektor $y \geqq o$,

$$Ay = \alpha y \qquad (y \neq o;\ y \geqq o),$$

so gilt, da r eine einfache Wurzel der charakteristischen Gleichung $|\lambda E - A| = 0$ ist, $\alpha \neq r$. Wir bezeichnen den der charakteristischen Wurzel $\lambda = r$ entsprechenden positiven Eigenvektor der transponierten Matrix A^{T} mit u:

$$A^{\mathsf{T}} u = r u \qquad (u > o).$$

Dann ist[1] $r(y, u) = (y, A^{\mathsf{T}} u) = (Ay, u) = \alpha(y, u)$. Hieraus folgt wegen $\alpha \neq r$

$$(y, u) = 0,$$

was für $u > o$, $y \geqq o$ und $y \neq o$ unmöglich ist.

Bemerkung 4. Beim Beweis des Satzes von FROBENIUS wurde die maximale charakteristische Wurzel r der unzerlegbaren Matrix $A \geqq O$ folgendermaßen charakterisiert:

$$r = \max_{(x \geqq 0)} r_x;$$

dabei war r_x die größte unter den Zahlen ϱ, für die $\varrho x \leqq Ax$ gilt. Mit anderen Worten: Da $r_x = \min\limits_{1 \leqq i \leqq n} \frac{(Ax)_i}{x_i}$ ist, folgt

$$r = \max_{(x \geqq 0)} \min_{1 \leqq i \leqq n} \frac{(Ax)_i}{x_i}.$$

Völlig analog kann man für einen beliebigen Vektor $x \geqq o$ $(x \neq o)$ die Zahl r^x als kleinste der Zahlen σ definieren, die die Ungleichung $\sigma x \geqq Ax$ befriedigen, d. h., man kann $r^x = \max\limits_{1 \leqq i \leqq n} \frac{(Ax)_i}{x_i}$ setzen. Dabei ist $r^x = +\infty$, wenn für ein gewisses i die Relationen $x_i = 0$, $(Ax)_i \neq 0$ gelten.

---

[1]) Ist $y = (y_1, y_2, \ldots, y_n)$ und $u = (u_1, u_2, \ldots, u_n)$, so wird mit (y, u) das „Skalarprodukt" $y^{\mathsf{T}} u = \sum\limits_{i=1}^{n} y_u u_i$ bezeichnet. Dann ist also $(y, A^{\mathsf{T}} u) = y^{\mathsf{T}} A^{\mathsf{T}} u$ und $(Ay, u) = (Ay)^{\mathsf{T}} u = y^{\mathsf{T}} A^{\mathsf{T}} u$.

Genauso wie für die Funktion r_x läßt sich zeigen, daß die Funktion r^x ihr Minimum $\hat{r}$ für einen gewissen Vektor $v > o$ annimmt.

Wir zeigen, daß die durch

$$\hat{r} = \min_{(x \geqq 0)} r^x = \min_{(x \geqq 0)} \max_{1 \leqq i \leqq n} \frac{(Ax)_i}{x_i} \tag{38}$$

definierte Zahl $\hat{r}$ mit der Zahl r übereinstimmt und daß der Vektor $v \geqq o$ $(v \neq o)$, für den sie ihr Minimum annimmt, Eigenvektor der Matrix A für $\lambda = r$ ist. Es sei also

$$\hat{r}v - Av \geqq o \qquad (v \geqq o,\ v \neq o).$$

Wir wollen zeigen, daß hier das Gleichheitszeichen gilt. Aus den obigen Relationen folgt nach Lemma 1

$$(E + A)^{n-1}(\hat{r}v - Av) > o, \qquad (E + A)^{n-1} v > o. \tag{39}$$

Setzen wir $u = (E + A)^{n-1} v > o$, so folgt $\hat{r}u > Au$, und somit ist für ein hinreichend kleines $\varepsilon > 0$

$$(\hat{r} - \varepsilon)\, u > Au \qquad (u > o),$$

was im Widerspruch zur Definition der Zahl $\hat{r}$ steht. Somit gilt

$$Av = \hat{r}v.$$

Dann ist aber $u = (E + A)^{n-1} v = (1 + \hat{r})^{n-1} v$, und aus $u > o$ folgt $v > o$. Nach Bemerkung 3 ergibt sich hieraus

$$\hat{r} = r.$$

Für die Zahl r besitzen wir also eine zweifache Charakterisierung:

$$r = \max_{(x \geqq 0)} \min_{1 \leqq i \leqq n} \frac{(Ax)_i}{x_i} = \min_{(x \geqq 0)} \max_{1 \leqq i \leqq n} \frac{(Ax)_i}{x_i}; \tag{40}$$

wobei bewiesen ist, daß $\max\limits_{(x \geqq 0)}$ und $\min\limits_{(x \geqq 0)}$ nur für einen $\lambda = r$ entsprechenden positiven Eigenvektor angenommen werden.

Aus diesen Charakterisierungen der Zahl r ergeben sich folgende Ungleichungen:[1])

$$\min_{1 \leqq i \leqq n} \frac{(Ax)_i}{x_i} \leqq r \leqq \max_{1 \leqq i \leqq n} \frac{(Ax)_i}{x_i} \qquad (x \geqq o,\ x \neq o). \tag{41}$$

Bemerkung 5. Da in (40) $\max\limits_{(x \geqq 0)}$ und $\min\limits_{(x \geqq 0)}$ stets nur für positive Eigenvektoren der Matrix $A \geqq O$ angenommen werden, folgt aus den Ungleichungen

$$rz \leqq Az, \quad z \geqq o, \quad z \neq o \qquad \text{oder} \qquad rz \geqq Az, \quad z \geqq o, \quad z \neq o$$

stets

$$Az = rz, \qquad z > o.$$

---

[1]) Vgl. [167], aber auch [7], S. 325ff.

13.3. Zerlegbare Matrizen

1. Die im vorigen Abschnitt für nichtnegative unzerlegbare Matrizen bewiesenen Spektraleigenschaften gelten im allgemeinen nicht für zerlegbare Matrizen. Da aber eine beliebige nichtnegative Matrix $A \geqq O$ stets als Grenzwert einer Folge (A_m) unzerlegbarer und überdies positiver Matrizen dargestellt werden kann,

$$A = \lim_{m\to\infty} A_m \qquad (A_m > O,\ m = 1, 2, \ldots), \tag{42}$$

bleiben einige Spektraleigenschaften unzerlegbarer Matrizen in abgeschwächter Form auch für zerlegbare Matrizen erhalten.

Für beliebige nichtnegative Matrizen $A = \|\alpha_{ik}\|_1^n$ beweisen wir folgenden

Satz 3. *Jede nichtnegative Matrix $A = \|\alpha_{ik}\|_1^n$ besitzt stets eine nichtnegative charakteristische Wurzel r, die vom Betrag aller übrigen charakteristischen Wurzeln der Matrix A nicht übertroffen wird. Dieser „maximalen" charakteristischen Wurzel r entspricht ein nichtnegativer Eigenvektor y:*

$$Ay = ry \qquad (y \geqq o,\ y \neq o).$$

Beweis. Für die Matrix A möge die Darstellung (42) zutreffen. Wir bezeichnen die maximale charakteristische Wurzel und den zugehörigen normierten[1]) positiven Eigenvektor der positiven Matrix A_m mit $r^{(m)}$ bzw. $y^{(m)}$:

$$A_m y^{(m)} = r^{(m)} y^{(m)} \qquad \big((y^{(m)}, y^{(m)}) = 1,\ y^{(m)} > o;\ m = 1, 2, \ldots\big). \tag{43}$$

Dann folgt aus (42), daß der Grenzwert $\lim r^{(m)} = r$ existiert; r ist eine charakteristische Wurzel der Matrix A. Aus $r^{(m)} > 0$ und $r^{(m)} > |\lambda_0^{(m)}|$, wobei $\lambda_0^{(m)}$ eine beliebige charakteristische Wurzel der Matrix A_m ist $(m = 1, 2, \ldots)$, folgt durch Grenzübergang

$$r \geqq 0, \qquad r \geqq |\lambda_0|; \tag{44}$$

λ_0 ist hier eine beliebige charakteristische Wurzel der Matrix A. Derselbe Grenzübergang ergibt anstelle von (35)

$$B(r) \geqq O. \tag{45}$$

Aus der Folge der normierten Eigenvektoren $y^{(m)}$ $(m = 1, 2, \ldots)$ kann man eine Teilfolge $y^{(m_p)}$ $(p = 1, 2, \ldots)$ auswählen, die gegen einen normierten (und folglich vom Nullvektor verschiedenen) Vektor konvergiert. Gehen wir nun in (44) (bezüglich der durch die Indizes m_p gekennzeichneten Teilfolge) zum Grenzwert über, so erhalten wir

$$Ay = ry \qquad (y \geqq o,\ y \neq o).$$

Damit ist der Satz bewiesen.

---

1) Unter einem normierten Vektor verstehen wir eine Spalte $y = (y_1, y_2, \ldots, y_n)$ mit

$$(y, y) \equiv \sum_{i=1}^{n} y_i^2 = 1.$$

Bemerkung. Beim Grenzübergang (42) bleibt die Ungleichung (37) erhalten, d. h., sie gilt für beliebige nichtnegative Matrizen. Jedoch ist die Bedingung, unter der in (37) das Gleichheitszeichen gilt, für zerlegbare Matrizen falsch.

2. Wir geben noch eine Reihe wichtiger Sätze für Matrizen mit nichtnegativen Elementen an.

1. *Ist* $A = \|a_{ik}\|_1^n$ *eine nichtnegative Matrix mit der maximalen charakteristischen Zahl* r, *so gilt für* $\lambda > r$

$$(\lambda E - A)^{-1} \geqq O \quad \textit{und} \quad \frac{\mathrm{d}}{\mathrm{d}\lambda}(\lambda E - A)^{-1} \leqq O. \tag{46}$$

Für $\lambda > r \geqq 0$ haben wir nämlich die Zerlegung

$$(\lambda E - A)^{-1} = \sum_{j=0}^{\infty} \frac{A^j}{\lambda^{j+1}} \geqq O \tag{47}$$

und folglich auch

$$\frac{\mathrm{d}}{\mathrm{d}\lambda}(\lambda E - A)^{-1} = -\sum_{j=0}^{\infty} \frac{(j+1)\,A^j}{\lambda^{j+2}} \leqq O. \tag{48}$$

2. *Ist* $A = \|a_{ik}\|_1^n$ *eine nichtnegative Matrix mit der maximalen charakteristischen Zahl* r *und sind* $B(\lambda)$ *und* $C(\lambda)$ *ihre adjungierte bzw. ihre reduzierte adjungierte Matrix, so gilt*

$$B(\lambda) \geqq O \quad \textit{und} \quad C(\lambda) \geqq O \quad \textit{für} \quad \lambda \geqq r. \tag{49}$$

Wegen $B(\lambda) = (\lambda E - A)^{-1} \Delta(\lambda)$, $C(\lambda) = (\lambda E - A)^{-1} \psi(\lambda)$ und

$$\Delta(\lambda) > 0, \quad \psi(\lambda) > 0 \quad \text{für} \quad \lambda > r \tag{50}$$

folgt (49) direkt aus der ersten der Ungleichungen (46).

3. *Ist* $A = \|a_{ik}\|_1^n$ *eine unzerlegbare Matrix mit der maximalen charakteristischen Zahl* r, *so gilt*

$$(\lambda E - A)^{-1} > O, \quad \frac{\mathrm{d}}{\mathrm{d}\lambda}(\lambda E - A)^{-1} < O \quad \textit{für} \quad \lambda > r \tag{51}$$

und

$$B(\lambda) > O \quad \textit{und} \quad C(\lambda) > O \quad \textit{für} \quad \lambda \geqq r. \tag{52}$$

Man kann nämlich nach der Folgerung aus Lemma 1 (S. 397) im Fall einer unzerlegbaren Matrix $A \geqq O$ in den Ungleichungen (47) und (48) das Gleichheitszeichen weglassen. Dann folgt auch $B(\lambda) > O$ und $C(\lambda) > O$ für $\lambda > r$. In 13.2. haben wir aber für eine unzerlegbare Matrix $B(r) > O$ und $C(r) > O$ nachgewiesen. Deshalb gilt auch (52).

4. *Die maximale charakteristische Zahl r' eines Hauptminors*[1]) *(der Ordnung $< n$) einer nichtnegativen Matrix $A = \|a_{ik}\|_1^n$ ist nie größer als die maximale charakteristische Zahl r der Matrix selbst:*

$$r' \leqq r. \tag{53}$$

Ist für einen Hauptminor $(n-1)$-ter Ordnung $r' < r$, so gilt für die charakteristische Determinante $\Delta(\lambda) = |\lambda E - A|$ im Intervall $r' < \lambda < r$ die Ungleichung

$$\Delta(\lambda) < 0. \tag{54}$$

Ist A unzerlegbar, so tritt in (53) nie Gleichheit ein. Ist A zerlegbar, so gilt mindestens für einen Hauptminor in (53) die Gleichheit.

Es sei beispielsweise r' die maximale charakteristische Wurzel der Matrix $A_1 = \|a_{ik}\|_{i,k=1}^{n-1}$, die das charakteristische Polynom $\Delta_1(\lambda) = B_{nn}(\lambda)$ besitzt. Dann ist $B_{nn}(r') = 0$, und im Fall einer unzerlegbaren Matrix A gilt wegen (52) $B_{nn}(\lambda) > 0$ für $\lambda \geqq r$. Folglich ist $r' < r$. Hieraus ergibt sich im Fall einer zerlegbaren Matrix die Ungleichung (53) durch Grenzübergang.

Es sei $r' < \lambda < r$. Dann erhalten wir, wenn wir die Determinante $\Delta(\lambda)$ nach der letzten Zeile und der letzten Spalte entwickeln,

$$\Delta(\lambda) = \Delta_1(\lambda)\,(\lambda - a_{nn}) - \sum_{i,k=1}^{n-1} A_{ik}^{(1)}(\lambda)\, a_{in} a_{nk}, \tag{55}$$

wobei $A_{ik}^{(1)}$ das algebraische Komplement des Elements $\lambda\delta_{ik} - a_{ik}$ in der Determinante $\Delta_1(\lambda) = B_{nn}(\lambda)$ ist $(i, k = 1, 2, \ldots, n-1)$. Wir dividieren beide Seiten der Identität (55) durch $\Delta_1(\lambda)$:

$$\frac{\Delta(\lambda)}{\Delta_1(\lambda)} = \lambda - a_{nn} - \sum_{i,k=1}^{n-1} \{(\lambda E - A_1)^{-1}\}_{ik}\, a_{in} a_{nk}. \tag{56}$$

Wegen der zweiten Ungleichung (46) für A_1 fällt die Summe auf der rechten Seite von (56) monoton für $\lambda > r'$, aber $\lambda - a_{nn}$ wächst streng monoton. Folglich wächst das Verhältnis $\Delta(\lambda)/\Delta_1(\lambda)$ streng monoton für $\lambda > r'$. Dann ist dieses Verhältnis negativ für $r' < \lambda < r$, da $\Delta(r) = 0$ gilt. Für $\lambda > r'$ ist aber $\Delta_1(\lambda) > 0$. Demzufolge gilt die Ungleichung (54).

Wir haben die Gültigkeit der Ungleichung (53) für Minoren $(n-1)$-ter Ordnung gezeigt. Diese Ungleichung (im Fall einer unzerlegbaren Matrix ohne das Gleichheitszeichen) beweisen wir nun für Hauptminoren beliebiger Ordnung sukzessiv durch Übergang von $n-1$ zu $n-2$, von $n-2$ zu $n-3$ usw.

Ist A eine zerlegbare Matrix, so kann sie durch eine Permutation der Reihen in folgende Form übergeführt werden:

$$A = \begin{pmatrix} B & O \\ C & D \end{pmatrix}.$$

[1]) In diesem Fall wollen wir unter einem Hauptminor die Matrix verstehen, die sich aus den Elementen des Hauptminors zusammensetzt (*Anm. d. Red.*).

Die Zahl r ist dann charakteristische Wurzel eines der beiden Hauptminoren B und D. Damit ist 4. bewiesen.

Aus 4. folgt:

5. *Ist $A \geqq O$ und verschwindet in der charakteristischen Determinante*

$$\Delta(r) = \begin{vmatrix} r - a_{11} & -a_{12} & \dots & -a_{1n} \\ -a_{21} & r - a_{22} & \dots & -a_{2n} \\ \dots & \dots & \dots & \dots \\ -a_{n1} & -a_{n2} & \dots & r - a_{nn} \end{vmatrix}$$

einer der Hauptminoren (ist die Matrix A zerlegbar!), so verschwindet jeder „umfassende" Hauptminor und insbesondere einer der Hauptminoren $(n-1)$-ter Ordnung

$$B_{11}(\lambda),\ B_{22}(\lambda),\ \dots,\ B_{nn}(\lambda).$$

Aus 4. und 5. folgt:

6. *Die Matrix $A \geqq O$ ist genau dann zerlegbar, wenn in einer der Relationen*

$$B_{ii}(r) \geqq 0 \qquad (i = 1, 2, \dots, n)$$

das Gleichheitszeichen gilt.

Aus 4. ergibt sich weiterhin

7. *Ist r die maximale charakteristische Wurzel der Matrix $A \geqq O$, so sind für jedes $\lambda > r$ alle Hauptminoren der charakteristischen Matrix $A_\lambda \equiv \lambda E - A$ positiv:*

$$A_\lambda \begin{pmatrix} i_1 & i_2 & \dots & i_p \\ i_1 & i_2 & \dots & i_p \end{pmatrix} > 0 \tag{57}$$

$$(\lambda > r;\ 1 \leqq i_1 < \dots < i_p \leqq n;\ p = 1, 2, \dots, n).$$

Umgekehrt folgt, wie man leicht sieht, aus den Ungleichungen (57) $\lambda > r$. Es sei nämlich

$$\Delta(\lambda + \mu) = |(\lambda + \mu) E - A| = |A_\lambda + \mu E| = \sum_{k=0}^{n} S_k \mu^{n-k},$$

wobei S_k die Summe aller Hauptminoren k-ter Ordnung der charakteristischen Matrix $A_\lambda \equiv \lambda E - A$ ist $(k = 1, 2, \dots, n)$.[1] Sind nun für ein gewisses reelles λ alle Hauptminoren der charakteristischen Matrix A_λ positiv, so gilt für jedes $\mu \geqq 0$

$$\Delta(\lambda + \mu) \neq 0,$$

d. h., eine Zahl $\geqq \lambda$ kann nicht charakteristische Wurzel der Matrix A sein. Folglich ist $r < \lambda$.

---

[1]) Vgl. S. 99.

Die Ungleichungen (57) sind dafür charakteristisch, daß λ größer als der Betrag der charakteristischen Wurzeln der Matrix A ist.[1]) Jedoch sind die Ungleichungen (57) nicht voneinander unabhängig.

Die Elemente der Matrix $\lambda E - A$ außerhalb der Hauptdiagonalen sind nicht positiv.[2]) D. M. Koteljanskij hat gezeigt[3]), daß für solche sowie für symmetrische Matrizen alle Hauptminoren positiv sind, wenn die Hauptabschnittsdeterminanten positiv sind.

Lemma 3 (Koteljanskij). *Sind ein einer reellen Matrix* $G = \|g_{ik}\|_1^n$ *alle außerhalb der Hauptdiagonalen gelegenen Elemente negativ oder gleich* 0,

$$g_{ik} \leqq 0 \qquad (i \neq k;\ i, k = 1, 2, \ldots, n), \tag{58}$$

und die Hauptabschnittsdeterminanten positiv:

$$g_{11} = G\begin{pmatrix}1\\1\end{pmatrix} > 0, \quad G\begin{pmatrix}1 & 2\\1 & 2\end{pmatrix} > 0, \ldots, G\begin{pmatrix}1 & 2 & \ldots & n\\1 & 2 & \ldots & n\end{pmatrix} > 0, \tag{59}$$

so sind alle Hauptminoren der Matrix G positiv:

$$G\begin{pmatrix}i_1 & i_2 & \ldots & i_p\\i_1 & i_2 & \ldots & i_p\end{pmatrix} > 0 \qquad (1 \leqq i_1 < i_2 < \cdots < i_p \leqq n;\ p = 1, 2, \ldots, n).$$

Beweis. Wir beweisen das Lemma durch vollständige Induktion über die Ordnung n der Matrix. Für $n = 2$ gilt das Lemma, da aus $g_{12} \leqq 0$, $g_{21} \leqq 0$, $g_{11} > 0$ und $g_{11}g_{22} - g_{12}g_{21} > 0$ folgt, daß auch $g_{22} > 0$ ist. Nach Voraussetzung gelte das Lemma für Matrizen, deren Ordnung kleiner als n ist; wir beweisen unter dieser Voraussetzung, daß es auch für die Matrix $G = \|g_{ik}\|_1^n$ gilt. Dazu führen wir die „geränderten" Determinanten

$$t_{ik} = G\begin{pmatrix}1 & i\\1 & k\end{pmatrix} = g_{11}g_{ik} - g_{1k}g_{i1} \qquad (i, k = 2, \ldots, n)$$

ein. Aus (58) und (59) folgt $t_{ik} \leqq 0$ $(i \neq k;\ i, k = 2, \ldots, n)$. Andererseits ergibt die Anwendung des Sylvesterschen Determinantensatzes (Kap. 2, Gleichung (30), S. 59) auf die Matrix $T = \|t_{ik}\|_2^n$:

$$T\begin{pmatrix}i_1 & i_2 & \ldots & i_p\\i_1 & i_2 & \ldots & i_p\end{pmatrix} = (g_{11})^{p-1}\, G\begin{pmatrix}1 & i_1 & i_2 & \ldots & i_p\\1 & i_1 & i_2 & \ldots & i_p\end{pmatrix} \tag{60}$$

$$(2 \leqq i_1 < i_2 < \cdots < i_p \leqq n;\ p = 1, 2, \ldots, n-1).$$

---

1) Vgl. [123].

2) Umgekehrt sieht man sofort, daß jede Matrix, deren außerhalb der Hauptdiagonalen gelegenen Elemente negativ oder gleich 0 sind, stets in der Form $\lambda E - A$ mit nichtnegativer Matrix A und reellem λ dargestellt werden kann.

3) Vgl. [97c]. Diese Arbeit enthält eine Reihe von Resultaten über Matrizen, deren außerhalb der Hauptdiagonalen gelegenen Elemente gleiches Vorzeichen besitzen.

Hieraus folgt wegen (59), daß die Hauptabschnittsdeterminanten von $T = \|t_{ik}\|_2^n$ positiv sind:

$$t_{22} = T\begin{pmatrix}2\\2\end{pmatrix} > 0, \quad T\begin{pmatrix}2 & 3\\2 & 3\end{pmatrix} > 0, \ldots, T\begin{pmatrix}2 & 3 & \ldots & n\\2 & 3 & \ldots & n\end{pmatrix} > 0.$$

Die Matrix T von der Ordnung $n-1$ genügt den Voraussetzungen des Lemmas. Nach Induktionsvoraussetzung sind daher alle Hauptminoren von T positiv:

$$T\begin{pmatrix}i_1 & i_2 & \ldots & i_p\\i_1 & i_2 & \ldots & i_p\end{pmatrix} > 0$$

$$(2 \leqq i_1 < i_2 < \cdots < i_p \leqq n;\ p = 1, 2, \ldots, n-1).$$

Dann folgt aber aus (60), daß alle Hauptminoren der Matrix G, die die erste Spalte enthalten, positiv sind:

$$G\begin{pmatrix}1 & i_1 & i_2 & \ldots & i_p\\1 & i_1 & i_2 & \ldots & i_p\end{pmatrix} > 0 \tag{61}$$

$$(2 \leqq i_1 < i_2 < \cdots < i_p \leqq n;\ p = 1, 2, \ldots, n-1).$$

Ausgehend von den festen Indizes $(1 <)\, i_1 < i_2 < \cdots < i_{n-2}\ (\leqq n)$ stellen wir folgende Matrix $(n-1)$-ter Ordnung auf:

$$\|g_{\alpha\beta}\| \quad (\alpha, \beta = 1, i_1, i_2, \ldots, i_{n-2}). \tag{62}$$

Die Hauptabschnittsdeterminanten dieser Matrix sind nach (61) positiv,

$$g_{11} > 0, \quad G\begin{pmatrix}1 & i_1\\1 & i_1\end{pmatrix} > 0, \ldots, G\begin{pmatrix}1 & i_1 & i_2 & \ldots & i_{n-2}\\1 & i_1 & i_2 & \ldots & i_{n-2}\end{pmatrix} > 0,$$

und die außerhalb der Hauptdiagonalen gelegenen Elemente nichtpositiv,

$$g_{\alpha\beta} \leqq 0 \quad (\alpha \neq \beta;\ \alpha, \beta = 1, i_1, i_2, \ldots, i_{n-2}).$$

Da die Ordnung der Matrix (62) gleich $n-1$ ist, sind laut Induktionsvoraussetzung alle Hauptminoren dieser Matrix positiv; insbesondere ist

$$G\begin{pmatrix}i_1 & i_2 & \ldots & i_p\\i_1 & i_2 & \ldots & i_p\end{pmatrix} > 0 \tag{63}$$

$$(2 \leqq i_1 < i_2 < \cdots < i_p \leqq n;\ p = 1, 2, \ldots, n-2).$$

Es sind also *alle* Minoren von G, deren Ordnung $\leqq n-2$ ist, positiv.

Nach (63) ist $g_{22} > 0$. Wir betrachten daher jetzt die Determinanten zweiter Ordnung, die durch Rändern des Elements g_{22} (nicht g_{11}, wie zuvor) entstehen:

$$t_{ik}^* = G\begin{pmatrix}2 & i\\2 & k\end{pmatrix} \quad (i, k = 1, 3, \ldots, n).$$

Gehen wir bezüglich der Matrix $T^* = \|t_{ik}^*\|$ so vor wie früher bezüglich der Matrix T, so erhalten wir die zu (61) analogen Ungleichungen

$$G\begin{pmatrix} 2 & i_1 & \dots & i_p \\ 2 & i_1 & \dots & i_p \end{pmatrix} > 0 \tag{64}$$

$$(i_1 < i_2 < \dots < i_p;\ i_1, \dots, i_p = 1, 3, \dots, n;\ p = 1, 2, \dots, n-1).$$

Da ein Hauptminor der Matrix $G = \|g_{ik}\|_1^n$ entweder die erste oder die zweite Spalte enthält oder eine Ordnung $\leqq n-2$ besitzt, folgt aus den Ungleichungen (61), (63) und (64), daß alle Hauptminoren der Matrix A positiv sind. Damit ist das Lemma bewiesen.

Lemma 3 gestattet, in den Bedingungen (57) nur die Hauptabschnittsdeterminanten zu berücksichtigen und damit folgenden Satz zu formulieren:

Satz 4. *Eine reelle Zahl λ ist genau dann größer als die maximale charakteristische Wurzel r der Matrix $A = \|a_{ik}\|_1^n \geqq O$,*

$$r < \lambda,$$

wenn alle Hauptabschnittsdeterminanten der charakteristischen Matrix $A_\lambda \equiv \lambda E - A$ für dieses λ positiv sind:

$$\lambda - a_{11} > 0,$$

$$\begin{vmatrix} \lambda - a_{11} & -a_{12} \\ -a_{21} & \lambda - a_{22} \end{vmatrix} > 0, \dots, \begin{vmatrix} \lambda - a_{11} & -a_{12} & \dots & -a_{1n} \\ -a_{21} & \lambda - a_{22} & \dots & -a_{2n} \\ \dots & \dots & \dots & \dots \\ -a_{n1} & -a_{n2} & \dots & \lambda - a_{nn} \end{vmatrix} > 0. \tag{65}$$

Wir betrachten eine Anwendung dieses Satzes. $C = \|c_{ik}\|_1^n$ sei eine Matrix, deren außerhalb der Hauptdiagonalen gelegenen Elemente nichtnegativ sind. Dann ist für ein gewisses $\lambda > 0$ die Matrix $A = C + \lambda E$ nichtnegativ. Wir ordnen die charakteristischen Wurzeln λ_i $(i = 1, 2, \dots, n)$ der Matrix C nach wachsenden Realteilen, $\operatorname{Re}\lambda_1 \leqq \operatorname{Re}\lambda_2 \leqq \dots \leqq \operatorname{Re}\lambda_n$, und bezeichnen die maximale charakteristische Wurzel der Matrix A mit r. Die charakteristischen Wurzeln der Matrix A sind Summen der Form $\lambda_i + \lambda$ $(i = 1, 2, \dots, n)$, und daher ist $\lambda_n + \lambda = r$. In dem von uns betrachteten Fall gilt die Ungleichung $r < \lambda$ nur dann, wenn $\lambda_n < 0$ ist, und besagt, daß alle charakteristischen Wurzeln der Matrix C negativen Realteil besitzen. Gibt man die Ungleichungen (65) für die Matrix $-C = \lambda E - A$ an, so erhält man folgenden Satz:[1])

Satz 5. *Die charakteristischen Wurzeln einer reellen Matrix $C = \|c_{ik}\|_1^n$, deren außerhalb der Hauptdiagonalen gelegenen Elemente nichtnegativ sind,*

$$c_{ik} \geqq 0 \quad (i \neq k;\ i, k = 1, 2, \dots, n),$$

---

[1]) Vgl. [123] und [97c]. Wegen $C = A - \lambda E$ und $A \geqq O$ ist λ_n reell (das folgt aus der Gleichung $\lambda_n + \lambda = r$), und dieser charakteristischen Wurzel entspricht ein nichtnegativer Eigenvektor der Matrix C: $Cy = \lambda_n y$ $(y \geqq o,\ y \neq o)$.

besitzen alle genau dann negative Realteile, wenn folgende Ungleichungen erfüllt sind:

$$c_{11} < 0, \quad \begin{vmatrix} c_{11} & c_{12} \\ c_{21} & c_{22} \end{vmatrix} > 0, \ldots, (-1)^n \begin{vmatrix} c_{11} & c_{12} & \ldots & c_{1n} \\ c_{21} & c_{22} & \ldots & c_{2n} \\ \ldots & \ldots & \ldots & \ldots \\ c_{n1} & c_{n2} & \ldots & c_{nn} \end{vmatrix} > 0. \tag{66}$$

Es sei wieder A eine beliebige unzerlegbare nichtnegative Matrix, $x \geqq o$ $(x \neq o)$ aber ein Vektor[1]), der nicht Eigenvektor für die maximale charakteristische Wurzel r ist. Dann existieren nach der Bemerkung 5 auf S. 412 Indizes i und j $(1 \leqq i, j \leqq n)$ derart, daß die Ungleichungen

$$(Ax)_i > rx_i \quad \text{und} \quad (Ax)_j < rx_j \tag{67}$$

erfüllt sind.

Ist allerdings x ein Eigenvektor der Matrix A für die charakteristische Zahl r, so sind in (67) beide Ungleichungen durch Gleichungen zu ersetzen. Daher existiert also für einen beliebigen Vektor $x \geqq o$ ein Indexpaar i und k $(1 \leqq i,\ k \leqq n)$ mit

$$(Ax)_i \geqq rx_i \quad \text{und} \quad (Ax)_j \leqq rx_j. \tag{67'}$$

In dieser abgeschwächten Form bleiben die Ungleichungen (67') auch für zerlegbare Matrizen $A \geqq O$ gültig, da sie als Grenzwert einer Folge von unzerlegbaren Matrizen dargestellt werden können.

Aus (67') läßt sich folgender Satz herleiten:

Satz 6. *Wenn wir ein beliebiges Element einer nichtnegativen Matrix A vergrößern, dann kann die maximale charakteristische Wurzel nicht kleiner werden. Ist A unzerlegbar, so wird sie sogar echt größer.*

Dieser Satz erlaubt eine äquivalente Formulierung.

Satz 6'. *Es seien A und A_1 zwei nichtnegative Matrizen mit den maximalen charakteristischen Wurzeln r bzw. r_1. Die Ungleichung $A \leqq A_1$ $(A \neq A_1)$ impliziert dann $r \leqq r_1$. Ist A unzerlegbar, so folgt sogar $r < r_1$.*

Beweis. Es sei A eine unzerlegbare Matrix. Dann ist A_1 gleichfalls unzerlegbar. Wir bezeichnen mit x einen Eigenvektor der Matrix A_1 für die charakteristische Wurzel r_1:

$$A_1 x = r_1 x \quad (x > o).$$

Daher ist

$$(r_1 - r)\,x = Ax - rx + (A_1 - A)\,x. \tag{67''}$$

Es ist aber $(A_1 - A)\,x \geqq o$. Ist x kein Eigenvektor der Matrix A mit der charakteristischen Zahl r, so gibt es wegen (67) einen Index i $(1 \leqq i \leqq n)$ mit

$$(r_1 - r)\,x_i \geqq (Ax)_i - rx_i > 0;$$

daher ist auch $r_1 - r > 0$, d. h. $r < r_1$.

---

[1]) $x \geqq o$ bedeutet, daß die Spaltenmatrix x nichtnegativ ist.

Ist nun aber x Eigenvektor der Matrix A mit der charakteristischen Zahl r, so ist $Ax - rx = o$. Ist $[(A_1 - A)\,x]_i > 0$ für einen gewissen Index i, so folgt aus der Gleichung (67″)

$$(r_1 - r)\,x_i = (A_1 - A)\,x_i > 0,$$

d. h. wiederum $r < r_1$.

Im Fall einer zerlegbaren Matrix führen wir die Matrizen $A_\varepsilon = A + \varepsilon B$ und $A_{1\varepsilon} = A_1 + \varepsilon B$ mit $B > O$ und $\varepsilon > 0$ ein. Dann ist $A_\varepsilon \leqq A_{1\varepsilon}$ und $A_\varepsilon > O$. Daher gilt für die maximalen charakteristischen Wurzeln der Matrizen A_ε und $A_{1\varepsilon}$ die Ungleichung $r_\varepsilon < r_{1\varepsilon}$. Beim Grenzübergang für $\varepsilon \to 0$ gehen die Matrizen A_ε und $A_{1\varepsilon}$ in A bzw. A_1 und die Ungleichung $r_\varepsilon < r_{1\varepsilon}$ in $r \leqq r_1$ über.

Damit ist der Satz bewiesen.

13.4. Die Normalform einer zerlegbaren Matrix

Wir betrachten eine beliebige zerlegbare Matrix $A = \|a_{ik}\|_1^n$. Durch eine Permutation ihrer Reihen kann sie in folgender Form dargestellt werden:

$$A = \begin{pmatrix} B & O \\ C & D \end{pmatrix}; \tag{68}$$

B und D sind dabei quadratische Matrizen.

Ist eine der Matrizen B oder D zerlegbar, so kann sie in einer (68) analogen Form dargestellt werden, wonach die Matrix A folgende Form annimmt:

$$A = \begin{pmatrix} K & O & O \\ H & L & O \\ F & G & M \end{pmatrix}.$$

Ist eine der Matrizen K, L oder M zerlegbar, so kann dieser Prozeß fortgesetzt werden. Als Ergebnis geht die Matrix A nach entsprechender Permutation der Reihen in folgende verallgemeinerte Dreiecksmatrix über:

$$A = \begin{pmatrix} A_{11} & O & \dots & O \\ A_{21} & A_{22} & \dots & O \\ \dots & \dots & \dots & \dots \\ A_{s1} & A_{s2} & \dots & A_{ss} \end{pmatrix}; \tag{69}$$

dabei sind die Diagonalblöcke unzerlegbare quadratische Matrizen.

Ein Diagonalblock A_{ii} $(1 \leqq i \leqq s)$ heißt *isoliert*, wenn

$$A_{ik} = O \qquad (k = 1, 2, \dots, i-1, i+1, \dots, s)$$

ist. Die isolierten Elemente der Matrix (69) können durch eine Permutation der Blockreihen (vgl. S. 395) zu den ersten Diagonalelementen gemacht werden; dann nimmt die Matrix A die Gestalt

$$A = \begin{pmatrix} A_1 & 0 & \dots & 0 & 0 & \dots & 0 \\ 0 & A_2 & \dots & 0 & 0 & \dots & 0 \\ \dots & \dots & \dots & \dots & \dots & \dots & \dots \\ 0 & 0 & \dots & A_g & 0 & \dots & 0 \\ A_{g+1,1} & A_{g+1,2} & \dots & A_{g+1,g} & A_{g+1} & \dots & 0 \\ \dots & \dots & \dots & \dots & \dots & \dots & \dots \\ A_{s1} & A_{s2} & \dots & A_{sg} & A_{s,g+1} & \dots & A_s \end{pmatrix} \tag{70}$$

an; hier sind $A_1, A_2, \dots, A_s$ unzerlegbare Matrizen, und in jeder der Folgen $A_{f1}, A_{f2}, \dots, A_{f,f-1}$ $(f = g + 1, \dots, s)$ ist wenigstens eine der Matrizen von der Nullmatrix verschieden.

Die Matrix (70) nennen wir die *Normalform* der zerlegbaren Matrix A.

Wir zeigen, daß *die Normalform der Matrix A bis auf eine Permutation der Blockreihen und der Reihen innerhalb der Diagonalblöcke eindeutig definiert ist.*[1]) Dazu betrachten wir den linearen Operator $\boldsymbol{A}$, der der Matrix A in einem n-dimensionalen Vektorraum $\mathfrak{R}$ entspricht. Der Darstellung (70) der Matrix entspricht eine Zerlegung des Vektorraums $\mathfrak{R}$ in Koordinatenunterräume:

$$\mathfrak{R} = \mathfrak{R}_1 + \mathfrak{R}_2 + \cdots + \mathfrak{R}_g + \mathfrak{R}_{g+1} + \cdots + \mathfrak{R}_s; \tag{71}$$

dabei sind $\mathfrak{R}_s$, $\mathfrak{R}_{s-1} + \mathfrak{R}_s$, $\mathfrak{R}_{s-2} + \mathfrak{R}_{s-1} + \mathfrak{R}_s, \dots$ in bezug auf den Operator $\boldsymbol{A}$ invariante Koordinatenunterräume, und zwischen zwei beliebige in dieser Kette benachbarte Unterräume läßt sich kein weiterer invarianter Koordinatenunterraum einschieben.

Wir nehmen an, daß die vorgegebene Matrix neben (70) eine weitere Normalform besitzt, der folgende Zerlegung von $\mathfrak{R}$ in Koordinatenunterräume entspricht:

$$\mathfrak{R} = \hat{\mathfrak{R}}_1 + \hat{\mathfrak{R}}_2 + \cdots + \hat{\mathfrak{R}}_g + \hat{\mathfrak{R}}_{g+1} + \cdots + \hat{\mathfrak{R}}_t. \tag{71'}$$

Die Eindeutigkeit der Normalform ist gezeigt, wenn wir beweisen können, daß die Zerlegungen (71) und (71′) bis auf die Reihenfolge der Summanden übereinstimmen.

Der invariante Unterraum $\hat{\mathfrak{R}}_t$ möge mit $\mathfrak{R}_k$, aber nicht mit $\mathfrak{R}_{k+1}, \dots, \mathfrak{R}_s$ gemeinsame Basisvektoren besitzen. Dann ist $\hat{\mathfrak{R}}_t$ ganz in $\mathfrak{R}_k$ enthalten, da im entgegengesetzten Fall $\hat{\mathfrak{R}}_t$ einen „kleineren" invarianten Unterraum (den Durchschnitt von $\hat{\mathfrak{R}}_t$ mit $\mathfrak{R}_k + \mathfrak{R}_{k+1} + \cdots + \mathfrak{R}_s$) enthielte. Ferner stimmt $\hat{\mathfrak{R}}_t$ mit $\mathfrak{R}_k$ überein, da sonst der invariante Unterraum $\hat{\mathfrak{R}}_t + \mathfrak{R}_{k+1} + \cdots + \mathfrak{R}_s$ zwischen den invarianten Unterräumen $\mathfrak{R}_k + \mathfrak{R}_{k+1} + \cdots + \mathfrak{R}_s$ und $\mathfrak{R}_{k+1} + \cdots + \mathfrak{R}_s$ läge. Da $\mathfrak{R}_k$ mit $\hat{\mathfrak{R}}_t$ übereinstimmt, ist $\mathfrak{R}_k$ ein invarianter Unterraum. Wir können daher, ohne die Normalform zu verletzen, $\mathfrak{R}_k$ an die Stelle von $\mathfrak{R}_s$ setzen. In den Zerlegungen (71) und (71′) kann also $\mathfrak{R}_s \equiv \hat{\mathfrak{R}}_t$ angenommen werden.

---

[1]) (70) bleibt Normalform, wenn die ersten g Blockreihen beliebig permutiert werden. Außerdem ist es bisweilen möglich, gewisse der letzten $s-g$ Blockreihen so zu permutieren, daß die Normalform erhalten bleibt.

Wir betrachten nun den Koordinatenunterraum $\hat{\mathfrak{R}}_{t-1}$. Er möge mit $\mathfrak{R}_l$ $(l < s)$, aber nicht mit $\mathfrak{R}_{l+1} + \cdots + \mathfrak{R}_s$ gemeinsame Basisvektoren besitzen. Dann muß der invariante Unterraum $\hat{\mathfrak{R}}_{t+1} + \hat{\mathfrak{R}}_t$ ganz in $\mathfrak{R}_l + \mathfrak{R}_{l+1} + \cdots + \mathfrak{R}_s$ enthalten sein, da anderenfalls ein invarianter Koordinatenunterraum zwischen $\hat{\mathfrak{R}}_t$ und $\hat{\mathfrak{R}}_{t-1} + \hat{\mathfrak{R}}_t$ existierte. Daher ist $\hat{\mathfrak{R}}_{t-1} \subset \mathfrak{R}_l$. Ferner ist $\hat{\mathfrak{R}}_{t-1} \equiv \mathfrak{R}_l$, da im entgegengesetzten Fall $\hat{\mathfrak{R}}_{t-1} + \mathfrak{R}_{l+1} + \cdots + \mathfrak{R}_s$ ein invarianter Unterraum wäre, der zwischen $\mathfrak{R}_l + \mathfrak{R}_{l+1} + \cdots + \mathfrak{R}_s$ und $\mathfrak{R}_{l+1} + \cdots + \mathfrak{R}_s$ läge. Aus $\hat{\mathfrak{R}}_{t-1} \equiv \mathfrak{R}_l$ folgt, daß $\mathfrak{R}_l + \mathfrak{R}_t$ ein invarianter Unterraum ist. Wir können also $\mathfrak{R}_l$ an die Stelle von $\mathfrak{R}_{s-1}$ setzen und erhalten

$$\hat{\mathfrak{R}}_{t-1} \equiv \mathfrak{R}_{s-1}, \qquad \hat{\mathfrak{R}}_t \equiv \mathfrak{R}_s.$$

Setzt man diesen Prozeß fort, so findet man letzten Endes, daß $s = t$ ist und daß die Zerlegungen (71) und (71') bis auf die Reihenfolge der Summanden übereinstimmen. Dann stimmen auch die entsprechenden Normalformen (bis auf Permutationen der Blockreihen) überein.

Aus der Eindeutigkeit der Normalform folgt, daß die Zahlen g und s Invarianten der nichtnegativen Matrix A sind.[1])

Unter Benutzung der Normalform beweisen wir den

Satz 7. *Der maximalen charakteristischen Wurzel r der Matrix $A \geqq O$ entspricht genau dann ein positiver Eigenvektor, wenn in der Normalform* (70) *der Matrix A*

a) *jede der Matrizen $A_1, A_2, \ldots, A_g$ die Zahl r als charakteristische Wurzel besitzt und*

b) *für $g < s$ die Zahl r keine charakteristische Wurzel der Matrizen $A_{g+1}, \ldots, A_s$ ist.*

Beweis. a) Der maximalen charakteristischen Wurzel r möge der positive Eigenvektor $z > o$ entsprechen. In Übereinstimmung mit der Aufspaltung in (70) zerlegen wir die Spalte z in die Teile z^k $(k = 1, 2, \ldots, s)$. Dadurch zerfällt die Gleichung

$$Az = rz \qquad (z > o) \tag{72}$$

in die beiden Gleichungssysteme

$$A_i z^i = r z^i \qquad (i = 1, 2, \ldots, g), \tag{72'}$$

$$\sum_{h=1}^{j-1} A_{jh} z^h + A_j z^j = r z^j \qquad (j = g+1, \ldots, s). \tag{72''}$$

Aus (72') folgt, daß jede der Matrizen $A_1, A_2, \ldots, A_g$ die Zahl r als charakteristische Wurzel besitzt. Aus (72'') ergibt sich

$$A_j z^j \leqq r z^j, \qquad A_j z^j \neq r z^j \qquad (j = g+1, \ldots, s). \tag{73}$$

Wir bezeichnen die maximale charakteristische Wurzel der Matrix A_j mit r_j $(j = g + 1, \ldots, s)$. Dann folgt aus (73) (vgl. (41) auf S. 408)

$$r_j \leqq \max_i \frac{(A_j z^j)_i}{z_i^j} \leqq r \qquad (j = g+1, \ldots, s).$$

[1]) Für unzerlegbare Matrizen ist $g = s = 1$.

Andererseits widerspricht die Gleichung $r_j = r$ den zweiten der Relationen (73) (vgl. Bemerkung 5 auf S. 408). Daher ist

$$r_j < r \quad (j = g + 1, \ldots, s). \tag{74}$$

b) Es seien nun umgekehrt die maximalen charakteristischen Wurzeln der Matrizen A_i $(i = 1, 2, \ldots, g)$ gleich r und die Ungleichungen (74) für die Matrizen A_j $(j = g + 1, \ldots, s)$ gültig. Ersetzt man dann die Ausgangsgleichung (72) durch die Gleichungssysteme (72′) und (72″), so lassen sich aus (72′) positive Eigenvektoren z^i für die Matrizen A_i definieren $(i = 1, 2, \ldots, g)$. Danach findet man aus (72″) die Spalten

$$z^j = (rE_j - A_j)^{-1} \sum_{h=1}^{j-1} A_{jh} z^h \quad (j = g + 1, \ldots, s), \tag{75}$$

wobei E_j eine Einheitsmatrix ist, die dieselbe Ordnung wie die Matrix A_j besitzt $(j = g + 1, \ldots, s)$.

Da $r_j < r$ ist $(j = g + 1, \ldots, s)$, gilt (vgl. (51) auf S. 410)

$$(rE_j - A_j)^{-1} > O \quad (j = g + 1, \ldots, s). \tag{76}$$

Wir zeigen induktiv, daß die durch (75) definierten Spalten $z^{g+1}, \ldots, z^s$ positiv sind: Für jedes j $(g + 1 \leqq j \leqq s)$ ist z^j positiv, wenn die Spalten $z^1, z^2, \ldots, z^{j-1}$ positiv sind. Dann ist nämlich

$$\sum_{h=1}^{j-1} A_{jh} z^h \geqq o, \quad \sum_{h=1}^{j-1} A_{jh} z^h \neq o,$$

was in Verbindung mit (76) auf Grund von (75)

$$z^j > o$$

ergibt.

Die positive Spalte $z = \begin{pmatrix} z^1 \\ \vdots \\ z^s \end{pmatrix}$ ist also ein der charakteristischen Wurzel r entsprechender Eigenvektor der Matrix A. Damit ist der Satz bewiesen.

Der folgende Satz gibt uns eine Charakterisierung derjenigen Matrizen $A \geqq O$, die zusammen mit ihrer Transponierten A^{T} die Eigenschaft besitzen, daß ihrer maximalen charakteristischen Wurzel r ein positiver Eigenvektor entspricht.

Satz 7′.[1]) *Der maximalen charakteristischen Wurzel r der Matrix $A \geqq O$ entsprechen genau dann ein positiver Eigenvektor der Matrix A und ein positiver Eigenvektor der Matrix A^{T}, wenn die Matrix A durch Permutation der Reihen als verallgemeinerte Diagonalmatrix dargestellt werden kann,*

$$A = \{A_1, A_2, \ldots, A_s\}, \tag{77}$$

[2]) Vgl. [182e].

und die Diagonalelemente $A_1, A_2, \ldots, A_s$ unzerlegbare Matrizen sind, die alle die Zahl r als charakteristische Wurzel besitzen.

Beweis. Die Matrizen A und $A^{\mathsf T}$ mögen für $\lambda = r$ einen positiven Eigenvektor besitzen. Dann ist nach Satz 7 die Matrix A als Normalform (70) darstellbar, wobei die Matrizen $A_1, A_2, \ldots, A_g$ die maximale charakteristische Wurzel r besitzen und (für $g < s$) die maximalen charakteristischen Wurzeln der Matrizen $A_{g+1}, \ldots, A_s$ kleiner als r sind. Es folgt

$$A^{\mathsf T} = \begin{pmatrix} A_1^{\mathsf T} & \ldots & O & A_{g+1,g}^{\mathsf T} & \ldots & A_{s1}^{\mathsf T} \\ \vdots & \ddots & & & & \\ O & \ldots & A_g^{\mathsf T} & A_{g+1,g}^{\mathsf T} & \ldots & A_{sg}^{\mathsf T} \\ O & \ldots & O & A_{g+1}^{\mathsf T} & & \\ \vdots & & & & \ddots & \\ O & \ldots & O & O & \ldots & A_s^{\mathsf T} \end{pmatrix}.$$

Kehrt man die Anordnung der Blockreihen dieser Matrix um, so ergibt sich

$$\begin{pmatrix} A_s^{\mathsf T} & O & O & \ldots & O \\ A_{s,s-1}^{\mathsf T} & A_{s-1}^{\mathsf T} & O & \ldots & O \\ \vdots & & \ddots & & \vdots \\ \vdots & & & \ddots & \vdots \\ A_{s1}^{\mathsf T} & A_{s-1,1}^{\mathsf T} & \ldots & & A_1^{\mathsf T} \end{pmatrix}. \tag{78}$$

Da die Matrizen $A_s^{\mathsf T}, A_{s-1}^{\mathsf T}, \ldots, A_1^{\mathsf T}$ unzerlegbar sind, kann man aus der Matrix (78) durch Permutation der Blockreihen die Normalform erhalten, indem man die isolierten Diagonalelemente auf die ersten Stellen längs der Hauptdiagonalen rückt. Eins dieser isolierten Elemente ist $A_s^{\mathsf T}$. Da die Normalform der Matrix $A^{\mathsf T}$ den Bedingungen des vorigen Satzes genügen muß, ist die maximale charakteristische Wurzel der Matrix $A_s^{\mathsf T}$ gleich r. Dies ist nur für $g = s$ möglich. In diesem Fall geht die Normalform (70) in die Form (77) über.

Ist umgekehrt die Darstellung (77) der Matrix A gegeben, so ist

$$A^{\mathsf T} = \{A_1^{\mathsf T}, A_2^{\mathsf T}, \ldots, A_s^{\mathsf T}\}. \tag{79}$$

Dann kann auf Grund des vorigen Satzes aus (77) und (79) geschlossen werden, daß die Matrizen A und $A^{\mathsf T}$ bezüglich der maximalen charakteristischen Wurzel r positive Eigenvektoren besitzen. Damit ist der Satz bewiesen.

Folgerung. *Ist die maximale charakteristische Wurzel r der Matrix $A \geqq O$ einfach und entsprechen ihr bezüglich der Matrizen A und A^{T} positive Eigenvektoren, so ist A eine unzerlegbare Matrix.*

Da umgekehrt jede unzerlegbare Matrix die in der Folgerung erwähnten Eigenschaften besitzt, ergeben diese Eigenschaften eine Charakterisierung der unzerlegbaren nichtnegativen Matrizen durch ihr Spektrum.

13.5. Primitive und imprimitive Matrizen

Wir beginnen mit einer Klassifizierung der unzerlegbaren Matrizen.

Definition 3. Besitzt eine unzerlegbare Matrix $A \geqq O$ genau h charakteristische Wurzeln $\lambda_1, \lambda_2, \ldots, \lambda_h$ von maximalem Betrag r ($|\lambda_1| = |\lambda_2| = \cdots = |\lambda_h| = r$), so nennen wir im Fall $h = 1$ die Matrix *primitiv* und für $h > 1$ *imprimitiv vom Index h.*

Der Index h der Imprimitivität einer Matrix kann sofort bestimmt werden, wenn die Koeffizienten ihrer charakteristischen Gleichung

$$\Delta(\lambda) \equiv \lambda^n + a_1\lambda^{n_1} + a_2\lambda^{n_2} + \cdots + a_t\lambda^{n_t} = 0$$

$$(n > n_1 > \cdots > n_t;\ a_1 \neq 0,\ a_2 \neq 0, \ldots, a_t \neq 0)$$

bekannt sind, und zwar *ist die Zahl h gleich dem größten gemeinsamen Teiler der Differenzen*

$$n - n_1,\ n_1 - n_2, \ldots, n_{t-1} - n_t. \tag{80}$$

Nach dem Satz von Frobenius geht nämlich das Spektrum der Matrix A in der komplexen λ-Ebene bei einer Drehung um den Punkt $\lambda = 0$ mit dem Winkel $2\pi/h$ in sich selbst über. Es muß also ein Polynom $g(\mu)$ existieren derart, daß $\Delta(\lambda)$ in folgender Weise dargestellt werden kann:

$$\Delta(\lambda) = g(\lambda^h)\,\lambda^{n'}.$$

Hieraus folgt, daß h gemeinsamer Teiler der Differenzen (80) ist. Schließlich ist h gleich dem größten Teiler d dieser Differenzen, da sich das Spektrum bei einer Drehung um den Winkel $2\pi/d$ nicht ändert, was für $h < d$ nicht zutreffen kann.

Der folgende Satz stellt eine wichtige Eigenschaft primitiver Matrizen fest:

Satz 8. *Die Matrix $A \geqq O$ ist genau dann primitiv, wenn eine gewisse Potenz dieser Matrix positiv ist:*

$$A^p > O \quad (p \geqq 1). \tag{81}$$

Beweis. Ist $A^p > O$, so ist die Matrix A unzerlegbar, da aus der Zerlegbarkeit der Matrix A die der Matrix A^p folgen würde. Ferner ist für die Matrix A die Zahl h gleich 1, da anderenfalls die positive Matrix A^p genau h (> 1) charakteristische Wurzeln $\lambda_1^p, \lambda_2^p, \ldots, \lambda_h^p$ mit maximalem Betrag r^p besitzen würde, im Widerspruch zum Satz von Perron.

Es sei nun umgekehrt A eine primitive Matrix. Wir wenden auf die Potenz A^p die Formel (24) aus 5.3. an; dann gilt

$$A^p = \sum_{k=1}^{s} \frac{1}{(m_k - 1)!} \left[\frac{C(\lambda)\, \lambda^p}{\overset{k}{\psi}(\lambda)} \right]^{(m_k-1)}_{\lambda=\lambda_k}, \tag{82}$$

wobei

$$\psi(\lambda) = (\lambda - \lambda_1)^{m_1} (\lambda - \lambda_2)^{m_2} \cdots (\lambda - \lambda_s)^{m_s} \qquad (\lambda_j \neq \lambda_f \quad \text{für} \quad j \neq f)$$

das Minimalpolynom der Matrix A, $\overset{k}{\psi}(\lambda) = \dfrac{\psi(\lambda)}{(\lambda - \lambda_k)^{m_k}}$ $(k = 1, 2, \ldots, s)$ und $C(\lambda) = (\lambda E - A)^{-1}\, \psi(\lambda)$ die reduzierte adjungierte Matrix ist.

In dem von uns betrachteten Fall kann man voraussetzen, daß

$$\lambda_1 = r > |\lambda_2| \geqq \cdots \geqq |\lambda_s| \qquad \text{und} \qquad m_1 = 1 \tag{83}$$

ist. Dann nimmt (82) die Gestalt

$$A^p = \frac{C(r)}{\psi'(\lambda)}\, r^p + \sum_{k=2}^{s} \frac{1}{(m_k - 1)!} \left[\frac{C(\lambda)\, \lambda^p}{\overset{k}{\psi}(\lambda)} \right]^{(m_k-1)}_{\lambda=\lambda_k}$$

an. Nach (83) schließt man hieraus leicht

$$\lim_{p\to\infty} \frac{A^p}{r^p} = \frac{C(r)}{\psi'(r)}. \tag{84}$$

Andererseits ist $C(r) > O$ (vgl. (53)) und $\psi'(\lambda) > 0$ nach (83). Daher ist

$$\lim_{p\to\infty} \frac{A^p}{r^p} > O,$$

und folglich gilt für ein gewisses p und alle folgenden die Ungleichung (81). Damit ist der Satz bewiesen.

Bemerkung. *Ist A primitiv und $A^p > O$, so ist auch $A^m > O$ für alle $m > p$, da die Matrix A keine Nullreihen enthält.*

Folgerung. *Die Potenz einer primitiven Matrix ist immer unzerlegbar und dabei primitiv.*

Für den kleinsten Exponenten $p = p_A$, von welchem an die Ungleichung (81) erfüllt ist, hat Frobenius[1]) eine obere Schranke angegeben, die nur von der Ordnung n der Matrix A abhängt:

$$p_A \leqq 2n^2 - 2n.$$

[1]) Vgl. [182e].

WIELANDT[1]) hat darauf verwiesen (ohne Beweis), daß sogar

$$p_A \leqq n^2 - 2n + 2 \tag{85}$$

gilt und daß diese Abschätzung scharf ist. Sie wird erreicht von der Matrix

$$A = \begin{Vmatrix} 0 & 1 & 0 & 0 & \dots & 0 \\ 0 & 0 & 1 & 0 & \dots & 0 \\ 0 & 0 & 0 & 1 & \dots & 0 \\ \dots & \dots & \dots & \dots & \dots & \dots \\ 0 & 0 & 0 & 0 & \dots & 1 \\ 1 & 1 & 0 & 0 & \dots & 0 \end{Vmatrix}.$$

Der unten angeführte Beweis der Ungleichung (85) stimmt im wesentlichen mit dem von SEDLÁČEK[2]) überein.

Lemma. *Ist A eine primitive Matrix, so gibt es für zwei beliebige (nicht notwendig erschiedene) Indizes i und k eine solche Indexfolge $i, i_1, i_2, \ldots, i_s, k$ ($s \geqq 0$), daß*

$$a_{ii_1} > 0,\ a_{i_1 i_2} > 0, \ldots, a_{i_s k} > 0$$

ist.

Von einer solchen Folge werden wir sagen, daß sie in der Matrix A von i nach k führt. Die Zahl $s + 1$ nennen wir die *Länge* der Folge. Offenbar sind in der kürzesten Indexfolge, die von i nach k führt, alle Indizes paarweise verschieden.

Zum Beweis des Lemmas genügt es, $s \geqq 0$ in der Weise zu wählen, daß $A^{s+1} = \|a_{ik}^{(s+1)}\|_1^n > O$ ist. Dann ist

$$\sum_{i_1, i_2, \ldots, i_s}^{n} a_{ii_1} a_{i_1 i_2} \cdots a_{i_s k} = a_{ik}^{(s+1)} > 0,$$

und da hier alle Summanden nichtnegativ sind, muß mindestens einer von ihnen positiv sein. Dieser liefert auch die gesuchte Indexfolge.

Wir wenden uns nun dem Beweis der Ungleichung (85) zu. Mit l_i bezeichnen wir die kleinste aller Längen von Indexfolgen, die von i nach i führen ($i = 1, 2, \ldots, n$), und setzen

$$l = \min_{1 \leqq i \leqq n} l_i.$$[3])

Es sei o. B. d. A.

$$a_{12} > 0,\ a_{23} > 0, \ldots, a_{l1} > 0. \tag{86}$$

---

[1]) Vgl. [260].

[2]) Vgl. [245]. Andere Beweise sind in den Arbeiten [190], [119], [229] gegeben. In [110] dient die Wielandtsche Ungleichung als Ausgangspunkt für Verallgemeinerungen auf beliebige nichtnegative Matrizen.

[3]) Man kann l als den kleinsten Exponenten definieren, für den die Matrix A^l ein positives Diagonalelement hat.

Dann sind in der Matrix A^l die ersten l Elemente der Diagonalen positiv:

$$a_{11}^{(l)} > 0,\ a_{22}^{(l)} > 0, \ldots, a_{ll}^{(l)} > 0. \tag{87}$$

Wir wählen einen beliebigen Index i. Die kürzeste Indexfolge in A von i nach einem Index $1, 2, \ldots$ oder l hat offensichtlich eine Länge, die nicht größer ist als $n - l$. Die Ungleichungen (86) gestatten, diese Folge auf Kosten der Indizes $1, 2, \ldots, l$ zu verlängern, bis sie genau die Länge $n - l$ hat. Wir erhalten auf diese Weise eine gewisse Indexfolge $i, i_1, i_2, \ldots, i_{n-l-1}, j$ mit $1 \leqq j \leqq l$.

Wir wählen jetzt einen weiteren Index k (der nicht notwendig verschieden sein muß von i). Da die Matrix A^l, wie in der Folgerung aus Satz 8 festgestellt, ebenfalls primitiv ist, gibt es also eine Indexfolge, deren Länge die Zahl $n - 1$ nicht überschreitet und die in der Matrix A^l von j nach k führt. Auf Kosten des Index j kann man (vgl. (87)) diese Indexfolge zu einer der Länge $n - 1$ erweitern. Wir erhalten also eine gewisse Indexfolge $j, j_1, j_2, \ldots, j_{n-2}, k$. Somit gelten die Ungleichungen

$$a_{ii_1} > 0,\ a_{i_1 i_2} > 0, \ldots, a_{i_{n-l-1} j} > 0$$

und

$$a_{jj_1}^{(l)} > 0,\ a_{j_1 j_2}^{(l)} > 0, \ldots, a_{j_{n-2} k}^{(l)} > 0.$$

Daher ist

$$a_{ii_1} a_{i_1 i_2} \cdots a_{i_{n-l-1} j} a_{jj_1}^{(l)} a_{j_1 j_2}^{(l)} \cdots a_{j_{n-2} k}^{(l)} > 0.$$

Folglich gilt $a_{ik}^{(n-l+l(n-1))} > 0$. Da die Indizes i und k beliebig gewählt waren, ist also $A^{n-l+l(n-1)} > O$. Damit gilt

$$p_A \leqq n - l + l(n-1) = (n-2)\, l + n.$$

Es ist aber $l \leqq n - 1$. Anderenfalls wäre nämlich $l = n$ und die Matrix A nach Definition der Zahl l zyklisch:

$$A = \begin{Vmatrix} 0 & a_{12} & 0 & \ldots & 0 \\ 0 & 0 & a_{23} & \ldots & 0 \\ \multicolumn{5}{c}{\dotfill} \\ 0 & 0 & 0 & \ldots & a_{n-1,n} \\ a_{n1} & 0 & 0 & \ldots & 0 \end{Vmatrix},$$

d. h., A wäre imprimitiv.

Somit erhalten wir

$$p_A \leqq (n-2)(n-1) + n = n^2 - 2n + 2,$$

was zu beweisen war.

Wir beweisen jetzt folgenden Satz:

Satz 9. *Ist $A \geqq O$ eine unzerlegbare Matrix und ist eine gewisse Potenz A^q dieser Matrix zerlegbar, so ist die Potenz A^q vollständig zerlegbar, d. h., durch eine Permutation* *ihrer Reihen kann A^q in der Form*

$$A^q = \{A_1, A_2, \ldots, A_d\} \tag{88}$$

dargestellt werden; dabei sind $A_1, A_2, \ldots, A_d$ unzerlegbare Matrizen. Diese Matrizen besitzen ein und dieselbe maximale charakteristische Wurzel. Ist die Matrix A imprimitiv vom Index h, so ist d der größte gemeinsame Teiler der Zahlen q und h.

Beweis. Da die Matrix A unzerlegbar ist, entsprechen der maximalen charakteristischen Wurzel r nach dem Satz von FROBENIUS positive Eigenvektoren der Matrizen A und A^{T}. Dann entsprechen aber der charakteristischen Wurzel $\lambda = r^q$ dieselben positiven Vektoren als Eigenvektoren der nichtnegativen Matrizen A^q und $(A^q)^{\mathsf{T}}$. Daher können wir durch Anwendung des Satzes 7 auf die Potenz A^q diese (nach entsprechender Permutation ihrer Reihen) in der Form (85) darstellen; dabei sind $A_1, A_2, \ldots, A_d$ unzerlegbare Matrizen mit ein und derselben maximalen charakteristischen Wurzel r^q. Nun besitzt aber die Matrix A genau h charakteristische Wurzeln von maximalem Betrag r:

$$r, r\varepsilon, \ldots, r\varepsilon^{h-1} \qquad (\varepsilon = \mathrm{e}^{2\pi\mathrm{i}/h}).$$

Daher besitzt auch die Matrix A^q genau h charakteristische Wurzeln mit maximalem Betrag:

$$r^q, r^q\varepsilon^q, \ldots, r^q\varepsilon^{q(h-1)}.$$

Von diesen Zahlen sind d gleich r^q. Das ist nur dann möglich, wenn d der größte gemeinsame Teiler der Zahlen q und h ist. Damit ist der Satz bewiesen.

Setzt man in der Formulierung des Satzes $q = h$, so erhält man:

Folgerung. *Ist die Matrix A imprimitiv vom Index h, so kann die Potenz A^h in h primitive Matrizen zerlegt werden, die alle ein und dieselbe maximale charakteristische Wurzel besitzen.*

13.6. Stochastische Matrizen

Wir betrachten n mögliche Zustände eines (physikalischen) Systems,

$$S_1, S_2, \ldots, S_n, \tag{89}$$

und eine Folge von Zeitpunkten $t_0, t_1, t_2, \ldots$ In jedem dieser Zeitpunkte möge sich das System in genau einem der Zustände (89) befinden. Mit p_{ij} $(i, j = 1, 2, \ldots, n;$ $k = 1, 2, \ldots)$ bezeichnen wir die *Wahrscheinlichkeit dafür, daß sich das System im Zeitpunkt t_k im Zustand S_j befindet, wenn bekannt ist, daß es sich im vorhergehenden Zeitpunkt t_{k-1} im Zustand S_i befand.* Wir setzen voraus, daß die *Übergangswahrscheinlichkeiten* p_{ij} $(i, j = 1, 2, \ldots, n)$ vom Index k (von der Nummer des Zeitpunktes) unabhängig sind (Homogenität).

Ist die *Übergangsmatrix* $P = \|p_{ij}\|_1^n$ gegeben, so sagt man, es sei eine *homogene Markovsche Kette mit endlich vielen Zuständen* gegeben.[1]) Offensichtlich ist

$$p_{ij} \geqq 0, \quad \sum_{j=1}^{n} p_{ij} = 1 \quad (i, j = 1, 2, \ldots, n). \tag{90}$$

Definition 4. Eine quadratische Matrix $P = \|p_{ij}\|_1^n$ heißt *stochastisch*, wenn sie nichtnegativ ist und die Summe der Elemente jeder ihrer Zeilen gleich 1 ist, d. h., wenn die Relationen (90) gelten.[2])

Die Übergangsmatrix einer homogenen Markovschen Kette ist also eine stochastische Matrix, und umgekehrt kann jede stochastische Matrix als Übergangsmatrix einer gewissen homogenen Markovschen Kette angesehen werden. Auf dieser Tatsache beruht die Möglichkeit, homogene Markovsche Ketten mit den in der Matrizenrechnung üblichen Methoden zu untersuchen.[3])

Die stochastischen Matrizen sind eine Spezialform der nichtnegativen Matrizen. Daher können auf sie alle Begriffe und Sätze der vorhergehenden Abschnitte angewandt werden.

Wir gehen nun auf gewisse spezifische Eigenschaften stochastischer Matrizen ein. Aus der Definition der stochastischen Matrizen folgt, daß diese Matrizen die charakteristische Wurzel 1 und als zugehörigen Eigenvektor den positiven Vektor $z = (1, 1, \ldots, 1)$ besitzen. Wie man leicht sieht, ist umgekehrt jede Matrix $P \geqq O$, die die charakteristische Wurzel 1 und ihr entsprechend den Eigenvektor $(1, 1, \ldots, 1)$ besitzt, stochastisch. Überdies ist 1 die maximale charakteristische Wurzel einer stoachstischen Matrix, da die maximale charakteristische Wurzel einer nichtnegativen Matrix stets in dem Intervall liegt, das von der größten und der kleinsten Zeilensumme begrenzt wird,[4]) und die Zeilensummen einer stochastischen Matrix alle gleich 1 sind. Damit haben wir folgenden Satz bewiesen:

1. *Eine nichtnegative Matrix $P \geqq O$ ist genau dann stochastisch, wenn ihrer charakteristischen Wurzel* 1 *der Eigenvektor* $(1, 1, \ldots, 1)$ *entspricht. Die charakteristische Wurzel* 1 *ist maximale charakteristische Wurzel der stochastischen Matrix.*

Es sei nun eine nichtnegative Matrix $A = \|a_{ik}\|_1^n$ mit der positiven maximalen charakteristischen Wurzel $r > 0$ vorgegeben, und es entspreche dieser Wurzel der positive Eigenvektor $z = (z_1, z_2, \ldots, z_n) > o$:

$$\sum_{j=1}^{n} a_{ij} z_j = r z_i \quad (i = 1, 2, \ldots, n). \tag{91}$$

---

[1]) Vgl. [96], aber auch [29], S. 9—12.

[2]) Bisweilen fordert man bei der Definition stochastischer Matrizen zusätzlich $\sum_{i=1}^{n} p_{ij} \neq 0$ $(j = 1, 2, \ldots, n)$. Vgl. [29], S. 13.

[3]) Die Theorie der homogenen Markovschen Ketten mit endlich (und mit abzählbar) vielen Zuständen wurde von A. N. Kolmogorov ausgearbeitet (vgl. [96]). Die konsequente Entwicklung und Durchführung der Methoden der Matrizenrechnung zur Untersuchung homogener Markovscher Ketten findet der Leser in der Arbeit [120b] und der Monographie [29] von V. I. Romanovskij (vgl. auch [4], Anhang 5).

[4]) Vgl. die Ungleichung (37) und die Bemerkung auf S. 410.

Wir führen in unsere Betrachtung die Diagonalmatrix $Z = \{z_1, z_2, \ldots, z_n\}$ und die Matrix $P = \|p_{ij}\|_1^n$ ein: $P = \frac{1}{r} Z^{-1}AZ$. Dann ist

$$p_{ij} = \frac{1}{r} z_i^{-1} a_{ij} z_j \geqq 0 \qquad (i, j = 1, 2, \ldots, n)$$

und nach (88)

$$\sum_{j=1}^{n} p_{ij} = 1 \qquad (i = 1, 2, \ldots, n).$$

Es gilt also:

2. *Eine nichtnegative Matrix $A \geqq O$, die die positive maximale charakteristische Wurzel $r > 0$ und einen ihr entsprechenden positiven Eigenvektor $z = (z_1, z_2, \ldots, z_n)$ besitzt, ist stets dem Produkt der Zahl r mit einer gewissen stochastischen Matrix ähnlich:*

$$A = ZrPZ^{-1} \qquad (Z = \{z_1, z_2, \ldots, z_n\} > O).[1] \tag{92}$$

In 13.4. wurde eine Charakterisierung der Klasse nichtnegativer Matrizen gegeben, die zu $\lambda = r$ einen positiven Eigenvektor besitzen (siehe Satz 7). Formel (92) stellt einen engen Zusammenhang zwischen dieser Klasse von Matrizen und den stochastischen Matrizen her.

Wir beweisen jetzt folgenden Satz:

Satz 10. *Der charakteristischen Wurzel* 1 *einer stochastischen Matrix entsprechen stets nur lineare Elementarteiler.*

Beweis. Wir wenden auf die stochastische Matrix $P = \|p_{ij}\|_1^n$ die Zerlegung (70) aus 13.4. an:

$$P = \begin{Vmatrix} A_1 & 0 & \cdots & & & & 0 \\ 0 & A_2 & \cdots & & & & 0 \\ \vdots & & \ddots & & & & \vdots \\ 0 & \cdots & & A_g & 0 & \cdots & 0 \\ A_{g+1,1} & \cdots & & A_{g+1,g} & A_{g+1} & \cdots & 0 \\ \vdots & & & & & \ddots & \vdots \\ A_{s1} & \cdots & & A_{sg} & \cdots & & A_s \end{Vmatrix};$$

$A_1, A_2, \ldots, A_s$ sind unzerlegbare Matrizen, und es gilt

$$A_{f1} + A_{f2} + \cdots + A_{f,f-1} \neq O \qquad (f = g + 1, \ldots, s).$$

---

[1]) Satz 2 gilt auch für $r = 0$, denn aus $A \geqq O$ und $z > o$ folgt $A = O$.

$A_1, A_2, \ldots, A_g$ sind unzerlegbare *stochastische* Matrizen, und daher besitzt jede von ihnen die einfache charakteristische Wurzel 1. Für die übrigen unzerlegbaren Matrizen $A_{g+1}, \ldots, A_s$ sind die maximalen charakteristischen Wurzeln nach Bemerkung 2 auf S. 406 kleiner als 1, weil in jeder dieser Matrizen eine der Zeilensummen kleiner als 1 ist.[1])

Die Matrix P kann also in folgender Form dargestellt werden:

$$P = \begin{pmatrix} Q_1 & O \\ S & Q_2 \end{pmatrix};$$

dabei entsprechen der charakteristischen Wurzel 1 bezüglich der Matrix Q_1 lineare Elementarteiler, während die Matrix Q_2 die Zahl 1 nicht als charakteristische Wurzel besitzt. Danach ergibt sich die Richtigkeit des Satzes unmittelbar aus folgendem Lemma:

Lemma 4. *Besitzt eine Matrix A die Form*

$$A = \begin{pmatrix} Q_1 & O \\ S & Q_2 \end{pmatrix}, \tag{93}$$

wobei Q_1 und Q_2 quadratische Matrizen sind, und ist die charakteristische Wurzel λ_0 der Matrix A zwar charakteristische Wurzel der Matrix Q_1, aber nicht der Matrix Q_2,

$$|Q_1 - \lambda_0 E| = 0, \quad |Q_2 - \lambda_0 E| \neq 0,$$

so stimmen die der charakteristischen Wurzel λ_0 entsprechenden Elementarteiler der Matrizen A und Q_1 überein.

Beweis. 1. Wir betrachten als erstes den Fall, daß die Matrizen Q_1 und Q_2 keine gemeinsamen charakteristischen Wurzeln besitzen. Wir zeigen, daß in diesem Fall die Vereinigung der Elementarteiler der Matrizen Q_1 und Q_2 das System der Elementarteiler der Matrix A bildet, d. h., für eine gewisse Matrix T ($|T| \neq 0$) gilt

$$TAT^{-1} = \begin{pmatrix} Q_1 & O \\ O & Q_2 \end{pmatrix}. \tag{94}$$

Wir setzen die Matrix T in der Form $T = \begin{pmatrix} E_1 & O \\ U & E_2 \end{pmatrix}$ an (die Matrix T ist analog der Matrix A in Blöcke aufgespalten; E_1 und E_2 sind Einheitsmatrizen). Dann ist

$$TAT^{-1} = \begin{pmatrix} E_1 & O \\ U & E_2 \end{pmatrix} \begin{pmatrix} Q_1 & O \\ S & Q_2 \end{pmatrix} \begin{pmatrix} E_1 & O \\ -U & E_2 \end{pmatrix} = \begin{pmatrix} Q_1 & O \\ UQ_1 - Q_2U + S & Q_2 \end{pmatrix}. \tag{94'}$$

Gleichung (94') geht in (94) über, wenn die rechteckige Matrix U so gewählt wird, daß sie der Matrizengleichung $Q_2U - UQ_1 = S$ genügt. Für den Fall, daß Q_1 und Q_2 keine gemeinsamen charakteristischen Wurzeln besitzen, ist diese Geichung für beliebige rechte Seiten S stets eindeutig lösbar (vgl. 8.3.).

[1]) Diese Eigenschaften der Matrizen $A_1, A_2, \ldots, A_s$ ergibt sich auch aus Satz 7.

2. Wir betrachten nun den Fall, daß die Matrizen Q_1 und Q_2 gemeinsame charakteristische Wurzeln besitzen, und ersetzen in (93) die Matrix Q_1 durch ihre Jordansche Form J (dabei wird die Matrix A durch eine ihr ähnliche ersetzt). Es sei $J = \{J_1, J_2\}$, wobei in J_1 alle Jordanschen Blöcke zusammengefaßt sind, die die charakteristische Wurzel λ_0 besitzen. Dann ist

$$A = \begin{pmatrix} J_1 & O & O & O \\ O & J_2 & O & O \\ S_{11} & S_{12} & \multicolumn{2}{c}{\multirow{2}{*}{Q_2}} \\ S_{21} & S_{22} & & \end{pmatrix} = \begin{pmatrix} J_1 & O & O & O \\ O & & & \\ S_{11} & & \hat{Q}_2 & \\ S_{21} & & & \end{pmatrix}.$$

Diese Matrix fällt unter den bereits untersuchten ersten Fall, da die Matrizen J_1 und $\hat{Q}_2$ keine gemeinsamen charakteristischen Wurzeln besitzen. Hieraus folgt, daß die Elementarteiler der Form $(\lambda - \lambda_0)^p$ der Matrizen A und J_1 und folglich der Matrizen A und Q_1 gleich sind.

Damit ist das Lemma bewiesen.

Besitzt eine unzerlegbare stochastische Matrix P eine komplexe charakteristische Wurzel λ_0 mit $|\lambda_0| = 1$, so sind die Matrizen $\lambda_0 P$ und P ähnlich (vgl. (16)), und daher ergibt sich aus Satz 10, daß der Wurzel λ_0 nur lineare Elementarteiler entsprechen. Unter Benutzung der Normalform der Matrix und des Lemma 4 kann man diese Behauptung ohne Schwierigkeiten auf zerlegbare stochastische Matrizen ausdehnen. Wir erhalten somit als

Folgerung 1. *Ist λ_0 charakteristische Wurzel einer stochastischen Matrix P und ist $|\lambda_0| = 1$, so entsprechen dieser Wurzel λ_0 lineare Elementarteiler der Matrix P.*

Aus Satz 10 und aus 2. auf S. 428 ergibt sich auch

Folgerung 2. *Entspricht der maximalen charakteristischen Wurzel r einer nichtnegativen Matrix A ein positiver Eigenvektor, so sind alle Elementarteiler von A, die einer beliebigen charakteristischen Wurzel λ_0 mit $|\lambda_0| = r$ entsprechen, linear.*

Wir weisen auf einige Arbeiten hin, die sich mit der Verteilung der charakteristischen Wurzeln stochastischer Matrizen beschäftigen.

Die charakteristischen Wurzeln einer stochastischen Matrix P liegen stets in dem Kreis $|\lambda| \leq 1$ der λ-Ebene. Die Menge aller Punkte dieses Kreises, die charakteristischen Wurzeln beliebiger stochastischer Matrizen n-ter Ordnung entsprechen, bezeichnen wir mit M_n.

A. N. Kolmogorov stellte 1938 im Zusammenhang mit der Untersuchung Markovscher Ketten die Aufgabe, die Struktur des Bereiches M_n zu bestimmen. Diese Aufgabe wurde 1945 von N. A. Dmitriev und E. B. Dynkin teilweise, 1951 von F. I. Karpelevič vollständig gelöst (siehe [89a], [89b] und [94]). Es zeigte sich, daß der Rand von M_n aus endlich vielen Punkten auf dem Kreisrand $|\lambda| = 1$ und bestimmten, sie verbindenden, innerhalb des Kreises gelegenen krummlinigen Kurven besteht.

Wir bemerken, daß nach 2. (auf S. 428) die charakteristischen Wurzeln der Matrix

$A = \|a_{ik}\|_1^n \geqq O$, die für $\lambda = r$ einen positiven Eigenvektor besitzen, für festes r die Menge $r \cdot M_n$ bilden.[1]) Da eine beliebige Matrix $A = \|a_{ik}\|_1^n \geqq O$ als Grenzwert einer Folge nichtnegativer Matrizen der betrachteten Art angesehen werden kann und die Menge $r \cdot M_n$ abgeschlossen ist, füllen die charakteristischen Wurzeln beliebiger Matrizen $A = \|a_{ik}\|_1^n > O$ mit vorgegebener maximaler charakteristischer Wurzel r die Menge $r \cdot M_n$ aus.[2])

Zu dem Kreis dieser Fragen gehört auch eine Arbeit von Ch. R. Sulejmanova (vgl. [100]), in der hinreichende Kriterien dafür angegeben werden, daß n vorgegebene reelle Zahlen $\lambda_1, \lambda_2, \ldots, \lambda_n$ charakteristische Wurzeln einer stochastischen Matrix $P = \|p_{ij}\|_1^n$ sind.[3])

13.7. Grenzwahrscheinlichkeiten homogener Markovscher Ketten mit endlich vielen Zuständen

1. Wir betrachten alle möglichen Zustände $S_1, S_2, \ldots, S_n$ eines Systems in einer homogenen Markovschen Kette; $P = \|p_{ij}\|_1^n$ sei die diese Kette definierende stochastische Matrix, die sich aus den Übergangswahrscheinlichkeiten p_{ij} $(i, j = 1, 2, \ldots, n)$ zusammensetzt (vgl. S. 427).

Die Wahrscheinlichkeit dafür, daß sich das System im Zeitpunkt t_k im Zustand S_j befindet, wenn bekannt ist, daß es sich im Zeitpunkt t_{k-q} im Zustand S_i befindet, bezeichnen wir mit $p_{ij}^{(q)}$ $(i, j = 1, 2, \ldots, n;\ q = 1, 2, \ldots)$. Offensichtlich ist $p_{ij}^{(1)} = p_{ij}$ $(i, j = 1, 2, \ldots, n)$. Durch Anwendung der Additions- und Multiplikationstheoreme für Wahrscheinlichkeiten findet man leicht

$$p_{ij}^{(q+1)} = \sum_{h=1}^{n} p_{ih}^{(q)} p_{hj} \qquad (i, j = 1, 2, \ldots, n)$$

oder in Matrizenschreibweise

$$\|p_{ij}^{(q+1)}\| = \|p_{ij}^{(q)}\|_1^n \, \|p_{ij}\|_1^n .$$

Gibt man q sukzessive die Werte $1, 2, \ldots$, so erhält man hieraus die wichtige Beziehung[4])

$$\|p_{ij}^{(q)}\| = P^q \qquad (q = 1, 2, \ldots).$$

Existieren die Grenzwerte

$$\lim_{q\to\infty} p_{ij}^{(q)} = p_{ij}^{\infty} \qquad (i, j = 1, 2, \ldots, n)$$

[1]) $r \cdot M_n$ ist die Gesamtheit aller Punkte der λ-Ebene der Form $r\mu$ mit $\mu \in M_n$.

[2]) Auf die Möglichkeit der Lösung dieser Aufgabe für eine beliebige Matrix $A > O$ aus der analogen Aufgabe für eine stochastische Matrix hat A. N. Kolmogorov hingewiesen (vgl. [89b], Nachtrag).

[3]) Vgl. auch [228b].

[4]) Aus dieser Gleichung folgt, daß die Wahrscheinlichkeiten $p_{ij}^{(q)}$ ebenso wie die Wahrscheinlichkeiten p_{ij} $(i, j = 1, 2, \ldots, n;\ q = 1, 2, \ldots)$ von dem Index k des Ausgangspunktes t_k unabhängig sind.

oder, in Matrizenschreibweise,

$$\lim_{q\to\infty} P^q = P^\infty = \|p_{ij}^\infty\|_1^n,$$

so werden die Größen p_{ij}^∞ $(i, j = 1, 2, \ldots, n)$ *Grenzwahrscheinlichkeiten* genannt.[1])

Um zu klären, in welchen Fällen Grenzwahrscheinlichkeiten existieren, und um entsprechende Formeln herzuleiten, führen wir folgende Terminologie ein.

Wir werden eine stochastische Matrix P und die ihr entsprechende homogene Markovsche Kette *schwach regelmäßig* nennen, wenn die Matrix P keine von 1 verschiedenen charakteristischen Wurzeln besitzt, deren Betrag gleich 1 ist; wir nennen sie *regelmäßig*,[2]) wenn 1 außerdem eine einfache Wurzel der charakteristischen Gleichung der Matrix P ist.

Eine schwach regelmäßige Matrix ist dadurch charakterisiert, daß in ihrer Normalform (70) (S. 418) die Matrizen $A_1, A_2, \ldots, A_g$ primitiv sind. Für regelmäßige Matrizen ist zusätzlich $g = 1$.

Zudem heißt eine homogene Markovsche Kette *unzerlegbar, zerlegbar, azyklisch* oder *zyklisch,* je nachdem, ob die entsprechende stochastische Matrix P dieser Kette unzerlegbar, zerlegbar, primitiv oder imprimitiv ist.

Da die primitiven stochastischen Matrizen eine Spezialform der schwach regelmäßigen Matrizen sind, sind auch die azyklischen Markovschen Ketten eine Spezialform der schwach regelmäßigen Ketten.

Wir zeigen, daß *nur für schwach regelmäßige homogene Markovsche Ketten Grenzwahrscheinlichkeiten existieren.*

Ist nämlich $\psi(\lambda)$ das Minimalpolynom der schwach regelmäßigen Matrix $P = \|p_{ij}\|_1^n$, dann ist

$$\psi(\lambda) = (\lambda - \lambda_1)^{m_1} (\lambda - \lambda_2)^{m_2} \cdots (\lambda - \lambda_u)^{m_u} \quad (\lambda_i \neq \lambda_k;\ i, k = 1, 2, \ldots, u). \tag{95}$$

Nach Satz 10 kann vorausgesetzt werden, daß

$$\lambda_1 = 1, \quad m_1 = 1 \tag{95'}$$

ist. Nach der Hauptformel (24) in Kap. 5 (S. 132) ist

$$P^q = \frac{C(1)}{\overset{1}{\psi}(1)} + \sum_{k=2}^{u} \frac{1}{(m_k - 1)!} \left[\frac{C(\lambda)}{\overset{k}{\psi}(\lambda)} \lambda^q\right]_{\lambda=\lambda_k}^{(m_k-1)}; \tag{96}$$

dabei ist $C(\lambda) + (\lambda E - P)^{-1} \psi(\lambda)$ die reduzierte adjungierte Matrix und

$$\overset{k}{\psi}(\lambda) = \frac{\psi(\lambda)}{(\lambda - \lambda_n)^{m_k}} \quad (k = 1, 2, \ldots, u)$$

---

1) Die Matrix P^∞ ist als Grenzwert stochastischer Matrizen ebenfalls stochastisch.

2) Im allgemeinen werden derartige Ketten *reguläre* Markovsche Ketten genannt. Die zugehörigen stochastischen Matrizen heißen dann ebenfalls regulär, was zu Mißverständnissen Anlaß geben kann. Wir haben uns daher für die obige Terminologie entschieden (*Anm. d. Red.*).

mit

$$\overset{1}{\psi}(\lambda) = \frac{\psi(\lambda)}{\lambda - 1} \quad \text{und} \quad \overset{1}{\psi}(\lambda) = \psi'(1).$$

Ist P eine schwach regelmäßige Matrix, so ist $|\lambda_k| < 1$ ($k = 2, 3, \ldots, u$), und auf der rechten Seite von (96) konvergieren für $q \to \infty$ alle außer dem ersten Summanden gegen 0. Zu einer schwach regelmäßigen Matrix P existiert somit eine Matrix P^∞, die sich aus den Grenzwahrscheinlichkeiten zusammensetzt, und es gilt

$$P^\infty = \frac{C(1)}{\psi'(1)}. \tag{97}$$

Die Umkehrung dieses Satzes ist evident. Existiert der Grenzwert

$$P^\infty = \lim_{q\to\infty} P^q, \tag{97'}$$

so kann die Matrix P keine charakteristische Wurzel λ_k mit $\lambda_k \neq 1$ und $|\lambda_k| = 1$ besitzen, da sonst der Grenzwert $\lim\limits_{q\to\infty} \lambda_k^q$ nicht existiert. Dieser Grenzwert muß aber wegen der Existenz des Grenzwertes (97') vorhanden sein.

Damit haben wir bewiesen, daß für schwach regelmäßige homogene Markovsche Ketten (und nur für diese) die Matrix P^∞ existiert und durch Formel (97) definiert ist.

Wir werden zeigen, daß die Matrix P^∞ mit Hilfe des charakteristischen Polynoms

$$\Delta(\lambda) = (\lambda - \lambda_1)^{n_1} (\lambda - \lambda_2)^{n_2} \cdots (\lambda - \lambda_u)^{n_u} \tag{98}$$

und der adjungierten Matrix $B(\lambda) = (\lambda E - P)^{-1} \Delta(\lambda)$ beschrieben werden kann. Aus der Identität

$$\frac{B(\lambda)}{\Delta(\lambda)} = \frac{C(\lambda)}{\psi(\lambda)}$$

ergibt sich nach (95), (95') und (98)

$$\frac{n_1 B^{(n_1-1)}(1)}{\Delta^{(n_1)}(1)} = \frac{C(1)}{\psi'(1)}.$$

Daher kann (97) durch

$$P^\infty = \frac{n_1 B^{(n_1-1)}(1)}{\Delta^{(n_1)}(1)} \tag{97''}$$

ersetzt werden.

Für regelmäßige homogene Markovsche Ketten existiert, da sie spezielle schwach regelmäßige Ketten sind, die Matrix P^∞ und kann aus (97) oder (97'') bestimmt werden. In diesem Fall ist $n_1 = 1$, und (97'') nimmt folgende Gestalt an:

$$P^\infty = \frac{B(1)}{\Delta'(1)}. \tag{99}$$

2. Wir betrachten eine allgemeine schwach regelmäßige (nicht notwendig regelmäßige) Kette. Für die ihr entsprechende Matrix P geben wir die Normalform an:

$$P = \begin{pmatrix} Q_1 & \cdots & 0 & 0 & \cdots & \cdots & 0 \\ \vdots & \ddots & \vdots & 0 & & & \vdots \\ 0 & & Q_g & 0 & & & 0 \\ U_{g+1,1} & \cdots & U_{g+1,g} & Q_{g+1} & & & \vdots \\ \vdots & & \vdots & & \ddots & & \vdots \\ U_{s1} & \cdots & U_{sg} & \cdots & & U_{s,s-1} & Q_s \end{pmatrix}; \qquad (100)$$

dabei sind $Q_1, \ldots, Q_g$ primitive stochastische Matrizen, und die unzerlegbaren Matrizen $Q_{g+1}, \ldots, Q_s$ besitzen maximale charakteristische Wurzeln, die kleiner als 1 sind. Setzen wir

$$U = \begin{pmatrix} U_{g+1,1} & \cdots & U_{g+1,g} \\ \cdots & \cdots & \cdots \\ U_{s1} & \cdots & U_{sg} \end{pmatrix}, \qquad W = \begin{pmatrix} Q_{g+1} & \cdots & 0 \\ \cdots & \cdots & \cdots \\ U_{s,g+1} & \cdots & Q_s \end{pmatrix},$$

so hat P die Gestalt

$$P = \begin{pmatrix} Q_1 & \cdots & 0 & 0 \\ \vdots & \ddots & \vdots & \vdots \\ 0 & \cdots & Q_g & 0 \\ & U & & W \end{pmatrix}.$$

Dann ist

$$P^q = \begin{pmatrix} Q_1^q & \cdots & 0 & 0 \\ \vdots & \ddots & \vdots & \vdots \\ 0 & \cdots & Q_g^q & 0 \\ & U^q & & W^q \end{pmatrix} \qquad (101)$$

und

$$P^{\infty} = \lim_{q\to\infty} P^q = \begin{pmatrix} Q_1^{\infty} & \ldots & O & O \\ \cdot & \cdot & \cdot & \cdot \\ \cdot & \cdot & \cdot & \cdot \\ \cdot & \cdot & \cdot & \cdot \\ O & \ldots & Q_g^{\infty} & O \\ & U_{\infty} & & W^{\infty} \end{pmatrix}.$$

Nun ist aber $W^{\infty} = \lim_{q\to\infty} Q^q = O$, da der Betrag aller charakteristischen Wurzeln der Matrix W kleiner als 1 ist. Folglich gilt

$$P^{\infty} = \begin{pmatrix} Q_1^{\infty} & \ldots & O & O \\ \cdot & \cdot & \cdot & \cdot \\ \cdot & \cdot & \cdot & \cdot \\ \cdot & \cdot & \cdot & \cdot \\ O & \ldots & Q_g^{\infty} & O \\ & U_{\infty} & & O \end{pmatrix}. \tag{102}$$

$Q_1, Q_2, \ldots, Q_g$ sind primitive stochastische Matrizen; daher ist jede der Matrizen $Q_1^{\infty}, \ldots, Q_g^{\infty}$ nach (99) und (35) (S. 406) positiv, also $Q_1^{\infty} > O, \ldots, Q_g^{\infty} > O$, und die Elemente jeder Spalte jeder dieser Matrizen sind einander gleich: $Q_h^{\infty} = \|q_{*j}^{(h)}\|_{i,j=1}^{n}$ $(h = 1, 2, \ldots, g)$.

Wir weisen darauf hin, daß der Normalform (100) einer stochastischen Matrix eine Aufspaltung der Zustände $S_1, S_2, \ldots, S_n$ des Systems in Gruppen entspricht:

$$\Sigma_1, \Sigma_2, \ldots, \Sigma_g, \Sigma_{g+1}, \ldots, \Sigma_s. \tag{103}$$

Jeder Gruppe Σ in (103) entspricht ihre Gruppe von Reihen in (100). A. N. Kolmogorov[1]) nennt die Zustände des Systems, die in $\Sigma_1, \Sigma_2, \ldots, \Sigma_g$ enthalten sind, *wesentliche* Zustände, die Zustände hingegen, die in den übrigen Gruppen $\Sigma_{g+1}, \ldots, \Sigma_s$ auftreten, *unwesentlich.*

Aus der Form (101) der Matrix P^q ist ersichtlich, daß für eine beliebige endliche Anzahl q von Schritten (vom Zeitpunkt t_{k-q} zum Zeitpunkt t_k) nur folgende Übergänge des Systems möglich sind: a) aus einem wesentlichen Zustand in einen wesentlichen Zustand derselben Gruppe, b) aus einem unwesentlichen Zustand in einen wesentlichen und c) aus einem unwesentlichen in einen unwesentlichen Zustand derselben oder einer früheren Gruppe.

Aus der Form (102) der Matrix P^{∞} ist ersichtlich, daß *in der Grenze nur Übergänge aus einem beliebigen in einen wesentlichen Zustand möglich sind,* d. h., daß die Wahrscheinlichkeit des Übergangs in einen unwesentlichen Zustand gegen 0 strebt, wenn die Anzahl der Schritte gegen unendlich geht. Daher werden die wesentlichen Zustände bisweilen auch *Grenzzustände* genannt.

1) Vgl. [96], aber auch [29], S. 37–39.

3. Aus (95) folgt

$$(E - P)\,P^{\infty} = O.$$[1]

Hieraus ist ersichtlich, daß *jede Spalte der Matrix* P^{∞} *ein zur charakteristischen Wurzel* $\lambda = 1$ *gehöriger Eigenvektor der stochastischen Matrix* P *ist.*

Die Zahl 1 ist einfache Wurzel der charakteristischen Gleichung einer regelmäßigen Matrix P, und daher gehört in diesem Fall (bis auf einen skalaren Faktor) nur der Eigenvektor $(1, 1, \ldots, 1)$ zur Wurzel 1 der Matrix P. Somit sind alle Elemente einer beliebigen j-ten Spalte der Matrix P^{∞} einander gleich, und es gilt

$$p_{ij}^{\infty} = p_{*j}^{\infty} \geqq 0 \quad \left(j = 1, 2, \ldots, n;\ \sum_{j=1}^{n} p_{*j} = 1\right). \tag{104}$$

Die Grenzwahrscheinlichkeiten einer regelmäßigen Kette sind also vom Anfangszustand unabhängig.

Sind umgekehrt in einer schwach regelmäßigen homogenen Markovschen Kette die Grenzwahrscheinlichkeiten vom Anfangszustand unabhängig, d. h. gelten die Formeln (104), so ist in der Darstellung (102) für die Matrix P^{∞} in jedem Fall $g = 1$. Dann ist aber auch $n_1 = 1$ und die Kette regelmäßig.

Die zu einer azyklischen Kette, einem Spezialfall einer regelmäßigen Kette, gehörige Matrix P ist primitiv. Für ein gewisses $q > 0$ gilt daher $P^q > O$ (siehe Satz 8 auf S. 422). Dann ist aber auch $P^{\infty} = P^{\infty} P^q > O$.[2]

Umgekehrt folgt aus $P^{\infty} > O$, daß $P^q > O$ für ein gewisses $q > 0$ gilt, was nach Satz 8 besagt, daß die Matrix P primitiv und folglich die betrachtete homogene Markovsche Kette azyklisch ist.

Die von uns gewonnenen Ergebnisse formulieren wir als

S a t z 11. a) *Die Grenzwahrscheinlichkeiten einer homogenen Markovschen Kette existieren genau dann, wenn die Kette schwach regelmäßig ist. In diesem Fall wird die Matrix* P^{∞}, *die sich aus den Grenzwahrscheinlichkeiten zusammensetzt, durch* (97) *oder* (97″) *definiert.*

b) *Die Grenzwahrscheinlichkeiten einer schwach regelmäßigen homogenen Markovschen Kette sind genau dann von dem Anfangszustand unabhängig, wenn die Kette regelmäßig ist. In diesem Fall wird die Matrix* P^{∞} *durch* (99) *definiert.*

c) *Die Grenzwahrscheinlichkeiten einer schwach regelmäßigen homogenen Markovschen Kette sind genau dann alle von 0 verschieden, wenn die Kette azyklisch ist.*[3]

---

[1] Diese Beziehung gilt für beliebige schwach regelmäßige Ketten und kann aus der offensichtlich richtigen Gleichung $P^q - P \cdot P^{q-1} = O$ durch den Grenzübergang $q \to \infty$ gewonnen werden.

[2] Diese Matrizengleichung kann aus der Gleichung $P^m = P^{m-q} \cdot P^q$ $(m > q)$ durch den Grenzübergang $m \to \infty$ gewonnen werden. P^{∞} ist eine stochastische Matrix; daher ist $P^{\infty} \geqq O$, und jede Zeile der Matrix besitzt von 0 verschiedene Elemente. Hieraus folgt $P^{\infty} P^q > O$. Anstelle von Satz 8 können hier Gleichung (99) und Ungleichung (35) (S. 406) benutzt werden.

[3] Wir bemerken, daß sich aus $P^{\infty} > O$ ergibt, daß die Kette azyklisch und folglich regelmäßig ist. Daher folgt aus $P^{\infty} > O$ automatisch, daß die Grenzwahrscheinlichkeiten vom Anfangszustand unabhängig sind, d. h., daß (104) gilt.

4. Wir führen nun die Spalte der *absoluten Wahrscheinlichkeiten*,

$$\overset{k}{p} = \left(\overset{k}{p}_1, \overset{k}{p}_2, \ldots, \overset{k}{p}_n\right) \quad (k = 0, 1, 2, \ldots), \tag{105}$$

ein; $\overset{k}{p}_i$ ist die Wahrscheinlichkeit dafür, daß sich das System im Zeitpunkt t_k im Zustand S_i befindet ($i = 1, 2, \ldots, n$; $k = 0, 1, 2, \ldots$). Durch Anwendung der Additions- und Multiplikationstheoreme für Wahrscheinlichkeiten erhält man

$$\overset{k}{p}_i = \sum_{h=1}^{n} \overset{0}{p}_h p_{hi}^{(k)} \quad (i = 1, 2, \ldots, n;\ k = 1, 2, \ldots)$$

oder in Matrizenschreibweise

$$\overset{k}{p} = (P^{\mathsf{T}})^k \overset{0}{p} \quad (k = 1, 2, \ldots), \tag{106}$$

wobei P^{T} die zu P transponierte Matrix ist.

Alle absoluten Wahrscheinlichkeiten (105) können aus (106) bestimmt werden, wenn die Anfangswahrscheinlichkeiten $\overset{0}{p}_1, \overset{0}{p}_2, \ldots, \overset{0}{p}_n$ und die Übergangsmatrix

$$P = \|p_{ij}\|_1^n$$

bekannt sind.

Ferner führen wir die *absoluten Grenzwahrscheinlichkeiten* ein:

$$\overset{\infty}{p}_i = \lim_{k\to\infty} \overset{k}{p}_i \quad (i = 1, 2, \ldots, n)$$

oder

$$\overset{\infty}{p} = \left(\overset{\infty}{p}_1, \overset{\infty}{p}_2, \ldots, \overset{\infty}{p}_n\right) = \lim_{k\to\infty} \overset{k}{p}.$$

Führt man auf beiden Seiten der Gleichung (106) den Grenzübergang $k \to \infty$ durch, so erhält man

$$\overset{\infty}{p} = (P^\infty)^{\mathsf{T}} \overset{0}{p}. \tag{107}$$

Wir bemerken, daß die Existenz der Matrix P^∞ der Grenzwahrscheinlichkeiten die Existenz der absoluten Grenzwahrscheinlichkeiten $\overset{\infty}{p} = \left(\overset{\infty}{p}_1, \overset{\infty}{p}_2, \ldots, \overset{\infty}{p}_n\right)$ für beliebige Anfangswahrscheinlichkeiten $\overset{0}{p} = \left(\overset{0}{p}_1, \overset{0}{p}_2, \ldots, \overset{0}{p}_n\right)$ nach sich zieht und umgekehrt.

Aus (107) und aus der Form (102) der Matrix P^∞ ergibt sich, daß die absoluten Grenzwahrscheinlichkeiten, welche unwesentlichen Zuständen entsprechen, verschwinden.

Multipliziert man beide Seiten der Matrizengleichung

$$P^{\mathsf{T}} \cdot (P^\infty)^{\mathsf{T}} = (P^\infty)^{\mathsf{T}}$$

von rechts mit $\overset{0}{p}$, so erhält man wegen (107)

$$P^{\mathsf{T}}\overset{\infty}{p} = \overset{\infty}{p}, \tag{108}$$

d. h., *die Spalte* $\overset{\infty}{p}$ *der absoluten Grenzwahrscheinlichkeiten ist ein zur charakteristischen Wurzel* $\lambda = 1$ *gehöriger Eigenvektor der Matrix* P^{T}.

Ist die Markovsche Kette regelmäßig, so ist $\lambda = 1$ einfache Wurzel der charakteristischen Gleichung der Matrix P^{T}. In diesem Fall wird die Spalte der absoluten Grenzwahrscheinlichkeiten durch (108) definiert (da $\overset{\infty}{p}_i \geqq 0$ $(j = 1, 2, \ldots, n)$ und $\sum_{j=1}^{n} \overset{\infty}{p}_j = 1$ ist).

Es sei eine regelmäßige Markovsche Kette vorgegeben. Dann folgt aus (104) und (107)

$$\overset{\infty}{p} - \sum_{h=1}^{n} \overset{0}{p}_h p_{hj}^{\infty} = p_{*j}^{\infty} \sum_{h=1}^{n} \overset{0}{p}_h = p_{*j}^{\infty} \quad (j = 1, 2, \ldots, n). \tag{109}$$

In diesem Fall sind die absoluten Grenzwahrscheinlichkeiten $\overset{\infty}{p}_1, \overset{\infty}{p}_2, \ldots, \overset{\infty}{p}_n$ von den Anfangswahrscheinlichkeiten $\overset{0}{p}_1, \overset{0}{p}_2, \ldots, \overset{0}{p}_n$ unabhängig.

Umgekehrt kann $\overset{\infty}{p}$ bei Gültigkeit von (107) nur dann von $\overset{0}{p}$ unabhängig sein, wenn alle Zeilen der Matrix P^{∞} übereinstimmen, d. h., wenn

$$p_{hj}^{\infty} = p_{*j}^{\infty} \quad (h, j = 1, 2, \ldots, n)$$

und daher (nach Satz 11) P eine regelmäßige Matrix ist.

Ist P eine primitive Matrix, so ist $P^{\infty} > O$, also nach (109)

$$\overset{\infty}{p}_j > 0 \quad (j = 1, 2, \ldots, n).$$

Sind umgekehrt alle $\overset{\infty}{p}_j$ $(j = 1, 2, \ldots, n)$ größer als 0 und von den Anfangswahrscheinlichkeiten unabhängig, so sind die Elemente jeder Spalte der Matrix P^{∞} einander gleich, und wie (109) zeigt, ist $P^{\infty} > O$, was nach Satz 11 besagt, daß P eine primitive Matrix, d. h., daß die vorgegebene Kette azyklisch ist.

Aus dem Gesagten folgt, daß Satz 11 folgendermaßen formuliert werden kann:

Satz 11′. a) *Die absoluten Grenzwahrscheinlichkeiten einer homogenen Markovschen Kette existieren genau dann für beliebige Anfangswahrscheinlichkeiten, wenn die Kette schwach regelmäßig ist.*

b) *Die absoluten Grenzwahrscheinlichkeiten einer homogenen Markovschen Kette existieren genau dann für beliebige Anfangswahrscheinlichkeiten und sind von ihnen unabhängig, wenn die Kette regelmäßig ist.*

c) *Die absoluten Grenzwahrscheinlichkeiten einer homogenen Markovschen Kette existieren genau dann für beliebige Anfangswahrscheinlichkeiten, sind von ihnen unabhängig und sämtlich positiv, wenn die Kette azyklisch ist.*[1])

5. Wir betrachten jetzt eine allgemeine homogene Markovsche Kette mit der Übergangsmatrix P.

Wir wählen die Normalform (70) der Matrix P und bezeichnen die Imprimitivitätsindizes der Matrizen $A_1, A_2, \ldots, A_g$ in (70) mit $h_1, h_2, \ldots, h_g$. Es sei h das kleinste gemeinsame Vielfache der ganzen Zahlen $h_1, h_2, \ldots, h_g$. Dann besitzt die Matrix P^h keine von 1 verschiedene charakteristische Wurzel vom Betrag 1, d. h., P^h ist schwach regelmäßig; überdies ist h der kleinste Exponent, für den P^h schwach regelmäßig ist. Die Zahl h heißt die *Periode* der betrachteten homogenen Markovschen Kette.

Da P^h schwach regelmäßig ist, existiert der Grenzwert $\lim\limits_{q\to\infty} P^{hq} = (P^h)^\infty$ und folglich die Grenzwerte

$$P_r = \lim_{q\to\infty} P^{r+qh} = P^r(P^h)^\infty \qquad (r = 0, 1, \ldots, h-1).$$

Im allgemeinen Fall zerfällt also die Matrizenfolge $P, P^2, P^3, \ldots$ in h Teilfolgen mit den Grenzwerten $P_r = P^r(P^h)^\infty$ $(r = 0, 1, \ldots, h-1)$.

Gehen wir mit Hilfe der Beziehung (106) von den Übergangswahrscheinlichkeiten zu den absoluten Wahrscheinlichkeiten über, so finden wir, daß die Folge

$$\overset{1}{p}, \overset{2}{p}, \overset{3}{p}, \ldots$$

in h Teilfolgen mit den Grenzwerten

$$\lim_{q\to\infty} \overset{r+qh}{p} = (P^{\mathsf{T}h})^\infty \overset{r}{p} \qquad (r = 0, 1, 2, \ldots, h-1)$$

zerfällt.

Für beliebige homogene Markovsche Ketten mit endlich vielen Zuständen existieren stets die folgenden Grenzwerte arithmetischer Mittel:

$$\tilde{P} = \lim_{N\to\infty} \frac{1}{N} \sum_{k=1}^{N} P^k = \frac{1}{h}(E + P + \cdots + P^{h-1})(P^h)^\infty \tag{110}$$

und

$$\tilde{p} = \lim_{N\to\infty} \frac{1}{N} \sum_{k=1}^{N} \overset{k}{p} = \tilde{P}^{\mathsf{T}} \overset{0}{p}, \tag{110'}$$

wobei $\tilde{P} = \|\tilde{p}_{ij}\|_1^n$ und $\tilde{p} = (\tilde{p}_1, \tilde{p}_2, \ldots, \tilde{p}_n)$ ist. Die Größen $\tilde{p}_{ij}$ $(i, j = 1, 2, \ldots, n)$ und $\tilde{p}_j$ $(j = 1, 2, \ldots, n)$ heißen *mittlere Grenzwahrscheinlichkeiten* und *mittlere absolute Grenzwahrscheinlichkeiten.*

Wegen

$$\lim_{N\to\infty} \frac{1}{N} \sum_{k=2}^{N+1} P^k = \lim_{N\to\infty} \frac{1}{N} \sum_{k=1}^{N} P^k$$

[1]) Der zweite Teil des Satzes 11′ wird *Ergodensatz*, der erste *allgemeiner Quasi-Ergodensatz* für homogene Markovsche Ketten genannt (vgl. [4], S. 473 und 476).

gilt $\tilde{P}P = \tilde{P}$ und folglich nach (110')

$$P^{\mathsf{T}}\tilde{p} = \tilde{p}, \tag{111}$$

d. h., $\tilde{p}$ ist ein zu $\lambda = 1$ gehöriger Eigenvektor der Matrix P^{T}.

Wir bemerken, daß wegen (69) und (110) die Matrix in $\tilde{P}$ folgender Form dargestellt werden kann:

$$P = \begin{pmatrix} \tilde{A}_1 & O & \dots & O & \\ O & \tilde{A}_2 & \dots & O & O \\ \dots & \dots & \dots & \dots & \\ O & O & \dots & \tilde{A}_g & \\ & & \tilde{U} & & \tilde{W} \end{pmatrix}$$

mit

$$\tilde{A}_i = \lim_{N\to\infty} \frac{1}{N} \sum_{k=1}^{N} A_i^k \quad (i = 1, 2, \dots, g), \qquad \tilde{W} = \lim_{N\to\infty} \frac{1}{N} \sum_{k=1}^{N} W^k,$$

$$W = \begin{pmatrix} A_{g+1} & O & \dots & O \\ * & A_{g+2} & \dots & O \\ \dots & \dots & \dots & \dots \\ * & * & \dots & A_s \end{pmatrix}.$$

Da alle charakteristischen Wurzeln der Matrix W vom Betrag kleiner als 1 sind, gilt $\lim_{k\to\infty} W^k = O$ und folglich $\tilde{W} = O$. Daher ist

$$\tilde{P} = \begin{pmatrix} \tilde{A}_1 & O & \dots & O & \\ O & \tilde{A}_2 & \dots & O & O \\ \dots & \dots & \dots & \dots & \\ O & O & \dots & \tilde{A}_g & \\ & & \tilde{U} & & O \end{pmatrix}. \tag{112}$$

Da $\tilde{P}$ eine stochastische Matrix ist, sind auch $\tilde{A}_1, \tilde{A}_2, \dots, \tilde{A}_g$ stochastische Matrizen.

Aus der von uns erhaltenen Darstellung der Matrix $\tilde{P}$ und aus (107) folgt, daß *die mittleren absoluten Grenzwahrscheinlichkeiten, die unwesentlichen Zuständen entsprechen, stets gleich* 0 *sind.*

Ist in der Normalform (112) der Matrix P die Zahl g gleich 1, so ist $\lambda = 1$ eine einfache charakteristische Wurzel der Matrix P^{T}.

In diesem Fall ist $\tilde{p}$ eindeutig durch (111) definiert, und die mittleren Grenzwahrscheinlichkeiten $\tilde{p}_1, \tilde{p}_2, \dots, \tilde{p}_n$ sind von den Anfangswahrscheinlichkeiten $\overset{0}{p}_1, \overset{0}{p}_2, \dots, \overset{0}{p}_n$ unabhängig. Ist umgekehrt $\tilde{p}$ von $\overset{0}{p}$ unabhängig, so besitzt nach (110') die Matrix $\tilde{P}$ den Rang 1. Jedoch kann (112) den Rang 1 nur dann besitzen, wenn $g = 1$ ist.

Die von uns erhaltenen Resultate formulieren wir in folgendem Satz:[1])

---

[1]) Dieser Satz wird bisweilen *Grenzwertsatz* für homogene Markovsche Ketten genannt. Vgl. [4], S. 479—482.

Satz 12. *Die Matrizen* $\overset{k}{P}$ *und* $\overset{k}{p}$ *einer beliebigen homogenen Markovschen Kette mit der Periode h besitzen für* $k \to \infty$ *eine Periode von h Häufungspunkten; dabei existieren die mittleren Grenzwahrscheinlichkeiten* $\tilde{P} = \|\tilde{p}_{ij}\|_1^n$ *und die mittleren absoluten Grenzwahrscheinlichkeiten* $\tilde{p} = (\tilde{p}_1, \tilde{p}_2, \ldots, \tilde{p}_n)$ *und werden durch* (110) *bzw.* (110′) *gegeben.*

Die mittleren absoluten Grenzwahrscheinlichkeiten, die unwesentlichen Zuständen entsprechen, sind stets gleich 0.

Ist in der Normalform (100) *der Matrix P die Zahl g gleich* 1, *so sind die mittleren absoluten Grenzwahrscheinlichkeiten* $\tilde{p}_1, \tilde{p}_2, \ldots, \tilde{p}_n$ *von den Anfangswahrscheinlichkeiten* $\overset{0}{p}_1, \overset{0}{p}_2, \ldots, \overset{0}{p}_n$ *unabhängig und eindeutig durch* (111) *bestimmt* (*und umgekehrt*).

13.8. Vollständig nichtnegative Matrizen

In diesem und dem folgenden Abschnitt werden wir reelle Matrizen betrachten, bei denen nicht nur die Elemente, sondern auch alle Minoren beliebiger Ordnung nichtnegativ sind. Ein wichtiges Anwendungsgebiet solcher Matrizen ist die Theorie der kleinen Schwingungen elastischer Systeme. Eine eingehende Untersuchung dieser Matrizen und ihrer Anwendung findet der Leser in [7]. Hier werden nur einige grundlegende Eigenschaften dieser Matrizen bewiesen.

1. Wir beginnen mit einer Definition:

Definition 5. Eine rechteckige Matrix

$$A = \|a_{ik}\| \qquad (i = 1, 2, \ldots, m;\ k = 1, 2, \ldots, n)$$

heißt *vollständig nichtnegativ* (bzw. *vollständig positiv*), wenn alle Minoren beliebiger Ordnung nichtnegativ (bzw. positiv) sind:

$$A\begin{pmatrix} i_1 & i_2 & \ldots & i_p \\ k_1 & k_2 & \ldots & k_p \end{pmatrix} \geqq 0 \qquad (\text{bzw.} > 0)$$

$$\bigl(1 \leqq i_1 < i_2 < \cdots < i_p \leqq n;\ 1 \leqq k_1 < k_2 < \cdots < k_p \leqq n;$$
$$p = 1, 2, \ldots, \min(m, n)\bigr).$$

Im folgenden beschränken wir uns auf die Betrachtung vollständig nichtnegativer und vollständig positiver quadratischer Matrizen.

Beispiel 1. Die *verallgemeinerte Vandermondesche Matrix*

$$V = \|a_i^{\alpha_k}\|_1^n \qquad (0 < a_1 < a_2 < \cdots < a_n;\ \alpha_1 < \alpha_2 < \cdots < \alpha_n)$$

ist vollständig positiv. Wir beweisen zunächst, daß $|V| \neq 0$ ist. Aus $|V| = 0$ würde nämlich folgen, daß man n nicht gleichzeitig verschwindende reelle Zahlen $c_1, c_2, \ldots, c_n$ derart wählen könnte, daß die Funktion

$$f(x) = \sum_{k=1}^{n} c_k x^{\alpha_k}$$

n Nullstellen in den Punkten $x_i = a_i$ $(i = 1, 2, \ldots, n)$ besäße. Aus der Induktionsvoraussetzung, daß das für entsprechende Summen mit weniger als n Summanden nicht möglich ist, muß geschlossen werden, daß es auch für die gegebene Funktion $f(x)$ nicht zutrifft. Wir nehmen das Gegenteil an. Dann würde nach dem Satz von ROLLE die Funktion $f_1(x) = [x^{-\alpha_1} f(x)]'$, die aus $n - 1$ Summanden besteht, $n - 1$ positive Nullstellen besitzen. Das steht aber im Widerspruch zur Induktionsvoraussetzung.

Somit ist $|V| \neq 0$. Für $\alpha_1 = 0, \alpha_2 = 1, \ldots, \alpha_n = n - 1$ geht die Determinante $|V|$ in die übliche Vandermondesche Determinante $|a_i^{k-1}|_1^n$ über, die positiv ist. Da der Übergang von dieser Vandermondeschen Determinante zu der verallgemeinerten durch eine stetige Änderung der Exponenten $\alpha_1, \alpha_2, \ldots, \alpha_n$ erreicht werden kann, ohne daß dabei die Ungleichungen $\alpha_1 < \alpha_2 < \cdots < \alpha_n$ verletzt werden, und da nach dem Bewiesenen die Determinante dabei nie den Wert 0 annimmt, ist $|V|$ für beliebige $(0 <)\ \alpha_1 < \alpha_2 < \cdots < \alpha_n$ größer als 0.

Da man einen beliebigen Minor der Matrix V als die Determinante einer bestimmten verallgemeinerten Vandermondeschen Matrix deuten kann, sind alle Minoren der Matrix V positiv.

Beispiel 2. Wir betrachten eine *Jacobische Matrix*

$$J = \left\| \begin{matrix} a_1 & b_1 & 0 & \ldots & 0 & 0 \\ c_1 & a_2 & b_2 & \ldots & 0 & 0 \\ 0 & c_2 & a_3 & \ldots & 0 & 0 \\ \cdots & \cdots & \cdots & \cdots & \cdots & \cdots \\ \cdots & \cdots & \cdots & \cdots & \cdots & \cdots \\ 0 & 0 & 0 & \ldots & c_{n-1} & a_n \end{matrix} \right\|, \tag{113}$$

d. h. eine Matrix, in der alle nicht auf der Hauptdiagonalen oder auf der ersten oberen und unteren Diagonalen gelegenen Elemente gleich 0 sind. Wir geben eine Formel an, die einen beliebigen Minor dieser Matrix durch ihre Hauptminoren und die Elemente b_i und c_k ausdrückt. Es sei

$$1 \leqq i_1 < i_2 < \cdots < i_p \leqq n, \qquad 1 \leqq k_1 < k_2 < \cdots < k_p \leqq n$$

und

$$i_1 = k_1, i_2 = k_2, \ldots, i_{\nu_1} = k_{\nu_1}; \quad i_{\nu_1+1} \neq k_{\nu_1+1}, \ldots, i_{\nu_2} \neq k_{\nu_2}; \quad i_{\nu_2+1} = k_{\nu_2+1}, \ldots, i_{\nu_3} = k_{\nu_3}; \ldots$$

Dann ist

$$J\begin{pmatrix} i_1 & i_2 & \ldots & i_p \\ k_1 & k_2 & \ldots & k_p \end{pmatrix} = J\begin{pmatrix} i_1 & \ldots & i_{\nu_1} \\ k_1 & \ldots & k_{\nu_1} \end{pmatrix} J\begin{pmatrix} i_{\nu_1+1} \\ k_{\nu_1+1} \end{pmatrix} \cdots J\begin{pmatrix} i_{\nu_2} \\ k_{\nu_2} \end{pmatrix} J\begin{pmatrix} i_{\nu_2+1} & \ldots & i_{\nu_3} \\ k_{\nu_2+1} & \ldots & k_{\nu_3} \end{pmatrix} \cdots. \tag{114}$$

Die Richtigkeit dieser Formel folgt aus der leicht zu bestätigenden Gleichung

$$J\begin{pmatrix} i_1 & \ldots & i_p \\ k_1 & \ldots & k_p \end{pmatrix} = J\begin{pmatrix} i_1 & \ldots & i_{\nu-1} \\ k_1 & \ldots & k_{\nu-1} \end{pmatrix} J\begin{pmatrix} i_\nu \\ k_\nu \end{pmatrix} J\begin{pmatrix} i_{\nu+1} & \ldots & i_p \\ k_{\nu+1} & \ldots & k_p \end{pmatrix} \quad (\text{für } i_\nu \neq k_\nu). \tag{115}$$

Aus (114) ist ersichtlich, daß ein beliebiger Minor gleich dem Produkt gewisser Hauptminoren und gewisser Elemente der Matrix J ist. *Die Matrix J ist also genau dann vollständig nichtnegativ, wenn alle ihre Hauptminoren und alle ihre Elemente b und c nichtnegativ sind.*

2. Für vollständig nichtnegative Matrizen $A = \|a_{ik}\|_1^n$ gilt stets die wichtige Determinantenungleichung[1])

$$A\begin{pmatrix}1 & 2 & \dots & n\\ 1 & 2 & \dots & n\end{pmatrix} \leqq A\begin{pmatrix}1 & 2 & \dots & p\\ 1 & 2 & \dots & p\end{pmatrix} A\begin{pmatrix}p+1 & \dots & n\\ p+1 & \dots & n\end{pmatrix} \quad (p < n). \tag{116}$$

Dem Beweis dieser Ungleichung schicken wir folgendes Lemma voraus:

Lemma 5. *Ist ein beliebiger Hauptminor einer vollständig nichtnegativen Matrix $A = \|a_{ik}\|_1^n$ gleich 0, so verschwindet auch jeder „umfassendere" Hauptminor.*

Beweis. Das Lemma ist bewiesen, wenn wir zeigen können, daß für vollständig nichtnegative Matrizen $A = \|a_{ik}\|_1^n$ aus

$$A\begin{pmatrix}1 & 2 & \dots & q\\ 1 & 2 & \dots & q\end{pmatrix} = 0 \quad (q < n) \tag{117}$$

stets

$$A\begin{pmatrix}1 & 2 & \dots & n\\ 1 & 2 & \dots & n\end{pmatrix} = 0 \tag{118}$$

folgt. Dazu betrachten wir zwei Fälle:

1. $a_{11} = 0$. Da $\begin{vmatrix}a_{11} & a_{1k}\\ a_{i1} & a_{ik}\end{vmatrix} = -a_{i1}a_{1k} \geqq 0$, $a_{i1} \geqq 0$ und $a_{1k} \geqq 0$ ist $(i, k = 2, \dots, n)$, sind alle a_{i1} $(i = 2, \dots, n)$ oder alle a_{1k} $(k = 2, \dots, n)$ gleich 0. Hieraus und aus $a_{11} = 0$ folgt (118).

2. $a_{11} \neq 0$. Dann ist für ein gewisses p $(1 \leqq p \leqq q)$

$$A\begin{pmatrix}1 & 2 & \dots & p-1\\ 1 & 2 & \dots & p-1\end{pmatrix} \neq 0, \quad A\begin{pmatrix}1 & 2 & \dots & p-1 & p\\ 1 & 2 & \dots & p-1 & p\end{pmatrix} = 0. \tag{119}$$

Wir führen die geränderten Determinanten

$$d_{ik} = A\begin{pmatrix}1 & 2 & \dots & p-1 & i\\ 1 & 2 & \dots & p-1 & k\end{pmatrix} \quad (i, k = p, p+1, \dots, n) \tag{120}$$

ein. Aus ihnen bauen wir die Matrix $D = \|d_{ik}\|_p^n$ auf.

---

[1]) Vgl. [82c], aber auch [7], S. 111ff. Dort wird gezeigt, daß das Gleichheitszeichen in (116) nur in folgenden offensichtlichen Fällen gilt:

1. Einer der Faktoren auf der rechten Seite von (116) ist gleich 0.
2. Alle Elemente a_{ik} mit $i = 1, 2, \dots, p$ und $k = p+1, \dots, n$ oder alle Elemente a_{ik} mit $i = p+1, \dots, n$ und $k = 1, 2, \dots, p$ sind gleich 0.

Die Ungleichung (116) besitzt dieselbe äußere Gestalt wie die verallgemeinerte Hadamardsche Ungleichung (vgl. (29) auf S. 264) für positiv definite hermitesche oder quadratische Formen.

Nach dem Sylvesterschen Determinantensatz (vgl. 2.3.) gilt

$$\begin{aligned} &D\begin{pmatrix} i_1 & i_2 & \dots & i_g \\ k_1 & k_2 & \dots & k_g \end{pmatrix} \\ &= \left[A\begin{pmatrix} 1 & 2 & \dots & p-1 \\ 1 & 2 & \dots & p-1 \end{pmatrix}\right]^{g-1} A\begin{pmatrix} 1 & 2 & \dots & p-1 & i_1 & i_2 & \dots & i_g \\ 1 & 2 & \dots & p-1 & k_1 & k_2 & \dots & k_g \end{pmatrix} \\ &\geqq 0 \qquad (121) \\ &(p \leqq i_1 < i_2 < \cdots < i_g \leqq n,\ p \leqq k_1 < k_2 < \cdots < k_g \leqq n; \\ &g = 1, 2, \ldots, n-p+1), \end{aligned}$$

und daher ist D eine vollständig nichtnegative Matrix. Da nach (119)

$$d_{pp} = A\begin{pmatrix} 1 & 2 & \dots & p \\ 1 & 2 & \dots & p \end{pmatrix} = 0$$

ist, fällt die Matrix $D = \|d_{ik}\|_p^n$ unter den bereits untersuchten Fall 1, und es ist

$$D\begin{pmatrix} p & p+1 & \dots & n \\ p & p+1 & \dots & n \end{pmatrix} = \left[A\begin{pmatrix} 1 & 2 & \dots & p-1 \\ 1 & 2 & \dots & p-1 \end{pmatrix}\right]^{n-p} A\begin{pmatrix} 1 & 2 & \dots & n \\ 1 & 2 & \dots & n \end{pmatrix} = 0.$$

Hieraus folgt (118) wegen $A\begin{pmatrix} 1 & 2 & \dots & p-1 \\ 1 & 2 & \dots & p-1 \end{pmatrix} \neq 0$.

Damit ist das Lemma bewiesen.

3. Wir können jetzt beim Beweis von (116) voraussetzen, daß alle Hauptminoren der Matrix A von 0 verschieden sind, da nach Lemma 5 einer der Hauptminoren nur dann gleich 0 sein kann, wenn $|A| = 0$ ist; in diesem Fall gilt offenbar (116).

Für $n = 2$ läßt sich die Richtigkeit von (116) unmittelbar nachprüfen:

$$A\begin{pmatrix} 1 & 2 \\ 1 & 2 \end{pmatrix} = a_{11}a_{22} - a_{12}a_{21} \leqq a_{11}a_{22},$$

da $a_{12} \geqq 0$ und $a_{21} \geqq 0$ ist. Wir beweisen nun die Gültigkeit der Ungleichung (116) für $n > 2$ unter der Voraussetzung, daß sie schon für Matrizen von kleinerer als n-ter Ordnung gilt. Ferner können wir o. B. d. A. $p > 1$ setzen, da andernfalls durch die inverse Numerierung der Zeilen und Spalten die Zahlen p und $n - p$ ihre Rollen tauschen.

Wir führen wieder die Matrix $D = \|d_{ik}\|_p^n$ ein, wobei die d_{ik} ($i, k = p, \ldots, n$) durch (120) definiert sind; wendet man zweimal den Sylvesterschen Determinantensatz und die Ungleichung (116) auf Matrizen mit kleinerer als n-ter Ordnung an, so erhält man

$$A\begin{pmatrix} 1 & 2 & \dots & n \\ 1 & 2 & \dots & n \end{pmatrix} = \frac{D\begin{pmatrix} p & p+1 & \dots & n \\ p & p+1 & \dots & n \end{pmatrix}}{\left[A\begin{pmatrix} 1 & 2 & \dots & p-1 \\ 1 & 2 & \dots & p-1 \end{pmatrix}\right]^{n-p}} \leqq \frac{d_{pp}D\begin{pmatrix} p+1 & \dots & n \\ p+1 & \dots & n \end{pmatrix}}{\left[A\begin{pmatrix} 1 & 2 & \dots & p-1 \\ 1 & 2 & \dots & p-1 \end{pmatrix}\right]^{n-p}}$$

$$= \frac{A\begin{pmatrix}1 & 2 & \dots & p\\ 1 & 2 & \dots & p\end{pmatrix} A\begin{pmatrix}1 & 2 & \dots & p-1 & p+1 & \dots & n\\ 1 & 2 & \dots & p-1 & p+1 & \dots & n\end{pmatrix}}{A\begin{pmatrix}1 & 2 & \dots & p-1\\ 1 & 2 & \dots & p-1\end{pmatrix}}$$

$$\leqq A\begin{pmatrix}1 & 2 & \dots & p\\ 1 & 2 & \dots & p\end{pmatrix} A\begin{pmatrix}p+1 & \dots & n\\ p+1 & \dots & n\end{pmatrix}. \tag{122}$$

Damit ist die Ungleichung (116) bewiesen.

Schließlich sei noch folgende Definition angegeben:

Definition 6. Einen Minor

$$A\begin{pmatrix}i_1 & i_2 & \dots & i_p\\ k_1 & k_2 & \dots & k_p\end{pmatrix} \tag{123}$$

$$(1 \leqq i_1 < i_2 < \dots < i_p \leqq n;\ 1 \leqq k_1 < k_2 < \dots < k_p \leqq n)$$

einer Matrix $A = \|a_{ik}\|_1^n$ nennen wir einen *Quasihauptminor*, wenn von den Differenzen $i_1 - k_1, i_2 - k_2, \dots, i_p - k_p$ nur eine von 0 verschieden ist.

Wir machen darauf aufmerksam, daß der gesamte Beweis der Ungleichung (116) (und ebenfalls der Beweis des Hilfslemmas) richtig bleibt, wenn die Bedingung „A ist eine vollkommen nichtnegative Matrix" durch die schwächere Bedingung „alle Haupt- und Quasihauptminoren der Matrix A sind nichtnegativ" ersetzt wird.[1])

13.9. Oszillationsmatrizen

1. Die charakteristischen Wurzeln und Eigenvektoren vollständig positiver Matrizen besitzen eine Reihe bemerkenswerter Eigenschaften. Richten wir jedoch unser Augenmerk auf die Anwendungen in der Theorie der kleinen Schwingungen, so erweist sich die Klasse der vollständig positiven Matrizen als zu eng, während die Klasse der vollständig nichtnegativen Matrizen bereits einen hinreichenden Umfang besitzt. Zwar finden wir nicht bei allen nichtnegativen Matrizen die dafür notwendigen Spek-

---

[1]) Vgl. [97b]. Wir benutzen diese Gelegenheit, um darauf hinzuweisen, daß in dem Buch von F. R. GANTMACHER und M. G. KREJN [7] (in der zweiten Auflage) in diesem Punkt ein Fehler unterlaufen ist, auf den als erster D. M. KOTELJANSKIJ die Autoren aufmerksam machte. In [7] wird auf S. 111 der Quasihauptminor (123) durch die Gleichung

$$\sum_{\nu=1}^{p} |i_\nu - k_\nu| = 1$$

definiert. Bei dieser Definition des Quasihauptminors folgt aus der Nichtnegativität der Haupt- und Quasihauptminoren noch nicht die Ungleichung (116). Jedoch werden alle Formulierungen und Beweise in [7], Kap. II, § 6, die diese Ungleichung betreffen, richtig, wenn man unter einem Quasihauptminor den hier definierten Begriff versteht, der der Arbeit [97b] entnommen wurde.

traleigenschaften, doch existiert eine (zwischen der Klasse der vollständig positiven und der der vollständig nichtnegativen Matrizen gelegene) Zwischenklasse, für die die Spektraleigenschaften vollständig positiver Matrizen erhalten bleiben und die für umfassende Anwendungen weit genug ist. Die Matrizen dieser Zwischenklasse heißen Oszillationsmatrizen. Diese Bezeichnung hängt damit zusammen, daß die Oszillationsmatrizen ein mathematisches Hilfsmittel zur Untersuchung der Oszillationseigenschaften kleiner Schwingungen linearer elastischer Systeme bilden.[1])

Definition 7. Ist $A = \|a_{ik}\|_1^n$ eine vollständig nichtnegative Matrix und existiert eine ganze Zahl $q > 0$ derart, daß A^q eine vollständig positive Matrix ist, so nennt man A eine *Oszillationsmatrix.*

Beispiel. Eine Jacobische Matrix (vgl. (113)) ist genau dann eine Oszillationsmatrix, wenn 1. alle b_i und c_i und 2. die Hauptabschnittsdeterminanten positiv sind:

$$
{}_1 > 0, \quad \begin{vmatrix} a_1 & b_1 \\ c_1 & a_2 \end{vmatrix} > 0, \quad \begin{vmatrix} a_1 & b_1 & 0 \\ c_1 & a_2 & b_2 \\ 0 & c_2 & a_3 \end{vmatrix} > 0, \ldots, \begin{vmatrix} a_1 & b_1 & 0 & \ldots & 0 & 0 \\ c_1 & a_2 & b_2 & \ldots & 0 & 0 \\ 0 & c_2 & a_3 & \ldots & 0 & 0 \\ \ldots & \ldots & \ldots & \ldots & \ldots & \ldots \\ 0 & 0 & 0 & \ldots & c_{n-1} & a_n \end{vmatrix} > 0. \tag{124}
$$

Die Bedingungen 1 und 2 sind notwendig: Die b_i und c_i sind nichtnegativ, da die Matrix $J \geqq O$ ist. Ferner kann keine der Zahlen b_i und c_i gleich 0 sein, da sonst die Matrix zerlegbar wäre und somit für kein $q > 0$ die Ungleichung $J^q > O$ gelten würde. Folglich sind alle b_i und c_i positiv. Die Hauptabschnittsdeterminanten (124) sind nach Lemma 5 positiv, denn aus $|J| \geqq 0$ und $|J^q| > 0$ folgt $|J| > 0$.

Die Bedingungen 1 und 2 sind hinreichend. Die b_i und c_i treten in $|J|$, wie man sich leicht durch Berechnen der Determinante überzeugt, nur als Produkte $b_1c_1, b_2c_2, \ldots, b_{n-1}c_{n-1}$ auf. Dasselbe trifft auch auf einen beliebigen Hauptminor zu, der aus unmittelbar aufeinanderfolgenden Zeilen und Spalten gebildet wird. Jeder Hauptminor der Matrix zerfällt jedoch in Produkte solcher Hauptminoren. *Daher treten in einem beliebigen Hauptminor der Matrix J die Zahlen b_i und c_i nur als Produkte $b_1c_1, b_2c_2, \ldots, b_{n-1}c_{n-1}$ auf.*

Wir stellen folgende symmetrische Jacobische Matrix auf:

$$
\tilde{J} = \begin{Vmatrix} a_1 & \tilde{b}_1 & & & 0 \\ \tilde{b}_1 & a_2 & \tilde{b}_2 & & \\ & \tilde{b}_2 & \ddots & \ddots & \\ & & \ddots & \ddots & \tilde{b}_{n-1} \\ 0 & & & \tilde{b}_{n-1} & a_n \end{Vmatrix}, \quad \tilde{b}_i = \sqrt{b_i c_i} > 0 \quad (i = 1, 2, \ldots, n). \tag{125}
$$

Aus den oben angegebenen Eigenschaften der Hauptminoren Jacobischer Matrizen folgt, daß die entsprechenden Hauptminoren der Matrizen J und $\tilde{J}$ einander gleich sind. Dann aber besagen die Bedingungen (124), daß die quadratische Form $\tilde{J}(x, x)$ positiv definit ist (vgl. Kap. 10, Satz 3, S. 315). Nun sind alle Hauptminoren einer positiv definiten quadratischen Form positiv.

[1]) Vgl. [7], Einleitung, aber auch Kap. III, IV.

Folglich sind auch alle Hauptminoren der Matrix J positiv. Da nach 1. alle b_i und c_i positiv sind, sind nach (114) alle Minoren der Matrix J nichtnegativ, d. h., J ist eine vollständig nichtnegative Matrix.

Daß die vollständige nichtnegative Matrix J eine Oszillationsmatrix ist, wenn sie die Bedingungen 1 und 2 erfüllt, ergibt sich unmittelbar aus folgendem Kriterium für Oszillationsmatrizen:

Eine vollständig nichtnegative Matrix $A = \|a_{ik}\|_1^n$ ist genau dann eine Oszillationsmatrix, wenn folgende Bedingungen erfüllt sind:

a) A ist eine reguläre Matrix ($|A| > 0$).

b) Alle Elemente der Matrix A, die auf der Hauptdiagonalen und der ersten oberen und der ersten unteren Diagonalen liegen, sind von 0 verschieden ($a_{ik} > 0$ für $|i - k| \leqq 1$).

Einen Beweis dieses Satzes findet der Leser in [7], Kap. II, § 7.

2. Um die Eigenschaften der charakteristischen Wurzeln und Eigenvektoren von Oszillationsmatrizen formulieren zu können, führen wir vorbereitend gewisse Begriffe und Eigenschaften ein.

Wir betrachten einen Vektor (eine Spalte) $u = (u_1, u_2, \ldots, u_n)$ und berechnen die Anzahl der Zeichenwechsel in der Folge $u_1, u_2, \ldots, u_n$ der Koordinaten des Vektors u, indem wir verschwindenden Koordinaten (falls solche vorhanden sind) beliebige Vorzeichen zuschreiben. Je nachdem, welche Vorzeichen wir diesen Koordinaten zuschreiben, schwankt die Anzahl der Zeichenwechsel in gewissen Grenzen. Die dabei erhaltene *maximale* und *minimale* Anzahl von Zeichenwechseln bezeichnen wir mit S_u^+ bzw. S_u^-. Ist $S_u^- = S_u^+$, so sprechen wir von der *genauen* Anzahl von Zeichenwechseln und bezeichnen sie mit S_u. Offensichtlich ist $S_u^- = S_u^+$ genau dann, wenn 1. wenigstens die Koordinaten u_1 und u_n des Vektors u von 0 verschieden sind und 2. die Gleichung $u_i = 0$ $(1 < i < n)$ stets die Ungleichung $u_{i-1}u_{i+1} < 0$ zur Folge hat.

Wir beweisen nun folgenden grundlegenden Satz:

Satz 13. 1. *Jede Oszillationsmatrix $A = \|a_{ik}\|_1^n$ besitzt n verschiedene positive charakteristische Wurzeln*

$$\lambda_1 > \lambda_2 > \cdots > \lambda_n > 0. \tag{126}$$

2. *Alle Koordinaten des zur größten charakteristischen Wurzel gehörigen Eigenvektors $\overset{1}{u} = (u_{11}, u_{21}, \ldots, u_{n1})$ der Matrix A sind von 0 verschieden und besitzen dasselbe Vorzeichen; in der Folge der Koordinaten des zur zweitgrößten charakteristischen Wurzel gehörigen Eigenvektors $\overset{2}{u} = (u_{12}, u_{22}, \ldots, u_{n2})$ tritt genau ein Zeichenwechsel auf; allgemein treten in der Folge der Koordinaten des zur charakteristischen Wurzel λ_k gehörigen Eigenvektors $\overset{k}{u} = (u_{1k}, u_{2k}, \ldots, u_{nk})$ genau $k - 1$ Zeichenwechsel auf ($k = 1, 2, \ldots, n$).*

3. *Sind beliebige reelle Zahlen $c_g, c_{g+1}, \ldots, c_h$ mit $1 \leqq g \leqq h \leqq n$ und $\sum_{k=g}^{h} c_k > 0$ gegeben, so liegt in der Folge der Koordinaten des Vektors*

$$u = \sum_{k=g}^{h} c_k \overset{k}{u} \tag{127}$$

die Anzahl der Zeichenwechsel zwischen $g-1$ und $h-1$:

$$g - 1 \leqq S_u^- \leqq S_u^+ \leqq h - 1. \tag{128}$$

Beweis. 1. Wir numerieren die charakteristischen Wurzeln $\lambda_1, \lambda_2, \ldots, \lambda_n$ der Matrix A derart, daß $|\lambda_1| \geqq |\lambda_2| \geqq \cdots \geqq |\lambda_n|$ ist, und führen die p-te assoziierte Matrix $\mathfrak{A}_p$ ein ($p = 1, 2, \ldots, n$; vgl. 1.4.). Die charakteristischen Wurzeln der Matrix $\mathfrak{A}_p$ sind alle möglichen Produkte von je p charakteristischen Wurzeln der Matrix A (vgl. S. 102), d. h. die Produkte $\lambda_1\lambda_2\cdots\lambda_p, \lambda_1\lambda_2\cdots\lambda_{p-1}\lambda_{p+1}, \ldots$

Aus den Voraussetzungen des Satzes folgt, daß es eine ganze Zahl q gibt, für welche die Matrix A^q vollständig positiv ist. Dann ist aber $\mathfrak{A}^p \geqq O$ und $\mathfrak{A}_p^q < O$,[1]) d. h., $\mathfrak{A}_p$ ist eine unzerlegbare nichtnegative und überdies primitive Matrix. Wendet man den Satz von Frobenius (vgl. 13.2., S. 398) auf die primitive Matrix $\mathfrak{A}_p$ ($p = 1, 2, \ldots, n$) an, so erhält man

$$\lambda_1\lambda_2\cdots\lambda_p > 0 \quad (p = 1, 2, \ldots, n),$$

$$\lambda_1\lambda_2\cdots\lambda_p > \lambda_1\lambda_2\cdots\lambda_{p-1}\lambda_{p+1} \quad (p = 1, 2, \ldots, n-1).$$

Hieraus ergeben sich die Ungleichungen (126).

2. Aus den von uns bewiesenen Ungleichungen (126) folgt, daß $A = \|a_{ik}\|_1^n$ eine Matrix einfacher Struktur ist. Dann sind auch alle assoziierten Matrizen $\mathfrak{A}_p$ ($p = 1, 2, \ldots, n$) Matrizen einfacher Struktur (vgl. S. 102).

Wir führen nun die Fundamentalmatrix $U = \|u_{ik}\|_1^n$ der Matrix A ein (in der k-ten Spalte der Matrix U stehen die Koordinaten des k-ten Eigenvektors u der Matrix A; $k = 1, 2, \ldots, n$). Dann entspricht der charakteristischen Wurzel $\lambda_1\lambda_2\cdots\lambda_p$ der Matrix $\mathfrak{A}_p$ ein Eigenvektor mit den Koordinaten

$$U\begin{pmatrix} i_1 & i_2 & \ldots & i_p \\ 1 & 2 & \ldots & p \end{pmatrix} \quad (1 \leqq i_1 < i_2 < \cdots < i_p \leqq n) \tag{129}$$

(vgl. Kap. 3, S. 102).

Nach dem Satz von Frobenius sind alle Zahlen (129) von 0 verschieden und besitzen dasselbe Vorzeichen. Wenn man die Vektoren $\overset{1}{u}, \overset{2}{u}, \ldots, \overset{n}{u}$ mit ± 1 multipliziert, kann man erreichen, daß alle Minoren (129) positiv sind:

$$U\begin{pmatrix} i_1 & i_2 & \ldots & i_p \\ 1 & 2 & \ldots & p \end{pmatrix} > 0 \tag{130}$$

$$(1 \leqq i_1 < i_2 < \cdots < i_p \leqq n;\ p = 1, 2, \ldots, n).$$

Die Fundamentalmatrix $U = \|u_{ik}\|_1^n$ der Matrix A ist mit dieser durch die Beziehung

$$A = U\{\lambda_1, \lambda_2, \ldots, \lambda_n\}U^{-1} \tag{131}$$

[1]) Die Matrix $\mathfrak{A}_p^q$ ist die p-te assoziierte Matrix von A^q (vgl. Kap. 1, S. 38).

verknüpft. Dann ist aber

$$A^{\mathsf{T}} = (U^{\mathsf{T}})^{-1} \{\lambda_1, \lambda_2, \ldots, \lambda_n\} U^{\mathsf{T}}. \tag{132}$$

Aus einem Vergleich von (131) und (132) ist ersichtlich, daß die Matrix

$$V = (U^{\mathsf{T}})^{-1} \tag{133}$$

die Fundamentalmatrix der transponierten Matrix A^{T} mit denselben charakteristischen Wurzeln $\lambda_1, \lambda_2, \ldots, \lambda_n$ ist. Mit A ist aber die Transponierte A^{T} ebenfalls eine Oszillationsmatrix. Daher sind für jedes $p = 1, 2, \ldots, n$ auch alle Minoren

$$V\begin{pmatrix} i_1 & i_2 & \ldots & i_p \\ 1 & 2 & \ldots & p \end{pmatrix} \qquad (1 \leqq i_1 < i_2 < \cdots < i_p \leqq n) \tag{134}$$

der Matrix V von 0 verschieden und besitzen dasselbe Vorzeichen.

Andererseits sind nach (133) die Matrizen U und V durch folgende Gleichung verknüpft: $U^{\mathsf{T}} V = E$. Der Übergang zu den p-ten assoziierten Matrizen (vgl. 1.4.) ergibt $\mathfrak{U}_p \mathfrak{V}_p = \mathfrak{E}_p$. Hieraus folgt insbesondere, wenn man berücksichtigt, daß die Diagonalelemente der Matrix $\mathfrak{E}_p$ gleich 1 sind,

$$\sum_{1 \leqq i_1 < i_2 < \cdots < i_p \leqq n} U\begin{pmatrix} i_1 & i_2 & \ldots & i_p \\ 1 & 2 & \ldots & p \end{pmatrix} V\begin{pmatrix} i_1 & i_2 & \ldots & i_p \\ 1 & 2 & \ldots & p \end{pmatrix} = 1. \tag{135}$$

Auf der linken Seite sind die ersten Faktoren der Summanden positiv, die zweiten von 0 verschieden und besitzen dasselbe Vorzeichen. Dann sind offenbar auch die zweiten Faktoren positiv, d. h., es ist

$$V\begin{pmatrix} i_1 & i_2 & \ldots & i_p \\ 1 & 2 & \ldots & p \end{pmatrix} > 0 \tag{136}$$

$$(1 \leqq i_1 < i_2 < \cdots < i_p \leqq n;\ p = 1, 2, \ldots, n).$$

Für die Matrizen $U = \|u_{ik}\|_1^n$ und $V = (U^{\mathsf{T}})^{-1}$ gelten also gleichzeitig die Ungleichungen (130) und (136).

Drückt man die Minoren der Matrix V nach den bekannten Formeln (vgl. S. 39) durch die Minoren der inversen Matrix $V^{-1} = U^{\mathsf{T}}$ aus, so erhält man

$$V\begin{pmatrix} j_1 & j_2 & \ldots & j_{n-p} \\ 1 & 2 & \ldots & n-p \end{pmatrix} = \frac{(-1)^{np + \sum_{\nu=1}^{p} i_\nu}}{|U|} U\begin{pmatrix} i_1 & i_2 & & i_p \\ n & n-1 & \ldots & n-p+1 \end{pmatrix}, \tag{137}$$

wobei $i_1 < i_2 < \cdots < i_p$ und $j_1 < j_2 < \cdots < j_{n-p}$ sich zu dem vollständigen System der Indizes $1, 2, \ldots, n$ ergänzen. Da nach (130) $|U| > 0$ ist, folgt aus (136) und (137)

$$(-1)^{np + \sum_{\nu=1}^{p} i_\nu} U\begin{pmatrix} i_1 & i_2 & \ldots & i_p \\ 1 & 2 & \ldots & p \end{pmatrix} > 0 \tag{138}$$

$$(1 \leqq i_1 < i_2 < \cdots < i_p \leqq n;\ p = 1, 2, \ldots, n).$$

Es sei jetzt $u = \sum_{k=g}^{h} c_k \overset{k}{u}$ mit $\sum_{k=g}^{h} c_k^2 > 0$. Wir werden zeigen, daß aus der Ungleichung (130) der zweite Teil der Ungleichung (128),

$$S_u^+ \leqq h - 1, \tag{139}$$

aus der Ungleichung (138) aber der erste folgt:

$$S_u^- \geqq g - 1. \tag{140}$$

Wir nehmen dazu $S_u^+ > h - 1$ an. Dann gibt es $h + 1$ Koordinaten

$$u_{i_1}, u_{i_2}, \ldots, u_{i_{h+1}} \qquad (1 \leqq i_1 < i_2 < \cdots < i_{h+1} \leqq n) \tag{141}$$

des Vektors u mit $u_{i_\alpha} u_{i_{\alpha+1}} \leqq 0$ $(\alpha = 1, 2, \ldots, h)$. Dabei können die Koordinaten (141) nicht alle gleichzeitig verschwinden. Sonst erhält man, wenn man die entsprechenden Koordinaten des Vektors

$$u = \sum_{k=1}^{h} c_k \overset{k}{u} \qquad \left(c_1 = \cdots = c_{g-1} = 0;\ \sum_{k=1}^{h} c_k^2 > 0\right)$$

gleich 0 setzt, ein homogenes Gleichungssystem

$$\sum_{k=1}^{h} c_k u_{i_\alpha k} = 0 \qquad (\alpha = 1, 2, \ldots, h)$$

mit einer nichttrivialen Lösung $c_1, c_2, \ldots, c_h$; gleichzeitig ist nach (130) die Systemdeterminante

$$U\begin{pmatrix} i_1 & i_2 & \ldots & i_h \\ 1 & 2 & \ldots & h \end{pmatrix}$$

von 0 verschieden.

Wir betrachten nun die verschwindende Determinante

$$\begin{vmatrix} u_{i_1 1} & \ldots & u_{i_1 h} & u_{i_1} \\ u_{i_2 1} & \ldots & u_{i_2 h} & u_{i_2} \\ \cdots & \cdots & \cdots & \cdots \\ \cdots & \cdots & \cdots & \cdots \\ u_{i_{h+1} 1} & \ldots & u_{i_{h+1} h} & u_{i_{h+1}} \end{vmatrix} = 0$$

und entwickeln sie nach den Elementen ihrer letzten Spalte:

$$\sum_{\alpha=1}^{h+1} (-1)^{h+\alpha+1} u_{i_\alpha} U\begin{pmatrix} i_1 & \ldots & i_{\alpha-1} & i_{\alpha+1} & \ldots & i_{h+1} \\ 1 & \ldots & \ldots & \ldots & \ldots & h \end{pmatrix} = 0.$$

Diese Gleichung kann aber nicht gelten, da auf der linken Seite keine Summanden mit verschiedenen Vorzeichen auftreten und wenigstens ein Summand von 0 verschieden ist. Die Annahme $S_u^+ > h - 1$ hat also zu einem Widerspruch geführt; damit ist die Ungleichung (139) bewiesen.

Wir betrachten nun die Vektoren $\overset{k}{u}{}^* = (u_{1k}^*, u_{2k}^*, \ldots, u_{nk}^*)$ $(k = 1, 2, \ldots, n)$ mit $u_{ik}^* = (-1)^{n+i+k}\, u_{ik}$ $(i, k = 1, 2, \ldots, n)$. Für die Matrix $U^* = \|u_{ik}^*\|_1^n$ gilt dann nach (138)

$$U^* \begin{pmatrix} i_1 & i_2 & \ldots & i_p \\ n & n-1 & \ldots & n-p+1 \end{pmatrix} > 0 \tag{142}$$

$$(1 \leqq i_1 < i_2 < \cdots < i_p \leqq n;\ p = 1, 2, \ldots, n).$$

Da die Ungleichung (142) der Ungleichung (130) analog ist, erhält man, wenn man

$$\overset{*}{u} = \sum_{k=g}^{h} (-1)^k c_k \overset{k}{u}{}^* \tag{143}$$

setzt, die zu (139) analoge Ungleichung[1])

$$S_{\overset{*}{u}}^+ \leqq n - g. \tag{144}$$

Es sei $u = (u_1, u_2, \ldots, u_n)$ und $\overset{*}{u} = (u_1^*, u_2^*, \ldots, u_n^*)$. Wie man leicht sieht, gilt $u_i^* = (-1)^i\, u_i$ $(i = 1, 2, \ldots, n)$. Daher ist $S_{\overset{*}{u}}^+ + S_u^- = n - 1$, woraus nach (144) die Gültigkeit der Relation (140) folgt.

Damit ist die Ungleichung (128) bewiesen. Da aus ihr für $g = h = k$ die Behauptung 2 des Satzes folgt, ist der Satz vollständig bewiesen.

3. Wir betrachten eine Anwendung des von uns bewiesenen Satzes bei der Untersuchung kleiner Schwingungen von n Massen $m_1, m_2, \ldots, m_n$, die in den n beweglichen Punkten $x_1 < x_2 < \cdots < x_n$ eines Abschnitts eines linearen elastischen Kontinuums (einer Saite oder eines Stabes von endlicher Länge) konzentriert sind und die sich (im Gleichgewichtszustand) längs des Abschnitts $0 \leqq x \leqq l$ der x-Achse erstrecken.

Wir bezeichnen mit $K(x, s)$ $(0 \leqq x, s \leqq l)$ die Einflußfunktion dieses Kontinuums ($K(x, s)$ ist die Verschiebung des Punktes x unter Einwirkung einer im Punkt s angreifenden Einheitskraft) und mit k_{ij} die Einflußgrößen der n vorgegebenen Massen:

$$k_{ij} = K(x_i, x_j) \qquad (i, j = 1, 2, \ldots, n).$$

Greifen in den Punkten $x_1, x_2, \ldots, x_n$ die n Kräfte $F_1, F_2, \ldots, F_n$ an, so wird wegen der linearen Superposition der Verschiebungen die statische Verschiebung durch die Formel

$$y(x) = \sum_{j=1}^{n} K(x, x_j)\, F_j$$

gegeben. Wenn man hier die Kräfte F_j durch die Trägheitskräfte $-m_j \dfrac{\partial^2}{\partial t^2}\, y(x_j, t)$

---

[1]) In (142) sind die Vektoren $\overset{k}{u}$ $(k = 1, 2, \ldots, n)$ in der umgekehrten Reihenfolge angeordnet: $\overset{n}{u}, \overset{n-1}{u}, \ldots$. Dem Vektor $\overset{g}{u}$ entspricht der $(n-g)$-te Vektor dieser Folge.

$(j = 1, 2, \ldots, n)$ ersetzt, erhält man die Gleichung der freien Schwingungen:

$$y(x) = -\sum_{j=1}^{n} m_j K(x, x_j) \frac{\partial^2}{\partial t^2} y(x_j, t). \tag{145}$$

Wir suchen harmonische Schwingungen des Kontinuums der Form

$$y(x) = u(x) \sin(\omega t + \alpha) \qquad (0 \leqq x \leqq l). \tag{146}$$

Hier ist $u(x)$ die Amplitudenfunktion, ω die Frequenz und α die Anfangsphase. Setzt man diesen Ausdruck für $y(x)$ in (145) ein und kürzt durch $\sin(\omega t + \alpha)$, so erhält man

$$u(x) = \omega^2 \sum_{j=1}^{n} m_j K(x, x_j)\, u(x_j). \tag{147}$$

Für die variablen Verschiebungen und die Amplitudenverschiebungen in den Punkten $x_1, x_2, \ldots, x_n$ führen wir die Bezeichnungen $y_i = y(x_i, t)$, $u_i = u(x_i)$ $(i = 1, 2, \ldots, n)$ ein. Dann ist

$$y_i = u_i \sin(\omega t + \alpha) \qquad (i = 1, 2, \ldots, n).$$

Weiterhin führen wir die *reduzierten Amplitudenverschiebungen* und die *reduzierten Einflußgrößen*

$$\tilde{u}_i = \sqrt{m_i}\, u_i, \qquad a_{ij} = \sqrt{m_i m_j}\, k_{ij} \qquad (i, j = 1, 2, \ldots, n) \tag{148}$$

ein.

Ersetzt man in (147) sukzessive x durch die x_i $(i = 1, 2, \ldots, n)$, so erhält man für die Amplitudenverschiebungen das Gleichungssystem

$$\sum_{j=1}^{n} a_{ij} \tilde{u}_j = \lambda \tilde{u}_i \qquad \left(\lambda = \frac{1}{\omega^2};\ i = 1, 2, \ldots, n\right). \tag{149}$$

Hieraus ist ersichtlich, daß der Amplitudenvektor $\tilde{u} = (\tilde{u}_1, \tilde{u}_2, \ldots, \tilde{u}_n)$ ein zu $\lambda = 1/\omega^2$ gehöriger Eigenvektor der Matrix $A = \|a_{ik}\|_1^n = \left\|\sqrt{m_i m_j}\, k_{ij}\right\|_1^n$ ist (man vergleiche mit 10.8.).

Als Ergebnis einer eingehenden Analyse[1]) wurde festgestellt, daß *die Matrix* $\|k_{ij}\|_1^n$ *der Einflußgrößen eines Abschnitts des Kontinuums stets eine Oszillationsmatrix ist.* Dann ist auch die Matrix $A = \|a_{ij}\|_1^n = \left\|\sqrt{m_i m_j}\, k_{ij}\right\|_1^n$ eine Oszillationsmatrix und besitzt daher (nach Satz 13) n positive charakteristische Wurzeln $\lambda_1 > \lambda_2 > \cdots > \lambda_n > 0$, d. h., es existieren n harmonische Schwingungen des Kontinuums mit den *verschiedenen* Frequenzen

$$(0 <)\ \omega_1 < \omega_2 < \cdots < \omega_n \qquad \left(\lambda_i = \frac{1}{\omega_i^2}\ ;\ i = 1, 2, \ldots, n\right).$$

Nach demselben Satz entsprechen dem Grundton mit der Frequenz ω_1 von 0 verschiedene Amplitudenverschiebungen mit gleichem Vorzeichen. In der Folge der

[1]) Vgl. [101e], [101f] und [7], Kap. III.

Amplitudenverschiebungen besitzt die dem ersten Oberton mit der Frequenz ω_2 entsprechende genau einen Zeichenwechsel, und allgemein besitzt die dem j-ten Oberton entsprechende Amplitudenverschiebung genau $j-1$ Zeichenwechsel ($j = 1, 2, \ldots, n$).

Aus der Tatsache, daß die Matrix $\|k_{ij}\|_1^n$ der Einflußkoeffizienten eine Oszillationsmatrix ist, ergeben sich noch weitere Oszillationseigenschaften des Kontinuums:

1. Für $\omega = \omega_1$ besitzt die mit den Amplitudenverschiebungen durch (147) verknüpfte Amplitudenfunktion $u(x)$ keine Knoten; allgemein besitzt diese Funktion für $\omega = \omega_j$ genau $j-1$ Knoten ($j = 1, 2, \ldots, n$).

2. Die Knoten zweier benachbarter Obertöne wechseln sich ab usw.

Wir können hier jedoch nicht bei der Begründung dieser Eigenschaften verweilen.[1])

---

[1]) Vgl. [7], Kap. III und IV.

14. Verschiedene Regularitätskriterien und die Lokalisierung der charakteristischen Wurzeln

14.1. Das Regularitätskriterium von Hadamard und seine Verallgemeinerungen

Es sei $A = \|a_{ik}\|_1^n$ eine beliebige Matrix vom Typ (n, n) mit komplexen Elementen. Wir nehmen an, die Matrix sei singulär, d. h. $|A| = 0$. Dann existieren Zahlen $x_1, x_2, \ldots, x_n$ mit maximalem $|x_k| > 0$ derart, daß

$$\sum_{j=1}^{n} a_{kj} x_j = 0 \tag{1}$$

ist.[1]) Dabei ist

$$|a_{kk}|\,|x_k| \leqq \sum_{\substack{j=1\\ j\neq k}}^{n} |a_{kj}|\,|x_j| \leqq |x_k| \sum_{\substack{j=1\\ j\neq k}}^{n} |a_{kj}|\,.$$

Dividieren wir diese Ungleichung durch $|x_k|$, so erhalten wir

$$|a_{kk}| \leqq \sum_{\substack{j=1\\ j\neq k}}^{n} |a_{kj}|\,. \tag{2}$$

Die Ungleichung (2) kann nicht erfüllt sein, wenn die *Hadamardschen Bedingungen*

$$H_i \equiv |a_{ii}| - \sum_{\substack{j=1\\ j\neq i}}^{n} |a_{ij}| > 0 \qquad (i = 1, 2, \ldots, n) \tag{3}$$

gelten, und folglich ist die Matrix A regulär (nichtsingulär), d. h. $|A| \neq 0$.
Somit gilt folgender Satz:

Satz 1 (Hadamard). *Sind für eine Matrix $A = \|a_{ik}\|_1^n$ die n Ungleichungen* (3) *erfüllt, so ist sie regulär.*

Die Bedingung $H_i > 0$ bedeutet, daß der Betrag des Diagonalelements a_{ii} (echt!) größer ist als die Summe der Beträge der restlichen Elemente der i-ten Zeile. Ein solches Element nennt man *dominierend* (für seine Zeile). Die Hadamardschen Be-

---

[1]) Die Gleichung (1) ist für beliebiges $k = 1, \ldots, n$ erfüllt. Wir benutzen aber nur dasjenige k, für das $|x_k|$ maximal ist.

dingungen fordern, daß alle Diagonalelemente der Matrix A dominierend (für ihre Zeilen) sind.

Bemerkung 1. Sind die Hadamardschen Bedingungen (3) erfüllt, so gilt für den Absolutbetrag der Determinante die folgende Abschätzung nach unten:

$$\operatorname{abs}|A| \geqq H_1 H_2 \cdots H_n > 0. \tag{4}$$

Von der Gültigkeit der Ungleichung (4) überzeugen wir uns, indem wir die Hilfsmatrix $F = \|f_{ij}\|_1^n$ mit

$$f_{ij} = \frac{a_{ij}}{H_i} \quad (i, j = 1, \ldots, n) \tag{5}$$

einführen. Für diese Elemente gilt offenbar

$$|f_{ii}| - \sum_{\substack{j=1 \\ j \neq i}}^{n} |f_{ij}| = 1 \quad (i = 1, \ldots, n). \tag{6}$$

Wir bezeichnen mit λ_0 eine beliebige charakteristische Wurzel dieser Matrix. Der Zahl λ_0 entspricht der Eigenvektor $(x_1, x_2, \ldots, x_n)$ mit maximalem $|x_n| > 0$. Dann ist

$$\lambda_0 x_k = \sum_{j=1}^{n} f_{kj} x_j. \tag{7}$$

Hieraus erhalten wir unter Berücksichtigung von (6) die Ungleichung

$$\begin{aligned} |\lambda_0|\, |x_k| &\geqq |f_{kk}|\, |x_k| - \sum_{\substack{j=1 \\ j \neq k}}^{n} |f_{kj}|\, |x_j| \\ &\geqq |x_k| \left(|f_{kk}| - \sum_{\substack{j=1 \\ j \neq k}}^{n} |f_{kj}| \right) = |x_k|. \end{aligned}$$

Dividieren wir die Ungleichung durch $|x_k|$, so finden wir $|\lambda_0| \geqq 1$. Die Determinante $|F|$ ist gleich dem Produkt aller charakteristischen Wurzeln der Matrix F. Jede von ihnen ist aber dem Betrag nach größer als 1. Deshalb ist auch

$$\operatorname{abs}|F| \geqq 1. \tag{8}$$

Andererseits ist

$$|F| = \frac{|A|}{H_1 H_2 \cdots H_n}. \tag{9}$$

Aus (8) und (9) folgt sofort die gesuchte Ungleichung (4).

Wir bemerken noch, daß für die Klasse aller Matrizen, die den Hadamardschen Bedingungen mit festem $H_1, \ldots, H_n$ genügen, die Abschätzung (4) nicht verbessert werden kann. Die Ungleichung (4) wird zur Gleichung, wenn für die Matrix A die Matrix $\|H_i\delta_{ik}\|$ gewählt wird.

Bemerkung 2. Da $|A| = |A^\top|$ ist, erhalten wir durch Austausch der Matrix A mit ihrer Transponierten $A^\top$ eine hinreichende Bedingung für die Regularität der Matrix A in Form der Hadamardschen Bedingungen für die Spalten:

$$G_i \equiv |a_{ii}| - \sum_{\substack{j=1 \\ j \neq i}}^{n} |a_{ji}| > 0 \qquad (i = 1, \ldots, n). \tag{10}$$

Bei Erfülltsein dieser Bedingungen statt (4) ist

$$\operatorname{abs} |A| \geqq G_1 G_2 \cdots G_n. \tag{11}$$

Es sei C eine beliebige reguläre Matrix vom Typ (n, n). Dann sind die Matrizen A und AC immer gleichzeitig regulär oder singulär. Deshalb kann man in den Bedingungen (3) und (10), aber auch in den Abschätzungen (4) und (11) die Matrix A durch die Matrix AC ersetzen. Verschiedene Matrizen C liefern dabei verschiedene (einander nicht äquivalente) hinreichende Bedingungen für die Regularität, aber auch Abschätzungen von $|A|$ in der Art von (4) und (11). Insbesondere kann man durch Wahl der entsprechenden Matrix eine beliebige Vertauschung der Spalten realisieren. Dann erhalten wir an Stelle von (3) die Bedingungen

$$H_i' \equiv |a_{i\mu_i}| - \sum_{\substack{j=1 \\ j \neq \mu_i}}^{n} |a_{ij}| > 0 \qquad (i = 1, \ldots, n). \tag{12}$$

Hier ist $(\mu_1, \ldots, \mu_n)$ eine beliebige, aber feste Permutation der Indizes $1, 2, \ldots, n$. Mit anderen Worten:

Eine Matrix $A = \|a_{ij}\|_1^n$ ist regulär, wenn in jeder Zeile sich ein (nicht unbedingt auf der Diagonalen liegendes) dominierendes Element befindet und diese n dominierenden Elemente in verschiedenen Spalten liegen.

Ein analoger Satz gilt auch für die Spalten.

Es seien nun die *schwachen Hadamardschen Bedingungen* erfüllt, es gelte also

$$H_i = |a_{ii}| - \sum_{\substack{j=1 \\ j \neq i}}^{n} |a_{ij}| \geqq 0 \qquad (i = 1, \ldots, n). \tag{13}$$

In diesem Fall ist jedes Diagonalelement *schwach dominierend* für seine Zeile.

Wir nehmen an, die Matrix A sei singulär, und es sei $Ax = o$. Der Spaltenvektor $x = (x_1, \ldots, x_n) \neq o$ habe genau p Elemente x_k mit maximalem Modul $|x_k|$, und es sei zunächst $p < n$. Wir ordnen die Zeilen des Vektors x derart um, daß sich die Elemente mit maximalem Betrag in den ersten p Zeilen befinden:

$$|x_1| = \cdots = |x_p| > |x_j| \qquad (j = p + 1, \ldots, n).$$

Die Gleichung $Ax = o$ bleibt erhalten, wenn wir eine gewisse (jedoch ein und dieselbe) Umordnung der Zeilen und Spalten der Matrix A vornehmen. Folglich können wir

$$a_{kk}x_k = -\sum_{\substack{j=1\\j\neq k}}^{n} a_{kj}x_j \qquad (k = 1, \ldots, n)$$

schreiben, woraus

$$|a_{kk}|\,|x_k| \leqq \left(\sum_{\substack{j=1\\j\neq k}}^{p} |a_{kj}|\right)|x_k| + \sum_{j=p+1}^{n} |a_{kj}|\,|x_j|$$

$$\leqq |x_k| \sum_{\substack{j=1\\j\neq k}}^{n} |a_{kj}| \qquad (k = 1, \ldots, p) \tag{14}$$

folgt. Dividieren wir die Ungleichung durch $|x_k|$, so erhalten wir

$$|a_{kk}| \leqq \sum_{\substack{j=1\\j\neq k}}^{n} a_{kj} \qquad (k = 1, \ldots, p). \tag{15}$$

Vergleichen wir diese Beziehungen mit den schwachen Hadamardschen Bedingungen (13), die wir als gültig vorausgesetzt haben, so gilt in den Relationen (15) und demnach auch in den Relationen (14) das Gleichheitszeichen. Das ist aber nur dann möglich, wenn

$$\sum_{j=p+1}^{n} |a_{kj}| = 0 \qquad (k = 1, \ldots, p)$$

ist, d. h., wenn die Matrix A die Gestalt

$$A = \begin{pmatrix} A_1 & \overbrace{O}^{n-p} \\ A_3 & A_4 \end{pmatrix}\!\!\begin{matrix}\}p\\ \\ \end{matrix} \tag{16}$$

besitzt. Eine solche Matrix, die durch ein und dieselbe Umordnung von Zeilen und Spalten auf die Form (16) gebracht werden kann, heißt zerlegbar (vgl. 13.1.). Somit ist A für $p < n$ eine zerlegbare Matrix.

Ist aber $p = n$, dann gilt in jeder der Relationen (15) und folglich auch in allen schwachen Hadamardschen Bedingungen (13) das Gleichheitszeichen.

Diese Schlüsse konnten wir unter der Annahme ziehen, daß A eine singuläre Matrix ist.

Damit haben wir folgenden Satz bewiesen, der eine Verschärfung des Hadamardschen Satzes darstellt:

Satz 2 (Olga Taussky). *Sind für eine unzerlegbare Matrix A die schwachen Hadamardschen Bedingungen* (13) *erfüllt und trifft für mindestens eine der Bedingungen die Ungleichheit zu, so ist die Matrix regulär.*

Es versteht sich von selbst, daß in diesem Satz die Bedingungen $H_i \geqq 0$ $(i = 1, \ldots, n)$ durch die Bedingungen $G_i \geqq 0$ $(i = 1, \ldots, n)$ ersetzt werden können.

Für weitere Verallgemeinerungen des Satzes von Hadamard benötigen wir den Begriff der Norm einer rechteckigen Matrix. Diesem Begriff ist der folgende Abschnitt gewidmet.

14.2. Die Norm einer Matrix

Im n-dimensionalen Raum $\mathfrak{R}$ der Spaltenvektoren x führen wir den Begriff der Norm eines Vektors ein. Jedem Vektor $x \in \mathfrak{R}$ ordnen wir eine gewisse nichtnegative Zahl $\|x\|_{\mathfrak{R}}$, oder einfach $\|x\|$, zu, so daß für zwei beliebige Vektoren x und y aus $\mathfrak{R}$ und einen beliebigen Skalar λ folgende Bedingungen erfüllt sind:

1. $\|x + y\| \leqq \|x\| + \|y\|$,
2. $\|\lambda x\| = |\lambda| \, \|x\|$,
3. $\|x\| > 0$ für $x \neq o$.

Setzen wir $\lambda = 0$ in 2., so erhalten wir $\|x\| = 0$, falls $x = o$ ist. Außerdem folgt aus 2. sofort für zwei beliebige Vektoren $x, y \in \mathfrak{R}$ die Ungleichung $\|x - y\| \geqq \|x\| - \|y\|$.

So kann man beispielsweise die „Würfel"norm

$$\|x\|_{\mathrm{I}} = \max_{1 \leqq i \leqq n} |x_i| \tag{17}$$

oder die „Oktaeder"norm

$$\|x\|_{\mathrm{II}} = \sum_{i=1}^{n} |x_i| \tag{17'}$$

einführen. Die „hermitesche" (im Fall eines reellen Raumes $\mathfrak{R}$ die „euklidische") Norm $\|x\|_{\mathrm{III}}$ wird durch die Gleichung

$$\|x\|_{\mathrm{III}} = \sqrt{\sum_{i=1}^{n} |x_i|^2} \tag{17''}$$

definiert.[1]) Es läßt sich leicht nachweisen, daß alle diese Normen die Bedingungen 1., 2. und 3. erfüllen.

Wir betrachten jetzt eine beliebige rechteckige Matrix A vom Typ (m, n) und die durch sie definierte lineare Transformation $y = Ax$. Hier ist x ein n-dimensionaler Spaltenvektor aus dem n-dimensionalen Raum $\mathfrak{R}$, und y ist ein m-dimensionaler Spaltenvektor aus dem m-dimensionalen Raum $\mathfrak{S}$. Wir führen in diesen Vektorräumen die Normen $\|x\|_{\mathfrak{R}} = \|x\|$ und $\|y\|_{\mathfrak{S}} = \|y\|$ ein. Danach definieren wir die Norm der

[1]) Vgl. 9.2.

rechteckigen Matrix A durch die Gleichung

$$\|A\| = \sup_{\substack{x \in \mathfrak{R} \\ x \neq o}} \frac{\|Ax\|_{\mathfrak{S}}}{\|x\|_{\mathfrak{R}}}. \tag{18}$$

Die Norm der Matrix A vom Typ (m, n) hängt sowohl von der Matrix selbst als auch von den in den Vektorräumen $\mathfrak{R}$ und $\mathfrak{S}$ eingeführten Normen ab. Bei Änderung dieser Normen ändert sich auch die Norm der Matrix.

Aus der Normdefinition folgt offensichtlich

$$\|Ax\|_{\mathfrak{S}} \leqq \|A\| \, \|x\|_{\mathfrak{R}}. \tag{18'}$$

Für zwei Matrizen A und B vom Typ (m, n) gilt bei ein und derselben Definition der Vektornormen die Beziehung

$$\|A + B\| \leqq \|A\| + \|B\|. \tag{19}$$

Außerdem ist offenbar

$$\|\lambda A\| = |\lambda| \, \|A\|. \tag{19'}$$

Eine Matrix B vom Typ (p, n) bilde den n-dimensionalen Raum $\mathfrak{R}$ in den p-dimensionalen Raum $\mathfrak{S}$ ab, und die Matrix A bilde den p-dimensionalen Raum $\mathfrak{S}$ in den m-dimensionalen Raum $\mathfrak{T}$ ab. Offensichtlich bildet dann die Matrix AB den Raum $\mathfrak{R}$ in $\mathfrak{T}$ ab. Führen wir jetzt in den Räumen $\mathfrak{R}$, $\mathfrak{S}$ und $\mathfrak{T}$ Vektornormen ein und definienieren wir mit ihrer Hilfe die Normen der Matrizen $\|A\|$, $\|B\|$ und $\|AB\|$, so erhalten wir leicht die Ungleichung

$$\|AB\| \leqq \|A\| \, \|B\|. \tag{19''}$$

Beispielsweise ist, wenn wir von der „Würfel“norm $\|x\|_{\mathrm{I}} = \max\limits_{1 \leqq k \leqq n} |x_k|$, $\|y\|_{\mathrm{I}} = \max\limits_{1 \leqq i \leqq m} |y_i|$ der Vektoren ausgehen, die Norm der Matrix $A = \|a_{ik}\|$ $(i = 1, \ldots, m;\ k = 1, \ldots, n)$ durch

$$\|A\| = \max_{1 \leqq i \leqq m} \sum_{k=1}^{n} |a_{ik}| \tag{20}$$

definiert. Es gilt nämlich

$$\|Ax\|_{\mathrm{I}} = \max_{1 \leqq i \leqq m} \left| \sum_{k=1}^{n} a_{ik} x_k \right| \leqq \max_{1 \leqq k \leqq n} |x_k| \max_{1 \leqq i \leqq m} \sum_{k=1}^{n} |a_{ik}|$$

und somit auch

$$\frac{\|Ax\|_{\mathrm{I}}}{\|x\|} \leqq \max_{1 \leqq i \leqq m} \sum_{k=1}^{n} |a_{ik}|.$$

Es gilt aber das Gleichheitszeichen, wenn wir die Koordinaten $x_1, x_2, \ldots, x_n$ des Vektors x derart wählen, daß $|x_1| = |x_2| = \cdots = |x_n|$ ist und $a_{pk} x_k = |a_{pk} x_k|$ $(k = 1, \ldots, n)$ für dasjenige p gilt, für welches das Maximum auf der rechten Seite der Gleichung (20) angenommen wird. Folglich ist diese rechte Seite gleich $\sup\limits_{x \neq 0} \frac{\|Ax\|}{\|x\|}$, und es gilt (20).[1])

Gehen wir von der „Oktaeder"norm

$$\|x\|_{II} = \sum_{k=1}^{n} |x_k|, \qquad \|y\|_{II} = \sum_{i=1}^{n} |y_i|$$

aus, so ist, wie man leicht nachweisen kann,

$$\|A\| = \max_{1 \leq k \leq n} \sum_{i=1}^{m} |a_{ik}|. \tag{20'}$$

Wir betrachten jetzt die hermiteschen Vektornormen

$$\|x\|^2 = \sum_{k=1}^{n} |x_k|^2 \quad \text{und} \quad \|y\|^2 = \sum_{i=1}^{m} |y_i|^2.$$

Wir führen die positive hermitesche Matrix $S = A^*A$ ein und erhalten somit

$$\|Ax\|^2 = y^*y = x^*A^*Ax = x^*Sx, \qquad \|x\|^2 = x^*x.$$

Dann ist (vgl. 10.7.)

$$\|A\|^2 = \max_{x \neq 0} \frac{x^*Sx}{x^*x} = \varrho,$$

wobei ϱ die maximale charakteristische Wurzel der Matrix A^*A ist. In diesem Fall gilt demnach

$$\|A\| = \sqrt{\varrho}. \tag{20''}$$

---

[1]) Die Norm einer quadratischen Matrix der Ordnung n wird manchmal auch axiomatisch eingeführt (unabhängig von der Vektornorm): Jeder Matrix A von der Ordnung n wird eine nichtnegative reelle Zahl $\|A\|$ in der Weise zugeordnet, daß folgende Bedingungen gelten:

1. $\|A\| > 0$ für $A \neq O$ und $\|A\| = 0$ für $A = O$,
2. $\|A + B\| \leq \|A\| + \|B\|$,
3. $\|\lambda A\| = |\lambda|\,\|A\|$ (λ ist ein Skalar),
4. $\|AB\| \leq \|A\|\,\|B\|$.

So kann man beispielsweise

$$\|A\| = \sqrt{\sum_{i,k} |a_{ik}|^2} \quad \text{oder} \quad \|A\| = n \max_{i,j} |a_{ij}|$$

setzen. Man führt für die Vektoren x und $y = Ax$ ein und dieselbe Vektornorm ein und nennt diese Norm verträglich mit der Norm $\|A\|$, sobald die Ungleichung $\|Ax\| \leq \|A\|\,\|x\|$ erfüllt ist. Unsere Definition der Norm erfüllt im Spezialfall ($m = n$ und $\mathfrak{R} = \mathfrak{S}$) die Bedingungen 1 bis 4 und ist mit der Vektornorm verträglich. Im Unterschied zu einer beliebigen, axiomatisch definierten Norm heißt die durch (18) definierte Norm die von der gegebenen Vektornorm erzeugte *Operatornorm*.

Wir führen jetzt verschiedene Normen für die Spaltenvektoren x und y ein. Ist beispielsweise

$$\|x\|_{\mathrm{II}} = \sum_{k=1}^{n} x_k \quad \text{und} \quad \|y\|_{\mathrm{I}} = \max_{1 \leqq i \leqq m} |y_i|,$$

dann gilt

$$\|Ax\|_{\mathrm{I}} = \max_{1 \leqq i \leqq m} \left| \sum_{k=1}^{n} a_{ik} x_k \right| \leqq a \sum_{k=1}^{n} |x_k| = a\, \|x\|_{\mathrm{II}},$$

wobei $a = \max\limits_{1 \leqq i \leqq m,\, 1 \leqq k \leqq n} |a_{ik}|$ ist. Wenn wir andererseits, falls $a = |a_{pq}|$ ist, x_q so wählen, daß $a_{pq} x_q = a\, |x_q|$ ist, und $x_j = 0$ für $j \neq q$ setzen, so haben wir $\|Ax\|_{\mathrm{I}} = a\, \|x\|_{\mathrm{II}}$. In diesem Fall ist also

$$\|Ax\| = \max_{1 \leqq i \leqq m,\, 1 \leqq k \leqq n} |a_{ik}|. \tag{20'''}$$

14.3. Die Verallgemeinerung des Hadamardschen Kriteriums auf Übermatrizen

Die Matrix A vom Typ (n, n) sei in s^2 Blöcke $A_{\alpha\beta}$ jeweils vom Typ (n_α, n_β) $(\alpha, \beta = 1, \ldots, s)$ zerlegt:

$$A = \begin{pmatrix} \overbrace{A_{11}}^{n_1} & \overbrace{A_{12}}^{n_2} & \ldots & \overbrace{A_{1s}}^{n_s} \\ A_{21} & A_{22} & \ldots & A_{2s} \\ \ldots & \ldots & \ldots & \ldots \\ A_{s1} & A_{s2} & \ldots & A_{ss} \end{pmatrix} \begin{matrix} \}n_1 \\ \}n_2 \\ \\ \}n_s \end{matrix}. \tag{21}$$

Dabei zerfällt der n-dimensionale Vektorraum $\mathfrak{R}$ in s Unterräume $\mathfrak{R}_\alpha$ mit der Dimension n_α $(\alpha = 1, \ldots, s)$. Für einen beliebigen Vektor $x \in \mathfrak{R}$ haben wir folglich

$$x = \sum_{\alpha=1}^{n} x_\alpha \quad (x_\alpha \in \mathfrak{R}_\alpha;\ \alpha = 1, \ldots, s). \tag{21'}$$

Wir führen Normen für die Vektoren der Räume $\mathfrak{R}_\alpha$ ein. Da die Matrix $A_{\alpha\beta}$ eine Abbildung von $\mathfrak{R}_\beta$ in $\mathfrak{R}_\alpha$ definiert, ist somit auch ihre Norm bestimmt:

$$\|A_{\alpha\beta}\| = \sup_{\substack{x_\beta \in \mathfrak{R}_\beta \\ x_\beta \neq o}} \frac{\|A_{\alpha\beta} x_\beta\|_{\mathfrak{R}_\alpha}}{\|x_\beta\|_{\mathfrak{R}_\beta}}. \tag{22}$$

Insbesondere ist auch die Norm der quadratischen Matrizen $A_{\alpha\alpha}$ definiert:

$$\|A_{\alpha\alpha}\| = \sup_{\substack{x_\alpha \in \mathfrak{R}_\alpha \\ x_\alpha \neq o}} \frac{\|A_{\alpha\alpha} x_\alpha\|}{\|x_\alpha\|}. \tag{22'}$$

Ist $|A_{\alpha\alpha}| \neq 0$, so ist $\|A_{\alpha\alpha}\| > 0$. In diesem Fall folgt aus (22′) leicht

$$\|A_{\alpha\alpha}^{-1}\| = \sup_{\substack{x_\alpha \in \Re_\alpha \\ x_\alpha \neq o}} \frac{\|x_\alpha\|}{\|A_{\alpha\alpha} x_\alpha\|}$$

und somit

$$\|A_{\alpha\alpha}^{-1}\|^{-1} = \inf_{\substack{x_\alpha \in \Re_\alpha \\ x_\alpha \neq o}} \frac{\|A_{\alpha\alpha} x_\alpha\|}{\|x_\alpha\|}. \tag{23}$$

Die rechte Seite von (23) ist auch dann definiert, wenn $A_{\alpha\alpha}$ eine singuläre Matrix ist. (Sie ist dann gleich 0.) Davon und von Stetigkeitsüberlegungen ausgehend werden wir annehmen, daß $\|A_{\alpha\alpha}^{-1}\|^{-1}$ auch im Fall $|A_{\alpha\alpha}| = 0$ definiert und gleich 0 ist.

Es sei jetzt $|A| = 0$ und $Ax = o$ für $x \neq o$. Ausgehend von der Darstellung (21) und (21′) schlüsseln wir das Übermatrizenprodukt auf und können

$$-A_{\alpha\alpha} x_\alpha = \sum_{\substack{\beta=1 \\ \beta \neq \alpha}}^{s} A_{\alpha\beta} x_\beta \qquad (\alpha = 1, \ldots, s) \tag{24}$$

schreiben. Daraus und aus den früher bewiesenen Eigenschaften der Norm einer Matrix (vgl. (18′) und (19)) erhalten wir

$$\|A_{\alpha\alpha} x_\alpha\| \leqq \sum_{\substack{\beta=1 \\ \beta \neq \alpha}}^{s} \|A_{\alpha\beta} x_\beta\| \leqq \sum_{\substack{\beta=1 \\ \beta \neq \alpha}}^{s} \|A_{\alpha\beta}\| \, \|x_\beta\| \tag{25}$$

$$(\alpha = 1, \ldots, s).$$

Andererseits folgt aus (23)

$$\|A_{\alpha\alpha}^{-1}\|^{-1} \|x_\alpha\| \leqq \|A_{\alpha\alpha} x_\alpha\| \qquad (\alpha = 1, \ldots, s),$$

was zusammen mit der Ungleichung (25)

$$\|A_{\alpha\alpha}^{-1}\|^{-1} \|x_\alpha\| \leqq \sum_{\substack{\beta=1 \\ \beta \neq \alpha}}^{s} \|A_{\alpha\beta}\| \, \|x_\beta\| \qquad (\alpha = 1, \ldots, s) \tag{26}$$

ergibt. Wie auch in 14.1. wählen wir den Index α in der Weise, daß $\|x_\alpha\|$ (im Vergleich zu den $\|x_\beta\|$ mit $\beta \neq \alpha$) den größten Wert annimmt, und ersetzen auf der rechten Seite von (26) alle $\|x_\beta\|$ durch $\|x_\alpha\|$. Nach Division beider Seiten der Ungleichung durch $\|x_\alpha\| > 0$ erhalten wir

$$\|A_{\alpha\alpha}^{-1}\|^{-1} \leqq \sum_{\substack{\beta=1 \\ \beta \neq \alpha}}^{s} \|A_{\alpha\beta}\|. \tag{27}$$

Gelten also die Hadamardschen Bedingungen für Übermatrizen,

$$\|A_{\alpha\alpha}^{-1}\|^{-1} - \sum_{\substack{\beta=1 \\ \beta \neq \alpha}}^{s} \|A_{\alpha\beta}\| > 0 \qquad (\alpha = 1, \ldots, s), \tag{28}$$

so ist die Ungleichung (27) nicht erfüllt, und die Matrix A kann demnach nicht singulär sein.

Wir haben somit den folgenden Satz bewiesen:

Satz 3. *Sind die Hadamardschen Bedingungen für Übermatrizen* (28) *erfüllt, so ist A regulär.*

Im Spezialfall $n_1 = n_2 = \cdots = n_s = 1$ ergibt sich der Satz von HADAMARD, wenn in den eindimensionalen Unterräumen R_α die Norm durch $\|x_\alpha\| = |x_\alpha|$ $(\alpha = 1, \ldots, s)$ definiert ist.

Selbstverständlich kann in Satz 3 auch von der Regularitätsbedingung für die Transponierte A^{T} ausgegangen werden, wobei die Hadamardschen Zeilenbedingungen für Übermatrizen (28) durch die entsprechenden Spaltenbedingungen

$$\|A_{\alpha\alpha}^{-1}\|^{-1} - \sum_{\substack{\beta=1\\ \beta\neq\alpha}}^{s} \|A_{\alpha\beta}^{\mathsf{T}}\| > 0 \qquad (\alpha = 1, \ldots, s) \tag{28'}$$

ersetzt werden. Auf Übermatrizen ausdehnen kann man auch den Satz von OLGA TAUSSKY, wenn man in diesem Satz die entsprechende Unzerlegbarkeitseigenschaft für die Übermatrix fordert und das Erfülltsein der schwachen Hadamardschen Bedingungen für Übermatrizen voraussetzt, unter denen für mindestens eine von ihnen echte Ungleichheit vorliegt.

14.4. Das Regularitätskriterium von Fiedler

Es sei wieder die Matrix A vom Typ (n, n) als Übermatrix wie in (21) dargestellt. Wir bilden die folgende reelle Matrix vom Typ (s, s):

$$G = \left\| \begin{matrix} \|A_{11}^{-1}\|^{-1} & -\|A_{12}\| & \ldots & -\|A_{1s}\| \\ -\|A_{21}\| & \|A_{22}^{-1}\|^{-1} & \ldots & -\|A_{2s}\| \\ \cdots & \cdots & \cdots & \cdots \\ -\|A_{s1}\| & -\|A_{s2}\| & \ldots & \|A_{ss}^{-1}\|^{-1} \end{matrix} \right\|. \tag{29}$$

Diese Matrix hat in der Diagonalen keine negativen und an allen anderen Stellen keine positiven Elemente. Wir erinnern den Leser daran, daß eine reelle Matrix M-Matrix heißt, wenn alle ihre nicht auf der Hauptdiagonalen liegenden Elemente kleiner als 0 und alle Hauptminoren positiv sind.[1]) Es gilt nun der folgende

Satz 4 (FIEDLER). *Ist G eine M-Matrix, so ist A regulär.*

Beweis. Angenommen, es sei $|A| = 0$. Dann ist $Ax = o$ für einen Vektor $x \neq o$. Ausgehend von den Darstellungen (21) und (21′) erhalten wir, wie schon auf S. 462,

[1]) Nach einem Lemma von KOTELJANSKIJ (vgl. S. 413) ist dafür hinreichend, daß die Hauptabschnittsdeterminanten positiv sind.

die Ungleichung (26) und bringen sie auf die folgende Form:

$$\|A_{\alpha\alpha}^{-1}\|^{-1}\,\|x_\alpha\| - \sum_{\substack{\beta=1\\ \beta\neq\alpha}}^{s} \|A_{\alpha\beta}\|\,\|x_\beta\| \leqq 0 \qquad (\alpha = 1, \ldots, s). \tag{30}$$

1. Es seien zunächst alle $\|x_\alpha\|$ positiv. Dann erhalten wir aus (30), wenn wir die Koeffizienten der $\|x_\alpha\|$ entsprechend vergrößern, d. h. $\|A_{\alpha\alpha}^{-1}\|^{-1}$ durch eine geeignete Zahl $\tilde{g}_{\alpha\alpha} \geqq \|A_{\alpha\alpha}^{-1}\|^{-1}$ ersetzen, das Gleichungssystem

$$\tilde{g}_{\alpha\alpha}\|x_\alpha\| - \sum_{\substack{\beta=1\\ \beta\neq\alpha}}^{s} \|A_{\alpha\beta}\|\,\|x_\beta\| = 0 \qquad (\alpha = 1, \ldots, s),$$

das in Matrizenschreibweise die Form

$$\tilde{G}\xi = o$$

hat mit

$$\tilde{G} = \begin{Vmatrix} \tilde{g}_{11} & -\|A_{12}\| & \ldots & -\|A_{1s}\| \\ -\|A_{21}\| & \tilde{g}_{22} & \ldots & -\|A_{2s}\| \\ \cdots & \cdots & \cdots & \cdots \\ -\|A_{s1}\| & -\|A_{s2}\| & \ldots & \tilde{g}_{ss} \end{Vmatrix}$$

und dem s-dimensionalen Spaltenvektor $\xi \neq o$ mit den Elementen $\|x_1\|, \ldots, \|x_s\|$. Daraus folgt sofort $|\tilde{G}| = 0$. Andererseits ergibt sich aus der Definition der M-Matrix, daß $|\tilde{G}| \geqq |G| > 0$ ist. Somit sind wir unter der Annahme, daß $|A| = 0$ ist, zu einem Widerspruch gekommen.

2. Verschwindet $\|x_\alpha\|$ für gewisse α, so wählen wir von den Ungleichungen (30) nur diejenigen aus, die Werten von α mit $\|x_\alpha\| > 0$ entsprechen. Wenn wir alle vorherigen Überlegen wörtlich wiederholen und an die Stelle von $|G|$ einen gewissen Hauptminor der Matrix G setzen, kommen wir erneut zu einem Widerspruch.

Damit ist der Satz bewiesen.

14.5. Die Geršgorinschen Kreise und andere Lokalisierungsgebiete

Es sei $A = \|a_{ik}\|_1^n$ eine beliebige Matrix vom Typ (n, n) mit komplexen Elementen und λ eine ihrer charakteristischen Wurzeln. Dann ist $A - \lambda E$ singulär, und somit können nicht sämtliche Hadamardschen Bedingungen gleichzeitig erfüllt sein, d. h., es muß eine der Ungleichungen

$$|a_{ii} - \lambda| \leqq \sum_{\substack{j=1\\ j\neq i}}^{n} |a_{ij}| \qquad (i = 1, \ldots, n) \tag{31}$$

gelten. Jede der Ungleichungen (31) definiert einen Kreis in der komplexen λ-Ebene mit dem Mittelpunkt a_{ii} und dem Radius $\sum_{\substack{j=1\\ j\neq i}}^{n} |a_{ij}|$. Wir haben so einen von Geršgorin 1931 bewiesenen Satz erhalten.

Satz 5 (Geršgorin). *Jede charakteristische Wurzel der Matrix* $A = \|a_{ik}\|_1^n$ *liegt in einem der Kreise* (31).

Auf diese Weise bildet die Vereinigung aller Geršgorinschen Kreise (31) ein *Lokalisierungsgebiet* für die charakteristischen Wurzeln der Matrix A, d. h. ein Gebiet, in dem notwendig alle charakteristischen Wurzeln der Matrix A liegen. Jedes Regularitätskriterium ergibt ein bestimmtes Lokalisierungsgebiet für die charakteristischen Wurzeln. Die Hadamardschen Spaltenbedingungen führen somit zu einem Lokalisierungsgebiet in Form der Vereinigung der n Kreise:

$$|\lambda - a_{ii}| \leqq \sum_{\substack{j=1\\ j\neq i}}^{n} |a_{ji}| \qquad (i = 1, \ldots, n). \tag{31'}$$

Die Hadamardschen Bedingungen für Übermatrizen liefern sofort den folgenden Satz:

Satz 6. *Jede charakteristische Wurzel* λ *einer in Blöcke aufgespaltenen Matrix* $A = (A_{\alpha\beta})_1^s$ *vom Typ* (n, n) *liegt sowohl in einem der Gebiete*

$$\|(A_{\alpha\alpha} - \lambda E_\alpha)^{-1}\|^{-1} \leqq \sum_{\substack{\beta=1\\ \beta\neq\alpha}}^{s} \|A_{\alpha\beta}\| \qquad (\alpha = 1, \ldots, s) \tag{32}$$

als auch in einem der Gebiete

$$\|(A_{\alpha\alpha} - \lambda E_\alpha)^{-1}\|^{-1} \leqq \sum_{\substack{\beta=1\\ \beta\neq\alpha}}^{s} \|A_{\beta\alpha}\| \qquad (\alpha = 1, \ldots, s). \tag{32'}$$

(Hier sind die E_α die Einheitsmatrizen von derselben Ordnung wie $A_{\alpha\alpha}$, $\alpha = 1, \ldots, s$.)

Wir klären jetzt, welches Lokalisierungsgebiet durch das Fiedlersche Kriterium bestimmt wird. Die nichtnegativen Zahlen $c_1, c_2, \ldots, c_s$ seien so gewählt, daß die Matrix

$$G = \left\| \begin{matrix} c_1 & -\|A_{12}\| & \ldots & -\|A_{1s}\| \\ -\|A_{21}\| & c_2 & \ldots & -\|A_{2s}\| \\ \cdots & \cdots & \cdots & \cdots \\ -\|A_{s1}\| & -\|A_{s2}\| & \ldots & c_s \end{matrix} \right\| \tag{33}$$

eine *schwache M-Matrix* ist, d. h., daß alle Hauptminoren dieser Matrix nichtnegativ sind (die nicht auf der Hauptdiagonalen liegenden Elemente dieser Matrix sind offenbar alle kleiner oder gleich 0). Wir nehmen jetzt an, daß für eine gewisse Zahl λ die s Ungleichungen

$$\|(A_{\alpha\alpha} - \lambda E_\alpha)^{-1}\|^{-1} > c_\alpha \qquad (\alpha = 1, \ldots, s) \tag{34}$$

erfüllt sind. Dann vergrößern wir, indem wir in (33) die c_α durch $\|(A_{\alpha\alpha} - \lambda E_\alpha)^{-1}\|^{-1}$ $(\alpha = 1, \ldots, s)$ ersetzen, alle Elemente der Hauptdiagonalen der Matrix und erhalten eine (nun schon echte!) M-Matrix

$$\left\|\begin{matrix} \|(A_{11}-\lambda E_1)^{-1}\|^{-1} & -\|A_{12}\| & \dots & -\|A_{1s}\| \\ -\|A_{21}\| & \|(A_{22}-\lambda E_2)^{-1}\|^{-1} & \dots & -\|A_{2s}\| \\ \dots & \dots & \dots & \dots \\ -\|A_{s1}\| & -\|A_{s2}\| & \dots & \|(A_{ss}-\lambda E_s)^{-1}\|^{-1} \end{matrix}\right\|.$$

Dann ist aber nach dem Satz von FIEDLER $|A-\lambda E| \neq 0$, und die Zahl λ ist nicht charakteristische Wurzel der Matrix A. Für eine beliebige charakteristische Wurzel λ der Matrix A ist daher wenigstens eine der Ungleichungen (34) verletzt, d. h., es gilt eine der Ungleichungen

$$\|(A_{\alpha\alpha}-\lambda E_\alpha)^{-1}\|^{-1} \leqq c_\alpha \quad (\alpha = 1, \dots, s). \tag{35}$$

Die Vereinigung der s Gebiete (35) ist nun das Fiedlersche Lokalisierungsgebiet, das seinerseits von den auf eine bestimmte Weise gewählten Parametern $c_1, c_2, \dots, c_s$ abhängt.

Satz 4 (FIEDLER). *Sind die nichtnegativen Zahlen $c_1, c_2, \dots, c_s$ in der Weise gewählt, daß die Matrix* (33) *eine schwache M-Matrix ist, so liegen die charakteristischen Wurzeln λ der Matrix A sämtlich in der Vereinigung der s abgeschlossenen Gebiete* (35).

Als Beispiel betrachten wir die symmetrische Matrix vierter Ordnung

$$A = \left\|\begin{matrix} 0 & 4 & 1 & -1 \\ 4 & 0 & -1 & 1 \\ 1 & -1 & -1 & 15 \\ -1 & 1 & 15 & -1 \end{matrix}\right\|.$$

Da A symmetrisch ist, sind alle ihre charakteristischen Wurzeln reell. Daher kann man an Stelle der Lokalisierungsgebiete auf der komplexen λ-Ebene die von diesen auf der reellen λ-Achse herausgeschnittenen Intervalle betrachten.

I. Das Geršgorinsche Lokalisierungsgebiet besteht aus dem einen Intervall $-18 \leqq \lambda \leqq 16$, das alle anderen Geršgorinschen Intervalle überdeckt.

II. Wir zerlegen die Matrix A in vier Blöcke:

$$A = \begin{pmatrix} A_{11} & A_{12} \\ A_{21} & A_{22} \end{pmatrix}, \quad A_{11} = \left\|\begin{matrix} 0 & 4 \\ 4 & 0 \end{matrix}\right\|, \quad A_{22} = \left\|\begin{matrix} -1 & 15 \\ 15 & -1 \end{matrix}\right\|,$$

$$A_{12} = A_{21} = \left\|\begin{matrix} 1 & -1 \\ -1 & 1 \end{matrix}\right\|.$$

Dann ist

$$(A_{11}-\lambda E_1)^{-1} = \frac{1}{\lambda^2-16} \cdot \left\|\begin{matrix} -\lambda & -4 \\ -4 & -\lambda \end{matrix}\right\|$$

und

$$(A_{22}-\lambda E_2)^{-1} = \frac{1}{(\lambda+1)^2-15^2} \cdot \left\|\begin{matrix} -1-\lambda & -15 \\ -15 & -1-\lambda \end{matrix}\right\|.$$

Wir betrachten drei Varianten für die Normierung der Vektorräume $\mathfrak{R}_1$ und $\mathfrak{R}_2$:

a) die Würfelnorm in $\mathfrak{R}_1$ und $\mathfrak{R}_2$;

b) die Würfelnorm in $\mathfrak{R}_1$ und die Oktaedernorm in $\mathfrak{R}_2$;

c) die Oktaedernorm in $\mathfrak{R}_1$ und die Würfelnorm in $\mathfrak{R}_2$.

Zu a) Die Normen der Elemente der Übermatrix werden alle mit Hilfe der Formel (20′) bestimmt:

$$\|A_{12}\| = 2, \quad \|A_{21}\| = 2,$$
$$\|(A_{11} - \lambda E_1)^{-1}\|^{-1} = \big||\lambda| - 4\big|, \quad \|(A_{22} - \lambda E_2)^{-1}\|^{-1} = \big||\lambda + 1| - 15\big|.$$

Die Geršgorinschen Lokalisierungsgebiete sind

$$\big||\lambda| - 4\big| \leqq 2 \quad \text{und} \quad \big||\lambda + 1| - 15\big| \leqq 2$$

und bestehen aus den vier Intervallen

$$-18 \leqq \lambda \leqq -16, \quad -6 \leqq \lambda \leqq -2, \quad 2 \leqq \lambda \leqq 6 \quad \text{und} \quad 12 \leqq \lambda \leqq 16. \tag{IIa}$$

Zu b) In diesem Fall sind $\|(A_{11} - \lambda E_1)^{-1}\|^{-1}$ und $\|(A_{22} - \lambda E_2)^{-1}\|^{-1}$ wie oben und

$$\|A_{12}\| = \max_x \frac{|x_1 - x_2|}{|x_1| + |x_2|} = 1, \quad A_{21} = \max_x \frac{2\,|x_1 - x_2|}{\max\limits_{1 \leqq i \leqq 2} |x_i|} = 4.$$

Die Geršgorinschen Lokalisierungsgebiete für Übermatrizen

$$\big||\lambda| - 4\big| \leqq 1, \quad \big||\lambda + 1| - 15\big| \leqq 4$$

zerfallen in vier Intervalle

$$-20 \leqq \lambda \leqq -12, \quad -5 \leqq \lambda \leqq -3, \quad 3 \leqq \lambda \leqq 5, \quad 10 \leqq \lambda \leqq 18. \tag{IIb}$$

Zu c) Der Unterschied zum vorigen Fall besteht einzig und allein darin, daß hier

$$\|A_{12}\| = 4 \quad \text{und} \quad \|A_{21}\| = 1$$

ist. Daher zerfallen die Geršgorinschen Lokalisierungsgebiete für Übermatrizen

$$\big||\lambda| - 4\big| \leqq 4, \quad \big||\lambda + 1| - 15\big| \leqq 1$$

in die drei Intervalle

$$-17 \leqq \lambda \leqq -15, \quad -8 \leqq \lambda \leqq 8 \quad \text{und} \quad 13 \leqq \lambda \leqq 15. \tag{IIc}$$

Auf der Zahlengeraden (Abb. 6) sind die Lokalisierungsintervalle I, IIa, IIb und IIc dargestellt. Ihr Durchschnitt ergibt die Lokalisierungsgebiete

$$-17 \leqq \lambda \leqq -15, \quad -5 \leqq \lambda \leqq -3, \quad 3 \leqq \lambda \leqq 5, \quad 13 \leqq \lambda \leqq 15.$$

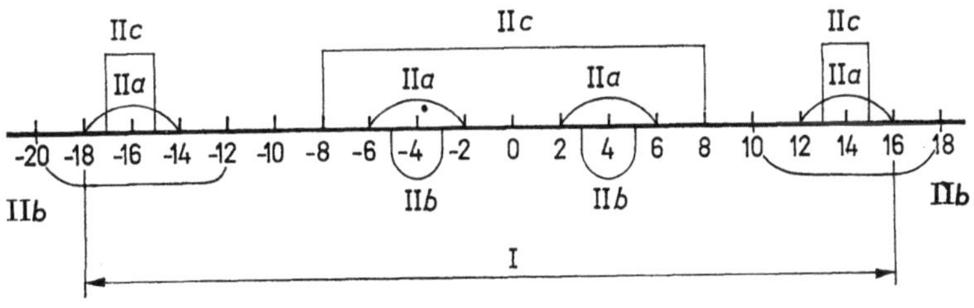

Abb. 6

III. Bei der Anwendung des Fiedlerschen Kriteriums gehen wir wieder von den Normierungen a), b) und c) aus:

$$G = \begin{Vmatrix} c_1 & -\|A_{12}\| \\ -\|A_{21}\| & c_2 \end{Vmatrix} = \begin{Vmatrix} c_1 & -2 \\ -2 & c_2 \end{Vmatrix}, \qquad |G| = c_1 c_2 - 4 \geqq 0.^{1)}$$

Um die kleinstmöglichen Werte für c_1 und c_2 zu erhalten, setzen wir $c_1 c_2 = 4$. Das Fiedlersche Lokalisierungsgebiet

$$\big||\lambda| - 4\big| \leqq c_1, \qquad \big||\lambda + 1| - 15\big| \leqq c_2$$

stimmt für $c_1 = 2$, $c_2 = 2$ mit dem Lokalisierungsgebiet IIa überein, für $c_1 = 1$ und $c_2 = 4$ mit IIb und für $c_1 = 4$, $c_2 = 1$ mit IIc. Das Fiedlersche Lokalisierungsgebiet besteht aus vier Intervallen:

$$\left.\begin{aligned} -16 - c_2 \leqq \lambda \leqq -16 + c_2, \quad & -4 - c_1 \leqq \lambda \leqq -4 + c_1, \\ 4 - c_1 \leqq \lambda \leqq \quad 4 + c_1, \quad & 14 - c_2 \leqq \lambda \leqq \ 14 + c_2 \end{aligned}\right\} \tag{III}$$

und hängt von einem positiven Parameter ab, da $c_1 = 4/c_2$ gilt.

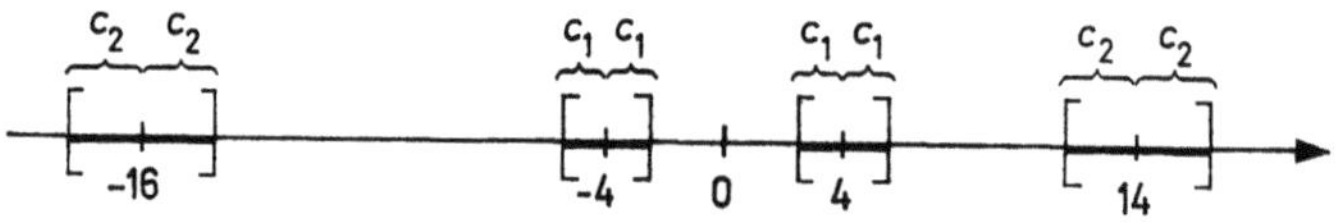

Abb. 7

Zur Bestimmung des Durchschnitts aller dieser Fiedlerschen Lokalisierungsgebiete setzen wir (Abb. 7):

$$\begin{aligned} &1.\ -16 - c_2 = -4 - c_1, \quad && 4.\ 4 - c_1 = 14 - c_2, \\ &2.\ -16 + c_2 = -4 - c_1, \quad && 5.\ 4 + c_1 = 14 - c_2, \\ &3.\ -16 + c_2 = -4 + c_1, \quad && 6.\ 4 + c_1 = 14 + c_2. \end{aligned}$$

Aus der Gleichung $c_1 c_2 = 4$ erhalten wir nun sechs quadratische Gleichungen mit den kleinsten positiven Wurzeln:

$$\begin{aligned} &1.\ c_2^2 - 12c_2 - 4 = 0, \quad && z_1 = -6 + \sqrt{40} = 0{,}3246\ldots, \\ &2.\ c_2^2 - 12c_2 + 4 = 0, \quad && z_2 = 6 - \sqrt{32} = 0{,}3431\ldots, \\ &3.\ c_1^2 + 12c_1 - 4 = 0, \quad && z_3 = z_1 = -6 + \sqrt{40} = 0{,}3246\ldots, \\ &4.\ c_1^2 + 10c_1 - 4 = 0, \quad && z_4 = -5 + \sqrt{29} = 0{,}3852\ldots, \\ &5.\ c_1^2 - 10c_1 + 4 = 0, \quad && z_5 = 5 - \sqrt{21} = 0{,}4174\ldots, \\ &6.\ c_2^2 + 10c_2 - 4 = 0, \quad && z_6 = z_4 = -5 + \sqrt{29} = 0{,}3852\ldots. \end{aligned}$$

Man kann leicht überlegen, daß sich das Lokalisierungsgebiet, das aus dem Durchschnitt aller Fiedlerschen Lokalisierungsgebiete besteht, aus den folgenden vier Intervallen zusammensetzt:

$$\begin{aligned} -16 - z_1 \leqq \lambda \leqq -16 + z_2, \quad & -4 - z_2 \leqq \lambda \leqq -4 + z_1, \\ 4 - z_4 \leqq \lambda \leqq z_5, \quad & 14 - z_5 \leqq \lambda \leqq 14 + z_4. \end{aligned}$$

---

1) In den Fällen b) und c) erhalten wir zwar eine andere Matrix für G, aber denselben Wert der Determinante (*Anm. d. Red.*).

15. Anwendungen der Matrizenrechnung zur Untersuchung linearer Differentialgleichungssysteme

15.1. Systeme linearer Differentialgleichungen mit stetigen Koeffizienten. Grundbegriffe

Wir betrachten ein System homogener linearer Differentialgleichungen erster Ordnung,

$$\frac{\mathrm{d}x_i}{\mathrm{d}t} = \sum_{k=1}^{n} p_{ik}(t)\, x_k \qquad (i = 1, 2, \ldots, n). \tag{1}$$

Die Koeffizienten $p_{ik}(t)$ $(i, k = 1, 2, \ldots, n)$ seien komplexe Funktionen der reellen Veränderlichen t und in einem gewissen (endlichen oder unendlichen) Intervall der Variablen stetig.[1])

Setzen wir $P(t) = \|p_{ik}(t)\|_1^n$ und $x = (x_1, x_2, \ldots, x_n)$, so kann das System (1) folgendermaßen geschrieben werden:

$$\frac{\mathrm{d}x}{\mathrm{d}t} = P(t)\, x. \tag{2}$$

Unter einer *Integralmatrix* des Systems (1) verstehen wir eine quadratische Matrix $X(t) = \|x_{ik}(t)\|_1^n$, deren Spalten n linear unabhängige Lösungen von (1) sind.

Da jede Spalte der Matrix X der Gleichung (2) genügt, befriedigt die Integralmatrix X die Gleichung

$$\frac{\mathrm{d}X}{\mathrm{d}t} = P(t)\, X. \tag{3}$$

Im folgenden betrachten wir an Stelle des Systems (1) die Matrizengleichung (3). Aus dem Existenz- und Einzigkeitssatz für Systeme linearer Differentialgleichungen[2]) folgt die Einzigkeit der Integralmatrix $X(t)$, wenn ihre Elemente für einen („Anfangs-")Wert $t = t_0$,[3]) $x(t_0) = x_0$, gegeben sind. Als X_0 kann eine beliebige

---

[1]) Alle Sätze dieses Abschnitts, die Funktionen von t betreffen, beziehen sich auf das vorgegebene Intervall der Variablen t.

[2]) Den Beweis dieses Satzes findet man in 15.5. Siehe auch I. G. Petrowski, Vorlesungen über die Theorie der gewöhnlichen Differentialgleichungen, B. G. Teubner, Leipzig 1954 (Übersetzung aus dem Russischen).

[3]) Dabei liegt t_0 in dem vorgegebenen Intervall der Variablen t.

reguläre quadratische Matrix n-ter Ordnung gewählt werden. Ist $X(t_0) = E$, so nennt man die Integralmatrix $X(t)$ *normiert.*

Wir differenzieren die Determinante der Matrix X, indem wir sukzessive die Zeilen der Determinante differenzieren und dabei die Relationen

$$\frac{\mathrm{d}x_{ij}}{\mathrm{d}t} = \sum_{k=1}^{n} p_{ik} x_{kj} \qquad (i, j = 1, 2, \ldots, n)$$

beachten. Man erhält

$$\frac{\mathrm{d}\,|X|}{\mathrm{d}t} = (p_{11} + p_{22} + \cdots + p_{nn})\,|X|\,.$$

Hieraus folgt die *Jacobische Identität*

$$|X| = c\,\mathrm{e}^{\int\limits_{t_0} \mathrm{Sp}\, P \mathrm{d}t}\,; \tag{4}$$

c ist eine Konstante und

$$\mathrm{Sp}\, P = p_{11} + p_{22} + \cdots + p_{nn}$$

die Spur der Matrix $P(t)$.

Da die Determinante $|X|$ nicht identisch verschwindet, ist $c \neq 0$. Dann folgt aber aus der Jacobischen Identität, daß $|X|$ für alle Werte des Arguments von 0 verschieden ist, $|X| \neq 0$, d. h., *eine Integralmatrix ist für alle Werte des Arguments regulär.*

Ist $\tilde{X}(t)$ regulär ($|\tilde{X}| \neq 0$) und eine partikuläre Lösung der Gleichung (3), so erhält man die allgemeine Lösung dieser Gleichung in der Form

$$X = \tilde{X} C, \tag{5}$$

wobei C eine beliebige reguläre konstante Matrix ist. Multipliziert man nämlich beide Seiten der Gleichung

$$\frac{\mathrm{d}\tilde{X}}{\mathrm{d}t} = P\tilde{X} \tag{6}$$

von rechts mit C, so überzeugt man sich leicht, daß auch die Matrix $\tilde{X}C$ der Gleichung (3) genügt. Ist andererseits X eine beliebige Lösung von (3), so folgt aus (6)

$$\frac{\mathrm{d}X}{\mathrm{d}t} = \frac{\mathrm{d}}{\mathrm{d}t}(\tilde{X} \cdot \tilde{X}^{-1}X) = \frac{\mathrm{d}\tilde{X}}{\mathrm{d}t}\,\tilde{X}^{-1}X + \tilde{X}\,\frac{\mathrm{d}}{\mathrm{d}t}\,(\tilde{X}^{-1}X) = PX + \tilde{X}\,\frac{\mathrm{d}}{\mathrm{d}t}\,(\tilde{X}^{-1}X)$$

und hieraus wegen (3) $\frac{\mathrm{d}}{\mathrm{d}t}(\tilde{X}^{-1}X) = 0$ und $\tilde{X}^{-1}X = \mathrm{const} = C$, d. h., es gilt (5).

Jede Integralmatrix X des Systems (1) erhält man durch die Gleichung (5) mit $|C| \neq 0$.

Wir betrachten den Spezialfall

$$\frac{dX}{dt} = AX \tag{7}$$

mit konstanter Matrix A. Hier ist $\tilde{X} = e^{At}$ eine partikuläre reguläre Lösung der Gleichung (7)[1], und folglich besitzt die allgemeine Lösung dieser Gleichung die Gestalt

$$X = e^{At}C \tag{8}$$

mit beliebiger regulärer konstanter Matrix C.

Setzt man in (8) $t = t_0$, so ergibt sich $X_0 = e^{At_0}C$. Hieraus folgt $C = e^{-At_0}X_0$, und daher können wir Gleichung (8) in der Gestalt

$$X = e^{A(t-t_0)}\, X_0 \tag{9}$$

schreiben. Diese Gleichung entspricht der Beziehung (46) auf S. 145 in Kap. 5.

Wir betrachten das sogenannte *Cauchysche System*

$$\frac{dX}{dt} = \frac{A}{t-a}\, X \qquad (A \text{ ist eine konstante Matrix}). \tag{10}$$

Dieses System läßt sich durch die Variablentransformation $u = \ln(t-a)$ in das oben betrachtete System überführen. Die allgemeine Lösung des Differentialgleichungssystems (10) lautet daher

$$X = e^{A \ln(t-a)}C = (t-a)^A\, C. \tag{11}$$

Die in (8) und (11) enthaltenen Funktionen e^{At} und $(t-a)^A$ können folgendermaßen dargestellt werden (vgl. S. 144):

$$e^{At} = \sum_{k=1}^{s} (Z_{k1} + Z_{k2}t + \cdots + Z_{km_k}t^{m_k-1})\, e^{\lambda_k t}, \tag{12}$$

$$(t-a)^A = \sum_{k=1}^{s} \left(Z_{k1} + Z_{k2}\ln(t-a) + \cdots + Z_{km_k}[\ln(t-a)]^{m_k-1}\right)(t-a)^{\lambda_k}. \tag{13}$$

Dabei ist

$$\psi(\lambda) = (\lambda - \lambda_1)^{m_1}(\lambda - \lambda_2)^{m_2} \cdots (\lambda - \lambda_s)^{m_s}$$

$$(\lambda_i \neq \lambda_k \text{ für } i \neq k;\ i, k = 1, 2, \ldots, s)$$

das Minimalpolynom der Matrix A; die Z_{kj} ($j = 1, 2, \ldots, m_k$; $k = 1, 2, \ldots, s$) sind linear unabhängige und als Polynome in A darstellbare konstante Matrizen.[2]

---

[1]) Gliedweise Differentiation der Reihe $e^{At} = \sum_{k=0}^{\infty} \frac{A^k}{k!} t^k$ ergibt $\frac{d}{dt} e^{At} = A\, e^{At}$.

[2]) Jeder der Summanden $X_k = (Z_{k1} + Z_{k2}t + \cdots + Z_{km_k}t^{m_k-1})\, e^{\lambda_k t}$ ($k = 1, 2, \ldots, s$) auf der rechten Seite von (12) ist Lösung der Gleichung (7). Das Produkt $g(A)\, e^{At}$ genügt nämlich für eine beliebige Funktion $g(\lambda)$ dieser Gleichung. Nun ist $X_k = f(A) = g(A)\, e^{At}$, wenn $f(\lambda) = g(\lambda)\, e^{At}$, $g(\lambda_k) = 1$ gilt und alle übrigen $m - 1$ Werte der Funktion $g(\lambda)$ auf dem Spektrum der Matrix A verschwinden (vgl. (16) auf S. 129).

Bemerkung. Bisweilen nimmt man als Integralmatrix des Differentialgleichungssystems (1) eine Matrix W, deren Zeilen linear unabhängige Lösungen von (1) sind. Offenbar ist W die Transponierte der Matrix X:

$$W = X^{\mathsf{T}}.$$

Geht man auf beiden Seiten von (3) zu den transponierten Matrizen über, so erhält man anstelle von (3) für W die Gleichung

$$\frac{\mathrm{d}W}{\mathrm{d}t} = WP(t). \tag{3'}$$

Auf der rechten Seite dieser Gleichung steht die Matrix W als erster Faktor, während X in (3) als zweiter Faktor auftritt.

15.2. Die Ljapunovsche Transformation

Wir setzen voraus, daß die Koeffizientenmatrix $P(t) = \|p_{ik}(t)\|_1^n$ des Systems (1) (bzw. der Gleichung (3)) im Intervall $[t_0, \infty)$ stetig und beschränkt in t ist.[1])

Mit Hilfe einer Transformation

$$x_i = \sum_{k=1}^{n} l_{ik}(t)\, y_k \qquad (i = 1, 2, \ldots, n) \tag{14}$$

ersetzen wir die gesuchten Funktionen $x_1, x_2, \ldots, x_n$ durch $y_1, y_2, \ldots, y_n$. Dabei soll die Transformationsmatrix $L(t) = \|l_{ik}(t)\|_1^n$ folgenden Bedingungen genügen:

1. $L(t)$ besitzt im Intervall $[t_0, \infty)$ eine stetige Ableitung $\dfrac{\mathrm{d}L}{\mathrm{d}t}$;
2. $L(t)$ und $\dfrac{\mathrm{d}L}{\mathrm{d}t}$ sind im Intervall $[t_0, \infty)$ beschränkt;
3. es existiert eine Konstante m mit

$$0 < m < \operatorname{abs} |L(t)| \qquad (t \geqq t_0),$$

d. h., der Betrag der Determinante $|L(t)|$ ist nach unten durch eine positive Konstante m beschränkt.

Eine Transformation (14), deren Koeffizientenmatrix $L(t) = \|l_{ik}(t)\|_1^n$ den Bedingungen 1 bis 3 genügt, heißt eine *Ljapunovsche Transformation* und die Matrix $L(t)$ eine *Ljapunovsche Matrix*; A. M. Ljapunov betrachtete derartige Transformationen in seiner Dissertation „Das allgemeine Problem der Stabilität einer Bewegung" [19].

Beispiele. 1. Ist $L = \text{const}$ und $|L| \neq 0$, so genügt die Matrix L den Bedingungen 1 bis 3. Eine reguläre Transformation mit konstanten Koeffizienten ist also eine Ljapunovsche Transformation.

---

[1]) Das bedeutet, daß jede der Funktionen $p_{ik}(t)$ $(i, k = 1, 2, \ldots, n)$ im Intervall $[t_0, \infty)$, d. h. für $t \geqq t_0$, stetig und beschränkt ist.

2. Ist $D = \|d_{ik}\|_1^n$ eine Matrix einfacher Struktur mit rein imaginären charakteristischen Wurzeln, so genügt die Matrix

$$L(t) = e^{Dt}$$

den Bedingungen 1 bis 3 und ist daher eine Ljapunovsche Matrix.[1])

Aus den Eigenschaften 1 bis 3 der Matrix $L(t)$ folgt die Existenz der inversen Matrix $L^{-1}(t)$, und man sieht leicht, daß diese Matrix ebenfalls den Bedingungen 1 bis 3 genügt. Die inverse Transformation einer Ljapunovschen Transformation ist wiederum eine Ljapunovsche Transformation. Ebenso stellt man fest, daß das Ergebnis zweier aufeinanderfolgender Ljapunovscher Transformationen wiederum eine Ljapunovsche Transformation ist. Die Ljapunovschen Transformationen bilden also eine Gruppe.

Die Ljapunovschen Transformationen besitzen folgende wichtige Eigenschaft: *Wird das Gleichungssystem* (1) *durch die Transformation* (14) *in das System*

$$\frac{dy_i}{dt} = \sum_{k=1}^{n} q_{ik}(t)\, y_k \tag{15}$$

übergeführt und ist die Nullösung des Systems (15) *im Ljapunovschen Sinne stabil, asymptotisch stabil bzw. instabil* (vgl. 5.6.), *so ist auch die Nullösung des Ausgangssystems* (1) *im Ljapunovschen Sinne stabil, asymptotisch stabil bzw. instabil.*

Mit anderen Worten, eine Ljapunovsche Transformation ändert den Charakter der Nullösung (in bezug auf die Stabilität) nicht. Daher können diese Transformationen bei Stabilitätsuntersuchungen zur Vereinfachung des ursprünglichen Gleichungssystems benutzt werden.

Die Ljapunovsche Transformation (14) vermittelt eine eineindeutige Beziehung zwischen den Lösungen der Systeme (1) und (15) derart, daß linear unabhängige Lösungen in linear unabhängige transformiert werden. Die Ljapunovsche Transformation (14) führt daher eine Integralmatrix X des Systems (1) in eine Integralmatrix Y des Systems (15) über, und es ist

$$X = L(t)\, Y. \tag{16}$$

In Matrizenschreibweise besitzt das System (15) die Form

$$\frac{dY}{dt} = Q(t)\, Y; \tag{17}$$

$Q(t) = \|q_{ik}(t)\|_1^n$ ist die Koeffizientenmatrix des Systems.

Setzen wir in (3) an Stelle von X das Produkt LY und vergleichen wir die so erhaltene Gleichung mit (17), so ergibt sich die Beziehung

$$Q = L^{-1}PL - L^{-1}\frac{dL}{dt}, \tag{18}$$

die die Matrix Q durch die Matrizen P und L ausdrückt.

---

[1]) Dabei sind in (12) alle m_k gleich 1 und die λ_k gleich $i\varphi_k$ (φ_k reell; $k = 1, 2, \ldots, s$).

Die Systeme (1) und (15) oder, was dasselbe ist, (3) und (17) nennen wir (im Ljapunovschen Sinne) *äquivalent,* wenn sie durch eine Ljapunovsche Transformation ineinander übergeführt werden können. Gleichung (18) gibt den Zusammenhang zwischen den Koeffizientenmatrizen P und Q äquivalenter Systeme an, wobei die Matrix L den Bedingungen 1 bis 3 genügt.

15.3. Reduzierbare Systeme

Unter den linearen Differentialgleichungssystemen erster Ordnung sind die Systeme mit konstanten Koeffizienten der einfachste und am gründlichsten untersuchte Typ. Von besonderem Interesse sind daher Differentialgleichungssysteme, die durch eine Ljapunovsche Transformation in ein System mit konstanten Koeffizienten übergeführt werden können. Derartige Systeme nannte A. M. LJAPUNOV *reduzierbar.*

Es sei ein reduzierbares System

$$\frac{\mathrm{d}X}{\mathrm{d}t} = PX \tag{19}$$

gegeben, das durch die Ljapunovsche Transformation

$$X = L(t)\, Y \tag{20}$$

in das System

$$\frac{\mathrm{d}Y}{\mathrm{d}t} = AY \tag{21}$$

mit konstanter Matrix A übergeht. Dann besitzt das System (19) die partikuläre Lösung

$$\tilde{X} = L(t)\, \mathrm{e}^{At}. \tag{22}$$

Man sieht leicht, daß auch umgekehrt jedes System (19), das eine partikuläre Lösung der Form (22) mit Ljapunovscher Matrix $L(t)$ und konstanter Matrix A besitzt, reduzierbar ist; dabei wird es durch die Ljapunovsche Transformation (20) in die Form (21) übergeführt.

Wir folgen den Untersuchungen LJAPUNOVS und zeigen, daß *jedes System der Form* (19) *mit periodischen Koeffizienten reduzierbar ist.*[1])

In dem gegebenen System (19) sei $P(t)$ eine im Intervall $(-\infty, +\infty)$ stetige Funktion mit der Periode τ:

$$P(t + \tau) = P(t). \tag{23}$$

Ersetzt man in (19) t durch $t + \tau$ und benutzt die Relation (23), so erhält man

$$\frac{\mathrm{d}X(t + \tau)}{\mathrm{d}t} = P(t)\, X(t + \tau).$$

[1]) Vgl. [22], § 47.

Es ist also sowohl $X(t+\tau)$ als auch $X(t)$ eine Integralmatrix des Systems (19). Daher gilt

$$X(t+\tau) = X(t)\, V,$$

wobei V eine reguläre konstante Matrix ist. Wegen $|V| \neq 0$ können wir folgende Festsetzung treffen:[1])

$$V^{\frac{t}{\tau}} = \mathrm{e}^{\frac{t}{\tau}\ln V}.$$

Diese Matrizenfunktion in t wird ebenso wie $X(t)$ von rechts mit V multipliziert, wenn das Argument um τ wächst. Also ist der „Quotient"

$$L(t) = X(t)\, V^{-\frac{t}{\tau}} = X(t)\, \mathrm{e}^{-\frac{t}{\tau}\ln V}$$

eine stetige periodische Funktion mit der Periode τ,

$$L(t+\tau) = L(t),$$

und der Determinante $|L(t)| \neq 0$. Die Matrix $L(t)$ genügt den Bedingungen 1 bis 3 aus 15.2. und ist folglich eine Ljapunovsche Matrix.

Andererseits kann die Lösung X des Systems (19) in der Form

$$X = L(t)\, \mathrm{e}^{\frac{\ln V}{\tau} t}$$

dargestellt werden, folglich ist (19) reduzierbar.

Im vorliegenden Fall besitzt die Ljapunovsche Tranformation $X = L(t)\, Y$, die das System (19) auf die Form

$$\frac{\mathrm{d}Y}{\mathrm{d}t} = \frac{1}{\tau} \ln V \cdot Y$$

reduziert, periodische Koeffizienten mit der Periode τ.

Ljapunov bewies ein wichtiges Kriterium für die Stabilität bzw. Instabilität nichtlinearer Differentialgleichungssysteme, das sich auf Aussagen über die erste lineare Näherung stützt.[2]) Es sei

$$\frac{\mathrm{d}x_i}{\mathrm{d}t} = \sum_{k=1}^{n} a_{ik} x_k + (**) \qquad (i = 1, 2, \ldots, n) \tag{24}$$

ein nichtlineares Differentialgleichungssystem. Auf der rechten Seite stehen konvergente Potenzreihen in $x_1, x_2, \ldots, x_n$; (**) bezeichne die Summe der Glieder zweiter

[1]) Hier ist $\ln V = f(V)$, und $f(\lambda)$ ist ein beliebiger eindeutiger Zweig der Funktion $\ln \lambda$ in einem einfach zusammenhängenden Gebiet G, das alle charakteristischen Wurzeln der Matrix V enthält, die Null aber ausschließt. Vgl. Kap. 5.

[2]) Vgl. [22], § 24.

und höherer Ordnung in $x_1, x_2, \ldots, x_n$, und die Koeffizienten a_{ik} $(i, k = 1, 2, \ldots, n)$ der linearen Glieder seien konstant.[1])

Ljapunovsches Kriterium. *Die Nullösung des Systems* (24) *ist stabil* (*und sogar asymptotisch stabil*), *wenn alle charakteristischen Wurzeln der Koeffizientenmatrix* $A = \|a_{ik}\|_1^n$ *der ersten linearen Näherung negativen Realteil besitzen, und instabil, wenn eine dieser charakteristischen Wurzeln positiven Realteil besitzt.*

Die oben durchgeführten Überlegungen gestatten uns, dieses Kriterium auf Systeme mit periodischen Koeffizienten der linearen Glieder zu verallgemeinern:

$$\frac{dx_i}{dt} = \sum_{k=1}^{n} p_{ik}(t)\, x_k + (**). \tag{25}$$

Unsere Überlegungen besagen nämlich, daß das System (25) durch eine Ljapunovsche Transformation in die Form (24) übergeführt werden kann, wobei

$$A = \|a_{ik}\|_1^n = \frac{1}{\tau} \ln V$$

ist und V die konstante Matrix bezeichnet, mit der die Integralmatrix des zugehörigen linearen Systems (19) multpliziert wird, wenn das Argument um τ wächst. Ohne Beschränkung der Allgemeinheit kann man voraussetzen, daß $\tau > 0$ ist. Auf Grund der Eigenschaften der Ljapunovschen Transformation sind die Nullösungen des Ausgangssystems und des transformierten Systems gleichzeitig stabil, asymptotisch stabil bzw. instabil. Zwischen den charakteristischen Wurzeln λ_i und ν_i $(i = 1, 2, \ldots, n)$ der Matrizen A bzw. V gelten aber die Gleichungen

$$\lambda_i = \frac{1}{\tau} \ln \nu_i \qquad (i = 1, 2, \ldots, n).$$

Folglich ergibt die Anwendung des Ljapunovschen Kriteriums auf das reduzierte System:[2])

Die Nullösung des Systems (25) *ist asymptotisch stabil, wenn der Betrag aller charakteristischen Wurzeln* $\nu_1, \nu_2, \ldots, \nu_n$ *der Matrix* V *kleiner als* 1 *ist, und instabil, wenn der Betrag einer dieser Wurzeln größer als* 1 *ist.*

A. M. Ljapunov hat sein Stabilitätskriterium, das sich auf die erste lineare Näherung stützt, für eine noch umfassendere Klasse von Differentialgleichungssystemen aufgestellt. Er hat nämlich dieses Kriterium für alle Systeme der Form (24) bewiesen, deren erste lineare Näherung einer Klasse von Differentialgleichungssystemen angehört, die Ljapunov *regelmäßig* genannt hat.[3])

---

[1]) Die Koeffizienten der nichtlinearen Glieder können von t abhängen. In diesem Fall werden noch gewisse Voraussetzungen gemacht (vgl. [22], § 11).

[2]) Vgl. [22], § 55.

[3]) Vgl. [22], § 9.

Die Klasse der regelmäßigen Systeme enthält als Teilklasse die reduzierbaren Systeme.

Ein Instabilitätskriterium für den Fall, daß die erste lineare Näherung ein regelmäßiges System ist, hat N. G. Četaev hergeleitet.[1])

15.4. Die kanonische Form reduzierbarer Systeme. Der Satz von Erugin

Wir betrachten das reduzierbare System (19) und ein ihm (im Ljapunovschen Sinne) äquivalentes System

$$\frac{dY}{dt} = AY$$

mit konstanter Matrix A.

Uns interessiert die Frage, *wie weit die Matrix A durch das vorgegebene System* (19) *bestimmt ist*. Diese Frage kann auch folgendermaßen formuliert werden:

Wann sind zwei Systeme

$$\frac{dY}{dt} = AY \quad \textit{und} \quad \frac{dZ}{dt} = BZ$$

mit konstanten Matrizen A und B im Ljapunovschen Sinne äquivalent, d. h., wann können sie durch eine Ljapunovsche Transformation ineinander übergeführt werden?

Um diese Frage beantworten zu können, definieren wir einen neuen Begriff: Wir sagen, *die Spektren der Matrizen A und B der Ordnung n besitzen den gleichen Realteil, wenn die Elementarteiler der Matrizen A und B die Form*

$$(\lambda - \lambda_1)^{m_1}, (\lambda - \lambda_2)^{m_2}, \ldots, (\lambda - \lambda_s)^{m_s}; \quad (\lambda - \mu_1)^{m_1}, (\lambda - \mu_2)^{m_2}, \ldots, (\lambda - \mu_s)^{m_s}$$

haben, wobei

$$\operatorname{Re} \lambda_k = \operatorname{Re} \mu_k \qquad (k = 1, 2, \ldots, s)$$

ist.

Es gilt der folgende Satz von N. P. Erugin:[2])

Satz 1 (Erugin). *Zwei Systeme*

$$\frac{dY}{dt} = AY \quad \textit{und} \quad \frac{dZ}{dt} = BZ \tag{26}$$

(*A und B sind konstante Matrizen n-ter Ordnung*) *sind genau dann im Ljapunovschen Sinne äquivalent, wenn die Spektren von A und B den gleichen Realteil besitzen.*

---

[1]) Vgl. [38], S. 181.

[2]) Vgl. [11], S. 9–15. Der hier angegebene Beweis des Satzes unterscheidet sich von dem von N. P. Erugin geführten Beweis.

Beweis. Es seien die Systeme (26) gegeben. Wir führen die Matrix A in Jordansche Normalform[1]) (vgl. 6.7.)

$$A = T\{\lambda_1 E_1 + H_1, \lambda_2 E_2 + H_2, \ldots, \lambda_s E_s + H_s\}\, T^{-1} \tag{27}$$

mit

$$\lambda_k = \alpha_k + \mathrm{i}\beta_k \tag{28}$$

über (α_k, β_k sind reelle Zahlen; $k = 1, 2, \ldots, s$). In Übereinstimmung mit (27) und (28) sei

$$\left.\begin{aligned} A_1 &= T\{\alpha_1 E_1 + H_1, \alpha_2 E_2 + H_2, \ldots, \alpha_s E_s + H_s\}\, T^{-1}, \\ A_2 &= T\{\mathrm{i}\beta_1 E_1, \mathrm{i}\beta_2 E_2, \ldots, \mathrm{i}\beta_s E_s\}\, T^{-1}. \end{aligned}\right\} \tag{29}$$

Dann ist

$$A = A_1 + A_2, \qquad A_1 A_2 = A_2 A_1. \tag{30}$$

Die Matrix $L(t)$ werde durch die Gleichung

$$L(t) = \mathrm{e}^{A_2 t}$$

definiert. $L(t)$ ist eine Ljapunovsche Matrix (vgl. Beispiel 2 auf S. 473).

Als partikuläre Lösung des ersten Gleichungssystems von (26) erhalten wir unter Benutzung von (30)

$$\mathrm{e}^{At} = \mathrm{e}^{A_2 t}\mathrm{e}^{A_1 t} = L(t)\, \mathrm{e}^{A_1 t}.$$

Hieraus folgt, daß dieses System dem System

$$\frac{\mathrm{d}U}{\mathrm{d}t} = A_1 U \tag{31}$$

äquivalent ist. Nach (29) besitzt die Matrix A_1 reelle charakteristische Wurzeln, und ihr Spektrum stimmt mit dem Realteil des Spektrums von A überein.

Analog ersetzen wir das zweite Gleichungssystem in (26) durch ein äquivalentes:

$$\frac{\mathrm{d}V}{\mathrm{d}t} = B_1 V, \tag{32}$$

wobei die Matrix B_1 reelle charakteristische Wurzeln besitzt und ihr Spektrum mit dem Realteil des Spektrums von B übereinstimmt.

Unser Satz ist bewiesen, wenn wir zeigen können, daß *die beiden Systeme* (31) *und* (32), *in denen die Matrizen A_1 und B_1 konstante Matrizen mit reellen charakteristischen Wurzeln sind, nur dann äquivalent sind, wenn die Matrizen A_1 und B_1 ähnlich sind.*[2])

---

[1]) E_k ist die Einheitsmatrix; in H_k sind die Elemente der ersten oberen Diagonalen gleich 1, alle übrigen gleich 0; die Ordnung von E_k und H_k stimmt mit dem Grad des k-ten Elementarteilers der Matrix A überein, d. h., sie ist gleich m_k ($k = 1, 2, \ldots, s$).

[2]) Hieraus folgt Satz 1, da die Äquivalenz der Systeme (31) und (32) die der Systeme (26) bedeutet; die Ähnlichkeit der Matrizen A_1 und B_1 bedeutet, daß diese Matrizen die gleichen Elementarteiler besitzen und somit die Realteile der Spektren von A und B übereinstimmen.

Die Ljapunovsche Transformation

$$U = L_1 V$$

führe (31) in (32) über. Dann genügt die Matrix L_1 der Gleichung

$$\frac{\mathrm{d}L_1}{\mathrm{d}t} = A_1 L_1 - L_1 B_1. \tag{33}$$

Diese Matrizengleichung für L_1 ist einem System von n^2 Differentialgleichungen für die n^2 Elemente der Matrix L_1 äquivalent. Die rechte Seite dieser Gleichung kann man als Anwendung einer linearen Transformation auf den „Vektor" L_1 eines n^2-dimensionalen Raumes auffassen:

$$\frac{\mathrm{d}L_1}{\mathrm{d}t} = \hat{F}(L_1) \qquad [\hat{F}(L_1) = A_1 L_1 - L_1 B_1]. \tag{33'}$$

Jede charakteristische Wurzel des linearen Operators $\hat{F}$ (und der ihm entsprechenden Matrix der Ordnung n^2) kann als Differenz $\gamma - \delta$ geschrieben werden, wobei γ eine charakteristische Wurzel der Matrix A_1 und δ eine charakteristische Wurzel der Matrix B_1 ist.[1]) Hieraus folgt, daß der Operator $\hat{F}$ nur reelle charakteristische Wurzeln besitzt.

Mit $\hat{\varphi}(\lambda) = (\lambda - \hat{\lambda}_1)^{\hat{m}_1} (\lambda - \hat{\lambda}_2)^{\hat{m}_2} \cdots (\lambda - \hat{\lambda}_u)^{\hat{m}_u}$ (die $\hat{\lambda}_i$ sind reelle Zahlen; $\hat{\lambda}_i \neq \hat{\lambda}_j$ für $i \neq j$ und $i, j = 1, 2, \ldots, u$) bezeichnen wir das Minimalpolynom von $\hat{F}$. Dann kann nach Formel (12) (S. 471) die Lösung $L_1(t) = e^{\hat{F}t} L^{(0)}$ des Systems (33') folgendermaßen geschrieben werden:

$$L_1(t) = \sum_{k=1}^{u} \sum_{j=0}^{\hat{m}_k - 1} L_{kj} t^j e^{\hat{\lambda}_k t}; \tag{34}$$

die L_{kj} sind hier konstante Matrizen n-ter Ordnung. Da die Matrix $L_1(t)$ im Intervall $[t_0, \infty)$ beschränkt ist, verschwindet sowohl für jedes $\hat{\lambda}_k > 0$ als auch für $\hat{\lambda}_k = 0$ und $j > 0$ die entsprechende Matrix L_{kj}. Bezeichnen wir mit $L_-(t)$ die Summe aller der Summanden in (34), für die $\hat{\lambda}_k < 0$ gilt, so ist

$$L_1(t) = L_-(t) + L_0 \tag{35}$$

---

[1]) Ist nämlich Λ_0 eine beliebige charakteristische Wurzel des Operators $\hat{F}$, dann existiert eine Matrix $L \neq O$ derart, daß $\hat{F}(L) = \Lambda_0 L$ oder

$$(A_1 - \Lambda_0 E)\, L = L B_1 \tag{*}$$

ist. Die Matrizen $A_1 - \Lambda_0 E$ und B_1 besitzen eine gemeinsame charakteristische Wurzel, da anderenfalls ein Polynom $g(\lambda)$ mit $g(A_1 - \Lambda_0 E) = O$, $g(B_1) = E$ existiert. Das ist aber nicht möglich, da aus (*) die Beziehungen $g(A_1 - \Lambda_0 E) \cdot L = L \cdot g(B_1)$ und $L \neq O$ folgen. Wenn dagegen die Matrizen $A_1 - \Lambda_0 E$ und B_1 eine gemeinsame charakteristische Wurzel besitzen, so ist $\Lambda_0 = \gamma - \delta$, wobei γ und δ charakteristische Wurzeln der Matrizen A_1 bzw. B_1 sind. Eine eingehende Untersuchung des Operators $\hat{F}$ findet man in den Arbeiten [85a] und [85b] von A. F. GOLUBČIKOV.

mit

$$\lim_{t\to+\infty} L_-(t) = O, \quad \lim_{t\to+\infty} \frac{\mathrm{d}L_-(t)}{\mathrm{d}t} = O, \qquad L_0 = \text{const.} \tag{35'}$$

Nach (35) und (35′) ist dann $\lim_{t\to+\infty} L_1(t) = L_0$. Da der Betrag der Determinante $L_1(t)$ nach unten beschränkt ist, folgt hieraus $|L_0| \neq 0$.

Ersetzt man in (33) die Matrix $L_1(t)$ durch die Summe $L_-(t) + L_0$, so erhält man

$$\frac{\mathrm{d}L_-(t)}{\mathrm{d}t} - A_1 L_-(t) + L_-(t)\, B_1 = A_1 L_0 - L_0 B_1;$$

wegen (35′) ergibt sich hieraus

$$A_1 L_0 - L_0 B_1 = O$$

und folglich

$$B_1 = L_0^{-1} A_1 L_0. \tag{36}$$

Gilt umgekehrt (36), so führt die Ljapunovsche Transformation

$$U = L_0 V$$

das System (31) in das System (32) über. Damit ist der Satz bewiesen.

Aus dem eben bewiesenen Satz folgt, daß *jedes reduzierbare System* (19) *durch eine Ljapunovsche Transformation* $X = LY$ *auf die Form*

$$\frac{\mathrm{d}Y}{\mathrm{d}t} = JY$$

reduziert werden kann, in der J *eine Jordansche Matrix mit reellen charakteristischen Wurzeln ist.* Diese kanonische Form von Systemen mit vorgegebener Matrix $P(t)$ ist bis auf die Anordnung der Diagonalkästchen J eindeutig bestimmt.

15.5. Der Matrizant

Wir betrachten ein System von Differentialgleichungen

$$\frac{\mathrm{d}X}{\mathrm{d}t} = P(t)\, X; \tag{37}$$

$P(t) = \|p_{ik}(t)\|_1^n$ ist eine im Intervall (a, b) stetige Matrizenfunktion.[1])

---

[1]) Es sei (a, b) ein beliebiges (endliches oder unendliches) Intervall. Alle Elemente $p_{ik}(t)$ $(i, k = 1, 2, \ldots, n)$ der Matrix $P(t)$ sind im Intervall (a, b) stetige komplexe Funktionen des reellen Arguments t. Alles Folgende gilt auch, wenn man für die Funktionen $p_{ik}(t)$ $(i, k = 1, 2, \ldots, n)$ an Stelle der Stetigkeit nur die Beschränktheit und Riemann-Integrierbarkeit (in jedem endlichen Teilintervall von (a,b)) fordert.

Zur Bestimmung einer normierten Lösung des Systems (37), d. h. einer Lösung, die für $t = t_0$ (t_0 ist ein fester Wert aus dem Intervall (a, b)) in die Einheitsmatrix übergeht, benutzen wir die Methode der sukzessiven Approximation. Die Näherungslösungen X_k ($k = 0, 1, 2, \ldots$) erhält man aus den Rekursionsformeln

$$\frac{dX_k}{dt} = P(t)\, X_{k-1} \qquad (k = 1, 2, \ldots),$$

indem man für X_0 die Einheitsmatrix E einsetzt.

Setzen wir $X_k(t_0) = E$ ($k = 0, 1, 2, \ldots$), so können wir X_k in der Form

$$X_k = E + \int_{t_0}^{t} P(\tau)\, X_{k-1}\, d\tau$$

darstellen. Also ist

$$X_0 = E, \quad X_1 = E + \int_{t_0}^{t} P(\tau)\, d\tau, \quad X_2 = E + \int_{t_0}^{t} P(\tau)\, d\tau + \int_{t_0}^{t} P(\tau) \int_{t_0}^{\tau} P(\sigma)\, d\sigma\, d\tau, \ldots$$

d. h., X_k ($k = 0, 1, 2, \ldots$) ist die Summe der ersten $k + 1$ Glieder der Matrizenreihe

$$E + \int_{t_0}^{t} P(\tau)\, d\tau + \int_{t_0}^{t} P(\tau) \int_{t_0}^{\tau} P(\sigma)\, d\sigma\, d\tau + \cdots. \tag{38}$$

Um beweisen zu können, daß diese Reihe in jedem abgeschlossenen Teilintervall von (a, b) absolut und gleichmäßig konvergiert und dort die gesuchte Lösung der Gleichung (37) darstellt, konstruieren wir eine Majorante. Wir definieren zwei nichtnegative Funktionen $g(t)$ und $h(t)$ im Intervall (a, b) durch[1])

$$g(t) = \max\,[|p_{11}(t)|, |p_{12}(t)|, \ldots, |p_{nn}(t)|], \qquad h(t) = \left| \int_{t_0}^{t} g(\tau)\, d\tau \right|.$$

Man prüft leicht nach, daß $g(t)$ und folglich auch $h(t)$ im Intervall (a, b) stetig sind.[2])

Jede der n^2 skalaren Reihen, in welche die Matrizenreihe (38) zerfällt, wird durch die Reihe

$$1 + h(t) + \frac{n h^2(t)}{2!} + \frac{n^2 h^3(t)}{3!} + \cdots \tag{39}$$

---

[1]) Per definitionem ist der Wert der Funktion $g(t)$ an einer beliebigen Stelle t gleich dem Maximum der n^2 Beträge der Funktionen $p_{ik}(t)$ ($i, k = 1, 2, \ldots, n$) an derselben Stelle.

[2]) Die Stetigkeit der Funktion $g(t)$ in einem beliebigen Punkt t_1 des Intervalls (a, b) folgt aus der Tatsache, daß die Differenz $g(t) - g(t_1)$ für hinreichend nahe bei t_1 gelegenes t stets mit einer der n^2 Differenzen $|p_{ik}(t)| - |p_{ik}(t_1)|$ übereinstimmt ($i, k = 1, 2, \ldots, n$).

majorisiert. Es ist nämlich[1])

$$\left|\left(\int_{t_0}^{t} P(\tau)\,\mathrm{d}\tau\right)_{i,k}\right| = \left|\int_{t_0}^{t} p_{ik}(\tau)\,\mathrm{d}\tau\right| \leqq \left|\int_{t_0}^{t} g(\tau)\,\mathrm{d}\tau\right| = h(t),$$

$$\left|\left(\int_{t_0}^{t} P(\tau)\int_{t_0}^{\tau} P(\sigma)\,\mathrm{d}\sigma\,\mathrm{d}\tau\right)_{i,k}\right| = \left|\sum_{j=1}^{n}\int_{t_0}^{t} p_{ij}(\tau)\int_{t_0}^{\tau} p_{jk}(\sigma)\,\mathrm{d}\sigma\,\mathrm{d}\tau\right| \leqq n\left|\int_{t_0}^{t} g(\tau)\int_{t_0}^{\tau} g(\sigma)\,\mathrm{d}\sigma\,\mathrm{d}\tau\right| = \frac{nh^2(t)}{2}$$

usw.

Die Reihe (39) konvergiert im Intervall (a, b) und konvergiert gleichmäßig in jedem abgeschlossenen Teilintervall von (a, b). Hieraus folgt die Konvergenz von (38) im Intervall (a, b) sowie die absolute und gleichmäßige Konvergenz von (38) in jedem abgeschlossenen Teilintervall.

Durch gliedweise Differentiation stellt man fest, daß die Summe der Reihe (38) eine Lösung der Gleichung (37) ist; die Lösung geht für $t = t_0$ in E über. Die gliedweise Differentiation der Reihe (38) ist zulässig, da die durch Differentiation erhaltene Reihe sich nur um den Faktor P von der Reihe (38) unterscheidet und folglich wie die Reihe (38) in jedem abgeschlossenen Teilintervall von (a, b) gleichmäßig konvergiert.

Damit haben wir die Existenz einer normierten Lösung der Gleichung (37) bewiesen. Diese Lösung bezeichnen wir mit $\Omega_{t_0}^t(P)$ oder einfach mit $\Omega_{t_0}^t$. Jede weitere Lösung hat, wie in 15.1. bewiesen wurde, die Gestalt $X = \Omega_{t_0}^t C$, wobei C eine konstante Matrix ist. Hieraus folgt, daß eine beliebige (und insbesondere die normierte) Lösung durch ihre Werte für $t = t_0$ bestimmt ist.

Die normierte Lösung $\Omega_{t_0}^t$ der Gleichung (37) nennt man auch den *Matrizanten* des Systems.

Wir haben gezeigt, daß der Matrizant $\Omega_{t_0}^t$ als Reihe

$$\Omega_{t_0}^t = E + \int_{t_0}^{t} P(\tau)\,\mathrm{d}\tau + \int_{t_0}^{t} P(\tau)\int_{t_0}^{\tau} P(\sigma)\,\mathrm{d}\sigma\,\mathrm{d}\tau + \cdots \tag{40}$$

dargestellt werden kann,[2]) die in jedem abgeschlossenen Intervall, in dem die Funktion $P(t)$ stetig ist, absolut und gleichmäßig konvergiert.

Wir beweisen einige Eigenschaften des Matrizanten:

1. $\Omega_{t_0}^t = \Omega_{t_1}^t \Omega_{t_0}^{t_1}$ $\quad \big(t_0, t_1, t \in (a, b)\big)$.

Da $\Omega_{t_0}^t$ und $\Omega_{t_1}^t$ zwei Lösungen der Gleichung (37) sind, ist nämlich $\Omega_{t_0}^t = \Omega_{t_1}^t C$ (C eine konstante Matrix). Setzt man hier $t = t_0$, so erhält man $C = \Omega_{t_0}^{t_1}$.

[1]) Mit $\left|\left(\int_{t_0}^{t} P(\tau)\,\mathrm{d}\tau\right)_{i,k}\right|$ ist der Betrag des in der i-ten Zeile und der k-ten Spalte der Matrix $\int_{t_0}^{t} P(\tau)\,\mathrm{d}\tau$ stehenden Elements bezeichnet (*Anm. d. Red.*).

[2]) Peano hat als erster den Matrizanten in dieser Form dargestellt [226].

2. $\Omega_{t_0}^t(P+Q) = \Omega_{t_0}^t(P)\,\Omega_{t_0}^t(S)$ mit $S = [\Omega_{t_0}^t(P)]^{-1}\,Q\Omega_{t_0}^t(P)$.

Um diese Beziehung herzuleiten, setzen wir $X = \Omega_{t_0}^t(P)$, $Y = \Omega_{t_0}^t(P+Q)$ und

$$Y = XZ. \tag{41}$$

Durch Differentiation erhält man aus (41)

$$(P+Q)\,XZ = PXZ + X\,\frac{\mathrm{d}Z}{\mathrm{d}t}.$$

Hieraus ergibt sich $\frac{\mathrm{d}Z}{\mathrm{d}t} = X^{-1}QXZ$ und folglich

$$Z = \Omega_{t_0}^t(X^{-1}QX),$$

da aus (41) folgt, daß $Z(t_0) = E$ ist. Setzen wir in (41) an Stelle von X, Y und Z die entsprechenden Matrizanten ein, so erhalten wir die Eigenschaft 2.

3. $\ln|\Omega_{t_0}^t(P)| = \mathrm{Sp}\int_{t_0}^t P\,\mathrm{d}\tau$.

Diese Beziehung folgt aus der Jacobischen Identität (4) (vgl. S. 470), wenn wir $\Omega_{t_0}^t(P)$ für $X(t)$ einsetzen.

4. Ist $A = \|a_{ik}\|_1^n = \mathrm{const}$, so ist

$$\Omega_{t_0}^t(A) = \mathrm{e}^{A(t-t_0)}.$$

Wir führen nun folgende Bezeichnungen ein. Ist $P = \|p_{ik}\|_1^n$, so werde

$$\mathrm{abs}\,P = \|\,|p_{ik}|\,\|_1^n$$

gesetzt. Sind ferner $A = \|a_{ik}\|_1^n$ und $B = \|b_{ik}\|_1^n$ zwei reelle Matrizen und gilt $a_{ik} \leqq b_{ik}$ $(i, k = 1, 2, \ldots, n)$, so schreiben wir $A \leqq B$. Dann folgt aus der Darstellung (40):

5. Ist $\mathrm{abs}\,P(t) \leqq Q(t)$, so gilt

$$\mathrm{abs}\,\Omega_{t_0}^t(P) \leqq \Omega_{t_0}^t(Q) \qquad (t > t_0).$$

Im folgenden bezeichnen wir die Matrix n-ter Ordnung, deren Elemente alle gleich 1 sind, mit I:

$$I = \|1\|.$$

Betrachten wir die auf S. 481 definierte Funktion $g(t)$, so gilt

$$\mathrm{abs}\,P(t) \leqq g(t)\,I.$$

Daraus folgt wegen Eigenschaft 5

$$\mathrm{abs}\,\Omega_{t_0}^t(P) \leqq \Omega_{t_0}^t\big(g(t)\,I\big) \qquad (t > t_0). \tag{42}$$

$\Omega_{t_0}^t(g(t)\,I)$ ist eine normierte Lösung der Gleichung

$$\frac{\mathrm{d}X}{\mathrm{d}t} = g(t)\,IX.$$

Folglich gilt wegen Eigenschaft 4[1])

$$\Omega_{t_0}^t(g(t)\,I) = \mathrm{e}^{h(t)I} \leqq \left(1 + h(t) + \frac{nh^2(t)}{2!} + \frac{n^2h^3(t)}{3!} + \cdots\right) I$$

mit

$$h(t) = \int_{t_0}^{t} g(\tau)\,\mathrm{d}\tau.$$

Aus (42) folgt dann:

6. $\operatorname{abs} \Omega_{t_0}^t(P) \leqq \left(\frac{1}{n}\,\mathrm{e}^{nh(t)} + \frac{n-1}{n}\right) I \leqq \mathrm{e}^{nh(t)}I \qquad (t > t_0)$

mit

$$h(t) = \int_{t_0}^{t} g(\tau)\,\mathrm{d}\tau,$$

$$g(t) = \max_{1 \leqq i,k \leqq n} \{|p_{ik}(t)|\}.$$

Wir wollen nun mit Hilfe des Matrizanten die allgemeine Lösung des inhomogenen linearen Differentialgleichungssystems

$$\frac{\mathrm{d}x_i}{\mathrm{d}t} = \sum_{k=1}^{n} p_{ik}(t)\,x_k + f_i(t) \qquad (i = 1, 2, \ldots, n) \tag{43}$$

gewinnen; $p_{ik}(t)$ und $f_i(t)$ $(i, k = 1, 2, \ldots, n)$ sind im Definitionsintervall stetige Funktionen.

Führen wir die Spaltenmatrizen („Vektoren")

$$x = (x_1, x_2, \ldots, x_n) \qquad \text{und} \qquad f = (f_1, f_2, \ldots, f_n)$$

und die quadratische Matrix $P = \|p_{ik}\|_1^n$ ein, so können wir das System folgendermaßen schreiben:

$$\frac{\mathrm{d}x}{\mathrm{d}t} = P(t)\,x + f(t). \tag{43'}$$

Wir machen den Lösungsansatz

$$x = \Omega_{t_0}^t(P)\,z \tag{44}$$

mit von t abhängiger unbekannter Spalte z. Setzen wir diesen Ausdruck für x in

[1]) Dabei wird die unabhängige Variable t durch $h = \int_{t_0}^{t} g(\tau)\,\mathrm{d}\tau$ ersetzt.

(43') ein, so erhalten wir

$$P\Omega_{t_0}^t(P)\, z + \Omega_{t_0}^t(P) = \frac{\mathrm{d}z}{\mathrm{d}t}\, P\Omega_{t_0}^t(P)\, z + f(t);$$

hieraus folgt

$$\frac{\mathrm{d}z}{\mathrm{d}t} = [\Omega_{t_0}^t(P)]^{-1}\, f(t).$$

Durch Integration findet man

$$z = \int_{t_0}^{t} [\Omega_{t_0}^\tau(P)]^{-1}\, f(\tau)\, \mathrm{d}\tau + c,$$

wobei c ein beliebiger konstanter Vektor ist. Setzt man diesen Ausdruck in (44) ein, so ergibt sich

$$x = \Omega_{t_0}^t(P) \int_{t_0}^{t} [\Omega_{t_0}^\tau(P)]^{-1}\, f(\tau)\, \mathrm{d}\tau + \Omega_{t_0}^t(P)\, c. \tag{45}$$

Für $t = t_0$ erhält man $x(t_0) = c$, und (45) nimmt die Gestalt

$$x = \Omega_{t_0}^t(P)\, x(t_0) + \int_{t_0}^{t} K(t, \tau)\, f(\tau)\, \mathrm{d}\tau \tag{45'}$$

an, wobei

$$K(t, \tau) = \Omega_{t_0}^t(P)\, [\Omega_{t_0}^\tau(P)]^{-1}$$

die sogenannte Cauchysche Matrix ist.

15.6. Das Produktintegral. Der Volterrasche Infinitesimalkalkül

Wir betrachten den Matrizanten $\Omega_{t_0}^t(P)$. Zerlegt man das Grundintervall $[t_0, t]$ in n Teile, indem man Zwischenpunkte $t_1, t_2, \ldots, t_{n-1}$ einführt und $\Delta t_k = t_k - t_{k-1}$ ($k = 1, 2, \ldots, n$; $t_n = t$) setzt, so gilt nach Eigenschaft 1 des Matrizanten (siehe 15.5.)

$$\Omega_{t_0}^t = \Omega_{t_{n-1}}^t \cdots \Omega_{t_1}^{t_2}\Omega_{t_0}^{t_1}. \tag{46}$$

Nehmen wir an, daß Δt_k klein ist, so können wir zur Berechnung von $\Omega_{t_{k-1}}^{t_k}$ bis auf Größen zweiter Ordnung $P(t) \approx \text{const} = P(\tau_k)$ setzen, wenn τ_k ($k = 1, \ldots, n$) ein Punkt im Intervall (t_{k-1}, t_k) ist. Es ist

$$\Omega_{t_{k-1}}^{t_k} = \mathrm{e}^{P(\tau_k)\Delta t_k} + (**) = E + P(\tau_k)\, \Delta t_k + (**); \tag{47}$$

mit $(**)$ wird dabei die Summe der Glieder bezeichnet, die Größen zweiter oder höherer Ordnung sind. Aus (46) und (47) erhält man

$$\Omega_{t_0}^t = \mathrm{e}^{P(\tau_n)\Delta t_n} \ldots \mathrm{e}^{P(\tau_2)\Delta t_2}\, \mathrm{e}^{P(\tau_1)\Delta t_1} + (*) \tag{48}$$

bzw.

$$\Omega_{t_0}^t = [E + P(\tau_n)\, \Delta t_n] \cdots [E + P(\tau_2)\, \Delta t_2]\, [E + P(\tau_1)\, \Delta t_1] + (*). \tag{49}$$

Lassen wir die Länge der Teilintervalle gegen 0 streben, wobei ihre Anzahl unbegrenzt wächst (bei diesem Grenzübergang verschwinden die Glieder (*)[1]), so erhalten wir die Gleichungen

$$\Omega_{t_0}^t(P) = \lim_{\Delta t_k \to 0} [e^{P(\tau_n)\Delta t_n} \cdots e^{P(\tau_2)\Delta t_2}\, e^{P(\tau_1)\Delta t_1}] \tag{48'}$$

und

$$\Omega_{t_0}^t(P) = \lim_{\Delta t_k \to 0} [E + P(\tau_n)\,\Delta t_n] \cdots [E + P(\tau_2)\,\Delta t_2]\,[E + P(\tau_1)\,\Delta t_1]. \tag{49'}$$

Der auf der rechten Seite von (49') unter dem Limeszeichen stehende Ausdruck ist ein der Summe bei gewöhnlichen Integralen analoges Produkt. Den Grenzwert nennt man *Produktintegral* und bezeichnet ihn mit

$$\widehat{\int_{t_0}^{t}} [E + P(\tau)\,\mathrm{d}\tau] = \lim_{\Delta t_k \to 0} [E + P(\tau_n)\,\Delta t_n] \cdots [E + P(\tau_1)\,\Delta t_1]. \tag{50}$$

Die Beziehung (49') ist eine Darstellung des Matrizanten als Produktintegral,

$$\Omega_{t_0}^t(P) = \widehat{\int_{t_0}^{t}} (E + P\,\mathrm{d}\tau); \tag{51}$$

(48) und (49) sind zur näherungsweisen Berechnung des Matrizanten geeignet.

Das Produktintegral wurde im Jahre 1887 zuerst von VOLTERRA eingeführt. Mit Hilfe dieses Begriffs entwickelte VOLTERRA einen infinitesimalen Matrizenkalkül (vgl. [67]).[2])

Die im allgemeinen nicht miteinander vertauschbaren Werte der Matrizenfunktion $P(t)$ machen die Einführung des Produktintegrals notwendig. Sind alle Werte von $P(t)$ miteinander vertauschbar,

$$P(t')\,P(t'') = P(t'')\,P(t') \qquad \bigl(t', t'' \in (t_0, t)\bigr),$$

so kann das Produktintegral, wie aus (48') und (51) ersichtlich ist, auf die Matrix

$$e^{\int_{t_0}^{t} P(\tau)\,\mathrm{d}\tau}$$

zurückgeführt werden.

Wir führen nun die *Produktableitung*[3])

$$\mathrm{D}_t X = \frac{\mathrm{d}X}{\mathrm{d}t} X^{-1} \tag{52}$$

---

[1]) Diese Überlegungen lassen sich durch eine Abschätzung der mit (*) bezeichneten Glieder präzisieren.

[2]) SCHLESINGER benutzte das Produktintegral bei der Untersuchung von Systemen linearer Differentialgleichungen mit analytischen Koeffizienten [61a], [61b]; vgl. auch [235].

Das Produktintegral (50) existiert nicht nur für Funktionen $P(t)$, die im Integrationsintervall stetig sind, sondern unter bedeutend allgemeineren Voraussetzungen (vgl. [154]).

[3]) Es ist naheliegend, die Umkehrung der als Produktintegral bekannten Operation Produktableitung zu nennen. Eine Verwechslung mit der gewöhnlichen Ableitung eines Produkts ist nicht zu befürchten (*Anm. d. Red.*).

ein. D_t und $\int\limits_{t_0}^{t}$ bezeichnen inverse Operationen: Ist $\mathrm{D}_t X = P$, so ist

$$X = \widehat{\int\limits_{t_0}^{t}} (E + P\,\mathrm{d}\tau) \cdot C \qquad \bigl(C = X(t_0)\bigr)^{1)}$$

und umgekehrt. Die letzte Beziehung kann auch folgendermaßen geschrieben werden:[2])

$$\widehat{\int\limits_{t_0}^{t}} (E + P\,\mathrm{d}\tau) = X(t)\, X(t_0)^{-1}. \tag{53}$$

Der Leser möge sich selbst von der Richtigkeit der folgenden Differentiations- und Integrationsregeln überzeugen:[3])

Differentialformeln

I. $\mathrm{D}_t(XY) = \mathrm{D}_t(X) + X\mathrm{D}_t(Y)\, X^{-1}$,
$\mathrm{D}_t(XC) = \mathrm{D}_t(X), \quad \mathrm{D}_t(CY) = C\mathrm{D}_t(Y)\, C^{-1}$ (C ist eine konstante Matrix).

II. $\mathrm{D}_t(X^{\mathsf{T}}) = X^{\mathsf{T}}(\mathrm{D}_t X)^{\mathsf{T}}\, X^{\mathsf{T}-1}$.

III. $\mathrm{D}_t(X^{-1}) = -X^{-1}\mathrm{D}_t(X)\, X = -\bigl(\mathrm{D}_t(X^{\mathsf{T}})\bigr)^{\mathsf{T}}, \quad \mathrm{D}_t\bigl((X^{\mathsf{T}})^{-1}\bigr) = -\bigl(\mathrm{D}_t(X)\bigr)^{\mathsf{T}}$.

Integralformeln

IV. $$\widehat{\int\limits_{t_0}^{t}} (E + P\,\mathrm{d}\tau) = \widehat{\int\limits_{t_1}^{t}} (E + P\,\mathrm{d}\tau) \widehat{\int\limits_{t_0}^{t_1}} (E + P\,\mathrm{d}\tau).$$

V. $$\widehat{\int\limits_{t_0}^{t}} (E + P\,\mathrm{d}\tau) = \left[\widehat{\int\limits_{t}^{t_0}} (E + P\,\mathrm{d}\tau)\right]^{-1}.$$

VI. $$\widehat{\int\limits_{t_0}^{t}} (E + CPC^{-1}\,\mathrm{d}\tau) = C \widehat{\int\limits_{t_0}^{t}} (E + P\,\mathrm{d}\tau)\, C^{-1}$$ (C ist eine konstante Matrix).

VII. $$\widehat{\int\limits_{t_0}^{t}} [E + (Q + \mathrm{D}_t X)\,\mathrm{d}\tau] = X(t) \widehat{\int\limits_{t_0}^{t}} (E + X^{-1}QX\,\mathrm{d}\tau)\, X(t_0)^{-1}.^{4)}$$

---

[1]) Hier ist die willkürliche konstante Matrix C das Analogon zur willkürlichen additiven Integrationskonstante beim gewöhnlichen unbestimmten Integral.

[2]) Analogon zur Formel $\int\limits_{t_0}^{t} P\,\mathrm{d}\tau = X(t) - X(t_0)$ für den Fall, daß $\dfrac{\mathrm{d}X}{\mathrm{d}t} = P$ ist.

[3]) Diese Formeln lassen sich unmittelbar aus der Definition der Produktableitung und der des Produktintegrals folgern (vgl. [67]). Jedoch erhält man die Integralformeln schneller und einfacher, wenn man das Produktintegral als Matrizant deutet und die in 15.5. angegebenen Eigenschaften des Matrizanten ausnutzt (vgl. [61a]).

[4]) Formel VII kann in gewissem Sinne als Analogon zur Formel der partiellen Integration bei gewöhnlichen Integralen angesehen werden. Diese Formel folgt aus Eigenschaft 2 in 15.5.

Wir leiten noch eine wichtige Formel her, die den Absolutbetrag[1]) der Differenz zwischen zwei Produktintegralen abschätzt:

$$\text{VIII. abs}\left[\widehat{\int_{t_0}^{t}}(E + P\,\mathrm{d}\tau) - \widehat{\int_{t_0}^{t}}(E + Q\,\mathrm{d}\tau)\right] \leqq \frac{1}{n}\,\mathrm{e}^{nq(t-t_0)}(\mathrm{e}^{nd(t-t_0)} - 1)\,I \qquad (t > t_0)$$

für

$$\operatorname{abs} Q \leqq qI, \qquad \operatorname{abs}(P - Q) \leqq dI, \qquad I = \|1\|$$

(q und d sind nichtnegative Zahlen, n ist die Ordnung der Matrizen P und Q).

Bezeichnen wir die Differenz $P - Q$ mit D, so ist

$$P = Q + D, \quad \operatorname{abs} D \leqq dI.$$

Wir fassen nun das Produktintegral als Matrizant auf und benutzen die Reihenentwicklung (40) für den Matrizanten. Das führt uns auf

$$\begin{aligned}
&\widehat{\int_{t_0}^{t}}[E + (Q + D)\,\mathrm{d}\tau] - \widehat{\int_{t_0}^{t}}(E + Q\,\mathrm{d}\tau)\\
&= \int_{t_0}^{t} D(\tau)\,\mathrm{d}\tau + \int_{t_0}^{t} D(\tau)\int_{t_0}^{\tau} Q(\sigma)\,\mathrm{d}\sigma\,\mathrm{d}\tau + \int_{t_0}^{t} Q(\tau)\int_{t_0}^{\tau} D(\sigma)\,\mathrm{d}\sigma\,\mathrm{d}\tau\\
&\quad + \int_{t_0}^{t} D(\tau)\int_{t_0}^{\tau} D(\sigma)\,\mathrm{d}\sigma\,\mathrm{d}\tau + \cdots.
\end{aligned}$$

Anhand dieser Entwicklung erkennen wir, daß die folgenden Beziehungen gelten:

$$\begin{aligned}
&\operatorname{abs}\left\{\widehat{\int_{t_0}^{t}}[E + (Q + D)\,\mathrm{d}\tau] - \widehat{\int_{t_0}^{t}}(E + Q\,\mathrm{d}\tau)\right\}\\
&\leqq \widehat{\int_{t_0}^{t}}[E + (\operatorname{abs} Q + \operatorname{abs} D)\,\mathrm{d}\tau] - \widehat{\int_{t_0}^{t}}(E + \operatorname{abs} Q\,\mathrm{d}\tau)\\
&\leqq \widehat{\int_{t_0}^{t}}[E + (q + d)\,I\,\mathrm{d}\tau] - \widehat{\int_{t_0}^{t}}(E + qI\,\mathrm{d}\tau)\\
&= \mathrm{e}^{(q+d)I(t-t_0)} - \mathrm{e}^{qI(t-t_0)}\\
&= \mathrm{e}^{qI(t-t_0)}(\mathrm{e}^{dI(t-t_0)} - E)\\
&\leqq \frac{1}{n}\,\mathrm{e}^{nq(t-t_0)}(\mathrm{e}^{nd(t-t_0)} - 1)\,I.
\end{aligned}$$

---

[1]) Zur Definition des Absolutbetrages einer Matrix und zur $\leqq$-Beziehung zwischen Matrizen siehe S. 483.

Wir nehmen nun an, daß die Matrizen P und Q von einem Parameter abhängig sind, $P = P(\tau, \alpha)$, $Q = Q(\tau, \alpha)$, und daß

$$\lim_{\alpha \to \alpha_0} P(\tau, \alpha) = \lim_{\alpha \to \alpha_0} Q(\tau, \alpha) = P_0(\tau)$$

gilt, wobei der Grenzübergang für alle τ des betrachteten Intervalls $[t_0, t]$ gleichmäßig stattfindet. Setzen wir überdies voraus, daß für $\alpha \to \alpha_0$ der Betrag der Matrix $Q(\tau, \alpha)$ durch eine Matrix qI mit positivem konstantem q beschränkt ist, so ist

$$\lim_{\alpha \to \alpha_0} d(\alpha) = 0,$$

wenn wir

$$d(\alpha) = \max_{\substack{1 \leqq i,k \leqq n \\ t_0 \leqq \tau \leqq t}} |p_{ik}(\tau, \alpha) - q_{ik}(\tau, \alpha)|$$

setzen. Also folgt aus Formel VIII

$$\lim_{\alpha \to \alpha_0} \left[\widehat{\int_{t_0}^{t}} (E + P\,\mathrm{d}\tau) - \widehat{\int_{t_0}^{t}} (E + Q\,\mathrm{d}\tau) \right] = O.$$

Insbesondere erhalten wir, wenn Q nicht von α abhängt, also $Q(t, \alpha) = P_0(t)$ ist,

$$\lim_{\alpha \to \alpha_0} \widehat{\int_{t_0}^{t}} [E + P(\tau, \alpha)\,\mathrm{d}\tau] = \widehat{\int_{t_0}^{t}} [E + P_0(\tau)\,\mathrm{d}\tau]$$

mit

$$P_0(t) = \lim_{\alpha \to \alpha_0} P(t, \alpha).$$

15.7. Differentialgleichungssysteme im Komplexen. Allgemeine Eigenschaften

Wir betrachten das Differentialgleichungssystem

$$\frac{\mathrm{d}x_i}{\mathrm{d}z} = \sum_{k=1}^{n} p_{ik}(z)\, x_k \tag{54}$$

und setzen voraus, daß die gegebenen Funktionen $p_{ik}(z)$ und die gesuchten Funktionen $x_i(z)$ $(i, k = 1, 2, \ldots, n)$ in einem Gebiet G der komplexen z-Ebene eindeutige regulär analytische Funktionen der komplexen Veränderlichen z sind.

Führen wir die quadratische Matrix $P(z) = \|p_{ik}(z)\|_1^n$ und die Spaltenmatrix $x = (x_1, x_2, \ldots, x_n)$ ein, so können wir ebenso wie im Fall eines reellen Arguments (vgl. 15.1.) das System (54) in der Form

$$\frac{\mathrm{d}x}{\mathrm{d}z} = P(z)\, x \tag{54'}$$

angeben. Bezeichnen wir die Integralmatrix dieses Systems, d. h. die Matrix, deren Spalten aus n linear unabhängigen Lösungen des Systems (54) bestehen, mit X, so können wir an Stelle von (54') auch

$$\frac{\mathrm{d}X}{\mathrm{d}z} = P(z)\,X \tag{55}$$

schreiben.

Die Jacobische Identität gilt auch bei komplexem Argument z:

$$|X| = c\,\mathrm{e}^{\int\limits_{z_0}^{z} \mathrm{Sp}\,P\,\mathrm{d}\zeta} \tag{56}$$

Dabei wird vorausgesetzt, daß z_0 und alle Punkte des Weges, längs dessen das Integral $\int\limits_{z_0}^{z}$ erstreckt wird, reguläre Punkte der eindeutigen analytischen Funktion $\mathrm{Sp}\,P(z) = p_{11}(z) + \cdots + p_{nn}(z)$ sind.[1])

Die Besonderheit des von uns betrachteten Falles eines komplexen Arguments besteht darin, daß die Integralmatrix $X(z)$ der eindeutigen Funktion $P(z)$ eine mehrdeutige Funktion von z sein kann.

Als Beispiel betrachten wir das Cauchysche System

$$\frac{\mathrm{d}X}{\mathrm{d}z} = \frac{U}{z-a}\,X \qquad (U \text{ ist eine konstante Matrix}). \tag{57}$$

Eine der Lösungen dieses Systems ist, wie auch im Fall eines reellen Arguments, die Integralmatrix

$$X = \mathrm{e}^{U \ln(z-a)} = (z-a)^{U} \tag{58}$$

(vgl. S. 471). Als Gebiet G nehmen wir die gesamte z-Ebene mit Ausnahme des Punktes $z = a$. Alle Punkte dieses Gebietes sind reguläre Punkte der Koeffizientenmatrix

$$P(z) = \frac{U}{z-a}.$$

Ist $U \neq O$, so ist $z = a$ ein singulärer Punkt (ein Pol erster Ordnung) der Matrizenfunktion $P(z) = \dfrac{U}{z-a}$.

Umläuft man den Punkt $z = a$ einmal in positivem Sinne, so nehmen die Elemente der Integralmatrix (58) neue Werte an. Man erhält diese neuen Werte aus den alten, indem man von rechts mit der konstanten Matrix

$$V = \mathrm{e}^{2\pi i U}$$

multipliziert.

Durch dieselben Überlegungen wie im Fall eines reellen Arguments können wir uns davon überzeugen, daß zwei eindeutige Lösungen X und $\tilde{X}$ in einem Teilgebiet

[1]) Hier und im folgenden wird als Integrationsweg eine stückweise glatte Kurve gewählt.

von G stets in folgender Beziehung stehen:

$$X = \tilde{X}C,$$

wobei C eine konstante Matrix ist. Diese Formel bleibt für beliebige analytische Fortsetzungen der Funktionen $X(z)$ und $\tilde{X}(z)$ im Gebiet G erhalten.

Der Satz über die Existenz und Einzigkeit (bei vorgegebenen Anfangswerten) der Lösung des Systems (54) kann wie im reellen Fall bewiesen werden.

Wir betrachten ein einfach zusammenhängendes und überdies bezüglich des Punktes z_0 sternförmiges[1]) Gebiet G_1, das in G liegt. Die Matrizenfunktion $P(z)$ sei in G_1 regulär.[2]) Wir untersuchen die Reihe

$$E + \int_{z_0}^{z} P(\zeta)\,\mathrm{d}\zeta + \int_{z_0}^{z} P(\zeta) \int_{z_0}^{\zeta} P(\zeta')\,\mathrm{d}\zeta'\,\mathrm{d}\zeta + \cdots. \tag{59}$$

Da das Gebiet G_1 einfach zusammenhängend ist, sind alle in (59) vorkommenden Integrale vom Integrationsweg unabhängig und stellen im Gebiet G_1 reguläre Funktionen dar. Da G_1 bezüglich z_0 sternförmig ist, können wir bei der Abschätzung der Beträge dieser Integrale annehmen, daß alle Integrale längs der Verbindungsgeraden von z_0 und z genommen werden.

Die absolute und gleichmäßige Konvergenz der Reihe (59) in jedem abgeschlossenen Teilgebiet von G_1, das den Punkt z_0 enthält, ergibt sich aus der Konvergenz der Majorante

$$1 + lM + \frac{n}{2!}\,l^2M^2 + \frac{n^2}{3!}\,l^3M^3 + \cdots.$$

Hierbei ist M die obere Grenze des Betrages der Matrix $P(z)$ und l die obere Grenze der Abstände der Punkte z vom Punkt z_0, wobei beide Grenzen auf das betrachtete abgeschlossene Teilgebiet von G_1 bezogen sind.

Durch gliedweises Differenzieren läßt sich nachprüfen, daß die Summe der Reihe (59) eine Lösung der Gleichung (55) darstellt. Diese Lösung ist normiert, da sie für $z = z_0$ in die Einheitsmatrix E übergeht. Die eindeutig bestimmte normierte Lösung des Systems (55) nennen wir, wie schon im reellen Fall, den Matrizanten und bezeichnen ihn mit $\Omega_{t_0}^{t}(P)$. Wir haben eine Darstellung des Matrizanten im Gebiet G_1 als Reihe

$$\Omega_{z_0}^{z}(P) = E + \int_{t_0}^{t} P(\zeta)\,\mathrm{d}\zeta + \int_{t_0}^{t} P(\zeta) \int_{t_0}^{\zeta} P(\zeta')\,\mathrm{d}\zeta'\,\mathrm{d}\zeta + \cdots \tag{60}$$

erhalten.[3])

[1]) Ein Gebiet heißt *bezüglich eines Punktes z_0 sternförmig*, wenn die Verbindungsgerade von z_0 mit einem beliebigen Punkt z des Gebiets ganz in diesem Gebiet liegt.

[2]) Das heißt, alle Elemente $p_{ik}(z)$ $(i, k = 1, 2, \ldots, m)$ der Matrix $P(z)$ sind in dem Gebiet G_1 reguläre Funktionen.

[3]) Der von uns erbrachte Beweis der Existenz einer normierten Lösung und ihre Darstellung im Gebiet G_1 als Reihe gelten weiterhin, wenn an Stelle des sternförmigen Gebietes eines mit weitaus allgemeineren Eigenschaften tritt: Für ein beliebiges abgeschlossenes Teilgebiet G_1 existiert eine positive Zahl L, so daß ein beliebiger Punkt z dieses abgeschlossenen Gebiets mit z_0 durch einen Weg verbunden werden kann, dessen Länge höchstens gleich L ist.

Die in 15.5. bewiesenen Eigenschaften 1 bis 4 des Matrizanten lassen sich auf den Fall eines komplexen Arguments übertragen.

Eine beliebige Lösung von (55), die im Gebiet G regulär ist und für $z = z_0$ in die Matrix X_0 übergeht, läßt sich in folgender Form darstellen:

$$X = \Omega_{z_0}^{z}(P) \cdot C \qquad (C = X_0). \tag{61}$$

Die Beziehung (61) umfaßt alle in einer Umgebung des Punktes z_0 regulären Lösungen (z_0 ist ein regulärer Punkt der Koeffizientenmatrix $P(z)$). Die analytischen Fortsetzungen dieser Lösungen auf das Gebiet G schöpfen alle Lösungen der Gleichung (55) aus, d. h., (55) besitzt keine Lösung, für die z_0 ein singulärer Punkt ist.

Zur analytischen Fortsetzung des Matrizanten auf das Gebiet G_1 benutzt man am besten seine Darstellung als Produktintegral.

15.8. Das Produktintegral im Komplexen

Das Produktintegral längs einer Kurve im Komplexen wird folgendermaßen definiert.

Es sei ein Weg L und eine auf L stetige Matrizenfunktion $P(z)$ gegeben. Wir zerlegen den Weg L in n Teile $(z_0, z_1), (z_1, z_2), \ldots, (z_{n-1}, z)$; dabei ist z_0 der Anfangspunkt, $z_n = z$ der Endpunkt des Weges; $z_1, z_2, \ldots, z_{n-1}$ sind die bei der Teilung auftretenden Zwischenpunkte. Auf dem Abschnitt $z_{k-1}z_k$ des Weges wählen wir dann willkürlich einen Punkt ζ_k und führen die Bezeichnung $\Delta z_k = z_k - z_{k-1}$ ein ($k = 1, 2, \ldots, n$). Wir definieren dann

$$\widehat{\int_L} [E + P(z)\,\mathrm{d}z] = \lim_{\Delta z_k \to 0} [E + P(\zeta_n)\,\Delta z_n] \cdots [E + P(\zeta_1)\,\Delta z_1].$$

Vergleicht man diese Definition mit der auf S. 486 stehenden, so sieht man, daß die neue Definition mit der alten übereinstimmt, wenn der Weg L ein Abschnitt der reellen Achse ist. Ist L eine beliebige Kurve in der komplexen Ebene, so kann man auch in diesem Fall die neue Definition durch eine Substitution der Integrationsveränderlichen auf die ursprüngliche zurückführen.

Ist $z = z(t)$ eine Parameterdarstellung des Weges und $z(t)$ eine im Intervall $[t_0, t]$ stetige Funktion, die in diesem Intervall eine stückweise stetige Ableitung $\dfrac{\mathrm{d}z}{\mathrm{d}t}$ besitzt, so ist, wie man leicht sieht,

$$\widehat{\int_L} [E + P(z)\,\mathrm{d}z] = \widehat{\int_{t_0}^{t}} \left\{E + P[z(\tau)]\,\frac{\mathrm{d}z}{\mathrm{d}\tau}\,\mathrm{d}\tau\right\}.$$

Diese Beziehung zeigt, daß das Produktintegral längs eines beliebigen Weges existiert, sofern die unter dem Integralzeichen stehende Matrix $P(z)$ längs dieses Weges stetig ist.[1])

Die Produktableitung[2]) wird nach wie vor durch die Formel

$$D_z X = \frac{dX}{dz} X^{-1}$$

definiert. Dabei wird vorausgesetzt, daß $X(z)$ eine analytische Funktion ist.

Alle Differentialformeln (d. h. Formel I bis III) von 15.6. können ohne Änderungen auf den Fall eines komplexen Arguments übertragen werden. Was die Integralformeln (d. h. Formel IV bis VI) betrifft, so ergeben sich rein äußerliche Modifikationen der Schreibweise:

$$\text{IV}'.\quad \widehat{\int\limits_{L'+L''}} (E + P\,dz) = \widehat{\int\limits_{L''}} (E + P\,dz) \widehat{\int\limits_{L'}} (E + P\,dz).$$

$$\text{V}'.\quad \widehat{\int\limits_{-L}} (E + P\,dz) = \left[\widehat{\int\limits_{L}} (E + P\,dz)\right]^{-1}.$$

$$\text{VI}'.\quad \widehat{\int\limits_{L}} (E + CPC^{-1}\,dz) = C \widehat{\int\limits_{L}} (E + P\,dz)\, C^{-1} \qquad (C \text{ ist eine konstante Matrix}).$$

In Formel IV′ bezeichnen wir mit $L' + L''$ den zusammengesetzten Weg, den man erhält, wenn man erst den Weg L', dann L'' durchläuft. In Formel V′ bezeichnet $-L$ den Weg, der sich von L nur durch die Orientierung unterscheidet.

Formel VII nimmt nun die Gestalt

$$\text{VII}'.\quad \widehat{\int\limits_{L}} [E + (Q + D_z X)\,dz] = X(z) \widehat{\int\limits_{L}} (E + X^{-1}QX\,dz)\, X(z_0)^{-1}$$

an. Hier bezeichnen $X(z_0)$ und $X(z)$ auf der rechten Seite den Wert von $X(z)$ im Anfangs- bzw. Endpunkt des Weges L.

Formel VIII wird durch

$$\text{VIII}'.\quad \text{abs}\left[\widehat{\int\limits_{L}} (E + P\,dz) - \widehat{\int\limits_{L}} (E + Q\,dz)\right] \leqq \frac{1}{n}\, e^{nql}(e^{ndl} - 1)\, I$$

ersetzt, wobei $\text{abs}\, Q \leqq qI$, $\text{abs}\,(P - Q) \leqq dI$, $I = \|1\|$ und l die Länge des Weges L ist.

---

[1]) Vgl. die Fußnote 2 auf S. 486. Ist $P(z)$ eine stetige Funktion längs L, so braucht deshalb die unter dem rechten Integral stehende Funktion $P[z(t)]\,\dfrac{dz}{dt}$ nicht ebenfalls stetig zu sein. Sie ist aber sicher stückweise stetig, und in diesem Fall können wir das Intervall $[t_0, t]$ derart in Teilintervalle zerlegen, daß in jedem von ihnen die Ableitung $\dfrac{dz}{dt}$ und damit auch $P(z)\,\dfrac{dz}{dt}$ stetig ist. Unter dem Integral von t_0 bis t verstehen wir dann die Summe der Integrale längs dieser Teilintervalle.

[2]) Vgl. die Fußnote 3 auf S. 486 (*Anm. d. Red.*).

Formel VIII' kann man sofort aus VIII gewinnen; dazu führt man in VIII eine Variablentransformation durch und wählt als neue Integrationsvariable die Bogenlänge s längs des Weges L (dabei ist $\left|\frac{dz}{ds}\right| = 1$).

Wie auch im Fall eines reellen Arguments besteht ein enger Zusammenhang zwischen dem Produktintegral und dem Matrizanten.

Es sei eine eindeutige analytische Matrizenfunktion $P(z)$ vorgegeben, die in einem Gebiet G regulär ist; es sei ferner G_0 ein einfach zusammenhängendes Gebiet, das den Punkt z_0 enthält und ein Teilgebiet von G ist. Dann ist der Matrizant $\Omega_{z_0}^{z}(P)$ eine reguläre Funktion von z im Gebiet G.

Verbinden wir die Punkte z_0 und z durch einen beliebigen Weg L, der ganz in G_0 liegt, und wählen wir die Zwischenpunkte $z_1, z_2, \ldots, z_{n-1}$, so erhalten wir unter Beachtung der Gleichung $\Omega_{z_0}^{z} = \Omega_{z_{n-1}}^{z} \cdots \Omega_{z_1}^{z_2}\Omega_{z_0}^{z_1}$ genau wie in 15.6. (S. 486) durch Grenzübergang

$$\Omega_{z_0}^{z}(P) = \widehat{\int_L} (E + P\,dz) = \widehat{\int_{z_0}^{z}} (E + P\,d\zeta). \tag{62}$$

Hieraus ist ersichtlich, daß das Produktintegral nicht von der Form, sondern nur von Anfangs- und Endpunkt des Weges abhängt, sofern alle Wege in dem einfach zusammenhängenden Gebiet G_0 liegen, in dem die unter dem Integralzeichen stehende Funktion $P(z)$ regulär ist. Insbesondere gilt für geschlossene Wege L, die im einfach zusammenhängenden Gebiet G_0 liegen,

$$\widehat{\oint} (E + P\,dz) = E. \tag{63}$$

Diese Beziehung stellt das Analogon zu dem bekannten Cauchyschen Integralsatz dar, der besagt, daß das (gewöhnliche) Integral längs eines geschlossenen Weges verschwindet, wenn dieser Weg in einem einfach zusammenhängenden Gebiet liegt, in dem der Integrand eine reguläre Funktion ist.

Die Darstellung des Matrizanten als Produktintegral (62) kann für die analytische Fortsetzung des Matrizanten längs eines beliebigen Weges L im Gebiet G benutzt werden. Betrachtet man alle Wege, die die Punkte z_0 mit z verbinden, so erhält man aus

$$X = \widehat{\int_{z_0}^{z}} (E + P\,d\zeta)\,X_0 \tag{64}$$

alle Zweige der mehrdeutigen Integralmatrix X der Differentialgleichung $\frac{dX}{dz} = PX$, die für $z = z_0$ den Wert X_0 besitzen.

Auf Grund der Jacobischen Identität (56) ist

$$|X| = |X_0|\, e^{\int_{z_0}^{z} \operatorname{Sp} P\,d\zeta}$$

und insbesondere für $X_0 = E$

$$\left| \widehat{\int_{z_0}^{z}} (E + P\,\mathrm{d}\zeta) \right| = \mathrm{e}^{\int_{z_0}^{z} \mathrm{Sp}\, P\,\mathrm{d}\zeta}. \tag{65}$$

Hieraus folgt, daß das Produktintegral stets eine reguläre Matrix darstellt, wenn der Integrationsweg in einem Gebiet liegt, in dem die Funktion $P(z)$ regulär ist.

Ist L ein beliebiger geschlossener Weg in G und G kein einfach zusammenhängendes Gebiet, so gilt (63) nicht mehr. In diesem Fall ist der Wert des Integrals

$$\widehat{\oint} (E + P\,\mathrm{d}\zeta)$$

nicht durch die Vorgabe des Integranden und des geschlossenen Integrationsweges L bestimmt, sondern von der Wahl des Anfangspunktes z_0 der Integration auf dem Weg L abhängig. Wählen wir nämlich auf dem geschlossenen Weg L zwei Punkte z_0 und z_1 und bezeichnen wir die Abschnitte des Weges von z_0 bis z_1 und von z_1 bis z_0 (in Integrationsrichtung) mit L_1 bzw. L_2, so ist nach Formel IV'[1])

$$\widehat{\oint_{z_0}} = \widehat{\int_{L_2}} \cdot \widehat{\int_{L_1}}, \quad \widehat{\oint_{z_1}} = \widehat{\int_{L_1}} \cdot \widehat{\int_{L_2}}$$

und folglich

$$\widehat{\oint_{z_1}} = \widehat{\int_{L_1}} \cdot \widehat{\oint_{z_0}} \cdot \widehat{\int_{L_1}}^{-1}. \tag{66}$$

(66) zeigt, daß das Symbol $\widehat{\oint} (E + P\,\mathrm{d}z)$ eine Matrix bis auf Ähnlichkeitstransformationen definiert, d. h., die Elementarteiler der Matrix sind eindeutig bestimmt.

Wir betrachten das Funktionselement $X(z)$ der Lösung (64) in der Umgebung des Punktes z_0. Es sei L ein beliebiger geschlossener Weg in G, der im Punkt z_0 beginnt und endet. Nach analytischer Fortsetzung längs L geht das Element $X(z)$ in das Element $\tilde{X}(z)$ über. Dabei genügt das neue Funktionselement $\tilde{X}(z)$ derselben Differentialgleichung (55), da $P(z)$ eine in G eindeutige Funktion ist. Folglich ist

$$\tilde{X} = XV,$$

wobei V eine gewisse reguläre konstante Matrix bezeichnet. Aus (64) folgt

$$\tilde{X}(z_0) = \widehat{\oint_{z_0}} (E + P\,\mathrm{d}\zeta)\, X_0.$$

Vergleicht man diese Gleichung mit der vorhergehenden, so findet man

$$V = X_0^{-1} \widehat{\oint_{z_0}} (E + P\,\mathrm{d}\zeta)\, X_0. \tag{67}$$

Für den Matrizanten $X = \Omega_{z_0}^{z}$ gilt insbesondere $X_0 = E$ und somit

$$V = \widehat{\oint_{z_0}} (E + P\,\mathrm{d}\zeta). \tag{68}$$

[1]) Hier wird der kürzeren Bezeichnungsweise halber der unter dem Integral stehende Ausdruck $E + P\,\mathrm{d}z$ weggelassen; er ist unter allen Integralen ein und derselbe.

15.9. Isolierte singuläre Stellen

Wir wollen das Verhalten der Lösung (Integralmatrix) in der Umgebung einer isolierten singulären Stelle a untersuchen.

Die Matrizenfunktion $P(z)$ sei regulär für Werte z, die der Ungleichung

$$0 < |z - a| < R$$

genügen. Die Menge dieser Werte bildet ein zweifach zusammenhängendes Gebiet G. Die Matrizenfunktion $P(z)$ entwickeln wir in diesem Gebiet in eine Laurentreihe:

$$P(z) = \sum_{n=-\infty}^{+\infty} P_n(z - a)^n. \tag{69}$$

Ein Funktionselement $X(z)$ der Integralmatrix geht bei einmaligem Umlauf um a im positiven Sinne längs eines Weges L in das Funktionselement

$$X^+(z) = X(z)\, V$$

über; dabei ist V eine reguläre konstante Matrix.

Es sei U eine konstante Matrix, so daß für die Matrix V

$$V = \mathrm{e}^{2\pi i U} \tag{70}$$

gilt. Dann geht die Matrizenfunktion $(z - a)^U$ bei einmaligem Umlauf um a längs L in $(z - a)^U\, V$ über. Die in G analytische Matrizenfunktion

$$F(z) = X(z)\,(z - a)^{-U} \tag{71}$$

geht bei analytischer Fortsetzung längs L in sich selbst über (bleibt unverändert).[1] Also ist die Matrizenfunktion $F(z)$ in G regulär und kann in eine Laurentreihe entwickelt werden:

$$F(z) = \sum_{n=-\infty}^{+\infty} F_n(z - a)^n. \tag{72}$$

Aus (71) folgt

$$X(z) = F(z)\,(z - a)^U. \tag{73}$$

Jede Integralmatrix $X(z)$ kann in der Form (73) dargestellt werden, wobei die eindeutige Funktion $F(z)$ und die konstante Matrix U von der Koeffizientenmatrix $P(z)$ abhängig sind. Im allgemeinen ist jedoch die Berechnung der Matrix U und der Koeffizienten F_n der Reihe (72) aus den Koeffizienten P_n der Reihe (69) eine komplizierte Aufgabe.

In 15.10. werden wir den Spezialfall

$$P(z) = \sum_{n=-1}^{\infty} P_n(z - a)^n$$

---

[1]) Hieraus folgt bereits, daß die Funktion $F(z)$ bei Fortsetzung längs eines beliebigen anderen geschlossenen Weges in G wieder zu den Ausgangswerten zurückkehrt.

vollständig untersuchen. In diesem Fall heißt a eine *schwach singuläre Stelle* des Systems (55).

Wenn die Entwicklung (69) die Form

$$P(z) = \sum_{n=-q}^{\infty} P_n (z-a)^n \qquad (q > 1;\, P_{-q} \neq O)$$

hat, heißt der Punkt a eine *stark singuläre Stelle*. Wenn schließlich in der Reihe (69) bei den negativen Potenzen von $z - a$ unendlich viele von der Nullmatrix verschiedene Matrizenkoeffizienten P_n auftreten, heißt der Punkt a eine *wesentlich singuläre Stelle* des gegebenen Differentialgleichungssystems.

Aus (73) folgt, daß die Integralmatrix $X(z)$ bei einem beliebigen Umlauf in positivem Sinne (längs eines geschlossenen Weges L) von rechts mit ein und derselben Matrix $V = e^{2\pi i U}$ multipliziert wird. Beginnt (und endet) dieser Umlauf im Punkt z_0, so ist nach (67)

$$V = X(z_0)^{-1} \oint_{z_0}^{\frown} (E + P\,dz)\, X(z_0)\,. \tag{74}$$

Betrachten wir an Stelle der Integralmatrix $X(z)$ eine beliebige andere Integralmatrix $\hat{X}(z) = X(z)\,C$ (C ist eine konstante Matrix, $|C| \neq 0$), so wird, wie aus (74) ersichtlich ist, die Matrix V durch die ihr ähnliche Matrix $\hat{V} = C^{-1} V C$ ersetzt. Folglich bilden die „Umlaufsmatrizen“ V des gegebenen Systems eine Klasse einander ähnlicher Matrizen.

Aus Formel (74) folgt ferner, daß das Integral

$$\oint_{z_0}^{\frown} (E + P\,dz) \tag{75}$$

nur vom Anfangspunkt z_0, nicht aber von der Form des Umlaufweges abhängig ist.[1]) Ändern wir den Anfangspunkt z_0, so erhalten wir verschiedene Werte des Integrals (75), die aber alle einander ähnlich sind.[2])

Von diesen Eigenschaften des Integrals kann man sich auch unmittelbar überzeugen. Dazu nehmen wir an, daß L und L' zwei geschlossene Wege in G um den Punkt $z = a$ mit den Anfangspunkten z_0 und z_0' sind (vgl. Abb. 8). Das zweifach zusammenhängende,

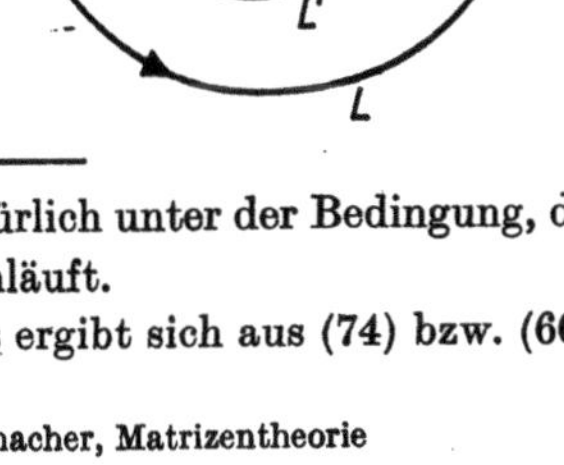

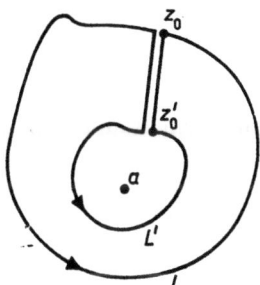

Abb. 8

[1]) Natürlich unter der Bedingung, daß der Integrationsweg den Punkt a einmal in positivem Sinne umläuft.

[2]) Dies ergibt sich aus (74) bzw. (66).

zwischen L und L' eingeschlossene Gebiet kann durch einen Schnitt von z_0 nach z_0' einfach zusammenhängend gemacht werden. Das Integral längs des Schnitts bezeichnen wir mit

$$T = \widehat{\int_{z_0}^{z_0'}} (E + P\,\mathrm{d}z).$$

Da das Produktintegral längs eines geschlossenen Weges in einem einfach zusammenhängenden Gebiet gleich E ist, finden wir

$$\widehat{\int_{L'}} T \widehat{\int_{L}}^{-1} T^{-1} = E;$$

hieraus folgt

$$\widehat{\int_{L'}} = T \widehat{\int_{L}} T^{-1}.$$

Also ist auch $\widehat{\oint} (E + P\,\mathrm{d}z)$ wie V bis auf Ähnlichkeit bestimmt, und wir werden für (74) bisweilen folgende Schreibweise wählen:

$$V \sim \widehat{\oint} (E + P\,\mathrm{d}z);$$

wir verstehen darunter die Gleichheit der Elementarteiler der Matrizen V und $\widehat{\oint} (E + P\,\mathrm{d}z)$.

Als Beispiel betrachten wir folgendes System mit einer schwach singulären Stelle:

$$\frac{\mathrm{d}X}{\mathrm{d}z} = P(z)\,X \quad \text{mit} \quad P(z) = \frac{P_{-1}}{z-a} + \sum_{n=0}^{+\infty} P_n (z-a)^n.$$

Es sei $Q(z) = \dfrac{P_{-1}}{z-a}$. Wir benutzen Formel VIII' aus 15.8., die uns eine Schranke für den Betrag der Differenz

$$D = \widehat{\oint} (E + P\,\mathrm{d}z) - \widehat{\oint} (E + Q\,\mathrm{d}z) \tag{76}$$

liefert, und wählen als Integrationsweg einen Kreis mit dem Radius r $(r < R)$ mit positivem Umlaufssinn. Es sei

$$\operatorname{abs} P_{-1} \leqq p_{-1} I, \quad \operatorname*{abs}_{|z-a|=r} \sum_{n=0}^{\infty} P_n (z-a)^n \leqq d(q)\,I, \quad I = \|1\|;$$

wir können dann in Formel VIII'

$$q = \frac{p_{-1}}{r}, \quad d = d(r), \quad l = 2\pi r$$

setzen und finden

$$\operatorname{abs} D \leqq \frac{1}{n} e^{2\pi p_{-1}}(e^{2\pi n r d(r)} - 1) I.$$

Hieraus erhält man[1])

$$\lim_{r \to 0} D = O. \tag{77}$$

Andererseits ist das System

$$\frac{dY}{dz} = QY$$

ein Cauchysches System, und in diesem Fall ist bei beliebiger Wahl des Anfangspunktes z_0 und bei beliebigem $r < R$

$$\oint_{z_0}^{\frown} (E + Q\,dz) = e^{2\pi i P_{-1}}.$$

Daher folgt aus (76) und (77)

$$\lim_{r \to 0} \oint_{z_0}^{\frown} (E + P\,dz) = e^{2\pi i P_{-1}}. \tag{78}$$

Die Elementarteiler des Integrals $\oint_{z_0}^{\frown} (E + P\,dz)$ sind von z_0 und r unabhängig und stimmen mit den Elementarteilern der Umlaufsmatrizen V überein.

Hieraus zog Volterra den Schluß (vgl. seine bekannte Arbeit [253], aber auch [67], S. 117—120), daß die Matrizen V und $e^{2\pi i P_{-1}}$ ähnlich sind und folglich die Umlaufsmatrix V durch die „Residuenmatrix" P_{-1} bis auf Ähnlichkeit eindeutig definiert wird.

Diese Behauptung von Volterra ist falsch.

Aus (74) und (78) kann man nur schließen, daß *die charakteristischen Wurzeln der Umlaufsmatrix V mit den charakteristischen Wurzeln der Matrix $e^{2\pi i P_{-1}}$ übereinstimmen.* Die Elementarteiler dieser Matrizen können jedoch verschieden sein. So besitzt beispielsweise die Matrix

$$\begin{Vmatrix} \alpha & r \\ 0 & \alpha \end{Vmatrix}$$

für beliebiges $r \neq 0$ den einen Elementarteiler $(\lambda - \alpha)^2$; der Grenzwert dieser Matrix für $r \to 0$, d. h. die Matrix $\begin{Vmatrix} \alpha & 0 \\ 0 & \alpha \end{Vmatrix}$, besitzt dagegen die beiden Elementarteiler $\lambda - \alpha$ und $\lambda - \alpha$. Folglich ergibt sich aus (74) und (78) nicht die Volterrasche Be-

[1]) Dabei nutzen wir aus, daß bei entsprechender Wahl von $d(r)$ die Beziehung $\lim_{r \to 0} d(r) = d_0$ gilt, wobei d_0 der größte unter den Elementen der Matrix P_0 auftretende Betrag ist.

hauptung. Aber sie ist auch im allgemeinen falsch, wie folgendes Beispiel zeigt. Es sei

$$P(z) = \begin{Vmatrix} 0 & 0 \\ 0 & -1 \end{Vmatrix} \frac{1}{z} + \begin{Vmatrix} 0 & 1 \\ 0 & 0 \end{Vmatrix}.$$

Das entsprechende Differentialgleichungssystem besitzt die Gestalt

$$\frac{\mathrm{d}x_1}{\mathrm{d}z} = x_2, \quad \frac{\mathrm{d}x_2}{\mathrm{d}z} = -\frac{x_2}{z}.$$

Durch Integration dieses Systems finden wir $x_1 = c \ln z + d$, $x_2 = c/z$. Die Integralmatrix

$$X(z) = \begin{Vmatrix} \ln z & 1 \\ z^{-1} & 0 \end{Vmatrix}$$

wird bei einmaligem Umlauf um den singulären Punkt $z = 0$ im mathematisch positiven Sinne von rechts mit der Matrix

$$V = \begin{Vmatrix} 1 & 0 \\ 2\pi\mathrm{i} & 1 \end{Vmatrix}$$

multipliziert. Diese Matrix besitzt den Elementarteiler $(\lambda - 1)^2$. Jedoch besitzt die Matrix

$$\mathrm{e}^{2\pi\mathrm{i}P_{-1}} = \mathrm{e}^{2\pi\mathrm{i}\begin{Vmatrix} 0 & 0 \\ 0 & -1 \end{Vmatrix}} = \begin{Vmatrix} 1 & 0 \\ 0 & 1 \end{Vmatrix} = E$$

die beiden Elementarteiler $\lambda - 1$ und $\lambda - 1$.

Wir betrachten nun den Fall, daß die Matrix $P(z)$ endlich viele negative Potenzen von $z - a$ besitzt (a ist eine schwach oder eine stark singuläre Stelle):

$$P(z) = \frac{P_{-q}}{(z-a)^q} + \cdots + \frac{P_{-1}}{z-a} + \sum_{n=0}^{\infty} P_n (z-a)^n \quad (q \geqq 1;\ P_{-q} \neq O).$$

Wir transformieren das gegebene System

$$\frac{\mathrm{d}X}{\mathrm{d}z} = PX, \tag{79}$$

indem wir

$$X = A(z)\, Y \tag{80}$$

setzen. $A(z)$ sei eine im Punkt $z = a$ reguläre Matrizenfunktion, die in diesem Punkt den Wert E annimmt:

$$A(z) = E + A_1(z-a) + A_2(z-a)^2 + \cdots;$$

die auf der rechten Seite stehende Potenzreihe konvergiere für $|z - a| < r_1$.

G. BIRKHOFF veröffentlichte im Jahre 1913 einen Satz (vgl. [153a]), der besagt, daß die Transformation (80) stets so gewählt werden kann, daß die Koeffizientenmatrix des transformierten Systems

$$\frac{\mathrm{d}Y}{\mathrm{d}z} = P^*(z)\, Y \tag{79'}$$

nur negative Potenzen von $z - a$ enthält:

$$P^*(z) = \frac{P^*_{-q}}{(z-a)^q} + \cdots + \frac{P^*_{-1}}{z-a}.$$

Der Satz von BIRKHOFF und sein vollständiger Beweis sind in dem Buch von E. L. INCE, Ordinary Differential Equations, angegeben.[1]) Dort wird mit Hilfe des „kanonischen" Systems (79') das Verhalten der Lösung beliebiger Systeme in der Umgebung singulärer Stellen untersucht.

In dem Beweis von BIRKHOFF ist ein Fehler enthalten, aber auch der Satz selbst ist nicht richtig. Als Gegenbeispiel dient das schon zur Widerlegung der Volterraschen Behauptung angegebene Beispiel.[2])

In diesem Beispiel ist $q = 1$, $a = 0$ und

$$P_{-1} = \begin{Vmatrix} 0 & 0 \\ 0 & -1 \end{Vmatrix}, \quad P_0 = \begin{Vmatrix} 0 & 1 \\ 0 & 0 \end{Vmatrix}, \quad P_n = O \text{ für } n = 1, 2, \ldots$$

Wenden wir den Satz von BIRKHOFF an und setzen wir in (79) für X das Produkt AY ein, so erhalten wir nach Übergang von $\frac{\mathrm{d}Y}{\mathrm{d}z}$ zu $\frac{P^*_{-1}}{z}\,Y$ und Kürzen durch Y

$$A\,\frac{P^*_{-1}}{z} + \frac{\mathrm{d}A}{\mathrm{d}z} = PA.$$

Setzen wir die Koeffizienten von $1/z$ und die konstanten Glieder gleich, so finden wir $P^*_{-1} = P_{-1}$, $A_1P_{-1} - P_{-1}A_1 + A_1 = P_0$. Die Festsetzung $A_1 = \begin{Vmatrix} a & b \\ c & d \end{Vmatrix}$ ergibt

$$\begin{Vmatrix} a & 0 \\ c & 0 \end{Vmatrix} - \begin{Vmatrix} 0 & 0 \\ -c & -d \end{Vmatrix} = \begin{Vmatrix} 0 & 1 \\ 0 & 0 \end{Vmatrix}.$$

Damit ist ein Widerspruch gefunden.

In 15.10. werden wir klären, in welche kanonische Form das System (79) durch die Transformation (80) übergeführt werden kann, wenn wir eine schwach singuläre Stelle betrachten.

---

[1]) Vgl. [1], S. 632–641. BIRKHOFF und INCE formulierten den Satz für die singuläre Stelle $z = \infty$. Dies bedeutet keinerlei Einschränkung, da eine singuläre Stelle $z = a$ mittels der Transformation $z' = 1/(z - a)$ in $z' = \infty$ übergeführt werden kann.

[2]) Im Fall $a = 1$ deckt sich die fehlerhafte Behauptung BIRKHOFFS im wesentlichen mit VOLTERRAS Fehler (vgl. S. 499).

15.10. Schwach singuläre Stellen

Bei der Untersuchung des Verhaltens von Lösungen in der Umgebung einer singulären Stelle wollen wir ohne Beschränkung der Allgemeinheit annehmen, daß die betrachtete singuläre Stelle der Punkt $z = 0$ ist.[1])

1. Gegeben sei das System

$$\frac{dX}{dz} = P(z)\,X \tag{81}$$

mit

$$P(z) = \frac{P_{-1}}{z} + \sum_{m=0}^{\infty} P_m z^m, \tag{82}$$

und die Reihe $\sum_{m=0}^{\infty} P_m z^m$ konvergiere im Innern des Kreises $|z| < r$.

Es sei

$$X = A(z)\,Y \tag{83}$$

und

$$A(z) = E + A_1 z + A_2 z^2 + \cdots. \tag{84}$$

Wir lassen die Frage nach der Konvergenz der Reihe (84) offen und bemühen uns, die Matrizenkoeffizienten dieser Reihe so zu definieren, daß das transformierte System

$$\frac{dY}{dz} = P^*(z)\,Y \tag{85}$$

mit

$$P^*(z) = \frac{P^*_{-1}}{z} + \sum_{m=0}^{\infty} P^*_m z^m \tag{86}$$

eine möglichst einfache („kanonische") Form besitzt.[2])

Setzen wir in (81) an Stelle von X das Produkt AY ein, so erhalten wir mit (85)

$$A(z)\,P^*(z)\,Y + \frac{dA}{dz}\,Y = P(z)\,A(z)\,Y.$$

Die Multiplikation beider Seiten dieser Gleichung von rechts mit Y^{-1} ergibt

$$P(z)\,A(z) - A(z)\,P^*(z) = \frac{dA}{dz}.$$

---

[1]) Durch die Transformation $z' = z - a$ bzw. $z' = 1/z$ kann man einen beliebigen endlichen Punkt $z = a$ bzw. $z = \infty$ in den Punkt $z' = 0$ überführen.

[2]) Wir wollen erreichen, daß die Reihe (86) nur endlich viele (und überdies möglichst wenige) von 0 verschiedene Koeffizienten P^*_m besitzt.

Ersetzen wir hier $P(z)$, $A(z)$ und $P^*(z)$ durch die Reihen (82), (84) und (86), so ergibt ein Koeffizientenvergleich in z ein unendliches System von Matrizengleichungen für die gesuchten Koeffizienten $A_1, A_2, \ldots$:[1])

$$\left.\begin{array}{rl} 1. & P_{-1} = P^*_{-1}, \\ 2. & P_{-1}A_1 - A_1(P_{-1} + E) + P_0 = P^*_0, \\ 3. & P_{-1}A_2 - A_2(P_{-1} + 2E) + P_0A_1 - A_1P^*_0 + P_1 = P^*_1, \\ & \cdots\cdots\cdots\cdots\cdots\cdots\cdots\cdots\cdots\cdots \\ (m+2). & P_{-1}A_{m+1} - A_{m+1}[P_{-1} + (m+1)E] \\ & + P_0A_m - A_mP^*_0 + P_1A_{m-1} - A_{m-1}P^*_1 + \cdots + P_m = P^*_m. \end{array}\right\} \tag{87}$$

2. Wir betrachten gesondert folgende Fälle:

a) *Die Matrix P_{-1} besitzt keine verschiedenen charakteristischen Wurzeln, deren Differenz ganzzahlig ist.*

In diesem Fall besitzen die Matrizen P_{-1} und $P_{-1} + kE$ für jedes $k = 1, 2, 3, \ldots$ keine gemeinsamen charakteristischen Wurzeln, und die Matrizengleichung $P_{-1}U - U(P_{-1} + kE) = T$ besitzt daher (vgl. 8.3.)[2]) für eine beliebige rechte Seite T genau eine Lösung. Diese Lösung bezeichnen wir mit $\Phi_k(P_{-1}, T)$. Also können wir in (87) alle Matrizen P^*_m $(m = 0, 1, 2, \ldots)$ gleich der Nullmatrix setzen und die Matrizen $A_1, A_2, \ldots$ sukzessive mit Hilfe der Gleichungen

$$A_1 = \Phi_1(P_{-1}, -P_0), \qquad A_2 = \Phi_2(P_{-1}, -P_1 - P_0A_1), \ldots$$

definieren. Dann ist das transformierte System ein Cauchysches System,

$$\frac{dY}{dz} = \frac{P_{-1}}{z} Y,$$

und die Lösung X des ursprünglichen Systems (81) besitzt die Gestalt[3])

$$X = A(z)\, z^{P_{-1}}. \tag{88}$$

---

[1]) In allen Gleichungen (mit der zweiten beginnend) ersetzen wir auf Grund der ersten Gleichung P^*_{-1} durch die Matrix P_{-1}.

[2]) Man kann dies übrigens beweisen, ohne sich auf Kapitel 8 zu stützen. Der uns interessierende Satz ist gleichbedeutend mit der Behauptung, daß die Matrizengleichung

$$P_{-1}U = U(P_{-1} + kE) \tag{$*$}$$

nur die triviale Lösung $U = O$ besitzt. Da die Matrizen P_{-1} und $P_{-1} + kE$ keine gemeinsamen charakteristischen Wurzeln besitzen, existiert ein Polynom $f(\lambda)$ mit

$$f(P_{-1}) = O, \quad f(P_{-1} + kE) = E.$$

Aber aus ($*$) folgt

$$f(P_{-1})\, U = U f(P_{-1} + kE)$$

und hieraus $U = O$.

[3]) Die Beziehung (88) definiert eine Integralmatrix des Systems (81). Jede andere Integralmatrix erhält man aus (88) durch Multiplikation mit einer beliebigen konstanten regulären Matrix C von rechts.

b) *Unter den verschiedenen charakteristischen Wurzeln der Matrix P_{-1} treten solche auf, deren Differenz ganzzahlig ist; P_{-1} ist eine Matrix einfacher Struktur.*

Mit $\lambda_1, \lambda_2, \ldots, \lambda_n$ bezeichnen wir die charakteristischen Wurzeln der Matrix P_{-1}; diese seien dabei so geordnet, daß die Ungleichungen

$$\operatorname{Re}\lambda_1 \geqq \operatorname{Re}\lambda_2 \geqq \cdots \geqq \operatorname{Re}\lambda_n \tag{89}$$

gelten.

Wir können die Matrix P_{-1} o. B. d. A. durch eine beliebige ihr ähnliche Matrix ersetzen. Multipliziert man beide Seiten der Gleichung (81) von links mit einer regulären Matrix T (d. h. $|T| \neq 0$) und von rechts mit der Matrix T^{-1}, so bedeutet das, daß die Matrizen P_m durch TP_mT^{-1} ersetzt werden ($m = -1, 0, 1, 2, \ldots$); ferner wird X durch TXT^{-1} ersetzt. Wir setzen also voraus, daß P_{-1} eine Diagonalmatrix ist:

$$P_{-1} = \|\lambda_1\delta_{ik}\|_1^n. \tag{90}$$

Für die Elemente der Matrizen P_m, P_m^* und A_m verwenden wir die Bezeichnungen

$$P_m = \|p_{ik}^{(m)}\|_1^n, \quad P_m^* = \|p_{ik}^{(m)*}\|_1^n, \quad A_m = \|x_{ik}^{(m)}\|_1^n. \tag{91}$$

Zur Bestimmung der Matrix A_1 benutzen wir die zweite der Gleichungen (87). Diese Matrizengleichung kann durch skalare Gleichungen

$$(\lambda_i - \lambda_k - 1)\, x_{ik}^{(1)} + p_{ik}^{(0)} = p_{ik}^{(0)*} \qquad (i, k = 1, 2, \ldots, n) \tag{92}$$

ersetzt werden.

Sind die Differenzen $\lambda_i - \lambda_k$ alle von 1 verschieden, so setzen wir $P_0^* = O$. Dann folgt aus (87_2)[1] $A_1 = \Phi_1(P_{-1}, -P_0)$. In diesem Fall sind die Elemente der Matrix A_1 eindeutig durch die Gleichungen (92) definiert:

$$x_{ik}^{(1)} = -\frac{p_{ik}^{(0)}}{\lambda_i - \lambda_k - 1} \qquad (i, k = 1, 2, \ldots, n). \tag{93}$$

Ist für gewisse i und k

$$\lambda_i - \lambda_k = 1,\text{[2]}$$

so wird das entsprechende $p_{ik}^{(0)*}$ aus (92) bestimmt, $p_{ik}^{(0)*} = p_{ik}^{(0)}$, und das entsprechende $x_{ik}^{(1)}$ kann beliebig gewählt werden.

Für diejenigen i und k, für die $\lambda_i - \lambda_k \neq 1$ ist, setzen wir $p_{ik}^{(0)*} = 0$, und die entsprechenden $x_{ik}^{(1)}$ finden wir nach (93).

Nachdem wir A_1 bestimmt haben, gehen wir zur Bestimmung von A_2 aus der dritten Gleichung von (87) über. Wir ersetzen diese Matrizengleichung durch ein System von n^2 skalaren Gleichungen

$$(\lambda_i - \lambda_k - 2)\, x_{ik}^{(2)} = p_{ik}^{(1)*} - p_{ik}^{(1)} - (P_0A_1 - A_1P_0^*)_{ik} \tag{94}$$
$$(i, k = 1, 2, \ldots, n).$$

---

[1] Wir benutzen hier die bei der Behandlung des Falles a) eingeführten Bezeichnungen.

[2] Wegen (89) ist dies nur für $i < k$ möglich.

Hier verfahren wir ebenso wie bei der Bestimmung von A_1.

Ist $\lambda_i - \lambda_k \neq 2$, so setzen wir $p_{ik}^{(1)*} = 0$; dann folgt aus (94)

$$x_{ik}^{(2)} = -\frac{1}{\lambda_1 - \lambda_2 - 2}\,[p_{ik}^{(1)} - (P_0 A_1 - A_1 P_0^*)_{ik}].$$

Ist $\lambda_i - \lambda_k = 2$, so folgt für diese i und k aus (94)

$$p_{ik}^{(1)*} = p_{ik}^{(1)} + (P_0 A_1 - A_1 P_0^*)_{ik}.$$

In diesem Fall ist $x_{ik}^{(2)}$ willkürlich wählbar.

Indem wir diesen Prozeß fortsetzen, bestimmen wir sukzessive alle Matrizen P_{-1}^*, P_0^*, P_1^*, ... und A_1, A_2, A_3, ...

Dabei sind nur endlich viele Matrizen P_m^* von der Nullmatrix verschieden, und wie man leicht sieht, besitzt die Matrix $P^*(z)$ die Gestalt[1])

$$P^*(z) = \left\| \begin{matrix} \frac{\lambda_1}{z} & a_{12} z^{\lambda_1-\lambda_2-1} & \dots & a_{1n} z^{\lambda_1-\lambda_n-1} \\ 0 & \frac{\lambda_2}{z} & \dots & a_{2n} z^{\lambda_2-\lambda_n-1} \\ \dots & \dots & \dots & \dots \\ 0 & 0 & \dots & \frac{\lambda_n}{z} \end{matrix} \right\|; \tag{95}$$

dabei ist $a_{ik} = 0$, wenn $\lambda_i - \lambda_k$ keine positive ganze Zahl, und $a_{ik} = p^{(\lambda_i-\lambda_k-1)*}$ wenn $\lambda_i - \lambda_k$ eine positive ganze Zahl ist.

Wir bezeichnen mit m_i die größte ganze Zahl, die $\operatorname{Re}\lambda_i$ nicht übertrifft:

$$m_i = [\operatorname{Re}\lambda_i] \quad (i = 1, 2, \dots, n). \tag{96}$$

Dann ist wegen (89) $m_1 \geqq m_2 \geqq \cdots \geqq m_n$. Ist $\lambda_i - \lambda_k$ eine ganze Zahl, so ist $\lambda_i - \lambda_k = m_i - m_k$. Folglich können in dem Ausdruck (95) für die kanonische Matrix $P^*(z)$ alle Differenzen $\lambda_i - \lambda_k$ durch $m_i - \lambda_k$ ersetzt werden. Ferner setzen wir

$$\tilde{\lambda}_i = \lambda_i - m_i \quad (i = 1, 2, \dots, n), \tag{91'}$$

$$M = \|m_i \delta_{ik}\|_1^n, \qquad U = \left\| \begin{matrix} \tilde{\lambda}_1 & a_{12} & \dots & a_{1n} \\ 0 & \tilde{\lambda}_2 & \dots & a_{2n} \\ \dots & \dots & \dots & \dots \\ 0 & 0 & \dots & \tilde{\lambda}_n \end{matrix} \right\|. \tag{97}$$

Dann folgt aus (95) (vgl. Formel I auf S. 488)

$$P^*(z) = z^M \frac{U}{z} z^{-M} + \frac{M}{z} = \mathrm{D}_z(z^M z^U).$$

---

[1]) P_m^* $(m \geqq 0)$ kann nur dann von der Nullmatrix verschieden sein, wenn die Matrix P_{-1} charakteristische Wurzeln λ_i und λ_k mit $\lambda_i - \lambda_k - 1 = m$ besitzt (wegen (89) ist dabei $i < k$). Für vorgegebenes m entspricht jeder solchen Gleichung das Element $p_{ik}^{(m)*} = a_{ik}$ der Matrix P_m^*; dieses Element kann von 0 verschieden sein. Alle übrigen Elemente der Matrix P_m^* sind gleich 0.

Hieraus ergibt sich, daß $Y = z^M z^U$ eine Lösung von (85) darstellt und

$$X = A(z)\, z^M z^U \tag{98}$$

die Lösung von (81) ist.[1])

c) *Wir betrachten nun den allgemeinen Fall.*

Wie bereits gesagt wurde, können wir o. B. d. A. die Matrix P_{-1} durch eine beliebige ihr ähnliche Matrix ersetzen. Wir setzen voraus, daß die Matrix P_{-1} Jordansche Normalform besitzt[2]),

$$P_{-1} = \{\lambda_1 E_1 + H_1, \lambda_2 E_2 + H_2, \ldots, \lambda_u E_u + H_u\}, \tag{99}$$

und daß

$$\operatorname{Re} \lambda_1 \geqq \operatorname{Re} \lambda_2 \geqq \cdots \geqq \operatorname{Re} \lambda_u \tag{100}$$

ist. Hier wird mit E die Einheitsmatrix und mit H eine Matrix bezeichnet, bei der die Elemente der ersten oberen Diagonalen gleich 1, alle übrigen gleich 0 sind. Die Matrizen E_i und H_i besitzen in den verschiedenen Diagonalkästchen im allgemeinen verschiedene Ordnung; die Ordnung stimmt jeweils mit der Potenz des entsprechenden Elementarteilers der Matrix P_{-1} überein.[3])

In Übereinstimmung mit der Darstellung (99) der Matrix P_{-1} zerlegen wir die Matrizen P_m, P_m^* und A_m in Blöcke:

$$P_m = (P_{ik}^{(m)})_1^u, \quad P_m^* = (P_{ik}^{(m)*})_1^u, \quad A_m = (X_{ik}^{(m)})_1^u.$$

Dann kann die zweite der Gleichungen (87) durch das Gleichungssystem

$$(\lambda_i E_i + H_i)\, X_{ik}^{(1)} - X_{ik}^{(1)}[(\lambda_k + 1)\, E_k + H_k] + P_{ik}^{(0)} = P_{ik}^{(0)*} \tag{101}$$

ersetzt werden, das wir noch folgendermaßen schreiben können:

$$(\lambda_i - \lambda_k - 1)\, X_{ik}^{(1)} + H_i X_{ik}^{(1)} - X_{ik}^{(1)} H_k + P_{ik}^{(0)} = P_{ik}^{(0)*} \quad (i, k = 1, 2, \ldots, u). \tag{102}$$

Es sei[4])

$$X_{ik}^{(1)} = \left\| \begin{matrix} x_{11} & x_{12} & \ldots \\ x_{21} & x_{22} & \ldots \\ \ldots & \ldots & \ldots \end{matrix} \right\| = \|x_{st}\|, \quad P_{ik}^{(0)} = \|p_{st}^{(0)}\|, \quad P_{ik}^{(0)*} = \|p_{st}^{(0)*}\|.$$

Dann kann die Matrizengleichung (102) (für festes i und k) durch ein System skalarer Gleichungen der Form

$$(\lambda_i - \lambda_k - 1)\, x_{st} + \mu_{s+1,t} - x_{s,t-1} + p_{st}^{(0)} = p_{st}^{(0)*} \tag{103}$$
$$(s = 1, 2, \ldots, v;\ t = 1, 2, \ldots, w;\ x_{v+1,t} = x_{s,0} = 0)$$

---

[1]) Die spezielle Form der Matrizen (97) entspricht der kanonischen Form der Matrix P_{-1}. Besitzt P_{-1} keine kanonische Form, so sind die Matrizen M und U in (98) denen in (97) ähnlich.

[2]) Vgl. 6.6.

[3]) Der kürzeren Bezeichnung halber haben wir die Indizes bei E_i und H_i, die auf die Ordnung der Matrizen hinweisen sollen, nicht mitgeschrieben.

[4]) Der Kürze halber lassen wir die Indizes i und k bei der Bezeichnung der Elemente von X_{ik}, $P_{ik}^{(0)}$ und $P_{ik}^{(0)*}$ fort.

ersetzt werden;[1]) dabei ist v bzw. w die Ordnung der Matrix $\lambda_i E_i + H_i$ bzw. $\lambda_k E_k + H_k$ (99).

inIst $\lambda_i - \lambda_k \neq 1$, so kann man in dem System (103) alle $p_{st}^{(0)*}$ gleich 0 setzen und alle x_{st} eindeutig aus den rekursiven Relationen (103) bestimmen. Dies bedeutet, daß wir in der Matrizengleichung (102) $P_{ik}^{(0)*} = O$ setzen und $X_{ik}^{(1)*}$ eindeutig bestimmen.

Ist $\lambda_i - \lambda_k = 1$, so haben die Relationen (103) die Gestalt

$$x_{s+1,t} - x_{s,t-1} + p_{st}^{(0)} = p_{st}^{(0)*} \tag{104}$$
$$(x_{v+1,t} = x_{s,0} = 0;\ s = 1, 2, \ldots, v;\ t = 1, 2, \ldots, w).$$

Man zeigt leicht, daß sich die Elemente x_{st} der Matrix $X_{ik}^{(1)}$ aus (104) so bestimmen lassen, daß die Matrix entsprechend ihrem Typ (v, w) die Gestalt

$$\underset{(v = w)}{\begin{Vmatrix} a_0 & 0 & \cdots & 0 \\ a_1 & a_0 & \cdots & 0 \\ \vdots & \ddots & \ddots & \vdots \\ a_{v-1} & a_{v-2} & \cdots \; a_1 & a_0 \end{Vmatrix}},\quad \underset{(v < w)}{\begin{Vmatrix} a_0 & 0 & \cdots & 0 & 0 & \cdots & 0 \\ a_1 & a_0 & \cdots & 0 & 0 & \cdots & 0 \\ \vdots & \ddots & \ddots & \vdots & & & \vdots \\ a_{v-1} & \cdots & a_1 & a_0 & 0 & \cdots & 0 \end{Vmatrix}},$$

$$\underset{(v > w)}{\begin{Vmatrix} 0 & 0 & \cdots & 0 \\ \cdots & \cdots & \cdots & \cdots \\ 0 & 0 & \cdots & 0 \\ a_0 & 0 & \cdots & 0 \\ a_1 & a_0 & \cdots & 0 \\ \vdots & \ddots & \ddots & \vdots \\ a_{w-1} & \cdots & a_1 & a_0 \end{Vmatrix}} \tag{105}$$

besitzt. Die Matrizen (105) nennen wir *untere Dreiecksmatrizen*.[2])

---

[1]) Wir empfehlen dem Leser, sich an die Eigenschaften der Matrix H zu erinnern, die auf S. 32 untersucht wurden.

[2]) Analog definieren wir *obere Dreiecksmatrizen*. Aus (104) können die Elemente der Matrix $X_{ik}^{(1)}$ nicht eindeutig bestimmt werden; es ist eine gewisse Willkür bei der Wahl der Elemente x_{st} vorhanden. Dies ergibt sich auch unmittelbar aus (102): Ist $\lambda_i - \lambda_k = 1$, so kann man zur Matrix $X_{ik}^{(1)}$ eine beliebige mit H vertauschbare, d. h. eine beliebige obere Dreiecksmatrix hinzufügen.

Aus der dritten der Gleichungen (87) bestimmen wir die Matrix A_2. Diese Matrix kann durch das Gleichungssystem

$$(\lambda_i - \lambda_k - 2)\, X_{ik}^{(2)} + H_i X_{ik}^{(2)} - X_{ik}^{(2)} H_k + \{P_0 A_1 - A_1 P_0\}_{ik} = P_{ik}^{(1)} + P_{ik}^{(1)*} \qquad (i, k = 1, 2, \ldots, u) \tag{106}$$

ersetzt werden.

Analog, wie wir es bei der Bestimmung von A_1 taten, wird für $P_{ik}^{(1)*} = O$ aus der entsprechenden Gleichung (106) die Matrix $X_{ik}^{(2)}$ eindeutig bestimmt, wenn $\lambda_i - \lambda_k \neq 2$ ist. Ist dagegen $\lambda_i - \lambda_k = 2$, so kann man die Matrix $X_{ik}^{(2)}$ derart bestimmen, daß die Matrix $P_{ik}^{(1)*}$ eine untere Dreiecksmatrix ist.

Setzen wir diesen Prozeß fort, so bestimmen wir sukzessive alle Matrizenkoeffizienten $A_1, A_2, \ldots$ und $P_{-1}^*, P_0^*, P_1^*, \ldots$ Dabei sind nur endlich viele Koeffizienten P_m^* von der Nullmatrix verschieden, und die Matrix $P^*(z)$ besitzt die Blockform[1])

$$P^*(z) = \begin{pmatrix} \dfrac{\lambda_1 E_1 + H_1}{z} & B_{12} z^{\lambda_1 - \lambda_2 - 1} & \ldots & B_{1u} z^{\lambda_1 - \lambda_u - 1} \\ O & \dfrac{\lambda_2 E_2 + H_2}{z} & \ldots & B_{2u} z^{\lambda_2 - \lambda_u - 1} \\ \cdots & \cdots & \cdots & \cdots \\ O & O & \ldots & \dfrac{\lambda_u E_u + H_u}{z} \end{pmatrix} \tag{107}$$

mit

$$B_{ik} = \begin{cases} O, & \text{wenn } \lambda_i - \lambda_k \text{ keine positive ganze Zahl ist,} \\ P_{ik}^{(\lambda_i - \lambda_k - 1)*}, & \text{wenn } \lambda_i - \lambda_k \text{ eine positive ganze Zahl ist} \\ & (i, k = 1, 2, \ldots, u). \end{cases}$$

Alle Matrizen B_{ik} $(i, k = 1, 2, \ldots, u;\ i < k)$ sind untere Dreiecksmatrizen.

Wie schon im vorigen Fall bezeichnen wir mit m_i die größte ganze Zahl, die $\operatorname{Re} \lambda_i$ nicht übertrifft,

$$m_i = [\operatorname{Re} \lambda_i] \qquad (i = 1, 2, \ldots, u), \tag{108}$$

und setzen

$$\lambda_i = m_i + \tilde{\lambda}_i \qquad (i = 1, 2, \ldots, u). \tag{108'}$$

Dann kann wieder in dem Ausdruck (107) für $P^*(z)$ die Differenz $\lambda_i - \lambda_k$ durch die Differenz $m_i - m_k$ ersetzt werden.

Mit Hilfe der Gleichungen

$$M = (m_i E_i \delta_{ik})_1^u, \quad U = \begin{pmatrix} \tilde{\lambda}_1 E_1 + H_1 & B_{12} & \ldots & B_{1u} \\ O & \tilde{\lambda}_2 E_2 + H_2 & \ldots & B_{2u} \\ \cdots & \cdots & \cdots & \cdots \\ O & O & \ldots & \tilde{\lambda}_u E_u + H_u \end{pmatrix} \tag{109}$$

---

[1]) Die Ordnungen der quadratischen Matrizen E_i und H_i und der Typ der rechteckigen Matrizen B_{ik} werden durch den Typ der Diagonalblöcke in der Jordanschen Matrix P_{-1}, d. h. durch die Exponenten der Elementarteiler der Matrix P_{-1} bestimmt.

führen wir eine Diagonalmatrix mit ganzen Elementen M und eine obere Dreiecksmatrix U ein;[1]) dann erhalten wir, ausgehend von (107), für die Matrix $P^*(z)$ die Darstellung

$$P^*(z) = z^M \frac{U}{z} z^{-M} + \frac{M}{z} = \mathrm{D}_z(z^M z^U).$$

Hieraus folgt, daß die Lösung von (85) in der Form

$$Y = z^M z^U$$

und die Lösung von (81) in der Form

$$X = A(z)\, z^M z^U \tag{110}$$

angegeben werden kann. Dabei ist M eine Diagonalmatrix mit konstanten Elementen, U eine konstante Dreiecksmatrix und $A(z)$ die Matrizenreihe (84). Die Matrizen M und U sind durch die Gleichungen (108), (108′) und (109) definiert.[2])

3. Wir beweisen nun die Konvergenz der Reihe

$$A(z) = E + A_1 z + A_2 z^2 + \cdots.$$

Dazu benutzen wir ein Lemma, das auch an sich von Interesse ist.

Lemma. *Genügt die Reihe*

$$x = a_0 + a_1 z + a_2 z^2 + \cdots \tag{111}$$

formal dem System[3])

$$\frac{\mathrm{d}x}{\mathrm{d}z} = P(z)\, x, \tag{112}$$

das in $z = 0$ eine schwach singuläre Stelle besitzt, so konvergiert die Reihe (111) *in jeder Umgebung des Punktes $z = 0$, in der die Reihenentwicklung* (82) *der Koeffizientenmatrix $P(z)$ konvergiert.*

Beweis. Es sei

$$P(z) = \frac{P_{-1}}{z} + \sum_{q=0}^{\infty} P_q z^q,$$

wobei die Reihe $\sum_{m=0}^{\infty} P^m z_m$ für $|z| < r$ konvergiert. Dann existieren positive Kon-

---

[1]) Hier entspricht die Einteilung in Blöcke der Einteilung in den Matrizen P_{-1} und $P^*(z)$.

[2]) Vgl. die Fußnote 1 auf S. 506.

[3]) Hier sind $x = (x_1, x_1, \ldots, x_n)$ die Spalte der unbekannten Funktionen, $a_0, a_1, a_2, \ldots$ konstante Spalten und $P(z)$ die quadratische Koeffizientenmatrix.

stanten p_{-1} und p derart, daß

$$\operatorname{abs} P_{-1} \leqq p_{-1} I, \quad \operatorname{abs} P_m \leqq \frac{p}{r^m} I, \quad I = \|1\| \quad (m = 0, 1, 2, \ldots) \tag{113}$$

gilt.[1])

Setzen wir in (112) an Stelle von x die Reihe (111) ein und führen wir in (112) einen Koeffizientenvergleich durch, so erhalten wir ein unendliches System von Vektor- (Spalten-) gleichungen:

$$\left.\begin{aligned}
&P_{-1} a_0 = o, \\
&(E - P_{-1})\, a_1 = P_0 a_0, \\
&(2E - P_{-1})\, a_2 = P_0 a_1 + P_1 a_0, \\
&\ldots\ldots\ldots\ldots\ldots\ldots\ldots\ldots\ldots\ldots \\
&(mE - P_{-1})\, a_m = P_0 a_{m-1} + P_1 a_{m-2} + \cdots + P_{m-1} a_0, \\
&\ldots\ldots\ldots\ldots\ldots\ldots\ldots\ldots\ldots\ldots
\end{aligned}\right\} \tag{114}$$

Es genügt zu zeigen, daß ein beliebiger Rest der Reihe (111)

$$x^{(k)} = a_k z^k + a_{k+1} z^{k+1} + \cdots \tag{115}$$

in der Umgebung des Punktes $z = 0$ konvergiert. Die Zahl k genüge der Ungleichung $k > n p_{-1}$. Dann übertrifft k den Betrag aller charakteristischen Wurzeln der Matrix P_{-1},[2]) und daher gilt $|mE - P_{-1}| \neq 0$ für $m \geqq k$ und

$$(mE - P_{-1})^{-1} = \frac{1}{m}\left(E - \frac{P_{-1}}{m}\right)^{-1} = \frac{1}{m} E + \frac{1}{m^2} P_{-1} + \frac{1}{m^3} P_{-1}^2 + \cdots \tag{116}$$

$$(m = k, k+1, \ldots).$$

Auf der rechten Seite dieser Gleichung steht eine konvergente Matrizenreihe. Mit Hilfe dieser Reihe lassen sich aus (114) alle Koeffizienten der Reihe (115) eindeutig durch $a_0, a_1, \ldots, a_{k-1}$ unter Benutzung der Rekursionsformeln

$$a_m = \left(\frac{1}{m} E + \frac{1}{m^2} P_{-1} + \frac{1}{m^3} P_{-1}^2 + \cdots\right)(f_{m-1} + P_0 a_{m-1} + \cdots + P_{m-k-1} a_k) \tag{117}$$

$$(m = k, k+1, \ldots)$$

---

[1]) Bezüglich der Definition von abs vgl. S. 483.

[2]) Ist λ_0 eine charakteristische Wurzel von $A = \|a_{ik}\|_1^n$, so ist $|\lambda_0| \leqq n \cdot \max\limits_{1 \leqq i,k \leqq n} |a_{ik}|$. Ist nämlich $Ax = \lambda_0 x$ mit $x = (x_1, x_2, \ldots, x_n) \neq o$, dann ist

$$\lambda_0 x_i = \sum_{k=1}^{n} a_{ik} x_k \quad (i = 1, 2, \ldots, n).$$

Setzen wir $|x_j| = \max\{|x_1|, |x_2|, \ldots, |x_n|\}$, so ist

$$|\lambda_0|\,|x_j| \leqq \sum_{k=1}^{n} |a_{jk}|\,|x_k| \leqq |x_j|\, n \cdot \max_{1 \leqq i,k \leqq n} |a_{ik}|,$$

und kürzen wir durch $|x_j|$, so erhalten wir die gesuchte Ungleichung.

mit

$$f_{m-1} = P_{m-k}a_{k-1} + \cdots + P_{m-1}a_0 \qquad (m = k, k+1, \ldots) \tag{118}$$

ausdrücken.

Wir weisen darauf hin, daß die Reihe (115) formal der Differentialgleichung

$$\frac{dx^{(k)}}{dz} = P(z)\, x^{(k)} + f(z) \tag{119}$$

mit

$$f(z) = \sum_{m=k-1}^{\infty} f_m z^m = P(z)\,(a_0 + a_1 z + \cdots + a_{k-1}z^{k-1})$$
$$-a_1 - 2a_2 z - \cdots - (k-1)\,a_{k-1}z^{k-2} \tag{120}$$

genügt. Aus (120) ergibt sich, daß die Reihe $\sum_{m=k-1}^{\infty} f_m z^m$ für $|z| < r$ konvergiert, und folglich gibt es eine Zahl $N > 0$ derart, daß

$$\operatorname{abs} f_m \leqq \left\|\frac{N}{r^m}\right\| \qquad (m = k-1, k, \ldots) \tag{121}$$

ist.[1])

Ersetzt man in den Rekursionformeln (117) die Matrizen P_{-1}, P_q und f_{m-1} durch die majoranten Matrizen $p_{-1}I$, $\frac{p}{r^q}\,I$ und $\left\|\frac{N}{r^{m-1}}\right\|$, so erhält man eine Spalte[2]) $\|\alpha_m\|$ $(m = k, k+1, \ldots; q = 0, 1, 2, \ldots)$, die eine obere Schranke für abs a_m bildet:

$$\operatorname{abs} a_m \leqq \|\alpha_m\|. \tag{122}$$

Folglich ist

$$\xi^{(k)} = \alpha_n z^k + \alpha_{n+1}z^{k+1} + \cdots \tag{123}$$

nach Multiplikation mit der Spalte $\|1\|$ eine Majorante für die Reihe (115).

Ersetzen wir in (119) die Matrizenkoeffizienten P_{-1}, P_q und f_m der Reihen

$$P(z) = \frac{P_{-1}}{z} + \sum_{q=0}^{\infty} P_q z^q, \qquad f(z) = \sum_{m=k-1}^{\infty} f_m z^m$$

durch die entsprechenden majoranten Matrizen $p_{-1}I$, $\frac{p}{r^q}\,I$, $\left\|\frac{N}{r^m}\right\|$ und $\|\xi^{(k)}\|$, so erhalten wir eine Differentialgleichung für $\xi^{(k)}$:

$$\frac{d\xi^{(k)}}{dz} = n\left(\frac{p_{-1}}{z} + \frac{p}{1 - zr^{-1}}\right)\xi^{(k)} + \frac{N\,\dfrac{z^{k-1}}{r^{k-1}}}{1 - \dfrac{z}{r}}. \tag{124}$$

---

[1]) Hier wird mit $\left\|\frac{N}{r^m}\right\|$ die Spalte bezeichnet, deren Elemente alle gleich $\frac{N}{r^m}$ sind.

[2]) Hier bezeichnet $\|\alpha_m\|$ die Spalte $(\alpha_m, \alpha_m, \ldots, \alpha_m)$ (α_m ist eine Zahl; $m = k, k+1, \ldots$).

Diese lineare Differentialgleichung besitzt die partikuläre Lösung

$$\xi^{(k)} = \frac{N}{r^{k-1}} \frac{z^{n p_{-1}}}{(1 - z r^{-1})^{npr}} \int_0^z z^{k-np_{-1}-1} \left(1 - \frac{z}{r}\right)^{npr-1} \mathrm{d}z, \tag{125}$$

die im Punkt $z = 0$ regulär ist und in der Umgebung dieses Punktes in die für $|z| < r$ konvergente Potenzreihe (123) entwickelt werden kann.

Aus der Konvergenz der Majorante (123) folgt die Konvergenz der Reihe (115) für $|z| < r$.

Damit ist das Lemma bewiesen.

Bemerkung 1. Der obige Beweis erlaubt es, alle in dem betrachteten singulären Punkt regulären Lösungen des Differentialgleichungssystems (112) zu bestimmen, wenn solche überhaupt existieren.

Für die Existenz regulärer Lösungen (die nicht identisch verschwinden) ist notwendig und hinreichend, daß die Residuenmatrix P_{-1} nichtnegative ganze charakteristische Wurzeln besitzt. Es sei s die größte dieser ganzen charakteristischen Wurzeln. Da die Determinante der ersten $s + 1$ Gleichungen (114) verschwindet,

$$\Delta = |P_{-1}|\, |E - P_{-1}| \cdots |sE - P_{-1}| = 0,$$

kann man die Spalten $a_0, a_1, \ldots, a_s$ so bestimmen, daß sie nicht alle gleichzeitig 0 sind. Aus den übrigen Gleichungen (114) lassen sich die Spalten $a_{s+1}, a_{s+2}, \ldots$ eindeutig durch $a_0, a_1, \ldots, a_s$ ausdrücken. Nach dem bewiesenen Lemma konvergiert die von uns erhaltene Reihe (111). Die linear unabhängigen Lösungen der ersten $s + 1$ Gleichungen (114) definieren folglich alle linear unabhängigen Lösungen des Systems (112), die in dem singulären Punkt $z = 0$ regulär sind.

Ist $z = 0$ ein singulärer Punkt, so ist eine in diesem Punkt reguläre Lösung (111) (wenn eine solche existiert) durch den gegebenen Anfangswert a_0 nicht eindeutig bestimmt. Eine in einem schwach singulären Punkt reguläre Lösung ist jedoch durch Vorgabe von $a_0, a_1, \ldots, a_s$ eindeutig bestimmt, d. h., wenn die Anfangswerte der Lösung für $z = 0$ und deren erste s Ableitungen gegeben sind (s ist die größte nichtnegative ganze charakteristische Wurzel der Residuenmatrix P_{-1}).

Bemerkung 2. Das von uns bewiesene Lemma gilt auch für $P_{-1} = O$. In diesem Fall kann man in dem Lemma für p_{-1} eine beliebige positive Zahl annehmen. Für $P_{-1} = O$ geht das Lemma in den bekannten Satz über die Existenz einer regulären Lösung in der Umgebung eines regulären Punktes des Systems über. In diesem Fall ist die Lösung durch Vorgabe von a_0 eindeutig bestimmt.

4. Es sei das System

$$\frac{\mathrm{d}X}{\mathrm{d}z} = P(z)\, X \tag{126}$$

mit

$$P(z) = \frac{P_{-1}}{z} + \sum_{m=0}^{\infty} P_m z^m$$

gegeben, und die auf der rechten Seite stehende Reihe konvergiere für $|z| < r$. Ferner sei

$$X = A(z)\,Y; \tag{127}$$

setzen wir für $A(z)$ die Reihe

$$A(z) = A_0 + A_1 z + A_2 z^2 + \cdots \tag{128}$$

ein, so erhalten wir nach formaler Transformation:

$$\frac{\mathrm{d}Y}{\mathrm{d}z} = P^*(z)\,Y \tag{129}$$

mit

$$P^*(z) = \frac{P^*_{-1}}{z} + \sum_{m=0}^{\infty} P^*_m z^m,$$

wobei sowohl hier als auch im Ausdruck für $P(z)$ die Reihe auf der rechten Seite für $|z| < r$ konvergiert.

Wir zeigen jetzt, daß auch die Reihe (128) in der Umgebung des Punktes $z = 0$ konvergiert. Aus (126), (127) und (129) folgt nämlich, daß die Reihe (128) formal der Differentialgleichung

$$\frac{\mathrm{d}A}{\mathrm{d}z} = P(z)\,A - AP^*(z) \tag{130}$$

genügt. Wir betrachten A als Vektor (Spalte) im Raum der Matrizen n-ter Ordnung, d. h. in einem Raum der Dimension n^2. Definieren wir in diesem Raum einen linearen Operator $\hat{P}(z)$, der analytisch von dem Parameter z abhängt, mittels

$$\hat{P}(z)\,[A] = P(z)\,A - AP^*(z), \tag{131}$$

so kann die Differentialgleichung (130) in der Form

$$\frac{\mathrm{d}A}{\mathrm{d}z} = \hat{P}(z)\,[A] \tag{132}$$

geschrieben werden. Die rechte Seite dieser Gleichung kann man als Produkt der Matrix $\hat{P}(z)$ der Ordnung n^2 mit der Spalte A aus n^2 Elementen ansehen. Aus (131) ist ersichtlich, daß $z = 0$ ein schwach singulärer Punkt des Systems (132) ist. Die Reihe (128) genügt formal diesem System. Daher läßt sich aus unserem Lemma folgern, daß die Reihe (128) in der Umgebung $|z| < r$ des Punktes $z = 0$ konvergiert. Insbesondere konvergiert die Reihe für $A(z)$ in Formel (110).

Damit haben wir folgenden Satz bewiesen:

Satz 2. *Jedes System*

$$\frac{\mathrm{d}X}{\mathrm{d}z} = P(z)\,X, \tag{133}$$

für das die Stelle $z = 0$ schwach singulär ist,

$$P(z) \doteq \frac{P_{-1}}{z} + \sum_{m=0}^{\infty} P_m z^m,$$

besitzt eine Lösung der Form

$$X = A(z)\, z^M z^U. \tag{134}$$

Dabei ist $A(z)$ eine im Punkt $z = 0$ reguläre Matrizenfunktion, die in diesem Punkt den Wert E annimmt, und M und U sind konstante Matrizen. M ist eine Matrix einfacher Struktur mit ganzen charakteristischen Wurzeln, während die Differenz zweier verschiedener charakteristischer Wurzeln der Matrix U keine ganze Zahl ist.

Führt man die Matrix P_{-1} mit Hilfe der regulären Matrix T in Jordansche Normalform über,

$$P_{-1} = T\{\lambda_1 E_1 + H_1, \lambda_2 E_2 + H_2, \ldots, \lambda_s E_s + H_s\}\, T^{-1} \tag{135}$$
$$(\operatorname{Re}\lambda_1 \geqq \operatorname{Re}\lambda_2 \geqq \cdots \geqq \operatorname{Re}\lambda_s),$$

so kann man für die Matrizen M und U die Gestalt

$$M = T\{m_1 E_1, m_2 E_2, \ldots, m_s E_s\}\, T^{-1}, \tag{136}$$

$$U = T \begin{pmatrix} \tilde{\lambda}_1 E_1 + H_1 & B_{12} & \ldots & B_{1s} \\ O & \tilde{\lambda}_2 E_2 + H_2 & \ldots & B_{2s} \\ \cdots & \cdots & \cdots & \cdots \\ O & O & \ldots & \tilde{\lambda}_s E_s + H_s \end{pmatrix} T^{-1} \tag{137}$$

mit

$$m_i = [\lambda_i], \quad \tilde{\lambda}_i = \lambda_i - m_i \quad (i = 1, 2, \ldots, s) \tag{138}$$

wählen; die B_{ik} sind untere Dreiecksmatrizen, wobei $B_{ik} = O$ ist, wenn $\lambda_i - \lambda_k$ keine positive ganze Zahl ist ($i, k = 1, 2, \ldots, s$).

In dem Spezialfall, daß keine der Differenzen $\lambda_i - \lambda_k$ ($i, k = 1, 2, \ldots, s$) ganz und positiv ist, kann man in (134) $M = O$ und $U = P_{-1}$ setzen, d. h., in diesem Fall kann die Lösung in der Form

$$X = A(z)\, z^{P_{-1}} \tag{139}$$

dargestellt werden.

Bemerkung 1. Wir machen darauf aufmerksam, daß wir in diesem Abschnitt einen Algorithmus zur Bestimmung der Koeffizienten A_m der Reihe

$$A(z) = \sum_{m=0}^{\infty} A_m z^m \quad (A_0 = E)$$

durch die Koeffizienten P_m der Reihe $P(z)$ entwickelt haben. Außerdem erhält man aus dem bewiesenen Satz auch die Umlaufsmatrix V, mit der sich die Lösung (134) bei einmaligem Umlaufen des singulären Punktes $z = 0$ in mathematisch positivem Sinne multipliziert: $V = e^{2\pi i U}$.

Bemerkung 2. Aus dem formulierten Satz folgt

$$B_{ik} = O \quad \text{für} \quad \tilde{\lambda}_i \neq \tilde{\lambda}_k \quad (i, k = 1, 2, \ldots, s).$$

Daher sind die Matrizen

$$\tilde{\Lambda} = T\{\tilde{\lambda}_1 E_1, \tilde{\lambda}_2 E_2, \ldots, \tilde{\lambda}_s E_s\} T^{-1} \quad \text{und} \quad \tilde{U} = T \begin{pmatrix} O & B_{12} & \ldots & B_{1s} \\ O & O & \ldots & B_{2s} \\ \ldots & \ldots & \ldots & \ldots \\ O & O & \ldots & O \end{pmatrix} T^{-1} \tag{140}$$

vertauschbar: $\tilde{\Lambda}\tilde{U} = \tilde{U}\tilde{\Lambda}$. Hieraus folgt

$$z^M z^U = z^M z^{\tilde{\Lambda}+\tilde{U}} = z^M z^{\tilde{\Lambda}} z^{\tilde{U}} = z^{\Lambda} z^{\tilde{U}} \tag{141}$$

mit

$$\Lambda = M + \tilde{\Lambda} = T\{\lambda_1, \lambda_2, \ldots, \lambda_n\} T^{-1}. \tag{142}$$

Dabei sind $\lambda_1, \lambda_2, \ldots, \lambda_n$ die charakteristischen Wurzeln der Matrix P_{-1} in der Anordnung $\operatorname{Re}\lambda_1 \geqq \operatorname{Re}\lambda_2 \geqq \cdots \geqq \operatorname{Re}\lambda_n$.

Andererseits ist

$$z^{\tilde{U}} = h(\tilde{U}),$$

wobei $h(\lambda)$ das Lagrange-Sylvestersche Interpolationspolynom der Funktion $f(\lambda) = z^\lambda$ ist.

Da alle charakteristischen Wurzeln der Matrix $\tilde{U}$ gleich 0 sind, ist $h(\lambda)$ linear von $f(0), f'(0), \ldots, f^{(g-1)}(0)$, d. h. von $1, \ln z, \ldots, (\ln z)^{g-1}$ abhängig (g ist die kleinste Potenz, für die $\tilde{U}^g = O$ ist). Daher ist

$$h(\lambda) = \sum_{j=0}^{g-1} h_j(\lambda) (\ln z)^j$$

und folglich

$$z^{\tilde{U}} = h(\tilde{U}) = \sum_{j=0}^{g-1} h_j(\tilde{U}) (\ln z)^j = T \begin{pmatrix} 1 & q_{12} & \ldots & q_{1n} \\ 0 & 1 & \ldots & q_{2n} \\ \ldots & \ldots & \ldots & \ldots \\ 0 & 0 & \ldots & 1 \end{pmatrix} T^{-1}, \tag{143}$$

wobei die q_{ij} $(i, j = 1, 2, \ldots, n;\ i < j)$ Polynome in $\ln z$ sind, deren Grad kleiner als g ist.

Wegen (134), (141), (142) und (143) ist

$$X = A(z) \begin{Vmatrix} z^{\lambda_1} & 0 & \ldots & 0 \\ 0 & z^{\lambda_2} & \ldots & 0 \\ \ldots & \ldots & \ldots & \ldots \\ 0 & 0 & \ldots & z^{\lambda_n} \end{Vmatrix} \begin{Vmatrix} 1 & q_{12} & \ldots & q_{1n} \\ 0 & 1 & \ldots & q_{2n} \\ \ldots & \ldots & \ldots & \ldots \\ 0 & 0 & \ldots & 1 \end{Vmatrix} \tag{144}$$

eine partikuläre Lösung des Systems (126). Hier sind $\lambda_1, \lambda_2, \ldots, \lambda_n$ die charakteristischen Wurzeln der Matrix P_{-1}, die überdies folgender Bedingung genügen: $\operatorname{Re}\lambda_1 \geqq \operatorname{Re}\lambda_2 \geqq \cdots \geqq \operatorname{Re}\lambda_n$. Die q_{ij} $(i, j = 1, 2, \ldots, n;\ i < j)$ sind Polynome in $\ln z$, deren Grad nicht größer als $g - 1$ ist. Dabei ist g die maximale Anzahl der charakteristischen Wurzeln λ_i, die sich voneinander um ganze Zahlen unterscheiden. $A(z)$ ist eine im Punkt $z = 0$ reguläre Matrizenfunktion mit $A(0) = T$ ($|T| \neq 0$). Besitzt die Matrix P_{-1} Jordansche Form, so ist $T = E$.

15.11. Reduzierbare analytische Systeme

Als Ergänzung von Satz 2 aus 15.10. untersuchen wir, in welchem Fall das System

$$\frac{\mathrm{d}X}{\mathrm{d}t} = Q(t)\,X \tag{145}$$

mit der für $t > t_0$ konvergenten Reihe

$$Q(t) = \sum_{m=1}^{\infty} \frac{Q_m}{t^m} \tag{146}$$

(im Ljapunovschen Sinne) reduzierbar ist, d. h. in welchem Fall das System eine Lösung der Form

$$X = L(t)\,\mathrm{e}^{Bt} \tag{147}$$

besitzt. $L(t)$ sei eine Ljapunovsche Matrix (d. h., $L(t)$ genüge den Bedingungen 1 bis 3 auf S. 472), B sei eine konstante Matrix.[1]) X und Q sind hier Matrizen mit komplexen Elementen, t dagegen ist ein reelles Argument.

Führen wir die Transformation $z = 1/t$ durch, so geht das System (145) über in

$$\frac{\mathrm{d}X}{\mathrm{d}z} = P(z)\,X \tag{148}$$

mit

$$P(z) = -z^{-2}Q\left(\frac{1}{z}\right) = -\frac{Q_1}{z} - \sum_{m=0}^{\infty} Q_{m+2}z^m \tag{149}$$

Die Reihe, die auf der rechten Seite des Ausdrucks für $P(z)$ steht, konvergiert für $|z| < 1/t_0$. Es können zwei Fälle auftreten.

a) $Q_1 = O$. In diesem Fall ist $z = 0$ kein singulärer Punkt des Systems (148). Dieses System besitzt eine im Punkt $z = 0$ reguläre und normierte Lösung. Sie wird durch die konvergente Potenzreihe

$$X(z) = E + X_1 z + X_2 z^2 + \cdots \qquad \left(|z| < \frac{1}{t_0}\right)$$

---

[1]) Gilt Gleichung (147), so führt die Ljapunovsche Transformation $X = L(t)\,Y$ das System (145) in das System $\dfrac{\mathrm{d}Y}{\mathrm{d}t} = BY$ über.

gegeben. Setzen wir

$$L(t) = X\left(\frac{1}{t}\right), \quad B = O,$$

so erhalten wir die gesuchte Darstellung (147). Das System ist reduzierbar.

b) $Q_1 \neq O$. In diesem Fall besitzt das System (148) im Punkt $z = 0$ eine schwach singuläre Stelle. Man kann o. B. d. A. voraussetzen, daß die Residuenmatrix $P_{-1} = -Q_1$ Jordansche Normalform besitzt und die Diagonalelemente $\lambda_1, \lambda_2, \ldots, \lambda_n$ in folgender Weise angeordnet sind: $\operatorname{Re}\lambda_1 \geqq \operatorname{Re}\lambda_2 \geqq \cdots \geqq \operatorname{Re}\lambda_n$. Dann ist nach (144) und dem Schluß von Bemerkung 2 aus 15.10. $T = E$, und das System (148) besitzt die Lösung

$$X = A(z)\begin{Vmatrix} z^{\lambda_1} & 0 & \ldots & 0 \\ 0 & z^{\lambda_2} & \ldots & 0 \\ \ldots & \ldots & \ldots & \ldots \\ 0 & 0 & \ldots & z^{\lambda_n} \end{Vmatrix}\begin{Vmatrix} 1 & q_{12} & \ldots & q_{1n} \\ 0 & 1 & \ldots & q_{2n} \\ \ldots & \ldots & \ldots & \ldots \\ 0 & 0 & \ldots & 1 \end{Vmatrix}.$$

Die Funktion $A(z)$ ist regulär für $z = 0$ und nimmt in diesem Punkt den Wert E an; die q_{ik} $(i, k = 1, 2, \ldots, n;\ i < k)$ sind Polynome in $\ln z$. Ersetzen wir z durch $1/t$, so finden wir

$$X = A\left(\frac{1}{t}\right)\begin{Vmatrix} \left(\frac{1}{t}\right)^{\lambda_1} & 0 & \ldots & 0 \\ 0 & \left(\frac{1}{t}\right)^{\lambda_2} & \ldots & 0 \\ \ldots & \ldots & \ldots & \ldots \\ 0 & 0 & \ldots & \left(\frac{1}{t}\right)^{\lambda_n} \end{Vmatrix}\begin{Vmatrix} 1 & q_{12}\left(\ln\frac{1}{t}\right) & \ldots & q_{1n}\left(\ln\frac{1}{t}\right) \\ 0 & 1 & \ldots & q_{2n}\left(\ln\frac{1}{t}\right) \\ \ldots & \ldots & \ldots & \ldots \\ 0 & 0 & \ldots & 1 \end{Vmatrix}. \tag{150}$$

Da die Transformation $X = A\left(\frac{1}{t}\right) Y$ eine Ljapunovsche Transformation ist, kann das System (145) genau dann auf ein System mit konstanten Koeffizienten reduziert werden, wenn das Produkt

$$L_1(t) = \begin{Vmatrix} t^{-\lambda_1} & 0 & \ldots & 0 \\ 0 & t^{-\lambda_2} & \ldots & 0 \\ \ldots & \ldots & \ldots & \ldots \\ 0 & 0 & \ldots & t^{-\lambda_n} \end{Vmatrix}\begin{Vmatrix} 1 & q_{12}\left(\ln\frac{1}{t}\right) & \ldots & q_{1n}\left(\ln\frac{1}{t}\right) \\ 0 & 1 & \ldots & q_{2n}\left(\ln\frac{1}{t}\right) \\ \ldots & \ldots & \ldots & \ldots \\ 0 & 0 & \ldots & 1 \end{Vmatrix} e^{-Bt}, \tag{151}$$

in dem B eine konstante Matrix darstellt, eine Ljapunovsche Matrix ist, d. h., wenn die Matrizen $L_1(t)$, $\frac{dL_1}{dt}$ und $L_1^{-1}(t)$ beschränkt sind. Dabei kann, wie aus dem Satz von ERUGIN (vgl. 15.3.) folgt, vorausgesetzt werden, daß B eine Matrix mit reellen charakterisischen Wurzeln ist.

Aus der Beschränktheit der Matrizen $L_1(t)$ und $L_1^{-1}(t)$ für $t > t_0$ ergibt sich, daß alle charakteristischen Wurzeln der Matrix B gleich 0 sein müssen. Dies liefert der Ausdruck für e^{Bt} und e^{-Bt}, den wir aus (151) erhalten. Außerdem müssen alle Wurzeln $\lambda_1, \lambda_2, \ldots, \lambda_n$ rein imaginär sein, da nach (151) aus der Beschränktheit der Elemente der letzten Zeile von $L_1(t)$ und der ersten Spalte von $L_1^{-1}(t)$ folgt, daß $\operatorname{Re} \lambda_n \geqq 0$ und $\operatorname{Re} \lambda_1 \leqq 0$ ist.

Sind aber alle charakteristischen Wurzeln der Matrix P_{-1} rein imaginär, so kann die Differenz zwischen zwei verschiedenen charakteristischen Wurzeln der Matrix P_{-1} nie eine ganze Zahl sein. Daher gilt (139),

$$X = A(z)\, z^{P_{-1}} = A\left(\frac{1}{t}\right) t^{Q_1},$$

und für die Reduzierbarkeit des Systems ist notwendig und hinreichend, daß die Matrix

$$L_2(t) = t^{Q_1}\, e^{-Bt} \tag{152}$$

und ihre Inverse für $t > t_0$ beschränkt sind.

Da alle charakteristischen Wurzeln der Matrix B gleich 0 sein müssen, hat das Minimalpolynom der Matrix B die Form λ^d. Es sei

$$\psi(\lambda) = (\lambda - \mu_1)^{c_1} (\lambda - \mu_2)^{c_2} \cdots (\lambda - \mu_u)^{c_u} \qquad (\mu_i \neq \mu_k \text{ für } i \neq k)$$

das Minimalpolynom der Matrix Q_1. Da $Q_1 = -P_{-1}$ ist, unterscheiden sich die Wurzeln $\mu_1, \mu_2, \ldots, \mu_n$ nur durch das Vorzeichen von den entsprechenden Wurzeln λ_i und sind daher rein imaginäre Zahlen. Dann ist (vgl. (12) und (13) auf S. 471)

$$t^{Q_1} = \sum_{k=1}^{u} [U_{k0} + U_{k1} \ln t + \cdots + U_{k,c_k-1} (\ln t)^{c_k-1}]\, t^{\mu_k}, \tag{153}$$

$$e^{Bt} = V_0 + V_1 t + \cdots + V_{d-1} t^{d-1}. \tag{154}$$

Setzen wir diese Ausdrücke in die Gleichung $L_2(t)\, e^{Bt} = t^{Q_1}$ ein, so erhalten wir

$$[L_2(t)\, V_{d-1} + (*)]\, t^{d-1} = Z_0(t)\, (\ln t)^{c-1}, \tag{155}$$

wobei c die kleinste der Zahlen $c_1, c_2, \ldots, c_n$ ist, $(*)$ eine Matrix bezeichnet, die für $t \to \infty$ gegen die Nullmatrix strebt, und $Z_0(t)$ für $t > t_0$ beschränkt ist.

Da die auf der linken und der rechten Seite der Gleichung (155) stehenden Matrizen für $t \to \infty$ von gleicher Ordnung wachsen müssen, ist $d = c = 1$, d. h. $B = O$. Die Matrix Q_1 besitzt einfache Elementarteiler.

Besitzt umgekehrt die Matrix Q_1 einfache Elementarteiler und die rein imaginären charakteristischen Wurzeln $\mu_1, \mu_2, \ldots, \mu_n$, so ist

$$X = A(z)\, z^{-Q_1} = A(z)\, \| z^{-\mu_i} \delta_{ik} \|_1^n$$

eine Lösung des Systems (149). Setzen wir hier $z = 1/t$, so finden wir

$$X = A\left(\frac{1}{t}\right) \|t^{\mu_i}\delta_{ik}\|_1^n .$$

Die Matrix $X(t)$ sowie $\frac{\mathrm{d}X(t)}{\mathrm{d}t}$ und die inverse Matrix $X^{-1}(t)$ sind für $t > t_0$ beschränkt. Folglich ist das System reduzierbar. Damit haben wir folgenden Satz bewiesen:[1])

Satz 3. *Das System*

$$\frac{\mathrm{d}X}{\mathrm{d}t} = Q(t)\,X,$$

bei dem die Matrix $Q(t)$ durch eine für $t > t_0$ konvergente Reihe dargestellt werden kann,

$$Q(t) = \frac{Q_1}{t} + \frac{Q_2}{t^2} + \cdots,$$

ist genau dann (im Ljapunovschen Sinne) reduzierbar, wenn alle Elementarteiler der Residuenmatrix Q_1 einfach und alle charakteristischen Wurzeln rein imaginär sind.

15.12. Analytische Funktionen mehrerer Matrizen und ihre Anwendung zur Untersuchung von Differentialgleichungssystemen. Die Arbeiten von Lappo-Danilevskij

Eine analytische Funktion von m Matrizen n-ter Ordnung $X_1, X_2, \ldots, X_m$ sei durch die Reihe

$$F(X_1, X_2, \ldots, X_m) = \alpha_0 + \sum_{\nu=1}^{\infty} \sum_{j_1, j_2, \ldots, j_\nu}^{(1,\ldots,m)} \alpha_{j_1 j_2 \ldots j_\nu} X_{j_1} X_{j_2} \cdots X_{j_\nu} \tag{156}$$

gegeben. Diese Reihe konvergiere für alle Matrizen n-ter Ordnung X_j, die den Ungleichungen

$$\operatorname{abs} X_j < R_j \qquad (j = 1, 2, \ldots, m) \tag{157}$$

genügen. Dabei sind die Koeffizienten

$$\alpha_0, \alpha_{j_1 j_2 \ldots j_\nu} \qquad (j_1, j_2, \ldots, j_\nu = 1, 2, \ldots, m;\ \nu = 1, 2, 3, \ldots)$$

komplexe Zahlen, die R_j $(j = 1, 2, \ldots, m)$ konstante Matrizen n-ter Ordnung mit nichtnegativen Elementen und die X_j $(j = 1, 2, \ldots, m)$ Matrizen derselben Ordnung n, deren Elemente komplexe Variable sind.

---

[1]) Vgl. die Arbeit von Erugin [11], S. 21–23. Dort wird dieser Satz für den Fall bewiesenr daß die Matrix Q_1 keine verschiedenen charakteristischen Wurzeln besitzt, die sich voneinande, um ganze Zahlen unterscheiden.

Die Theorie der analytischen Funktionen mehrerer Matrizen wurde von LAPPO-DANILEVSKIJ entwickelt. Aufbauend auf diese Theorie hat er Untersuchungen von Systemen linearer Differentialgleichungen mit rationalen Koeffizienten durchgeführt.

Systeme mit rationalen Koeffizienten können stets durch eine geeignete Transformation der unabhängigen Variablen auf die Form

$$\frac{\mathrm{d}X}{\mathrm{d}z} = \sum_{j=1}^{m} \left\{ \frac{U_{j_0}}{(z-a_j)^{s_j}} + \frac{U_{j_1}}{(z-a_j)^{s_j-1}} + \cdots + \frac{U_{j,s_j-1}}{z-a_j} \right\} X \tag{158}$$

reduziert werden; dabei sind die U_{jk} konstante Matrizen n-ter Ordnung, die a_j komplexe und die s_j positive ganze Zahlen ($k = 0, 1, \ldots, s_j - 1$; $j = 1, 2, \ldots, m$).[1]

Einige Ergebnisse von LAPPO-DANILEVSKIJ erläutern wir an dem Spezialfall sogenannter *regulärer* Systeme. Letztere sind durch die Bedingung $s_1 = s_2 = \cdots = s_m = 1$ charakterisiert und lassen sich in der Form

$$\frac{\mathrm{d}X}{\mathrm{d}z} = \sum_{j=1}^{m} \frac{U_j}{z-a_j} X \tag{159}$$

angeben.

Nach LAPPO-DANILEVSKIJ definieren wir spezielle analytische Funktionen (sogenannte Hyperlogarithmen) durch die Rekursionsformeln

$$l_b(z; a_{j_1}) = \int_b^z \frac{\mathrm{d}z}{z-a_{j_1}}, \qquad l_b(z; a_{j_1}, a_{j_2}, \ldots, a_{j_\nu}) = \int_b^z \frac{l_b(z; a_{j_2}, a_{j_3}, \ldots, a_{j_\nu})}{z-a_{j_1}}\,\mathrm{d}z.$$

Die Riemannschen Flächen $S(a_1, a_2, \ldots, a_m; \infty)$ dieser Funktionen besitzen in den Punkten $a_1, a_2, \ldots, a_m, \infty$ logarithmische Singularitäten. Jeder Hyperlogarithmus ist eine eindeutige Funktion auf seiner zugehörigen Fläche. Andererseits können wir den Matrizanten Ω_b^z des Systems (159), d. h. eine im Punkt $z = b$ normierte Lösung, nachdem wir ihn analytisch fortgesetzt haben, ebenfalls als eindeutige Funktion auf der Fläche $S(a_1, a_2, \ldots, a_m; \infty)$ ansehen; dabei kann als Punkt b jeder endliche, von $a_1, a_2, \ldots, a_m$ verschiedene Punkt auf S gewählt werden.

Für die normierte Lösung Ω_b^z gibt LAPPO-DANILEVSKIJ einen expliziten Ausdruck mit Hilfe der Matrizen $U_1, U_2, \ldots, U_m$ des Systems (159) als Reihe an:

$$\Omega_b^z = E + \sum_{\nu=1}^{\infty} \sum_{j_1,\ldots,j_\nu}^{(1,\ldots,m)} l_b(z; a_{j_1}, a_{j_2}, \ldots, a_{j_\nu})\, U_{j_1} U_{j_2} \cdots U_{j_\nu}. \tag{160}$$

Diese Entwicklung konvergiert gleichmäßig bezüglich z für beliebige $U_1, U_2, \ldots, U_m$ und stellt Ω_b^z in einem beliebigen, ganz im Endlichen gelegenen Gebiet auf der Fläche

[1]) Im System (158) sind alle Koeffizienten echte Brüche bezüglich z. Auf diese Form kann man beliebige rationale Koeffizienten mittels einer gebrochenen linearen Transformation bringen, indem man einen (für alle Koeffizienten) regulären endlichen Punkt $z = c$ in den Punkt $z = \infty$ überführt.

$S(a_1, a_2, \ldots, a_m; \infty)$ dar, wenn dieses Gebiet keinen der Punkte $a_1, a_2, \ldots, a_m$ im Innern oder auf dem Rand enthält.

Konvergiert die Reihe (156) für beliebige Matrizen $X_1, X_2, \ldots, X_m$, so nennt man die entsprechende Funktion $F(X_1, X_2, \ldots, X_m)$ *ganz*. Ω_b^z stellt eine ganze Funktion der Matrizen $U_1, U_2, \ldots, U_m$ dar.

Umläuft z den Punkt a_j einmal in positivem Sinne derart, daß der Umlaufweg keinen der anderen Punkte a_i ($i \neq j$) einschließt, so erhalten wir mit (160) einen Ausdruck für die Umlaufsmatrix V_j, die dem Punkt $z = a_j$ entspricht,

$$V_j = E + \sum_{\nu=1}^{\infty} \sum_{j_1,\ldots,j_\nu}^{(1,\ldots,m)} p_j(b; a_{j_1}, a_{j_2}, \ldots, a_{j_\nu}) U_{j_1} U_{j_2} \cdots U_{j_\nu} \tag{161}$$

$$(j = 1, 2, \ldots, m),$$

wobei

$$p_j(b; a_{j_1}) = \int\limits_{(a_j)} \frac{\mathrm{d}z}{z - a_{j_1}}, \quad p_j(b; a_{j_1}, a_{j_2}, \ldots, a_{j_\nu}) = \int\limits_{(a_j)} \frac{l_b(z; a_{j_2}, a_{j_3}, \ldots, a_{j_\nu})}{z - a_{j_1}} \mathrm{d}z$$

$$(j_1, j_2, \ldots, j_\nu, j = 1, 2, \ldots, m; \nu = 1, 2, 3, \ldots)$$

ist. Die Reihe (161) stellt ebenso wie die Reihe (160) eine ganze Funktion in U_1, $U_2, \ldots, U_m$ dar.

Lappo-Danilevskij verallgemeinerte die Theorie der analytischen Funktionen auf den Fall abzählbar unendlich vieler Matrizenargumente $X_1, X_2, X_3, \ldots$[1]) und benutzte diese Theorie, um das Verhalten der Lösungen von Systemen in der Umgebung stark singulärer Stellen zu untersuchen.[2]) Wir geben die wichtigsten Resultate an.

Eine normierte Lösung Ω_b^z des Systems

$$\frac{\mathrm{d}X}{\mathrm{d}t} = \sum_{j=-q}^{+\infty} P_j z^j X,$$

bei der die Potenzreihe auf der rechten Seite für $|z| < r$ ($r > 1$)[3]) konvergiert, kann durch die Reihe

$$\Omega_b^z = E + \sum_{\nu=1}^{\infty} \sum_{j_1, j_2, \ldots, j_\nu = -q}^{\infty} P_{j_1} \cdots P_{j_\nu}$$

$$\times \sum_{\mu=0}^{\nu} b^{j_{\mu+1}+\cdots+j_\nu+\nu-\mu} z^{j_1+\cdots+j_\mu+\mu} \sum_{\lambda=0}^{n-\mu} \alpha^{*(\lambda)}_{j_{\mu+1}\cdots j_\nu} \ln^\lambda b \sum_{\varkappa=0}^{\mu} \alpha^{(\varkappa)}_{j_1\cdots j_\mu} \ln^\varkappa z \tag{162}$$

dargestellt werden. Hierbei sind die $\alpha^{*(\lambda)}_{j_{\mu+1}\cdots j_\nu}$ und die $\alpha^{(\varkappa)}_{j_1\cdots j_\mu}$ skalare Koeffizienten, die

[1]) Vgl. [21b], I, Arbeit 1.

[2]) Vgl. [21b], I, Arbeit 3; vgl. auch [92], [104a] und [104b].

[3]) Die Bedingung $r > 1$ ist unwesentlich, da sie immer erfüllt werden kann, indem man z durch αz ersetzt, wobei α eine geeignet gewählte positive Zahl ist.

durch spezielle Formeln definiert sind. Die Reihe (162) konvergiert für beliebige Matrizen $P_1, P_2, P_3, \ldots$ in dem Kreisring $\varrho < |z| < r$ (ϱ ist eine beliebige positive Zahl kleiner r). In diesem Kreisring muß auch der Punkt b liegen ($\varrho < |b| < r$).

Wir sind nicht in der Lage, in diesem Buch auf den Inhalt der Arbeiten von LAPPO-DANILEVSKIJ näher einzugehen, und sehen uns gezwungen, uns auf die angegebenen Formulierungen einiger grundlegender Ergebnisse zu beschränken; wir verweisen den Leser auf die entsprechende Literatur.

Alle Arbeiten von LAPPO-DANILEVSKIJ, die Differentialgleichungen betreffen, wurden postum in drei Bänden von der Akademie der Wissenschaften der UdSSR in den Jahren 1934 bis 1936 herausgegeben. Außerdem sind die grundlegenden Ergebnisse des Autors in der Arbeit [104] und in dem nicht sehr umfangreichen Buch [21a] entwickelt. Eine kurze Darlegung einiger Ergebnisse findet man auch in dem Buch von W. I. SMIRNOW, Lehrgang der höheren Mathematik, Teil III/2.

16. Das Routh-Hurwitzsche Problem und verwandte Fragen

16.1. Einleitung

Nach dem in 15.3. bewiesenen Satz von LJAPUNOV ist die Nullösung des Differentialgleichungssystems

$$\frac{\mathrm{d}x_i}{\mathrm{d}t} = \sum_{k=1}^{n} a_{ik}x_k + (**) \tag{1}$$

(mit $a_{ik} = \text{const}$, $i, k = 1, 2, \ldots, n$) bei beliebigen Gliedern $(**)$ zweiter und höherer Ordnung in $x_1, \ldots, x_n$ stabil, wenn alle charakteristischen Wurzeln der Matrix $A = \|a_{ik}\|_1^n$, d. h. alle Wurzeln der Säkulargleichung $\Delta(\lambda) \equiv |\lambda E - A| = 0$, negativen Realteil besitzen.

Für Anwendungen, bei denen die Stabilität mechanischer oder elektrischer Systeme untersucht wird, ist es daher von größter Bedeutung, Bedingungen zu kennen, die garantieren, daß alle Wurzeln einer gegebenen algebraischen Gleichung in der linken Halbebene der komplexen Zahlenebene liegen.

Die Bedeutung dieses algebraischen Problems war den Begründern der Theorie der Regelung von Maschinen, dem englischen Physiker J. C. MAXWELL und dem russischen Ingenieur und Forscher I. A. VYŠNEGRADSKIJ, bekannt. In ihren Arbeiten, in denen sie sich mit Fragen der Regelungstechnik[1]) beschäftigten, haben sie diese Bedingungen für Gleichungen zweiten und dritten Grades aufgestellt und weitgehend verwendet.

Im Jahre 1868 warf MAXWELL die Frage nach entsprechenden Bedingungen für algebraische Gleichungen beliebigen Grades auf. Inzwischen war diese Frage in einer im Jahre 1856 veröffentlichten Arbeit [195] des französischen Mathematikers HERMITE ihrem Wesen nach beantwortet worden. In dieser Arbeit wird ein enger Zusammenhang zwischen der Anzahl der innerhalb einer Halbebene (oder auch innerhalb eines Rechtecks) gelegenen Nullstellen des komplexen Polynoms $f(z)$ und der Signatur einer gewissen quadratischen Form hergestellt, jedoch hatte HERMITE seine

[1]) J. C. MAXWELL, On governers, Proc. Roy. Soc. London 10 (1867/68), 270; I. A. VYŠNEGRADSKIJ, Über direkt wirkende Regler (1876). Diese Arbeiten sind in der Sammlung „Die Theorie der automatischen Regelung“ (Verlag der Akademie der Wissenschaften der UdSSR, 1949) veröffentlicht. Siehe dort auch den Artikel von A. A. ANDRONOV und I. N. VOSNESENSKIJ, „Über die Arbeiten von J. C. Maxwell, I. A. Vyšnegradskij und A. Stodola auf dem Gebiet der Theorie der Regelung von Maschinen“.

Ergebnisse in einer Form veröffentlicht, in der sie den der Anwendung nahestehenden Fachleuten nicht zugänglich waren. Daher fand diese Arbeit HERMITES auch nicht die entsprechende Verbreitung.

Im Jahre 1875 entwickelte der englische Physiker ROUTH unter Benutzung des Sturmschen Satzes und der Cauchyschen Indizes einen Algorithmus (vgl. [60]) zur Berechnung der Anzahl k der Nullstellen eines reellen Polynoms, die in der rechten Halbebene der komplexen Zahlenebene ($\operatorname{Re} z > 0$) liegen. Der Spezialfall $k = 0$ liefert dann ein Stabilitätskriterium.

Am Ende des 19. Jahrhunderts stellte der slowakische Ingenieur A. STODOLA, der Begründer der Theorie der Dampf- und Gasturbinen, in Unkenntnis der Arbeiten von ROUTH aufs neue die Aufgabe, Bedingungen dafür anzugeben, daß alle Wurzeln einer algebraischen Gleichung negativen Realteil besitzen. Im Jahre 1895 löste A. HURWITZ [129] diese Aufgabe auf einem anderen Weg, wobei er sich auf die Arbeiten von HERMITE stützte. Die von HURWITZ erhaltenen Determinantenungleichungen wurden als Routh-Hurwitzsche Bedingungen bekannt.

Jedoch stellte schon vor dem Erscheinen der Arbeit von HURWITZ der Begründer der Stabilitätstheorie, A. M. LJAPUNOV, in seiner Dissertation („Das allgemeine Problem der Stabilität einer Bewegung", Charkow 1892) einen Satz auf,[1]) aus dem sich notwendige und hinreichende Bedingungen dafür ergeben, daß alle Wurzeln der charakteristischen Gleichung einer reellen Matrix $A = \|a_{ik}\|_1^n$ negativen Realteil besitzen. Diese Bedingungen wurden in einer Reihe von Arbeiten über Regelungstechnik verwendet.[2])

Ein neues Stabilitätskriterium wurde 1914 von den französischen Mathematikern LIÉNARD und CHIPART aufgestellt (vgl. [208]). Unter Benutzung spezieller quadratischer Formen erhielten diese Autoren ein Stabilitätskriterium, das gewisse Vorzüge vor dem Routh-Hurwitzschen Kriterium besitzt (die Anzahl der Determinantenungleichungen im Liénard-Chipartschen Kriterium ist etwa halb so groß wie die im Routh-Hurwitzschen).

Die russischen Mathematiker P. L. ČEBYŠEV und A. A. MARKOV bewiesen im Zusammenhang mit der Reihenentwicklung von Kettenbrüchen speziellen Typs zwei bemerkenswerte Sätze, die, wie in 16.16. gezeigt wird, in unmittelbarer Beziehung zum Routh-Hurwitzschen Problem stehen.

In dem eben beschriebenen Fragenkomplex findet, wie der Leser sehen wird, die Theorie der quadratischen Formen (Kap. 10) und insbesondere die Theorie der Hankelschen Formen (10.10.) eine wesentliche Anwendung.

16.2. Die Cauchyschen Indizes

Wir beginnen mit der Betrachtung der sogenannten Cauchyschen Indizes.[3])

Definition 1. Unter dem *Cauchyschen Index* $I_a^b R(x)$ (a und b sind reelle Zahlen oder $\pm\infty$) einer rationalen Funktion $R(x)$ mit reellen Koeffizienten im Intervall

[1]) Vgl. [22], § 20.

[2]) Vgl. beispielsweise [73].

[3]) Vgl. [10], S. 419–425.

(a, b) verstehen wir die Differenz zwischen der Anzahl der Stellen von $R(x)$, an denen die Funktion von $-\infty$ nach $+\infty$ springt (d. h., die Funktionswerte ändern ihr Vorzeichen beim Durchgang durch einen Pol[1]) α vom Negativen zum Positiven, oder $\lim\limits_{x\to\alpha^-} R(x) = -\infty$ und $\lim\limits_{x\to\alpha^+} R(x) = +\infty$), und der Anzahl der Stellen, an denen sie von $+\infty$ nach $-\infty$ springt (d. h., die Funktionswerte ändern ihr Vorzeichen beim Durchgang durch einen Pol α vom Positiven zum Negativen, oder $\lim\limits_{x\to\alpha^-} R(x) = +\infty$ und $\lim\limits_{x\to\alpha^+} R(x) = -\infty$), wenn das Argument der Funktion das Intervall (a, b) von a nach b durchläuft.[2])

Aus dieser Definition folgt: Ist

$$R(x) = \sum_{i=1}^{p} \frac{A_i}{x - \alpha_i} + R_1(x),$$

sind die A_i und α_i $(i = 1, 2, \ldots, p)$ reelle Zahlen und ist $R_1(x)$ eine rationale Funktion, die keine reellen Pole besitzt, so ist[3])

$$I_{-\infty}^{+\infty} R(x) = \sum_{i=1}^{p} \operatorname{sign} A_i \tag{2}$$

und allgemein

$$I_a^b R(x) = \sum_{a<\alpha_i<b} \operatorname{sign} A_i \qquad (a < b). \tag{2'}$$

Insbesondere gilt: Ist $f(x) = a_0(x-\alpha_1)^{n_1} \cdots (x-\alpha_m)^{n_m}$ ein reelles Polynom ($\alpha_i \neq \alpha_k$ für $i \neq k$; $i, k = 1, 2, \ldots, m$) und sind nur die ersten p unter den Nullstellen $\alpha_1, \alpha_2, \ldots, \alpha_m$ dieses Polynoms reell, so ist

$$\frac{f'(x)}{f(x)} = \sum_{j=1}^{m} \frac{n_j}{x - \alpha_j} = \sum_{i=1}^{p} \frac{n_i}{x - \alpha_i} + R_1(x),$$

wobei $R_1(x)$ eine rationale Funktion mit reellen Koeffizienten ist, die keine reellen Pole besitzt.

Daher ist der Index

$$I_a^b \frac{f'(x)}{f(x)} \qquad (a < b)$$

gleich der Anzahl der verschiedenen im Innern des Intervalls (a, b) liegenden reellen Nullstellen des Polynoms.

---

[1]) Pole einer rationalen Funktion heißen solche Werte des Arguments, für die der Betrag der Funktion gegen ∞ strebt.

[2]) Die Stellen a und b werden als Sprungstellen nicht mitgezählt.

[3]) Unter sign a (a ist eine reelle Zahl) versteht man $+1$, -1 oder 0, je nachdem, ob $a > 0$, $a < 0$ oder $a = 0$ ist.

Eine beliebige rationale Funktion $R(x)$ mit reellen Koeffizienten kann stets in der Form

$$R(x) = \sum_{i=1}^{p} \left\{ \frac{A_1^{(i)}}{x - \alpha_i} + \cdots + \frac{A_{n_i}^{(i)}}{(x - \alpha_i)^{n_i}} \right\} + R_1(x)$$

dargestellt werden; dabei sind die α und A reelle Zahlen ($A_{k_i}^{(i)} \neq 0$; $i = 1, 2, \ldots, p$), und $R_1(x)$ besitzt keine reellen Pole. Dann ist

$$I_{-\infty}^{+\infty} R(x) = \sum_{(n_i \text{ ungerade})} \operatorname{sign} A_{n_i}^{(i)} \tag{3}$$

und allgemein[1])

$$I_a^b R(x) = \sum_{\left(\substack{a<\alpha_i<b \\ n_i \text{ ungerade}}\right)} A_{n_i}^{(i)} \quad (a < b). \tag{3'}$$

Ist $R(a) = R(b) = 0$, so läßt sich der Index $I_a^b R(x)$ aus dem Zuwachs der stetigen Funktion $\arctan R(x)$ berechnen:

$$I_a^b R(x) = -\Delta_a^b \arctan R(x) \quad (a < b).^{2)} \tag{4}$$

Eine der Methoden zur Berechnung des Index $I_a^b R(x)$ beruht auf dem klassischen Satz von Sturm.

Wir betrachten eine Folge reeller Polynome

$$f_1(x), f_2(x), \ldots, f_m(x), \tag{5}$$

die im Intervall (a, b) folgende Eigenschaften besitzen[3]):

1. Verschwindet für ein beliebiges x ($a < x < b$) eine der Funktionen, etwa $f_k(x)$, so sind die benachbarten Funktionen $f_{k-1}(x)$ und $f_{k+1}(x)$ an dieser Stelle von 0 verschieden und besitzen entgegengesetztes Vorzeichen, d. h., aus $f_k(x) = 0$ für $a < x < b$ folgt $f_{k-1}(x) f_{k+1}(x) < 0$.

2. Die letzte in (5) auftretende Funktion $f_m(x)$ verschwindet im Innern des Intervalls (a, b) nicht, d. h., es ist $f_m(x) \neq 0$ für $a < x < b$.

Eine solche Folge von Polynomen (5) heißt eine *Sturmsche Kette im Intervall* (a, b).

Wir bezeichnen die Anzahl der Vorzeichenwechsel in der Folge (5) für festes x mit $V(x)$.[4]) Durchläuft dann x das Intervall (a, b) von a nach b, so kann sich die Größe

---

[1]) In (3) wird die Summe über alle Werte von i erstreckt, für die das zugehörige n_i ungerade ist; in (3′) dagegen wird die Summe über alle i erstreckt, für die n_i ungerade und $a < \alpha_i < b$ ist.

[2]) Ist $a = -\infty$ und $b = +\infty$, so gilt (4) für jeden beliebigen echten rationalen Bruch $R(x)$, da in diesem Fall $R(-\infty) = R(+\infty) = 0$ ist.

[3]) Dabei können a und b gleich $-\infty$ bzw. $+\infty$ sein.

[4]) Ist $a < x < b$ und $f_1(x) \neq 0$, so können wegen 1. bei der Bestimmung von $V(x)$ in der Folge (5) die an der Stelle x verschwindenden Funktionen weggelassen bzw. es kann ihnen ein beliebiges Vorzeichen zugeschrieben werden. Ist a endlich, so verstehen wir unter $V(a)$ die Zahl $V(a + \varepsilon)$, wobei ε eine so kleine positive Zahl ist, daß in dem halbabgeschlossenen Intervall $(a, a + \varepsilon]$ keine Nullstelle der Funktion $f_i(x)$ liegt ($i = 1, 2, \ldots, m$). Ebenso verstehen wir unter $V(b)$, wenn b endlich ist, die Zahl $V(b - \varepsilon)$, wobei ε analog definiert wird.

$V(x)$ nur an solchen Stellen ändern, an denen eine Funktion der Folge (5) verschwindet. Wegen Eigenschaft 1 ändert sich aber $V(x)$ an den Stellen, an denen eine Funktion $f_k(x)$ $(k = 2, 3, \ldots, m - 1)$ verschwindet, nicht. Dagegen wird an den Stellen, an denen die Funktion $f_1(x)$ eine Nullstelle besitzt, in der Folge (5) ein Vorzeichenwechsel gewonnen oder verloren. Gewinn oder Verlust des Vorzeichenwechsels hängen dabei davon ab, ob an dieser Stelle $\frac{f_2(x)}{f_1(x)}$ von $-\infty$ zu $+\infty$ übergeht oder umgekehrt.

Es gilt daher folgender Satz:

Satz 1 (STURM). *Ist $f_1(x), f_2(x), \ldots, f_m(x)$ eine Sturmsche Kette in (a, b) und $V(x)$ die Anzahl der Vorzeichenwechsel dieser Kette an der Stelle x, so ist*

$$I_a^b \frac{f_2(x)}{f_1(x)} = V(a) - V(b). \tag{6}$$

Bemerkung. Wir multiplizieren alle Glieder einer Sturmschen Kette mit ein und demselben Polynom $d(x)$. Die so erhaltene Folge von Polynomen nennen wir eine *verallgemeinerte Sturmsche Kette*. Da die Multiplikation aller Glieder der Folge (5) mit ein und demselben Polynom weder die linke noch die rechte Seite der Gleichung (6) ändert, gilt der Satz von STURM auch für verallgemeinerte Sturmsche Ketten.

Wir bemerken, daß zu zwei beliebig vorgegebenen Polynomen $f(x)$ und $g(x)$ (Grad von $f(x) \geqq$ Grad von $g(x)$) mit Hilfe des Euklidischen Algorithmus stets eine verallgemeinerte Sturmsche Kette aufgestellt werden kann, die mit den Polynomen $f_1(x) \equiv f(x)$ und $f_2(x) \equiv g(x)$ beginnt.

Bezeichnen wir nämlich mit $-f_3(x)$ den Rest bei der Division von $f_1(x)$ durch $f_2(x)$, mit $-f_4(x)$ den Rest bei der Division von $f_2(x)$ durch $f_3(x)$ usw., so erhalten wir die Identitäten

$$\left.\begin{array}{l} f_1(x) = q_1(x)\, f_2(z) - f_3(x), \\ \cdots\cdots\cdots\cdots\cdots\cdots\cdots \\ f_{k-1}(x) = q_{k-1}(x)\, f_k(x) - f_{k+1}(x), \\ \cdots\cdots\cdots\cdots\cdots\cdots\cdots \\ f_{m-1}(x) = q_{m-1}(x)\, f_m(x); \end{array}\right\} \tag{7}$$

dabei ist der letzte nicht identisch verschwindende Rest $f_m(x)$ der größte gemeinsame Teiler von $f(x)$ und $g(x)$, aber auch der größte gemeinsame Teiler aller Funktionen der so konstruierten Folge (5). Ist $f_m(x) \neq 0$ $(a < x < b)$, so genügt wegen (7) die erhaltene Folge (5) den Bedingungen 1 und 2 und ist eine Sturmsche Kette. Besitzt das Polynom $f_m(x)$ Nullstellen im Innern des Intervalls (a, b), so ist die Folge (5) eine verallgemeinerte Sturmsche Kette, denn sie wird durch Division aller ihrer Glieder durch $f_m(x)$ zu einer Sturmschen Kette.

Aus dem Gesagten folgt, daß der Index einer beliebigen rationalen Funktion $R(x)$ mit Hilfe des Satzes von STURM bestimmt werden kann. Dazu genügt es, $R(x)$ in der Form $Q(x) + \frac{g(x)}{f(x)}$ darzustellen, wobei $Q(x)$, $f(x)$ und $g(x)$ Polynome sind und der Grad von $g(x)$ höchstens gleich dem Grad von $f(x)$ ist. Dann gilt, wenn man die entsprechende verallgemeinerte Sturmsche Kette für $f(x)$ und $g(x)$ aufgestellt hat,

$$I_a^b R(x) = I_a^b \frac{g(x)}{f(x)} = V(a) - V(b).$$

Die Anzahl der im Innern des Intervalls (a, b) gelegenen verschiedenen reellen Nullstellen des Polynoms $f(x)$ ist, wie wir gesehen haben, gleich $I_a^b \frac{f'(x)}{f(x)}$ und läßt sich daher mit Hilfe des Sturmschen Satzes berechnen.

16.3. Der Routhsche Algorithmus

1. Das von Routh behandelte Problem besteht darin, die Anzahl k der Nullstellen eines reellen Polynoms $f(z)$ zu bestimmen, die in der rechten Halbebene der komplexen Zahlenebene ($\mathrm{Re}\, z > 0$) liegen.

Wir betrachten zu Beginn den Fall, daß keine Nullstelle von $f(z)$ auf der imaginären Achse liegt. In die rechte Halbebene zeichnen wir einen Halbkreis mit dem Radius R und dem Zentrum im Nullpunkt ein und betrachten das Gebiet, das durch diesen Halbkreis und einen Abschnitt der imaginären Achse begrenzt wird (Abb. 9).

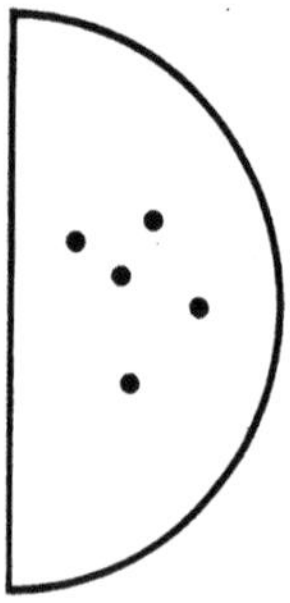

Abb. 9

Bei hinreichend großem R befinden sich alle k Nullstellen des Polynoms mit positivem Realteil im Innern dieses Gebietes. Daher erhält $\arg f(z)$ den Zuwachs von $2k\pi$, wenn man den Rand des Gebietes in mathematisch positivem Sinne einmal durchläuft.[1] Andererseits ist der Zuwachs von $\arg f(z)$ längs des Halbkreises mit dem Radius R für $R \to \infty$ durch den Zuwachs des Arguments des Gliedes höchster Potenz in z, nämlich $a_0 z^n$, gegeben und daher gleich $n\pi$. Für den Zuwachs von $\arg f(z)$ längs der imaginären Achse ($R \to \infty$) erhält man somit den Ausdruck

$$\Delta_{-\infty}^{+\infty} \arg f(\mathrm{i}\omega) = (n - 2k)\,\pi. \tag{8}$$

[1] In der Tat folgt aus $f(z) = a_0 \prod_{i=1}^{n} (z - z_i)$, daß $\Delta \arg f(z) = \sum_{i=1}^{n} \Delta \arg (z - z_i)$ ist. Befindet sich der Punkt z_i innerhalb des betrachteten Gebietes, so ist $\Delta \arg (z - z_i) = 2\pi$; liegt z_i außerhalb dieses Gebietes, so ist $\Delta \arg (z - z_i) = 0$.

Wir führen nun eine nicht ganz übliche Bezeichnung für die Koeffizienten des Polynoms $f(z)$ ein; wir setzen nämlich

$$f(z) = a_0 z^n + b_0 z^{n-1} + a_1 z^{n-2} + b_1 z^{n-3} + \cdots \qquad (a_0 \neq 0).$$

Der Zuwachs $\Delta \arg f(\mathrm{i}\omega)$ in (8) ändert sich nicht, wenn wir das Polynom $f(z)$ mit einer beliebigen komplexen Zahl multiplizieren. Wir setzen daher

$$\frac{1}{\mathrm{i}^n} f(\mathrm{i}\omega) = f_1(\omega) - \mathrm{i} f_2(\omega), \tag{9}$$

wobei

$$\left.\begin{aligned} f_1(\omega) &= a_0\omega^n - a_1\omega^{n-2} + a_3\omega^{n-4} - \cdots, \\ f_2(\omega) &= b_0\omega^{n-1} - b_1\omega^{n-3} + b_3\omega^{n-5} - \cdots \end{aligned}\right\} \tag{10}$$

ist. Nach ROUTH benutzen wir den Cauchyschen Index. Aus (4) und (9) erhalten wir

$$\frac{1}{\pi}\,\Delta_{-\infty}^{+\infty} \arg f(\mathrm{i}\omega) = -\frac{1}{\pi}\,\Delta_{-\infty}^{+\infty} \arctan\frac{f_2(\omega)}{f_1(\omega)} = I_{-\infty}^{+\infty}\frac{f_2(\omega)}{f_1(\omega)}.$$

Deshalb folgt aus (8)[1])

$$I_{-\infty}^{+\infty}\frac{b_0\omega^{n-1} - b_1\omega^{n-3} + \cdots}{a_0\omega^n - a_1\omega^{n-2} + \cdots} = n - 2k. \tag{11}$$

2. Zur Bestimmung des Index, der auf der linken Seite von (11) steht, benutzen wir den Sturmschen Satz (vgl. 16.2.). Ausgehend von den durch (10) definierten Funktionen $f_1(\omega)$ und $f_2(\omega)$ stellen wir, ROUTH folgend, mit Hilfe des Euklidischen Algorithmus die verallgemeinerte Sturmsche Kette auf (vgl. S. 527):

$$f_1(\omega), f_2(\omega), f_3(\omega), \ldots, f_m(\omega). \tag{12}$$

Wir betrachten zuerst den *regulären Fall*: $m = n + 1$. In diesem Fall ist in der Kette (12) der Grad jedes Polynoms um 1 kleiner als der Grad des vorhergehenden, und $f_m(\omega)$ ist ein Polynom nullten Grades.[2])

Aus dem Euklidischen Algorithmus (vgl. (7)) folgt die Gültigkeit der Beziehung

$$f_3(\omega) = \frac{a_0}{b_0}\,\omega f_2(\omega) - f_1(\omega) = c_0\omega^{n-2} - c_1\omega^{n-4} + c_2\omega^{n-6} - \cdots$$

mit

$$c_0 = a_1 - \frac{a_0}{b_0}\,b_1 = \frac{b_0 a_1 - a_0 b_1}{b_0}, \qquad c_1 = a_2 - \frac{a_0}{b_0}\,b_2 = \frac{b_0 a_2 - a_0 b_2}{b_0}, \ldots \tag{13}$$

---

[1]) Wir erinnern daran, daß Gleichung (11) unter der Voraussetzung hergeleitet wurde, daß $f(z)$ keine rein imaginären Nullstellen besitzt.

[2]) Im regulären Fall ist (12) eine gewöhnliche (d. h. keine verallgemeinerte) Sturmsche Kette.

Ebenso ist

$$f_4(\omega) = \frac{b_0}{c_0}\,\omega f_3(\omega) - f_2(\omega) = d_0\omega^{n-3} - d_1\omega^{n-5} + \cdots$$

mit

$$d_0 = b_1 - \frac{b_0}{c_0}\,c_1 = \frac{c_0 b_1 - b_0 c_1}{c_0}, \quad d_1 = b_2 - \frac{b_0}{c_0}\,c_2 = \frac{c_0 b_2 - b_0 c_2}{c_0}, \ \ldots \tag{13'}$$

Analog werden die Koeffizienten der übrigen Polynome $f_5(\omega), \ldots, f_{n+1}(\omega)$ bestimmt.

Überdies sind die Polynome

$$f_1(\omega),\ f_2(\omega),\ \ldots,\ f_{n+1}(\omega) \tag{14}$$

abwechselnd gerade und ungerade Funktionen.

Wir stellen das *Routhsche Schema* auf:

$$\left.\begin{matrix} a_0, & a_1, & a_2, & \ldots, \\ b_0, & b_1, & b_2, & \ldots, \\ c_0, & c_1, & c_2, & \ldots, \\ d_0, & d_1, & d_2, & \ldots, \\ \cdot & \cdot & \cdot & \cdot \end{matrix}\right\} \tag{15}$$

In diesem Schema wird, wie die Formeln (13) und (13′) zeigen, jede Zeile aus den beiden vorhergehenden nach folgender Regel bestimmt:

Von den Zahlen der oberen Zeile werden die entsprechenden Zahlen der unteren Zeile subtrahiert, nachdem alle zuvor mit einer Zahl multipliziert wurden derart, daß die erste dieser Differenzen verschwindet. Streicht man diese Differenz, so erhält man die gesuchte Zeile.

Der reguläre Fall ist offenbar dadurch charakterisiert, daß bei der sukzessiven Anwendung dieser Regel in der Folge $b_0, c_0, d_0, \ldots$ keine Zahlen auftreten, die gleich 0 sind.

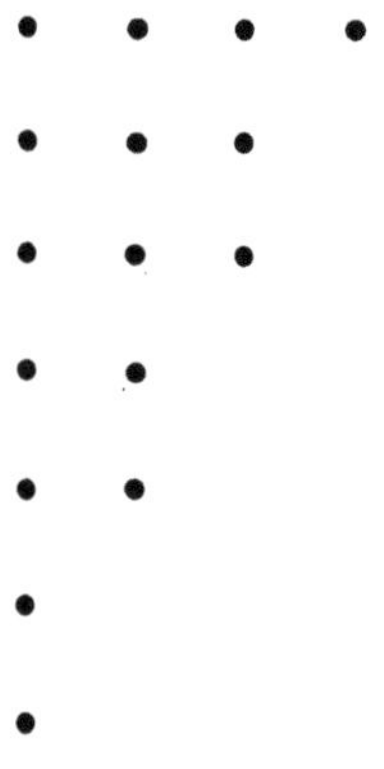

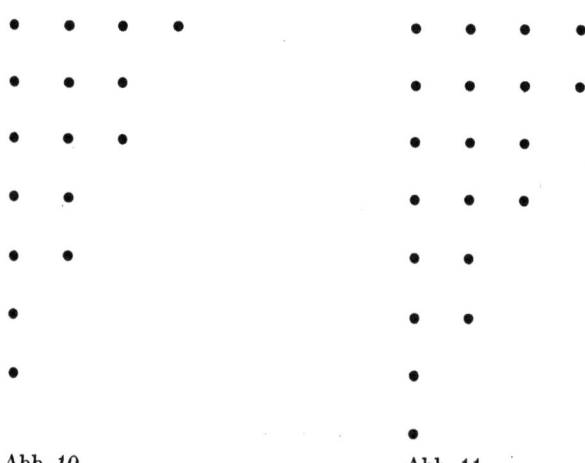

Abb. 10

Abb. 11

Abb. 10 und 11 zeigen das Skelett Routhscher Schemata für gerades und ungerades n ($n = 6$ bzw. $n = 7$). Dabei sind die Elemente der Schemata durch Punkte angedeutet.

Im regulären Fall besitzen die Polynome $f_1(\omega)$ und $f_2(\omega)$ den größten gemeinsamen Teiler $f_{n+1}(\omega) = \text{const} \neq 0$. Daher verschwinden diese Polynome nicht gleichzeitig, d. h., es ist $f(\mathrm{i}\omega) = U(\omega) + \mathrm{i}V(\omega) \neq 0$ für reelles ω. *Daher gilt im regulären Fall die Formel* (11).

Wendet man auf die linke Seite von (11) den Sturmschen Satz für das Intervall $(-\infty, +\infty)$ an und benutzt man dazu die Kette (14), so erhält man nach (11)

$$V(-\infty) - V(+\infty) = n - 2k. \tag{16}$$

Im vorliegenden Fall ist[1])

$$V(+\infty) = V(a_0, b_0, c_0, d_0, \ldots) \quad \text{und} \quad V(-\infty) = V(a_0, -b_0, c_0, -d_0, \ldots).$$

Hieraus folgt

$$V(-\infty) = n - V(+\infty). \tag{17}$$

Aus (16) und (17) ergibt sich

$$k = V(a_0, b_0, c_0, d_0, \ldots). \tag{18}$$

Damit haben wir folgenden Satz für den regulären Fall bewiesen:

Satz 2 (Routh). *Die Anzahl der Nullstellen eines reellen Polynoms, die in der rechten Halbebene der komplexen Zahlenebene* ($\operatorname{Re} z > 0$) *liegen, ist gleich der Anzahl der Zeichenwechsel in der ersten Spalte des Routhschen Schemas.*

3. Wir betrachten nun den wichtigen Spezialfall, daß alle Nullstellen von $f(z)$ negativen Realteil besitzen (den Fall stabiler Systeme). In diesem Fall hat $f(z)$ keine rein imaginären Nullstellen; daher gilt (11) und folglich auch (16).

Die Formel (16) geht, da $k = 0$ ist, in

$$V(-\infty) - V(+\infty) = n \tag{19}$$

über. Nun ist aber $0 \leqq V(-\infty) \leqq m - 1 \leqq n$ und $0 \leqq V(+\infty) \leqq m - 1 \leqq n$. Daher ist die Gleichung (19) nur dann möglich, wenn $m = n + 1$ (der reguläre Fall!), $V(+\infty) = 0$ und $V(-\infty) = m - 1 = n$ gilt. Damit folgt aus (18):

Das Routhsche Kriterium. *Die Nullstellen eines reellen Polynoms besitzen genau dann sämtlich negativen Realteil, wenn bei der Durchführung des Routhschen Algorithmus alle Elemente der ersten Spalte des Routhschen Schemas von 0 verschieden sind und dasselbe Vorzeichen besitzen.*

---

[1]) Das Vorzeichen von $f_k(\omega)$ stimmt für $\omega = +\infty$ mit dem Vorzeichen des Koeffizienten der höchsten Potenz in ω überein, für $\omega = -\infty$ jedoch unterscheidet es sich von diesem Vorzeichen um den Faktor $(-1)^{n-k+1}$ ($k = 1, 2, \ldots, n + 1$).

4. Bei der Aufstellung des Routhschen Satzes stützten wir uns auf (11). Im folgenden benötigen wir eine Verallgemeinerung dieser Beziehung. Formel (11) wurde unter der Voraussetzung erschlossen, daß keine Nullstelle des Polynoms $f(t)$ auf der imaginären Achse liegt. Wir zeigen nun, daß in dem allgemeinen Fall, daß das Polynom $f(z) = a_0 z^n + b_0 z^{n-1} + a_1 z^{n-2} + \cdots$ $(a_0 \neq 0)$ in der rechten Halbebene k Nullstellen und auf der imaginären Achse der komplexen Zahlenebene s Nullstellen besitzt, (11) durch folgende Formel ersetzt werden muß:

$$I_{-\infty}^{+\infty} \frac{b_0\omega^{n-1} - b_1\omega^{n-3} + b_2\omega^{n-5} - \cdots}{a_0\omega^n - a_1\omega^{n-2} + a_2\omega^{n-4} - \cdots} = n - 2k - s. \tag{20}$$

Dazu setzen wir

$$f(z) = d(z)\, f^*(z),$$

wobei das reelle Polynom $d(z) = z^s + \cdots$ auf der imaginären Achse s Nullstellen besitzt, während bei dem Polynom $f^*(z)$ vom Grad $n^* = n - s$ solche Nullstellen nicht auftreten. Es sei

$$\frac{1}{\mathrm{i}^n} f(\mathrm{i}\omega) = f_1(\omega) - \mathrm{i} f_2(\omega), \qquad \frac{1}{\mathrm{i}^{n-s}} f^*(\mathrm{i}\omega) = f_1^*(\mathrm{i}\omega) - \mathrm{i} f_2^*(\mathrm{i}\omega).$$

Dann ist

$$f_1(\omega) - \mathrm{i} f_2(\omega) = \frac{1}{\mathrm{i}^s} d(\mathrm{i}\omega) \left(f_1^*(\mathrm{i}\omega) - \mathrm{i} f_2^*(\mathrm{i}\omega)\right).$$

Da $\frac{1}{\mathrm{i}^s} d(\mathrm{i}\omega)$ ein reelles Polynom bezüglich ω ist, gilt

$$\frac{f_2(\omega)}{f_1(\omega)} = \frac{f_2^*(\omega)}{f_1^*(\omega)}.$$

Auf das Polynom $f^*(z)$ ist (11) anwendbar. Daher gilt

$$I_{-\infty}^{+\infty} \frac{f_2(\omega)}{f_1(\omega)} = I_{-\infty}^{+\infty} \frac{f_2^*(\omega)}{f_1^*(\omega)} = n^* - 2k = n - 2k - s,$$

was zu beweisen war.[1])

16.4. Spezialfälle. Beispiele

1. In 16.3. untersuchten wir den regulären Fall, d. h., beim Aufstellen des Routhschen Schemas war keine der Zahlen $b_0, c_0, d_0, \ldots,$ gleich 0.

Wir gehen jetzt zur Untersuchung von Spezialfällen über, d. h. von Fällen, bei denen in der Zahlenfolge $b_0, c_0, \ldots$ eine Zahl $h_0 = 0$ auftritt. Der Routhsche Algorithmus bricht mit der

---

[1]) Wir weisen den Leser auf eine interessante Verallgemeinerung des Routhschen Kriteriums hin, die in der Arbeit von Faedo [176] enthalten ist. Dort wird eine hinreichende Bedingung dafür aufgestellt, daß die Nullstellen aller derjenigen Polynome $f(z) = a_0 z^n + a_1 z^{n-1} + \cdots + a_n$, deren Koeffizienten a_i in vorgegebenen Intervallen $\underline{a}_i \leq a_i \leq \bar{a}_i$ $(i = 0, 1, \ldots, n;\ a_0 < 0)$ iegen, sämtlich gleichzeitig negative Realteile haben.

Zeile ab, in der h_0 auftritt, da man zur Ermittlung der Zahlen der nächsten Zeile durch h_0 dividieren müßte.

Es gibt folgende zwei Typen von Spezialfällen:

1. *In der Zeile, in der sich h_0 befindet, gibt es eine von 0 verschiedene Zahl.* Dies besagt, daß an irgendeiner Stelle der Kette (12) der Grad um mehr als 1 fällt.

2. *Alle Zahlen der Zeile, in der sich h_0 befindet, sind gleich* 0. Dann ist dies die $(m + 1)$-te Zeile, wobei m die Anzahl der Glieder der verallgemeinerten Sturmschen Kette (5) ist. In diesem Fall fällt der Grad der Funktionen in der Kette (12) stets um 1, jedoch ist der Grad der letzten Funktion $f_m(\omega)$ größer als 0. In beiden Fällen ist in der Kette (12) die Anzahl m der Funktionen kleiner als $n + 1$.

Da der bisher betrachtete gewöhnliche Routhsche Algorithmus in beiden Fällen unterbrochen wird, gab Routh Regeln an, die auch in diesen beiden Fällen gestatten, das Schema vollständig anzugeben.

2. Im Fall 1 muß man nach Routh an Stelle von $h_0 = 0$ eine „kleine" Größe ε mit bestimmtem (aber beliebigem) Vorzeichen setzen und mit dem Ausfüllen des Schemas fortfahren. Dabei werden die folgenden Elemente der ersten Spalte des Schemas rationale Funktionen von ε. Die Vorzeichen dieser Elemente werden, ausgehend von der „Kleinheit" und dem Vorzeichen von ε, bestimmt. Erweist sich ein beliebiges dieser Elemente bezüglich ε als identisch gleich 0, so ersetzen wir es durch eine andere kleine Größe η und setzen den Algorithmus fort.

Beispiel.

$$f(z) = z^4 + z^3 + 2z^2 + 2z + 1.$$

Routhsches Schema (mit kleinem Parameter ε):

$$\begin{array}{lll} 1, & 2, & 1 \\ 1, & 2 & \\ \varepsilon, & 1 & \\ 2 - \frac{1}{\varepsilon} & & \\ 1 & & \end{array} \qquad k = V\left(1, 1, \varepsilon, 2 - \frac{1}{\varepsilon}, 1\right) = 2.$$

Diese originelle Methode der Variation von Elementen des Schemas wird folgendermaßen motiviert: Da wir voraussetzen, daß keine Besonderheiten vom Typ 2 vorhanden sind, sind die Funktionen $f_1(\omega)$ und $f_2(\omega)$ teilerfremd. Hieraus folgt, daß das Polynom $f(z)$ keine Nullstellen besitzt, die auf der imaginären Achse liegen.

Alle Elemente des Routhschen Schemas können rational durch die Elemente der ersten beiden Zeilen, d. h. durch die Koeffizienten des vorgegebenen Polynoms ausgedrückt werden. Ebenso erhält man sofort aus (13), (13') und den analogen Formeln für die folgenden Zeilen daß man die Elemente der ersten beiden Zeilen des Routhschen Schemas, d. h. die Koeffizienten des Ausgangspolynoms, rational aus den Elementen zweier beliebiger aufeinanderfolgender Zeilen des Routhschen Schemas und den Anfangselementen der vorhergehenden Zeilen berechnen kann. So können beispielsweise alle Zahlen a und b als ganze rationale Funktionen der Zahlen

$$a_0, b_0, c_0, \ldots, h_0, h_1, h_2, \ldots, g_0, g_1, g_2, \ldots$$

dargestellt werden.

Ersetzen wir $h_0 = 0$ durch ε, so ändern wir damit also das Ausgangspolynom. An die Stelle des Schemas für $f(z)$ tritt das Routhsche Schema für ein Polynom $F(z, \varepsilon)$, das die Eigenschaft hat, ganz rational in z und ε zu sein und für $\varepsilon = 0$ in $f(z)$ überzugehen. Da sich die Nullstellen des Polynoms $F(z, \varepsilon)$ stetig mit dem Parameter ε ändern und für $\varepsilon = 0$ keine der Nullstellen auf der imaginären Achse liegt, stimmt bei hinreichend kleinem Betrag von ε die Anzahl k der in der rechten Halbebene der komplexen Zahlenebene gelegenen Nullstellen des Polynoms $F(z, \varepsilon)$ mit der des Polynoms $F(z, 0) = f(z)$ überein.

3. Wir untersuchen nun die Besonderheiten des Typs 2. Im Routhschen Schema sei

$$a_0 \neq 0, \quad b_0 \neq 0, \ldots, e_0 \neq 0, \quad h_0 = 0, \quad h_1 = 0, \quad h_2 = 0, \ldots$$

In diesem Fall besitzt das letzte Polynom der verallgemeinerten Sturmschen Kette (12) die Form

$$f_m(\omega) = e_0\omega^{n-m+1} - e_1\omega^{n-m-1} + \cdots.$$

ROUTH schlug vor, hier das Nullpolynom $f_{m+1}(\omega)$ durch $f'_m(\omega)$ zu ersetzen, d. h. an Stelle der Elemente $h_0, h_1, \ldots$, die alle gleich 0 sind, die Koeffizienten $(n - m + 1)\, e_0$, $(n - m - 1)\, e_1, \ldots$ einzutragen und mit dem Algorithmus fortzufahren.

Diese Regel wird folgendermaßen motiviert: Nach (20) ist

$$I_{-\infty}^{+\infty} \frac{f_2(\omega)}{f_1(\omega)} = n - 2k - s$$

(die s Wurzeln des Polynoms $f(z)$ auf der imaginären Achse stimmen mit den reellen Nullstellen des Polynoms $f_m(\omega)$ überein). Sind diese reellen Nullstellen einfach, so ist (vgl. S. 525)

$$I_{-\infty}^{+\infty} \frac{f'_m(\omega)}{f_m(\omega)} = s$$

und folglich

$$I_{-\infty}^{+\infty} \frac{f_2(\omega)}{f_1(\omega)} + I_{-\infty}^{+\infty} \frac{f'_m(\omega)}{f_m(\omega)} = n - 2k.$$

Diese Formel zeigt, daß der folgende Teil des Routhschen Schemas mit dem Routhschen Schema für die Polynome $f_m(\omega)$ und $f'_m(\omega)$ ausgefüllt werden muß. Die Koeffizienten des Polynoms $f'_m(\omega)$ dienen dabei als neue Elemente der Nullzeile des ursprünglichen Routhschen Schemas.

Sind aber die Nullstellen des Polynoms $f_m(\omega)$ nicht einfach, so ist, wenn wir den größten gemeinsamen Teiler von $f_m(\omega)$ und $f'_m(\omega)$ mit $d(\omega)$, den größten gemeinsamen Teiler von $d(\omega)$ und $d'(\omega)$ mit $e(\omega)$ bezeichnen usw.,

$$I_{-\infty}^{+\infty} \frac{f'_m(\omega)}{f_m(\omega)} + I_{-\infty}^{+\infty} \frac{d'(\omega)}{d(\omega)} + I_{-\infty}^{+\infty} \frac{e'(\omega)}{e(\omega)} + \cdots = s.$$

Die gesuchte Anzahl k erhalten wir also, wenn wir den fehlenden Teil des Routhschen Schemas durch das Routhsche Schema für $f_m(\omega)$ und $f'_m(\omega)$, $d(\omega)$ und $d'(\omega)$, $e(\omega)$ und $e'(\omega)$ usw. ergänzen, d. h. die Regel von ROUTH zur Beseitigung von Besonderheiten vom Typ 2 mehrmals anwenden.

Beispiel.

$$f(z) = z^{10} + z^9 - z^8 - 2z^7 + z^6 + 3z^5 + z^4 - 2z^3 - z^2 + z + 1.$$

Schema

$$\begin{array}{llllllll}
\omega^{10} & & 1 & -1 & 1 & 1 & -1 & 1 \\
\omega^{9} & & 1 & -2 & 3 & -2 & 1 & \\
\omega^{8} & & 1 & -2 & 3 & -2 & 1 & \\
\omega^{7} & \Big\{ & \begin{matrix} 8 \\ 2 \end{matrix} & \begin{matrix} -12 \\ -3 \end{matrix} & \begin{matrix} 12 \\ 3 \end{matrix} & \begin{matrix} -4 \\ -1 \end{matrix} & & \\
\omega^{6} & & -1 & 3 & -3 & 2 & & \\
\omega^{5} & \Big\{ & \begin{matrix} 3 \\ 1 \end{matrix} & \begin{matrix} -3 \\ -1 \end{matrix} & \begin{matrix} 3 \\ 1 \end{matrix} & & & \\
\omega^{4} & \Big\{ & \begin{matrix} 2 \\ 1 \end{matrix} & \begin{matrix} -2 \\ -1 \end{matrix} & \begin{matrix} 2 \\ 1 \end{matrix} & & & \\
\omega^{3} & \Big\{ & \begin{matrix} 4 \\ 2 \end{matrix} & \begin{matrix} -2 \\ -1 \end{matrix} & & & & \\
\omega^{2} & & -1 & 2 & & & & \\
\omega & & 1 & & & & & \\
\omega^{0} & \Big\{ & \begin{matrix} 2 \\ 1 \end{matrix} & & & & &
\end{array}$$

$$k = V(1, 1, 1, 2, -1, 1, 1, 2, -1, 1, 1) = 4.$$

Bemerkung. Ohne die Vorzeichen der Elemente der ersten Spalte zu ändern, kann man die Elemente einer beliebigen Zeile mit ein und derselben Zahl multiplizieren. Dies wurde zur Vereinfachung des Schemas ausgenutzt.

4. Jedoch gibt die Anwendung beider Routhschen Regeln uns noch nicht die Möglichkeit, in allen Fällen die Zahl k zu bestimmen. Die Anwendung der ersten Regel (die Einführung kleiner Parameter $\varepsilon, \eta, \ldots$) ist nur in dem Fall gerechtfertigt, daß das Polynom $f(z)$ keine Nullstellen besitzt, die auf der imaginären Achse liegen.

Besitzt jedoch das Polynom $f(z)$ Nullstellen auf der imaginären Achse, so können bei der Variation des Parameters ε einige dieser Nullstellen in die rechte Halbebene der komplexen Zahlenebene gelangen und damit die Anzahl k ändern.

Beispiel.

$$f(z) = z^6 + z^5 + 3z^4 + 3z^3 + 3z^2 + 2z + 1.$$

Schema

$$\begin{array}{llll}
\omega^{6} & 1 & 3 & 3 \quad 1 \\
\omega^{5} & 1 & 3 & 2 \\
\omega^{4} & \varepsilon & 1 & 1 \\
\omega^{3} & 3 - \dfrac{1}{\varepsilon} & 2 - \dfrac{1}{\varepsilon} & \\
\omega^{2} & 1 - \dfrac{2\varepsilon - 1}{3 - \dfrac{1}{\varepsilon}} & 1 & \\
\omega & u & & \\
\omega^{0} & 1 & &
\end{array}$$

$$\left(u = 2 - \frac{1}{\varepsilon} - \frac{3 - \dfrac{1}{\varepsilon}}{1 - \dfrac{2\varepsilon - 1}{3 - \dfrac{1}{\varepsilon}}} = -\varepsilon + \cdots \right)$$

$$V\left(1, 1, \varepsilon, 3 - \frac{1}{\varepsilon}, 1, -\varepsilon, 1\right) = \begin{cases} 4 & \text{für} \quad \varepsilon > 0, \\ 2 & \text{für} \quad \varepsilon < 0. \end{cases}$$

Die Frage, wie groß k ist, bleibt also offen.

Im allgemeinen Fall, daß $f(z)$ Nullstellen auf der imaginären Achse besitzt, müssen wir folgendermaßen vorgehen: Wir setzen $f(z) = F_1(z) + F_2(z)$ mit

$$F_1(z) = a_0 z^n + a_1 z^{n-2} + \cdots, \qquad F_2(z) = b_0 z^{n-1} + b_1 z^{n-3} + \cdots;$$

dann berechnen wir den größten gemeinsamen Teiler $d(z)$ der Polynome $F_1(z)$ und $F_2(z)$. Es ist $f(z) = d(z)\, f^*(z)$.

Besitzt $f(z)$ eine Nullstelle z mit der Eigenschaft, daß $-z$ ebenfalls Nullstelle von $f(z)$ ist (diese Eigenschaft besitzen aber alle auf der imaginären Achse liegenden Nullstellen), so folgt $F_1(z) = 0$ und $F_2(z) = 0$ aus $f(z) = 0$ und $f(-z) = 0$, d. h., z ist Nullstelle von $d(z)$. Folglich besitzt das Polynom $f^*(z)$ keine Nullstelle z mit der Eigenschaft, daß $-z$ ebenfalls Nullstelle von $f^*(z)$ ist.[1]

Ist nun die Anzahl derjenigen Nullstellen von $f^*(z)$ bzw. $d(z)$, die in der rechten Halbebene der komplexen Zahlenebene liegen, gleich k_1 bzw. k_2, dann gilt $k = k_1 + k_2$; die Zahl k_1 läßt sich durch den Routhschen Algorithmus bestimmen, und es ist $k_2 = \dfrac{q - s}{2}$, wobei q der Grad von $d(z)$ und s die Anzahl der reellen Nullstellen des Polynoms $d(i\omega)$ ist.[2]

Im letzten Beispiel ist $d(z) = z^2 + 1$, $f^*(z) = z^4 + z^3 + 2z^2 + 2z + 1$. Folglich ist hier (vgl. das Beispiel auf S. 533) $k_2 = 0$, $k_1 = 2$ und daher $k = 2$.

16.5. Der Satz von Ljapunov

Aus den Untersuchungen A. M. LJAPUNOVS, die in seiner Monographie „Das allgemeine Problem der Stabilität einer Bewegung“ (1892) veröffentlicht sind, ergibt sich ein Satz[3]), der notwendige und hinreichende Bedingungen dafür angibt, daß alle Wurzeln einer charakteristischen Gleichung $|\lambda E - A| = 0$ mit reeller Matrix $A = \|a_{ik}\|_1^n$ negative Realteile besitzen. Da jedes reelle Polynom $f(\lambda) = a_0\lambda^n + a_1\lambda^{n-1} + \cdots + a_n$ $(a_0 \neq 0)$ als charakteristische Determinante dargestellt werden kann, $|\lambda E - A|$,[4]) hat der Satz von LJAPUNOV allgemeinen Charakter und bezieht sich auf beliebige reelle algebraische Gleichungen $f(\lambda) = 0$.

---

[1]) Bei der Definition des Polynoms $d(z)$ braucht man nicht von den Funktionen $F_1(z)$ und $F_2(z)$ auszugehen, sondern kann von den früher (S. 529) definierten Funktionen $f_1(z)$ und $f_2(z)$ ausgehen. (Genaueres darüber vgl. Fußnote 1 auf S. 549.)

[2]) Das Polynom $d(i\omega)$ ist oder wird nach Division durch i reell. Die Anzahl seiner reellen Nullstellen kann mit Hilfe des Sturmschen Satzes bestimmt werden.

[3]) Vgl. [19], § 20.

[4]) Beispielsweise genügt es,

$$A = \left\| \begin{matrix} 0 & 0 & \ldots & 0 & -\dfrac{a_n}{a_0} \\ 1 & 0 & \ldots & 0 & -\dfrac{a_{n-1}}{a_0} \\ \cdots & \cdots & \cdots & \cdots & \cdots \\ 0 & 0 & \ldots & 1 & -\dfrac{a_1}{a_0} \end{matrix} \right\|$$

zu setzen. Vgl. 6.6.

Es seien eine reelle Matrix $A = \|a_{ik}\|_1^n$ und ein homogenes Polynom m-ten Grades in den Variablen $x_1, x_2, \ldots, x_n$ gegeben:

$$\underbrace{V(x, x, \ldots, x)}_{m} \quad \big(x = (x_1, x_2, \ldots, x_n)\big).$$

Wir nehmen an, daß x eine Lösung des Differentialgleichungssystems

$$\frac{\mathrm{d}x}{\mathrm{d}t} = Ax$$

ist, und bestimmen die Ableitung von $V(x, x, \ldots, x)$ nach t. Dann ist

$$\begin{aligned}\frac{\mathrm{d}}{\mathrm{d}t} V(x, x, \ldots, x) &= V(Ax, x, \ldots, x) \\ &\quad + V(x, Ax, \ldots, x) + \cdots + V(x, x, \ldots, Ax) \\ &= W(x, x, \ldots, x);\end{aligned} \tag{21}$$

$W(x, x, \ldots, x)$ ist wiederum ein homogenes Polynom m-ten Grades in $x_1, x_2, \ldots, x_n$. Die Gleichung (21) definiert einen linearen Operator $\widehat{A}$, der jedem homogenen Polynom m-ten Grades $V(x, x, \ldots, x)$ ein homogenes Polynom $W(x, x, \ldots, x)$ desselben Grades zuordnet: $W = \widehat{A}(V)$.

Wir beschränken uns auf den Fall $m = 2$.[1]) In diesem Fall sind $V(x, x)$ und $W(x, x)$ quadratische Formen in den Variablen $x_1, x_2, \ldots, x_n$, die durch die Gleichung

$$\frac{\mathrm{d}}{\mathrm{d}t} V(x, x) = V(Ax, x) + V(x, Ax) = W(x, x) \tag{22}$$

verknüpft sind. Daraus folgt[2])

$$W = \widehat{A}(V) = A^{\mathsf{T}} V + VA. \tag{23}$$

Hier sind $V = \|v_{ik}\|_1^n$ und $W = \|w_{ik}\|_1^n$ symmetrische Matrizen, die aus den Koeffizienten der Formen $V(x, x)$ und $W(x, x)$ gebildet wurden. Der lineare Operator $\widehat{A}$ im Raum der Matrizen n-ter Ordnung ist durch Vorgabe der Matrix $A = \|a_{ik}\|_1^n$ eindeutig bestimmt.

Sind $\lambda_1, \lambda_2, \ldots, \lambda_n$ die charakteristischen Wurzeln der Matrix A, so kann jede charakteristische Wurzel des Operators $\widehat{A}$ in der Form $\lambda_i + \lambda_k$ $(1 \leqq i, k \leqq n)$ dargestellt werden.

Es sei nämlich u_k Eigenvektor (Spaltenvektor) der Matrix A^{T} mit der charakteristischen Zahl λ_k, d. h. $A^{\mathsf{T}} u_k = \lambda_k u_k$ $(u_k \neq o)$, und es sei $V_{ik} = u_i u_k^{\mathsf{T}}$. Dann ist

$$\begin{aligned}\widehat{A} V_{ik} &= A^{\mathsf{T}} u_i u_k^{\mathsf{T}} + u_i u_k^{\mathsf{T}} A = (A^{\mathsf{T}} u_i)\, u_k^{\mathsf{T}} + u_i (A^{\mathsf{T}} u_k)^{\mathsf{T}} \\ &= (\lambda_i + \lambda_k)\, u_i u_k^{\mathsf{T}} = (\lambda_i + \lambda_k)\, V_{ik} \quad (i, k = 1, \ldots, n).\end{aligned} \tag{23'}$$

[1]) A. M. LJAPUNOV bewies seinen Satz (vgl. weiter unten Satz 3) für beliebiges positives ganzes m.

[2]) Es ist nämlich $V(x, y) = x^{\mathsf{T}} V y$.

Sind alle Werte $\lambda_i + \lambda_k$ $(i, k = 1, \ldots, n)$ voneinander verschieden, so folgt aus den Gleichungen (23′), daß diese Werte das vollständige System aller charakteristischen Wurzeln des Operators[1]) $\hat{A}$ bilden. Der allgemeine Fall, daß es unter den Summen $\lambda_i + \lambda_k$ auch gleiche gibt, folgt aus dem soeben betrachteten mit Hilfe von Stetigkeitsüberlegungen.

Aus dem Bewiesenen folgt, daß der Operator $\hat{A}$ regulär ist,[2]) wenn die Matrix $A = \|a_{ik}\|_1^n$ nur von 0 verschiedene und keine entgegengesetzt gleichen charakteristischen Wurzeln hat. In diesem Fall ist durch die Vorgabe von W die Matrix V in (23) eindeutig bestimmt.

Sind die charakteristischen Wurzeln der Matrix $A = \|a_{ik}\|_1^n$ *alle von* 0 *verschieden und keine zwei charakteristischen Wurzeln entgegengesetzt gleich, so entspricht jeder quadratischen Form* $W(x, x)$ *genau eine quadratische Form* $V(x, x)$, *die durch die Gleichung* (22) *mit* $W(x, x)$ *verknüpft ist.*

Wir formulieren nun den Satz von Ljapunov.

Satz 3 (Ljapunov). *Besitzen alle charakteristischen Wurzeln einer reellen Matrix* $A = \|a_{ik}\|_1^n$ *negative Realteile, so entspricht jeder beliebigen negativ definiten quadratischen Form* $W(x, x)$ *eine positiv definite quadratische Form* $V(x, x)$, *die auf Grund der Beziehung*

$$\frac{dx}{dt} = Ax \tag{24}$$

mit der Form $W(x, x)$ *durch die Gleichung*

$$\frac{d}{dt} V(x, x) = W(x, x) \tag{25}$$

verknüpft ist. Existiert umgekehrt zu jeder negativ definiten quadratischen Form $W(x, x)$ *eine positiv definite Form* $V(x, x)$, *die mit* $W(x, x)$ *durch die Gleichung* (25) *unter Voraussetzung der Beziehung* (24) *verknüpft ist, so besitzen alle charakteristischen Wurzeln der Matrix* $A = \|a_{ik}\|_1^n$ *negative Realteile.*

Beweis. 1. Wir setzen voraus, daß alle charakteristischen Wurzeln der Matrix A negativen Realteil besitzen. Dann gilt für eine beliebige Lösung $x = e^{At}x_0$ des Systems (24) $\lim_{t\to+\infty} x = o$.[3]) Ferner seien die Formen $V(x, x)$ und $W(x, x)$ durch die Gleichung (25) miteinander verknüpft, und es sei $W(x, x) < 0$ $(x \neq o)$.[4])

Wir nehmen an, daß für ein gewisses $x_0 \neq o$

$$V_0 = V(x_0, x_0) \leqq 0$$

[1]) Als Operator im Raum *aller* Matrizen n-ter Ordnung, da die V_{ik} nicht notwendig symmetrisch sind (*Anm. d. Red.*)

[2]) Aus der Regularität des Operators $\hat{A}$ im Raum aller Matrizen folgt natürlich auch die Regularität des Operators $\hat{A}$ im Raum der symmetrischen Matrizen (*Anm. d. Red.*).

[3]) Vgl. 5.6.

[4]) Die Form $W(x, x)$ ist beliebig vorgegeben. Die Form $V(x, x)$ ist durch die Bedingung (25) eindeutig bestimmt, da im gegebenen Fall die charakteristischen Wurzeln der Matrix A alle von 0 verschieden und keine zwei charakteristischen Wurzeln entgegengesetzt gleich sind

gilt. Es ist $\frac{\mathrm{d}}{\mathrm{d}t} V(x, x) = W(x, x) < 0$ $(x = \mathrm{e}^{At}x_0)$. Dann ist für $t > 0$ die Form $V(x, x)$ negativ und nimmt für $t \to +\infty$ ab, im Widerspruch zur Gleichung $\lim_{t\to\infty} V(x, x) = \lim_{x\to o} V(x, x) = 0$. Es ist also $V(x, x) > 0$ für $x \neq o$, d. h., $V(x, x)$ ist eine positiv definite quadratische Form.

2. Es seien umgekehrt $V(x, x)$ und $W(x, x)$ gegeben, so daß (25) gilt und $W(x, x) < 0$, $V(x, x) > 0$ $(x \neq o)$ ist. Aus (25) folgt

$$V(x, x) = V(x_0, x_0) + \int_0^t W(x, x)\,\mathrm{d}t \qquad (x = \mathrm{e}^{At}x_0). \tag{25'}$$

Wir wollen beweisen, daß für beliebiges $x_0 \neq o$ die Spalte $x = \mathrm{e}^{At}x_0$ der Nullspalte beliebig nahe kommt, wenn nur hinreichend große Werte für $t > 0$ gewählt werden. Wir setzen das Gegenteil voraus. Dann existiert ein $\nu > 0$ derart, daß $W(x,x) < -\nu < 0$ $(x = \mathrm{e}^{At}x_0, x_0 \neq o, t > 0)$ ist. Aus (25′) folgt $V(x, x) < V(x_0, x_0) - \nu t$, und es ist $V(x, x) < 0$ für gewisse hinreichend große Werte von t, was der Voraussetzung widerspricht.

Aus dem Bewiesenen folgt, daß für gewisse hinreichend große Werte von t die Form $V(x, x)$ $(x = \mathrm{e}^{At}x_0,\ x_0 \neq o)$ der Null beliebig nahe kommt. Aber $V(x, x)$ ist monoton fallend für $t > 0$ wegen $\frac{\mathrm{d}}{\mathrm{d}t} V(x,x) = W(x,x) < 0$. Daher ist $\lim_{t\to\infty} V(x,x) = 0$.

Hieraus folgt, daß für beliebiges $x_0 \neq o$ die Beziehung $\lim_{t\to\infty} \mathrm{e}^{At}x_0 = o$, also $\lim_{t\to\infty} \mathrm{e}^{At} = O$ gilt. Dies ist nur dann möglich, wenn alle charakteristischen Wurzeln der Matrix A negativen Realteil besitzen (vgl. 5.6.).

Damit ist der Satz vollständig bewiesen.

Für $W(x, x)$ kann man im Satz von LJAPUNOV eine beliebige negativ definite Form wählen, beispielsweise die Form $-\sum_{i=1}^{n} x_i^2$. In diesem Fall ergibt sich eine Formulierung des Satzes in der Matrizensprache:

Satz 3′. *Die charakteristischen Wurzeln einer reellen Matrix* $A = \|a_{ik}\|_1^n$ *besitzen genau dann alle negativen Realteil, wenn die Matrizengleichung*

$$A^{\mathsf{T}}V + VA = -E \tag{26}$$

als Lösung V *die Koeffizientenmatrix einer gewissen positiv definiten quadratischen Form* $V(x, x) > 0$ *besitzt.*

Aus dem bewiesenen Satz ergibt sich das Kriterium zur Bestimmung der Stabilität nichtlinearer Systeme mit Hilfe ihrer linearen Näherung.[1])

---

[1]) Vgl. [22], § 26; [38], S. 113ff.; [23], S. 66ff.

Wir wollen zeigen, daß die Nullösung des nichtlinearen Differentialgleichungssystems (1) (S. 467) in folgendem Fall asymptotisch stabil ist: Die Koeffizienten a_{ik} $(i, k = 1, 2, \ldots, n)$ der linearen Glieder auf den rechten Seiten der Gleichungen bilden eine Matrix $A = \|a_{ik}\|_1^n$, die ausschließlich charakteristische Wurzeln mit negativem Realteil besitzt. Dazu definieren wir mit Hilfe der Matrizengleichung (26) die positiv definite Form $V(x, x)$ und bestimmen ihre vollständige Ableitung nach der Zeit unter der Voraussetzung, daß $x = (x_1, x_2, \ldots, x_n)$ eine Lösung des gegebenen Systems (1) ist; wir erhalten dann

$$\frac{\mathrm{d}}{\mathrm{d}t} V(x, x) = -\sum_{i=1}^{n} x_i^2 + R(x_1, x_2, \ldots, x_n);$$

dabei ist $R(x_1, x_2, \ldots, x_n)$ eine Reihe, die Glieder dritter und höherer Ordnung in $x_1, x_2, \ldots, x_n$ enthält. Folglich ist in einer gewissen hinreichend kleinen Umgebung des Punktes $(0, 0, \ldots, 0)$ für beliebiges $x \neq o$ gleichzeitig

$$V(x, x) > 0, \qquad \frac{\mathrm{d}}{\mathrm{d}t} V(x, x) < 0.$$

Nach dem allgemeinen Stabilitätskriterium LJAPUNOVS[1]) besagt dies aber nichts anderes als die asymptotische Stabilität der Nullösung des Differentialgleichungssystems.

Werden mit Hilfe der Matrizengleichung (26) die Elemente der Matrix V durch die Elemente der Matrix A ausgedrückt und diese Ausdrücke in die Ungleichungen

$$v_{11} > 0, \qquad \begin{vmatrix} v_{11} & v_{12} \\ v_{21} & v_{22} \end{vmatrix} > 0, \ldots, \qquad \begin{vmatrix} v_{11} & v_{12} & \ldots & v_{1n} \\ v_{21} & v_{22} & \ldots & v_{2n} \\ \ldots & \ldots & \ldots & \ldots \\ v_{n1} & v_{n2} & \ldots & v_{nn} \end{vmatrix} > 0$$

eingesetzt, so erhalten wir Ungleichungen, denen die Elemente der Matrix $A = \|a_{ik}\|_1^n$ genügen müssen, wenn alle charakteristischen Wurzeln dieser Matrix negative Realteile besitzen sollen. Jedoch können diese Ungleichungen auf bedeutend einfachere Weise aus dem Routh-Hurwitzschen Kriterium gewonnen werden, dem der folgende Abschnitt gewidmet ist.

Bemerkung. Der Satz von LJAPUNOV (3 oder 3′) kann ohne weiteres auf den Fall einer beliebigen *komplexen* Matrix $A = \|a_{ik}\|_1^n$ erweitert werden. In diesem Fall werden die quadratischen Formen $V(x, x)$ und $W(x, x)$ durch die hermiteschen Formen

$$V(x, x) = \sum_{i,k=1}^{n} v_{ik}\bar{x}_i x_k, \qquad W(x, x) = \sum_{i,k=1}^{n} w_{ik}\bar{x}_i x_k$$

ersetzt. In Übereinstimmung damit geht die Matrizengleichung (26) über in

$$A^* V + VA = -E \qquad (A^* = \overline{A^{\mathsf{T}}}).$$

---

[1]) Vgl. [22], § 16; [38], S. 19–21 und 31–33; [23], S. 32–34.

16.6. Der Routh-Hurwitzsche Satz

In den vorhergehenden Abschnitten wurde die in ihrer Einfachheit unübertroffene Methode von ROUTH dargelegt, mit der die Anzahl k der in der rechten Halbebene der komplexen Zahlenebene gelegenen Nullstellen eines reellen Polynoms mit konstanten Koeffizienten bestimmt werden kann. Sind aber die Koeffizienten des Polynoms von Parametern abhängig und ist es daher erforderlich festzustellen, für welche Werte des Parameters die Anzahl k diesen oder jenen Wert und insbesondere den Wert 0 annimmt (Stabilitätsbereich!)[1]), so ist es vorteilhaft, konkrete Ausdrücke für die Größen c_0, d_0, ... anzugeben, in denen die Koeffizienten des vorgegebenen Polynoms enthalten sind.

Durch Lösung dieser Aufgabe werden wir eine Methode zur Bestimmung der Anzahl k und insbesondere ein Stabilitätskriterium in der Form, in der es von HURWITZ in [129] aufgestellt wurde, gewinnen.

Wir betrachten wiederum das Polynom

$$f(z) = a_0 z^n + b_0 z^{n-1} + a_1 z^{n-2} + b_1 z^{n-3} + \cdots \qquad (a_0 \neq 0).$$

Unter der *Hurwitzschen Matrix* verstehen wir die quadratische Matrix n-ter Ordnung

$$H = \left\| \begin{matrix} b_0 & b_1 & b_2 & \dots & b_{n-1} \\ a_0 & a_1 & a_2 & \dots & a_{n-1} \\ 0 & b_0 & b_1 & \dots & b_{n-2} \\ 0 & a_0 & a_1 & \dots & a_{n-2} \\ 0 & 0 & b_0 & \dots & b_{n-3} \\ \dots & \dots & \dots & \dots & \dots \end{matrix} \right\| \quad \left(\begin{matrix} a_k = 0 \text{ für } k > \left[\dfrac{n}{2}\right], \\ b_k = 0 \text{ für } k > \left[\dfrac{n-1}{2}\right] \end{matrix} \right). \tag{27}$$

Wir transformieren diese Matrix, indem wir von der zweiten, vierten, ... Zeile die mit a_0/b_0 multiplizierte erste, dritte, ... Zeile subtrahieren.[2]) Wir erhalten dadurch die Matrix

$$\left\| \begin{matrix} b_0 & b_1 & b_2 & \dots & b_{n-1} \\ 0 & c_0 & c_1 & \dots & c_{n-2} \\ 0 & b_0 & b_1 & \dots & b_{n-2} \\ 0 & 0 & c_0 & \dots & c_{n-3} \\ 0 & 0 & b_0 & \dots & b_{n-3} \\ \dots & \dots & \dots & \dots & \dots \end{matrix} \right\|.$$

Dabei ist $c_0, c_1, \ldots$ die durch Nullen ergänzte dritte Zeile des Routhschen Schemas ($c_k = 0$ für $k > [n/2] - 1$). Die so erhaltene Matrix transformieren wir aufs neue, indem wir von der dritten, fünften, ... Zeile die mit b_0/c_0 multiplizierte zweite, vierte, ...

---

[1]) Derartige Fragen treten bei der Berechnung der Regelung mechanischer oder elektrischer Systeme auf.

[2]) Zu Beginn betrachten wir den regulären Fall $b_0 \neq 0$, $c_0 \neq 0$, $d_0 \neq 0, \ldots$.

Zeile abziehen:

$$\left\|\begin{matrix} b_0 & b_1 & b_2 & b_3 & \dots \\ 0 & c_0 & c_1 & c_2 & \dots \\ 0 & 0 & d_0 & d_1 & \dots \\ 0 & 0 & c_0 & c_1 & \dots \\ 0 & 0 & 0 & d_0 & \dots \\ 0 & 0 & 0 & c_0 & \dots \\ \dots & \dots & \dots & \dots & \dots \end{matrix}\right\|.$$

Setzen wir diesen Prozeß fort, so erhalten wir schließlich die folgende, unter dem Namen *Routhsche Matrix* bekannte Dreiecksmatrix n-ter Ordnung

$$R = \left\|\begin{matrix} b_0 & b_1 & b_2 & \dots \\ 0 & c_0 & c_1 & \dots \\ 0 & 0 & d_0 & \dots \\ \dots & \dots & \dots & \dots \end{matrix}\right\|.$$

Sie ergibt sich aus dem Routhschen Schema (vgl. (15)) durch a) Weglassen der ersten Zeile, b) Verschieben der Zeilen nach rechts derart, daß ihre ersten Elemente die Hauptdiagonale der Matrix bilden, und c) Ergänzen dieses Schemas durch Nullen zu einer quadratischen Matrix n-ter Ordnung.

Definition 2. Zwei Matrizen $A = \|a_{ik}\|_1^n$ und $B = \|b_{ik}\|_1^n$ heißen genau dann *gleichwertig*, wenn für beliebiges $p \leqq n$ die in den ersten p Zeilen dieser Matrizen vorhandenen entsprechenden Minoren p-ter Ordnung einander gleich sind:

$$A\begin{pmatrix} 1 & 2 & \dots & p \\ i_1 & i_2 & \dots & i_p \end{pmatrix} = B\begin{pmatrix} 1 & 2 & \dots & p \\ i_1 & i_2 & \dots & i_p \end{pmatrix}$$

$$(i_1, i_2, \dots, i_p = 1, 2, \dots, n;\ p = 1, 2, \dots, n).$$

Die Subtraktion einer beliebigen mit einer Zahl multiplizierten Zeile von einer folgenden ändert den Wert eines Minors p-ter Ordnung der ersten p Zeilen $(p = 1, 2, \dots, n)$ nicht; folglich sind laut Definition 2 die Hurwitzsche Matrix H und die Routhsche Matrix R gleichwertig:

$$H\begin{pmatrix} 1 & 2 & \dots & p \\ i_1 & i_2 & \dots & i_p \end{pmatrix} = R\begin{pmatrix} 1 & 2 & \dots & p \\ i_1 & i_2 & \dots & i_p \end{pmatrix}$$

$$(i_1, i_2, \dots, i_p = 1, 2, \dots, n;\ p = 1, 2, \dots, n). \tag{28}$$

Da die Matrizen H und R gleichwertig sind, können alle Elemente der Matrix R, d. h. die Elemente des Routhschen Schemas, durch die Minoren der Hurwitzschen Matrix H und folglich durch die Koeffizienten des vorgegebenen Polynoms ausgedrückt werden. Gibt man nämlich in (29) der Größe p nacheinander die Werte 1, 2, 3, ..., so erhält man

$$\left.\begin{array}{lll} H\begin{pmatrix}1\\1\end{pmatrix}=b_0, & H\begin{pmatrix}1\\2\end{pmatrix}=b_1, & H\begin{pmatrix}1\\3\end{pmatrix}=b_2,\ldots, \\ H\begin{pmatrix}1&2\\1&2\end{pmatrix}=b_0c_0, & H\begin{pmatrix}1&2\\1&3\end{pmatrix}=b_0c_1, & H\begin{pmatrix}1&2\\1&4\end{pmatrix}=b_0c_2,\ldots, \\ H\begin{pmatrix}1&2&3\\1&2&3\end{pmatrix}=b_0c_0d_0, & H\begin{pmatrix}1&2&3\\1&2&4\end{pmatrix}=b_0c_0d_1, & H\begin{pmatrix}1&2&3\\1&2&5\end{pmatrix}=b_0c_0d_2,\ldots \\ \multicolumn{3}{c}{\dotfill} \end{array}\right\} \tag{29}$$

Hieraus ergeben sich für die Elemente des Routhschen Schemas die Ausdrücke

$$\left.\begin{array}{lll} b_0=H\begin{pmatrix}1\\1\end{pmatrix}, & b_1=H\begin{pmatrix}1\\2\end{pmatrix}, & b_2=H\begin{pmatrix}1\\3\end{pmatrix},\ldots, \\ c_0=\dfrac{H\begin{pmatrix}1&2\\1&2\end{pmatrix}}{H\begin{pmatrix}1\\1\end{pmatrix}}, & c_1=\dfrac{H\begin{pmatrix}1&2\\1&3\end{pmatrix}}{H\begin{pmatrix}1\\1\end{pmatrix}}, & c_2=\dfrac{H\begin{pmatrix}1&2\\1&4\end{pmatrix}}{H\begin{pmatrix}1\\1\end{pmatrix}},\ldots, \\ d_0=\dfrac{H\begin{pmatrix}1&2&3\\1&2&3\end{pmatrix}}{H\begin{pmatrix}1&2\\1&2\end{pmatrix}}, & d_1=\dfrac{H\begin{pmatrix}1&2&3\\1&2&4\end{pmatrix}}{H\begin{pmatrix}1&2\\1&2\end{pmatrix}}, & d_2=\dfrac{H\begin{pmatrix}1&2&3\\1&2&5\end{pmatrix}}{H\begin{pmatrix}1&2\\1&2\end{pmatrix}},\ldots, \\ \multicolumn{3}{c}{\dotfill} \end{array}\right\} \tag{30}$$

Die Hauptabschnittsdeterminanten der Matrix H werden gewöhnlich *Hurwitzsche Determinanten* genannt. Wir werden sie folgendermaßen bezeichnen:

$$\Delta_1=H\begin{pmatrix}1\\1\end{pmatrix}=b_0,\quad \Delta_2=H\begin{pmatrix}1&2\\1&2\end{pmatrix}=\begin{vmatrix}b_0&b_1\\a_0&a_1\end{vmatrix},\ldots,$$

$$\Delta_n=H\begin{pmatrix}1&2&\ldots&n\\1&2&\ldots&n\end{pmatrix}=\begin{vmatrix}b_0&b_1&\ldots&b_{n-1}\\a_0&a_1&\ldots&a_{n-1}\\0&b_0&\ldots&b_{n-2}\\0&a_0&\ldots&a_{n-2}\\ \multicolumn{4}{c}{\dotfill}\end{vmatrix}. \tag{31}$$

Bemerkung 1. Laut (29) ist[1])

$$\Delta_1=b_0,\quad \Delta_2=b_0c_0,\quad \Delta_3=b_0c_0d_0,\ldots \tag{32}$$

[1]) Sind die Koeffizienten des Polynoms $f(z)$ gegebene Zahlen, so gibt (32) eine einfache Methode zur Berechnung der Hurwitzschen Determinanten an, indem diese Berechnung auf die Aufstellung des Routhschen Schemas zurückgeführt wird.

Aus $\Delta_1 \neq 0, \ldots, \Delta_p \neq 0$ folgt, daß die ersten p der Zahlen $b_0, c_0, \ldots$ von 0 verschieden sind und umgekehrt; in diesem Fall sind p aufeinanderfolgende Zeilen des Routhschen Schemas, mit der dritten beginnend, bestimmt, und für sie alle gilt (30).

Bemerkung 2. Der reguläre Fall (alle b_0, c_0, ... sind sinnvoll und von 0 verschieden) wird durch folgende Ungleichungen charakterisiert:

$$\Delta_1 \neq 0, \quad \Delta_2 \neq 0, \ldots, \Delta_n \neq 0.$$

Bemerkung 3. Die Bestimmung der Elemente des Routhschen Schemas mit Hilfe von (30) ist allgemeiner als ihre Bestimmung mit Hilfe des Routhschen Algorithmus. Ist beispielsweise $b_0 = H \cdot \begin{pmatrix} 1 \\ 1 \end{pmatrix} = 0$, so ergibt der Routhsche Algorithmus nichts bis auf die ersten beiden Zeilen, die aus den Koeffizienten des vorgegebenen Polynoms bestehen. Sind jedoch für $\Delta_1 = 0$ die Determinanten Δ_2, Δ_3, ... von 0 verschieden, so können wir mit Hilfe von (30), indem wir die Zeile $c_0, c_1, \ldots$ vermeiden, alle folgenden Zeilen des Routhschen Schemas bestimmen.

Nach (32) ist

$$v_0 = \Delta_1, \quad c_0 = \frac{\Delta_2}{\Delta_1}, \quad d_0 = \frac{\Delta_3}{\Delta_2}, \ldots$$

und daher

$$\begin{aligned} V(a_0, b_0, c_0, \ldots) &= V\left(a_0, \Delta_1, \frac{\Delta_2}{\Delta_1}, \ldots, \frac{\Delta_n}{\Delta_1}\right) \\ &= V(a_0, \Delta_1, \Delta_3, \ldots) + V(1, \Delta_2, \Delta_4, \ldots). \end{aligned}$$

Der Satz von ROUTH kann also folgendermaßen formuliert werden:

Satz 4 (ROUTH-HURWITZ). *Die Anzahl k der Nullstellen eines reellen Polynoms $f(z) = a_0 z^n + \cdots$, die in der rechten Halbebene der komplexen Zahlenebene liegen, wird durch die Formel*

$$k = V\left(a_0, \Delta_1, \frac{\Delta_2}{\Delta_1}, \frac{\Delta_3}{\Delta_2}, \ldots, \frac{\Delta_n}{\Delta_{n-1}}\right) \tag{33}$$

oder, was dasselbe ist, durch

$$k = V(a_0, \Delta_1, \Delta_3, \ldots) + V(1, \Delta_2, \Delta_4, \ldots) \tag{33'}$$

gegeben.

Bemerkung. In der oben angegebenen Formulierung des Satzes von ROUTH und HURWITZ wird vorausgesetzt, daß es sich um den regulären Fall handelt:

$$\Delta_1 \neq 0, \quad \Delta_2 \neq 0, \ldots, \Delta_n \neq 0.$$

In 16.8. wird gezeigt, wie diese Formel in dem Fall zu benutzen ist, in dem gewisse Hurwitzsche Determinanten Δ_i gleich 0 sind.

Wir betrachten nun den Spezialfall, daß alle Nullstellen des Polynoms in der linken Halbebene der komplexen Zahlenebene (Re $z < 0$) liegen. In diesem Fall sind nach dem Routhschen Kriterium alle $a_0, b_0, c_0, d_0, \ldots$ von 0 verschieden und besitzen dasselbe Vorzeichen. Da es sich hier um den regulären Fall handelt, erhalten wir aus (33) für $k = 0$ das folgende Kriterium:

Satz 5 (Routh-Hurwitzsches Kriterium). *Sämtliche Nullstellen eines reellen Polynoms $f(z) = a_0 z^n + \cdots$ $(a_0 \neq 0)$ besitzen genau dann negative Realteile, wenn folgende Ungleichungen gelten:*

$$a_0\Delta_1 > 0, \quad \Delta_2 > 0, \quad a_0\Delta_3 > 0, \quad \Delta_4 > 0, \ldots, \quad \left.\begin{array}{r} a_0\Delta_n > 0 \ (\textit{für ungerades } n), \\ \Delta_n > 0 \ (\textit{für gerades } n). \end{array}\right\} \tag{34}$$

Bemerkung. Ist $a_0 > 0$, so gehen diese Bedingungen über in

$$\Delta_1 > 0, \quad \Delta_2 > 0, \ldots, \Delta_n > 0. \tag{35}$$

Wählen wir die übliche Bezeichnungsweise für die Koeffizienten des Polynoms $f(z) = a_0 z^n + a_1 z^{n-1} + a_2 z^{n-2} + \cdots + a_{n-1} z + a_n$, so kann für $a_0 > 0$ die Routh-Hurwitzsche Bedingung (36) in Form folgender Determinantenungleichungen angegeben werden:

$$|a_1| > 0, \quad \begin{vmatrix} a_1 & a_3 \\ a_0 & a_2 \end{vmatrix} > 0, \quad \begin{vmatrix} a_1 & a_3 & a_5 \\ a_0 & a_2 & a_4 \\ 0 & a_1 & a_3 \end{vmatrix} > 0, \ldots, \quad \begin{vmatrix} a_1 & a_3 & a_5 & \ldots & 0 \\ a_0 & a_2 & a_4 & \ldots & 0 \\ 0 & a_1 & a_3 & \ldots & 0 \\ 0 & a_0 & a_2 & \ldots & 0 \\ \ldots & \ldots & \ldots & \ldots & \ldots \\ \ldots & \ldots & \ldots & \ldots & a_n \end{vmatrix} > 0. \tag{35'}$$

Ein reelles Polynom $f(z) = a_0 z^n + \cdots$, dessen Koeffizienten den Bedingungen (34) genügen, d. h. ein reelles Polynom, dessen sämtliche Nullstellen negative Realteile besitzen, wird häufig *Hurwitzsches Polynom* genannt.

Wir geben noch zwei bemerkenswerte Eigenschaften des Routhschen Schemas an:

1. Bezeichnen wir die Elemente der $(p+1)$-ten Zeile des Routhschen Schemas mit α_{p0}, $\alpha_{p1}, \alpha_{p2}, \ldots$, dann ist $\alpha_{pj} = \dfrac{\Delta_p^{(p+j)}}{\Delta_{p-1}}$ $(p, j = 0, 1, \ldots)$. Hier ist

$$\Delta_p^{(p)} = \Delta_p = H\begin{pmatrix} 1 & \ldots & p \\ 1 & \ldots & p \end{pmatrix}$$

die Hurwitzsche Determinante und

$$\Delta_p^{(p+j)} = H\begin{pmatrix} 1 & \ldots & p-1 & p \\ 1 & \ldots & p-1 & p+j \end{pmatrix}$$

für $j \geqq 1$ eine Hurwitzsche „Neben"determinante p-ter Ordnung. Die Elemente des Routhschen Schemas stehen in folgender grundlegenden Relation (vgl. (13), (13') auf S. 529/530):

$$\alpha_{pj} = \frac{\alpha_{p0}}{\alpha_{p+1,0}}\,\alpha_{p+1,j} + \alpha_{p+2,j-1}$$

$$(p, j = 0, 1, \ldots;\ \alpha_{kl} = 0 \text{ für } k > n \text{ oder } j < 0).$$

Die Elemente einer beliebigen p-ten Zeile des Routhschen Schemas erhält man aus den Elementen der zwei folgenden Zeilen mit Hilfe zweier Operationen: der Multiplikation mit $\alpha_{p0}/\alpha_{p+1,0}$ und der Addition. Daher kann man (im regulären Fall) die Elemente einer beliebigen p-ten Zeile mit Hilfe der Addition und Multiplikation der Elemente der letzten zwei Zeilen $\alpha_{n-1,0}$ und $\alpha_{n,0}$ und der Quotienten $\alpha_{p0}/\alpha_{p+1,0}, \ldots, \alpha_{n-2,0}/\alpha_{n-1,0}$ berechnen und in der Form

$$\alpha_{pj} = \frac{\varphi_{pj}(\alpha_{p0}, \alpha_{p+1,0}, \ldots, \alpha_{n0})}{\alpha_{p+1,0}\cdots\alpha_{n0}} \qquad (p, j = 0, 1, \ldots) \tag{36}$$

darstellen. Hierbei ist $\varphi_{pj}(\alpha_{p0}, \alpha_{p+1,0}, \ldots, \alpha_{n0})$ ein Polynom mit ganzzahligen positiven Koeffizienten.

Mit Hilfe von (36) sind alle Elemente des Routhschen Schemas und insbesondere (für $p = 0, 1$) die Koeffizienten des Ausgangspolynoms $f(z)$ als rationale Funktionen (und zwar mit positiven Koeffizienten) der Elemente der ersten Spalte des Routhschen Schemas darstellbar.

Ist das Routhsche Kriterium erfüllt, d. h., sind alle Elemente der ersten Spalte des Routhschen Schemas positiv, so folgt aus (36) unmittelbar, daß in diesem Fall alle Elemente des Routhschen Schemas positiv sind, insbesondere auch die Koeffizienten des Ausgangspolynoms.

Es sei noch angemerkt, daß auch die Hurwitzschen Nebendeterminanten rationale Funktionen (mit positiven Koeffizienten) der Hurwitzschen Determinanten sind. Man ersetze nur die α_{pj} durch die Quotienten $\Delta_p^{(p+j)}/\Delta_{p-1}$.

2. Es sei $f_0, f_1, \ldots$ die $(m + 1)$-te Zeile und $g_0, g_1, \ldots$ die $(m + 2)$-te Zeile des Schemas ($f_0 = \Delta_m/\Delta_{m-1}$, $g_0 = \Delta_{m+1}/\Delta_m$). Diese beiden Zeilen bilden zusammen mit den folgenden ein selbständiges Routhsches Schema: *Folglich werden die Elemente der $(m + p + 1)$-ten Zeile (des ursprünglichen Schemas) durch die Elemente $f_0, f_1, \ldots$ der $(m + 1)$-ten und $g_0, g_1, \ldots$ der $(m + 2)$-ten Zeile mit Hilfe derselben Formeln ausgedrückt wie die Elemente der $(p + 1)$-ten Zeile durch die Elemente der ersten beiden Zeilen $a_0, a_1, \ldots$ und $b_0, b_1, \ldots$,* d. h., setzt man

$$\tilde{H} = \begin{vmatrix} g_0 & g_1 & g_2 & \cdots \\ f_0 & f_1 & f_2 & \cdots \\ 0 & g_0 & g_1 & \cdots \\ 0 & f_0 & f_1 & \cdots \\ \cdots & \cdots & \cdots & \cdots \end{vmatrix},$$

so ist

$$\frac{\Delta_{m+p}^{(m+j)}}{\Delta_{m+p-1}} = \frac{\tilde{\Delta}_p^{(j)}}{\tilde{\Delta}_{p-1}} \qquad (j = p, p + 1, \ldots). \tag{37}$$

Die Hurwitzsche Determinante Δ_{m+p} ist gleich dem Produkt der ersten $m + p$ Zahlen der Folge $\Delta_{m+p} = b_0 c_0 \cdots f_0 g_0 \cdots l_0$. Weiterhin ist $\Delta_m = b_0 c_0 \cdots f_0$, $\tilde{\Delta}_p = g_0 \cdots l_0$. Daher gilt die wichtige Relation[1])

$$\Delta_{m+p} = \Delta_m \tilde{\Delta}_p. \tag{38}$$

(38) ist stets sinnvoll, wenn die Zahlen $f_0, f_1, \ldots$ und $g_0, g_1, \ldots$ definiert sind d. h., wenn die Bedingungen $\Delta_{m-1} \neq 0$ und $\Delta_m \neq 0$ erfüllt sind.

---

[1]) Hier ist $\tilde{\Delta}_p$ der Minor p-ter Ordnung, der aus der linken oberen Ecke der Matrix $\tilde{H}$ gebildet wird.

Die Beziehungen (37) gelten, wenn neben den Bedingungen $\Delta_{m-1} \neq 0$ und $\Delta_m \neq 0$ auch die Bedingung $\Delta_{m+p-1} \neq 0$ erfüllt ist. Daraus folgt schon, daß der auf der rechten Seite von (37) auftretende Nenner von 0 verschieden ist: $\tilde{\Delta}_{p-1} \neq 0$.

16.7. Die Formel von Orlando

Zur Behandlung der Fälle, bei denen gewisse Hurwitzsche Determinanten verschwinden, werden wir die folgende Formel von ORLANDO [221] benötigen, die die Determinante Δ_{n-1} durch den Koeffizienten a_0 der höchsten Potenz und die Wurzeln $z_1, \ldots, z_n$ des Polynoms $f(z)$ ausdrückt:[1])

$$\Delta_{n-1} = (-1)^{n(n-1)/2} a_0^{n-1} \prod_{i<k}^{1,\ldots,n} (z_i + z_k). \tag{39}$$

Für $n = 2$ geht diese Beziehung in die bekannte Formel für den Koeffizienten b_0 der quadratischen Gleichung $a_0 z^2 + b_0 z + a_1 = 0$ über (Vietasche Formel):

$$\Delta_1 = b_0 = -a_0(z_1 + z_2).$$

Wir setzen nun die Richtigkeit ... Beziehung (39) für Polynome n-ten Grades $f(z) = a_0 z^n + b_0 z^{n-1} + \cdots$ voraus und zeigen, daß sie auch für Polynome $(n+1)$-ten Grades gilt:

$$\begin{aligned} F(z) &= (z + h)\, f(z) \\ &= a_0 z^{n+1} + (b_0 + h a_0)\, z^n + (a_1 + h b_0)\, z^{n-1} + \cdots \qquad (h = -z_{n+1}). \end{aligned}$$

Dazu stellen wir die folgende Hilfsdeterminante $(n+1)$-ter Ordnung auf:

$$D = \begin{vmatrix} b_0 & b_1 & \ldots & b_{n-1} & h^n \\ a_0 & a_1 & \ldots & a_{n-1} & -h^{n-1} \\ 0 & b_0 & \ldots & b_{n-2} & h^{n-2} \\ 0 & a_0 & \ldots & a_{n-2} & -h^{n-3} \\ \ldots & \ldots & \ldots & \ldots & \ldots \\ 0 & 0 & \ldots & \ldots & (-1)^n \end{vmatrix} \qquad \left(\begin{aligned} a_k &= 0 \quad \text{für} \quad k > \left[\frac{n}{2}\right], \\ b_k &= 0 \quad \text{für} \quad k > \left[\frac{n-1}{2}\right] \end{aligned} \right)$$

Wir multiplizieren die erste Zeile von D mit a_0 und addieren zu ihr die mit $-b_0$ multiplizierte zweite, die mit a_1 multiplizierte dritte, die mit $-b_1$ multiplizierte vierte Zeile usw. Dann werden alle Elemente der ersten Zeile mit Ausnahme des letzten gleich 0, das letzte aber gleich $f(h)$. Hieraus folgt leicht

$$D = (-1)^n \Delta_{n-1} f(h).$$

Addiert man andererseits zu jeder Zeile der Determinante D (mit Ausnahme der letzten) die mit h multiplizierte folgende, so erhält man die mit $(-1)^n$ multiplizierte

---

[1]) Dabei können die Koeffizienten des Polynoms $f(z)$ beliebige komplexe Zahlen sein.

Hurwitzsche Determinante Δ_n^* von n-ter Ordnung für das Polynom $F(z)$:

$$D = (-1)^n \begin{vmatrix} b_0 + ha_0 & b_1 + ha_1 & \dots \\ a_0 & a_1 + hb_0 & \dots \\ 0 & b_0 + ha_0 & \dots \\ 0 & a_0 & \dots \\ \dots & \dots & \dots \end{vmatrix} = (-1)^n \Delta_n^*.$$

Damit ergibt sich

$$\Delta_n^* = \Delta_{n-1} f(h) = a_0 \Delta_{n-1} \prod_{i=1}^{n} (h - z_i).$$

Ersetzt man hier Δ_{n-1} durch den in (39) gegebenen Ausdruck und setzt man $h = -z_{n+1}$, so erhält man

$$\Delta_n^* = (-1)^{(n+1)n/2} a_0^n \prod_{i<k}^{1,\dots,n+1} (z_i + z_k).$$

Damit ist die Formel von ORLANDO durch vollständige Induktion bewiesen.

Aus der Formel von ORLANDO folgt, daß *genau dann* $\Delta_{n-1} = 0$ *gilt, wenn die Summe zweier Nullstellen des Polynoms* $f(z)$ *gleich* 0 *ist.*[1])

Da $\Delta_n = c\Delta_{n-1}$ gilt, wobei c das konstante Glied des Polynoms $f(z)$ ist ($c = (-1)^n a_0 z_1 z_2 \cdots z_n$), folgt aus (39)

$$\Delta_n = (-1)^{n(n+1)/2} a_0^n z_1 z_2 \cdots z_n \prod_{i<k}^{1,\dots,n} (z_i + z_k), \tag{40}$$

d. h., Δ_n *verschwindet genau dann, wenn* $f(z)$ *eine Wurzel* z *besitzt derart, daß* $-z$ *ebenfalls Nullstelle ist.*

16.8. Sonderfälle des Routh-Hurwitzschen Satzes

Bei der Betrachtung der Sonderfälle, d. h. der Fälle, daß gewisse der Hurwitzschen Determinanten verschwinden, können wir voraussetzen, daß $\Delta_n \neq 0$ (und folglich $\Delta_{n-1} \neq 0$) ist.

Ist nämlich $\Delta_n = 0$, so besitzt, wie am Schluß von 16.7. gezeigt wurde, das reelle Polynom $f(z)$ eine Nullstelle z' derart, daß $-z'$ ebenfalls Nullstelle von $f(z)$ ist. Setzen wir $f(z) = F_1(z) + F_2(z)$ mit

$$F_1(z) = a_0 z^n + a_1 z^{n-2} + \cdots, \qquad F_2(z) = b_0 z^{n-1} + b_1 z^{n-3} + \cdots,$$

so kann man aus den Gleichungen $f(z') = f(-z') = 0$ folgern, daß $F_1(z') = F_2(z') = 0$ ist. Also ist z' Nullstelle des größten gemeinsamen Teilers $d(z)$ der Polynome $F_1(z)$ und $F_2(z)$. Setzt man $f(z) = d(z) f^*(z)$, so ist damit die Routh-Hurwitzsche Aufgabe für das Polynom $f(z)$ auf

---

[1]) Insbesondere ist $\Delta_{n-1} = 0$, wenn $f(z)$ ein Paar konjugierte rein imaginäre oder mehrfache verschwindende Nullstellen besitzt.

dieselbe Aufgabe für das Polynom $f^*(z)$ zurückgeführt, für das die letzte Hurwitzsche Determinante von 0 verschieden ist.[1])

1. Wir betrachten zu Beginn den Fall

$$\Delta_1 = \cdots = \Delta_p = 0, \quad \Delta_{p+1} \neq 0, \ldots, \Delta_n \neq 0. \tag{41}$$

Aus $\Delta_1 = 0$ folgt $b_0 = 0$; aus $\Delta_2 = \begin{vmatrix} 0 & b_1 \\ a_0 & a_1 \end{vmatrix} = -a_0 b_1 = 0$ ergibt sich $b_1 = 0$. Dann ist auch

$$\Delta_3 = \begin{vmatrix} 0 & b_1 & b_2 \\ a_0 & a_1 & a_2 \\ 0 & 0 & b_1 \end{vmatrix} = -a_0 b_1^2 = 0.$$

Aus

$$\Delta_4 = \begin{vmatrix} 0 & 0 & b_2 & b_3 \\ a_0 & a_1 & a_2 & a_3 \\ 0 & 0 & 0 & b_2 \\ 0 & a_0 & a_1 & a_2 \end{vmatrix} = -a_0^2 b_2^2 = 0$$

folgt $b_2 = 0$; dann ist $\Delta_5 = -a_0^2 b_2^3 = 0$ usw.

Diese Betrachtungen zeigen, daß in (41) der Index p stets *ungerade* ist: $p = 2h - 1$. Dabei ist $b_0 = b_1 = b_2 = \cdots = b_{h-1} = 0$, $b_h \neq 0$ und

$$\Delta_{p+1} = \Delta_{2h} = (-1)^{\frac{h(h+1)}{2}} a_0^h b_h^h, \quad \Delta_{p+2} = \Delta_{2h+1} = (-1)^{\frac{h(h+1)}{2}} a_0^h b_h^{h+1} = \Delta_{p+1} b_h.\text{[2])} \tag{42}$$

---

[1]) Im Fall

$$\Delta_n = \Delta_{n-1} = \cdots = \Delta_{m+1} = 0, \quad \Delta_m \neq 0, \quad \Delta_{m-1} \neq 0, \ldots, \Delta_1 \neq 0,$$

kann man die Gleichung $d(z) = 0$ explizit angeben. In der Tat sind die Funktionen $F_1(z)$ und $F_2(z)$ mit den Funktionen $f_1(\omega)$ und $f_2(\omega)$ (vgl. (9) auf S. 529) durch folgende Beziehungen verknüpft:

$$F_1(z) = \mathrm{i}^n f_1(-\mathrm{i}z), \quad F_2(z) = \mathrm{i}^{n-1} f_2(-\mathrm{i}z).$$

Daher stimmt die Gleichung $d(z) = 0$ mit der Gleichung $f_{m+1}(-\mathrm{i}z) = 0$ überein, wobei das Polynom $f_{m+1}(\omega)$ als größter gemeinsamer Teiler der Polynome $f_1(z)$ und $f_2(z)$ durch die letzte Zeile des Routhschen Schemas bestimmt wird. Folglich kann man auf Grund von (31) die Gleichung $d(z) = 0$ in der Gestalt

$$\sum_{j=0}^{\left[\frac{n-m}{2}\right]} \Delta_m^{(m+j)} z^{n-m-2j} = 0$$

schreiben, wobei

$$\Delta_m^{(m+j)} = H\begin{pmatrix} 1 & \ldots & m-1 & m \\ 1 & \ldots & m-1 & m+j \end{pmatrix} \qquad (j = 0, 1, \ldots)$$

die Hurwitzschen Nebendeterminanten sind.

[2]) Aus (42) folgt $\operatorname{sign} \Delta_{p+2} = (-1)^{\frac{h+1}{2}} \operatorname{sign} a_0$ für ungerades h und $\operatorname{sign} \Delta_{p+1} = (-1)^{\frac{h}{2}}$ für gerades h.

Wir ändern die Koeffizienten $b_0, b_1, \ldots, b_{h-1}$ derart, daß für die geänderten Werte b_0^*, $b_1^*, \ldots, b_{h-1}^*$ alle Hurwitzschen Determinanten $\Delta_1^*, \Delta_2^*, \ldots, \Delta_n^*$ von 0 verschieden sind und dabei die Determinanten $\Delta_{p+1}^*, \ldots, \Delta_n^*$ ihre früheren Vorzeichen behalten. Wir werden $b_0^*, b_1^*, \ldots, b_{h-1}^*$ als „kleine" Größen verschiedener Ordnung ansehen und dabei annehmen, daß jedes b_{j-1}^* dem Betrag nach „bedeutend" kleiner ist als b_j^* ($j = 1, 2, \ldots, h$; $b_h^* = b_h$). Letzteres besagt, daß bei der Berechnung des Vorzeichens eines ganzen algebraischen Ausdrucks in den b_i^* diejenigen Glieder, in denen gewisse b_i^* mit einem Index kleiner als j vorkommen, gegenüber den Gliedern, in denen alle b_i^* einen Index größer oder gleich j besitzen, vernachlässigt werden können. Danach kann man für $\Delta_1^*, \Delta_2^*, \ldots, \Delta_p^*$ ($p = 2h - 1$) leicht diejenigen Glieder angeben, die das Vorzeichen bestimmen:[1])

$$\Delta_1^* = b_0^*, \quad \Delta_2^* = -a_0 b_1^* + \cdots, \quad \Delta_3^* = -a_0 b_1^{*2} + \cdots,$$
$$\Delta_4^* = -a_0^2 b_2^{*2} + \cdots, \quad \Delta_5^* = -a_0^2 b_2^{*3} + \cdots, \quad \Delta_6^* = a_0^3 b_3^{*3} + \cdots$$

und allgemein

$$\left.\begin{aligned} \Delta_{2j}^* &= (-1)^{\frac{j(j+1)}{2}} a_0^j b_j^{*j} + \cdots \qquad && (j = 1, 2, \ldots, h-1), \\ \Delta_{2j+1}^* &= (-1)^{\frac{j(j+1)}{2}} a_0^j b_j^{*j+1} + \cdots \qquad && (j = 0, 1, \ldots, h-1). \end{aligned}\right\} \tag{43}$$

Wir wählen $b_0^*, \ldots, b_{2h-1}^*$ als positive Größen; dann werden die Vorzeichen der Δ_i^* durch

$$\operatorname{sign} \Delta_i^* = (-1)^{\frac{j(j+1)}{2}} \operatorname{sign} a_0^j \qquad \left(j = \left[\frac{i}{2}\right], \; i = 1, 2, \ldots, p\right) \tag{44}$$

bestimmt. Bei einer beliebigen, aber hinreichend kleinen Änderung der Koeffizienten des Polynoms bleibt die Zahl k unverändert, da das Polynom $f(z)$ keine Nullstellen besitzt, die auf der imaginären Achse liegen. Daher wird, ausgehend von (44), die Anzahl der in der rechten Halbebene der komplexen Zahlenebene liegenden Nullstellen aus der Formel

$$k = V\left(a_0, \Delta_1^*, \frac{\Delta_2^*}{\Delta_1^*}, \ldots, \frac{\Delta_{p+1}}{\Delta_p^*}, \frac{\Delta_{p+2}}{\Delta_{p+1}}\right) + V\left(\frac{\Delta_{p+2}}{\Delta_{p+1}}, \ldots, \frac{\Delta_n}{\Delta_{n-1}}\right) \tag{45}$$

bestimmt. Elementare Rechnungen, die sich auf die grundlegenden Formeln (42) und (44) stützen, zeigen, daß

$$V\left(a_0, \Delta_1^*, \frac{\Delta_2^*}{\Delta_1^*}, \ldots, \frac{\Delta_{p+1}}{\Delta_p^*}, \frac{\Delta_{p+2}}{\Delta_{p+1}}\right) = h + \frac{1 - (-1)^h \varepsilon}{2}$$
$$\left(p = 2h - 1;\; \varepsilon = \operatorname{sign}\left(a_0 \frac{\Delta_{p+2}}{\Delta_{p+1}}\right)\right) \tag{46}$$

gilt. Wir bemerken, daß die auf der linken Seite der Gleichung (46) stehende Größe von der Art und Weise der Änderung der Koeffizienten unabhängig ist und für beliebige, aber hinreichend kleine Änderungen den Wert nicht ändert. Das folgt aus (45), da k für kleine Änderungen der Koeffizienten seinen Wert nicht ändert.

2. Es sei jetzt für $s > 0$

$$\Delta_{s+1} = \cdots = \Delta_{s+p} = 0; \tag{47}$$

alle übrigen Hurwitzschen Determinanten seien von 0 verschieden.

---

[1]) Im wesentlichen analoge Glieder sind bereits oben für $\Delta_1, \Delta_2, \ldots, \Delta_p$ berechnet worden.

Wir bezeichnen die Elemente der $(s+1)$-ten und $(s+2)$-ten Zeile des Routhschen Schemas mit $\tilde{a}_0, \tilde{a}_1, \ldots$ bzw. $\tilde{b}_0, \tilde{b}_1, \ldots$ $\left(\tilde{a}_0 = \frac{\Delta_s}{\Delta_{s-1}},\ \tilde{b}_0 = \frac{\Delta_{s+1}}{\Delta_s}\right)$; die entsprechenden Hurwitzschen Determinanten seien $\tilde{\Delta}_1, \tilde{\Delta}_2, \ldots, \tilde{\Delta}_{n-s}$. Nach (38) (S. 546) ist

$$\Delta_{s+1} = \Delta_s \tilde{\Delta}_1, \ldots, \Delta_{s+p} = \Delta_s \tilde{\Delta}_p, \quad \Delta_{s+p+1} = \Delta_s \tilde{\Delta}_{p+1}, \quad \Delta_{s+p+2} = \Delta_s \tilde{\Delta}_{p+2}. \tag{48}$$

Hieraus ergibt sich auf Grund von 1., daß p ungerade, also $p = 2h - 1$ ist.[1])

Wir ändern die Koeffizienten von $f(z)$ derart, daß alle Hurwitzschen Determinanten von 0 verschieden werden und diejenigen, die vor der Änderung ungleich 0 waren, ihre Vorzeichen bei der Änderung behalten. Dann erhalten wir aus (48), indem wir auf die Determinanten $\tilde{\Delta}_i$ die Formel (46) anwenden,

$$V\left(\frac{\Delta_s}{\Delta_{s-1}}, \frac{\Delta^*_{s+1}}{\Delta_s}, \ldots, \frac{\Delta_{s+p+1}}{\Delta^*_{s+p}}, \frac{\Delta_{s+p+2}}{\Delta_{s+p+1}}\right) = h + \frac{1-(-1)^h \varepsilon}{2}$$

$$\left(p = 2h-1;\ \varepsilon = \operatorname{sign}\left(\frac{\Delta_s}{\Delta_{s-1}} \frac{\Delta_{s+p+2}}{\Delta_{s+p+1}}\right)\right), \tag{49}$$

$$k = V\left(a_0, \Delta_1, \ldots, \frac{\Delta_s}{\Delta_{s-1}}\right) + V\left(\frac{\Delta_s}{\Delta_{s-1}}, \frac{\Delta^*_{s+1}}{\Delta_s}, \ldots, \frac{\Delta_{s+p+2}}{\Delta_{s+p+1}}\right) + V\left(\frac{\Delta_{s+p+2}}{\Delta_{s+p+1}}, \ldots, \frac{\Delta_n}{\Delta_{n-1}}\right).$$

Die auf der linken Seite von (49) stehenden Größen sind wiederum von der Art der Änderung unabhängig.

3. Wir setzen nun voraus, daß sich unter den Hurwitzschen Determinanten ν Gruppen verschwindender Determinanten befinden. Wir werden zeigen, daß für jede dieser Gruppen (47) die Größen, die auf der linken Seite von (49) stehen, von der Art der Änderung unabhängig sind und durch (49) bestimmt werden.[2]) Diese Behauptung haben wir für den Fall $\nu = 1$ bewiesen. Wir setzen nun voraus, daß sie auch bei Vorhandensein von $\nu - 1$ Gruppen gilt, und beweisen die Richtigkeit der Behauptung beim Vorhandensein von ν Gruppen.

Es sei (47) die zweite dieser ν Gruppen; wir bestimmen die Determinanten $\tilde{\Delta}_1, \tilde{\Delta}_2, \ldots$ so, wie das in 2. getan wurde; dann gilt, wenn man die Koeffizienten geeignet ändert,

$$V\left(\frac{\Delta^*_s}{\Delta^*_{s-1}}, \ldots, \frac{\Delta^*_n}{\Delta^*_{n-1}}\right) = V\left(\tilde{a}^*_0, \Delta^*_1, \ldots, \frac{\tilde{\Delta}^*_{n-s}}{\tilde{\Delta}^*_{n-s-1}}\right).$$

Da auf der rechten Seite dieser Gleichung nur $\nu - 1$ Gruppen verschwindender Determinanten stehen, gilt unsere Behauptung für die rechte und folglich auch für die linke Seite der Gleichung. Mit anderen Worten: (49) gilt für die zweite, ..., ν-te Gruppe verschwindender Hurwitzscher Determinanten. Dann folgt aber aus

$$k = V\left(a^*_0, \Delta^*_1, \frac{\Delta^*_2}{\Delta^*_1}, \ldots, \frac{\Delta^*_n}{\Delta^*_{n-1}}\right),$$

---

[1]) Im Übereinstimmung mit Fußnote 2 auf S. 549 gilt $\operatorname{sign} \Delta_{s+p+2} = (-1)^{\frac{h+1}{2}} \operatorname{sign} \Delta_{s-1}$ für $p = 2h - 1$ und ungerades h und $\operatorname{sign} \Delta_{s+p+1} = (-1)^{\frac{h}{2}} \operatorname{sign} \Delta_s$ für gerades h.

[2]) Aus (47) und den Ungleichungen $\Delta_s \neq 0$, $\Delta_{s+p+1} \neq 0$ folgt wegen (48) und (42) $\Delta_{s-1} \neq 0$ und $\Delta_{s+p+2} \neq 0$.

daß die Größe $V\left(\frac{\Delta_s}{\Delta_{s-1}}, \frac{\Delta^*_{s+1}}{\Delta_s}, \frac{\Delta^*_{s+2}}{\Delta^*_{s+1}}, \ldots, \frac{\Delta_{s+p+2}}{\Delta_{s+p+1}}\right)$ auch für die erste Gruppe verschwindender Determinanten von der Art der Änderung unabhängig ist, und daher gilt auch für diese Gruppe die Beziehung (49).

Damit haben wir folgenden Satz bewiesen:

Satz 4'. *Sind gewisse Hurwitzsche Determinanten gleich 0, aber $\Delta_n \neq 0$, so wird die Anzahl der Nullstellen des reellen Polynoms $f(z)$ mit positivem Realteil durch die Formel*

$$k = V\left(a_0, \Delta_1, \frac{\Delta_2}{\Delta_1}, \ldots, \frac{\Delta_n}{\Delta_{n-1}}\right)$$

gegeben; dabei muß zur Berechnung der Größe V für jede Gruppe von p aufeinanderfolgenden verschwindenden Determinanten

$$(\Delta_s \neq 0) \quad \Delta_{s+1} = \cdots = \Delta_{s+p} = 0 \quad (\Delta_{s+p+1} \neq 0)$$

folgendes vorausgesetzt werden:

$$V\left(\frac{\Delta_s}{\Delta_{s-1}}, \frac{\Delta_{s+1}}{\Delta_s}, \ldots, \frac{\Delta_{s+p+2}}{\Delta_{s+p+1}}\right) = h + \frac{1-(-1)^h \varepsilon}{2} \tag{50}$$

mit

$$p = 2h - 1 \quad \textit{und} \quad \varepsilon = \operatorname{sign}\left(\frac{\Delta_s}{\Delta_{s-1}} \frac{\Delta_{s+p+2}}{\Delta_{s+p+1}}\right).\,[1]$$

16.9. Die Methode der quadratischen Formen. Die Bestimmung der Anzahl der verschiedenen reellen Nullstellen eines Polynoms

Routh erhielt den betrachteten Algorithmus, indem er den Sturmschen Satz zur Berechnung der Cauchyschen Indizes echter rationaler Brüche speziellen Typs anwandte (vgl. (11) auf S. 529). Von diesen aus zwei Polynomen bestehenden Brüchen (sie bilden Zähler und Nenner der Brüche) enthält einer nur gerade, der andere nur ungerade Potenzen des Arguments z.

Hier und in den folgenden Abschnitten werden wir die tieferliegende Methode der quadratischen Formen in Anwendung auf das Routh-Hurwitzsche Problem erläutern. Mit Hilfe dieser Methode erhalten wir Ausdrücke für die Indizes beliebiger rationaler Brüche durch die in Zähler und Nenner stehenden Koeffizienten. Mit Hilfe der quadratischen Formen gelingt es uns, die Ergebnisse der subtilen Untersuchungen Frobenius' in der Theorie der Hankelschen Formen (vgl. 10.10.) auf das Routh-Hurwitzsche Problem anzuwenden und einen engen Zusammenhang gewisser bemerkenswerter Sätze von P. L. Čebyšev und A. A. Markov mit Stabilitätsfragen herzustellen.

---

[1] Für $s = 1$ muß das Verhältnis $\frac{\Delta_s}{\Delta_{s-1}}$ durch Δ_1, für $s = 0$ durch a_0 ersetzt werden.

Wir machen den Leser zunächst mit der Methode der quadratischen Formen bei der verhältnismäßig einfachen Aufgabe der Bestimmung der Anzahl der verschiedenen reellen Nullstellen eines Polynoms bekannt.

Bei der Lösung dieser Aufgabe beschränken wir uns auf den Fall, daß $f(z)$ ein reelles Polynom ist. Ist nämlich ein komplexes Polynom $f(z) = u(z) + iv(z)$ gegeben ($u(z)$ und $v(z)$ seien reelle Polynome), so verschwinden für jede reelle Nullstelle von $f(z)$ gleichzeitig $u(z)$ und $v(z)$. Das komplexe Polynom $f(z)$ besitzt also dieselben reellen Nullstellen wie das reelle Polynom $d(z)$, der größte gemeinsame Teiler der Polynome $u(z)$ und $v(z)$.

Es sei also $f(z)$ ein reelles Polynom, das die verschiedenen Nullstellen $\alpha_1, \alpha_2, \ldots, \alpha_q$ mit den Vielfachheiten $n_1, n_2, \ldots, n_q$ besitzt:

$$f(z) = a_0(z - \alpha_1)^{n_1} (z - \alpha_2)^{n_2} \cdots (z - \alpha_q)^{n_q}$$
$$(a_0 \neq 0;\ \alpha_i \neq \alpha_k \text{ für } i \neq k;\ i, k = 1, 2, \ldots, q).$$

Wir führen in unsere Betrachtung die Newtonschen Summen

$$s_p = \sum_{j=1}^{q} n_j \alpha_j^p \qquad (p = 0, 1, 2, \ldots)$$

ein. Mittels dieser Summen stellen wir die Hankelsche Form

$$S_n(x, x) = \sum_{i,k=0}^{n-1} s_{i+k} x_i x_k$$

auf, wobei n eine ganze Zahl $\geqq q$ ist.

Dann gilt der

Satz 6. *Die Anzahl der verschiedenen Nullstellen des Polynoms $f(z)$ ist gleich dem Rang, die Anzahl der verschiedenen reellen Nullstellen ist gleich der Signatur der Form $S_n(x, x)$.*

Beweis. Aus der Definition der Form $S_n(x, x)$ ergibt sich unmittelbar die Darstellung

$$S_n(x, x) = \sum_{j=1}^{q} n_j (x_0 + \alpha_j x_1 + \alpha_j^2 x_2 + \cdots + \alpha_j^{n-1} x_{n-1})^2. \tag{51}$$

Hierbei entspricht jeder Nullstelle α_j des Polynoms $f(z)$ das Quadrat einer Linearform $Z_j = x_0 + \alpha_j x_1 + \cdots + \alpha_j^{n-1} x_{n-1}$ ($j = 1, \ldots, q$). Die Formen $Z_1, Z_2, \ldots, Z_q$ sind linear unabhängig, da die Koeffizienten dieser Linearformen eine Vandermondesche Determinante $\|\alpha_j^h\|$ bilden, deren Rang gleich der Anzahl der verschiedenen α_j, d. h. gleich q ist. Folglich (vgl. S. 307) ist der Rang der Form $S_n(x, x)$ gleich q.

In der Darstellung (51) entspricht jeder reellen Nullstelle α_j ein positives Quadrat. Jedem Paar konjugiert-komplexer Nullstellen α_j und $\bar{\alpha}_j$ entsprechen zwei konjugiert-komplexe Formen $Z_j = P_j + iQ_j$, $\bar{Z}_j = P_j - iQ_j$; die entsprechenden Summanden in (51) ergeben ein positives und ein negatives Quadrat:

$$n_j Z_j^2 + n_j \bar{Z}_j^2 = 2n_j P_j^2 - 2n_j Q_j^2.$$

Hieraus kann man leicht sehen,[1]) daß die Signatur der Form $S_n(x, x)$, d. h. die Differenz zwischen der Anzahl der positiven und der Anzahl der negativen Quadrate, gleich der Anzahl der verschiedenen reellen α_j ist. Damit ist der Satz bewiesen.

Aus dem soeben bewiesenen Satz folgt, daß alle Formen $S_n(x, x)$ $(n = q, q+1, \ldots)$ ein und denselben Rang und ein und dieselbe Signatur haben.

Benutzt man die in Kapitel 10 (S. 313) angegebene Regel zur Bestimmung der Signatur quadratischer Formen, so ergibt sich aus dem oben bewiesenen Satz die

Folgerung. *Die Anzahl der paarweise verschiedenen reellen Nullstellen eines reellen Polynoms $f(z)$ ist gleich der Differenz der Anzahl der Vorzeichenfolgen und der Anzahl der Vorzeichenwechsel in der Zahlenfolge*

$$1, \quad s_0, \quad \begin{vmatrix} s_0 & s_1 \\ s_1 & s_2 \end{vmatrix}, \ldots, \begin{vmatrix} s_0 & s_1 & \ldots & s_{r-1} \\ s_1 & s_2 & \ldots & s_r \\ \ldots & \ldots & \ldots & \ldots \\ s_{r-1} & s_r & \ldots & s_{2r-2} \end{vmatrix}; \tag{52}$$

hierbei sind die s_p $(p = 0, 1, 2, \ldots)$ die Newtonschen Summen für das Polynom $f(z)$, und r ist der Rang der Hankelschen Form $S_n(x, x) = \sum_{i,k=0}^{n-1} s_{i+k} x_i x_k$; n ist der Grad des Polynoms $f(z)$.

Die so formulierte Regel zur Bestimmung der Anzahl der verschiedenen reellen Nullstellen ist unmittelbar nur in dem Fall anwendbar, daß alle Zahlen der Folge (52) von 0 verschieden sind. Da es sich hier jedoch um die Berechnung der Signatur Hankelscher quadratischer Formen handelt, kann, ausgehend von den Ergebnissen aus 10.10., diese Regel mit entsprechender Präzisierung selbst im allgemeinen Fall angewandt werden (Näheres darüber siehe in 16.11.).

Die Anzahl der verschiedenen reellen Nullstellen des reellen Polynoms $f(z)$ ist gleich dem Index $I_{-\infty}^{+\infty} \frac{f'(z)}{f(z)}$ (vgl. S. 525). Daher ergibt die Folgerung aus Satz 6 die Beziehung

$$I_{-\infty}^{+\infty} \frac{f'(z)}{f(z)} = r - 2V\left(1, s_0, \begin{vmatrix} s_0 & s_1 \\ s_1 & s_2 \end{vmatrix}, \ldots, \begin{vmatrix} s_0 & s_1 & \ldots & s_{r-1} \\ s_1 & s_2 & \ldots & s_r \\ \ldots & \ldots & \ldots & \ldots \\ s_{r-1} & s_r & \ldots & s_{2r-2} \end{vmatrix}\right).$$

In 16.11. werden wir analoge Formeln für die Indizes beliebiger rationaler Brüche aufstellen. Zu diesem Zweck ist der Exkurs über unendliche Hankelsche Matrizen, der in 16.10. gegeben wird, notwendig.

---

[1]) Die quadratische Form $S_n(x, x)$ ist darstellbar als (algebraische) Summe von q Quadraten der reellen Formen Z_j (für reelle α_j), P_j und Q_j (für komplexe α_j). Diese Formen sind linear unabhängig, da q der Rang von $S_n(x, x)$ ist.

16.10. Unendliche Hankelsche Matrizen endlichen Ranges

1. Gegeben sei eine Folge komplexer Zahlen $s_0, s_1, s_2, \ldots$ Diese Zahlenfolge definiert eine unendliche symmetrische Matrix

$$S = \left\| \begin{matrix} s_0 & s_1 & s_2 & \ldots \\ s_1 & s_2 & s_3 & \ldots \\ s_2 & s_3 & s_4 & \ldots \\ \ldots & \ldots & \ldots & \ldots \end{matrix} \right\|,$$

welche *Hankelsche Matrix* genannt wird. Zugleich mit unendlichen Hankelschen Matrizen betrachten wir endliche Hankelsche Matrizen $S_n = \|s_{i+k}\|_0^{n-1}$ und die ihnen zugeordneten Hankelschen Formen

$$S_n(x, x) = \sum_{i,k=0}^{n-1} s_{i+k} x_i x_k .$$

Die Hauptabschnittsdeterminanten der Matrix S werden mit $D_1, D_2, D_3, \ldots$ bezeichnet:

$$D_p = |s_{i+k}|_0^{p-1} \quad (p = 1, 2, \ldots).$$

Unendliche Matrizen können einen endlichen oder unendlichen Rang besitzen. Im letzteren Fall existieren in diesen Matrizen von 0 verschiedene Minoren beliebig hoher Ordnung. Der folgende Satz gibt notwendige und hinreichende Bedingungen für die Zahlenfolge $s_0, s_1, s_2, \ldots$ an, damit die von ihr erzeugte unendliche Hankelsche Matrix $S = \|s_{i+k}\|_0^\infty$ endlichen Rang besitzt.

Satz 7. *Die unendliche Matrix $S = \|s_{i+k}\|_0^\infty$ besitzt genau dann den endlichen Rang r, wenn* a) *r Zahlen $\alpha_1, \alpha_2, \ldots, \alpha_r$ existieren derart, daß*

$$s_q = \sum_{g=1}^{r} \alpha_g s_{q-g} \quad (q = r, r + 1, \ldots) \tag{53}$$

ist, und b) *r die kleinste Zahl ist, die diese Eigenschaften besitzt.*

Beweis. Besitzt die Matrix $S = \|s_{i+k}\|_0^\infty$ den endlichen Rang r, so sind die ersten $r + 1$ Zeilen $H_1, H_2, \ldots, H_{r+1}$ dieser Matrix linear abhängig. Folglich existiert eine Zahl $h \leqq r$ derart, daß die Zeilen $H_1, H_2, \ldots, H_h$ linear unabhängig sind, die Zeile H_{h+1} dagegen eine Linearkombination dieser Zeilen ist:

$$H_{h+1} = \sum_{g=1}^{h} \alpha_g H_{h-g+1} .$$

Wir betrachten die Zeilen $H_{q+1}, H_{q+2}, \ldots, H_{q+h+1}$, wobei q eine beliebige nichtnegative ganze Zahl ist. Aus der Struktur der Matrix S ist unmittelbar ersichtlich, daß die Zeilen $H_{q+1}, H_{q+2}, \ldots, H_{q+h+1}$ aus den Zeilen $H_1, H_2, \ldots, H_{h+1}$ durch „Nach-links-verschieben" derjenigen Elemente hervorgehen, die in den ersten q Spalten stehen. Daher ist

$$H_{q+h+1} = \sum_{g=1}^{h} \alpha_g H_{q+h-g+1} \quad (q = 0, 1, 2, \ldots).$$

Also ist, beginnend mit der $(h + 1)$-ten Zeile, jede Zeile der Matrix S als Linearkombination der h vorhergehenden und folglich als Linearkombination der linear unabhängigen ersten h Zeilen darstellbar. Hieraus folgt, daß der Rang der Matrix S gleich h ist: $r = h$.[1]) Die lineare Abhängigkeit

$$H_{q+h+1} = \sum_{g=1}^{h} \alpha_g H_{q+h-g+1}$$

ergibt, nachdem man h durch r ersetzt hat, in ausführlicher Schreibweise die Beziehung (53).

Sind umgekehrt die Bedingungen (53) erfüllt, so ist jede Zeile (Spalte) der Matrix S Linearkombination der ersten r Zeilen (Spalten). Daher verschwinden alle Minoren der Matrix S, deren Ordnung größer als r ist, und die Matrix S besitzt einen endlichen Rang $\leqq r$. Aber dieser Rang kann nicht kleiner als r sein, da sonst, wie schon gezeigt wurde, eine Relation der Form (53) für einen Wert kleiner als r gilt; dies aber steht im Widerspruch zur Bedingung b). Damit ist der Satz vollständig bewiesen.

Folgerung. *Besitzt eine unendliche Hankelsche Matrix* $S = \|s_{i+k}\|_0^\infty$ *den endlichen Rang* r, *so ist*

$$D_r = |s_{i+k}|_0^{r-1} \neq 0.$$

Aus der Relation (53) folgt nämlich, daß jede Zeile (Spalte) der Matrix S Linearkombination der ersten r Zeilen (Spalten) ist. Daher kann jeder Minor r-ter Ordnung der Matrix S in der Form αD_r dargestellt werden, wobei α eine bestimmte Zahl ist. Hieraus folgt $D_r \neq 0$.

Bemerkung. Für endliche Hankelsche Matrizen braucht die Ungleichung $D_r \neq 0$ nicht zu gelten. So besitzt beispielsweise die Matrix $S_2 = \left\|\begin{matrix} s_0 & s_1 \\ s_1 & s_2 \end{matrix}\right\|$ für $s_0 = s_1 = 0$ und $s_2 \neq 0$ den Rang 1, während $D_1 = s_0 = 0$ ist.

2. Wir wollen nun einen bemerkenswerten Zusammenhang zwischen unendlichen Hankelschen Matrizen und rationalen Funktionen klären.

Gegeben sei eine gebrochene rationale Funktion

$$R(z) = \frac{g(z)}{h(z)}$$

mit

$$h(z) = a_0 z^m + \cdots + a_m \quad (a_0 \neq 0); \quad g(z) = b_1 z^{m-1} + b_2 z^{m-2} + \cdots + b_m.$$

Wir schreiben $R(z)$ als Potenzreihe in negativen Potenzen von z:

$$R(z) = \frac{g(z)}{h(z)} = \frac{s_0}{z} + \frac{s_1}{z^2} + \frac{s_2}{z^3} + \cdots.$$

---

[1]) Der Satz, daß die Anzahl der linear unabhängigen Zeilen einer rechteckigen Matrix gleich dem Rang der Matrix ist, gilt nicht nur für endliche, sondern auch für unendliche Matrizen.

Liegen alle Pole der Funktion $R(z)$, d. h. alle Werte von z, für die $R(z)$ unendlich wird, in einem Kreis $|z| \leqq a$, so konvergiert die auf der rechten Seite der Entwicklung stehende Reihe für $|z| > a$. Wir multiplizieren beide Seiten der letzten Gleichung mit dem Nenner $h(z)$:

$$(a_0 z^m + a_1 z^{m-1} + \cdots + a_m)\left(\frac{s_0}{z} + \frac{s_1}{z^2} + \frac{s_2}{z^3} + \cdots\right)$$

$$= b_1 z^{m-1} + b_2 z^{m-2} + \cdots + b_m .$$

Durch Koeffizientenvergleich erhalten wir das Gleichungssystem

$$\left.\begin{aligned} &a_0 s_0 = b_1, \\ &a_0 s_1 + a_1 s_0 = b_2, \\ &\dots\dots\dots\dots\dots \\ &a_0 s_{m-1} + a_1 s_{m-2} + \cdots + a_{m-1} s_0 = b_m, \end{aligned}\right\} \tag{54}$$

$$a_0 s_q + a_1 s_{q-1} + \cdots + a_m s_{q-m} = 0 \qquad (q = m, m+1, \ldots). \tag{54'}$$

Setzt man

$$\alpha_g = -\frac{a_g}{a_0} \qquad (g = 1, 2, \ldots, m),$$

so kann man die Relation (54′) in der Form (53) schreiben (mit $r = m$). Folglich besitzt nach Satz 7 die mit Hilfe der Koeffizienten $s_0, s_1, s_2, \ldots$ aufgebaute unendliche Hankelsche Matrix

$$S = \|s_{i+k}\|_0^\infty$$

einen endlichen Rang ($\leqq m$).

Besitzt umgekehrt die Matrix $S = \|s_{i+k}\|_0^\infty$ den endlichen Rang r, so gelten die Relationen (53), die für $m = r$ in die Form (54′) umgeschrieben werden können. Bestimmt man dann mit Hilfe der Gleichungen (54) die Zahlen $b_1, b_2, \ldots, b_m$, so ergibt sich die Entwicklung

$$\frac{b_1 z^{m-1} + \cdots + b_m}{a_0 z^m + a_1 z^{m-1} + \cdots + a_m} = \frac{s_0}{z} + \frac{s_1}{z^2} + \cdots. \tag{54''}$$

Der kleinste Grad m des Nenners, für den diese Entwicklung gilt, stimmt mit der kleinsten Zahl m überein, für die die Relationen (53) gelten. Nach Satz 7 ist dieser kleinste Wert m gleich dem Rang der Matrix $S = \|s_{i+k}\|_0^\infty$. Für dieses m ist der auf der linken Seite der Gleichung (54″) stehende Ausdruck nicht kürzbar.

Damit haben wir folgenden Satz bewiesen:

Satz 8. *Die Matrix $S = \|s_{i+k}\|_0^\infty$ besitzt genau dann endlichen Rang, wenn die Summe der Reihe*

$$R(z) = \frac{s_0}{z} + \frac{s_1}{z^2} + \frac{s_2}{z^3} + \cdots$$

eine rationale Funktion der Variablen z ist. In diesem Fall stimmt der Rang der Matrix S mit der Anzahl der Pole der Funktion $R(z)$ überein, wenn wir jeden dieser Pole so oft zählen, wie seine Vielfachheit angibt.

16.11. Die Bestimmung des Index einer gebrochenen rationalen Funktion mit Hilfe der Koeffizienten in Zähler und Nenner

1. Gegeben sei eine rationale Funktion $R(z)$. Wir entwickeln sie nach fallenden Potenzen von z:[1])

$$R(z) = s_{-u-1}z_u + \cdots + s_{-2}z + s_{-1} + \frac{s_0}{z} + \frac{s_1}{z^2} + \cdots. \tag{55}$$

Die Folge der Koeffizienten $s_0, s_1, s_2, \ldots$ der negativen Potenzen von z definiert die unendliche Hankelsche Matrix $S = \|s_{i+k}\|_0^\infty$. Wir haben damit folgende Zuordnung aufgestellt:

$$R(z) \to S.$$

Offenbar wird zwei rationalen Funktionen, deren Differenz eine ganze Funktion ist, ein und dieselbe Matrix S zugeordnet. Jedoch wird nicht jede Matrix $S = \|s_{i+k}\|_0^\infty$ einer rationalen Funktion zugeordnet. In 16.10. wurde festgestellt, daß der Matrix S genau dann eine rationale Funktion entspricht, wenn diese unendliche Matrix endlichen Rang besitzt. Dieser Rang ist gleich der Anzahl der Pole der Funktion $R(z)$ (unter Berücksichtigung ihrer Vielfachheit), d. h., der Rang ist gleich dem Grad des Nenners $f(z)$ in dem Bruch $\frac{g(z)}{f(z)} = R(z)$. Mittels der Entwicklung (55) stellen wir eine eineindeutige Zuordnung zwischen den echten gebrochenen rationalen Funktionen und den Hankelschen Matrizen $S = \|s_{i+k}\|_0^\infty$ endlichen Ranges her.

Wir geben einige Eigenschaften dieser Zuordnung an:

1. Ist $R_1(z) \to S_1$ und $R_2(z) \to S_2$, so gilt für beliebige Zahlen c_1 und c_2

$$c_1R_1(z) + c_2R_2(z) \to c_1S_1 + c_2S_2.$$

Im folgenden werden wir den Fall untersuchen müssen, daß die Koeffizienten des Zählers und Nenners von $R(z)$ ganze rationale Funktionen eines Parameters α sind; dann ist auch R eine rationale Funktion von z und α. Aus (54) folgt, daß in diesem Fall auch die Zahlen $s_0, s_1, s_2, \ldots$, d. h. die Elemente der Matrix S, rational von α abhängig sind. Differenziert man die Entwicklung (55) gliedweise nach α, so erhält man:

2. Ist $R(z, \alpha) \to S(\alpha)$, so ist $\frac{\partial R}{\partial \alpha} \to \frac{\partial S}{\partial \alpha}$.[2])

---

[1]) Die Reihe (55) konvergiert außerhalb jedes Kreises (mit dem Zentrum im Punkt $z = 0$), der alle Pole der Funktion $R(z)$ enthält.

[2]) Ist $S = \|s_{i+k}\|_0^\infty$, so ist $\frac{\partial S}{\partial \alpha} = \left\| \frac{\partial s_{i+k}}{\partial \alpha} \right\|_0^\infty$.

2. Wir betrachten die Partialbruchzerlegung von

$$R(z) = Q(z) + \sum_{j=1}^{q} \left\{ \frac{A_1^{(j)}}{z-\alpha_j} + \frac{A_2^{(j)}}{(z-\alpha_j)^2} + \cdots + \frac{A_{\nu_j}^{(j)}}{(z-\alpha_j)^{\nu_j}} \right\}; \tag{56}$$

$Q(z)$ ist ein Polynom in z. Wir wollen untersuchen, wie die der rationalen Funktion $R(z)$ entsprechende Matrix S aus den Zahlen α und A aufgebaut wird.

Als erstes betrachten wir

$$\frac{1}{z-\alpha} = \sum_{p=0}^{\infty} \frac{\alpha^p}{z^{p+1}}.$$

Dem entspricht die Matrix $S_\alpha = \|\alpha^{i+k}\|_0^\infty$. Die zu ihr gehörige Form $S_{\alpha n}(x, x)$ hat die Gestalt

$$S_{\alpha n}(x, x) = \sum_{i,k=0}^{n-1} \alpha^{i+k} x_i x_k = (x_0 + \alpha x_1 + \cdots + \alpha^{n-1} x_{n-1})^2.$$

Ist

$$R(z) = Q(z) + \sum_{j=1}^{q} \frac{A^{(j)}}{z-\alpha_j},$$

so ist wegen Eigenschaft 1 die zugehörige Matrix S durch

$$S = \sum_{j=1}^{q} A^{(j)} S_{\alpha_j} = \left\| \sum_{j=1}^{q} A^{(j)} \alpha_j^{i+k} \right\|_0^\infty$$

definiert; die entsprechende quadratische Form lautet

$$S_n(x, x) = \sum_{j=1}^{q} A^{(j)} (x_0 + \alpha_j x_1 + \cdots + \alpha_j^{n-1} x_{n-1})^2.$$

Um den allgemeinen Fall (56) zu erhalten, differenzieren wir sukzessive beide Seiten der Zuordnung

$$\frac{1}{z-\alpha} \to S_\alpha = \|\alpha^{i+k}\|_0^\infty$$

$(h-1)$-mal. Nach Eigenschaft 1 und 2 erhalten wir

$$\frac{1}{(z-\alpha)^h} \to \frac{1}{(h-1)!} \frac{\partial^{h-1} S_\alpha}{\partial \alpha^{h-1}} = \left\| \binom{i+k}{h-1} \alpha^{i+k-h+1} \right\|_0^\infty,$$

$$\binom{i+k}{h-1} = 0 \text{ für } i+k < h-1.$$

Besitzt $R(z)$ die Entwicklung (56), so liefert wiederholte Anwendung der Eigenschaft 1

$$R(z) \to S = \sum_{j=1}^{q} \left(A_1^{(j)} + A_2^{(j)} \frac{\partial}{\partial \alpha_j} + \cdots + \frac{1}{(\nu_j - 1)!} A_{\nu_j}^{(j)} \frac{\partial^{\nu_j - 1}}{\partial \alpha_j^{\nu_j - 1}} \right) S_{\alpha_j}. \tag{57}$$

Die Ausführung der Differentiationen ergibt

$$S = \left\| \sum_{j=1}^{q} A_1^{(j)} \alpha_j^{i+k} + A_2^{(j)} \binom{i+k}{1} \alpha_j^{i+k-1} + \cdots + A_{\nu_j}^{(j)} \binom{i+k}{\nu_j - 1} \alpha_j^{i+k-\nu_j+1} \right\|_0^\infty \qquad (57')$$

Die entsprechende Hankelsche Form $S_n(x, x) = \sum_{i,k=0}^{n-1} s_{i+k} x_i x_k$ hat die Gestalt

$$S_n(x, x) = \sum_{j=1}^{q} \left(A_1^{(j)} + A_2^{(j)} \frac{\partial}{\partial \alpha_j} + \cdots + \frac{1}{(\nu_j - 1)!} A_{\nu_j}^{(j)} \frac{\partial^{\nu_j - 1}}{\partial \alpha_j^{\nu_j - 1}} \right) \times (x_0 + \alpha_j x_1 + \cdots + \alpha_j^{n-1} x_{n-1})^2. \qquad (57'')$$

3. Wir können nun folgenden Hauptsatz formulieren und beweisen:[1])

Satz 9. *Ist $R(z) \to S$ und bezeichnet m den Rang der Matrix S,*[2]) *so ist der Cauchysche Index $I_{-\infty}^{+\infty} R(z)$ gleich der Signatur*[3]) *der Form $S_n(x, x)$ für $n \geq m$:*

$$I_{-\infty}^{+\infty} R(z) = \sigma[S_n(x, x)].$$

Beweis. Es gelte die Entwicklung (56). Dann ist nach (57)

$$S = \sum_{j=1}^{q} T_{\alpha_j},$$

wobei jeder Summand die Gestalt

$$T_\alpha = \left(A_1 + A_2 \frac{\partial}{\partial x} + \cdots + \frac{1}{(\nu - 1)!} A_\nu \frac{\partial^{\nu - 1}}{\partial \alpha^{\nu - 1}} \right) S_\alpha, \quad S_\alpha = \|\alpha^{i+k}\|_0^\infty \qquad (58)$$

hat und

$$S_n(x, x) = \sum_{j=1}^{q} T_{\alpha_j}(x, x) = \sum_{\alpha_j \text{ reell}} T_{\alpha_j}(x, x) + \sum_{\alpha_j \text{ komplex}} [T_{\alpha_j}(x, x) + T_{\bar{\alpha}_j}(x, x)]$$

ist. Nach Satz 8 ist der Rang der Matrix T_{α_j} und folglich der Rang der Form $T_{\alpha_j}(x, x)$ gleich ν_j $(j = 1, 2, \ldots, q)$ und der Rang von $S_n(x, x)$ gleich $m = \sum_{j=1}^{q} \nu_j$. Ist aber der Rang einer Summe reeller quadratischer Formen gleich der Summe der Rangzahlen der einzelnen Summanden, so gilt Entsprechendes auch für die Signatur:

$$\sigma[S_n(x, x)] = \sum_{\alpha_j \text{ reell}} \sigma[T_{\alpha_j}(x, x)] + \sum_{\alpha_j \text{ komplex}} \sigma[T_{\alpha_j}(x, x) + T_{\bar{\alpha}_j}(x, x)]. \qquad (59)$$

---

[1]) Dieser Satz wurde 1856 von Hermite für den Fall bewiesen, daß $R(z)$ keine mehrfachen Pole besitzt [195]. Der allgemeine Beweis stammt von Hurwitz [195] (vgl. auch [16], S. 17 bis 19). Der von uns gegebene Beweis stimmt nicht mit dem Hurwitzschen überein.

[2]) Wie bereits bemerkt wurde, ist m gleich dem Grad des Nenners bei der reduzierten Darstellung des rationalen Bruches $R(z)$ (vgl. Satz 8 auf S. 557).

[3]) Die Signatur der Form $S_n(x, x)$ wird mit $\sigma[S_n(x, x)]$ bezeichnet.

Wir betrachten die beiden Fälle:

a) α ist reell. Bei beliebiger Änderung der Parameter $A_1, A_2, \ldots, A_{\nu-1}$ und α in

$$\frac{A_1}{z-\alpha} + \frac{A_2}{(z-\alpha)^2} + \cdots + \frac{A_\nu}{(z-\alpha)^\nu} \tag{60}$$

bleibt der Rang der entsprechenden Matrix T_α unverändert $(=\nu)$; folglich bleibt auch die Signatur der Form, $\sigma[(T_\alpha(x, x)]$, unverändert (vgl. S. 318). Aus diesem Grunde ändert sich $\sigma[T_\alpha(x, x)]$ auch nicht, wenn wir in (59) und (60) $A_1 = A_2 = \cdots = A_{\nu-1} = 0$ und $\alpha = 0$ setzen, d. h. von der Matrix T_α zu der Matrix

$$\left[\frac{1}{(\nu-1)!}\,\frac{\partial^{\nu-1} S_\alpha}{\partial \alpha^{\nu-1}}\right]_{\alpha=0} = \left\| \begin{array}{cccccccc} \overbrace{0 \quad 0 \quad \cdots \quad 0}^{\nu-1} & A_\nu & 0 & 0 & \cdots \\ 0 & & & \cdot & \cdot & \cdot \\ \cdot & & \cdot & \cdot & \cdot \\ \cdot & \cdot & \cdot & \cdot \\ \cdot & \cdot & \cdot \\ 0 & \cdot & \cdot \\ A_\nu & \cdot \\ 0 & \\ 0 \\ \cdot \\ \cdot \\ \cdot \end{array} \right\|$$

übergehen. Die entsprechenden quadratischen Formen sind

$$\left.\begin{array}{ll} 2A_\nu(x_0x_{\nu-1} + x_1x_{\nu-2} + \cdots + x_{s-1}x_s) & \text{für } \nu = 2s, \\ A_\nu[2(x_0x_{\nu-1} + \cdots + x_{s-2}x_s) + x_{s-1}^2] & \text{für } \nu = 2s-1, \end{array}\right\} \quad (s = 1, 2, 3, \ldots).$$

Nun ist aber die Signatur der oberen Form stets gleich 0, die der unteren gleich sign A_ν.[1]) Somit gilt für reelles α

$$\sigma[T_\alpha(x, x)] = \begin{cases} 0 & \text{für gerades } \nu, \\ \operatorname{sing} A_\nu & \text{für ungerades } \nu. \end{cases} \tag{61}$$

b) α ist komplex. Es sei

$$T_\alpha(x, x) = \sum_{k=1}^{\nu} (P_k + \mathrm{i}Q_k)^2, \qquad T_{\bar{\alpha}}(x, x) = \sum_{k=1}^{\nu} (P_k - \mathrm{i}Q_k)^2,$$

[1]) Jedes der Produkte $x_0x_{\nu-1}, x_1x_{\nu-2}, \ldots$ kann durch eine entsprechende Differenz von Quadraten $\left(\frac{x_0 + x_{\nu-1}}{2}\right)^2 - \left(\frac{x_0 - x_{\nu-1}}{2}\right)^2, \left(\frac{x_1 + x_{\nu-2}}{2}\right)^2 - \left(\frac{x_1 - x_{\nu-2}}{2}\right)^2, \ldots$ ersetzt werden. Alle so erhaltenen Quadrate sind linear unabhängig.

wobei P_k und Q_k ($k = 1, 2, \ldots, \nu$) reelle Linearformen in $x_0, x_1, \ldots, x_{n-1}$ sind. Dann ist

$$T_\alpha(x, x) + T_{\bar{\alpha}}(x, x) = 2 \sum_{k=1}^{\nu} P_k^2 - 2 \sum_{k=1}^{\nu} Q_k^2. \tag{62}$$

Da der Rang dieser quadratischen Formen gleich 2ν ist, sind die P_k und Q_k ($k = 1, 2, \ldots, \nu$) linear unabhängig, und wegen (62) gilt für nicht reelles α

$$\sigma[T_\alpha(x, x) + T_{\bar{\alpha}}(x, x)] = 0. \tag{63}$$

Aus (59), (61) und (63) ergibt sich

$$\sigma[S_n(x, x)] = \sum_{\left(\substack{\alpha_j \text{ reell} \\ \nu \text{ ungerade}}\right)} \operatorname{sign} A_\nu^{(j)}.$$

Auf S. 526 wurde gezeigt, daß die auf der rechten Seite der Gleichung stehende Summe gleich $I_{-\infty}^{+\infty} R(z)$ ist. Damit ist der Satz bewiesen.

Aus dem eben bewiesenen Satz ergibt sich die

Folgerung 1. *Ist $R(z) \to S = \|s_{i+k}\|_0^\infty$ und bezeichnet m den Rang der Matrix S, so besitzen alle quadratischen Formen $S_n(x, x) = \sum_{i,k=0}^{n-1} s_{i+k} x_i x_k$ ($n = m, m+1, \ldots$) die gleiche Signatur.*

In 10.10. (S. 346) wurde eine Regel zur Berechnung der Signatur Hankelscher quadratischer Formen aufgestellt, wobei die Untersuchungen von Frobenius ermöglichten, die Regel so zu formulieren, daß sie alle Sonderfälle umfaßt. Der von uns bewiesene Satz erlaubt, diese Regel zur Berechnung der Cauchyschen Indizes auszunutzen. Wir erhalten somit die

Folgerung 2. *Der Index einer beliebigen rationalen Funktion $R(z)$, der die Matrix $S = \|s_{i+k}\|_0^\infty$ vom Rang m entspricht, wird durch die Formel*

$$I_{-\infty}^{+\infty} R(z) = m - 2V(1, D_1, D_2, \ldots, D_m) \tag{64}$$

mit

$$D_f = |s_{i+k}|_0^{f-1} = \begin{vmatrix} s_0 & s_1 & \ldots & s_{f-1} \\ s_1 & s_2 & \ldots & s_f \\ \cdots & \cdots & \cdots & \cdots \\ s_{f-1} & s_f & \ldots & s_{2f-2} \end{vmatrix} \qquad (f = 1, 2, \ldots, m) \tag{65}$$

gegeben; befinden sich unter den $D_1, D_2, \ldots, D_m$ Gruppen aufeinanderfolgender Determinanten, die gleich 0 sind,[1])

$$(D_h \neq 0) \quad D_{h+1} = \cdots = D_{h+p} = 0 \quad (D_{h+p+1} \neq 0),$$

[1]) Dabei ist stets $D_m \neq 0$ (vgl. S. 556), und bei ungeradem p ist $\operatorname{sign} \dfrac{D_{h+p+1}}{D_h} = (-1)^{(p+1)/2}$ (S. 349).

so ist bei der Berechnung von $V(D_h, D_{h+1}, \ldots, D_{h+p+1})$

$$\operatorname{sign} D_{h+j} = (-1)^{\frac{j(j-1)}{2}} \operatorname{sign} D_h \qquad (j = 1, 2, \ldots, p)$$

zu setzen; das ergibt

$$V(D_h, D_{h+1}, \ldots, D_{h+p+1})$$
$$= \begin{cases} \dfrac{p+1}{2} \text{ für ungerades } p, \\ \dfrac{p+1-\varepsilon}{2} \text{ für gerades } p \text{ und } \varepsilon = (-1)^{\frac{p}{2}} \operatorname{sign} \dfrac{D_{h+p+1}}{D_h}. \end{cases} \tag{66}$$

Um den Index einer rationalen Funktion durch die Koeffizienten von Zähler und Nenner ausdrücken zu können, müssen wir einige Hilfsrelationen betrachten.

Die Funktion $R(z)$ läßt sich stets in der Form[1])

$$R(z) = Q(z) + \frac{g(z)}{h(z)}$$

darstellen; dabei sind $Q(z)$, $g(z)$ und $h(z)$ Polynome, und es ist

$$h(z) = a_0 z^m + a_1 z^{m-1} + \cdots + a_m \qquad (a_0 \neq 0),$$
$$g(z) = b_0 z^m + b_1 z^{m-1} + \cdots + b_m.$$

Offensichtlich gilt

$$I_{-\infty}^{+\infty} R(z) = I_{-\infty}^{+\infty} \frac{g(z)}{h(z)}.$$

Wir setzen

$$\frac{g(z)}{h(z)} = s_{-1} + \frac{s_0}{z} + \frac{s_1}{z^2} + \cdots.$$

Beseitigen wir hier den Nenner, so erhalten wir durch Koeffizientenvergleich

$$\left.\begin{aligned} & a_0 s_{-1} = b_0, \\ & a_0 s_0 + a_1 s_{-1} = b_1, \\ & \cdots\cdots\cdots\cdots\cdots\cdots \\ & a_0 s_{m-1} + a_1 s_{m-2} + \cdots + a_m s_{-1} = b_m, \\ & a_0 s_t + a_1 s_{t-1} + \cdots + a_m s_{t-m} = 0 \qquad (t = m, m+1, \ldots). \end{aligned}\right\} \tag{67}$$

[1]) Es ist nicht notwendig, $R(z)$ durch einen echten rationalen Bruch zu ersetzen. Für das Weitere genügt es, daß der Grad von $g(z)$ den Grad von $h(z)$ nicht übertrifft.

Unter Benutzung der Relationen (67) finden wir einen Ausdruck für folgende Determinante $2p$-ter Ordnung, in der $a_j = 0$ und $b_j = 0$ für $j > m$ ist:

$$\begin{vmatrix} a_0 & a_1 & a_2 & \dots & a_{2p-1} \\ b_0 & b_1 & b_2 & \dots & b_{2p-1} \\ 0 & a_0 & a_1 & \dots & a_{2p-2} \\ 0 & b_0 & b_1 & \dots & b_{2p-2} \\ \dots & \dots & \dots & \dots & \dots \end{vmatrix} = \begin{vmatrix} 1 & 0 & 0 & \dots & 0 \\ s_{-1} & s_0 & s_1 & \dots & s_{2p-2} \\ 0 & 1 & 0 & \dots & 0 \\ 0 & s_{-1} & s_0 & \dots & s_{2p-3} \\ \dots & \dots & \dots & \dots & \dots \end{vmatrix} \cdot \begin{vmatrix} a_0 & a_1 & a_2 & \dots & a_{2p-1} \\ 0 & a_0 & a_1 & \dots & a_{2p-2} \\ 0 & 0 & a_0 & \dots & a_{2p-3} \\ \dots & \dots & \dots & \dots & \dots \\ 0 & 0 & 0 & \dots & a_0 \end{vmatrix}$$

$$= (-1)^{\frac{p(p-1)}{2}} a_0^{2p} \begin{vmatrix} s_{p-1} & s_p & \dots & s_{2p-2} \\ s_{p-2} & s_{p-1} & \dots & s_{2p-3} \\ \dots & \dots & \dots & \dots \\ s_0 & s_1 & \dots & s_{p-1} \end{vmatrix} = a_0^{2p} \begin{vmatrix} s_0 & s_1 & \dots & s_{p-1} \\ s_1 & s_2 & \dots & s_p \\ \dots & \dots & \dots & \dots \\ s_{p-1} & s_p & \dots & s_{2p-2} \end{vmatrix} = a_0^{2p} D_p. \tag{68}$$

Mit der Abkürzung

$$\nabla_{2p} = \begin{vmatrix} a_0 & a_1 & \dots & a_{2p-1} \\ b_0 & b_1 & \dots & b_{2p-1} \\ 0 & a_0 & \dots & a_{2p-2} \\ 0 & b_0 & \dots & b_{2p-2} \\ \dots & \dots & \dots & \dots \end{vmatrix} \quad (p = 1, 2, \dots; a_j = b_j = 0 \text{ für } j > m) \tag{69}$$

läßt sich (68) folgendermaßen schreiben:

$$\nabla_{2p} = a_0^{2p} D_p \quad (p = 1, 2, \dots). \tag{68'}$$

Auf Grund dieser Formel führt die Folgerung 2 auf S. 562 zu folgendem Satz:

Satz 10. *Ist $\nabla_{2m} \neq 0$, so ist*[1])

$$I_{-\infty}^{+\infty} \frac{b_0 z^m + b_1 z^{m-1} + \dots + b_m}{a_0 z^m + a_1 z^{m-1} + \dots + a_m} = m - 2V(1, \nabla_2, \nabla_4, \dots, \nabla_{2m}) \quad (a_0 \neq 0); \tag{70}$$

dabei ist ∇_{2p} ($p = 1, 2, \dots, m$) durch (69) *definiert. Treten dabei Gruppen aufeinanderfolgender verschwindender Determinanten auf,*

$$(\nabla_{2h} \neq 0) \quad \nabla_{2h+2} = \dots = \nabla_{2h+2p} = 0 \quad (\nabla_{2h+2p+2} \neq 0),$$

so setze man bei der Berechnung von $V(\nabla_{2h}, \nabla_{2h+2}, \dots, \nabla_{2h+2p+2})$ in (70)

$$\operatorname{sign} \nabla_{2h+2j} = (-1)^{\frac{j(j-1)}{2}} \operatorname{sign} \nabla_{2h} \quad (j = 1, 2, \dots, p)$$

[1]) Die Bedingung $\nabla_{2m} \neq 0$ besagt, daß $D_m \neq 0$ und der Bruch, der in (70) unter dem Indexzeichen steht, reduziert ist.

oder, was dasselbe ist,[1])

$$V(\nabla_{2h}, \ldots, \nabla_{2h+2p+2}) = \begin{cases} \dfrac{p+1}{2} & \text{für ungerades } p, \\[2ex] \dfrac{p+1-\varepsilon}{2} & \text{für gerades } p \text{ und } \varepsilon = (-1)^{\frac{p}{2}} \operatorname{sign} \dfrac{\nabla_{2h+2p+2}}{\nabla_{2h}}. \end{cases}$$

Bemerkung. *Ist* $\nabla_{2m} = 0$, *d. h., kann der Bruch, der in* (70) *unter dem Indexzeichen steht, noch gekürzt werden, so muß* (70) *durch*

$$I_{-\infty}^{+\infty} \frac{b_0 z^m + b_1 z^{m-1} + \cdots + b_m}{a_0 z^m + a_1 z^{m-1} + \cdots + a_m} = r - 2V(1, \nabla_2, \nabla_4, \ldots, \nabla_{2r}) \tag{70'}$$

ersetzt werden; hierbei ist r die Anzahl der Pole (unter Berücksichtigung ihrer Vielfachheit) der rationalen Funktion, die unter dem Indexzeichen steht (d. h., r ist der Grad des Nenners, nachdem der Bruch gekürzt wurde). Hier ist $\nabla_{2r} \neq 0$.

Tatsächlich ist im Fall $\nabla_{2m} = 0$ der uns interessierende Index gleich $r - 2V(1, D_1, D_2, \ldots, D_r)$, da die Zahl r der Rang der entsprechenden Matrix $S = \|s_{i+k}\|_0^\infty$ ist. Die Gleichung (68′) besitzt jedoch formalen Charakter und gilt auch für nicht gekürzte Brüche.[2]) Daher ist

$$V(1, D_1, D_2, \ldots, D_r) = V(1, \nabla_2, \nabla_4, \ldots, \nabla_{2r}),$$

und wir kommen zu (70′).

Die Beziehung (70′) ermöglicht es, den Index einer beliebigen gebrochenen rationalen Funktion, bei der der Grad des Nenners nicht vom Grad des Zählers übertroffen wird, durch die Koeffizienten in Zähler und Nenner auszudrücken.

16.12. Ein zweiter Beweis des Routh-Hurwitzschen Satzes

In 16.6. bewiesen wir den Routh-Hurwitzschen Satz, indem wir uns auf den Sturmschen Satz und den Routhschen Algorithmus stützten. Jetzt geben wir einen Beweis des Routh-Hurwitzschen Satzes an, der von Satz 10 aus 16.11. und den Eigenschaften der Cauchyschen Indizes ausgeht.

Dazu geben wir einige Eigenschaften der Cauchyschen Indizes an, die wir im folgenden benötigen werden.

1. $I_a^b R(x) = -I_b^a R(x)$.[3])

2. $I_a^b R_1(x)\, R(x) = \operatorname{sign} R_1(x)\, I_a^b R(x)$, *wenn* $R_1(x) \neq 0, \infty$ *innerhalb* (a, b) *ist.*

---

[1]) Bei ungeradem p ist $\dfrac{\nabla_{2h+2p+2}}{\nabla_{2h}} = \operatorname{sign} \dfrac{D_{h+p+1}}{D_h} = (-1)^{(p+1)/2}$ (vgl. die Fußnote auf S. 562).

[2]) Aus (68′) folgt, daß sich ∇_{2p} aus dem Bruch $R(z)$ bestimmen läßt (genauer gesagt aus seinem echten Teil) und nicht aus seinem Zähler und Nenner einzeln. Daher ändern sich bei Kürzung des Bruches $g(z)/h(z)$ die Elemente in jeder Determinante ∇_{2p}, ihr Wert aber bleibt erhalten.

[3]) Hier und im folgenden kann die untere Grenze des Index gleich $-\infty$, die obere Grenze gleich $+\infty$ sein.

3. *Ist* $a < c < b$, *so ist* $I_a^b R(x) = I_a^c R(x) + I_c^b R(x) + \eta_c$, *wobei* $\eta_c = 0$ *gesetzt wird, wenn* $R(c)$ *endlich ist, und* $\eta_c = \pm 1$ *gilt, wenn die Funktion* $R(x)$ *im Punkt* c *unendlich wird; dabei entspricht* $\eta_c = +1$ *dem Übergang von* $-\infty$ *nach* $+\infty$ *im Punkt* c (*für wachsendes* x), $\eta_c = -1$ *dem Übergang von* $+\infty$ *nach* $-\infty$.

4. *Ist* $R(-x) = -R(x)$, *so ist* $I_{-a}^0 R(x) = I_0^a R(x)$. *Ist dagegen* $R(-x) = R(x)$, *so ist* $I_{-a}^0 R(x) = -I_0^a R(x)$.

5. *Es ist* $I_a^b R(x) = I_a^b \dfrac{1}{R(x)} = \dfrac{\varepsilon_a - \varepsilon_b}{2}$, *wobei* ε_a *das Vorzeichen von* $R(x)$ *im Inneren von* (a, b) *in einer Umgebung von* a *und* ε_b *das Vorzeichen von* $R(x)$ *im Inneren von* (a, b) *in einer Umgebung von* b *ist.*

Die ersten vier Eigenschaften ergeben sich unmittelbar aus der Definition der Cauchyschen Indizes (vgl. 16.2.). Eigenschaft 5 folgt aus der Tatsache, daß die Summe der Indizes $I_a^b R(x)$ und $I_a^b \dfrac{1}{R(x)}$ gleich der Differenz $n_1 - n_2$ ist, dabei ist n_1 die Anzahl der Vorzeichenwechsel von $R(x)$ von negativen zu positiven Werten, während x von a bis b wächst, und n_2 die Anzahl der Vorzeichenwechsel von $R(x)$ von positiven zu negativen Werten.

Wir betrachten das reelle Polynom[1])

$$f(z) = a_0 z^n + a_1 z^{n-1} + a_2 z^{n-2} + \cdots + a_{n-1} z + a_n \qquad (a_0 > 0).$$

Dieses Polynom läßt sich folgendermaßen darstellen:

$$f(z) = h(z^2) + z g(z^2)$$

mit

$$h(u) = a_n + a_{n-2} u + \cdots, \qquad g(u) = a_{n-1} + a_{n-3} u + \cdots.$$

Wir führen folgende Bezeichnung ein:

$$\varrho = I_{-\infty}^{+\infty} \frac{a_1 z^{n-1} - a_3 z^{n-3} + \cdots}{a_0 z^n - a_2 z^{n-2} + \cdots}. \tag{71}$$

In 16.3. ((20) auf S. 532) zeigten wir, daß

$$\varrho = n - 2k - s \tag{72}$$

ist, wobei k die Anzahl der Nullstellen des Polynoms $f(z)$ mit positivem Realteil und s die Anzahl der auf der imaginären Achse liegenden Nullstellen von $f(z)$ ist. Wir werden den Ausdruck (71) für ϱ umformen.

Zu Beginn betrachten wir den Fall, daß n gerade ist. Es sei $n = 2m$. Dann ist

$$h(u) = a_0 u^m + a_2 u^{m-1} + \cdots + a_n, \qquad g(u) = a_1 u^{m-1} + a_3 u^{m-2} + \cdots + a_{n-1}.$$

---

[1]) Wir kehren hier zu der üblichen Bezeichnung für die Koeffizienten von Polynomen zurück.

Nutzt man die Eigenschaften 1 bis 4 aus und setzt man außerdem $\eta = \pm 1$, wenn $\lim\limits_{u\to 0^-} \frac{g(u)}{h(u)} = \pm\infty$ ist, und $\eta = 0$ in den übrigen Fällen, so erhält man

$$\varrho = -I_{-\infty}^{+\infty} \frac{zg(-z^2)}{h(-z^2)} = -(I_{-\infty}^{0} + I_0^{+\infty} + \eta) = -2I_{-\infty}^{0} \frac{zg(-z^2)}{h(-z^2)} - \eta$$

$$= 2I_{-\infty}^{0} \frac{g(-z^2)}{h(-z^2)} - \eta = 2I_{-\infty}^{0} \frac{g(u)}{h(u)} - \eta = I_{-\infty}^{0} \frac{g(u)}{h(u)} - I_{-\infty}^{0} \frac{ug(u)}{h(u)} - \eta$$

$$= I_{-\infty}^{+\infty} \frac{g(u)}{h(u)} - I_{-\infty}^{+\infty} \frac{ug(u)}{h(u)}.$$

Genauso erhält man für ungerades n, $n = 2m + 1$,

$$h(u) = a_1u^m + a_3u^{m-1} + \cdots + a_n, \qquad g(u) = a_0u^m + a_2u^{m-1} + \cdots + a_{n-1}.$$

Setzt man $\zeta = \operatorname{sign}\left[\frac{g(u)}{h(u)}\right]_{u=0^-}$,[1] wenn $\lim\limits_{u\to 0^-} \frac{g(u)}{h(u)} = 0$ ist, und $\zeta = 0$ in den übrigen Fällen, so findet man

$$\varrho = I_{-\infty}^{+\infty} \frac{h(-z^2)}{zg(-z^2)} = I_{-\infty}^{0} + I_0^{+\infty} + \zeta = 2I_0^{-\infty} \frac{h(-z^2)}{zg(-z^2)} + \zeta$$

$$= 2I_{-\infty}^{0} \frac{h(u)}{ug(u)} + \zeta = I_{-\infty}^{0} \frac{h(u)}{ug(u)} - I_{-\infty}^{0} \frac{h(u)}{g(u)} + \zeta$$

$$= I_{-\infty}^{+\infty} \frac{h(u)}{ug(u)} - I_{-\infty}^{+\infty} \frac{h(u)}{g(u)}.$$

Somit ist[2])

$$\varrho = I_{-\infty}^{+\infty} \frac{g(u)}{h(u)} - I_{-\infty}^{+\infty} \frac{ug(u)}{h(u)} \qquad (n = 2m), \tag{73'}$$

$$\varrho = I_{-\infty}^{+\infty} \frac{h(u)}{ug(u)} - I_{-\infty}^{+\infty} \frac{h(u)}{g(u)} \qquad (n = 2m + 1). \tag{73''}$$

Wie bisher werden die Hurwitzschen Determinanten des vorgegebenen Polynoms $f(z)$ mit $\Delta_1, \Delta_2, \ldots, \Delta_n$ bezeichnet. Wir setzen voraus, daß $\Delta_n \neq 0$ ist.[3])

---

[1]) Hier verstehen wir unter $\operatorname{sign}\left[\frac{g(u)}{h(u)}\right]_{u=0^-}$ das Vorzeichen von $\frac{g(u)}{h(u)}$ für negatives, dem Betrage nach kleines u.

[2]) Ist $a_1 \neq 0$, so können die beiden Formeln (73′) und (73″) zu einer einzigen Formel

$$\varrho = I_{-\infty}^{+\infty} \frac{g(u)}{h(u)} + I_{-\infty}^{+\infty} \frac{h(u)}{ug(u)} \tag{73'''}$$

zusammengefaßt werden.

[3]) In diesem Fall ist $s = 0$ und folglich $\varrho = n - 2k$. Ferner besagt $\Delta_n \neq 0$, daß der unter dem Indexzeichen stehende Bruch in (73′) und (73″) nicht mehr gekürzt werden kann.

a) $n = 2m$. Nach (70) ist[1])

$$I_{-\infty}^{+\infty} \frac{g(u)}{h(u)} = m - 2V(1, \Delta_1, \Delta_3, \ldots, \Delta_{n-1}), \tag{74}$$

$$I_{-\infty}^{+\infty} \frac{ug(u)}{h(u)} = m - 2V(1, -\Delta_2, +\Delta_4, -\Delta_6, \ldots)$$
$$= -m + 2V(1, \Delta_2, \Delta_4, \ldots, \Delta_n). \tag{75}$$

Dann ist aber nach (73′)

$$\varrho = n - 2V(1, \Delta_1, \Delta_3, \ldots, \Delta_{n-1}) - 2V(1, \Delta_2, \Delta_4, \ldots, \Delta_n),$$

was in Verbindung mit $\varrho = n - 2k$

$$k = V(1, \Delta_1, \Delta_3, \ldots, \Delta_{n-1}) + V(1, \Delta_2, \Delta_4, \ldots, \Delta_n) \tag{76}$$

ergibt.

b) $n = 2m + 1$. Nach (70) ist[2])

$$I_{-\infty}^{+\infty} \frac{h(u)}{ug(u)} = m + 1 - 2V(1, \Delta_1, \Delta_3, \ldots, \Delta_n), \tag{77}$$

$$I_{-\infty}^{+\infty} \frac{h(u)}{g(u)} = m - 2V(1, -\Delta_2, +\Delta_4, - \cdots)$$
$$= -m + 2V(1, \Delta_2, \Delta_4, \ldots, \Delta_{n-1}). \tag{78}$$

Die Gleichung $\varrho = 2m + 1 - 2k$ ergibt zusammen mit (73″), (77) und (78) wieder die Beziehung (76).

Damit ist der Routh-Hurwitzsche Satz bewiesen (vgl. S. 544).

Bemerkung 1. Die Beziehung $k = V(1, \Delta_1, \Delta_3, \ldots) + V(1, \Delta_2, \Delta_4, \ldots)$ bleibt richtig, wenn einige in der Mitte auftretende Determinanten verschwinden, nur muß man bei jeder Gruppe aufeinanderfolgender verschwindender Determinanten

$$(\Delta_l \neq 0) \quad \Delta_{l+2} = \Delta_{l+4} = \cdots = \Delta_{l+2p} = 0 \quad (\Delta_{l+2p+2} \neq 0)$$

diesen Determinanten (in Übereinstimmung mit Satz 7) folgende Vorzeichen zuschreiben:

$$\operatorname{sign} \Delta_{l+2j} = (-1)^{\frac{j(j-1)}{2}} \operatorname{sign} \Delta_l \quad (j = 1, 2, \ldots, p);$$

---

1) Zur Berechnung von $V_2, V_4, \ldots, V_{2m}$ sind die Größen $a_0, a_1, \ldots, a_m$ und $b_0, b_1, \ldots, b_m$ bei der Berechnung des ersten Index durch $a_0, a_2, \ldots, a_{2m}$ bzw. $0, a_1, a_3, \ldots, a_{2m-1}$ und bei der Berechnung des zweiten Index durch $a_0, a_2, \ldots, a_{2m}$ bzw. $a_1, a_3, \ldots, a_{2m-1}, 0$ zu ersetzen.

2) Hier ist zur Berechnung des ersten Index in (70) an Stelle von $a_0, a_1, \ldots, a_{m+1}$ und b_0 $b_1, \ldots, b_{m+1}$ entsprechend $a_0, a_2, \ldots, a_{2m}, 0$ und $0, a_1, a_3, \ldots, a_{2m+1}$ zu wählen und zur Berechnung des zweiten Index $a_0, a_1, \ldots, a_m$ und $b_0, b_1, \ldots, b_m$ durch $a_1, a_3, \ldots, a_{2m+1}$ bzw. $a_0, a_2, \ldots, a_{2m}$ zu ersetzen.

hieraus ergibt sich

$$V(\Delta_l, \Delta_{l+2}, \ldots, \Delta_{l+2p+2}) = \begin{cases} \dfrac{p+1}{2} & \text{für ungerades } p, \\ \dfrac{p+1-\varepsilon}{2} & \text{für gerades } p \text{ und } \varepsilon = (-1)^{\frac{p}{2}} \operatorname{sign} \dfrac{\Delta_{l+2p+2}}{\Delta_l}. \end{cases} \tag{79}$$

Ein Vergleich dieser Regel zur Berechnung von k bei Vorhandensein verschwindender Hurwitzscher Determinanten mit der in Satz 4′ angegebenen Regel (vgl. S. 552) zeigt, daß beide Regeln übereinstimmen.[1])

Bemerkung 2. Ist $\Delta_n = 0$, so sind die Polynome $ug(u)$ und $h(u)$ nicht teilerfremd. Wir bezeichnen den größten gemeinsamen Teiler der Polynome $g(u)$ und $h(u)$ mit $d(u)$ und den der Polynome $ug(u)$ und $h(u)$ mit $u^\gamma d(u)$ ($\gamma = 0$ oder $\gamma = 1$). Den Grad von $d(u)$ bezeichnen wir mit δ und setzen $h(u) = d(u)\, h_1(u)$ und $g(u) = d(u)\, g_1(u)$.

Dem unkürzbaren Bruch $\dfrac{g_1(u)}{h_1(u)}$ entspricht eine gewisse unendliche Hankelsche Matrix $S = \|s_{i+k}\|_0^\infty$ vom Rang r; dabei ist r der Grad von $h_1(u)$. Die entsprechende Determinante D_r ist ungleich 0, aber es ist $D_{r+1} = D_{r+2} = \cdots = 0$. Wegen (68′) gilt $\nabla_{2r} \neq 0$, $\nabla_{2r+2} = \nabla_{2r+4} = \cdots = 0$. Überdies ist

$$I_{-\infty}^{+\infty} \frac{g_1(u)}{h_1(u)} = r - 2V(1, \nabla_2, \ldots, \nabla_{2r}).$$

Wendet man dies auf die Brüche an, die in (74), (75), (77) und (78) unter dem Indexzeichen stehen, so findet man leicht, daß für beliebiges (gerades oder ungerades) n und $\varkappa = 2\delta + \gamma$

$$\Delta_{n-\varkappa-1} \neq 0, \quad \Delta_{n-\varkappa} \neq 0, \quad \overbrace{\Delta_{n-\varkappa+1} = \cdots = \Delta_n}^{\varkappa} = 0$$

gilt und die Beziehungen (74), (75), (77), (78) auch in dem von uns betrachteten Fall gelten, wenn auf den rechten Seiten dieser Beziehungen alle Δ_i mit $i > n - \varkappa$ weggelassen werden und m (in (77) die Zahl $m + 1$) durch den Grad des entsprechenden Nenners ersetzt wird, der nach Kürzen in dem unter dem Indexzeichen stehenden Bruch auftritt. Dann erhalten wir in Übereinstimmung mit (73′) und (73″)

$$\varrho = n - \varkappa - 2V(1, \Delta_1, \Delta_3, \ldots) - 2V(1, \Delta_2, \Delta_4, \ldots).$$

Zusammen mit $\varrho = n - 2k - s$ ergibt sich

$$k_1 = V(1, \Delta_1, \Delta_3, \ldots) + V(1, \Delta_2, \Delta_4, \ldots), \tag{80}$$

wobei $k_1 = k + \dfrac{s}{2} - \dfrac{\varkappa}{2}$ die Anzahl aller Nullstellen von $f(z)$ ist, die in der rechten Halbebene der komplexen Zahlenebene liegen, ausschließlich der Nullstellen, die gleichzeitig Nullstellen des Polynoms $f(-z)$ sind.[2])

---

[1]) Dabei sind die Bemerkungen aus den Fußnoten 1 und 2 auf S. 551 zu berücksichtigen.

[2]) Es ist $\varkappa$ die Anzahl derjenigen Nullstellen z^* des Polynoms $f(z)$, für die $-z^*$ ebenfalls Nullstelle von $f(z)$ ist. Die Anzahl dieser Nullstellen ist gleich der Anzahl der letzten aufeinanderfolgenden verschwindenden Hurwitzschen Determinanten (inklusive Δ_n) $\Delta_{n-\varkappa+1} = \cdots = \Delta_n = 0$.

16.13. Einige Ergänzungen zum Routh-Hurwitzschen Satz. Das Stabilitätskriterium von Liénard und Chipart

Gegeben sei ein Polynom

$$f(z) = a_0 z^n + a_1 z^{n-1} + \cdots + a_n \qquad (a_0 > 0)$$

mit reellen Koeffizienten. Dann lassen sich die Routh-Hurwitzschen Bedingungen, die notwendig und hinreichend dafür sind, daß alle Nullstellen des Polynoms $f(z)$ negative Realteile besitzen, in Form der Ungleichungen

$$\Delta_1 > 0, \Delta_2 > 0, \ldots, \Delta_n > 0 \tag{81}$$

angeben, wobei

$$\Delta_i = \begin{vmatrix} a_1 & a_3 & a_5 & \ldots & \\ a_0 & a_2 & a_4 & \ldots & \\ 0 & a_1 & a_3 & \ldots & \\ 0 & a_0 & a_2 & a_4 & \\ & & & \cdot & \\ & & & & \cdot \\ & & & & \quad\cdot \\ & & & & \quad a_i \end{vmatrix} \qquad (a_k = 0 \text{ für } k > n)$$

die Hurwitzsche Determinante i-ter Ordnung ist ($i = 1, 2, \ldots, n$).

Sind die Bedingungen (81) erfüllt, so kann das Polynom $f(z)$ als Produkt von a_0 mit Faktoren der Form $z + u$ und $z^2 + vz + w$ ($u > 0$, $v > 0$, $w > 0$) dargestellt werden, und folglich sind die Koeffizienten des Polynoms $f(z)$ positiv:[1])

$$a_1 > 0, a_2 > 0, \ldots, a_n > 0. \tag{82}$$

Im Gegensatz zu (81) ist die Bedingung (82) notwendig, aber keineswegs hinreichend dafür, daß alle Nullstellen von $f(z)$ in der linken Halbebene $\operatorname{Re} z < 0$ der komplexen Zahlenebene liegen.

Jedoch sind die Ungleichungen (81) bei Gültigkeit der Bedingungen (82) nicht mehr unabhängig. So lassen sich beispielsweise die Routh-Hurwitzschen Bedingungen für $n = 4$ auf eine Ungleichung $\Delta_3 > 0$ beschränken, für $n = 5$ auf die beiden $\Delta_2 > 0$, $\Delta_4 > 0$ und für $n = 6$ auf die beiden $\Delta_3 > 0$, $\Delta_5 > 0$.[2])

Diese Eigenschaft wurde von den französischen Mathematikern Liénard und Chipart untersucht und veranlaßte sie, im Jahre 1914[3]) ein vom Routh-Hurwitzschen Kriterium verschiedenes Stabilitätskriterium aufzustellen.

---

[1]) Es ist $a_0 > 0$ nach Voraussetzung.

[2]) Dieser für die ersten Werte von n auftretende Umstand wurde in einer Reihe von Arbeiten über Regelungstheorie unabhängig von dem allgemeinen Kriterium von Liénard und Chipart festgestellt, das die Autoren dieser Arbeiten offenbar nicht kannten.

[3]) Vgl. [208]. Einige wesentliche Resultate von Liénard und Chipart enthält die Übersicht von M. G. Krejn und M. A. Najmark [16].

Satz 11 (Stabilitätskriterium von LIÉNARD und CHIPART). *Notwendige und hinreichende Bedingungen dafür, daß ein reelles Polynom*

$$f(z) = a_0 z^n + a_1 z^{n-1} + \cdots + a_n \qquad (a_0 > 0)$$

nur Nullstellen mit negativem Realteil besitzt, können in einer der folgenden vier Formen angegeben werden:[1])

1. $a_n > 0,\ a_{n-2} > 0, \ldots;\ \Delta_1 > 0,\ \Delta_3 > 0, \ldots,$
2. $a_n > 0,\ a_{n-2} > 0, \ldots;\ \Delta_2 > 0,\ \Delta_4 > 0, \ldots,$
3. $a_n > 0;\ a_{n-1} > 0,\ a_{n-3} > 0, \ldots;\ \Delta_1 > 0,\ \Delta_3 > 0, \ldots,$
4. $a_n > 0;\ a_{n-1} > 0,\ a_{n-3} > 0, \ldots;\ \Delta_2 > 0,\ \Delta_4 > 0, \ldots$

Aus Satz 11 ergibt sich, daß für ein reelles Polynom

$$f(z) = a_0 z^n + a_1 z^{n-1} + \cdots + a_n \qquad (a_0 > 0),$$

dessen sämtliche Koeffizienten (oder auch nur $a_n, a_{n-2}, \ldots$ oder $a_n, a_{n-1}, a_{n-3}, \ldots$) positiv sind, die Hurwitzschen Determinantenungleichungen nicht unabhängig sind: *Sind nämlich die Hurwitzschen Determinanten ungerader Ordnung positiv, so sind auch die Hurwitzschen Determinanten gerader Ordnung positiv und umgekehrt.*

Die Bedingung 1 erhielten LIÉNARD und CHIPART in ihrer Arbeit [208] mittels spezieller quadratischer Formen. Wir geben einen einfacheren Beweis für die Bedingung 1 (und auch für die Bedingungen 2, 3 und 4) an, der sich auf den Satz 10 aus 16.11. und auf die Theorie der Cauchyschen Indizes stützt; dabei erhalten wir diese Bedingungen als Spezialfall eines weitaus allgemeineren Satzes, den wir jetzt beweisen wollen.

Wir betrachten wieder die Polynome $h(u)$ und $g(u)$, die durch $f(z)$ folgendermaßen definiert sind:

$$f(z) = h(z^2) + z g(z^2).$$

Ist n gerade, $n = 2m$, so ist

$$h(u) = a_0 u^m + a_2 u^{m-1} + \cdots + a_n, \qquad g(u) = a_1 u^{m-1} + a_3 u^{m-2} + \cdots + a_{n-1};$$

ist dagegen n ungerade, $n = 2m + 1$, so gilt

$$h(u) = a_1 u^m + a_3 u^{m-1} + \cdots + a_n, \qquad g(u) = a_0 u^m + a_2 u^{m-1} + \cdots + a_{n-1}.$$

Dann können die Bedingungen $a_n > 0,\ a_{n-2} > 0, \ldots$ (bzw. $a_{n-1} > 0,\ a_{n-3} > 0, \ldots$) durch folgende viel allgemeinere ersetzt werden: $h(u)$ (bzw. $g(u)$) wechselt für $u > 0$ sein Vorzeichen nicht.[2])

---

[1]) Die Bedingungen 1 bis 4 haben vor den Hurwitzschen Bedingungen den Vorzug, nur etwa halb soviel Determinantenungleichungen zu enthalten. Von den zwei Serien von Determinantenungleichungen $\Delta_1 > 0,\ \Delta_3 > 0, \ldots$ und $\Delta_2 > 0,\ \Delta_4 > 0, \ldots$ ist praktisch diejenige die bessere, die sich in der Form $\Delta_{n-1} > 0,\ \Delta_{n-3} > 0, \ldots$ darstellt, da sie Determinanten von kleinerer Ordnung enthält.

[2]) Es ist also $h(u) \geqq 0$ oder $h(u) \leqq 0$ für $u > 0$ (bzw. $g(u) \geqq 0$ oder $g(u) \leqq 0$ für $u > 0$).

Unter diesen Voraussetzungen läßt sich, unter ausschließlicher Verwendung Hurwitzscher Determinanten ungerader Ordnung oder Hurwitzscher Determinanten gerader Ordnung, eine Formel für die Anzahl der Nullstellen von $f(z)$ erschließen, die in der rechten Halbebene der komplexen Zahlenebene liegen.

Satz 12. *Erfüllt ein reelles Polynom*

$$f(z) = a_0 z^n + a_1 z^{n-1} + \cdots + a_n = h(z^2) + z g(z^2) \qquad (a_0 > 0)$$

die Bedingung, daß $h(u)$ (bzw. $g(u)$) für $u > 0$ sein Vorzeichen nicht ändert, und ist die letzte der Hurwitzschen Determinanten Δ_n von 0 verschieden, so wird die Anzahl k der Nullstellen des Polynoms $f(z)$, die in der rechten Halbebene der komplexen Zahlenebene liegen, durch folgende Formeln angeben:

	$n = 2m$	$n = 2m+1$
$h(u)$ ändert für $u > 0$ sein Vorzeichen nicht	$k = 2V(1, \Delta_1, \Delta_2, \Delta_3, \ldots, \Delta_{n-1})$ $= 2V(1, \Delta_2, \Delta_4, \ldots, \Delta_n)$	$k = 2V(1, \Delta_1, \Delta_3, \ldots, \Delta_n) - \frac{1-\varepsilon_\infty}{2}$ $= 2V(1, \Delta_2, \Delta_4, \ldots, \Delta_{n-1}) + \frac{1-\varepsilon_\infty}{2}$
$g(u)$ ändert für $u > 0$ sein Vorzeichen nicht	$k = 2V(1, \Delta_1, \Delta_3, \ldots, \Delta_{n-1}) + \frac{\varepsilon_\infty - \varepsilon_0}{2}$ $= 2V(1, \Delta_2, \Delta_4, \ldots, \Delta_n) - \frac{\varepsilon_\infty - \varepsilon_0}{2}$	$k = 2V(1, \Delta_1, \Delta_3, \ldots, \Delta_n) - \frac{1-\varepsilon_0}{2}$ $= 2V(1, \Delta_2, \Delta_4, \ldots, \Delta_{n-1}) + \frac{1-\varepsilon_0}{2}$

(83)

mit

$$\varepsilon_\infty = \operatorname{sign}\left[\frac{g(u)}{h(u)}\right]_{u=+\infty}, \qquad \varepsilon_0 = \operatorname{sign}\left[\frac{g(u)}{h(u)}\right]_{u=0^+}.^{1)} \tag{83'}$$

Beweis. Wir setzen wieder[2])

$$\varrho = I_{-\infty}^{+\infty} \frac{a_1 z^{n-1} - a_3 z^{n-3} + \cdots}{a_0 z^n - a_2 z^{n-2} + \cdots} = n - 2k. \tag{84}$$

[1]) Ist $a_1 \neq 0$, so ist $\varepsilon_\infty = \operatorname{sign} a_1$, und ist allgemein $a_1 = a_3 = \cdots = a_{2\mu-1} = 0$ und $a_{2\mu+1} \neq 0$, so ist $\varepsilon_\infty = \operatorname{sign} a_{2\mu+1}$. Ist ferner $a_{n-1} \neq 0$, so ist $\varepsilon_0 = \operatorname{sign} \frac{a_{n-1}}{a_n}$, und ist allgemein $a_{n-1} = a_{n-3} = \cdots = a_{n-2\mu+1} = 0$ und $a_{n-2\mu-1} \neq 0$, so ist $\varepsilon_0 = \operatorname{sign} \frac{a_{n-2\mu-1}}{a_n}$.

[2]) Vgl. (71) und (72); in unserem Fall ist $s = 0$.

In Übereinstimmung mit der Tabelle (83) betrachten wir vier Fälle:

1. $n = 2m$; $h(u)$ ändert für $u > 0$ sein Vorzeichen nicht. Dann ist[1])

$$I_0^{+\infty} \frac{g(u)}{h(u)} = I_0^{+\infty} \frac{ug(u)}{h(u)} = 0,$$

und aus der offenbar richtigen Gleichung

$$I_{-\infty}^{0} \frac{g(u)}{h(u)} = -I_{-\infty}^{0} \frac{ug(u)}{h(u)}$$

folgt daher[2])

$$I_{-\infty}^{+\infty} \frac{g(u)}{h(u)} = -I_{-\infty}^{+\infty} \frac{ug(u)}{h(u)}.$$

Dann erhalten wir aus (73′), (74) und (84)

$$k = 2V(1, \Delta_1, \Delta_3, \ldots).$$

In Analogie dazu folgt aus (73), (75) und (84)

$$k = 2V(1, \Delta_2, \Delta_4, \ldots, \Delta_n).$$

2. $n = 2m$; $g(u)$ ändert für $u > 0$ sein Vorzeichen nicht. In diesem Fall ist

$$I_0^{+\infty} \frac{h(u)}{g(u)} = I_0^{+\infty} \frac{h(u)}{ug(u)} = 0, \qquad I_{-\infty}^{0} \frac{h(u)}{g(u)} + I_{-\infty}^{0} \frac{h(u)}{ug(u)} = 0;$$

folglich findet man unter Benutzung der Bezeichnungen (83′)

$$I_{-\infty}^{+\infty} \frac{h(u)}{g(u)} + I_{-\infty}^{+\infty} \frac{h(u)}{ug(u)} - \varepsilon_0 = 0. \tag{85}$$

Ersetzt man den unter dem Indexzeichen stehenden Bruch durch seinen reziproken Wert, so erhält man wegen Eigenschaft 5 (vgl. S. 566)

$$I_{-\infty}^{+\infty} \frac{g(u)}{h(u)} + I_{-\infty}^{+\infty} \frac{ug(u)}{h(u)} = \varepsilon_\infty - \varepsilon_0.$$

Dies ergibt auf Grund von (73′), (74) und (84)

$$k = 2V(1, \Delta_1, \Delta_3, \ldots) + \frac{\varepsilon_\infty - \varepsilon_0}{2}.$$

Analog erhalten wir aus (73′), (75) und (84)

$$k = 2V(1, \Delta_2, \Delta_4, \ldots) - \frac{\varepsilon_\infty - \varepsilon_0}{2}.$$

---

[1]) Ist $h(u_1) = 0$ $(u_1 > 0)$, so ist $g(u_1) \neq 0$ wegen $\Delta_n \neq 0$. Aus $h(u) \geqq 0$ für $u > 0$ folgt also, daß $\frac{g(u)}{h(u)}$ sein Vorzeichen an der Stelle $u = u_1$ nicht ändert.

[2]) Aus $\Delta_n = a_n \Delta_{n-1} \neq 0$ folgt $h(0) = a_n \neq 0$.

3. $n = 2m + 1$; $g(u)$ ändert für $u > 0$ sein Vorzeichen nicht. In diesem Fall gilt wie im vorigen die Beziehung (85). Aus (73''), (74), (78), (84) und (85) erhalten wir leicht

$$k = 2V(1, \Delta_1, \Delta_3, \ldots) - \frac{1-\varepsilon_0}{2}, \quad k = 2V(1, \Delta_2, \Delta_4, \ldots) + \frac{1-\varepsilon_0}{2}.$$

4. $n = 2m + 1$; $h(u)$ ändert für $u > 0$ sein Vorzeichen nicht. Aus den Gleichungen

$$I_0^\infty \frac{g(u)}{h(u)} = I_0^\infty \frac{ug(u)}{h(u)} = 0 \quad \text{und} \quad I_{-\infty}^0 \frac{g(u)}{h(u)} + I_{-\infty}^0 \frac{ug(u)}{h(u)} = 0$$

ergibt sich

$$I_{-\infty}^{+\infty} \frac{g(u)}{h(u)} + I_{-\infty}^{+\infty} \frac{ug(u)}{h(u)} = 0.$$

Ersetzt man die unter den Indexzeichen stehenden Brüche durch ihre reziproken Werte, so erhält man

$$I_{-\infty}^{+\infty} \frac{h(u)}{g(u)} + I_{-\infty}^{+\infty} \frac{h(u)}{ug(u)} = \varepsilon_\infty.$$

Dann findet man aus (73''), (77) und (84)

$$k = 2V(1, \Delta_1, \Delta_3, \ldots) - \frac{1-\varepsilon_\infty}{2}, \quad k = 2V(1, \Delta_2, \Delta_4, \ldots) + \frac{1-\varepsilon_\infty}{2}.$$

Damit ist Satz 12 vollständig bewiesen.

Aus diesem Satz folgt Satz 11 als Spezialfall.

Folgerung aus Satz 12. *Besitzt ein reelles Polynom* $f(z) = a_0 z^n + a_1 z^{n-1} + \cdots + a_n$ $(a_0 > 0)$ *positive Koeffizienten,* $a_0 > 0$, $a_1 > 0$, $a_2 > 0, \ldots, a_n > 0$, *und ist* $\Delta_n \neq 0$, *so wird die Anzahl* k *der Nullstellen dieses Polynoms mit* $\operatorname{Re} z > 0$ *durch*

$$k = 2V(1, \Delta_1, \Delta_3, \ldots) = 2V(1, \Delta_2, \Delta_4, \ldots)$$

gegeben.

Bemerkung. Ist $\Delta_n \neq 0$, sind aber in der letzten Formel oder in (83) einige Hurwitzsche Determinanten innerhalb der Folge gleich 0, so muß man sich bei der Berechnung von $V(1, \Delta_1, \Delta_3, \ldots)$ und $V(1, \Delta_2, \Delta_4, \ldots)$ an die Regel halten, die in Bemerkung 1 auf S. 568 angegeben wurde.

Ist $\Delta_n = \Delta_{n-1} = \cdots = \Delta_{n-\varkappa+1} = 0$ und $\Delta_{n-\varkappa} \neq 0$, so bestimmen wir, indem wir in (83) die Determinanten $\Delta_{n-\varkappa+1}, \ldots, \Delta_n$ weglassen,[1] nach dieser Formel die Anzahl k_1 der Nullstellen von $f(z)$ mit $\operatorname{Re} z > 0$, deren negativer Wert nicht ebenfalls Nullstelle von $f(z)$ ist, sobald $h_1(u)$ und $g_1(u)$, die aus $h(u)$ bzw. $g(u)$ nach Division durch den größten gemeinsamen Teiler $d(u)$ entstanden sind, den Voraussetzungen von Satz 12 genügen.[2]

---

[1]) Vgl. S. 569.

[2]) Diese Bedingung ist erfüllt, sobald $h(u) \neq 0$ für $u > 0$ oder $g(u) \neq 0$ für $u > 0$ ist.

16.14. Einige Eigenschaften Hurwitzscher Polynome. Ein Satz von Stieltjes. Die Darstellung Hurwitzscher Polynome mit Hilfe von Kettenbrüchen

1. Gegeben sei ein reelles Polynom $f(z) = a_0 z^n + a_1 z^{n-1} + \cdots + a_n$ $(a_0 \neq 0)$, das wir in der Form

$$f(z) = h(z^2) + z g(z^2)$$

schreiben. Wir wollen feststellen, welche Bedingungen die Polynome $h(u)$ und $g(u)$ erfüllen müssen, damit $f(z)$ ein Hurwitzsches Polynom ist.

Setzt man in (20) (S. 532) $k = s = 0$, so erhält man eine notwendige und hinreichende Bedingung dafür, daß $f(z)$ ein Hurwitzsches Polynom ist, in Form der Gleichung $\varrho = n$, wobei, wie auch in den früheren Abschnitten,

$$\varrho = I_{-\infty}^{+\infty} \frac{a_1 z^{n-1} - a_3 z^{n-3} + \cdots}{a_0 z^n - a_2 z^{n-2} + \cdots}$$

ist.

Es sei $n = 2m$. Nach (73'), S. 567, kann diese Bedingung folgendermaßen angegeben werden:

$$n = 2m = I_{-\infty}^{+\infty} \frac{g(u)}{h(u)} - I_{-\infty}^{+\infty} \frac{u g(u)}{h(u)}. \tag{86}$$

Da der absolute Betrag des Index eines rationalen Bruches nicht den Grad des Nenners (im vorliegenden Fall also m) übertreffen kann, gilt (86) genau dann, wenn gleichzeitig

$$I_{-\infty}^{+\infty} \frac{g(u)}{h(u)} = m \quad \text{und} \quad I_{-\infty}^{+\infty} \frac{u g(u)}{h(u)} = -m \tag{87}$$

ist.

Für $n = 2m + 1$ ergibt (73''), berücksichtigt man $\varrho = n$,

$$n = I_{-\infty}^{+\infty} \frac{h(u)}{u g(u)} - I_{-\infty}^{+\infty} \frac{h(u)}{g(u)}.$$

Ersetzt man hier die unter dem Indexzeichen stehenden Brüche durch ihre Inversen (vgl. Eigenschaft 5 auf S. 566) und beachtet dabei, daß $h(u)$ und $g(u)$ den gleichen Grad m besitzen, so erhält man[1])

$$n = 2m + 1 = I_{-\infty}^{+\infty} \frac{g(u)}{h(u)} - I_{-\infty}^{+\infty} \frac{u g(u)}{h(u)} + \varepsilon_\infty. \tag{88}$$

Geht man wieder davon aus, daß der Betrag der Indizes der Brüche den Grad der Nenner nicht übertreffen kann, so läßt sich folgern, daß (88) dann und nur dann gilt,

---

[1]) Wie in 16.13. ist $\varepsilon_\infty = \operatorname{sign}\left[\frac{g(u)}{h(u)}\right]_{u=+\infty}$.

wenn gleichzeitig

$$I_{-\infty}^{+\infty} \frac{g(u)}{h(u)} = m, \quad I_{-\infty}^{+\infty} \frac{ug(u)}{h(u)} = -m \quad \text{und} \quad \varepsilon_\infty = 1 \tag{89}$$

ist.

Ist $n = 2m$, so besagt die erste der Gleichungen (87), daß das Polynom $h(u)$ genau m verschiedene reelle Nullstellen $u_1 < u_2 < \cdots < u_m$ besitzt und sich der Bruch $\frac{g(u)}{h(u)}$ in der Gestalt

$$\frac{g(u)}{h(u)} = \sum_{i=1}^{m} \frac{R_i}{u - u_i} \tag{90}$$

mit

$$R_i = \frac{g(u_i)}{h'(u_i)} > 0 \quad (i = 1, 2, \ldots, m) \tag{90'}$$

darstellen läßt. Aus dieser Darstellung des Bruches $\frac{g(u)}{h(u)}$ folgt, daß zwischen zwei beliebigen Nullstellen u_i und u_{i+1} des Polynoms $h(u)$ eine reelle Nullstelle u_i' des Polynoms $g(u)$ liegt ($i = 1, 2, \ldots, m - 1$) und die Koeffizienten der höchsten Potenz in $h(u)$ und $g(u)$ dasselbe Vorzeichen besitzen, d. h., es ist

$$h(u) = a_0(u - u_1) \cdots (u - u_m), \quad g(u) = a_1(u - u_1') \cdots (u - u_{m-1}'),$$
$$u_1 < u_1' < u_2 < u_2' < \cdots < u_{m-1} < u_{m-1}' < u_m; \quad a_0 a_1 > 0.$$

Die zweite der Gleichungen (87) ergibt nur eine zusätzliche Bedingung, und zwar $u_m < 0$. Auf Grund dieser Bedingungen müssen alle Nullstellen von $h(u)$ und $g(u)$ negativ sein.

Ist $n = 2m + 1$, so folgt aus der ersten der Gleichungen (89), daß $h(u)$ genau m verschiedene reelle Nullstellen $u_1, u_2, \ldots, u_m$ besitzt und

$$\frac{g(u)}{h(u)} = s_{-1} + \sum_{i=1}^{m} \frac{R_i}{u - u_i} \quad (s_{-1} \neq 0) \tag{91}$$

ist, wobei

$$R_i = \frac{g(u_i)}{h'(u_i)} > 0 \quad (i = 1, 2, \ldots, m) \tag{91'}$$

gilt. Aus der dritten der Gleichungen (89) folgt

$$s_{-1} > 0, \tag{92}$$

d. h., die Koeffizienten a_0 und a_1 der höchsten Potenzen besitzen dasselbe Vorzeichen. Ferner folgt aus (91), (91′) und (92), daß $g(u)$ genau m reelle Nullstellen $u_1' < u_2' < \cdots < u_m'$ besitzt, die im Innern der Intervalle $(-\infty, u_1)$, (u_1, u_2), $\ldots$, (u_{m-1}, u_m) liegen. Mit anderen Worten, es ist

$$h(u) = a_1(u - u_1) \cdots (u - u_m), \quad g(u) = a_0(u - u_1') \cdots (u - u_m'),$$
$$u_1' < u_1 < u_2' < u_2 < \cdots < u_m' < u_m; \quad a_0 a_1 > 0.$$

Die zweite der Gleichungen (89) ergibt, wie im Fall $n = 2m$, lediglich die zusätzliche Ungleichung $u_m < 0$.

Definition 3. Wir sagen, zwei Polynome m-ten (bzw. m-ten und $(m-1)$-ten) Grades $h(u)$ und $g(u)$ bilden ein *positives Paar*[1]) von Polynomen, wenn folgendes gilt: Die Nullstellen $u_1, u_2, \ldots, u_m$ und $u'_1, u'_2, \ldots, u'_m$ (bzw. $u'_1, u'_2, \ldots, u'_{m-1}$) dieser Polynome sind alle verschieden, reell, negativ und folgendermaßen angeordnet:

$$u'_1 < u_1 < u'_2 < u_2 < \cdots < u'_m < u_m < 0$$
$$(\text{bzw. } u_1 < u'_1 < u_2 < \cdots < u'_{m-1} < u_m < 0),$$

und die Koeffizienten der höchsten Potenzen dieser Polynome besitzen dasselbe Vorzeichen.[2])

Führen wir die positiven Zahlen $v_i = -u_i$ und $v'_i = -u'_i$ ein und multiplizieren wir die beiden Polynome $h(u)$ und $g(u)$, die ein positives Paar bilden, derart mit ± 1, daß die Koeffizienten der höchsten Potenzen dieser Polynome positiv werden, so lassen sich die beiden Polynome in folgender Form darstellen:

$$h(u) = a_1 \prod_{i=1}^{m} (u + v_i), \qquad g(u) = a_0 \prod_{i=1}^{m} (u + v'_i) \tag{93}$$

$$\text{mit} \quad a_1 > 0, \quad a_0 > 0, \quad 0 < v_m < v'_m < v_{m-1} < v'_{m-1} < \cdots < v_1 < v'_1,$$

wenn beide Polynome $h(u)$ und $g(u)$ den Grad m besitzen, und

$$h(u) = a_0 \prod_{i=1}^{m} (u + v_i), \qquad g(u) = a_1 \prod_{i=1}^{m-1} (u + v'_i) \tag{93'}$$

$$\text{mit } a_0 > 0, \quad a_1 > 0, \quad 0 < v_m < v'_{m-1} < v_{m-1} < \cdots < v'_1 < v_1,$$

wenn $h(u)$ den Grad m und $g(u)$ den Grad $m-1$ besitzt.

Die zuvor durchgeführten Überlegungen beweisen die folgenden beiden Sätze:

Satz 13. *Das Polynom $f(z) = h(z^2) + z g(z^2)$ ist genau dann ein Hurwitzsches Polynom, wenn die Polynome $h(u)$ und $g(u)$ ein positives Paar bilden.*[3])

Satz 14. *Die beiden Polynome $h(u)$ und $g(u)$, deren erstes den Grad m und deren zweites den Grad m oder $m-1$ besitzt, bilden genau dann ein positives Paar, wenn die Gleichungen*

$$I_{-\infty}^{+\infty} \frac{g(u)}{h(u)} = m, \qquad I_{-\infty}^{+\infty} \frac{u g(u)}{h(u)} = -m \tag{94}$$

---

[1]) Vgl. [7], S. 333. Die hier angegebene Definition eines positiven Paares von Polynomen unterscheidet sich etwas von der im Buch [7] gegebenen.

[2]) Verzichten wir auf die Forderung, daß alle Nullstellen negativ sind, so erhalten wir ein reelles Paar von Polynomen. Bezüglich der Verwendung dieses Begriffs für das Routh-Hurwitzsche Problem siehe [23].

[3]) Dieser Satz stellt einen Spezialfall des sogenannten Hermite-Biehlerschen Satzes dar (vgl. [37], S. 21).

gelten und für den Fall, daß die Grade von $h(u)$ und $g(u)$ übereinstimmen, zusätzlich die Bedingung

$$\varepsilon_\infty = \operatorname{sign}\left[\frac{g(u)}{h(u)}\right]_{+\infty} = 1 \tag{95}$$

gilt.

2. Aus den letzten Sätzen erhält man leicht unter Benutzung der Eigenschaften Cauchyscher Indizes einen Satz von STIELTJES über die Darstellung des Bruches $\frac{g(u)}{h(u)}$ in Form eines speziellen Kettenbruchs, wenn $h(u)$ und $g(u)$ ein positives Paar von Polynomen bilden.

Der Beweis des Satzes von STIELTJES stützt sich auf folgendes

Lemma. *Bilden die Polynome $h(u)$ und $g(u)$ (der Grad von $h(u)$ sei m) ein positives Paar und ist*

$$\frac{g(u)}{h(u)} = c + \cfrac{1}{du + \cfrac{h_1(u)}{g_1(u)}}, \tag{96}$$

wobei c und d Konstante und $h_1(u)$ und $g_1(u)$ Polynome mit einem Grad $\leqq m - 1$ sind, so gilt

1. $c \geqq 0,\ d > 0$;
2. *die Polynome $h_1(u)$ und $g_1(u)$ besitzen den Grad $m - 1$;*
3. *die Polynome $h_1(u)$ und $g_1(u)$ bilden ein positives Paar.*

Durch die Vorgabe von $h(u)$ und $g(u)$ sind die Polynome $h_1(u)$ und $g_1(u)$ (bis auf einen konstanten Faktor) und die Konstanten c und d eindeutig bestimmt.

Umgekehrt folgt aus (96) und 1., 2. und 3., daß die Polynome $h(u)$ und $g(u)$ ein positives Paar bilden, wobei $h(u)$ den Grad m und $g(u)$ den Grad m oder $m - 1$ besitzt, je nachdem, ob $c > 0$ oder $c = 0$ ist.

Beweis. Es sei $h(u)$, $g(u)$ ein positives Paar. Dann findet man aus (94) und (96)

$$m = I_{-\infty}^{+\infty} \frac{g(u)}{h(u)} = I_{-\infty}^{+\infty} \cfrac{1}{du + \cfrac{h_1(u)}{g_1(u)}}. \tag{97}$$

Aus dieser Gleichung folgt, daß der Grad von $g_1(u)$ gleich $m - 1$ und daß $d \neq 0$ ist. Ferner ergibt sich aus (97)

$$m = -I_{-\infty}^{+\infty}\left[du + \frac{h_1(u)}{g_1(u)}\right] + \operatorname{sign} d = -I_{-\infty}^{+\infty} \frac{h_1(u)}{g_1(u)} + \operatorname{sign} d.$$

Hieraus folgt $d > 0$ und

$$I_{-\infty}^{+\infty} \frac{h_1(u)}{g_1(u)} = -(m - 1). \tag{98}$$

Nun liefert die zweite der Gleichungen (94)

$$-m = I_{-\infty}^{+\infty} \frac{ug(u)}{h(u)} = I_{-\infty}^{+\infty} \left[cu + \cfrac{1}{d + \cfrac{h_1(u)}{ug_1(u)}} \right]$$

$$= I_{-\infty}^{+\infty} \cfrac{1}{d + \cfrac{h_1(u)}{ug_1(u)}} = -I_{-\infty}^{+\infty} \left[d + \frac{h_1(u)}{ug_1(u)} \right] = -I_{-\infty}^{+\infty} \frac{h_1(u)}{ug_1(u)}. \tag{99}$$

Hieraus folgt, daß $h_1(u)$ den Grad $m - 1$ besitzt.[1])

Die Bedingung (95) ergibt wegen (96) $c > 0$. Wenn aber der Grad von $g(u)$ kleiner als der Grad von $h(u)$ ist, findet man aus (96) $c = 0$.

Aus (98) und (99) folgt

$$I_{-\infty}^{+\infty} \frac{g_1(u)}{h_1(u)} = m - 1, \qquad I_{-\infty}^{+\infty} \frac{ug_1(u)}{h_1(u)} = -m + \varepsilon_\infty^{(1)} \tag{100}$$

mit

$$\varepsilon_\infty^{(1)} = \operatorname{sign} \left[\frac{g_1(u)}{h_1(u)} \right]_{u=+\infty}.$$

Da der zweite der Indizes in (100) dem Betrag nach $\leqq m - 1$ ist, gilt

$$\varepsilon_\infty^{(1)} = 1; \tag{101}$$

dann läßt sich aber aus (100) und (101) auf Grund des Satzes 12 schließen, daß die Polynome $h_1(u)$ und $g_1(u)$ ein positives Paar bilden.

Aus (96) folgt

$$c = \lim_{u \to \infty} \frac{g(u)}{h(u)}, \qquad \lim_{u \to \infty} \left[\frac{g(u)}{h(u)} - c \right] u = \frac{1}{d}.$$

Nachdem c und d berechnet sind, wird das Verhältnis $\frac{h_1(u)}{g_1(u)}$ aus (96) bestimmt.

Verwendet man die Relationen (97), (98), (99), (100) und (101) in genau umgekehrter Reihenfolge, so ergibt sich daraus der zweite Teil des Lemmas. Damit ist das Lemma vollständig bewiesen.

Gegeben sei ein positives Paar von Polynomen $h(u)$ und $g(u)$; der Grad von $h(u)$ sei m. Dividiert man $g(u)$ durch $h(u)$ und bezeichnet man den Quotienten mit c_0, den Rest mit $g_1(u)$, so erhält man

$$\frac{g(u)}{h(u)} = c_0 + \frac{g_1(u)}{h(u)} = c_0 + \cfrac{1}{\cfrac{h(u)}{g_1(u)}}.$$

[1]) Aus (99) folgt, daß der Nenner $ug_1(u)$ den Grad m hat und daß zwischen jeweils zwei Nullstellen des Nenners $ug_1(u)$ eine Nullstelle des Zählers $h_1(u)$ liegt.

Das Verhältnis $\frac{h(u)}{g_1(u)}$ läßt sich in der Form $d_0 u + \frac{h_1(u)}{g_1(u)}$ darstellen, wobei sowohl der Grad von $h_1(u)$ als auch der Grad von $g_1(u)$ kleiner als m ist. Hieraus folgt

$$\frac{g(u)}{h(u)} = c_0 + \cfrac{1}{d_0 u + \cfrac{h_1(u)}{g_1(u)}}. \tag{102}$$

Für ein positives Paar $h(u)$, $g(u)$ gilt also stets die Darstellung (96). Auf Grund des Lemmas ist $c_0 \geqq 0$, $d_0 > 0$, und die Polynome $h_1(u)$ und $g_1(u)$ besitzen den Grad $m - 1$ und bilden ein positives Paar.

Wenden wir dieselben Überlegungen auf das positive Paar $h_1(u)$, $g_1(u)$ an, so finden wir

$$\frac{g_1(u)}{h_1(u)} = c_1 + \cfrac{1}{d_1 u + \cfrac{h_2(u)}{g_2(u)}} \tag{102'}$$

mit $c_1 > 0$, $d_1 > 0$, und die Polynome $h_2(u)$ und $g_2(u)$ besitzen den Grad $m - 2$ und bilden ein positives Paar. Setzen wir diesen Prozeß fort, so erhalten wir schließlich das positive Paar h_m, g_m, wobei h_m und g_m Konstante gleichen Vorzeichens sind. Wir setzen

$$\frac{g_m}{h_m} = c_m. \tag{102$^{(m)}$}$$

Dann ergibt sich aus (102), (102'), ..., (102$^{(m)}$)

$$\frac{g(u)}{h(u)} = c_0 + \cfrac{1}{d_0 u + \cfrac{1}{c_1 + \cfrac{1}{d_1 u + \cfrac{1}{c_2 + \cdots + \cfrac{1}{d_{m-1} u + \cfrac{1}{c_m}}}}}}.$$

Benutzt man den zweiten Teil des Lemmas, so kann man analog zeigen, daß für beliebige $c_0 \geqq 0$, $c_1 > 0, \ldots, c_m > 0$, $d_0 > 0$, $d_1 > 0, \ldots, d_{m-1} > 0$ der entsprechende Kettenbruch stets eindeutig (bis auf einen gemeinsamen konstanten Faktor) ein positives Paar von Polynomen $h(u)$ und $g(u)$ definiert; dabei besitzt $h(u)$ den Grad m, und der Grad von $g(u)$ ist m, wenn $c_0 > 0$, und $m - 1$, wenn $c_0 = 0$ ist.

Damit haben wir folgenden Satz bewiesen:[1])

Satz 15 (STIELTJES). *Bilden $h(u)$ und $g(u)$ ein positives Paar von Polynomen und besitzt $h(u)$ den Grad m, so ist*

$$\frac{g(u)}{h(u)} = c_0 + \cfrac{1}{d_0 u + \cfrac{1}{c_1 + \cfrac{1}{d_1 u + \cfrac{1}{c_2 + \cfrac{\ddots}{\qquad + \cfrac{1}{d_{m-1} u + \cfrac{1}{c_m}}}}}}} \tag{103}$$

und dabei

$$c_0 \geqq 0,\ c_1 > 0, \ldots, c_m > 0, \qquad d_0 > 0, \ldots, d_{m-1} > 0.$$

Besitzt $g(u)$ den Grad $m - 1$, so ist $c_0 = 0$; dagegen ist $c_0 > 0$, wenn $g(u)$ ein Polynom m-ten Grades ist. Die Konstanten c_i und d_k sind durch $h(u)$ und $g(u)$ eindeutig bestimmt.

Umgekehrt definiert der Kettenbruch (103) für beliebiges $c_0 \geqq 0$ und beliebige positive $c_1, \ldots, c_m$ und $d_0, \ldots, d_{m-1}$ ein positives Paar von Polynomen $h(u)$ und $g(u)$, wobei $h(u)$ den Grad m besitzt.

Aus Satz 13 und dem Satz von STIELTJES folgt:

Satz 16. *Ein reelles Polynom n-ten Grades $f(z) = h(z^2) + zg(z^2)$ ist genau dann ein Hurwitzsches Polynom, wenn für nichtnegatives c_0 und positive $c_1, \ldots, c_m$ und $d_0, \ldots, d_{m-1}$ die Beziehung (103) gilt. Dabei ist $c_0 > 0$, wenn n ungerade, und $c_0 = 0$, wenn n gerade ist.*

16.15. Das Stabilitätsgebiet. Die Markovschen Parameter

Jedem reellen Polynom n-ten Grades kann man einen Punkt des n-dimensionalen Raumes zuordnen, dessen Koordinaten aus den durch den Koeffizienten der höchsten Potenz dividierten übrigen Koeffizienten bestehen. In diesem „Koeffizientenraum" bilden alle Hurwitzschen Polynome ein gewisses n-dimensionales Gebiet, welches durch die Hurwitzschen Ungleichungen $\Delta_2 > 0, \ldots, \Delta_n > 0$ oder durch die Ungleichungen $a_n > 0$, $a_{n-2} > 0, \ldots$ und $\Delta_1 > 0$, $\Delta_3 > 0, \ldots$ von LIÉNARD und CHIPART definiert wird[2]). Dieses Gebiet wird *Stabilitätsgebiet* genannt. Sind die Koeffizienten

[1]) Einen Beweis des Satzes von STIELTJES, der sich nicht auf die Theorie der Cauchyschen Indizes stützt, findet man in [7] auf den S. 333—337.

[2]) für $a_0 = 1$.

der Gleichung als Funktionen von p Parametern gegeben, so wird das Stabilitätsgebiet im Raum dieser Parameter gebildet.

Untersuchungen des Stabilitätsgebietes besitzen große Bedeutung z. B. für die Projektierung neuer Regelungssysteme.[1])

In 16.17. werden wir zeigen, daß zwei bemerkenswerte Sätze, die von A. A. MARKOV und P. L. ČEBYŠEV im Zusammenhang mit der Entwicklung von Kettenbrüchen in Potenzreihen nach negativen Potenzen des Arguments aufgestellt wurden, enge Beziehungen zu der Untersuchung des Stabilitätsgebietes haben. Zur Formulierung und zum Beweis dieser Sätze ist es bequem, die Polynome nicht durch ihre Koeffizienten, sondern durch spezielle Parameter, die wir *Markovsche Parameter* nennen, zu beschreiben.

Gegeben sei ein reelles Polynom

$$f(z) = a_0 z^n + a_1 z^{n-1} + \cdots + a_n \qquad (a_0 \neq 0).$$

Wir stellen es in der Form

$$f(z) = h(z^2) + z g(z^2)$$

dar und setzen voraus, daß die Polynome $h(u)$ und $ug(u)$ teilerfremd sind ($\Delta_n \neq 0$). Den Bruch $\frac{g(u)}{h(u)}$ entwickeln wir in eine Reihe nach fallenden Potenzen von u[2]):

$$\frac{g(u)}{h(u)} = s_{-1} + \frac{s_0}{u} - \frac{s_1}{u^2} + \frac{s_2}{u^3} - \frac{s_3}{u^4} + \cdots. \tag{104}$$

Ist n ungerade, so müssen wir, um diese Gleichung zu erhalten, notwendigerweise $a_1 \neq 0$ zusätzlich voraussetzen (da andernfalls $s_{-1} = \infty$ wäre).

Die Zahlenfolge $s_0, s_1, s_2, \ldots$ definiert die unendliche Hankelsche Matrix $S = \|s_{i+k}\|_0^\infty$. Wir definieren die rationale Funktion $R(v)$ durch

$$R(v) = -\frac{g(-v)}{h(-v)}. \tag{105}$$

Dann ist

$$R(v) = -s_{-1} + \frac{s_0}{v} + \frac{s_1}{v^2} + \frac{s_2}{v^3} + \cdots, \tag{106}$$

und somit gilt die Zuordnung (vgl. S. 558)

$$R(v) \to S. \tag{107}$$

---

[1]) Der Untersuchung des Stabilitätsgebietes, aber auch der Gebiete, die verschiedenen Werten von k entsprechen (k ist die Anzahl der in der rechten Halbebene der komplexen Zahlenebene liegenden Nullstellen), ist eine ganze Reihe von Arbeiten JU. I. NAJMARKS gewidmet (vgl. die Monographie [27]).

[2]) Im weiteren erweist es sich als bequem, die Koeffizienten der geraden negativen Potenzen von u mit $-s_1, -s_3, \ldots$ zu bezeichnen.

Hieraus folgt,[1]) daß die Matrix S den Rang $m = \left[\frac{n}{2}\right]$ besitzt, da m der Grad des Polynoms $h(u)$ und folglich die Anzahl der Pole von $R(v)$ ist.

Es sei $n = 2m$ (in diesem Fall ist $s_{-1} = 0$); dann ist durch Vorgabe der Matrix S der reduzierte Bruch $\frac{g(u)}{h(u)}$ und folglich auch bis auf einen konstanten Faktor das Polynom $f(z)$ eindeutig bestimmt. Ist $n = 2m + 1$, so muß man zur Bestimmung von $f(z)$ außer der Matrix S auch noch den Koeffizienten s_{-1} kennen.

Andererseits ist die Vorgabe der ersten $2m$ Zahlen $s_0, s_1, \ldots, s_{2m-1}$ hinreichend zur Bestimmung einer unendlichen Hankelschen Matrix vom Rang m. Die Zahlen $s_0, s_1, \ldots, s_{2m-1}$ können beliebig gewählt werden, wenn man dabei als einzige Beschränkung beachtet, daß

$$D_m = |s_{i+k}|_0^m \neq 0 \tag{108}$$

sein muß; alle folgenden Koeffizienten der Entwicklung (104), nämlich $s_{2m}, s_{2m+1}, \ldots$, können eindeutig (und überdies rational) durch die ersten $2m$ Koeffizienten $s_0, s_1, \ldots, s_{2m-1}$ ausgedrückt werden, da die Elemente einer unendlichen Hankelschen Matrix S vom Rang m durch folgende Rekursionsformeln miteinander verknüpft sind (vgl. Satz 7 auf S. 555):

$$s_q = \sum_{g=1}^{m} \alpha_g s_{q-g} \quad (q = m, m+1, \ldots). \tag{109}$$

Genügen die Zahlen $s_0, s_1, \ldots, s_{2m-1}$ der Ungleichung (108), so lassen sich nach Vorgabe dieser Zahlen aus den ersten m Relationen (109) die Koeffizienten $\alpha_1, \alpha_2, \ldots, \alpha_m$ eindeutig bestimmen; danach gewinnt man aus den Relationen (109) die Zahlen $s_{2m}, s_{2m+1}, \ldots$.

Somit kann ein reelles Polynom $f(z)$ vom Grad $n = 2m$ mit $\Delta_n \neq 0$ eindeutig[2]) durch die $2m$ Zahlen $s_0, s_1, \ldots, s_{2m-1}$ beschrieben werden, die der Ungleichung (108) genügen. Für $n = 2m + 1$ ist zu diesen Zahlen noch s_{-1} hinzuzufügen.

Die n Größen $s_0, s_1, \ldots, s_{2m-1}$ (für $n = 2m$) bzw. $s_{-1}, s_0, \ldots, s_{2m-1}$ (für $n = 2m + 1$) werden die *Markovschen Parameter* des Polynoms $f(z)$ genannt. Im n-dimensionalen Raum können diese Parameter als Koordinaten des Punktes, der das gegebene Polynom $f(z)$ darstellt, angesehen werden.

Wir werden feststellen, welche Bedingungen die Markovschen Parameter erfüllen müssen, damit das entsprechende Polynom $f(z)$ ein Hurwitzsches Polynom ist. Damit wird gleichzeitig das Stabilitätsgebiet im Raum der Markovschen Parameter bestimmt.

Ein Hurwitzsches Polynom wird durch die Bedingungen (94) charakterisiert, zu denen für $n = 2m + 1$ die zusätzliche Bedingung (95) tritt. Durch Einführung der Funktion $R(v)$ (vgl. (105)) lassen sich die Gleichungen (94) folgendermaßen schreiben:

$$I_{-\infty}^{+\infty} R(v) = m, \qquad I_{-\infty}^{+\infty} v R(v) = m. \tag{110}$$

---

[1]) Vgl. Satz 8 (S. 557).

[2]) bis auf einen konstanten Faktor

Die zusätzliche Bedingung (95) für $n = 2m + 1$ ergibt $s_{-1} > 0$.

Neben der Matrix $S = \|s_{i+k}\|_0^\infty$ führen wir die unendliche Hankelsche Matrix $S^{(1)} = \|s_{i+k+1}\|_0^\infty$ ein. Da aus (106)

$$vR(v) = -s_{-1}v + s_0 + \frac{s_1}{v} + \frac{s_2}{v^2} + \cdots$$

folgt, gilt die Zuordnung

$$vR(v) \to S^{(1)}. \tag{111}$$

Die Matrix $S^{(1)}$ hat ebenso wie die Matrix S den endlichen Rang m, da die Funktion $vR(v)$ ebenso wie $R(v)$ genau m Pole besitzt. Folglich ist auch der Rang der Formen

$$S_m(x, x) = \sum_{i,k=0}^{m-1} s_{i+k}x_i x_k, \qquad S_m^{(1)}(x, x) = \sum_{i,k=0}^{m-1} s_{i+k+1}x_i x_k$$

gleich m. Nach Satz 9 (S. 560) sind aber die Signaturen dieser Formen auf Grund der Relationen (107) und (111) gleich den Indizes (110) und folglich ebenfalls gleich m. Somit besagen die Bedingungen (110), daß die quadratischen Formen $S_m(x, x)$ und $S_m^{(1)}(x, x)$ positiv definit sind.

Wir haben also folgenden Satz gewonnen:

Satz 17. *Ein reelles Polynom $f(z) = h(z^2) + zg(z^2)$, das den Grad $n = 2m$ oder $n = 2m + 1$ besitzt, ist genau dann*[1] *ein Hurwitzsches Polynom, wenn*

1. *die quadratischen Formen*

$$S_m(x, x) = \sum_{i,k=0}^{m-1} s_{i+k}x_i x_k, \qquad S_m^{(1)}(x, x) = \sum_{i,k=0}^{m-1} s_{i+k+1}x_i x_k \tag{112}$$

positiv definit sind, und

2. (*für $n = 2m + 1$*)

$$s_{-1} > 0 \tag{113}$$

ist.

[1]) Wir haben nicht speziell die Ungleichung $\Delta_n \neq 0$ gefordert, da sie aus den Voraussetzungen des Satzes folgt. Ist nämlich $f(z)$ ein Hurwitzsches Polynom, so ist bekanntlich $\Delta_n \neq 0$. Sind dagegen die Bedingungen 1 und 2 gegeben, so ergibt die Tatsache, daß $S_m^{(1)}(x, x)$ positiv definit ist, die Gleichung

$$-I_{-\infty}^{+\infty}\frac{ug(u)}{h(u)} - I_{-\infty}^{+\infty} vR(v) = m;$$

hieraus wiederum folgt, daß $\frac{ug(u)}{h(u)}$ ein reduzierter Bruch ist, was durch die Ungleichung $\Delta_n \neq 0$ ausgedrückt ist.

Ebenso folgt aus den Voraussetzungen des Satzes, daß $D_m = |s_{i+k}|_0^{m-1} \neq 0$ ist, d. h., daß die Zahlen $s_0, s_1, \ldots, s_{2m-1}$ und (für $n = 2m + 1$) auch s_{-1} die Markovschen Parameter des Polynoms $f(z)$ sind.

Hierbei sind $s_{-1}, s_0, s_1, \ldots, s_{2m-1}$ *die in der Entwicklung*

$$\frac{g(u)}{h(u)} = s_{-1} + \frac{s_0}{u} - \frac{s_1}{u^2} + \frac{s_2}{u^3} - \frac{s_3}{u^4} + \cdots$$

auftretenden Koeffizienten.

Für die auftretenden Determinanten führen wir folgende Bezeichnungen ein:

$$D_p = |s_{i+k}|_0^{p-1}, \quad D_p^{(1)} = |s_{i+k+1}|_0^{p-1} \quad (p = 1, 2, \ldots, m). \tag{114}$$

Dann ist die Bedingung 1 dem nachstehenden System von Determinantenungleichungen äquivalent:

$$\left.\begin{aligned} D_1 &= s_0 > 0, \quad D_2 = \begin{vmatrix} s_0 & s_1 \\ s_1 & s_2 \end{vmatrix} > 0, \ldots, D_m = \begin{vmatrix} s_0 & s_1 & \cdots & s_{m-1} \\ s_1 & s_2 & \cdots & s_m \\ \cdots & \cdots & \cdots & \cdots \\ s_{m-1} & s_m & \cdots & s_{2m-2} \end{vmatrix} > 0, \\ D_1^{(1)} &= s_1 > 0, \quad D_2^{(1)} = \begin{vmatrix} s_1 & s_2 \\ s_2 & s_3 \end{vmatrix} > 0, \ldots, D_m^{(1)} = \begin{vmatrix} s_1 & s_2 & \cdots & s_m \\ s_2 & s_3 & \cdots & s_{m+1} \\ \cdots & \cdots & \cdots & \cdots \\ s_m & s_{m+1} & & s_{2m-1} \end{vmatrix} > 0. \end{aligned}\right\} \tag{115}$$

Für $n = 2m$ definieren die Ungleichungen (115) das Stabilitätsgebiet im Raum der Markovschen Parameter. Für $n = 2m + 1$ müssen diese Ungleichungen noch durch

$$s_{-1} > 0 \tag{116}$$

ergänzt werden.

In 16.16. untersuchen wir, welche Eigenschaften der Matrix S sich aus den Ungleichungen (115) ergeben, und bestimmen dadurch die Klasse der unendlichen Hankelschen Matrizen, die den Hurwitzschen Polynomen entspricht.

16.16. Der Zusammenhang mit dem Momentenproblem

1. Wir formulieren zu Beginn das folgende *Momentenproblem auf der positiven Halbachse* $0 < v < \infty$.[1]

Gegeben ist eine Folge reeller Zahlen $s_0, s_1, \ldots$. *Es sind positive Zahlen*

$$\mu_1 > 0, \quad \mu_2 > 0, \ldots, \mu_m > 0, \quad 0 < v_1 < v_2 < \cdots < v_m \tag{117}$$

[1]) Dieses Momentenproblem muß man *diskret* nennen im Gegensatz zu dem allgemeinen Momentenproblem, bei dem die Summe $\sum_{j=1}^{m} \mu_j v_j^p$ durch das Stieltjes-Integral $\int_0^\infty v^p \, d\mu(v)$ ersetzt wird (vgl. [3]).

derart zu bestimmen, daß die folgenden Gleichungen gelten:

$$s_p = \sum_{j=1}^{m} \mu_j v_j^p \quad (p = 0, 1, 2, \ldots). \tag{118}$$

Man kann leicht feststellen, daß das Gleichungssystem (118) mit der folgenden Reihenentwicklung nach negativen Potenzen von u gleichbedeutend ist:

$$\sum_{j=1}^{m} \frac{\mu_j}{u + v_j} = \frac{s_0}{u} - \frac{s_1}{u^2} + \frac{s_2}{u^3} - \cdots. \tag{119}$$

In diesem Fall besitzt die unendliche Hankelsche Matrix $S = \|s_{i+k}\|_0^\infty$ den endlichen Rang m, und auf Grund der Ungleichungen (117) bilden die Polynome $g(u)$ und $h(u)$ in dem reduzierten Bruch

$$\frac{g(u)}{h(u)} = \sum_{j=1}^{m} \frac{\mu_j}{u + v_j} \tag{120}$$

ein positives Paar (vgl. (91) und (91')); die Koeffizienten der höchsten Potenzen von $h(u)$ und $g(u)$ wählen wir positiv). Daher (vgl. Satz 14) besitzt das von uns formulierte Momentenproblem genau dann eine Lösung, wenn die Zahlenfolge $s_0, s_1, s_2, \ldots$ mit Hilfe von (119) und (120) ein Hurwitzsches Polynom $2m$-ten Grades $f(z) = h(z^2) + zg(z^2)$ definiert.

Die Lösung des Momentenproblems ist eindeutig, da durch die Entwicklung (119) die positiven Zahlen v_j und μ_j $(j = 1, 2, \ldots, m)$ eindeutig bestimmt sind.

Neben dem „unendlichen" Momentenproblem (118) betrachten wir auch das „endliche" Momentenproblem, das uns durch die ersten $2m$ Gleichungen von (118) gegeben wird:

$$s_p = \sum_{j=1}^{m} \mu_j v_j^p \quad (p = 0, 1, \ldots, 2m - 1). \tag{121}$$

Aus diesen Relationen folgen bereits für die Hankelschen quadratischen Formen die Ausdrücke

$$\begin{aligned} \sum_{i,k=0}^{m-1} s_{i+k} x_i x_k &= \sum_{j=1}^{m} \mu_j (x_0 + x_1 v_j + \cdots + x_{m-1} v_j^{m-1})^2, \\ \sum_{i,k=0}^{m-1} s_{i+k+1} x_i x_k &= \sum_{j=1}^{m} x_j v_j (x_0 + x_1 v_j + \cdots + x_{m-1} v_j^{m-1})^2. \end{aligned} \tag{122}$$

Da die Linearformen $x_0 + x_1 v_j + \cdots + x_{m-1} v_j^{m-1}$ $(j = 1, 2, \ldots, m)$ in den Variablen $x_0, x_1, \ldots, x_{m-1}$ linear unabhängig (die Koeffizienten dieser Formen bilden eine nichtverschwindende Vandermondesche Determinante!) und die v_j und μ_j größer als 0 sind $(j = 1, 2, \ldots, m)$, handelt es sich bei den Formen (122) um positiv definite quadratische Formen. Nach Satz 17 sind dann die Zahlen $s_0, s_1, \ldots, s_{2m-1}$ die Markovschen Parameter eines gewissen Hurwitzschen Polynoms $f(z)$. Die Zahlen stellen die ersten $2m$ Koeffizienten der Entwicklung (119) dar. Gemeinsam mit den übrigen Koeffizienten $s_{2m}, s_{2m+1}, \ldots$ bestimmen sie das lösbare unendliche Momentenproblem (118), das dieselbe Lösung besitzt wie das endliche Problem (121).

Damit haben wir folgenden Satz bewiesen:

Satz 18. 1. *Das endliche Momentenproblem*

$$s_p = \sum_{j=1}^{m} \mu_j v_j^p \tag{123}$$

($p = 0, 1, \ldots, 2m-1$; $\mu_1 > 0, \ldots, \mu_m > 0$; $0 < v_1 < v_2 < \cdots < v_m$), wobei die s_p gegeben und die v_j und μ_j gesuchte reelle Zahlen sind, besitzt genau dann eine Lösung, wenn die quadratischen Formen

$$\sum_{i,k=0}^{m-1} s_{i+k} x_i x_k, \qquad \sum_{i,k=0}^{m-1} s_{i+k+1} x_i x_k \tag{124}$$

positiv definit, d. h., wenn die Zahlen $s_0, s_1, \ldots, s_{2m-1}$ die Markovschen Parameter eines gewissen Hurwitzschen Polynoms $2m$-ten Grades sind.

2. *Das unendliche Momentenproblem*

$$s_p = \sum_{j=1}^{m} \mu_j v_j^p \tag{125}$$

($p = 0, 1, \ldots$; $\mu_1 > 0, \ldots, \mu_m > 0$; $0 < v_1 < v_2 < \cdots < v_m$), wobei die s_p gegeben und die v_j und μ_j gesuchte reelle Zahlen sind, besitzt genau dann eine Lösung, wenn a) *die quadratischen Formen* (124) *positiv definit sind und* b) *die unendliche Hankelsche Matrix $S = \|s_{i+k}\|_0^\infty$ den Rang m besitzt, d. h., wenn die Reihe*

$$\frac{s_0}{u} - \frac{s_1}{u^2} + \frac{s_2}{u^3} - \cdots = \frac{g(u)}{h(u)} \tag{126}$$

ein Hurwitzsches Polynom $f(z) = h(z^2) + z g(z^2)$ vom Grad $2m$ definiert.

3. *Sowohl die Lösung des endlichen Momentenproblems* (123) *als auch die des unendlichen Problems* (124) *ist eindeutig bestimmt.*

2. Den eben bewiesenen Satz benutzen wir zur Untersuchung der Minoren unendlicher Hankelscher Matrizen $S = \|s_{i+k}\|_0^\infty$ vom Rang m, denen gewisse Hurwitzsche Polynome entsprechen, d. h., wir betrachten die Minoren der Matrizen $S = \|s_{i+k}\|_0^\infty$, für die die quadratischen Formen (124) positiv definit sind. In diesem Fall können die die Matrix S erzeugenden Zahlen $s_0, s_1, \ldots$ in der Form (123) dargestellt werden, und somit gilt für beliebige Minoren der Matrix S, die die Ordnung $h \leqq m$ besitzen,

$$\begin{Vmatrix} s_{i_1+k_1} & \cdots & s_{i_1+k_h} \\ \cdots & \cdots & \cdots \\ s_{i_h+k_1} & \cdots & s_{i_h+k_h} \end{Vmatrix} = \begin{Vmatrix} \mu_1 v_1^{i_1} & \mu_2 v_2^{i_1} & \cdots & \mu_m v_m^{i_1} \\ \cdots & \cdots & \cdots & \cdots \\ \mu_1 v_1^{i_h} & \mu_2 v_2^{i_h} & \cdots & \mu_m v_m^{i_h} \end{Vmatrix} \cdot \begin{Vmatrix} v_1^{k_1} & \cdots & v_1^{k_h} \\ v_2^{k_1} & \cdots & v_2^{k_h} \\ \cdots & \cdots & \cdots \\ v_m^{k_1} & \cdots & v_m^{k_h} \end{Vmatrix}$$

und folglich

$$S\begin{pmatrix} i_1 & i_2 & \dots & i_h \\ k_1 & k_2 & \dots & k_h \end{pmatrix}$$

$$= \sum_{1 \leqq \alpha_1 < \alpha_2 < \cdots < \alpha_h \leqq m} \mu_{\alpha_1}\mu_{\alpha_2} \cdots \mu_{\alpha_h} \begin{vmatrix} v_{\alpha_1}^{i_1} & v_{\alpha_2}^{i_1} & \dots & v_{\alpha_h}^{i_1} \\ v_{\alpha_1}^{i_2} & v_{\alpha_2}^{i_2} & \dots & v_{\alpha_h}^{i_2} \\ \dots & \dots & \dots & \dots \\ v_{\alpha_1}^{i_h} & v_{\alpha_2}^{i_h} & \dots & v_{\alpha_h}^{i_h} \end{vmatrix} \begin{vmatrix} v_{\alpha_1}^{k_1} & v_{\alpha_1}^{k_2} & \dots & v_{\alpha_1}^{k_h} \\ v_{\alpha_2}^{k_1} & v_{\alpha_2}^{k_2} & \dots & v_{\alpha_2}^{k_h} \\ \dots & \dots & \dots & \dots \\ v_{\alpha_h}^{k_1} & v_{\alpha_h}^{k_2} & \dots & v_{\alpha_h}^{k_h} \end{vmatrix}. \tag{127}$$

Aus den Ungleichungen

$$0 < v_1 < v_2 < \cdots < v_m, \quad i_1 < i_2 < \cdots < i_h, \quad k_1 < k_2 < \cdots < k_h$$

ergibt sich schließlich, daß die verallgemeinerten Vandermondeschen Determinanten positiv sind:[1])

$$\begin{vmatrix} v_{\alpha_1}^{i_1} & v_{\alpha_2}^{i_1} & \dots & v_{\alpha_h}^{i_1} \\ v_{\alpha_1}^{i_2} & v_{\alpha_2}^{i_2} & \dots & v_{\alpha_h}^{i_2} \\ \dots & \dots & \dots & \dots \\ v_{\alpha_1}^{i_h} & v_{\alpha_2}^{i_h} & \dots & v_{\alpha_h}^{i_h} \end{vmatrix} > 0, \qquad \begin{vmatrix} v_{\alpha_1}^{k_1} & v_{\alpha_1}^{k_2} & \dots & v_{\alpha_1}^{k_h} \\ v_{\alpha_2}^{k_1} & v_{\alpha_2}^{k_2} & \dots & v_{\alpha_2}^{k_h} \\ \dots & \dots & \dots & \dots \\ v_{\alpha_h}^{k_1} & v_{\alpha_h}^{k_2} & \dots & v_{\alpha_h}^{k_h} \end{vmatrix} > 0.$$

Da auch die Zahlen μ_j größer als 0 sind ($j = 1, 2, \ldots, m$), folgt aus (127)

$$S\begin{pmatrix} i_1 & i_2 & \dots & i_h \\ k_1 & k_2 & \dots & k_h \end{pmatrix} > 0$$

$$(0 \leqq i_1 < i_2 < \cdots < i_h;\ 0 \leqq k_1 < k_2 < \cdots < k_h;\ h = 1, 2, \ldots, m). \tag{128}$$

Sind umgekehrt alle Minoren beliebiger Ordnung $h \leqq m$ einer Hankelschen Matrix $S = \|s_{i+k}\|_0^\infty$ vom Rang m positiv, so sind die quadratischen Formen (124) positiv definit.

Wir führen folgende Definition ein:

Definition 4. Wir nennen eine unendliche Matrix $A = \|a_{ik}\|_1^n$ *vollständig positiv vom Rang m*, wenn alle Minoren der Matrix A, deren Ordnung kleiner oder gleich m ist, positiv sind und alle Minoren, deren Ordnung größer als m ist, verschwinden.

Wir formulieren nun die oben bewiesenen Eigenschaften der Matrix S.[2])

Satz 19. *Die unendliche Hankelsche Matrix $S = \|s_{i+k}\|_0^\infty$ ist genau dann vollständig positiv vom Rang m, wenn* a) *die Matrix S den Rang m besitzt und* b) *die quadratischen Formen*

$$\sum_{i,k=0}^{m-1} s_{i+k} x_i x_k, \qquad \sum_{i,k=0}^{m-1} s_{i+k+1} x_i x_k$$

positiv definit sind.

[1]) Vgl. S. 441, Beispiel 1.

[2]) Vgl. [82e].

Aus diesem Satz und Satz 17 folgt

Satz 20. *Ein reelles Polynom n-ten Grades $f(z)$ ist genau dann ein Hurwitzsches Polynom, wenn die zugehörige unendliche Hankelsche Matrix $S = \|s_{i+k}\|_0^\infty$ vollständig positiv vom Rang $m = [n/2]$ ist und für ungerades n zusätzlich $s_{-1} > 0$ gilt.*

Die Elemente $s_0, s_1, s_2, \ldots$ der Matrix S und die Zahl s_{-1} sind durch die Entwicklung

$$\frac{g(u)}{h(u)} = s_{-1} + \frac{s_0}{u} - \frac{s_1}{u^2} + \frac{s_2}{u^3} - \cdots \tag{129}$$

definiert, wobei

$$f(z) = h(z^2) + zg(z^2)$$

ist.

16.17. Der Zusammenhang der Hurwitzschen mit den Markovschen Determinanten[1])

Wir betrachten zunächst den Fall, daß $n = 2m$ gerade ist. Dann ist

$$\frac{g(u)}{h(u)} = \frac{a_1 u^{m-1} + a_3 u^{m-2} + \cdots}{a_0 u^m + a_2 u^{m-1} + \cdots} = \frac{s_0}{u} - \frac{s_1}{u^2} + \frac{s_2}{u^3} - \cdots. \tag{130}$$

Im Einklang mit (68′) auf S. 564 haben wir

$$\nabla_{2p} = \begin{vmatrix} a_0 & a_2 & a_4 & a_6 & \cdots \\ 0 & a_1 & a_3 & a_5 & \cdots \\ 0 & a_0 & a_2 & a_4 & \cdots \\ 0 & 0 & a_1 & a_3 & \cdots \\ \cdots & \cdots & \cdots & \cdots & \cdots \end{vmatrix} = a_0^{2p} D_p \quad (p = 1, \ldots, m).$$

Andererseits gilt $\nabla_{2p} = a_0 \Delta_{2p-1}$, wobei Δ_{2p-1} die Hurwitzsche Determinante $(2p-1)$-ter Ordnung ist. Daher ist

$$\Delta_{2p-1} = a_0^{2p-1} D_p \quad (p = 1, \ldots, m). \tag{131}$$

Multiplizieren wir beide Seiten der Gleichung (130) mit u und wenden wir (68′), S. 564, an, so erhalten wir

$$(-1)^p \Delta_{2p} = \nabla_{2p}^1 = \begin{vmatrix} a_0 & a_2 & a_4 & \cdots \\ a_1 & a_3 & a_5 & \cdots \\ 0 & a_0 & a_2 & \cdots \\ \cdots & \cdots & \cdots & \cdots \end{vmatrix} = a_0^{2p} \begin{vmatrix} -s_1 & s_2 & -s_3 & \cdots & (-1)^p s_p \\ s_2 & -s_3 & s_4 & \cdots & \cdots \\ \cdots & \cdots & \cdots & \cdots & \cdots \end{vmatrix}$$

$$= (-1)^p a_0^{2p} D_p^{(1)},$$

[1]) Die Hurwitzschen Determinanten Δ_k wurden auf S. 543 eingeführt; die Markovschen Determinanten sind durch (114) definiert (*Anm. d. Red.*).

weswegen auch

$$\Delta_{2p} = a_0^{2p} D_p \qquad (p = 1, 2, \ldots, m) \tag{131'}$$

ist. Für ungerades $n = 2m + 1$ haben wir

$$\frac{g(u)}{h(u)} = \frac{a_0 u^m + a_2 u^{m-1} + \cdots}{a_1 u^m + a_3 u^{m-1} + \cdots} = s_{-1} + \frac{s_0}{u} - \frac{s_2}{u^2} + \cdots, \tag{132}$$

woraus, wieder nach (68'), S. 564,

$$\Delta_{2p} = \begin{vmatrix} a_1 & a_3 & \ldots \\ a_0 & a_2 & \ldots \\ 0 & a_1 & \ldots \\ 0 & a_0 & \ldots \\ \ldots & \ldots & \ldots \end{vmatrix} = a_1^{2p} D_p \qquad (p = 1, \ldots, m)$$

folgt. Andererseits erhalten wir aus (132)

$$\left(\frac{g(u)}{h(u)} - s_{-1}\right) u = \frac{a_2' u^m + a_4' u^{m-1} + \cdots}{a_1 u^m + a_3 u^{m-1} + \cdots} = s_0 - \frac{s_1}{u} + \frac{s_2}{u^2} - \cdots, \tag{132'}$$

wobei

$$a_{2p}' = a_{2p} - s_{-1} - a_{2p+1} \qquad (p = 1, \ldots, m), \qquad a_0' = 0$$

ist. Dann ist für $p = 1, \ldots, m$

$$\nabla_{2p}' = \begin{vmatrix} a_1 & a_3 & a_5 & \ldots \\ a_2' & a_4' & a_6' & \ldots \\ 0 & a_1 & a_3 & \ldots \\ 0 & a_2' & a_4' & \ldots \\ \ldots & \ldots & \ldots & \ldots \end{vmatrix} = a_1^{2p} \begin{vmatrix} -s_1 & +s_2 & \ldots & (-1)^p s_p \\ +s_2 & -s_3 & \ldots & \ldots \\ \ldots & \ldots & \ldots & \ldots \end{vmatrix} = (-1)^p a_1^{2p} D_p^{(1)}. \tag{133}$$

Dagegen ist aber

$$\nabla_{2p}' = (-1)^p \begin{vmatrix} a_2' & a_4' & \ldots \\ a_1 & a_3 & \ldots \\ 0 & a_2' & \ldots \\ 0 & a_1 & \ldots \\ \ldots & \ldots & \ldots \end{vmatrix} = \frac{(-1)^p}{a_1} \begin{vmatrix} a_1 & a_3 & a_5 & \ldots \\ a_0' & a_2' & a_4' & \ldots \\ 0 & a_1 & a_3 & \ldots \\ 0 & a_0' & a_2' & \ldots \\ \ldots & \ldots & \ldots & \ldots \end{vmatrix}. \tag{133'}$$

Addieren wir in dieser Determinante $(2p + 1)$-ter Ordnung zu jeder geraden Spalte die mit s_{-1} multiplizierte vorhergehende, so geht diese Determinante in Δ_{2p+1} über. Deshalb erhalten wir aus (133) und (133')

$$\Delta_{2p+1} = a_1^{2p+1} D_p^{(1)}.$$

Somit besteht folgender Zusammenhang der Hurwitzschen Determinanten mit den Markovschen:

a) für $n = 2m$

$$\left.\begin{aligned} \Delta_{2p-1} &= a_0^{2p-1} D_p, \\ \Delta_{2p} &= a_0^{2p} D_p^{(1)} \end{aligned}\right\} \qquad (p = 1, \ldots, m);$$

b) für $n = 2m + 1$

$$\Delta_{2p} = (a_0 s_{-1})^{2p} D_p \quad (p = 1, \ldots, m),$$
$$\Delta_{2p+1} = (a_0 s_{-1})^{2p+1} D_p^{(1)} \quad (p = 0, 1, \ldots, m).$$

Diese Beziehungen zeigen, wie die Markovschen Ungleichungen (115) in die Hurwitzschen übergehen und umgekehrt. Außerdem ergeben diese Gleichungen in Kombination mit dem Kriterium von LIÉNARD und CHIPART den folgenden Satz:

Das reelle Polynom $f(z) = h(z^2) + zg(z^2)$ mit dem Leitkoeffizienten $a_0 > 0$ ist genau dann Hurwitzsch, wenn 1. *alle Koeffizienten dieses Polynoms positiv sind und* 2. *eine der quadratischen Formen* (112) *positiv definit ist.*

16.18. Die Sätze von Markov und Čebyšev

In seiner Arbeit „Über Funktionen, die bei der Darstellung von Reihen in Form von Kettenbrüchen auftreten", die in den Abhandlungen der Petersburger Akademie der Wissenschaften im Jahre 1894 erschienen ist,[1]) bewies A. A. MARKOV zwei Sätze, deren zweiter in nicht so allgemeiner Formulierung mit Hilfe anderer Methoden im Jahre 1892 von P. L. ČEBYŠEV bereits bewiesen worden war.[2])

Wir werden nun zeigen, daß zwischen diesen Sätzen und den Untersuchungen des Stabilitätsgebietes im Raum der Markovschen Parameter ein direkter Zusammenhang besteht. Wir beweisen diese Sätze (ohne die Theorie der Kettenbrüche zu benutzen), indem wir uns auf Satz 19 aus 16.16. stützen.

Zur Formulierung des ersten Satzes zitieren wir die entsprechende Stelle der obenerwähnten Arbeit von A.A. MARKOV[3]):

„Gestützt auf das Vorige lassen sich unschwer zwei bemerkenswerte Sätze beweisen, mit denen wir unsere Arbeit beschließen wollen.

Der eine betrifft die Determinanten[4])

$$\Delta_1, \Delta_2, \ldots, \Delta_m, \quad \Delta^{(1)}, \Delta^{(2)}, \ldots, \Delta^{(m)},$$

der andere die Wurzeln der Gleichungen[5])

$$\psi_m(x) = 0.$$

Der Satz über die Determinanten. *Existieren für die Zahlen s_0, s_1, s_2, ..., s_{2m-2}, s_{2m-1} zwei Systeme von Werten*

1. $s_0 = a_0,\ s_1 = a_1,\ s_2 = a_2, \ldots, s_{2m-2} = a_{2m-2},\ s_{2m-1} = a_{2m-1},$

2. $s_0 = b_0,\ s_1 = b_1,\ s_2 = b_2, \ldots, s_{2m-2} = b_{2m-2},\ s_{2m-1} = b_{2m-1}$

[1]) Vgl. auch [25], S. 78–105.

[2]) Dieser Satz ist in ČEBYŠEVS Arbeit „Über die Entwicklung von Kettenbrüchen in Reihen, die nach fallenden Potenzen der Variablen geordnet sind" veröffentlicht. Vgl. [36], S. 307–362.

[3]) [25], S. 95, dritte Zeile von unten und folgende.

[4]) In unseren Bezeichnungen $D_1, D_2, \ldots, D_m, D_1^{(1)}, D_2^{(1)}, \ldots, D_m^{(1)}$ (vgl. S. 585).

[5]) In unseren Bezeichnungen $h(-x) = 0$.

derart, daß alle Determinanten

$$\Delta_1 = s_0, \quad \Delta_2 = \begin{vmatrix} s_0 & s_1 \\ s_1 & s_2 \end{vmatrix}, \ldots, \Delta_m = \begin{vmatrix} s_0 & s_1 & \ldots & s_{m-1} \\ s_1 & s_2 & \ldots & s_m \\ \ldots & \ldots & \ldots & \ldots \\ s_{m-1} & s_m & \ldots & s_{2m-2} \end{vmatrix},$$

$$\Delta^{(1)} = s_1, \quad \Delta^{(2)} = \begin{vmatrix} s_1 & s_2 \\ s_2 & s_3 \end{vmatrix}, \ldots, \Delta^{(m)} = \begin{vmatrix} s_1 & s_2 & \ldots & s_m \\ s_2 & s_3 & \ldots & s_{m+1} \\ \ldots & \ldots & \ldots & \ldots \\ s_m & s_{m+1} & \ldots & s_{2m-1} \end{vmatrix}$$

positiv sind und die Ungleichungen

$$a_0 \geqq b_0, \quad b_1 \geqq a_1, \quad a_2 \geqq b_2, \quad b_3 \geqq a_3, \ldots, a_{2m-2} \geqq b_{2m-2}, \quad b_{2m-1} \geqq a_{2m-1}$$

gelten, dann sind die Determinanten

$$\Delta_1, \Delta_2, \ldots, \Delta_m, \Delta^{(1)}, \Delta^{(2)}, \ldots, \Delta^{(m)}$$

auch für alle Werte $s_0, s_1, s_2, \ldots, s_{2m-1}$ *positiv, die den Ungleichungen*

$$a_0 \geqq s_0 \geqq b_0, \quad b_1 \geqq s_1 \geqq a_1, \quad a_2 \geqq s_2 \geqq b_2, \ldots,$$
$$a_{2m-2} \geqq s_{2m-2} \geqq b_{2m-2}, \quad b_{2m-1} \geqq s_{2m-1} \geqq a_{2m-1}$$

genügen. Unter denselben Voraussetzungen gilt

$$\begin{vmatrix} a_0 & a_1 & \ldots & a_{k-1} \\ a_1 & a_2 & \ldots & a_k \\ \ldots & \ldots & \ldots & \ldots \\ a_{k-1} & a_k & \ldots & a_{2k-2} \end{vmatrix} \geqq \begin{vmatrix} s_0 & s_1 & \ldots & s_{k-1} \\ s_1 & s_2 & \ldots & s_k \\ \ldots & \ldots & \ldots & \ldots \\ s_{k-1} & s_k & \ldots & s_{2k-2} \end{vmatrix} \geqq \begin{vmatrix} b_0 & b_1 & \ldots & b_{k-1} \\ b_1 & b_2 & \ldots & b_k \\ \ldots & \ldots & \ldots & \ldots \\ b_{k-1} & b_k & \ldots & b_{2k-2} \end{vmatrix}$$

und

$$\begin{vmatrix} b_1 & b_2 & \ldots & b_k \\ b_2 & b_3 & \ldots & b_{k+1} \\ \ldots & \ldots & \ldots & \ldots \\ b_k & b_{k+1} & \ldots & b_{2k-1} \end{vmatrix} \geqq \begin{vmatrix} s_1 & s_2 & \ldots & s_k \\ s_2 & s_3 & \ldots & s_{k+1} \\ \ldots & \ldots & \ldots & \ldots \\ s_k & s_{k+1} & \ldots & s_{2k-1} \end{vmatrix} \geqq \begin{vmatrix} a_1 & a_2 & \ldots & a_k \\ a_2 & a_3 & \ldots & a_{k+1} \\ \ldots & \ldots & \ldots & \ldots \\ a_k & a_{k+1} & \ldots & a_{2k-1} \end{vmatrix}$$

für $k = 1, 2, \ldots, m$."

Um eine andere Formulierung dieses Satzes, die mit der Stabilitätsfrage zusammenhängt, angeben zu können, führen wir einige Begriffe und Bezeichnungen ein.

Die Markovschen Parameter $s_0, s_1, \ldots, s_{2m-1}$ (für $n = 2m$) bzw. $s_{-1}, s_0, s_1, \ldots, s_{2m-1}$ (für $n = 2m + 1$) sehen wir als Koordinaten eines Punktes $\mathfrak{P}$ des n-dimensionalen Raumes an. Das Stabilitätsgebiet in diesem Raum bezeichnen wir mit $\mathfrak{G}$. Das Gebiet $\mathfrak{G}$ wird durch die Ungleichungen (115) und (116) charakterisiert (S. 585).

Wir sagen, der Punkt $\mathfrak{P} = \{s_i\}$ liege *vor* dem Punkt $\mathfrak{P}^* = \{s_i^*\}$, und schreiben $\mathfrak{P} < \mathfrak{P}^*$, wenn

$$\left.\begin{array}{l} s_0 \leqq s_0^*, \quad s_1^* \leqq s_1, \quad s_2 \leqq s_2^*, \quad s_3^* \leqq s_3, \ldots, s_{2m-1}^* \leqq s_{2m-1} \\ \text{und (für } n = 2m+1) \\ s_{-1} \leqq s_{-1}^* \end{array}\right\} \tag{134}$$

ist und in wenigstens einer dieser Relationen das Ungleichheitszeichen gilt.

Gelten jedoch nur die Relationen (134) ohne den zuletzt gemachten Vorbehalt, so schreiben wir $\mathfrak{P} \leq \mathfrak{P}^*$.

Ferner sagen wir, der Punkt $\mathfrak{Q}$ liegt *zwischen* den Punkten $\mathfrak{P}$ und $\mathfrak{R}$, wenn $\mathfrak{P} < \mathfrak{Q} < \mathfrak{R}$ ist.

Jedem Punkt $\mathfrak{P}$ entspricht eine unendliche Hankelsche Matrix $S = \|s_{i+k}\|_0^\infty$ vom Rang m. Diese Matrix bezeichnen wir auch mit $S_{\mathfrak{P}}$.

Den Satz von Markov formulieren wir nun wie folgt:

Satz 21 (Markov). *Liegen zwei Punkte $\mathfrak{P}$ und $\mathfrak{R}$ im Stabilitätsgebiet $\mathfrak{G}$ und liegt $\mathfrak{P}$ vor $\mathfrak{R}$, so liegt auch jeder zwischen $\mathfrak{P}$ und $\mathfrak{R}$ gelegene Punkt $\mathfrak{Q}$ im Gebiet $\mathfrak{G}$, d. h.,*

$$\text{aus } \mathfrak{P}, \mathfrak{R} \in \mathfrak{G} \text{ und } \mathfrak{P} \leq \mathfrak{Q} \leq \mathfrak{R} \text{ folgt } \mathfrak{Q} \in \mathfrak{G}.$$

Beweis. Aus $\mathfrak{P} \leq \mathfrak{Q} \leq \mathfrak{R}$ folgt, daß die beiden Punkte $\mathfrak{P}$ und $\mathfrak{R}$ durch einen Kurvenbogen

$$\begin{array}{l} s_i = (-1)^i \varphi_i(t) \\ (\alpha \leqq t \leqq \gamma;\ i = 0, 1, \ldots, 2m-1 \text{ und (für } n = 2m+1)\ i = -1) \end{array} \tag{135}$$

verbunden werden können, der den Punkt $\mathfrak{Q}$ enthält. Dabei gilt: 1. Die Funktionen $\varphi_i(t)$ sind stetig, monoton wachsend und differenzierbar bezüglich der Variablen t für $\alpha \leqq t \leqq \gamma$, und 2. den Werten α, β und γ $(\alpha < \beta < \gamma)$ des Arguments t entsprechen die Punkte $\mathfrak{P}$, $\mathfrak{Q}$ und $\mathfrak{R}$.

Mit Hilfe der Größen (135) stellen wir die unendliche Hankelsche Matrix $S = S(t) = \|s_{i+k}\|_0^\infty$ vom Rang m auf und betrachten einen Teil dieser Matrix, nämlich die rechteckige Matrix

$$\left\| \begin{array}{ccccc} s_0 & s_1 & \ldots & s_{m-1} & s_m \\ s_1 & s_2 & \ldots & s_m & s_{m+1} \\ \cdots & \cdots & \cdots & \cdots & \cdots \\ s_{m-1} & s_m & \ldots & s_{2m-2} & s_{2m-1} \end{array} \right\|. \tag{136}$$

Nach den Voraussetzungen des Satzes ist die Matrix $S(t)$ für $t = \alpha$ und $t = \gamma$ vollständig positiv vom Rang m, und daher sind alle Minoren (136) dieser Matrix, deren Ordnung $p = 1, 2, \ldots, m$ ist, positiv.

Wir zeigen nun, daß diese Eigenschaft für jeden Zwischenwert von t $(\alpha < t < \gamma)$ erhalten bleibt.

Für $p = 1$ ist dies evident. Wir beweisen diese Behauptung für Minoren p-ter Ordnung unter der Voraussetzung, daß sie für Minoren $(p-1)$-ter Ordnung gilt.

Dazu betrachten wir einen beliebigen Minor p-ter Ordnung, der aus aufeinanderfolgenden Zeilen und Spalten der Matrix (132) gebildet ist:

$$D_p^{(q)} = \begin{vmatrix} s_q & s_{q+1} & \dots & s_{q+p-1} \\ s_{q+1} & s_{q+2} & \dots & s_{q+p} \\ \dots & \dots & \dots & \dots \\ s_{q+p-1} & s_{q+p} & \dots & s_{q+2p-2} \end{vmatrix} \quad \bigl(q = 0, 1, \dots, 2(m-p)+1\bigr).$$

Die Ableitung dieses Minors ist

$$\frac{\mathrm{d}}{\mathrm{d}t} D_p^{(q)} = \sum_{i,k=0}^{p-1} \frac{\partial D_p^{(q)}}{\partial s_{q+i+k}} \frac{\mathrm{d}s_{q+i+k}}{\mathrm{d}t}.$$

Hier sind $\dfrac{\partial D_p^{(q)}}{\partial s_{q+i+k}}$ $(i, k = 0, 1, \dots, p-1)$ die algebraischen Komplemente (Adjunkten) der Elemente der Matrix $D_p^{(q)}$. Da nach Voraussetzung alle Minoren dieser Matrix positiv sind, ist

$$(-1)^{i+k} \frac{\partial D_p^{(q)}}{\partial s_{q+i+k}} > 0 \quad (i, k = 0, 1, \dots, p-1). \tag{137}$$

Andererseits ergibt sich aus (131)

$$(-1)^{q+i+k} \frac{\mathrm{d}s_{q+i+k}}{\mathrm{d}t} = \frac{\mathrm{d}\varphi_{q+i+k}}{\mathrm{d}t} \geqq 0 \quad (i, k = 0, 1, \dots, p-1). \tag{137'}$$

Aus (134), (135) und (136) folgt

$$(-1)^q \frac{\mathrm{d}}{\mathrm{d}t} D_p^{(q)} \geqq 0$$

$$\bigl(q = 0, 1, \dots, 2(m-p)+1;\, p = 1, 2, \dots, m;\, \alpha \leqq t \leqq \gamma\bigr). \tag{137''}$$

Jeder Minor $D_p^{(q)}$ wächst also für gerades q monoton (d. h. nimmt nicht ab), und fällt monoton (d. h. wächst nicht) für ungerades q, wenn das Argument t von $t = \alpha$ bis $t = \gamma$ wächst; da nun für $t = \alpha$ und $t = \gamma$ diese Minoren positiv sind, sind sie es auch für beliebige Zwischenwerte von t $(\alpha < t < \gamma)$.

Da die Hauptminoren $(p-1)$-ter und p-ter Ordnung von (136), die aus aufeinanderfolgenden Zeilen und Spalten bestehen, positiv sind, folgt bereits, daß *alle* Minoren p-ter Ordnung der Matrix (136) diese Eigenschaften besitzen.[1]

Aus dem Bewiesenen ergibt sich, daß die Größen $s_0, s_1, \dots, s_{2m-1}$ und (für $n = 2m+1$) s_{-1} für beliebiges t $(\alpha \leqq t \leqq \gamma)$ den Ungleichungen (115) und (116) genügen, d. h., diese Größen sind für beliebiges t die Markovschen Parameter eines gewissen Hurwitzschen Polynoms. Mit anderen Worten, die ganze Kurve (135) und folglich auch der Punkt $\mathfrak{Q}$ liegt im Stabilitätsgebiet $\mathfrak{G}$.

Damit ist der Satz von Markov bewiesen.

---

[1]) Dies folgt aus einem Satz von M. Fekete (vgl. [7], S. 306–307).

Bemerkung. Da jeder Punkt der Kurve (135) im Gebiet $\mathfrak{G}$ liegt, definieren die Größen (135) für beliebiges t mit $\alpha \leqq t \leqq \gamma$ eine vollständig positive Matrix $S(t) = \|s_{i+k}\|_0^\infty$ vom Rang m. Folglich gelten die Ungleichungen (137) und damit auch die Ungleichungen (137″) für beliebiges t ($\alpha \leqq t \leqq \gamma$), d. h., mit wachsendem t wächst jedes $D_p^{(q)}$, wenn q gerade ist, und fällt für ungerades q $\big(q = 0, 1, \ldots, 2(m-p)+1;$ $p = 1, 2, \ldots, m\big)$. Mit anderen Worten, aus $\mathfrak{P} \prec \mathfrak{Q} \prec \mathfrak{R}$ folgt

$$(-1)^q D_p^{(q)}(\mathfrak{P}) \leqq (-1)^q D_p^{(q)}(\mathfrak{Q}) \leqq (-1)^q D_p^{(q)}(\mathfrak{R})$$
$$\big(q = 0, 1, \ldots, 2(m-p)+1;\ p = 1, \ldots, m\big).$$

Für $q = 0, 1$ ergibt diese Ungleichung die Markovschen Ungleichungen (vgl. S. 592).

Wir kommen nun zu dem zu Beginn dieses Abschnitts erwähnten Satz von ČEBYŠEV und MARKOV. Wiederum zitieren wir aus der Arbeit von A. A. MARKOV:[1])

„Der Satz über die Wurzeln. *Genügen die Zahlen*

$$a_0, a_1, a_2, \ldots, a_{2m-2}, a_{2m-1},$$
$$s_0, s_1, s_2, \ldots, s_{2m-2}, s_{2m-1},$$
$$b_0, b_1, b_2, \ldots, b_{2m-2}, b_{2m-1}$$

allen Bedingungen des vorigen Satzes,[2]) *so besitzen die folgenden Gleichungen m-ten Grades in x keine komplexen, keine negativen reellen und keine mehrfachen Wurzeln:*

$$\begin{vmatrix} a_0 & a_1 & \ldots & a_{m-1} & 1 \\ a_1 & a_2 & \ldots & a_m & x \\ a_2 & a_3 & \ldots & a_{m+1} & x^2 \\ \ldots & \ldots & \ldots & \ldots & \ldots \\ a_m & a_{m+1} & \ldots & a_{2m-1} & x^m \end{vmatrix} = 0, \quad \begin{vmatrix} s_0 & s_1 & \ldots & s_{m-1} & 1 \\ s_1 & s_2 & \ldots & s_m & x \\ s_2 & s_3 & \ldots & s_{m+1} & x^2 \\ \ldots & \ldots & \ldots & \ldots & \ldots \\ s_m & s_{m+1} & \ldots & s_{2m-1} & x^m \end{vmatrix} = 0,$$

$$\begin{vmatrix} b_0 & b_1 & \ldots & b_{m-1} & 1 \\ b_1 & b_2 & \ldots & b_m & x \\ b_2 & b_3 & \ldots & b_{m+1} & x^2 \\ \ldots & \ldots & \ldots & \ldots & \ldots \\ b_m & b_{m+1} & \ldots & b_{2m-1} & x^m \end{vmatrix} = 0.$$

Die Wurzeln der zweiten Gleichung sind größer als die entsprechenden Wurzeln der ersten und kleiner als die entsprechenden Wurzeln der letzten Gleichung."

Wir wollen nun den Zusammenhang zwischen diesem Satz und dem Stabilitätsgebiet im Raum der Markovschen Parameter herstellen.

Es sei $f(z) = h(z^2) + zg(z^2)$ und

$$h(-v) = c_0 v^m + c_1 v^{m-1} + \cdots + c_m \qquad (c_0 \neq 0);$$

---

[1]) Vgl. [25], S. 103, fünfte Zeile von oben und folgende.

[2]) Gemeint ist der vorige Satz von MARKOV, der Satz über die Determinanten (S. 591).

aus der Entwicklung (105),

$$R(v) = -\frac{g(-v)}{h(-v)} = -s_{-1} + \frac{s_0}{v} + \frac{s_1}{v^2} + \cdots,$$

erhält man die Identität

$$-g(-v) = \left(-s_{-1} + \frac{s_0}{v} + \frac{s_1}{v^2} + \cdots\right)(c_0 v^m + c_1 v^{m-1} + \cdots + c_m).$$

Setzen wir die Koeffizienten der Potenzen $v^{-1}, v^{-2}, \ldots, v^{-m}$ gleich 0, so finden wir

$$\left.\begin{array}{l} s_0 c_m \quad + s_1 c_{m-1} + \cdots + s_m c_0 \quad = 0, \\ s_1 c_m \quad + s_2 c_{m-1} + \cdots + s_{m+1} c_0 = 0, \\ \cdots\cdots\cdots\cdots\cdots\cdots\cdots\cdots \\ s_{m-1} c_m + s_m c_{m-1} + \cdots + s_{2m-1} c_0 = 0; \end{array}\right\} \tag{138}$$

diesen Relationen fügen wir die Gleichung

$$h(-v) = 0 \tag{139}$$

in folgender Schreibweise hinzu:

$$c_m + v c_{m-1} + \cdots + v^m c_0 = 0. \tag{139'}$$

Unter Verwendung von (138) und (139') läßt sich (139) in der Gestalt

$$\begin{vmatrix} s_0 & s_1 & \ldots & s_{m-1} & 1 \\ s_1 & s_2 & \ldots & s_m & v \\ s_2 & s_3 & \ldots & s_{m+1} & v^2 \\ \cdots & \cdots & \cdots & \cdots & \cdots \\ s_m & s_{m+1} & \ldots & s_{2m-1} & v^m \end{vmatrix} = 0 \tag{139''}$$

darstellen.

Die algebraische Gleichung im Satz von Čebyšev-Markov stimmt also mit (139) überein, und die Ungleichungen für die Größen $s_0, s_1, \ldots, s_{2m-1}$ stimmen mit den Ungleichungen (115) überein, die das Stabilitätsgebiet im Raum der Markovschen Parameter definieren.

Der Satz von Čebyšev-Markov zeigt, wie sich die Nullstellen $u_1 = -v_1$, $u_2 = -v_2$, $\ldots$, $u_m = -v_m$ des Polynoms $h(u)$ ändern, wenn die entsprechenden Markovschen Parameter $s_0, s_1, \ldots, s_{2m-1}$ im Stabilitätsgebiet variieren.

Der erste Teil des Satzes bestätigt eine uns bekannte Tatsache: Sind die Ungleichungen (115) erfüllt, so sind alle Nullstellen $u_1, u_2, \ldots, u_m$ des Polynoms $h(u)$ einfach, reell und negativ.[1] Wir bezeichnen diese Nullstellen mit $u_1(\mathfrak{P}), u_2(\mathfrak{P}), \ldots, u_m(\mathfrak{P})$, wobei $\mathfrak{P}$ der entsprechende Punkt aus $\mathfrak{G}$ ist.

Dann kann der zweite Teil des Satzes von Čebyšev-Markov folgendermaßen formuliert werden:

---

[1]) Vgl. Satz 13 auf S. 577.

Satz 22 (Čebyšev-Markov). *Sind* $\mathfrak{P}$ *und* $\mathfrak{Q}$ *zwei Punkte des Gebietes* $\mathfrak{G}$ *und liegt der Punkt* $\mathfrak{P}$ *vor dem Punkt* $\mathfrak{Q}$,

$$\mathfrak{P} < \mathfrak{Q}, \tag{140}$$

so ist

$$u_1(\mathfrak{P}) < u_1(\mathfrak{Q}), \quad u_2(\mathfrak{P}) < u_2(\mathfrak{Q}), \ldots, u_m(\mathfrak{P}) < u_m(\mathfrak{Q}).^{1)} \tag{141}$$

Beweis. Die Koeffizienten des Polynoms $h(u)$ lassen sich rational durch die Parameter $s_0, s_1, \ldots, s_{2m-1}$ ausdrücken.[2]) Aus $h(u_i) = 0$ $(i = 1, 2, \ldots, m)$ folgt dann[3])

$$\frac{\partial h(u_i)}{\partial s_l} + h'(u_i) \frac{\mathrm{d}u_i}{\mathrm{d}s_l} = 0 \qquad (i = 1, 2, \ldots, m;\ l = 0, 1, \ldots, 2m-1). \tag{142}$$

Andererseits ergibt die gliedweise Differentiation der Entwicklung

$$\frac{g(u)}{h(u)} = s_{-1} + \frac{s_0}{u} - \frac{s_1}{u^2} + \frac{s_2}{u^3} - \cdots$$

nach dem Parameter s_l,

$$\frac{h(u) \dfrac{\partial g(u)}{\partial s_l} - g(u) \dfrac{\partial h(u)}{\partial s_l}}{h^2(u)} = \frac{(-1)^l}{u^{l+1}} + \frac{1}{u^{2m+1}} (*). \tag{143}$$

Multipliziert man diese Gleichung mit dem Polynom $\dfrac{h^2(u)}{u - u_i}$ und bezeichnet man den Koeffizienten der Potenz u^l dieses Polynoms mit C_{il}, so erhält man

$$\frac{h(u)}{u - u_i} \frac{\partial g(u)}{\partial s_l} - \frac{g(u) \dfrac{\partial h(u)}{\partial s_l}}{u - u_i} = \frac{(-1)^l C_{il}}{u} + \cdots. \tag{144}$$

Durch Vergleich der Koeffizienten bei $1/u$ (Residuen) ergibt sich aus (144)

$$(-1)^{l-1} g(u_i) \frac{\partial h(u_i)}{\partial s_l} = C_{il}, \tag{145}$$

woraus in Verbindung mit (142)

$$\frac{\mathrm{d}u_i}{\mathrm{d}s_l} = \frac{(-1)^l C_{il}}{g(u_i)\, h'(u_i)}$$

---

[1]) Mit anderen Worten, die $u_1, u_2, \ldots, u_m$ wachsen mit wachsenden $s_0, s_2, \ldots, s_{2m-2}$ und fallenden $s_1, s_3, \ldots, s_{2m-1}$.

[2]) Beispielsweise aus Gleichung (138), indem man in ihr für den betrachteten Fall $c_0 = 1$ setzt.

[3]) Hier ist $\dfrac{\partial h(u_i)}{\partial s_l} = \left[\dfrac{\partial h(u)}{\partial s_l}\right]_{u=u_i}$.

folgt. Führen wir die Größen

$$R_i = \frac{g(u_i)}{h'(u_i)} \qquad (l = 1, 2, \ldots, m) \tag{146}$$

ein, so erhalten wir die Čebyšev-Markovsche Formel

$$\frac{\mathrm{d}u_i}{\mathrm{d}s_l} = \frac{(-1)^l C_{il}}{R_i[h'(u_i)]^2} \qquad (i = 1, 2, \ldots, m;\ l = 0, 1, \ldots, 2m-1). \tag{147}$$

Nun sind aber im Stabilitätsgebiet die Größen R_i $(i = 1, 2, \ldots, m)$ positiv (vgl. (90') auf S. 576). Dasselbe läßt sich von den Koeffizienten C_{il} sagen. Es ist nämlich

$$\frac{h^2(u)}{u - u_i} = c_0^2(u + v_1)^2 \cdots (u + v_{i-1})^2 (u + v_i)(u + v_{i+1})^2 \cdots (u + v_m)^2 \tag{148}$$

mit $v_i = -u_i > 0$ $(i = 1, 2, \ldots, m)$, und aus (148) folgt, daß alle Koeffizienten C_{il} in der Entwicklung von $\frac{h^2(u)}{u - u_i}$ nach Potenzen von u positiv sind. Daher ergibt sich aus der Čebyšev-Markovschen Formel

$$(-1)^l \frac{\mathrm{d}u_i}{\mathrm{d}s_l} > 0. \tag{149}$$

Beim Beweis des Satzes von Markov zeigten wir, daß zwei beliebige Punkte $\mathfrak{P} < \mathfrak{Q}$ des Gebietes $\mathfrak{G}$ durch einen Kurvenbogen $s_l = (-1)^l \varphi_l(t)$ verbunden werden können $(l = 0, 1, \ldots, 2m-1)$, wobei die $\varphi_l(t)$ monoton wachsende differenzierbare Funktionen von t sind (t variiert von α bis β $(\alpha < \beta)$, wobei $t = \alpha$ dem Punkt $\mathfrak{P}$ und $t = \beta$ dem Punkt $\mathfrak{Q}$ entspricht). Wegen (149) gilt dann längs dieser Kurve[1])

$$\frac{\mathrm{d}u_i}{\mathrm{d}t} = \sum_{l=0}^{2m-1} \frac{\mathrm{d}u_i}{\mathrm{d}s_l}\frac{\mathrm{d}s_l}{\mathrm{d}t} \geqq 0, \qquad \frac{\mathrm{d}u_i}{\mathrm{d}t} \not\equiv 0 \qquad (\alpha \leqq t \leqq \beta). \tag{150}$$

Hieraus folgt durch Integration $u_{i(t=\alpha)} = u_i(\mathfrak{P}) < u_{i(t=\beta)} = u_i(\mathfrak{Q})$ $(i = 1, 2, \ldots, m)$. Damit ist der Satz von Čebyšev-Markov bewiesen.

16.19. Das verallgemeinerte Routh-Hurwitzsche Problem

Wir beweisen jetzt eine Regel zur Bestimmung der Anzahl derjenigen Nullstellen eines Polynoms $f(z)$ *mit komplexen Koeffizienten,* die in der rechten Halbebene der komplexen Zahlenebene liegen. Es sei

$$f(\mathrm{i}z) = b_0 z^n + b_1 z^{n-1} + \cdots + b_n + \mathrm{i}(a_0 z^n + a_1 z^{n-1} + \cdots + a_n), \tag{151}$$

---

[1]) Es ist nämlich $(-1)^l \frac{\mathrm{d}s_l}{\mathrm{d}t} = \frac{\mathrm{d}\varphi_l}{\mathrm{d}t} \geqq 0$ $(\alpha \leqq t \leqq \beta)$, wobei wenigstens für ein l ein Wert t existiert, für den $(-1)^l \frac{\mathrm{d}s_l}{\mathrm{d}t}$ positiv ist.

wobei die $a_0, a_1, \ldots, a_n, b_0, b_1, \ldots, b_n$ reelle Zahlen sind. Ist n der Grad des Polynoms $f(z)$, so ist $b_0 + ia_0 \neq 0$. Ohne Beschränkung der Allgemeinheit kann man $a_0 \neq 0$ voraussetzen (sonst würden wir das Polynom $f(z)$ durch das Polynom $if(z)$ ersetzen). Ferner setzen wir voraus, daß die reellen Polynome

$$a_0 z^n + a_1 z^{n-1} + \cdots + a_n \quad \text{und} \quad b_0 z^n + b_1 z^{n-1} + \cdots + b_n \tag{152}$$

teilerfremd sind, d. h., daß die Resultante dieser Polynome von 0 verschieden ist[1]):

$$\nabla_{2n} = \begin{vmatrix} a_0 & a_1 & \ldots & a_n & 0 & \ldots & 0 \\ b_0 & b_1 & \ldots & b_n & 0 & \ldots & 0 \\ 0 & a_0 & \ldots & a_{n-1} & a_n & \ldots & 0 \\ 0 & b_0 & \ldots & b_{n-1} & b_n & \ldots & 0 \\ \multicolumn{7}{c}{\dotfill} \end{vmatrix} \neq 0. \tag{153}$$

Hieraus folgt insbesondere, daß die Polynome (152) keine gemeinsamen reellen Nullstellen besitzen und folglich keine Nullstelle des Polynoms $f(z)$ auf der imaginären Achse liegt.

Die Anzahl der Nullstellen von $f(z)$, die einen positiven Realteil besitzen, bezeichnen wir mit k. Betrachten wir nun das Gebiet der rechten Halbebene der komplexen Zahlenebene, das durch die imaginäre Achse und einen Halbkreis mit dem Radius R begrenzt wird ($R \to \infty$), und wiederholen wir wörtlich die Überlegungen, die auf S. 528 für reelle Polynome $f(z)$ durchgeführt wurden, so erhalten wir für den Zuwachs von $\arg f(z)$ längs der imaginären Achse die Beziehung

$$\Delta_{-\infty}^{+\infty} \arg f(z) = (n - 2k)\,\pi. \tag{154}$$

Dies liefert wegen (151) und der Bedingung $a_0 \neq 0$

$$I_{-\infty}^{+\infty} \frac{b_0 z^n + b_1 z^{n-1} + \cdots + b_n}{a_0 z^n + a_1 z^{n-1} + \cdots + z_n} = n - 2k. \tag{155}$$

Unter Benutzung des Satzes 10 aus 16.11. (S. 564) ergibt sich

$$k = V(1, \nabla_2, \nabla_4, \ldots, \nabla_{2n}) \tag{156}$$

mit

$$\nabla_{2p} = \begin{vmatrix} a_0 & a_1 & \ldots & a_{2p-1} \\ b_0 & b_1 & \ldots & b_{2p-1} \\ 0 & a_0 & \ldots & a_{2p-2} \\ 0 & b_0 & \ldots & a_{2p-2} \\ \multicolumn{4}{c}{\dotfill} \end{vmatrix} \qquad (p = 1, 2, \ldots, n;\ a_k = b_k = 0 \text{ für } k > n). \tag{157}$$

Damit haben wir folgenden Satz gewonnen:

Satz 23. *Ist ein komplexes Polynom $f(z)$ mit*

$$f(iz) = b_0 z^n + b_1 z^{n-1} + \cdots + b_n + i(a_0 z^n + a_1 z^{n-1} + \cdots + a_n) \qquad (a_0 \neq 0)$$

[1]) ∇_{2n} ist eine Determinante $2n$-ter Ordnung.

vorgegeben, wobei die Polynome

$$a_0 z^n + a_1 z^{n-1} + \cdots + a_n \quad \text{und} \quad b_0 z^n + b_1 z^{n-1} + \cdots + b_n$$

teilerfremd sind ($\nabla_{2n} \neq 0$), *so wird die Anzahl der Nullstellen des Polynoms* $f(z)$, *die in der rechten Halbebene der komplexen Zahlenebene liegen, durch* (156) *und* (157) *gegeben.*

Verschwinden einige der Determinanten (157),[1]) *so muß bei der Berechnung von* $V(1, \nabla_2, \nabla_4, \ldots, \nabla_{2n})$ *bei jeder Gruppe aufeinanderfolgender verschwindender Determinanten*

$$(\nabla_{2h} \neq 0) \quad \nabla_{2h+2} = \cdots = \nabla_{2h+2p} = 0 \quad (\nabla_{2h+2p+2} \neq 0) \tag{158}$$

für das Vorzeichen

$$\operatorname{sign} \nabla_{2h+2j} = (-1)^{\frac{j(j-1)}{2}} \operatorname{sign} \nabla_{2h} \quad (j = 1, 2, \ldots, p) \tag{159}$$

gesetzt werden oder, was dasselbe ist,

$$V(\nabla_{2h}, \nabla_{2h+2}, \ldots, \nabla_{2h+2p}, \nabla_{2h+2p+2}) = \begin{cases} \dfrac{p+1}{2} & \text{für ungerades } p, \\[2ex] \dfrac{p+1-\varepsilon}{2} & \text{für gerades } p \text{ und } \varepsilon = (-1)^{p/2} \operatorname{sign} \dfrac{\nabla_{2h+2p+2}}{\nabla_{2h}}. \end{cases} \tag{160}$$

Wir überlassen es dem Leser nachzuprüfen, daß man in dem Spezialfall, daß $f(z)$ ein reelles Polynom ist, aus Satz 23 den Routh-Hurwitzschen Satz erhält (vgl. 16.6.).[2])

Abschließend bemerken wir, daß wir in diesem Kapitel nur *ein* Problem der Verteilung der Nullstellen eines Polynoms in der komplexen Zahlenebene, nämlich das Routh-Hurwitzsche Problem, mit Hilfe quadratischer (insbesondere Hankelscher) Formen behandelt haben. Indessen gibt es auch bei anderen Fragestellungen über Nullstellenverteilungen interessante Anwendungsmöglichkeiten für quadratische und hermitesche Formen. An diesen Fragen interessierte Leser verweisen wir auf die bereits zitierte Übersicht von M. G. Krejn und M. A. Najmark, „Die Anwendung symmetrischer und hermitescher Formen zur Bestimmung der Lage der Wurzeln algebraischer Gleichungen", Charkov 1936.

---

[1]) Vgl. S. 564.

[2]) Bequeme Algorithmen zur Lösung des verallgemeinerten Routh-Hurwitzschen Problems findet man in der Monographie [24] und der Arbeit [23]. Vgl. auch [37].

Anhang

von V. B. Lidskij

Ungleichungen für charakteristische und singuläre Wurzeln

Im folgenden werden Ungleichungen betrachtet, denen die charakteristischen und singulären Wurzeln linearer Operatoren in n-dimensionalen unitären Räumen genügen. Das Hauptaugenmerk wird auf die Ungleichungen von HORN und NEUMANN sowie auf die Weylschen Ungleichungen gerichtet, die eine Abschätzung der charakteristischen Wurzeln eines Operators mittels seiner singulären Wurzeln erlauben (Abschnitte 2 und 3). In Abschnitt 4 wird die von WIELANDT und AMIR MOÉZ festgestellte Maximal-Minimaleigenschaft von Summen und Produkten der charakteristischen Wurzeln hermitescher Operatoren bewiesen. Die Ergebnisse von Abschnitt 4 werden in Abschnitt 5 zum Beweis von Ungleichungen benutzt, die eine Abschätzung der charakteristischen und singulären Wurzeln der Operatoren $A+B$ und AB gestatten. In Abschnitt 6 wird die von I. M. GEL'FAND gestellte Aufgabe über die charakteristischen Wurzeln der Summe und des Produktes hermitescher Operatoren betrachtet.[1])

1. Majorantenfolgen

In diesem Abschnitt beschäftigen wir uns mit einer Reihe von Hilfsmitteln im Zusammenhang mit endlichen Zahlenfolgen. Wir betrachten zwei monoton fallende Zahlenfolgen mit jeweils n Elementen:

$$\alpha_1 \geqq \alpha_2 \geqq \cdots \geqq \alpha_n, \tag{1}$$

$$\alpha'_1 \geqq \alpha'_2 \geqq \cdots \geqq \alpha'_n. \tag{2}$$

Wir nennen die Folge (1) *Majorante* der Folge (2), wenn

$$\alpha'_1 + \alpha'_2 + \cdots + \alpha'_m \leqq \alpha_1 + \alpha_2 + \cdots + \alpha_m \quad (1 \leqq m \leqq n-1) \tag{3}$$

und

$$\alpha'_1 + \alpha'_2 + \cdots + \alpha'_n = \alpha_1 + \alpha_2 + \cdots + \alpha_n \tag{3'}$$

[1]) Der Autor dankt A. S. MARKUS, der das Manuskript las und eine Reihe nützlicher Bemerkungen machte.

gilt. Sind die Bedingungen (3) und (3′) erfüllt, so schreiben wir

$$\alpha' < \alpha. \tag{4}$$

Eine quadratische Matrix $T = \|t_{ij}\|_1^n$ werden wir im weiteren *bistochastisch* nennen, wenn die Matrizen T und T^T stochastisch sind, wenn also $t_{ij} \geqq 0$,

$$\sum_{j=1}^{n} t_{ij} = 1, \quad 1 \leqq i \leqq n, \tag{5}$$

und

$$\sum_{i=1}^{n} t_{ij} = 1, \quad 1 \leqq j \leqq n, \tag{5'}$$

ist.

Es gilt der folgende Sachverhalt (vgl. [35]):

Lemma 1. *Die Folge α ist dann und nur dann Majorante der Folge α', wenn es eine bistochastische Matrix T gibt mit*

$$\alpha' = T\alpha. \tag{6}$$

Beweis. Es ist einfach zu beweisen, daß die Bedingung (6) hinreichend ist.[1]) Es ist nämlich

$$\sum_{k=1}^{m} \alpha_k' = \sum_{k=1}^{m} \sum_{j=1}^{n} t_{kj}\alpha_j = \sum_{j=1}^{n} \left(\sum_{k=1}^{m} t_{kj}\right) \alpha_j = \sum_{j=1}^{n} \omega_j\alpha_j. \tag{7}$$

Hierbei haben wir

$$\omega_j = \sum_{k=1}^{m} t_{kj} \quad (1 \leqq j \leqq n) \tag{8}$$

gesetzt. Offensichtlich ist $0 \leqq \omega_j \leqq 1$ und

$$\sum_{j=1}^{n} \omega_j = \sum_{k=1}^{m} \left(\sum_{j=1}^{n} t_{kj}\right) = m. \tag{9}$$

Aus (7) erhalten wir

$$\begin{aligned} \sum_{j=1}^{m} \alpha_j - \sum_{k=1}^{m} \alpha_k' &= \sum_{j=1}^{m} \alpha_j - \sum_{j=1}^{n} \omega_j\alpha_j \\ &= \alpha_1(1 - \omega_1) + \cdots + \alpha_m(1 - \omega_m) \\ &\quad - \omega_{m+1}\alpha_{m+1} - \cdots - \omega_n\alpha_n. \end{aligned} \tag{10}$$

Wenn wir jetzt die Summanden auf der rechten Seite der Gleichung verkleinern, finden wir

$$\begin{aligned} \sum_{j=1}^{m} \alpha_j - \sum_{j=1}^{m} \alpha_j' &\geqq \alpha_m(1 - \omega_1) + \cdots + \alpha_m(1 - \omega_m) \\ &\quad - \omega_{m+1}\alpha_m - \cdots - \omega_n\alpha_m = \alpha_m(m - m) = 0. \end{aligned} \tag{10'}$$

[1]) In (6) sind unter α und α' Spaltenmatrizen mit den Elementen (1) bzw. (2) zu verstehen.

Also sind die Ungleichungen (3) erfüllt. Da weiterhin für $m = n$ wegen (8) $\omega_j = 1$ $(j = 1, 2, \ldots, n)$ ist, folgt aus (7) auch die Gleichung (3').

Somit ist gezeigt, daß die Bedingung (6) hinreichend ist. Der Beweis der Notwendigkeit erfordert einen gewissen Aufwand. Wir führen ihn induktiv.[1]) Im Fall $n = 1$ enthalten die Folgen jeweils ein Element, $\alpha_1' = \alpha_1$, und die Matrix T existiert offenbar. Wir nehmen an, die Behauptung gilt für den Fall von Folgen der Länge $n - 1$, und betrachten jetzt zwei Folgen der Länge n, für die $\alpha' < \alpha$ gilt.

Aus der Bedingung $\alpha_1' \leqq \alpha_1$ und der Gleichung (3') folgt $\alpha_n \leqq \alpha_1' \leqq \alpha_1$. Daher gibt es ein k $(1 \leqq k \leqq n - 1)$ derart, daß

$$\alpha_{k+1} \leqq \alpha_1' \leqq \alpha_k \tag{11}$$

ist. Also gilt für ein gewisses τ $(0 \leqq \tau \leqq 1)$

$$\alpha_1' = \tau\alpha_k + (1 - \tau)\,\alpha_{k+1}. \tag{12}$$

Neben α' und α betrachten wir noch zwei $(n - 1)$-elementige Folgen

$$\alpha_2', \alpha_3', \ldots, \alpha_k', \alpha_{k+1}', \alpha_{k+2}', \ldots, \alpha_n' \tag{13}$$

und

$$\alpha_1, \alpha_2, \ldots, \alpha_{k-1}, \quad \alpha_k + \alpha_{k+1} - \alpha_1', \quad \alpha_{k+2}, \ldots, \alpha_n. \tag{13'}$$

Wir bezeichnen diese Folgen mit $\tilde{\alpha}'$ bzw. $\tilde{\alpha}$.

Unter Berücksichtigung von (11) können wir leicht feststellen, daß die Folge $\tilde{\alpha}$ monoton fallend ist. Ohne Schwierigkeiten läßt sich auch die Bedingung $\tilde{\alpha}' < \alpha$ überprüfen. Nach Induktionsvoraussetzung existiert daher eine solche bistochastische Matrix $\tilde{T} = \|t_{ij}\|_1^{n-1}$, daß $\tilde{\alpha}' = \tilde{T}\tilde{\alpha}$ oder, ausführlich geschrieben,

$$\begin{aligned}\alpha_{s+1}' &= t_{s1}\alpha_1 + \cdots + t_{s,k-1}\alpha_{k-1} + t_{sk}(\alpha_k + \alpha_{k+1} - \alpha_1') \\ &\quad + t_{s,k+1}\alpha_{k+2} + \cdots + t_{s,n-1}\alpha_n \qquad (1 \leqq s \leqq n - 1)\end{aligned}$$

gilt. Wenn wir jetzt α_1' aus (12) ersetzen, erhalten wir für $1 \leqq s \leqq n - 1$

$$\begin{aligned}\alpha_{s+1}' &= t_{s1}\alpha_1 + \cdots + t_{sk}(1 - \tau)\,\alpha_k + t_{sk}\tau\alpha_{k+1} \\ &\quad + t_{s,k+1}\alpha_{k+2} + \cdots + t_{s,n-1}\alpha_n.\end{aligned}$$

Fügen wir hier die Gleichung (12) hinzu, so ist leicht zu sehen, daß α' aus α mit Hilfe der bistochastischen Matrix

$$T = \left\|\begin{matrix} 0 & 0 & 0 & \ldots & \tau & 1 - \tau & \ldots & 0 \\ t_{11} & t_{12} & t_{13} & \ldots & t_{1k}(1 - \tau) & t_{1k}\tau & \ldots & t_{1,n-1} \\ \cdots & \cdots & \cdots & \cdots & \cdots & \cdots & \cdots & \cdots \\ t_{n-1,1} & t_{n-1,2} & t_{n-1,3} & \ldots & t_{n-1,k}(1 - \tau) & t_{n-1,k}\tau & \ldots & t_{n-1,n-1} \end{matrix}\right\|$$

hervorgeht. Damit ist das Lemma vollständig bewiesen.

---

[1]) Im Buch von Hardy, Littlewood und Pólya „Ungleichungen" ist ein auf einer anderen Idee basierender Beweis angeführt. Der vorliegende kürzere Beweis stammt von A. S. Markus (vgl. [113]).

Im weiteren benötigen wir noch den folgenden Hilfssatz (vgl. [233]):

Lemma 2. *Es sei* $\varphi(t)$ *eine stetige, konvexe*[1]) *und monoton wachsende Funktion. Weiterhin sei*

$$\alpha_1' \geqq \alpha_2' \geqq \cdots \geqq \alpha_p', \tag{14}$$

$$\alpha_1 \geqq \alpha_2 \geqq \cdots \geqq \alpha_p \tag{15}$$

und

$$\alpha_1' + \alpha_2' + \cdots + \alpha_m' \leqq \alpha_1 + \alpha_2 + \cdots + \alpha_m \quad (1 \leqq m \leqq p). \tag{16}$$

Dann ist

$$\varphi(\alpha_1') + \varphi(\alpha_2') + \cdots + \varphi(\alpha_p') \leqq \varphi(\alpha_1) + \varphi(\alpha_2) + \cdots + \varphi(\alpha_p). \tag{17}$$

Beweis. Wir nehmen zunächst an, daß im Fall $m = p$ in (16) das Gleichheitszeichen gilt. Dann ist die Folge α Majorante der Folge α', und es gilt wegen Lemma 1

$$\alpha_s' = \sum_{j=1}^{p} t_{sj}\alpha_j \qquad (1 \leqq s \leqq p), \tag{18}$$

wobei t_{sj} die Elemente einer bistochastischen Matrix sind. Aus der Konvexität der Funktion $\varphi(t)$ und aus (18) folgt[2])

$$\varphi(\alpha_s') \leqq \sum_{j=1}^{p} t_{sj}\varphi(\alpha_j). \tag{19}$$

Wenn wir die Ungleichungen (19) für $s = 1, \ldots, p$ addieren, erhalten wir

$$\sum_{s=1}^{p} \varphi(\alpha_s') \leqq \sum_{j=1}^{p} \left(\sum_{s=1}^{p} t_{sj}\right) \varphi(\alpha_j) = \sum_{j=1}^{p} \varphi(\alpha_j). \tag{20}$$

Somit gilt in diesem Fall die Ungleichung (17).

Wir untersuchen nun den allgemeinen Fall. Es gelte also in (16) die strenge Ungleichheit. Wir setzen

$$\sum_{j=1}^{p} \alpha_j - \sum_{j=1}^{p} \alpha_j' = c > 0.$$

Neben den Folgen (14) und (15) betrachten wir jetzt noch die Folgen

$$\alpha_1' \geqq \alpha_2' \geqq \cdots \geqq \alpha_p' \geqq \alpha_{p+1}' \tag{21}$$

und

$$\alpha_1 \geqq \alpha_2 \geqq \cdots \geqq \alpha_p \geqq \alpha_{p+1}, \tag{22}$$

[1]) Die Funktion $\varphi(t)$ heißt konvex in einem Intervall, wenn für zwei beliebige Punkte dieses Intervalls die Ungleichung $\varphi\left(\frac{x+y}{2}\right) \leqq \frac{1}{2}\big(\varphi(x) + \varphi(y)\big)$ gilt.

[2]) Der Beweis der Ungleichung (19) für stetige konvexe Funktionen wird induktiv geführt (vgl. [35]).

wobei α'_{p+1} und α_{p+1} zwei beliebige Zahlen sind, die den Ungleichungen (21) bzw. (22) und der Gleichung

$$\alpha_{p+1} = \alpha'_{p+1} - c \tag{23}$$

genügen. Es ist leicht zu sehen, daß bei einer solchen Wahl von α'_{p+1} und α_{p+1} die Folge (22) eine Majorante der Folge (21) ist. Somit liefert das schon Bewiesene die Ungleichung

$$\begin{aligned} &\varphi(\alpha'_1) + \varphi(\alpha'_2) + \cdots + \varphi(\alpha'_p) + \varphi(\alpha_{p+1}) \\ &\leqq \varphi(\alpha_1) + \varphi(\alpha_2) + \cdots + \varphi(\alpha_p) + \varphi(\alpha_{p+1}). \end{aligned} \tag{24}$$

Da $\varphi(t)$ monoton wachsend ist und $\alpha'_{p+1} > \alpha_{p+1}$ gilt, ist auch $\varphi(\alpha'_{p+1}) \geqq \varphi(\alpha_{p+1})$, und aus (24) folgt wieder die Ungleichung (17).

Damit ist das Lemma vollständig bewiesen.

Bemerkung. Aus unseren Ausführungen ergibt sich: Ist (15) Majorante der Folge (14) (d. h., tritt für $m = p$ in (16) Gleichheit ein), so ist die Ungleichung (17) für beliebige konvexe Funktionen $\varphi(t)$ erfüllt. (Die Monotonie ist dabei eine überflüssige Forderung.)

2. Die Horn-Neumannschen Ungleichungen

Es sei $\boldsymbol{A}$ ein linearer Operator im n-dimensionalen unitären Raum $\mathfrak{R}$. Es ist üblich, die charakteristischen Wurzeln des nichtnegativen hermiteschen Operators $\sqrt{\boldsymbol{A}^*\boldsymbol{A}}$[1]) (vgl. S. 284) singuläre Wurzeln des Operators $\boldsymbol{A}$ zu nennen.

In diesem Abschnitt stellen wir Ungleichungen auf, die die singulären Zahlen des Produkts zweier Operatoren mit denen der Faktoren in Relation setzen.

Es seien $\boldsymbol{y}_1, \boldsymbol{y}_2, \ldots, \boldsymbol{y}_m$ und $\boldsymbol{z}_1, \boldsymbol{z}_2, \ldots, \boldsymbol{z}_m$ zwei Vektorfolgen aus $\mathfrak{R}$. Wir führen jetzt die folgende Bezeichnung für eine mit Hilfe dieser Vektorfolgen definierte Determinante ein:

$$[(\boldsymbol{y}_i, \boldsymbol{z}_j)] = \begin{vmatrix} (\boldsymbol{y}_1, \boldsymbol{z}_1) & (\boldsymbol{y}_2, \boldsymbol{z}_1) & \ldots & (\boldsymbol{y}_m, \boldsymbol{z}_1) \\ (\boldsymbol{y}_1, \boldsymbol{z}_2) & (\boldsymbol{y}_2, \boldsymbol{z}_2) & \ldots & (\boldsymbol{y}_m, \boldsymbol{z}_2) \\ \cdots & \cdots & \cdots & \cdots \\ (\boldsymbol{y}_1, \boldsymbol{z}_m) & (\boldsymbol{y}_2, \boldsymbol{z}_m) & \ldots & (\boldsymbol{y}_m, \boldsymbol{z}_m) \end{vmatrix}. \tag{25}$$

Weiterhin betrachten wir einen nichtnegativen hermiteschen Operator $\boldsymbol{H}$ in $\mathfrak{R}$. Die charakteristischen Wurzeln dieses Operators ordnen wir monoton fallend an:

$$h_1 \geqq h_2 \geqq \cdots \geqq h_n \geqq 0. \tag{26}$$

Dann gilt der folgende Satz von Horn ([191b]).

[1]) Wir werden auch die Bezeichnung $(\boldsymbol{A}^*\boldsymbol{A})^{1/2}$ benutzen.

Lemma 3. *Ist*

$$x_1, x_2, \ldots, x_m \qquad (m \leqq n) \tag{27}$$

eine beliebige Folge von Vektoren aus $\mathfrak{R}$, *dann ist*[1])

$$[(\boldsymbol{H}x_i, x_j)] \leqq h_1 h_2 \cdots h_m [(x_i, x_j)]. \tag{28}$$

Beweis. Wir betrachten die Orthonormalbasis aus den Eigenvektoren des Operators $\boldsymbol{H}$,

$$e_1, e_2, \ldots, e_n, \tag{29}$$

und zerlegen die Vektoren x_i ($i = 1, 2, \ldots, m$) in dieser Basis (29). Wir berechnen die Skalarprodukte und erhalten

$$(\boldsymbol{H}x_i, x_j) = \sum_{s=1}^{n} h_s (x_i, e_s)\,\overline{(x_j, e_s)} = \sum_{s=1}^{n} h_s (x_i, e_s)\,(e_s, x_j) \tag{30}$$

$$(i, j = 1, 2, \ldots, m).$$

Die Gleichung (30) erlaubt es, die Matrix der Determinante $[(\boldsymbol{H}x_i, x_j)]$ als Produkt zweier Matrizen des Typs (m, n) bzw. (n, m) anzusehen.

Berechnen wir die Determinante nach dem Satz von BINET-CAUCHY, so erhalten wir unter Benutzung der eingeführten Bezeichnungen

$$[(\boldsymbol{H}x_i, x_j)] = \sum_{1 \leqq s_1 < s_2 < \cdots < s_m \leqq n} [(x_i, h_s e_s)]\,[(e_s, x_j)]. \tag{31}$$

Hier ist

$$[(x_i, h_s e_s)] = \begin{vmatrix} (x_1, h_{s_1} e_{s_1}) & \ldots & (x_m, h_{s_1} e_{s_1}) \\ (x_1, h_{s_2} e_{s_2}) & \ldots & (x_m, h_{s_2} e_{s_2}) \\ \cdots & \cdots & \cdots \\ (x_1, h_{s_m} e_{s_m}) & \ldots & (x_m, h_{s_m} e_{s_m}) \end{vmatrix}, \tag{31'}$$

und die Summe wird über alle möglichen m-Tupel natürlicher Zahlen mit $1 \leqq s_1 < s_2 < \cdots < s_m \leqq n$ gebildet.

Durch Abschätzung der rechten Seite der Gleichung (31) mit Hilfe der Cauchy-Bunjakovskijschen Ungleichung erhalten wir

$$[(\boldsymbol{H}x_i, x_j)]^2 \leqq \Bigl(\sum_{1 \leqq s_1 < \cdots < s_m \leqq n} |[(x_i, h_s e_s)]|^2\Bigr)\Bigl(\sum_{1 \leqq s_1 < \cdots < s_m \leqq n} |[(e_s, x_j)]|^2\Bigr). \tag{32}$$

Die zweite Summe auf der rechten Seite der Ungleichung (32) ist die Gramsche Determinante $[(x_i, x_j)]$. Davon kann man sich leicht überzeugen, indem man in (31) $\boldsymbol{H} = \boldsymbol{E}$ setzt, wobei $\boldsymbol{E}$ der Einheitsoperator ist. Übrigens ist die entsprechende Gleichung separat auf S. 263 (vgl. dort (26)) bewiesen worden. In der ersten Summe der rechten Seite von (32) klammern wir aus jeder der Determinanten (31′) das

---

[1]) Der Determinante auf der linken Seite von (28) ist nichtnegativ. Setzen wir $\boldsymbol{H}^{1/2}x_i = y_i$, so erhalten wir nämlich

$$[(\boldsymbol{H}x_i, x_j)] = [(\boldsymbol{H}^{1/2}x_i, \boldsymbol{H}^{1/2}x_j)] = [(y_i, y_j)] \geqq 0.$$

Produkt $h_{s_1}h_{s_2}\cdots h_{s_m}$ aus und ersetzen es durch das größere Produkt $h_1h_2\cdots h_m$. Als Ergebnis erhalten wir

$$[(\boldsymbol{H}\boldsymbol{x}_i, \boldsymbol{x}_j)]^2 \leqq h_1^2 h_2^2 \cdots h_m^2 [(\boldsymbol{x}_i, \boldsymbol{x}_j)]^2.$$

Die Ungleichung (28) erhalten wir nun, indem wir auf beiden Seiten der vorstehenden Ungleichung die Wurzel ziehen.

Wir beweisen nun noch folgendes

Lemma 4. *Es sei* $\boldsymbol{K}$ *ein beliebiger Operator in* $\mathfrak{R}$, *und*

$$\varkappa_1 \geqq \varkappa_2 \geqq \cdots \geqq \varkappa_n \tag{33}$$

seien seine singulären Wurzeln. Dann gilt für beliebige m Vektoren $\boldsymbol{x}_1, \boldsymbol{x}_2, \ldots, \boldsymbol{x}_m$ $(m \leqq n)$ *die Ungleichung*

$$[(\boldsymbol{K}\boldsymbol{x}_i, \boldsymbol{K}\boldsymbol{x}_j)] \leqq \varkappa_1^2 \varkappa_2^2 \cdots \varkappa_m^2 [(\boldsymbol{x}_i, \boldsymbol{x}_j)]. \tag{34}$$

Die Ungleichung (34) folgt unmittelbar aus dem Lemma 3, wenn wir $\boldsymbol{H} = \boldsymbol{K}^*\boldsymbol{K}$ setzen.

Wir beweisen schließlich noch den folgenden Hilfssatz:

Lemma 5. *Es seien* $\boldsymbol{A}$ *und* $\boldsymbol{B}$ *lineare Operatoren in* $\mathfrak{R}$, *weiter sei* $\boldsymbol{C} = \boldsymbol{A}\boldsymbol{B}$, *und* α_s, β_s *und* γ_s $(s = 1, 2, \ldots, n)$ *seien die singulären Wurzeln von* $\boldsymbol{A}$, $\boldsymbol{B}$ *bzw.* $\boldsymbol{C}$ *in monoton fallender Ordnung. Dann gelten für beliebiges* $m \leqq n$ *die Ungleichungen*[1])

$$\gamma_1\gamma_2\cdots\gamma_m \leqq \alpha_1\alpha_2\cdots\alpha_m\beta_1\beta_2\cdots\beta_m. \tag{35}$$

Beweis. Wir betrachten die aus den Eigenvektoren des Operators $\boldsymbol{C}^*\boldsymbol{C}$ bestehende Orthonormalbasis $\boldsymbol{e}_1, \boldsymbol{e}_2, \ldots, \boldsymbol{e}_n$. Durch sukzessive Anwendung von (34) erhalten wir

$$\begin{aligned}[(\boldsymbol{C}\boldsymbol{e}_i, \boldsymbol{C}\boldsymbol{e}_j)] = [(\boldsymbol{A}\boldsymbol{B}\boldsymbol{e}_i, \boldsymbol{A}\boldsymbol{B}\boldsymbol{e}_j)] &\leqq \alpha_1^2\alpha_2^2\cdots\alpha_m^2[(\boldsymbol{B}\boldsymbol{e}_i, \boldsymbol{B}\boldsymbol{e}_j)] \\ &\leqq \alpha_1^2\alpha_2^2\cdots\alpha_m^2\beta_1^2\beta_2^2\cdots\beta_m^2[(\boldsymbol{e}_i, \boldsymbol{e}_j)].\end{aligned} \tag{36}$$

Da die $\boldsymbol{e}_i$ $(1 \leqq i \leqq m)$ Eigenvektoren des Operators $\boldsymbol{C}^*\boldsymbol{C}$ sind, haben wir andererseits

$$[(\boldsymbol{C}\boldsymbol{e}_i, \boldsymbol{C}\boldsymbol{e}_j)] = [(\boldsymbol{C}^*\boldsymbol{C}\boldsymbol{e}_i, \boldsymbol{e}_j)] = \gamma_1^2\gamma_2^2\cdots\gamma_n^2[(\boldsymbol{e}_i, \boldsymbol{e}_j)]. \tag{37}$$

Folglich gilt (35).

Jetzt sind wir in der Lage, den folgenden Hauptsatz dieses Abschnitts zu beweisen:

Satz 1 (Horn-Neumann [218b], [191b]). *Es seien* $\boldsymbol{A}$, $\boldsymbol{B}$ *und* $\boldsymbol{C}$ *lineare Operatoren im n-dimensionalen unitären Raum* $\mathfrak{R}$, *ferner sei* $\boldsymbol{C} = \boldsymbol{A}\boldsymbol{B}$, *und* α_s, β_s *und* γ_s $(s = 1, 2, \ldots, n)$ *seien die singulären Wurzeln der Operatoren* $\boldsymbol{A}$, $\boldsymbol{B}$ *bzw.* $\boldsymbol{C}$ *in monoton fallender Ordnung. Weiter sei* $f(x)$ *eine solche im nichtnegativen Bereich stetige Funktion, daß*

[1]) Für $m = n$ gilt in (35) das Gleichheitszeichen. Es ist nämlich $\boldsymbol{C}^*\boldsymbol{C} = \boldsymbol{B}^*\boldsymbol{A}^*\boldsymbol{A}\boldsymbol{B}$ und daher auch $|\boldsymbol{C}^*\boldsymbol{C}| = |\boldsymbol{A}^*\boldsymbol{A}|\,|\boldsymbol{B}^*\boldsymbol{B}|$.

Da die Determinante der Matrix eines Operators gleich dem Produkt seiner charakteristischen Wurzeln ist, gilt $\gamma_1^2\gamma_2^2\cdots\gamma_n^2 = \alpha_1^2\alpha_2^2\cdots\alpha_n^2\beta_1^2\beta_2^2\cdots\beta_n^2$.

$\varphi(t) = f(e^t)$ eine monoton wachsende konvexe Funktion von t ist. Dann gelten für alle $m \leqq n$ die Ungleichungen[1])

$$\sum_{s=1}^{m} f(\gamma_s) \leqq \sum_{s=1}^{m} f(\alpha_s\beta_s). \tag{38}$$

Beweis. Die Operatoren $\boldsymbol{A}$ und $\boldsymbol{B}$ seien zunächst regulär. Dann sind die α_s, β_s und γ_s positiv. Wir gehen von (35) zu der Ungleichung der Logarithmen über und erhalten

$$\sum_{s=1}^{m} \ln \gamma_s \leqq \sum_{s=1}^{m} \ln (\alpha_s\beta_s) \quad (1 \leqq m \leqq n). \tag{39}$$

Wegen Lemma 2 ist

$$\sum_{s=1}^{m} \varphi(\ln \gamma_s) \leqq \sum_{s=1}^{m} \varphi(\ln \alpha_s\beta_s) \quad (1 \leqq m \leqq n). \tag{40}$$

Da $\varphi(t) = f(e^t)$ gilt, folgt daraus (38). Im Fall singulärer Operatoren erhalten wir die Ungleichung (38) aus Stetigkeitsbetrachtungen.

Bemerkung 1. Im Fall $f(x) = x^\sigma$ $(\sigma \geqq 0)$ erhalten wir

$$\sum_{s=1}^{m} \gamma_s^\sigma \leqq \sum_{s=1}^{m} \alpha_s^\sigma\beta_s^\sigma \quad (1 \leqq m \leqq n). \tag{41}$$

In dieser Form benutzt man die Ungleichung am häufigsten.

Bemerkung 2. Für $m = n$ geht die Ungleichung (39) in eine Gleichung über (vgl. die Fußnote 1 auf S. 609). Daher gilt für $m = n$ die Ungleichung (40) für beliebige stetige konvexe Funktionen $\varphi(t)$ (vgl. die Bemerkung zum Lemma 2). Insbesondere gilt also die Ungleichung (41) im Fall $n = m$ auch für $\sigma < 0$.

Bemerkung 3. Es seien $\alpha_1 \geqq \alpha_2 \geqq \cdots \geqq \alpha_n$ die singulären Wurzeln des Operators $\boldsymbol{A}$ und $\alpha_{l1} \geqq \alpha_{l2} \geqq \cdots \geqq \alpha_{ln}$ die singulären Wurzeln des Operators $\boldsymbol{A}^l$ (wobei l eine natürliche Zahl ist). Dann ist für beliebiges $\sigma \geqq 0$ und beliebiges m mit $1 \leqq m \leqq n$

$$\sum_{s=1}^{m} \alpha_{ls}^\sigma \leqq \sum_{s=1}^{m} \alpha_s^{\sigma l}. \tag{42}$$

Wir beweisen die Ungleichung (42) durch vollständige Induktion nach l. Für $l = 1$ ist (42) evident; es gelte nun (42) für $l - 1$. Da $\boldsymbol{A}^l = \boldsymbol{A}^{l-1}\boldsymbol{A}$ ist, gilt wegen (41)

$$\sum_{s=1}^{m} \alpha_{ls}^\sigma \leqq \sum_{s=1}^{m} \alpha_{l-1,s}^\sigma \alpha_s^\sigma \quad (1 \leqq m \leqq n). \tag{43}$$

---

[1]) Die Ungleichungen (38) wurden von A. Horn in der Arbeit [191b] veröffentlicht. In der Arbeit von J. v. Neumann [218b] ist nur gezeigt worden, daß $\sum_{s=1}^{n} \gamma_s^2 \leqq \sum_{s=1}^{n} \alpha_s^2\beta_s^2$ gilt, allerdings erlaubt die dort entwickelte Methode, die Ungleichungen (38) auch in der allgemeinen Form zu beweisen.

Wenden wir jetzt auf die rechte Seite von (43) die Höldersche Ungleichung¹) mit

$$p = \frac{l}{l-1} \quad \text{und} \quad q = l \quad (p^{-1} + q^{-1} = 1)$$

an, so erhalten wir

$$\sum_{s=1}^{m} \alpha_{ls}^{\sigma} \leqq \left(\sum_{s=1}^{m} \alpha_{l-1,s}^{p\sigma}\right)^{\frac{1}{p}} \left(\sum_{s=1}^{m} \alpha_{s}^{q\sigma}\right)^{\frac{1}{q}}. \tag{44}$$

Nach Induktionsvoraussetzung gilt für die erste Summe auf der rechten Seite von (44)

$$\left(\sum_{s=1}^{m} \alpha_{l-1,s}^{p\sigma}\right)^{\frac{1}{p}} \leqq \left(\sum_{s=1}^{m} \alpha_{s}^{p\sigma(l-1)}\right)^{\frac{1}{p}} = \left(\sum_{s=1}^{m} \alpha_{s}^{l\sigma}\right)^{1-\frac{1}{l}}.$$

Da in der zweiten Summe auf der rechten Seite von (44) $q = l$ ist, erhalten wir aus (44) unmittelbar

$$\sum_{s=1}^{m} \alpha_{ls}^{\sigma} \leqq \sum_{s=1}^{m} \alpha_{s}^{l\sigma},$$

was zu beweisen war.

Insbesondere folgt für $\sigma = 2$ und $m = n$ aus (42)

$$\operatorname{Sp}(\boldsymbol{A}^{*l}\boldsymbol{A}^{l}) \leqq \operatorname{Sp}(\boldsymbol{A}^{*}\boldsymbol{A})^{l}. \tag{45}$$

3. Die Weylschen Ungleichungen

In diesem Abschnitt leiten wir die von H. Weyl bewiesenen Ungleichungen her, die es erlauben, die charakteristischen Wurzeln eines linearen Operators $\boldsymbol{A}$ mit Hilfe seiner singulären Wurzeln²) abzuschätzen. Dazu benötigen wir den folgenden wichtigen Satz:

Lemma 6. *Es seien λ_s ($s = 1, 2, \ldots, n$) die charakteristischen Wurzeln des linearen Operators $\boldsymbol{A}$, die in der Weise numeriert sind, daß*

$$|\lambda_1| \geqq |\lambda_2| \geqq \cdots \geqq |\lambda_n| \tag{46}$$

ist, und

$$\alpha_1 \geqq \alpha_2 \geqq \cdots \geqq \alpha_n \tag{47}$$

seien seine singulären Wurzeln. Dann gilt für beliebiges $m \leqq n$ die Ungleichung

$$|\lambda_1|\,|\lambda_2| \cdots |\lambda_m| \leqq \alpha_1\alpha_2\cdots\alpha_m. \tag{48}$$

---

¹) Vgl. [35].

²) Zur Definition vgl. Abschnitt 2.

Beweis. Wir betrachten eine Orthonormalbasis

$$\boldsymbol{e}_1, \boldsymbol{e}_2, \ldots, \boldsymbol{e}_n, \tag{49}$$

in der die Matrix des Operators $\boldsymbol{A}$ Dreiecksgestalt besitzt. Die Existenz einer solchen Basis folgt aus dem Satz von SCHUR (vgl. Kap. 9, S. 277). Wir benutzen Lemma 4 und schätzen die Determinante

$$[(\boldsymbol{A}\boldsymbol{e}_k, \boldsymbol{A}\boldsymbol{e}_l)]_1^m \tag{50}$$

auf zweierlei Weise ab. Es seien a_{ij} die Elemente der Matrix des Operators $\boldsymbol{A}$ in der Basis (49). Somit haben wir $\boldsymbol{A}\boldsymbol{e}_j = \sum_{i=1}^{n} a_{ij}\boldsymbol{e}_i$. Wegen $a_{ij} = 0$ für $i > j$ ist aber

$$\boldsymbol{A}\boldsymbol{e}_j = \sum_{i=1}^{j} a_{ij}\boldsymbol{e}_i, \tag{51}$$

und es gilt

$$(\boldsymbol{A}\boldsymbol{e}_k, \boldsymbol{A}\boldsymbol{e}_l) = \left(\sum_{i=1}^{k} a_{ik}\boldsymbol{e}_i, \sum_{i=1}^{l} a_{il}\boldsymbol{e}_i\right) = \sum_{i=1}^{q} \bar{a}_{il}a_{ik} \tag{52}$$

$$\big(q = \min(k, l)\big).$$

Die Beziehung (52) erlaubt uns, die Determinante (50) als Produkt zweier Determinanten aufzuschreiben:

$$[(\boldsymbol{A}\boldsymbol{e}_k, \boldsymbol{A}\boldsymbol{e}_l)]_1^m = \begin{vmatrix} \bar{a}_{11} & 0 & 0 & \ldots & 0 \\ \bar{a}_{12} & \bar{a}_{22} & 0 & \ldots & 0 \\ \bar{a}_{13} & \bar{a}_{23} & \bar{a}_{33} & \ldots & 0 \\ \ldots & \ldots & \ldots & \ldots & \ldots \\ \bar{a}_{1m} & \bar{a}_{2m} & \bar{a}_{3m} & \ldots & \bar{a}_{mm} \end{vmatrix} \cdot \begin{vmatrix} a_{11} & a_{12} & a_{13} & \ldots & a_{1m} \\ 0 & a_{22} & a_{23} & \ldots & a_{2m} \\ 0 & 0 & a_{33} & \ldots & a_{3m} \\ \ldots & \ldots & \ldots & \ldots & \ldots \\ 0 & 0 & 0 & \ldots & a_{mm} \end{vmatrix}. \tag{53}$$

Da nun $a_{ii} = \lambda_i$ ist und beide Determinanten auf der rechten Seite von (53) gleich dem Produkt ihrer Diagonalelemente sind, ist

$$[(\boldsymbol{A}\boldsymbol{e}_k, \boldsymbol{A}\boldsymbol{e}_l)]_1^m = |\lambda_1|^2\,|\lambda_2|^2 \cdots |\lambda_m|^2. \tag{54}$$

Andererseits folgt aus Lemma 4 wegen $[(\boldsymbol{e}_k, \boldsymbol{e}_l)]_1^m = 1$

$$[(\boldsymbol{A}\boldsymbol{e}_k, \boldsymbol{A}\boldsymbol{e}_l)]_1^m \leqq \alpha_1^2\alpha_2^2\cdots\alpha_m^2. \tag{55}$$

Die Ungleichungen (48) folgen jetzt aus (54) und (55). Das Lemma 6 ist damit bewiesen.[1])

---

[1]) Dieses Lemma kann man auch anders beweisen, wenn man Satz 4 aus Kapitel 3 benutzt, der besagt, daß das Produkt $\lambda_1\lambda_2\cdots\lambda_m$ charakteristische Wurzel der zur Matrix A assoziierten Matrix $\mathfrak{A}_m$ ist. Es sei $\boldsymbol{x}$ der entsprechende Eigenvektor von $\mathfrak{A}_m$; wir multiplizieren die Gleichung $\mathfrak{A}_m\boldsymbol{x} = \lambda_1\lambda_2\cdots\lambda_m\boldsymbol{x}$ mit der adjungierten und erhalten

$$|\lambda_1\lambda_2\cdots\lambda_m|^2 = \frac{\boldsymbol{x}^*\mathfrak{A}_m^*\mathfrak{A}_m x}{\boldsymbol{x}^*\boldsymbol{x}}.$$

Die Matrix $\mathfrak{A}_m^*\mathfrak{A}_m$ ist zur Matrix A^*A assoziiert, und folglich ist die größte charakteristische Wurzel von $\mathfrak{A}_m^*\mathfrak{A}_m$ gleich $\alpha_1^2\alpha_2^2\cdots\alpha_m^2$. Da der Bruch auf der rechten Seite der letzten Gleichung nicht größer ist als $\alpha_1^2\alpha_2^2\cdots\alpha_m^2$, kommen wir zu den Ungleichungen (48).

Unter Benutzung der Ungleichungen (48) beweisen wir jetzt den folgenden Satz:

Satz 2 (vgl. [257]). *Es sei* A *ein linearer Operator, und* λ_s *und* α_s $(s = 1, 2, \ldots, n)$ *seien seine charakteristischen bzw. singulären Wurzeln in derselben Ordnung wie in Lemma 6. Es sei* $f(x)$ *eine im nichtnegativen Bereich stetige reelle Funktion, für die* $\varphi(t) = f(e^t)$ *monoton wachsend und konvex ist. Dann gilt für beliebiges* $m \leqq n$ *die Ungleichung*

$$\sum_{s=1}^{m} f(|\lambda_s|) \leqq \sum_{s=1}^{m} f(\alpha_s). \tag{56}$$

Beweis. Ist der Operator A regulär, so erhalten wir mit (48)

$$\sum_{s=1}^{m} \ln |\lambda_s| \leqq \sum_{s=1}^{m} \ln \alpha_s \tag{57}$$

für alle $m \leqq n$. Daher folgen mit Hilfe von Lemma 2 die Ungleichungen (56). Ist der Operator A singulär, so erhalten wir die Ungleichungen (56) auf Grund von Stetigkeitsbetrachtungen. Der Satz ist damit bewiesen.

Bemerkung 1. Ist $m = n$, so geht die Ungleichung (48) in eine Gleichung über, da in diesem Fall auch in (55) Gleichheit eintritt. Folglich gilt im Fall $n = m$ auch in (57) das Gleichheitszeichen. Nach der Bemerkung zu Lemma 2 folgt $\sum_{s=1}^{n} f(|\lambda_s|) \leqq \sum_{s=1}^{n} f(\alpha_s)$ für beliebige Funktionen $f(x)$, sobald die Funktion $\varphi(t) = f(e^t)$ konvex ist. Die Monotonie ist hierbei eine überflüssige Forderung. Zum Beispiel gilt für beliebiges reelles σ

$$\sum_{s=1}^{n} |\lambda_s|^\sigma \leqq \sum_{s=1}^{n} \alpha_s^\sigma. \tag{58}$$

Bemerkung 2. Wir betrachten die Funktion

$$f(x) = \ln(1 + xz) \qquad (x \geqq 0) \tag{59}$$

mit der festen positiven Zahl z. Es ist leicht zu sehen, daß die Funktion (59) den Bedingungen des Satzes 2 genügt. Daher gilt für beliebiges m $(1 \leqq m \leqq n)$ die Ungleichung

$$\sum_{s=1}^{m} \ln(1 + |\lambda_s| z) \leqq \sum_{s=1}^{m} \ln(1 + \alpha_s z).$$

Durch Potenzieren erhalten wir die in der Theorie der Integraloperatoren benutzte Ungleichung

$$\prod_{s=1}^{m} (1 + |\lambda_s| z) \leqq \prod_{s=1}^{m} (1 + \alpha_s z). \tag{60}$$

4. Maximal-Minimaleigenschaften von Summen und Produkten der charakteristischen Wurzeln hermitescher Operatoren

In diesem Abschnitt werden einige Resultate bezüglich der Extremaleigenschaften der charakteristischen Wurzeln hermitescher Operatoren (vgl. 10.7.) verallgemeinert.

1. Zunächst erweist es sich als günstig, dem Satz 12 aus Kapitel 10, der die grundlegende Maximal-Minimaleigenschaft der charakteristischen Wurzeln beinhaltet, eine etwas andere Form zu geben.

Es sei $\boldsymbol{A}$ ein hermitescher Operator in dem n-dimensionalen unitären Raum $\mathfrak{R}$, und

$$\lambda_1 \geqq \lambda_2 \geqq \cdots \geqq \lambda_n \tag{61}$$

seien seine charakteristischen Wurzeln. Mit $\mathfrak{R}_q$ bezeichnen wir einen q-dimensionalen Unterraum des Raumes $\mathfrak{R}$.

Es gilt nun

$$\lambda_q = \max_{\mathfrak{R}_q} \min_{\substack{\boldsymbol{x}\in\mathfrak{R}_q \\ (\boldsymbol{x},\boldsymbol{x})=1}} (\boldsymbol{A}\boldsymbol{x}, \boldsymbol{x}). \tag{62}$$

Hier wird das Minimum über alle normierten Vektoren $\boldsymbol{x}$ gebildet, die einem fixierten Unterraum $\mathfrak{R}_q$ angehören, und danach wird das Maximum über alle q-dimensionalen Unterräume gebildet. Die Gleichung (62) erfaßt den Inhalt des Satzes 12 aus Kapitel 10 und ist eine Variation von (79). In der Tat kann jeder q-dimensionale Unterraum $\mathfrak{R}_q$ als Lösungsmenge eines Systems von $n - q$ linear unabhängigen linearen Gleichungen

$$L_k(x) = 0 \quad (k = 1, 2, \ldots, n - q) \tag{63}$$

(Bezeichnungen siehe S. 327) aufgefaßt werden. Wenn wir die hermitesche Form $B(\boldsymbol{x}, \boldsymbol{x}) \equiv \sum_{s=1}^{n} |x_s|^2$ einführen und nur normierte Vektoren wählen, dann ist $B(\boldsymbol{x},\boldsymbol{x}) = 1$ und

$$\mu\left(\frac{A}{B}, L_1, L_2, \ldots, L_{n-q}\right) = \min_{\substack{\boldsymbol{x}\in\mathfrak{R}_q \\ (\boldsymbol{x},\boldsymbol{x})=1}} (\boldsymbol{A}\boldsymbol{x}, \boldsymbol{x}). \tag{64}$$

Aus (79) von Kapitel 10 erhalten wir

$$\lambda_{(n-q+1)} = \max_{\mathfrak{R}_q} \min_{\substack{\boldsymbol{x}\in\mathfrak{R}_q \\ (\boldsymbol{x},\boldsymbol{x})=1}} (\boldsymbol{A}\boldsymbol{x}, \boldsymbol{x}), \tag{65}$$

wobei $n - q + 1$ die Nummer der charakteristischen Wurzel des Operators $\boldsymbol{A}$ in der in Kapitel 10 angenommenen Ordnung (in wachsender Folge) ist. Wie man leicht sieht, ist in der neuen Numerierung $\lambda_{(n-q+1)} = \lambda_q$. Somit gilt tatsächlich die Gleichung (62). Zwei einfache Folgerungen von (62) sind

$$\lambda_1 = \max_{(\boldsymbol{x},\boldsymbol{x})=1} (\boldsymbol{A}\boldsymbol{x}, \boldsymbol{x}) \tag{66}$$

und

$$\lambda_n = \min_{(\boldsymbol{x},\boldsymbol{x})=1} (\boldsymbol{A}\boldsymbol{x}, \boldsymbol{x}). \tag{66'}$$

Unmittelbare Verallgemeinerung der Gleichung (66) ist der folgende, von FAN KY [177a] gefundene Satz.

Satz 3. *Für einen beliebigen hermiteschen Operator* $\boldsymbol{A}$ *mit den charakteristischen Wurzeln* (61) *und für beliebiges* $m \leqq n$ *gilt*

$$\lambda_1 + \lambda_2 + \cdots + \lambda_m = \max_{\substack{\boldsymbol{x}_1, \boldsymbol{x}_2, \ldots, \boldsymbol{x}_m \\ (\boldsymbol{x}_i, \boldsymbol{x}_j) = \delta_{ij}}} \sum_{i=1}^{m} (\boldsymbol{A}\boldsymbol{x}_i, \boldsymbol{x}_i). \tag{67}$$

Das Maximum auf der rechten Seite von (67) wird über alle orthonormierten Systeme von m Vektoren

$$\boldsymbol{x}_1, \boldsymbol{x}_2, \ldots, \boldsymbol{x}_m \tag{68}$$

genommen.

Beweis. Wir betrachten die Orthonormalbasis der Eigenvektoren $\boldsymbol{e}_1, \boldsymbol{e}_2, \ldots, \boldsymbol{e}_n$ des Operators $\boldsymbol{A}$. Mit $\boldsymbol{x}_i = \sum_{s=1}^{m} (\boldsymbol{x}_i, \boldsymbol{e}_s)\, \boldsymbol{e}_s$ ergibt sich

$$(\boldsymbol{A}\boldsymbol{x}_i, \boldsymbol{x}_i) = \sum_{s=1}^{n} \lambda_s\, |(\boldsymbol{x}_s, \boldsymbol{e}_s)|^2. \tag{69}$$

Erweitern wir das System (68) zu einer Orthonormalbasis von $\mathfrak{R}$, so erhalten wir

$$\sum_{s=1}^{n} |(\boldsymbol{x}_i, \boldsymbol{e}_s)|^2 = (\boldsymbol{x}_i, \boldsymbol{x}_i) = 1 \tag{70}$$

und

$$\sum_{i=1}^{n} |(\boldsymbol{x}_i, \boldsymbol{e}_s)|^2 = (\boldsymbol{e}_s, \boldsymbol{e}_s) = 1. \tag{71}$$

Die Matrix $\| |(\boldsymbol{x}_i, \boldsymbol{e}_s)|^2 \|_1^n$ ist somit bistochastisch. Aus der Gleichung (69) finden wir, daß die Folge

$$(\boldsymbol{A}\boldsymbol{x}_i, \boldsymbol{x}_i) \qquad (i = 1, 2, \ldots, n) \tag{72}$$

durch eine bistochastische Matrix aus (61) hervorgeht. Wegen Lemma 1 (vgl. (10')) folgt daraus

$$\sum_{i=1}^{m} (\boldsymbol{A}\boldsymbol{x}_i, \boldsymbol{x}_i) \leqq \sum_{i=1}^{m} \lambda_i. \tag{73}$$

Da aber in (73) für $\boldsymbol{x}_i = \boldsymbol{e}_i$ $(1 \leqq i \leqq n)$ das Gleichheitszeichen gilt, ist der Satz damit bewiesen.

Führen wir jetzt mit dem Operator $\boldsymbol{A}$ den Operator $-\boldsymbol{A}$ ein, dessen charakteristische Wurzeln offenbar $-\lambda_s$ $(s = 1, 2, \ldots, n)$ sind, so folgt aus dem eben bewiesenen Satz

$$\lambda_n + \lambda_{n-1} + \cdots + \lambda_{n-m+1} = \min_{\substack{\boldsymbol{x}_1, \boldsymbol{x}_2, \ldots, \boldsymbol{x}_m \\ (\boldsymbol{x}_i, \boldsymbol{x}_j) = \delta_{ij}}} \sum_{i=1}^{m} (\boldsymbol{A}\boldsymbol{x}_i, \boldsymbol{x}_i). \tag{74}$$

Diese Formel stellt eine Verallgemeinerung von (66') dar.

Bemerkung. Aus der Ungleichung (73) folgt mit Hilfe von Lemma 2, daß für eine beliebige stetige, konvexe und monoton wachsende Funktion $\varphi(t)$ und beliebiges m die Ungleichung

$$\sum_{i=1}^{m} \varphi(a_{ii}) \leqq \sum_{i=1}^{m} \varphi(\lambda_i)$$

mit $a_{ii} = (\boldsymbol{A}\boldsymbol{x}_i, \boldsymbol{x}_i)$ gilt.

2. Eine weitere Verallgemeinerung der Formel (62) ist mit der Maximal-Minimaleigenschaft von Summen charakteristischer Wurzeln eines hermiteschen Operators $\boldsymbol{A}$ der Gestalt

$$\lambda_{i_1} + \lambda_{i_2} + \cdots + \lambda_{i_l} \tag{75}$$

verknüpft, wobei $1 \leqq i_1 < i_2 < \cdots < i_l \leqq n$ eine beliebige Folge natürlicher Zahlen ist. Der entsprechende Satz stammt von H. Wielandt [260e].

Unter Beibehaltung des grundsätzlichen Gedankengangs von Wielandt beweisen wir einen etwas allgemeineren, von Amir Moéz [149] stammenden Satz. Diesen Satz werden wir auch bei der Abschätzung der Produkte von charakteristischen und singulären Wurzeln benutzen.

Zunächst führen wir einige Bezeichnungen ein. Es sei

$$1 \leqq i_1 < i_2 < \cdots < i_m \leqq n \tag{76}$$

eine feste Folge von m natürlichen Zahlen, und wir betrachten eine Kette einander enthaltender Unterräume des Raumes $\mathfrak{R}$:

$$\mathfrak{R}_{i_1} \subset \mathfrak{R}_{i_2} \subset \cdots \subset \mathfrak{R}_{i_m}, \tag{77}$$

wobei der Index jeweils die Dimension des Unterraumes angibt. Es sei weiterhin

$$\boldsymbol{x}_{i_1}, \boldsymbol{x}_{i_2}, \ldots, \boldsymbol{x}_{i_m} \tag{78}$$

ein orthonormales System von m Vektoren,

$$(\boldsymbol{x}_{i_k}, \boldsymbol{x}_{i_{k'}}) = \delta_{kk'}, \tag{79}$$

derart, daß

$$\boldsymbol{x}_{i_k} \in \mathfrak{R}_{i_k} \quad (k = 1, 2, \ldots, m) \tag{80}$$

ist. Von einem Vektorsystem mit dieser Eigenschaft werden wir sagen, daß es *in der Kette* (77) *liegt*.

Wir formulieren und beweisen jetzt den folgenden Satz:

Lemma 7 (vgl. [149]). *Es sei* $\boldsymbol{A}$ *ein hermitescher Operator mit den charakteristischen Wurzeln* $\lambda_1 \geqq \lambda_2 \geqq \cdots \geqq \lambda_n$, *und*

$$\varphi(t_1, t_2, \ldots, t_m) \tag{81}$$

sei eine in jedem ihrer Argumente monoton wachsende Funktion m reeller Variablen ($m \leqq n$).[1]) *Ferner sei* (77) *eine Kette von Unterräumen, die einer festen Folge* (76) *entspricht, und das System*

$$\boldsymbol{x}_{i_1}, \boldsymbol{x}_{i_2}, \ldots, \boldsymbol{x}_{i_m} \tag{82}$$

liege in dieser Kette. $\boldsymbol{P}_m$ *bezeichne den Projektionsoperator auf den Unterraum*

$$[\boldsymbol{x}_{i_1}, \boldsymbol{x}_{i_2}, \ldots, \boldsymbol{x}_{i_m}], \tag{83}$$

und $\bar{\lambda}_1 \geqq \bar{\lambda}_2 \geqq \cdots \geqq \bar{\lambda}_m$ *seien die charakteristischen Wurzeln des hermiteschen Operators*

$$\boldsymbol{P}_m \boldsymbol{A} \boldsymbol{P}_m \tag{83'}$$

als Operator im Unterraum (83).[2]) *Dann ist*

$$\varphi(\lambda_{i_1}, \lambda_{i_2}, \ldots, \lambda_{i_m}) = \max_{\mathfrak{R}_{i_1} \subset \mathfrak{R}_{i_2} \subset \cdots \subset \mathfrak{R}_{i_m}} \min_{x_{i_k} \in \mathfrak{R}_{i_k}} \varphi(\bar{\lambda}_1, \bar{\lambda}_2, \ldots, \bar{\lambda}_n). \tag{84}$$

Zur Erläuterung sei hier gesagt, daß in (84) zunächst eine Kette von Unterräumen gewählt und das Minimum über alle in dieser Kette liegenden Vektorsysteme gebildet wird; unter allen diesen wählen wir das Maximum über alle möglichen Ketten.

Beweis. Der Beweis von (84) kann offensichtlich auf den der folgenden beiden Behauptungen zurückgeführt werden.

A. *Zu jeder Kette* (77) *kann man ein Vektorsystem* (78) *wählen, das in dieser Kette liegt und für das*

$$\varphi(\bar{\lambda}_1, \bar{\lambda}_2, \ldots, \bar{\lambda}_m) \leqq \varphi(\lambda_{i_1}, \lambda_{i_2}, \ldots, \lambda_{i_m}) \tag{85}$$

gilt.

B. *Es gibt eine solche Kette* (77), *daß für jedes in dieser Kette liegende System die Ungleichung*

$$\varphi(\lambda_{i_1}, \lambda_{i_2}, \ldots, \lambda_{i_m}) \leqq \varphi(\bar{\lambda}_1, \bar{\lambda}_2, \ldots, \bar{\lambda}_m) \tag{86}$$

erfüllt ist.

Wir beweisen zunächst die Behauptung B. Es sei

$$\boldsymbol{e}_1, \boldsymbol{e}_2, \ldots, \boldsymbol{e}_n \tag{87}$$

die Basis, die aus denjenigen Eigenvektoren des Operators $\boldsymbol{A}$ besteht, welche den charakteristischen Wurzeln (61) entsprechen. Wir wählen die folgende Kette von Unterräumen,

$$\mathfrak{R}_{i_k} = [\boldsymbol{e}_1, \boldsymbol{e}_2, \ldots, \boldsymbol{e}_{i_k}] \quad (k = 1, 2, \ldots, m), \tag{88}$$

und zeigen, daß in diesem Fall die Ungleichung (86) immer erfüllt ist. Es sei (78) ein in der Kette (88) liegendes Vektorsystem, und $\mathfrak{S}_l$ sei ein gewisser l-dimensionaler

[1]) Es wird vorausgesetzt, daß der Definitionsbereich der Funktion $\varphi(t_1, t_2, \ldots, t_m)$ den Kubus $\alpha \leqq t_s \leqq \beta$ ($s = 1, 2, \ldots, m$) enthält, wobei α und β die Grenzen des Spektrums des Operators $\boldsymbol{A}$ sind.

[2]) Zur Definition des Projektionsoperators vgl. S. 279.

Unterraum aus der Hülle (83). Wie bereits gezeigt wurde (vgl. (62)), gilt bei beliebiger Wahl von $\mathfrak{S}_l$ die Ungleichung

$$\tilde{\lambda}_l \geqq \min_{\substack{\boldsymbol{x} \in \mathfrak{S}_l \\ (\boldsymbol{x},\boldsymbol{x})=1}} (\boldsymbol{P}_m \boldsymbol{A} \boldsymbol{P}_m \boldsymbol{x}, \boldsymbol{x}). \tag{89}$$

Wir setzen $\mathfrak{S}_l = [\boldsymbol{x}_{i_1}, \boldsymbol{x}_{i_2}, \ldots, \boldsymbol{x}_{i_l}]$. Wegen

$$(\boldsymbol{P}_m \boldsymbol{A} \boldsymbol{P}_m \boldsymbol{x}, \bar{\boldsymbol{x}}) = (\boldsymbol{A} \boldsymbol{P}_m \boldsymbol{x}, \boldsymbol{P}_m \boldsymbol{x}) = (\boldsymbol{A}\boldsymbol{x}, \boldsymbol{x}) \qquad \text{für} \qquad \boldsymbol{x} \in \mathfrak{S}_l$$

erhalten wir folglich

$$\min_{\substack{\boldsymbol{x} \in \mathfrak{S}_l \\ (\boldsymbol{x},\boldsymbol{x})=1}} (\boldsymbol{A}\boldsymbol{x}, \boldsymbol{x}) \geqq \min_{\substack{\boldsymbol{x} \in \mathfrak{R}_l \\ (\boldsymbol{x},\boldsymbol{x})=1}} (\boldsymbol{A}\boldsymbol{x}, \boldsymbol{x}). \tag{90}$$

Das Minimum auf der rechten Seite von (90) wird aber auf dem Eigenvektor $\boldsymbol{e}_{i_l}$ angenommen und beträgt λ_{i_l}. Die Gegenüberstellung von (90) und (89) ergibt $\tilde{\lambda}_l \geqq \lambda_{i_l}$. Daraus folgt wegen der Monotonie der Funktion (81) die Ungleichung (86). Somit ist die Behauptung B nachgewiesen.

Der Beweis der Ungleichung A ist komplizierter. Wir führen ihn durch vollständige Induktion unter der Voraussetzung, daß die Behauptung für Operatoren in $(n-1)$-dimensionalen Räumen gilt. Für den Fall $n = 1$ (der Raum ist eindimensional) bemerken wir, daß $\lambda_{i_1} = \tilde{\lambda}_1$ ist und die Ungleichung (85) für beliebige Funktionen $\varphi(t)$ gilt.

Beim Übergang zum Fall des n-dimensionalen Raumes können wir $m < n$ voraussetzen. Für $m = n$ stimmt nämlich der Unterraum (83) mit dem gesamten Raum überein, es ist $\lambda_{i_s} = \lambda_s$ $(s = 1, 2, \ldots, n)$, und folglich gilt die Ungleichung (85).

Für $m < n$ unterscheiden wir zwei Fälle:

1. $i_m < n$. Dann existiert ein $(n-1)$-dimensionaler Unterraum $\tilde{\mathfrak{R}}_{n-1}$, der alle Unterräume der Kette (77) enthält. Es sei $\boldsymbol{P}_{n-1}$ die Projektion auf den Unterraum $\tilde{\mathfrak{R}}_{n-1}$. Wir führen in $\tilde{\mathfrak{R}}_{n-1}$ den hermiteschen Operator

$$\boldsymbol{A}_{n-1} = \boldsymbol{P}_{n-1} \boldsymbol{A} \boldsymbol{P}_{n-1} \tag{91}$$

ein. Dann gilt für alle $\boldsymbol{x} \in \mathfrak{R}_{n-1}$ offenbar $(\boldsymbol{A}_{n-1}\boldsymbol{x}, \boldsymbol{x}) = (\boldsymbol{A}\boldsymbol{x}, \boldsymbol{x})$. Sind die λ'_s $(s = 1, 2, \ldots, n-1)$ die charakteristischen Wurzeln des Operators $\boldsymbol{A}_{n-1}$, dann gelten wegen Satz 14 auf S. 330 die Ungleichungen

$$\lambda_s \geqq \lambda'_s \qquad (s = 1, 2, \ldots, n-1).^{1)} \tag{92}$$

Nach Induktionsvoraussetzung existiert für jede Kette (77) in $\tilde{\mathfrak{R}}_{n-1}$ ein in dieser Kette liegendes Vektorsystem (78) derart, daß

$$\varphi(\tilde{\lambda}_1, \tilde{\lambda}_2, \ldots, \tilde{\lambda}_m) \leqq \varphi(\lambda'_{i_1}, \lambda'_{i_2}, \ldots, \lambda'_{i_m})$$

gilt. Daraus und aus (92) folgt unmittelbar, daß die Ungleichung (85) im betrachteten Fall tatsächlich gültig ist.

---

[1]) Es sei daran erinnert, daß in 10.7. die charakteristischen Wurzeln monoton wachsend geordnet sind. Die Ungleichungen (92) folgen gleichfalls leicht aus (62).

2. $i_m = n$. Es seien

$$i_m = n,\ i_{m-1} = n-1, \ldots, i_{m-p} = n-p \quad (p \geqq 0) \tag{93}$$

die letzten Elemente der Folge (76), und die Zahl $n-p-1$ gehöre schon nicht mehr zur Folge (76).

Mit $i_{m'}$ bezeichnen wir das größte der restlichen Glieder von (76). Offensichtlich ist dann

$$i_{m'} \leqq n-p-2.^{1)} \tag{94}$$

Die Kette von Unterräumen (77) hat in diesem Fall die Form

$$\mathfrak{R}_{i_1} \subset \mathfrak{R}_{i_2} \subset \cdots \subset \mathfrak{R}_{i_{m'}} \subset \mathfrak{R}_{n-p} \subset \mathfrak{R}_{n-p+1} \subset \cdots \subset \mathfrak{R}_n. \tag{95}$$

Es seien

$$\boldsymbol{e}_{n-p}, \boldsymbol{e}_{n-p+1}, \ldots, \boldsymbol{e}_n \tag{96}$$

die in der gleichen Weise wie in (87) indizierten Eigenvektoren des Operators $\boldsymbol{A}$. Mit $\tilde{\mathfrak{R}}_{n-1}$ bezeichnen wir einen $(n-1)$-dimensionalen Unterraum, der die Vektoren (96) enthält (das sind insgesamt $p+1$ Vektoren), und den Unterraum $\mathfrak{R}_{i_{m'}}$. Ein derartiger Unterraum existiert tatsächlich wegen

$$p + 1 + i_{m'} \leqq p + 1 + n - p - 2 = n - 1.$$

Wir führen jetzt die Kette

$$\mathfrak{R}_{i_1} \subset \mathfrak{R}_{i_2} \subset \cdots \subset \mathfrak{R}_{i_{m'}} \subset \tilde{\mathfrak{R}}_{n-p-1} \subset \tilde{\mathfrak{R}}_{n-p} \subset \cdots \subset \tilde{\mathfrak{R}}_{n-1} \tag{97}$$

ein, die wir aus der Kette (95) erhalten, wenn wir jeden Unterraum aus (95) mit dem Unterraum $\tilde{\mathfrak{R}}_{n-1}$ schneiden. Offenbar ändern sich dadurch die ersten m' Unterräume der Kette (95) nicht, da sie alle im Raum $\tilde{\mathfrak{R}}_{n-1}$ enthalten sind; die folgenden Unterräume der Kette verringern ihre Dimension um 1.[2]) Wieder führen wir den Operator $\boldsymbol{A}_{n-1}$ im Unterraum $\tilde{\mathfrak{R}}_{n-1}$ durch (91) ein. Nach Induktionsvoraussetzung kann man ein in der Kette (97) liegendes Vektorsystem

$$\boldsymbol{x}_{i_1}, \boldsymbol{x}_{i_2}, \ldots, \boldsymbol{x}_{i_{m'}}, \quad \boldsymbol{x}_{n-p-1}, \ldots, \boldsymbol{x}_{n-1} \tag{98}$$

in der Weise auswählen, daß

$$\varphi(\bar{\lambda}_1, \bar{\lambda}_2, \ldots, \bar{\lambda}_m) \leqq \varphi(\lambda'_{i_1}, \lambda'_{i_2}, \ldots, \lambda'_{i_{m'}}, \lambda'_{n-p-1}, \ldots, \lambda'_{n-1}) \tag{99}$$

ist. Die gestrichenen Werte auf der rechten Seite sind dabei die charakteristischen Wurzeln des Operators $\boldsymbol{A}_{n-1}$.

Wegen (92) gelten die Ungleichungen

$$\lambda_{i_1} \geqq \lambda'_{i_1}, \lambda_{i_2} \geqq \lambda'_{i_2}, \ldots, \lambda_{i_{m'}} \geqq \lambda'_{i_{m'}}. \tag{100}$$

---

[1]) Es kann passieren, daß die Indizes (93) die gesamte Folge (70) ausschöpfen. Um die Einheitlichkeit zu wahren, sei dann $i_{m'} = 0$, und der entsprechende Unterraum $\mathfrak{R}_{i_{m'}}$ bestehe aus dem Nullvektor.

[2]) Wird die Anzahl der Dimensionen des Durchschnitts nicht verringert, so kann man offensichtlich den Durchschnitt immer derart verkleinern, daß die Unterräume der Kette (97) die angezeigten Dimensionen besitzen.

Natürlich können wir aus (92) nicht auf die Ungleichung

$$\lambda_{n-p} \geqq \lambda'_{n-p-1}, \lambda_{n-p+1} \geqq \lambda'_{n-p}, \ldots, \lambda_n \geqq \lambda'_{n-1} \tag{100'}$$

schließen. Da aber alle Vektoren (96) im Unterraum $\tilde{\mathfrak{R}}_{n-1}$ liegen, sind sie auch Eigenvektoren des Operators $\boldsymbol{A}_{n-1}$. Die ihnen entsprechenden charakteristischen Wurzeln $\lambda_{n-p} \geqq \lambda_{n-p+1} \geqq \cdots \geqq \lambda_n$ sind auf alle Fälle nicht kleiner als die Zahlen $\lambda'_{n-p+1} \geqq \lambda'_{n-p} \geqq \cdots \geqq \lambda'_{n-1}$, die ja die kleinsten charakteristischen Wurzeln des Operators $\boldsymbol{A}_{n-1}$ sind. Somit gilt (100'), und zusammen mit (100) folgt

$$\varphi(\lambda'_{i_1}, \lambda'_{i_2}, \ldots, \lambda'_{i_{m'}}, \lambda'_{n-p-1}, \ldots, \lambda'_{n-1}) \geqq \varphi(\lambda_{i_1}, \lambda_{i_2}, \ldots, \lambda_{i_{m'}}, \lambda_{n-p}, \ldots, \lambda_n). \tag{101}$$

Zusammen mit (99) ergibt sich unmittelbar der Beweis der Behauptung A, da das System (98) nicht nur in der Kette (97) liegt, sondern auch in der Ausgangskette (95). Somit ist Lemma 7 vollständig bewiesen.

Aus dem eben bewiesenen Lemma folgt der

Satz 4 (vgl. [260e]). *Es sei* $\boldsymbol{A}$ *ein hermitescher Operator mit den charakteristischen Wurzeln* $\lambda_1 \geqq \lambda_2 \geqq \cdots \geqq \lambda_n$. *Weiter sei*

$$1 \leqq i_1 < i_2 < \cdots < i_m \leqq n \tag{102}$$

eine fest vorgegebene Indexfolge. Dann ist

$$\lambda_{i_1} + \lambda_{i_2} + \cdots + \lambda_{i_m} = \max_{\mathfrak{R}_{i_1} \subset \mathfrak{R}_{i_2} \subset \cdots \subset \mathfrak{R}_{i_m}} \min_{\boldsymbol{x}_{i_k} \in \mathfrak{R}_{i_k}} \sum_{k=1}^{m} (\boldsymbol{A}\boldsymbol{x}_{i_k}, \boldsymbol{x}_{i_k}), \tag{103}$$

wobei das Minimum über alle Vektorsysteme $\boldsymbol{x}_{i_k}$ $(k = 1, 2, \ldots, m)$ *genommen wird, die in der Kette*[1] $\mathfrak{R}_{i_1} \subset \mathfrak{R}_{i_2} \subset \cdots \subset \mathfrak{R}_{i_m}$ *liegen.*

Beweis. Wir bemerken, daß die Matrix des Operators $\boldsymbol{P}_m\boldsymbol{A}\boldsymbol{P}_m$ (vgl. Lemma 7) in der Orthonormalbasis (82) die Form $\|(\boldsymbol{A}\boldsymbol{x}_{i_k}, \boldsymbol{x}_{i_{k'}})\|_{k,k'=1}^{m}$ hat, da $(\boldsymbol{P}_m\boldsymbol{A}\boldsymbol{P}_m\boldsymbol{x}_{i_k}, \boldsymbol{x}_{i_{k'}}) = (\boldsymbol{A}\boldsymbol{x}_{i_k}, \boldsymbol{x}_{i_{k'}})$ ist. Daher ist die auf der rechten Seite von (103) stehende Summe die Spur des Operators $\boldsymbol{P}_m\boldsymbol{A}\boldsymbol{P}_m$ und folglich gleich $\tilde{\lambda}_1 + \tilde{\lambda}_2 + \cdots + \tilde{\lambda}_m$. Die Formel (103) folgt nach diesen Bemerkungen aus Lemma 7 für

$$\varphi(t_1, t_2, \ldots, t_m) \equiv t_1 + t_2 + \cdots + t_m.$$

Damit ist Satz 4 bewiesen.

Wir weisen darauf hin, daß (62) und auch (67) und (74) Spezialfälle des Satzes 4 sind.

Abschließend beweisen wir noch die folgende Behauptung, die ebenfalls unmittelbar aus Lemma 7 folgt.

---

[1]) Zur Definition vgl. S. 616.

Satz 5 (vgl. [149]). *Es sei* $\boldsymbol{A}$ *ein positiv semidefiniter hermitescher Operator, und* $\lambda_1 \geqq \lambda_2 \geqq \cdots \geqq \lambda_n \geqq 0$ *seien seine charakteristischen Wurzeln. Weiter sei* $1 \leqq i_1 < i_2 < \cdots < i_m \leqq n$ *eine fest vorgegebene Indexfolge. Dann ist*

$$\lambda_{i_1}\lambda_{i_2}\cdots\lambda_{i_m} = \max_{\mathfrak{R}_{i_1}\subset\mathfrak{R}_{i_2}\subset\cdots\subset\mathfrak{R}_{i_m}} \min_{x_{i_k}\in\mathfrak{R}_{i_k}} \operatorname{Det} \|(\boldsymbol{A}x_{i_k}, x_{i_{k'}})\|_{k,k'=1}^m, \tag{104}$$

wobei das Minimum über alle Vektorsysteme genommen wird, die in der Kette $\mathfrak{R}_{i_1} \subset \mathfrak{R}_{i_2} \subset \cdots \subset \mathfrak{R}_{i_m}$ *liegen.*

Beweis. Es genügt, in (84)

$$\varphi(t_1, t_2, \ldots, t_m) = t_1 t_2 \cdots t_m \qquad (t_s \geqq 0,\ s = 1, 2, \ldots, m)$$

zu setzen und zu bemerken, daß die auf der rechten Seite von (104) stehende Determinante gleich $\tilde{\lambda}_1\tilde{\lambda}_2\cdots\tilde{\lambda}_m$ ist.

Die Sätze 4 und 5 benutzen wir im folgenden Abschnitt beim Beweis der Ungleichungen für Summen und Produkte von charakteristischen und singulären Wurzeln.

5. Ungleichungen für charakteristische und singuläre Wurzeln von Operatorsummen und -produkten

Es seien $\boldsymbol{A}$ und $\boldsymbol{B}$ zwei hermitesche Operatoren im n-dimensionalen unitären Raum $\mathfrak{R}$, deren charakteristische Wurzeln bekannt sind. Die Sätze aus den vorigen Abschnitten ermöglichen die Abschätzung von Summen der Gestalt (75) der charakteristischen Wurzeln des Operators $\boldsymbol{A} + \boldsymbol{B}$. Ähnliche Abschätzungen erhalten wir auch im Fall von Operatorprodukten. Wir beginnen mit dem folgenden Satz:

Satz 6 (vgl. [260e]). *Es seien* $\boldsymbol{A}, \boldsymbol{B}, \boldsymbol{C}$ *hermitesche Operatoren derart, daß* $\boldsymbol{C} = \boldsymbol{A} + \boldsymbol{B}$ *ist;* λ_s, μ_s *und* ν_s $(s = 1, 2, \ldots, n)$ *seien die charakteristischen Wurzeln von* $\boldsymbol{A}$, $\boldsymbol{B}$ *bzw.* $\boldsymbol{C}$ *in monoton fallender Ordnung. Dann gilt für eine beliebige Indexfolge*

$$1 \leqq i_1 < i_2 < \cdots < i_m \leqq n \tag{105}$$

die Ungleichung

$$\nu_{i_1} + \nu_{i_2} + \cdots + \nu_{i_m} \leqq \lambda_{i_1} + \lambda_{i_2} + \cdots + \lambda_{i_m} + \mu_1 + \mu_2 + \cdots + \mu_m. \tag{106}$$

Für $m = n$ *geht die Ungleichung* (106) *in eine Gleichung über.*

Beweis. Zu einer vorgegebenen Indexfolge (105) wählen wir eine Kette von Unterräumen

$$\mathfrak{R}_{i_1} \subset \mathfrak{R}_{i_2} \subset \cdots \subset \mathfrak{R}_{i_m} \tag{107}$$

derart, daß für jedes in dieser Kette liegende Vektorsystem

$$x_{i_1}, x_{i_2}, \ldots, x_{i_m} \tag{108}$$

die Ungleichung

$$\nu_{i_1} + \nu_{i_2} + \cdots + \nu_{i_m} \leqq \sum_{k=1}^{m} (\boldsymbol{C}\boldsymbol{x}_{i_k}, \boldsymbol{x}_{i_k}) \tag{109}$$

erfüllt ist. Eine solche Kette existiert nach Satz 4 (vgl. Lemma 7, B). Es ist aber

$$\sum_{k=1}^{m} (\boldsymbol{C}\boldsymbol{x}_{i_k}, \boldsymbol{x}_{i_k}) = \sum_{k=1}^{m} (\boldsymbol{A}\boldsymbol{x}_{i_k}, \boldsymbol{x}_{i_k}) + \sum_{k=1}^{m} (\boldsymbol{B}\boldsymbol{x}_{i_k}, \boldsymbol{x}_{i_k}). \tag{110}$$

Daher wählen wir ein in der Kette (107) liegendes[1]) Vektorsystem, das die Bedingung

$$\sum_{k=1}^{m} (\boldsymbol{A}\boldsymbol{x}_{i_k}, \boldsymbol{x}_{i_k}) \leqq \lambda_{i_1} + \lambda_{i_2} + \cdots + \lambda_{i_m} \tag{111}$$

erfüllt. Die Existenz eines solchen Vektorsystems folgt gleichfalls aus Satz 4 (vgl. Lemma 7, B). Satz 3 liefert uns für alle orthonormierten Systeme $\boldsymbol{x}_{i_1}, \boldsymbol{x}_{i_2}, \ldots, \boldsymbol{x}_{i_m}$ die Ungleichung

$$\sum_{k=1}^{m} (\boldsymbol{B}\boldsymbol{x}_{i_k}, \boldsymbol{x}_{i_k}) \leqq \mu_1 + \mu_2 + \cdots + \mu_m. \tag{112}$$

Die Ungleichung (106) folgt nun aus (109), (110), (111) und (112). Für $n = m$ gilt in (106) wegen $\mathrm{Sp}\, \boldsymbol{C} = \mathrm{Sp}\, \boldsymbol{A} + \mathrm{Sp}\, \boldsymbol{B}$ das Gleichheitszeichen.

Satz 6 ist damit vollständig bewiesen.

Folgerung. *Für eine beliebige stetige konvexe Funktion $\varphi(t)$ gilt die Ungleichung*

$$\sum_{s=1}^{n} \varphi(\nu_s - \lambda_s) \leqq \sum_{s=1}^{n} \varphi(\mu_s). \tag{113}$$

Dieses ergibt sich aus (106), wenn man die Bemerkung zu Lemma 2 berücksichtigt.

Es erweist sich, daß Ungleichungen des Typs (106) für singuläre Wurzeln beliebiger linearer Operatoren gelten. Zum Beweis des entsprechenden Satzes benutzen wir die folgende Bemerkung: Es sei A die Matrix eines gewissen linearen Operators $\boldsymbol{A}$ bezüglich einer Orthonormalbasis; $\alpha_1 \geqq \alpha_2 \geqq \cdots \geqq \alpha_n$ seien die singulären Wurzeln von $\boldsymbol{A}$. Wir betrachten jetzt die quadratische Matrix

$$\hat{A} = \begin{pmatrix} O & A \\ A^* & O \end{pmatrix}$$

der Ordnung $2n$. Dann sind $\pm\alpha_s$ $(s = 1, 2, \ldots, n)$ die charakteristischen Zahlen der Matrix A. Entwickeln wir nämlich die charakteristische Determinante $\Delta(\lambda) = |\hat{A} - \lambda E_{2n}|$ nach der Formel (Ib) auf S. 71, so erhalten wir

$$\Delta(\lambda) = |\lambda^2 E_n - A^* A|.$$

Daraus folgt sofort die Behauptung.

---

[1]) Zur Definition vgl. S. 616.

Betrachten wir jetzt zu jedem Operator $\boldsymbol{A}$ den im $2n$-dimensionalen unitären Raum definierten Operator $\hat{\boldsymbol{A}}$, so erhalten wir aus Satz 6 den folgenden Satz:

Satz 7 (vgl. [149]). *Es seien $\boldsymbol{A}$, $\boldsymbol{B}$ und $\boldsymbol{C}$ lineare Operatoren im n-dimensionalen unitären Raum, ferner sei $\boldsymbol{C} = \boldsymbol{A} + \boldsymbol{B}$, und α_s, β_s und γ_s $(s = 1, 2, \ldots, n)$ seien die monoton fallend geordneten singulären Wurzeln von $\boldsymbol{A}$, $\boldsymbol{B}$ bzw. $\boldsymbol{C}$. Dann gilt für eine beliebige Indexfolge* (105)

$$\gamma_{i_1} + \gamma_{i_2} + \cdots + \gamma_{i_m} \leqq \alpha_{i_1} + \alpha_{i_2} + \cdots + \alpha_{i_m} + \beta_{i_1} + \beta_{i_2} + \cdots + \beta_{i_m}. \quad (114)$$

Bemerkung. Da die charakteristischen Wurzeln der Operatoren $\boldsymbol{A}$, $\boldsymbol{B}$ und $\boldsymbol{C}$ paarweise symmetrisch bezüglich des Koordinatenursprungs liegen, kann man die Ungleichungen (114) mit Hilfe des Satzes 6 leicht auf die folgende Art und Weise verallgemeinern:

$$\pm(\gamma_{i_1} - \alpha_{i_1}) \pm (\gamma_{i_2} - \alpha_{i_2}) \pm \cdots \pm (\gamma_{i_m} - \alpha_{i_m}) \leqq \beta_1 + \beta_2 + \cdots + \beta_m.$$

Da das Vorzeichen vor jeder der Klammern beliebig gewählt werden kann, folgt

$$|\gamma_{i_1} - \alpha_{i_1}| + |\gamma_{i_2} - \alpha_{i_2}| + \cdots + |\gamma_{i_m} - \alpha_{i_m}| \leqq \beta_1 + \beta_2 + \cdots + \beta_m. \quad (114')$$

Aus Lemma 2 und Ungleichung (114′) folgt, daß für eine beliebige stetige, monoton wachsende und konvexe Funktion $\varphi(t)$ $(t \geqq 0)$ und beliebiges $m \leqq n$ die Ungleichung

$$\sum_{s=1}^{m} \varphi(|\gamma_s - \alpha_s|) \leqq \sum_{s=1}^{m} \varphi(\beta_s)$$

gilt.[1])

Wir gehen jetzt zur Abschätzung der singulären und charakteristischen Wurzeln des Produkts zweier Operatoren über. Das wichtigste Resultat in diesem Zusammenhang ist Satz 8, der die Ungleichung (35) (vgl. Lemma 5) verallgemeinert.

Satz 8. *Es seien $\boldsymbol{A}$, $\boldsymbol{B}$ und $\boldsymbol{C}$ lineare Operatoren im n-dimensionalen unitären Raum, ferner sei $\boldsymbol{C} = \boldsymbol{AB}$, und α_s, β_s und γ_s $(s = 1, 2, \ldots, n)$ seien die monoton fallend geordneten singulären Wurzeln von $\boldsymbol{A}$, $\boldsymbol{B}$ bzw. $\boldsymbol{C}$. Dann gelten für jede Indexfolge*

$$1 \leqq i_1 < i_2 < \cdots < i_m \leqq n \quad (115)$$

die Ungleichungen

$$\gamma_{i_1}\gamma_{i_2}\cdots\gamma_{i_m} \leqq \alpha_{i_1}\alpha_{i_2}\cdots\alpha_{i_m}\beta_1\beta_2\cdots\beta_m \quad (116)$$

und

$$\gamma_{i_1}\gamma_{i_2}\cdots\gamma_{i_m} \leqq \alpha_1\alpha_2\cdots\alpha_m\beta_{i_1}\beta_{i_2}\cdots\beta_{i_m}. \quad (116')$$

Beweis. Der Beweis dieses Satzes verläuft ebenso wie der von Satz 6.

Wir beweisen zunächst die Ungleichung (116′). Aus Lemma 4 erhalten wir

$$[(\boldsymbol{C}\boldsymbol{x}_{i_k}, \boldsymbol{C}\boldsymbol{x}_{i_k})] = [(\boldsymbol{AB}\boldsymbol{x}_{i_k}, \boldsymbol{AB}\boldsymbol{x}_{i_k})] \leqq \alpha_1^2\alpha_2^2\cdots\alpha_m^2[(\boldsymbol{B}\boldsymbol{x}_{i_k}, \boldsymbol{B}\boldsymbol{x}_{i_k})] \quad (117)$$

---

[1]) Bezüglich dieser Ungleichungen vgl. [212e].

für ein beliebiges System von Vektoren $\boldsymbol{x}_{i_k}$ $(k = 1, 2, \ldots, m)$. Zur gegebenen Indexfolge (115) finden wir nach Satz 5 eine solche Kette von Unterräumen, daß für jedes in dieser Kette liegende Vektorsystem die Ungleichung

$$\gamma_{i_1}^2 \gamma_{i_2}^2 \cdots \gamma_{i_m}^2 \leqq [(\boldsymbol{C}^*\boldsymbol{C}\boldsymbol{x}_{i_k}, \boldsymbol{x}_{i_k})] \tag{118}$$

gilt. Danach finden wir nach demselben Satz ein in dieser Kette liegendes Vektorsystem derart, daß die Ungleichung

$$[(\boldsymbol{B}^*\boldsymbol{B}\boldsymbol{x}_{i_k}, \boldsymbol{x}_{i_k})] \leqq \beta_{i_1}^2 \beta_{i_2}^2 \cdots \beta_{i_m}^2 \tag{119}$$

erfüllt ist. Die Ungleichung (116′) folgt offensichtlich aus (117), (118) und (119).

Zum Beweis von (116) wiederholen wir diese Betrachtungen, angewandt auf den Operator $\boldsymbol{C}^* = \boldsymbol{B}^*\boldsymbol{A}^*$, und benutzen dabei die Tatsache, daß die singulären Zahlen einander adjungierter Operatoren gleich sind (vgl. (82), S. 285). Satz 8 ist damit vollständig bewiesen.

Es sei hier noch angemerkt, daß die singulären Wurzeln der Operatoren $\boldsymbol{AB}$ und $\boldsymbol{BA}$ im allgemeinen nicht übereinstimmen.

Wir weisen noch auf folgendes Resultat hin, das sich aus Satz 8 ergibt:

Satz 9. *Es seien $\boldsymbol{A}$ und $\boldsymbol{B}$ zwei positiv definite hermitesche Operatoren mit den in monoton fallender Ordnung numerierten charakteristischen Wurzeln λ_s bzw. μ_s $(s = 1, 2, \ldots, n)$, und*

$$\nu_1 \geqq \nu_2 \geqq \cdots \geqq \nu_n \tag{120}$$

seien die charakteristischen Wurzeln des Operators $\boldsymbol{AB}$. Dann ist für eine beliebige Indexfolge (115) *die Ungleichung*

$$\nu_{i_1}\nu_{i_2}\cdots\nu_{i_m} \leqq \lambda_{i_1}\lambda_{i_2}\cdots\lambda_{i_m}\mu_1\mu_2\cdots\mu_m \tag{121}$$

erfüllt.

Beweis. Da der Operator $\boldsymbol{B}$ regulär ist, gilt

$$\boldsymbol{AB} = \boldsymbol{B}^{-1/2}(\boldsymbol{B}^{1/2}\boldsymbol{A}\boldsymbol{B}^{1/2})\,\boldsymbol{B}^{1/2} = \boldsymbol{B}^{-1/2}\big((\boldsymbol{A}^{1/2}\boldsymbol{B}^{1/2})^*\,(\boldsymbol{A}^{1/2}\boldsymbol{B}^{1/2})\big)\,\boldsymbol{B}^{1/2}, \tag{122}$$

und folglich sind die charakteristischen Wurzeln (120) die Quadrate der singulären Wurzeln des Operators $\boldsymbol{A}^{1/2}\boldsymbol{B}^{1/2}$. Wenden wir nun die Ungleichung (116) auf das Produkt $\boldsymbol{A}^{1/2}\boldsymbol{B}^{1/2}$ an, so erhalten wir (121).

6. Eine andere Aufgabenstellung bezüglich des Spektrums von Summen und Produkten hermitescher Operatoren

In diesem Abschnitt ordnen wir dem vollständigen System der charakteristischen Wurzeln $\nu_1 \geqq \nu_2 \geqq \cdots \geqq \nu_n$ der Summe der hermiteschen Operatoren $\boldsymbol{A}$ und $\boldsymbol{B}$ einen Punkt im n-dimensionalen Koordinatenraum zu und untersuchen die Menge von Punkten, die sich bei der Addition aller möglichen Operatoren $\boldsymbol{A}$ und $\boldsymbol{B}$ mit vorgegebenen Spektren ergeben. Die gleiche Aufgabe betrachten wir dann auch im Fall von Operatorprodukten.

Diese Aufgabe über die charakteristischen Wurzeln wurde in der eben beschriebenen geometrischen Form von I. M. GEL'FAND gestellt (vgl. [76], [106], [113], [191c]). Hier seien nur Analoga zu den Sätzen 6 und 9 angeführt, die ursprünglich mit anderen Methoden bewiesen wurden.

1. Wir benötigen zunächst eine geometrische Beschreibung aller derjenigen Folgen α', für die die gegebene Folge α Majorante ist. Das entsprechende Lemma beweisen wir unter Benutzung einiger Resultate von FROBENIUS, KÖNIG und BIRKHOFF. Wir beginnen mit der folgenden Bemerkung.

Es sei $T = \|t_{ij}\|_1^n$ eine quadratische Matrix. Eine Folge von n Elementen dieser Matrix, die aus jeder Zeile und jeder Spalte genau ein Element enthält, d. h. eine Folge der Form

$$t_{1j_1}, t_{2j_2}, \ldots, t_{nj_n}, \tag{123}$$

wobei $j_1, j_2, \ldots, j_n$ eine Permutation der Indizes $1, 2, \ldots, n$ ist, heiße *Normalfolge*.

Es gilt der folgende Satz, der in einer Reihe von Teilgebieten der Mathematik von selbständiger Bedeutung ist:

Lemma 8 (FROBENIUS-KÖNIG [182e], [203]). *Es sei $T = \|t_{ij}\|_1^n$ eine quadratische Matrix n-ter Ordnung mit nichtnegativen Elementen, und jede Normalfolge dieser Matrix enthalte die Null. Dann existiert ein aus Nullen bestehender Minor der Matrix T vom Typ (p, q) mit $p + q = n + 1$.*

Beweis.[1]) Wir führen ihn induktiv, indem wir voraussetzen, daß für alle Matrizen der Ordnung $k < n$ das Lemma gilt. Der Fall $n = 1$ ist trivial.

Von der Matrix T der Ordnung n können wir offenbar annehmen, daß sie von 0 verschiedene Elemente besitzt. Es sei beispielsweise $t_{nn} \neq 0$. (Das kann man immer durch eine Umstellung der Zeilen und Spalten erreichen, denn dadurch werden die Voraussetzungen des Lemmas nicht verändert.)

Für die Matrix $T_1 = \|t_{ij}\|_1^{n-1}$ sind die Voraussetzungen des Lemmas offenbar erfüllt, und nach Induktionsvoraussetzung existiert ein aus Nullen bestehender Minor M_1 der Matrix T_1 vom Typ (p_1, q_1) mit

$$p_1 + q_1 = n. \tag{124}$$

Ohne Beschränkung der Allgemeinheit können wir voraussetzen, daß der Minor M_1 aus den ersten p_1 Zeilen und den ersten q_1 Spalten gebildet wird.

Wir zerlegen die Matrix T auf die folgende Art und Weise in Blöcke:

$$T = \begin{matrix} p_1\{ \\ q_1\{ \end{matrix}\left\| \begin{array}{c|c} \overbrace{M_1}^{q_1} & \overbrace{T_2}^{p_1} \\ \hline T_3 & \end{array} \right\|.$$

Wir betrachten nun die beiden quadratischen Matrizen T_2 und T_3 der Ordnung p_1 bzw. q_1. Wenigstens eine der Matrizen T_2 und T_3 besitzt die Eigenschaft, daß jede

[1]) Vgl. [172].

Normalfolge ihrer Elemente die Null enthält (da anderenfalls eine Normalfolge positiver Elemente der gesamten Matrix T gefunden werden könnte). Wir nehmen an, T_2 besitze diese Eigenschaft. Dann hat nach Induktionsvoraussetzung T_2 auch einen aus Nullen bestehenden Minor vom Typ (p_2, q_2) mit

$$p_2 + q_2 = p_1 + 1. \tag{125}$$

Offenbar kann man davon ausgehen, daß der Minor M_2 von den ersten p_2 Zeilen der Matrix T und den Spalten mit den Nummern $q_1 + 1, q_1 + 2, \ldots, q_1 + q_2$ gebildet wird. Wie man leicht sieht, besteht der aus den Zeilen mit den Nummern $1, 2, \ldots, p_2$ und den Spalten mit den Nummern $1, 2, \ldots, q_1, q_2 + 1, \ldots, q_1 + q_2$ gebildete Minor der Matrix T nur aus Nullen. Dabei ist wegen (124) und (125)

$$p_2 + (q_1 + q_2) = q_1 + p_1 + 1 = n + 1.$$

Damit ist Lemma 8 bewiesen.

Folgerung. *Die Elemente der quadratischen Matrix T seien nichtnegativ, und die Summe der Elemente einer jeden Zeile und einer jeden Spalte sei gleich $\omega > 0$. Dann besitzt die Matrix T eine Normalfolge, die nur aus positiven Elementen besteht.*

Beweis. Nehmen wir nämlich das Gegenteil an, so finden wir nach Lemma 8 einen Minor der Matrix T vom Typ (p, q) mit $p + q = n + 1$, der nur aus Nullen besteht. Die Summe derjenigen Elemente der Matrix T, die in den p Zeilen und q Spalten liegen, durch die jener Minor gebildet wird, ist, wie man leicht sieht, gleich $p\omega + q\omega = (n + 1)\,\omega$. Das ist aber ein Widerspruch dazu, daß die Summe aller Elemente der Matrix T gleich $n\omega$ ist.

Wir nennen eine Matrix P der Ordnung n im folgenden Permutationsmatrix (permutation matrix), wenn sie eine aus Einsen bestehende Normalfolge besitzt, alle anderen Elemente aber Nullen sind. Es ist klar, daß wir bei Multiplikation dieser Matrix mit einer Spaltenmatrix x eine Permutation der Elemente von x erhalten. Da aber andererseits jede Permutation der Elemente von x durch eine gewisse Matrix P hervorgerufen wird, gibt es insgesamt $n!$ verschiedener Permutationsmatrizen.

Wir beweisen jetzt den folgenden Satz von Birkhoff [153].

Lemma 9. *Die Menge aller bistochastischen Matrizen stimmt mit der konvexen Hülle der Permutationsmatrizen überein. Mit anderen Worten läßt sich eine beliebige bistochastische Matrix T in der Form*

$$T = \sum_{s=1}^{n!} \tau_s P_s \tag{126}$$

darstellen, wobei

$$\tau_s \geqq 0, \quad \sum_{s=1}^{n!} \tau_s = 1 \tag{127}$$

ist und P_s die Permutationsmatrizen sind. Umgekehrt ist die Matrix (126) *unter der Voraussetzung* (127) *bistochastisch.*

Beweis. Die letzte Behauptung ist fast evident. Die Summe der Elemente der i-ten Spalte der Matrix $\tau_s P_s$ ist nämlich τ_s. Daher ist die Summe der Elemente der i-ten Spalte der Matrix (126) gleich $\sum_{s=1}^{n!} \tau_s = 1$. Dasselbe gilt für die Zeilen.

Der Beweis des ersten Teils des Lemmas benutzt wesentlich das Lemma 8. Es sei T eine bistochastische Matrix. Dann existiert wegen der Folgerung aus Lemma 8 eine positive Normalfolge

$$t_{1j_1}, t_{2j_2}, \ldots, t_{nj_n}. \tag{128}$$

Es sei

$$\min_s t_{sj_s} = \tau_1 \qquad (\tau_1 > 0), \tag{129}$$

und P_1 sei diejenige Permutationsmatrix, die an den Stellen der Folge (128) Einsen hat. Wir betrachten nun die Matrix

$$B_1 = T - \tau_1 P_1. \tag{130}$$

Wegen (129) sind die Elemente von B_1 nichtnegativ, und die Summe der Elemente in jeder Spalte und jeder Zeile ist

$$1 - \tau_1 = \omega_1 \geqq 0.$$

Es sei erwähnt, daß die Anzahl der Nullen in B_1 wenigstens um 1 größer ist als in T. Ist $\omega_1 = 0$, so ist auch $B_1 = 0$, und das Lemma ist bewiesen. Ist $\omega_1 > 0$, so hat B_1 eine positive Normalfolge, und wir erhalten die nichtnegative Matrix $B_2 = T - \tau_1 P_1 - \tau_2 P_2$, deren Anzahl der Nullen schon um wenigstens 2 größer ist als von T, wenn wir die obige Konstruktion wiederholen. Die Zeilen- und Spaltensummen der Matrix B_2 betragen dann $1 - \tau_1 - \tau_2 = \omega_2 \geqq 0$. Offensichtlich führt dieser Prozeß nach k Schritten ($k \leqq n^2 - n + 1$) zu einer Zahl $\omega_k = 1 - \tau_1 - \tau_2 - \cdots - \tau_k = 0$ und folglich zu einer Matrix

$$B_k = T - \tau_1 P_1 - \tau_2 P_2 - \cdots - \tau_k P_k = 0.$$

Ist nämlich $k = n^2 - n + 1$, so kann B_k schon keine positive Normalfolge mehr haben (da ja $n^2 - n + 1$ Elemente von B_k Nullen sind), und folglich kann ω_k nicht positiv sein. Lemma 9 ist damit bewiesen.

2. Jeder Folge von n Zahlen ordnen wir einen Punkt im n-dimensionalen Koordinatenraum $\mathfrak{D}_n$ zu.

Es sei

$$\alpha_1 \geqq \alpha_2 \geqq \cdots \geqq \alpha_n \tag{131}$$

eine Folge. Wir betrachten die $n!$ Folgen, die durch Permutation der Elemente von (131) gebildet werden,

$$\alpha_{i_1}, \alpha_{i_2}, \ldots, \alpha_{i_n}. \tag{131'}$$

Jeder der Folgen (131′) ordnen wir den entsprechenden Punkt in $\mathfrak{D}_n$ zu und bezeichnen die lineare konvexe Hülle, die von diesen Punkten aufgespannt wird, mit $K(\alpha)$.

Wie man leicht sieht, besteht die Menge $K(\alpha)$ aus allen Punkten der Form

$$x = \sum_{s=1}^{n!} \tau_s P_s \alpha, \tag{132}$$

wobei $\tau_s \geqq 0$ und $\sum_{s=1}^{n!} \tau_s = 1$ ist, P_s die Permutationsmatrizen sind und α die Spaltenmatrix mit den Elementen (131) bezeichnet.

Es sei noch bemerkt, daß mit jedem Punkt auch alle $n!$ Punkte in $K(\alpha)$ liegen, die durch Koordinatenpermutation aus diesem hervorgehen. Zum Beweis genügt es, die Gleichung (132) mit einer Permutationsmatrix zu multiplizieren und zu berücksichtigen, daß das Produkt zweier Permutationsmatrizen ebenfalls eine Permutationsmatrix ist.

Jetzt können wir den folgenden Satz leicht beweisen:

Lemma 10. *Die Folge* $\alpha_1 \geqq \alpha_2 \geqq \cdots \geqq \alpha_n$ *ist genau dann Majorante der Folge*

$$\alpha_1' \geqq \alpha_2' \geqq \cdots \geqq \alpha_n', \tag{133}$$

wenn der Punkt α' *mit den Koordinaten* (133) *zur konvexen linearen Hülle* $K(\alpha)$ *gehört.*[1])

Beweis. Es sei zunächst $\alpha' \in K(\alpha)$. Dann ist

$$\alpha' = \sum_{s=1}^{n!} \tau_s P_s \alpha, \tag{134}$$

wobei $\tau_s \geqq 0$ und $\sum_{s=1}^{n!} \tau_s = 1$ ist und P_s Permutationsmatrizen sind. Folglich ist nach Lemma 9

$$\alpha' = T\alpha \tag{135}$$

mit einer bistochastischen Matrix T. Daher ist wegen Lemma 1 die Folge (131) Majorante der Folge (133).

Es sei nun umgekehrt bekannt, daß $\alpha' < \alpha$ ist, dann existiert nach Lemma 1 eine bistochastische Matrix, so daß die Gleichung (135) erfüllt ist. Diese Gleichung hat wegen Lemma 9 die Gestalt (134), woraus $\alpha' \in K(\alpha)$ folgt.

3. Wir gehen nun zu den Hauptsätzen dieses Abschnitts über.

Satz 10 (vgl. [106a]). *Es seien* $\boldsymbol{A}$ *und* $\boldsymbol{B}$ *hermitesche Operatoren im n-dimensionalen unitären Raum mit den charakteristischen Wurzeln*

$$\lambda_1 \geqq \lambda_2 \geqq \cdots \geqq \lambda_n \tag{136}$$

[1]) Dieser Satz ist von Radó [234] aufgestellt worden, der beim Beweis den Satz über die Trennung konvexer Mengen durch Ebenen benutzt hat. Ein anderer Beweis, der auf dem Satz über Extremalpunkte konvexer Mengen beruht, ist in der Arbeit [113] angegeben, die auch einen Überblick über die einschlägige Literatur enthält.

Die Idee des hier angeführten Beweises, der sich auf das Birkhoffsche Lemma stützt, stammt von A. Horn [191d].

bzw.

$$\mu_1 \geqq \mu_2 \geqq \cdots \geqq \mu_n. \tag{137}$$

Weiter sei $\boldsymbol{C} = \boldsymbol{A} + \boldsymbol{B}$, *und*

$$\nu_1 \geqq \nu_2 \geqq \cdots \geqq \nu_n \tag{138}$$

seien die charakteristischen Wurzeln von $\boldsymbol{C}$. *Wir bezeichnen mit* K_1 *die konvexe lineare Hülle der Punkte*

$$(\lambda_1 + \mu_{j_1}, \lambda_2 + \mu_{j_2}, \ldots, \lambda_n + \mu_{j_n}) \tag{139}$$

und mit K_2 *die konvexe lineare Hülle der Punkte*

$$(\mu_1 + \lambda_{j_1}, \mu_2 + \lambda_{j_2}, \ldots, \mu_n + \lambda_{j_n}) \tag{140}$$

(es werden hier alle möglichen Permutationen $j_1, j_2, \ldots, j_n$ *der Zahlen* $1, 2, \ldots, n$ *genommen). Dann liegt der Punkt* $\nu = (\nu_1, \nu_2, \ldots, \nu_n)$ *im Durchschnitt der Hüllen* K_1 *und* K_2.

Beweis. Wir betrachten den Punkt

$$(\nu_1 - \lambda_1, \nu_2 - \lambda_2, \ldots, \nu_n - \lambda_n). \tag{141}$$

Aus Satz 6 folgt (vgl. (106)), daß die Folge $\mu_1, \mu_2, \ldots, \mu_n$ Majorante derjenigen Folge ist, die wir erhalten, wenn wir die Folge (141) monoton fallend umordnen. Nach Lemma 10 gehört also der Punkt (141) zur konvexen linearen Hülle der Punkte $(\mu_{j_1}, \mu_{j_2}, \ldots, \mu_{j_n})$. Daraus ergibt sich $\nu = (\nu_1, \nu_2, \ldots, \nu_n) \in K_1$. Wenn wir $\boldsymbol{A}$ und $\boldsymbol{B}$ vertauschen, erhalten wir analog $\nu \in K_2$. Damit ist Satz 10 bewiesen.

Wir haben Satz 10 aus Satz 6 erhalten. Es ist leicht einzusehen, daß umgekehrt auch der Satz 6 mit Hilfe von Lemma 10 aus Satz 10 folgt.[1])

Im Zusammenhang mit Satz 10 wollen wir noch einige Bemerkungen anfügen.

Wir bezeichnen mit M die Menge aller derjenigen Punkte (138), die den Spektren der Operatorsummen $\boldsymbol{C} = \boldsymbol{A} + \boldsymbol{B}$ entsprechen, wobei $\boldsymbol{A}$ und $\boldsymbol{B}$ beliebige hermitesche Operatoren mit den gegebenen Spektren (136) bzw. (137) sind. Satz 10 behauptet somit, daß M im Durchschnitt von K_1 und K_2 liegt. Eine vollständige Beschreibung der Menge M ist, ungeachtet wichtiger Untersuchungen auf diesem Gebiet ([76], [191c]), bisher nicht gefunden worden. Insbesondere wurde in der Arbeit [191c] eine vollständige Beschreibung der Menge M für den Fall $n \leqq 4$ angegeben.

Wir führen ohne Beweis noch das folgende diesbezügliche, einfach formulierbare Resultat aus [106a] an:

Es sei für jedes $i = 1, 2, \ldots, n-1$ *die Ungleichung*

$$\mu_1 - \mu_n < \lambda_{i+1} - \lambda_i \tag{142}$$

oder für jedes i *die Ungleichung*

$$\lambda_1 - \lambda_n < \mu_{i+1} - \mu_i \tag{142'}$$

---

[1]) In [106a] wurde der Satz 10 mit einer anderen Methode bewiesen.

erfüllt. Dann ist

$$M = K_1 \cap K_2.$$

Es sei hierbei auch noch angemerkt, daß unter der Voraussetzung (142) oder (142′) der Operator $\boldsymbol{C} = \boldsymbol{A} + \boldsymbol{B}$ keine mehrfachen charakteristischen Wurzeln haben kann. Ist nämlich beispielsweise (142) erfüllt, dann ist wegen Satz 10

$$\nu_{i+1} - \nu_i = \lambda_{i+1} - \lambda_i + \sum_{s=1}^{n!} \tau_s(\mu_s - \mu_{s'}),$$

wobei $\tau_s \geqq 0$ und $\sum_{s=1}^{n!} \tau_s = 1$ ist; daher ist

$$\nu_{i+1} - \nu_i \geqq \lambda_{i+1} - \lambda_i - \sum_{s=1}^{n!} \tau_s(\mu_1 - \mu_n) = \lambda_{i+1} - \lambda_i - (\mu_1 - \mu_n) > 0$$

und folglich auch $\nu_{i+1} \neq \nu_i$.

Wir formulieren jetzt einen dem Satz 9 äquivalenten Satz in geometrischen Termini.

Satz 11 ([106]). *Es seien* $\boldsymbol{A}$ *und* $\boldsymbol{B}$ *positiv definite hermitesche Operatoren mit den charakteristischen Wurzeln* λ_s *bzw.* μ_s $(s = 1, 2, \ldots, n)$, *die in monoton fallender Folge angeordnet sind, und*

$$\nu_1 \geqq \nu_2 \geqq \cdots \geqq \nu_n$$

seien die charakteristischen Wurzeln des Operators $\boldsymbol{C} = \boldsymbol{AB}$. *Weiter sei* K_1 *die konvexe lineare Hülle der Punkte*

$$(\ln \lambda_1 + \ln \mu_{j_1}, \ln \lambda_2 + \ln \mu_{j_2}, \ldots, \ln \lambda_n + \ln \mu_{j_n})$$

und K_2 *die konvexe lineare Hülle der Punkte*

$$(\ln \mu_1 + \ln \lambda_{j_1}, \ln \mu_2 + \ln \lambda_{j_2}, \ldots, \ln \mu_n + \ln \lambda_{j_n}).$$

Dann liegt der Punkt mit den Koordinaten $(\ln \nu_1, \ln \nu_2, \ldots, \ln \nu_n)$ *im Durchschnitt der beiden Hüllen* K_1 *und* K_2.

Beweis. Wenn wir beide Seiten der Ungleichung (121) logarithmieren, erhalten wir

$$(\ln \nu_{i_1} - \ln \lambda_{i_1}) + (\ln \nu_{i_2} - \ln \lambda_{i_2}) + \cdots + (\ln \nu_{i_m} - \ln \lambda_{i_m})$$
$$\leqq \ln \mu_1 + \ln \mu_2 + \cdots + \ln \mu_m.$$

Im Fall $m = n$ gilt wegen $|\boldsymbol{C}| = |\boldsymbol{A}|\,|\boldsymbol{B}|$ das Gleichheitszeichen. Weiter gehen wir wie beim Beweis des Satzes 10 vor.

Wir führen noch den folgenden Satz über das Spektrum des Produkts unitärer Matrizen an, der von A. A. Nudel'man und P. A. Švarcman (Uspechi mat. nauk 13, Heft 6 (84), 1958) bewiesen wurde.

Es seien $0 \leqq \varphi_1 \leqq \varphi_2 \leqq \cdots \leqq \varphi_n < 2\pi$ *die Argumente der charakteristischen Zahlen der Matrix* U *und* $0 \leqq \psi_1 \leqq \psi_2 \leqq \cdots \leqq \psi_n < 2\pi$ *die Argumente der charakteristischen Zahlen der Matrix* V *(*U *und* V *seien beide unitär). Außerdem sei* $\varphi_n + \psi_n - \varphi_1 - \psi_1 < 2\pi$. *Mit* N_1 *bezeichnen wir die von den* $n!$ *Vektoren* $(\varphi_1 + \psi_{i_1}, \varphi_2 + \psi_{i_2}, \ldots, \varphi_n + \psi_{i_n})$ *aufgespannte konvexe Hülle und mit* N_2 *die konvexe Hülle der Vektoren* $(\psi_1 + \varphi_{i_1}, \psi_2 + \varphi_{i_2}, \ldots, \psi_n + \varphi_{i_n})$. *Schließlich seien* $0 \leqq \omega_1 \leqq \omega_2 \leqq \cdots \leqq \omega_n < 2\pi$ *die Argumente der charakteristischen Zahlen der Matrix* UV. *Dann liegt der Punkt mit den Koordinaten* $(\omega_1, \omega_2, \ldots, \omega_n)$ *im Durchschnitt der beiden konvexen Hüllen* N_1 *und* N_2.

Literatur

A. Lehrbücher, Monographien und Ergebnisberichte

[1] INCE, E. L., Ordinary differential equations, London etc.: Longmans, 1927 (russ. Übers. DNTVU, 1939); Kap. XIX.

[2] ACHIESER, N. I., Vorlesungen über Approximationstheorie, Berlin: Akademie-Verlag, 1953, (Übers. aus dem Russ., Moskva: Gostechizdat, 1948); Kap. I.

[3] АХИЕЗЕР, Н. И., и М. Г. КРЕЙН, О некоторых вопросах теории моментов, ДНТВУ, 1938.

[4] БЕРНШТЕЙН, С. Н., Теория вероятностей, 4-е изд., Москва: Гостехиздат 1946.

[5] BÔCHER, M., Introduction to higher algebra, New York: Macmillan, 1907 (dt. Übersetzung Leipzig—Berlin: Teubner, 1910, 2. Auflage 1925/32; russ. Übers. Moskva: ONTI, 1933).

[6] БУЛГАКОВ, Б. В., Колебания, т. I, Москва: Гостехиздат, 1949; гл. I.

[7] GANTMACHER, F. R., und M. G. KREJN, Oszillationsmatrizen, Oszillationskerne und kleine Schwingungen mechanischer Systeme, Berlin: Akademie-Verlag, 1960 (Übers. aus dem Russ., Moskva: Gostechizdat, 1950).

[8] GEL'FAND, I. M., Lectures on linear algebra, New York: Interscience Publ., 1961 (Übers. der zweiten russ. Ausgabe, Moskva: Gostechizdat, 1951).

[9] Геронимус, Я. Л., Теория ортогональных многочленов, Москва: Гостехиздат 1950, гл. II.

[10] ГРАЕВ, Д. А., Элементы высшей алгебры, Киев 1914.

[11] ЕРУГИН, Н. П., Приводимые системы, Труды Матем. инст. им. В. А. Стеклова **13** (1946).

[12] ЕРУГИН, Н. П., Метод Лаппо-Данилевского в теории линейных дифференциальных уравнений, Изд. Ленингр. ун-та, 1956.

[13] КАГАН, В. Ф., Основания теории определителей, Гос. изд.-во Украины, 1922.

[14] KLEIN, F., Vorlesungen über höhere Geometrie, 3. Aufl., Berlin: Springer, 1926 (russ. Übers. Moskva: GONTI, 1939); §§ 96—99.

[15] КРЕЙН, М. Г., Основные положения теории λ-зон устойчивости канонической системы линейных дифференциальных уравнений с периодическими коэффициентами, Москва: Изд-во Акад. Наук СССР, 1955.

[16] КРЕЙН, М. Г., и М. А. НАЙМАРК, Метод симметрических и эрмитовых форм в теории отделения корней алгебраических уравнений, Харьков 1936.

[17] КРЕЙН, М. Г., и М. А. РУТМАН, Линейные операторы, оставляющие инвариантным конус в пространстве Банаха, УМН **3** (**23**) (1948) 1, 3—95.

[18] КУДРЯВЦЕВ, Л. Д., О некоторых математических вопросах теории электрических цепей, УМН **3** (**26**) (1948) 4, 80—118.

[19] Courant, R., und D. Hilbert, Methoden der mathematischen Physik, Bd. 1, 2. Aufl., Berlin, 1931 (russ. Übers. Moskva: Gostechizdat, 1951); Kap. I, II.

[20] Курош, А. Г., Курс высшей алгебры, Москва: Наука 1973.

[21] Лаппо-Данилевский, И. А., a) Теория функций от матриц и систем линейных дифференциальных уравнений, Москва: Гостехиздат 1934.
b) Mémoires sur la théorie des systèmes des équations différentielles linéaires, т. I, II, III, Труды Физ.-матем. инст. им. В. А. Стеклова 6 — 8 (1934—1936).

[22] Ляпунов, А. М., Общая задача об устойчивости движения, Москва: Гостехиздат 1950.

[23] Malkin, I. G., Theorie der Stabilität einer Bewegung, Berlin: Akademie-Verlag, 1959, und München: Oldenbourg, 1959 (Übers. aus dem Russ., Moskva: Gostechizdat, 1952).

[24] Мальцев, А. И., Основы линейной алгебры, 3-е изд., Москва: Наука 1970.

[25] Марков, А. А., Избранные труды, Москва: Гостехиздат 1948.

[26] Мейман, Н. Н., Некоторые вопросы расположения нулей полиномов, УМН 4 (34) (1949) 6, 154—188.

[27] Наймарк, Ю. И., Устойчивость линеаризованных систем, Ленинград 1949.

[28] Потапов, В. П., Мультипликативная стуктура J-нерастягивающих матрицах-функций, Труды Моск. матем. о-ва 4 (1955), 125—236.

[29] Романовский, В. И., Дискретные цепи Маркова, Москва: Гостехиздат 1948.

[30] Smirnow, W. I., Lehrgang der höheren Mathematik, Teil III/1. 11. Aufl., Berlin: VEB Deutscher Verlag der Wissenschaften 1984. (Übers. aus dem Russ.).

[31] Stieltjes, T. J., Recherches sur les fractions continues, Oeuvres complètes, Bd. II, Groningen, 1918 (russ. Übers., Charkov: ONTI, 1936).

[32] Фаддеев, Д. К., и И. С. Соминский, Сборник задач по высшей алгебре, 9. изд., Москва: Наука 1968.

[33] Фаддеева, В. Н., Вычислительные методы линейной алгебры, Москва: Гостехиздат 1950 (siehe auch Faddejew, D. K., und W. N. Faddejewa, Numerische Methoden der linearen Algebra, 5. Aufl., VEB Deutscher Verlag der Wissenschaften, Berlin/Oldenbourg Verlag, München—Wien 1978 (Übers. aus dem Russ.)).

[34] Frazer, R. A., W. J. Duncan und A. R. Collar, Elementary matrices and some applications to dynamics and differential equations, Cambridge Univ. Press, 1938 (russ. Übers., Moskva: IL, 1950).

[35] Hardy, G. H., J. E. Littlewood und G. Pólya, Inequalities, Cambridge Univ. Press, 1934 (russ. Übers., Moskva: IL, 1948).

[36] Чебышев, П. Л., Польное собрание сочинений, т. III, Москва: Изд-во АН СССР, 1948.

[37] Чеботарев, Н. Г., и Н. Н. Мейман, Проблема Рауса-Гурвица для полиномов и целых функций, Труды Матем. ин-та им. В. А. Стеклова, 26 (1949) 1—322.

[38] Четаев, Н. Г., Устойчивость движения, Москва: Гостехиздат, 1946.

[39] Шапиро, Г. М., Высшая алгебра, 4-е изд., Москва: Учпедгиз, 1938.

[40] Шилов, Г. Е., Введение в теорию линейных пространств, 2-е изд., Москва: Гостехиздат, 1956.

[41] Широков, П. А., Тензорное исчисление, ГТТИ, 1934.

[42] Schreier, O., und E. Sperner, a) Einführung in die analytische Geometrie und Algebra, Bd. 1, 2, Leipzig—Berlin: Teubner, 1931—1935 (russ. Übers., Moskva: ONTI, 1934).
b) Vorlesungen über Matrizen, Leipzig—Berlin: Teubner, 1932 (russ. Übers., Moskva: ONTI, 1934).

[43] Aitken, A. C., Determinants and matrices, 5. Aufl., Edingburgh 1948.

[44] Bodewig, E., Matrix calculus, Amsterdam, 1956; New York: Interscience Publ., 1959.

[45] CAHEN, G., Eléments de calcul matriciel, Paris, 1955.
[46] COLLATZ, L., Eigenwertaufgaben mit technischen Anwendungen, Leipzig, 1949.
[47] CULLIS, C. E., Matrices and determinoids, Vol. I—III, Cambridge, 1913—1925.
[48] JUNG, H., Matrizen und Determinanten. Eine Einführung, Leipzig, 1953.
[49] GRÖBNER, W., Matrizenrechnung, München, 1956.
[50] KOWALEWSKI, G., Einführung in die Determinantentheorie, Leipzig, 1909.
[51] LICHNEROWICZ, A., Algèbre et analyse linéaires, 2 éd., Paris, 1956 (dt. Übers., Berlin: DVW, 1956).
[52] MAC DUFFEE, C. C., a) The theorie of matrices, Berlin, 1933.
b) Vectors and matrices, New York, 1943.
[53] MARDEN, M., The geometry of the zeros of a polynomial in a complex variable, New York, 1949.
[54] MIRSKY, L., An introduction to linear algebra, Oxford, 1955.
[55] MUIR, Sir THOMAS, The theory of determinants, Vol. I—III, Cambridge, 1906—1923.
[56] MUTH, P., Theorie und Anwendung der Elementarteilertheorie, Leipzig, 1899.
[57] PARODI, M., Sur quelques propriétés des valeurs caractéristiques des matrices carrées, Mém. Sci. Math. **118** (1952).
[58] PERLIS, S., Theory of matrices, Cambridge, 1952.
[59] PICKERT, G., Normalformen von Matrizen, Enzykl. math. Wissensch., Bd. I, 1. Teil, Heft 3, Teil I, 2. Aufl., Leipzig, 1953.
[60] ROUTH, E. J., a) Stability of a given state of motion, London, 1877.
b) The advanced part of a treatise on the dynamics of a system of rigid bodies, Vol. II, 5. Aufl., London, 1892.
[61] SCHLESINGER, L., a) Vorlesungen über lineare Differentialgleichungen, Berlin, 1908.
b) Einführung in die Theorie der gewöhnlichen Differentialgleichungen auf funktionentheoretischer Grundlage, Berlin, 1922.
[62] SCHMEIDLER, W., Vorträge über Determinanten und Matrizen mit Anwendungen in Physik und Technik, Berlin, 1949.
[63] SCHWERDTFEGER, H., Introduction to linear algebra and the theory of matrices, Groningen, 1950.
[64] THRALL, R., and L. TORNHEIM, Vector spaces and matrices, New York—London, 1957.
[65] TURNBULL, H. W., and A. C. AITKEN, An introduction to the theory of canonical matrices, London, 1932.
[66] TURNBULL, H. W., The theory of determinants, matrices and invariants, London, 1929.
[67] VOLTERRA, V., et B. HOSTINSKY, Opérations infinitésimales linéaires, Paris, 1938.
[68] WEDDERBURN, J. H. M., Lectures on matrices, New York, 1934.
[69] WEYL, H., Mathematische Analyse des Raumproblems, Berlin, 1923.
[70] WINTER, A., Spektraltheorie der unendlichen Matrizen, Leipzig, 1929.
[71] ZURMÜHL, R., Matrizen und ihre technischen Anwendungen, 3. Aufl., Berlin, 1961.

B. Spezielle Arbeiten

[72] АЗБЕЛЕВ, Н., и Р. ВИНОГРАД, Процесс последовательных приближений для отыскания собственных чисел и собственных векторов, ДАН **83** (1952) 173—174.
[73] АЙЗЕРМАН, М. А., Об учете нелинейных функций от нескольких аргументов при исследовании устойчивости системы автоматического регулирования, Автом. и телемех. 8, 1 (1947).

[74] Аржаных, И. С., Распространение метода А. Н. Крылова на полиномиальные матрицы, ДАН **81** (1951) 749—752.

[75] Атрашенок, П. В., Определение произвола в выборе матрицы, приводящей систему линейных дифференциальных уравнений к системе с постоянными коэффициентами, Вестн. Лен. ун-та, сер. мат., физ. и хим., **2** (1953) 17—29.

[76] Березин, Ф. А., и И. М. Гельфанд, Несколько замечаний к теории сферических функций на симметрических римановых многообразиях, Труды Моск. матем. об-ва **5** (1956) 311—351.

[77] Булгаков, Б. В., Деление прямоугольных матриц, ДАН **85** (1952) 21—24.

[78] Вержвицкий, Б. Д., Некоторые вопросы теории рядов композиций нескольких матриц, Матем. сб. **5** (**47**) (1939) 505—512.

[79] Wayland, H., Expansion of determinantal equations into polynomial form, Quaterly Appl. Math. **2** (1945) 4, 277—306.

[80] Виленкин, Н. Я., Об одной оценке максимального собственного значения матрицы, Учен. зап. Моск. гос. пед. ин-та им. В. И. Ленина **108** (1957) 2, 55—57.

[81] Гантмахер, Ф. Р., a) Геометрическая теория элементарных делителей по Круллю, Труды Одесск. ун-та, Матем. **1** (1935) 89—108.
b) К алгебраическому анализа метода акад. А. Н. Крылова преобразования векового уравнения, Труды II. Всес. матем. съезда, т. 2, (1934) 45—48.
c) On the classification of real Lie groups, Матем. сб. **5** (**47**) (1939) 45—48.

[82] Гантмахер, Ф. Р., и М. Г. Крейн, a) К структуре ортогональной матрицы. Киев: Труды Физ.-мат. отдела ВУАН (1929) 1—8;
b) О нормальных операторах в эрмитовым пространстве, Изв. Физ.-матем. наук общ. при Каз. ун-те, т. IV, вып. 1, сер. **3** (1929—1930) 71—84;
c) Об одном классе детерминантов в связи с интегральными ядрами Келлога, Матем. сб. **42** (1935) 501—508.
d) Sur les matrices oscillatoires, C. R. Acad. Sci. Paris **201** (1935), 577—579.
e) Sur les matrices oscillatoires et complètement non-négatives, Compositio Math. **4** (1937), 445—476.

[83] Гельфанд, И. М., и В. Б. Лидский, О структуре областей устойчивости линейных канонических систем дифференциальных уравнений с периодическими коэффициентами, УМН **10** (**63**) (1955) 1, 3—40.

[84] Гершгорин, С. А., Ueber die Abgrenzung der Eigenwerte einer Matrix, ИАН, сер. физ.-матем., (1931) 749—754.

[85] Голубчиков, А. Ф., a) Об одном матричном уравнении, Ученые зап. Сталингр. пед. ин-та, **3** (1953) 71—82.
b) О стурктуре автоморфизмов комплексных простых групп Ли, ДАН **77** (1951) 1, 7—9.

[86] Граве, Д. А., Малые колебания и некоторые предложения алгебры, ИАН, сер. физ.-матем. (1929) 563—570.

[87] Гроссман, Д. П., К задаче численного решения систем совместных линейных алгебраических уравнений, УМН **5** (**37**) (1950) 3, 87—103.

[88] Данилевский, А. М., О численном решении векового уравнения, Матем. сб. **2** (**44**) (1937) 169—172.

[89] Дмитриев, Н. А., и Е. Б. Дынкин, a) О характеристических числах стохастических матриц, ДАН **49** (1945) 159—162.
b) Характеристические корни стохастических матриц, ИАН, сер. мат. **10** (1946) 167—194.

[90] Донская, Л. И., a) Построения решения линейной системы в окрестности регулярной особой точки в особых случаях, Вестник Ленингр. ун-та (1952) 6.
b) О структуре решений системы линейных дифференциальных уравнений в окрестности регулярной особой точки, Вестник Ленингр. ун-та (1954) 8, 55—64.

[91] Дубнов, Я. С., a) О совместных инвариантах системы аффиноров, Труды Всес. съезда мат-ов в Москве (1927) 236—237.
b) О симметрично сдвоенных ортогональных матрицах, Изв. Асс. ин-ов ун-та, Москва (1927) 33—35.
c) О матрицах Дирака, Ученые зап. ун-та, Москва 2: 2 (1934) 43—48.

[91′] Дубнов, Я. С., и В. К. Иванов, О понижении степени аффинорных полиномов, ДАН СССР **41** (1943) 99—102.

[92] Еругин, Н. П., a) Sur la substitution exposante pour quelques systèmes irrégulières, Матем. сб. **42** (1935) 745—753.
b) Показательная подстановка иррегулярной системы линейных дифференциальных уравнений, ДАН СССР **41** (1943) 99—102.
c) О проблеме Римана для системы Гаусса, Ученые зап. Лен. пед. ин-та **28** (1939) 293—304.

[93] Ершова, А. П., Об одном методе обращения матриц, ДАН СССР **100** (1955) 209—211.

[93′] Каган, В. Ф., О некоторых системах чисел, к которым приводят лоренцовы преобразования, Изв. асс. ин-ов Моск. ун-та (1927) 3—31.

[94] Карпелевич, Ф. И., О характеристических корнях матрицы с неотрицательными элементами, ИАН, матем. сер., **15** (1951) 361—383.

[95] Коваленко, К. Р., и М. Г. Крейн, О некоторых исследованиях А. М. Ляпунова по дифференциальным уравнениям с периодическими коэффициентами, ДАН СССР **75** (1950) 495—499.

[96] Колмогоров, А. Н., Цепи Маркова со счетным множеством возможных состояний, Бюлл. Моск. ун-та, сер. А, **1**: 3 (1937).

[97] Котелянский, Д. М., a) Про монотонi n-го порядка функцiї вiд матриць, Труды Одеськ. ун-ту, Збiрник мат. вiддiлу **3** (1941) 103—104.
b) К теории неотрицательных и осцилляционных матриц, Укр. мат. ж. **2** (1950) 94—101.
c) О некоторых свойствах матриц с положительными элементами, Мат. сб. **31** (73) (1952) 94—101.
d) Об одном свойстве знакосимметрических матриц, УМН **8** (**56**) (1953) 4, 163—167.
e) О некоторых достаточных признаках вещественности и простоты матричного спектра, Матем. сб. **36** (**73**) (1955) 163—168.
f) О влиянии преобразования Гаусса на спектры матриц, УМН **10** (1955) 1, 117—121.
g) О расположении точек матричного спектра, Укр. мат. ж. **7** (1955) 2, 131—133.
h) Оценки для орпеделителей матриц с преобладающей главной диагональю, ИАН, сер. матем., **20** (1956) 1, 137—144.

[98] Кравчук, М. Ф., a) До теорiї перемiннiх матриць, Киев, Зап. физ.-мат. отд. АН УССР **1** (1924) 2, 28—33.
b) До загальної теорiї бiлiнiйних форм, Київ, Изв. политехн. с.-х. ин-та **19** (1924) 17—18.
c) Про одне перетворення квадратичних форм, Київ, Зап. физ.-матем. отд. АН УССР **1** (1924) 2, 87—90.
d) Про квадратичнi форми та лiнiйнi перетворення, Київ, Зап. физ.-мат. отд. АН УССР **1** (1924) 3, 1—89.

e) Перемінні множини лінійних перетворень, Київ, Зап. г.-госп. ин-ту **1** (1926) 25—58.

f) Ueber vertauschbare Matrizen, Rend. Circ. mat. Palermo **51** (1927) 126—130.

g) О структуре перестановочных групп матриц, Труды II. Всес. мат. съезда, т. 2 (1934) 11—12.

[99] Кравчук, М. Ф., и Я. С. Гольдбаум, a) Про групп коммутативных матриць, Київ, Труды авиац. ин-та (1929) 73—98; (1936) 12—23.

b) Об эквивалентности особенных пучков матриц, Киев, Труды авиац. ин-та (1936) 5—27.

[100] Красносельский, М. А., и С. Г. Крейн, Итерационный процесс с минимальными невязками, Матем. сб. **31** (83), (1952) 315—334.

[101] Крейн, М. Г., a) Добавление к работе „К структуре ортогональной матрицы", Труды физ.-мат. отд. ВУАН (1931) 103—107.

b) О спектре якобиевой формы в связи с теорией крутильных колебаний валов, Матем. сб. **40** (1933) 455—466.

c) Об одном новом классе эрмитовых форм, ИАН, сер. физ.-мат. (1933) 1259 до 1275.

d) Об узлах гармонических колебаний механических систем некоторого специального типа, Матем. сб. **41** (1934) 339—348.

e) Sur quelques applications des noyaux de Kellog aux problèmes d'oscillations, Сообщ. Харьк. Матем. об-ва (4) **11** (1935), 3—19.

f) Sur les vibrations propres des tiges dont l'une des extrémités est encastrée et l'autre libre, Сообщ. Харьк. мат. об-ва (4) **12** (1935) 3—11.

g) Обобщение некоторых исследований А. М. Ляпунова о линейных дифференциальных уравнениях с периодическими коэффициентами, ДАН **73** (1950) 445 до 448.

h) Об одном применении принципа неподвижной точки в теории линейных преобразований пространств с индефинитной метрикой, УМН **5** (36) (1950) 2, 180—190.

i) О применении одного алгебраического предложения в теории матриц монодромии, УМН **6** (41) (1951) 1, 171—177.

j) О некоторых вопросах связанных с кругом идей Ляпунова в теории устойчивости, УМН **3** (25) (1948) 3, 166—169.

k) К теории целых матриц функций экспоненциального типа, Укр. матем. ж. **3** (1951) 1, 164—173.

l) О некоторых задачах теории колебаний штурмовых систем, Прикл. матем. и механ. **16** (1952) 5, 555—568.

[102] Крейн, М. Г., и М. А. Наймарк, a) Об одном преобразовании безутианты, приводящем к теореме Штурма, Харьков, Зап. мат. об-ва (4) **10** (1933) 33—40.

b) О применении безутианты к вопросам отделения корней алгебраических уравнений, Труды Одесск. гос. ун-та, Матем., **1** (1935) 51—69.

[103] Крылов, А. Н., О численном решении уравнения, которым в технических вопросах определяются частоты колебаний материальных систем, ИАН, сер. физ.-мат., (1931) 491—539.

[104] Лаппо-Данилевский, И. А., a) Основные задачи теории систем линейных дифференциальных уравнений с произвольными рациональными коэффициентами, Труды I. Всес. матем. съезда, ОНТИ (1936) 254—262.

b) Résolution algorithmique des problèmes réguliers de Poincaré et de Riemann, I, II, Ж. физ.-мат. об-ва Ленинград **2** (1928) 1, 94—120; 121—154.

c) Théorie des matrices satisfaisantes à des systèmes des équations différentielles linéaires à coefficients rationels arbitraires, Ленинград; Ж. физ. матем. об-ва 2 (1928) 2, 41—80.

[105] Лившиц, М. С., и В. П. Потапов, Теорема умножения характеристических матриц-функций, ДАН СССР 72 (1950) 164—173.

[106] Лидский, В. Б., a) О собственных значениях суммы и произведения симметрических матриц, ДАН 75 (1950) 769—772.

b) Осцилляционные теоремы для канонической системы дифференциальных уравнений, ДАН 102 (1955) 877—880.

[107] Липин, Н. В., О регулярных матрицах, Ленингр. Труды ин-та инж. ж.-д. трансп. 9 (1934) 105.

[108] Лопщиц, А. М., a) Векторное решение задачи о симметрически сдвоенных матрицах, Труды Всеросс. съезда матем. в Москве (1927) 186—187.

b) Характеристическое уравнение наинизшей степени для аффинора и применение его к интегрированию дифференциальных уравнений, Труды сем. по вект. и тенз. исч-ию, вып. II—III (1935).

c) Численный метод нахождения собственных значений и собственных плоскостей линейного оператора, Труды сем. по вект. и тенз. исч-ию, т. VII (1948), 233—259.

d) Экстремальная теорема для гиперэллипсоида и ее применение к решению системы линейных алгебраических уравнений, Труды сем. по вект. и тенз. исч-ию, т. IX (1952) 183—197.

[109] Лузин, Н. Н., a) О методе акад. А. Н. Крылова составления векового уравнения, ИАН СССР, сер. физ.-мат., (1931), 903—958.

b) О некоторых свойствах перемещающего множителя в методе акад. А. Н. Крылова I—III, ИАН СССР, сер. физ.-мат., (1932) 596—638, 735—762, 1065—1102.

c) К изучению матричной теории дифференциальных уравнений, Автом. и телемехан. 5 (1940) 3—66.

[110] Любич, Ю. И., Оценки для оптимальной детерминизации недетерминированных автономных автоматов, Сиб. матем. ж. 5 (1964) 337—335.

[111] Люстерник, Л. А., a) Нахождение собственных значений функций на электрической схеме, Электричество 11 (1946) 67—68.

b) Об электрическом моделировании симметрических матриц, УМН 4 (30), (1949) 2, 198—200.

[112] Люстерник, Л. А., и А. М. Прохоров, Определение собственных значений и функций некоторых операторов с помощью электрической цепи, ДАН 55 (1947) 579—582; ИАН, ОФН 11 (1947) 141—145.

[113] Маркус, А. С., Собственные и сингулярные числа суммы и произведения линейных операторов, УМН 19 (118) (1965) 4, 93—123.

[114] Маянц, Л. С., Метод уточнения корней вековых уравнений высоких степеней и численного анализа их зависимости от параметров соответствующих матриц, ДАН 50 (1945) 121—124.

[115] Нейгауз, М. Г., и В. Б. Лидский, Об ограниченности решений систем линейных дифференциальных уравнений с периодическими коэффициентами, ДАН 77 (1951) 183—193.

[116] Папкович, П. Ф., Об одном методе разыскания корней характеристического определителя, Прикл. матем. и механ. 1 (1933) 2, 314—318.

[117] Понтрягин, Л. С., Эрмитовы операторы в пространстве с индефинитной метрикой, ИАН, сер. матем., 8 (1944) 243—280.

[118] Потапов, В. П., О голоморфных ограниченных в единичном круге матрицах-функциях, ДАН **72** (1950) 849—853.

[119] Pták, V., Об одной комбинаторной теореме и ее применение к неотрицательным матрицам (mit engl. Res.), Czechosl. math. J. **8** (1958) 487—495.

[120] Романовский, В. И., a) Un théorème sur les zéros des matrices non-négatives, Bull. Soc. Math. France **61** (1933) 213—219.
b) Recherches sur les chaînes de Markoff, Acta Math. Stockh. **66** (1935) 147—152.

[121] Рехтман-Ольшанская, П. Г., Об одном утверждении академика А. А. Маркова, УМН **12** (75) (1959) 3, 181—187.

[122] Сарымсаков, Т. А., О последовательности стохастических матриц, ДАН СССР **47** (1945) 331—333.

[123] Севастьянов, Б. А., Теория ветвящихся случайных процессов, УМН **6** (1951) 6, 46—99.

[124] Семендяев, К. А., О нахождении собственных значений и инвариантных многообразий матриц посредством итераций, Прикл. матем. и механ. **3** (1943) 193—221.

[125] Смогоржевский, А. С., По унітарні типи циркулянтів, Киев, Ж. матем. цикла АН УССР **1** (1932) 89—91.

[126] Смогоржевский, А. С., и М. Ф. Кравчук, Про ортогональні перетворення, Киев, Зап. ин-та нар. просв. **2** (1927) 151—156.

[127] Сулейманова, Х. Р., a) Стохастические матрицы с действительными характеристическими числами, ДАН **66** (1949) 343—345.
b) О характеристических числах стохастических матриц, Учен. зап. Моск. гос. пед. ин-та, сер. мат., **71** (1953) 1, 167—197.

[128] Султанов, Р. М., Некоторые свойства матриц с элементами из некоммутативного кольца, Баку, Труды сектора мат. АН АзССР **2** (1946) 11—17.

[129] Сушкевич, А. К., Про деякі типи особливих матриць, Учені зап. Харківського держ. ун-ту **10** (1937) 1—16.

[130] Турчанинов, А. С., О некоторых приложениях исчисления матриц к линейным дифференциальным уравнениям, Одесса, Учен. зап. высш. шк. **1** (1921) 41—48.

[131] Фаге, М. К., a) Обобщение неравенства Адамара об определителях, ДАН **54** (1946) 765—768.
b) О симметризуемых матрицах, УМН **6** (43) (1951) 3, 153—156.

[132] Фаддеев, Д. К., О преобразовании векового уравнения матрицы, Ленинград, Труды Ин-та инж. пром. строит. **4** (1937) 78—86.

[133] Хлодовский, И. Н., К теории общего случая преобразования векового уравнения методом академика А. Н. Крылова, ИАН, сер. физ.-матем., **8** (1933) 1077—1102.

[134] Хуа Ло-ген, a) Геометрия симметрических матриц над полем действительных чисел I, II, ДАН **53** (1946) 99—102, 199—200.
b) Автоморфизмы действительной симплектической группы, ДАН **53** (1946) 307—310.

[135] Хуа Ло-ген и Б. А. Розенфельд, Геометрия прямоугольных матриц и ее применения к вещественной проективной и неевклидовой геометрии, Изв. высш. уч. зав. СССР, Матем., **1** (1957) 233—246.

[136] Цейтлин, М. Л., Применение матричного исчисления к синтезу релейно-контактных схем, ДАН **86** (1952) 525—528.

[137] Циммерман, Г. К., Разложение нормы матрицы по произведениям норм ее строк, Научн. зап. Николяевск. гос. пед. ин-та, **4** (1953) 130—135.

[138] Щварцман, А. П., О матрицах Грина самосопряженных конечноразностных операторов, Труды Одесск. гос. ун-та, матем., **3** (1941) 35—77.

[139] Шиффнер, Л. М., a) Разложение интегралов. системы дифференциальных уравнений с правильными особыми точками в ряды по степеням элементов дифференциальных подстановок, Труды физ.-матем. ин-та им. В. А. Стеклова **9** (1935) 235—266.

b) О степени матрицы, Матем. сб. **42** (1935) 3, 385—394.

[140] Шостяк, Р. Я., О признаке условной определенности квадратичной формы переменных, подчиненных линейным связям, и о достаточном признаке условного экстремума функций переменных, УМН **9** (1954) 2, 199—206.

[141] Шрейдер, Ю. А., Решение систем линейных совместных алгебраических уравнений, ДАН **76** (1951) 651—655.

[142] Штаерман, И. Я., Новый метод решения некоторых алгебраических уравнений, которые имеют применения в математической физике и технике, Киев, Ж. ин-та мат. АН УССР **1** (1934), 83—89; **4** (1934), 9—20.

[143] Штаерман, И. Я., и Н. И. Ахиезер, К теории квадратичных форм, Киев, Изв. политехн. с.-х. ин-та **19** (1934) 116—123.

[144] Шура-Бура, М. Р., Оценка ошибок при численном обращении матриц высокого порядка, УМН **6** (**44**) (1951) 4, 121—150.

[145] Яглом, И. М., Квадратичные и кососимметрические билинейные формы в вещественном симплектическом пространстве, Труды сем. по векторн. и тензорн. анализ. **8** (1950) 364—381.

[146] Якубович, В. А., Некоторые критерии приводимости системы дифференциальных уравнений, ДАН **66** (1949) 577—580.

[147] Afriat, S., Composite matrices, Quart. J. Math. **5** (1954) 18, 81—89.

[148] Aitken, A. C., Studies in practical mathematics. The evaluation with application of a certain triple product matrix, Proc. Roy. Soc. Edinbourgh **57** (1936—1937).

[149] Amir Moéz Ali R., Extreme properties of eigenvalues of a hermitian transformation and singular values of the sum and product of linear transformations, Duke math. J. **23** (1956), 463—476.

[150] Baker, H. F., On the integration of linear differential equations, Proc. London Math. Soc. **35** (1903), 333—378.

[151] Barankin, E. W., Bounds for characteristic roots of a matrix, Bull. Amer. Math. Soc. **51** (1945), 767—770.

[152] Bartsch, H., Abschätzungen für die kleinste charakteristische Zahl einer positiv definiten Matrix, ZAMM **34** (1954) 1/2, 72—74.

[153] Birkhoff, G. D., a) Equivalent singular points of ordinary linear differential equations, Math. Ann. **74** (1913), 134—139.

b) Tres observations sobre el algebra lineal, Revista Universidad Nacional Tucuman, ser. A, **5** (1946), 147—151.

[154] Birkhoff, Garrett, On product integration, J. Math. Phys. **16** (1937), 104—132.

[155] Bellman, R., Notes on matrix theory, Amer. Math. Monthly **60** (1953), 173—175; **62** (1955), 172—173, 571—572, 647—648; **64** (1957), 189—191.

[156] Bellman, R., and A. Hoffman, On a theorem of Ostrowski, Arch. Math. **5** (1954) 1/3, 123—127.

[157] Bendat, J., and S. Scherman, Monotone and convex operator functions, Trans. Amer. Math. Soc. **9** (1955) 1, 58—71.

[158] Berge, C., Sur une propriété des matrices doublement stochastiques, C. R. Acad. Sci. Paris **241** (1955) 3, 269—271.

[159] Bjerhammar, A., Rectangular reciprocal matrices, with specially references to geodesic calculus, Bull. géod. (1951), 188—220.

[160] Bott, R., and R. Duffin, On the algebra of networks, Trans. Amer. Math. Soc. **74** (1953) 1, 99—109.

[161] Brauer, A., a) Limits for the characteristic roots of a matrix I—VI, Duke math. J. **13** (1946), 387—395; **14** (1947), 21—26; **15** (1948), 871—877; **19** (1952), 73—91, 553—563; **22** (1955), 387—395.
b) Über die Lage der charakteristischen Wurzeln einer Matrix, J. reine angew. Math. **192** (1953) 2, 113—116.
c) Bounds for the rations of the coordinates of the characteristic vectors of a matrix, Proc. Nat. Acad. Sci. USA **41** (1955) 3, 162—164.
d) The theorems of Ledermann and Ostrowski on positive matrices, Duke math. J. **24** (1957) 2, 265—274.

[162] Brenner, J., Bounds for determinants, Proc. Nat. Acad. Sci. USA **40** (1954), 452—454; Proc. Amer. Math. Soc. **8** (1957), 532—534; C. R. Acad. Sci. Paris **238** (1954), 555—556.

[163] Bruijn, N., Inequalities concerning minors and eigenvalues, Nieuw Arch. Wisk. **4** (1956) 1, 18—35.

[164] Bruijn, N., and C. Szekeres, On some exponential and polar representations of matrices, Nieuw Arch. Wisk. **3** (1955) 1, 20—32.

[165] Cayley, A., A memoire on the theory of matrices, Philos. Trans. **148** (1857), 17—37; Collected Works **2**, 476—496.

[166] Coheen, H. E., On a lemma of Stieltjes on matrices, Amer. Math. Monthly **56** (1949), 328—329.

[167] Collatz, L., a) Einschließungssatz für die charakteristischen Zahlen von Matrizen, Math. Z. **48** (1942), 221—226.
b) Über monotone Systeme linearer Ungleichungen, J. reine angew. Math. **194** (1955) 1/4, 193—194.

[168] Cremer, H., Die Verringerung der Zahl der Stabilitätskriterien bei Voraussetzung positiver Koeffizienten der charakteristischen Gleichung, ZAMM **33** (1953) 7, 222—227.

[169] Cremer, H., und F. H. Effertz, Über die algebraischen Kriterien für die Stabilität von Regelungssystemen, Math. Ann. **137** (1959), 328—350.

[170] Diliberto, S., On system of ordinary differential equations. Contributions to the theory of non-linear oscillations, Princeton, 1950, 1—38.

[171] Dobsch, O., Matrixfunktionen beschränkter Schwankung, Math. Z. **43** (1937), 353—388.

[172] Dulmage, L., and I. Halperin, On a theorem of Frobenius-König and J. von Neumann's game of hide and seek, Trans. Roy. Soc. Canada, ser. III, **49** (1955), 23—29.

[173] Duncan, W., Reciprocation of triply-partitioned matrices, J. Roy. aeron. Soc. **60** (1956) 542, 131—132.

[174] Egervary, E., a) On hypermatrices whose blocks are commetable in pairs and their application in lattice-dynamics, Acta Sci. math. **15** (1954) 3/4, 211—222.
b) On a lemma of Stieltjes on matrices, Acta Sci. math. **15** (1954) 2, 99—103.

[175] Epstein, M., and H. Flanders, On the reduction of a matrix to diagonal form, Amer. Math. Monthly **62** (1955) 3, 168—171.

[176] Faedo, S., Un nuovo problema di stabilita per le equazioni algebriche a coefficienti reali, Aun. Scuola norm. super. Pisa, Sci. fis. mat. **7** (1953) 1/2, 99—103.

[177] Fan Ky, a) On a theorem of Weyl concerning eigenvalues of linear transformations I, II, Proc. Nat. Acad. Sci., USA **35** (1949), 652—655; **36** (1950), 31—35.
b) Maximum properties and inequalities for the eigenvalues of completely continuous operators, Proc. Nat. Acad. Sci. USA **37** (1951), 760—766.
c) A comparision theorem for eigenvalues of normal matrices, Pacific J. Math. **5** (1955), 911—913.

d) Some inequalities concerning positive-definite Hermitian matrices, Proc. Cambridge Philos. Soc. **51** (1955) 3, 414—421.

[178] Fan Ky and A. Hoffman, Some metric inequalities in the space of matrices, Proc. Amer. Math. Soc. **6** (1955) 1, 111—116.

[179] Fan Ky and A. S. Householder, A note concerning positive matrices and M-matrices, Monatsh. Math. Phys. **63** (1959) 3, 265—270.

[180] Fan Ky and P. Gordon, Imbedding conditions for Hermitian and normal matrices, Canad. J. Math. **9** (1957), 298—304.

[181] Fan Ky and J. Todd, A determinantial inequality, J. London math. Soc. **30** (1955) 1, 58—64.

[182] Frobenius, G., a) Ueber lineare Substitutionen und bilineare Formen. J. reine angew. Math. **84** (1877), 1—63.

b) Ueber die cogredienten Transformationen der bilinearen Formen, Sitz.-Ber. Akad. Wiss., Phys.-math. Klasse, Berlin (1896), 7—16.

c) Ueber die vertauschbaren Matrizen, ebenda (1896), 601—604.

d) Ueber Matrizen aus positiven Elementen, ebenda (1908), 471—476; (1909), 514—518.

e) Ueber Matrizen aus nicht negativen Elementen, ebenda (1912), 456—477.

f) Ueber das Trägheitsgesetz der quadratischen Formen, ebenda (1894), 241—256; 407—431.

[183] Gautschi, W., Bounds of matrices with regard to an hermitian metric, Compositio Math. **12** (1954) 1, 1—16.

[184] Goddard, L., An extension of a matrix theorem of A. Brauer, Proc. Int. Congr. Math. Amsterdam **2** (1954), 22—23.

[185] Haynsworth, E., Bounds for determinants with dominant main diagonal, Duke math. J. **20** (1953) 2, 199—209.

[186] Hellman, O., Die Anwendung des Matrizanten bei Eigenwertaufgaben, ZAMM **35** (1955) 8, 300—315.

[187] Hjelmslev, J., Introduction à la théorie des suites monotones, Overs. Kgl. Danske Vidensk. Selbsk. Forh. (1914), 1—74.

[188] Hoffman, A., and Olga Taussky, A characterisation of normal matrices, J. Res. nat. Bur. Standards **52** (1954) 1, 17—19.

[189] Hoffman, A., und H. Wielandt, The variation of the spectrum of a normal matrix, Duke math. J. **20** (1953) 1, 37—39.

[190] Holladay, I., and R. Varga, On powers of non-negative matrices, Proc. Amer. Math. Soc. **9** (1958), 631—634.

[191] Horn, A., a) On the eigenvalues of a matrix with prescribed singular values, Proc. Amer. Math. Soc. **5** (1954) 1, 4.

b) On the singular values of product of completely continuous operators, Proc. Nat. Acad. Sci. USA **36** (1950) 7, 374—375.

c) Eigenvalues of sums of Hermitian matrices, Pacific J. Math. **12** (1962) 1, 225 to 241.

d) Double stochastic matrices and the diagonal of a rotation matrix, Amer. J. Math. **76** (1954) 3, 620—630.

[192] Hsu, P. L., a) On symmetric, orthogonal, and skew symmetric matrices, Proc. Edinburgh Math. Soc., ser. 2, **10** (1953), 37—44.

b) On a kind of transformations of matrices, Acta Math. Sinica **5** (1955) 3, 333—347.

[193] Hoteling, H., Some new methods in matrix calculation, Ann. math. Statist. **14** (1943) 1.

[194] Hua Loo-keng, a) On the theory of automorphic functions of a matrix variable, I, II, Amer. J. Math. **66** (1944), 470—488, 531—563.

b) Geometries of matrices, Trans. Amer. Math. Soc. **57** (1945), 441–490.

c) Orthogonal classification of Hermitian matrices, Trans. Amer. Math. Soc. **59** (1946), 508–523.

d) Inequalities involving determinants, Acta Math. Sinica **5** (1955), 463–470.

[195] HERMITE, C., Sur le nombre des racines d'une équation algébrique comprise entre des limites données, J. reine angew. Math. **52** (1895), 39–51.

[196] HURWITZ, A., Ueber die Bedingungen, unter welchen eine Gleichung nur Wurzeln mit negativen reellen Teilen besitzt, Math. Ann. **46** (1895), 273–284.

[197] INGRAHAM, M. H., On the reduction of a matrix to its rational canonical form, Bull. Amer. Math. Soc. **39** (1933), 379–382.

[198] IONESCU, D., O identitate importantá ai descompunere a unei forme bilineare intro sumá de produse, Gaz. mat. fiz. **A7** (1955) 7, 303–312.

[199] JONGMANS, F., Problèmes matriciels liés au rangs, Bull. Soc. Roy. Sci. Liège **29** (1960), 3–4; 51–60.

[200] ISHAK, M., Sur les spectres des matrices, Sémin. P. Dubreil et Ch. Pisot. Fac. sci. Paris **9** (1955–1956) 14, 1–14.

[201] KHAN, N. A., The characteristic roots of the product of matrices, Quart. J. Math. **7** (1956) 26, 138–143.

[202] KOWALEWSKI, G., Natürliche Normalformen linearer Transformationen, Leipz. Ber. **69** (1917), 325–335.

[203] KÖNIG, D., Ueber Graphen und ihre Anwendungen, Math. Ann. **77** (1916), 453–465.

[204] KRAUS, F., Ueber konvexe Matrizenfunktionen, Math. Z. **41** (1936), 18–42.

[205] KRONECKER, L., Algebraische Reduktion der Scharen bilinearer Formen, Sitz.-Ber. Akad. Wiss. (1890), 763–776.

[206] KRULL, W., Theorie und Anwendung der verallgemeinerten Abelschen Gruppen, Sitz. Ber. Heidelb. Akad. Wiss. (1926), 1.

[207] LEDERMANN, W., a) Reduction of singular pencils of matrices, Proc. Edinburgh Math. Soc., ser. 2, **4** (1935), 92–105.

b) Bound for the greatest latent root of positiv matrix, J. London math. Soc. **25** (1950), 265–268.

[208] LIÉNARD, A. M., et A. H. CHIPART, Sur la signe de la partie réelle des racines d'une équation algébrique, J. math. pure appl. (6) **10** (1914), 291–346.

[209] LÖWNER, K., a) Ueber monotone Matrixfunktionen, Math. Z. **38** (1933), 177–216.

b) Some classes of functions defined by difference or differential inequalities, Bull. Amer. Math. Soc. **56** (1950), 308–319.

[210] MARCUS, M., a) A remark on a norm inequality for square matrices, Proc. Amer. Math. Soc. **6** (1955) 1, 117–119.

b) An eigenvalue inequality for the product of normal matrices, Amer. Math. Monthly **63** (1956) 3, 173–174.

[211] MARCUS, M., and J. L. MCGREGOR, Extremal properties of Hermitian matrices, Canadian J. Math. 8 (1956), 524–531.

[212] MIRSKY, L., a) An inequality for positive definite matrices, Amer. Math. Monthly **62** (1955) 6, 428–430.

b) The norm of adjugate and inverse matrices, Arch. Math. **7** (1956), 276–277.

c) The spread of a matrix, Mathematica **3** (1956), 127–130.

d) Inequalities for normal and Hermitian matrices, Duke math. J. **24** (1957) 4, 591 to 599.

e) Symmetric gauge functions and unitarily invariant norms, Quart. J. Math. **11** (1960), 50–59.

[213] Mitrović, D., Conditions graphiques pour que toutes les racines d'une équation algébrique soient à parties réelles négatives, C. R. Acad. Sci. Paris **240** (1955) 11, 1177–1179.

[214] Moore, E. H., On the reciprocal of the general algebraic matrix, Bull. Amer. Math. Soc. **26** (1920), 389 and 394–395.

[215] Morgenstern, D., Eine Verschärfung der Ostrowski'schen Determinantenabschätzung, Math. Z. **66** (1956), 143–146.

[216] Motzkin, T., and Olga Taussky, Pairs of matrices with property W, Trans. Amer. Math. Soc., I: **73** (1952) 1, 108–114; II: **80** (1955) 2, 387–401.

[217] Sz.-Nagy Bela, Remark on S. N. Roy's paper "A useful theorem in matrix theory", Proc. Amer. Math. Soc. **7** (1956) 1.

[218] v. Neumann, J., a) Approximative of matrices of high order, Portug. Math. **3** (1942), 1–62.

b) Some matrix-inequalities and matrization of matrix-space, Изв. Научн.-исслед. ин-та матем. и механ. при Томск. государств. ун-те им. В. В. Куйбышева **1** (1973) 3.

[219] Okamoto, M., On a certain type of matrices with an application to experimental design, Osaka Math. J. **6** (1954) 1, 73–82.

[220] Oppenheim, A., Inequalities connected with definite Hermitian forms, Amer. Math. Monthly **61** (1954) 7, 463–466.

[221] Orlando, L., Sul problema di Hurwitz relativo alle parti realli delle radici di un'equazione algebrica, Math. Ann. **71** (1911), 233–245.

[222] Ostrowski, A., a) Bounds for the greatest latent root of a positive matrix. J. London math. Soc. **27** (1952), 253–256.

b) Sur quelques applications des fonctions convexes et concaves au sens de I. Schur. J. math. pures appl. **31** (1952) 253–292.

[223] Ostrowski, A., c) On nearly triangular matrices, J. Res. nat. Bur. Standards **52** (1954) 6, 344–345.

d) On the spectrum of one-parametric family of matrices, J. reine angew. Math. **193** (1954), 3/4, 143–160.

e) Sur les determinants à diagonale dominante, Bull. Soc. Math. Belgique **7** (1955) 1, 46–51.

f) Note on bounds for some determinants, Duke math. J. **22** (1955) 1, 95–102.

g) Über Normen von Matrizen, Math. Z. **63** (1955) 1, 2–18.

[224] Papulis, A., Limits on the zeros of a network determinant, Quart. appl. Math. **15** (1957) 2, 193–194.

[225] Parodi, M., a) Remarques sur la stabilité, C. R. Acad. Sci. Paris **228** (1949), 51–52; 807–808; 1198–1200.

b) Sur une propriété des racines d'une equation qui intervient en mécanique, C. R. Acad. Sci. Paris **241** (1955) 16, 1019–1021.

c) Sur la localisation des valeurs caractéristiques des matrices dans le plan complexe, C. R. Acad. Sci. Paris **242** (1956) 22, 2617–2618.

[226] Peano, G., Intégration par séries des équations différentielles linéares, Math. Ann. **32** (1888), 450–456.

[227] Penrose, R., a) A generalized inverse for matrices, Proc. Cambridge Philos. Soc. **51** (1955) 3, 406–413.

b) On best approximate solutions of linear matrix equations, Proc. Cambridge Philos. Soc. **52** (1956) 1, 17–19.

[228] Perfect, H., a) On matrices with positive elements, Quart. J. Math. **2** (1951), 286 to 290.

b) On positive stochastic matrices with real characteristic roots, Proc. Cambridge Philos. Soc. **48** (1952), 271–276.

c) Methods of constructing certain stochastic matrices, I: Duke math. J. **20** (1953) 3, 395–404; II: **22** (1955) 2, 303–311.

d) A lower bound for the diagonal elements of a non-negative matrix, J. London Math. Soc. **31** (1956), 491–493

[229] Perkins, P., A theorem on regular matrices, Pacific J. Math. **11** (1961), 1529–1533.

[230] Perron, O., a) Jacobischer Kettenbruchalgorithmus, Math. Ann. **64** (1907), 1–76.
b) Ueber Matrizen, ebenda, **64** (1907), 248–263.

[231] Phillips, H. B., Functions of matrices, Amer. J. Math. **41** (1919), 266–278.

[232] Pignani, T. J., On certain matrix equations, Amer. Math. Monthly **64** (1957), 8, 573–576.

[233] Pólya, G., Remark on Weyl's note, Proc. Nat. Acad. Sci. USA **36** (1950), 49–50.

[234] Rado, R., An inequality, J. London Math. Soc. **27** (1952), 1–6.

[235] Rasch, G., Zur Theorie und Anwendung des Produktintegrals, J. reine angew. Math. **171** (1934), 65–119.

[236] de Rham, G., Sur un théorème de Stieltjes relatif à certain matrices, Acad. Sci. Serbe, Publ. Inst. Math. (1952), 133–154.

[237] Richter, H., a) Über Matrixfunktionen, Math. Ann. **122** (1950), 16–35.
b) Bemerkung zur Norm der Inversen einer Matrix, Arch. Math. **5** (1954) 4/6, 447–448.
c) Zur Abschätzung von Matrizennormen, Math. Nachr. **18** (1959), 178–187.

[238] Roth, W., a) On the characteristic polynomial of the product of two matrices, Proc. Amer. Math. Soc. **5** (1954) 1, 1–3.
b) On the characteristic polynomial of the product of several matrices, Proc. Amer. Math. Soc. **7** (1956) 4, 578–582.

[239] Roy, S., A useful theorem in matrix theory, Proc. Amer. Math. Soc. **5** (1954) 4, 635–638.

[240] Schneider, H., a) An inequality for latent roots applied to determinants with dominant principal diagonal, J. London Math. Soc. **28** (1953), 8–20.
b) A pair of matrices with the property W, Amer. Math. Monthly **62** (1955) 4, 247–249.
c) A matrix problem concerning projections, Proc. Edinburgh Math. Soc. **10** (1956) 3, 129–130.
d) The elementary divisors, associated with 0, of a singular I-matrix, Proc. Edinburgh Math. Soc. **10** (1956) 3, 108–122.

[241] Schoda, K., Über mit einer Matrix vertauschbare Matrizen, Math. Z. **29** (1929), 696–712.

[242] Schoenberg, J., a) Ueber variationsvermindernde lineare Transformationen, Math. Z. **32** (1930), 321–328.
b) Zur Abzählung der reellen Wurzeln algebraischer Gleichungen, Math. Z. **38** (1933), 546.

[243] Schoenberg, T., and A. Whitney, A theorem on polygons in dimensions with applications to variation-diminishing linear transformations, Compositio Math. **9** (1951), 141–160.

[244] Schur, I., Über die charakteristischen Wurzeln einer linearen Substitution mit einer Anwendung auf die Theorie der Integralgleichungen, Math. Ann. **66** (1909), 488–510.

[245] Sedláček, I., O incidenčnich maticich orientovaných grafů, Čas. pěst. mat. **84** (1959), 303–316.

[246] Siegel, C. L., Symplectic Geometry, Amer. J. Math. **65** (1943), 1–86.

[247] Stenzel, H., Ueber die Darstellbarkeit einer Matrix als Produkt von zwei symmetrischen Matrizen, Math. Z. **15** (1922), 1–25.

[248] Stöhr, A., Oszillationstheoreme für die Eigenvektoren spezieller Matrizen, J. reine angew. Math. **185** (1943), 129–143.

[249] Taussky, Olga, a) Bounds for characteristic roots of matrices, Duke math. J. **15** (1948), 1043–1044.

b) A determinantal inequality of H. P. Robertson, J. Washington Acad. Sci. **47** (1957) 8, 263–264.

[250] Toeplitz, O., Das algebraische Analogon zu einem Satz von Fejér, Math. Z. **2** (1918), 187–197.

[251] Turnbull, H. W., On the reduction of singular matrix pencils, Proc. Edinburgh Math. Soc., ser. 2, **4** (1935), 67–76.

[252] Vivier, M., Note sur les structure unitaires et paraunitaires, C. R. Acad. Sci. Paris **240** (1955) 10, 1039–1041.

[253] Volterra, V., Sui fondamenti della teoria delle equazioni differenziali lineari, Mem. Soc. Ital. Sci. (3) **6** (1887), 1–104; (3) **12** (1902), 3–68.

[254] Walker, A., and J. Weston, a) Inclusion theorems for the eigenvalues of a normal matrix, J. London Math. Soc. **24** (1944), 28–31.

b) Ein Einschließungssatz für charakteristische Wurzeln normaler Matrizen, Arch. Math. **1** (1948/49), 348–352.

c) Die Einschließung von Eigenwerten normaler Matrizen, Math. Ann. **121** (1949), 234–241.

[255] Weierstrass, K., Zur Theorie der bilinearen und quadratischen Formen, Monatsh. Akad. Wiss. Berlin (1867), 310–338.

[256] Wellstein, J., Ueber symmetrische, alternierende und orthogonale Normalformen von Matrizen, J. reine angew. Math. **163** (1930), 166–182.

[257] Weyl, H., Inequalities between the two kinds of eigenvalues of a linear transformation, Proc. Nat. Acad. Sci. USA **35** (1949), 408–411.

[258] Weyr, E., Zur Theorie der bilinearen Formen, Monatsh. Math. Phys. (1890), 163–236.

[259] Whitney, A., A reduction theorem for totaly positive matrices, J. Analyse Math. **2** (1952), 88–92.

[260] Wielandt, H., a) Unzerlegbare, nicht negative Matrizen, Math. Z. **52** (1950), 642–648.

b) Lineare Scharen von Matrizen mit reellen Eigenwerten, Math. Z. **53** (1950), 219–225.

c) Pairs of normal matrices with property W, J. Res. nat. Bur. Standards **51** (1953) 2, 89–90.

d) Inclusion theorems for eigenvalues, Nat. Bur. Standards, Appl. Math. **29** (1953), 75–78.

e) An extremum property of sums of eigenvalues, Proc. Amer. Math. Soc. **6** (1955) 1, 106–110.

f) On eigenvalues of sums of normal matrices. Pacific J. Math. **5** (1955) 4, 633–638.

[261] Wong, Y., a) An inequality for Minkowski matrices, Proc. Amer. Math. Soc. **4** (1953) 1, 137–141.

b) On non-negative-valued matrices, Proc. Nat. Acad. Sci. USA **40** (1954) 2, 137–124.

[262] Winter, A., On criteria for linear stability, J. Math. Mech. **6** (1957), 301–309.

Namen- und Sachverzeichnis

MIX
Papier aus verantwortungsvollen Quellen
Paper from responsible sources
FSC® C105338

If you have any concerns about our products,
you can contact us on
ProductSafety@springernature.com

In case Publisher is established outside the EU,
the EU authorized representative is:
Springer Nature Customer Service Center GmbH
Europaplatz 3, 69115 Heidelberg, Germany

Printed by Libri Plureos GmbH
in Hamburg, Germany